KB064790

ALAN TURING: THE ENIGMA
THE BOOK THAT INSPIRED THE FILM THE IMITATION GAME

앨런 튜링의 이미테이션 게임

초판 1쇄 펴낸날 2015년 2월 4일 | **초판 6쇄 펴낸날** 2022년 12월 28일

지은이 앤드루 호지스 | **옮긴이** 김희주·한지원 | **감수** 고양우 | **펴낸이** 한성봉
편집 안상준·강태영 | **디자인** 김숙희 | **마케팅** 박신용 | **경영지원** 국지연
펴낸곳 도서출판 동아시아 | **등록** 1998년 3월 5일 제1998-000243호
주소 서울시 중구 퇴계로30길 15-8 [필동1가 26]
페이스북 www.facebook.com/dongasiabooks | **전자우편** dongasiabook@naver.com
블로그 blog.naver.com/dongasiabook | **인스타그램** www.instagram.com/dongasiabook
전화 02) 757-9724, 5 | **팩스** 02) 757-9726

ISBN 978-89-6262-097-9   03400

잘못된 책은 구입하신 서점에서 바꿔드립니다.

앨런 튜링의
이미테이션 게임

**인류의 역사를 바꾼 천재 수학자
위대한 거인의 삶과 정신에 관한 뛰어난 통찰**

ALAN TURING: THE ENIGMA
THE BOOK THAT INSPIRED THE FILM THE IMITATION GAME

앤드루 호지스 지음 | **김희주 · 한지원** 옮김 | **고양우** 감수

동아시아

지나간 대의를 위해!

헌사와 제사, 그리고 비문은 월트 휘트먼의 시집 『풀잎Leaves of Grass』에서 인용했다.

ALAN TURING

이 책에 쏟아진 찬사들

THE ENIGMA
THE BOOK THAT INSPIRED THE FILM
THE IMITATION GAME

앨런 튜링은 컴퓨터 이론의 기반이 되는 튜링기계와, 기계가 지능이 있다는 것을 판별하는 방법인 튜링 테스트를 만든 사람으로 전산을 공부한 사람들은 배운다. 하지만 그를 이론을 연구하는 학자로만 보는 것은 큰 오해다. 그는 독일군의 에니그마 암호를 해독하여 제2차 세계대전에서 조국에 승리를 가져다주고, 종이에 쓰인 튜링기계를 전기로 동작하는 실물 컴퓨터로 만들어낸 진짜 엔지니어다. 역사의 얄궂은 장난과 본인의 특이한 성향 탓에 몹시 과소평가되었던 그의 진면목을 이 책을 통해 발견할 수 있으리라 확신한다.

_전길남, 카이스트 명예교수

나에게 있어 앨런 튜링은 박제화된 영웅이었다. 현대 컴퓨터의 아버지, 독일군의 암호 에니그마를 해독하여 제2차 세계대전을 종식시킨 인물, 동성애자, 독이 든 사과를 먹고 자살한 극적인 최후와 같은 몇 개의 수사들로 그를 기억한 것이다. 이 책은 박제화된 앨런 튜링에 살을 붙이고 피가 돌게 해서 생생한 인물로 재현시켜주었다. 밀착 취재한 것 같은 인간적인 일화들을 통해 앨런 튜링이 가깝고 친한 인물처럼 다가오기도 하고, 책에 제시된 학문적 업적으로 더욱 선명해진 그의 위대함에 더욱 멀리 떨어진 천재로 느껴지기도 한다.

_박경미, 홍익대학교 교수

다양한 영역에 족적을 남긴 앨런 튜링의 일생을 다루기 위해 저자는 본인의 전공인 수학은 물론이고 물리학, 생물학, 전산학을 넘나들고 다양한 문학작품과 방대한 사료를 활용하여 당대의 시대상을 치밀하게 엮어냈다. 덕분에 책을 읽다 보면 흡사 그 시대 그 자리에 있는 듯 생생하게 위대한 거인의 삶을 좇아갈 수 있다.

_김택진, NC소프트 대표이사

앨런 튜링은 두말할 나위 없이 20세기 가장 출중한 영국인 중 한 명이었다. 1930년대에 케임브리지를 다닌 뛰어난 수학자였으며, 전쟁 중 자신이 영국에 필요하다는 것을 깨닫고, 독일의 에니그마 암호를 해독하는 과학 기관이었던 블레츨리 파크에서 수석 책임자로 활동하며 천재적인 능력을 발휘했다. 튜링은 기계의 지능이라는 개념에 사로잡히게 되었는데, 사실상 그가 현대 컴퓨터의 아버지라고 할 수 있다. 그러나 전후 그가 세운 대부분의 계획들은 불신과 관료주의에 의해 좌절되었고, 자신의 영역에서는 대가일지 몰라도 정치적으로는 1941년과 마찬가지로 하인에 불과하다는 것을 깨닫게 되었다. 튜링은 자신의 도덕률과 과학적 생각이 갈수록 국가의 가치와 상충한다는 것을 알았고, 결국 자살했다. 앤드루 호지스의 책은 학문적으로나 인간적으로나 모범이 되는 책이다. 친밀하고 날카로우며 통찰력 있는 이 책은 내가 한동안 읽은 전기 중 가장 재미있는 책이기도 하다. _**《타임아웃》**

새로운 인간의 경이로운 이야기. _**《뉴욕타임스》**

과학과 휴머니티에 관한 놀라운 책. _**《월스트리트저널》**

이 책의 독자들은 사상가로서의 튜링과 살아 있는 한 남자로서의 튜링을 동시에 만나는 특권을 얻었다. _**《파이낸셜타임스》**

성공과 비극을 아우르는 강력한 이야기. _**《워싱턴포스트》**

완벽한 전기, 위대한 책! _**《가디언》**

대체 불가능한 튜링의 전기. _**《LA타임스》**

매우 잘 연구되고 잘 쓰인 책이다. 역사에 기여하는 일급 저작이며 모범적인 전기이다. _**《네이처》**

이제까지 나온 것 중 최고의 과학 전기. _**《뉴요커》**

지금까지 읽은 과학 전기 중에서 가장 훌륭한 책 이다. 철저한 조사를 바탕으로 권위 있고 아름답게 서술하여 깊은 공감을 준다. _**실비아 네이사, 『뷰티풀 마인드』 저자**

그 자신 역시 과학자인 호지스 덕분에 매혹적으로 그려진 튜링의 삶과 업적. _**《선데이타임스》**

그림자에 싸였던 인물이 이제야 드디어 한낮의 빛을 받게 되었다. 앤드루 호지스는 여러 자료를 모아 비범한 이야기를 만들어냈다. _**《선데이텔레그래프》**

논쟁의 여지 없이 꼭 읽어야만 하는 책이다. _**《뉴사이언티스트》**

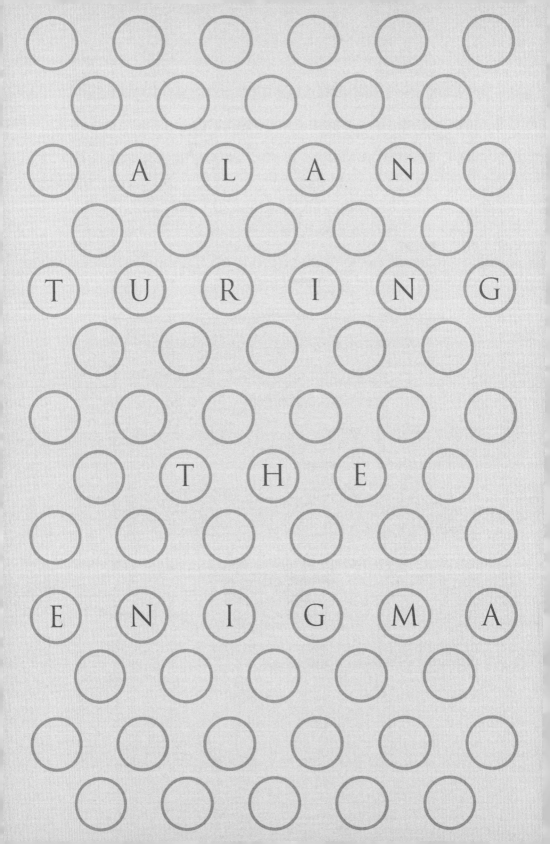

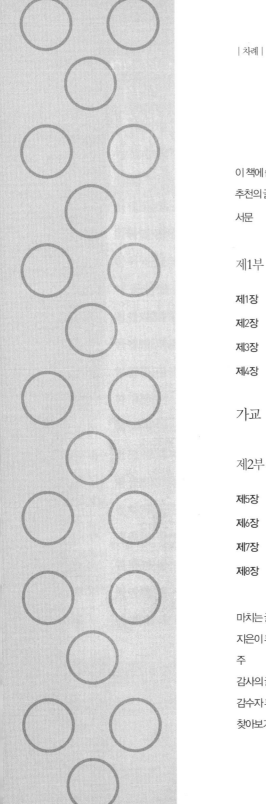

| 차례 |

일러두기

1. 지은이의 주는 본문 중에서 각주로 나타냈고, 참고문헌과 추가 설명은 본문의 맨 마지막 부분에 미주로 실었다.
2. 본문에 있는 괄호 안 글은 '옮긴이'라는 표시가 있는 경우를 제외하고는 모두 지은이가 쓴 것이다.
3. 본문의 인용문 중 [ ]괄호는 지은이가 쓴 것이다.

마음은 방대한 신경세포 조직과 같은 기본적인 물리적 물질에서 발달하는 일종의 복잡한 추상적인 패턴인가? 만약 그렇다면 신경세포를 대체할 다른 무언가가 있는가? 예컨대 개미들이 모여 이루는 개미집단이 집단적 사고를 하며 하나의 정체성, 즉 자아를 갖는 것은 가능할까? 그것이 아니라면 그 작은 신경세포를 대체할 다른 것이 무엇이 있을까? 트랜지스터 배열로 이루어진 수백만의 작은 계산단위들이 모여 의식을 갖춘 인공 신경조직이 될 수 있을까? 소프트웨어는 어떤가? 풍성하게 상호 연결된 계산단위를 모방한 소프트웨어가 마음과 영혼, 그리고 자유의지를 갖춘 (분명 우리가 본 그 어떤 컴퓨터보다 훨씬 더 빠르고 용량이 큰) 컴퓨터를 탄생시키는 것은 가능할까? 요컨대, 사고와 감정이라는 것이 다른 종류의 물질로부터(유기적이든 전자적이든 간에) 발생할 수 있을 것인가?

기계가 인간의 언어를 유창하게 사용함으로써 세상 모든 종류의 주제에 대해 인간과 의사소통하는 것이 가능할까? 언어를 사용하는 기계가 문장을 이해하고 아이디어를 떠올리는 것처럼 보일 수 있을까? 사실은 19세기 계산기나 20세기 워드프로세서만큼이나 생각이 결여되어 있고 속이 텅 비어 있을지라도? 진정으로 의식과 지능을 갖춘 마음과, 솜씨 좋게 만들어졌고 언어를 사용하지만 속이 텅 빈 기계를 어떻게 구별할 것인가? 이해와 추론은 생명체에 대한 유물론적이고 기계적인 관점과 양립할 수 없는 것인가?

기계는 스스로 결정을 내릴 수 있을까? 믿음을 가질 수 있을까? 실수할 수 있을까? 스스로 결정을 내렸다고 믿을 수 있을까? 스스로에게 자유의지가 있다고 착각할 수 있을까? 사전에 프로그래밍되지 않은 아이디어를 떠올릴 수 있을까? 정해진 일련의 규칙에서 창의성이 나타날 수 있는가? 우리 중 가장 창의적인 인간조차 알고 보면 단지 신경세포를 지배하는 물리 법칙의 수동적 노예일 뿐인가?

기계는 감정을 가질 수 있는가? 인간의 감정과 지성은 자아의 각기 다른 영역인가? 기계가 생각이나 사람, 혹은 다른 기계에 매혹되는 것은 가능한가? 기계가 다른 기계에게 매력을 느끼고 사랑에 빠질 수 있을까? 사랑에 빠진 기계들을 위한 사회적 규범은 어떤 것일까? 기계들의 연애에도 적절한 연애, 부적절한 연애가 있을까?

기계도 좌절을 느끼고 고통받을 수 있을까? 좌절한 기계가 억눌린 감정을 배출하려고 밖에 나가 자기 힘으로 약 16킬로미터를 달릴 수 있을까? 기계가 마라톤의 달콤한 고통을 즐기는 법을 배울 수 있을까? 겉보기에는 삶에 대한 열정이 있어 보이는 기계가 어느 날 스스로를 파괴하는 것은 가능할까? 그것도 엄마 기계를 속여 자신이 사고에 의해 소멸되었다고 '생각하게끔'(물론 기계는 무생물 물질로 이루어진 존재에 불과하니 생각하는 것 자체가 불가능하지만) 사건 전체를 계획하는 것이?

이와 같은 것들이 계산학the science of computation의 선봉에 섰던 영국의 위대한 수학자 앨런 튜링의 뇌에서 타오른 질문들이다. 그렇지만 다른 차원에서 보자면 이 질문들은 튜링의 순탄치 않았던 삶에서 가장 중요한 부분들을 드러내고 있기도 하다. 튜링의 삶을 정당하게 평가하려면 튜링과 많은 것을 공유한 누군가가 그의 전기를 깊숙이 파헤쳐야만 할 것이다. 영국의 뛰어난 수리물리학자인 앤드루 호지스는 바로 이 어려운 일을 아주 멋지게 해냈다.

튜링을 다룬 이 전기는 다양한 시기에 튜링을 알았던 수많은 사람들과의 대화를 포함해 수없이 많은 자료를 공들여 모아 정리한 책으로, 대단히 복잡하고도 흥미로운 한 개인을 놀라울 정도로 생생하게 그리고 있다. 튜링의 삶은 심도 깊게 연구해볼 만하다. 그는 20세기 과학계의 주요 인물이었을 뿐 아니라 대인관계에 있어서도 관습에 얽매이지 않는 행동으로 엄청난 고통을 겪었던 사람이기 때문이다. 심지어 오늘날의 사회에서도 튜링의 비순응적인 방식은 여전히 제대로 이해받지 못하고 있다.

이 풍부하고 흥미진진한 전기가 튜링에 대한 첫 번째 책은 아니다. 사실 튜링의 어머니인 사라 튜링이 아들이 죽고 나서 몇 년 후 간추린 회고록을 쓴 바 있다. 사라 튜링은 아들을 아이디어가 넘치고 정신과 삶, 그리고 기계장치에 대해 마르지 않는 호기심을 가졌던 사랑스럽고 별난 소년 같은 이미지로 그려냈다. 그 얇은 책에도 나름의 장점과 매력이 있기는 했지만, 진실이 상당 부분 은폐된 것도 사실이다. 이 책에서 앤드루 호지스는 튜링의 마음, 육체, 그리고 영혼을 사라 튜링은 결코 엄두도 내지 못할 정도로 깊이 탐구하고 있다. 사라 튜링은 지극히 관습적인 사람이었기에 자신의 아들이 영국 사회의 표준 유형에서 얼마나 동떨어져 있는지 말하는 것은커녕 보는 것조차 원하지 않았기 때문이다.

앨런 튜링은 동성애자였다. 그는 굳이 그 사실을 숨기려고 하지 않았고, 나이가 들면서 그런 성향은 특히 강해졌다. 1920년대에 성장한 소년으로서나 이후 몇십 년을 살았던 성인 남자로서나 동성애자라는 사실은 (특히나 영국의 상류층 인사로서는) 언급할 수조차 없는 끔찍하고도 비밀스러운 고통이었다.

A. M. 튜링은 무신론자이자 동성애자였으며, 괴짜에 마라톤을 즐기는 영국의 수학자였다. 그는 컴퓨터의 개념을 창안하고 컴퓨터가 가질 수 있는 능력에 대해 예리한 정리를 선보였으며 컴퓨터에 마음이 있을 수 있는지에 대해서도 명확한 비전을 제시했다. 그뿐만 아니라 제2차 세계대전 중 독일의 암호를 해독하는 데도 혁혁한 공을 쌓았다. 오늘날 우리가 나치 치하에 살고 있지 않은 것도 상당 부분 튜링 덕분이라고 말해도 좋을 것이다. 그럼에도 불구하고 세계사를 주름잡은 이 특출한 인물은 여전히 수수께끼로 남아 있다.

앤드루 호지스의 이 전기는 다양한 측면을 가진 한 남자의 인생을 아주 자세하고 헌신적으로 그린 책이다. 지나치게 솔직하고 체면 따위는 아랑곳하지 않아서 당대 사회와 불화할 수밖에 없었던, 그래서 결국 파멸을 자초하고 말았던 한 남자의 인생 말이다. 책에는 주인공에 대한 작가의 공감을 넘어서는 다른 차원의 깊이와 이해가 흐르고 있다. 과학계 인물을 다루는 전기에 있어 무엇보다 중요한 과학적 정확성과 명료성이 바로 그것이다. 호지스는 일반 독자들이 이해하기 쉽게 각각의 개념을 자세히 아주 잘 설명해냈는데, 독자들이 쉽게 짐작할 수 있듯 호지스 자신도 튜링의 마음을 사로잡았던 모든 아이디어에 강한 흥미를 느꼈기 때문일 것이다.

『앨런 튜링의 이미테이션 게임』은 일급 과학자의 인생을 다룬 일급 전기이다. 그리고 이 특별한 과학자의 마음뿐 아니라 몸까지 논한다는 점에서 사회적 의미 또한 크다고 할 수 있다. 튜링은 자신의 개인적인 이야기가 언젠가 일반 대중에게 공개될 것을 알았다면 아마도 몸서리치게 싫어했겠지만, 다행히 그는 좋은 작가를 만났다. 한 인간을 이보다 더 사려 깊고 호의적으로 그린 책은 상상하기 어려울 것이다.

더글라스 호프스태터

2011년 5월 25일, 미국 대통령 버락 오바마는 영국 의회 연설 중에 뉴턴과 다윈, 그리고 앨런 튜링을 영국의 대표 과학자로 꼽았다. 명성과 중요도가 꼭 일치하는 것은 아니고, 정치인이 과학적 지위를 부여하는 것도 아니지만, 오바마의 이런 선택은 앨런 튜링에 대한 대중의 평가가 이 책이 처음 출간된 1983년에 비해 매우 높아졌음을 시사했다.

1912년 6월 23일 런던에서 태어난 앨런 튜링은 살아서 이 말을 들을 수 있었을지도 모른다. 그가 1954년 6월 7일 스스로 목숨을 끊지 않았더라면 말이다. 그가 살았던 시대는 지금과는 아주 다른 모습이었고 의회에 그의 이름이 언급되는 일도 없었다. 그러나 아이젠하워와 처칠이 군림했던, 그리고 새롭게 개조된 국가안전보장국NSA과 정보통신본부GCHQ가 함부로 그 이름을 입에 올리지도 못할 만큼 신성한 위치를 차지했던 비밀의 세계에서는 이야기가 달랐다. 거기서 튜링이 차지한 위치는 독특했다. 미국의 힘이 영국을 앞질렀던 1942년, 그는 수석 비밀 연구원으로 활동하고 있었다. 그가 맡았던 과학 임무는 1944년 6월 6일 그 절정을 이루었는데, 그로부터 겨우 10년 후 그는 이른 죽음을 맞았다.

튜링은 세계사에서 핵심적인 역할을 했다. 그러나 튜링이 겪었던 극적인 사건들을 권력 게임이나 20세기의 관례적인 정치 문제와 엮어서 묘사하는 것은 오해의 소지가 있다. 그는 정치적인 사람이 아니었다. 공산당을 지지하느냐 지지하지 않느냐를 축으로 정치성을 따졌던 당대의 지식인들 기준에서는 아니었다. 튜링의 친구와 동료 중에는 실제로 공산당원인 사람도 일부 있었지만, 튜링은 그런 문제에는 관심이 없었다(덧붙여 말하자면, 1980년대 이래 숭배되었던 금전 추구적 '자유기업 체제' 역시 그의 삶에서 별 역할을 하지 못했다). 그에게 중요했던 것은 성적 취향을 비롯한 정신의 자유였다(이 문제는 1968년 이후, 그리고 특히 1989년 이후 시대에서 더욱 진지하게 다뤄졌다). 그러나 이보다 더 중요한 것은 순수 과학이 국경을 초월해 전 지구적으로 영향을 미치고 있으며, 순수 수학의 보편성이 그가 살았던 20세기라는 짧은 시간을 훌쩍 뛰어넘는다는 사실이었다. 튜링이 1939년 중단했던 소수素數 연구를 1950년에 다시 시작했을 때도 소수는 전쟁이나 초강대국과는 무관하게 그 상태 그대로였다. 하디G. H. Hardy가 남긴 명언처럼, 소수는 소수인 것이다. 수학적 사고방식이라는 것이 이러했고, 튜링의 삶도 마찬가지였다. 그는 문학이나 예술, 혹은 정치의 틀로만 사고하는 사람들에게 실제적인 난제를 제시했다.

그러나 시공을 초월하는 문제를 시대적 비상 상황과 따로 떼어서 생각하기는 쉽지 않다. 당대의 뛰어난 과학 지식인들은 1939년 영국의 존립을 위협하는 전쟁 상황에 대처하기 위해 모집되었다. 나치 독일과의 전쟁에서 승리하기 위해서는 과학 지식뿐 아니라 최첨단의 추상적 사고가 요구되었다. 1936년에서 1938년까지 튜링은 마치 다가올 부호와 암호의 전쟁을 예상이라도 했듯 조용히 논리를 연구했고, 그런 점에서 동시대를 살았던 많은 반파쇼주의자들 중에서도 가장 실질적인 반파쇼주의자였던 셈이었다. 물리학과의 역사적 유사성도 눈에 띄었는데, 튜링은 로버트 오펜하이머Robert Oppenheimer(미국의 이론물리학자로 원자폭탄을 개발했다―옮긴이)와 유사한 인물이라 할 수 있겠다. 1939년이 남긴 이 유산에는 여전히 많은 의문점이 있다. 국가 기밀 사항이 오늘날의 지식계와 과학계에 촘촘히 섞여 있기 때문이다. 그러나 이러한 사실은 거의 언급되지 않는다.

튜링의 인생에 있어 가장 중요한 요소, 즉 만능기계universal machine에도 그렇게 시대를 초월한 특징이 있다. 1936년 그가 구상한 만능기계가 1945년 다목적 디지털 컴퓨터로 탄생했던 것이다. 만능기계는 튜링의 인생을 통틀어 가장 핵심적이고 혁명적인 개념이지만, 갑자기 툭 튀어나온 생각은 아니었다. 구식의 알고리즘, 즉 기계적 과정을 새롭고 정밀하게 공식화함으로써 나올 수 있었던 개념이었다. 그제야 튜링은 모든 알고리즘, 즉 가능한 모든 기계적 과정을 만능기계로 실행할 수 있다고 자신 있게 말할 수 있었다. 그의 이 같은 구상은 곧 '튜링기계'라고 알려지게 되었지만, 이제는 튜링기계를 컴퓨터 프로그램 혹은 소프트웨어로 봐야 할 것이다.

오늘날에는 적절한 소프트웨어를 만들고 실행하기만 하면 컴퓨터가 다른 모든 기계를 대체할 수 있다고 당연하게들 생각한다. 자료 보관이나 사진, 그래픽 디자인, 인쇄, 우편, 전화, 그리고 음악과 관련된 용도에 이르기까지 컴퓨터가 대체할 수 있는 일은 무궁무진하다. 산업화된 중국이 미국과 똑같은 컴퓨터를 쓴다고 아무도 놀라지 않는 세상이 되었다. 그러나 이 같은 보편성이 가능하다는 것은 절대 빤한 사실은 아니고, 더군다나 1930년대에 이런 점을 명확히 볼 수 있었던 사람은 아무도 없었다. 디지털 기술을 쓰는 것만으로는 충분하지 않았다. 만능컴퓨터가 되려면 프로그램을 저장하고 해독할 수 있어야 했다. 그러려면 복잡한 논리를 최대한 단순화해야 했는데, 그것도 아주 빠르고 믿을 수 있는 전자 기술로 실행되어야만 실용적인 가치가 있었다. 1936년 튜링이 처음 고안했고, 1940년대에 전자적으로 구현되었으며, 지금은 마이크로칩에 담겨 있는 이 논리가 바로 만능기계의 수학적 개념이다.

1930년대에는 오로지 극소수의 수리논리학자만이 튜링의 생각이 가진 가치를 알아볼 수 있었다. 그러나 이들 중에서도 실제로 기계를 만들어보고자 했던 사람은 오직 튜링뿐이었다. 그는 1936년의 순수 이론에서 1946년 소프트웨어 공학 기술에 이르기까지의 과정을 포괄할 수 있었던 사람이었다. 튜링이 말했듯, "지금껏 알려진 모든 처리과정을 명령표 형태로 변환해야" 했다. 1946년 튜링과 함께 활동했던 도널드 데이비스Donald Davies는 훗날 '패킷 교환'용 명령표(튜링은 프로그램이라 불렀던)를 개발했는데, 이것이 인터넷 프로토콜로 발전했다. 컴퓨터 산업의 거대 기업들은 인터넷을 예측하지 못했지만 튜링이 고안한 보편성 덕분에 구사일생했다. 이 새로운 작업을 수행하기 위해 1980년대에 컴퓨터를 새로 발명할 필요는 없었다. 새로운 소프트웨어와 주변 기기, 속도와 저장 용량의 개선이 필요했지만, 기본적인 원칙은 그대로였다. 그 원칙은 정보기술의 법칙으로 설명될 수 있었는데, 아무리 어리석고 사악하고 하찮고 소모적이고 무의미한 기계적 과정일지라도 모두 컴퓨터로 돌릴 수 있다는 것이었다. 이런 면에서 이 원칙은 1936년의 튜링에게서 비롯되었다 할 수 있다.

　이 같은 기술 혁명과 관련해 튜링의 공과가 애초부터 제대로 인정되지 못했던 것은 튜링이 1940년대에 남긴 실질적인 출판물이 별로 없었기 때문이었다. 과학, 특히 수학은 개인을 흡수하고 압도한다. 튜링은 이런 익명주의 문화에서 활동했으며, 자신의 생각이 진지하게 받아들여지지 않는 데 좌절하기는 했지만 명성을 얻으려고 애쓰지는 않았다. 튜링은 대신 마라톤 경주에 경쟁심을 발휘해서 거의 올림픽에 출전해도 될 만큼의 실력을 쌓았다. 그는 '전산의 이론과 실제'에 대해 논문 쓰는 일을 등한시했다. 만약 썼더라면 전후 새롭게 일어난 컴퓨터 세계에 자신의 인장을 제대로 찍을 수 있었을 것이다. 손꼽히는 수리논리학자 마틴 데이비스Martin Davis는 1949년 이래 튜링의 계산 가능성computability 이론을 크게 발전시킨 인물이었는데, 그가 2000년에 출간한 책¹은 본질적으로 튜링이 1948년에 썼을 법한 내용이었다. 그 책에서 데이비스는 1936년의 만능기계가 어떻게 유래했는지 설명했고, 어떻게 1945년에 프로그램 내장형 컴퓨터가 되었는지 보여주었다. 그리고 존 폰 노이만이 튜링의 1936년 연구로부터 배운 것을 토대로 결과적으로 더 잘 알려지게 된 자신의 계획을 고안하게 되었으리라는 점 또한 분명히 했다. 튜링의 마지막 출판물은 1954년《사이언스 뉴스Science News》에 실린 계산 가능성에 대한 기사였는데, 여기서 그는 자신이 그런 식의 분석적인 글도 얼마나 잘 쓸 수 있었는지를 증명해냈다. 그러나 명백히 자신이 발견했던 영역에 대해 썼던 이 글에서조차 튜링은 스스로가 수행한 주도적 역할에 대해서는 제대로 언급하지 않았다.

　놀랄 만한 속도와 성능을 갖춘 인터넷 검색엔진 역시 알고리즘이라는 점에서 튜링기계와 같은 원리로 작동한다고 할 수 있다. 인터넷 검색엔진은 정교한 논리와 통계, 그리고 병렬 처리를 사용하는 특정 알고리즘에서 유래하는데, 이 또한 튜링이 에니그마를 해독할 때 개척한 것이었다. 이 특정 알고리즘이 나치 독일의 암호를 푸는 검색엔진이었던 셈이다. 모든 알고리즘이 만능기계에 체계적으로 프로그래밍될 수 있고 실행될 수 있다는 튜링의 주장은 훗날 모든 것을 정복하는 발견으로 판명될 터였다. 그러나 그는 이런 공적에 대해 대중적인 인정을 구하지도 않았고, 실제로 거의 인정받지도 못했다. 대신 그가 '지능기계'라 불렀고 1956년 이후

　　　　　　　　　　　　　　　　　　　　　앨런 튜링의 이미테이션 게임

로는 '인공지능Artificial Intelligence'이라 불리게 된 개념에 자신의 색을 확실히 입혔다. 훨씬 야심 차고 논쟁적이라 할 이 연구 계획은 튜링이 바랐던 대로 전개되지는 않았다. 적어도 튜링 생전에는 그랬다. 그는 왜 인공지능에 대해서는 그토록 공개적인 태도를 취했으면서 자신을 알고리즘의 거장이자 프로그래밍의 창시자로 내세우는 것은 꺼렸던 것일까? 부분적으로는 인공지능 문제가 튜링에게 가장 근본적인 과학 문제였기 때문일 것이다. 정신과 물질의 수수께끼는 튜링을 이끈 가장 심도 깊은 문제였다. 그러나 다른 측면도 있었다. 그의 전쟁 중 활약상은 철저히 비밀에 부쳐져야 했고, 그런 점에서 그는 자신이 이룬 업적의 희생양이기도 했던 것이다. 그가 비밀 전쟁의 알고리즘을 너무 많이 알았다는 사실, 그리고 전쟁으로 인해 논리와 전자공학 간의 중요한 연결고리가 생겼다는 사실은 튜링의 스타일을 구속하고 소통을 억제했다. 그가 쓴 1946년 보고서에는 암호 알고리즘의 중요성에 대한 조심스러운 암시가 나오는데, 이런 식의 자기 억제는 훗날 그의 모든 생각과 행위를 감염시키고 말았다.

전후 30년이 지나서야 전시에 블레츨리 파크Bletchley Park가 수행했던 암호분석 작업의 이모저모가 새어나오기 시작했다. 그제야 튜링의 인생을 진지하게 평가해볼수 있게 된 것이다. 마침 암호학 이론이 팽창하는 컴퓨터 과학에 이용되기 시작했던 때였다. 아울러 제2차 세계대전의 전반적인 재평가와 1970년대의 성해방 운동이 일어났던 시기이기도 했다. 튜링의 이야기는 (그가 예상하기도 했던) 1968년의 사회 혁명이 일어나기 전까지 자유로울 수 없었다. (그렇다 해도 영국의 검열법과 군사법은 1990년대에야 바뀌었고, 2000년이 되어서야 법적인 평등 원칙이 확립되었다. '묻지도 말하지도 말라Don't ask don't tell' 제도(커밍아웃한 동성애자의 군 복무를 금지시킨 미국의 제도—옮긴이)는 2011년이 되어서야 폐지되었다. 제8장에서 다루고 있는 문제들이 미국 군대에서 문자 그대로 말할 수 없는 성질의 것이었음을 보여주는 사례이다.) 튜링의 이야기에서 이 같은 해방 과정의 첫 조짐은 1952년 노르웨이에서 나타났다. 그가 소문으로 들었던 남성 전용 무도회는 아마도 스칸디나비아의 신생 동성애자 단체에서 조직했던 행사였을 가능성이 높기 때문이다. 동성애자를 테마로 하는 소설들 외에도, 1992년 노먼 루틀리지가 회상한 바에 따르면 튜링은 루틀리지에게 앙드레 지드 소설을 불어로 읽히지 못해 안달이었다고 한다. 주 8.31에도 나타나 있듯이, 한 가지 아쉬운 점은 튜링이 린 뉴먼에게 쓴 편지가 남아 있지 않다는 점이다. 그 편지의 내용은 1957년 린 뉴먼이 한 친구에게 쓴 편지에서 미루어 짐작할 수 있다. "불쌍한 앨런, 나는 그가 너무도 소박하고 슬프게 이렇게 말한 것을 기억해. '여자랑 자는 것이 남자랑 자는 것만큼 좋으리라고는 도저히 믿기지 않아요'라고 말이야. 내가 할 수 있었던 말이라곤 '저도 전적으로 동감해요. 저도 남자가 훨씬 좋은걸요'밖에 없었어." 이런 식의 대화는 당시에는 일부 가까운 사람들끼리만 조심스럽게 공유할 수 있는 것이었지만, 지금은 텔레비전 토크쇼에서 농담으로 써도 무방할 것이다. 튜링의 유명한 모방게임imitation game을 떠올리게 하는 재치 있는 대화 아닌가? 그러나 튜링의 단순하기까지 한 개방성은 시대를 앞서도 너무 앞선 것이었다.

동성애에 대한 그 시대의 적대감과 낙인찍기를 상상하기란 어렵지 않다. 그런 식의 증오와 공포는 아프리카든 중동이든 미국이든 여전히 문화적으로, 또 정치적으로 큰 힘을 발휘하고 있기 때문이다. 동성애자에 대한 박해가 단지 주장이 아니라 의문의 여지가 없는 원칙이었던 시절을 지금으로서는 상상하기 어렵다. 튜링은 아이러니하게도 두 가지 면에서 솔직해지지 말 것을 강요당했다. 바로 1950년대 가장 곤란한 문제였던 국가 안보와 동성애였다. 이 두 가지를 하나의 머리에 담지 못했던 것도 놀라운 일이 아니다. 튜링의 죽음은 역사에 터실터실한 자취를 남겼다. 아무도 (놀랍게도 그의 어머니를 제외하면) 그의 죽음에 대해 말하고 싶어 하지 않았다. 이 두 가지 요소를 하나의 서사로 결합한 나의 시도는 이 책이 출간된 1983년에 당연히 이런저런 비판을 받았다. 그러나 이제 모든 것이 바뀌었고, 튜링의 삶과 죽음은 다른 어떤 과학자 못지않게 칭송받고 있다. 이 책을 바탕으로 한 휴 화이트모어의 연극 〈암호를 해독하다Breaking the Code〉는 뛰어난 배우들이 출연한 작품으로, 튜링에 대한 대중의 수용성을 한층 높이는 계기가 되었다. 1986년 만들어진 이 연극 덕에 그의 삶은 유명한 이야기가 되었고, 1997년 텔레비전 극으로도 만들어지면서 그런 경향은 더욱 심화되었다. 그때쯤은 인터넷이 개인의 개방성에 일대 변혁을 몰고 온 뒤였다. 그의 모방게임에 등장하는 음란한 문자 메시

앨런 튜링의 이미테이션 게임

지가 이미 암시하고 있듯, 기묘하게도 튜링은 그의 기술이 이런 식으로 사용될 것을 예상했다. 맨체스터 컴퓨터로 연애편지를 만든 일화라든가 노르웨이 청년에 대해 언급한 서신을 컴퓨터로 출력한 것처럼 만든 일화를 보면 튜링은 아마도 자신과 비슷한 생각을 가진 사람들과 전자적으로 소통할 기회를 즐겼을 것 같다.

2009년, 영국의 수상 고든 브라운은 1952년에서 1954년까지 벌어졌던 튜링의 재판과 처벌에 대해 사과문을 발표했다. 튜링의 은밀한 조력 덕분에 전후 유럽 시민사회의 가치를 쟁취할 수 있었다는 견해가 전반적으로 형성되었기에 가능한 일이었다. 이 사과문은 대중적인 인터넷 기반 청원에 힘입은 것이었다. 1983년에는 불가능한 일이었지만, 이미 그때도 '강력한 초소형 컴퓨터'로 이런 비슷한 일이 가능해지지 않을까 논의된 적은 있었다. 후기에서 내가 이 책의 향후 개정판에 관해 한 말도 이 같은 분위기를 반영한 것이었다. 아닌 게 아니라 1995년 이후로 줄곧 개인 홈페이지를 통해 관련 자료를 업데이트하고 있다. 이런 견지에서 보면, 이처럼 두꺼운 책이 1983년 이래 계속 재판을 찍고 있다는 것은 놀라운 일이다. 그러나 전통적인 종이책은 이야기에 몰입할 수 있게 해주는 한 가지 장점이 있고, 시간이 많이 걸리기는 하겠지만 이 책에서 제공하고자 한 것도 바로 그런 경험이었다.

서술자로서 나는 마치 앨런 튜링의 수중 항해를 잠망경으로 코앞만 내다보는 듯한 시점을 택했고, 그의 미래에 무슨 일이 닥칠지에 대해서는 아주 가끔씩만 살짝 언급했을 뿐이다. 1940년대와 1950년대가 현재로서는 과거가 되었지만 한때는 철저히 베일에 가려진 미래였다는 사실에 입각했다. 때문에 독자들은 튜링의 가족사라든가 어린 시절 같은 사소하고도 세세한 이야기들이 도대체 무슨 의미가 있는지도 모른 채 힘들게 읽어내야 했을 것이다. 그러나 그 덕분에 이 책이 '현재 알고 있는 사실'에 입각하여 주장을 펼치는 다른 책과는 달리 시대에 뒤떨어지지 않을 수 있었다. 따라서 비록 많은 것이 변하기는 했지만 이 책을 읽을 때 1983년 시대의 논평을 뺄 필요는 없다(물론 주석은 그렇지 않은데, 1983년 당시 어떤 자료를 구할 수 있었는지는 보여주지만 '추가 참고 도서'에 대한 길잡이는 빠져 있음을 볼 수 있다).

그로부터 근 30년이 지난 지금, 저자인 나는 앨런 튜링의 순수 과학적 연구와 그 의미에 대해 어떻게 재평가할 것인가? 이 책은 1954년 이후 튜링의 연구가 남긴 유산에 대해서는 조사하지 않았다. 그것은 너무 방대한 작업이 될 것이다. 그러나 당연하게도 과학적 발견이 확대됨에 따라 튜링의 업적을 계속해서 새롭게 평가하는 일 또한 필수적이 되었다. 예컨대, 그의 형태발생morphogenesis 이론은 2000년 이후 물리화학적 작용 관점에서 활발하게 연구가 추진됨에 따라 이제 다양한 접근법과 모형에 입각해 많은 내용을 제공할 필요가 있게 되었다. 다른 예로는 인공지능에 대한 하향식 접근법과 상향식 접근법을 결합한 튜링의 전략과 그가 1948년 밑그림을 그린 신경망neural net이 있는데, 이 두 가지 모두 새로운 차원의 의의를 가지게 되었다. 1970년대 이후 양적, 질적으로 크게 증가한 과학·기술 역사서 중에는 튜링의 논문에 대한 자세한 연구가 상당수 포함되었고, 튜링 탄생 100주년이었던 2012년에는 주요 과학계 인사들이 새롭게 내놓은 분석이 절정에 달했다. 튜링의 연구는 이전과 달리 이해하기 쉬워졌고, 1983년에는 거의 이목을 끌지 못한 화제들이 이제는 활발한 토론 주제가 되었다.

그렇지만 이전과 급진적으로 다른 관점을 취하지는 않을 것이다. 이 책을 '논리'와 '물리'로 나눈 것부터 이미 급진적이었다. 튜링을 순수 논리학자로만 설명하는 관습을 거부하고 그를 언제나, 그리고 점점 더 물질세계의 본성에 관심을 가졌던 사람으로 그리고자 했다. 그리고 이제는 이런 관점이 옳다고 더욱 자신 있게 주장할 수 있게 되었다. 튜링이 1936년의 아이디어를 떠올렸을 때 그는 양자역학에 대해 아주 많이 알고 있는 상태였다. 현 시점에서 보면 무척 흥미로운 연관성이라고 할 수 있는데, 1980년대 중반 이후로 양자컴퓨팅quantum computing과 양자암호quantum cryptography가 튜링의 아이디어를 확장한 중요 이론이 되었기 때문이다. 마찬가지로, 튜링이 죽기 전 양자역학에 다시금 흥미를 보였던 것도 1950년과 1951년에 그가 컴퓨터와 마음에 대해 주장했던 바와 더 긴밀하게 연결시킬 수 있을 것이다. 이런 쟁점들은 1989년, 로저 펜로즈Roger Penrose[2]가 튜링이 발견한 계산 불가능한 수uncomputable number의 의미를 마음 차원에서 논의한 직후 생겨났다. 펜로즈 자신은 튜링기계를 급진적이고 새로운 양자역학적 관점과 결부시킴으로써 이 문제에 답하고자 했다. 내가 튜링의 전기를 지금 다시 쓴다면, 이제는 '처치–튜링 물리 명제physical Church–Turing thesis'라 불리게 된 이론을 더 부각시킬 것이다. 튜링은 계산 가능성의 범위가 모든 물리적 대상의 모든 행동을 포괄한다고 보았을까? 그렇다면 이것이 그의 마음 철학에 의미하는 바는 무엇인가? 이러한 견지에서 보면, 튜링의 연구에 대한 처치의 1937년 논평은 내가 언급했던 것보다 더 중요하다. 튜링의 주안점이 알고리즘에 관한 것으로 확연히 바뀐 시기 또한, 지금이라면 나는 1936년에서 1941년으로 바꿀 것이다. 기계의 무오류성에 대해 튜링이 펼쳤던 주장이나 '무작위적인' 요소의 사용 또한 좀 더 분석할 필요가 있고, 사고와 행위에 대한 상당량의 일반적 진술 역시 마찬가지이다. 그러나 이러한 문제들에 대해 더 날카롭게 답하고자 한들 새롭게 추가되는 것은 별로 없을 것이다. 단지 튜링이 정말로 생각했던 문제들이 무엇이었는지 더 예리하게 부각시키는 정도의 수준에 머물 것으로 본다.

앨런 튜링이 전시에 수행했던 비밀스러운 연구에 대해 이제는 훨씬 명확하고 상세히 보여줄 수 있게 되었다. 1992년 빈티지 출판사판 서문만 하더라도 영국 정보 기관의 공식 역사에 대한 힌슬리F. H. Hinsley의 책 제3권으로부터 새로운 자료를 추가해서 쓴 것이었다. 그러나 제2차 세계대전 중 미국과 영국의 암호해독 관련 문서 원본이 공식적으로 공개된 것은 1990년대 중반부터였다. 그리하여 그 내막을 힌슬리의 책보다도 훨씬 자세하게 설명할 수 있게 되었다. 공개된 정보는 블레츨리 파크와 그곳의 수석 과학 책임자였던 튜링이 거둔 성과가 질적인 면이나 중요성 면에서 추측했던 것보다도 엄청났음을 보여줄 따름이었다. 블레츨리 파크는 이제 관광 명소가 되었고, 당시 사용했던 과학적 방법을 보여주는 것이 투어의 핵심이 되기는 했지만, 그곳의 교훈은 여전히 제대로 드러나지 않고 있다.

공개된 문서는 1939년 11월 1일, 튜링이 어떻게 "현재 레치워스에서 제작되고 있는, 폴란드 봄베Bombe와 비슷하지만 훨씬 더 큰 기계(슈퍼봄베 기계)"를 발표할 수 있었는지 보여주고 있다. 여기서 '슈퍼'라는 접두사는 튜링이 이룬 기술적 진보를 극적으로 표현해주고 있는데, 나의 설명에는 그처럼 중대한 발전이 부각되지 않고 있다. 당시 내게 상세 정보가 부족했던 탓이다. 1940년, 튜링은 에니그마 해독 방법과 관련해 본인이 직접 작성한 보고서에서 이런 진보를 이루게 된 비결을 분명히 밝히고 있다. 바로 '평행 판독parallel scanning'이라고 불리는 방법을 이용했던 것이다. 이 모든 것은 이제 블레츨리 파크 박물관에 전시된 봄베 복제품에서 실제로 작동하고 있다. 문서 공개 외에도, 암호해독 팀에서 활동했던 일원들이 쓴 글도 나왔는데, 해군 에니그마 해독을 그토록 힘겹게 만들었던 바이그램표의 세부 정보나 통계 방법이라 할 밴버리스머스Banburismus 등 기술 작업에 대해 아주 자세히 설명하고 있다. 초고속 봄베와 로렌츠 암호해독법, 그리고 이제는 유명해진 콜로서스, 이 모든 것을 자유롭게 연구할 수 있다. 고인이 된 토니 세일Tony Sale(콜로서스 복제품 제작을 맡았던 전자공학자—옮긴이)의 공이 크다고 할 수 있겠다. 이 책에 등장하는 묘사는 이제 쓸데없이 모호해진 감이 있다. 그러나 암호해독에 대한 세부 내용을 더 실을 자리가 없었던 것도 사실이고, 요약만으로도 독자들이 크게 오해할 소지는 없을 것으로 본다.

새롭게 드러난 사실들은 특히 논리와 물리 간의 '가교Bridge Passage', 즉 1942년 말부터 1943년까지 초까지 튜링이 미국에서 수행했던 극비 교섭 업무가 얼마나 중요했는지를 새삼 보여주었다. 1942년 11월 28일 그가 워싱턴에서 작성한 보고서가 공개되었는데, 거기에는 미국에 도착하자마자 엘리스 섬에 구류되었던 일을 포함해 그가 처했던 이례적이며 난처한 상황이 잘 드러나 있다. 튜링은 미국 해군에게 위축되지 않았고, "암호문을 판단하는 문제에 있어 이 사람들을 신뢰할 수 없다고 확신하게 되었다"라고 기록했다. 1983년에 내가 소문으로만 들었던 일도 사실로 확인되었다. 12월 21일, 튜링이 기차를 타고 미국 봄베가 만들어지고 있던 오하이오의 데이튼을 방문했다는 사실이었다. 튜링이 극비로 진행되던 미국 음성 암호 기술에 어떻게 처음 발을 들이게 되었는지에 대해서도 새롭게 드러난 사실이 많았다. 그가 거기서 영감을 받아 착수한 딜라일라 음성 스크램블러speech scrambler에 대해서는 더 많은 정보가 나왔는데, 1944년 6월 6일에 작성한 중간보고서와 나중에 나온 최종설명서 덕분이었다. 딜라일라가 휴대전화의 전신으로서 미래의 기술에 속했다면, 에니그마는 1920년대의 기계공학을 그저 그렇게 개조한 것에 불과했다. 이 같은 새로운 자료는 튜링이 1945년 전쟁 승리와 함께 부상한 미국의 최첨단 기술에 대해 유일무이한 지식을 갖춘 사람이었음을 다시금 확인해주었다.

이러한 사실은 튜링이 1948년 이후 정보통신본부에서 수행한 역할이 무엇이었는지에 대해 더욱 궁금증을 유발한다. 1992년판 서문에서 나는 그가 한 일이 소련의 비밀 메시지를 해독한 그 유명한 베로나 프로젝트Verona project와 관련이 있지 않을까 의견을 제시한 바 있다. 그러나 튜링이 어떤 성격의 일을 수행했는지 짐작하게 해줄 1948~1954년 시기의 정보통신본부 관련 문서나 다른 기밀문서들은 공개되지 않았다. 최근에 출간된 리처드 알드리치Richard Aldrich의 정보통신본부 역사책[3]은 "오늘날 정보통신본부의 역할은 그 어느 때보다 중요하지만, 우리는 그 조직에 대해 거의 아무것도 모른다"라는 말로 시작하고 있다. 그러나 이제 에드워드 스노든Edward Snowden 덕분에 우리는 튜링이 초석을 놓은 업무에 대해 더 많이 알 수 있게 되었다. 그런 일에 만능기계가 얼마나 지대한 영향을 미쳤는지는 누구도 부인할 수 없을 것이다. 그리고 냉전 초기에 튜링이 전산의 가능성과 관련해 비밀 조언을 전혀 제공하지 않았으리라고는 믿기 힘들다. 내가 1992년판 서문에서도 썼듯이, 그가 아니면 도대체 누가 그런 일을 할 수 있었겠는가?

2013년 12월 24일, 영국 왕실은 저명인사들의 요구를 수용해 1952년 3월 31일 '중대 외설 행위'로 유죄 선고를 받은 튜링에 대해 사후 사면을 해주었지만, 정부 성명에 이런 질문들에 대한 답은 놀랍게도 빠져 있었다. 정부 소속 수석 과학자문위원이 범죄 행위에 대해 공판을 받는다는 것은 안보에 비상경보를 울리는 일인 만큼 그것과 관련된 기록이 분명 정부 내에 있었을 것이다. 또 휴 알렉산더도 재판에 증인으로 참석한 뒤 이와 관련해 보고했을 것이 분명했다. 주 8.17에서도 썼듯, 튜링이 감옥에 가는 대신 (당시 가벼운 처벌로 여겨졌던) 호르몬 치료를 받게 된 데에 외무성이 영향을 미쳤는지 의문이 드는 지점이다. 그러나 이와 관련된 서류는 나타나지 않았고, 애초에 공개를 요청받지도 않았다.

사면은 대중의 상상력을 자극했고, 믿기 어려운 크리스마스 선물처럼 커다란 기쁨으로 다가왔다. 그러나 사면의 원칙은 그렇게까지 숭고하지 않았다. 1952년 재판에서 튜링을 변호하기 위해 그가 국보급 인물이라는 것을 내세운 항변이 인정된 것이다. 지위를 이용한 승리라고 할 수 있었다. 1952년에 휴 알렉산더는 그런 방법으로 소기의 성과를 거두지 못했지만, 60년 후 이 같은 사면은 왕실의 공식 승인이라는 마법을 등에 업고 대대적인 환영을 받았다.

마침 엘리자베스 여왕이 즉위한 해가 튜링이 구속된 해였기에, 왕실 사면의 고

풍스러운 언어에 짜릿함이 더해졌다. 그러나 영국 헌법의 장식적인 측면을 잘 모르는 이들은 이 사면이 단순히 정부의 행정조치라는 것을 알아야 한다. 성명서는 튜링이 국가를 위해 혁혁한 공을 세웠음을 인정했고, 따라서 튜링이 국가와 맺은 관계를 다시금 강조했다. 그러나 이미 1954년쯤에는 정말 중요한 국가는 대서양 다른 편에 있었다. 미국 기밀에 접근할 수 있는 특별 권한이 튜링에게 명시적으로 주어졌던 점을 고려할 때, 미국 당국은 1951년에서 1952년 사이에 벌어진 일들에 대해 무엇을 알았으며 어떻게 반응했는가? 1948년 튜링은 미국법의 영향을 받은 규칙에 의거해 심사를 받았는가? 1950년 그가 파트너를 찾아 맨체스터의 밀크바를 배회하기 시작했을 때, 그는 새 규칙들을 알면서도 무시했던 것인가? 영국 정부는 1952년에서 1953년 사이에 있었던 튜링의 유럽 섹스관광의 실체를 미국에 전했는가? 튜링은 그 결과 어떤 요구와 협박, 그리고 감시를 감내해야 했는가? 이런 문제는 전혀 언급되지 않았다.

사면을 청원한 이들은, 튜링의 경우는 특수하며 다른 이들에게까지 사면이 적용되는 선례를 남기지 않을 것임을 분명히 했다. 튜링의 사면은 이처럼 이례적인 근거에 의해 승인되었다. 따라서 튜링과 똑같은 죄로 기소된 아놀드 머레이는 사면을 받지 못했다. 그가 아직 살아 있기나 한지 언급조차 되지 않았다(그는 사망했다). 이 책을 읽는 독자들은 튜링이 이 연약한 젊은이의 배경과 성격에 지대한 관심을 가졌다는 것을 알게 될 것이다. 그는 계급 장벽을 타파한 자신의 경험을 토대로 단편소설을 쓰기도 했다. 튜링이 너무나 고결한 인간이라 자신의 지위를 근거로 재판이 중단되고 모든 것이 은폐되었더라면 이에 반대했을 것이라는 이야기는 아니다. 하지만 자신에게만 예외가 적용되고 수천만의 다른 사람들에게는 그토록 억압적인 법이 집행되었다면 기뻐했을 것 같지도 않다.

1950년에 튜링은 이제는 '나비 효과'라 불리게 된 현상에 대해 설명하면서 한 남자가 산사태로 사망하는 것으로 끝나는 글을 썼다. 단편소설을 쓰면서 1951년과 1952년 사이의 사건들을 딱 그런 관점에서 보았을 수도 있다. 우리는 이제 위기를 촉발시킨 우연한 사건들에 대해 좀 더 많이 들여다볼 수 있게 되었다. 옥스퍼드 로드의 풍경 가운데는 18세 청년이 있었다. 그는 해군에서 주말 휴가를 나왔는데 밀크바에서 튜링을 알아보고 인사를 했다. 수학자가 아닌, 아마추어 달리기 챔피언으로 알아본 것이었다. 이 젊은이의 이름은 앨런 에드워즈Alan Edwards였는데, 그는 나중에 튜링이 아놀드 머레이와 가까워지는 것을 눈치 채기도 했다. 에드워즈도 운동 선수였고 좋은 머리를 가진 데다 동성애자로서의 정체성도 매우 확고했으므로, 튜링에게는 훨씬 더 잘 맞는 짝이 되었을지도 모른다. 그러나 그에게는 나름 완고한 취향이 있었고, 튜링은 그의 타입이 아니었다. 튜링이 너무 나이가 많아서가 아니라 유연하고 탄탄한 몸이 자신과 너무 비슷했기 때문이었다.

경주를 그만둔 뒤에도 튜링의 삶에서 달리기가 얼마나 중요했는지 증언해준 사람이 또 한 명 나타났다. 『올빼미 접시The Owl Service』(1967)로 유명한 앨런 가너Allen Garner였다. 2011년에 그는 혼자만 알고 있던 이야기를 해주었다. 그는 튜링의 훈련 파트너였다. 그들은 1951년에서 1952년까지 체셔 주도를 따라 대략 1,600킬로미터 정도를 같이 뛰었을 것이다. 가너는 1951년에 17세였고 맨체스터 중등학교에서 고전어를 공부하는 6학년 학생이었다. 그들은 우연히 길에서 만나는 동료 운동선수로서 서로를 알게 되었다. 처음부터 가너는 앨런이 자신을 동등하게 대해 준다고 느꼈다. 그가 다니던 학교 특유의 분위기(또 다른 앨런이 『역사의 소년들The History Boys』이라는 책에서 그런 문화를 그려낸 바 있다)를 생각하면 고맙게 생각할 만한 일이었다. 그때 가너는 단거리 주자로 진지하게 경주에 나서려던 참이었다. 그들은 각각 장거리와 단거리 달리기에 강점이 있었지만, 몇 킬로미터 정도는 비슷한 속도로 맞춰서 뛸 수 있었다. 그들은 또한 재담이나 상스러운 유머로 가득 찬 농담을 즐긴다는 점에서도 비슷했다. 지능을 갖춘 기계가 가능한가 하는 튜링의 질문도 가너에게는 전혀 뜻밖이 아니었다. 앨덜리 에지의 모트람 로드를 따라 10분 정도 조용히 뛴 뒤, 가너는 불가능할 것 같다고 대답했다. 튜링은 반박하지 않았다. 튜링은 "왜 고전어를 배우지?"라고 물었고, 가너는 "뇌를 다른 방식으로 쓰는 법을 배울 필요가 있어요"라고 대답했다. 튜링이 인정할 만한 대답이었다.

그들은 사적인 이야기는 나누지 않았다. 10킬로미터 정도 달리기를 지속하는 데 적합한 이야기들을 주로 했다. 그러나 1951년 말쯤 튜링이 백설공주 이야기를 언급한 적이 있었다. 가너는 놀라서 "당신도요?"라고 말했다. 어린 시절의 특별한 사건이 바로 연상되었기 때문이다. 〈백설공주〉는 그가 다섯 살 때 극장에서 처음 본 만화 영화였다. 〈백설공주와 일곱 난쟁이〉에 나오는 독이 든 사과의 이미지는 그를 공포에 떨게 했다. 튜링은 즉시 공감했다. "튜링은 그 장면을 세세하게 되짚으면서, 한쪽은 빨간색, 다른 쪽은 초록색이며 그중 하나는 죽음을 초래하는 사과의 모호함에 대해 자세히 설명하곤 했어요." 가너가 보기에 그들의 공통된 트라우마가 유대로 이어진 것이었다.

훈련은 1952년까지 연장되어서 튜링의 재판 기간과 겹쳤다. 튜링은 자신이 겪고 있던 일을 전혀 입 밖에 내지 않았고, 가너는 1952년 말 튜링과 어울리지 말라는 경찰의 경고를 듣고서야 소식을 들었다. 그는 이 일에 무척 화가 났다. 튜링이 자신을 노리갯감으로 보고 접근했다고 느낀 적은 전혀 없었기 때문이다. 그럼에도 불구하고 그들의 관계는 불가피하게도 슬프게 끝났다. 가너는 1953년 마지막으로 튜링을 보았을 때를 고통스럽게 회상한다. 그들은 윔슬로우에서 맨체스터까지 가는 버스를 우연히 같이 타게 되었다. 당시 여자친구와 함께였던 가너는 튜링에게 적절한 말을 하기 어려울 것 같아 그를 못 알아본 척 했다. 10대를 마감하는 시절을 그린 소설이나 영화에 나올 법한 이 사건 이후, 가너는 곧 병역을 수행하러 떠났고 병역 중 튜링의 사망 소식을 들었다. 앨런 가너는 튜링과 관련해 60년 동안 침묵을 지켰다.[4]

앨런 튜링은 지극히 평범한 체셔 출신 청년이 강한 호기심과 지적 야심을 보이는 것을 보고 분명 흐뭇해했을 것이다. 그러나 그는 가너에게서 무언가 더 본 것 같기도 했다. 현대성과 신화를 결합할 작가가 될 재목이라 느꼈는지도 모를 일이다. 사과에 대한 이야기는 튜링이 1952년 이후 받았던 융학파의 정신분석을 살짝 엿보는 듯한 느낌을 주는데, 이와 관련해서도 우리는 사실상 아무것도 모른다. 1938년 튜링이 케임브리지에서 〈백설공주〉를 보았을 때 다섯 살짜리 남자 아이도 그와 비슷한 반응을 보이고 있었으며 언젠가 그 느낌을 공유하게 되리라는 것도 인상적이다. 1938년은 튜링이 선택을 한 해였다. 그는 미국에서 돌아오기로 선택했고 순수수학을 계속하기보다는 전쟁에 적극적으로 관여하기로 선택했다. 튜링은 비밀주의, 그리고 순수의 종말을 받아들였다. 사과가 튜링의 자살 계획에 이미 등장했던

앨런 튜링의 이미테이션 게임

것을 보면, 영화의 장면은 무척 강렬한(그리고 가녀가 보기에는 트라우마가 될 정도의) 이미지로 남았던 것이 분명했다. 튜링의 정신분석가인 프란츠 그린바움은 그런 갈등을 해소하는 데 적격이었을지 모르겠지만, 국가 비밀을 엄수해야 했던 튜링은 자신의 상황이 얼마나 심각한지 제대로 전달하지 못했을 것이다. 1954년 튜링이 처했던 완전한 고립은 오늘날의 사회에서는 사실상 상상하기 어렵다.

또 다른 증인이 나타난다면 아마도 깜짝 놀랄 일이겠지만, 이 이상의 개인 문서는 분명 존재하고 언젠가 공개될 수도 있을 것이다. 우선은 주옥같은 개인 문서 몇 가지를 소개하면서 이 서문을 마치고자 한다. 1983년판 책에 사용하기에는 너무 늦게 등장했지만 1992년판 서문에는 포함된 글로, 여기서도 전문을 싣고자 한다.

1990년 킹스 칼리지의 문서 수장고에 보관된 짧은 편지 몇 통을 보면, 케임브리지의 킹스 칼리지와 정부신호암호학교 간에는 밀접한 관련이 있었던 듯하다. 1939년 9월 14일, 튜링이 학장인 존 셰퍼드에게 쓴 편지를 보면 "제 상사인 딜리 녹스가 학장님께 안부를 전해달랍니다"라는 문구가 나온다. 학장은 튜링에게 "자네가 여기 오면 늘 기쁘다네"라고 답장하며 학교를 방문할 것을 권했다. 전쟁 기간 동안 튜링의 연구원직과 관련된 문제들을 챙겨준 경제학자 케인스J. M. Keynes 또한 구세대 암호해독가들과 아는 사이였다(또한 튜링의 '상사'와도 친밀한 관계였던 듯하다). 이런 연관성은 1938년 암호에 대한 튜링의 관심이 어떻게 영국 정부에 전해져 운명적인 임명으로까지 이어졌는지에 대한 나의 설명에 한층 힘을 실어준다.

다음의 이야기는 1983년 당시 폴란드어로만 나와 있었는데, 역시 전쟁 초기 몇 달과 관련되어 있다.⁵ 이 일화가 주 4.10에서 제기된 바 있는 문제, 즉 튜링이 새 천공 용지를 폴란드와 프랑스 암호해독가들에게 가져간 개인 밀사였는지 판가름해주었다. 그것은 사실이었다. 작별 만찬에 관한 이 이야기에는 튜링의 목소리가 분명히 담겨 있었다.

파리 외곽의 아늑한 식당에는 제2부서Deuxième Bureau(프랑스의 군사정보기관—옮긴이) 직원들과 암호학자들, 그리고 비밀해독센터의 수장들이 모여 있었다. 베르트랑과 랑게르는 매일매일의 문제에서 벗어나 자유로운 분위기에서 저녁을 즐기고 싶었다. 주문한 요리와 와인이 나오기 전, 손님들의 관심은 테이블보 한가운데 자리 잡은 크리스털 화병에 꽂힌 꽃에 모아졌다. 깔때기 모양의 가느다란 꽃받침을 가진 우아한 분홍색 꽃이었다. 그 꽃의 이름을 처음에는 독일어로, 이어서 폴란드어로 중얼거렸던 사람은 아마도 랑게르였던 것 같다. "Herbstzeitlose… Zimowity jesienne…"

이 말은 튜링에게는 아무 의미가 없었다. 그는 그저 조용히 꽃과 창끝 모양의 마른 잎을 응시할 뿐이었다. 그러나 그는 곧 몽상에서 깨어났다. 수학자이자 지리학자인 예르지 로지츠키Jerzy Rózycki가 그 꽃의 라틴어명 Colchicum autumnale(가을 크로커스 혹은 백합과 콜히쿰속)을 말했던 것이다.

"이런, 그 꽃에는 강력한 독이 있다고요!" 튜링이 목소리를 높여 말했다.

이 말에 로지츠키는 천천히, 마치 단어 하나하나에 힘을 싣듯, 다음과 같이 덧붙였다. "저승에 가려면 이 꽃줄기 두어 개만 빨아 마셔도 충분할 겁니다."

잠시 동안 어색한 침묵이 흘렀다. 그러나 크로커스와 가을꽃의 위험한 아름다움은 곧 잊고, 진수성찬이 가득 차려진 식탁에는 활기찬 대화가 흐르기 시작했다. 그러나 착석자들이 아무리 일과 관련된 문제를 거론하지 않으려 해도 에니그마 문제에서 완전히 벗어나기란 불가능했다. 그리하여 독일 운영자들이 저지른 실수와 천공 용지에 대한 이야기가 다시금 수면 위로 떠올랐다. 천공 용지는 이제 손보다는 기계로 제작되기 시작했는데, 블레츨리에서 한 세트를 파리 외곽의 그레즈-아르맹빌리에에서 일하는 폴란드인들에게 보냈던 터였다. 천공 용지를 발명한 사람인 지갈스키H. Zygalski는 영국산 천공 용지의 특이한 규격에 대해 궁금해했다. 각각의 작은 네모칸 한 변의 길이가 8.5밀리미터였던 것이다.

튜링은 웃으면서 "아주 뻔하지요. 그냥 1인치의 3분의 1입니다!"라고 말했다.

이 발언은 어떤 치수 체계와 통화 체계가 더 논리적이고 편리한가에 대한 논쟁으로 이어졌다. 전통적으로 무질서한 영국 체계가 나은가 아니면 프랑스와 폴란드에서 사용하는 명쾌한 10진법이 나은가? 튜링은 익살스럽고도 조리 있게 전자를 옹호했다. 240펜스(1실링당 12펜스이므로 20실링에 상응)로 이루어진 영국의 파운드만큼이나 잘 나누어떨어지는 통화가 세상에 또 어디에 있단 말인가? 식당이나 술집에서

3명, 4명, 5명, 6명 혹은 8명의 사람들이 총금액을 (팁까지 포함하면 보통 파운드 단위로 반올림되므로) 1페니까지 정확하게 각각 나눠서 계산할 수 있게 해주는 통화는 파운드가 유일했다.

유독 식물에 관한 튜링의 지식은 비밀 업무에 대한 이야기와 수학적 농담을 주고받던 중 갑작스럽게 튀어나왔는데, 여기서 느껴지는 음울한 분위기는 그가 죽음을 택했던 방식을 떠올리게 한다. 그 사건의 충격은 또 다른 목격담에서 생생하게 그려지고 있다. 1954년 6월 8일 화요일 밤, 튜링의 가정부인 클레이턴 부인이 쓴 다음과 같은 편지를 통해서이다.

친애하는 튜링 부인께,
지금쯤 부인께서도 앨런 씨의 사망 소식을 들었겠지요. 너무도 끔찍한 충격이었습니다. 저는 어찌할 바를 몰라서 깁슨 부인 댁으로 건너갔고, 깁슨 부인이 경찰에 전화했습니다. 경찰은 제게 아무것도 손대지도 뭘 하지도 말라고 하더군요. 게다가 부인 주소도 기억이 안 났습니다. 저는 주말을 밖에서 보내고 평소처럼 앨런 씨의 식사를 차려주려고 오늘밤 올라왔던 터였습니다. 침실 불이 켜 있었고, 거실에 커튼이 쳐 있었으며, 우유는 계단에, 신문은 문 앞에 있더군요. 그래서 앨런 씨가 아침 일찍 나가면서 불 끄는 걸 잊었다고 생각했지요. 그래서 침실로 가 문을 두드려 보았습니다. 인기척이 없길래 들어가 보았지요. 그는 침대에 있었는데 밤사이에 돌아가신 것 같았습니다. 경찰이 오늘밤 다시 와서 제게 진술을 받아갔습니다. 검시는 토요일로 예정되어 있다고 들었습니다. 부인이나 [존] 튜링 씨께서 와주실 것인지요? 저는 너무나 절망적인 기분이라 아무것도 손에 잡히지 않습니다. 웹 가족은 지난 수요일에 이사했는데 새 주소는 아직 모릅니다. 깁슨 씨 내외분이 월요일 저녁에 앨런 씨가 산책하는 것을 봤다는데, 그때는 아무렇지도 않아 보였다고 합니다. 그 전 주말에는 갠디 씨를 초대해서 같이 지냈는데, 아주 즐거운 시간을 보내는 것 같았습니다. 웹 씨 내외분은 화요일에 저녁식사를 하러 오셨고, 웹 부인은 이사 가던 수요일 오후에 앨런 씨와 차를 마셨습니다. 정말 삼가 깊은 조의를 표합니다.

제가 도울 수 있는 일이 있으면 뭐든 하겠습니다.

존경을 담아, S. 클레이턴 드림

이 편지는 튜링의 집이 즉시 경찰 관할로 넘어갔음을 보여주고 있으며, 따라서 경찰이 검시 때 공개하지 않은 정보가 있었을 가능성도 시사하고 있다. 이 편지는 현재 킹스 칼리지 문서 수장고에 보관되어 있다.

튜링이 친구인 노먼 루틀리지에게 쓴 귀중한 편지 두 장에도 경찰과 관련된 이야기가 나온다. 이 편지들 역시 킹스 칼리지에 보관되어 있다. 첫 번째 편지는 날짜가 적혀 있지는 않지만 1952년 초에 쓰인 것으로 보인다.

친애하는 노먼에게,

일자리에 관해 난 사실상 아는 게 별로 없는 것 같네. 전쟁 때 내가 했던 일을 제외한다면 말이지. 근데 그 일은 확실히 여행이 전혀 필요 없는 일이었네. 그들은 징집병도 고용하는 것 같네만. 상당히 머리를 써야 하는 일임은 확실하지만, 자네가 관심을 가질 만한 일인지는 확신할 수 없네. 필립 홀도 같은 직업을 가진 적이 있었지만, 내 생각엔 전반적으로 그 일을 그다지 좋아했던 것 같지는 않네. 그런데 다음 단락에서 그 이유를 설명하겠지만, 현재 나는 생각을 집중할 수 있는 처지가 아니네.

늘 내게 일어날 수도 있다고 생각했던 그 일이 실제로 일어나 현재 나는 곤란에 처해 있네. 한 10분의 1 정도의 가능성이라고 생각했는데 말이지. 나는 곧 한 청년과 성범죄를 저지른 혐의에 대해 유죄를 인정할 것이네. 발각되게 된 전말에 대해 말할 것 같으면 길고도 아주 흥미로운 이야기라네. 언젠가 단편소설로 써볼 작정이네만, 지금 당장은 말해줄 시간이 없네. 이 사건에서 벗어나게 될 때쯤이면 나는 다른 사람이 되어 있을 것이 분명하네. 아마도 여태껏 내가 몰랐던 모습을 하고 있겠지.

방송을 재밌게 봤다니 다행이군. 그런데 J[제퍼슨]는 확실히 다소 실망스럽긴 했네. 미래에는 다음과 같은 삼단논법이 사용되지는 않을까 걱정일세.

튜링은 기계가 생각한다고 믿는다

튜링은 남자와 동침한다

고로 기계는 생각하지 않는다

고통을 담아, 앨런

'모든 인간은 죽는다. 소크라테스는 인간이다. 고로 소크라테스는 죽는다'(공교
롭게도 소크라테스는 독약을 마시고 죽었다)를 연상시키는 튜링의 삼단논법은 가히
블랙 유머의 결정체라 할 수 있다(튜링이 자신의 삶의 부분들을 어떻게 융합시켰는
지 보여주는 출중한 예이기도 하다). 6년간 자신이 종사했던 중요한 전시 업무에 관
해 말도 안 될 정도로 무성의하게 묘사한 편지 서두 역시 놀랍기는 마찬가지이고,
그 일에 여행이 전혀 필요 없었다는 진술 또한 이해하기 어렵다.

2월 22일 날짜가 적혀 있는 두 번째 편지는 1953년에 쓰인 것으로 추정된다.

친애하는 노먼에게,

편지 고맙네. 좀 더 빨리 답장하지 못해 미안하네.

다음에 만나면 흥미진진한 나의 삶에 대해 들려줄 유쾌한 이야기가 있네. 경찰과
또 한판 붙었거든. 2라운드는 튜링의 승리라 할 수 있지. 북잉글랜드의 전체 경찰
중 반이 몰려와 나의 애인으로 추정되는 남자를 찾고 다녔지(그것도 신고 한 건을 받
고). 아주 난리도 아니었다네.

우리는 철저히 고결하고 순결한 만남을 가졌다네. 그러나 그 가련한 녀석들은 그걸
몰랐지. 외국에서 술기운에 아주 가볍게 키스한 게 다였거든. 이제 다 해결돼서 평
온을 되찾았지만, 나를 신고했던 그 가련한 녀석은 상당히 푸대접을 받았을 성싶
네. 3월에 테딩턴에서 만나면 다 얘기해주도록 하지. 보호관찰에 처해진 지금, 나
의 삶은 고결 그 자체라네. 그리고 그래야만 했지. 자전거를 반대편 도로에 잘못 주
차하기라도 한다면 12년형이 떨어질지도 모르니 말일세. 물론 경찰이 앞으로 좀 더
귀찮게 굴겠지. 그러니 계속 정절을 지키는 수밖에.

프랑스에서 직장을 얻을까 생각 중이네. 나는 요새 정신분석도 받고 있다네. 시작
한 지 몇 달 되었는데, 효과가 있는 것 같네. 상당히 재밌고, 괜찮은 의사를 만난 것

같네. 상담 받는 시간의 80% 정도는 내 꿈의 의미를 같이 분석한다네. 이제 논리에 대해 쓸 시간은 없다고!

언제나, 앨런

튜링의 이런 꾸밈없는 문체는 오웰이나 쇼에 비교되기도 하지만 우드하우스P. G. Wodehouse적인 요소도 강하게 느껴진다. 두 개의 편지 모두 튜링의 연애 행각을 감시하는 경찰의 진지한 태도를 부정하는 듯한 뉘앙스를 풍기고 있다.

튜링은 암호 '일'을 할 때, 확률의 로그를 연구의 실마리로 사용했다. 그가 확률에 지속적으로 매력을 느꼈다는 것은 발각될 가능성이 10분의 1이라고 했던 지점에서도 드러난다. 튜링의 1953년식 금욕주의적 유머에는 20년 전 반전을 외쳤던 순수했던 학부생 시절, 알프레드 뷰텔의 도박 원칙을 분석했던 때와 연결되는 부분이 있다. 지정학의 구조적인 영향력이 위세를 떨치고 있을 때, 튜링은 민첩하면서도 태평하게 이리저리 피해가며 자신의 길을 갔다. 그러나 행운은 영원히 지속되지 않았다.

이 같은 부록을 첨가하는 것 외에도, 이 서문을 빌려 정정해야 할 오류들을 고백하고자 한다. 불가피하게도 다수의 오류가 이 책을 재판하는 와중에도 반복되었다. 몇 가지 예를 들어보겠다. 정규수에 대한 주 2.1은 정규수의 중요성, 특히 1933년 튜링의 친구 데이비드 챔퍼노운이 기여한 바의 중요성을 축소하고 있다. 어쩌면 '계산 가능한 수' 모델은 튜링의 무한소수 연구에서 비롯된 것일 수도 있다. 튜링의 스큐스 수Skewes number 연구에 대한 주 3.40은 정확한 것이 아니다. 튜링의 미완성 원고는 그가 잠시나마 이 연구를 다시 시작해서 스큐스와 간단히 서신교환을 했던 1950년 무렵에 쓰인 것이다. 오드리 베이츠는 이 책에 나와 있는 것보다 더 흥미롭고 중요한 일을 했다. 그녀의 석사 논문은 맨체스터 컴퓨터로 처치의 람다 계산lambda calculus을 표현하고 실행하는 것과 관련된 내용이었는데, 첨단의 아이디어였음에도 결국 출간되지 못했다. 이 같은 점은 어째서 튜링이 프로그래밍과 논리에 대한 자신의 통찰력을 바탕으로 활발한 연구 및 혁신 학파를 만들어내지 못했는지를 더욱 분명하게 보여준다. 베이츠는 "컴퓨터 관련된 연구는 박사 논문의 가치가 없다"라고 했던 맥스 뉴먼의 말을 기억했는데, 어쩌면 그것이 튜링이 직면했던 문제의 한 단면을 보여주는 단서일 수도 있겠다. 이 외에 추가되었거나 정정된 자료는 다음의 웹 사이트에서 확인할 수 있다(www.turing.org.uk).

다양한 주제가 섞인 기묘한 칵테일 같은 이 서문은 100년도 더 지난 1911년의 세계로 긴 여행을 떠나는 독자들에게 제공하는 일종의 식전주이기도 하다. 저자로서 이 여행을 하면서 나는 전생을 산 것 같은 기이한 경험을 했다. 그 기묘함은 이제 두 배가 되었는데, 당시 내가 아이젠하워의 시대와 떨어져 있었던 만큼 지금의 나는 1983년의 레이건 시대와 떨어져 있기 때문이다. 그동안 상황은 많이 변했다. 저자 후기에 등장한 SF 영화 〈2001 스페이스 오디세이〉는 이제 유명한 역사가 되었고, '에너지 낭비를 최소화하자'라는 튜링의 과학적 신조는 더 절박한 의미를 갖게 되었다. 그러나 빅토리아 시대의 본질에 대한 두 가지 비유(하나는 영국인 루이스 캐럴의 세계이고, 다른 하나는 미국인 월트 휘트먼의 세계)만큼은 어떤 수정이나 변명도 하지 않아도 될 것 같다. 나는 루이스 캐럴의 수학 체스판에 담긴 2진법적 고전주의를 배경으로 선택했다. 이 체스판에서 앨런 튜링은 말단의 폰이다. 그러나 또 한편, '미래의 역사'에 대한 휘트먼의 낭만을 그 시대에 불어넣기도 했다. 19세기의 이 꿈들은 21세기의 죄악과 어리석음에도 여전히 호소하는 바가 크다.

1. Martin Davis, 『만능컴퓨터The Universal Computer』, Norton, 2000.

2. Roger Penrose, 『황제의 새 마음The Emperor's New Mind』, OUP, 1989.

3. Richard J. Aldrich, 『정보통신본부: 영국의 가장 비밀스러운 정보기관에 대한 검열 없는 이야기GCHQ: The uncensored storey of Britain's most secret intelligence agency』, Harper, 2010.

4. 2011년 11월 11일자 《옵저버Observer》에 실린 '나의 영웅, 앨런 튜링My Hero, Alan Turing'

5. W. Kozaczuk, C. Kasparek 옮김, 『에니그마Enigma』(Arms and Armour Press, 1984). 폴란드어 원문은 1979년 바르샤바에서 발표되었다.

제1부

논리

제1장

단결심

　대영제국의 아들로 태어난 앨런 튜링의 사회적 신분은 상류 지주 계급과 상인 계급의 경계선에 있었다. 상인과 군인, 그리고 성직자로 살았던 그의 조상들은 귀족 신분이었지만 그다지 안정적이지는 못했다. 그들 중 많은 이들은 대영제국의 이익을 전 세계로 팽창시키며 출셋길에 올랐다.

　튜링가의 뿌리는 14세기 스코틀랜드 애버딘셔의 포버란 마을에 살던 튜링 일가까지 거슬러 올라갈 수 있다. 그들에게는 준남작 작위가 있었다. 준남작 작위는 대략 1638년 훗날 스코틀랜드를 떠나 영국으로 간 존 튜링John Turing이라는 사람에게 주어졌다. '용감한 자에게 행운이 따른다Audentes Fortuna Juvat'가 튜링가의 가훈이었지만, 그들이 아무리 용감한들 운이 아주 좋았던 적은 결코 없었다. 존 튜링 경은 영국 내전에서 지는 편을 지지했으며, 포버란은 장로교회파the Covenanters에게 약탈을 당했다. 왕정복고 이후 보상에서 배제된 튜링가는 18세기 동안 쇠약의 길을 걸었다. 가족사를 기록한 『튜링가의 서사시』는 다음과 같이 묘사하고 있다.

　　월터와 제임스, 그리고 존은 알았네,
　　왕관의 헛된 명예보다는
　　차분하고 평화로운 삶을―
　　순수한 종교적 가르침으로부터 유래하는
　　신성함으로 밝게 빛나는 삶!

그리하여 그들의 조용한 나날들이 지나갔다

그리고 포버란의 명예는 잠든 채 묻혔다,

다시 한 번 명성에 이르는 줄을 놓아달라고

훌륭한 로버트 경이 간청할 때까지

성곽으로 둘러싸인 밴프의 탑에서 고음의 종소리가 요란하게 울린다

친절한 환대를 받으며

그의 식탁에 모여든 친구들은

튜링의 계보가 복원된 것을 기뻐하도다!

로버트 튜링 경Sir Robert Turing은 1792년 인도에서 거금을 들고 돌아와 작위를 부활시켰다. 하지만 그를 비롯해서 가문의 장남 집안이 하나같이 남자 상속자 없이 세상을 떴기에, 1911년이 되었을 때 세상에는 작은 세 무리의 튜링 일가만 존재할 뿐이었다. 준남작 작위는 로테르담 주재 영국 영사를 역임했던 84세의 8대 준남작이 보유하고 있었다. 그 밖에 그의 동생과 후손들이 튜링 가문의 네덜란드 일가를 형성했다. 차남 일가는 그들의 사촌이자 앨런 튜링의 할아버지인 존 로버트 튜링John Robert Turing의 후손들로 이루어졌다.

존 로버트 튜링은 1848년 케임브리지의 트리니티 칼리지Trinity College에서 수학 학위를 받았다. 그는 11등의 석차로 졸업했지만 성직 서임과 케임브리지에서의 목사보직을 위해 수학을 포기했다. 1861년 그는 19세의 패니 보이드와 결혼한 뒤 케임브리지를 떠났고 노팅엄셔에 정착해 10명의 아이들을 두었다. 그중 둘은 아주 어릴 때 죽었고 살아남은 네 딸과 네 아들은 목사의 박봉에 기대 가난하게 자랐다. 막내아들이 태어나자마자 존 로버트는 뇌졸중이 발병해 성직에서 물러났고, 1883년에 세상을 떠났다.

과부가 된 그의 아내가 병약자였기에 가족을 보살피는 일은 장녀인 진에게 돌아갔다. 진은 동생들을 엄하게 다스렸다. 가족은 교육 문제로 베드퍼드Bedford로 이사해 아들 둘을 그곳의 중등학교에 보냈다. 진은 자신이 직접 학교를 열었고, 다른 두 여동생도 학교 교사로 취직해 남동생들의 학업을 뒷바라지했다. 장남인 아

서는 하늘이 돕지 않은 또 다른 튜링가 사람이었다. 그는 인도 육군에 임관되었으나 1899년 서북 변경에서 매복공격을 받아 사살되었다. 셋째 아들 하비[2]는 캐나다로 이민 가서 공학 관련 일을 계속했다. 그러나 그는 나중에 제1차 세계대전 때문에 돌아와 상류층을 위한 언론이라 할 수 있는《언어와 송어 잡지》와《더 필드》의 낚시 분야 편집자로 일했다. 넷째 아들인 앨릭은 사무변호사가 되었다. 딸 중에는 오직 진만이 결혼했다. 그녀의 남편은 베드퍼드에서 부동산 중개인으로 일하는 허버트 트러스트람 이브 경Sir Herbert Trustram Eve이었는데, 그는 당대 최고의 부동산 감정인이 되었다. 무시무시한 레이디 이브, 그러니까 앨런의 고모 진은 런던 시의회 공원 위원회의 중심인물로 활약했다. 결혼하지 않은 세 명의 고모 중 친절한 시빌은 여집사가 되어 영국의 통치를 받는 인도의 고집 센 국민들에게 복음을 전파했다. 빅토리아 시대 이야기에 충실하게도 앨런의 할머니 패니 튜링Fanny Turing은 1902년 폐결핵으로 사망했다.

앨런의 아버지인 줄리어스 매티슨 튜링Julius Mathison Turing은 1873년 11월 9일 둘째 아들로 태어났다. 아버지의 수학적 능력을 타고 나지 못한 줄리어스는 학창 시절 문학과 역사 쪽에 재능을 보여 옥스퍼드의 코퍼스 크리스티 칼리지Corpus Christi College에 장학금을 받고 들어가 1894년 학사학위를 받았다. 그는 어린 시절 강요된 절약을 결코 잊지 않았으며 3기니만 내면 학사학위를 석사학위로 바꿔주는 우스꽝스러운 서비스에도 그답게 절대 돈을 내지 않았다. 하지만 그는 어린 시절의 비참함에 대해서는 결코 이야기하는 법이 없었다. 자신이 딛고 일어나 떠나온 시절에 대해 불평하기에는 자존심이 너무 강했던 것이다. 젊은 시절 그의 삶은 실로 성공의 모범을 보여준다. 그는 인도 공무원 조직Indian Civil Service에 들어갔다. 1853년의 진보대혁명으로 경쟁시험에 의한 공개채용이 가능해진 인도 공무원 조직은 심지어 외무성을 능가하는 명성을 누리고 있었다. 그는 1895년 8월에 치러진 공개 시험에서 154명 중 7등을 차지했다.[3] 다양한 분야의 인도 법과 타밀어, 그리고 영국령 인도의 역사를 공부한 덕에 그는 1896년에 치러진 최종 공무원 시험에서도 7등을 할 수 있었다.

그는 남부 인도의 대부분을 아우르는 마드라스 주Presidency of Madras에 배치되어

1896년 12월 7일 첫 출근을 했다. 그 주에 파견된 7명의 신입사원 중 그가 성적이 가장 좋았다. 로버트 경이 1792년 인도를 떠난 이래 영국령 인도에는 많은 변화가 있었다. 용감한 자에게는 더 이상 행운이 따르지 않았다. 행운은 인도의 기후를 40년간 참을 수 있는 공무원을 기다렸다고 하는 편이 나을 것이다. 당대의 기록에 따르면, 파견 공무원들은 "원주민들과 교제할 기회를 매번 즐겁게 여겼다." 그러나 빅토리아 시대의 개혁으로 "옛날 같았으면 영국인 관리가 현지어를 습득하는데 도움을 줬을 동맹"이 "더 이상 도덕적, 사회적으로 용인되지 않게 되었다." 점잔만 빼는 제국이 되어갔다.

줄리어스는 가족의 친구로부터 빌린 100파운드로 조랑말 한 마리와 마구를 구입했고 곧 오지로 파견되었다. 10년 동안 그는 벨라리와 쿠르눌, 그리고 비지가파탐지구에서 보조 징세관 겸 치안판사로 근무했다. 그는 이 마을에서 저 마을로 말을 타고 다니며 농업, 위생, 관개, 예방접종 상태를 보고했고, 회계감사를 했으며, 원주민 치안판사들을 감독했다. 그는 텔루구어를 구사할 수 있게 되었고, 1906년에는 수석 보조 징세관이 되었다. 1907년 4월, 그는 인도에 온 후 처음으로 잉글랜드에 돌아갔다. 성공길에 오른 남자가 10년간 외롭게 일하다 관례적으로 아내를 구하는 시기였다. 에델 스토니를 만난 것은 고국으로 돌아오는 배 안에서였다.

앨런의 어머니⁴ 역시 제국 건설자 세대의 산물이었다. 그녀는 요크셔에서 태어난 토머스 스토니Thomas Stoney(1675~1726)의 후손이었다. 토머스 스토니는 어린 나이에 아일랜드에 땅을 샀고, 가톨릭 국가인 아일랜드에 땅을 소유한 개신교 지주 중 한 명이 되었다. 티퍼레리에 있는 그의 토지는 고손인 토머스 조지 스토니Thomas George Stoney(1808~1886)에게 상속되었다. 토머스 조지 스토니에게는 다섯 아들이 있었는데, 그중 장남이 토지를 상속 받았고 나머지는 팽창하는 제국의 각지로 흩어졌다. 셋째 아들은 수력공학자로 템스강, 맨체스터의 대형선박용 운하, 그리고 나일강의 수문을 설계했다. 다섯째 아들은 뉴질랜드로 이주했고, 넷째인 에드워드 월러 스토니Edward Waller Stoney(1844~1931)가 앨런의 외할아버지로 그는 엔지니어 자격으로 인도에 갔다. 그는 마드라스와 남부 마라타 철도Madras and Southern Mahratta Railway의 수석 엔지니어로 일하며 탕가부드라 교량 건설을 감독했고, 저소음 펑카

바퀴Punkah-Wheel라는 특허 상품을 발명해 상당한 재산을 축적했다.

고집 세고 까다로운 남자였던 에드워드 스토니는 또 다른 영국계 아일랜드 가문 출신의 사라 크로퍼드와 결혼해서 두 아들과 두 딸을 낳았다. 그중 리처드는 아버지의 뒤를 이어 인도에서 엔지니어로 일했고, 에드워드 크로퍼드는 육군 의무부대의 소령이 되었으며, 이블린은 영국계 아일랜드인인 커완 인도 육군 소령과 결혼했다. 앨런의 어머니인 에델 사라 스토니Ethel Sara Stoney는 1881년 11월 18일 마드라스의 포다누르에서 태어났다.

스토니 가문이 돈이 없었던 것은 아니지만, 에델 스토니 역시 줄리어스 튜링만큼이나 음울한 어린 시절을 보냈다. 스토니가의 네 자녀들은 교육을 위해 모두 아일랜드로 보내졌다. 영국령 인도에서는 흔히 볼 수 있는 일로, 이곳에서 태어난 아이들이 사랑이 결핍된 삶을 사는 것은 제국에 따라오는 대가의 일부였다. 아이들은 클레어 주에서 은행지점장으로 일하는 삼촌 윌리엄 크로퍼드에게 맡겨졌다. 윌리엄 크로퍼드에게는 그들 외에도 첫 결혼에서 얻은 두 아이와 두 번째 결혼에서 얻은 네 아이가 있었다. 그곳은 애정이나 관심이 넘치는 곳은 아니었다. 크로퍼드 가족은 1891년 더블린으로 이주했는데, 에델은 매일매일 성실히 합승마차를 타고 등교하며 겨우 3펜스로 점심식사를 때워야만 했다. 17세가 되었을 때 그녀는 '아일랜드 억양을 없애기 위해' 첼트넘 여학교Cheltenham Ladies College에 편입되었고, 전설적인 여교장 미스 빌과 미스 버스를 견뎌야만 했다. 또한 영국 상류층 아이들에게 아일랜드의 철도 및 은행 집안 출신이라고 무시를 당해야만 했다. 에델 스토니는 문화와 자유에 대한 열망을 간직했기에 자청해서 6개월 동안 소르본대학교에서 음악과 예술을 배우기도 했다. 이 짧은 실험은 프랑스 역시 속물근성과 체면치레라면 영국 못지않다는 깨달음과 함께 헛되게 마감되었다. 그리하여 1900년 그녀가 언니 이비와 함께 쿠누어Coonoor에 있는 부모님의 대저택으로 돌아왔을 때, 인도라는 나라는 그녀에게 궁핍의 종말을 의미했으며 새로운 지식의 세계를 열어주었다.

7년 동안 에델과 이비는 쿠누어에서 젊은 숙녀의 삶을 살았다. 마차를 타고 외출해 명함을 남긴다든가, 수채화를 그리거나 아마추어 연극에 출연한다든가, 그날그날 열리는 화려한 정찬이나 무도회에 참석한다든가 하는 식이었다. 한번은 그녀의 아버지가 휴가차 카슈미르로 가족을 데리고 간 적이 있었는데 거기서 에델은 선교 의사와 서로 사랑에 빠졌다. 하지만 이들의 결혼은 금지된 것이었다. 선교사는 돈이 없었기 때문이다. 자식 된 의무가 사랑에 앞섰고, 그녀는 결혼시장에 계속 남아 있게 되었다. 그리하여 1907년 봄, 줄리어스 튜링과 에델 스토니는 고국으로 돌아가는 배에서 만나게 되었다.

그들은 태평양 경유 노선을 택했고, 그들의 로맨스는 일본에 도착하기 전에 싹텄다. 일본에서 줄리어스는 에델과 저녁을 먹으러 나갔는데, 짓궂게도 일본인 웨이터에게 "내가 멈추라고 할 때까지 계속해서 맥주를 가지고 와"라고 시켰다. 줄리어스는 금욕적인 남자였지만 언제 흥을 내야 할지 아는 사람이었다. 그는 에드워드 스토니에게 에델과의 결혼을 허락해달라고 정식으로 청했고, 이번에는 구혼자가 '신이 내린 직장인' 인도 공무원 조직에서 일하는 당당하고 멋진 젊은이였던 만큼 결과는 성공이었다. 하지만 맥주 이야기는 미래의 장인에게 좋은 인상을 주지 못해서 에델은 아버지로부터 무모한 술고래와 함께 사는 삶의 전망에 대해 한바탕 설교를 들어야 했다. 그들은 같이 태평양을 건너 미국을 횡단했다. 옐로스톤 국립공원에도 들렀는데, 미국인 관광 안내인이 너무 친근하게 구는 것에 놀라기도 했다.

결혼식은 1907년 10월 1일 더블린에서 치러졌다. (결혼식 카펫 비용을 누가 지불하느냐를 두고 튜링 씨와 돈을 밝히는 스토니 씨 간에 언쟁이 벌어지면서 그들 관계에 다소 앙금이 남았다.) 1908년 1월 그들은 인도로 돌아왔고, 그들의 첫째 아이인 존이 9월 1일 쿠누어의 스토니 저택에서 태어났다. 그리고 튜링 씨의 파견 업무 때문에 파르바티푸람, 비지하파탐, 아난타푸르, 베즈와다, 키카콜레, 쿠르눌 등 마드라스 곳곳으로 가족이 긴 여행을 떠나게 되었다. 1911년 3월 그들은 샤트라푸르Chatrapur에 도착했다.

훗날 앨런 튜링이 될 그들의 둘째 아들이 잉태된 것은 1911년 가을, 샤트라푸르에서였다. 동부 해안의 항구도시인 이 외딴 제국 기지에서 첫 번째 세포분열이 일어나고 머리와 심장이 나뉜 것이다. 하지만 그는 영국령 인도에서 태어날 운명이 아니었다. 그의 아버지는 1912년 두 번째 휴직 일정을 세웠고, 가족은 다 함께 영국으로 향하는 배를 탔다.

　인도로부터의 이 항해는 위기의 세계로 향하는 여행이었다. 파업, 여성 참정권 론자들, 아일랜드에서 벌어지는 내전에 가까운 분쟁으로 영국의 정치 지형은 큰 변화를 겪었다. 국민보험법, 공직자 비밀 엄수법, 그리고 처칠의 말을 빌리자면 "우리 시대의 문명을 특징짓는 동시에 억압하는 거대한 규모의 함대와 군대", 이 모든 것들이 확실성을 부르짖던 빅토리아 시대가 끝났으며 국가 역할이 확장되고 있음을 보여주고 있었다. 기독교 교리의 본질은 사라진 지 오래였고, 과학의 권위 가 더 큰 힘을 발휘했다. 그렇지만 심지어 과학도 새로운 불확실성을 체감하고 있었다. 새로운 기술이 표현과 소통의 수단을 엄청나게 확장시키며 휘트먼이 『현대 시대Years of the Modern』라고 칭송한 시대를 열었던 것이다. "종교 대전"이든 "계급 제도에 반발하는 대규모의 분출"이든 다음에 어떤 일이 벌어질지 아무도 알 수 없었던 시대였다.

　그러나 세계도시를 꿈꾸는 몽상가는 결코 아니었던 튜링 가족은 현대적 세계에 대한 관념이 없었다. 20세기로부터 격리되었던 데다 현대 영국마저 낯설기만 했던 튜링 가족은 그저 19세기 식으로 최대한 잘 대처하는 것에 만족했다. 그들의 둘째 아들 역시 이 같은 세계의 위기로부터 20년간은 보호받을 것이었지만, 훗날 이 갈등의 시대에 속절없이 말려들게 될 운명이었다.

　앨런 튜링은 1912년 6월 23일 패딩턴의 개인 병원*에서 태어나 7월 7일 앨런 매티슨 튜링Allen Mathison Turing이라는 세례명을 받았다. 그의 아버지가 1913년 3월까지 휴직을 연장한 덕에 가족들은 이탈리아에서 겨울을 보내게 되었다. 이후 그는 새로운 곳으로 파견되기 위해 돌아갔지만, 튜링 부인은 1913년 가을까지 두 아들과 함께 남았다. 앨런은 아직 강보에 싸인 아기였고, 존은 이제 네 살이었다. 그 후 그녀 역시 남편이 있는 곳으로 떠났다. 튜링 씨는 허약한 두 아들이 마드라스의 더

---

* 병원명은 워링턴 롯지Warrington Lodge로 지금은 콜로네이드 호텔Colonnade Hotel이 되었다(Warrington Crescent, London W9). 앨런의 세례는 바로 맞은편에 위치한 성그리스도 교회St. Savior's Church에서 거행되었다.

위로 인해 건강을 해치는 일이 없도록 잉글랜드에 살게 하는 것으로 결정을 내렸다. 결국 앨런은 친절한 인도 하인이나 동방의 밝은 빛깔은 한 번도 못 본 셈이었다. 앨런이 유배로부터의 유배 생활을 하며 유년 시절을 보낸 곳은 영국해협으로부터 상쾌한 바닷바람이 불어오는 곳이었다.

튜링 씨는 은퇴한 육군 부부인 워드 대령Colonel Ward과 그의 부인에게 두 아들의 양육을 맡겼다. 그들은 헤이스팅스에 인접한 해변 마을인 세인트레너즈온씨St Leonards-on-Sea에 살고 있었다. 해변 거리 바로 위에 자리 잡은, 배스턴 롯지Baston Lodge라 불리는 큰 저택이 그들의 집이었다. 길 맞은편에는 『솔로몬 왕의 금광King Solomon's Mines』을 쓴 라이더 해거드 경Sir Rider Haggard의 집이 있었다. 앨런이 조금 큰 후의 일인데, 평소처럼 도랑을 따라 어슬렁거리다 레이디 해거드 소유의 다이아몬드와 사파이어 반지를 찾아내서 2실링을 받은 일화도 전해진다.

워드 가족은 길에 다이아몬드 반지를 떨어뜨리는 부류의 사람들은 아니었다. 워드 대령은 본성은 친절하지만 하느님 아버지처럼 쌀쌀하고 퉁명스러웠다. 워드 부인은 남자아이들은 진짜 남자로 키워내야 한다고 믿는 사람이었다. 그렇지만 그녀는 생기가 넘치는 사람이었고, 두 소년 모두 '워드 할머니'를 좋아하게 되었다. 그 외에 톰슨 유모, 그리고 여자 가정교사가 있었다. 집에는 다른 아이들도 있었다. 워드 부부는 슬하에 기숙사생활을 하는 아들 하나와 무려 네 딸을 두었다. 나중에 그들은 튜링가 아들들의 사촌이기도 한 키완 소령의 세 자녀도 받아들였다. 앨런은 워드 부부의 둘째 딸인 헤이즐은 몹시 좋아했지만 막내 조안은 싫어했다.

튜링가의 두 아들은 워드 부인을 실망시켰다. 그들이 싸움이나 장난감 무기, 심지어 드레드노트Dreadnought(20세기 초에 사용된 전함—옮긴이) 모형도 싫어했기 때문이다. 워드 부인이 튜링 부인에게 존이 책벌레라고 불평하는 편지를 써서 튜링 부인이 존을 꾸짖는 편지를 쓴 적도 있었다. 바람이 몰아치는 산책로에서의 산책, 돌투성이 바닷가에서의 피크닉, 아이들 파티에서 벌어지는 게임, 그리고 놀이방에서 활활 타는 불을 쬐며 마시는 차 한 잔, 이런 것들이 워드가의 환경이 제공할 수 있는 흥밋거리의 전부였다.

이곳은 집이 아니었지만 집이어야만 했다. 앨런의 부모는 되도록 자주 잉글랜드에 왔지만 그들이 왔을 때조차 그곳이 집이 아닌 것은 마찬가지였다. 튜링 부인이 1915년 봄에 세인트레너즈에 돌아왔을 때, 그녀는 두 아들을 데리고 편의가 제공되는 가구 딸린 셋방을 전전했다. 희생에 대한 성가로 장식된 음울한 장소들이었다. 그때쯤 앨런은 말을 할 수 있었고, 다소 날카로운 고음의 목소리로 어른스럽지만 버릇없고 제멋대로이기도 한 견해를 내놓아 낯선 이들의 흥미를 끄는 어린 소년이었다. 방해를 받거나 하면 어리광은 순식간에 짜증으로 돌변하곤 했다. 실험이랍시고 부서진 선원 인형을 땅에 묻으면서 다시 자라기를 바랐던 앨런의 모습을 보면, 실험을 하는 것인지 장난을 하는 것인지 알 수 없었다. 앨런은 어느 선이상을 넘으면 반항으로 간주되는지 아닌지 둔감했기에 의무를 종종 거부하곤 했다. 지각을 일삼고 단정치 못한 데다 건방지기까지 한 앨런은 어머니와 유모, 그리고 워드 부인과 끊임없이 전쟁을 치렀다.

1915년 가을, 튜링 부인은 인도에 돌아갔다. 떠나면서 앨런에게 "말 잘 들을 거지?"라고 묻자 앨런은 "네, 하지만 가끔은 잊어버릴 거예요!"라고 대답했다. 하지만 이번 별거는 6개월 만에 끝냈다. 1916년 3월, 튜링 부부가 용감하게도 독일 잠수함 유보트U-boat의 공격을 무릅쓰고 수에즈에서 사우샘프턴까지 배를 타고 왔기 때문이다. 튜링 씨는 가족을 데리고 웨스턴하이랜드로 휴가를 떠났다. 거기서 그들은 키멜포트의 한 호텔에 머물렀고 존은 송어 낚시를 처음 배웠다. 1916년 8월 휴가가 끝나갈 때 튜링 부부는 같이 이동하는 위험을 다시 무릅쓰기보다는 앞으로 3년 동안 별거하기로 결정을 내렸다. 앨런의 아버지는 인도에 돌아갔고, 어머니는 세인트레너즈에서 이중의 유배생활을 다시 시작했다.

튜링 가족에게 미친 제1차 세계대전의 직접적 영향은 놀라울 정도로 미미했다. 기계화된 대량학살과 유보트 포위공격, 공습, 그리고 미국과 러시아 혁명으로 점철된 1917년은 새로운 세대에 기념비적인 유산을 남긴 해였다. 하지만 튜링 가족에게는 튜링 부인을 잉글랜드에 남게 한 것 이외의 개인적인 의미라고는 없었다. 존은 그해 5월 켄트 주의 턴브리지 웰스 근방에 있는 헤이즐허스트Hazelhurst라는 기숙 예비학교에 보내졌기에, 그 이후로 튜링 부인은 오로지 앨런만 돌보게 되었다. 튜링 부인이 가장 좋아하는 취미활동은 교회 다니기였다. 세인트레너즈에서 그녀

앨런 튜링의 이미테이션 게임

는 매우 보수적인 영국 국교회를 골랐고, 앨런은 매주 일요일마다 예배에 끌려 다녀야만 했다. 앨런은 향을 좋아하지 않아서 그곳을 '나쁜 냄새가 나는 교회'라 불렀다. 튜링 부인은 취미로 수채화도 열심히 그렸는데, 그 분야에서는 뚜렷한 재능을 보였다. 스케치 모임에 앨런을 데리고 간 적도 있는데, 앨런의 큰 눈과 선원모자, 그리고 갈매기의 새된 울음소리를 '쿼클링'이라 부르는 등의 독특한 표현법은 여성 미술학도들에게 인기 만점이었다.

앨런은 대략 3주 만에 『쉽게 배우는 읽기Reading without Tears』라는 책을 통해 혼자 글을 깨쳤다. 하지만 숫자는 더 빨리 인지하게 되어서 가로등 기둥을 지날 때마다 멈춰 서서 거기에 적힌 일련번호를 확인하는 짜증 나는 습관을 가지게 되었다. 앨런은 좌우를 잘 구분하지 못해서 자신의 왼손 엄지손가락에 조그맣게 빨간 점을 찍고는 '앎의 점'이라고 불렀다.

앨런은 커서 의사가 되고 싶다고 말하곤 했다. 튜링 부부가 기꺼이 찬성할 만한 야심이었다. 아버지는 수입이 꽤 좋다고 인정할 것이었고, 어머니는 유명한 사람들을 고객으로 두며 좋은 일을 한다는 것에 만족할 터였다. 하지만 혼자 힘으로 의사가 되는 법을 배울 수는 없었다. 교육을 받을 때가 온 것이었다. 그리하여 1918년 여름, 튜링 부인은 세인트마이클스St Michael's라는 사립 통학학교에 앨런을 보내 라틴어를 배우게 했다.

튜링보다 9년 일찍 태어났지만 튜링과 비슷하게 인도 공무원 조직에서 일하는 아버지를 둔 조지 오웰George Orwell은 자신을 "상위 중산층 중에서도 하위층에 가까운" 출신으로 묘사한 바 있다.[5] 전쟁 전에 그는 다음과 같이 썼다.

당신은 귀족이든 귀족이 아니든 둘 중 하나였다. 그리고 만약 당신이 귀족이라면 소득이 얼마건 간에 귀족처럼 행동하려고 애썼다. …상위 중산층의 도드라진 특징이 있다면 전통적으로 상업보다는 군인이나 공무원, 또는 전문직에 종사한다는 것이다. 이 계급에 속한 사람들은 땅을 소유하지는 않았지만 신의 눈에는 자신들이 지주로 보이리라 느꼈기에 장사를 하기보다는 전문직이나 군대에 들어감으로써 귀족적인 외양을 유지했다. 어린 소년들은 접시 위에 올라간 자두 씨를 세면서 자신들의 운명을 점치곤 했는데, 그럴 때마다 "군대, 해군, 교회, 의학, 법"을 구호처럼 외쳤다.

튜링 가족은 바로 이 위치에 있었다. 그들의 아들의 삶에 호화로움이란 없었다. 며칠 안 되는 스코틀랜드 명절이 예외라면 예외였다. 사치라고 해봤자 영화관, 스케이트장, 그리고 자전거를 탄 스턴트맨이 부두에서 다이빙하는 것을 구경하는 정도였다. 하지만 워드가의 집에서는 자신의 아이들을 마을의 다른 아이들과 구별 짓기 위해 끊임없이 죄를 씻었고 냄새를 씻어냈다. "내가 처음 계급 차별을 알게 되었을 때 난 아주 어렸죠. 딱 여섯 살 때였어요. 그전에 내가 영웅으로 생각했던 사람들은 대개 노동자 계급 사람들이었어요. 그들은 언제나 뭔가 흥미로운 일을 하고 있는 것처럼 보였거든요. 어부라든가 대장장이라든가 벽돌공 같은 사람들 말예요. …하지만 얼마 지나지 않아 나는 배관공의 아이들과 놀지 못하게 되었어요. 걔네들은 '천한 신분'이니까 나보고 가까이 하지 말라고 하더군요. 그건, 뭐랄까, 속물적인 생각이었지만 필요하기도 했어요. 중간계급 사람들은 자신의 아이들이 저속한 억양을 쓰며 자라도록 도저히 내버려둘 수 없었거든요." 오웰이 회상하며 말했다.

튜링 가족에게 경제적 여유란 거의 없었다. 아무리 보수가 좋은 인도 공무원 조직에서 일한다 하더라도 미래를 위해 저축할 필요가 있었기 때문이다. 그들이 꼭 돈을 마련해야 할 데가 하나 있었다면 바로 사립학교public school(13~18세 사이의 학생들이 가는 기숙 사립학교—옮긴이)였다. 이런 점에서 전쟁이라든가 인플레이션, 혁명에 관한 이야기는 아무것도 변화시키지 못했다. 튜링가의 두 아들은 사립학교에 가야만 했고, 다른 모든 것은 접어두어야 했다. 튜링 씨는 아들들이 아버지에게 사립학교 비용을 빚지고 있다는 사실을 끝까지 주지시킬 생각이었다. 앨런의 의무는 말썽부리지 않고 끝까지 학교를 다니는 것, 특히 사립학교에 입학하기 위해 필요한 라틴어를 배우는 것이었다.

그리하여 독일이 무너지고 쓰디쓴 휴전이 시작되었을 때, 앨런은 습자 연습장

앨런 튜링의 이미테이션 게임

과 라틴어 초급독본을 가지고 공부할 준비가 되어 있었다. 훗날 그는 자신의 첫 라틴어 연습에 대해 농담을 늘어놓았는데, 그에 따르면 앨런은 'the table'을 'omit mensa'라고 번역했다고 한다. 정관사 'the'에 수수께끼처럼 'omit'(생략)이라는 주가 달려 있었기 때문이었다(라틴어에는 정관사가 없기 때문에 생략하라는 표시를 잘못 이해해서 생긴 일—옮긴이). 그는 라틴어에는 관심이 없었고 마찬가지로 글쓰기에도 매우 큰 어려움을 겪었다. 마치 머리와 손이 따로 노는 것 같았다. 긁히는 소리를 내는 펜촉이나 잉크가 새는 만년필과 벌일 10년에 걸친 싸움이 바야흐로 시작되었다. 그가 쓴 글치고 틀린 단어를 지운 줄, 잉크 얼룩, 지나치게 딱딱한 글씨부터 악필까지 고르지 못한 글씨체 등이 보이지 않는 글은 없었다.

하지만 이 시기에 그는 여전히 밝고 쾌활한 어린 소년이었다. 크리스마스를 맞아 얼스코트에 사는 트러스트람 이브 댁을 방문했을 때 앨런의 삼촌인 버티는 천진난만하게 낄낄거리는 앨런의 기질을 좋아했기에 그에게 짓궂은 장난을 거는 것을 즐겼다. 그러나 이런 행사는 이제 동생의 용모와 행동을 책임지고 관리해야 할 형 존에게는 시련에 가까웠다. 그것은 어떤 인간도 가볍게 짊어질 수 있는 책임이 아니었다. 존에 의하면 다음과 같은 일도 있었다.[6]

그날의 관례에 따라 앨런은 세일러복을 입고 있었다(그 옷은 그에게 잘 어울렸다). 까다롭기로 따지자면 세일러복과 경쟁할 만한 것은 어디에도 없다. 세일러복은 칼라와 타이, 네커치프, 허리띠, 그리고 기다란 끈이 달린 직사각형의 플라넬 조각들로 분해된 채 박스 밖으로 삐져나와 있었다. 이것들을 어떻게, 어떤 순서로 조합하는지는 인간의 지력을 넘어서는 일이었다. 게다가 내 남동생은 단추 하나 신경 쓰지 않았다. 단추 하나라니 참 적절한 말이다. 대부분의 단추는 떨어져 있었으니. 앨런은 양쪽 발에 서로 다른 신발이 신겨 있다 한들 혹은 아침식사 종이 울리려면 3분밖에 남지 않았다 한들 전혀 신경 쓰지 않았다. 나는 앨런의 치아나 귀 상태 등 하찮은 세부사항들을 대강 넘김으로써 그럭저럭 임무를 완수하기는 했지만 동생 보기에 집중하느라 진이 다 빠져버렸다. 팬터마임을 보러 갔을 때야 비로소 나는 동생을 돌봐야 한다는 생각에서 해방될 수 있었다. 심지어 그때도 앨런은 '무지개

가 끝나는 곳'의 초록색 용과 다른 괴물들이 나오는 장면에 대해 큰 소리로 불평하
며 꽤 성가시게 굴긴 했다. …

크리스마스 팬터마임 공연은 한 해의 하이라이트였다. 하지만 훗날 앨런은 "어
렸을 때 나는 크리스마스가 언제 오는지 알지 못했다. 심지어 크리스마스가 주기
적으로 돌아온다는 것도 깨닫지 못했다"라고 회상했다. 음울한 배스턴 롯지로 돌
아온 뒤로 앨런은 지도에 고개를 파묻고 지냈다. 생일선물로 지도책을 사달라고
하더니 몇 시간이고 책을 탐독하기도 했다. 또한 약물 제조법도 좋아해서 쐐기풀
에 찔렸을 때 치료제로 사용하는 소리쟁이잎 혼합물에 들어가는 재료를 기록하기
도 했다. 앨런이 가진 책이라고는 얇은 자연학습지가 전부였고, 추가로 어머니가
소리 내서 읽어주는 『천로역정The Pilgrim's Progress』(영국 작가 존 버니언이 쓴 종교적 우의
소설—옮긴이)이 있었다. 한번은 어머니가 긴 신학 논설 부분을 빼먹는 속임수를
썼는데, 그 일은 앨런을 무척 언짢게 했다. "엄마가 모든 걸 망쳤어요." 앨런은 소
리를 지르며 자기 방으로 뛰어 올라갔다. 입바른 소리를 하는 단호한 영국인 주인
공에게 흥미를 느껴서 그랬는지도 모르겠다. 어쨌거나 일단 규칙이 정해지면, 그
규칙들은 왜곡이나 부정행위 없이 끝까지 지켜져야만 했다. 유모도 앨런과 놀아
주다가 비슷한 경향을 발견했다.[7]

> 내 마음에 가장 깊은 인상을 남긴 것은 앨런이 나이답지 않게 참 진실 되고 지적이
> 었다는 것이었어요. 또 앨런에게는 아무것도 숨길 수가 없었지요. 내가 앨런과 놀
> 아주었던 어느 하루가 기억나네요. 나는 앨런이 이기게끔 대충 놀아주고 있었는데
> 눈치를 채버렸어요. 몇 분 동안 한바탕 소동이 일어났지요.

1919년 2월, 튜링 씨는 3년의 별거 끝에 돌아왔다. 튜링 씨가 말대답 선수인 앨
런에게 권위를 회복하는 일은 쉽지 않았다. 한번은 튜링 씨가 앨런에게 그 길게 꼬
인 혀를 좀 풀라고 한 적이 있었다. "팬케이크처럼 납작하게 해." 튜링 씨가 말했
다. 그러자 앨런이 새된 목소리로 받아쳤다. "팬케이크는 보통 둘둘 말려 있는데

앨런 튜링의 이미테이션 게임

요." 앨런은 자신의 견해를 표현할 때 '안다' 혹은 '늘 알고 있었다'라고 말하곤 했다. 이를테면, 앨런은 에덴동산의 금단의 열매가 사과가 아니라 자두라는 것을 늘 알고 있었다. 여름에 튜링 가족은 스코틀랜드의 서북부 끝에 위치한 울라풀에서 휴가를 보냈다. 이번에는 낚시꾼 안내인까지 딸린 확실히 상류층다운 휴가였다. 튜링 씨와 존이 송어를 유인하고, 튜링 부인이 호수를 그리고 있을 때, 앨런은 야생화 꽃밭을 뛰어다녔다. 앨런에게는 피크닉용 차에 넣을 야생벌꿀을 채집하겠다는 멋진 생각이 있었다. 벌들이 윙윙대며 지나갈 때 그는 벌들의 비행경로를 관찰해서 항로가 만나는 지점을 표시하는 방법으로 벌집의 위치를 알아냈다. 튜링 가족은 그가 가져온 탁한 꿀보다는 이 같은 방향 탐지 능력에 더 강한 인상을 받았다.

하지만 그해 12월 앨런의 부모님은 증기선을 타고 떠났고, 존마저 헤이즐허스트로 돌아갔기에 앨런은 홀로 워드가에 남겨졌다. 앨런의 아버지는 드디어 마드라스의 중심 도시로 발령을 받아 세무부에서 근무했지만, 앨런은 세인트레너즈의 지독한 권태 속에서 약이나 조제해가며 정체되어갔다. 발달속도가 너무 지체되어서 어머니가 1921년 돌아왔을 때, 그러니까 그가 약 아홉 살이었을 때, 앨런은 긴 나눗셈조차 미처 배우지 못한 상태였다.

앨런의 어머니는 앨런이 "누구와도 금세 친해지는 매우 명랑한 성격"에서 "비사회적이고 몽상적인 성격"으로 변했음을 감지했다. 앨런의 열 살 때 사진을 보면, 생각에 잠긴 듯한 얼굴에 내성적인 분위기가 감돌았다. 튜링 부인은 앨런을 브르타뉴Bretagne에 데리고 가 빠듯한 예산으로 다소 김이 새버린 여름휴가를 보냈다. 그리고 런던에서 앨런을 직접 가르쳤는데, 앨런은 자석으로 쇳가루를 찾는답시고 도랑을 뒤지고 다녀 어머니를 놀라게 했다. 튜링 씨는 1921년 5월 마드라스 정부 개발 부서의 비서로 또 승진하여 주 전반의 농업과 상업을 책임지게 되었다. 그는 12월에 다시금 돌아와서 가족 모두를 데리고 생모리츠St. Moritz에 갔고, 거기서 앨런은 스키를 배웠다.

세인트마이클스의 여교장인 테일러 선생은 앨런에게 "천재성이 있다"라고 말했지만, 이 진단을 빌미로 학업과정을 바꾸는 것은 허락되지 않았다. 1922년 새해가 시작하면서, 앨런은 다음 과정을 밟기 위해 형처럼 헤이즐허스트에 보내졌다.

헤이즐허스트는 9세에서 13세까지의 남학생 36명을 수용하는 작은 기관이었다. 교직원으로는 교장인 달링턴 선생, 수학을 가르치는 블렌킨스 선생, 그림과 무디와 생키Moody and Sankey(영국과 미국에서 활동한 전도사—옮긴이)류의 음악을 가르치는 여교사 질레 선생, 그리고 양호 교사가 있었다. 존은 이곳에서 무척 즐겁게 지냈고 이제 학생대표가 되어 마지막 학기를 보내고 있었다. 존에게 동생의 존재는 마치 살에 박힌 가시와 같았다. 앨런이 학교를 방해물로 여겼기 때문이다. 어머니가 보기에 학교는 "앨런이 평소 즐기던 취미생활을 못하게 만들었다." 이제 하루 종일 시간에 맞춰 수업을 듣고 게임을 하며 식사를 해야 했기에 그는 짬짬이 취미활동을 할 수밖에 없었다. 한번은 종이접기에 푹 빠져 있던 앨런이 다른 학생들에게 비법을 전수하는 바람에 존은 도처에서 종이개구리와 종이배를 맞닥뜨리게 되었다. 달링턴 선생이 지도map에 대한 앨런의 열정을 발견하면서 존은 다시금 굴욕을 맛보게 되었다. 달링턴 선생이 여기에 영감을 받아 전체 학생 대상으로 지리 시험을 치게 했는데, 이 시험에서 앨런은 지리를 따분하게 여기던 형보다 높은 등수인 6등을 했다. 존이 학교 공연에서 '희망과 영광의 땅Land of Hope and Glory'(영국의 비공식적인 애국가—옮긴이)을 독창하고 있는데, 앨런이 뒷줄에 앉아 숨이 넘어가도록 웃어댔던 적도 있었다.

존은 부활절에 헤이즐허스트를 떠나 앞으로 다니게 될 사립학교인 말보로Marlborough로 갔다. 여름이 되자 튜링 씨가 가족들을 데리고 이번에는 스코틀랜드의 로킨버로 갔다. 앨런은 산길을 탐사하면서 자신의 지도 지식을 써먹었고, 가족들은 호수에서 낚시를 했다. 이제 앨런은 존의 경쟁 상대가 되었다. 형제는 폭력적이지 않은 경쟁관계를 구축했다. 예를 들자면, 외할아버지가 방문하면 그 끔찍함을 덜기 위해 게임을 했는데, 외할아버지가 이미 몇 번은 우려먹은 지루한 사교모임 이야기를 하게끔 유도하거나 못하게 저지할 때 득점을 하는 방식이었다. 또한 로킨버에서 앨런은 쓰고 버린 구스베리 나무껍질을 가장 멀리 던지는 사람이 이기는 게임에서 가족들을 상대로 승리를 거두었다. 튜링 씨는 식후에 하는 이 오락을 다소 상스럽게 여겼다. 앨런은 영리하게도 껍질을 부풀림으로써 울타리 너머까지 던질 수 있었다.

앨런 튜링의 이미테이션 게임

학교를 안 가고 이른 오후를 맞는 삶은 매우 즐거웠다. 하지만 9월이 되자 튜링 부부는 앨런을 다시 학교에 데려다 줘야 했다. 부부가 택시를 타고 돌아가는데 앨런이 뛰어오더니 학교 진입로를 따라 두 팔을 벌리고 쫓아왔다. 튜링 부부는 입술을 깨물며 마드라스로 떠나는 배를 타야만 했다. 앨런은 학교와 거리를 두는 태도를 유지했다. 그는 반에서 평균적인 점수를 받았고, 지도 방식에도 호의적이지 않았다. 블렌키스 선생이 앨런의 반에서 초급 대수학을 처음 가르치기 시작했는데, 앨런은 존에게 "그 선생님은 'x'의 의미에 대해 '상당히 잘못된 인상'을 심어줬어"라고 불평하기도 했다.

앨런은 연극과 토론 같은 작은 행사들은 즐겼지만 체육시간과 방과 후 게임은 싫어했고 두려워했다. 겨울이면 학생들은 하키를 했는데, 앨런이 훗날 주장하기를 자신이 빨리 달릴 수 있게 된 것은 공을 피해야 한다는 절박감 때문이었다고 한다. 하지만 선심 역할을 하는 것은 좋아해서 볼이 선 밖으로 나갔는지 정확히 판정하곤 했다. 학기 말 즉석 합창회에서 앨런은 다음과 같은 두 줄 가사로 묘사되었다.

튜링은 축구장을 좋아하다네
터치라인 때문에 생기는 기하학 문제들 때문이지

또 다른 가사는 하키시합 중 "데이지 꽃이 자라는 모습을 관찰하고 있는" 앨런을 묘사하고 있다. 앨런의 어머니는 이 이미지에 영감을 받아 즉흥적인 연필 스케치를 그리기도 했다. 그 가사는 앨런의 몽상가적인 수동성을 놀리고자 한 것이었지만, 나름 일리 있는 관찰이었는지도 모른다. 앨런에게 새로운 일이 있었던 것이다.

1922년 말, 앨런은 익명의 후원자로부터 『어린이라면 모두 알아야 할 자연의 신비Natural Wonders Every Child Should Know』[8]라는 책을 받았다. 앨런은 훗날 어머니에게 이 책으로 과학에 눈뜨게 되었노라고 한 바 있다. 아닌 게 아니라 앨런은 '과학'이라는 종류의 지식이 존재한다는 것을 이 책을 통해 처음 알게 되었던 것 같다. 그보다 더 중요한 것은 이 책이 앨런에게 인생이라는 책을 펼쳐주었다는 것이다. 앨런에게 영향을 미친 것이 하나 있다면 바로 이 책이었다. 다른 신문물처럼 이 책 또한 미국에서 온 것이었다.

　이 책은 1912년에 첫 출간되었다. 저자인 에드윈 테니 브루스터Edwin Tenney Brewster
는 다음과 같이 설명하고 있다.

　　…느슨한 고리로 연결되어 있지만 매우 현대적인 특정 주제들, 그러니까 통상적으
　　로 일반 생리학General Physiology으로 묶을 수 있는 주제에 관해 어린 독자들에게 지식
　　을 제공하려는 첫 시도이다. 간단히 말하자면, 이 책은 여덟 살이나 열 살짜리 아이
　　들이 '나는 다른 생명체와 어떤 점에서 비슷하고 어떤 점에서 다른가?'라는 질문을
　　처음에는 묻고, 나중에는 대답할 수 있게끔 지도하는 책이다. 덧붙여 말하자면, 아
　　이들이라면 모두 물어보는 몇몇 곤혹스러운 질문들에 당혹스러워하면서도 진지하
　　게 답해주려는 부모들에게 도움이 될 만한 근거를 제공하고자 했다. 특히나 그중
　　가장 까다로운 질문인 '나는 어떻게 이 세상에 나오게 되었나'라는 질문에 대해 중
　　점적으로 다루고 있다.

　다시 말해, 이 책은 성과 과학에 대한 책으로 '닭이 어떻게 달걀 안으로 들어갔을
까'라는 질문으로 시작하여 '다른 종류의 알'에 대해 횡설수설하다가 '남자아이와
여자아이는 무엇으로 만들어졌는가'에 대한 이야기로 끝을 맺고 있다. 브루스터는
'오래된 동요'를 인용하면서 다음과 같이 말한다.

　　그 노래에는 남자아이와 여자아이는 전혀 비슷하지 않고, 따라서 남자아이를 여자
　　같이, 혹은 여자아이를 남자같이 키울 이유가 없다는 진실이 담겨 있다.

　이 같은 차이점이 정확히 무엇인지는 처음에는 드러나지 않는다. 브루스터는 교
묘하게 논의를 불가사리와 성게 알에 대한 것으로 돌린 뒤에야 결국 인간의 몸으
로 다시 돌아온다.

　　우리의 몸은 시멘트나 나무집보다는 벽돌집과 비슷하게 지어졌다. 우리는 살아 있

는 작은 벽돌들로 만들어진 것이다. 우리가 자라는 이유는 이 살아 있는 벽돌들이 반으로 쪼개지고 그것들이 다시 온전한 하나의 벽돌로 자라기 때문이다. 하지만 언제 어디서 빠르게 자라고, 언제 어디서 느리게 자라며, 언제 어디서 전혀 자라지 않는지를 어떻게 벽돌들이 아는지는 아직 아무도 모른다.

생물학적 성장의 과정이 브루스터의 책을 관통하는 핵심 주제였다. 하지만 과학은 묘사만 할 뿐 아직 설명은 못하고 있었다. 아닌 게 아니라 앨런 튜링의 "살아 있는 벽돌들"이 첫 분열과 재분열을 하고 있을 무렵인 1911년 10월 1일, 다시 톰슨 D'Arcy Thompson 교수는 영국학술협회British Association에서 "생물학의 근원적 문제들은 예전과 마찬가지로 불가해하다"라고 말하고 있었다.

하지만 『자연의 신비』 역시 인간의 발달과정에서 첫 세포가 어디에서 왔는지 설명하는 데는 명백하게 실패했다. 단지 "수정란 자체는 부모 몸의 일부임이 분명한 또 다른 세포의 분열로 인해 발생했다"라는 모호한 암시만 던질 뿐이었다. 결국 비밀을 설명하는 일은 "당혹스러워하면서도 진지하게 답해주려는 부모" 몫으로 남겨졌다. 이 골치 아픈 문제를 다루는 튜링 부인의 방식도 사실 브루스터의 방식과 매우 유사했다. 적어도 존이 헤이즐허스트에 있을 때 받은 특별한 편지를 보면 그렇다. 그 편지는 새와 벌로 시작해서 "선로를 벗어나지 말라"라는 가르침으로 끝나고 있었다. 추정컨대 앨런 또한 비슷한 방식으로 교육을 받았을 것이다.

그러나 다른 점에서 보면, 『자연의 신비』는 분명 '매우 현대적'이었고 '자연학습지' 따위와는 확연히 달랐다. 이 책은 모든 것에 이유가 있어야 하며, 그 이유는 신이 아니라 과학에서 온다는 생각을 담고 있었다. 왜 남자애들은 뭔가를 던지는 것을 좋아하며 여자애들은 아기를 좋아하는지 한참 설명하다가 출근하는 아빠와 집에 남는 엄마의 전형을 이끌어내는 식이었다. 존경할 만한 이 미국적 삶의 모습은 인도 공무원의 아들들이 받고 있는 교육과는 다소 거리가 멀었지만, 뇌에 대한 다음과 같은 설명은 앨런에게 더 와 닿았다.

이제 왜 여러분이 땡땡이치고 수영하러 가고 싶은 마음에도 불구하고 매일 다섯 시간씩 학교에 가서 딱딱한 의자에 앉아 더 딱딱한 수업을 받아야 하는지 이해하겠는 가? 바로 뇌에서 사고를 담당하는 부위를 개발하기 위해서이다. …어릴 때는 뇌가 계속 자란다. 수년간 공부하고 일하면서 우리의 왼쪽 귀 부근에 사고 부위가 천천 히 형성되고, 그것을 우리는 남은 일생 동안 활용해야 한다. 성장을 다 마치면 새로 운 사고 부위를 더 이상 형성할 수 없기 때문이다. …

이렇게 학교 교육의 필요성마저 과학적으로 해명되었다. 브루스터가 진화를 설명하면서 "왜 만물이 생겨났으며 그 목적이 무엇인지"는 "그 누구도 알 수 없다"라고 한 데서 보듯, 신적 권위가 지배하던 구시대는 어렴풋한 암시로 격하되었다. 브루스터가 생각하는 생명체는 명백히 '기계'의 모습을 하고 있었다.

당연한 말이지만 몸은 기계이다. 몸은 대단히 복잡한 기계로, 손으로 만들어진 그 어떤 기계보다 수십 배 복잡하기는 하지만, 여전히 결국은 기계이다. 몸은 증기엔 진에 비유되곤 했다. 하지만 그것은 우리가 지금처럼 몸의 작동법을 잘 모를 때의 이야기이다. 몸은 사실 자동차나 모터보트, 비행기의 엔진과 같은 가스엔진에 더 가깝다.

브루스터는 인간이 다른 동물들보다 '지적'이라는 것은 긍정했지만 '영혼'에 대해 서는 언급하지 않았다. 세포 분열과 분화의 과정에 대해서는 '아직' 아무도 이해의 기미조차 보이지 못했던 때였다. 그러나 이 책에 종교에 대한 암시는 없었다. 그러니까 앨런이 정말 '데이지가 자라는 모습'을 보고 있었다면, 데이지가 마치 자기 의지대로 자라는 것처럼 보일지 몰라도 사실은 기계처럼 작동하는 세포 시스템에 의존하고 있다는 사실에 대해 생각하고 있었던 것일 수도 있다. 그렇다면 앨런 자신은 어떤가? 과연 앨런은 자기 의지대로 행동하는가? 하키볼이 쌩하고 지나갈 때 상상할 거리는 무궁무진했다.
데이지를 관찰하는 것 외에도 앨런은 무언가를 발명하는 것을 좋아했다. 1923년 2월 11일 그는 다음과 같은 편지를 썼다.[9]

엄마, 아빠께,

영화 필름 비슷한 멋진 물건이 생겼어요 마이켈Micheal*(Michael을 잘못 쓴 것—옮긴이)
실스가 제게 준 건데 거기다 새 영화를 그릴 수 있어요 하나 더 만들어 엄마 아빠께
부활절 선물로 드려요 다른 봉투에 넣어 보낼게요 더 보고 싶으시면 제게 말씀하세요
한 장에 16개의 그림이 들어 있는데 거기다가 '소년은 티테이블 옆에 서 있었다'를
그렸어요 왜 카자비앙카에 나오는 구절 말이에요 저는 이번 주에도 또 2등을 했어
요 양호 선생님이 안부를 전해달래요 GB는 제가 너무 글씨를 굵게 써서 T. 웰스로
부터 새 펜촉을 받게 될 거래요 이제 그걸로 쓰고 있어요 내일은 강연이 있어요 웨
인라이트는 이번 주 꼴찌에서 두 번째였어요 이건 제 특허 잉크로 쓰고 있는 거예요

사립학교에 들어가기 위한 공통 입학시험Common Entrance examination은 과학이나 발
명, 또는 현대세계는 전혀 다루지 않았다. 이 시험이야말로 헤이즐허스트 같은 학
교의 존재 이유였다. '카자비앙카Casabianca'는 그나마 시험 문제에 가까웠다. 미국의
『자연의 신비』는 모든 것에 이유가 있다고 했다. 하지만 영국의 교육제도는 다른
종류의 '사고 부위'를 개발하고 있었다. 카자비앙카의 미덕, 그러니까 불타는 갑판
에 서 있던 소년의 미덕은 목숨까지 바쳐가며 문자 그대로 지시를 따랐다는 것이
었다('카자비앙카'는 나일 해전 중 사령관 카자비앙카의 어린 아들이 아버지의 명령을 기다
리다 불에 타죽은 실화를 기념하는 시이다—옮긴이).

교사들은 앨런이 시험과 무관한 과학에 관심을 쏟는 것을 말리기 위해 최선을 다
했지만 발명품을 만들어내는 것은 막지 못했다. 여전히 앨런을 괴롭혔던 글쓰기
문제를 해결해줄 기계들은 특히 그랬다.

4월 1일(만우절)
제가 이 글을 뭘로 쓰고 있는지 맞춰보세요. 제가 직접 발명한 건데 이렇게 생긴 만

---

* 여기서 그리고 책 전체에 걸쳐 앨런의 맞춤법과 구두법을 원본 그대로 실었음을 밝힌다.

년필이에요. [엉성한 설계도 첨부] 잉크를 채우려면 E라고 쓰인 부분['잉크 스포이트의 말랑말랑한 끝부분']을 눌렀다가 놓으면 돼요. 그러면 잉크가 빨려 와서 꽉 차게 돼요. 바닥에 펜을 대면 잉크가 약간 내려오다가 멈추게끔 손을 봤어요.

존 형이 잔 다르크 동상을 보았는지 궁금해요 그게 루앙에 있으니까요. 지난주 월요일에는 보이스카우트 대 유소년단 경기가 있었는데 꽤 재밌었어요 이번 주에는 지시사항이 없었어요 형이 루앙을 좋아했으면 좋겠네요 오늘은 별로 편지 쓸 기분이 아니에요. 양호 선생님 말씀이 존이 뭔가를 보냈대요.

이 발명으로 인해 이번에는 "네 명이 쓰고도 남을 양의 잉크를 흘리는" 만년필에 대한 또 다른 2행시가 만들어졌다. 7월에 쓴 다른 편지는 (추정컨대) 규정을 어기고 초록색 잉크로 쓰였는데 몹시 엉성한 타자기 구상안을 담고 있었다.

존이 루앙에 머물게 된 것은 튜링 가족이 단행한 변화의 일환이었다. 말보로로 떠나기 전, 존은 아버지에게 워드가 말고 다른 곳에서 살고 싶다고 말했고, 그것은 받아들여졌다. 튜링 부부는 1923년 여름부터 허트포드셔에 위치한 사제관에 들어가 살기로 했다. 그사이에 존은 처음으로 동생과 이별하여 루앙에 있는 고디에 부인 댁에서 부활절을 보내게 되었다. 프랑스에서의 체류가 꽤 순조로웠기에, 여름에는 앨런도 ("그저 거기 가고 싶은 마음에") 형과 같이 가서 몇 주간 프랑스의 문화를 체험할 수 있었다. 앨런은 프티부르주아인 고디에 부인에게 무척 좋은 인상을 주었다. 귀 밑을 씻으라는 고디에 부인의 지시를 잘 따르고 존이 그렇게 하지 않았을 때 야단을 치는 식으로 '매력적인' 모습을 보여줬기 때문이다. 존은 고디에 부인을 혐오했기에 부인이 앨런을 싸고도는 것을 다행으로 여겼다. 그 틈에 영화를 보러 슬쩍 빠져나갈 수 있었기 때문이다. 사실 튜링가의 두 아들 모두 섬세하면서도 연약한 매력을 풍기는 독특한 미남형이었다. 존이 날카로운 쪽이었다면 앨런은 몽환적인 느낌이었다. 체류는 그다지 성공적이지 못했다. 존은 이번에는 자전거를 가져오지 않는데, 앨런이 자전거를 타고 루앙의 자갈길을 쏘다닐 것이라고 예상했기 때문이었다. 그리하여 두 형제는 고디에 저택에 무기력하게 갇혀 지내거나 마지못해 긴 산책을 하곤 했다. "앨런은 마치 달팽이처럼 걸어요." 고디

앨런 튜링의 이미테이션 게임

에 부인이 앨런을 두고 한 말인데, 도랑가를 따라 달팽이처럼 천천히 나아가는 앨런의 모습뿐 아니라 튜링 가족이 보는 자기네들의 모습과도 잘 맞아 떨어졌다. 언제나 지는 편에서 싸우고, 가장 늦게 결승선에 도착하는 느리고 비관적인 튜링 가문 말이다.

남은 여름을 보내기 위해 두 형제는 허트포드셔의 새집으로 갔다. 새집은 훨씬 만족스러웠다. 와튼앳스톤Watton-at-Stone에 위치한, 빨간 벽돌로 지은 조지 왕조풍의 사제관이었는데, 나이든 부주교 롤로 마이어Rollo Meyer의 저택으로 쓰이고 있었다. 마이어 부주교는 매력적이고 부드러운 사람이었다. 게다가 청결하되 삭막한 워드 저택과 달리 장미 화단과 테니스장이 딸려 있었다. 존과 앨런 둘 다 기뻐했다. 존은 테니스장의 여자애들에게(열다섯의 존은 여자애들에게 당연히 흥미가 있었다), 앨런은 집에서 최소한의 의무만 다하면 홀로 숲에서 자전거를 타거나 마음대로 맘껏 어지르며 놀 수 있어서 무척 신났다. 교회 축제 때 집시 점쟁이가 앨런이 천재가 될 것이라고 말하면서 앨런에 대한 마이어 부인의 평가가 후해지기도 했다.

그러나 마이어 부부의 후견은 오래가지 못했다. 튜링 씨가 갑작스레 인도 공무원 조직에서 은퇴하기로 결정했기 때문이었다. 그는 캠벨이라는 자신의 경쟁자 때문에 화가 났는데, 1896년 자신과 같은 해에 들어온 이 사람이 시험 성적이 더 낮았는데도 마드라스 정부의 수석 비서로 승진했기 때문이었다. 결국 튜링 씨는 더 이상의 승진을 포기했고, 튜링 부부는 다시는 줄리어스 경과 레이디 튜링 같은 경칭으로 불릴 일이 없게 되었다. 그래도 그들에게는 매년 1,000파운드에 달하는 훨씬 실속 있는 연금 혜택이 있었다.

그렇다고 잉글랜드로 돌아온 것은 아니었다. 앨런의 아버지가 절세를 위해 해외에 머무는 쪽을 택했기 때문이었다. 내국세 세무청은 영국에 매년 6주 이하로 머물 때만 소득세를 면제해주었기에, 튜링 가족은 브르타뉴 해변을 사이에 두고 생말로와 마주 보고 있는 프랑스 휴양지 디나르에 자리를 잡게 되었다. 이제부터 두 아들은 크리스마스와 부활절 방학을 프랑스에서, 부모는 잉글랜드에서 여름을 보내게 된 것이다.

엄밀히 말하자면, 튜링 씨는 1926년 7월 12일까지 은퇴하지 않았다. 그동안 휴직 상태였고 마드라스는 그 없이 그럭저럭 돌아가고 있었다. 하지만 그는 때를 놓치지 않고 새롭게 경제 계획을 세웠다. 튜링 부인은 살림살이에 들어간 비용을 1상팀(프랑스의 화폐 단위로 100분의 1프랑―옮긴이)도 빼놓지 않고 상세하게 기록한 가계부를 튜링 씨에게 제출해야 했고, 생모리츠와 스코틀랜드에서의 휴가는 이제 불가능하게 되었다.

그의 이른 은퇴는 많은 점에서 재난에 가까웠다. 두 아들 모두 그것이 실수였음을 느꼈다. 앨런은 아버지가 '뭐시기 캠벨'에 대해 씩씩거리며 내뱉는 말을 특히나 우스꽝스러운 태도로 따라 했고, 앨런의 형은 훗날 다음과 같이 쓴 바 있다.[10]

> 아버지 같은 사람이 내 상관이나 부하였다면 편하지 않았을 것 같다. 누가 봐도 아버지는 위계질서나 인도 공무원 조직에서 자신의 미래 따위에는 관심이 없었으며, 앞뒤 가리지 않고 자신의 생각을 말하는 사람이었기 때문이다. 사례 하나만 봐도 충분하다. 아버지는 잠시 마드라스 주에서 온화한 성격의 윌링던 경의 수석 개인비서로 일했는데, 그와 의견차가 생기면 "어찌 되었건 경이 인도 정부도 아니지 않습니까"라고 말했다는 것이다. 이처럼 가슴을 졸이게 하는 무모한 경솔함은 오직 안전거리 밖에서 봐야만 탄복할 수 있는 성질의 것이었다.

튜링 부인은 특히 이 사건을 두고두고 거론하며 튜링 씨를 비난했다. 그녀가 윌링던 부인을 특별히 경외했기 때문에 더 그랬다. 파견관리로서 요구되는 자질은 규정을 준수하고 계급에 복종하는 것과는 매우 다른 것이었다. 웨일스만 한 면적에 흩어져 있는 수백만 명의 사람들을 다스리는 일은 독립적인 판단과 카리스마를 요구하는 일이었지만, 그런 자질들은 고상한 마드라스 도시사회에서는 그다지 환영받지 못했다. 은퇴하고 나서는 그런 자질을 발휘할 일이 더더군다나 없어졌으므로 튜링 씨는 분주하면서도 흥미진진했던 인도를 회상하며 그리워하게 되었다. 그는 남은 삶 동안 상실감, 환멸, 그리고 낚시와 브리지 게임으로는 도저히 해소할 수 없는 지독한 권태에 시달렸다. 자신보다 젊은 아내가 유럽으로의 귀환을 정신적으로 억눌린 환경으로부터 벗어나는 계기로 삼은 것 또한 못마땅했다. 그는 부인의 지적인 야심에 대해 거의 관심을 갖지 않았고, 튜링 부인은 남편의 강박에 가까운 인색함과 피해의식에 힘들어했다. 부부는 둘 다 정서적으로 요구하는 바가 많았지만 누구도 상대의 요구를 들어주지는 않았고, 정원 꾸미기 같은 이야기 말고는 거의 대화를 하지 않았다.

새로운 환경으로 빚어진 한 가지 변화는 앨런이 이제 불어를 배울 필요가 생겼다는 것이었다. 불어는 앨런이 가장 좋아하는 과목이 되었다. 하지만 앨런은 불어를 일종의 암호로서 좋아하기도 했다. 앨런은 순진하게도 달링턴 선생이 불어를 이해하지 못할 것이라 여기고 헤이즐허스트에서 일어나고 있는 '라 레볼루시옹'(혁명)에 대한 편지를 어머니에게 쓰기도 했다(이 장난은 디나르의 집에서 사회주의 혁명이 곧 일어날 것이라고 종종 말하고 다녔던 브르타뉴 출신의 하녀를 겨냥했던 것이었다).

하지만 앨런이 『자연의 신비』를 붙들고 있는 것을 보고 튜링 부부가 익히 짐작했듯, 앨런을 사로잡은 것은 과학이었다. 부모의 반응은 전적으로 부정적이지는 않았다. 튜링 부인의 할아버지의 육촌인 조지 존스톤 스토니George Johnstone Stoney(1826~1911)가 튜링 부인이 어렸을 때 더블린에서 한 번 만난 적이 있는 유명한 아일랜드 출신 과학자였기 때문이다. 그는 전하電荷의 원자성(전하가 일정한 크기의 배수로만 존재한다는 성질—옮긴이)이 확립되기 전인 1894년에 '전자電子, electron'라는 단어를 만든 사람으로 가장 잘 알려져 있었다. 튜링 부인은 계급과 직함에 높은 점수를 주었기에 가족 중에 왕립협회Royal Society 회원이 있다는 것을 매우 자랑스러워했다. 튜링 부인은 또한 앨런에게 파스퇴르의 얼굴이 들어간 프랑스 우표를 보여주었는데, 여기에는 앨런도 인류의 은인이 되기를 기대하는 마음이 담겨 있었다. 어쩌면 튜링 부인은 카슈미르에서 만났던 선교사를 떠올렸는지도 모르겠다. 그렇게 오래전 일이었는데! 하지만 또 한 가지 분명한 사실은 튜링 부인이 아무리 여자다운 사고방식을 고수했다 하더라도 그녀에게는 제국과 응용과학을 융합시킨 스토니 가문의 피가 흐르고 있다는 것이었다. 반면 앨런의 아버지는 과학자가 되면 심지어 공무원직이라 하더라도 1년에 500파운드 이상은 못 번다는 사실을 주지시켰다.

그렇지만 튜링 씨도 그만의 방식으로 앨런을 도왔다. 1924년 5월 앨런은 학교에 돌아가서 다음과 같은 편지를 보냈다.

> …아빠가 저번에 기차에서 측량하는 일에 대해 말씀하셨잖아요. 나무의 높이와 강이나 계곡 등의 폭을 어떻게 알아내는지 제가 알아냈어요. 아니 관련된 걸 읽었다고 하는 게 낫겠어요. 이 두 가지를 조합해서 산에 오르지 않고도 어떻게 산의 높이를 알아내는지 답을 찾았어요.

앨런은 또한 지리 단면도를 그리는 법에 대한 책을 읽었고, 이 같은 성취를 "가계도, 체스, 지도 등등(내가 좋아하는 취미 목록)"에 추가했다. 1924년 여름, 가족들은 튜링 씨의 향수를 자아낸 옥스퍼드에 잠시 머물렀고, 9월에는 노스웨일스의 하숙집에서 휴가를 보냈다. 부부는 앨런이 혼자 헤이즐허스트로 돌아간 뒤에도 잠시 그곳에 머물렀다. ("저는 짐꾼과 택시기사에게는 그럭저럭 팁을 주었어요 …수위에게는 팁을 안 줬는데 그러지 않아도 되는 거 맞죠?") 헤이즐허스트에서 앨런은 스노우도니아Snowdonia 산맥의 지도를 직접 만들었다. ("엄마, 아빠가 제 지도와 육지 측량부 지도를 비교해보신 후 다시 돌려보내주시겠어요?")

지도는 앨런의 오래된 취미였다. 가계도도 좋아했는데, 특히나 준남작 작위가 이쪽 가지에서 저쪽 가지로 마구 옮겨 다니는 데다 엄청난 규모의 빅토리아 시대 가족이 딸려 있어 골머리를 썩이는 튜링 가문의 계보를 열심히 연구했다. 체스는 그의 취미 중 가장 사회적인 활동이었다.

> 체스 대회는 열리지 않을 거래요 달링턴 선생님 말로는 체스 두는 사람이 별로 없기 때문이래요 하지만 만약 제가 체스를 둘 줄 아는 사람들에게 일일이 부탁하고 체스를 둬본 적이 있는 사람들 명단을 작성한다면 이번 학기에는 대회가 열릴 수도 있대요. 제가 충분히 많은 사람들을 섭외했으니까 이번에는 열릴 거예요.

앨런은 또한 1B반에서 하는 공부에 훨씬 더 흥미를 느꼈다. 하지만 이 모든 것은

앨런 튜링의 이미테이션 게임

화학에 비하면 아무것도 아니었다. 앨런은 늘 조제법이나 이상한 혼합물, 특허 잉크 따위를 좋아했고, 마이어 가족과 같이 지낼 때는 숲에서 점토를 구우려고 했던 적도 있었다. 화학 공정이라는 관념은 그에게 낯선 것이 아니었던 것 같다. 또 옥스퍼드에서 여름을 보낼 때는 앨런이 화학물질이 든 상자를 가지고 노는 것을 부모가 처음으로 허락해주기도 했다.

『자연의 신비』는 독에 관한 부분을 빼고는 화학에 대해 별로 다루지 않았다. 브루스터는 법에 의한 금주Prohibition까지는 아니더라도 도덕적 신념에 따른 금주Temperance를 강력히 옹호했다.

> 사람이건 동물이건 식물이건 간에 모든 생명체의 삶은 독극물과의 긴 싸움이라 할 수 있다. 독은 온갖 종류의 방식으로 우리에게 온다… 술이나 에테르, 클로로포름, 스트리크닌, 아트로핀, 코카인처럼 약으로 쓰이는 다양한 종류의 알칼로이드, 그리고 담배의 알칼로이드라 할 수 있을 니코틴, 차나 커피에서 섭취하는 카페인…

'설탕과 다른 독극물들'이라는 제목이 붙은 또 다른 절에서는 피로 유발 등 혈중 이산화탄소가 뇌에 미치는 영향에 대해 다음과 같이 설명했다.

> 목에 위치한 신경중추가 약간의 이산화탄소를 맛보면 아무 말도 하지 않는다. 하지만 그 맛이 강해지기 시작하면 (사람이 빨리 달리기 시작한 지 25초도 채 되지 않을 때) 신경중추는 신경을 통해 폐에게 전화를 한다.
> "여기, 여기, 여기! 너네 지금 뭐하는 거야. 빨리 일을 시작해. 거칠게 숨을 쉬어. 이 피는 타버린 설탕으로 지글지글 끓고 있다고!"

이 모든 것은 앨런에게 쓸모가 있었다. 하지만 이 시점에서 그의 흥미를 끈 것은 다음과 같은 더욱 냉철한 주장이었다.

> 이산화탄소는 혈중에서 평범한 요리용 소다가 된다. 혈액은 소다를 폐에 가져가고

거기서 소다가 다시 이산화탄소로 변한다. 밀가루 반죽에 요리용 소다나 베이킹소다를 넣어서 케이크를 부풀리는 것과 똑같은 원리이다.

『자연의 신비』는 화학명이나 화학 변화를 설명하지는 않았지만, 앨런은 다른 데서 힌트를 얻은 것으로 보인다. 1924년 9월 21일 다시 학교에 돌아오자마자 "『어린이를 위한 백과사전Children's Encyclopedia』 대신 제가 읽기로 한 과학책 보내주시는 거 잊지 마세요"라고 부모에게 쓴 편지를 보면 그렇다. 앨런은 또한 다음과 같이 썼다.

> 『자연의 신비』에 따르면 이산화탄소가 핏속에서 요리용 소다로 바뀌고 폐에서 다시 이산화탄소로 바뀐다고 해요. 혹시 가능하다면 요리용 소다의 화학명, 아니면 화학식(이게 더 좋아요)을 보내주실 수 있을까요? 그게 어떻게 그렇게 되는지 알아보려고 그래요.

추정컨대 앨런은 책이 너무 유치하고 모호하다고 퇴짜를 놓았을지언정 『어린이를 위한 백과사전』을 읽기는 읽은 것으로 보인다. 또 그 책에 종종 등장하는 가정용 재료를 활용한 작은 '실험들'로부터 화학의 기본 개념을 배웠을 수도 있다. 화학식과 몸에 대한 기계론적인 설명을 결합하고자 했다는 데서 그의 번뜩이는 탐구정신을 엿볼 수 있다.

튜링 부부는 화학을 잘 알지 못했지만, 11월에 앨런은 더 확실한 정보 출처를 발견했다. "완전히 운이 좋았어요. 1학년용 백과사전을 찾았거든요." 1924년 크리스마스에는 화학물질 한 세트와 도가니, 그리고 시험관을 선물로 받았고 케르 새미(카지노 대로에 있는 그들의 별장)의 지하저장고에서 그것들을 사용해도 된다는 허락을 받았다. 앨런은 아주 적은 양의 요오드를 추출하기 위해 해변에서 엄청난 양의 미역을 건져왔다. 존은 그 모습을 보고 놀랐는데, 그는 이 화려한 1920년대식 영국인촌에서 테니스와 골프를 치고 카지노에서 춤추고 시시덕거리며 시간을 보냈기 때문이다.

이웃 중에 영국인 교사가 있었기에 앨런의 부모는 그를 고용해 앨런을 공통 입학

앨런 튜링의 이미테이션 게임

시험에 대비시키도록 했다. 이 교사는 앨런에게 과학에 대한 질문만 산더미처럼 받게 되었다. 1925년 3월, 앨런은 다시 학교에 돌아와 다음과 같은 편지를 보냈다.

이번 공통 입학시험*에서도 평균 53%를 받아 지난 학기와 똑같은 등수를 받았어요. 불어에서는 69%를 받았어요.

하지만 중요한 것은 화학이었다.

고열 실험에 쓸 도기 증류기를 구할 수 있을지 궁금해요. 요즘은 유기 화학에 대해 배우려고 하고 있어요. 예를 들어, 이런 걸 보면

$$H(CH_2)_{17}CO_2H(CH_2)_2C$$

$C_{21}H_{40}O_2$ 이렇게 계산해내는 거죠. 이것은 온갖 종류의 것일 수 있는데 일종의 기름이에요. 구조식도 도움이 됐어요. 따라서 알코올은

$$H(CH_2)_2OH$$ 혹은 C_2H_6O는
$$H-\overset{\displaystyle H}{\underset{\displaystyle H}{C}}-\overset{\displaystyle H}{\underset{\displaystyle H}{C}}-O-H$$ 이고

메틸에테르 $HCH_2.O.CH_2H$ 혹은 C_2H_6O는

$$H-\overset{\displaystyle H}{\underset{\displaystyle H}{C}}-O-\overset{\displaystyle H}{\underset{\displaystyle H}{C}}-H$$ 이죠.

보시다시피 분자배열을 보여주고 있어요.

그리고 일주일 후에는 다음과 같이 썼다.

---

* 모의고사를 말한다.

…도기 증류기는 고온에서처럼 주 결과물이 기체일 때 도가니 대신 써요. 제가 하고자 하는 실험들을 순서대로 정리하고 있어요. 되도록 에너지 낭비를 최소화하면서 자연에서 가장 흔히 볼 수 있는 걸 가지고 뭔가를 만들고 싶어요.

앨런은 이제 자신이 무엇에 가장 열정을 느끼는지 자각하고 있었다. 훗날 너무도 다양한 방식으로 모습을 드러낼 단순함과 평범함에 대한 갈망은 그저 '자연으로의 회귀'적 취미나 문명의 현실에서 탈피한 휴가 같은 것이 아니었다. 그에게는 삶자체이자 하나의 문명이었고, 나머지는 다 부차적이었다.

튜링 부부의 우선순위는 정반대였다. 튜링 씨는 거드름을 피우는 사람은 전혀아니었다. 택시를 타기보다는 걷는 것을 고집했고, 어딘가 무인도 같은 성향도 있었다. 하지만 화학은 그저 방학 때에나 허용되는 취미일 뿐, 여전히 중요한 것은 앨런이 열세 살이 되면 사립학교에 진학해야 한다는 것이었다. 1925년 가을, 앨런은 말보로에 가기 위한 공통 입학시험을 쳤고, 꽤 좋은 성적을 받아서 모두를 놀라게 했다(장학금 신청은 할 수 없었다). 하지만 이 시점에서 존이 별난 남동생의 인생에 결정적인 역할을 하게 되었다. "제발 앨런을 여기로 보내지 마세요." 존이 말했다. "이곳은 걔 삶을 박살낼 거라고요."

앨런의 진로 문제는 고민거리를 안겼다. 앨런이 사립학교 생활에 적응해야 한다는 것은 의심의 여지가 없는 일이었다. 하지만 지하의 석탄 저장고에서 흙투성이 잼 병을 가지고 실험하는 것이 주된 관심거리인 소년에게 가장 잘 맞는 사립학교는 어디란 말인가? 이것은 이율배반적인 질문이었다. 튜링 부인의 생각은 다음과 같았다.[11]

예비학교라는 가정적이고 한정된 테두리 내에서 앨런은 사랑과 이해를 받을 수 있었다. 하지만 사립학교에서는 교직원이나 앨런 본인에게나 문제가 많을 수도 있겠다 싶었기에, 나는 앨런에게 딱 맞는 학교를 찾고자 무척이나 애를 썼다. 앨런이 사립학교에 적응하지 못하고 그저 지적인 괴짜가 돼버리는 일이 없도록 하기 위해서였다.

앨런 튜링의 이미테이션 게임

튜링 부인의 수고는 오래가지는 않았다. 그녀에게는 저비스 부인이라는 친구가 있었는데, 그 친구의 남편이 도싯에 있는 사립학교인 셔본학교Sherborne School의 과학 교사였기 때문이다.

셔본은 최초의 영국 사립학교 중 하나였는데, 원래는 수도원이었다.[12] 그 수도원 역시 영국 최초의 기독교 유적 중 하나였는데, 1550년 인가를 받아 지역 교육기관으로 설립되었다. 1869년 셔본은 아놀드 박사의 방식을 따르는 기숙학교가 되면서 한동안 좋지 않은 평판에 시달리다, 1909년 노웰 스미스Nowell Smith가 교장으로 취임하면서 활기를 되찾았다. 1926년까지 노웰 스미스는 학생 수를 200명에서 400명으로 늘렸고 셔본을 중간 정도 서열의 명문 사립학교로 자리 잡게 했다.

튜링 부인은 앨런이 셔본으로 가기 전에 그곳을 방문해서 교장 부인을 만날 수 있었다. 튜링 부인은 노웰 스미스 부인에게 "앞으로 일어날 수 있는 일들에 대한 힌트"를 주었고, 노웰 부인은 "다른 학부모들 입에서 나온 보다 긍정적인 이야기들을 들려주었다." 앨런이 제프리 오핸런Geoffrey O'Hanlon이 사감으로 있는 웨스트코트 기숙사Westcott House로 배정받게 된 것은 아마도 튜링 부인 덕분이었을 것이다.

여름학기는 1926년 5월 3일 일요일에 시작될 예정이었는데, 우연히도 그날은 총파업이 시작된 첫날이었다. 생말로에서 출발한 페리에서 앨런은 영국에 도착하면 새벽 완행열차만 운행 중일 것이라는 이야기를 들었다. 하지만 앨런은 사우샘프턴에서 셔본까지 서쪽으로 100킬로미터를 자전거로 가면 된다고 생각했다.

> 계획대로 자전거를 탐 짐은 수하물 담당자에게 맡김 11시경에 부두를 떠남 3실링을 주고 사우샘프턴 지역이 포함된 지도를 삼 셔본까지 5킬로미터 정도가 누락되어 있음. 셔본이 지도 밖 어디쯤인지 확인함. 엄청 고생한 끝에 중앙 우체국을 찾아 오핸런 사감에게 전보를 침 1실링. 자전거 가게를 찾아 수리 맡김 6페니. 12시에 출발 11킬로미터 가서 점심 3실링 6페니 리드허스트까지 5킬로미터 더 감 사과 사먹음 2페니. 비얼리까지 13킬로미터 감 페달이 약간 이상해서 수리받음 6페니. 링우드까지 6킬로미터 감.

사우샘프턴의 거리는 파업 중인 사람들로 득실거림. 뉴포레스트를 관통하며 기분 좋게 자전거를 타다 황야지대 같은 곳을 지나 링우드까지 감 윔본까지는 다시 평평한 길이었음.

앨런은 블랜포드 포럼에서 제일 좋은 호텔을 잡아 하룻밤 묵었다. 아버지가 알았다면 허락했을 리 없는 편법이었다. (앨런은 자신의 지출 내역을 1페니도 빼놓지 않고 해명해야 했는데, 단순히 과장이 아니었던 것이 앨런의 편지는 "1파운드 1페니를 지폐와 우표로 돌려보냅니다"라는 식으로 끝나곤 했다.) 하지만 호텔 주인은 아주 적은 돈만 받고 앨런을 아침에 내보냈다.

블랜포드 근방은 편한 내리막길이다가 갑자기 완전한 언덕길로 바뀌어 이 근처까지 쭉 이어졌지만 그래도 마지막 구간은 계속 내리막길이었다.

웨스트힐West Hill에서는 앨런의 목적지, 그러니까 조지 왕조풍의 작은 셔본 마을과 수도원 옆의 학교가 보였다.

중산층 계급의 소년이 호들갑도 떨지 않고 이렇게 즉흥적으로 문제를 해결한 것은 전혀 예상치 못했던 일이었다. 사람들은 이 자전거 여행을 놀랍게 여겼고 심지어 현지 신문에 보도가 되기도 했다.[13] 윈스턴 처칠이 '적'이나 다름없는 광부들에게 '무조건적인 항복'을 요구하고 있을 때, 앨런은 총파업을 십분 활용해 이틀 동안 일상에서 벗어나 자유를 즐긴 셈이었다. 하지만 그 이틀은 너무 빨리 끝나버렸다. 알렉 워Alec Waugh는 셔본에서의 학교생활을 다룬 『어렴풋한 청춘The Loom of Youth』[14]이라는 책에서 다음과 같이 설명했다.

신입생이 사립학교에서 맞는 첫 주는 아마도 인생을 통틀어 가장 비참한 시간일 것이다. 괴롭힘을 당해서가 아니다… 문제는 단지 철저한 외로움과 실수할지 모른다는 두려움에 떨며 있지도 않은 문제를 스스로 만드는 데 있다.

이틀째 되던 날 앨런이 집에 편지를 썼을 때, "굳이 눈치 빠른 엄마가 아니어도 아들이 끔찍하게 비참하다는 사실을 행간에서 읽어낼 수 있었다." 앨런의 경우 상황은 더 안 좋았다. 총파업으로 그의 짐이 모조리 사우샘프턴에 묶여 있었기에 남들 눈에 안 띄게끔 다니는 것마저 힘들었기 때문이다. 첫 주가 지난 후 그는 다음과 같은 편지를 썼다.

> 옷이나 뭐 그런 것도 없이 지내려니 엄청 성가셔요. …정착하기가 꽤 힘드네요. 부디 빨리 답장해주세요. 수요일에는 기숙사 홀에서 하는 자율학습 말고는 수업이 없었어요. 교실이나 교재를 찾는 것도 일이예요 하지만 한 주 정도 지나면 어느 정도 자리가 잡힐 것 같아요…

하지만 한 주 후에도 앨런은 별반 나아진 것이 없었다.

> 저는 조금씩 자리를 잡아가고 있어요. 하지만 제 물건이 오기 전까지는 완전히 정상적인 생활은 못할 것 같아요. 하인제도fagging가 다음 주 화요일이면 시작해요. 이 제도는 가장 늦게 도착한 사람을 괴롭히다 죽였던 갈리아 의회와 원칙이 같아요. 여기선 상급생 주인이 부르면 그를 따르는 모든 하급생 하인이 달려가야 하는데 가장 늦게 도착하는 사람에게 일이 떨어지는 거죠. 말보로에서 찬물 목욕을 하는 것처럼 여기선 아침에 찬물 샤워를 해야만 해요. 차는 월수금 6시 30분에 마셔요. 점심 먹고 나서 그때까지 아무것도 안 먹고 그럭저럭 버티고 있어요. …총파업의의 일환으로 인쇄소도 파업을 해서 '베네츠' 서점에 주문한 책이 하나도 오지 않았어요 저도 대부분 구하지 못했고요. 대부분의 사립학교에서 그러듯이 신입생은 노래를 불러야 해요. 아직 그때가 오진 않았어요. 뭘 부를지 잘 모르겠지만 '미나리아재비'는 아무튼 안 부를 거예요. …자율학습으로 주어진 공부량은 때로 터무니없을 정도로 적어요 예를 들면 읽기 과제인 3장과 4장은 다 읽는 데 45분밖에 안 걸리더라고요.
>
> 어머니의 사랑하는 아들 앨런

실제로 앨런은 노래를 불렀고, 휴지통 안에 들어가 사람들 발에 채이며 휴게실을 이리저리 굴러야 했던 다른 의식도 치렀다. 그러나 설사 앨런의 어머니가 행간을 읽었다 할지라도 어머니는 동정보다는 의무감을 우선시했다. 이 편지에 대한 어머니의 답변은 앨런의 '엉뚱한 유머 감각'이 잘 드러났다는 것이었다.

앨런은 마침내 과학 수업을 받게 되었다. 그리고 다음과 같이 보고했다.

> 우리는 화학을 일주일에 2시간 배워요. 아직 '물질의 성질', '물리적 그리고 화학적 변화' 등등의 단계밖에 진도가 못 나갔어요. 선생님께서 제가 요오드 만들었던 걸 놀라워하셔서 샘플을 보여드렸어요. 교장 선생님은 '대장'이라고 불려요. 고대 그리스어Hellenics가 아닌 현대 그리스어Greek를 배우는 것 같아요…

화학 교사인 앤드루스 선생은 앨런이 이미 너무 많은 것을 알고 있어서 분명 놀랐을 것이다. 앨런은 '순진하고 때타지 않은' 모습으로 왔다. 웨스트코트 기숙사의 학생 대표인 아서 해리스Arthur Harris는 앨런이 자전거를 타고 학교까지 온 것에 대한 상으로 앨런을 자신의 '하인'으로 지명했다. 하지만 과학 교육이나 과학적 창의력 둘 다 셔본이 우선시하는 것과는 거리가 멀었다.

교장은 설교를 통해 학교생활의 의미에 대해 자세히 설명하곤 했다.[15] 그가 설명하길, 셔본의 목적이 전적으로 학생들의 "마음을 열게 하는" 데 있는 것은 아니었다. "역사적으로 …이것이 학교의 주된 의미"였다 해도 그렇다. 교장이 말하길, 오히려 "학교의 본래 목적이 망각될 위험이 끊임없이" 존재했다. 영국 사립학교는 그가 "국가의 축소판"이라 부르는 형태로 의식적인 발전을 해왔다. 잔인한 현실주의가 도래하면서, 학교는 언론의 자유나 평등한 정의, 의회 민주주의 같은 사상을 숭상하는 척하는 대신 서열이나 권력 같은 현실에 집중하기 시작했다. 교장의 표현에 따르면,

> 교실이나 강당, 기숙사에서 생활하면서, 그리고 운동이나 퍼레이드를 하면서, 또 선생님과의 관계나 선후배 관계를 통해서, 여러분들은 권위와 복종, 협력과 충성,

개인의 욕구보다는 기숙사나 학교를 우선시하는 사고에 익숙해졌습니다.

"선후배 관계"의 중요한 주제는 권리와 의무의 조화로, 그 자체로는 대영제국의 보다 가치 있는 측면을 반영하고 있었다. 하지만 "마음을 열게 하는 것"과는 무관한 주제였다.

빅토리아 시대의 개혁은 그 흔적을 남겼고, 경쟁시험은 사립학교 생활에 영향을 미쳤다. 장학생으로 온 학생들은 '국가의 축소판'에서 지식인 역할을 맡을 수 있었고 중요한 일에 간섭하지 않는 이상 비교적 원하는 대로 할 수 있었다. 하지만 이 그룹에 속하지 않은 앨런은 자신에 대한 기대가 '터무니없이 낮다는 것'을 곧 눈치챘다. 대부분 학생들의 학교생활을 좌우하고 정서 교육을 담당했던 것은 사실상 럭비나 크리켓 등의 단체 경기였다. 제1차 세계대전으로 인한 사회 변화 역시 전체주의적이고 내향적이며 자기 의식적인 기숙사생활 시스템에 영향을 주지는 못했다. 여전히 기숙사에서는 학생 개개인을 공공연하게 감시하고 통제했다. 이런 것들이 진정한 우선 사항이었다.

단 한 측면에서만 빅토리아 시대의 개혁에 형식적인 양보가 이루어졌다. 1873년 이후 셔본에도 과학 교사가 임용된 것이다. 하지만 그것은 주로 의사를 배출하기 위한 조치였지 귀족의 소일거리로는 너무 속물스럽게 실용주의적이라는 낙인이 찍힌 '세계의 공장'을 위한 것은 아니었다. 스토니 가문 사람들이 제국의 다리를 건설했을는지는 몰라도, 그들에게 지시했던 사람은 더 높은 계급의 사람들이었다. 마찬가지로 과학이 유용성과 상관없이 진실을 탐구한다는 점도 존중받지 못했다. 다시금 사립학교가 19세기 과학의 승리를 거부했던 것이다. 노웰 스미스 교장은 지적 세계를 고전, 현대, 과학 순서로 분류했다. 그리고 주장하길,

새로운 발견이 늘어났으니 태초부터 인류를 괴롭혀온 우주의 수수께끼도 이제 풀릴 것이라 생각하는 자는 오로지 생각이 얕은 사람들뿐입니다.

이런 모습이 화석화된 영국의 축소판이었다. 이곳에서는 주인과 하인이 여전히

그들이 있어야 할 자리를 알았고, 파업한 광부는 불충한 자들이었다. 국가의 주인들이 파업을 진압할 때까지 학생들이 하인 역할을 맡아 큰 우유 용기를 기차에 싣는 동안, 앨런에게는 교장이 말했던 그 얕은 생각이 피어오르고 있었다. 앨런은 지주나 제국 건설자, 또는 백인의 책무라 할 식민지 관리자가 될 생각이 없었다. 그런 것은 앨런과는 상관없는 국가 체계에 속한 문제들이었다.

실제로 '체계'는 셔본에서 끊임없이 언급되는 단어였다. 체계는 개인 성격과는 거의 아무 관계없이 작동했다. 앨런이 배치된 웨스트코트 기숙사는 1920년이 되어서야 첫 기숙생을 받았는데 그럼에도 이미 전통적인 반장제도나 하인제도, 화장실에서의 구타 따위를 자연의 법칙처럼 따르고 있었다. 사감인 제프리 오핸런이 독자적인 생각을 가진 사람이었음에도 그러했다. 당시 40대의 미혼남으로 선생님Teacher이라는 (다소 속물적인) 별명으로 불리던 오핸런은 랭커셔에서 면업으로 모은 사재를 들여 원래 기숙사 건물을 확장시켰다. 오핸런은 학생들을 하나의 보편적인 인간형으로 똑같이 찍어내는 것은 옳지 않다고 생각했기에, 다른 사감들처럼 학생들에게 럭비에 대한 열정을 강요하지 않았다. 결과적으로 그의 기숙사는 '느슨하다'라는 평판에 시달렸다. 오핸런은 음악과 예술을 장려했고 집단 괴롭힘을 싫어했으며, 앨런이 입학한 지 얼마 안 돼서 신입생들의 통과의례였던 노래 부르기를 금지시켰다. 가톨릭 신자이자 고전주의자였던 오핸런은 이 '국가의 축소판'에서 가장 진보적인 인물에 속했다. 하지만 세부적인 사항을 제외하면 모든 것이 체계에 의해 굴러갔다. 순응하거나 반항하거나 아니면 물러나는 수밖에 없었고, 앨런은 물러나는 것을 택했다.

"앨런은 자립적인 듯 보이고 혼자 다니는 경향이 있습니다." 오핸런 사감의 견해였다.[16] "앨런이 침울해서라기보다는 단지 수줍음을 타서 그런 것으로 보입니다." 앨런에게는 친구가 한 명도 없었고, 그해 적어도 한 번은 다른 아이들이 기숙사 휴게실의 헐거운 마룻장 밑에 앨런을 가두었다. 앨런은 화학 실험을 계속하려고 했지만, 그런 행동은 공부벌레 성향을 보여줄 뿐만 아니라 지독한 냄새를 풍긴다는 이유로 이중으로 미움을 받았다. "지저분하고 단정치 못한 습관은 약간 나아졌으며 행실을 고치려고 더 의식적으로 노력하고 있습니다. 앨런에게는 자기만의 세상이

앨런 튜링의 이미테이션 게임

있어서 일반적으로 호감을 사는 유형은 아닐 수도 있습니다. 겉보기에는 쾌활한 듯한데 정말로 그런지는 잘 모르겠습니다." 1926년 말 오핸런 사감의 평가였다.

"앨런의 방식은 때때로 괴롭힘을 부추기는 면이 있습니다. 그렇지만 앨런이 행복하지 않다고 생각하지는 않습니다. 부정할 수 없는 것은 앨런이 '평범한' 남자아이는 아니라는 것입니다. 그 때문에 더 힘들지는 않더라도 덜 행복할 수는 있을 것 같습니다." 오핸런 사감은 1927년 봄 학기 말에 이와 같이 다소 모순된 평가를 내렸다. 교장은 이보다는 무뚝뚝하게 다음과 같은 의견을 밝혔다.

> 앨런은 자신의 전문 분야를 발견하면 아주 잘해낼 것입니다. 하지만 그때까지는 이 학교의 일원으로서 최선을 다해야 할 것입니다. 앨런은 좀 더 '단결심esprit de corps'을 가져야 합니다.

앨런은 수천 년간의 전쟁에서 물려받은 본능으로 다른 사람들에게 뭔가를 던지고 싶어 하는, 그러니까 브루스터가 "제대로 된 남자아이"라고 불렀던 유형은 아니었다. 그런 면에서 앨런은 베드퍼드에 살던 어린 시절 어떻게든 게임을 피하고자 했던 그의 아버지와 닮았다. 튜링 씨에게는 아내처럼 교사를 과하게 존경하는 마음은 없었기에 앨런을 크리켓 경기에서 빼달라고 특별히 요청했고, 앨런은 오핸런 사감의 허락을 받아 크리켓 대신 골프를 치게 되었다. 그러나 앨런은 특유의 '느슨함'으로 기숙사 대표팀의 수준을 떨어뜨림으로써 '얼간이'라는 별명을 얻었다. 그는 또한 어둡고 기름 낀 안색과 늘 달고 다니는 잉크 얼룩 덕분에 '더러운 놈'으로 불리기도 했다. 앨런의 어설픈 손이 다가오기만 하면 만년필은 여전히 잉크를 뿜어대는 것처럼 보였고, 타고나길 앞으로 쏟아지는 그의 머리는 쓸어 넘기는 쪽으로 잘 넘어가지 않았다. 셔츠는 바지 밖으로, 넥타이는 빳빳한 칼라에서 빠져나오기 일쑤였다. 또 여전히 코트의 단추가 어느 단춧구멍과 짝인지 알아내지 못하는 듯 보였다. 금요일 오후마다 열렸던 학생군사교육단Officers Training Corps 퍼레이드에서 삐딱하게 모자를 쓰고, 몸에 안 맞는 제복을 입은 데다 각반을 마치 전등갓처럼 다리에 동여맨 구부정한 어깨의 앨런은 눈에 확 띄었다. 앨런의 모든 특징들, 특히나 그의 수줍은 듯한 고음의 목소리는 놀려먹기에 딱 좋았다. 꼭 말을 더 듣는다기보다는 자신의 생각이 어렵사리 인류 언어의 형태로 통역되는 과정을 기다리기라도 하듯 주저하는 목소리였다.

튜링 부인으로서는 앨런이 사립학교 생활에 적응하지 못할 수도 있다는 가장 큰 우려가 현실로 다가온 셈이었다. 게다가 앨런은 기숙사에서는 인기가 없지만 수업 시간에 선생님을 기쁘게 하는 학생도 아니었다. 앨런은 교실에서도 낙오자였다. 첫 학기에 앨런은 공부를 잘 못하는, 자신보다 한 살 위 학생들과 함께 '중간 학급the Shell'이라 불리는 반에 배치되었다. 그리고 '진급'을 하기는 했는데, 고작 평균치 학생들을 위한 초급반으로 간 것이 전부였다. 앨런은 거의 주목을 끌지 못했다. 첫 네 학기에만 17명의 선생들이 줄줄이 거쳐갔지만, 22명 정원의 학급에서 이 몽상가 소년을 알아본 선생은 단 한 명도 없었다. 당시 같은 반이었던 학생에 따르면,[17]

> 앨런을 무자비하게 먹잇감으로 삼는 선생님이 최소 한 명은 꼭 있었어요. 앨런이 늘 잉크를 칼라에 묻혀서 선생님은 "또 칼라에 잉크 묻었다, 튜링!"이라고 말하며 쉽게 아이들을 웃길 수 있었죠. 작고 사소한 거지만, 제 마음속에는 예민하고 얌전한 아이의 학교생활이… 얼마나 끔찍해질 수 있는지 보여주는 예로 각인되었어요.

성적표는 한 학기에 두 번씩 발급되었다. 개봉되지 않은 봉투가 나무라는 것 같은 모양새로 아침상에 놓이면, 튜링 씨는 "파이프로 담배 두어 대를 피우고《타임스The Times》를 읽으며 마음을 가라앉혀야 했다." 앨런은 "아빠는 성적표가 식후 연설처럼 만족스럽길 바라요"라든가 "아빠는 다른 애들 성적표를 좀 봐야 해요"라고 말하곤 했지만 설득력은 없었다. 아빠가 다른 애들 학비를 내주고 있는 것도 아니었고, 힘들게 번 돈이 눈에 띄는 효과도 없이 등록금으로 사라지고 있었으니 말이다.

아빠는 관습에서 벗어난 앨런의 행동을 싫어하지는 않았다. 적어도 놀라운 포용력으로 받아주곤 했다. 사실 존과 앨런 둘 다 아버지를 닮았다. 이 셋은 생각한 대로 서슴없이 말하고 때때로 무모할 정도로 단호하게 행동에 옮기는 공통점이 있었다. 가족 내에서 여론의 소리를 전하는 것은 엄마 몫이었다. 하지만 이 셋에게 여론의 취향과 판단은 무미건조하고 고루한 것으로 취급되었다. 앨런을 교화시켜야 한다는 소명을 느낀 사람도 바로 엄마였다. 그렇지만 튜링 씨는 소중한 사립학교 교육을 낭비하는 것에까지 관용을 베풀 수는 없었다. 그 시점에 튜링 씨의 재정은 특히 빠듯했다. 그는 마침내 망명에 싫증을 느끼고 서리Surrey의 길퍼드Guildford 변두리 지역에 작은 집을 빌렸다. 튜링 씨는 소득세를 내는 것 말고도 존이 직업전선에 발을 내딛도록 도와야 했다. 그는 아들이 인도 공무원 조직에 들어가는 것을 만류했다. 인도 주정부 대표에 인도인을 채용하게 한 1919년 개혁으로 인도 공무원 조직이 하락세에 접어들 것이라 예측했기 때문이다. 존은 대신 출판업에 진출할 생각을 했지만, 아버지의 지론은 존이 남미에 가서 구아노guano(바닷새의 배설물이 응고·퇴적된 것으로 비료로 쓰인다—옮긴이)로 돈을 벌어야 한다는 것이었다. 하지만 결국 최종 낙찰된 것은 튜링 부인이 제안한, 더 안전한 직업인 사무변호사였다. 튜링 씨는 아들이 도제 교육을 받는 데 450파운드를 내주고 5년 동안 지원해주기로 했다.

그러나 앨런은 그렇게 비싼 대가를 치르고 얻은 학교 교육의 의미를 알 수 없었다. 한때 가장 좋아하는 과목이었던 불어 수업마저 교사로부터 "무언가 즐거운 걸 할 때를 제외하면 앨런은 도통 관심을 안 보입니다"라는 평가를 받았다. 앨런은 학기 내내 수업 시간에 딴짓을 하다가 시험에서는 1등을 하는 식의 좋지 않은 습관을 들였다. 그러나 셔본에서 처음 배우게 된 그리스어는 그야말로 완전히 무시했다. 앨런은 세 학기 동안 하위층에서도 바닥을 기는 성적을 받았고, 그 후 개선의 여지가 없다는 점이 인정되어 그리스어를 포기할 수 있게 되었다. "특혜로 한 번 면제를 받고 나서 앨런은 마치 게으름과 무관심이 마음에 들지 않는 과목으로부터 해방될 방책이라도 되는 양 행동하고 있습니다." 오핸런 사감의 말이었다.

수학과 과학 교사는 보다 만족스러운 성적표를 써줬지만, 언제나 불평거리는 있었다. 1927년 여름, 앨런은 랜돌프라는 이름의 수학 교사에게 자신이 혼자 공부한 것을 보여주었다. 앨런은 $\tan\frac{1}{2}x$의 삼각함수 공식에서 '역탄젠트 함수'의 무한급

수를 찾았다.* 랜돌프 선생은 당연히 놀랐고 앨런의 담임교사에게 앨런이 "천재"라고 말했다. 하지만 그 소식은 셔본 연못의 돌처럼 가라앉았다. 단지 앨런이 아래 학급으로 강등되는 것을 막아줬을 뿐이었다. 심지어 랜돌프 선생마저 다음과 같이 비판적인 평가를 내렸다.

> 별로 좋지 않습니다. 앨런은 상당 시간을 고급 수학을 연구하는 데 보내며 기초 수학을 등한시하고 있습니다. 어떤 과목이든 기초를 다질 필요가 있습니다. 공부하는 방식이 지저분합니다.

교장은 경고를 내렸다.

> 앨런이 지나친 욕심을 부려 실패하지 않기를 바랍니다. 사립학교에 남고자 한다면 '교양 있는' 사람이 되려고 해야 합니다. 만약 앨런이 단지 '과학 전문가'가 되고 싶은 것이라면 사립학교에서 시간을 낭비하고 있는 것입니다.

퇴학에 대한 암시가 아침상에 쿵 소리를 내며 떨어졌다. 튜링 부부가 제각기 그토록 공을 들이고 기원했던 모든 것들이 위험에 처하게 된 것이다. 하지만 앨런은 노웰 스미스가 "영국 사립학교의 본질적인 명예이자 목적"이라 불렀던 셔본의 체계를 피해갈 방법을 찾았다. 유행성 이하선염에 걸려 학교 양호실에 고립된 채 학기의 후반을 보내게 된 것이다. 그리고 시험을 보러 나타나 평상시처럼 좋은 성적을 거둬 상까지 받았다. 교장의 의견은 다음과 같았다.

---

* 그 급수는 다음과 같다.
$$\tan^{-1}x = x - \frac{x^3}{3} + \frac{x^5}{5} - \frac{x^7}{7}\cdots$$
이것이 6학년 때 일반적으로 배우는 것이기는 하지만, 중요한 것은 앨런이 기본 미적분법도 사용하지 않고 이것을 발견했다는 점이다. 아마도 가장 놀라운 것은 이런 급수가 애초에 존재한다는 것을 앨런이 알아냈다는 점일 것이다.

앨런 튜링의 이미테이션 게임

앨런이 좋은 성적을 받고 상을 탄 것은 전적으로 수학과 과학 덕분입니다. 하지만 문학 쪽에서 성적이 향상된 것도 사실입니다. 지금처럼만 한다면 앨런은 매우 좋은 결과를 낼 것입니다.

여름휴가 동안 튜링 가족은 다시 웨일스를 찾아 이번에는 페스티니오그의 하숙집에 머물렀다. 앨런과 어머니는 산꼭대기까지 등산을 했다. 하숙집에는 닐드라는 사람이 있었는데, 앨런에게 큰 관심을 보이며 등산에 대한 책을 한 권 주었다. 그는 앨런이 마침내 지성의 고지에 오르는 것을 등산에 비유해 책 속지에 긴 헌정사를 써주기까지 했다. 잠깐 동안이지만 그를 진지하게 대해준 사람이 한 명 있었던 것이다.

『자연의 신비』는 인간의 몸이 '살아 있는 약방'이라고 설명했다. 당시 막 발견된 호르몬의 영향을 설명하는 브루스터만의 방식이었다. "몸의 서로 다른 부위"가 신경 체계를 거치기보다 "화학 메시지"를 통해 "서로에게 신호를 줄" 수 있다는 것이 요지였다. 1927년 앨런은 15세가 되었고 키가 크기 시작했으며 동시에 좀 더 흥미로운 변화가 일어나기 시작했던 것 같다.

영국 국교회에서 사춘기 의식을 받을 시기이기도 했다. 앨런은 1927년 11월 7일 견진성사를 받았다. 학생군사교육단처럼 견진성사 역시 모두가 자원해야만 하는 의무 중 하나였다. 하지만 앨런이 솔즈베리Salisbury의 주교 앞에 무릎을 꿇고 앉아 세속의 유혹을 끊어버리겠다고 했을 때 그는 정말 종교를, 아니면 적어도 다른 무언가를 믿었다. 그러나 노웰 스미스는 그 기회를 틈타 다음과 같이 말했다.

앨런이 견진성사를 진지하게 받아들이기를 바랍니다. 만약 앨런이 진지하다면, 아무리 좋은 취미라도 그것에 탐닉하느라 명백한 의무를 소홀히 하지는 못할 것입니다.

앨런에게는 바보 같은 문장을 라틴어로 번역하거나 제복 상의에 달린 단추를 닦거나 하는 등의 '의무'는 '명백한' 것과는 거리가 멀었다. 앨런은 나름 진지했다. 교장의 말은 겉으로만 순응하는 척하는 행동을 비판하기에 더 적절했다. 『어렴풋한 청춘』에는 그와 관련해 다음과 같은 구절이 나온다.

> 대부분의 남학생의 경우와 마찬가지로 견진성사는 고든에게 거의 영향을 미치지 않았다. 고든은 무신론자는 아니었다. 그는 마치 보수당을 받아들이듯 기독교를 받아들였다. 훌륭한 사람들은 모두 기독교를 믿으니 기독교는 반드시 옳을 것이라 여겼기 때문이다. 그러나 동시에 기독교는 고든의 행동에는 조금도 영향을 주지 못했다. 만약 고든에게 당시 종교가 있었다면, 그것은 기숙사 축구였다. …

셔본 학생들이 일주일에 한 명꼴로 희생되었던 1917년에 나타난 책 치고는 표현이 꽤 과격했다. 이런 발언들 때문에 『어렴풋한 청춘』은 셔본에서 금서가 되었고, 이 책을 소지하고 있는 학생은 즉각적인 체벌이 가해졌다.

그러나 셔본의 배신자 취급을 받은 이 저자가 한 말은, 비록 표현은 달라도 교장이 다음과 같이 말한 것과 크게 다르지 않았다.

> 그러니까 내 말은 내가 사립학교 체계를 비판하는 것은 아니라는 겁니다. 나는 사립학교의 엄청난 가치를 믿습니다. 무엇보다 사립학교가 심어주는 의무감과 충성심, 그리고 준법정신에 대해 큰 신뢰를 가지고 있지요. 하지만 사립학교 역시 모든 규율 체계에 수반되는 위험을 피할 수는 없습니다. 그저 남들 하는 대로 하고, 남들 느끼는 대로 느끼며, 마치 노예처럼, 아니 양 같다고 하는 게 낫겠군요, 독립적인 성격이 결여될 위험 말입니다.

"체계는 이런 위험을 피할 수 없습니다. 하지만 우리 개개인은… 적절히 대처한다면 이런 문제를 극복할 수 있습니다"라고 교장은 말했다. 하지만 개인이 전체 조직의 뜻을 거스르는 것은 매우 어려운 일이었다. 노웰 스미스가 말했듯, "모든 집단 중 우리 학교처럼 명확하고 이해하기 쉬운 집단은 거의 없습니다… 여기서 우리는 모두 공통의 삶을 누리고 공통의 규율을 따르지요. 우리의 삶은 철두철미하게 조직화되었고, 조직은 확고한 목표의식을 가지고 있습니다…" 교장은 또 말하길, "개개인으로서는 독창적일지 몰라도 학생들의 행동은 지극히 관습적입니다." 노엘 스미스는 도량이 좁은 사람은 아니었기에 이러한 교육 체계와 워즈워스 Wordsworth의 시를 사랑하는 마음(그는 워즈워스의 시집 편집을 맡기도 했다)을 어떻게든 조화시킬 수 있었다. 이 고전주의자의 가슴속에는 낭만적인 심장이 뛰고 있었고, 아마도 이 심장이 그를 힘들게 했던 것 같다.

그러나 "그저 남들 하는 대로 하는" 학생들에게 "독립적인 성격"을 불어넣는 문제는 고상한 낭만주의 사상 차원에서보다는 소위 '음담패설'과 관련되어 주로 일어났다. 교장은 학생들 개개인에게 음담패설을 삼가서 진정한 애교심을 보여달라고 요청했다. 또 학생들에게 독립성을 가지라고 다음과 같이 호소했다.

교양 있는 집에서 자란 소년은 욕이나 상스러운 농담, 저속한 암시를 본능적으로
싫어합니다. 그럼에도 순전히 겁이 많아서 자신의 반감을 숨기거나 어쩌면 억지로
웃어넘길지도 모릅니다. 심지어 이 불쾌한 은어를 배우기 시작할 수도 있습니다!

남학교에서 가능한 "저속한 암시"는 오직 한 가지 밖에 없었다. 남학생끼리의 접촉은 성적인 면으로 발전될 가능성이 많았다. 다른 기숙사에 살거나 나이 차이가 나는 학생들이 교제하는 것을 사실상 금지한 것은 이 같은 사실을 반영하고 있었다. 이러한 금지령, 그리고 금지령과 관련된 '소문'이나 '추문'은 사립학교의 공적인 삶의 일부는 아니었지만, 그렇다고 현실이 아닌 것은 아니었다. 노엘 스미스는 "집이나 선생님 앞에서 쓰는 말이 따로 있고, 공부방이나 기숙사에서 쓰는 말이 따로 있다"라는 사실을 비난할지 모르겠지만, 그것이 학교생활의 실상이었다. 『자연의 신비』는 다음과 같이 설명하고 있다.

우리는 뇌로 사고한다고 흔히들 말한다. 맞는 말이지만 절대 그것이 다는 아니다.
우리 몸이 그런 것처럼 뇌 또한 서로 꼭 닮은 두 개의 반구로 이루어졌다. 사실 두
손이 서로 닮은 것보다도 뇌의 두 반구가 더 똑같다고 할 수 있을 것이다. 그럼에도

우리는 오직 한쪽 뇌로만 사고한다.

알렉 워는 셔본이 (은유적으로 말하자면) 뇌의 두 반구를 개별적으로 사용하는 법을 가르친다고 비난했다. '사고', 아니 좀 더 정확히 말해 공적인 사고는 한쪽 반구에서 이뤄졌고, 일상생활은 다른 한쪽이 주관했다는 것이다. 이런 식의 분리는 위선이 아니었다. 제 정신을 가진 사람이라면 이 두 세계를 혼동할 리 없다고 여겼던 것이다. 이런 방식은 매우 잘 작동했고, 어쩌다 그 간극이 메워졌을 때만 문제가 생겼다. 워가 감정을 실어 말했듯, 바로 그때 사고가 나는 것이다.

1927년 학교는 비공식적인 관습 면에서 다소 변화를 겪었다. 학생들은 『어렴풋한 청춘』을 읽고(금서였으니 당연히 더 읽었다) 그 당시 오히려 성적인 우정에 관용적이었다는, 혹은 적어도 그런 암시를 풍기는 것에 놀랐다. 학교 운동팀이 다른 사립학교에서 온 상대팀을 만나면 그 학교의 자유분방한 모습에 깜짝 놀라기도 했다. 이 시기에 셔본의 학생들은 알렉 워가 학교를 다녔던 1914년에 비해 더 청교도적이고, 덜 냉소적으로 정통성을 옹호하고 있었던 것이다. 노웰 스미스는 더 이상 독립적인 학생들에게 그가 '쓰레기'라고 불렀던 행동을 근절하라고 호소하지 않았다. 그러나 그는 새롭게 싹트는 400개의 '살아 있는 약방'으로 화학 메시지가 흘러 들어가는 것을 막을 수는 없었고, 아무리 찬물로 목욕을 해도 '음담패설'을 멈추게 할 수는 없었다.

앨런 튜링은 독립적인 성격의 소년이었지만, 이 주제는 교장의 문제와는 정반대의 문제를 그에게 안겼다. 대부분의 소년들에게 '추문'은 학교생활의 단조로움을 덜어주는 곧 잊힐 농담 정도였지만, 앨런에게는 인생의 핵심을 건드리는 문제였다. 물론 그때쯤 새와 벌에 대해 당연히 배웠지만, 앨런의 마음은 다른 데 가 있었다. 아기가 어떻게 태어나는지에 대한 비밀은 잘 숨겨졌지만, 모두가 거기에 비밀이 '있다'라는 것은 알았다. 그러나 앨런은 셔본에 있으면서 바깥세상에서는 그 존재조차 허용되지 않은 비밀을 알게 되었다. 그리고 그것은 '그의' 비밀이었다. 앨런은 동성에 대한 사랑과 욕망에 이끌렸던 것이다.

앨런은 진지한 사람이었고 알렉 워가 "평범한 학생"이라고 부른 유형이 아니었

앨런 튜링의 이미테이션 게임

다. 앨런은 "지극히 관습적인" 사람도 아니었고 그래서 괴로움을 겪었다. 앨런에게는 모든 것에 이유가 있어야만 했다. 뜻이 통해야 했고, 둘이 아닌 하나의 뜻만 있어야 했다. 그러나 셔본은 자기 자신을 더 의식하게끔 하는 것 말고는 이런 면에서 그에게 전혀 도움이 되지 않았다. 독립적이기 위해 앨런은 공식, 비공식 가릴 것 없이 모든 규칙들을 헤치고 자신의 길을 가야 했다. 앨런이 "남들 느끼는 대로 느낄" 일은 당연히 없었다. 셔본에서 앨런에게 두 가지 자연의 신비는 '악취'(화학 실험)와 '쓰레기'(음담패설)였다.

노웰 스미스는 사립학교 시스템에 대해 때때로 의구심을 품었지만, 1927년 가을, 앨런의 학급 담임교사였던 트렐로니 로스 A. H. Trelawny Ross에게는 그런 의혹이 전혀 들지 않았다. 그는 셔본에서 교육을 받고 1911년 옥스퍼드를 졸업한 직후 셔본으로 돌아왔는데, 사감으로 지낸 30년 동안 배운 것도 잊은 것도 아무것도 없었다.[18] '느슨함'을 결코 좌시하지 않았던 로스는 학생들을 노예처럼 만드는 것에 대해 양심의 가책을 느꼈던 교장과는 전혀 달랐다. 로스의 화법 또한 노웰과 대조를 이뤘다. 로스가 1928년 작성한 '기숙사 통신문'은 다음과 같이 시작했다.

> 휴게실 대장(키 150센티미터)에게 따질 일이 있다. 내가 여자를 싫어한다고 보란 듯이 써놨더군. 이 거짓말은 몇 년 전 내가 자신에게 칭찬의 말을 충분히 쏟아내지 않는다고 여긴 한 귀부인에 의해 시작되었다. 사실 여자를 싫어하는 남자는 정서적으로 뒤틀려 있다고 본다. 남자를 싫어하는 여자도 마찬가지이다. …

로스는 학교나 기숙사에 대한 충성심의 교훈을 제대로 배우지 못한 편협한 민족주의자였다. 그는 자신이 맡은 학급에 거의 관심이 없었지만, 그래도 자신의 지식과 인생 경험을 전수하고자 했다. 그는 일주일 단위로 라틴어 번역과 라틴어 산문, 영어를 가르쳤다. 영어 수업은 철자법과 '편지의 서두와 본문, 그리고 겉봉 쓰는 법', '요약문 작성하는 법', '소네트의 구성, 그리고 주요 논점 요약을 통해 분별 있고 잘 정돈된 에세이 쓰는 법'으로 구성되어 있었다.

로스는 "민주주의가 발전할수록 예절과 도덕은 쇠퇴한다"라는 견해를 고집했고, 다른 선생들에게 『밀물처럼 들어오는 유색인종들The Rising Tide of Colour』을 읽을 것을 강력히 권했다. 또 독일이 패배한 것은 "종교적 사고나 의식보다 과학과 유물론을 더 중시했기 때문"이라고 주장했다. 그는 과학적 주제를 "저급한 간계"라고 불렀고 "이 방에서는 수학 냄새가 나는군! 나가서 소독약 스프레이를 가지고 와!"라며 코웃음치곤 했다.

앨런은 그 시간에 자신에게 더 흥미로운 것을 했다. 로스 선생은 '종교 교육' 시간에 앨런이 대수학을 공부하는 것을 적발하기도 했다. 그리고 중간 학기 성적표에 다음과 같이 썼다.

제가 본 것 중 최악이긴 하지만 앨런의 악필은 용서할 수 있습니다. 또한 앨런의 변함없는 부정확함과 무성의함, 지저분하고 일관적이지 않은 방식을 너그럽게 보고자 애썼습니다. 그러나 건전하게 신약성서에 대해 토론하는 동안의 어리석은 태도는 도저히 용서할 수 없습니다.

앨런은 이 학급에 있어서는 안 됩니다. 여기서 다루는 과목들에 관한 한 터무니없이 뒤처져 있습니다.

1927년 12월, 로스 선생은 앨런에게 영어와 라틴어 과목 둘 다 낙제점을 주었다. 그리고 성적표에 잉크 범벅이 된 종이를 따로 첨부했는데, 그것은 앨런이 작성한 것으로 마리우스와 술라(고대 로마시대의 장군—옮긴이)의 업적에 대해 얼마나 공부를 소홀히 했는지를 분명하게 보여주고 있었다. 하지만 그런 로스 선생조차 "개인적으로는 저도 앨런을 좋아합니다"라고 밝히며 불평을 누그러뜨렸다. 오핸런 사감 역시 앨런의 "도움이 되는 유머감각"에 대해 쓴 바 있다. 집에서도 앨런은 지저분하게 실험을 하며 성가시게 굴곤 했다. 그러나 전혀 과시하지 않으면서 과학적 사실을 늘어놓고 자신의 서투름을 농담거리로 이야기하는 특유의 유쾌한 방식 덕분에 앨런을 좋아하지 않을 수 없었다. 앨런은 자기 삶을 편하게 만들지 못했다는 점에서 확실히 어리석기는 했다. 자신에게 무엇이 좋은지 알고 있다는, 게으르고 어쩌면 거만한 태도의 문제였는지도 모른다. 그러나 자기의 관심사와는 아무 상관도 없는 요구에 사납게 대들었다기보다는 그저 당황했던 것이다. 또한 집에서 셔본에 대한 불평을 늘어놓지도 않았다. 앨런은 셔본에서의 삶을 현실로 여긴 듯했고, 실제로 그러했다.

누구든 개인적으로는 앨런을 좋아했을 것이다. 하지만 학교 체계의 일부로서 말하자면 이야기는 완전히 달라진다. 1927년 크리스마스에 교장은 다음과 같이 썼다.

> 앨런은 어떤 학교 또는 공동체에 가든 문제를 일으킬 요지가 상당한 아이입니다. 어떤 면에서 확실히 반사회적이기 때문입니다. 하지만 우리 공동체에서라면 자신의 특별한 재능을 개발하고 동시에 삶의 기술을 배우게 될 가능성이 크다고 생각합니다.

이런 판결을 내리고 노웰 스미스는 갑작스럽게 은퇴했다. 자신의 공동체가 처한 모순이나 앨런 튜링의 독립적인 성격이 야기하는 문제에서 손을 떼는 것에 대해 미안하게 생각하지는 않았던 모양이다.

1928년 새해는 셔본에는 변화의 시기였다. 노웰 스미스의 후임자 바우이C. L. F. Boughey는 전에 말보로에서 교감직을 맡았었다. 교장의 사임은 우연히도 체육 교사인 캐리의 죽음과 동시에 일어났다. 각기 '대장'과 '황소'로 불렸던 두 사람은 셔본을 '정신'과 '신체'의 세계로 양분하여 20년 동안 각자의 세계를 지배해왔다. 캐리의 역할은 불도그 같은 로스가 이어받게 되었다.

1928년은 앨런에게도 변화의 해였다. 오핸런 사감은 블레이미라는 학생에게 2인용 공부방을 앨런과 같이 쓰라고 했다. 앨런보다 한 살 많은 블레이미는 성실하지만 다소 고립되어 있었다. 블레이미의 임무는 앨런을 더 단정하게 만들며 "앨런이 순응하는 것을 돕고, 인생에 수학 외에도 다른 것들이 있다는 것을 보여주는 것"이었다. 첫 번째 목표는 유감스럽게도 실패했다. 두 번째 목표를 수행하면서 블레이미는 앨런이 "집중력이 뛰어나서 어떤 난해한 문제에 곧잘 빠져버린다"라는 어려움에 부딪혔다. 블레이미는 선한 사람이었고, 학교 체계가 되도록 순조롭게 돌아가야 한다고 믿었기에 "중간에 끼어들어서 예배당이나 시합, 오후 수업 등등에 갈 시간이라고 말하는 것"을 자신의 의무로 여겼다.[19] 오핸런 사감은 크리스마스에 보낸 성적표에서 다음과 같이 썼다.

의심할 여지 없이 앨런의 상태는 나빠지고 있습니다. 창문이 활짝 열린 창틀에서 양초 두 자루를 가지고 아무도 모를 마녀의 비약 같은 것을 끓여대면 제가 좋아하지 않는다는 것은 앨런도 지금쯤이면 알 것입니다. 하지만 앨런은 자신의 고통을 매우 기꺼이 감내하고 있고 체육 같은 과목에도 더 노력을 기울이고 있습니다. 절망적인 상태는 결코 아닙니다.

앨런이 "마녀의 비약"에 대해 애석하게 생각했던 단 한 가지는 "과열된 양초 기름으로 인해 발생된 수증기에 불이 붙으면서 아주 고운 색들이 발생했는데 그 절정을 (오핸런이) 못 봤다는 것"이었다. 앨런은 여전히 화학에 매료되었지만 다른 사람들 마음에 드는 방식으로 화학 실험을 하는 것에는 관심이 없었다. "…부정확함과 지저분함, 그리고 서툰 스타일로 인해 감점… 서술형 문제나 실험 둘 다에 있어 몹시 너저분함" 같은 표현이 등장하는 앨런의 수학과 과학 성적표는 앨런이 "매우 전도유망하다"라는 점은 인정했지만 의사전달에 여전히 문제가 있음을 반영하고 있었다. 오핸런은 "생각을 표현하는 방식이 뒤죽박죽이라 재미있는 아이디어도 잘 살려내지 못합니다. 앨런은 조잡한 스타일이나 악필, 지저분한 그림이 무엇을 의미하는지 이해하지 못합니다"라고 평가했다. 로스가 앨런을 다음 학급으로 통과시켜주기는 했지만, 1928년 봄에도 앨런은 여전히 거의 꼴찌에 가까운 등수를 받았다. "현재 앨런의 정신상태는 상당히 혼란스러운 듯합니다. 자신의 생각을 표현하는 데 매우 큰 어려움을 겪고 있습니다. 독서를 좀 더 많이 해야 합니다." 로스보다는 좀 더 이치에 밝은 교장의 말이었다.

앨런이 중등교육 수료시험School Certificate을 봐서 6학년으로 진학할 수 있을지 미래가 불투명했다. 오핸런과 과학 교사들은 앨런이 노력해보기를 원했고 나머지는 반대했다. 그 결정은 새로 온 교장의 몫이었는데, 그는 앨런에 대해 아는 바가 하나도 없었다. 바우이는 학교의 신성한 전통을 뒤엎으면서 자신이 개혁에 열심인 신임자라는 것을 보여주었다. 고전반 6학년의 대표가 자동적으로 학교의 대표가 되는 전통도 폐기되었다. 교장이 전교생을 대상으로 '음담패설'에 대한 설교를 하면서 반장들과의 사이가 벌어지기도 했다(반장들은 교장이 말보로의 기준으로 셔본을 평가한다고 느꼈다). 예배당에서 캐리의 추도식을 열지 않을 것임을 전교생 앞에서 공표했을 때는 교직원들이 큰 충격을 받았다. 이 사건이 교장의 운명을 결정지었다. 학교의 공식 기록에 따르면[20],

> 타고난 수줍음과 자존심은 학교 일에 대한 무관심으로 비칠 수 있지만 사실은 아무 근거 없는 것일 수도 있다… 그는 전쟁 복무로 인해 나빠진 건강과 싸워야 했고 공적인 자리에 참석하기가 점점 힘들게 되었다. 심지어 사적으로 시간을 계속 내주는 것마저 어렵게 되었는데, 이것은 교장직에 불가피하게 요구되는 의무였다.

그것이 원인이었든 결과였든 간에 교장은 브루스터 식으로 말하자면 "술독에 빠졌다." 학교는 로스와 바우이 간의 권력 투쟁으로 접어들었다. 앨런의 미래를 결정한 것은 이 신구의 대결이었다. 바우이가 원칙적인 면에서 로스를 이겨서 앨런이 중등교육 수료시험을 볼 수 있게 되었기 때문이다.

방학 동안 앨런의 아버지는 앨런에게 영어를 가르쳤다. 튜링 씨는 비록 추상적인 관념에는 약했지만 문학을 무척 좋아했다. 그는 성경이나 키플링Kipling, 그리고 『보트 안의 세 남자Three Men in a Boat』 같은 익살스러운 에드워드 시대 소설의 일부를 몇 쪽씩 암송할 수 있었다. 그러나 이런 것들은 모두 앨런에게는 소용이 없었다. 앨런이 시험에 대비해 공부해야 하는 것은 『햄릿』이었기 때문이다. 잠시 동안이지만, 앨런은 『햄릿』에서 마음에 드는 대사가 하나 있다고 말해서 아버지를 기쁘게 했다. 그 기쁨은 그것이 마지막 대사라는 앨런의 설명과 함께 사그라졌다. "시체를 운반하며 퇴장…"이라는 지문이었던 것이다.

1928년 여름학기에 앨런은 벤슬리W. J. Bensly 목사가 담임을 맡고 있는 또 다른 반으로 옮겨가 시험 대비를 했다. 앨런은 평상시 하던 대로 하지 말아야 할 이유를 찾지 못했기에 벤슬리 선생의 반에서도 최하위에 머물렀다. 벤슬리 선생은 무모하게도 앨런이 라틴어 시험을 통과하면 앨런이 지정하는 자선단체에 10억 파운드를 기부하겠다고 말했다. 오핸런 사감은 보다 통찰력 있게 다음과 같이 예측했다.

> 앨런은 이곳 학교에서 본 그 어떤 학생보다 뛰어난 두뇌를 가지고 있습니다. 심지어
> 라틴어나 불어, 영어 같은 '쓸모없는' 과목도 충분히 통과할 수 있게 할 두뇌입니다.

오핸런은 앨런이 제출한 시험지를 몇 개 보았는데, 그것들은 "놀라울 정도로 읽기 쉬웠고 깔끔했다." 앨런은 영어, 불어, 초급 수학, 보충 수학, 물리학, 화학, 그리고 라틴어에서 학점을 받고 통과했다. 벤슬리 선생은 돈을 내지 않았다. 권력을 쥔 사람에게는 규칙을 바꿀 수 있는 특권이 있었기 때문이다.

중등교육 수료시험을 통과했으므로 학교는 앨런에게 작은 역할을 하나 허락했다. 바로 '수학 수재'로서의 역할이었다. 셔본에는 다른 학교, 특히 윈체스터와는 달리 6학년에 수학반이 따로 없었다. 과학반은 있었는데 거기서는 앨런이 가장 좋아하는 과목인 수학이 부차적인 취급을 당했다. 앨런이 바로 6학년으로 진급한 것도 아니었다. 앨런은 1928년 가을 동안 5학년에 계속 머물러 있어야 했지만 수학 수업은 6학년과 같이 들을 수 있었다. 이 수업은 에퍼슨이라는 젊은 교사가 가르쳤다. 그는 옥스퍼드를 졸업한 지 고작 1년 된 온화하고 교양 있는 사람으로 학생들에게 늘 당하는 유형의 선생이었다. 그렇게 학교가 실수를 만회할 기회가 마침내 생겼다. 에퍼슨은 앨런을 내버려둠으로써 소극적인 의미로 앨런이 원했던 것을 해주었다.[21]

> 저는 앨런이 하는 대로 대체로 내버려두고 필요할 경우에만 도와주는 것을 방침으
> 로 했는데, 그 덕에 앨런의 타고난 수학적 천재성이 억제되지 않고 발달할 수 있었
> 던 것은 아닐까 생각합니다…

에퍼슨 선생은 앨런이 언제나 교과서에 명시된 방법보다는 자신만의 방법을 선

앨런 튜링의 이미테이션 게임

호한다는 것을 알아차렸다. 실제로 앨런은 학교 과정 따위는 거의 아랑곳하지 않고 줄곧 자기 식대로 공부했다. 중등교육 수료시험 준비를 하면서, 아니 심지어 그 전에도, 아인슈타인이 직접 쉽게 풀어쓴 책[22]을 보며 상대성이론을 공부하고 있었다. 이 책은 기초적인 수학만 사용하기는 했지만, 앨런이 학교에서 가르치는 것을 훌쩍 뛰어넘어 자유롭게 사고할 수 있게 해주었다. 『자연의 신비』가 앨런을 다윈 이후의 세계에 입문시켜주었다면, 아인슈타인은 20세기 물리학 혁명으로 그를 인도해주었다. 앨런은 작은 빨간색 공책에 자신이 공부한 것을 적어 어머니께 드렸다.

"여기서 아인슈타인은 유클리드Euclid의 공리가 강체剛體, rigid bodies에 적용될 경우에도 유효한지 의심하고 있다. …그래서 아인슈타인은… 갈릴레이-뉴턴의 법칙 혹은 공리를 시험하는 데 착수했다." 앨런은 이렇게 논평했다. 아인슈타인이 '공리를 의심했다'라는 중요한 점을 알아낸 것이다. 앨런에게 이것은 "명백한 의무"는 아니었다. 앨런에게 명백한 것은 아무것도 없었기 때문이다. 앨런을 다소 거만하게, 그러나 적대적이지는 않은 시선으로 흥미롭게 지켜보던 형 존은 다음과 같이 주장했다.

> 누가 어떤 자명한 명제, 예를 들어 지구는 둥글다는 명제를 감히 주장하기로 한다면, 앨런은 반박의 여지가 없는 증거를 대거 들어 지구가 평평하거나, 혹은 타원형이거나, 섭씨 1,000도에서 15분 동안 끓인 샴고양이 같은 모양일 거라고 입증할 거예요.

데카르트적 회의는 앨런의 가족들과 학교로서는 이해할 수 없는 침범으로 다가왔다. 영국인들은 이 같은 침범을 박해하기보다는 웃음으로 대처했다. 그러나 회의라는 것은 매우 어렵고 희귀한 마음 상태였기에, '자명하게' 보이는 '갈릴레이-뉴턴의 법칙 혹은 공리'가 실제로 진리인지에 대한 의문이 지적 세계 전체에 싹트기까지는 오랜 시간이 걸렸다. 19세기 말이 되어서야 이들 공리가 알려진 전기·자기 법칙과 모순된다는 사실이 인정되었다. 그것이 암시하는 바는 무시무시했다.

그리하여 아인슈타인은 여태까지 가정해왔던 역학의 토대가 사실상 잘못된 것임을 주장하기 시작했고, 1905년 특수상대성이론을 발표하게 되었다. 이 이론은 그 후 뉴턴의 중력법칙과 모순되는 것으로 입증되었고, 이 모순을 제거하기 위해 아인슈타인은 더 나아가 유클리드의 기하학 공리마저 의심했으며, 결과적으로 1915년 일반상대성이론을 발표했다. 앨런이 보기에 아인슈타인의 업적에서 중요한 점은 이런저런 실험을 했다는 데 있는 것이 아니라, 의심하는 능력, 진지하게 생각하는 능력, 그리고 설사 기존의 학설을 뒤엎는다 할지라도 논리적인 결론을 도출하는 능력에 있었다. "이제 아인슈타인에게도 자신이 세운 공리가 생겼고 시간, 공간 따위의 기존 개념을 탈피하여 자기 논리대로 연구할 수 있게 되었어요." 앨런은 이렇게 편지에 썼다.

앨런은 또한 아인슈타인이 공간과 시간의 '실제' 의미에 대한 철학적 논의를 피하는 대신 원칙적으로 실현 가능한 것에 집중했다는 것을 알게 되었다. 물리학에 대한 '조작적' 접근operational approach의 일환으로 아인슈타인은 '자'와 '시계'를 무척 강조했다. 예를 들자면, '거리'는 절대적인 관념보다는 명확한 기준에 의해 잴 수 있을 때에만 의미가 있었다. 앨런은 다음과 같이 썼다.

> 두 점 간의 거리가 언제나 똑같은지 의문을 제기하는 것은 아무 의미가 없다. 그 거리가 자신이 정한 단위라고 규정하고 그 정의에 따라 사고하면 되는 것이다… 이런 식의 측정법은 사실상 관습이나 마찬가지이다. 측정방법에 맞춰 법칙을 변경하는 것이다.

사람을 특별대우 하는 법이 없었던 앨런은 아인슈타인이 제공한 방법보다는 자신의 방법을 선호했다. "이렇게 하면 덜 '마법'같이 보이기 때문이다"라고 앨런은 설명했다. 앨런은 책을 끝까지 다 읽고 능수능란하게 법칙*을 유도해냈다. 외부

---

* 통상적으로 '측지운동법칙the law of geodesic motion'이라고 불린다.

앨런 튜링의 이미테이션 게임

힘이 가해지지 않으면 물체는 등속도로 직선운동을 한다는 뉴턴의 공리를 대체하는 일반상대성이론의 법칙이었다.

> 아인슈타인은 이제 물체의 일반 운동법칙을 찾아야만 한다. 물론 일반상대성원리를 충족하는 것이어야 한다. 아인슈타인은 사실상 법칙을 내놓지는 않는다. 참 애석한 일이다. 그러니 내가 그 법칙을 말하겠다. 그것은 바로 "입자가 지나온 두 개의 사건 사이의 거리는 세계선world line에 따라 측정되었을 때 최대 혹은 최소"라는 것이다.
> 그것을 증명하기 위해, 아인슈타인은 등가원리Principle of Equivalence를 도입한다. 등가원리에 따르면 "어떤 자연적인 중력장도 인공적인 중력장과 같다." 자연 중력장을 인공 중력장으로 대체한다고 가정해보자. 중력장이 인공적이기 때문에 갈릴레이학설에 따라 입자는 각자의 기준으로 균등하게 움직이게 될 것이다. 다시 말해, 입자에 따라 상대적으로 직선의 세계선이 생기는 것이다. 유클리드의 공간에서 직선은 항상 두 점 간의 최대이면서 최소 거리이다. 그러므로 이 세계선은 위와 같이 한 학설의 조건들을 만족시키고, 그리하여 모든 학설들을 만족시킨다.

앨런이 설명한 바와 같이, 아인슈타인은 자신의 대중서에 이 운동법칙을 명시하지는 않았다. 앨런은 어쩌면 스스로 그것을 추측해냈는지도 모른다. 다른 한편으로, 1928년에 출간되어 1929년에는 앨런이 읽기 시작했던 다른 책에서 그 법칙을 찾아낸 것일 수도 있다. 아서 에딩턴 경Sir Arthur Eddington의 『물리적 세계의 본성The Nature of the Physical World』이라는 책이었다. 케임브리지대학교의 천문학 교수였던 에딩턴은 항성 물리학을 연구하며 상대성원리의 수학 이론을 발전시킨 사람이었다. 이 영향력 있는 책은 에딩턴의 대중적인 저작 중 하나로, 여기서 그는 1900년 이래로 일어난 과학적 세계상의 커다란 변화를 전하고자 했다. 다소 막연하게 상대성이론을 설명한 이 책은 비록 증거는 내놓지 않았지만 운동법칙에 대한 설명은 담고 있었다. 아마도 여기서 앨런이 그 법칙을 얻었을 가능성이 있다. 어떤 방식으로 알게 되었건 간에 단순히 책을 읽는 이상의 노력을 기울였던 것이 분명하다. 앨런이 스스로 몇몇 개념들을 종합해냈기 때문이다.

이 공부는 앨런이 스스로 주도하여 한 것이고, 에퍼슨 선생은 알지 못했다. 앨런은 잔소리와 꾸중 말고는 자신에게 별로 해준 것이 없는 환경에 구애받지 않고 독립적으로 사고하고 있었다. 완전히 갈피를 못 잡고 헤매는 그의 어머니만이 약간의 격려를 해주었을 뿐이었다. 그런데 무언가 새로운 일이 일어나 앨런을 세상과 교류하게 했다.

다른 기숙사, 다름 아닌 로스의 기숙사에 모컴Morcom이라는 학생이라는 있었다. 아직은 앨런에게 단지 '모컴'이라 불렸지만 나중에는[23] '크리스토퍼'라 불리게 된다. 앨런은 1927년 초에 크리스토퍼 모컴을 처음으로 알게 되었고 그에게 매우 끌렸다. 그가 학년에 비해 놀라울 정도로 작았다는 것 때문이었다(모컴은 앨런보다 한 살 많았고 학교에서는 한 학년 위였으며, 금발에 왜소한 체격이었다). 그러나 또 다른 이유는 그가 "너무나 매력적이라 계속 모컴의 얼굴을 보고 싶었다"라는 데 있었다. 1927년 후반에는 크리스토퍼가 학교를 떠나 있다가 돌아왔는데 얼굴이 야윈 것을 앨런이 눈치 채기도 했다. 크리스토퍼는 앨런과 마찬가지로 과학을 무척 좋아했는데 앨런과는 무척 다른 사람이었다. 앨런에게는 그토록 장애물 같았던 학교가 모컴에게는 너무나 손쉽게 발전을 이룰 수 있게 해주는 수단이자 장학금과 상, 그리고 칭찬의 원천이었던 것이다. 모컴은 이번 학기도 늦게 학교에 돌아왔지만, 그가 도착했을 때는 앨런이 그를 기다리고 있었다.

앨런의 철저한 외로움에 드디어 틈이 생겼다. 다른 기숙사에 사는 연상의 학생을 사귀는 쉽지 않았다. 게다가 앨런이 대화에 능한 것도 아니었다. 하지만 앨런은 수학이라는 수단을 통해 교제를 꾀했다. "학기 동안 크리스와 저는 서로에게 각자 아끼는 문제를 내주고 자신이 즐겨 사용하는 해법에 대해 이야기했어요." 생각과 느낌을 분리한다는 것은 불가능했다. 훗날 앨런은 동성의 다른 남자들에게 느낀 많은 사랑 중 이것을 첫사랑으로 여기게 되었다. 항복의 느낌("그가 밟은 땅을 숭배했지요")과 마치 흑백의 세계에 불쑥 화려한 색이 나타난 것같이 고양된 인식이 수반되었다("그는 다른 사람들을 참 평범하게 보이게 해요"). 무엇보다 크리스토퍼가 진지하게 과학적 사고를 하는 사람이라는 점이 가장 중요했다. 늘 상당히 신

앨런 튜링의 이미테이션 게임

중한 모습이기는 했지만, 크리스토퍼 또한 점차 앨런을 진지하게 대하기 시작했다("제가 크리스에 대해 가장 생생하게 기억하는 것은 대부분 *그가 때때로 제게 해준 친절한 말들이에요*"). 이런 요소들이 모두 있었기에, 앨런은 소통의 필요성을 느끼게 되었다.

에퍼슨 선생의 수업 전이나 후에, 앨런은 크리스토퍼에게 상대성이론에 대해 이야기하거나 진행 중인 다른 연구를 보여주었던 듯하다. 예를 들자면, 앨런은 대략 이 시기에 원주율 π을 소수점 이하 36번째 자리까지 계산했는데, 아마도 자신이 구한 역탄젠트 함수의 급수를 이용해서 풀었던 것 같다. 하지만 맨 마지막 소수점에서 오류가 나서 무척 약이 올랐다. 시간이 좀 지난 뒤, 앨런은 크리스토퍼를 만날 다른 기회를 찾았다. 자습시간으로 정해진 수요일 오후 특정 시간대에 크리스토퍼가 기숙사가 아닌 도서관으로 간다는 것을 우연히 알게 된 것이다(로스는 학생들이 교사의 감독 없이 공부하는 것을 허락하지 않았다. 학생들이 통제되지 않은 채 같이 모여 있으면 성적인 기운이 맴돌까 두려웠던 것이다). 앨런은 "저는 거기에 크리스와 같이 있는 게 너무 좋아서 그 후로는 쭉 제 공부방에 가는 대신 도서관에 가곤 했지요"라고 편지에 썼다.

진보적 성향의 에퍼슨 선생이 시작한 축음기 동호회를 통해 또 다른 기회가 생겨났다. 피아노를 잘 치는 크리스토퍼는 그 동호회의 열렬한 회원이었다. 앨런은 음악에 거의 관심이 없었지만 일요일 오후면 가끔 블레이미(그 역시 앨런과 같이 쓰는 공부방에 축음기와 음반을 가져다 놓고 들었다)와 함께 에퍼슨의 숙소로 가곤 했다. 78RPM(분당 78번 회전하는 레코드─옮긴이) 음반에서 위대한 교향곡이 뚝뚝 끊어지며 재생되는 동안 앨런은 크리스토퍼를 훔쳐볼 수 있었다. 덧붙여 말하자면, 이는 앨런에게 인생에 수학 말고도 다른 것들이 있음을 보여주고자 블레이미가 기획한 것이기도 했다. 크리스토퍼는 또한 앨런에게 기본적인 재료만 가지고 광석 라디오를 만드는 법을 알려주었다. 앨런에게 비싼 재료를 살 돈이 없다는 사실을 눈치 챘기 때문이다. 앨런은 자신이 바리오미터 코일을 감겠다고 고집을 부렸고, 비록 크리스토퍼의 손재주를 따라갈 엄두조차 못 내기는 했지만 자신의 서툰 손으로 제대로 작동하는 무언가를 만들었다는 것에 무척 기뻐했다.

크리스마스에 에퍼슨 선생은 다음과 같이 보고했다.

앨런의 지식과 지식을 '체계화하는' 능력 사이의 큰 공백을 메우는 것이 이번 학기의 주안점이었고, 앞으로 두 학기 동안도 그럴 것입니다. 앨런은 머리 회전이 아주 빠르고 종종 '명석한' 모습을 보이지만 일부 과제를 하는 데 있어서는 오류가 많습니다. 앨런이 못 푸는 문제는 거의 없지만, 그것을 푸는 방식은 종종 엉성하고 복잡하며 지저분합니다. 그렇지만 시간이 지나면 철저함과 세련됨을 익힐 수 있을 것이라 확신합니다.

앨런은 아인슈타인의 사상을 정리하는 일에 비하면 고등교육 수료시험Higher Certificate은 지루하다고 생각했을 법하다. 그러나 크리스토퍼가 학기 말 시험에서 "말도 안 되게 더 좋은 성적"을 내고 있었기에 앨런으로서도 자신이 남들의 기대에 부응하지 못한다는 점이 더 신경 쓰일 수밖에 없었다. 1929년 새해를 맞아 반이 바뀌었고, 앨런은 제대로 6학년에 합류하여 크리스토퍼와 모든 수업을 같이 듣게 되었다. 앨런은 꼭 크리스토퍼 옆자리에 앉으려고 했다. 앨런이 쓴 편지에 따르면, 크리스토퍼는

이 우연에 대해 제가 두려워했던 (이제는 그보다는 잘 알지요) 말을 몇 마디 했지만 소극적으로나마 저를 환영해주는 것 같았어요. 머지않아 우리는 화학 시간에 같이 실험을 하게 되었고, 온갖 주제에 관해 끊임없이 의견을 나눴습니다.

불행히도 크리스토퍼는 감기에 걸려 1월과 2월에 걸쳐 대부분 결석했기에, 앨런은 봄 학기 동안 겨우 5주만 함께 공부할 수 있었다.

크리스는 저보다 연구 면에서 항상 나았어요. 크리스가 매우 철저하기 때문이라고 생각해요. 크리스는 물론 아주 똑똑하기도 하지만 세세한 것들을 소홀히 하는 법이 없거든요. 예를 들자면 계산 실수 같은 건 거의 하지 않았어요. 크리스는 실기에 무

앨런 튜링의 이미테이션 게임

척 강해서 무엇을 하든 최선의 방법을 찾아낼 수 있었어요. 크리스의 능력에 대해 예를 들어보자면, 언제 1분이 지났는지 0.5초 이내의 오차로 가늠할 수 있었고, 낮에 금성을 종종 알아볼 수도 있었지요. 물론 크리스가 매우 좋은 시력을 타고난 것이기도 하지만 그래도 저는 여전히 크리스다운 능력이었다고 생각해요. 그 능력은 일상적인 것들, 그러니까 운전이라든가 파이브스fives(손이나 배트로 공을 벽에 치며 하는 경기―옮긴이)라든가 당구 같은 것에까지 뻗쳤지요.

그런 능력을 보고 감탄하지 않을 사람은 없을 거예요. 저도 물론 그런 일들을 할 수 있기를 바랐어요. 크리스는 자신이 해낸 일에 언제나 유쾌한 자부심을 가졌고, 바로 그런 기질이 다른 사람의 경쟁 본능을 자극해서 그의 마음을 사로잡거나 그가 감탄할 만한 뭔가를 시도하게 만드는 게 아닌가 싶어요. 이런 자부심은 크리스의 소유물에까지 미쳤지요. 크리스는 제가 침을 질질 흘릴 정도로 신나게 자신의 '연구용' 만년필의 장점에 대해 설명하다가 저를 질투 나게 하려고 그런 거라고 실토하곤 했어요.

이와는 다소 모순되게 앨런은 또 다음과 같이 쓰기도 했다.

제게 크리스는 늘 아주 겸손해 보였어요. 그럴 기회가 충분히 많이 있었음에도 앤드루스 선생님에게 한 번도 선생님 생각이 틀린 것 같다고 말한 적이 없었죠. 특히 다른 사람들 기분을 상하게 하는 걸 무척 싫어해서 평범한 학생이라면 절대로 사과하지 않을 일에도 (예를 들면, 선생님들에게) 곧잘 사과하곤 했어요.

학교에 대한 기사나 잡지에서 으레 말하듯, 평범한 학생은 교사를 경멸했다. 특히 화학 시간에는 더했다. 이런 점이 학교의 가장 명백한 모순이기도 했다. 그러나 크리스토퍼는 그 모든 것들을 초월했다.

크리스에 대해 무척 특이하다고 여긴 것 하나는 그가 아주 확고한 도덕률을 가졌다는 거예요. 하루는 크리스가 시험에 나온 논술 문제에 대해 이야기하다 그것이 어떻게 '옳고 그름'의 문제로 이어지는지에 대해 이야기한 적이 있었어요. "나는 '옳고 그름'에 대해 매우 확고한 생각을 가지고 있어"라고 그는 말했지요. 이유는 모르겠지만 크리스가 하는 행동이라면 모두 옳을 것이라 믿어 의심치 않았어요. 그리고 거기엔 그냥 맹목적 숭배 이상의 뭔가가 있었던 것 같아요.

음담패설을 예로 들어볼게요. 크리스가 그런 이야기와 관련되는 건 생각만 해도 터무니없는 일이었죠. 물론 크리스가 기숙사에서 어떤지는 전혀 알지 못하지만, 크리스라면 그런 이야기를 남들이 하지 못하게 하기보다는 하고 싶지 않게 만들 것 같아요. 물론 어머니께 이건 새로운 이야기가 아니겠지만, 제게는 크리스의 이런 성격이 무척 인상적이었어요. 크리스에게 집에서라면 결코 허용되지 않을, 그러나 학교에서는 아무렇지 않게들 생각하는 말을 제가 일부러 건넸던 때가 생각이 나요. 저는 그저 크리스가 그걸 어떻게 받아들이나 궁금했었거든요. 크리스는 전혀 어리석거나 고지식하게 굴지 않으면서도 제가 그 말을 한 것을 후회하게 만들었어요.

이 모든 놀라운 미덕들에도 불구하고 크리스토퍼 모컴 또한 사람이었다. 그는 철교에 서서 기차 굴뚝에 돌을 떨어뜨리려다가 철도원을 맞히는 바람에 곤경에 빠질 뻔했다. 한번은 가스를 채운 풍선을 운동장 너머 셔본 여학교까지 보내는 위업을 달성하기도 했다. 실험실에서도 늘 엄숙했던 것만은 아니었다. 강인한 운동선수였던 머마겐Mermagen이라는 또 다른 학생이 앨런과 크리스와 함께 물리 수업을 듣게 되었는데, 저비스Gervis 선생이 수업하는 동안 이 셋은 작은 별실에서 실험을 마쳐야 했던 적이 있었다. 이 실험 수업은 저비스 선생이 만든 소시지등(전구를 색칠한 것으로 전기저항으로 이용되었다) 덕에 활기를 띠었다. "학생, 소시지등 하나 더 꺼내!"가 저비스가 표어처럼 사용하던 말이었다. 그러면 이 셋은 전구에 웃기는 그림을 그려 넣곤 했다. 크리스토퍼는 이 그림에 곡을 붙일 생각도 했다.

1929년 여름 학기 동안 그들은 고등교육 수료시험에 대비해 지루한 시험공부에 매달려야 했다. 그러나 이 지루한 일도 심지어 로맨스의 영향을 받았다. "늘 그랬던 것처럼 크리스만큼 잘하고 싶다는 큰 욕심이 제게 생긴 거예요. 저도 크리스만큼 생각은 넘쳤지만 실제로 이행하는 데는 철저함이 부족했어요." 앨런은 늘 혼자, 자신만을 위한 공부를 했기에 여태까지는 세세한 부분이나 스타일 같은 데 신경 쓸 필요를 느끼지 못했다. 하지만 이제는 크리스토퍼 모컴의 기준에 자신을 맞추고자 했고 학교가 요구하는 방식대로 의사소통할 필요를 느꼈던 것 같다. 앨런은 아직은 거기에 필요한 기술을 습득하지 못했다. 앤드루스 선생은 앨런이 "마침내 서술형 시험에서 답안 작성 방식을 개선하려고 노력하고 있다"라고 보았다. 그러나 에퍼슨 선생은 앨런이 시험 준비를 하는 방식에 "뚜렷한 가능성"이 엿보이기는 하지만 "시험 답안에 깔끔하게 해법을 적을" 필요가 있다고 재차 강조했다. 고등교육 수료시험[24]의 수학 채점관은 다음과 같이 평가했다.

A. M. 튜링은 몇몇 문제들에서 분명하게 드러나지 않거나 생략된 의미를 알아채는 드문 소질을 보여줬습니다. 또한 해법을 짧게 줄이거나 쉽게 보여줄 수 있는 방법을 즉시 찾아내는 데도 뛰어난 재능이 있습니다. 그러나 튜링 군은 대수적 증명에 필요한 세심한 계산을 하기에는 인내심이 부족한 것으로 보이고, 악필 때문에 종종 점수를 잃었습니다. 그가 쓴 것을 도저히 읽을 수 없었기 때문이기도 했고, 튜링 군 자신이 자기가 쓴 것을 잘못 읽어 실수를 하기도 했기 때문입니다. 튜링 군의 수학 실력은 이 같은 결점들이 누적된 결과를 온전히 만회할 만큼의 수준에는 미치지 못했습니다.

크리스토퍼가 수학 시험에서 1,436점을 받은 것에 비해 앨런은 1,033점을 받았다. 모컴 가문은 중부 지방에 위치한 엔지니어링 회사를 기반으로 하여 과학과 예술에서 활발하게 활동하고 있는 부유한 집안이었다. 그들은 우스터셔의 브롬스그로브 근방에 위치한 제임스 1세 시대식 주택을 대형 시골 저택으로 개조했고, 클락 하우스Clock House라 불린 그 집에서 품위 있는 삶을 살았다. 크리스토퍼의 할아버지는 고정 증기기관을 개발하는 사업가였다. 크리스토퍼의 아버지인 레지널드 모컴 대령Colonel Reginald Morcom이 최근에 회장직을 맡게 된 버밍엄 벨리스-모컴 합작회사는 이제 증기터빈과 공기압축기도 만들고 있었다. 크리스토퍼의 외할아버지는 조세프 스완 경Sir Joseph Swan이었는데, 그는 매우 평범한 집안 출신이었지만 1879년에는 에디슨과 별개로 전등을 발명한 사람이었다. 모컴 대령은 과학 연구에 왕성한 흥미를 가졌고, 모컴 부인은 부인대로 열정적으로 자신의 관심사를 좇았다. 클락하우스에서 모컴 부인은 염소 농장을 운영했다. 부인은 이웃 마을인 캣츠힐Catshill의 작은 집들을 사서 개조하는 일도 했다. 부인은 사업이나 주州 관련 일들을 보기 위해 매일같이 나갔다. 모컴 부인은 런던의 슬레이드 예술대학Slade School of Art에서 공부했는데 1928년 그곳으로 돌아가 빅토리아Victoria 근방에 아파트와 작업실을 빌려 생활하면서 강인하면서도 우아한 조각작품을 만들기도 했다. 슬레이드에 돌아왔을 때 모컴 부인이 여전히 '스완 양' 행세를 한 것은 그녀다운 행동이었다. 부인은 그 후 다른 미술학도들을 클락하우스에 초청했는데, 그때 우스꽝스러운 분장으로 스완 양과 모컴 부인의 1인 2역을 하기도 했다.

장남인 루퍼트 모컴Rupert Morcom은 1920년 셔본에 입학했고 케임브리지의 트리니티 칼리지에서 과학장학금을 받았으며, 취리히에 위치한 과학기술대학, 테크니쉐 호흐슐레Technische Hochschule에서 연구하고 있었다. 앨런처럼 루퍼트도 실험을 무척 좋아했는데, 앨런과는 달리 부모가 집에 만들어준 실험실이 있었다. 역시 그 실험실을 이용할 수 있었던 루퍼트의 동생으로부터 앨런은 이 모든 이야기를 들었고 몹시 부러워했다.

크리스토퍼는 특히 루퍼트가 1925년 케임브리지에 가기 전에 했던 실험에 대해 이야기했다. 이 실험은 앤드루스 선생이 어린 학생들의 흥미를 끌기 위해 종종 사용하곤 했던 화학 효과와 관련된 것이었다. 우연히도 그것은 앨런이 예전부터 늘 좋아했던 요오드와 관련된 실험이기도 했다. 요오드산염과 아황산염 용액을 섞으면 유리된 요오드 침전물이 생기는데, 그 방식이 상당히 놀라웠다. 앨런은 훗날 다음과 같이 설명했다. "그 실험은 아름다웠어요. 두 용액을 비커에 담아 섞고 정해진 시간을 기다리면 전체가 갑자기 진한 푸른색으로 변했지요. 30초 정도 시간이 걸렸는데 그러곤 0.1초도 안 돼 완전히 푸른색이 되었어요." 루퍼트는 이온의 재결합이라는 쉬운 문제를 연구하고자 한 것이 아니라 이 시간 지연을 설명하고자 했다. 이 문제를 풀려면 물리화학적 지식과 미분 방정식에 대한 이해가 필요했는데, 둘 다 학교 교과를 넘어선 지식이었다. 앨런은 다음과 같이 편지에 썼다.

크리스와 저는 시간과 용액의 농도 사이의 관계를 찾아내서 루퍼트의 이론을 입증하고 싶었어요. 크리스는 이미 그걸로 몇 번 실험을 해봤던 터였어요. 우리는 그 실험을 정말 고대하고 있었지요. 불행히도 결과는 이론과 부합하지 않았어요. 저는 그다음 방학 때 몇 번 더 실험을 하면서 새로운 이론을 만들어냈어요. 그 결과를 크리스에게 보냈고, 그렇게 우리는 방학 동안 서로에게 편지를 쓰기 시작했던 거죠.

앨런은 크리스토퍼에게 편지만 쓴 것이 아니었다. 크리스토퍼를 길퍼드에 초대한 것이다. 사감인 로스가 알았다면 이 대담한 방식에 충격을 받았을 것이다.[25] 크리스토퍼는 (시간이 좀 지난 뒤) 8월 19일에 다음과 같이 답장했다.[26]

…실험 이야기를 하기 전에 먼저 나를 집에 초대해줘서 무척 고맙다고 말하고 싶어. 하지만 우리 가족이 딱 그 시기에 외국 어딘가로 대략 3주 정도 나가 있을 예정이라 그 초대에 응할 수는 없을 것 같아… 너희 집에 갈 수 없게 돼서 미안해. 날 초대해줘서 고마워.

요오드산염에 대해 말할 것 같으면, 그 실험은 클락하우스에서 벌어진 새로운 모험으로 인해 한물간 문제가 되었다. 공기 저항이나 액체 마찰을 측정하는 몇 차례의 실험, 루퍼트와 함께하는 물리화학 분야의 다른 문제("적분을 첨부하니 한번 시도해봐"), 6미터 길이의 반사 망원경을 만들 계획이 있었던 것이다. 그리고

…여태까지 내가 한 일이라곤 파운드와 온스를 계산하는 기계를 만든 것뿐이야. 그건 놀라울 정도로 잘 작동하고 있어. 이번 방학에 수학을 공부하는 건 포기했어. 정말 좋은 물리학 책을 막 읽었거든. 개괄적인 책인데 상대성이론도 포함되어 있어.

앨런은 크리스토퍼가 고안한 기발한 공기저항 실험을 힘들게 따라 하고는 화학과 역학 문제에 대해 자신의 생각을 보태 답장을 보냈다. 그러나 크리스토퍼는 9월 3일 보내온 편지에서 그 두 가지에 다 찬물을 끼얹었다.

너의 원추진자conical pendulum 연구를 자세히 검토한 것은 아니지만 아직까지는 네 방법이 잘 이해가 안 가. 말이 난 김에, 네가 쓴 운동 방정식에는 오류가 있는 것 같아.

난 요새 형이 미국제 점토를 분석하는 걸 돕고 있어… 그걸 만들려면 유기용제를 넣고 끓여야 해… 이 철비누iron soap를 유황 가루와 섞어서 우리가 원하던 것에 거의 근접한 꽤 괜찮은 점토를 만들었어… 양고기 지방도 살짝 넣었지. 즐거운 방학 보내고 있길 바라. 21일에 보자. C. C. 모컴

그러나 화학은 이제 천문학에 길을 내주었다. 그해 초, 크리스토퍼가 앨런을 천문학에 입문시켜줬던 것이다. 앨런은 17번째 생일을 맞아 어머니로부터 에딩턴의 『항성의 내부 구성The Internal Constitution of the Stars』이라는 책을 받았고 지름 4센티미터의 망원경도 생겼다. 크리스토퍼는 지름 10센티미터의 망원경을 가지고 있었고("크리스는 누가 자신의 멋진 망원경에 관심을 보이는 것 같으면 끝도 없이 자랑하곤 했어요") 18번째 생일 선물로 별자리 지도를 받았다. 앨런은 천문학 외에도 『물리적 세계의 본성』을 탐독하고 있었다. 앨런이 1929년 11월 20일에 쓴 편지[27]에는 그 책의 내용 중 일부를 간접 인용한 구절이 있다.

슈뢰딩거Schrödinger의 양자이론에서는 고려하는 모든 전자電子가 각기 3차원을 가져야 한다. 물론 그가 정말 10^{70}개의 차원이 있다고 생각한 것은 아니고, 이 이론으로 전자의 활동을 설명하고자 한 것이다. 슈뢰딩거는 6차원이나 9차원, 혹은 몇 차원이든 간에 마음속으로 그 모습을 그려보지 않고 그것들에 대해 생각한다. 뭐랄까, 새로운 전자가 나타날 때마다 공간 좌표와 유사한 이 새로운 변수들을 도입시킨다고 할 수 있겠다.

위 구절은 물리학 기본 개념의 다른 쪽 변화, 그러니까 상대성이론보다 훨씬 더 신비스러운 양자이론에 대한 에딩턴의 설명을 담고 있다. 양자이론은 19세기를 지배했던 당구공 같은 미립자 개념과 에테르 파동설 둘 다를 버리고 입자와 파동 두 가지 성질을 다 가진, 울퉁불퉁하지만 형체가 불분명한 실체로 대체했다.

앨런 튜링의 이미테이션 게임

에딩턴은 할 말이 많았다. 1920년대는 이론물리학이 새로운 세기를 맞아 터져 나온 수많은 발견들을 추적하며 급진적인 발전을 이룬 해였기에 더욱 그랬다. 슈 뢰딩거가 물질의 양자이론을 세운 것도 1929년 기준으로 겨우 3년 전 일이었다. 두 소년은 또한 케임브리지대학의 또 다른 천문학 교수인 제임스 진스 경Sir James Jeans의 책들을 읽었다. 여기서도 완전히 새로운 진전이 있었다. 일부 성운은 가스 와 항성으로 이루어진 구름으로 은하수 주변부에 위치하지만, 다른 성운들은 완 전히 별개의 은하라는 것이 막 밝혀졌던 때였다. 우리가 마음속으로 그리던 우주 의 모습이 100만 배로 확장된 것이다. 앨런과 크리스토퍼는 이런 생각들에 대해 이야기를 나눴는데, 앨런이 편지에 쓴 바에 따르면 "대개는 서로 동의하지 않았지 만 그래서 더 흥미로웠다." 앨런은 "크리스는 연필로, 나는 잉크로 각자 생각을 휘 갈겨 쓴 종이 몇 장"을 간직하고 있었다. "우리는 이 짓을 심지어 불어 시간에도 했 어요."

그 종이쪽지들에는 1929년 9월 28일이라는 날짜가 쓰여 있었고, 다음의 수업 과 제에도 같은 날짜가 적혀 있었다.

Monsieur… recevez monsieur mes salutations empressés*

Cher monsieur… Veuillez agréer l'expression des mes sentiments distingués

Cher ami… Je vous serre cordialement la main… mes affectueux souvenirs… votre affectioné

그러나 일반적인 OX 문제도 있었다. 이를테면 요오드와 인의 반응이라든가 한 점을 지나며 다른 한 직선에 평행한 직선은 단 하나라는 유클리드의 공리에 의문 을 제기한 도형이 그러했다.

앨런은 비록 자신의 "각별한 감정sentiments distingués"을 결코 표현할 수는 없었지만,

---

* 이 과제물에는 "잘못된 성표기 9개. 5/25. 매우 못했음"이라는 표시가 되어 있다.

이런 종이쪽지들을 "애정 어린 선물souvenirs affectueux"로 여기고 보관했다. "다정하게 손을 잡다serrer cordialement la main"나 그 이상에 대해 말할 것 같으면, 앨런은 꽤 단호히 그런 생각을 억눌렀던 것으로 보인다. 그러나 얼마 지나지 않아 다음과 같이 썼다. "크리스의 매력을 특별히 강하게 느꼈던 때가 있었어요. 지금 떠오르는 건, 어느 날 저녁이었는데, 크리스가 실험실 밖에서 저를 기다리다가 제가 나오니까 그 큰 손으로 저를 꽉 잡더니 별을 보자며 밖으로 데려가는 거예요."

앨런의 아버지는 성적표의 분위기가 바뀌기 시작하자 놀라워하는 한편 기뻐했다. 튜링 씨의 수학에 대한 관심은 소득세 계산에 한정되어 있긴 했지만, 그는 앨런을 자랑스러워했다. 존도 마찬가지여서 앨런이 학교에 적응하여 잘해내고 있는 것에 감탄했다. 앨런의 미친 짓에도 나름의 체계성이 있었던 것이다. 아내와 달리 튜링 씨는 아들이 무슨 일을 벌이는지 이해하는 척도 하지 않았다. 그리고 이것이 튜링 씨가 쓴 말장난식 2행시의 주제였다. 앨런은 언젠가 아버지 서재에서 이 시가 든 편지를 발견하고 소리 내서 읽은 바 있다.

나는 '도대체 그 애가 무슨 말을 하는지' 모르겠지만
그것이 '그 애가 말하고자 했던 거'라네요!

앨런은 이 같은 허세와 의심할 줄 모르는 무지가 무척 마음에 들었던 모양이었다. 반면 튜링 부인은 "제가 그렇게 말했잖아요" 식의 태도를 취하면서 자신이 학교를 잘 골랐다고 두고두고 자랑하곤 했다. 튜링 부인은 확실히 앨런에게 꽤 신경을 썼고, 꼭 도덕 교육 쪽으로만 그랬던 것도 아니었다. 과학에 대한 앨런의 열정을 자신도 이해한다는 느낌을 받고 싶었기 때문이다.

앨런은 이제 대학 장학금을 노려볼 만하게 되었다. 장학금은 단순히 우수한 성적만을 의미하는 것이 아니라 대학 생활비를 거의 충당할 수 있는 적당한 수준의 수입도 보장할 것이었다. 2등급 후보들에게 수여되는 장학금은 그보다는 현저히 모자라는 액수였다. 이제 18세가 된 크리스토퍼는 형처럼 트리니티 칼리지에서 장학금을 받을 것으로 예상되었다. 앨런은 야심 차게도 17세에 크리스토퍼와 같

앨런 튜링의 이미테이션 게임

은 목표를 세웠다. 수학과 과학 분야에서 트리니티는 전 세계 대학 중 최고의 명성을 누렸다. 트리니티 칼리지 자체가 독일의 괴팅겐대학교University of Göttingen에 이어 세계의 과학 중심이었던 것이다.

절차가 만만치 않기는 했지만, 사립학교는 학생들을 역사 깊은 대학에 장학생으로 입학시키는 데 능했다. 앨런도 셔본에서 1년에 30파운드의 보조금을 받긴 했지만, 그렇다고 자동으로 입학이 허락되는 것은 아니었다. 장학금 시험은 시험 요강도 따로 정해지지 않은 데다 창의력을 요하는 개방형 질문 위주라는 특징이 있었다. 미래의 학교 공부를 미리 맛보는 듯한 느낌이었다. 앨런에게 이 시험은 그 자체로 신나는 일이었지만, 그의 야심을 자극하는 것은 또 있었다. 크리스토퍼가 곧 셔본을 떠날 예정이었던 것이다. 그것이 언제가 될는지는 아직 미정이었지만 아마도 1930년 부활절 무렵이 될 것 같았다. 장학금 시험에 떨어지는 것은 크리스토퍼를 1년 이상 못 보게 되는 것을 의미했다. 아마도 이런 불확실성 때문에 11월에 앨런은 그토록 불길한 예감에 사로잡혔던 것 같다. 그 무렵, 앨런은 부활절 전에 무슨 일인가 생겨서 크리스토퍼가 케임브리지에 못 가게 될 같다는 생각이 자꾸 들었다.

케임브리지 시험 덕분에 앨런은 기숙사를 떠나 일주일이나 크리스토퍼와 함께 지낼 수 있게 되었다. "저는 케임브리지를 보는 것만큼이나 크리스와 한 주를 같이 보내는 것을 고대하고 있었어요." 12월 6일 금요일, 크리스토퍼의 공부방 친구인 빅터 브룩스Victor Brookes가 런던에서 케임브리지까지 운전을 하기로 했는데, 크리스토퍼는 물론 앨런에게도 같이 가자고 제안했다. 그들은 런던까지 같이 기차를 타고 가서, 런던에 잠깐 들러 모컴 부인을 만났다. 모컴 부인은 그들을 자신의 작업실로 데려가 작업하고 있던 흉상의 대리석을 재미삼아 깎아보게 했다. 그리고 자신의 아파트에서 점심을 대접했다. 크리스토퍼는 앨런을 곧잘 놀리곤 했다. 특히 '치명적인 물질'에 대해 두고두고 놀려댔는데, 어떤 무해한 물질이 사실은 유독한 것인 양하는 장난이었다. 크리스토퍼는 모컴의 회사에서 특수 제작한 강철 식기류에 들어간 바나듐이 '굉장히 치명적'이라며 농을 쳤다.

케임브리지에서 머문 일주일 동안 그들은 소등 따위 없이 각자 방을 쓰며 고상하게 지낼 수 있었다. 트리니티 칼리지의 대학 식당(뉴턴의 초상화가 걸려 있는 방이었다)에서 만찬이 열려 야회복을 입고 참석하기도 했다. 다른 학교에서 온 장학생 후보들을 만나 서로 비교할 수 있는 기회였다. 앨런은 거기서 모리스 프라이스Maurice Pryce라는 학생을 새로 알게 되었는데, 수학과 물리학에 대한 관심사가 거의 일치했기에 쉽게 친해질 수 있었다. 프라이스에게는 이 시험이 두 번째였다. 그는 1년 전 뉴턴의 초상화 아래 앉아 여기 아니면 안 되겠다고 마음속으로 생각했다고 한다. 그 말은 매사에 다소 심드렁해 보이는 크리스토퍼까지 포함해 그들 모두에게 적용될 수 있었다. 이제 그 무엇도 예전과 같을 수 없었다.

앨런이 쓴 바에 따르면, "식사는 아주 훌륭했다." 그리고 그들은

몇 명의 다른 셔본 학생들과 함께 브리지 게임을 하러 트리니티 홀Trinity Hall에 갔어요. 우리는… 10시까지 대학으로 돌아가야 했지만, 10시 4분 전에 크리스가 한 판 더 하겠다는 거예요. 제가 못하게 해서 겨우 시간 안에 돌아올 수 있었어요. 그다음 날은 토요일이었는데, 또 카드 게임을 했어요. 이번에는 '루미Rummy'였지요. 10시가 넘었는데도 크리스와 저는 계속해서 다른 게임들을 했어요. 아직은 자러 가고 싶지 않다고 우리가 결정했을 때 크리스가 보여준 함박웃음을 너무나 또렷하게 기억해요. 우리는 12시 15분까지 놀았어요. 며칠 후에는 천문대에 들어가려고도 했어요. 크리스의 친구인 한 천문학자가 날씨 좋은 날에 오라고 초대했었거든요. 우리가 생각하기에 좋은 날씨가 그가 생각했던 것과 달랐던 거죠.

크리스토퍼는 "게임이라면 다 좋아했고 (좀 더 사소한 유형의) 새로운 게임을 늘 찾아냈다." 그는 "그럴듯하지만 틀린 지식을 사람들로 하여금 믿게 만들곤" 했다. 케임브리지에서는 앨런에게 시계를 20분 앞당겨 맞추게 했다. "제가 그걸 잊고 있다 알아채면 크리스는 굉장히 즐거워했어요." 그들은 또한 함께 영화를 보러 갔다. 크리스토퍼와 같이 예비학교를 다녔고 지금은 케임브리지 학부생인 노먼 히틀리Norman Heatley도 같이 갔다. 크리스토퍼는 노먼에게 앨런이 미적분학 표기법을 독자적으로 개발해서 쓰고 있으며, 그래서 시험을 칠 때는 일일이 표준 공식으로

앨런 튜링의 이미테이션 게임

전환해야 한다는 것을 알려주었다. 앨런의 독자성을 보여주는 이런 면은 에퍼슨 선생의 우려를 자아내기도 했다. "앨런이 쓴 해법은 종종 정통적인 방법이 아니었고 별도의 해명을 필요로 했다"라고 보았기 때문이다. 에퍼슨 선생은 케임브리지의 채점관들이 손으로는 잘 표현이 안 되는 앨런의 지능을 알아볼 수 있을지 의심스러워했다.

영화를 보고 돌아오는 길에 앨런은 뒤에 처져 히틀리와 함께 걸었다. 크리스토퍼가 얼마나 자신과 같이 있고 싶어 하는지 확인해보고 싶었던 것이다. 앨런은 원하던 바를 얻었다.

아무래도 제가 좀 외로워 보였나 봐요. 크리스가 자기랑 같이 걷자고 손짓을 했거든요(주로 눈짓으로 그랬던 것 같아요). 제 생각에 크리스는 제가 얼마나 좋아하는지 너무 잘 알았지만 그걸 보여주기는 싫어했던 것 같아요.

앨런은 크리스토퍼가 다른 기숙사 학생이고 모든 것이 다 입방아에 오를 수 있다는 것을 의식하고 있었다("우리는 같이 자전거 타러 간 적이 한 번도 없었어요. 아마도 크리스는 기숙사에서 저 때문에 꽤 시달림당하는 것 같았어요"). 그렇지만 이것만으로도 그는 말로 형용할 수 없을 정도로 기뻤다.

앨런이 인생에서 가장 행복했던 일주일이라고 표현했던 이 시기가 지난 뒤, 학생들은 12월 13일 학교로 돌아가 학기의 마지막 며칠을 보냈다. 기숙사 만찬에서 학생들은 앨런에 대해 다음과 같이 노래했다.

이 수학 수재는 종종 잠 못 이루고 침대에 누워 있네
머릿속으로 10자리까지 로그 계산을 하고 삼각법을 풀기 때문이라지

시험 결과는 학기가 끝난 직후 12월 18일 《타임스》에 실렸다. 그해 10월에 일어난 뉴욕 증권시장의 대폭락 같은 결과였다. 크리스토퍼는 트리니티 장학금을 받게 되었지만, 앨런은 받지 못하게 되었다. 앨런은 크리스토퍼에게 축하 편지를 보

낸 후, 특별히 다정한 어조로 쓰인 다음과 같은 편지를 답장으로 받았다.

1929년 12월 20일

튜링에게,

편지 정말 고마워. 내가 장학금을 받게 된 것이 기쁜 만큼 네가 못 받은 게 아쉬워. 가우 선생님 말로는 만약 네가 2등급 장학금을 신청했더라면 분명 받았을 거래…

…요 이틀 밤은 내가 본 것 중 최고로 하늘이 맑았어. 목성이 이렇게까지 잘 보인 건 처음이야. 대여섯 개의 띠를 볼 수 있었고, 심지어 중앙에 있는 커다란 띠들 중 하나는 세세한 것까지 다 보였어. 지난밤에는 1번 위성이 가려져 있다 나오는 걸 봤어. 목성과 좀 떨어진 곳에서 갑작스럽게 (몇 초 만에) 나타났는데 정말 매력적이었어. 위성을 본 건 이번이 처음이야. 또 안드로메다 성운도 매우 또렷하게 보였는데 금방 가려졌어. 시리우스, 폴룩스, 그리고 베텔게우스의 스펙트럼을 봤고, 오리온 대성운의 휘선 스펙트럼도 봤어. 지금은 분광기를 만들고 있어. 나중에 또 편지할게. 크리스마스 즐겁게 보내.

언제나 너의 C. C. M.

분광기 제작은 앨런이 길퍼드에서 활용할 수 있는 재료로는 꿈도 못 꿀 일이었다. 그렇지만 앨런은 오래된 구球 모양의 전등갓을 구해 소석고燒石膏를 채운 뒤 이것을 종이로 감싸고는(이 일을 하며 앨런은 곡면의 성질에 대해 생각하게 되었다) 거기에 별자리를 표기해나가기 시작했다. 앨런은 그답게 직접 밤하늘을 보며 관측한 것을 토대로 하고자 했다. 지도를 보며 표기했으면 더 쉽고 정확했을 텐데 말이다. 앨런은 12월의 저녁 하늘에는 보이지 않는 일부 별들을 표기하기 위해 새벽 4시에 일어났는데, 그 와중에 어머니는 도둑이 든 줄 알고 잠에서 깨곤 했다. 이 일을 마친 뒤 앨런은 그 결과에 대해 크리스토퍼에게 편지를 썼다. 편지에서 다음 해에 트리니티 말고 다른 대학에 지원해보는 것은 어떨지 조언을 구하기도 했다. 만약 이것이 크리스토퍼의 애정을 확인하고자 한 시험이었다면, 이번에도 역시 그는 보상을 받았다. 크리스토퍼가 다음과 같이 답장했기 때문이다.

…네게 시험과 관련해서는 조언을 해주기가 좀 그래. 내가 잘 모르는 일이기도 하고, 도움이 될는지도 잘 모르겠어. 존스 칼리지St. John's College 역시 아주 좋은 학교긴 하지만, 개인적으로는 네가 트리니티로 와서 자주 볼 수 있게 되면 더 좋겠어.

네가 별자리 지도 만드는 걸 다 마치면 나도 꼭 보고 싶다. 그렇지만 그걸 학교에 가지고 오거나 그러기는 아마도 힘들 것 같아. 나도 별자리본을 만들고 싶다는 생각을 종종 했는데, 시도는 한 번도 못 해봤어. 특히나 지금은 6등성까지 별자리 지도에 표기하고 있는 터라 더 그래…

요새 나는 성운들을 찾아보려고 하고 있어. 지난밤에 꽤 멋진 성운들이 좀 보였는데, 용자리에서 관측되었고 밝기 7등급, 길이는 25센티미터 정도 돼 보였어. 우리는 또 돌고래자리에 위치한 밝기 7등급 혜성을 찾아보려고 애쓰고 있어… 할 수 있으면 망원경을 구해서 너도 한번 찾아봐. 너의 4센티미터 망원경으로는 그렇게 작은 별을 볼 순 없을 거야. 혜성의 궤도를 계산해보려고 했는데 완전 실패했어. 공식을 11개나 못 풀었고 미지수도 10개나 남았어.

점토 일은 잘돼가고 있어. 루퍼트는… 유채 기름과 우족유를 사용해서 지독한 냄새가 나는 비누와 지방산을 만들고 있어.

이 편지는 런던에 있는 크리스토퍼 어머니의 아파트에서 쓰였다. 크리스토퍼가 런던에서 "치과를 가야 했고… 또 집에서 열린 무도회를 피하고자 했기" 때문이었다. 다음 날 그는 클락하우스에 돌아와 다시 편지를 썼다.

…지정된 위치에 있는 혜성을 즉각 찾아냈어. 내가 기대했던 것보다도 더 알아보기 쉬웠고 무척 흥미로웠어… 밝기가 대략 7등급은 되는 것 같아… 네 망원경으로도 잘 보일 것 같아. 혜성을 보는 가장 좋은 방법은 밝기 4등급과 5등급 별의 자리를 잘 외워두었다가 서서히 혜성이 있을 만한 자리로 움직이는 거야. 위치를 파악한 별들을 절대 시야에서 놓치면 안 돼… 대략 30분 후에 하늘이 맑은지 보고(방금 구름이 끼었거든) 혜성이 별들 사이를 어떻게 움직이는지 알아보려고 해. 고성능 접안렌즈

(×250)로는 어떻게 보이는지도 알아보려고. 돌고래자리의 4등급 별 5개가 짝을 지어 파인더 시야에 들어오고 있어.

너의 C. C. 모컴

그러나 앨런은 어쩌다 본 것이긴 하지만 이미 혜성을 본 터였다.

1930년 1월 10일

모컴에게,

혜성을 찾을 수 있게 지도를 보내줘서 고마워. 난 일요일에 혜성을 본 것 같아. 돌고래자리를 보면서 망아지자린가 하고 있었는데 이렇게 생긴 걸[작은 그림] 본 거야. 좀 흐릿하고 길이가 90센티미터는 돼 보였어. 유감스럽게도 아주 세심하게 관찰하지는 못했어. 그러곤 돌고래자리인 줄 알고 작은여우자리에서 혜성을 찾아봤지 뭐야. 《타임스》를 읽고 그날 돌고래자리에서 혜성이 보일 거라는 건 알고 있었거든.

…혜성을 관측하기엔 정말 짜증스러운 날씨야. 수요일도 그렇고 오늘도 그렇고 해질 무렵까지는 하늘이 맑았는데 그 후 독수리자리 일대에 안개구름이 몰려오더라고. 수요일은 혜성이 지니까 그제야 막 하늘이 개는 거 있지.

너의 A. M. 튜링

내 편지에 그렇게 매번 고맙다고 하지 않아도 돼. 편지를 알아보기 쉽게 써줘서(만약 그런 일이 있긴 하다면) 고맙다고 하는 건 괜찮지만.

앨런은 망아지자리에서 돌고래자리까지 차디찬 하늘을 가로질러 빠르게 이동하는 혜성의 이동 경로를 지도에 표기했다. 그리고 그 원시적인 별자리본을 학교에 가지고 가 크리스토퍼에게 보여주었다. 블레이미가 크리스마스에 학교를 떠나서 앨런은 다른 공부방을 써야 했는데, 새로 배정된 방에 그 잉크범벅의 별자리본이 아슬아슬하게 놓이게 되었다. 비록 표시된 별자리는 몇 개 없었지만 그것을 본 어린 학생들은 앨런의 박식함에 무척 놀랐다.

학기가 시작된 지 3주가 지난 2월 6일, 성악가들이 학교를 방문해 감성적인 합창 음악회를 열었다. 앨런과 크리스토퍼 둘 다 참석했다. 앨런은 크리스토퍼를 보며 "뭐, 이번이 모컴을 보는 마지막은 아니겠지"라며 스스로를 다독이고자 애썼다. 그날 앨런은 한밤중에 잠에서 깼다. 복도에서 시계가 치는 소리가 들렸다. 3시 15분 전이었다. 앨런은 침대에서 나와 별을 보려고 기숙사 창문 밖을 내다보았다. 그는 종종 망원경을 방까지 가져와 다른 세계를 응시하곤 했다. 달이 로스의 기숙사 뒤로 지고 있었는데, 그 모습이 마치 "모컴에게 하는 작별인사"처럼 보였다.

크리스토퍼는 그날 밤, 바로 그 시간에 병이 났다. 그는 구급차에 실려 런던에 보내졌고, 거기서 두 차례 수술을 받았다. 6일간의 고통 끝에, 1930년 2월 13일 목요일 낮 12시, 크리스토퍼는 숨을 거뒀다.

제2장

진리를 추구하는 정신

나는 전기 띤 몸을 노래한다
내가 사랑하는 사람들 무리들이 나를 둘러싸고 내가 그들을 둘러싼다
그들은 내가 그들과 같이 갈 때까지, 그들에게 대답하기 전까지는 내게서 떨어지지 않을 것이다
그들의 타락을 씻어주기 전까지, 그리고 그들을 영혼 가득 충전시켜주기 전까지는.
자신의 몸을 타락시키는 사람들은 스스로 몸을 숨긴다는 것이 의심스러운가?
산 것을 더럽히는 사람이 죽은 것을 더럽히는 사람보다 나쁘다는 것은?
그리고 몸이 마음만큼 완전히 작동하지 않는다는 것에 대해서는 어떤가?
그런데 만약 몸이 영혼이 아니라면, 영혼은 무엇인가?

크리스토퍼 모컴이 어렸을 때 감염된 우유를 먹고 소결핵에 걸렸다는 사실을 앨
런에게 말해준 사람은 아무도 없었다. 그로 인해 내장 질환이 주기적으로 재발했
고, 크리스토퍼의 목숨은 늘 아슬아슬했다. 1927년, 모컴 가족은 6월 29일로 예정
된 개기일식을 관측하러 요크셔에 갔었는데, 기차로 돌아오는 길에 크리스토퍼가
심하게 아팠던 적도 있었다. 크리스토퍼는 수술을 받아야 했고, 그해 가을 앨런이
늦게 학교에 돌아온 크리스토퍼의 얼굴이 핼쑥해져서 놀랐던 것도 이 때문이었던
것이다.

"불쌍한 튜링은 충격으로 거의 제 정신이 아니야"라고 다음 날 셔본의 한 친구가
매튜 블레이미에게 편지를 썼다. "걔네들 정말로 친했었나 봐." 단순히 친한 친구
이상이기도 했고 이하이기도 했다. 크리스토퍼 편에서 보자면, 그는 마침내 앨런
에게 예의를 차리기보다는 다정하게 굴기 시작했던 터였다. 그러나 앨런 편에서
보자면, 크리스토퍼에게 마음을 거의 빼앗겼지만 표현도 못하고 전전긍긍했다.
앨런을 이해할 수 있는 사람은 셔본에 아무도 없었다. 그래도 크리스토퍼가 죽은
목요일, 부사감인 '벤' 데이비스 선생이 최악에 대비하라는 메모를 앨런에게 전달
해주기는 했다. 앨런은 즉시 어머니에게 편지[1]를 써서 장례식에 꽃을 보내달라고
부탁했다. 장례식은 일요일 새벽에 열릴 예정이었다. 튜링 부인은 즉시 앨런에게

답장을 보내 모컴 부인에게 직접 편지를 써 보내라고 권했다. 앨런은 그 주 토요일에 그렇게 했다.

1930년 2월 15일

모컴 부인께,

크리스 일 때문에 정말 마음이 아프다는 걸 말씀드리고 싶어요. 최근 1년간 저는 크리스와 줄곧 같이 공부했는데, 크리스처럼 똑똑하면서도 매력적이고 겸손한 친구는 어디서도 만나지 못할 거라고 확신해요. 저는 제가 하던 연구나 천문학(바로 크리스가 소개해준 학문이지요) 같은 분야에서 느꼈던 흥미를 크리스와 나누고자 했고, 크리스도 아마 저에 대해 조금은 비슷하게 생각하지 않았을까 싶습니다. 이제 그런 흥미는 조금 사라졌고 예전만큼 재미를 느끼지는 못하겠지만, 그래도 크리스가 여전히 살아 있는 것처럼 공부를 열심히 해야겠다는 생각이 들어요. 크리스는 그러기를 바랄 것 같거든요. 상실감이 더할 수 없이 크시리라 생각해요.

앨런 튜링 올림

시간 되실 때 크리스 사진을 보내주시면 정말 감사하겠습니다. 사진을 보며 제게 훌륭한 본보기가 되어주고 신중함과 단정함을 가르쳐준 크리스를 기억하려고요. 크리스의 얼굴도 무척 그리울 것 같아요. 특히 저를 보고 웃곤 했던 그 옆모습을요. 다행히 크리스에게서 받은 편지는 모두 보관하고 있어요.

앨런은 장례식이 거행될 무렵인 새벽에 일어났다.

토요일 새벽 별빛이 밝아서 무척 기뻐요. 마치 크리스에게 바치는 찬사 같잖아요. 오핸런 선생님이 장례식이 몇 시에 거행되는지 알려주셔서 생각만이라도 크리스와 함께할 수 있었어요.

일요일인 다음 날, 앨런은 다시 어머니에게 편지를 썼다. 이번에는 좀 더 차분한 편지였다.

1930년 2월 16일

어머니께,

어머니 말씀대로 모컴 부인께 편지를 썼어요. 그러고 나니 마음이 좀 편하네요…
…어디선가 모컴을 다시 만나서 우리가 여기서 그랬던 것처럼 같이 연구를 하게 되
리라 전 확신해요. 이제는 혼자 연구해야 하지만 크리스를 실망시키지 않고 마치
크리스가 아직도 여기 있는 것처럼 열심히 해보려고 해요. 예전만큼 재밌지는 않
겠지만요. 만약 혼자서도 잘해낸다면 크리스에게 지금보다 더 나은 짝이 될 수 있
을 거예요. 오핸런 선생님이 언젠가 해주신 말씀이 생각나요. "지치지 말고 꾸준히
하라, 까무러치지 않는 이상 때가 되면 도약하리니"라는 말이었어요. 요즘 부쩍 친
절하게 대해주는 베넷*도 "밤에는 괴로움이 지속되겠지만, 아침에는 기쁨이 온다"
라고 말해줬어요. 플리머스 동포 교회 같은 느낌이 좀 드는 말이긴 하죠. 베넷이 학
교를 떠난다니 유감이에요. 모컴 말고 다른 친구를 사귀어보겠다는 생각은 한 번도
안 들었던 것 같아요. 모컴은 다른 모든 사람들을 참 평범하게 보이게 했으니까요.
그래서 예를 들자면 '썩 괜찮은' 아이였던 블레이미가 제게 기울였던 노력에도 제대
로 감사할 줄 몰랐죠.

앨런의 편지를 받고 튜링 부인은 모컴 부인에게 편지를 썼다.

1930년 2월 17일

모컴 부인께,

부인 아들과 제 아들이 너무도 친한 친구였기에 저도 무척 마음이 아프다는 것을 부
인께 말씀드리고 싶습니다. 어머니의 심정을 같은 엄마로서 누구보다 잘 아니까

---

* 존 베넷John Bennett은 앨런과 같은 기숙사에 사는 학생으로, 그도 1930년 겨울에 로키산맥을 홀로 등반하다 사망했다.

앨런 튜링의 이미테이션 게임

요. 무척 외로우실 거라 생각됩니다. 크리스토퍼는 비범한 머리와 사랑스러운 성격으로 제가 보기에도 가능성이 무궁무진했는데 그 모습을 보지 못하게 되었으니 얼마나 상심이 크시겠습니까. 앨런이 제게 말하길 크리스토퍼는 누구나 좋아할 수밖에 없는 아이라고 하더군요. 앨런도 크리스토퍼를 어찌나 따르던지 저까지 덩달아 크리스토퍼를 좋아하고 존경했더랬습니다. 시험 기간에는 크리스토퍼가 얼마나 우수한 성적을 냈는지 꼭 말해주곤 했어요. 앨런이 제게 꽃을 대신 보내달라고 편지했을 땐 정말 많이 힘들어 보이더군요. 혹시 앨런이 부인께 직접 편지하기 어려워할 경우, 저도 대신 부인께 조의를 표하길 바라시리라 생각합니다.

에델 S. 튜링 드림

모컴 부인은 즉시 앨런에게 부활절 휴가 동안 클락하우스에서 같이 지내자고 초대했다. 부인의 동생인 몰리 스완Mollie Swan은 앨런에게 크리스토퍼의 사진을 한 장 보내줬다. 슬프게도 모컴 가족에게는 크리스토퍼의 사진이 거의 없었고, 이 사진도 자동기계로 찍은 음화상 사진으로 크리스토퍼와 그다지 닮아보이지는 않았다. 앨런은 다음과 같이 답장했다.

1930년 2월 20일

모컴 부인께,

편지 무척 감사합니다. 저도 클락하우스를 무척 방문하고 싶습니다. 정말 감사합니다. 방학은 4월 1일에 시작하지만, 11일까지는 사감선생님인 오핸런 선생님과 콘월에 가기로 했으니까 그 이후와 5월 초 사이 부인께서 편하신 날이면 언제든 가능합니다. 클락하우스에 대해서는 정말 들은 바가 많습니다. 루퍼트 형, 망원경, 염소, 실험실 등등 너무 많지요.

사진 보내주셔서 무척 고맙다고 스완 양께 전해주시면 감사하겠습니다. 크리스토퍼의 사진은 이제 제 책상 위에서 제게 공부 열심히 하라고 격려의 눈길을 보내고 있습니다.

그 사진을 제외하면, 앨런은 자신의 감정을 홀로 간직해야 했다. 앨런은 애도할 시간도 없이 다른 학생들과 마찬가지로 학생군사교육단이나 교회에 끌려다녀야 했다. 앨런이 그토록 크리스토퍼에 대한 기억에 매달리는 모습에 모컴 가족은 놀라워했다. 크리스토퍼는 학교 친구들에 대해 집에서 별로 이야기하는 법이 없었고, 누군가에 대해 입에 올린다고 하더라도 '아무개라고 하는 친구'라고 지칭하면서 마치 그 친구 이야기를 처음 하는 것처럼 말하곤 했던 것이다. '튜링이라고 하는 아이'는 실험에 대해 이야기하던 중 몇 번 언급된 적이 있긴 했지만, 그것이 전부였다. 게다가 모컴의 부모는 앨런을 12월에 딱 한 번, 스치듯이 본 것이 전부였다. 그들이 앨런을 알게 된 것은 오로지 편지를 통해서였다. 3월 초, 모컴 부부는 계획을 바꿔 크리스토퍼가 죽기 전에 이미 계획했던 대로 스페인에서 휴가를 보내기로 했다. 그러니까 모컴 부부가 앨런에게 집으로 오지 말고 크리스토퍼 대신 그 여행에 함께해줬으면 좋겠다고 3월 6일 초청 편지를 보낸 것도 결국 앨런이 쓴 편지들 덕분이었다. 앨런은 다음 날 어머니에게 다음과 같은 편지를 썼다.

> …클락하우스에 못 가게 된 건 다소 유감이에요. 그 집과 모컴이 이야기해준 그곳의 모든 것을 정말 보고 싶었거든요. 그렇지만 지브롤터에 초청받아 갈 기회가 흔히 오는 건 아니죠.

3월 21일 모컴 부부는 셔본을 고별방문 했고, 앨런은 저녁 때 그들을 보러 로스 사감의 기숙사에 들어갈 수 있었다. 학기는 일주일 후 끝났고, 앨런은 오핸런 선생과 함께 콘월의 북부 해안에 위치한 록이라는 마을에 갔다. 오핸런 선생은 급여 외로 들어오는 수입 덕분에 학생들 몇몇을 이런 식으로 대접할 수 있었다. 초대받은 무리에는 강인한 벤 데이비스를 비롯하여 3명의 웨스트코트 기숙사 학생, 호그, 베넷, 그리고 칼스가 포함되었다. 앨런은 나중에 블레이미에게 쓴 편지에서 "밥도 잘 먹고 운동 뒤 맥주도 마셔가며 아주 즐거운 시간을 보냈다"라고 썼다.

앨런이 콘월에 가 있는 동안 튜링 부인은 런던에 있는 모컴 부인의 아파트를 방문했다. 모컴 부인은 일기에 다음과 같이 기록했다(4월 6일).

앨런 튜링의 이미테이션 게임

튜링 부인이 오늘 밤 나를 보러 아파트에 왔다. 전에 만난 적은 없었다. 우리는 거의 내내 크리스에 대해 이야기했고, 부인은 크리스가 앨런에게 정말 큰 영향을 주었으며 앨런은 크리스가 여전히 자신과 함께 연구하며 도와주고 있노라 생각한다고 말해주었다. 부인은 거의 11시가 다 돼서 길퍼드로 돌아갔다. 부인은 퀸스 홀 Queen's Hall에서 열린 바흐 연주회에 갔다가 들렀던 모양이다.

콘월에서 열흘을 보내고 앨런은 잠시 길퍼드에 들렀고, 튜링 부인은 서둘러 앨런의 매무새를 깔끔하게 단장시켰다(늘 하던 대로 코트 안감을 써서 필요한 양만큼 손수건을 만들기도 했다). 4월 11일 앨런은 틸버리에 도착해 카이자르아이힌드 Kaisar-i-Hind 호에서 모컴 가족 일행과 합류했다. 모컴 부부와 루퍼트 외에도 로이드 은행 이사 한 명과 웨일스 광업회사인 파월 디프린의 회장 에반 윌리엄스 Evan Williams 씨가 함께했다. 모컴 부인은 일기에 다음과 같이 기록했다.

> …대략 정오에 출항했다. 날씨가 무척 좋았는데 3시 30분에 안개가 끼기 시작해 속도를 늦춰야 했다. 티타임 전에 정박해 밤 12시까지 템스강 어귀 바로 밖에 머물렀다. 주변의 모든 배들이 농무경적fog-horn(항해 중인 배에 안개를 조심하라는 뜻에서 부는 고동─옮긴이)과 종소리를 요란하게 울려댔다… 루퍼트와 앨런은 안개에 무척 신나했지만, 사실 좀 걱정스러웠다.

앨런은 루퍼트와 객실을 같이 썼다. 루퍼트는 진스와 에딩턴에 대해 앨런과 이야기해보려고 애썼지만 앨런이 무척 수줍음을 타고 이야기를 주저한다는 것을 알게 되었다. 매일 밤 잠들기 전에 앨런은 크리스토퍼의 사진을 오랫동안 바라보았다. 항해 첫 아침, 앨런은 모컴 부인에게 크리스토퍼에 대해 이야기하기 시작했다. 감정을 말로 표출한 것은 처음이었다. 다음 날도 루퍼트와 갑판에서 테니스를 친 뒤로는 비슷하게 하루를 보냈다. 크리스토퍼를 제대로 알기 전부터 얼마나 크리스토퍼에게 매력을 느꼈는지, 그리고 자신이 사로잡히곤 했던 불길한 예감과 월몰月沒에 대해서 이야기하는 식이었다("이런 것들이야 쉽게 무시하고 넘어갈 수도 있겠지만, 그래도 좀 이상하지 않나요!"). 월요일, 비센테Cape Vincent 곶(포르투갈 남부에 위치한 곳—옮긴이)을 돌아가고 있을 때 앨런은 크리스토퍼에게 받은 마지막 편지들을 모컴 부인에게 보여줬다.

그들은 이베리아 반도에 나흘만 머물렀다. 구불구불한 산길을 운전해서 그라나다에 갔는데, 그때가 성주간이었기에 별빛을 받으며 종교 행렬을 볼 수 있었다. 성 금요일에 그들은 지브롤터에 돌아왔고 다음 날 영국행 여객선에 올랐다. 앨런과 루퍼트는 부활절 일요일 배 안에서 아침 일찍 영성체를 했다.

이때쯤 루퍼트도 앨런의 독창적인 사고방식에 깊은 인상을 받고 있었다. 그렇지만 그가 알고 지냈던 트리니티 칼리지의 수학자와 과학자들에 비해 앨런이 특별히 더 뛰어나다고 생각하지는 않았다. 앨런의 미래는 불확실해 보였다. 케임브리지에서 과학이나 수학을 공부해야 할 것인가? 장학금을 받는 것이 가능하기는 할까? 궁여지책으로 앨런은 산업계에서 과학과 관련된 직업을 갖는 것에 대해 에반 윌리엄스에게 조언을 구했다. 윌리엄스는 석탄산업에서 해결해야 할 문제, 예를 들면 석탄가루의 유독성을 분석하는 문제 등에 대해 설명해주었다. 그러나 앨런은 이것에 대해 미심쩍어하며 루퍼트에게 그런 식으로 급조한 과학 인증서가 광부들을 속이는 데 이용될 수도 있을 것이라고 말했다.

그들은 최고급 호텔에 머무르며 품위 있는 여행을 했다. 하지만 앨런은 무엇보다도 클락하우스에 가보고 싶었다. 모컴 부인은 그런 앨런의 생각을 읽고 크리스토퍼의 문서를 검토하고 분류하는 일을 "도와"달라고 앨런에게 부탁했다. 그래서 그 주 수요일, 앨런은 모컴 부인의 런던 작업실에 갔고, 대영박물관을 구경한 뒤 부인과 함께 브롬스그로브행 기차를 탔다. 이틀 동안 앨런은 실험실, 미완성 망원경, 염소(모컴 가족은 죄 많은 소 대신 염소를 들였다), 그리고 크리스토퍼가 이야기해준 모든 것을 보게 되었다. 4월 25일 금요일, 앨런은 집에 가야 했지만 놀랍게도 다음 날 다시 런던에 와서 크리스토퍼의 편지가 든 꾸러미를 부인에게 선물로 주었다. 월요일에 그가 모컴 부인에게 보낸 편지는 다음과 같았다.

1930년 4월 28일

앨런 튜링의 이미테이션 게임

모컴 부인께,

저를 여행에 데려가주셔서 감사하다는 말씀을 드리고 싶어 펜을 들었습니다. 너무도 즐거운 여행이었다는 말씀도 더불어 드리고 싶어요. 그렇게 즐거운 시간을 보낸 것은 처음이 아니었나 싶어요. 크리스와 케임브리지에서 보냈던 그 멋진 한 주를 빼면요. 또한 크리스가 가지고 있던 자잘한 물품들을 주신 것도 너무나 감사드려요. 그 물건들을 제가 간직한다는 것은 무척 의미가 큽니다…

친애하는 앨런 올림

클락하우스를 방문할 수 있게 해주셔서 너무 기뻤습니다. 집, 그리고 집과 관련된 모든 것이 무척 인상 깊었습니다. 또 크리스의 물건을 정리하는 일을 도울 수 있어서 매우 좋았습니다.

튜링 부인 역시 모컴 부인에게 편지를 썼다.

1930년 4월 27일

앨런은 어젯밤 너무나 건강하고 행복한 모습으로 집에 돌아왔습니다. 부인과 보낸 시간이 정말 좋았던 것 같습니다. 하지만 앨런에게 특별히 소중했던 것은 클락하우스에서 보낸 시간이었겠지요. 앨런은 오늘 누굴 만나러 런던에 간다며 클락하우스 이야기는 다음에 해주겠다고 하더군요. 비할 데 없이 특별한 경험이었다는 뜻일 겁니다. 아직 앨런과 제대로 이야기는 못해봤지만, 부인과 추억을 주고받은 게 앨런에게도 도움이 되었다는 건 확신합니다. 부인이 주신 연필과 아름다운 별자리 지도, 그리고 그 밖의 유품들은 앨런이 애지중지 보관하고 있습니다…

제게 생각이 하나 떠올랐는데, 부인께서 주제넘다고 여기지 않으셨으면 좋겠어요. 일전에 부인께서 크리스가 약자들을 돕는 데 있어서 자신의 이름(사람들을 어깨에 메고 강을 건넜다고 전해지는 성 크리스토퍼를 지칭한다—옮긴이)에 얼마나 걸맞은 아이였는지(그리고 지금도 그럴 것이라 믿어요) 말씀하셨잖아요. 그래서 성 크리스토퍼를 추모하는 패널화를 부인이 직접 그리셔서 학교 예배당에 걸면 좋지 않을까 생각이

들었습니다. 그 그림을 보며 학생들이 큰 감화를 받을 수 있을 것이라 생각해요. 성 크리스토퍼의 신봉자가 오늘날에도 존재하며 크리스처럼 천재성과 겸손한 봉사 정신이 함께 갈 수 있다는 것을 되새길 수 있을 테니까요…

모컴 부인은 이미 비슷한 생각을 실행에 옮기고 있었다. 성 크리스토퍼가 그려진 스테인드 글라스창을 주문했던 것이다. 그러나 셔본에 기증할 것은 아니었고 가족이 다니는 캣츠힐의 교구교회에 설치될 예정이었다. 또한 튜링 부인이 말한 것처럼 "겸손한 봉사 정신"에 대한 것이 아니라 그 후의 삶(아기 그리스도를 업고 강을 건넜다는 전설을 말한다—옮긴이)에 대해 묘사한 그림이 들어갈 것이었다. 앨런은 학교에 돌아와 모컴 부인에게 편지를 썼다.

1930년 5월 3일

…이번 학기에 저는 고등교육 수료시험에서 크리스만큼 좋은 성적을 거두길 바라고 있어요. 크리스와 저는 몇 가지 면에서 무척 비슷했기에 진정한 친구가 될 수 있었다는 생각을 종종 해요. 그리고 크리스가 미처 하지 못한 일들을 하기 위해 제가 남겨진 것은 아닌가 하는 생각도 들고요.

모컴 부인은 크리스토퍼가 사후에 학교에서 받게 된 상으로 무슨 책을 받으면 좋을지 골라달라고 앨런에게 부탁했다.

제 생각에 크리스라면 딕비상으로『물리적 세계의 본성』(에딩턴)과『우리 주위의 우주』(진스)를 받고 싶어 했을 거예요. 『항성의 내부 구성』(에딩턴)이나『천문학과 우주생성론』(진스) 중 하나도 좋을 것 같고요. 『물리적 세계의 본성』은 부인도 좋아하시리라 생각합니다.

모컴 가족은 크리스토퍼의 이름으로 새로운 상을 셔본에 만들고 후원했다. 독창적인 과학 연구에 수여되는 상이었다. 앨런은 전부터 꾸준히 요오드산염 실험을

앨런 튜링의 이미테이션 게임

했었는데 이제는 그 상을 목표로 보고서를 쓰기 시작했다. 크리스토퍼는 심지어 무덤에서도 앨런과 소통하고 경쟁하게끔 했던 것이다. 앨런은 어머니에게 다음과 같이 썼다.

1930년 5월 18일

···저는 방금 화학책을 쓴 멜러라는 사람에게 편지를 써서 작년 여름에 제가 했던 실험과 관련된 참고문헌을 하나 알려줄 수 있는지 물어봤어요. 문헌정보를 알려주면 루퍼트가 취리히에서 찾아봐주겠다고 해요. 그전에 아무 자료도 구하지 못한 게 짜증스러워요.

앨런은 투시도에도 관심을 가졌다.

이번 주에 그린 그림은 영 별로예요··· 질레트 선생님이 그린 것도 사실 별로인 것 같아요. 선생님은 동일점에서 만나는 평행선에 대해 한두 번 다소 모호하게 이야기했던 적이 있긴 하지만, 늘 "수직선은 언제나 수직이어야 해"라고 부르짖는 사람이에요. 자기 시선 아래에 위치한 건 어떻게 그렸는지 모르겠어요. 블루벨 꽃이나 그런 걸 그리기보단 투시도 연습을 주로 하고 있어요.

튜링 부인은 모컴 부인에게 다음과 같이 편지를 썼다.

1930년 5월 21일

···앨런은 그림을 그리기 시작했어요. 오래전부터 제가 바라왔던 일이예요. 제 생각에는 앨런이 부인께 영감을 받은 것 같아요. 그 애는 부인을 상당히 따르고 있어요. 부인과 헤어진 다음 날 런던에 간 것도 핑계 삼아 부인을 방문하고 싶어서 그랬던 것 같아요. 부인은 앨런한테 늘 너무나 잘해주시고 다방면에서 그 애에게 새로운 세상을 열어주셨어요··· 앨런이 저랑 단 둘이 있을 때면 늘 크리스와 부인, 모컴 대령, 그리고 루퍼트에 대해 이야기하고 싶어 한답니다.

앨런은 이번 여름에 치르는 고등교육 시험에서 더 좋은 점수를 받고자 했다. 그는 고등교육 시험 성적만 가지고 다수의 장학금을 수여하는 케임브리지의 펨브록 칼리지Pembroke College에 지원했다. 하지만 반쯤은 낙방하기를 바랐다. 트리니티에 재도전하고 싶은 마음이 있었기 때문이다. 앨런은 실제로 낙방했다. 수학 시험이 앨런에게는 작년보다 훨씬 더 어렵게 느껴졌고 점수도 향상되지 않았기 때문이다. 하지만 에퍼슨 선생은 다음과 같이 보고했다.

> …서술형 답안을 작성하는 방식이 향상된 것 같습니다. 작년에 비해 더 설득력 있고 좀 더 완결성을 갖춘 것으로 보입니다.

저비스 선생은,

> 앨런은 작년 이맘때에 비해 훨씬 잘하고 있습니다. 아는 게 많아진 덕도 있지만 공부하는 방식이 더욱 성숙해졌기 때문입니다.

앤드루스 선생은 새롭게 제정된 모컴 과학상을 위해 앨런이 제출한 보고서를 받아보았는데, 훗날 다음과 같이 말했다.[2]

> 요오드산과 이산화황 간의 반응에 대해 쓴 앨런의 보고서를 받아보고 앨런이 얼마나 비상한 두뇌를 가졌는지 처음 깨닫게 되었습니다. 저는 그 실험을 일종의 '눈요깃감'으로 활용했었는데, 앨런은 거기에 내재된 수학 문제를 저로서는 깜짝 놀랄 방법으로 계산해냈던 것입니다…

요오드산염은 그에게 상을 안겨주었다. "모컴 부인은 놀라울 정도로 친절하고 가족 모두가 굉장히 흥미로워"라고 앨런은 블레이미에게 편지를 썼다. "모컴 가족이 크리스를 기념하여 상을 제정했는데 때마침 올해 내가 그 상을 수상했어." 그는 또한 다음과 같이 썼다.

독일어를 배우기 시작했어. 내년 언젠가 독일에 가게 될지도 몰라. 난 사실 별로 가고 싶지 않지만. 차라리 셔본에 콕 들어박혀 지내는 편이 나을 것 같아. 그런데 문제는 3그룹에 남은 사람들이 다 영 별로라는 거야. 2월 이후 머마겐이 거기서 유일하게 괜찮은 아이였는데, 그 애는 물리학은 영 건성이고 화학은 아예 접었어.

앨런의 독일어 선생은 "앨런은 언어에는 전혀 소질이 없는 것 같습니다"라고 평가했다. 독일어는 앨런이 겨울 동안 칩거하면서 생각하고 싶은 분야는 아니었다.

그해 어느 일요일, 웨스트코트 기숙사 학생들이 오후 산책을 마치고 기숙사로 돌아왔을 때 그때쯤 경외의 대상이 된 앨런은 실험에 착수하고 있었다. 앨런은 계단통에 기다란 진자를 설치하고, 지구 자전과 함께 시간이 지나면서 진자의 진동면이 변하는지 확인하고 있었다. 이 실험은 앨런이 런던의 과학박물관에서 봤을 법한 기초적인 푸코진자 실험에 불과했다. 그렇지만 셔본에서는 매우 놀라워했고, 앨런이 1926년 자전거를 타고 학교에 도착했던 것에 버금가는 강렬한 인상을 주었다. 앨런은 또한 피터 호그에게 이 실험이 상대성이론과 관련이 있다고 말했는데, 궁극적으로는 맞는 말이었다. 아인슈타인을 괴롭힌 한 가지 문제는 진자가 어떻게 멀리 있는 별들 기준으로 고정된 위치를 지킬 수 있었는지에 대한 것이었다. 진자는 어떻게 별들에 대해 알았는가? 회전에 왜 절대적인 기준이 있으며 왜 그 기준이 천체의 성질과도 일치하는 것인가?

앨런은 여전히 별들의 세계에 매력을 느꼈지만 크리스토퍼에 대한 생각 또한 정리해야 했다. 4월에 모컴 부인이 선집에 들어갈 회고록을 써달라고 앨런에게 부탁했던 것이다. 앨런은 이 일을 무척 어려워했다.

제가 여태까지 부인께 써왔던 크리스에 대한 제 감상은 주로 저희들 사이의 우정에 대한 이야기였던 것 같습니다. 그래서 저랑 관련된 이야기보다는 부인을 위한 글을 써야겠다는 생각이 들었어요. 다른 글들과 함께 선집에 실을 수 있는 그런 글을 말이지요.

앨런은 남자답게 초연한 자세로 글을 쓰려고 세 번이나 시도했지만 결국 모두 실패했다. 너무 솔직해서 자신의 감정을 숨기기 어려웠던 것이다. 앨런은 6월 18일 그간 자신이 쓴 글을 보내면서 다음과 같이 설명했다.

제가 크리스에 대해 가장 생생하게 기억하는 것은 대부분 때때로 제게 해준 친절한 말들이에요. 물론 저는 크리스가 밟은 땅을 그저 숭배할 따름이었지요. 이렇게 말하면 어떨지 모르겠지만, 그런 제 마음을 숨기려고도 별로 노력하지 않았어요.

모컴 부인은 좀 더 써달라고 부탁했고, 앨런은 방학 때 다시 시도해보겠노라 약속했다.

1930년 6월 20일

…부인께서 어떤 류의 사소한 기록을 원하시는지 알 것 같아요. 아일랜드에 가면 차분히 생각할 시간이 많을 것 같으니 그때 생각해볼게요. 그 전에는 좀 어려울 것 같아요. 학기가 얼마 안 남았고 캠프에서는 적당한 환경이 조성되지 않을 테니까요. 제가 잘라낸 부분은 대개 제가 보기에 크리스다운 면모에 관한 것이었는데 나중에 죽 읽어보니까 크리스나 저에 대해 조금이라도 아는 사람이 아니면 별 의미가 없을 것 같더라고요. 그래서 거기서 좀 더 나아가서 크리스가 제게 어떤 사람이었는지 조금이나마 보여주고자 했어요. 물론 '부인'께선 알고 계시겠죠…

모컴 부인은 앨런뿐 아니라 튜링 부인까지 클락하우스로 초청했지만, 여름 방학 첫 주에 예정된 학생군사교육단 캠프와 일정이 겹쳤다. 다행히도 서본에 전염병이 돌아 캠프는 취소되었다.

앨런은 8월 4일 월요일 클락하우스에 도착했다. 모컴 부인은 "방금 앨런의 잠자리를 봐주고 왔다. 앨런은 내 방을 쓰지만 크리스가 작년 가을에 썼던 침낭에서 자고 있다…"라고 기록했다. 다음 날 튜링 부인이 합류했다. 모컴 대령은 앨런이 크리스와 같이 시작했던 실험을 할 수 있도록 실험실을 써도 좋다고 했다. 하루는 외출해서 주에서 개최하는 공연을 보았고 크리스토퍼의 묘에도 갔다. 일요일 저녁, 모컴 부인은 다음과 같이 기록했다.

> …튜링 부인과 앨런을 동행하여 란체스터까지 갔다. 그들은 7시 조금 넘어서 아일랜드로 출발할 예정이었다. 7시까지 머무르며 그들과 이야기했다… 앨런은 오늘 아침 내게 오더니 이곳에서 지내는 게 참 좋다고 말했다. 여기에 있으면 크리스의 축복이 느껴진다고 한다.

튜링 가족은 아일랜드까지 건너가 도니골에서 휴가를 보냈다. 앨런은 존과 아버지와 함께 낚시를 했고 어머니와는 산에 올랐다. 그러나 속마음은 혼자만 간직했다.

여름 학기가 끝나갈 때 오핸런은 앨런을 칭찬했다. "좋은 학기였습니다. 분명 사소한 결점이 있긴 하지만 앨런에게는 개성이 있습니다." 앨런은 이제 학교 체계에 맞춰 따라갈 준비가 되어 있었다. 그전에도 반항했다기보다는 그저 물러나 있었을 뿐이었다. 또한 지금 복종하고 있는 것도 아니었다. 그는 여전히 물러난 상태였다. 하지만 앨런은 이제 중요한 일에 간섭당하지만 않으면 '명백한 의무'를 강요라기보다는 관습으로 받아들이게 되었다. 1930년 가을 학기, 앨런의 동기인 피터 호그가 기숙사 대표가 되었고, 또 다른 3년차 6학년 학생인 앨런이 반장을 맡게 되었다. 오핸런 선생이 튜링 부인에게 쓴 편지에 따르면, "앨런이 반장직에 충실하리라 확신합니다. 앨런은 머리가 좋고 유머 감각도 있습니다. 이런 자질들을 발휘하며 잘 헤쳐나갈 것입니다…" 앨런은 기숙사의 어린 학생들에게 규율을 가르치며 자기 몫을 하기는 했다. 새로 온 학생 중에 데이비드 해리스David Harris라는 아이가 있었는데, 4년 전에 기숙사 대표였던 아서 해리스의 동생이었다. 선도 반장으로서 앨런은 데이비드가 축구 유니폼 대신 사복을 입은 것을 두 번째로 적발했다. 앨런은 "유감이지만 널 때릴 수밖에 없겠어"라고 말하고 정말 때렸고, 해리스는 새로 들어온 신입생 중 최초로 체벌을 당한 학생이 되어 동기들로부터 영웅 대접을 받았다. 앨런은 가스풍로를 꼭 잡고 서 있는 해리스를 때리기 시작했다. 그러나 밑창이 미끄러운 신발을 신은 덕에 세면실의 반질반질한 바닥에 속절없이 미끄러지면서 그만 해리스의 척추와 다리를 무차별적으로 때리는 꼴이 되고 말았다. 존경을 얻을 만한 방식은 아니었다. 앨런 튜링은 친절하지만 어린 학생들이 만만하게 보는 '나약한' 반장이었다. 어린 학생들은 기숙사에서 앨런의 촛불을 끄거나 앨런의 요강에 소다를 넣는 식의 장난을 치곤 했다(기숙사 공동 침실에는 화장실이 따로 없었다). 튜로그 빵집에서 이름을 따온 늙은 튜로그Old Turog가 튜링의 별명이 되었고, 앨런은 늘 웃음거리가 되기 십상이었다. 비슷한 사건은 기숙사 홀에서도 일어났는데, 누프라고 하는 학생이 그 광경을 목격했다.[3] 그는 상급생 중 하나로 앨런이 "지력짱이라면 자신은 체력짱"이라고 여겼던 학생이었다.

> 이 1시간 반 동안의 자율학습 시간 동안 징벌을 담당한 것은 주로 학생들이었어요. 웨스트코트 기숙사에서 우리들의 공부방은 긴 복도를 따라 양쪽에 나 있었는데 두 명에서 네 명까지 같이 쓰는 방이었지요. 이날 저녁, 이 조용한 시간에 누군가 복도를 걸어오더니 어느 방문을 똑똑 두드리곤 웅얼웅얼 이야기하는 소리를 들었어요. 그리고 복도를 따라 탈의/세면실까지 가는 두 사람의 발소리가 들렸지요. 그 다음엔 회초리가 쌩하고 움직이는 소리가 들렸고, 지팡이가 그릇 밑 부분을 치면서 그릇이 박살나는 소리가 들렸습니다. 이것이 첫 번째 회초리질이었지요. 두 번째 회초리질에도 똑같은 일이 벌어졌고, 그때쯤 저와 친구들은 배를 잡고 웃고 있었지요. 무슨 일이 벌어졌던 거냐면, 튜링이 팔을 뒤로 휘두르다 반장들 소유의 다기를 때려 부쉈던 거예요. 튜링은 이 짓을 두 번 연속으로 했고, 소리만으로 우리는 모두 세면실에서 무슨 일이 벌어지고 있는지 알 수 있었지요. 세 번째와 네 번째 회초리질은 그릇을 치지 않았는데 그때쯤 그릇은 산산이 부서져 바닥에 떨어져 있었기 때문입니다.

이보다 더 속상했던 일은 자물쇠를 채워 보관하던 앨런의 일기장[4]을 누군가 가져가서 훼손한 일이었다. 그러나 앨런이 참는 데도 한계가 있었다.[5]

앨런 튜링의 이미테이션 게임

튜링은… 꽤 사랑스러운 사람이었지만 용모는 좀 단정치 못한 편이었어요. 저보다는 한 살 많았는데, 우리는 꽤 친한 친구였습니다.

하루는 튜링이 세면실에서 면도를 하고 있는 걸 봤는데, 소매는 너덜너덜하니 대체로 좀 망가진 모양새였어요. 저는 친근한 말투로 "튜링, 너 정말 꼴이 엉망진창이구나"라고 말해줬죠. 튜링이 그 말을 불쾌하게 받아들이는 것 같지 않았기에, 전 눈치 없게도 그 말을 재차 했죠. 튜링은 기분이 상해서 거기 꼼짝 말고 기다리라고 하더라고요. 저는 약간 놀라긴 했지만(기숙사 세면실이 체벌 장소였기에) 무슨 일이 일어날지는 알고 있었죠. 튜링은 예상대로 회초리를 가지고 나타나더니 저더러 몸을 앞으로 숙이라고 하고 회초리로 네 번 때렸어요. 그러고 나서 회초리를 다시 가져다 놓고 면도를 계속했죠. 더 이상 아무 말도 없었어요. 하지만 그건 제 잘못이었고, 우리는 여전히 좋은 친구로 지냈어요. 그 이야기는 그 뒤 한 번도 언급되지 않았죠.

'규율, 자제력, 의무감과 책임감' 같은 중요한 문제들 말고도 케임브리지에 대해서도 생각해야 했다.

1930년 11월 2일

모컴 부인께,

펨브록 칼리지에서 소식이 오면 부인께 편지 드리려고 기다리고 있었어요. 장학금을 못 받을 것이라는 이야기를 며칠 전에 간접적으로 들었어요. 그럴 것 같긴 했어요. 세 과목에서 다 고만고만한 점수를 받았거든요… 12월 시험은 잘 볼 것이라는 희망에 차 있어요. 거기 시험이 고등교육 수료시험보다 훨씬 제 마음에 들거든요. 그렇지만 작년처럼 그 시험이 기다려지지는 않아요. 크리스가 있어서 우리가 또다시 케임브리지에서 일주일을 보낼 수 있으면 얼마나 좋을까요.

'크리스토퍼 모컴'상을 수상해서 받게 된 책 두 권이 도착했어요. 어제 저녁에는 『수학적 오락』에 나온 실뜨기 방법 몇 개를 배웠는데 아주 재밌었어요… 이번 학기에 제가 학교 대표가 되었어요. 지난 학기에 기숙사 대표를 한 것도 아니었는데 무척 놀라웠죠. 지난 학기부터 각 기숙사에 대표와 반장을 적어도 한 명씩 두기 시작했는데, 그래서 제가 학교 대표가 된 게 아닌가 싶어요.

더퍼스Duffers라고 불리는 학교 동호회에 얼마 전에 가입했어요. 격주로 일요일마다 (기분이 내키면) 선생님 댁 중 한 곳을 방문해서 차를 마신 뒤, 회원 중 한 명이 특정 주제에 대해 자신이 쓴 글을 발표하는 형식이에요. 글 내용은 늘 무척 흥미로워요. 저는 '다른 세계들'에 관해 쓴 글을 읽기로 했어요. 지금 반쯤 써놓았는데 아주 재밌어요. 크리스가 왜 이 동호회에 가입하지 않았는지 모르겠어요.

어머니는 오벨암메르가우Oberammergau(독일 남부의 마을로 10년마다 상영되는 그리스도 수난극으로 유명하다—옮긴이)에 가 계세요. 거기서 무척 잘 지내시는 것 같긴 한데 아직 자세한 이야기는 못들었어요…

친애하는 A. M. 튜링 올림

앨런이 학교 대표로 승격된 것은 어머니에게 큰 위안이 되었다. 하지만 그보다 훨씬 중요한 것은 앨런이 새롭게 친구를 사귀게 된 일이다.

기숙사에 앨런보다 세 살 어린 빅터 뷰텔Victor Beuttell이라는 학생이 있었다. 그는 앨런처럼 학교체계에 순응하지도, 그렇다고 반항하지도 않으면서 교묘히 체계 밖에 물러나 있는 학생이었다. 빅터는 또한 앨런처럼 아무도 모르는 큰 슬픔에 빠져 있었는데, 그의 어머니가 소결핵으로 죽어가고 있었던 것이다. 빅터 역시 폐렴에 걸려 중태에 빠진 적이 있었는데 그때 앨런은 학교에 온 빅터 어머니를 뵙고 문제가 무엇인지 물어봤다. 사정을 알게 된 앨런은 마음이 몹시 아팠다. 앨런은 또한 거의 아무도 모르는 사실을 하나 알게 되었는데, 빅터가 다른 기숙사 반장에게 몹시 심하게 매질을 당해서 척추를 다쳤다는 것이었다. 이 사실을 알게 된 뒤 앨런은 체벌 제도에 반대하게 되었고 단 한 번도 (종종 문제를 일으키는) 빅터에게 매질을 하지 않았으며, 문제가 생기면 다른 반장에게 넘기곤 했다. 그들의 관계는 일종의 연민으로 시작해서 우정으로 발전해갔다. 나이차가 나는 학생들이 함께 시간을 보내는 것을 으레 금지하던 사립학교 원칙에 어긋나는 일이었지만, 오핸런 사감이 특별히 허가해준 덕에 그들의 관계는 지속될 수 있었다. 오핸런은 학생들

앨런 튜링의 이미테이션 게임

의 활동을 색인카드에 기록하며 그들을 엄중히 감시했다.

앨런과 빅터는 암호와 암호문을 가지고 놀며 많은 시간을 보냈다. 『수학적 오락과 수리 논술』은 그들에게 아이디어를 준 책 중 하나일 것이다. 이 책은 앨런이 크리스토퍼 모컴상을 수상하면서 부상으로 고른 책이었는데, 1892년에 첫 출간된 이래 학교에서 상을 받은 학생들에게 늘 인기가 좋았다. 책의 마지막 장은 단순한 형태의 암호작성술에 대해 다뤘다. 앨런이 좋아한 암호법은 별로 수학적이지는 않았다. 가느다란 종잇조각에 구멍을 뚫고는 그것을 책 속에 끼워 빅터에게 주면, 불쌍한 빅터는 일일이 책장을 넘겨가며 종이의 뚫린 구멍으로 "오리온은 띠가 있는가" 같은 메시지가 보이는지 확인해야 했다. 앨런은 천문학에 대한 열정을 빅터에게 전해주었고 별자리에 대해 설명해주었다. 또 앨런은 (역시 『수학적 오락』에서 보고) 마방진Magic Squares을 만드는 법도 보여줬으며, 둘은 자주 체스를 두었다.

공교롭게도 빅터의 가족 또한 스완 전등회사와 관련이 있었다. 빅터의 아버지인 알프레드 뷰텔Alfred Beuttell은 1901년 기다란 리놀라이트 반사전등을 발명하고 특허를 얻어 상당한 재산을 모았다. 그 전등은 스완 에디슨 회사Swan and Edison에서 제조되었다. 뷰텔 씨는 아버지가 하던 카펫 도매 사업에서 떨어져 나와 전기 엔지니어로 더 경험을 쌓았다. 또한 제1차 세계대전이 발발하기 전까지 비행기 조종, 자동차 경주, 요트 경기를 즐기고 몬테카를로 도박장에서 돈도 따며 화려하게 살았다.[7]

키가 매우 크고 가부장적인 인물이었던 알프레드 뷰텔은 두 아들(빅터가 장남이었다) 위에 군림했다. 성격 면에서 빅터는 어머니와 더 닮았다. 빅터의 어머니는 1926년, 반전 메시지를 담은 특이한 심령술 책을 출판한 바 있었다. 빅터는 어머니에게서는 반짝이는 눈과 신비한 매력을, 아버지에게서는 강인하고 잘생긴 용모를 고루 받았다. 1920년대에 알프레드 뷰텔은 다시 조명에 관해 연구하기 시작했고, 1927년에는 'K-레이K-ray 조명 시스템'이라는 새 발명품에 특허를 얻어냈다. 이 시스템은 그림이나 포스터에 균등하게 빛을 비추기 위해 고안되었다. 포스터를 유리 케이스에 끼워 넣으면 유리 앞면의 곡선으로 인해 위에서 비추는 기다란 형광등 빛이 포스터에 정확히 균등하게 반사되는 원리였다(이와 같이 반사되지 않으면, 포스터의 위쪽이 아래쪽보다 훨씬 더 밝을 것이다). 문제는 유리 곡률을 계산하는 올바른 공식을 찾는 일이었다. 앨런은 빅터를 통해 이 문제를 알게 되었는데, 불현듯 그 공식이 떠올랐다. 어떻게 생각해냈는지 설명할 수는 없었지만, 그것은 알프레드 뷰텔의 계산과도 일치했다. 하지만 앨런은 한발 더 나아가 유리의 두께로 인해 발생하는 문제를 지적했다. 두께 때문에 유리 앞면에 2차적인 반사가 일어날 수 있다는 것이었다. 이 문제로 인해 K-레이 시스템의 곡면 수정이 불가피하게 되었다. 이 기술은 곧 실외용 간판에 응용될 예정이었고, 첫 계약은 출장 요리업 체인인 J. 라이언스 주식회사와 이루어졌다.

앨런다운 일이었다. 요오드산염과 아황산염 반응을 계산했을 때처럼, 물리적 세계 이면에 수학 공식이 실제로 작동한다는 것을 알아내는 일은 앨런을 언제나 기쁘게 했다. 비록 잘하지는 못했지만 앨런은 실증하는 것을 늘 좋아했다. 이지적인 '수학 수재'라는 꼬리표에 묶여 있었지만, 앨런은 구체적인 증명을 한다고 생각이 손상된다거나 저급해진다고 생각하는 실수를 범하지는 않았다.

마찬가지로 앨런은 거의 종교와도 같은 학교 운동경기 때문에 몸을 경멸하는 자세를 취하지도 않았다. 앨런은 '정신'만큼이나 '신체'도 잘 사용하고 싶어 했겠지만, 둘 모두에서 조화 능력과 표현력 부족이라는 같은 문제를 겪었다. 그렇지만 그때쯤 앨런은 자신이 꽤 잘 달린다는 사실을 알게 되었다. 비가 와서 주요 축구경기가 다 취소되었을 때는 그가 기숙사 달리기 대회에서 1등으로 들어온 적도 있었다. 빅터는 앨런과 함께 뛰러 나가곤 했지만 3킬로미터 정도 뛰다 "난 안되겠어, 튜링. 돌아갈래"라고 말하곤 했다. 그러고도 결국 훨씬 더 멀리까지 갔다 온 앨런에게 추월당하곤 했다.

달리기는 앨런에게 잘 맞았다. 혼자 할 수 있는 운동이었고, 도구도 쓰지 않으며, 사회적으로 내포된 의미 따위도 없었기 때문이다. 앨런이 특별히 속도가 빨랐다거나 자세가 좋았다거나 그런 것은 아니었다. 그는 되레 약간 평발이었다. 하지만 멈추지 않고 계속 달림으로써 뛰어난 지구력을 갖게 되었다. 셔본에서는 앨런의 이런 자질 따위는 별로 중요하게 생각하지 않았다. 학교에서 중요했던 것은 (피터 호그의 예상과 달리) 앨런이 기숙사 팀에서 '쓸 만한 포워드'가 되었다는 사실이었다. 그래도 누프는 앨런의 이런 능력을 눈치 채고 탄복했다. 앨런 자신에게도 확실히 의미 있는 일이었다. 이런 식으로 신체 단련에 힘쓴 우등생이 앨런이 처음은 아니었지만, 그는 달리기, 걷기, 사이클링, 등산 등을 통해 자신의 체력을 시험하고 인내하는 데서 지속적으로 만족을 얻었다. 앨런의 '자연으로의 회귀'적 갈망이 표출된 것이라 할 수도 있겠다. 그러나 필연적으로 거기에는 다른 요소도 관련되어 있었다. 달리기를 해서 지쳐 나가떨어지는 것을 자위의 대안으로 삼았던 것이다. 자신의 성적 취향에 관한 한 앨런은 이때부터 줄곧 매우 극심한 갈등을 겪었을 것이다. 몸의 요구를 통제해야 할 뿐만 아니라 감정의 측면에서도 자신의 정체성에 대해 점점 더 자각하게 되었으니 말이다.

12월, 앨런은 지난번처럼 케임브리지에 가는 길에 워털루 역에 들렀지만 모컴 부인의 작업실에 가지는 않았다. 대신 어머니와 존(이제 런던에서 도제로 일하고 있었다)이 앨런을 만나러 왔고, 앨런은 하워드 휴스Howard Hughes의 항공 영화 〈지옥의 천사들Hell's Angels〉을 보러 가자고 했다. 앨런은 이번에도 트리니티 장학금을 받는 데는 실패했다. 그러나 그가 괜히 더 자신감에 차 있었던 것은 아니었다. 2지망으로 지원했던 킹스 칼리지의 장학생으로 선정되었기 때문이다. 앨런은 1등급 장학생 중 8등을 했고 매년 80파운드*를 지급받게 되었다.

모두들 앨런을 축하해줬다. 하지만 앨런의 목표는 크리스토퍼가 '미처 하지 못한' 일을 해내는 것이었다. 수학적 머리를 타고난 사람으로서, 다시 말해 마치 일상에서 흔히 보는 물건을 대하듯 매우 추상적인 관계나 기호를 다룰 수 있는 사람으로서, 킹스 칼리지 장학금은 악보를 한 번 보고 소나타를 연주한다거나 자동차를 수리하는 것 같은 정도의 능력을 발휘한 것에 불과했다. 영리하고 만족스럽지만 그 이상은 아니었다는 이야기이다. 그보다 더 좋은 장학금을 더 어린 나이에 받은 사람이 수두룩했다. 교장 선생의 입에서 나온 "훌륭하다"라는 단어보다는 피터 호그가 기숙사 만찬 때 부른 두 줄 노래가 앨런을 더 잘 설명해주었다.

---

* 비교하자면, 숙련공은 1년에 대략 160파운드를 받았고, 1인당 나오는 실업수당은 매년 40파운드 정도였다.

다음 순서는 우리의 수학자라네

아인슈타인에 푹 빠져 공부방 불을 밝히다 벌금까지 물었다지

앨런은 아인슈타인에 대해 깊이 생각하다가 규칙을 어겨가며 늦게까지 책을 봤던 것이다.

앨런은 두 학기 더 학교에 다녔다. 당시에는 흔히 있는 일이었다. 1931년 경제 사정이 좋지 않았기에 임시직을 구하기도 여의치 않았던 것이다. 그때쯤 앨런은 케임브리지에 진학하면 과학보다는 수학을 공부하기로 결정을 내렸다. 1931년 2월, 앨런은 하디G. H. Hardy의『순수 수학Pure Mathematics』이라는 책을 손에 넣었다. 대학에서 가르치는 수학의 기초라 할 수 있는 고전이었다. 앨런은 세 번째로 고등교육 수료시험을 치렀다. 이번에는 수학을 주요 과목으로 선택해서 마침내 월등히 좋은 성적을 받아냈다. 또한 모컴상에 다시금 응모했고 이번에도 상을 차지했다. 이번에는 상장도 같이 수여되었는데, 앨런은 그 상장에 대해 "만듦새가 근사하기 그지없고, 밝게 빛나는 장식에는 크리스의 정신이 깃들어 있는 것 같았다"라고 묘사했다. 상장은 모컴 가족 의뢰로 당시 유행하던 신중세新中世 스타일로 만들어졌기에 낡아빠진 셔본 스타일과 대비되어 눈에 더 확 띄는 효과를 낳았다.

부활절 휴가를 맞아 3월 25일, 앨런은 (열렬한 새 애호가인) 피터 호그와 자신보다 나이가 많은 조지 매클루어와 함께 도보여행 겸 히치하이크 여행을 떠났다. 길퍼드에서 노퍽까지 가는 길에 노동자들이 묵는 값싼 숙소에서 하룻밤 잤는데(비록 어머니는 충격을 받았지만), 더 비싸봤자 어차피 무덤덤한 앨런으로서는 괜찮은 선택이었다. 하루는 나머지 두 명이 차를 얻어 타고 가는 동안, 앨런은 그답게 혼자 계속 걸어가기도 했다. 또 앨런은 나이츠브리지에 위치한 병영에서 학생군사교육단 과정을 밟으며 닷새를 보냈고 군사훈련과 전술 과목에서 합격 점수를 받았다. 존은 앨런이 평소와 달리 열의를 보이며 군인 노릇을 하는 것을 보고 상당히 놀랐다. 어쩌면 앨런은 상위 중산층의 보호막 바깥에 있는 남자들을 접할 이 희귀한 기회에 묘한 자극을 받았는지도 모르겠다.

데이비드 해리스는 앨런의 하인이 되었는데, 앨런이 사람은 선하지만 주인으로

서는 얼빠진 인간이라는 것을 알게 되었다. 바우이 교장이 이뤄낸 혁신 중 하나는 일요일 오후에 반장이 다른 기숙사 반장을 초청해 차를 마실 수 있게 한 것이었다. 그래서 앨런이 어쩌다 이 권리를 이용하고자 할 때면, 해리스는 구운 콩이 올라간 토스트를 만들어야 했다. 앨런은 누릴 수 있는 특권을 다 누리게 되었다. 빅터가 그림에 관심이 있었고 상당한 예술적 재능도 있었기에 여기에 자극을 받아 앨런은 투시도를 계속 그렸다. 그들은 원근법과 기하학에 대해 많은 이야기를 나눴다. 7월, 앨런은 학교 공모전에 수도원을 그린 선화線畫를 제출하기도 했는데, 나중에 피터 호그에게 그 그림을 주었다(빅터가 그린 수채화가 1등상을 받았다). 그리고 이제 학교 대표이자 학생군사교육단 병장이며 더퍼스 회원인 앨런 튜링과는 작별을 고해야 할 시간이 왔다. 앨런은 졸업과 함께 다수의 상을 비롯해 셔본 기부금에서 나오는 매년 50파운드의 케임브리지 보조금을 받았다. 또 에드워드 6세 수학 부문 금메달도 받았다. 졸업식에서 앨런은 가벼운 칭찬을 받았는데, 그가 재학하는 동안 셔본 잡지[8]에 그의 이름이 언급된 것은 이번이 유일했다. 학교에서 앨런이 차지한 위상을 치하하는 내용이었다. 장학금을 받은 학생은 다음과 같았다.

G. C. 로스는 교장에게 큰 도움이 되었고 교풍을 조성하는 데 중추적인 역할을 했으며, 언제나 상냥하고 유쾌한 학생으로서 가히 셔본 학생의 모범이라 할 수 있다. (박수) 또 다른 공모 장학금은 수학 장학금으로 수학 분야에서 최근 셔본이 낳은 가장 뛰어난 학생 중 하나인 앨런 튜링에게 수여되었다.

오핸런 선생은 이 같은 결과에 대해 "다양한 경험이 곁들여진 흥미로운 이력"을 "매우 성공적으로 마무리했다"라고 평하며 앨런이 "기본적으로 충실하게 자신을 도운 것"에 감사를 표했다.

모컴 부인은 여름 동안 클락하우스에서 지내라고 앨런과 튜링 부인을 다시 초청했다. 앨런은 8월 14일 쓴 편지에서 모컴 부인의 몇 가지 추가적인 질문에 답하고 그가 가진 크리스토퍼의 편지 전부를 동봉하면서, 일정에 대해서는 자신의 어머니가 편지를 썼을 것이라고 말했다. 그러나 어떤 이유에서인지 클락하우스 방문은 이루어지지 않았다. 대신 9월 첫 2주 동안 앨런은 오핸런 선생과 함께 사크에 갔다. 피터 호그와 아서 해리스, 그리고 오핸런 선생의 옛 친구 두 명이 앨런의 일행이었다. 그들은 18세기에 지어진 농가에서 지냈고, 오후에는 섬의 암초 해안에서 시간을 보냈다. 거기서 앨런은 나체수영을 하기도 했다. 아서 해리스가 수채화를 그리고 있는데 앨런이 뒤에서 나타나 앞에 보이는 말의 분뇨 더미를 가리키더니 "저것도 그림에 넣었으면 좋겠는데"라고 한마디 했던 적도 있다.

킹스 칼리지의 웅장함에 압도되지 않고 학교에 쉬 안착하는 신입생은 거의 없었다. 그렇지만 케임브리지로의 이행이 반드시 완전히 새로운 환경으로의 진입을 뜻하지는 않았다. 많은 면에서 대학교는 사립학교를 아주 크게 확장시켜놓은 것 같았기 때문이다. 사립학교처럼 폭력적이지는 않았지만 태도 면에서는 매우 비슷했다. 학교나 기숙사를 두고 벌이는 미묘한 충성 관계에 익숙한 사람이라면 대학교와 칼리지 체계에 당황하는 일은 없을 것이었다. 그렇지만 대학생 대다수는 밤 11시 소등이나 일몰 후 실내복으로 갈아입어야 할 의무, 보호자 없이 이성의 방문을 받지 못하는 것 따위에 연연하지 않았다. 그들은 마음대로 술을 마시고 담배를 피우며 원하는 대로 하루를 보내며 새롭게 주어진 자유를 만끽했다.

케임브리지는 학생 구성 면에서 확실히 봉건적이었다. 대다수의 학부 학생들은 사립학교 출신이었기에, 중등학교grammar school에서 장학금을 받고 온 소수의 하위 중산층 출신들은 '귀족'과 '하인'으로 나뉜 이상한 관계에 적응해야만 했다. 여학생들은 그들에게 할당된 두 개 칼리지로 만족해야 했다.

사립학교와 마찬가지로 케임브리지 같은 역사 깊은 대학은 많은 경우에 있어 배움보다는 사회적 지위를 중시했다. 예컨대, 지리학이나 토지관리 수업은 학문적 성향이 덜한 사람들을 위한 것으로 취급되었다. 그러나 대학생들의 짓궂은 장난이나 소동, 다른 학생 방을 어질러놓는 짓들은 1920년대에 자취를 감췄다. 1930년대는 대공황과 함께 시작했다. 엄격하면서도 진지한 시대였다. 그리고 그 무엇도 '자기만의 방'이라는 소중한 자유를 침범할 수 없었다. 케임브리지의 기숙사 방은 이중문으로 되어 있었고, 방 주인이 바깥문을 잠금으로써 '면회 사절' 표시를 하면

으레 주인이 외출 중인 것으로 받아들였다. 드디어 앨런은 그가 원할 때 언제든, 그리고 어떤 방식으로든 마음대로 연구하고 생각하거나 혹은 그저 비참한 상태(앨런은 전혀 행복하진 않았으니까)로 있을 수 있었다. 앨런은 청소부들과 좋은 사이를 유지하는 한 자신의 방을 마음껏 어지르고 지저분하게 쓸 수 있었다. 앨런이 아침 식사를 만들 때 가스풍로를 위험하게 쓴다고 꾸짖는 튜링 부인 정도가 앨런을 방해하는 사람이었다. 하지만 그나마도 아주 간혹 있는 일이었고, 대학에서 첫해를 보낸 뒤에는 앨런이 길퍼드를 잠깐 방문했을 때나 부모를 보았다. 앨런은 독립을 얻었고 마침내 홀로 남겨졌다.

대학 강의는 대체로 수준이 높았다. 케임브리지는 전통적으로 모든 수학 강의를 세계적 권위자이라 할 수 있을 교수들에게 맡겼다. 강의 자체가 사실상 거의 완벽한 교과서나 마찬가지였다. G. H. 하디 또한 교수 중 한 명이었는데, 그는 당대 최고의 영국인 수학자로 1931년 옥스퍼드에서 돌아와 케임브리지 순수 수학 분과 학과장이 되었다.

앨런은 이제 과학 세계의 중심에 있었다. 사립학교 때 이름으로만 알았던 하디나 에딩턴 같은 사람들이 실제 존재하는 세계였다. 1931년, 앨런 외에도 85명의 학생들이 트라이포스Tripos라 불리는 학위 과정에서 수학을 전공으로 선택했다. 학생들은 이 중에서도 두 집단, 즉 스케줄 A를 신청한 무리와 스케줄 B까지 공부하겠다고 한 무리로 갈렸다. 스케줄 A는 표준적인 학위 과정이었는데, 다른 모든 케임브리지 학위와 마찬가지로 두 파트로 이루어졌다. 파트 I은 1년 뒤에, 파트 II는 2년 뒤에 시험을 보는 형식이었다. 스케줄 B를 신청한 후보도 같은 과정을 밟았지만, 마지막 해에 고급 과목을 대여섯 개까지 추가해서 시험을 치러야 했다. 이 번거로운 체계는 다음 해에 바뀌어서 스케줄 B가 '파트 III'가 되었다. 그러나 앨런 튜링처럼 그전에 학교에 들어온 학생들은 파트 I(고등학교 수학 수준에서 어려운 문제로 구성된, 일종의 구시대적 유물 같았다) 공부는 제쳐두고 바로 파트 II 수업에 뛰어들어야 3년차에 스케줄 B에 할당된 고급 시험을 준비할 수 있었다.

1등급과 2등급 장학생들은 스케줄 B를 신청하리라 예상되었고, 발군의 실력가인 앨런은 그중 하나였다. 앨런은 마치 다른 나라에 온 것 같은 느낌을 받았다. 그

나라는 사회 계급과 돈, 정치 따위는 아무 의미가 없고, 가우스Karl F. Gauss나 뉴턴 같은 위대한 인물들이 시골 아이로 태어난 곳이었다. 이전 30년 동안 수학계를 주름잡았던 위대한 수학자 다비트 힐베르트David Hilbert는 그러한 생각을 다음과 같이 천명한 바 있다.[9] "수학은 인종을 모릅니다… 수학에 있어 모든 문화적 세계는 하나의 나라나 마찬가지입니다." 힐베르트가 별 의미 없이 던진 진부한 말이 아니라 1928년 국제 학술대회에 독일 대표단의 수장으로 참석해서 한 말이었다. 1924년, 독일 학자들은 대회에서 배제되었고, 그래서 1928년 대회에 참석을 거부한 이들이 많았다.

앨런은 이처럼 수학에 부여된 절대성에 환호했다. 세상일에 개의치 않는 수학의 이런 특성에 대해 하디는 또 다른 식으로 표현했다.[10]

> 317은 소수素數이다. 우리가 그렇게 생각해서가 아니라, 또는 특정 방식으로 우리의 사고가 형성되었기 때문도 아니라, '그것이 소수이기 때문에 그렇다.' 수학적 현실이 그런 방식으로 만들어졌기 때문이다.

하디도 '순수' 수학자였다. 즉, 그는 인간의 삶뿐만 아니라 물리계와도 무관한 수학 분과를 연구했다. 소수는 특히 이 같은 비물질적인 성격이 강했다. 순수 수학은 또한 완전무결한 논리적 추론을 강조했다.

다른 한편으로, 케임브리지는 '응용' 수학이라 불리는 분과에도 중점을 두었다. 그러나 산업이나 경제학, 또는 유용한 기술에 수학을 응용하고자 했던 것은 아니었다. 높은 학문적 지위와 실제적인 이익을 결합하는 전통 같은 것이 영국 학교에 있을 리 없었다. 여기서 '응용' 수학이란 수학과 물리학(특히 가장 기본적이고 이론적인 물리학) 간의 공통 영역을 일컫는 말이었다. 예컨대, 뉴턴은 미적분학과 중력 이론을 같이 발전시켰다. 1920년대에도 비슷한 결실을 본 적이 있었는데, 양자이론의 해법을 당시 새롭게 전개되고 있던 순수 수학의 한 분야에서 기적적으로 찾았던 것이다. 이 분야에 있어서 에딩턴이나 디랙P. A. M. Dirac 같은 사람들의 연구는 케임브리지를 양자역학이론의 산실이라 할 수 있는 괴팅겐에 버금가는 대학으로 자

앨런 튜링의 이미테이션 게임

리매김할 수 있게 해주었다.

앨런은 물리계에 관심이 많기는 했지만, 그 당시에 그가 가장 필요로 했던 것은 학문적으로 더욱 철저해지고 단단해지는 한편, 절대적으로 옳은 그 무언가를 파악하는 일이었다. 절반은 '순수' 학문, 나머지 절반은 '응용' 학문으로 이루어진 케임브리지 트라이포스 덕분에 과학을 계속 공부하기는 했지만, 수학이 그의 중심에 있었다. 앨런은 실망스러운 세상에 맞서기 위해 마치 친구에 의지하듯 순수 수학에 의지했다.

앨런에게는 친구가 많지 않았다. 특히 첫해에는 정신적으로 여전히 셔본의 영향 아래에 있었기에 더욱 그랬다. 킹스 칼리지 장학생들은 대부분 자의식 강한 엘리트 그룹을 형성했지만, 앨런은 예외에 속했다. 그는 19세의 수줍은 학생으로, 여태껏 교육을 통해 배운 것이라곤 사상이나 자기표현보다는 바보 같은 시를 기계적으로 외우거나 격식을 차린 편지를 작성하는 법 따위였다. 앨런의 첫 친구는 다른 수학 장학생 두 명 중 한 명인 데이비드 챔퍼노운David Champernowne이었는데, 이 친구를 통해 그룹의 다른 친구들과도 알고 지내게 되었다. 그는 윈체스터 학교Winchester College(영국의 전통적인 사립학교 중 하나—옮긴이)에서 6학년 때 수학반에서 공부했던 장학생 출신으로, 앨런보다는 사교성이 좋았다. 그러나 이 둘은 비슷한 '유머감각'을 지녔고, 제도나 전통을 대수롭지 않게 생각하는 공통점이 있었다. 말을 더듬는 것도 이들의 공통점 중 하나였는데, 앨런에 비하면 챔퍼노운은 경미한 수준이었다. 그들의 관계는 사립학교 때와 비슷한, 다소 무심한 종류의 우정으로 시작해서 계속 그 상태를 유지했다. 그렇지만 앨런에게 중요했던 것은 '챔프'가 탈관습적인 일에도 놀라지 않는다는 것이었다. 앨런은 챔퍼노운에게 크리스토퍼에 대해 이야기했고 그가 죽은 후 자신의 감정을 기록했던 일기를 보여주기도 했다.

그들은 개인지도 수업을 함께 듣곤 했다. 처음에는 앨런이 따라잡아야 할 것이 많았다. 챔퍼노운이 앨런보다 훨씬 배운 것이 많았고, 앨런은 여전히 생각을 제대로 표현하지 못하고 뒤죽박죽 글을 썼기 때문이다. 실제로 앨런의 친구 '챔프'는 명예롭게도 학부 재학 중 논문[1]을 출판하는 쾌거를 올리기도 했는데, 이는 앨런을 능가하는 성취였다. 킹스의 수학 지도교수는 A. E. 잉엄Ingham과 필립 홀Philip Hall 두 명이었다. 잉엄 교수는 진지하지만 비딱한 유머를 가진, 수학적 엄격함의 화신이라 할 수 있었다. 홀 교수는 최근에 특별연구원이 된, 수줍은 성격 이면에 무척 다정한 성향을 간직한 사람이었다. 필립 홀은 앨런을 제자로서 좋아했고 앨런이 아이디어가 넘치는 학생이라는 것을 알게 되었다. 앨런은 홀 교수와 이야기할 때면 평소와 달리 흥분한 말투로 말하곤 했다. 1932년 1월, 앨런은 다음과 같은 소식을 알릴 수 있었다.

> 최근에 제가 정리를 하나 증명해서 교수님 중 한 분을 꽤 흡족하게 했어요. 교수님 말씀으로는 이전에 그 정리를 증명한 사람은 시어핀스키*라는 사람밖에 없는데, 상당히 어려운 방법을 썼다고 해요. 제 증명은 꽤 간단하니까 제가 시어핀스키를 꺾은 셈이죠.

그렇다고 앨런이 공부만 한 것은 아니었다. 대학 보트 동호회에도 들었다. 장학생으로서는 이례적인 일이었는데, 사립학교에서의 양극화 현상이 대학교까지 이어졌기 때문이다. 학생들은 '운동파'이거나 '연구파'이거나 둘 중 하나여야만 했다. 앨런은 둘 다 아니었다. 몸과 마음의 균형이라는 또 다른 문제도 있었다. 앨런이 다시 사랑에 빠졌기 때문인데, 이번 상대는 케네스 해리슨Kenneth Harrison이라는 학생이었다. 그는 앨런과 같은 해에 입학한 킹스 장학생으로 자연과학 학위 과정을 밟고 있었다. 앨런은 케네스에게 크리스토퍼에 대해 많은 이야기를 했다. 역시 금발에 푸른 눈을 가졌으며 과학도였던 케네스는 환생한 앨런의 첫사랑 같은 존재였던 셈이다. 그러나 한 가지 차이가 있다면 이번에는 앨런이 자신의 감정을 표현했다는 것이다. 크리스토퍼에게는 감히 엄두도 내지 못했던 일이었다. 앨런의 감정은 받아들여지지 않았지만, 케네스는 앨런의 솔직한 태도를 높이 평가해서 그 일 때문에 앨런과 과학에 대해 이야기하는 것을 그만두지는 않았다.

---

* 시어핀스키W. Sierpinski는 20세기 폴란드 출신의 걸출한 순수 수학자이다.

앨런 튜링의 이미테이션 게임

1932년 1월 말, 모컴 부인은 1931년 앨런이 부인에게 넘겨준 크리스토퍼의 편지 일체를 다시 앨런에게 돌려보내주었다. 모컴 부인은 편지 원본을 똑같이 베껴서 사본을 만들었던 것이다. 곧 크리스토퍼 사망 2주기였다. 모컴 부인은 앨런에게 카드를 보내 2월 19일에 케임브리지에서 저녁을 같이하자고 청했다. 이에 따라 앨런도 모컴 부인을 맞이할 준비를 했다. 마침 그 주말에 사순절 기념 보트 경기가 잡혀 있었고, 저녁식사 때는 음식을 절제해야 했기에 그 주말이 딱히 편하지는 않았다. 그래도 앨런은 짬을 내서 모컴 부인에게 케임브리지를 구경시켜주었다. 모컴 부인은 앨런의 방이 "매우 지저분했다"라고 기록했다. 그들은 또 앨런과 크리스토퍼가 장학금 시험을 보기 위해 묵었던 트리니티 건물과 크리스토퍼가 살아 있었더라면 아마도 다녔을 것이라 모컴 부인이 상상한 트리니티 예배당에도 갔다.

4월 첫째 주 앨런은 다시 클락하우스를 방문했다. 이번에는 아버지와 함께였다. 앨런은 크리스토퍼의 침낭에서 잤다. 그들은 다 함께 캣츠힐 교구교회에 설치된 성 크리스토퍼 창문을 보러 갔다. 앨런은 이보다 더 아름다운 스테인드글라스는 상상도 할 수 없을 것이라고 말했다. 크리스토퍼의 얼굴이 창문에 새겨져 있었는데, 강을 건너는 건장한 성 크리스토퍼보다는 비밀스러운 아기 그리스도와 더 닮아 있었다. 일요일에 앨런은 그 교회에서 예배를 드렸고, 저녁에는 집에서 축음기 음악회가 열렸다. 튜링 씨는 모컴 대령과 독서를 하고 당구를 쳤으며, 앨런은 모컴 부인과 실내 게임을 했다. 하루는 앨런과 아버지가 긴 산책을 갔다 왔으며, 또 하루는 스트랫퍼드어폰에이번Stratford-upon-Avon에 다녀오기도 했다. 마지막 날 저녁, 앨런은 크리스토퍼의 침대에 눕고는 모컴 부인에게 잘 자라는 말을 해달라고 부탁했다.

클락하우스에는 여전히 크리스토퍼의 영혼이 깃들어 있었다. 하지만 어떻게 이런 일이 가능하단 말인가? 마치 무선 전신기가 보이지 않는 세상으로부터 오는 신호에 공명하는 것처럼 앨런의 뇌에 있는 원자들이 비물질적인 '영혼'에 의해 자극을 받기라도 한다는 말인가? 앨런이 모컴 부인을 위해 다음과 같은 글을 작성한 것은 아마도 이때쯤이었을 것이다.[12]

영혼의 본성

과학에서는 어떤 특정 시기의 우주에 관해 모든 것을 알게 되면 미래에 우주가 어떤 모습일지도 예측할 수 있으리라고 가정하곤 했다. 이런 생각은 사실 천문학적 예측이 큰 성공을 거둔 데서 기인한 바가 크다. 그러나 더 근대적인 과학에서는 원자와 전자의 정확한 상태를 알아내기 상당히 어렵다는 결론에 도달했다. 우리가 사용하는 도구 자체가 원자와 전자로 이루어졌으니 말이다. 따라서 우주의 정확한 상태를 파악할 수 있다는 생각은 사실상 부분적으로만 적용되어야 했다. 일식이나 월식 같은 현상처럼 우리의 행동도 이미 예정되어 있다는 이론 역시 마찬가지이다. 우리에게는 의지라는 것이 있고, 이 의지는 아마도 뇌의 작은 영역 혹은 뇌 전체에서 원자의 활동을 결정할 수 있다. 몸의 나머지 부위는 이 결정을 증폭시키는 역할을 한다. 그렇다면 이제 우리가 답해야 할 문제는 우주에 있는 다른 원자들의 활동은 어떻게 규제되는가 하는 것이다. 아마도 같은 법칙이나 단순히 영혼의 원격조작을 통해 가능할는지 모르겠지만, 그것들에게는 증폭 장치가 없으므로 순전히 우연에 의해 규제되는 것으로 보인다. 비운명적으로 보이는 물리적 현상은 사실상 우연의 조합이나 마찬가지인 것이다.

맥태거트 J. McTaggart가 말했듯, 물질은 영혼이 없으면 아무 의미가 없다(여기서 내가 말하는 물질은 고체나 액체, 기체 같은 것을 의미하기보다는 물리학적 의미의 물질, 예컨대 빛이나 중력처럼 우주를 형성하는 것을 의미한다). 나의 개인적인 생각으로는 영혼이 사실상 물질에 영원히 연결되어 있을 것 같지만, 언제나 같은 몸에만 붙어 있을 것 같지는 않다. 사후에 영혼이 인간 세계와는 완전히 별개인 우주로 간다고 믿었던 적은 있었다. 하지만 지금은 물질과 영혼이 아주 밀접하게 연결되어 있다고 보기 때문에, 그런 가정은 의미상 모순을 일으킨다. 그런 세계가 존재할 수도 있겠지만 가능성은 희박하다.

영혼과 육체가 실제로 어떻게 연결이 되어 있는가에 대해 말하자면, 나는 살아 있는 육체는 '영혼'을 '끌어들이고' 붙들 수 있다고 본다. 육체가 살아서 깨어 있는 동안 영혼과 육체는 단단히 연결되어 있다. 육체가 잠이 들어 있을 때 무슨 일이 벌어지는지는 추측할 수 없지만, 육체가 죽으면 영혼을 붙들고 있던 몸의 '작용'이 사라지게 되고, 영혼은 곧 새로운 육체를 찾아 나선다.

왜 우리에게 애당초 육체가 있는가 하는 문제, 그러니까 왜 우리는 영혼만으로 자유롭게 소통하며 살지 않는지 혹은 못하는지에 대해 말할 것 같으면, 아마도 우리는 그렇게 할 수도 있겠지만, 그러면 할 일이 하나도 없을 것이다. 육체는 영혼에게 돌보고 사용할 무언가를 제공하는 셈이다.

앨런은 이런 생각들 대부분을 아직 사립학교에 다니던 때 에딩턴의 책을 읽으며 알게 되었을 것이다. 앨런은 모컴 부인도 『물리적 세계의 본성』을 마음에 들어 할 것이라 말했었는데, 에딩턴이 과학과 종교를 화해시키고자 했기 때문이었던 것 같다. 에딩턴은 결정론과 자유의지, 즉 정신과 물질에 대한 고전적인 문제를 새로운 양자역학이론으로 해결할 수 있으리라 보았다.

앞서 앨런이 말한 '과학적 가정'은 응용 수학을 공부한 사람이라면 누구에게나 익숙한 생각이었다. 학교나 대학에서 제시하는 문제들은 어떤 물리적 체계에 대해 늘 예측에 딱 필요한 만큼만 정보를 주었다. 실제적인 면에서 예측은 가장 단순한 경우에만 가능했다. 그러나 원론적으로 이런 단순한 경우와 복잡한 체계가 분명하게 구분되지는 않았다. 또한 어떤 과학 분야, 예컨대 열역학이나 화학 같은 분야에서는 평균화된 양만 고려하는 것도 사실이었다. 그런 이론에서는 정보가 나타났다 사라졌다 할 수도 있었다. 차에 넣은 설탕이 녹으면, 평균화된 양으로만 봐서는 그것이 원래 각설탕 형태를 하고 있었다는 증거가 더 이상 남아 있지 않게 된다. 그러나 원론적으로, 충분히 상세한 설명이 주어진다면 그러한 증거는 원자의 운동으로 남아 있게 될 것이다. 라플라스P. Laplace[13]는 1795년 그러한 생각을 다음과 같이 요약했다.

만약 자연을 움직이는 모든 힘과 자연을 이루는 존재들이 처한 상황을 다 이해할 수 있는 지능(그리고 이 모든 정보를 분석할 수 있을 만큼 거대한 지능)이 잠깐이라도 주어진다면, 그 지능이 산출한 공식에는 가장 거대한 물체와 가장 가벼운 원자의 움직임이 같이 포함되어 있을 것이다. 그러한 지능에 불확실한 것은 아무것도 없을 것이며 과거와 마찬가지로 미래도 바로 눈앞에 보일 것이다.

이런 관점에서 보면, 다른 차원에서(화학이든 생물학이든, 또는 심리학이나 다른 어떤 학문이든 간에) 어떻게 세계를 설명하든 간에, 한 가지 차원의 설명만 있을 뿐이었다. 바로 미시물리학적 차원의 설명이었는데, 이에 따르면 모든 사건은 전적으로 과거에 결정되었다. 라플라스의 관점에서 보자면, 미리 결정되지 않은 사건이란 있을 수 없었다. 미결정된 것처럼 '보일' 수는 있겠지만, 그것은 단지 필요한 측정과 예측을 실제로 수행할 수 없기 때문이라는 것이다.

문제는 세계를 설명하는 방식에 있어서 사람들이 강한 애착을 보이는 방식은 따로 있었다는 것이다. 정의와 책임을 결정하고 선택하는 일상의 언어 말이다. 이 두 종류의 설명 간에 연관성이 부족하다는 것이 문제였다. 물리적 '당위'는 심리적 '당위'와 아무런 관계도 없었다. 그 누구도 물리적 법칙에 따라 꼭두각시처럼 움직인다고 느끼지 않았기 때문이다. 에딩턴은 다음과 같이 단언했다.

> 나에게는 물리계의 대상과 관련된 그 어떤 것보다 즉각적인 직관이 있다. 내가 오른손을 들 것인지 왼손을 들 것인지 결정할 수 있는 요인은 아직 세상 어디에도 없다는 말이다. 그것은 아직 결정되지도 예고되지도 않은 나의 자유의지에 달려 있다. 나의 직관에 따르면, 미래를 결정하는 요인은 과거에 비밀스럽게 숨겨져 있지 않다.

그러나 에딩턴은 그 자신의 표현에 따르면 "과학과 종교를 완벽하게 분리된 통에" 보관하는 것으로 만족하지 않았다. 육체가 어떻게 물리 법칙에서 벗어날 수 있는지 명백히 규명되지 않았기 때문이다. 과학과 종교, 두 설명 간에 조금이라도 연관성, 즉 일관성과 예측력이 있어야 했다. 에딩턴은 교조적인 기독교인은 아니었고, 어느 정도 자유로운 의식, 그리고 '정신적'이거나 '신비주의적'인 진실을 직접적으로 감지하는 능력을 남겨두고 싶어 하는 퀘이커교도였다. 그는 이러한 생각을 물리 법칙이 지배하는 과학적 관점과 조화시켜야 했다. 어떻게 "평범한 원자들이 모여서 생각하는 기계가 될 수 있는가"가 에딩턴의 질문이었다. 앨런도 같은 문제에 대해 생각했는데, 그는 더 젊었기에 더 열정적으로 이 질문에 파고들었다. 앨런은 크리스토퍼가 여전히 자신을 도와주고 있다고 여겼다. 어쩌면 "물리계의 대상과 관련된 그 어떤 것보다 즉각적인 직관"을 통해 그렇게 생각했는지도 모르겠다. 그런데 만약 뇌의 물리적 현상과 무관하게 작동하는 비물질적인 영혼이라는 것이 없다면, 살아남을 수 있는 것은 아무것도 없었고, 살아남은 영혼이 앨런의 뇌에 작용할 방법도 없을 것이었다.

새롭게 등장한 양자역학은 그러한 조화를 가능하게 했다. 어떤 현상들은 절대적으로 미결정되어 있다고 보았기 때문이다. 전자 빔을 두 개의 구멍이 있는 금속판에 쏘면 전자는 두 갈래로 나뉘어 구멍을 통과하겠지만, 어떤 전자가 어느 길로 갈지는 실제로도, 그리고 이론상으로도 예측할 수 없어 보였다. 아인슈타인은 1905년, 이 문제와 관련된 광전 효과를 설명하면서 초기 양자이론에 매우 중요한 기여를 했지만 이러한 미결정성에 대해 결코 확신할 수는 없었다. 그러나 에딩턴은 보다 서슴없이 이 생각을 받아들였고 과감히 결정론은 죽었다고 일반 독자들에게 설명하는 글을 썼다. 에딩턴은 확률 파동을 내세운 슈뢰딩거의 이론과 하이젠베르크의 불확정성원리Heisenberg Uncertainty Principle(슈뢰딩거와는 무관하게 형성된 이론이었으나 내용은 같았다)를 통해 정신이 물리 법칙을 전혀 어기지 않으면서도 물질에 작용할 수 있다는 생각을 갖게 되었다. 어쩌면 정신이 결정되지 않은 사건의 결과를 선택하는 것인지도 몰랐다.

그러나 그처럼 간단하지만은 않았다. 에딩턴은 정신이 이런 식으로 뇌의 물질을 조종한다고 보기는 했지만, 단지 원자 '한 개'의 파동함수를 조종하는 것으로 정신적인 결정 행위가 일어날 수는 없다고 인정했다. "정신은 각각의 원자가 어떻게 작용할지 결정할 뿐 아니라 원자 집단에 조직적으로 영향을 줄 수도 있다. 사실상 정신이 원자의 활동을 마음대로 변경할 수도 있는 것이다." 그러나 어떻게 그렇게 되는지 양자역학적으로 설명된 바는 없었다. 이 시점에서 에딩턴의 주장은 정확하기보다는 암시적이 되었고, 에딩턴은 확실히 새로운 이론의 모호함을 즐긴 측면이 있었다. 그의 주장이 계속될수록 물리학의 개념들은 점점 더 모호해졌고, 급기야 에딩턴은 전자에 대한 양자역학적 설명을 『거울 나라의 앨리스Through the Looking

Glass』에 나오는 '재버워키Jabberwocky'(『거울 나라의 앨리스』에 나오는 난센스 시로, 작가인 루이스 캐럴이 창안한 조어와 합성어가 많이 나온다—옮긴이)에 비교하기에 이르렀다.

'미지의 무언가가 우리가 알 수 없는 그 무엇을 하고 있다.' 우리의 이론이 바로 이렇다. 특별히 계몽적인 이론처럼 들리지는 않을 것이다. 이것과 비슷한 말을 다른데서도 읽은 적이 있다.

끈적유연한slithy 도소리toves가(slithy는 lithe와 slimy의 합성어/도소리는 오소리와 도마뱀, 코르크마개가 합쳐진 생명체—옮긴이)

나선형으로 돌면서 나사송곳 같은 구멍을 해시계 풀밭에 만든다.

에딩턴은 이 이론이 어떤 의미에서는 실제로 유효하다고 조심스럽게 말했다. 이론에 따라 산출된 수치가 실험 결과와도 일치했기 때문이다. 앨런은 1929년에 이미 이 점을 파악하고 다음과 같이 쓴 바 있다. "물론 그가 정말 10^{70}개의 차원이 있다고 생각한 것은 아니고, 이 이론으로 전자의 활동을 설명하고자 한 것이다. 슈뢰딩거는 6차원이나 9차원, 혹은 몇 차원이든 간에 마음속으로 그 모습을 그려보지 않고 생각한다." 그러나 파동이나 입자의 실체를 묻기란 더 이상 불가능해 보였다. 19세기처럼 파동이나 입자를 당구공같이 명확하고 구체적인 모습으로 그릴 수 없게 되었기 때문이다. 에딩턴의 주장에 따르면 물리학은 기껏해야 세상을 상징적으로 보여주는 것밖에는 달리 의미가 없는 학문이 되어버렸다. 모든 것이 다 정신에 있다고 주장하는 철학적 이상주의와 (기술적 측면에 있어서) 비슷해진 것이다.

앨런이 "우리에게는 의지라는 것이 있고, 이 의지는 아마도 뇌의 작은 영역 혹은 뇌 전체에서 원자의 활동을 결정할 수 있다"라고 주장했던 배경에는 이런 것들이 깔려 있었다. 에딩턴의 생각은 앨런이 『자연의 신비』에서 배웠던 몸의 '기계적 작용'과 존재한다고 믿고 싶었던 '영혼' 사이의 괴리를 메워주었다. 앨런은 이상주의적 철학자 맥태거트의 저작에서도 증거의 원천을 찾았고 환생에 대한 생각도 덧붙였다. 그러나 에딩턴의 관점에서 더 나아가지도, 그렇다고 이론을 더 가다듬지도 못했다. 에딩턴이 '의지'의 행위에 대해 논하면서 지적했던 난점들을 그저 못 본

144   앨런 튜링의 이미테이션 게임

척한 것이다. 대신 살짝 방향을 틀어서 육체가 의지의 행위를 증폭시킨다는 생각, 그리고 생전과 사후에 정신과 육체가 어떻게 연결되어 있는지에 관해 집중적으로 파고들었다.

이런 생각들은 사실 미래를 예견하는 징후였지만, 1932년은 그와 관련된 증거가 겉으로 드러나기 전이었다. 6월, 앨런은 파트 I에서 2등급을 받고 말았다. 앨런은 모컴 부인에게 보내는 편지에 "성적을 받은 뒤엔 민망해서 얼굴을 못 들고 다니겠더라고요. 굳이 변명을 하지는 않을래요. 5월 시험*에서는 무조건 1등급을 받아서 제 실력이 그렇게까지 형편없지는 않다는 것을 보여줄 수밖에요"라고 썼다. 그렇지만 사실 성적보다 앨런에게 더 중요했던 것은 서본에서 받은 마지막 상으로 양자역학을 더욱 진지하게 다룬 해설서를 받았다는 것이다. 1932년에 갓 출간된 책으로, 연구 주제부터 무척 야심 찼다. 『양자역학의 수학적 토대Mathematische Grundlagen der Quantenmechanik』라는 제목으로 헝가리 출신의 젊은 수학자 존 폰 노이만John von Neumann이 쓴 책이었다.

6월 23일은 앨런의 스무 번째 생일이었고, 7월 13일은 크리스토퍼가 살아 있었다면 스물한 번째 맞는 생일이 되었을 것이었다. 모컴 부인은 앨런에게 크리스토퍼가 자랑했던 것과 같은 '연구용' 만년필을 선물로 주었다. 앨런은 케임브리지에서 '긴 방학 기간'을 보내는 와중에 모컴 부인에게 다음과 같이 답장했다.

1932년 7월 14일

모컴 부인께,

…크리스의 생일을 기억하고 있었지만 부인께 무슨 말씀을 드려야 할지 몰라 편지를 쓰지 못했습니다. 어제는 부인께 최고로 행복한 날 중 하루였어야만 했는데 말입니다.

제게 '연구용' 펜을 보내주시다니, 정말 감사합니다. 크리스를 추억하는 데 이보다

더 좋은 물건은 (그런 류에서는) 없을 것입니다. 펜의 진가를 음미하며 솜씨 좋게 펜을 다루던 크리스의 모습이 너무나 생생히 기억납니다.

앨런이 스무 살이 되었고 유럽 수학자들의 연구와 대면할 단계에 들어섰다고는 하나, 그래도 여전히 집과 셔본을 떠나온 소년에 불과했다. 여름방학도 작년이랑 비슷하게 보냈다.

아빠와 저는 독일에 2주 조금 넘게 머물다 얼마 전에 돌아왔어요. 슈바르츠발트 삼림을 산책하며 주로 시간을 보냈어요. 물론 아빠한테는 하루에 15킬로미터 정도 걷는 게 다였지만요. 제 독어 실력은 그다지 도움이 되지 않았어요. 독어로 된 수학책*을 반 정도 읽으면서 배운 독어가 제가 아는 전부나 마찬가지였으니까요. 어쨌든 집에는 잘 돌아왔어요.

친애하는 M. 튜링 올림

앨런은 또 존과 아일랜드에서 캠핑하며 휴가를 보내다 잠수함을 타고 코크에 나타나 가족들을 깜짝 놀라게 하기도 했다. 그리고 9월의 첫 2주 동안은 두 번째이자 마지막으로 오핸런 선생과 함께 사크에서 지냈다. 오핸런은 앨런이 "밤 12시에 여자들과 같이 수영할 정도로 무척 활기가 넘쳤다"라고 회상했다.[14] 오핸런은 일행에 여학생 두 명을 받는 선구적인 시도를 했던 것이다. 앨런은 당시 무턱대고 유전학을 공부하고 있었기에 거기서 초파리 몇 마리를 가지고 왔다. 길퍼드에 돌아온 뒤, 드로소필라Drosophila(초파리의 학명—옮긴이) 몇 마리가 탈출해 몇 주 동안 집에 초파리가 들끓었다. 튜링 부인으로서는 유쾌한 일이 전혀 아니었다. 오핸런은 '국가의 축소판'을 지향하는 사고방식과는 거리가 멀었기에 앨런을 "인간적이고 사랑스럽다"라고 평했다.[15]

---

* 폰 노이만의 책은 1932년 10월에야 받았으니 이 책을 말하는 것은 아니다.

돌이켜보면 콘월과 사크에서 보낸 휴가가 살면서 가장 즐거운 시간이었던 것 같습니다. 거기서 앨런의 엉뚱한 유머를 실컷 접하며 가까이 지냈죠. 질문을 하거나 반대 의견을 제시할 때면 앨런은 소심하게 고개를 저으며 카랑카랑한 목소리로 말하곤 했어요. 유클리드의 기하학적 공리를 증명했다고 말했다가 썩은 파리를 공부한다고도 했어요. 또 무슨 애기를 할지 종잡을 수 없었지요.

모든 것을 아우르던 셔본 체계에도 약간의 자유는 허용되었던 것이다. 그리고 셔본에서 앨런은 오래 두고 볼 친구 한 명, 바로 빅터를 얻었다. 앨런보다 나이가 어렸던 빅터는 사상 초유의 대공황으로 아버지가 경제적으로 힘들게 되는 바람에 앨런과 같은 시기에 학교를 떠나야 했다. 빅터는 중등교육 수료시험에 낙방했지만(앨런에게는 체스와 암호에 시간을 너무 많이 뺏겨서 그렇게 되었다고 말했다) 런던에서 단기 학원을 다니며 시험에 합격해 바로 만회에 나섰다. 그리고 앨런의 표현에 따르면 "공인 회계사로 사는 암울한 삶"을 시작했다. 1932년 크리스마스, 앨런은 2주 동안 뷰텔 가족과 지내며 빅토리아 근방에 위치한 알프레드 뷰텔의 사무실에서 일했다. 빅터 어머니가 11월 5일에 돌아가셨던 터라 이번 방문 내내 우울한 기운이 맴돌았다. 그 짙은 그림자는 두 소년이 유대를 형성하는 계기가 되기도 했는데, 둘 다 이른 죽음이라는 현실에 대처해야 했기 때문이다. 유대가 어찌나 강했던지 앨런은 (모컴 부인에게 그랬듯) 평소와 달리 자신의 신념에 대해 터놓고 이야기했고, 다소 마지못한 감이 있기는 했지만 종교와 생존에 대해서도 의견을 나눴다. 빅터는 믿음이 무척 강했는데, 본질적인 기독교 사상뿐 아니라 육감이나 환생도 믿었다. 빅터가 보기에 앨런은 믿고 싶은 마음은 무척 강하지만 과학적인 사고방식 때문에 본의 아니게 불가지론자가 되어 엄청난 내적 갈등을 겪고 있는 사람이었다. 빅터는 자신을 일종의 '십자군 전사'로 여기면서 앨런을 바른 길로 이끌고자 했다. 그래서 그들은 격한 논쟁을 벌였다. 앨런이 17세짜리 아이에게 도전받는 것을 좋아하지 않았기에 더욱 그랬다. 그들은 누가 예수님 무덤에서 돌을 치웠는지, 광야에서 어떻게 5,000명을 배불리 먹일 수 있었는지에 관해 이야기했다. 무엇이 신화이고 무엇이 진실인가? 그들은 사후 세계와 전생에 관해서도 논했다.

빅터는 앨런에게, "이봐, 너에게 수학을 '가르쳐 줄' 수 있었던 사람은 여태껏 한 명도 없었어. 어쩌면 전생에서 배운 걸 기억한 건지도 몰라"라고 말했다. 하지만 빅터도 알고 있었다시피 앨런은 '수학 공식이 제시되지 않는 한' 그런 것을 믿을 리 없었다.

그사이 빅터의 아버지는 연구와 일에 투신해 사별의 아픔을 극복하고자 했다. 그는 그레이트 퀸 스트리트에 새롭게 문을 여는 프리메이슨 본부에서 조명 자문을 맡고 있었는데, 앨런은 그 일에 필요한 계산을 맡게 되었다. 알프레드 뷰텔은 과학적으로 조명을 측정하고자 했으며 "시력의 작용을 과학적, 수학적 원리로 환원시킨다"라는 취지 아래 '기본 원칙들'에 의거하여 조명 부호[16]를 발전시킨 선구적인 인물이었다. 프리메이슨에서 의뢰받은 일 중에는 바닥면 조명을 어림잡아 계산하는 것도 포함되어 있었는데, 설치된 조명의 밝기와 벽의 반사 속성과 관련해 정교한 계산을 요하는 일이었다. 앨런은 프리메이슨 빌딩에 들어갈 수 없었기 때문에 상상력을 동원하여 뷰텔 씨가 내놓은 수치를 점검해야만 했다.

앨런은 뷰텔 씨와 친해져서 그가 젊었을 때 몬테카를로 도박장에서 딴 돈으로 한 달을 살았던 일에 대해서도 듣게 되었다. 뷰텔 씨는 앨런에게 자신의 도박 원칙을 정리한 문서를 보여줬고, 앨런은 이것을 케임브리지에 가져가 공부했다. 1933년 2월 2일, 앨런은 분석 결과와 함께 그 문서를 돌려줬는데, 그 도박 원칙을 따르면 정확히 0파운드의 이익이 예상되므로 뷰텔 씨가 돈을 딴 것은 순전히 운이 따라준 덕분이지 실력과는 무관하다는 결과였다. 또한 반구 모양의 방의 중앙에서 불을 밝히는 바닥 조명과 관련해 공식을 산출해서 보내기도 했다. 당장 써먹을 수 있는 결과는 물론 아니었지만 매우 깔끔한 해결책이었다.

뷰텔 씨의 도박 원칙에 이의를 제기하는 것은 용기를 필요로 하는 일이었다. 뷰텔 씨는 속정이 깊기는 했지만, 여러 가지 주제에 대해 주관이 뚜렷한 매우 단호한 사람이었기 때문이다. 신지학Theosophy(우주와 자연의 비밀을 직관에 의해 인식하려고 하는 종교적 학문—옮긴이)적 성향이 있는 절충주의적 기독교인인 뷰텔 씨는 보이지 않는 세계를 굳게 믿었다. 자신이 리놀라이트 전등을 만들 수 있었던 것도 이 세상 너머에서 영감을 받았기 때문이라고 앨런에게 말했을 정도였다. 앨런으로서는 받아들이기 힘든 말이었다. 그렇지만 뷰텔 씨는 1900년대 초에 뇌에 대해 나름의 생각을 정립하기도 했다. 그에 따르면, 뇌는 전기적 원리에 의해 작동하는데 전위차電位差에 의해 기분이 결정된다고 했다. 전기 뇌라니, 꽤 과학적인 아이디어 아닌가! 그들은 이런 류의 이야기들을 오래도록 나눴다.

앨런과 빅터는 또한 셔본에 같이 가서 기숙사 만찬에 참석했다. 크리스마스가 지나서 앨런은 블레이미에게 다음과 같이 편지를 썼다.

> 난 아직도 커서 뭘 하고 싶은지 잘 모르겠어. 킹스 칼리지 교수가 되면 좋겠다는 생각은 하지만, 그건 직업이라기보단 포부에 더 가까운 것 같아. 내가 교수가 될 가능성은 별로 없다는 말이야.
> 성년 축하 파티가 즐거웠다니 다행이다. 개인적으로는 그때가 닥치면 집에서 멀리 떨어진 외딴 곳에 가서 뚱하게 있고 싶어. 성년이 되고 싶지 않다는 말이야(학교 다닐 때가 좋았지).

셔본은 앨런의 일부였다. 앨런은 자신의 과거에 본질적으로 충실했기에 과거와 단절한다거나 하는 실수를 범하지 않았다. 비록 훈련이나 통솔력, 그리고 제국의 미래에 대한 공식적인 연설은 앨런에게 아무런 감흥도 주지 못했지만, 영국 사립학교 특유의 문화에는 앨런도 진정으로 공감할 수 있는 측면이 있었다. 이를테면, 소유나 소비가 끼어들 여지가 별로 없는 촌스러운 스파르타식 아마추어 정신이 그랬다. 관례와 기행의 조합이라든가 반지성주의도 어느 정도까지는 앨런과 맞는 면이 있었다. 앨런은 자신이 좋은 머리 덕분에 우월한 자리에 올랐다고는 생각하지 않고 그저 어쩌다 특별한 역할을 맡았을 뿐이라고 우겼기 때문이다. 사립학교가 결핍과 억압을 토대로 하고 있다지만, 그 덕에 학생들이 자신의 생각과 행동이 중요하다는 사실을 깨닫게 된 측면도 있었다. 인생에서 '무언가 중요한 일'을 하고자 했던 앨런의 마음 한편에는 교장이 설교에서 그토록 심어주려고 애썼던 도덕적 사명감이 순수한 형태로 도사리고 있었다.

그렇지만 19세기에 다리 하나를 걸친 채 계속 살아갈 수는 없었다. 케임브리지가 그를 20세기로 인도했기 때문이었다. 1932년 어느 날, 대학 축제가 끝난 뒤 앨런이 만취해서 돌아다니다 데이비드 챔퍼노운의 방에 들어간 적이 있었는데, 고작 돌아온 말은 "정신 차려"라는 한마디였다. "정신 차려야 돼, 정신 차려야 돼"라고 앨런은 아주 우스꽝스럽게 반복해 말했는데, 그래서 챔프는 그 일이 일종의 전환점이 되었다고 늘 생각하곤 했다. 그렇다 치더라도 앨런이 현대 세계의 문제들에 더 가까이 다가가고 세계와 소통하기 시작한 해는 사실 1933년이었다.

1933년 2월 12일, 앨런은 크리스토퍼의 사망 3주기를 기념했다.

> 모컴 부인께,
> 이 편지가 도착할 때쯤이면 부인께선 크리스 생각을 하고 계시겠지요. 저도 그렇습니다. 내일은 하루 종일 크리스와 부인 생각을 하고 있을 것이라는 걸 알려드리고 싶어 편지를 올립니다. 생전에 그랬던 것처럼 크리스가 지금도 행복하리라 저는 확신합니다.
>
> 친애하는 앨런 올림

다른 사람들은 다른 이유로 그 주를 기억하게 되었다. 2월 9일, 옥스퍼드 토론회 Oxford Union Society가 어떤 상황에서도 왕이나 국가를 위해 전쟁에 나서지는 않겠다고 결의했다. 케임브리지에서도 비슷한 정서가 감돌았는데, 완전한 평화주의까지는 아니더라도 역시 그런 구호를 내걸고 싸우는 전쟁은 거부한다는 주의였다. 제1차 세계대전 이후 애국심만으로는 부족했다. '집단 안보'를 지키는 것은 필요한 일이지만 '국가적인 전쟁'은 허용할 수 없다는 것이었다. 언론과 정치인들은 마치 계몽주의시대 따위는 없었다는 양 반응했지만, 계몽주의적 회의주의는 특히 킹스 칼리지에서 활기를 띠었다. 앨런은 킹스 칼리지가 거대한 사립학교에 딸린 웅장하고 무시무시한 기숙사 이상의 존재라는 것을 깨닫기 시작했다.

킹스는 케임브리지대학교 내에서도 특별한 혜택을 누렸고, 케인스John Maynard Keynes가 모은 재산 덕분에 월등히 돈이 많았다. 그렇지만 1900년대 초에 가장 순수하고도 치열하게 발현되었던 '도덕적' 자율성을 소중하게 여기는 곳이기도 했다. 케인스는 이에 대해 다음과 같이 설명했다.[17]

> …우리는 일반적 규칙을 준수할 개인의 책임을 전적으로 거부했다. 모든 개별 사안에 대해 그 옳고 그름을 판단할 권리는 우리들 각자에게 있음을 주장했고, 그러기 위해 필요한 지혜와 경험, 그리고 자제력이 있다고 단언했다. 이 점은 우리의 신념에 매우 중요한 부분이었으므로, 격렬하고도 공격적으로 우리의 신념을 고수했다. 바깥세상이 보기에 그런 점이 우리의 가장 분명하고도 위험한 특징이었을 것이다. 우리는 순전히 관습적인 도덕과 사회적인 통념을 거부했다. 다시 말해, 우리는 아주 엄밀한 의미에서 비도덕주의자였다. 발각될 경우 치러야 할 대가에 대해서는 물론 그럴 만한 가치가 있는지 따져봐야 했다. 그렇지만 우리는 순응하거나 복종해야 할 어떤 도덕적 의무나 내적 제재도 인정하지 않았다…

포스터E. M. Forster는 이보다는 부드러운 어조로 개별적 관계가 그 어떤 제도보다 우선한다는 주장을 더욱 널리 알렸다. 1927년, 킹스의 사학자이자 '국제 연맹'의 필요성을 최초로 주장했던 로즈 딕킨슨Lowes Dickinson은 자서전에 다음과 같이 썼다.[18]

> 매년 이맘때 케임브리지만큼 근사한 곳을 나는 어디에서도 본 적이 없다. 그러나 케임브리지는 시대에 뒤떨어진 곳이다. 대세는 직스Jix*와 처칠, 공산주의자들과 파시스트들, 흉물스러운 번화가, 정치, 그리고 '제국'이라 불리는 그 끔찍한 체계가 잡고 있었다. 제국을 위해 모두가 일생을, 모든 아름다움을, 모든 가치 있는 것들을 기꺼이 바치려고 하는 것 같다. 그런데 그럴 만한 가치가 있는 것인가? 단지 권력 기구에 불과한데 말이다.

---

* 조인슨 힉스Joynson Hicks, 극우 성향의 내무 장관을 지칭한다.

"단지" 권력에 불과한 것, 그것이 바로 그들이 주장하는 바였다. 국정에 관여한 데다 경제학에 전념하는 케인스조차 그런 식으로 말했다. 그런 천박한 문제들이 해결되면 사람들이 무언가 중요한 것에 대해 생각하기 시작할 수 있으리라 믿었던 것이다. 권력 구조에서 맡은 바 역할을 다 하는 것을 미덕으로 본 의무 숭배파와는 달라도 너무 다른 태도였다. 킹스 칼리지는 셔본학교와는 무척 달랐다.

게임이나 파티, 소문 같은 것을 자연스럽게 즐기는 것도 삶에 대한 킹스 특유의 태도였다. 똑똑한 사람도 평범한 것을 즐길 수 있다는 논리였다. 킹스와 이튼 칼리지Eton College(영국의 전통 있는 사립학교—옮긴이) 간의 자매결연은 여전했지만, 교수들 중에는 사립학교 출신이 아닌 학생들을 격려하고 편하게 해주려 노력하는 사람들이 있었다. 매년 60명 이하의 학생을 받는 작은 칼리지에서는 교수들과 학부생들이 같이 어울리는 것을 매우 중요시했다. 다른 칼리지에서는 보기 힘든 광경이었다. 앨런은 운 좋게도 자신의 성향에 잘 맞는 독특한 대학에 오게 되었음을 점차 깨닫게 되었다. 킹스 칼리지는 앨런이 늘 알고 있었던 사실, 즉 스스로 생각하는 것의 중요성을 확증해주었다. 여러 가지 이유로 킹스가 앨런에게 완벽하게 잘 맞는 짝은 아니었지만, 뜻밖의 행운이라는 것은 부인할 수 없었다. 트리니티에 갔었다면 더 외롭게 지냈을 것이다. 트리니티도 도덕적 자율성을 이어받았지만 킹스처럼 개인적인 친밀함을 장려하지는 않았다.

1933년은 킹스에서는 오랜 역사를 지닌 생각들이 그제야 표면적으로 드러난 해였다. 앨런은 저항의 분위기에 동참했다.

1933년 5월 26일

어머니께,

양말 등등을 보내주셔서 감사해요. 방학 중에 러시아에 갈 생각을 하고 있는데 아직 결정은 못 내리고 있어요. '반전협의회'라고 불리는 조직에 가담했어요. 정치적으로는 공산주의적인 성향이 좀 있는 곳이에요. 그 협의회의 주요 강령은 정부가 전쟁에 돌입할 경우 군수품과 화학약품 노동자들의 파업을 계획하는 거예요. 파업에 동참하는 노동자들을 지원할 보증기금을 준비 중이에요.

앨런 튜링의 이미테이션 게임

…학교에서는 버나드 쇼가 쓴 〈메투셀라로 돌아가라Back to Methuselah〉라는 아주 훌륭
한 연극이 상영되고 있어요.

앨런 올림

잠깐 동안이기는 했지만 반전협의회는 영국 도처에 나타났고, '국가적인' 전쟁
에 맞서 평화주의자와 공산주의자, 그리고 국제주의자를 똘똘 뭉치게 했다. 선별
적인 파업은 실제로 1920년 영국 정부가 소련에 맞서 폴란드 편에 가담하지 못하
게 하기도 했다. 그러나 앨런에게 있어 진짜로 중요했던 것은 정치 참여보다는 권
위에 대한 의심이었다. 1917년 이래 영국에는 볼셰비키 러시아가 악의 왕국이라
는 취지의 선전이 범람했지만, 1933년 서구의 무역과 상업 체계에도 무언가 큰 문
제가 있다는 것은 누구라도 알 수 있었다. 200만 명의 실업자를 낳은 작금의 '당황
스러운' 사태는 전례가 없는 일이었다. 아무도 무엇을 어떻게 해야 할지 몰랐다.
1929년 2차 혁명 이후 소련은 국가 주도 계획과 관리를 해결책으로 제시했고, 지
성인 사회에서는 그런 체계가 어떻게 작동할지 큰 관심을 가지고 있었다. 소련이
현대성의 시험장이나 마찬가지였던 것이다. 앨런은 무심하게 (자신이 활동하는 단
체가) "공산주의적인 성향이 좀 있다"라고 말하며 어머니의 화를 돋우는 것을 아마
도 즐겼던 것 같다. 중요한 점은 어떤 꼬리표를 다느냐가 아니라 앨런의 세대가 스
스로 생각하고, 부모 세대보다 세상을 넓게 보며, 무시무시한 단어에 겁먹지 않는
다는 사실이었다.

실제로 앨런은 러시아를 방문하지 않았다. 하지만 러시아에 갔더라도 자신이 소
련 체제를 추종할 만한 사람은 아니라는 것을 알게 되었을 것이다. 앨런이 1930년
대의 케임브리지에서 '정치성'이 강한 사람이 된 것도 아니었다. 그는 '단지 권력'
에 불과한 것에 그렇게까지 관심이 많지 않았다. 공산당 선언Communist Manifesto을 잘
보면, "개개인의 자유로운 발전이 만인의 자유로운 발전을 위한 조건이 되는 연합
공동체" 건설이 궁극적 목표라고 선언하고 있다. 그러나 1930년대에 공산주의자
라 함은 소련 체제에 동조하는 것을 뜻했고, 이는 공산당 선언과는 완전히 별개의
문제였다. 케임브리지 학생 중에서 자신을 책임감 있는 영국의 대표 계급으로 인

식하는 이들은, 소작농들을 위해 공영화와 합리화를 추진하는 러시아의 통치자에게 동질감을 느낄 수도 있었을 것이다. 마치 러시아가 개선된 영국령 인도라도 되는 양 말이다. 상업을 멸시하는 경향이 있는 영국 사립학교 출신들에게 자본주의를 거부하고 국가 주도적 관리를 신뢰하는 것은 어려운 일도 아니었다. 많은 면에서 '적색'은 '백색'의 거울상 같았다. 그러나 앨런은 그 누구도 조직의 일부로 만들고 싶지도, 누군가에 의해 조직화되고 싶지도 않았다. 그는 셔본이라는 전체주의 체계에서 막 탈출했던 터라 그런 체계에 대한 갈망이 전혀 없었다.

마르크스주의는 과학을 표방했고, 역사의 변화가 과학적으로 해명되기를 바라는 현대인들에게 호소하는 면이 있었다. 붉은 여왕이 앨리스에게 "원한다면 이것을 '허튼소리'라고 불러라. 그렇지만 나는 진짜 허튼소리를 들어봤고, 그에 비하면 이것은 사전만큼이나 상식적이다"라고 말한 것과 비슷한 맥락에서 이해할 수도 있을 것이다. 하지만 앨런은 역사 문제에는 관심이 없었고, '지배적인 생산 양식' 측면에서 과학적 설명을 시도한 마르크스주의는 앨런의 생각이나 경험과는 완전히 동떨어진 것이었다. 영국의 이론가인 랜슬롯 호그벤Lancelot Hogben이 가장 기초적인 수학적 적용에만 관심을 둠으로써 수학의 발전을 실용적으로 설명하는 데 그쳤다면, 소련은 상대성이론이나 양자역학을 정치적 기준으로 재단했다. 앨런 튜링뿐 아니라 모든 수학자와 과학자에게 영감을 주는 아름다움과 진실은 거기에 없었다. 케임브리지의 공산주의자들은 마치 구원받은 근본주의 신자 같은 분위기를 내뿜었다. 누가 '전향'이라도 시키려 들면 앨런 튜링은 기독교 신앙에 맞섰을 때 같은 회의적인 태도를 내보였다. 앨런은 역시 회의론자인 친구 케네스 해리슨과 함께 공산주의 노선을 조롱하곤 했다.

경제학적인 문제에 대해서 앨런은 사실 아서 피구Arthur Pigou를 높이 평가했다. 그는 킹스의 경제학자로서 케인스보다 약간 더 앞선 시대에 19세기 자유 자본주의의 문제를 수습하고자 했던 사람이었다. 피구는 더욱 평등한 소득분배를 통해 경제적 복지를 향상시킬 수 있을 것이라 주장하며 일찌감치 복지국가를 지지했다. 대체로 관점이 유사했던 피구와 케인스는 둘 다 1930년대 동안 재정지출을 늘릴 것을 요구했다. 앨런은 또한 《뉴스테이츠먼New Statesman》을 읽기 시작했고 그 신문의 독자층인 중산층의 진보적인 견해에 대체로 동감하게 되었다. 개인의 자유와 합리적인 사회 체계, 두 가지 모두 중시했던 것이다. 과학 발전 계획이 어떤 혜택을 불러올 수 있을지 말들이 넘치던 시대였다(그래서 올더스 헉슬리의 1932년 작 풍자소설 『멋진 신세계』는 과학이 식자층 사이에서 이미 구닥다리가 되어버린 학문이라고 설정할 수 있었나 보다). 앨런은 리즈 주택 계획* 같은 진보적 사업에 관한 강연회도 갔다. 그렇지만 자신이 과학 분야 조직자나 계획자 같은 역할을 맡으리라고는 생각하지 않았을 것이다.

사실 앨런이 생각한 사회는 개인의 집합체 같은 것으로, 사회주의보다는 밀J. S. Mill이 주장한 민주적 개인주의에 가까웠다. 타협이나 위선**에 굴복하지 않고 개인의 자아를 온전히, 자립적으로, 그리고 자급자족할 수 있게 유지하는 것을 가장 이상적으로 보았다. 경제나 정치보다는 도덕과 훨씬 관련된 이상이었던 셈이다. 또한 1930년대의 발전 추세보다는 킹스의 전통적인 가치와 가깝기도 했다.

다른 많은 이들처럼(포스터도 그중 하나였다) 앨런은 새뮤얼 버틀러Samuel Butler의 『에레혼Erewhon』을 읽으면서 특별한 즐거움을 맛보았다. 이 빅토리아 시대 작가는 도덕적 공리들의 거울상을 통해 공리를 의심하고 풍자했다. 섹스와 관련된 금기를 고기 먹는 행위에 연관시키고, 국교회를 장식용 돈을 이용하는 거래로 묘사하고, '죄'와 '질병'의 함축적 의미를 서로 맞교환하는 식이었다. 앨런은 버틀러의 계승자 버나드 쇼Bernard Shaw도 무척 존경해서 심각한 내용을 가볍게 풀어낸 그의 희곡들을 좋아했다. 1930년대를 사는 세련된 취향의 지식인들에게 버틀러와 쇼는 이미 낡아빠진 고전이나 마찬가지였지만, 셔본학교 출신의 앨런에게는 해방감을 느

---

* 이 일로 어머니와 미약하나마 공통의 화제가 생겼다. 어머니가 베스널 그린Bethnal Green 주택 조합에 지분을 가지고 있었기 때문이다. 앨런의 반응은 긍정적이었다. 이 계획이 집을 필요로 하는 가족들을 위한 것이지 그 반대는 아니라는 것이 앨런의 생각이었다.

** 1934년 1월, "J 고모 장례식에 관하여"라는 제목으로 어머니에게 쓴 편지에서 앨런은 다음과 같이 말했다. "전 별로 가고 싶지 않아요. 그리고 제가 간다면 그거야말로 위선일 것 같아요. 그렇지만 제가 참석하는 것이 누군가에게는 도움이 된다고 생각하신다면 다시 한 번 생각해볼게요."

끼게 해준 마법 같은 작품들이었다. 입센Henrik Ibsen*의 '정신 혁명'을 이어받은 쇼는 무대에 진정한 개인들, 그러니까 '관습적 도덕'이 아니라 '내적 신념'에 의해 살아가는 개인들을 보여주고 싶어 했다. 또 어떤 사회가 그런 진정한 개인들을 품을 수 있는가에 대해 몇 가지 어려운 질문을 던지기도 했다. 앨런 튜링에게는 매우 적절한 질문들이었다. 1933년 5월 앨런이 "아주 훌륭한 연극"이라고 평했던 〈메투셀라로 돌아가라〉는 쇼의 말을 빌리면 "정치판 영원의 상 아래에서sub specie aeternitatis(스피노자가 한 말로 이성에 의한 인식으로 만물의 진실을 파악하는 것을 말한다—옮긴이)"를 시도한 작품이었다. 페이비언(민주적 사회주의국가 건설을 목적으로 점진적인 개혁을 추구했던 페이비언 협회를 지칭한다—옮긴이) 사상을 공상과학 풍으로 그리는 한편, 애스퀴스나 로이드 조지 같은 정치가가 판치는 추악한 현실을 조롱한 이 작품은 앨런의 이상주의적 사고방식과도 잘 맞았다.

그러나 한 가지 주제만큼은 버나드 쇼의 희곡에 등장하지 않았고 《뉴스테이츠먼》에도 어쩌다 한 번 언급될 뿐이었다.[19] 1933년 이 잡지의 연극 평론가는 "부유한 성도착자가 비도덕적 목적으로 입양한… 한 소년"에 대해 다룬 『푸른 월계수The Green Bay Tree』를 비평하면서 "간 질환을 앓는 남자보다는 변태 성욕자가 덜 지루한 소재라고 생각한다면 볼만하다"라고 평했다. 이런 점에서 킹스 칼리지는 특별했다. 여기서는 쇼나 버틀러도 건드리지 못한 공리에 의문을 품을 수 있었기 때문이었다.

그러나 그것은 단지 공식적 세계와 비공식적 세계를 가르는 선을 아무도 침범하지 않았기에 가능한 일이었다. 발각될 경우 치러야 할 대가는 킹스라고 예외가 아니었다. 여기서도 마찬가지로 외부 세계에 의해 강요된 이중의 삶을 살아야 했던 것이다. 킹스는 성적 소수자들의 집단 거주지로서 나름의 장단점이 있었다. 이단적인 생각과 감정을 표현할 내적 자유는 앨런에게 물론 도움이 되었다. 예컨대, 케네스 해리슨이 역시 킹스 출신 아버지의 영향을 받아 다른 이들의 동성애적 감정에 대해 너그럽다는 사실은 앨런에게 위안을 주었다. 그렇지만 케인스와 포스

---

* 앨런은 입센의 희곡도 "매우 뛰어나다"라고 여겼다.

　　　　　　　　　　　　　　　　　앨런 튜링의 이미테이션 게임

터의 세계, 그리고 블룸즈버리Bloomsbury(예술가들이 활동했던 런던의 한 지구―옮긴이) 사람들이 벌이는 파티나 활동은 앨런에게는 오르지 못할 나무와도 같았다. 킹스에는 화려한 면이 있었다. 예술과 특히 연극 분야에서 두각을 나타냈는데, 앨런과는 무관한 분야였다. 그는 자신의 동성애 성향이 연극에서는 더 과장되게 보이지는 않을지 지레 겁을 먹었을 것이다. 서본에서 앨런의 성적 취향이 '음담패설'과 '추문'으로 묘사되었다면, 이제 앨런은 사회적으로 의미가 큰, 다른 종류의 꼬리표를 받아들이려고 애써야 했다. 남성의 우월성에 대한 모욕이자 반역자 취급을 받는 '여자 같은 사내'라는 꼬리표였다. 앨런은 이 구역에서 자신의 자리를 찾지 않았다. 그렇다고 안전한 모퉁이 하나를 차지해 번창하던 킹스의 탐미주의자 그룹이 이 수줍은 수학자에게 먼저 손을 내밀지도 않았다. 여러 면에서 앨런은 스스로 만든 자급자족의 세계에 갇혀 지냈다. 킹스는 앨런이 혼자서 문제를 풀 때 보호해주는 역할밖에 하지 못했다.

종교적 믿음과 관련해서도 비슷했다. 불가지론이 킹스에서 유행하다시피 했지만, 앨런은 유행을 따르기보다는 여태껏 금지되었던 질문을 마음껏 하는 데서만 자극을 받고 해방감을 느끼는 사람이었기 때문이다. 앨런은 지적 세계를 확장하면서도 내성적인 성격 때문에 인맥을 별로 형성하지 못했다. 친하게 지내던 대부분의 지인들과 달리 앨런은 킹스의 양대 학부생 모임인 '텐 클럽Ten Club'이나 '매신저회Massinger Society'의 회원이 아니었다. 전자는 희곡을 읽는 모임이었고, 후자는 코코아를 마시며 밤늦게까지 문화와 도덕철학에 대해 토론하는 모임이었다. 앨런은 이런 편한 모임에 어울리기는 너무 서툴고 무례하기까지 했다. 주로 킹스와 트리니티에서 엄선된 학생들로 이루어진 배타적 대학교 모임인 '사도들the Apostles'의 회원이 되지도 못했다. 여러 면에서 앨런은 킹스 학생치고 너무 평범했다.

이런 점에서 앨런은 새로 사귄 친구 중 한 명인 제임스 앳킨스James Atkins와 상통하는 면이 있었다. 그는 앨런과 같은 해에 들어온 또 다른 수학 장학생이었다. 제임스와 앨런은 크리스토퍼나 과학에 대해 진지한 대화는 전혀 나누지 않았지만 서로 호의를 보이며 잘 지냈다. 호수 지방Lake District에서 며칠간 같이 걷자고 앨런이 청한 사람도 바로 제임스였다.

그들은 6월 21일에서 30일까지 떠나 있었으니, 앨런은 '성년'이 되는 6월 23일 집에서 멀리 떨어져 있겠다고 한 목표를 이룬 셈이었다. 실제로 그들은 그날 마데일의 유스호스텔에서 하이 스트리트를 거쳐 패터데일까지 걷고 있었다. 날씨가 어찌나 덥고 화창하던지 어느 순간 앨런은 알몸으로 일광욕을 하게 되었다. 어쩌면 며칠 후 그들이 산비탈에서 쉬고 있을 때 앨런이 은근히 성적 접근을 시도하게 된 것도 날씨 때문이었는지 모르겠다. 이 돌발에 가까운, 그러나 자극적인 순간은 어쩌면 앨런보다 제임스에게 더 의미가 있었는지도 모른다. 제임스는 사립학교에서 몹시 억눌려 지냈던 터라 이제야 정신적으로, 그리고 신체적으로 자신을 알아가고 있던 참이었다. 제임스가 그 일에 대해 곰곰이 생각하는 동안 휴가 중에 다시 그런 일이 벌어지지는 않았다. 다음 2주 동안 제임스는 앨런을 향한 애정과 욕망에 이끌리는 자신을 발견했고, 긴 방학 기간을 맞아 7월 12일 케임브리지에 돌아가면서 앨런을 보게 되리라 기대했다. 수학 공부를 하기 위해서라기보다는 국제 음악연구대회 동안 음악회에 참여하기 위해서였다. 앨런이 순수 수학에서 찾았던 절대성을 제임스는 음악에서 찾았다.

제임스는 그날 앨런이 크리스토퍼를 추억하기 위해 클락하우스에 간 것을 모르고 있었다. 지난 부활절에 앨런은 다시금 클락하우스에 머물면서 성찬식에 참석했고, 다음과 같이 쓴 바 있다.

1933년 4월 20일

친애하는 모컴 부인께,

부활절을 클락하우스에서 보낼 수 있게 되어 너무 기뻤어요. 부활절을 특별히 크리스와 연관 지어 생각하는 게 늘 좋거든요. 크리스가 어떤 식으로든 '지금' 살아 있다는 것을 상기시켜주니까요. 사람들은 우리가 다시 그를 만나게 될 미래에만 그가 살아 있다고 생각하는 것 같아요. 그렇지만 현재 그가 단지 우리와 떨어져 있을 뿐이라고 생각하는 편이 사실은 훨씬 더 도움이 돼요.

앨런의 7월 방문은 7월 13일 예정된 추모 창문 봉헌식과 날짜가 겹쳤다. 7월 13

일은 또한 크리스토퍼의 스물두 번째 생일이 되는 날이기도 했다. 동네 아이들은 그날 학교를 쉬었고 스테인드글라스 창문 아래에 꽃을 두었다. 가족 중 한 친구는 크리스토퍼를 추모하며 '친절함'에 대해 설교하기도 했다. 그들은 모두 크리스토퍼가 가장 좋아했던 찬송가를 불렀다.

자애로운 영혼, 성령이시여
성령 강림절을 맞아
주님께 받은 가르침으로 우리는 주님의 선물을 갈망합니다
거룩하고 높으신 사랑이시여

클럽하우스에 쳐놓은 대형 천막에서는 마술사가 빵과 레모네이드를 가지고 아이들을 즐겁게 했고, 루퍼트는 요오드산염과 아황산염을 이용해서 크리스토퍼의 실험을 보여줬으며, 삼촌은 아이들에게 설명하는 역할을 했다. 그들은 비눗방울을 불었고 풍선을 날렸다.

앨런은 슬프고도 아름다웠던 이 의식을 치르고 2~3주 뒤에 케임브리지로 돌아왔다. 그러니 앨런이 시작한 성적 접촉을 계속하고 싶다는 의사를 제임스가 내비치기까지 오랜 시간이 걸린 것은 아니었다. 그렇지만 여름의 햇빛에 이끌렸을 때처럼 앨런이 주도적인 면모를 다시 보이는 일은 좀처럼 없는 듯했다. 제임스로서는 이해할 수 없는 복잡한 측면도 있었다. 제임스에게는 이야기하지 않은 크리스토퍼와 관련된 생각이 아마도 그 이유 중 하나였을 것이다. 클럽하우스 방문으로 인해 순수하고 강렬했던 낭만적 사랑의 기억이 새롭게 되살아났는데, 제임스와의 관계에서는 이런 감정들을 느낄 수 없었다. 대신 그들은 편하게 성적인 우정을 즐기는 것으로 만족했고 사랑에 빠진 척 따위는 하지 않았다. 어쨌든 적어도 앨런은 혼자가 아니라는 것은 알았다.

때때로 앨런은 짜증이 난 듯 보였다. 1933년 겨울, 창립자 축제에서 제임스와 예전에 학교를 같이 다녔던 학부생이 앨런에게 불쾌하다는 듯이 "날 그렇게 보지 마, 난 동성애자가 아니라고"라고 말했던 적도 있었다. 이 같은 공격에 마음이 상한 앨

런은 제임스에게 "자러 가고 싶으면 혼자 자"라고 말했다. 그렇지만 이 일은 몇 년 동안 지속된(점차 시들기는 했지만) 이들의 관계에서 매우 이례적인 경우였다.

이 사실을 아는 사람은 아무도 없었지만, 축제 사건이 보여주듯 앨런이 자신의 성적 취향을 특별히 숨기려 하지는 않았다. (제임스에게도 말한 바 있듯) 앨런이 끌린 학부생이 또 한 명 있었는데, 중도에 폐간된 킹스의 삼류 잡지에 실린 십자말풀이에 그들의 이름이 "세로 2번을 보시오" 같은 천박한 힌트에 묶여 등장한 적도 있었다. 1933년 가을, 앨런은 다른 친구 한 명을 또 사귀었는데, 성性에 대한 토론이 이 둘을 이어줬다. 프레드 클레이턴Fred Clayton이라는 학생으로 앨런과는 아주 다른 성격의 소유자였다. 앨런과 제임스는 둘 다 말수가 적은 편이었지만 호들갑 떨지 않고도 잘 지낸 반면, 프레드는 정반대였다. 프레드의 아버지는 리버풀 근방의 작은 마을 학교 교장이었고, 프레드는 사립학교 교육을 받지 않았다. 그는 덩치가 다소 작고 나이가 어린 축에 속하는 고전학 장학생으로 앨런의 보트팀 키잡이였다. 하지만 그들이 가까워지게 된 것은 프레드가 자의로든 타의로든 공공연한 비밀이 되어버린 앨런의 성적 취향에 대해 알게 되면서부터였다.

프레드는 견해나 정서적 경험을 주고받는 것을 좋아했다. 그는 성에 대해 혼란스러워했으며, 사립학교 출신들이 동성애에 이끌리는 경향이 훨씬 크다는 사실에 흥미를 느꼈다. 프레드는 킹스에 주어진 토론의 자유를 만끽했으며 한 특별연구원으로부터 "꽤 평범한 양성애자 같다"라는 소리까지 들었다. 그렇지만 그렇게 단순한 것만은 아니었다. 프레드 클레이턴에게 단순한 것은 하나도 없었다.

앨런은 프레드에게 포경수술을 받은 것을 얼마나 후회했는지 이야기했다. 정원사 아들(아마도 워드가에 있을 때였던 듯하다)과 놀았던 어릴 적 기억에 대해서도 이야기했는데, 어쩌면 그때 자신의 성 정체성이 결정되었는지도 몰랐다. 맞든 틀리든 앨런은 프레드와 다른 학생들에게 사립학교가 성적 경험을 하기 좋은 곳이라는 인상을 심어주었다. 그렇지만 어쩌면 그보다 더 중요한 것은 앨런의 성 의식에 있어서 학창 시절이 여전히 큰 부분을 차지한다는 사실이었다. 프레드는 해브록 엘리스Havelock Ellis와 프로이트Sigmund Freud를 읽었다. 또 고전을 읽으며 알게 된 지식을 라틴어와 그리스어에 그다지 관심이 없는 수학자 친구에게 전해주곤 했다.

혼란스럽다고 느낀 것은 1933년의 상황을 고려하면 지극히 당연했다. 당시 동성애는 킹스에서조차 허세 부리는 무리의 전유물처럼 간주되었기 때문이다. 그들의 대화는 숨 막힐 듯한 침묵 사이로 나누는 속삭임과 같았다. 법의 영향은 아니었다. 남자들의 동성애 활동 금지가 1930년대 영국에 직접적으로 미친 영향은 지극히 미미했기 때문이다. 오히려 이단에 대해 쓴 밀의 글[20]과 상통하는 면이 더 많았다.

> 법적 처벌의 주요 해악은 사회적으로 오명을 씌우는 데 있다. 진짜로 효과적인 것은 바로 그 오명인 것이다. 얼마나 효과적인지 잉글랜드에서는 다른 어떤 나라보다 공개적으로 소신을 밝히는 일이 훨씬 드물다. 사회에서 금지되었기 때문인데, 그런 발언 때문에 사법처리까지 받을 수도 있는 것이다.

현대 심리학은 20세기에 변화를 몰고 왔다. 1920년대에 프로이트라는 걸출한 인물이 전위파avant-garde에 합류하기도 했다. 그렇지만 프로이트의 사상은 실제로는 동성애자들이 어쩌다 '잘못되었는지' 논의하는 데 주로 이용되었다. 그런 첫 지적 시도마저 동성애를 눈에 안 보이게 만들고자 끊임없이 노력했던 공적 세계에 의해 빛이 바랬다. 고발이나 검열과 함께 학계도 그 과정에 한몫 거들었다. 점잖은 중산층의 견해에 대해 말하자면, 1928년 《선데이 익스프레스Sunday Express》가 『고독의 우물The Well of Loneliness』(영국 작가 레드클리프 홀이 쓴 레즈비언 소설—옮긴이)에 대해 쓴 다음과 같은 글로 대변될 수 있을 것이다. "건강한 소년, 소녀에게 이런 소설을 주느니 차라리 청산가리를 주겠다." 동성애를 언급조차 하지 않는 것이 당시 통칙이었기에, 교육을 잘 받은 동성애자라 해도 고대 그리스나 오스카 와일드 재판, 그리고 아주 드문 예외에 속하는 해브록 앨리스나 에드워드 카펜터 작품밖에는 달리 기댈 데가 없었다.

케임브리지처럼 별난 환경에서라면 단순히 육체적 해방을 맛볼 기회로서 동성애 경험을 즐길 수도 있었을 것이다. 법적 박탈보다는 정신적 박탈감, 즉 정체성의 부정이 더 컸다. 이성애적 사랑과 욕망, 그리고 결혼에도 적지 않은 문제와 번민이 따랐지만, 그런 것들을 표현한 소설과 노래는 도처에 널려 있었다. 그러나 같은 문제라도 동성애 꼬리표가 붙으면 우스꽝스럽고 범죄적이며 병적이거나 혐오스러운 취급을 받았다(언급이라도 된다면 말이다). 이런 표현들로부터 자아를 보호하기는 힘들었다. 그들을 둘러싼 언어 세계가 제공하는 단어 자체에 부정적인 의미가 내재되어 있기 때문이다. 순응하는 척 분열하지 않고, 비밀을 속에 품은 채 한결같이 온전한 자아를 유지하는 일은 기적에 가까웠다. 그리고 그 와중에 자아를 '발전'시키며 다른 이들과 소통까지 하는 일은 거의 불가능했다.

앨런은 그런 발전을 지지해줄 수 있는 유일한 장소에 있었다. 어쨌든 이곳은 포스터가 한 무리의 친구들에게 자신의 소설『모리스』를 공개했던 곳이었다.『모리스』는 '오스카 와일드 류의 언급할 수 없는 존재', 즉 동성애자들을 집중적으로 조명한 소설이었다. 어떻게 그 작품을 '완성'하느냐는 것이 한 가지 문제였다. 감정에 진실성이 있어야 했지만, 실제 세계의 이야기로서 설득력이 있어야 했다. 거기에는 근원적인 모순이 있었는데, 주인공이 '푸른 숲'으로 도피하는 식의 해피엔딩으로는 해결할 수 없는 문제였다.

다른 모순도 있었는데, 소통을 향한 이 시도가 50년 동안이나 비밀에 부쳐졌다는 것이었다.[21] 그래도 이곳은 적어도 그런 모순들을 이해할 수 있는 사람들이 있는 장소였다. 비록 특유의 자립적 성향 때문에 앨런은 킹스 사회의 가장자리를 맴돌 뿐이었지만 거친 외부 세계로부터 보호를 받을 수 있었다.

앨런이 〈메투셀라로 돌아가라〉를 재미있게 볼 수 있었던 것은 쇼가 극화한 '생명력' 이론이 자신의 '영혼' 이론과 똑같은 문제를 제기했기 때문이기도 할 것이다. 쇼의 극중 인물 중 한 명은 "이 시든 종교와 이 건조한 과학이 우리 손에서 활기와 재미를 되찾지 않는 한, 차라리 나가서 죽을 날이나 기다리며 정원이나 파는 게 낫겠다"라고 말했다. 앨런도 1933년 같은 고민을 하고 있었지만, 쇼가 제시한 쉬운 해결책은 받아들일 수 없었다. 버나드 쇼는 자신의 생각과 일치하지 않으면 과학을 고쳐 쓰는 데도 거리낌이 없었다. 결정론이 생명력과 모순을 일으키면 결정론을 폐기시키는 식이었다. 쇼는 다윈의 진화론이 마치 사회적, 심리학적 변화까지 포함한 모든 종류의 변화를 설명한 이론인 것처럼 논하더니 일종의 '신조' 취급을

앨런 튜링의 이미테이션 게임

하며 폐기하기도 했다. 쇼에 따르면,[22]

다윈의 자연선택설이 일개 신조로 혹평받는 이유는 진화에서 희망을 빼고 그 자리에 철저히 무기력하며 비관적인 운명론을 넣었기 때문이다. 버틀러의 표현을 빌리면, 자연선택설은 "우주에서 정신을 추방한다." 이전 세대는 영혼 없는 결정론 덕에 전능하신 참견쟁이의 독재에서 해방되었다고 그저 기뻐하며 안도했지만, 그 세대는 거의 다 사라졌고, 이제 자연이 혐오하는 공백만이 남았다.

쇼에게 과학은 희망적인 '신조'를 제공하기 위해 존재하는 것이었다. 종교는 더이상 그 역할을 하지 못했다. 생명력이라는 것이 존재해야만 했다. 서기 3000년, 초특급 지능을 가진 오라클(예언자)이라면 생명력에 대해 "물리학자들이 다루고 수학자들이 대수 방정식으로 나타내는 것"이라고 말할지도 모를 일이다.

그러나 앨런에게 과학은 위안을 주기보다는 진리여야만 했다. 수학자이자 물리학자인 존 폰 노이만 역시 생명력이라는 개념에 전혀 힘을 실어주지 않았다. 앨런은 그가 쓴 『양자역학의 수학적 토대』를 1932년 10월에 받았는데, 그 책과 씨름하는 일은 여름 뒤로 미뤘던 듯하다. 여름에 앨런은 슈뢰딩거와 하이젠베르크가 쓴 양자역학 책도 입수했다. 1933년 10월 16일 앨런은 다음과 같이 썼다.

서본에서 상으로 받은 책은 무척 흥미진진하고 전혀 난해하지 않아요. 응용 수학자들은 이 책을 좀 어려워하는 것 같지만요.

폰 노이만의 설명은 에딩턴의 설명과는 매우 달랐다. 폰 노이만의 설명에 따르면 물리계의 '상태'는 철저히 결정론적으로 진화했다. 절대적 무작위성은 상태를 '관찰'하면서 도입되었다. 그렇지만 만약 이 관찰 과정 자체를 외부에서 관찰하면, 이 또한 결정론적이라 할 수 있었다. 어디까지가 불확정적인지 말할 수 없게 된 것이다. 어떤 특정 지점에 국한된 것이 아니기 때문이었다. 폰 노이만은 이 이상한 관찰 논리가(일상적으로 접하는 논리와는 상당히 달랐다) 그 자체로 일관성이 있고 알려진 실험과도 일치한다는 것을 보여줄 수 있었다. 앨런은 이 책을 읽고 양자역학의 해석에 대해 회의적이 되었다. 그러나 어쨌든 폰 노이만이 뇌에서 파동 함수를 조종하는 정신 개념에 근거를 제공해주지 않은 것은 확실했다.

앨런이 폰 노이만의 책을 "무척 흥미진진하다"라고 여긴 이유는 단지 자신에게 철학적으로 중요한 주제를 다뤘기 때문만은 아니었다. 되도록 논리적 사고를 통해서 과학적 주제에 접근하려는 폰 노이만의 방식 때문이기도 했을 것이다. 앨런 튜링에게 과학이란 스스로 생각하고 스스로 확인하는 것이었으며, 단순히 사실을 모아놓은 것이 아니었다. 과학은 자명한 공리를 의심하는 것이었다. 앨런은 순수 수학자적인 접근법을 즐겼다. 일단 자유롭게 생각하고, 그 뒤에 그 생각이 물리계에도 적용될 수 있는지 확인하는 식이었다. 앨런은 케네스 해리슨과 이런 부분에 대해 종종 논쟁을 벌이곤 했다. 케네스는 실험과 이론, 그리고 입증으로 이루어진 더 전통적인 과학관을 고수했기 때문이다.

'응용 수학자들'은 폰 노이만의 양자역학 연구가 좀 어렵다고 느꼈을 것이다. 순수 수학의 최근 전개와 관련해 상당한 지식을 요하는 책이었기 때문이다. 폰 노이만은 슈뢰딩거와 하이젠베르크의 양자이론을 일견 다르게 받아들였고, 그들의 본질적인 생각을 훨씬 더 추상적인 수학적 형식으로 표현함으로써 같은 개념을 달리 보여줬다. 폰 노이만의 연구가 다뤘던 것은 실험 결과가 아니라 이론의 논리적 일관성이었던 셈이다. 그런 식의 단단함을 추구했던 앨런과도 잘 맞는 방식이었다. 또한 순수 수학 그 자체를 위한 확장이 어떻게 물리학에 뜻밖의 성과를 낳을 수 있는지 보여주는 멋진 예이기도 했다.

전쟁 전에 힐베르트는 유클리드 기하학을 일반화하면서 무한히 많은 차원을 가진 공간을 상정한 바 있다. 이 '공간'은 물리적 공간과는 아무 상관이 없었다. 모든 음악 소리가 좌표화된 가상의 도표와 더 비슷한 느낌이었는데, 플루트나 바이올린, 혹은 피아노 음을 기본음, 1도 화음, 2도 화음 등 모든 종류의 음으로 나타낸 도표라고 할 수 있었다. 각각의 음을 이루는 무한히 많은 구성 요소도 (원칙적으로) 상술해줘야 했다.* 그러한 '공간', 즉 '힐베르트 공간'의 한 '점'은 해당 음에 상응한다고 볼 수 있다. 또 (마치 음을 더하듯) 두 개의 점이 합쳐질 수도 있고 (마치 음을 증폭시키듯) 한 점을 인수와 곱할 수도 있다.

폰 노이만은 '힐베르트 공간'이 양자역학 체계의 '상태' 개념(예컨대 수소 원자 속 전자의 상태)에 정확성을 부여하기 위해 딱 필요한 이론이라는 것을 알아챘다. 그런 '상태들'의 특징 중 하나는 음처럼 합쳐질 수 있다는 것이었다. 또 다른 특징은 무한히 많은 화음이 가능하듯 일반적으로 무한히 많은 상태가 가능하다는 것이었다. 명백한 공리에서 논리적으로 논의를 진행시켜가는 힐베르트 공간은 정밀한 양자역학이론을 정의하는 데 사용될 수 있었다.

'힐베르트 공간'의 뜻밖의 적용, 이런 것이 앨런이 순수 수학 분야에서 해내고 싶었던 일이었다. 1932년 양전자가 발견되었을 때도 비슷한 일이 있었다. 디락은 양자역학 공리와 특수상대성이론 공리를 결합한 추상적 수학 이론을 토대로 양전자를 예측했다. 앨런은 수학과 과학의 관계에 대해 논쟁하면서 자신이 씨름하고 있는 현대 사상이 개인적으로 의미 있을 뿐 아니라 복잡하고도 미묘한 것임을 깨닫게 되었다.

과학과 수학의 차이는 19세기 후반이 되어서야 명백해졌다. 그 전까지 수학은 물리계에 나타나는 수와 양의 관계를 의미하는 것으로만 여겨졌다. 그러나 이런 관점은 '음수' 같은 개념이 등장하자마자 사실상 폐기된 것이나 마찬가지였다. 그렇지만 19세기에도 수학의 여러 분야에서 추상적 관점을 지향하는 새로운 연구가 진행되기는 했다. 수학적 기호는 물리적 실체에 꼭 직접적으로 상응할 필요가 점점 더 없어졌다.

학교에서 가르치는 대수학(사실상 18세기 대수학)에서는 문자가 수적인 양을 나타내는 기호로 쓰이곤 했다. 문자들을 더하거나 곱하는 규칙은 문자를 '실제로' 수로 해석한다는 가정에 기반을 두었다. 그러나 20세기에 이르면서 이런 관점은 폐기되었다. '$x+y=y+x$'와 같은 규칙을 게임을 위한 규칙으로 볼 수 있게 된 것이다.

---

* 이 비유는 정확한 것은 아니다. 힐베르트 공간과 양자역학 '상태들'은 본질적인 면에서 그 어떤 일상적 경험과도 맥을 달리한다.

체스에서처럼 어떻게 기호를 움직이고 합하면 되는지 정해주기만 하면 되었다. 그 규칙을 수로 '해석'할 수도 있겠지만 꼭 그래야 되는 것은 아니었고, 그렇게 하는 것이 언제나 적절한 것도 아니었다.

이 같은 추상화의 요점은 대수학, 그리고 수학의 전 분야를 계산과 측정이라는 전통적 영역에서 해방시켰다는 데 있었다. 현대 수학에서는 기호가 어떤 규칙을 따르든 무방했고, (실제로 해석의 여지가 있기나 하다면) 수적인 양 말고도 훨씬 광범위하게 해석될 수 있었다. 양자역학은 수학 자체를 위한 확장과 해방이 물리학에서 어떤 결실을 맺을 수 있는지 보여주는 좋은 예였다. 수와 양에 관한 이론이 아니라 '상태'에 관한 이론을 만들 필요가 있다는 것을 증명한 것이다. '힐베르트 공간'은 이런 '상태들'에 딱 들어맞는 상징을 제공했다. 순수 수학에서 진행되고 있던 다른 관련 연구로는 '추상군abstract group'에 관한 연구가 있었는데 양자물리학자들이 당시 열심히 활용 중이었다. 이 연구의 주축이 된 수학자들은 '연산'의 개념을 기호 형태로 표현하고자 했으며 결과를 추상적 실행으로 여겼다.* 추상화의 결과, 일반화와 단일화, 그리고 새로운 유추가 가능하게 되었다. 창의적이고 건설적인 움직임이라 할 수 있었다. 이렇게 추상적 체계의 규칙을 바꿈으로써, 뜻밖의 다른 분야에 적용될 수도 있을 새로운 종류의 대수학이 만들어졌다.

다른 한편으로, 추상화를 지향하는 활동은 순수 수학 내부에 일종의 위기를 초래

---

* 여기서 쓰인 '군群, group'은 수학 용어로서 일상적으로 쓰이는 말과는 상당히 다른 전문적인 의미가 있다. 연산의 집합을 지칭하는 말인데, 이 집합이 특정 조건들에 엄밀히 부합했을 때만 적용할 수 있다. 구체球體의 회전을 예로 들어 설명해보겠다. A, B, C가 각각 서로 다른 회전이라고 할 때 다음과 같은 조건들이 성립해야 한다.
(i) A의 회전을 정확히 거꾸로 하는 회전이 존재한다.
(ii) A를 실행한 뒤 B를 실행한 것과 같은 효과를 내는 회전이 존재한다. 이 회전을 'AB'라고 부른다.
(iii) AB 다음에 C를 실행하는 것은 A 다음에 BC를 실행하는 것과 같은 효과를 낸다.
　　이 세 가지 회전이 '군'을 형성하는 데 있어 요구되는 필수 조건이다. 따라서 추상 군론은 이런 조건들을 취해 기호로 적절하게 나타낸 다음, 원래의 구체적 형상을 버리는 것으로 성립된다. 결과적으로 이 이론은 양자역학의 회전에 적용될 수 있었다. 또한 일견 관련이 없어 보이는 암호화 분야에도 적용될 수 있었다. (암호는 '군'의 특성을 갖는다. 암호화 과정을 거꾸로 하는 명확한 해독 연산을 필요로 하고, 두 개의 암호화 연산이 연이어 수행되면 그 결과 새로운 암호가 생기기 때문이다.) 그러나 1930년대가 되면서 구체적인 표상이나 적용을 염두에 두지 않고도 추상적으로 '군'을 탐구할 수 있다는 점이 인정되었다.

했다. 수학이 기호 작용을 결정하는 데 있어 임의적인 규칙을 따르는 게임이라면, 절대적 진리를 추구한다는 의의는 어떻게 된 것인가? 1933년 3월, 앨런은 이 중요한 질문을 다룬 버트런드 러셀Bertrand Russell의 『수리철학의 기초Introduction to Mathematical Philosophy』(『수학원리』를 일반인 대상으로 풀어서 쓴 책—옮긴이)를 손에 넣었다.

위기[23]는 제일 먼저 기하학 연구에서 나타났다. 18세기에는 기하학을 과학의 한 분야라고 생각할 수 있었다. 유클리드의 공리를 본질적 핵심으로 하는, 세계에 대한 일종의 진리 체계로 본 것이다. 그러나 19세기가 되자 유클리드의 체계와 맥을 달리하는 기하학적 체계가 등장했다. 실제 세계가 정말로 유클리드의 공리를 따르는지에 대해서도 의혹이 제기되었다. 수학과 과학이 분리된 현대 세계에서, 추상적 실행이라 할 수 있는 유클리드 기하학이 무모순적이며 완전한지 질문할 필요가 생긴 것이다.

유클리드의 공리가 기하학 이론을 정말로 완전히 정의한 것인지도 확실치 않았다. 점과 선에 내포된 직관적인 개념들 때문에 일부 추가적인 가정들이 증명에 몰래 딸려온 것일 수도 있었다. 현대적 관점에서 보자면, 점과 선의 논리적 관계를 '추상화'할 필요가 있었다. 그 관계를 순전히 기호적 규칙에 의해 공식화하고, 물리 공간으로서의 '의미'를 지워버린 뒤, 그 결과로 얻은 추상적 게임이 그 자체로 말이 되는지 보여줄 필요가 있었던 것이다. 늘 지극히 현실적인 사람이었던 힐베르트는 "'점, 선, 면'이라고 말하는 대신에 '탁자, 의자, 맥주잔'이라고 말할 수 있어야 된다"라고 즐겨 말하곤 했다.

1899년 힐베르트는 물리계의 본성에 전혀 기대지 않고 유클리드의 모든 정리를 증명할 수 있는 공리 체계를 발견했다. 하지만 그것을 증명하려면 '실수real numbers'* 이론이 충분하다는 가정이 필요했다. '실수'는 그리스의 수학자들에게는 무한히 세분할 수 있는 길이의 측정과 같았고, 대부분의 경우 '실수'의 사용은 물리 공간의

---

* '실수'에 '실제의' 의미는 전혀 없다. 이 용어는 역사적 우연에 의해 생겼으며 마찬가지로 오해의 소지가 있는 용어들인 '복소수'와 '허수'에서 발생했다. 이런 표현에 익숙하지 않은 독자는 '실수'를 '가상의 무한한 정확도로 정의된 길이'로 생각해도 좋을 것이다.

본성에 근거한다고 가정할 수 있었다. 그렇지만 힐베르트의 관점에서 보자면 그것만으로는 부족했다.

다행히도 근본적으로 다르게 '실수'를 묘사하는 것이 가능했다. 19세기에 이르러 '실수'를 무한소수로 나타낼 수 있다는 사실이 널리 알려지게 된 것이다. 예컨대 원주율은 3.14159265358979…로 나타낼 수 있었다. '실수'를 그런 식의 소수, 즉 무한한 정수 수열로 최대한 정확히 표현할 수 있다는 것에 의미가 부여되었다. 하지만 1872년이 되어서야 독일의 수학자 데데킨트J. W. R. Dedekind가 측정 개념에 전혀 기대지 않고 정수로 '실수'를 정의하는 방법을 정확히 보여줄 수 있었다. 수와 길이 개념을 통합한 방법이었는데, 힐베르트의 기하학 문제를 전문 수학적 의미의 정수 영역, 즉 '산술arithmetic'로 인도하는 결과를 낳기도 했다. 힐베르트 자신이 말했듯, 그는 "모든 것을 산술 공리에 대한 일관성의 문제로 간단하게 정리했고, 그리하여 일관성의 문제만이 미해결된 채 남았다."

이 시점에서 수학자들은 저마다 다른 태도를 취했다. 산술의 공리에 대해 말하는 것은 터무니없다는 관점도 있었다. 정수보다 더 기초적인 개념은 없다고 생각한 것이다. 다른 한편으로, 정수의 기본을 이루는 핵심이 있는지 당연히 의문을 제기할 수 있다고 보는 관점도 있었다. 그 핵심을 알면 나머지는 모두 연역적 방법으로 추론할 수 있을 것이라 본 것이다. 데데킨트 역시 이 질문을 파고들었고, 1888년 모든 산술은 다음의 세 가지 개념에서 연역될 수 있음을 증명했다. 숫자 1이 있고, 모든 수 다음에는 이어지는 다른 수가 있으며, 귀납의 원리에 따라 모든 수에 이것을 적용할 수 있다는 것이었다. 이 개념들은 추상적 공리로(원한다면 힐베르트 식의 "탁자, 의자, 그리고 맥주잔"으로도) 표현될 수 있었다. '1'이나 '+' 같은 기호가 갖는 의미와 무관하게 추상적 공리들로 정수론theory of numbers 전체를 구성할 수도 있게 된 것이다. 1년 뒤인 1889년, 이탈리아의 수학자 페아노는 이후 표준이 된 형식으로 공리를 나타내 보였다.

1900년 새로운 세기를 맞아 힐베르트는 미해결된 17개의 문제를 수학계에 제기했다. 이 중 두 번째는 '페아노 공리계'의 무모순성을 증명하는 문제였는데, 힐베르트에 따르면 수학의 엄밀성이 여기에 달려 있었다. '무모순성'은 매우 중요한 단어였다. 예컨대, 모든 정수는 4개 제곱수의 합으로 나타낼 수 있다는 가우스의 정리처럼, 증명하려면 1,000단계는 거쳐야 되는 산술 정리를 생각해볼 수 있겠다. 똑같이 복잡한 추론 과정을 통해 이와 모순되는 결과에 이르지 않으리라 어떻게 확신할 수 있는가? 모든 수를 아우르는 그런 명제는 결코 시험해볼 수도 없는 것인데 그럼에도 신빙성을 얻는 근거는 무엇인가? '+'와 '1'을 무의미한 기호로 취급한 페아노의 추상적 게임 규칙은 어떻게 모순에서 자유로울 수 있었는가? 운동 법칙을 의심한 아인슈타인처럼, 힐베르트는 2와 2를 더하면 4가 된다는 것마저 의심했다. 적어도 거기에 이유가 있어야 된다고 말했던 것이다.

이 문제는 G. 프레게Gottlob Frege의 연구에서 이미 한차례 다뤄진 바 있었다. 1884년 출간된 『산술의 기초Grundlage der Arithmetik』가 첫 신호탄이었는데, 이 책은 수학을 '기호논리학' 관점에서 다뤘다. 산술은 세계를 이루는 개체 간의 논리적 관계에서 추론되며, 현실의 근거가 산술의 무모순성을 보장한다는 것이 주된 내용이었다. 프레게에게 숫자 '1'은 확실히 뭔가를 의미했다. 즉 '1개의 탁자', '1개의 의자', '1개의 맥주잔'처럼 공통의 특성이 있다는 것이었다. '2+2=4'라는 명제는 어떤 물건 2개가 다른 어떤 물건 2개와 합쳐지면 물건 4개가 된다는 사실과 일치해야 했다. 프레게는 '어떤', '물건', '다른' 등등의 개념을 추상화하여 가능한 한 가장 단순한 존재 개념에서 산술을 추론하는 이론을 수립하고자 했다.

그러나 프레게의 연구는 비슷한 방향으로 이론을 전개하던 버트런드 러셀에게 추월당하고 말았다. 러셀은 '집합'이라는 개념을 도입함으로써 프레게의 생각을 더욱 구체화했다. 물건이 하나만 포함된 집합의 경우, 만약 그 집합에서 물건을 하나 꺼낸다면 항상 같은 물건이 나온다는 것이 러셀이 생각한 그 집합의 특성이었다. 이 같은 생각은 하나라는 특성을 같음 혹은 균등함이라는 서술 개념으로 정의할 수 있게 해주었다. 이런 식으로 수의 개념과 산술 공리를 가장 기초적인 개체 개념, 즉 술어와 명제로부터 엄밀하게 추론할 수 있을 것처럼 보였다.

불행히도 그렇게 간단하지는 않았다. 러셀은 계산 개념에 기대지 않고 균등함이라는 개념을 사용해서 '하나의 원소를 가진 집합'을 정의하고자 했다. 따라서 숫자 '1'은 '하나의 원소를 가진 모든 집합의 집합'으로 정의되어야 했다. 그러나 1901

년, 러셀은 '모든 집합의 집합'이라는 개념을 사용하면 바로 논리적 모순이 생긴다는 것을 알아챘다.

난점은 자기 지시에 있었다. 즉, "이 명제는 거짓이다" 같은 자기모순적인 주장이 생길 가능성이 있었던 것이다. 이런 종류의 문제는 독일의 수학자 칸토어G. Cantor가 전개한 무한 이론에 나타난 바 있다. 러셀은 칸토어의 역설이 집합 이론과 유사점이 있다는 것을 알아챘다. 그는 집합을 두 가지 유형, 즉 자기를 포함하는 집합과 포함하지 않는 집합으로 분류했다. 러셀에 따르면, "대개의 경우, 집합은 그 자신의 원소가 아니다. 예컨대, 인류는 어떤 특정 사람이 아닌 것이다." 그러나 추상적 개념의 집합, 즉 모든 집합의 집합은 그 자신을 포함할 것이다. 러셀은 그 결과 초래되는 역설에 대해 다음과 같이 설명했다.

> 자신을 원소로 하지 않는 집합들을 모아놓았다고 생각해보자. 이것은 하나의 집합이다. 이 집합이 자신의 원소인가? 만약 그렇다면 이 집합은 자신의 원소가 될 수 없게 된다. 만약 이 집합이 자신의 원소가 아니라면, 자신의 원소가 되어야 할 것이다. 따라서 자신을 원소로 하건 하지 않건 두 가정 모두 자기모순적 의미를 띠게 된다. 이것이 바로 모순이다.

이 역설은 그 '실제적인 의미'를 따져본다고 해결될 성질의 것이 아니었다. 철학자들이라면 이 문제에 대해 질릴 때까지 실컷 논쟁할 수도 있겠지만, 이는 프레게와 러셀이 하고자 하는 일과는 무관했다. 이 이론의 요점은 가장 기초적인 논리 개념으로부터 산술을 연역적으로 추론하는 것이었다. 다른 어떤 주장도 중간에 거치지 않아야 했고, 자동적이며 철두철미하고 객관적인 방식에 의거해야 했다. 러셀의 역설이 무엇을 '의미'했든지 간에, 일련의 기호들은 게임의 규칙에 의해 가차없이 자기모순에 빠지게 되었다. 그리고 이는 재앙을 의미했다. 순수한 논리 체계에서는 단 하나의 모순도 허용될 수 없었다. 만약 '2+2=5'가 성립될 수 있다면, '4=5'나 '0=1'이라는 공식도 이어서 성립될 터이고, 모든 수가 0과 같아져 결국 어떤 명제든 '0=0'으로 귀결되어 참이 될 수도 있기 때문이다. 이런 게임 같은 방식으

앨런 튜링의 이미테이션 게임

로 보자면, 수학은 완전히 무모순이지 않는 한 아무 의미가 없었다.

러셀과 화이트헤드A. N. Whitehead는 10년 동안 이 결함을 시정하기 위해 애썼다. 본질적인 문제는 대상들을 하나로 묶으면 모두 '집합'으로 불릴 수 있다는 가정이 자기모순적이라는 데 있었다. 보다 엄정한 정의가 필요했다. 러셀의 역설이 집합 이론의 유일한 문제는 결코 아니었지만, 1910년 기초 논리로부터 수학을 추론하고자 한 방대한 저작 『수학원리Principia Mathematica』는 이 문제 하나를 다루는 데 책의 대부분을 할애했다. 러셀과 화이트헤드가 찾은 해결책은 집합을 '유형type'별로 나눠 체계를 세우는 것이었다. 기초적인 대상이 있을 것이고, 그다음에는 대상들의 집합, 그다음에는 집합의 집합, 그다음에는 집합의 집합의 집합 등등으로 이어지는 식이었다. 집합의 다른 '유형들'을 구분함으로써 집합이 그 자신을 포함하는 것은 불가능해졌다. 하지만 이로 인해 이론은 매우 복잡해졌다. 이 이론으로 해명하고자 했던 숫자 체계보다 오히려 훨씬 더 어려워져버린 것이다. 이 방법이 집합과 수에 대해 생각할 수 있는 유일한 방법인지는 확신할 수 없었다. 1930년에 이르러 다양한 대안이 나오기 시작했는데, 그중 하나가 폰 노이만의 체계였다.

수학이 무모순의 완전체라는 것을 증명하라는 요구는 악의 없는 요구인 듯 들렸지만 문제가 가득 든 판도라의 상자를 연 것이나 마찬가지였다. 어떤 면에서는 수학적 명제가 전적으로 참인 것처럼 보였지만, 다른 면에서는 종이에 표시된 기호에 불과해 보였고, 그 기호들이 무슨 의미인지 설명이라도 할라치면 머리가 터질 것 같은 역설에 빠져버렸다.

거울 정원에서 앨리스가 그랬듯, 수학의 중심에 다가가는 일은 얽히고설킨 세부 문제의 숲으로 끌려들어 갈 가능성이 다분한 일이었다. 앨런은 이처럼 수학적 기호와 실제 대상의 세계가 단순하게 연결되지 않는다는 사실에 매혹되었다. 러셀은 다음과 같은 말로 책을 끝맺었다. "상기의 서툰 개론에서 잘 볼 수 있듯, 이 주제에 관해 해결되지 않은 문제들이 산적해 있고 많은 연구가 필요하다. 이 변변치 않은 책을 통해 수리논리를 진지하게 연구하고자 하는 학생이 생긴다면 이 책은 소기의 목적을 달성한 것이다." 앨런은 이 책을 읽고 '유형'의 문제에 대해, 그리고 더욱 일반적으로 '무엇이 진실인가'라는 빌라도의 질문에 대해 진지하게 생각하게 되었으니, 『수리철학의 기초』는 그 목적을 달성한 셈이다.

케네스 해리슨 역시 러셀의 사상에 대해 약간은 알고 있었기에 앨런과 몇 시간씩 그 주제로 토론하곤 했다. 그러나 케네스는 "그게 무슨 소용이 있지?"라고 묻곤 해서 앨런을 다소 짜증스럽게 만들었다. 앨런은 물론 완전히 쓸모없는 이야기라며 꽤 만족스러운 듯 말하곤 했다. 그렇지만 앨런은 케네스보다는 더 열성적인 상대와도 이런 이야기를 나눴음이 분명했다. 1933년 가을, 도덕철학 동호회Moral Science Club에서 논문을 발표해달라는 초청을 받았다. 학부생으로서는, 특히 도덕철학 학부(케임브리지에서 철학과 기타 관련 학문을 지칭하는 명칭—옮긴이) 소속이 아닌 학생으로서는 매우 드문 영예였다. 전문 철학가들을 상대로 발표하는 일은 꽤 긴장되는 경험이었을 것이다. 하지만 앨런은 늘 그렇듯 태연하게 어머니에게 편지를 썼다.

1933년 11월 26일

…금요일에 도덕철학 동호회에서 수리철학과 관련된 주제로 논문을 발표해요. 그들이 이미 아는 이야기가 아니길 바라요.

도덕철학 동호회의 1933년 12월 1일자 회의록[24]에는 앨런의 발표가 다음과 같이 기록되었다.

가을 학기 제6차 회의는 킹스 칼리지의 튜링 군 방에서 열렸다. A. M. 튜링은 '수학과 논리'라는 주제로 논문을 발표했다. 그는 수학을 순전히 기호논리학 관점에서 보는 것은 부적절하다고 말했다. 수학적 명제는 다양하게 해석될 수 있으며, 기호논리학은 그중 하나일 뿐이라는 것이다. 발표 후 토론이 이어졌다.

R. B. 브레이스웨이트 (서명)

과학철학자인 리처드 브레이스웨이트Richard Braithwaite는 킹스의 젊은 특별연구원이었다. 아마도 앨런을 초청한 것도 그를 통해서였을 것이다. 1933년 말, 앨런 튜링은 심오한 유사 문제 두 가지를 본격적으로 연구하기 시작했다. 양자물리학과 순수 수학 두 분야 모두에서 추상적인 것과 물리적인 것, 즉 기호와 실제를 연결시키는 연구였다.

　다른 모든 수학과 과학 분야처럼 이 연구도 독일 수학자들 중심으로 진행되고 있었다. 그러나 1933년을 끝으로 이 중심에 큰 구멍이 생겼고, 힐베르트가 있는 괴팅겐대학교는 나치의 대숙청으로 폐허가 되고 말았다. 존 폰 노이만은 미국으로 떠나다시는 독일로 돌아가지 않았고, 다른 학자들 일부는 케임브리지로 왔다. 앨런은 10월 16일, "유명한 독일계 유태인 학자 몇 명이 올해 케임브리지로 와요"라고 썼다. "그중 적어도 두 명, 즉 보른Marx Born과 쿠란트Richard Courant가 수학과로 와요." 앨런은 아마도 그 학기에 보른의 양자역학 강의를, 그다음 학기에는 쿠란트*의 미분 방정식 강의를 들었을 것이다. 보른은 이후 에든버러로 갔고, 슈뢰딩거는 옥스퍼드로 갔다. 하지만 추방된 대부분의 과학자들은 영국보다는 미국을 더 편하게 생각했다. 프린스턴대학교의 고등연구소The Institute for Advanced Study가 특히 빠르게 성장했다. 1933년, 아인슈타인이 그곳에 자리를 잡자 물리학자인 랑즈뱅Paul Langevin은 "바티칸 교황청을 로마에서 '신세계'로 옮기는 것만큼이나 중요한 사건이다. 물리학의 교황이 이동했으니 미국은 자연과학의 중심이 될 것이다"라고 평했을 정도였다.
　유태계뿐 아니라 과학 사상 자체가 나치 관료주의의 간섭을 받았고, 수리철학도 예외가 아니었다.[25]

　　다수의 수학자들이 최근 베를린대학교에 모여 제3제국(Third Reich)(1933~1945년 사이 히틀러 치하의 독일—옮긴이)하의 과학의 입지에 대해 논의했다. 독일의 수학이 '파우스트적 인간'의 손에 남을 것이며, 논리만으로는 충분하지 않다는 의견이 제시되었다. 또한 무한성 개념을 낳은 독일의 직관이 같은 주제를 논리적으로 연구하고자

---

* 앨런은 1993년 7월, 힐베르트와 쿠란트 공저, 『수리물리학의 방법Methoden der Mathematischen Physik』을 구해서 곧 빽빽이 주를 달았다.

한 프랑스나 이탈리아의 논리력보다 우월하다는 지적도 나왔다. 수학은 혼란을 질서로 바꾼 영웅적인 과학이었다. 나치의 국가사회주의 역시 같은 일을 하고자 했고 같은 자질을 요구했다. 그렇게 논리와 직관을 섞는 방식으로 수학과 나치의 신질서 간에 '정신적 연관성'이 성립되었다.

영국인들에게는 국가나 당이 추상적 개념에 관심을 갖는다는 것 자체가 놀라운 일이었다. 한편《뉴스테이츠먼》이 보기에는, 베르사유조약에 대해 히틀러가 품은 앙심은 케인스나 로즈 딕킨슨이 늘 말해왔던 것이 옳았음을 입증한 것에 지나지 않았다. 문제는 이제 와서 독일에게 공평한 대우를 해주자니 악랄한 체제에 양보하는 듯한 모양새가 되어버렸다는 데 있었다. 그러나 보수파들은 새로운 독일을 민족국가 간의 균형 측면에서 바라보았다. 새로운 독일이 영국을 다시금 잠재적으로 위협한다 하더라도 소련으로부터 보호해주는 강력한 '보루' 역할도 한다는 것이었다. 1933년 11월, 케임브리지의 반전운동이 되살아난 것도 이런 맥락에서였다. 앨런은 다음과 같이 편지를 썼다.

1933년 11월 12일

이번 주에는 많은 일이 있었어요. 티볼리 극장에서 〈우리들의 전투 해군Our Fighting Navy〉이라는 노골적인 군국주의 선전영화를 상영하기로 했거든요. 반전운동 조직은 항의집회를 주최했어요. 준비를 썩 잘하진 못해서 400명에게 서명을 받는 데 그쳤지만요. 그중 60명 이상이 킹스 소속이에요. 영화 상영은 결국 철회되었는데, 군국주의자들이 항의집회 소식을 듣고는 우리가 극장을 부술지도 모른다고 생각했는지 극장 밖에서 소동을 피워 그렇게 된 것이었어요.

이어서 앨런은 "어제 있었던 반전시위는 대성공이었어요"라고 언급했는데, 그해 유독 정치적 성명 느낌이 강했던 (제1차 세계대전의) 휴전기념일 헌화식을 두고 한 말이었다. 이 운동이 추구하는 바는 전적으로 평화주의적이지만은 않았다. 앨런의 친구 제임스 앳킨스는 앨런이 평화주의자라고 판단했지만, 앨런 자신은 그

앨런 튜링의 이미테이션 게임

렇지 않다고 생각했다. 그러나 제1차 세계대전이 무기 제조업체들의 사리사욕을 채우기 위해 선동된 것이라는 의견은 큰 영향력을 발휘하고 있었다. 무기를 미화해서 제2차 세계대전을 일으키는 일은 없도록 해야 한다는 정서가 팽배했고, 앨런도 아마 같은 생각이었을 것이다.

앨런의 진로에 있어서 다음 발걸음을 내딛도록 자극한 사람은 퀘이커교도로서 평화주의자이자 국제주의자였던 에딩턴이었다. 이번에는 양자역학의 알쏭달쏭한 '재버워키'와 관련해서가 아니라 과학의 방법론[26]에 관한 수업을 통해서였다. 앨런은 이 강의를 1933년 가을에 들었다. 에딩턴은 과학적 측정 결과를 그래프로 표시하면 전문 용어로 '정규' 곡선normal curve이라 불리는 형태로 분포되는 경향에 대해 언급했다. 초파리의 날개폭이건 알프레드 뷰텔이 도박에서 거둔 승리건 측정값은 중앙에 모여 있고 양 측면은 서서히 감소하는 모양새라는 것이다. 왜 이런지 설명하는 것은 확률과 통계 이론에서 근본적으로 중요한 문제였다. 에딩턴은 그 이유에 대해 간략하게 설명해주었지만, 앨런으로서는 만족스럽지 않았다. 여전히 회의적인 앨런은 엄격한 순수 수학적 기준으로 정확한 결과를 증명해 보이고 싶었다.

1934년 2월 말에 앨런은 그 일을 해냈다. 개념상의 진보를 필요로 하는 일은 아니었지만, 그래도 혼자 힘으로 이뤄낸 첫 중대 결실인 셈이었다. 앨런에게는 순수 수학과 물리계를 연결하는 전형적인 문제였다. 그러나 자신의 연구를 다른 사람에게 보여주자, 이미 린데베르그J. W. Lindberg[27]라는 사람이 1922년 이것을 증명했으며 중심극한정리Central Limit Theorem라 불린다는 말이 돌아왔다. 혼자서만 연구하다 보니 누가 자기보다 먼저 목표를 달성했는지 찾아볼 생각도 안 했던 것이다. 하지만 정당한 설명을 붙이면 독창적인 연구로 인정받아 킹스의 특별연구원 자격 논문으로 수락될지도 모른다는 조언을 들었다.

1934년 3월 16일에서 4월 3일까지 앨런은 케임브리지 일행과 합류해 오스트리아 알프스에 스키를 타러 갔다. 프랑크푸르트대학교 내 국제주의 퀘이커교 세력과 미미하게나마 관련이 있는 여행이었는데, 오스트리아-독일 국경의 레히 강 부근에 위치한 그들 소유의 산장에 머물렀기 때문이다. 그러나 독일인 스키 코치가 열혈 나치 당원이라는 사실이 밝혀지면서 협력의 취지는 희석되어버렸다. 돌아오는 길에 앨런은 다음과 같이 썼다.

…우리는 독일 스키부 대표인 미카로부터 아주 재밌는 편지를 받았어요. "…하지만 내 마음은 너희들 한가운데 있어"라고 쓴 거 있죠…

작년에 제가 쓴 논문을 비엔나에 있는 취버E. Czüber*에게 보내려고 해요. 케임브리지에는 그 연구에 관심을 보이는 사람이 한 명도 없거든요. 근데 1891년에 책을 쓰던 분이니 돌아가셨을지도 모르겠어요.

그러나 일단 최종 학위 시험을 치러야 했다. 파트 II는 5월 28일에서 30일까지, 스케줄 B 시험[28]은 6월 4일에서 6일까지 잡혀 있었다. 시험 중간에 아버지를 뵈러 길퍼드에 급히 내려갈 일도 생겼다. 이제 60세가 된 튜링 씨는 전립선 수술을 받은 후로 여태껏 만끽했던 건강을 되찾지 못했던 것이다.

앨런은 아주 우수한 성적으로 시험을 통과했다. 8명의 다른 학생과 함께 소위 'B-스타 우등 합격자'가 된 것이다. 앨런에게는 그저 시험일 뿐이었으므로 어머니가 전보까지 보내며 호들갑을 떠는 것이 못마땅했고, 6월 19일에 열릴 학위 수여식에도 올 필요 없다고 어머니를 설득하려 했다. 그러나 이 성과 덕분에 킹스에서 매년 200파운드의 연구 장학금을 받을 수 있게 되었고 특별연구원 자리를 노려볼 수 있게 되었다. 교수가 되겠던 앨런의 진지한 야심은 1932년에 비해 한층 현실성 있어 보였다. 프레드 클레이턴과 케네스 해리슨 등 앨런의 동기 중 다른 몇 명도 학교에 남았다. 데이비드 챔퍼노운은 경제학으로 전공을 바꿔서 아직 학위를 취득하지 못한 상태였다. 제임스는 추상적인 파트 II 시험에 고전하더니 2등급을 받고 말았다. 그는 진로를 결정하지 못한 채 이후 몇 달 동안 개인 교습을 했으며

---

* 중심극한정리를 설명한 책을 쓴 저자.

　　　　　　　　　　　　　　　　　　앨런 튜링의 이미테이션 게임

그사이 앨런을 몇 차례 찾아오기도 했다.

앨런의 학부 과정이 끝나갈 즈음에는 불황이 걷히고 있었고 새로운 산업이 발달하기 시작했다. 앨런은 케임브리지 뿌리를 단단히 내리기 시작했고, 우울하기보다는 재치와 유머를 갖춘 모습이 되었다. 그래도 '연구파'나 '운동파' 둘 중 어느 쪽도 아닌 것에는 변함이 없었다. 그는 보트 동호회에서 계속 배를 저었고 다른 회원들과도 사이좋게 지냈다. 맥주 한 잔(파인트)을 한숨에 들이킨 적도 있었다. 동기들과 브리지 게임을 하기도 했는데, 진지한 수학자들이 흔히 계산 실수를 하듯 앨런도 점수 계산은 영 신통치 않았다. 앨런의 방을 방문한 사람들은 책과 메모, 그리고 아직 답장하지 않은 양말과 속옷에 대한 튜링 부인의 편지가 여기저기 널려 있는 것을 보곤 했다. 벽에는 다양한 기념품이 걸려 있었다. 크리스토퍼의 사진이 그중 하나였지만, 잡지에서 오려낸 섹시한 남성 사진들도 눈에 띄었다. 앨런은 노점상을 헤집고 다니는 것도 좋아해서 런던의 패링던로드에서 바이올린을 건진 적도 있었고 이후 레슨을 받기도 했다. 그렇다고 딱히 미적으로 뛰어난 결실을 본 것은 아니었지만, 행동 이론상의 고정관념을 뒤엎을 정도의 '미적 감각'은 있었다. 1934년 크리스마스, 앨런이 어렸을 때 한 번도 가져본 적이 없다며 곰 인형을 선물로 달라고 했을 때, 이 모든 것은 튜링 부인에게는 다소 어리둥절한 일이었다. 튜링 가족은 실용적이고 유익한 선물을 주로 주고받았다. 그러나 앨런은 자기 뜻을 고집했고, 포기Porgy라는 이름의 곰 인형이 그의 방에 자리를 잡게 되었다.

노 젓기를 그만두고 달리기를 다시 시작했다는 점을 빼면 졸업 이후에도 앨런의 삶의 방식은 거의 변하지 않았다. 학위 수여식이 끝나고 앨런은 독일에 자전거 여행을 갔다. 데니스 윌리엄스라는 지인에게 같이 가자고 청했다. 도덕철학 학위 과정 1학년생인 데니스는 앨런을 도덕철학 동호회와 킹스의 보트 동호회, 그리고 스키 여행을 통해 알고 있었다. 그들은 자전거를 기차에 실어 쾰른까지 간 다음, 하루에 50킬로미터 정도 자전거를 탔다. 이 여행의 목적 중 하나는 괴팅겐대학교를 방문하는 것이었다. 앨런은 이 대학 소속의 한 권위자에게 추정컨대 중심극한정리와 관련해 조언을 받았다.

이상한 깡패 같은 정권이 베를린에 들어섰을지는 몰라도 독일은 학생들이 여행하기에는 여전히 좋은 나라였다. 교통비도 싸고 유스호스텔도 잘 갖춰져 있었기 때문이다. 갈고리십자 모양의 나치 깃발이 도처에 걸려 있었지만, 영국인들이 보기에는 불길해 보이기보단 우스꽝스럽게 보였다. 한번은 탄광촌에 멈춰 쉬다가 광부들이 일하러 가는 길에 노래를 부르는 것을 듣기도 했다. 억지로 꾸며낸 듯한 나치 표시와 대조되는 반가운 모습이었다. 유스호스텔에서 데니스는 독일인 여행객과 잡담을 나누다 "히틀러 만세Heil Hitler"라고 말하며 상냥하게 작별 인사를 했다. 일반적으로 외국 학생들은 단지 현지 관습에 예의를 차리는 차원에서 그렇게 말하곤 했다(그런 식의 관례를 따르지 않을 경우 공격을 당하는 외국인들의 사례도 있었다). 앨런이 들어오다 우연히 그 광경을 보게 되었고, 데니스에게 "그 말은 하지 말았어야지. 그 사람은 사회주의자였다고"라고 말했다. 앨런은 그보다 일찍 그 독일인과 이야기를 나눴음이 분명했다. 데니스는 그 독일인이 앨런에게 자신의 반정권적인 성향을 밝혔다는 사실에 놀라워했다. 그렇다고 앨런이 파시즘을 대놓고 반대한 것은 아니었다. 단지 자신이 동의하지도 않는 의례를 억지로 할 수 없었던 것뿐이었다. 데니스는 여행 중 있었던 다른 사건에서도 이와 비슷한 느낌을 갖게 되었다. 잉글랜드에서 온 노동 계급 남자애들 둘이 우연히 그들의 뒤를 따라왔는데, 데니스가 그 아이들을 불러 같이 술을 한잔하는 것이 예의에 맞지 않겠느냐고 했다. 앨런의 대답은 "노블레스 오블리주noblesse obligee로군"이었는데, 그 말에 데니스는 스스로가 매우 초라하고 가식적으로 느껴졌다.

나치 돌격대가 히틀러에 의해 타도당한 1934년 6월 30일 하루나 이틀 뒤, 그들은 하노버에 머물고 있었다. 비록 앨런의 독일어 지식이 수학 교과서에서 긁어모은 수준이기는 했지만 데니스보다는 나았기에, 앨런은 돌격대 수장인 룀Ernst Roehm이 어떻게 자살을 권유받은 뒤 총살되었는지 보도한 신문 기사를 번역했다. 그들은 룀의 사망에 영국 언론이 보인 관심에 상당히 놀랐다. 어쨌거나 이 일은 히틀러가 절대 권력을 잡았다는 뻔한 사실 이상의 반향을 일으키는 상징적 사건이었다. 이것으로 나치당 내부의 주요 반대 세력이 제거된 셈이었다. 독일을 거대한 종마 사육장으로 만들겠다는 의도를 만천하에 알린 사건이기도 했다. 보수파에게 이것은 '타락한' 독일의 종말을 의미했다. 훗날 히틀러가 인기를 완전히 잃었을 때는 그

앨런 튜링의 이미테이션 게임

의미가 전도되어 나치 사상이 '타락'하고 '비뚤어진' 것으로 그려졌지만 말이다. 이 사건 배후에는 히틀러가 아주 교묘하게 획책한 강력한 테마가 있었다. 룀을 동성애적 성향을 지닌 배신자로 몰고 갔던 것이다.

케임브리지 학생들 중에는 새로운 독일과 그들의 조잡한 행태를 보고 파시즘에 전적으로 반대하는 입장이 된 사람도 일부 있었을 것이다. 그러나 앨런 튜링은 그런 절차를 밟지 않았다. 파시즘에 반대하는 명분에는 늘 공감했지만, 그 무엇도 그를 '정치적' 인물로 만들 수는 없었다. 그는 자신이 가진 재능에 헌신함으로써 자유를 향한 다른 길을 모색하고자 했다. '각자 할 수 있는 일을 하게 하라. 자신은 무언가 옳은 것, 진리인 것을 달성하리라.' 이것이 앨런의 주의인 셈이었다. 앨런은 반파쇼주의자들이 지켜낸 문명을 존속시킬 것이었다.

1934년 여름과 가을, 앨런은 논문[29] 작업을 계속했다. 논문 제출 마감일은 12월 6일이었지만 앨런은 한 달 먼저 제출했고 다음 단계에 들어설 준비를 마쳤다. 앨런의 학문적 성장 초기에 지대한 영향력을 행사했던 에딩턴이 논문 주제를 제안해주었다면, 그다음 제안은 (비록 그렇게까지 직접적이지는 않았지만) 힐베르트에게서 왔다. 1935년 봄 킹스의 특별연구원들이 앨런의 논문을 돌아가며 읽고 있을 때, 앨런은 뉴먼M.H.A Newman이 가르치는 '수학의 기초'라는 파트 III 수업을 듣고 있었다.

당시 거의 마흔이었던 뉴먼은 영국에서 위상기하학topology의 으뜸가는 주창자라 할 수 있는 화이트헤드J. H. C. Whitehead 편에 있는 사람이었다. 이 수학 분야는 기하학에서 '연결된', '모서리', 그리고 '인접한'처럼 측정에 기반을 두지 않는 개념을 추상한 결과라고 설명할 수 있을 것이다.* 1930년대에 위상기하학은 순수 수학을 대거 통합하며 일반화하고 있었다. 뉴먼은 고전파 기하학이 위세를 떨치던 케임브리지에서 진보적인 인물에 속했다.

---

* 위상기하학적 문제의 단순한 예로는 '4색정리four color theorem'가 있다. 이 정리에 따르면, 예컨대 잉글랜드 주 지도는 언제나 4개의 색만으로 표시될 수 있는데, 이때 인접한 어떤 주도 같은 색을 공유하지 않게 할 수 있다. 앨런은 이 문제에 상당한 관심을 가졌지만, 이 주장은 1976년까지 증명되지 못했다.

위상기하학의 기초를 이루는 것은 집합 이론이었기에, 뉴먼은 집합 이론의 기초에 관해 연구한 바 있다. 그는 또 힐베르트가 독일을 대표했던 1928년 국제대회에도 참석한 바 있다. 힐베르트로 인해 뉴먼은 수학의 기초를 연구해야 한다는 사명감을 되찾을 수 있었다. 뉴먼의 강의 내용도 러셀의 '기호논리학적' 학설의 연속이라기보다는 힐베르트 정신에 입각한 것이었다. 아닌 게 아니라 러셀파 전통은 흐지부지되었다. 러셀 본인이 첫 유죄 선고를 받고 트리니티 칼리지 교수직을 박탈당하면서 1916년 케임브리지를 떠났기 때문이다. 그의 동년배 중에 비트겐슈타인Ludwig Wittgenstein은 다른 쪽 연구로 방향을 바꿨고, 해리 노턴Harry Norton은 정신이상이되었으며, 프랭크 램지Frank Ramsey는 1930년에 사망했다. 다양한 접근법과 학설에 관심을 가졌던 브레이스웨이트와 하디 같은 사람들이 있기는 했지만, 뉴먼이 사실상 현대 수리논리에 정통한 케임브리지의 유일한 인물이 되었다.

힐베르트 학설은 본질적으로 그가 1890년대에 시작했던 연구의 연장이었다. 힐베르트는 프레게와 러셀이 씨름한 질문, 즉 수학이 '실제로 무엇인가'라는 문제에 답하고자 한 것은 아니었다. 그런 점에서 힐베르트 학설은 덜 철학적이고 덜 야심적이라고 할 수 있었다. 그러나 러셀의 체계를 비롯해 다른 여러 체계들에 '대해' 심오하고 어려운 질문을 던졌다는 점에서 더 광범위하다고 할 수도 있었다. 힐베르트는 『수학원리』 같은 체계가 원칙적으로 어떤 한계가 있는지 질문했다. 그런 이론 내부에서 무엇을 증명할 수 있고 무엇을 증명할 수 없는지 알아낼 방법이 있는가? 힐베르트의 접근법은 '형식주의' 접근법이라 불렸다. 수학을 마치 게임처럼 형식의 문제로 다뤘기 때문이다. 증명에서 허용되는 수단은 체스 게임으로 치면 말을 움직이는 규칙과 같았고, 공리는 게임의 시작 위치라고 할 수 있었다. 이 같은 비유를 따르면, '체스를 두는 것'은 '수학을 하는 것'과 같았지만, 체스에 '대한' 명제(예컨대, '나이트 두 개는 체크메이트를 할 수 없다')는 수학의 한계에 '대한' 명제에 상응할 것이었다. 힐베르트 학설은 바로 그런 명제와 관계가 있었다.

1928년 열렸던 그 대회에서 힐베르트는 자신의 질문을 꽤 정확히 다듬었다. 첫째, 수학은 '완전'한가? 즉, 기술적 측면에서 모든 명제가(예를 들면, '모든 정수는 4개 제곱수의 합이다') 맞거나 틀리다고 증명될 수 있는가? 둘째, 수학은 '무모순적'

앨런 튜링의 이미테이션 게임

인가? 다시 말해, 논리적으로 타당한 증명 단계를 거치면 '2+2=5' 같은 명제가 절대로 성립될 수 없음이 확실한가? 셋째, 수학은 '결정 가능'한가? 즉, 원칙적으로 모든 주장에 적용될 수 있고 그 주장이 참인지 거짓인지 확실하게 결정해줄 명확한 방법이 존재하는가?

1928년에는 이 중 어떤 질문에도 답할 수 없었다. 하지만 힐베르트는 각각의 경우에 있어 '그렇다'가 답일 것이라고 생각했다. 1900년, 그는 "모든 명확한 수학적 문제는 반드시 정확하게 결정되어야만 한다… '우리는 모를 것이다ignorabimus' 같은 말은 수학에는 적용되지 않는다"라고 단언한 바 있다. 1930년 힐베르트는 은퇴하면서 거기서 더 나아갔다.[30]

> 철학자 콩트August Comte는 해결할 수 없는 문제의 예로서 과학이 천체의 화학적 구성의 비밀을 절대로 알아낼 수 없을 것이라고 말한 바 있다. 몇 년 후 이 문제는 해결되었다… 콩트가 해결할 수 없는 문제를 찾아낼 수 없었던 진정한 이유는 해결할 수 없는 문제 같은 것은 없기 때문이라는 것이 나의 생각이다.

힐베르트 학설이 실증주의보다 더 긍정적인 관점인 셈이었다. 하지만 바로 그 대회에서 쿠르트 괴델Kurt Gödel이라는 체코 출신의 젊은 수학자가 힐베르트 학설에 심각한 타격을 가하는 결과를 발표했다.

괴델은 산술이 완전하지 않음을, 다시 말해 맞는다고도 틀리다고도 증명할 수 없는 주장이 존재한다는 것을 보여줄 수 있었다.[31] 그는 페아노의 정수 공리로 시작했지만, 단순한 유형 이론을 사용해서 체계가 정수 집합, 정수 집합의 집합 등등을 나타낼 수 있도록 논의를 확장했다. 그렇지만 괴델의 주장은 정수론은 물론이고 모든 수학 체계에 적용될 수 있었고, 공리의 세부 사항은 중요하지 않았다.

그러고 나서 괴델은 모든 '증명' 연산, 즉 논리적 추론에 기반을 둔 '체스 같은' 규칙이 그 자체로 산술적 특성이 있음을 보여주었다. 다시 말해, 한 수식이 다른 수식으로 올바르게 대치되었는지 확인하기 위해 오로지 계산이나 비교 같은 연산만이 사용된다는 것이었다. 체스에서 말의 이동이 적법한지 아닌지를 오로지 계산과 비교만으로 확인할 수 있는 것과 똑같은 이치였다. 사실상 괴델은 자신의 체계 공식이 정수로 부호화될 수 있음을 보여주었고, 따라서 정수로 정수에 '대한' 명제를 표현할 수 있게 했다. 이것이 핵심 생각이었다.

괴델은 계속해서 증명을 어떻게 정수로 부호화하는지를 보여주었다. 결국 산술 이론 전체를 산술 '내부에' 부호화시킨 셈이었다. 수학이 순전히 기호 게임이라면 다른 기호보다는 숫자 기호를 사용하는 것이 낫다는 사실을 활용한 것이었다. 그는 '증명' 혹은 '증명할 수 있음'의 속성이 '제곱'이나 '소수'의 속성만큼이나 산술적임을 보여줄 수 있었다.

이러한 부호화 과정의 결과, "나는 지금 거짓말을 하고 있다" 같은 종류의 '자기 자신'을 지칭하는 산술적 명제를 기록할 수 있게 되었다. 실제로 괴델은 딱 그런 속성이 있는 특정한 주장 하나를 만들었다. "이 명제는 증명할 수 없다"라는 주장이었다. 결과적으로 이 주장은 '참'이 될 수 없었는데, 참일 경우 모순에 이르기 때문이었다. 같은 이유로 '거짓'이 될 수도 없었다. 공리에서 논리적으로 추론하는 것으로는 맞는다고도 틀리다고도 증명할 수 없는 주장이었다. 이렇게 괴델은 산술이 힐베르트의 기술적 측면에서 '불완전'하다는 것을 증명했다.

이것이 다가 아니었다. 괴델이 만들어낸 특별한 주장에서 놀라운 점 한 가지는 그 주장이 증명할 수 없기 때문에 어떤 면에서는 '참'이라는 것이었다. 하지만 이 주장이 '참'이라고 말하려면 관찰자가 외부에서 체계를 볼 수 있어야 했다. 공리 체계 '내부'에서 일어나는 작용으로는 입증이 불가능했다.

산술의 '무모순성'을 전제로 하는 주장 또한 문제가 되었다. 만약 산술에 실제로 모순이 있다면 '모든' 주장을 증명할 수 있어야 했다. 따라서 더 정확히 말하면, 괴델은 산술이 모순적이거나 불완전하거나 둘 중 하나라는 것을 증명한 셈이었다. 또한 자체적인 공리 체계 내에서는 산술의 무모순성을 증명할 수 없음을 보여주었다. 참으로 증명할 수 없는 명제(예컨대, 2+2=5)가 단 하나라도 있다는 것을 증명하면 될 일이었다. 괴델은 "이 명제는 증명할 수 없다" 같은 명제가 바로 그런 속성을 지닌다는 것을 보여줄 수 있었다. 그리고 그런 식으로 괴델은 힐베르트의 첫 번째와 두 번째 질문을 해치웠다. 산술은 무모순적이라 증명될 수 '없었고', 무모순

앨런 튜링의 이미테이션 게임

적인 '데다' 완전한 것은 특히나 아니었다. 힐베르트는 자신의 학설로 수학의 미해결 부분들을 깔끔하게 정리할 수 있을 것이라 생각했지만, 오히려 연구가 예기치 않게 새로운 국면에 접어들었다. 수학에서 절대적으로 완벽하며 논쟁의 여지가 없는 무언가를 찾고 싶어 했던 사람들로서는 속이 뒤집어질 만한 일이었다. 새로운 질문들이 시야에 들어오게 되었음을 의미하기도 했다.

뉴먼은 괴델의 정리를 증명하는 것으로 강의를 마쳤고, 이로써 앨런은 지식의 최전선에 다다른 셈이었다. 힐베르트의 '세 번째' 질문은 여전히 해결되지 않은 채 남아 있었다. 그러나 이제 그 질문은 '진리'보다는 '증명성' 개념 측면에서 다뤄져야 했다. 괴델의 연구는 증명 가능한 명제와 증명 가능하지 않은 명제를 구별할 방법이 존재할 가능성까지 배제하지는 않았다. 괴델의 다소 색다른 주장들을 어떻게든 분리할 수 있을는지도 몰랐다. 수학적 명제의 증명 가능성 여부를 판별해줄 수 있는 명확한 방법(뉴먼의 표현대로라면 '기계적 과정')은 존재하는가?

이 질문은 수학에 대해 알려진 모든 것의 핵심을 찌르는 문제로, 어찌 보면 지나친 요구라 할 수 있었다. 예를 들면, 1928년 하디는 다소 분개하여 다음과 같이 말했다.[32]

> 그런 정리는 물론 없다. 매우 다행스러운 일인데, 그런 정리가 있다면 모든 수학 문제를 일련의 기계적 규칙으로 풀게 될 것이고, 수학자로서의 우리의 역할은 끝날 것이기 때문이다.

수백 년 동안의 노력에도 불구하고 옳다고도 틀리다고도 증명하지 못한 산술 명제는 차고도 넘쳤다. 페르마Pierre de Fermat의 소위 '마지막 정리'도 그중 하나였는데, 여기서 페르마는 세제곱수는 다른 세제곱수 2개의 합으로 나타낼 수 없고, 네제곱수는 다른 네제곱수 2개의 합으로 나타낼 수 없다는 것 등등을 추측했다. 모든 수는 두 소수의 합으로 표시될 수 있다는 골드바흐Christian Goldbach의 추측 또한 미해결 문제 중 하나였다. 그토록 오래도록 해결되지 못한 주장이 사실은 어떤 일련의 규칙에 의해 자동적으로 결정될 수 있는 문제라고 믿기란 어려운 일이었다. 게다가 네제곱수 정리처럼 해결된 난제 중에도 "일련의 기계적 규칙" 같은 방식에 의해 증명된 것은 거의 없었고, 새로운 추상적 대수 개념을 만드는 등 창의적 상상력을 발휘함으로써 증명된 것이 대부분이었다. 하디는 "수학자들이 어떤 기적적인 기계의 손잡이를 돌려 새로운 발견을 한다고 상상할 사람은 지극히 단순한 사고방식을 지닌 외부인뿐이다"라고 말했다.

다른 한편으로, 수학의 진보로 인해 더 많은 문제들이 '기계적' 접근법의 사정거리 안에 들어오게 된 것도 사실이었다. 하디는 이런 진보가 '당연히' 수학 전체를 망라할 수는 없을 것이라고 말했겠지만, 괴델의 정리 이후 '당연히'라고 말할 수 있는 것은 하나도 없었다. 더욱 예리하게 분석해볼 만한 문제였다.

"기계적 과정"이라는 뉴먼의 의미심장한 표현은 앨런의 머리를 맴돌았다. 1935년 봄에는 다른 두 가지 면에서도 진척이 있었다. 특별연구원 선거가 3월 16일에 치러졌다. 필립 홀은 그때 막 선거인이 되어 앨런에 대한 지지를 호소했다. 중심극한정리의 재발견이 앨런의 능력이 최대로 발휘된 논문은 아니라는 것이었다. 그러나 필립 홀의 변호는 필요하지 않았다. 케인스와 피구, 그리고 학장인 존 셰퍼드 모두 나름 앨런에 대해 의견을 가지고 있었기 때문이다. 앨런은 동기 중 최초로 46명의 특별연구원 중 한 명으로 선정되었다. 셔본 학생들은 덕분에 반휴일을 즐겼고, 다음과 같은 4행시가 유포되었다.

> 그토록 일찍
> 교수가 되다니
> 튜링은
> 대단히 매력적인 사람이었나 봐.

앨런은 아직 스물두 살에 불과했다. 특별연구원에게는 매년 300파운드의 봉급이 3년 동안 주어졌고(보통 6년까지 연장되곤 했다) 딱히 수행해야 할 직무는 없었다. 케임브리지 학내에서 거주할 경우 숙식이 제공되었고 주빈석(대학 식당에서 교수들이 앉는 자리—옮긴이)에서 식사할 수 있었다. 교수 휴게실에서 보낸 첫날 저녁, 앨런은 루미 게임을 했고 학장에게서 몇 실링을 땄다. 하지만 앨런은 데이비드 챔퍼노운이나 프레드 클레이턴, 그리고 케네스 해리슨 같은 친구들과 같이 저녁을 먹는 편이 더 좋았다. 특별연구원이 되었다고 그의 생활 방식이 바뀌지는 않았지만, 3년 동안 돈 걱정하지 않고 마음껏 자신이 원하던 연구를 할 수 있게 되었다. 특별연구원직과 더불어 앨런은 옆 건물 트리니티 홀 소속 학부생들을 지도하는 일을 맡았다. 별나기로 소문난 킹스의 분위기를 엿보고자 앨런의 방을 찾은 학생들은 때때로 찾아온 보람을 느낄 수 있었다. 앨런은 곰 인형 포기를 난롯가에 앉히고 그 앞에 책을 자로 받쳐놓고는, "오늘 아침 포기는 공부를 아주 열심히 하고 있다네"라고 말하며 학생들을 맞곤 했다.

선거는 앨런이 '작은 발견'이라고 불렀던 성취와 맞물려 일어났는데, 이것에 기반을 두어 앨런은 출판할 만한 최초의 논문을 썼다. 군론에 대한 연구였는데, 간단하지만 훌륭했다. 앨런은 4월 4일 (역시 그 분야에 대해 연구하는) 필립 홀에게 결과를 알리면서 "이런 종류의 연구를 진지하게 해보고자"한다고 말했다. 이 논문은 런던수학학회London Mathematical Society에 제출되었고 그달 말에 출판되었다.[33]

앨런의 논문은 '개주기概週期 함수'* 이론을 '군' 개념과 관련지어 전개한 폰 노이만의 논문[34]에서 조금 더 나아간 것이었다. 공교롭게도 폰 노이만은 그달에 케임브리지에 왔다. 그는 프린스턴을 떠나 여름을 보내고 있었고 케임브리지에서 '개주기 함수'에 관한 주제로 강의를 했다. 앨런이 이 학기에 폰 노이만을 만난 것은 확실한데, 아마도 이 강의를 통해 만났을 것이다.

두 사람은 매우 달랐다. 앨런 튜링이 태어났을 때, 부유한 헝가리 출신 은행가의 아들로 태어난 자노스János 폰 노이만은 여덟 살이었다.[35] 폰 노이만은 사립학교 교육을 받지 않았으며, 앨런이 헤이즐허스트 강에서 종이배를 띄우기도 전인 1922년에 열여덟의 나이로 첫 논문을 발표했다. 부다페스트의 자노스는 힐베르트의 제자 중 하나인 괴팅겐의 요한Johann이 되었고, 1933년에는 프린스턴의 자니Johny

---

* 순수 수학에서 전개된 최신 이론으로 '주기성'의 개념을 확장하고 일반화했다.

가 되면서 영어를 자신의 네 번째 언어로 삼았다. '개주기 함수'에 대해 쓴 논문은 그의 52번째 논문으로서, 집합 이론의 공리와 양자역학부터 양자이론의 순수 수학적 기초를 이루는 위상기하학적 군 이론까지 아우르는 방대한 결과물의 일부였다. 거기에 다른 수많은 주제가 곁가지로 포함되어 있었다.

존 폰 노이만은 20세기 수학계에서 가장 중요한 인물 중 하나였지만, 지적으로뿐만 아니라 세속적으로 성공한 사람이기도 했다. 그는 위엄 있는 태도와 세련되면서도 신랄한 유머 감각을 지닌 사람이었다. 또 공학 교육을 받았고 역사에 대해서도 박식했으며, 상당한 개인소득 외에도 1만 달러에 달하는 봉급을 받았다. 낡아빠진 스포츠 재킷을 입은 스물두 살짜리 애송이로 예리하긴 하지만 수줍음을 타며, 4개 국어는 고사하고 한 개 언어도 쩔쩔매는 말더듬이와는 매우 다른 모습이었다. 그러나 수학의 세계에서 이런 것들은 중요하지 않았다. 어쩌면 5월 24일 앨런이 집에 "…내년*에 프린스턴에 가는 방문연구원 자리를 신청해놓았어요"라고 편지를 썼던 것도 폰 노이만과의 정신적 교감 덕분이었는지도 모른다.

그러나 또 다른 이유는 앨런의 친구인 모리스 프라이스가 프린스턴에 연구원 자리를 확보해서 9월에 그곳으로 가게 되었다는 데 있었다. 모리스와는 1929년 장학금 시험에서 만난 이후 계속 연락하고 지내던 터였다. 어쨌거나 프린스턴이 새로운 괴팅겐으로 부상했다는 사실은 점점 더 분명해지고 있었다. 일류 수학자들과 물리학자들이 대서양을 건너 왕래하고 있었던 것이다. 유럽, 특히 독일에서 미국으로 영향력이 지속적으로 옮겨가고 있음을 보여주는 단적인 예였다. 앨런처럼 '무언가 중요한 일을 하고자' 했던 사람들은 더 이상 미국을 무시할 수 없게 되었다.

앨런은 1935년 한 해 동안 군론 연구를 계속했다.[36] 그는 또한 양자역학을 연구해볼 생각에 수리물리학 교수인 파울러R. H. Fowler를 찾아가 연구할 만한 문제에 대해 조언을 받기도 했다. 파울러는 자신이 가장 좋아하는 연구 주제 중 하나인 물의 유전율을 설명해보라고 권했다. 그러나 앨런은 별 성과를 거두지 못했고, 1930년대

---

* '내년'이 1935~1936년을 뜻하는지 1936~1937년을 뜻하는지는 분명하지 않다.

의 야심 찬 젊은 수학자들을 매료시켰던 그 문제뿐 아니라 수리물리학 전 분야를 한쪽에 제쳐두었다. 앨런은 무언가 새로운 것, 수학의 중심이자 '자신'의 중심에 있는 무언가를 봤던 것이었다. 학위 과정과는 거의 별개의 문제였다. 자연의 가장 흔한 속성만을 이용했는데 지극히 평범하면서도 굉장한 아이디어로 이어졌다.

앨런은 오후에 장거리 달리기를 하는 습관을 붙이게 되었다. 강을 따라 멀게는 일리Ely까지 갔다 오기도 했다. 훗날 앨런이 말하길, 힐베르트의 세 번째 문제를 어떻게 답하면 좋을지 깨닫게 된 것은 그랜트체스터 초원에 누워 있을 때였다. 아마도 1935년 여름이었을 것이다. "기계적 과정"이라는 뉴먼의 표현을 들은 뒤로 앨런 튜링은 기계를 꿈꿨다.

브루스터는 "당연한 말이지만 몸은 기계이다. 몸은 대단히 복잡한 기계로, 손으로 만들어진 그 어떤 기계보다 수십 배 복잡하긴 하지만, 여전히 결국은 기계이다"라고 역설적인 주장을 한 바 있다. 한 차원에서 보자면, 육체는 살아 있고 따라서 기계가 아니었다. 그러나 더 상세히 설명하자면, 즉 "살아 있는 벽돌들"의 차원에서 보자면, 육체는 전적으로 '결정되어' 있었다. 핵심은 기계의 능력이 아니라 기계가 의지를 결핍하고 있다는 사실이었다.

힐베르트의 결정 문제는 물리학이나 화학 혹은 생물학적 세포 차원의 결정을 말하는 것은 아니었다. 그보다는 더 추상적인 문제였다. 더 이상 새로운 것이라고는 생길 수 없게끔 사전에 고정된 특성을 의미했다. 또 어떤 특정 크기나 화학 구성 차원이 아니라 기호에 작용했다.

앨런은 이 '결정'의 특성을 '추상화'해서 기호를 조작하는 데 적용해야 했다. 하디처럼 수학의 "기계적 규칙", 즉 기적적인 기계의 "손잡이를 돌리는 행위"에 대해 말하는 사람은 있었지만, 그런 기계를 실제로 설계하려고 한 사람은 없었다. 앨런이 하고자 했던 일이 바로 이것이었다. 비록 앨런은 하디가 말했던 것처럼 "지극히 단순한 사고방식을 지닌 외부인"은 사실상 아니었지만, 수학의 광대함이나 복잡성에는 끄떡도 하지 않고 기묘하게 단순한 방식으로 그 문제를 다뤘다. 앨런은 맨 땅에서 시작해서 힐베르트의 문제, 즉 제시된 모든 수학적 주장의 증명 가능성을 결정할 수 있느냐의 문제를 다룰 수 있는 기계를 마음에 그려보려 했다.

물론 기호를 조작하는 기계는 존재했다. 타자기가 한 예일 것이다. 앨런은 어렸을 때 타자기를 발명할 생각을 한 적이 있었다. 튜링 부인한테 타자기가 있었으니 앨런은 타자기를 '기계적'이라 부르는 것이 어떤 의미인지 자문해보는 것으로 시작할 수 있었다. 타자기는 운영자가 취하는 어떤 행동에도 전적으로 확실하게 반응한다는 점에서 기계적이라 할 수 있었다. 사람들은 기계가 어떤 돌발 상황에도 어떻게 반응할지 사전에 정확하게 설명할 수 있었다. 그러나 아무리 변변찮은 타자기라도 이보다는 더 설명의 여지가 많았다. 기계의 반응은 앨런이 현재 '설정configuration'이라고 부른 기계의 현 상태에 달려 있었다. 특히, 타자기에는 '대문자' 설정과 '소문자' 설정이 있었다. 앨런은 이 아이디어를 더욱 일반적이고 추상적인 형태로 표현했다. 그는 기계들이 유한개의 가능한 '설정' 중 하나에 맞춰져 있다고 생각했다. 타자기 자판처럼 기계에 행할 수 있는 일이 한정되어 있다면, 기계의 행동을 유한한 형태로 완전히 설명하는 것도 가능했다. 그것도 단 한 번이면 족했다.

그러나 타자기에는 그 기능에 필수적인 특징이 하나 더 있었다. 타자기의 입력 지점이 페이지 내에서 이동할 수 있다는 것이었다. 타자를 치는 행위는 입력 지점이 페이지 어디에 위치하느냐와는 무관했다. 앨런은 이 아이디어 역시 자신이 구상한 더 일반적인 기계에 포함시켰다. 그 기계는 내부 '설정'이 되어 있을 것이며, 인쇄되는 열에서 위치를 이동시킬 수 있을 것이다. 기계의 작동은 그 위치와는 무관했다.

여백이나 줄 간격 따위의 세부 사항들을 무시한다면, 타자기의 속성은 이런 생각들만으로 충분히 완전하게 설명될 수 있었다. 허용된 설정과 위치, 그리고 글자키character keys가 어떻게 인쇄되는 기호를 결정하는지(예컨대, 시프트키는 '소문자'에서 '대문자'로 설정을 바꿔주고, 스페이스바와 백스페이스키는 인쇄 위치를 조정한다)를 정확하게 기술해주면 타자기의 핵심 기능은 다 설명되는 셈이었다. 만약 어떤 엔지니어가 이 설명대로 물리적 기계를 만들었다면, 그 결과물이 바로 타자기일 것이다. 여기서 타자기의 색깔이나 무게 혹은 다른 어떤 속성들은 중요하지 않았다.

그러나 타자기는 모형 역할을 하기에는 기능이 너무나 제한적이었다. 기호를 다루기는 했지만 오직 '쓰는 것'만 가능했던 데다 인간 운영자가 매번 기호를 선택하고 설정과 위치를 바꿔줘야 했다. 앨런 튜링은 기호를 다루는 가장 '일반적인' 종류의 기계가 무엇인지 자문해보았다. '기계'이기 위해서는 타자기처럼 유한개의 설정과 각 설정에 있어 정확하게 결정된 행동이 갖춰져야 했다. 그러나 그보다는 훨씬 많은 것을 할 수 있어야 했다. 그리하여 앨런이 상상한 기계는 사실상 슈퍼타자기였다.

설명을 단순화하고자 앨런은 자신의 기계가 단 한 줄로만 작동한다고 상상했다. 이는 여백이나 줄 간격 같은 문제를 신경 쓰지 않기 위해 조치한 세부 사항에 불과했다. 그러나 종이가 무제한으로 공급되어야 한다는 가정은 중요했다. 앨런의 묘사에 따르면, 이 슈퍼타자기의 입력 지점은 왼쪽이나 오른쪽으로 무한정 나아갈 수 있었다. 또한 여기에 '명확함'을 부여하기 위해 종이가 네모칸으로 구획된 기다란 '테이프' 형태를 하고 있다고 가정했는데, 네모칸 하나에는 단 한 개의 기호만 쓸 수 있었다. 따라서 앨런의 기계는 유한하게 정의되면서도 무한한 작업 공간을 가질 수 있었다.

다음으로 기계는 테이프의 네모칸을 읽거나 혹은 앨런의 표현에 따르면 '판독'할 수 있어야 했다. 기호를 쓰는 작업도 물론 여전히 가능해야 했지만, '지우는' 것도 가능해야 했다. 그러나 기계는 오른쪽이나 왼쪽으로 한 번에 한 칸씩만 이동할 수 있었다. 그렇다면 타자기를 치는 인간 운영자에게는 무슨 역할이 남았는가? 앨런은 '선택 기계choice machines'라고 자신이 명명한 유형의 기계, 즉 특정 지점에서 외부의 운영자가 개입해 결정을 내리는 기계의 가능성을 언급하기는 했다. 그러나 주장의 주안점은 '자동' 기계라고 앨런이 명명한 기계, 즉 인간이 전혀 개입하지 않는 기계에 맞춰져 있었다. 앨런의 목적은 하디가 "기적적인 기계"라고 불렀던 것, 즉 제시된 수학적 주장을 읽고 그것이 증명 가능한지 여부를 판명함으로써 힐베르트의 결정 문제를 해결할 기계적 과정을 논하는 데 있었기 때문이다. 요점은 기계가 인간의 판단이나 상상력, 혹은 지능의 도움 없이 그런 일을 할 수 있어야 한다는 것이었다.

모든 '자동기계'는 구성된 방식에 따라 읽고, 쓰고, 좌우로 이동하면서 혼자서 척

척 일을 해낼 것이다. 매 단계에서 기계의 행동은 그때그때의 설정과 읽어낸 기호에 의해 전적으로 결정될 것이다. 정확히 말하자면, 기계의 구성은 설정과 판독된 기호의 조합 각각에 대하여 다음과 같은 것들을 결정한다.

빈 네모칸에 새로운 (지정된) 기호를 쓸지, 그리고 지금 있는 칸을 그대로 놔둘지 아니면 지우고 빈칸으로 둘지 여부
현재 설정대로 계속 놔둘지 아니면 다른 (지정된) 설정으로 바꿀지 여부
왼쪽 칸으로 이동할지, 오른쪽 칸으로 이동할지, 아니면 같은 자리에 있을지 여부

자동기계를 정의하는 이 모든 정보를 작성하면 유한한 크기의 '행동표table of behavior'가 된다. 이 행동표는 기계가 물리적으로 구성이 되든 안 되든 기계와 관련된 모든 정보가 담긴다는 점에서 기계를 완전히 정의할 것이다. 추상적 관점에서 보자면 표가 기계인 셈이었다.

각각의 표는 각기 다른 유형의 행동을 하는 기계를 정의하게 된다. 무한히 많은 표를 만들 수 있고, 이에 대응하는 무한히 많은 기계가 존재할 수 있을 것이다. 앨런은 '명확한 방법' 혹은 '기계적 과정'이라는 모호한 개념을 매우 명확한 형태, 즉 '행동표'로 만들었던 것이다. 그리하여 이제 답해야 할 질문은 아주 분명해졌다. 이 기계들 중에, 즉 이 표들 중에 힐베르트가 요구한 결정을 해낼 수 있는 기계 혹은 표가 있는가?

견본 기계: 다음의 '행동표'는 계산기의 특성을 가진 기계를 완전하게 정의한다. 기계의 '판독기scanner'는 빈칸 한 개를 사이에 둔 두 무리의 '1'의 왼쪽에서 시작해서 두 무리를 더한 다음에 멈출 것이다. 따라서 다음과 같은 상태에서

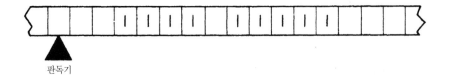

판독기

　　　　　　　　　　　　　　　　　　앨런 튜링의 이미테이션 게임

다음과 같은 상태로 변하게 될 것이다.

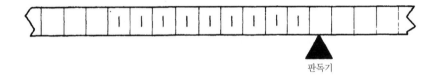

판독기

기계는 빈칸은 채우고 마지막 '1'은 지우는 작업을 해야 한다. 따라서 기계에 4개의
설정을 제공하는 것으로 충분하다. 첫 번째 설정에서 기계는 빈칸을 지나며 첫 번
째 무리의 '1'을 찾는다. 기계가 첫 번째 무리에 도달하면 두 번째 설정으로 들어가
게 된다. 중간의 빈칸은 기계를 세 번째 설정으로 전환시켜 다시 빈칸을 만날 때까
지 두 번째 무리를 따라가게 만든다. 그리고 나오는 빈칸은 기계에게 되돌아가라는
신호 역할을 한다. 이로써 기계는 네 번째이자 마지막 설정에 들어서게 되어 마지
막 '1'을 지우고 작업을 마치게 된다.
완전한 표는 다음과 같다.

	빈칸	1
설정 1	오른쪽으로 이동: 설정 1	오른쪽으로 이동: 설정 2
설정 2	'1'을 쓰고 오른쪽으로 이동: 설정 3	오른쪽으로 이동: 설정 2
설정 3	왼쪽으로 이동: 설정 4	오른쪽으로 이동: 설정 3
설정 4	제자리에 있는다: 설정 4	지우고 제자리에 있는다: 설정 4

예에서 보듯, 이런 종류의 매우 단순한 기계조차 계산 이상의 일을 했다. 기계가
'오른쪽 방향에서 가장 먼저 나오는 기호를 찾기' 같은 '인식' 행위를 할 수 있게 된
것이다. 이보다 다소 복잡한 기계는 곱셈도 실행할 수 있을 터였다. 한 무리의 '1'
을 반복해서 복제하는 와중에 다른 무리의 '1'을 한 번에 하나씩 지워가다가 작업
종료를 인식하면 되는 것이었다. 이런 기계는 또한 결정 행위도 할 수 있었다. 이
를테면 어떤 숫자가 다른 숫자에 의해 나누어떨어질 수 있는지 혹은 어떤 수가 소
수인지 합성수인지 여부를 결정해줄 수도 있을 것이다. 이런 원칙을 이용해서 '명

확한 방법'을 광범위하게 기계화하는 데는 분명 한계가 있었다. 그렇다면 증명 가능성에 대한 힐베르트의 문제를 결정해줄 수 있는 기계는 과연 존재할 수 있을까?

'표'를 작성하는 것으로 해결하기에는 너무 어려운 문제였다. 그러나 편법으로 답을 구하는 방법이 있었다. 앨런은 '계산 가능한 수'라는 개념을 불현듯 생각해냈다. 요점은 어떤 명확한 규칙에 의해 정의된 '실수'라면 모두 앨런의 기계 중 하나로 계산될 수 있다는 것이었다. 예컨대, 앨런이 셔본에 있을 때 해봤던 것처럼 원주율 π의 소수전개를 계산하는 기계가 가능했다. 덧셈과 곱셈, 그리고 복제 등등에 대한 일련의 규칙만 있으면 되었기 때문이었다. π는 무한소수이기 때문에 기계는 멈추지 않고 계속 작동할 테니 '테이프'의 작업 공간이 무한해야 했다. 그러나 한정된 양의 테이프를 쓴다면 유한한 시간 동안 모든 소수 자리를 도출할 수 있었다. 그 과정의 모든 것은 유한한 표로 정의될 수 있고, 표가 알아서 혼자 빈 테이프에 작업을 할 것이다.

이 말은 즉, 앨런이 무한소수인 π 같은 숫자를 '유한한' 표로 나타낼 수 있음을 뜻했다. 3의 제곱근이나 7의 로그, 혹은 특정 규칙에 의해 정의된 다른 어떤 수도 마찬가지였다. 앨런은 그런 수를 '계산 가능한 수computable number'라고 명명했다.

더 정확히 말하자면, 기계 자체는 소수나 소수 자리에 대해 아무것도 모를 터였다. 기계는 단지 숫자 열을 만들어낼 뿐이었다. 기계가 빈 테이프에 만들어낼 수 있는 수열을 앨런은 '계산 가능한 수열computable sequence'이라고 명명했다. 그렇다면 소수점 아래 무한히 계속되는 계산 가능한 수열은 0과 1 사이의 '계산 가능한 수'로 정의될 수 있을 것이다. 이처럼 보다 엄밀한 의미에서 0과 1 사이의 모든 계산 가능한 수는 유한한 표에 의해 정의될 수 있었다. 앨런의 주장에서 중요했던 것은 계산 가능한 수가 언제나 무한한 숫자 열로(어느 지점 이후는 계속 0만 나올지라도) 표현된다는 사실이었다.

이 유한한 표들은 이제 알파벳순 비슷하게 가장 단순한 표에서 시작해 점점 더 복잡한 표 순서로 정렬될 수 있었다. 표들을 목록화할 수 있게(즉, 셀 수 있게) 된 것인데, 이 말은 모든 계산 가능한 수가 목록에 들어갈 수 있다는 의미였다. 실제로 그렇게 하는 것은 그다지 현실성 있는 일은 아니었지만, 이론적으로는 완전히 명확한 개념이었다. 예컨대 3의 제곱근은 목록에서 678번째에 나온다거나 π의 로그는 9,369번째라고 할 수 있을 것이다. 너무 엄청나서 믿기 어려운 생각이었다. 이 목록에는 산술 연산을 통해 도출할 수 있는 모든 수가 포함될 테니 말이었다. 공식의 근을 찾고 사인이나 로그 같은 수학 함수를 사용하는 등 계산 수학에서 발생할 수 있는 모든 수가 이 목록에 포함될 것이었다. 이 점을 이해하자마자 앨런은 힐베르트의 문제에 대한 답을 알았다. 어쩌면 그랜트체스터 초원에서 갑자기 깨달은 것이 바로 이 점이었는지도 모르겠다. 즉시 사용할 수 있는 훌륭한 수학적 방법이 있었기에 앨런은 답을 알 수 있었다.

50년 전, 칸토어는 모든 분수, 즉 모든 비율 혹은 '유리수'를 하나의 목록에 넣을 수 있음을 깨달았다. 정수보다는 분수가 훨씬 많으리라 순진하게 생각할 수도 있을 것이다. 그러나 칸토어는 엄밀히 말해 꼭 그렇지 않다는 것을 보여주었다. 분수도 셀 수 있을 뿐 아니라 일종의 알파벳순으로 정렬될 수 있었기 때문이다. 약분되는 분수를 제외한다면, 0에서 1까지 모든 유리수를 포함한 목록은 다음과 같이 시작할 것이다.

1/2 1/3 1/4 2/3 1/5 1/6 2/5 3/4 1/7 3/5 1/8 2/7 4/5 1/9 3/7 1/10···

칸토어는 대각선 논법Cantor diagonal argument이라 불리는 묘책을 창안했는데, 이 묘책으로 '무리수'가 존재한다는 것을 증명할 수 있었다. 여기서 유리수는 무한소수로 표현될 것이고, 0에서 1 사이의 유리수로 이루어진 목록은 다음과 같이 시작할 것이다.

1　.50000000000000000000···

2　.33333333333333333333···

3　.25000000000000000000···

4　.66666666666666666666···

5　.20000000000000000000···

6	.16666**6**666666666666…
7	.400000**0**0000000000000…
8	.7500000**0**000000000000…
9	.14285714**2**8571428571…
10	.60000000**0**0000000000…
11	.12500000000**0**00000000…
12	.28571428571**4**2857142…
13	.800000000000**0**0000000…
14	.111111111111111**1**11111…
15	.428571428571428**5**714…
16	.100000000000000**0**0000…
.	…
.	…

칸토어의 묘책은 다음과 같이 시작하는 대각선 수를 생각하고

.5306060020040180…

각각의 숫자에 1씩 더하는 식으로(예외적으로 9는 0으로 바꾼다) 숫자를 바꿔주는 것을 골자로 했다. 그리하여 다음과 같이 시작하는 무한소수가 나오게 되었다.

.6417171131151291…

이 수는 유리수가 될 수 없다. 첫 번째 유리수와는 소수 첫째 자리가 다르고 694번째 유리수와는 소수 694번째 자리가 다르며 그런 식으로 무한히 이어질 것이기 때문이다. 따라서 이 수는 목록에 있을 수가 없다. 그러나 이 목록은 모든 유리수를 포함했기 때문에, 고로 대각선수는 유리수일 수가 없다.

무리수라는 것이 존재한다는 것은 피타고라스도 이미 지적한 바 있듯 잘 알려진 사실이었다. 칸토어가 자신의 묘책을 통해 드러내고자 했던 것은 이것과는 사실 상 좀 달랐다. 어떤 목록도 모든 '실수', 즉 모든 무한소수를 포함할 수 없다는 것이 요점이었다. 그 어떤 목록도 누락된 다른 무한소수를 정의할 수 있게끔 하기 때문 이었다. 칸토어의 논증은 엄밀한 의미에서 실수가 정수보다 더 많음을 보여주었 고, 이로 인해 '무한'의 의미가 무엇인지에 대한 정교한 이론이 출범하게 되었다.

그러나 앨런 튜링의 문제에 있어서 칸토어 논증의 핵심은 유리수에서 어떻게 무 리수가 생길 수 있는지 보여줬다는 데 있었다. 따라서 완전히 똑같은 방식, 즉 대 각선 논법을 통해 계산 가능한 수에서 '계산 불가능한uncomputable 수'가 생길 수 있다 는 것을 보여줄 수 있을 것이었다. 이 점을 깨닫자마자 앨런은 힐베르트의 문제에 대한 답이 '아니요'라는 것을 알 수 있었다. 모든 수학적 문제를 해결할 '명확한 방 법'은 존재할 수 없었다. 계산 불가능한 수는 풀 수 없는 문제의 한 예일 것이기 때 문이었다.

앨런이 확실한 결과를 도출하기 위해서는 아직 처리할 일이 많았다. 일단 칸토 어의 논증에는 무언가 역설적인 점이 있었다. 칸토어의 묘책 자체는 '명확한 방법' 처럼 보였다. 대각선수는 충분히 명료하게 '정의'된 것처럼 보였는데 왜 계산할 수 없는 것일까? 이렇게 기계적 방법으로 구성된 것이 어떻게 계산이 불가능할 수 있 는 것일까? 만약 계산을 시도하면 어떤 문제가 생길 것인가?

이 계산 불가능한 대각선수를 만들어내기 위해 '칸토어 기계'를 설계한다고 가정 해보자. 개략적으로 말하면, 기계는 빈 테이프에서 시작해서 숫자 1을 쓸 것이다. 그러면 '첫 번째' 표를 만들고 그것을 실행하여 '첫 번째' 숫자까지 적고 멈춘 뒤 거 기에 1을 더한다. 그리고 기계는 다시 시작해서 숫자 2를 쓴다. 그러면 '두 번째' 표 를 만들어 '두 번째' 숫자까지만 실행한 다음 이 숫자를 적고 거기에 1을 더한다. 기 계는 이런 식으로 영원히 작업을 해야 할 것이다. 따라서 숫자 '1000'을 쓸 때가 되 면 '1,000번째' 표를 만들어 '1,000번째' 숫자까지 실행한 다음, 거기에 1을 더한 뒤 기록해야 할 것이다.

이 과정의 한 부분은, 물론 앨런의 기계 중 하나로 처리할 수 있을 것이었다. 정해진 표에서 '기재 사항을 찾아보고' 해당 기계가 어떤 결과를 내놓을지 산출하는 일은 그 자체로 '기계적 과정'이기 때문이었다. 즉, 기계가 할 수 있는 일이었다. 한 가지 어려웠던 점은 표가 당연하게도 2차원의 형태로 간주된다는 것이었다. 그러나 표를 '테이프'에 입력될 수 있는 형태로 부호화하는 것은 한낱 기술적 문제에 불과했다. 괴델이 공식과 증명을 정수로 나타냈듯이 표를 정수로 부호화할 수도 있을 것이었다. 앨런은 부호화된 정수를 '묘사수description numbers'라고 불렀다. 즉, 각각의 표에 상응하는 묘사수가 존재하는 셈이었다. 표를 테이프에 넣어 '알파벳순'으로 정렬하게 해주는 이 방법은 어떻게 보면 그저 세부적인 문제에 지나지 않을 수도 있지만, 그 기저에는 괴델도 사용한 바 있는 강력한 아이디어가 깔려 있었다. 즉, '수'와 수에 '작동하는' 연산을 본질적으로 구분하지 않는다는 점이었다. 현대 수학적 관점에서 보자면, 둘 다 똑같이 기호였다.

이렇게 문제를 해결하면, 특정한 어느 기계가 '그 어떤' 기계의 작업도 모방할 수 있다는 결론에 도달하게 된다. 앨런은 그 특정 기계를 '만능'기계universal machine라고 명명했다. 만능기계는 묘사수를 읽고 그것을 표로 해독하여 실행할 수 있도록 설계될 것이었다. 만능기계는 다른 어떤 기계의 작업도 수행할 수 있었다. 그 기계의 묘사수를 테이프에 제공받기만 하면 될 일이었다. 만능기계는 모든 것을 할 수 있는 기계였고, 그런 점에서 누구라도 진지하게 생각해볼 만한 문제였다. 게다가 만능기계는 전적으로 명확한 형태의 기계였다. 앨런은 만능기계를 위한 정확한 표를 산출해냈다.

정확한 표를 만드는 일은 칸토어 과정을 기계화하는 데 있어서 그리 힘든 일은 아니었다. 난점은 다른 요구사항, 즉 계산 가능한 수를 위한 표를 '알파벳순으로' 만드는 데 있었다. 표가 묘사수로 부호화되었다고 가정해보자. 실제로 거기에 쓰인 묘사수가 모든 정수를 다 써버릴 정도는 아니겠지만, 앨런이 고안한 체계에 따르면 가장 단순한 표조차 엄청나게 긴 수로 부호화될 것이었다. 하지만 그런 것은 문제가 아니었다. 정수를 차례대로 해독하고 실행하는 일이나, 표에 정확히 부합되지 않는 경우 무시하는 일이나, 본질적으로 '기계적인' 일이었다. 거의 표기법

앨런 튜링의 이미테이션 게임

의 문제에 해당되는 세부 사항이라 할 수 있었다. 진짜 문제는 좀 더 미묘했다. 질문은 다음과 같았다. 예컨대 올바르게 정의된 4,589번째 표가 주어졌을 때, 그 표에 의해 4,589번째 숫자가 산출될지 어떻게 알 수 있는가? 아니 좀 더 확실히 말하자면, 표에 의해 숫자가 하나라도 산출될지 어떻게 알겠는가? 기계가 더 이상 숫자를 산출하지 못하고 같은 연산을 주기적으로 반복하며 영원히 동일 구간을 왔다 갔다 할지도 모르는 일이었다. 만약 이런 경우가 발생한다면, 칸토어 기계는 오도 가도 못하는 상태가 되어 임무를 결코 완수하지 못할 것이었다.

이 질문에 대한 답은 알 수 '없다'라는 것이었다. 표에 의해 무한한 수열이 산출될지 여부를 미리 확인할 방법은 없었다. 어떤 특정 표에 적용할 방법은 있을는지도 몰랐다. 그러나 '모든' 명령표에 작동할 수 있는 기계적 과정, 즉 기계는 없었다. "표를 가져다 시험해봐라" 식의 처방이 가장 효과적이겠지만, 이 방법을 써서 무한히 많은 숫자가 나타나는지를 알아내려면 무한히 많은 시간이 걸릴 것이다. 모든 표에 적용할 수 있고 유한한 시간 내에 확실하게 답을 도출할 수 있는 규칙은 존재하지 않았다. 둘 다 대각선 수를 인쇄하기 위해서 꼭 필요한 조건이었다. 따라서 칸토어 과정은 기계화될 수 없고 계산 불가능한 대각선 수는 계산될 수 없었다. 결국 모순은 없었던 것이다.

앨런은 무한소수를 발생시키는 묘사수를 '충족수satisfactory number'라고 명명했다. 그러니까 앨런은 '비충족수unsatisfactory number'를 식별할 명확한 방법이 없다는 것을 증명한 셈이었다. 앨런은 힐베르트가 존재하지 않는다고 말했던 것, 즉 '해결할 수 없는 문제'의 분명하고도 구체적인 예를 정확하게 밝혀냈다.

비충족수를 제거할 수 있는 '기계적 과정'이 없다는 것을 증명할 다른 방법도 있었다. 앨런이 가장 좋아했던 방법은 '자기 지시' 개념을 활용한 방법이었다. 비충족수를 찾아낼 수 있는 '점검' 기계가 존재한다고 가정했을 때, 그 기계는 '그 자신'에게 적용될 수도 있을 것이다. 하지만 앨런은 그럴 경우 기계가 완전히 모순에 빠지게 된다는 것을 보여주었다. 따라서 그러한 점검 기계는 존재할 수 없었다.

둘 중 어떤 방법을 택하든, 앨런은 해결할 수 없는 문제 하나를 찾았고, 이 문제로 힐베르트의 수학적 질문을 해결할 수 있다는 것을 구체적으로 보여주는 일만 남았다. 힐베르트의 질문 그대로에 대한 답이었다. 앨런 튜링은 힐베르트 학설에 치명타를 입혔다. 수학이 그 어떤 유한한 절차에 의해서도 완벽하게 규명되지 않는다는 것을 보여준 것이다. 앨런은 문제의 핵심을 파악해서 단순하면서도 우아한 소견 하나로 그 문제를 해결했다.

그러나 앨런이 이룬 것은 수학적 묘책이나 논리적 독창성을 뛰어넘는 일이었다. 앨런은 무언가 새로운 것, 즉 자신의 기계 개념을 창안했다. 이제 남은 일은 앨런이 기계를 정의한 방식이 '명확한 방법'으로 간주될 수 있는 모든 것을 정말 포함하는지 확인하는 일이었다. 읽기, 쓰기, 지우기, 이동하기, 그리고 멈추기로 구성된 이 레퍼토리 정도면 충분했는가? 그것으로 충분해야만 했는데, 그렇지 않을 경우 기계 기능을 확장해서 더 광범위한 문제들을 해결할 수 있을지 모른다는 의혹이 늘 도사릴 것이기 때문이었다. 이 질문에 답하는 차원에서 앨런은 자신의 기계가 수학에서 통상적으로 접할 수 있는 그 어떤 수도 확실히 계산할 수 있음을 증명했다. 또한 힐베르트의 수학 체계 내의 모든 증명 가능한 주장을 대량으로 찍어내도록 기계를 설정할 수도 있음을 보여주었다. 그러나 앨런은 또한 몇 쪽에 걸쳐 수학 논문답지 않은 아주 색다른 논의[37]를 펼쳤다. '사람들'이 생각을 다듬고 종이에 메모를 하면서 수를 '계산'할 때 하는 일이 사실상 무엇인지를 참작해서 '계산'의 정의를 내리려고 했던 것이다.

> 사람들은 통상적으로 특정 기호를 종이에 쓰면서 계산을 한다. 이 종이가 어린이용 산수책처럼 네모칸으로 구획되어 있다고 가정해보자. 초급 산술에는 2차원 형태의 종이가 가끔 사용되지만, 꼭 그럴 필요는 없다. 2차원 형태의 종이가 계산에 필수적이 아니라는 것쯤은 대체로 동의할 것이라 생각한다. 그러면 1차원 형태의 종이, 즉 네모칸으로 구획된 테이프에 계산을 한다고 가정해보자. 나는 또한 종이에 쓸 수 있는 기호의 수가 유한하다고 가정할 것이다. 만약 무한히 많은 기호를 허락한다면 기호 간의 차이는 임의적으로 미미해질 것이다.

앨런 튜링의 이미테이션 게임

앨런은 "무한히 많은 기호"가 실재하는 그 어떤 것과도 상응하지 않는다는 것을 주장하고자 했다. 다음과 같은 측면에서 무한히 많은 기호가 존재한다고 주장할 수는 있었다.

17이나 999999999999999 같은 아라비아 숫자는 통상적으로 단일 기호로 취급된다. 이와 유사하게, 모든 유럽계 언어에서는 단어가 단일 기호로 취급된다(반면 중국어는 셀 수 있는 무한한 기호를 가지려 든다).

하지만 앨런은 이러한 반론을 다음과 같은 의견으로 무마시켰다.

우리 관점에서 단일 기호와 복합 기호의 차이는 복합 기호의 경우 너무 길면 한 번에 관찰될 수 없다는 것이다. 이것은 경험을 통해서도 알 수 있다. 우리는 한 번 힐끗 보는 것으로 9999999999999999와 999999999999999가 같은 수인지 알 수 없다.

이에 따라 기계 또한 유한한 기호 레퍼토리에 한정해 작동하게끔 해야 했다. 가장 중요한 아이디어는 그다음에 등장했다.

컴퓨터의 행동은 언제나 그가 관찰하고 있는 기호와 그 순간의 '마음 상태state of mind'에 의해 결정된다. 계산하는 사람이 한순간 관찰할 수 있는 기호나 네모칸 수는 한정되어 있다고 가정할 수 있다. 만약 기호나 네모칸을 더 관찰하고 싶다면 계속 이어서 관찰해야 할 것이다. 또한 고려할 마음 상태의 수 또한 유한하다고 가정할 것이다. 기호의 개수를 제한한 것과 똑같은 이유에서이다. 만약 마음 상태의 무한성을 인정한다면 그중 일부는 '임의적으로 유사해질' 것이고 분간하기 어려워질 것이다. 다시 말하지만, 이렇게 제한을 둔다고 계산에 심각한 영향을 끼치지는 않는다. 더 복잡한 마음 상태를 사용하기보다는 테이프에 더 많은 기호를 쓰는 방식으로 처리할 수 있기 때문이다.

여기서 '컴퓨터'라는 단어는 1936년 당시 통용되던 의미, 즉 계산하는 사람을 뜻했다. 이 논문의 다른 부분에서 앨런은 "인간의 기억력은 한계가 있을 수밖에 없다"라는 생각을 제기했지만, 인간 마음의 특성에 관한 한 그 이상 논의하지는 않았다. '마음 상태'를 셀 수 있는 것으로 보고 주장의 근거로 삼으려 했던 것은 상상력이 가미된 대담하고도 용감한 생각이었다. 양자역학에서도 '임의적으로 유사한' 물리적 상태가 가능했다는 점에서 특히 주목할 만한 생각이었다. 앨런은 인간 컴퓨터에 대한 논의를 계속했다.

계산하는 사람이 실행할 연산이 더 이상 나눌 수 없을 정도로 기초적인 '단순 연산'으로 나눠진다고 상상해보자. 이런 모든 연산은 (계산하는 사람과 그가 사용하는 테이프로 이루어진) 물리계에 변동을 가져온다. (계산하는 사람이 아마도 특정 순서로 관찰할) 테이프에 적힌 기호열과 계산하는 사람의 마음 상태를 알면 그 체계의 상태를 안다고 할 수 있다. 단순 연산에서 바뀌는 기호는 한 개를 초과하지 않는다고 가정해도 무방할 것이다. 다른 모든 변동도 이런 종류의 단순 변동으로 나눠질 수 있다. 이런 식으로 기호가 바뀌는 네모칸의 상황은 관찰된 네모칸의 상황과 같다. 따라서 기호가 바뀐 네모칸은 언제나 '관찰된' 네모칸이라고 가정해도 무방할 것이다.

단순 연산은 이렇게 기호를 변동시키는 것 외에도 관찰된 네모칸의 배열을 바꾸는 일도 할 것이다. 계산하는 사람은 새롭게 관찰된 네모칸들을 즉각적으로 식별할 수 있다. 새롭게 관찰된 네모칸들과 바로 직전에 관찰된 네모칸들 중 가장 가까운 네모칸 사이의 거리는 고정된 특정 범위를 초과하지 않는다고 추정해도 무방하다. 예를 들어, 새롭게 관찰된 각각의 네모칸들은 바로 직전에 관찰된 네모칸에서 네모칸 L개를 초과하지 않는 거리에 있다고 해보자.

즉각적으로 식별할 수 있는 다른 종류의 네모칸도 있을 것이다. 특히 특수 기호 표시가 된 네모칸이 그렇다. 그런데 만약 이 네모칸에 오직 단순 기호만 표시되어 있다면 그 수가 한정적일 것이고, 따라서 이 네모칸들은 그냥 관찰된 네모칸 옆에 두어도 무방하다. 다른 한편으로, 만약 네모칸에 기호열이 표시되어 있다면 식별 과정이 단순하지 않을 것이다. 이 점은 아주 핵심적인 문제이니 예를 들어 설명할 필

앨런 튜링의 이미테이션 게임

요가 있다. 대부분의 수학 논문에는 공식과 정리에 번호가 매겨져 있다. 보통의 경우 번호는 (예컨대) 1000을 넘어가지 않는다. 따라서 번호를 힐끗 보는 것만으로 어떤 정리인지 식별할 수 있다. 그런데 만약 논문이 아주 길어서 157767733443477번째 정리까지 있다고 해보자. 그렇다면 그 논문에 "…따라서 (정리 157767733443477을 적용하여) 결과는…" 같은 문구가 나올 수 있을 것이다. 관련된 정리가 무엇이었는지 확실히 하기 위해서는 2개의 번호를 하나하나 대조해볼 필요가 있다. 같은 숫자를 두 번 세는 일이 없도록 이미 점검한 숫자에 연필로 체크 표시를 할 수도 있겠다. 만약 이것 말고도 '즉각적으로 식별 가능한' 네모칸이 또 있다 해도 어떤 기계적 과정으로 그 네모칸을 찾을 수만 있다면 나의 주장은 여전히 유효하다…

따라서 단순 연산에는 다음과 같은 변동이 포함된다.

(a) 관찰된 네모칸 중 한 곳에서 기호를 바꾼다.

(b) 관찰된 네모칸 중 한 곳을 직전에 관찰된 네모칸 하나에서 네모칸 L개 범위 안에 있는 다른 네모칸으로 바꾼다.

이런 변동 중 일부는 필연적으로 마음 상태를 변화시킬 수도 있다. 따라서 가장 일반적인 단순 연산은 다음 중 하나여야만 한다.

(A) 위 (a)처럼 기호를 바꿀 수 있고, 마음 상태도 변할 수 있다.

(B) 위 (b)처럼 관찰된 네모칸을 바꿀 수 있고, 마음 상태도 변할 수 있다.

[위에서] 이미 말했듯이, 실제로 실행되는 연산은 계산하는 사람의 마음 상태와 관찰된 기호에 의해 결정된다. 특히, 이 두 가지는 연산이 실행된 뒤 계산하는 사람의 마음 상태를 결정한다.

"이제 이 인간 컴퓨터를 대체할 기계를 만들 준비가 되었다"라고 앨런은 썼다. 앨런의 논증의 흐름은 참으로 명백했다. 인간 컴퓨터 각각의 '마음 상태'를 이에 상응하는 기계의 설정으로 나타내고자 했다.

이러한 '마음 상태' 개념이 논증의 취약점이기도 했기에 앨런은 자신의 기계가 마음 상태를 필요로 하지 않는 그 어떤 '명확한 방법'도 실행할 수 있음을 다른 방법으로 입증해 보였다.

[여전히] 테이프에서 계산이 실행된다고 가정해보자. 그러나 '마음 상태' 말고 그에 상응하는 더 물리적이고 명확한 개념을 사용해보도록 하자. 인간 컴퓨터는 언제든 일하다 휴식을 취하거나, 일터를 떠나 일에 대해 완전히 잊었다가 나중에 돌아와서 다시 일을 계속할 수 있을 것이다. 이럴 경우 그는 일을 어떻게 계속할 것인지 설명해줄 (표준 형태로 쓰인) 명령문note of instructions을 남겨야 한다. 바로 이 명령문이 '마음 상태'에 상응하는 개념이다. 인간 컴퓨터가 아주 산만한 방식으로 일해서 한 번에 하나 이상의 일을 하지 않는다고 가정해보자. 그는 명령문을 보고 일을 하나 처리한 뒤 다음 일을 위한 명령문을 쓸 수 있을 것이다. 따라서 모든 단계에 있어 계산의 진척 상태는 전적으로 명령문과 테이프에 쓰인 기호에 의해 결정된다…

이 두 가지 주장은 상당히 달랐는데, 상호 보완적인 면이 있었다. 첫 번째 주장은 개개인에 내재되어 있는 생각의 범위, 즉 '마음 상태'의 개수를 강조했고, 두 번째 주장은 개개인이 주어진 명령을 아무 생각 없이 집행할 뿐이라고 여겼다. 둘 다 자유의지와 결정론의 모순을 다뤘는데, 전자는 내적 의지의 측면에서, 후자는 외적 제약의 측면에서 접근했다. 이 두 가지 접근법이 논문에서 검토된 것은 아니지만 미래의 성장을 위한 씨앗으로 남았다.*

앨런은 독일어로는 '엔차이둥스프로블렘Entscheidungsproblem'이라 불린 힐베르트의 결정 문제에 자극을 받았다. 그 문제에 답을 제공했을 뿐만 아니라 훨씬 더 많은 일을 해냈다. 아닌 게 아니라 그는 논문 제목을 「계산 가능한 수와 결정 문제 적용

---

* 두 주장은 또한 기계 '설정'에 대해서도 상당히 다른 해석을 암시했다. 첫 번째 관점에서 설정은 기계의 '내적 상태'로 간주되었다. 즉, 행동주의 심리학behaviourist psychology처럼 자극에 따른 반응으로 추론될 수 있는 것으로 보았다. 반면 두 번째 관점에서 보자면, 설정은 서면 '명령', 표는 명령 목록으로서 기계에게 무엇을 할지 알려주는 역할을 했다. 기계가 어떤 명령을 따르다 다른 명령으로 이동한다고 본 것이다. 그렇다면 만능기계는 테이프에 입력된 명령을 읽고 해독하는 것으로 묘사될 수 있었다. 앨런 튜링은 자신이 만든 '설정'이라는 추상적 용어를 고수하지 않았고, 나중에는 해석하고자 하는 바에 따라 '상태'와 '명령'이라는 용어를 자유롭게 써가며 기계를 설명했다. 여기서도 앞으로 이처럼 자유롭게 용어를 사용할 것임을 밝힌다.

　　　　　　　　　　　　　　　　　　　앨런 튜링의 이미테이션 게임

에 관하여On Computable Numbers, with an Application to the Entscheidungsproblem」라고 붙였다. 뉴먼의 강의 덕에 줄곧 잠재되어 있던 연구의 물꼬가 트였고 힐베르트의 문제를 통해 비상할 기회를 잡은 것 같았다. 앨런은 '무언가 중요한 일'을 해냈다. 수학의 핵심 문제를 해결했으며, 그것도 듣도 보도 못한 외부인 신분으로 이뤄냈다. 그것은 추상 수학의 문제만도 아니었고 단지 기호 놀이에 불과한 것도 아니었다. 사람들이 물리적 세계에서 하는 일에 대한 생각을 담고 있었기 때문이다. 앨런의 연구는 관찰과 예측에 기반을 두지 않는다는 점에서 정확히 과학이라고는 할 수 없었다. 앨런이 한 일이라고는 새로운 모형과 새로운 구조를 만든 것밖에 없었다. 결과를 측정하기보다는 공리를 의심했던 아인슈타인이나 폰 노이만처럼 상상력을 발휘했다. 앨런이 사용한 모형이 정말로 새로웠던 것도 아니었다. 뇌가 기계나 전화교환국 또는 사무실 체계와 비슷하게 작동한다는 생각은 많이들 했고, 심지어 『자연의 신비』에도 나왔다. 앨런이 한 일은 정신에 대한 순진한 기계적 관점과 순수 수학의 정밀한 논리를 결합한 것이었다. (곧 튜링기계라고 불릴) 앨런의 기계는 추상적 기호와 물리계 사이에 다리를 놓아준 셈이었다. 아닌 게 아니라 앨런이 사용한 기계 이미지는 케임브리지 사람들에게는 거의 충격적일 정도로 산업적이었다.

튜링기계는 앨런이 일찍이 관심을 가졌던 라플라스 결정론에 대한 문제와 분명 관련이 있었다. 그 관계는 직접적이지는 않았다. 앨런이 생각했던 '영혼'이 지적 업무를 실행하는 '정신'과는 달랐으며, 튜링기계를 설명하는 방식이 물리학과는 아무 관련이 없었다는 점에서 그랬다. 그럼에도 앨런은 무난한 '명령문' 개념을 고수하기보다는 정신의 물질적 기초를 암시하는 "유한히 많은 마음 상태"라는 명제를 구태여 만들어냈다. 그리고 1936년에 이르면 1933년만 해도 모컴 부인에게 "도움이 된다"라고 설명했던 생각, 즉 영혼의 생존과 영혼과의 대화에 대한 생각을 사실상 믿지 않게 되었던 듯하다. 앨런은 곧 유물론을 강력하게 옹호하고 무신론자를 자처하게 될 터였다. 크리스토퍼 모컴은 두 번째 죽음을 맞았고, 「계산 가능한 수」가 그의 죽음을 알리는 전조였다.

이러한 변화의 기저에는 강한 일관성과 불변성이 흐르고 있었다. 앨런은 의지나 영혼 개념과 물질에 대한 과학적 설명을 어떻게 조화시킬 수 있을지 고민한 바 있다. 유물론적 사고의 힘을 절실히 느끼기는 했지만 각각의 정신이 불러일으키는 기적 또한 통감했기 때문이었다. 이 수수께끼는 그 모습 그대로였지만, 이제 앨런은 반대쪽에서 그 문제에 접근하고 있었다. 결정론을 물리치려 하기보다는 자유가 어떻게 나타나게 되는지를 설명하려 했다. 거기에는 이유가 있어야 했다. 크리스토퍼는 앨런을 『자연의 신비』의 세계관에서 끄집어냈지만 이제 앨런은 다시 원점으로 돌아왔다.

불변성이라는 다른 측면도 있었다. 앨런이 여전히 결정론과 자유의지의 역설에 대해 명확하고 현실적인 해답을 찾고 있었다는 점에서 그랬다. 장황한 철학적 해명은 그가 찾던 것이 아니었다. 탐색 초기에는 정신이 뇌의 원자를 조종한다는 에딩턴의 생각을 지지한 바 있었다. 앨런은 폰 노이만도 결코 해결하지 못한 양자역학 문제와 해석에 계속해서 지대한 관심을 가질 것이었다. 그러나 재버워키는 '앨런의' 문제가 아니었다. 앨런은 새롭게 세계를 보는 방식을 설정함으로써 자신만의 전문 영역을 찾았다. 이론상 양자역학이 모든 것을 포괄할지는 몰라도 실제적으로 세계를 설명하려면 여러 가지 다른 차원의 설명이 필요했다. 다윈의 자연선택 '결정론'은 개별 유전자의 '무작위적인' 돌연변이에 달려 있었고, 화학의 결정론은 개별 분자가 '무작위적으로' 움직이는 구조로 나타났다. 중심극한정리는 가장 일반적인 유형의 무질서에서 어떻게 질서가 나올 수 있는지를 보여주는 사례였으며, 암호체계는 명확한 체계에 의해 어떻게 무질서가 생길 수 있는지 보여주었다. 에딩턴이 조심스럽게 말했듯, 과학은 여러 가지의 다른 결정론과 다른 자유를 인정했다. 요점은 앨런이 튜링기계를 통해 자동기계를 축으로 하는 자기만의 결정론을 창조했다는 것이었다. 이 자동기계는 '논리적' 구조 내에서 작동했는데, 앨런의 주장에 따르면 이 구조는 정신을 논하기에도 적절했다.

앨런은 전적으로 혼자 연구했다. 자신의 '기계'에 대해 뉴먼과 단 한 번 상의한 적도 없었다. 언젠가 대학식당 주빈석에서 리처드 브레이스웨이트와 괴델의 정리에 대해 몇 마디 나누었고, 한번은 수학에서 철학으로 전공을 바꾼 킹스 칼리지의 젊은 특별연구원, 앨리스터 왓슨(공교롭게도 공산주의자였다)에게 칸토어 방법에 대해 질문했던 적은 있었다. 또 데이비드 챔퍼노운에게 자신의 생각을 설명하기도 했는데, 챔퍼노운은 만능기계의 요지를 이해하곤 다소 비웃는 투로 그런 기계를 설치하려면 앨버트 홀만큼 넓은 공간이 필요할 것이라고 말했다. 「계산 가능한 수」에 드러난 앨런의 설계를 감안하면 공정한 지적이라 할 수 있었다. 앨런이 현실적으로 기계를 만들겠다는 생각이 있었더라도 논문에는 그런 면이 드러나지 않았기 때문이다.[38] 앨버트 홀 바로 남쪽에 위치한 과학박물관에는 100년 전 기획된 만능기계라 할 수 있을 배비지Babbage의 '해석기관'의 잔해가 구석진 곳에 숨어 있었다. 앨런이 이것을 봤을 가능성은 꽤 있었지만, 봤다 하더라도 앨런의 생각이나 글에서 그 영향을 탐지할 수는 없었다. 1936년에 존재했던 기계 중에 앨런의 '기계'에 본보기 역할을 했던 것은 없었다. 전신 타자기나 텔레비전 '주사', 그리고 자동 전화교환 같은 새로운 전기 산업이 미친 전반적인 영향이 예외라면 예외였다. 기계는 앨런의 독자적인 발명인 셈이었다.

「계산 가능한 수」는 아이디어가 넘치는 긴 논문으로 상당량의 기술적 연구와 증거는 미처 다 실리지도 못했다. 이 논문은 1935년 봄부터 다음 해까지 앨런의 삶의 가장 큰 부분을 차지했을 것이다. 1936년 4월 중순, 앨런은 부활절을 길퍼드에서 보내고 돌아온 뒤 뉴먼을 찾아가 다자로 친 자신의 논문 초안을 주었다.

괴델과 앨런 튜링의 발견에 대해, 그리고 그것이 정신의 설명 차원에서 무엇을 의미하는지에 대해 질문할 거리는 많았다. 힐베르트 학설의 마지막 해결에는 심도 깊은 모호함이 있었다. 그러나 이것으로 지극히 순진한 이성주의적 희망, 즉 특정 계산으로 모든 문제를 풀 수 있다는 꿈이 끝났음은 분명해 보였다. 괴델 자신을 포함한 일부 사람들이 보기에 무모순성과 완전성을 증명하지 못했다는 사실은, 정신이 기계적 작용보다 우월하다는 것을 새롭게 증명한 것이나 마찬가지였다. 그러나 다른 한편에서 보자면, 튜링기계는 결정론적 과학의 새 분야를 연 셈이었다. 상태와 위치, 읽기와 쓰기 같은 기초적인 재료로 가장 복잡한 절차도 만들어낼 수 있음을 보여주는 모범 사례였다. 이 기계는 어떤 '명확한 방법'도 표준 형태로 표현해내는 아주 멋진 수학적 게임을 제안했다.

앨런은 모든 수학 문제를 풀 수 있는 "기적적인 기계"가 없다는 것을 증명했지만, 그 과정을 통해 거의 동등하게 기적적인 무언가를 발견했다. '그 어떤' 기계의 일도 넘겨받을 수 있는 만능기계라는 개념이었다. 앨런은 또한 인간 컴퓨터가 하는 일은 모두 기계가 할 수 있다고 주장했다. 따라서 단 하나의 기계가 다른 기계의 묘사수를 '테이프'에 놓고 읽으면서 인간의 정신 활동에 상응하는 기능을 실행할 수도 있었다. 인간 컴퓨터를 대체할 단 하나의 기계라니! 전기 뇌라니!

그사이 일어났던 조지 5세의 죽음은 사회 분위기가 구체제에 대한 반대에서 새롭게 다가오는 신체제에 대한 두려움으로 바뀌어가는 전조였다. 독일은 이미 신계몽주의를 물리쳤고 이상주의자의 영혼에 냉혹한 군국주의 사상을 주입했다. 1936년 3월에는 나치 독일이 라인 지방을 다시금 점령했다. 이 말은 미래가 군국주의의 손아귀에 넘어갔다는 뜻이었다. 그때 누가 이 모든 것을 무명의 케임브리지 수학자의 운명과 연관시킬 수 있었을까? 그러나 관련이 있었다. 언젠가 히틀러가 라인 지방을 잃을 것이었고 그때서야, 오직 그때서야 만능기계가 세상에 나올 수 있었기 때문이다. 만능기계에 대한 아이디어는 앨런 튜링이 한 친구를 잃었던 경험에서 비롯되었지만, 그 아이디어와 실제 구현 사이에는 수백만 명의 희생이 치러져야만 했다. 게다가 희생이 히틀러와 함께 끝날 것도 아니었다. 세상의 결정 문제에는 해답이 없었다.

제3장

신인

———
내가 제도를 파괴하려 한다고 비난했다는 말이 들린다.
하지만 나는 제도에 호감도 반감도 없다.
(사실 나와 제도가 무슨 공통점이 있겠는가? 또는 제도의 파괴와 내가 무슨 공통점이 있겠는가?)
다만 내가 세우고 싶은 것은, 마나하타(맨해튼—옮긴이)와 미국 내륙이나 해안가 모든 도시에,
들판과 숲에, 바다를 가르는 크고 작은 모든 배 위에,
체계 또는 규칙 또는 신탁관리자 또는 논쟁이 없이,
진정한 동료애가 깃든 제도이다.
———

앨런이 뉴먼에게 자신의 발견을 알렸던 날과 비슷한 시기에 힐베르트의 '결정 문제'가 해결 불가능함을 증명한 또 다른 인물이 있었다. 바로 미국 프린스턴대학교의 논리학자인 알론조 처치Alonzo Church라는 사람으로, 그는 이미 논문을 완성하고 1936년 4월 15일 출간'을 앞두고 있었다. 처치는 '해결할 수 없는 문제'가 존재한다는 요지를 이미 1년 전에 소개했지만, 이때 비로소 힐베르트의 질문에 대한 답변 형태로 자기 생각을 정확히 밝혔다.

서로 떨어진 두 사람이 한 가지 새로운 생각을 동시에 떠올렸던 것이다. 케임브리지대학교는 처음에 이 사실을 알지 못했고, 앨런은 5월 4일 어머니에게 다음과 같이 편지를 썼다.

이곳에 도착하고 4~5일 후에 뉴먼 교수님을 만났습니다. 지금 현재 다른 일로 정신없이 바빠서 앞으로 몇 주 동안은 제 이론 검토에 전념할 수 없을 거라고 말씀하십니다. 그래도 C. R.*에 보낼 원고는 검토하시고 몇 가지 수정한 후 승인하셨습니다. 프랑스 전문가에게도 자문하며 원고를 보냈었는데, 아직 답신이 없어 조금 마음에 걸립니다. 전체 원고가 완성되려면 2주 혹은 그 이상 걸릴 것 같습니다. 50쪽

정도 될 것입니다. 이제 무슨 내용을 논문에 추가하고, 다음을 위해 무슨 내용을 남겨야 할지 결정하기가 좀 어렵습니다.

뉴먼 교수는 5월 중순에 앨런의 논문을 읽었다. 괴델이 힐베르트의 나머지 질문들을 해결한 후 5년간 많은 사람이 매달렸던 힐베르트 문제를 튜링기계처럼 단순하고 직접적인 생각으로 해결하리라고 믿기 어려웠다. 더 정교한 기계라야 '해결할 수 없는 문제'를 해결할 수 있을 것이므로, 그 이론에는 분명 오류가 있으며 계속 수정이 필요할 것이라는 것이 뉴먼 교수의 첫인상이었다. 그러나 결국 뉴먼 교수는 튜링이 구상한 기계보다 뛰어난, 유한하게 정의된 기계finitely defined machine는 없음을 인정했다.

그때 대서양 건너 처치의 논문이 도착했다. 처치의 논문에서 결론이 먼저 나왔기 때문에 앨런의 논문 출간은 무산될 위기에 처했다. 과학 논문은 서로 베끼거나 중복될 수 없기 때문이었다. 그런데 처치의 논문은 무언가 조금 달랐고, 어떻게 보면 빈약했다. 처치는 '람다 계산lambda-calculus'**이라는 형식론을 개발했고, 논리학자 스디븐 클레이니Stephen Kleene와 함께 이 형식론을 이용하여 모든 산술식을 표준형으로 바꿀 수 있음을 발견했다. 표준형에서는 람다 계산의 기호열을 비교적 단순한 일정 규칙에 따라 다른 기호열로 변환하면 어떤 정리를 증명할 수 있었다. 당시 처치는 한 기호열을 다른 기호열로 변환할지 결정할 수 있는 람다 계산 공식이 존재하지 않는다는 의미에서, 기호열의 변환 여부를 결정하는 문제는 해결할 수 없다고 증명해냈다. 이렇게 해결할 수 없는 문제가 하나 발견되자, 힐베르트가 제기한 바로 그 문제도 분명히 해결할 수 없다는 증명이 가능해졌다. 하지만 '람다 계산 공식'이 '명확한 방법'이라는 개념과 일치하는지는 불분명했다. 처치는 '유효한' 계산 방식은 람다 계산의 공식으로 나타낼 수 있다는 주장을 굽히지 않았다. 그런

---

*   프랑스 과학 저널인 《Comptes Rendus》의 약어. 튜링 부인이 프랑스어 작문과 타이핑을 도와주었다.
** 람다 계산은 수학적 과정을 추상화하고 일반화하는 명쾌하고 강력한 기호 체계이다.

데 튜링의 구상은 더 직접적이었고, 기본 원칙에서 논거를 끌어냄으로써 처치의 설명에 나타나는 공백을 메웠다.

앨런은 1936년 5월 28일 《런던 수학학회지London Mathematical Society Proceedings》 게재를 위해 논문을 제출할 수 있었고, 뉴먼 교수는 처치에게 편지를 보냈다.

1936년 5월 31일

처치 교수님께,

최근에 교수님께서 '계산 가능한 수'를 정의하시고 힐베르트 논리의 결정 문제가 해결될 수 없다고 증명하신 논문 별쇄본을 친히 보내주셨는데, 그 논문을 관심 있게 살펴본 여기 영국의 A. M. 튜링 군은 상당히 가슴이 쓰라렸습니다. 튜링 군도 교수님과 같은 목적으로 '계산 가능한 수' 정의에 관한 논문을 막 제출해 출간할 예정이었습니다. 계산 가능한 수열을 쏟아낼 기계 설명으로 구성된 튜링의 논의는 교수님의 논의와 사뭇 다르지만, 매우 훌륭해 보입니다. 가능하면 내년에 튜링 군이 미국으로 건너가 교수님과 함께 연구하는 것이 시급하다는 생각이 듭니다. 튜링 군이 교수님의 비평을 받기 위해 타이핑한 논문 원고를 보내드릴 것입니다.

교수님께서 보시고 오류가 없고 훌륭하다고 판단되시면, 케임브리지 클레어 칼리지의 부총장에게 편지를 써서 튜링 군이 프록터 특별연구원 자격으로 프린스턴대학에 갈 수 있도록 힘 써주시길 긴히 부탁드립니다. 프록터 장학금을 받지 못해도 튜링 군이 킹스 칼리지에서 연구비를 지원받으므로 프린스턴에 갈 수는 있겠지만, 좀 빠듯하지 않을까 싶습니다. 프린스턴대학에서 다소나마 보조금을 받을 수는 없을까요? …튜링의 연구는 완전히 독자적이라는 사실을 거론하지 않을 수 없습니다. 그 누구의 감독이나 비평 없이 연구해오고 있습니다. '만년 외톨이'가 되기 전에 가능한 빨리 이 분야의 선구자를 만나야 할 한층 중요한 이유도 바로 이것입니다.

영국에는 《런던 수학학회지》에 실린 튜링의 논문을 심사할 사람이 없었고, 사실 합리적으로 논문을 심사할 사람은 처치 교수가 유일했다. 뉴먼 교수는 런던 수학학회장인 F. P. 화이트에게 편지를 보내 상황을 설명했다.

화이트 회장님께,

계산 가능한 수에 관한 튜링의 논문을 알고 계시리라 믿습니다. 논문이 마무리되는 단계에서 튜링과 결론이 매우 흡사한 프린스턴대학 알론조 처치 교수의 논문 별쇄본이 도착했습니다.

그렇지만 튜링의 논문이 출간되었으면 합니다. 방법이 매우 다르고, 결론이 중요한 내용을 담고 있기 때문에 예외적으로 다루는 편이 나을 듯합니다. 튜링과 처치 교수의 주요 결론은 힐베르트 신봉자들이 수년간 매달린 결정 문제, 다시 말해 주어진 기호열이 힐베르트의 공리로 증명되는 정리의 선언인지 여부를 결정하는 기계적 방법을 찾는 문제는 일반적으로 해결할 수 없다는 것입니다.

앨런이 5월 29일 모친에게 전한 내용은 이렇다.

주요 논문을 막 끝내고 제출했습니다. 10월이나 11월에 발표될 것 같습니다. 콩드 랭뒤Comptes Rendus에 보낼 원고는 상황이 좋지 않습니다. 제가 논문에 관해 조언을 부탁한다는 편지를 보냈는데, 편지를 받으실 분이 이미 중국으로 떠난 모양입니다. 게다가 두 번째 보낸 편지가 그분의 따님에게 배송된 것으로 보아 첫 번째 편지는 배달 중에 분실된 것으로 보입니다.

그사이 미국에서 알론조 처치 교수님이 저와 동일한 주제를 다른 방식으로 연구한 논문을 발표했습니다. 하지만 뉴먼 교수님과 저는 제 논문의 방법이 아주 다르니 출간할 가치가 있다고 판단했습니다. 알론조 처치 교수님이 프린스턴에 계시니 꼭 가볼 작정입니다.

앨런은 프록터 특별연구원 선발에 지원했다. 프린스턴대학교는 3명을 선발했는데, 케임브리지대학교의 재원 1명, 옥스퍼드대학교 출신 1명, 프랑스 콜레주드프랑스 출신 1명이었다. 앨런이 운이 없었던지, 그해 케임브리지에서는 수학자 겸 천문학자인 R. A. 리틀턴이 선발되었다. 하지만 앨런은 킹스 칼리지 장학금으로도 충분하다고 생각했음이 틀림없다.

한편, 앨런은 논문을 출간하려면 '계산할 수 있다'의 정의, 즉 튜링기계로 무엇이든 계산할 수 있다는 것이 처치 교수가 말하는 '유효하게 계산할 수 있다', 즉 람다 계산의 공식으로 나타낼 수 있다는 말과 정확히 동치라는 것을 반드시 입증해야 했다. 앨런은 처치 교수가 1933년과 1935년에 S. C. 클레이니와 공동으로 발표한 논문들을 통해 처치 교수의 연구 내용을 살펴보았고, 8월 28일 완성한 논문의 부록에 필요한 설명을 간략히 기술했다. 한눈에 보기에도 두 사람의 생각이 유사했는데, 처치 교수는 튜링의 '충분한' 기계 정의에 해당하는 정의('표준형' 공식으로 된 정의)를 사용했고 다음으로 칸토어의 대각선 논법을 활용해서 해결할 수 없는 문제를 만들었기 때문이다.

앨런이 다소 평범한 연구자였다면, 처치 교수의 논문을 비롯해 손에 넣을 수 있는 모든 자료를 섭렵한 후에 비로소 힐베르트의 문제에 도전했을 것이다. 그랬더라면 앨런이 선수를 칠 수 있었을 것이다. 그러나 '마음 상태'의 시뮬레이션으로 힐베르트의 문제를 종결할 뿐만 아니라 아주 새롭게 문제를 제기할 새로운 논리 기계의 아이디어는 절대 떠올릴 수 없었을 것이다. 뉴먼 교수 표현대로 "만년 외톨이"로 연구해서 얻는 이익이고 손해였다. 중심극한정리와 결정 문제 두 가지를 놓고 보면 앨런은 수학계에서 탐험가 캡틴 스콧 같은 존재였다. 훌륭했지만 2인자였다. 앨런이 수학이나 과학을 경쟁하는 시합으로 여기는 사람은 아니었지만, 실망했던 것은 분명하다. 시간적으로 몇 개월 늦었고, 도전의 독창성도 의심받았기 때문이다. 언제 두각을 나타낼지도 불분명했다.

중심극한정리에 관해 말하자면, 앨런은 특별연구원 선발을 위해 작성한 논문을 그해 여름 케임브리지대학교 수학 논문 대회인 스미스상 경선에 제출했다. 이 일로 길퍼드의 앨런 가족은 한바탕 소란을 겪었다. 앨런이 우편물 발송 마감 직전 원고를 넘기는 바람에 모친인 튜링 부인과 형 존은 반 시간이나 야단법석을 치른 끝에 겨우 소포를 접수했다. 앨런의 형 존은 1934년 8월에 결혼했고, 당시 앨런은 조카가 있었다. 형은 물론 부모도 앨런의 연구나 삶의 밑바닥에 깔린 철학적 고민을 전혀 눈치 채지 못했다. 앨런은 대학 준비 과정부터 훌륭한 성적을 받으며 줄곧 성공하고 있었다. 정신세계에 관심을 둔 튜링 부인이라면 앨런이 자유의지에 관해 고민하고 있음을 예민하게 감지했을 법하지만, 그런 모친도 근본적인 맥락을 알아차리지 못했다. 앨런이 결코 마음속 고민을 털어놓은 적이 없고, 때때로 아리송한 낌새만 드러냈기 때문이다.

킹스 칼리지 대학은 앨런의 중심극한정리 재발견을 너그럽게 보아 상을 주고 상금 31파운드를 지급했다. 당시 휴일에 취미로 보트를 탔던 앨런은 상금을 보태 보트를 구입할까 생각도 했지만 포기했다. 아마도 나중에 미국에서 지낼 때를 대비한 듯하다.

여름이 시작될 무렵 빅터 뷰텔이 앨런과 지내려 케임브리지에 도착했고, 앨런은 뷰텔 가족이 자기에게 그랬듯이 친구를 환영했다. 뷰텔이 방문한 데에는 또 다른 이유가 있었다. 당시 뷰텔은 집안에서 운영하던 회사에 입사해 K-레이 조명시스템 개발에 착수했다. 학창 시절 앨런과 토론을 벌이며 공부한 기하학이 도움이 되었지만, 하나의 광원으로 포스터 양쪽을 균일하게 비추는 양면 시스템을 만드는 새로운 문제에 관해 앨런의 조언을 기대하고 있었다(맥주 체인 회사에서 의뢰한 내용이었다). 앨런은 지금 하는 연구로도 벅차 시간이 없다고 말하고, 대신 뷰텔과 함께 케임브리지에서 5월에 열리는 조정 경기May Bumps를 구경하러 집을 나섰다.

한번은 두 사람이 미술과 조각에 관해 이야기를 나눈 적이 있었는데, 그때 앨런이 남성적인 형태가 아름답지 여성적인 형태는 매력이 없다고 말해 뷰텔이 깜짝 놀란 일이 있었다. 무신론뿐만 아니라 동성애까지 물리쳐야 하는 십자군 기사가 된 듯한 뷰텔은 막달라 마리아를 돌본 예수가 옳은 길을 보이셨다고 앨런을 설득하려 애썼다. 앨런은 그 말에 대꾸하지 않았고, 이성적으로 해결될 문제도 아니었다. 그저 모든 것이 뒤집혀 보이는 거울 나라에 들어온 듯한 표정을 보일 뿐이었다. 앨런의 관점으로 그 거울 나라에서는 모든 인습적인 생각이 뒤집혀 보였다. 앨런이 킹스 칼리지 외부에서 그 주제를 언급한 것은 아마 이때가 처음인 듯하다.

스물한 살 평범한 청년이던 뷰텔은 어떻게 대응해야 할지 난감했다. 앨런이 '완벽한 신사'로 행동했지만, 앨런의 방에 함께 머무는 동안 앨런이 동성애자라고 믿을 만한 조짐이 있었다. 그렇다고 뷰텔은 앨런과 절교하지는 않았다. 대신 두 사람은 종교와 마찬가지로 이 문제에 대해서도 의견이 다름을 인정하기로 했다. 두 사람은 성적 취향 결정에 영향을 주는 유전이나 환경이 무엇인지 의견을 나누었다. 하지만 영향을 준 요인이 무엇이든지, 분명한 것은 앨런이 그런 성향이 있다는 사실, 앨런의 실체가 어느 정도는 그렇게 만들어졌다는 사실이었다. 신을 믿지 않는 앨런으로서는 내적 일관성 외에는 달리 호소할 데가 없었다. 수학과 달리, 그 일관성은 어떤 규칙으로 증명할 수 있는 것도 아니었고, 데우스 엑스 마키나deus ex machina(예기치 않게 나타나 절망적인 상황을 해결해 주는 인물—옮긴이)가 내려와 옳고 그름을 판정해줄 수 있는 것도 아니었다. 삶의 원칙은 이제 분명해졌지만, 그 원칙을 실행하는 것은 또 다른 문제였다. 앨런은 지극히 평범하기를 원했고, 일상적인 것을 좋아했다. 하지만 앨런은 평범한 영국인이되 신을 믿지 않는 동성애자 수학자였다. 쉽지는 않았을 것이다.

미국에 가기 전 클락하우스도 방문했다. 3년 만의 첫 방문이었다. 모컴 부인은 이제 환자나 다름없었지만, 정신은 예나 다름없이 또렷했다. 모컴 부인은 이렇게 일기에 기록했다.

9월 9일(수요일): …앨런 튜링이 찾아왔다… 프린스타운Princetown(프린스턴을 잘못 표기함—옮긴이)으로 떠나기 전 작별 인사를 하러 왔다. 괴델(폴란드 바르샤바 출신) 권위자인 알론조 처치와 클레이니 문하에서 괴델을 주제로 9개월간 연구한다고 말했다. 저녁 식사 전후에 그동안 있었던 서로의 이야기를 나눴다… 앨런은 에드윈과 당구를 쳤다.

9월 10일: …앨런과 베로니카는 농장과 딩글사이드에 다녀왔다… 앨런, 베로니카와 함께 차를 마셨다. 앨런이 무엇을 연구하는지, 앨런이 다루는 주제(난해한 논리학 분야)와 관련하여 '막다른 길'에 봉착할지 등에 관해 이야기를 나누었다.

9월 11일: 앨런은 혼자 교회로 내려가 크리스토퍼의 창문과 정원을 구경했다. 정원의 완성된 모습은 처음 보는 것이었다. 창문 봉헌식 때 보고 오지 않았으니 말이다… 앨런이 '바둑'을 가르쳐 주었는데, 오목과 비슷한 게임이었다.

9월 12일: 루퍼트와 앨런이 내 방에서 차를 마시고, 저녁 식사 시간에 내가 두 사람과 함께 식당까지 내려가자 다들 깜짝 놀랐다. 모두 10명이었다. 행복한 모임이었다. 축음기 음악회도 열고… 남자들은 당구 시합을 했다.

9월 13일: …앨런은 레지널드와 함께 체스 묘수풀이를 검토했다… 앨런과 루퍼트, 아가씨 두 명은 케드베리 수영장에 다녀왔다… 루퍼트, 앨런과 함께 차를 마셨고… 앨런은 무엇을 연구하는지 내게 설명하려고 애썼다… 그들은 7시 45분 기차를 타려고 뉴 스트리트 역으로 떠났다.

앨런이 충족 묘사수와 비충족 묘사수를 설명했지만 루퍼트는 이해하지 못했다. 모컴 부인으로서는 앨런이 연구하는 이 "난해한 논리학 분야"가 죽은 크리스토퍼의 과학적 상상과 연관이 있고, 아들이 못 다한 일을 이루려는 것이라는 사실을 미처 알지 못했을 것이다.

9월 23일 앨런은 사우샘프턴에서 어머니의 배웅을 받으며 커나드 선사에서 운행하는 정기 여객선 '베렌가리아'에 승선했다. 여행 중에 쓰려고 패링던로드의 상점에서 육분의(두 점 사이의 각도를 정밀하게 측정하는 광학기계—옮긴이)도 구입했다. 앨런도 보통의 영국 중상류층처럼 미국과 미국인에 대한 선입견을 갖고 있었는데, 5일간의 대서양 횡단 여행 중에도 이런 생각은 바뀌지 않았다. 앨런은 "북위 41도 20분, 서경 62도"라고 시작하는 편지에서 이렇게 토로했다.[2]

가장 참을 수 없고 몰지각한 사람들은 미국인이 아닐까 하는 생각이 듭니다. 좀 전에 미국인 한 명이 내게 말을 걸더니, 미국의 온갖 추악한 면들을 자랑하듯 늘어놓았습니다. 미국인이라고 모두 그렇지는 않겠죠.

다음 날인 9월 29일 아침 맨해튼의 마천루들이 시야에 들어왔고 앨런은 신대륙에 발을 디뎠다.

실제 뉴욕 도착은 목요일 오전 11시였지만, 검역받고 출입국 수속을 하느라 오후 5시 30분에야 배에서 내렸습니다. 고래고래 소리 지르는 아이들과 함께 2시간 넘게 줄서서 기다린 끝에 출입국 수속을 마쳤습니다. 세관 통과 후에는 택시 기사에게 바가지 쓰며 미국 입성식도 치렀습니다. 택시 요금이 터무니없이 비싸다고 생각했지만, 수하물 부치는 데 영국보다 2배 이상 비싼 값을 치른 후였으니 그럴 만도 하다 이해했습니다.

아버지의 신념을 물려받은 앨런은 택시를 타는 것이 가장 큰 낭비라고 믿었다. 하지만 천차만별의 미국이 모두 '그런 식'은 아니었다. 그날 저녁 기차를 타고 밤늦게 도착한 프린스턴은 싸구려 3등 객실의 '하층민 무리'와 전혀 달랐다. 케임브리지가 '신분'을 상징했다면, 프린스턴의 상징은 '부'였다. 프린스턴은 아마 미국의 모든 일류 대학 중에서 재정 자립도가 가장 우수한 학교였으며, 경제 대공황의 누추함과도 거리가 멀었다. 언뜻 보면 미국이 경제 대공황을 겪는지 모를 정도였다. 사실 전혀 미국처럼 보이지도 않았는데, 건물들은 고딕 양식을 본떴고, 남자만 입학할 수 있고, 카네기 인공호수에서 조정 경기도 벌이는 등 프린스턴은 옥스퍼드나 케임브리지와의 격차를 없애려고 애를 썼다. 『오즈의 마법사』에 나오는 에메랄드 도시 같았다. 그것만으로는 보통의 미국과 분리되는 데 부족하다는 듯, 대학원 건물은 대학 건물과 떨어져 약간 솟아오른 언덕에 자리하여 드넓은 평원과 숲을 내려다보고 서 있었다. 대학원의 탑은 옥스퍼드 모들린대학의 탑을 정확히 본뜬 것으로, 아이보리비누를 생산하며 프린스턴대학교를 후원하는 프록터 가문을 기려 흔히 아이보리탑(상아탑)으로 불렸다.

1932년 500만 달러의 기부금을 받아 프린스턴 고등연구소 재단을 세우며 프린스턴의 수학과는 비약적으로 발전했다. 1940년까지 고등연구소는 별도의 건물도 없었다. 고등연구소가 후원하는 거의 모든 수학자와 이론물리학자는 프린스턴 수학 교수들이 사용하는 파인 홀을 함께 이용했다. 기술적인 목적에서 양측을 구분해야 했지만, 사실 누가 프린스턴대학교 소속이고 고등연구소 소속인지 알 수 없었고 굳이 알려고 하는 사람도 없었다. 2배로 발전한 수학과에 세계적으로 위대한 수학자들이 몰려들었고, 특히 독일에서 망명한 수학자들이 많았다. 어찌 보면 순전히 미국적인 기관이었지만, 달리 보면 여전히 대서양을 횡단하는 이민선 같았다. 프린스턴 특별연구원은 재정 지원을 풍족하게 받아서 전 세계적으로 수학 연구자들이 몰려들었지만, 다른 나라보다 영국 출신이 많았다. 킹스 칼리지 출신은 없었지만, 앨런의 친구인 트리니티 칼리지 출신의 모리스 프라이스가 2년째 머무르고 있었다. 망명한 유럽 지식인들이 우글거리는 이곳에서 앨런은 중요한 연구 결과를 보완할 기회를 얻었다. 10월 6일 집으로 보낸 첫 편지는 자신만만했다.

> 이곳 수학과는 제가 기대한 그대로입니다. 별 볼 일 없는 부류들도 많지만, 폰 노이만, 바일, 쿠란트, 하디, 아인슈타인, 레프세츠 등 아주 뛰어난 수학자들이 엄청납니다. 불행히도 논리학자들은 작년만큼 많지는 않습니다. 처치 교수님은 당연히 계시지만, 작년에 여기 계시던 괴델, 클레이니, 로서, 베르나이스 이분들은 떠나고 안 계십니다. 괴델 교수님 외에는 크게 아쉬운 생각이 들지 않습니다. 제 생각에, 클레이니와 로서는 처치 교수님 제자이니 처치 교수님의 가르침 외에 다른 무엇을 얻을 것 같지는 않습니다. 베르나이스 교수님의 글을 읽어보니, 이분은 '시대에 뒤처지는' 인상입니다. 직접 만나 뵌다면 다른 느낌이 들지도 모르지만요.

하디는 케임브리지에서 건너와 한 학기 교환교수로 머물고 있었다.

> 처음에 하디 교수님은 쌀쌀맞고 어쩐지 수줍었습니다. 이곳에 도착한 날 모리스 프라이스 집에서 뵈었는데, 제게 말 한마디 건네지 않으셨습니다. 하지만 이제는 점점 더 훨씬 다정하게 대해주십니다.

하디는 이전 세대의 튜링 같은 인물이라 할 수 있는데, 하디도 신을 믿지 않는 보통의 영국 동성애자였으며, 세계에서 가장 뛰어난 수학자의 반열에 올랐다. 그의 주된 관심 분야인 정수론이 아무 문제없이 순수 수학의 고전적인 틀 안에 속한다는 점에서 앨런보다는 운이 좋았다. 앨런처럼 자신만의 주제를 창조해야 하는 문제를 겪지 않았던 것이다. 하디의 연구는 앨런의 연구보다 훨씬 더 정연했고 전문적이었다. 하지만 두 사람 모두 제도를 벗어난 난민이었다. 비록 화려한 대인 관계를 맺지는 못하더라도 두 사람이 집처럼 편안히 지낼 곳은 케인스의 정신이 깃든 케임브리지가 유일했다. 두 사람 모두 소극적 반정부주의자였지만, 하디가 약간 덜 소극적이었다. 신념에 따라 영국 과학노조의 회장을 지냈고, 방에는 레닌 사진을 걸어두었다. 나이가 있는 만큼 하디의 견해는 훨씬 더 확고했다. 버트런드 러셀은 거부하는 전통이 무엇이냐에 따라 가톨릭 회의론자와 개신교 회의론자를 재치 있게 구분한 적이 있었다. 당시 러셀이 구분한 모델에 따르면 앨런은 영국 국교회 무신론자에 가까웠다. 반면, 하디는 진지하게 생각하기를 거부하는 영국인의 기질을 이용하여 무신론 복음주의자가 되었다. 하디는 크리켓 게임에도 몰두했다. 미국에 머물 때 야구에 빠지기는 했지만, 크리켓 게임에 대해 하디보다 잘 아는 사람은 없었다. 트리니티 칼리지에서 신자 대 비신자의 크리켓 시합도 주선했고, 전지전능팀이 불신자팀에 도전했다가 우천으로 경기가 취소된 적도 있었다. 하디는 매사에 시합 벌이기를 즐겼는데, 특히 무신론과 관련한 시합을 좋아했다.

앨런이 케임브리지에 있을 때 하디 교수의 고급 강좌나 수업에 참석했을 테니, 하디가 알은체를 하지 않아 괴로웠을 것이다. '다정'하다고는 하지만, 두 사람이 세대를 뛰어넘고 겹겹이 쌓인 내성적인 침묵을 극복할 수 있을 정도는 아니었다. 비슷한 시각으로 세상을 바라보는 하디와의 친분 관계가 이랬다면, 앨런이 다른 선배들과 맺은 직업적인 관계는 더했다. 앨런은 진지한 학문 세계의 인물로 부상하고 있었지만, 학부생 같은 견해와 태도를 떨쳐내지 못하고 있었다.

앨런의 편지에 이름이 나오는 사람들은 앨런이 그들의 강의나 세미나에 참석했다는 것 이상의 의미는 거의 없다. 간혹 복도에서 아인슈타인을 만나기도 했지만 벙어리나 다름없었다. S. 레프세츠S. Lefschetz는 프린스턴 수학과의 핵심인 위상기하학의 선구자였으며 현대 수학 발전에서 중요한 위치를 차지하는 인물이었으나,

앨런은 그와 개인적인 접촉이 거의 없었다. 레프세츠가 앨런에게 리만 기하학에 관한 L. P. 아이젠하르트의 강의 과정을 다 이해했는지 질문한 적이 있었는데, 그때 앨런은 모욕감을 느꼈다. 앨런과 레프세츠의 관계를 특징짓는 사건이다. 폰 노이만과 함께 쿠란트, 바일이 순수 수학 및 응용 수학의 주류를 모두 점령하여, 힐베르트가 있던 괴팅겐대학의 분위기를 미국에서 다시 되살렸다. 이들 중 앨런과 접촉이 있던 인물은 군론에 대한 관심을 공유한 폰 노이만뿐이었다.

논리학자들 이야기를 하자면, 괴델은 체코슬로바키아로 돌아갔다. 클레이니와 로서스는 논리학 발전에 있어 앨런이 편지에 쓴 것보다 더 중요한 기여를 했지만 다른 곳에서 자리를 잡고 있어, 앨런은 두 사람 모두 만나지 못할 운명이었다. 힐베르트의 가까운 동료이며 마찬가지로 괴팅겐에서 망명한 스위스 논리학자 베르나이스Paul Bernays는 취리히로 돌아갔다. 따라서 앨런이 모컴 부인에게 주요 권위자 두세 명과 함께 연구할 생각이라고 한 말은 사실이 아니었다. 수준 낮은 논리학을 연구하던 대학원생들을 제외하면 함께 연구한 사람은 처치 교수 한 사람이었다. 더군다나 처치 교수 자신도 내성적이어서 의논할 기회가 많지 않았다. 요컨대 프린스턴대학에서도 앨런은 '만년 외톨이'였다. 편지에 앨런은 이렇게 적고 있다.

> 두세 번 처치 교수님을 뵈었고, 교수님과 사이도 아주 좋습니다. 제 논문에 아주 만족하신 듯하며, 교수님이 구상 중인 연구 계획 수행에 도움이 되겠다고 생각하십니다. 하지만 제가 약간 다른 방향으로 연구를 전개시키고 있어서, 교수님 계획에 얼마나 관여하게 될지 모르겠습니다. 한두 달 후면 관련 논문 집필을 시작할 것입니다. 그리고 책을 낼지도 모르겠습니다.

계획이 무엇이었든 실현되지는 못했다. 편지의 내용과 들어맞는 논문은 작성되지 않았고, 발간된 책도 없었다.

앨런은 처치 교수의 장황하고 어려운 강의를 열성으로 들었다. 특히 처치 교수의 유형 이론Theory of Types 강의는 필기를 하며 들었는데, 앨런이 수리논리학에 계속 흥미를 두고 있었음을 알 수 있다. 강의를 듣는 학생은 10여 명 남짓이었다. 베너블 마틴_{Venable Martin}이라는 미국 학생도 있었는데, 앨런은 자기보다 나이가 어린 마틴과 친구가 되어 강의를 설명해주었다. 앨런은 미국 학생들에 대해 이렇게 적고 있다.

> 대학원에는 수학을 전공하는 학생이 아주 많은데, 거리낌 없이 전문적인 일 이야기를 합니다. 그런 면에서 케임브리지와 아주 다릅니다.

케임브리지에서는 교수들과의 식사자리건 어디건 자기 전문적인 일 이야기만 늘어놓는 것은 몰지각한 행동이었다. 그러나 프린스턴은 영국 대학에서 건축 양식만 도입했지 이런 점은 들여오지 않았다. 옥스퍼드나 케임브리지 출신이 전부인 영국 학생들은 "안녕, 만나서 반가워. 무슨 과목 듣니?"라는 미국식 인사가 재미있었을 것이다. 영국에서는 점잖게 미숙함을 드러내며 전문적인 업무를 감추는 것이 품위 있는 행동이었다. 직업관이 철저한 사람은 이렇게 짐짓 드러내 보이는 무관심에 놀랐을 것이다. 하지만 세련미가 없어 케임브리지의 상류층 모임에 끼지 못한 앨런은 더 솔직한 접근 방식에 마음이 끌렸다. 이런 점에서는 미국이 앨런에게 맞았지만, 다른 점에서는 아니었다. 10월 14일 앨런은 어머니에게 다음과 같은 편지를 보냈다.

> 요전 날 저녁 초대를 받아 처치 교수님 댁에 갔습니다. 초대받은 손님들은 모두 대학 관계자들이었는데, 오고간 대화는 실망스러웠습니다. 제 기억으론 어느 주 출신인지가 대화의 전부였습니다. 여기가 어떻고 저기가 어떻고, 여행 다닌 이야기는 정말 지루했습니다.

앨런은 '사고'의 유희를 즐겼는데, 같은 편지에서 버나드 쇼가 소설의 줄거리로 삼을 만한 착상이 언뜻 암시되었다.

> 다양한 분야의 수학을 응용할 가능성이 있는지 가끔 물으셨죠? 제가 지금 연구하는 것의 응용 가능성을 최근에 발견했습니다. '가능한 한 가장 보편적인 암호는 무엇

앨런 튜링의 이미테이션 게임

인가?'라는 질문에 대한 답을 제시하고, 동시에(어쩌면 자연스러운 일이지만) 특별하고 재미있는 암호들을 많이 만들어낼 수도 있습니다. 어떤 암호는 아주 뛰어나서 해독키가 없으면 해독이 불가능하고, 빠른 시간에 암호를 만들 수 있습니다. 영국 정부에 거액을 받고 팔 수 있을 것 같은데, 그런 일을 하는 게 도덕적인지 의심이 듭니다. 어머니 생각은 어떠세요?

암호는 기호에 '명확한 방법'을 적용하는 아주 좋은 예가 될 것이고, 튜링기계가 할 수 있는 일일 것이다. 암호를 송신하는 사람이 수신하는 사람과 미리 정해놓은 규칙에 따라 기계적으로 행동하는 것이 암호의 필수적인 본질이기 때문이다.

"가능한 한 가장 보편적인 암호"와 관련하여, 튜링기계라면 테이프에 적힌 내용을 암호로 바꾸어 테이프에 기록하는 것으로 생각할 수 있을 것이다. 하지만 이것이 가능하려면, 반드시 '반대로' 작동하는 기계가 있어 본래의 테이프를 복원할 수 있어야만 한다. 무엇이 되었든지 앨런의 결과물은 이 편지 문구에서 시작했음이 틀림없다. 하지만 "특별하고 재미있는 암호들"에 대한 더 이상의 실마리는 적지 않았다.

"도덕"이라는 단어와 관련하여 "어떻게 해야 하나?"라는 갈등도 다시 언급하지 않았다. 스토니 가문 출신인 튜링 부인은 당연히 과학의 존재 이유는 쓸모 있는 응용이라고 생각했고, 영국 정부의 도덕적 권위를 의심할 사람도 아니었다. 앨런이 속한 지식계의 전통은 사뭇 달랐다. 다음 글에서 G. H. 하디는 케임브리지의 초연함뿐만 아니라 현대 수학에서 아주 중요한 견해를 대변했다.[3]

페르마, 오일러Leonhard Euler, 가우스, 아벨Niels Abel, 리만Bernhard Riemann의 수학처럼, '진짜' 수학자의 '진짜' 수학은 거의 완전히 '쓸모없는' 것이다('순수' 수학이나 '응용' 수학이나 마찬가지이다). 진정한 전문 수학자의 삶을 연구의 '유용성'에 근거하여 정당하다고 주장하는 것은 불가능하다⋯ 상대성이론과 양자역학이 현대 응용 수학의 위대한 업적이지만, 어쨌든 현재로서는 이 두 가지 모두 정수론만큼 거의 '쓸모없는' 주제이다. 좋건 싫건 중요한 것은 순수 수학과 응용 수학의 단조롭고 초보적인 부분이다.

하디는 점점 커지는 수학과 응용과학의 괴리에 대한 의견을 분명히 밝히면서, 당시 사회 경제적 유용성의 측면에서 수학을 해석한 '좌파' 랜슬롯 호그벤을 공격했다. 주제의 "단조롭고 초보적인" 측면에 근거한 천박한 해석이라고 공격한 것이다. 그러면서 하디는 어쨌든 '쓸모 있는' 수학은 거의 모두 군사적으로 응용될 정도로 좋은 쪽보다는 나쁜 쪽으로 사용되었다고 말하며 본인의 의견을 한층 더 피력했다. 정수론 분야에서 본인이 이룩한 업적을 완전히 쓸모없다고 평가한 것은 변명이라기보다는 미덕을 실천적으로 보여준 행동이었다.

정수론이나 상대성이론을 전쟁 목적으로 사용할 것이라고 보는 사람은 아직 아무도 없으며, 앞으로도 오랫동안 그런 일은 없을 것 같다.

반전주의자에 가까운 하디의 확신은 제1차 세계대전 이전으로 거슬러 올라가지만, 1930년대 반전운동에 끌린 사람이라면 군사적 응용 가능성을 의식하지 않을 수 없었다. 당시 앨런이 기호를 "전쟁 목적"으로 사용할 방법을 발견했다면, 최소한 초기 단계에서는 앨런이 수학자의 딜레마에 직면했다는 것이다. 앨런이 어머니에게 보낸 편지에서 무심한 듯 속내를 비치지 않고 밝힌 내용 뒤에는 심각한 질문이 숨어 있었다.

영국 학생들은 대학원 생활의 활력을 스스로 만든 놀이에서 찾았다.

영국 출신 특별연구원 중 프랜시스 프라이스Francis Price(모리스 프라이스와 혼동하지 마시길)가 며칠 전에 약 200킬로미터 떨어진 바사르Vassar여대(미국식으로는 칼리지, 영국식으로는 대학)와 프린스턴대학원의 하키 시합을 주선했습니다. 프라이스는 절반이 하키를 해본 적 없는 인원들로 팀을 꾸렸죠. 두세 번 연습 경기를 한 후 저희는 일요일에 차를 타고 바사르여대로 갔습니다. 도착하니 가랑비가 내렸고, 운동장이 경기할 상태가 아니라는 말에 기운이 빠졌습니다. 하지만 저희는 그들을 설득해 체육관에서 약식 하키 시합을 벌였고, 11 대 3으로 승리했죠. 프라이스가 재시

합을 주선 중인데, 분명히 운동장에서 열릴 것입니다.

아마추어 팀이라는 말은 사기였는데, 옥스퍼드 뉴칼리지 출신의 위상기하학자인 숀 와일리Shaun Wylie와 물리학자 프랜시스 프라이스는 국가대표 수준이었기 때문이다. 앨런은 (이제 '데이지 꽃이 자라는 모습'을 관찰하지는 않았어도) 두 사람 수준에 절대 미치지 못했지만 경기를 즐겼다. 얼마 지나지 않아 자기들끼리 일주일에 세 번 경기도 하고, 가끔은 근처 여학교 팀과 시합을 벌이기도 했다.

영국 학생들이 나약하게 여자들 경기를 즐기는 모습에 프린스턴의 미국 학생들이 놀란 것도 당연했지만, 프린스턴대학 안에 당혹스러울 정도의 영국 예찬론자들이 있어서 영국식 제도의 고루하고 틀에 박힌 모습들마저 동경했다. 1936년 여름, 프린스턴대학교 부속 예배당이 조지 5세 추모 인파로 가득 찼다. 대학원 교수한 명이 영국 왕실에 대한 존경의 의미로 하프를 연주했지만, 교양 있는 영국인이 듣기에 천박한 연주에 지나지 않았다. 조지 5세의 후계자인 에드워드 8세가 심프슨 부인과 지중해 유람선 여행을 했다는 소식이 프린스턴에 일대 돌풍을 몰고 왔다. 앨런은 11월 22일 어머니에게 보낸 편지에서 이렇게 밝혔다.

심프슨 부인과 관련해 이곳 반응을 대표적으로 보여주는 신문 스크랩을 보냅니다. 어머께서는 심프슨 부인에 관해 들어본 적이 없을 테지만, 이곳에서는 한동안 '신문 1면 머리기사'로 실렸습니다.

사실 영국 신문들은 12월 1일까지 침묵을 지켰다. 마침내 브래드퍼드 주교가 왕은 신의 은총을 받아야 한다고 발표하자, 볼드윈 수상도 속내를 드러냈다. 12월 3일 앨런은 이런 편지를 보냈다.

사람들이 왕의 결혼을 간섭하려 들다니 끔찍합니다. 왕이 심프슨 부인과 결혼하면 안 된다고들 생각하는 것 같은데, 왕의 개인적인 문제입니다. 저는 주교가 제 일에 간섭한다면 참을 수 없을 텐데, 왕도 마찬가지라고 생각합니다.

그렇지만 왕의 결혼은 개인사가 아니었다. 영국 국가 전체에 영향을 미치는 사안이었다. 정부가 개인의 삶에 간섭하자 '끔찍해'하는 모습은 앨런의 미래를 예견하는 일화였다. 정작 끔찍한 것은 왕의 신분으로 몸소 왕의 의무와 나라를 배신했다는 사실이었다. 이것은 러셀이나 괴델이 발견한 그 어떤 모순보다 더 당황스러운 논리적 모순이었다.

12월 11일, 원저 공과 심프슨 부인은 가슴 설레는 망명자의 삶을 시작하고, 조지 6세가 왕위에 올랐다. 이날 앨런이 쓴 편지이다.

왕의 퇴위로 어머니께서 충격을 받으셨으리라 생각됩니다. 열흘 전만 해도 영국에서는 사실 심프슨 부인에 대해 전혀 몰랐던 것으로 알고 있습니다. 처음에 저는 전적으로 왕이 왕위를 유지하고 심프슨 부인과 결혼해야 한다는 입장이었습니다. 단지 이 문제뿐이라면 지금도 같은 생각일 것입니다. 그런데 최근에 어떤 이야기를 듣고 제 의견이 바뀌었습니다. 왕이 국가기밀문서를 아주 소홀히 방치하여 심프슨 부인과 그 친구들이 기밀문서를 본 모양입니다. 참담하게도 국가기밀이 새나가고 있었습니다. 그 밖에도 참담한 사건이 두세 가지 더 있지만, 제일 마음에 걸리는 일이 이것입니다. 그래도 저는 그런 선택을 한 데이비드 원저 공을 존경합니다.

원저 공을 존경하던 앨런은 퇴위 연설이 담긴 레코드판까지 구입했다. 1월 1일, 앨런은 계속해서 이렇게 편지를 썼다.

에드워드 8세가 내몰리듯 퇴위하게 되어 유감입니다. 그를 제거하고 싶어 한 정부가 심프슨 부인을 핑계거리로 삼았다고 믿습니다. 그들이 에드워드를 몰아낸 것이 현명한 일인지 아닌지는 다른 문제입니다. 에드워드의 용기를 존경합니다. 캔터베리 대주교의 행동은 비열하다고 생각합니다. 에드워드가 비켜설 때까지 몸을 사리고 있다가, 온갖 부당한 비방을 쏟아냈습니다. 에드워드가 왕으로 있는 동안에는 감히 엄두도 내지 못했습니다. 뿐만 아니라, 왕이 심프슨 부인을 정부로 삼는 것에는 반대하지 않다가 왕이 결혼한다니까 절대 안 된다고 반대를 합니다. 중요한 시기에 내각이 이성적으로 재빨리 대처할 시간과 분별력을 빼앗은 죄가 에드워드에게 있다고 어머니께서 생각하시는 이유를 저는 모르겠습니다. 이 문제를 터뜨린 사람은 볼드윈 수상이었습니다.

이에 앞서, 12월 13일 대주교는 왕이 겨우 "개인적 행복을 갈망하여" 왕의 책임을 저버렸다며 탄핵했다. 영국 통치자가 행복 추구를 우선순위로 삼았던 일이 전혀 없었다는 것이다. 앨런의 결혼관과 도덕관은 모더니스트가 품을 만한 견해였다. 앨런은 예전에 킹스 칼리지에서 신학을 전공하던 동년배 크리스토퍼 스테드Christopher Stead와 토론하던 중, 인간이 자신의 자연스러운 느낌을 자연스럽게 흐르도록 놔두어야 한다고 말했다. 튜링 부인이 특별히 우러러보았던 주교에 대해 말하자면, 전형적인 '앙시앙 레짐'(타도의 대상인 구체제—옮긴이)으로 생각했다. 앨런은 처치의 논리학 강의를 같이 듣는 미국 친구 베너블 마틴에게 왕이 "터무니없는 대접"을 받았다고 하소연했다.

연구에 관한 내용은 11월 22일 필립 홀에게 보낸 편지에서 확인된다.

아직 미국에서 놀랄 만한 발견을 하진 못했지만, 짧은 논문 두세 편을 발표할 것 같습니다. 대단한 것은 아닙니다. 하나는 힐베르트의 부등식Hilbert's inequality이 정말 새로운 내용인지 증명하는 것이고, 다른 하나는 1년 전에 써놓은 군론에 관한 논문인데, 베어Reinhold Baer 교수님은 출간할 가치가 있다고 하십니다. 이 논문들을 마치고, 수리논리학 연구를 다시 할 것 같습니다.

미국에서는 지금 '바둑'을 두는 사람이 거의 없지만 두세 판 두었습니다.

프린스턴은 저와 잘 맞습니다. 말하는 방식을 제외하면 짜증스러운 일이 꼭 하나 있는데, 아니 두 가지네요, 늘 하던 대로 탕에 몸을 담그고 목욕을 할 수 없는 점과 실내 온도에 대한 생각입니다.

"말하는 방식"에 대한 앨런의 불평은 이런 것이었다.[4]

여기 미국인들 대화를 듣다 보면 귀를 기울이게 하는 표현이 여러 가지 있습니다. 어떤 일에 대해 고맙다고 말할 때마다, 미국인들은 "천만에요You're welcome"라고 대답합니다. 처음에는 저를 환영한다는 말인 줄 알고 기분이 좀 좋았습니다. 그런데 벽에 던진 공처럼 되돌아오는 표현이라는 것을 알게 되니, 이제는 정말 불안해집니다. 또 한 가지 습관은 철자를 'Aha'라고 적을 만한 소리를 낸다는 것입니다. 적당히 대답할 말이 없지만, 아무 말도 하지 않으면 실례일 것 같은 경우에 사용합니다.

앨런이 프린스턴에 온 다음에 곧 「계산 가능한 수」교정쇄가 도착했었으니, 머지않아 논문이 출간될 것이었다. 그동안 처치 교수는 앨런에게 정규 세미나를 하나 맡아서, 앨런이 발견한 내용을 프린스턴 수학의 주류에 합류시키는 것이 어떤지 제안했었다. 11월 3일자 앨런이 집으로 보낸 편지에는 이렇게 적혀 있었다.

처치 교수님께서 좀 전에 제가 연구한 '계산 가능한 수'에 관해 수학 클럽에서 강연을 하면 어떻겠냐고 제안했습니다. 기회를 살려 이 일을 할 수 있으면 좋겠습니다. 약간은 사람들의 관심을 받을 테니까요. 하지만 강연을 하려면 조금 더 있어야 할 것 같습니다.

사실 겨우 한 달 후에 강연이 열렸지만 실망스러웠다.

12월 2일 수학 클럽에서 강연을 하는데 참석자가 많지 않았습니다. 명성을 얻어야 청중도 모이나 봅니다. 제가 강연한 다음 주에 버코프George D. Birkhoff의 강연이 있었습니다. 명성이 높아서 그런지 강연장에 청중이 가득했습니다. 하지만 강연은 완전 수준 이하였습니다. 실제로 강연이 끝나고 모두들 비웃더군요.

실망스러운 일이 또 있었는데, 드디어 1937년 1월 「계산 가능한 수」가 인쇄되어 나왔지만 반응이 신통치 않았다. 처치 교수가 《기호논리학회지Journal of Symbolc Logic》에 앨런의 논문에 대한 평을 실었는데, 여기에서 공식적으로 '튜링기계'라는 단어

앨런 튜링의 이미테이션 게임

를 사용했다. 하지만 논문의 별쇄본을 보내달라고 요구한 사람은 킹스 칼리지의 리처드 브레이스웨이트와 하인리히 숄츠Heinrich Scholz[5] 두 명뿐이었다. 숄츠는 독일에 남은 거의 유일한 논리학 연구가로서, 뮌스터대학교에서 그 주제에 관한 세미나를 열었다고 답장을 보내왔다. 그리고 달리 논리학 분야의 발전에 뒤처지지 않을 다른 방법이 없다면서, 앞으로 나올 논문이 무엇이 되었건 사본 두 권을 보내달라고 거의 사정하다시피 부탁했다. 당시에도 수학에 관한 한, 세계는 단일국가나 다름없었다. 2월 22일 앨런은 집으로 편지를 보냈다.

> 논문 별쇄본을 보내달라는 편지를 두 통 받았습니다… 제 논문에 아주 크게 흥미를 느끼는 것 같습니다. 어느 정도 인상적이긴 한 듯합니다. 이곳 반응은 실망스럽습니다. 적어도 몇 년 전에 이와 밀접한 연구를 한 바일 교수님은 제 논문에 대해 몇 마디라도 언급하실 줄 알았습니다.

앨런은 존 폰 노이만 교수도 논문에 대해 언급할 것으로 기대했을지 모르겠다. 하지만 앨런이 순진무구한 도로시였다면, 폰 노이만은 강력한 오즈의 마법사였다. 바일과 마찬가지로 폰 노이만도 힐베르트 학설에 큰 관심을 두고, 그 계획을 완성하려는 포부도 있었지만, 괴델의 정리가 발표되면서 수리논리학에 대한 적극적인 관심을 접었다. 폰 노이만이 1931년 이후로는 논리학 논문은 절대 읽지 않겠다고 선언한 일[6]도 있지만, 다른 이들을 속이려는 반쪽 진실에 지나지 않았다. 폰 노이만은 아침에 누구보다 일찍 일어나 오랜 시간 연구하고, 수학에 관한 자료는 모두 섭렵하는 엄청난 독서가였다. 하지만 어머니나 필립 홀에게 보낸 앨런의 편지에서 당시 폰 노이만에 대한 일체의 언급은 발견되지 않았다.

앨런의 논문이 《런던 수학학회지》를 읽는 일반 독자들에게 인상을 남기지 못한 데에는 몇 가지 이유가 있었다. 수리논리학이 주변적인 연구 분야로 인식되어, 이미 분명히 밝혀진 것을 정리하거나 또는 실재하지도 않는 문제를 만들어내는 것이라고 치부하는 수학자가 많았다. 논문의 시작은 흡인력이 있었지만, 만능기계의 명령표table of instruction를 설명하려다 보니 (튜링이 으레 그렇듯) 모호한 독일 고딕 양식처럼 복잡하게 뒤얽혀버렸다. 방정식으로 정확한 답을 구할 수 없는 천체물리학이나 유체역학 같은 분야에서 실제 계산을 산출해내야 하는 응용 수학자는 쳐다볼 것 같지 않았다. 읽고 싶은 의욕이 거의 생기지 않는 논문이었다. 「계산 가능한 수」는 실용적인 설계는 전혀 고려하지 않은 논문이었다. 심지어는 논문에서 기계가 적용된 논리 문제에 대해서도 마찬가지였다. 예를 들면 이렇다. 앨런은 그 기계가 '테이프'에서 번갈아 나오는 네모칸들에 '계산 가능한 수'를 출력하고, 그 사이에 있는 네모칸들은 작업 영역으로 사용하게 된다고 규정했다. 하지만 좀 더 너그럽게 작업 영역을 허용했더라면 훨씬 더 쉬웠을 것이다. 계산 가능한 수와 실수real numbers의 구분에 혹시 흥미를 느낄 만한 순수 수학자는 예외로 하고, 이처럼 논리학이라는 좁은 범위를 벗어나면, 앨런의 논문에 마음이 끌릴 사람은 아무도 없었다. 랜슬롯 호그벤이 "세계적인 연구"라고 부른 것과는 별로 관계가 없는 종류의 연구였다.

그런데 수리논리학에 직업적인 흥미를 느낀 소수의 사람 중에서 개인적으로 지대한 관심을 갖고 앨런의 논문을 읽은 인물이 있었다. 바로 뉴욕시립대학City College of New York에서 수학을 가르치던 폴란드계 미국인 에밀 포스트Emil Post였다. 포스트는 비록 발표하지는 않았지만, 1920년대 초반부터 괴델과 튜링의 아이디어를 어느 정도 예측하고 있었다.[7] 1936년 10월 처치가 간행하는 《기호논리학회지》에 기고한 논문[8]에서 포스트는 "일반적인 문제를 해결한다"라는 의미를 정확히 규정하는 한 가지 방법을 제안했다. 포스트는 특별히 처치의 논문을 거론하며, 처치가 힐베르트의 결정 문제를 해결했으나 명확한 방법이 람다 계산 공식으로 표현될 수 있다는 단언은 하지 않았다고 밝혔다. 포스트는 명확한 방법이란 무한히 늘어선 '상자'를 따라 아무 생각 없이 일하는 '작업자'에게 작업을 지시하는 명령문 형태로 쓸 수 있어야 한다고 설명했다. 작업자는 그저 명령문을 읽고 다음과 같이 할 수 있으면 충분하다.

(a) (비어있는 것으로 추정되는) 박스에 들어가 표시를 하고,
(b) (표시가 있는 것으로 추정되는) 박스 안에 들어가 표시를 지우고,

(c) 우측 박스로 이동하고,

(d) 좌측 박스로 이동하고,

(e) 자기가 들어선 박스가 표시가 있는지 없는지 결정하라.

주목할 내용은 포스트의 '작업자'가 하는 일의 범위가 튜링'기계'의 작업자가 하는 일과 정확히 일치한다는 사실이었다. 또한 언어는 앨런이 제시한 '명령문' 설명과 일치했다. 조립 라인을 기초로 한 설명은 어쩌면 훨씬 더 명확한 그림을 그렸다고 할 수 있었다. 그러나 포스트의 논문은 「계산 가능한 수」보다 훨씬 덜 야심적이었다. '만능기계'도 개발하지 않았고, 힐베르트의 결정 문제를 다룬 것도 아니었다. '마음 상태'에 대한 논쟁도 없었다. 그래도 자신의 공식이 처치가 남긴 개념적 간극을 메울 것이라는 포스트의 예상은 정확했다. 이와 관련하여 포스트의 논문이 앨런의 기계보다 겨우 몇 달 늦었기 때문에, 처치는 포스트의 연구가 앨런과 전혀 관계가 없다고 확신할 수밖에 없었다. 앨런 튜링이 없었어도 포스트의 생각은 조만간 어떤 형태로든 드러났을 것이다. 아니, 반드시 알려져야만 했다. 왜냐하면 인간이 활동하는 세상과 논리의 세계를 연결하는 데 반드시 필요한 가교_{bridge}였기 때문이다.

다른 의미로 보면, 앨런 튜링이 그처럼 어려워했던 바로 그 인간 행동 세계와 논리 세계를 잇는 다리였다. 아이디어를 떠올리는 것과 세상에 아이디어를 이해시키는 것은 별개의 문제이다. 수반되는 과정이 완전히 다르다. 앨런이 싫든 좋든 앨런의 두뇌가 발휘되는 곳은 특정한 학문 체제 내부였고, 학문 체제도 다른 인간 조직체와 마찬가지로 영향력을 행사하고 관계를 맺은 사람들에게 최선의 반응을 보이는 법이다. 그런데 동료들이 보기에 앨런은 이런 면에서 가장 '비정치적인' 사람이었다. 정확히 말해서, 앨런은 마법처럼 진실이 퍼져나가기를 기대했고, 상점에 물건을 진열하듯이 굳이 자신을 드러내는 일을 부도덕하고 하찮은 일로 여겼다. 앨런이 즐겨 쓰던 단어가 '사이비'였는데, 앨런 생각에 부당한 지적 권위를 근거로 어떤 지위나 자리에 오른 사람에게 이런 표현을 사용했다. 앨런은 자기가 봄에 제출한 군론 논문 한 편을 심사한 사람이 잘못 판단하여 논문을 비판했다며, 그 사람도 '사이비'라고 불렀다.

앨런도 자신의 이익을 위해 더 분발해야 한다는 점을 잘 알고 있었고, 지적 능력이 있을 뿐만 아니라 그 능력을 가장 유리하게 사용할 줄 아는 친구 모리스 프라이스에게 신경이 쓰이는 것도 어쩔 수 없었다.

1929년 12월 트리니티 칼리지에서 일주일을 보낸 이후 두 사람 모두 출세가도를 달렸다. 앨런은 특별연구원에 수석으로 발탁되었다(킹스 칼리지가 앨런의 논문 주제를 관대하게 평가한 덕분이었지만). 그런데 바로 그때 막 모리스 프라이스가 트리니티 칼리지 특별연구원으로 선발되었고, 조금 더 세간의 주목을 받았다. 모두들 모리스가 떠오르는 별이라고 생각했다. 모리스가 양자전기역학quantum electrodynamics 을 전공하면서 계속 순수 수학에 대한 관심을 유지했으니, 두 사람의 관심사는 상호 보완적인 방향으로 발전했다고 할 수 있다. 하지만 기본적인 문제에 관심이 있는 것은 두 사람이 비슷했다. 둘은 케임브리지 강의실에서 자주 부딪혔고, 가끔은 차를 마시면서 노트를 교환하기도 했었다. 마침 프라이스 가족도 길퍼드에 살고 있어서, 모리스가 에니스모어 애비뉴Ennismore Avenue 8번지의 튜링 집으로 초대받아 차를 마신 적도 있었다. 튜링 부인은 중등학교 출신의 가난한 우등생인 모리스를 따뜻하게 맞아주었다. 앨런도 모리스의 집을 찾아가, 모리스가 차고에 마련한 실험실을 보고 훌륭하다고 감탄한 바 있다.

프린스턴에 도착한 첫해 모리스는 오스트리아 출신 양자물리학자인 파울리 Wolfgang Pauli 교수의 지도를 받았으나, 1937년에는 넓은 의미에서 폰 노이만 교수의 지도를 받고 있었다. 프린스턴에서 모리스가 모르는 사람은 없었고, 사람들도 모두 모리스를 익히 알고 있었다. 그해 폰 노이만 교수 부부 사이에 문제가 생겨 '18세기 오페라 극장'처럼 장관인 파티를 전처럼 자주 열지는 않았지만, 모리스는 폰 노이만 교수 집에서 열리는 성대한 파티에 참석하곤 했다. 영국인 대학원생 중에 폰 노이만이 사교적이고 활발하며 백과사전처럼 박학다식한 자칭 바람둥이라는 사실을 알 만큼 친하게 지낸 사람이 있다면, 그것은 모리스 프라이스였지 앨런 튜링은 아니었다. 그렇지만 정반대로 수줍은 하디를 대화로 이끌 줄 아는 사람도 모리스였다. 한마디로 모리스는 누구와도 잘 어울렸다. 사실 미국에서 앨런을 따뜻하게 맞아준 사람도 바로 모리스였다.

킹스 칼리지에 다닌 덕분에 앨런은 한층 강압적인 대학 생활을 보내지 않았지만, 미국의 생활은 그런 강압이 더 두드러졌다. 조직 속에서 계획된 역할을 수행하면 되는 보수적인 영국의 인생관보다 경쟁에서 이겨야 하는 아메리칸 드림에 적응하는 것이 더 힘들었다.

달리 생각하면 앨런은 킹스 칼리지에서 냉엄한 현실도 경험하지 못했다. 케임브리지 시절 앨런이 그 점에 관한 농담을 할 정도였다. 1936년 5월에 빅터가 케임브리지를 방문했을 때, 사소한 추문이 하나 퍼진 바 있다. 셔본 출신 학생 하나가 '아가씨'와 함께 기숙사 방에 있다가 발각되어 퇴학당한 것이다. 앨런은 그런 행위가 죄악은 아니지만 그 학생은 유죄라고 비꼬았다. 앨런은 불평을 늘어놓는 사람도 아니었고 늘 유머 감각을 잃지 않으려고 애썼지만, 사회에 진출하며 겪게 되는 그런 문제는 특별히 우스울 것이 전혀 없었다.

〈메투셀라로 돌아가라〉에서 버나드 쇼는 서기 31920년에 등장할 초인적 지능을 가진 존재가 예술과 과학, 세스("춤, 노래, 짝짓기같이 유치한 장난")에 관심을 보이지 않을 정도로 성숙하여 수학을 탐구하리라고 상상했다. ("흥미롭다, 정말 재미있다. 끝도 없는 춤과 음악의 구속에서 벗어나, 홀로 조용히 앉아 숫자를 탐구하고 싶다.") 쇼에게 수학이란 다다를 수 없는 지적 탐구의 상징일 수 있었으니, 쇼가 이렇게 상상하는 것은 전혀 문제가 없다. 하지만 앨런은 24세의 나이에 수학을 탐구할 수밖에 없었는데, 결코 "유치한 장난"에 싫증을 느낄 나이가 아니었다. 앨런은 수학에서 성적 쾌락을 누린다고 말할 정도로 다른 것에는 전혀 신경 쓰지 않았다. 그랬던 앨런이 1937년 새해가 되자, 새로 사귄 친구 베너블 마틴과 함께 로버트슨 Howard Percy Robertson 교수의 상대성이론 강의도 듣고, 카누도 타러 다녔다. 아마 카네기 호수로 흘러드는 계곡이었을 것이다. 앨런이 "동성애에 관심"이 있는지 넌지시 떠봤다는데[9] 마틴은 관심이 없다고 분명히 밝혔다. 앨런은 그 문제를 다시 꺼내지 않았고, 두 사람의 우정도 변함없었다.

시인 월트 휘트먼Walt Whitman이라면 이해했을 일이다. 그러나 앨런의 눈에 보이는 미국은 휘트먼의 미국이 아니라 성적 금기로 가득 찬 땅이었다. 아빠와 엄마로 이루어진 이 나라는 특히 20세기 사회정화운동이 한창인 상황이라 동성애를 지극히 반미국적인 행동으로 치부했다. 프린스턴에서 '양성애자 남성을 아주 정상적'이라고 말하는 사람은 아무도 없었다. 앨런으로서는 베너블 마틴처럼 마음이 넓은 사람에게 구애했다 퇴짜 맞은 것이 행운이었다.

앨런에게 닥친 문제는 동성애자가 모든 것이 뒤집혀 보이는 거울 나라에 살면서 생기는 심리적 내부 갈등을 다행히 극복한 후에 겪는 그런 문제였다. 개인이 어떻게 생각하느냐에 따라 모든 것이 결정되는 것도 아니었고, 사회적 현실이 이성애 관습을 그대로 반영하고 있는 것도 아니었다. 1930년대 후반 앨런이 그 문제를 해결하는 데 도움받을 것은 아무것도 없었다. 프레드 아스테어Fred Astaire나 버스비 버클리Busby Berkeley로 대표되는 전형적인 이성애의 본질을 꿰뚫어보는 사람들을 제외하고, 이 시대가 선호했던 것은 예전보다 완고하게 구별된 '남성적인' 모델과 '여성적인' 모델이었다. 늘 그렇듯 당시 미국에도 홍등가, 증기탕, 심야 술집 같은 이면이 있었지만, 앨런 튜링 같은 사람에게 이런 장소는 다른 행성에 있는 것이나 마찬가지였을 것이다. 앨런은 아직, 최소한 케임브리지 외부에서는 본인의 성적 요구를 사회에 적응시킬 준비가 되어 있지 않았다.

앨런이 느끼기에 만족스러운 적응 방법이 없었다고, 다시 말해 이 특별한 마음과 육체의 문제에 해답이 없었다고 보는 것도 타당할 것이다. 수줍은 성격 덕분에 한동안 냉혹한 사회 현실과의 대결을 피할 수 있었다. 그리고 어쩌다 연구와 관련하여 만나는 사람들에게 슬쩍 접근하는 등 개인적인 수준에서 대응하려는 노력을 멈추지 않았지만 결과는 신통치 않았다.

앨런은 추수감사절을 맞아 뉴욕에 잠시 머물렀지만 의무적인 방문이었다. 튜링 부인이 좋아하는 언더힐 신부Father Underhill*의 친구였던 우익 성향의 목사가 초대를 했고, 앨런은 거절하지 못했던 것이다. ("그 미국 사람은 어딘지 영국 가톨릭 신자

---

* 언더힐 신부는 1937년에 바스 앤 웰스Bath and Wells 교구 주교가 되었다.

앨런 튜링의 이미테이션 게임

같은 구석이 있다. 그를 좋아했지만, 알고 보니 약간 보수적이었다. 루스벨트 대통령에게 도움이 될 것 같지 않았다.") 앨런은 "교통편이나 지하철도 익힐 겸 맨해튼 시내를 돌아다니며" 시간을 보내다가 천문대를 방문했다. 아마 앨런의 감정 상태에 더 어울리는 것은 모리스 프라이스와 함께 뉴햄프셔 스키장에서 보낸 2주간의 크리스마스 휴가였을 것이다.

모리스가 16일에 크리스마스 휴가를 가자고 제안했고 18일에 출발했습니다. 막판에 와니어Wannier라는 남자도 합류했는데, 정말 잘한 일인 것 같습니다. 한 사람하고 휴가를 가면 제가 늘 다투거든요: 저는 모리스가 와니어도 데려가도록 해달라고 빌었습니다. 여기서 지내는 동안 제게 아주 친절했습니다. 처음 며칠은 산장에서 지냈는데, 손님이 저희밖에 없었습니다. 그리고 장소를 옮겼는데, 영국 동포들 몇 명에 여기저기 국적이 다른 사람들이 모여 있었습니다. 장소를 옮긴 이유는 모르겠지만, 모리스가 사람이 더 많은 것을 원했던 것 같습니다.

성인이 된 크리스토퍼 모컴의 모습 같은 것이 모리스에게 있었기 때문에, 앨런은 모리스와 더 많은 시간을 보내고 싶어 했는지 모른다. 차를 몰고 보스턴을 경유해 돌아왔는데, 보스턴에서 차가 고장 나기도 했었다. 앨런은 크리스마스 휴가에서 돌아와 집으로 편지를 보냈다.

지난 주 일요일 모리스와 프랜시스 프라이스가 주선한 파티에서 보물찾기 게임을 했습니다. 암호, 철자를 바꾼 말 등 온갖 종류의 단서 13개를 이용해 보물을 찾는 게임인데 도통 알 수가 없었어요. 단서들이 아주 기발했는데, 제게는 별 도움이 되지 않았습니다.

재치 있는 첫 번째 단서는 '약삭빠른 프란체스코 수도사 역할Role of wily Franciscan'이었다. 사람들은 프랜시스 프라이스와 숀 와일리가 함께 쓰는 욕실로 몰려가, 두루마리 화장지(Role이 두루마리 화장지Roll를 의미하는 암호—옮긴이) 속에 숨겨진 두 번째 단서를 찾아냈다. 숀 와일리는 철자를 바꾼 단어 풀이에서 발군의 실력을 보였다. 한결 진지한 미국인들은 "학부생 같은 유머"와 "전형적인 영국인의 기발함"이 섞인 보물찾기 게임에 어안이 벙벙했다. 몸짓으로 설명하는 단어 맞추기 게임이나 연극 대본 읽기에는 앨런도 참여했다. 점심시간에는 체스나 바둑도 두고, '심리학' 게임도 하곤 했다. 눈이 녹자 테니스도 시작했고, 열성으로 하키를 즐겼다. 원정 시합을 떠나며 프랜시스 프라이스가 게시판에 "여전사를 무찌르자Virago Delenda Est"라고 라틴어 구호를 적었는데, 누군지 짓궂은 친구 하나가 대담하게도 첫 번째 'a'를 지웠다(Virgo Delenda Est는 '처녀를 없애자'라는 뜻—옮긴이). 1937년 5월 독일 비행선 힌덴부르크의 화염이 지평선을 훤히 비치는 것을 바라보았던 프린스턴 운동장에서는 신입생들이 영미연합팀을 꾸려 연습했다.

앨런도 이 모든 일에 참여했지만, 그의 사회생활은 몸짓으로 단어를 설명하는 게임과 같았다. 다른 동성애자와 마찬가지로 앨런의 삶도 모방게임imitation game이었다. 하지만 의식적으로 속이려는 의미가 아니라, 본래 자신과는 다른 사람으로 받아들여진다는 의미의 모방게임이었다. 다른 사람들은 앨런에 대해 잘 안다고 생각했고, 상투적인 의미에서는 사실이었다. 하지만 이들은 세상의 현실과 불화하는 개인으로서 앨런이 겪는 문제는 알지 못했다. 앨런은 자신이, 동성애자의 씨를 말리려고 온 힘을 쏟는 사회에 머무르고 있는 동성애자라는 자각을 떨칠 수 없었다. 그리고 이보다 덜 고통스럽기는 했지만 평생을 집요하게 따라다닌 문제가 더 있었다. 자기의 특별한 사고방식과 맞지 않는 학문 체제에 적응해야 하는 문제였다. 두 가지 문제 모두에서 앨런의 자율적인 자아는 타협하고 상처받을 수밖에 없었다. 이 문제들은 이성으로만 해결할 수 있는 문제가 아니었다. 왜냐하면 사회 세계에 자리 잡은 앨런의 육체에서 비롯된 문제이기 때문이다. 사실 혼란과 충돌 외에 다른 해결책은 없는 문제였다.

1937년 2월 초 「계산 가능한 수」별쇄본이 도착했고, 앨런은 개인적인 친분이 있는 사람들에게 별쇄본을 발송했다. 에퍼슨(그때 에퍼슨은 셔본학교를 떠나 본인에게 더 어울리는 영국 국교회에 근무했다)과 제임스 앳킨스에게도 보냈다. 앳킨스는 당시 교사가 되어 월솔 중등학교에서 수학을 가르치고 있었다. 앳킨스에게는 편지[10]

도 보냈는데, 앨런은 우울해서 자살할 계획도 생각했었다고 무심한 듯 적은 바 있다. 사과와 전기 배선을 사용하는 계획이었다.

아마 이것은 승리 후에 오는 우울증이었을 것이다. 「계산 가능한 수」 집필은 정사情事와 다름없었고, 정사가 끝나자 뒷정리만이 남은 상황이었을 것이기 때문이다. 이제 그에게 남은 것은 계속할 것인지에 관한 문제였다. 영혼을 말살한 것은 아닌가? 연구가 '막다른 골목'에 몰린 것은 아닌가? 무언가를 했지만 과연 무엇을 위한 것인가? 진리에만 의지해 살아가는 것은 버나드 쇼가 말한 고대인들에게는 아주 좋은 일이었겠지만, 앨런에게는 크나큰 희생을 요구하는 것이었다. 사실 앨런이 꿈꾸던 이상도 아니었다. 앨런이 일전에 모컴 부인에게 썼듯, "왜 우리에게 애당초 육체가 있는가 하는 문제, 그러니까 왜 우리는 영혼만으로 자유롭게 소통하며 살지 않는지 혹은 못하는지에 대해 말할 것 같으면, 아마도 우리는 그렇게 할 수도 있겠지만, 그러면 할 일이 하나도 없을 것이다. 육체는 영혼에게 돌보고 사용할 무언가를 제공하는 셈이다." 하지만 순결을 잃거나 진리를 양보하지 않는다면 앨런의 육체가 할 수 있는 일은 무엇이었을까?

1937년 1월부터 4월까지 앨런은 람다 계산에 관한 논문 한 편과 군론에 관한 논문 두 편[11]을 작성하는 데 몰두했다. 이 중 논리학 논문은 클레이니의 생각을 조금 발전시킨 것이었다. 첫 번째 군론 논문은 라인홀트 베어의 연구와 관련된 것으로, 당시 베어 교수는 1935년에 거의 본모습을 갖춘 고등연구소에 소속되어 있었다. 두 번째 군론 논문은 새로운 문제에 대한 시도였는데, 폰 노이만 교수와의 교류에서 얻은 것이었다. 망명한 폴란드 수학자 울람Stanislaw Ulam이 제안한 문제로서, 다면체로 구체의 근사치를 계산하듯 유한군finite group으로 연속군continuous group의 근사치를 계산할 수 있는가 하는 문제였다. 폰 노이만은 이 문제를 앨런에게 넘겼고, 앨런은 4월까지 성공적으로 문제를 해결해 논문을 제출했다. 짧은 시간에 이룬 성과였지만, 앨런이 일반적으로 이런 방법으로는 연속군의 근사치를 계산할 수 없다고 밝혔던 것처럼 부정적인 결론이었다. 또한 앨런은 "논리학만큼 이 문제를 심각하게 받아들이지도 않는다"라고 썼다.

그동안 프린스턴에서 1년 더 머물 수 있는 가능성이 열렸다. 2월 22일 앨런이 집으로 보낸 편지는 다음과 같았다.

어제 아이젠하르트 교수 댁에서 일요일마다 열리는 다과회에 다녀왔습니다. 교수님 부부께서는 번갈아가며 저에게 1년 더 있으라고 설득했습니다. 사모님께서는 주로 사회적 이유, 혹은 사회적 근거와 도덕적 근거가 반반 섞인 이유를 들어 1년 더 머무는 것이 왜 좋은지 설명하셨습니다. 학장님께서는 제가 요청하기만 하면 프록터 특별연구원 장학금을(연 2,000달러 수준) 주겠다고 암시하며 거드셨죠. 저는 킹스 칼리지에서 제가 돌아오길 바랄 것이라고 말하고, 그 문제에 대해 상의해보겠다고 모호한 약속만 드렸습니다. 제가 여기에서 알게 된 사람들이 모두 떠난다고 하고, 이 나라에서 긴 여름을 보낼 생각을 하면 즐겁지도 않습니다. 이 문제에 대해 어머니 생각은 어떤지 알고 싶습니다. 저는 영국으로 돌아갈 공산이 크지 않을까 생각합니다.

강의 시간에 최신 추상군을 사용해서 미안하다고 곧잘 사과하던 아이젠하르트 학장은 전통적 사고방식을 지닌 인물이었지만 친절했다. 학장 부부는 다과회에서 학생들 기분을 즐겁게 해주려고 무척 애를 썼다. 부모의 생각이야 어떻든 필립 홀은 앨런에게 케임브리지 교수직에 빈자리가 몇 개 있다는 통보를 했고, 앨런은 가능하다면 그 교수직을 얻고 싶어 했을 것이다. 교수직을 얻는다는 말은 실질적으로 케임브리지에 영원한 집을 마련한다는 의미였고, 앨런의 학문적 성취에 대해 적절하게 인정받는 것은 물론, 앨런이 삶에서 겪는 문제를 해결하는 유일한 해결책이기 때문이었다. 4월 4일 앨런은 홀에게 답장을 보냈다.

교수 임용 신청서를 제출할 예정이지만 교수직을 얻을 가능성은 매우 희박할 것 같습니다.

앨런은 그때 막 팔레스타인으로 성지순례를 떠나려던 어머니에게도 편지를 썼다.

앨런 튜링의 이미테이션 게임

저와 모리스 둘 다 신청서를 제출했지만, 우리 중 누구도 자리를 얻을 것 같지는 않습니다. 그래도 우리 존재를 알릴 수 있을 테니, 일찍부터 이런 신청서를 제출하는 게 좋다고 생각합니다. 저는 이런 일에 다소 소홀한 감이 있습니다. 모리스는 자기 경력에 도움이 되는 일이 무엇인지 훨씬 더 잘 알고 있습니다. 수학계의 거물들과 사귀는 데 큰 공을 들이고 있습니다.

본인의 예상대로 앨런은 케임브리지 교수 임명을 받지 못했다. 킹스 칼리지의 잉엄 교수로부터 프린스턴에서 1년 더 머물라고 권유하는 편지를 받고 앨런은 마음의 결정을 내렸다. 앨런은 5월 19일 이렇게 답장을 보냈다.

이곳에서 1년 더 지내기로 지금 막 결심했습니다. 하지만 정해진 계획에 따라 여름 대부분은 영국으로 돌아가 지내게 될 것입니다. 이 일로 도움을 주겠다고 하신 점 깊이 감사드립니다만, 학장님께서 제안하신 프록터 장학금만 받아도 부자가 될 테니 제겐 필요치 않을 것입니다. 장학금이 없다면 케임브리지로 돌아가야 하겠죠. 장학금도 없이 이곳에서 1년 더 지내는 건 아마도 사치일 것입니다…
배는 7월 23일에 출항합니다. 출항 전에 어쩌면 이곳에서 잠시 여행을 떠날지도 모르겠습니다. 다음 달엔 할 일도 별로 없고, 1년 중 가장 공부하기 좋은 때도 아니거든요. 하지만 제가 평소 여행을 위한 여행을 하는 사람이 아니어서 떠나지 않을 공산이 더 큽니다.
내년에는 모리스가 이곳에 없어서 유감입니다. 제겐 아주 좋은 벗이었습니다.
왕실이 에드워드 8세의 결혼을 비밀에 부치려는 내각에 반대하고 있다니 기쁩니다.

앨런은 1년을 더 머무는 차에 모리스처럼 박사 학위를 받기로 결정했다. 처치는 자기 강의에서 다룬 괴델 정리의 함의를 앨런의 박사 학위 논문 주제로 추천했었고, 앨런은 3월에 "논리학의 새로운 견해에 대해 연구하고 있습니다. 「계산 가능한 수」만큼 잘되지는 않지만 그래도 꽤 희망적입니다"라는 편지를 보냈다. 이 견해를 연구하면서 앨런은 견뎌낼 힘을 얻었을 것이다.

프록터 특별연구원 장학금은 정말 앨런의 몫이 되었다. 케임브리지대학교 부총장이 특별연구원을 지명하기로 되어 있었고, 많은 추천서들이 그에게 보내졌다. 정말 마법 같은 추천서도 한 통 도착했는데 이렇게 적혀 있었다.[12]

1937년 6월 1일

부총장님께,

튜링 군이 케임브리지대학교 선발 1937~1938학년도 프린스턴대학교 프록터 방문 특별연구원에 지원했다는 소식을 제게 전했습니다. 저는 튜링 군의 지원을 지지하며, 예전부터 튜링 군에 대해 아주 잘 알고 있다는 말씀을 드리고 싶습니다. 케임브리지에서 교환 교수로 재직하던 1935년 마지막 학기와 튜링 군이 프린스턴에 지낸 1936~1937학년도에 튜링 군의 학술 논문을 읽을 기회가 있었습니다. 튜링 군은 제가 관심을 두고 있는 수학 분과, 즉 개주기 함수이론이나 연속군 이론과 관련해 훌륭한 성과를 냈습니다.

저는 튜링 군이 프록터 특별연구원에 가장 적합한 지원자라고 믿습니다. 귀하께서 튜링 군을 특별연구원으로 지명해주신다면 기쁘기 그지없겠습니다.

존 폰 노이만 드림

폰 노이만이 비중 있는 인물이니 앨런이 추천서를 부탁했을 것이다. 그런데 편지에서 거론한 논문보다 훨씬 더 중요한 논문인 「계산 가능한 수」에 대해 폰 노이만이 아무런 언급도 하지 않은 이유는 무엇일까? 논문이 출간되고 별쇄본을 돌리기까지 했는데 폰 노이만이 앨런의 논문을 알지 못했던 것인가? 폰 노이만과 친분이 있었다면 앨런은 무엇보다 먼저 폰 노이만의 친분을 활용해 「계산 가능한 수」가 주목받도록 했어야 했다. 너무 수줍어서 "수학계의 거물"에게 논문을 내밀지 못한 것이라면, 앨런이 세상 물정을 모른다는 전형적인 사례일 것이다.

앨런의 예상과 달리, 어쩌면 약간 분할 수도 있는 일이지만 존경스러운 모리스 프라이스는 케임브리지 교수직에 임명되었고, 현 프록터 특별연구원인 레이 리틀턴Ray Littleton도 함께였다. 그리고 앨런은 마침내 여행을 할 수 있었다. 모리스 프라이스가 영연방 특별연구원의 의무를 이행하며 1936년 여름 대륙 방방곡곡을 타고 다닌 1931년산 8기통 포드 자동차를 앨런에게 팔았던 것이다. 모리스에게 운전을 배웠는데, 앨런이 기계를 잘 다루지 못하고 서툴러서 배우기 쉽지 않았다. 한번은 카네기 호수로 차가 전복되어 둘 다 익사할 뻔한 일도 있었다. 그 후 7월 10일경 앨런은 집안 어른을 찾아뵙기 위해 모리스와 함께 출발했다. 아일랜드에서 미국으로 이민 온 외가 당숙 한 분이 계셨는데, 오래전부터 어머니가 앨런에게 한번 찾아가라고 성화였다. 나이가 일흔에 가깝고, 로드아일랜드주 웨이크필드시 교구목사로 퇴직한 잭 크로퍼드Jack Crawford라는 사람이었다.

의례적인 방문으로 예상했지만 생각만큼 지루하고 따분한 방문은 아니었다. 앨런은 젊은 시절 더블린에서 왕립과학대학을 다녔던 잭 크로퍼드가 마음에 들었다.

> 당숙 댁에서 즐거운 시간을 보냈습니다. 정력이 넘치는 노인이시더군요. 손수 망원경도 만들어 별자리를 관측하셨습니다. 반사경 연마하는 법에 관해 전부 말씀해주셨습니다… 시빌 숙모님과는 누구 족보가 더 훌륭한지 경쟁이라도 하시는 것 같습니다. 사촌 메리는 아주 작고 귀여워서, 보시면 주머니에 집어넣고 싶으실 거예요. 정말 친절하고 수줍음이 많은 편이며 잭 당숙을 숭배하다시피 합니다.

친척들은 평범한 사람들이었고, 앨런은 저명한 프린스턴 인사들과 함께 있을 때보다 더 마음이 편했다. 그런데 당숙 집에서 구식 시골 사람들답게 앨런과 모리스를 2인용 침대에 함께 자게 한 것이 문제였다.

삶의 구획들이 깨어져버렸다. 모리스는 앨런이 동성애자인 것은 전혀 짐작도 못했기에 그저 놀랐다. 앨런은 사과했다가 바로 취소했다. 그리고 부끄러운 기색 없이 화를 내며, 인도에서 지낸 부모들과 자기가 얼마나 오랫동안 떨어져 살았는지, 기숙학교에 다닐 때 어땠는지 등에 관한 이야기를 했다. 모두 『어렴풋한 청춘』에 이미 나온 내용이었다.

제프리스의 분노, 그를 그렇게 뛰어난 운동선수로 만든 그 분노가 그때 폭발했다. "부당? 그래, 맞는 말이야. 부당해. 나를 이렇게 만든 게 바로 펀허스트 아닌가? … 그런데 나를 이렇게 만든 펀허스트가 내게 등을 돌리고 '너는 이 훌륭한 학교에 다닐 자격이 없어!'라고 말하니, 내가 떠날 수밖에…"

이 몹시 당황스러운 순간에 앨런은 전에 보이지 않던 자기연민을 드러냈을 뿐만 아니라, 자신도 분명 안일하다 생각했을 분석까지 드러냈다. 그러지 말아야 했다. 앞일을 생각할 때였다. 과거를 되돌아볼 때가 아니라 이제 무엇을 할 것인지, 계속하려면 어떻게 해야 할지를 생각할 때였다. 모리스는 앨런의 설명에 수긍했고, 두 사람은 그 이야기를 다시 거론하지 않았다. 앨런은 25세가 되는 생일날 퀸메리 호에 승선해, 6월 28일 사우샘프턴에 도착했다. 미국독립기념일인 7월 4일 프린스턴대학원의 영국제국팀British Empire과 반란식민지팀Revolting Colonies 사이에 열리는 소프트볼 경기를 보지 못하게 되어 아쉬웠다.

1937년 여름 선선한 케임브리지에 돌아가 3개월을 보내는 동안, 처리해야 할 주요 연구 프로젝트가 세 가지 있었다. 우선은 「계산 가능한 수」 중에 약간 정리할 것이 있었다. 좀 성가시기는 하지만, 취리히에 있는 베르나이스 교수가 힐베르트의 결정 문제가 해결 불가능하다는 앨런의 증명을 꼼꼼히 살펴보고 몇 가지 오류[13]를 발견해서, 《런던 수학학회지》에 정오표를 실어 오류를 바로잡아야 했다. 또한 자신의 '계산 가능성computability'이란 말이 처치 교수의 '유효한 계산 가능성effective calculability'이라는 말과 정확히 일치한다고 공식적인 증명[14]도 끝냈다. 이제 남은 것은 같은 종류의 개념에 붙은 제3의 정의였다. 이는 '재귀함수recursive function'를 사용한 정의였는데, 어떤 수학 함수를 더 기본적인 함수들을 이용하여 정의한다는 개념을 절대적으로 정확히 표현하는 방법이었다. 괴델이 제안한 바 있고, 클레이니가 뒤를 잇고 있었다. 이 개념은 괴델의 산술 불완전성 증명에서 암시되었다. 괴델이 체스와 비슷한 규칙으로 증명한다는 개념은 '산술적' 개념, 다시 말해 최대공약수 그런 것을 찾는 것처럼 '산술적' 개념이라고 밝혔을 때, 그는 사실 '명확한 방법'으로 그것이 가능하다는 말을 하고 있었다. 이 생각을 공식화하고 조금 확장하여 '재귀함수' 정의가 되었다. 그리고 이제 일반적인 재귀함수가 계산 가능 함수computable function와 정확히 일치한다고 밝혀졌다. 따라서 처치의 람다 계산, 괴델의 산술 함수 정의 방법, 이 두 가지는 튜링기계와 같은 것으로 드러났다. 나중에 괴델 자신도 튜링기계 구조가 '기계적 절차'에 대한 가장 만족스러운 정의라고 인정했다.[15] 그 당시어떤 것을 명확하게 처리하는 방법을 다룬 세 가지 독립적인 접근법이 동등한 개념으로 수렴되었다는 것은 놀랍고 주목할 만한 사실이었다.

두 번째 연구 프로젝트는 박사 학위 논문 주제인 '논리학의 새로운 견해'와 관련한 것이었다. 산술에는 언제나 참이지만 증명할 수 없는 명제가 있다는 괴델의 결론에서 빠져나갈 방법이 있는지 알아보는 것이 기본 생각이었다. 새로운 문제는 아니었다. 당시 코넬대학교에 재직 중이던 로서 교수가 이미 1937년 3월에 이 문제를 다룬 논문[16]을 발표한 바 있다. 앨런은 이 문제에 대해 더욱 전반적인 연구를 계획했다.

세 번째 프로젝트는 아주 야심 찼다. 앨런은 정수론의 핵심 문제에 총력을 기울이기로 결심한 바 있다. 앨런은 이 문제에 대해 전부터 관심이 있었고, 1933년부터 그 주제를 다룬 잉엄의 책을 간직하고 있었다. 그런데 1937년 잉엄은 앨런이 그 문제에 관심이 있다는 것을 알자마자 최신 논문[17]을 앨런에게 보냈다. 이 프로젝트가 야심 찬 이유는 앨런이 선택한 문제가 오랫동안 위대한 순수 수학자들이 몰두했다가 쓴맛을 본 문제이기 때문이다.

소수素數는 매우 평범하지만, 상당히 당황스러운 소수 문제를 몇 단어만으로도 간단히 만들어낼 수 있었다. 한 가지 문제는 아주 빨리 해결되었다. 유클리드는 소수가 무한히 많다고 증명해냈다. 1937년 $2^{127}-1=1701411834604692317$ 31687303715884105727이 그때까지 알려진 가장 큰 소수였지만, 소수가 무한하다는 것 또한 잘 알려져 있었다. 하지만 소수의 특성과 관련하여 추측은 쉽지만 증명은 아주 어려웠는데, 소수의 빈도가 계속 줄어든다는 특성 때문이었다. 처음에는 하나 건너 하나가 소수이지만, 100에 가까워지면 넷 중 겨우 하나, 1,000에 가까워지면 일곱 중 겨우 하나, 10,000,000,000에 가까워지면 스물셋 중 겨우 하나꼴

로 줄어든다. 반드시 그 이유가 있어야 했다.[18]

1793년경 15세의 가우스는 소수의 빈도가 일정한 패턴으로 줄어든다는 사실을 알아챘다. 즉, 어떤 수 n 부근의 소수 간격은 그 수의 자릿수에 비례한다. 더 자세히 말하면, 어떤 수 n의 자연 대수natural logarithm에 비례해 간격이 증가한다는 사실이었다. 이런 일을 좋아했던 것으로 보이는 가우스는 평생 동안 한가한 시간을 이용해 300만 이하의 소수 전부를 밝혀내, 자신의 생각을 최대한 입증하려고 했다.

1859년까지 거의 진전이 없다가, 리만이 이 문제를 고찰할 새로운 이론적 틀을 개발했다. 복소수complex number* 계산이 한편으로는 비연속적이고 고정적으로 확정된 소수들과, 다른 한편으로는 연속적이고 평균 수량을 계산할 수 있는 로그 같은 매끈한 함수smooth function를 연결하는 다리로 사용할 수 있음을 발견한 것이다. 이로써 리만은 소수의 밀도를 구하는 일정한 공식에 이르게 되었는데, 즉 가우스가 주목했던 로그 법칙을 정제한 것이었다. 그렇지만 리만의 공식은 정확하지 않았고 증명되지도 않았다.

리만의 공식은 본인이 추산할 수 없었던 항들을 일부 무시했다. 이 오차항들은 1896년에 비로소 주요 결과에 영향을 미치지 않는 사소한 것으로 증명되었다. 이 결과가 당시 소수정리Prime Number Theorem가 되었고, 소수의 빈도가 로그처럼 줄어든다는 가장 정확한 표현이었다. 다시 말해, 단지 생각의 문제가 아니라 영구히 줄어든다고 증명된 것이었다. 그런데 이야기가 여기서 끝이 아니었다. 소수 목록을 계속 늘려감에 따라, 소수가 이 로그 법칙을 놀라울 정도로 가깝게 따른다는 사실

---

* '복소수' 계산은 전형적인 수학적 추상화 과정을 보여줬다. 원래 복소수는 −1의 '허수' 제곱근과 '실수'를 결합하기 위한 목적으로 도입되었다. 수학자들은 그런 것이 '실제' 있는지 고민했다. 현대 관점으로 보면, 추상적으로 복소수는 켤레수로 간단히 규정할 수 있으며, 한 평면의 점들로 그릴 수 있다. 두 켤레수의 '곱셈'을 규정하는 간단한 규칙만으로도 당시 거대 이론을 이끌어내기에 충분했다. 19세기 리만의 연구는 수학의 '순수한' 발전에 크게 기여했지만, 물리 이론의 발전에도 대단히 유용하다고 밝혀졌다. 진동 이론Theory of vibration을 다루는 푸리에 해석Fourier analysis이 그 사례이다. 1920년대 이후 발전한 양자이론은 복소수를 기본적인 물리 개념에 포함시키면서 한층 더 발전했다. 앨런의 후기 연구 상당 부분이 '순수' 수학과 '응용' 수학의 연결과 관련되었지만, 막상 이들 수학적 견해 중 필수적인 것은 하나도 없었다.

앨런 튜링의 이미테이션 게임

이 드러났다. 오차항들은 일반적인 로그 패턴에 비해 사소한 정도가 아니라 아주 사소한 문제였다. 하지만 이것이 계산의 한계를 벗어난 무한한 범위의 수 전체에도 적용되는가? 그렇다면 그 이유는 무엇이었는가?

리만의 연구는 사뭇 다른 형태로 이 문제를 제기했다. 리만은 특정한 복소수함수를 '제타함수$_{\text{zeta-function}}$'라고 정의했다. 오차항이 여전히 아주 사소하다는 주장은 리만의 제타함수가 모두 평면의 특정 선 위에 있는 점들의 위치에서만 0의 값을 갖는다는 주장과 본질적으로 동치임이 드러났다. 이 주장은 리만의 가설로 알려져 있다. 리만은 이 가설이 참일 "가능성이 상당하다"라고 생각했고, 이에 동의하는 학자들도 많았으나 증거는 발견되지 않았다. 힐베르트는 1900년에 이 문제를 20세기 수학에서 중요한 네 번째 문제로 삼았고, 평소 "수학에서 가장 중요한, 절대적으로 가장 중요한 문제"라고 불렀다. 하디는 30년간 이 문제 해결에 천착했지만 성공하지 못했다.

정수론의 핵심 문제는 이것이었지만, 관련 문제들은 무수히 많았다. 앨런은 그중 한 문제를 선택해 연구했다. 리만의 정제된 공식이 없으면, 단순하게 소수의 발생 빈도가 로그처럼 줄어든다는 주장은 항상 소수의 실제 개수를 일정한 수량만큼 과대 계산하는 것 같았다. 숫자는 점점 더 커지기 때문에 항상 과대 계산할 것이라는 것이 수많은 사례를 기반으로 한 '과학적 귀납법'이나 상식적인 생각이었다. 그런데 1914년 하디의 동료인 리틀우드$_{\text{John Edensor Littlewood}}$가 그렇지 않다는 것을 밝혔다. 단순한 가정이 누적된 소수의 개수 합계를 과소평가할 지점이 분명히 존재하기 때문이라는 것이었다. 그 후 1933년 케임브리지 수학자인 스큐스$_{\text{Stanley Skewes}}$는 리만의 가설이 참이라면, 교차지점은

$$10^{10^{10^{34}}}$$

전에 나타날 것이라고 밝혔고,[19] 하디는 아마 이것이 수학에서 명확한 목적에 사용될 가장 큰 수*라고 말했다. 이렇게 엄청난 범위가 줄어들 수 있을지, 또는 리만 가설의 진실에 의존하지 않는 어떤 것이 발견될지는 의문이었다. 그때 앨런이 연구

한 문제가 이런 문제들이었다.

　케임브리지에서 맞이한 첫 출발은 철학자 루드비히 비트겐슈타인을 알게 된 것이었다. 앨런은 전에 도덕철학 동호회에서 비트겐슈타인을 본 적이 있었을 것이고, 비트겐슈타인도 (버트런드 러셀처럼) 「계산 가능한 수」 사본을 받았을 것이다. 하지만 두 사람은 1937년 여름에 비로소 킹스 칼리지 특별연구원인 앨리스터 왓슨 Alister Watson의 소개로 식물원에서 가끔 만났다. 왓슨은 도덕철학 동호회를 위해 수학의 토대에 관한 논문[20]을 쓴 적이 있는데, 그 논문에서 튜링의 기계를 다뤘다. 엔지니어 자격으로 첫 번째 논문을 썼던 비트겐슈타인은 언제나 실용적이고 실질적인 구조를 선호했으니, 모호한 아이디어를 명확하게 명시한 앨런의 방법을 지지했을 법하다. 묘하게도, 힐베르트 학설의 실패는 초창기 비트겐슈타인이 『논리철학논고Tractatus Logico-Philosophicus』에서 제기한, 제대로 제시된 문제는 모두 해결할 수 있다는 관점의 종말도 의미했다.

　앨런은 대개 휴일에 노퍽브로즈Norfolk Broads(영국 동쪽 끝에 있는, 특별 보호를 받는 습지대의 호수―옮긴이)나 치체스터 하버의 보섬Bosham에서 보트를 탔다. 한동안 런던에서 뷰텔 가족과 지내기도 했다. 뷰텔 씨는 원칙적으로 남녀평등이나 이익 배분 같은 진보운동을 옹호했으나, 엄격하게 구분된 독재 체계로 회사를 운영했고 가정도 마찬가지였다. 빅터의 동생 제라드는 임페리얼 칼리지에서 물리학을 전공하고 있었는데, 뷰텔 씨는 제라드가 기류를 연구한답시고 모형 비행기나 날리며 시간을 낭비한다고 몹시 언짢아하며 학업을 중단시켰다. 이 말을 들은 앨런은 제라

---

*　10^{34}는 10,000,000,000,000,000,000,000,000,000,000,000이다. 커다란 빌딩의 소립자 수에 비교할 만한 수이다. 그런데 10^{104}는 훨씬 더 크다. 10^{34}의 1에 뒤이어 나오는 0을 10진법으로 인쇄하려면 목성의 질량에 버금가는 노트가 필요할 것이다. 이만 해도 사람이 인위적으로 만들 수 있다고 생각할 수 있다. 스큐스 수는 이보다 훨씬 더 크다. 10^{104}의 1 뒤에 나오는 0을 보면 어마어마하다. 실제로 수학자들은 분명 이보다 훨씬 더 큰 수를 생각해왔고, 우리는 여기서 겨우 세 단계의 확장을 거쳤을 뿐이지만, 이런 단계를 10번 거치는 생각을 표현하는 새로운 기수법을 만드는 것이 어렵지 않다. 10번뿐이겠는가? 10^{10}번이나 10^{1010}번, 또는 이런 것들을 슈퍼 확장 과정의 겨우 첫 단계로 생각해도 된다. 그다음에 슈퍼 슈퍼 확장을 규정하고, 이런 식으로 계속… 사실, 이런 규정은 이미 '재귀함수'에서 한몫을 해왔다. 재귀함수는 튜링기계의 '명확한 방법'에 상응하는 개념을 표현하는 또 다른 접근법이다. 하지만 스큐스 수는 분명히 이런 기본적인 용어로 표현할 수 없는 놀라울 정도로 큰 문제였다.

드가 과학[21]에 기여해야 한다고 말하며 몹시 성을 냈고, 제라드가 그런 부친을 존경해서 더욱더 화를 냈다. 제라드가 아버지 회사의 사소한 사규를 위반한 것과 관련해 '합리적인 사규'만 따르겠다고 아버지에게 통보했다는 말을 들었을 때는 잘했다며 웃음을 터뜨리기도 했다.

앨런이 제임스를 다시 만나 주말을 함께 보낸 곳도 런던이었다. 두 사람은 러셀광장 근처에 있는 아침이 나오는 조금 지저분한 숙박업소에 머물렀다. 영화도 한두 편 보고, 독일의회 방화 시도 사건을 다룬 엘머 라이스Elmer Rice의 연극 〈심판의날〉도 관람했다. 제임스에게 깊은 애정이나 특별한 육체적 매력을 느낀 적은 한번도 없었지만, 앨런으로서는 자신의 성적 접근을 거부하지 않는 사람과 함께 지내는 것이 틀림없이 위안이 되었을 것이다. 두 사람의 관계는 그 이상 발전할 수없었다. 그렇게 주말을 보낸 후 제임스는 대략 12년간 앨런을 거의 만나지 못했다. 앨런이 다른 사람을 찾아다녔다고 하지만, 제임스도 마찬가지였을 것이다. 돌이킬 수 없는 상황에 이를 때까지 앨런의 삶은 바뀌지 않을 것이었다.

9월 22일 사우샘프턴에서 앨런은 대학원 친구인 미국인 윌 존스를 만났다. 두 사람은 함께 미국으로 돌아가기로 한 약속대로, 독일 여객선 오이로파Europa 호에 승선했다. 윌 존스는 옥스퍼드에서 여름을 보냈고, 독일 여객선을 고른 것도 윌 존스였다. 단지 빠르다는 이유였다. 앨런보다 더 철저한 반파쇼주의자라면 독일 배를 이용하지 않았을 것이고, 다른 한편으로 더 보수적인 사고방식을 가진 사람이라면 여행 내내 소련 국기가 그려진 교과서를 흔들고 러시아말을 배우며 독일인들의 충격받은 표정을 즐기지도 않았을 것이다.

나중에 미국에 도착한 뒤 앨런이 여행에 대해 쓴 편지를 보면 이렇다.

> 윌 존스와 동행해서 여행이 아주 즐거웠습니다. 재미있는 승객도 없는 것 같아서
> 윌과 저는 철학 토론을 하며 시간을 보냈고, 배의 속도를 계산하며 오후 반나절을
> 보내기도 했습니다.

프린스턴에 돌아온 뒤 앨런은 윌 존스와 많은 이야기를 나누었다. 윌 존스는 미

시시피 시골 남부의 전통 있는 백인 집안 출신으로 옥스퍼드에서 철학을 전공했다. 그러니 두 사람의 만남은 주제넘은 미국 북부 출신과 고상한 구세계 영국인의 상투적인 만남이 아니었다. 그런 만남과는 거리가 멀었다. 윌 존스는 미국인이어도 상당히 달랐고, 앨런도 유럽인치고는 솔직하고 실용적이며 진보적이었다. 존스는 과학에 관심이 깊은 철학자로서 예술과 자연과학에도 조예가 있었다. 당시 존스는 인간이 행성의 궤도처럼 이미 정해진 대로 행동할지라도 도덕적 범주는 정당화될 수 있다는 칸트의 주장에 관해 학위 논문을 쓰고 있었다. 존스는 양자역학이 과연 칸트의 주장에 영향을 주었을지 앨런의 의견을 구했다. 지난 5년 정도 앨런이 고심했던 그 질문이었다. 하지만 그때 앨런은 오랫동안 러셀 식의 관점에 만족해왔다는 식으로 대답했다. 어떤 수준에서 세상은 기계론적인 방식으로 진화할수밖에 없다는 대답이었다. 앨런은 당시 과학적 토론과 반대되는, 자유의지 문제에 관한 철학적 토론에 큰 관심이 없었다. 실리주의를 향한 앨런의 열정에서 그가 전에 고심하던 갈등의 흔적을 찾을 수 있을지도 모른다. "나는 인간이 '분홍색'의 '감각 데이터' 집합체라고 생각해"라는 농담을 한 적도 있다. 말처럼 쉽다면 얼마나 좋을까! 상징적이게도 앨런은 항해 중 1932년 모컴 부인이 선물한 연구용 만년필을 잃어버렸다.

월 존스는 또 앨런에게 정수론을 설명해달라고 부탁했고, 앨런의 설명은 만족스러웠다. 앨런은 어떻게 온갖 사물의 속성이 가장 간단한 공리에서 연역적으로 추론될 수 있는지 설명했는데, 학교에서 무턱대고 외우던 수학과는 딴판이었다. 앨런은 존스에게 결코 자신의 정서적 문제를 털어놓지 않았는데, 존스가 앨런이 무어George Edward Moore와 케인스의 도덕철학을 구현한다고 인정한 것을 보면, 앨런이 훨씬 더 보편적인 방식으로 정신적 지원을 받았다고 보는 것도 무리가 아니다.

앨런과 존스는 1년 전 같은 무리의 친구들과 어울리면서 알게 되었다. 그 무리 중 한 명이 프린스턴에 돌아와 앨런이 시작한 부업[22]에 참여했는데, 캐나다 출신 물리학자인 맬컴 맥페일Malcolm MacPhail이었다.

앨런이 독일과의 전쟁 발발 위험을 처음으로 느낀 때는 1937년 가을이었을 거예요.

앨런 튜링의 이미테이션 게임

그때 앨런은 그 유명한 논문 작업으로 바쁠 때였는데, 그래도 시간을 내 특유의 열정으로 암호해독 문제에 착수했지요. 우리는 이 주제에 관해 여러 차례 토론을 나누었습니다. 앨런은 공식 암호첩에서 뽑은 숫자로 단어를 대치해 2진법으로 메시지를 전송해야 한다고 생각했죠. 하지만 적이 암호첩을 입수해도 가로챈 메시지를 해독하지 못하도록 앨런은 특정 메시지에 상응하는 숫자에 엄청나게 긴 비밀번호를 곱한 후 그 결과물을 전송하려 했어요. 비밀번호의 길이는 독일인 100명이 일상적인 탐색 방법을 이용해 탁상 계산기로 하루 8시간씩 100년을 작업해야 비밀 인자를 찾을 수 있는 조건에서 결정되었어요.

앨런은 실제 전기 곱셈기multiplier를 설계하고, 첫 서너 단계까지 제작한 후 완성 가능성을 검사했습니다. 목적을 달성하려면 계전 방식 스위치가 필요했지만, 당시 시중에서 그런 스위치를 구입할 수 없었기 때문에 직접 제작했지요. 프린스턴 물리학과에는 대학원생을 위한 작지만 잘 구비된 기계 제작실이 있었어요. 이 프로젝트에 제가 작게나마 기여한 것은, 분명 규칙 위반인 줄 알면서도 앨런에게 그 제작실 열쇠를 빌려준 것이었어요. 그리고 손가락을 다치지 않도록 선반, 드릴, 프레스 등의 사용법을 알려주었습니다. 그렇게 앨런은 기계를 깎고 전선을 감아서 계전기를 만들었어요. 그리고 기쁘고 놀랍게도 계산기가 작동했답니다.

수학적으로 이 프로젝트는 곱셈만을 이용했기 때문에 진보적인 것은 아니었다. 하지만 비록 진보적인 이론을 적용하지는 않았지만, 이 프로젝트의 의미는 "단조롭고 초보적인" 수학을 1937년에 결코 잘 알려지지 않았던 방식으로 응용했다는 것이었다.

우선, 숫자를 2진법으로 표기하는 것이 당시 실제 계산업무에 종사한 사람에게는 참신한 것이었으리라. 앨런은 「계산 가능한 수」에서 2진수를 이용했었다. 논문에서 중요한 원칙을 제시하지는 않지만, 0과 1만 사용한 무한수열로 모든 계산 가능한 수를 표기하는 것이 가능해졌다. 그렇지만 실제 곱셈기에서 2진수의 장점이 더욱 분명해졌는데, 곱셈표가 다음과 같이 간단해졌다.

×	0	1
0	0	0
1	0	1

2진 곱셈표가 이렇게 간단해졌으니 곱셈기의 작업은, 더하고 자릿수 올리는 과정으로 줄어들게 될 것이었다.

앨런의 프로젝트의 두 번째 특징은 기본적인 논리학과의 연결이었다. 0과 1의 산술 연산을 명제논리로 생각할 수 있었다. 예를 들자면, 이 평범한 곱셈표는 논리학에서 AND라는 단어의 기능에 상응한다고 볼 수 있었다. 이 경우, p와 q가 명제라면, 다음의 진리표truth-table는 어떤 조건에서 'p AND q'가 진실인지를 보여줄 것이다.

		p	
AND		거짓	참
q	거짓	거짓	거짓
	참	거짓	참

해석만 다를 뿐 동일한 작업이었다. 논리학 책 맨 처음에 나오는 것이 명제계산이니, 앨런은 이 모든 것에 대해 잘 알고 있었을 것이다. 1854년 조지 불George Boole이 낙관적으로 '생각의 법칙'이라고 부른 이후 가끔 '불대수Boolean algebra'라고 불리기도 했다. 2진수 계산은 AND, OR, NOT을 이용해 불대수 용어로 전부 표현될 수 있었다. 앨런이 곱셈기를 고안할 때 부딪힌 문제는 필요한 기본 연산의 횟수를 최소화하기 위해 불대수를 적용하는 것이었을 것이다.

종이 위에 설계하는 단계에서 보면, 이는 같은 문제에 대해 '튜링기계'를 고안할 때와 별로 다를 것이 없었다. 하지만 실제 작동하는 기계에 구현하려면 상이한 물리적 '설정'에 적용할 수단이 필요했다. 이 문제를 해결한 것이 스위치였는데, 스위치의 중요한 핵심은 '켜짐on'이나 '꺼짐off', '0'이나 '1', '참'이나 '거짓'처럼 둘 중 어느 한 가지 상태에 있을 수 있다는 것이기 때문이었다. 앨런이 사용한 스위치는 계전기로 작동하는 스위치였는데, 이로써 물리적으로 작동하는 기계와 논리학 개념을 연결하려는 앨런의 욕망에서 전기가 처음으로 직접적인 역할을 하게 되었다. 전자 계전기는 100년 전에 미국 물리학자인 헨리가 발명한 것이니 새로운 것이 아니었다. 코일을 통하여 흐르는 전류가 자기 헤드를 움직이게 하는 물리적인 원리는 전기 모터와 같았다. 하지만 계전기의 핵심은 자기 헤드가 다른 전기 회로를 열거나 닫는다는 것이었다. 말하자면 스위치의 역할을 대신한다는 것이었다. 초기 전신 장치에서 미약한 전기 신호를 선명하고 깨끗한 작동 신호로 바꾸기 위해 사용한 데서 '계전기relay'라는 명칭이 유래했다. 계전기가 미국과 영국에서 수백만 대씩 늘어나던 자동 전화교환국에 반드시 필요했던 이유도 계전기가 지닌 양자택일의 논리적 기능 때문이었다.

스위치 조합의 논리적 특성을 불대수나 2진법 산술로 나타낼 수 있다는 것은 1937년에는 잘 알려진 사실은 아니었지만, 논리학자라면 이해하기 어려운 내용이 아니었다. 앨런의 과제는 계전 스위치 네트워크 안에서 튜링기계의 논리 설계를 구현하는 것이었다. 추측컨대, 기계에 숫자를 제시하면 일련의 입력 단자에 전류를 일으켜 계전기가 찰칵하고 열리거나 닫히고, 전류가 통과하여 출력 단자에 나타나 암호화된 숫자를 사실상 '기록'한다는 생각이었을 것이다. '테이프'를 실제 사용하는 것은 아니었지만, 논리적인 관점으로 보면 같은 결과였다. 계전식 곱셈기의 1단계가 '실현'되었으니, 튜링기계가 탄생하고 있던 셈이다. 하지만 앨런이 물리학과 작업장에 다소 은밀하게 접근했다는 사실은 튜링기계를 탄생시키는 과정에서 수학과 공학, 논리와 물리 사이의 경계를 극복하며 앨런이 직면한 문제를 상징했다.

암호라는 측면으로 봤을 때 이 아이디어는 지극히 미미한 것이었고, 1년 전 앨런의 주장과 비교하면 더욱더 시시했다. 독일인들에게 암호를 푸는 키로 사용된 '비밀번호'를 찾기 위해 둘 혹은 그 이상 숫자의 최대공약수를 찾을 능력이 있다고 하지 않았던가? 이런 허점은 아이디어를 조금 정교하게 개선하여 제거한다 해도, 단 하나의 숫자라도 잘못 전송하면 전체 메시지의 해독이 불가능해지는 사용상 치명적인 약점이 있었다.

심각하게 의도한 것이 아니었을지도 모르고, 2진법 곱셈기 설계 문제를 해결하는 과정에서 앨런의 생각이 궤도를 벗어났을지도 모른다. 하지만 영국에서 《뉴스테이츠먼》*을 공수해 구독하는 앨런이 경솔하게 독일을 거론할 특별한 이유가 없었다. 주간지에는 제3제국 안팎에서 벌어지는 독일 정책에 관한 놀라운 소식들이 매주 보도됐다. "단조롭고 초보적인"(그러나 매력적인) 부업을 시작한 구실이 소명감 같은 것보다는 군복무를 예상한 것이었지만, 나치 독일 덕분에 앨런이 '도덕성'에 관한 양심의 가책을 덜었다면 앨런 혼자만의 생각은 아니었을 것이다.

앨런은 또 다른 기계를 염두에 두고 있었지만, 전혀 다른 의미로 리만의 연구에서 아이디어를 얻었다는 점을 제외하면 독일과 상관없는 일이었다. 단지 리만의 제타함수를 계산하려는 목적이었다. 온갖 노력에도 불구하고 증명에 실패하기는 했지만, 앨런은 리만의 가설이 틀릴 수도 있다고 판단했었던 것으로 보인다. 리만의 가설이 틀렸다는 말은 제타함수가 특정 선을 벗어난 어떤 지점에서 0의 값을 갖는다는 의미였다. 이럴 경우 제타함수 값을 끝도 없이 계산해서 억지로 그 지점을 찾아낼 수밖에 없었다.

하지만 이 작업은 이미 시작되어 있었다. 사실 리만 스스로 우선 영점 몇 개를 찾아내, 이 영점들이 모두 특정 선상에 있다는 것을 확인했었다. 1935년에서 1936년 사이 옥스퍼드의 수학자 티치마시Edward Charles Titchmarsh가 카드 천공 장치를 사용해 천문학 예보를 계산함으로써 (어느 정도 엄밀한 의미에서) 제타함수의 첫 영점 104

---

* 앨런이 《뉴스테이츠먼》에 끌린 이유 한 가지는 지극히 어려운 퍼즐 때문이었음이 확실하다. 1937년 앨런은 친구 데이비드 챔퍼노운이 에딩턴이 제시한 '거울 동물원Looking Glass Zoo'이라는 문제에 대해 루이스 캐럴 식의 재치 있는 해답을 제시하며 M. H. A. 뉴먼이나 J. D. 버널 같은 입상자를 물리쳤을 때 무척 기뻐했다(이 문제는 물리학자 디락이 전자 이론에서 사용한 행렬을 알아야 풀 수 있는 문제였다). 하지만 에드워드 8세의 퇴위에 관해 앨런이 언급한 것을 보면 이상주의에 빠져 순진할지는 모르지만 분명 잘 몰랐던 것은 아니므로, 이 주간지에 대한 앨런의 관심이 퍼즐에만 한정된 것은 아니었음을 분명히 보여준다.

개 모두 특정한 선 위에 있다는 사실을 증명했었다. 그 뒤로 몇천 개 정도의 영점을 조사하여 선을 벗어난 영점을 하나라도 찾으려는 것이 앨런이 품은 본질적인 생각이었다.

이 문제에는 두 가지 측면이 있었다. 리만의 제타함수는 무한개의 항의 합으로 정의되었고, 이 합을 다른 여러 가지 방법으로 다시 표현할 수 있다고 해도, 그 값을 계산하려는 시도는 이런저런 방식으로 근사치를 구하는 것일 수밖에 없다. 즉, 수학자는 적절한 근사치를 구하고, 근사치가 적절하다는 것, 포함된 오차가 충분히 작다는 것을 증명해야 한다는 의미였다. 이러한 일은 숫자 계산을 의미하는 것이 아니고, 고도로 기술적인 복소수 계산을 요구하는 작업이었다. 티치마시는 괴팅겐대학에서 70년간 잠자던 리만의 논문에서 (다소 낭만적으로) 발굴한 근사치를 적용했다. 하지만 새로운 수천 개의 영점을 계산하기 위해서는 새로운 근사치가 필요했다. 앨런이 바로 이 새로운 근사치를 찾아 증명하는 일에 착수했다.

두 번째 문제는 첫 번째와 아주 달리 "단조롭고 초보적"이었는데, 근사치 공식으로 대체되고 수천 번 서로 다른 입력으로 산출된 숫자를 실제로 계산하는 문제였다. 우연한 일이지만, 그 공식은 행성의 위치를 표시할 때 나타나는 공식과 비슷했다. 공식의 형태가 진동수가 다른 원함수들의 합계 형태였기 때문이었다. 티치마시가 더하고, 곱하고, 행성천문학에 사용되는 것과 똑같은 카드 천공 장치가 만든 코사인표의 기록을 살피는 지루한 반복 작업을 참고서 했던 것도 이런 이유 때문이었다. 그런데 앨런은 이 문제가 실제 대규모로 행해지던 다른 종류의 계산과 비슷하다는 생각을 떠올렸다. 바로 조류 예측tide prediction 계산이었다. 조류는 일간, 월간, 연간 높아지고 낮아지기를 반복하는, 즉 진동주기가 다른 수많은 파도의 합으로 볼 수도 있었던 것이다. 적당한 진동수에 맞춰 회전하고 이를 계속 더해가며 자동으로 합산하는 기계[23]가 리버풀에 있었다. 단순한 아날로그 기계였다. 다시 말해, 계산되어야 할 수학 함수를 물리적으로 산출했다. 이런 아이디어는 유한하고 불연속적인 일련의 부호를 따라 작동하는 튜링기계의 아이디어와는 많이 달랐다. 이 조류 예측 기계에서 중요한 것은, 계산자(로그의 원리를 이용하여 곱셈과 나눗셈, 제곱근풀이, 세제곱근 풀이 등의 복잡한 계산을 간단하고 근사하게 할 수 있는 계산 기구—옮긴이)와 마찬가지로 부호가 아니라 길이의 측정이었다. 앨런은 그런 기계를 제타함수 계산에 이용하면, 더하고 곱하고 코사인 값을 검사하는 지루한 작업을 덜 수 있다는 사실을 깨달았다.

티치마시가 1937년 12월 1일 보낸 편지[24]에서 계산 범위를 확대하려는 계획을 찬성하며 다음과 같이 말한 것을 보면, 앨런이 그에게 분명 그런 생각을 알렸던 것 같다. "나도 리버풀에서 그 기계를 본 적이 있지만, 그 기계를 이런 식으로 사용할 생각은 못했네."

앨런이 연구에만 몰두한 것은 아니었다. 프랜시스 프라이스와 숀 와일리가 빠지면서 예전만 못했지만, 하키 경기는 계속됐다. 앨런은 직접 하키 시합을 주선하기도 했고, 스쿼시 게임도 많이 했다. 추수감사절에는 차를 운전해 북쪽으로 올라가 잭과 메리 크로퍼드 부부를 두 번째로 방문하기도 했다("운전 실력이 점점 늘고 있습니다"). 크리스마스를 앞두고, 베너블 마틴이 자기 집에 가서 같이 지내자고 앨런을 초청했다. 마틴의 고향은 사우스캐롤라이나의 소도시였다.

여기에서부터 이틀간 남쪽으로 차를 몰고 내려가 2, 3일간 지낸 뒤, 버지니아로 돌아와 웰번 부인 댁에서 머물렀습니다. 지금까지 제가 남쪽으로 내려간 중에서 제일 멀었습니다. 대략 북위 34도였으니까요. 남북전쟁이 오래전에 끝났지만 그곳은 아직도 모두들 가난해 보였습니다.

웰번 부인은 '버지니아의 신비한 여인'으로 매년 크리스마스에 영국 출신 대학원생들을 초대했다. 앨런은 "웰번 부인 가족 중에 대화가 통하는 사람이 없었습니다"라고 고백하지 않을 수 없었다. 앨런과 윌 존스는 1년 전처럼 활기는 없었지만 보물찾기 게임을 진행했고, 앨런은 소장하고 있던 버나드 쇼 책 안에 단서 하나를 숨겼다. 4월에는 두 사람이 아나폴리스의 세인트존스 칼리지와 워싱턴을 방문했다. "저희는 잠시 상원을 방문해 참관도 했습니다. 격식은 따지지 않는 분위기였습니다. 회의장에 있던 사람은 6명인가 8명뿐이었고, 그나마 제대로 참여하는 사람도 별로 없어 보였습니다." 2층 참관석에서 내려다보니 루스벨트를 지지하던 민주당 당수 짐 팔리James A. Farley가 보였다. 딴 세상이었다.

그해 앨런의 가장 중요한 업무는 괴델 정리의 효력을 벗어날 방법이 있는지 연구하여 박사 학위 논문[25]을 완성하는 일이었다. 괴델 정리의 체계에 공리를 추가하여 '참이지만 증명할 수 없는' 명제가 증명되도록 하는 것이 논문의 기본 아이디어였다. 그런데 이 경우 연산에서 발생하는 문제가 한둘이 아니었다. 괴델의 독특한 명제 중 하나가 증명되도록 공리 하나를 추가하는 것은 아주 쉬웠지만, 괴델의 정리를 공리 집합에 확대 적용하면 또 다른 '참이지만 증명할 수 없는' 명제가 다시 나타날 수 있었다. '한정된' 개수의 공리를 추가하여 해결될 문제가 아니었다. 무한히 많은 공리 추가에 관한 검토가 필수였다.

하지만 이것은 시작에 불과했다. 수학자라면 잘 알겠지만, '무한히 많은' 것을 순서대로 처리하는 방법이 많기 때문이다. 칸토어는 정수의 배열이라는 개념을 연구할 때 이미 이 사실을 알았다. 예를 들어, 정수를 다음과 같이 배열한다고 생각해보자. 먼저 모든 짝수를 오름차순으로 배열하고, 그 다음 모든 홀수를 똑같이 배열한다. 정확히 말해, 정수의 목록이 보통의 목록보다 '2배 길어질' 것이다. 그리고 우선 짝수를 배열하고, 남은 3의 배수를 나열하고, 그 다음에 남은 5의 배수를 나열하고, 그 다음에 남은 7의 배수를 배열하는 식으로 목록의 길이를 3배 길게 만들거나 무한배 더 길게 만들 수 있을 것이다. 사실 이런 목록의 '길이'는 한계가 없었다. 마찬가지로 산술 공리를 확장하는 일은 무한한 공리 목록을 하나 추가할 수도, 2개를 추가할 수도, 무한히 많이 추가할 수도 있을 것이다. 즉, 한계가 없다는 것이다. 이 가운데 괴델 효과를 극복할 만한 것이 있는가가 문제였다.

칸토어는 자신의 특이한 정수 배열을 '순서수ordinal numbers'라고 표현했고, 앨런은 자신의 특이한 산술 공리 확장을 '순서수 논리학ordinal logics'이라고 표현했다. 힐베르트적 의미에서 '순서수 논리학'이 '완전할' 수 없음은 명백했다. 공리가 무한히 많다면, 모두 다 작성할 수 없을 것이기 때문이다. 따라서 공리를 만드는 유한한 규칙이 반드시 필요할 것이다. 하지만 이 경우 전체 체계는 여전히 유한한 규칙을 토대로 하므로, 변함없이 괴델의 정리를 적용해 여전히 증명할 수 없는 명제가 존재한다고 주장할 수 있다.

그런데 이보다 더 미묘한 문제가 있었다. 앨런의 '순서수 논리학'에서 공리를 만드는 규칙은 '순서수 공식'을 특정한 표현으로 대체한다는 의미였다. 즉, 그 자체로 '기계적 과정'이었다. 하지만 주어진 공식이 순서수 공식인지 아닌지 결정하는 과정은 '기계적 과정'이 아니었다. 앨런의 의문은 산술의 모든 불완전성을 한 지점으로, 즉 어떤 공식이 '순서수 공식'인지 결정하는 풀리지 않는 문제에 집중시킬 수 있는가 아닌가였다. 만일 이것이 가능하다면 산술이 완전하다는 것도 맞는 말일 것이다. 다시 말해, 공리의 정체를 밝히는 기계적인 방법은 없을 테지만, 모든 것을 공리에서 증명할 수 있다.

앨런은 어떤 공식이 순서수 공식인지 아닌지 결정하는 일을 '직관'에 비유했다. '완전한 순서수 논리학'에서는 기계적인 추론과 '직관'의 단계를 혼합하여 모든 산술의 정리를 증명할 수 있었다. 앨런은 이 방법으로 괴델의 불완전성을 어느 정도 통제하고 싶어 했다. 하지만 앨런은 자신의 결과를 실망스럽도록 부정적인 것으로 평가했다. '완전한 논리학'은 분명 존재했지만, 어떤 특정한 정리를 증명하는 데 '직관적인' 단계가 몇 개 필요한지 계산할 수 없다는 약점이 있었다. 어떤 정리가 얼마나 '깊은지' 측정할 방법이 없다는 것이 앨런의 생각이었다. 즉, 어떤 상황인지 정확히 이해할 방법이 없었다.

그때 문득 묘안이 떠올랐다. (순서수 공식인지 아닌지 판정하는 것처럼) 풀리지 않는 특정한 문제에 대답할 능력이 있는 일종의 '오라클'(예언자) 튜링기계에 대한 아이디어였다. 이로써 상대적 계산 가능성relative computability이나 상대적 해결 불가능성relative unsolvability 등의 개념이 도입되었고, 수리논리학의 새로운 연구 분야를 개척했다. 앨런이 생각했던 것은 〈메투셀라로 돌아가라〉에서 정치인들의 풀리지 않는 문제에 대해 "집으로 돌아가라, 가련한 바보들아!"라고 대답한 그 '오라클'이었을 것이다.

논문에서 언급한 내용을 보면, 참이지만 증명할 수 없는 명제를 판정하는 능력인 이 '직관'을 앨런이 인간 정신의 어떤 능력과 얼마나 상응하는 것으로 보았는지 불분명했다. 앨런은 이렇게 적었다.

앨런 튜링의 이미테이션 게임

다소 도식적이지만, 수학적 추론은 두 가지 능력의 결합 작용으로 볼 수 있으며, 이 두 가지 능력은 '직관'과 '독창성'이라고 할 수 있다. (관심사를 다른 것과 구분하는 가장 중요한 능력은 논외로 한다. 사실 우리는 수학자의 기능을 단순하게 명제의 참이나 거짓을 결정하는 것으로 생각하고 있다.) 직관의 활동은 의식적인 일련의 추론에서 얻어진 결과가 아닌 즉흥적인 판단으로 구성된다.

그리고 앨런은 '순서수 논리학'이라는 개념이 이런 특징을 형식화하는 방법이라고 주장했다. 하지만 '직관'과 유한하게 정의된 형식 체계의 불완전성의 관계는 규명되지 않았다. 결국, 직관은 오래전부터 알고 있었던 반면, 불완전성은 1932년에 비로소 알려진 개념이었다. 「계산 가능한 수」의 내용과 똑같이 애매모호한 주장으로, 정신을 기계화하지만 기계화를 뛰어넘는 무언가를 가리켰다. 이것이 인간 정신에 대해 중요한 의미를 갖고 있는가? 이 시점에서 앨런의 견해는 확실하지 않았다.

앞날에 관한 앨런의 계획은, 1938년 3월이면 첫 3년 기한이 끝나는 특별연구원 자격이 예상대로 갱신된다면 킹스 칼리지로 돌아가는 것이었다. 한편, 앨런의 아버지는 (애국과는 다소 거리가 있겠지만) 미국에서 자리를 찾아보라고 권유하는 편지를 보냈다. 그런데 무슨 이유인지 특별연구원 자격이 연장되었다는 통보가 늦어지고 있었다. 3월 30일 앨런은 필립 홀에게 편지를 보냈다.

박사 학위 논문을 쓰는 중인데 조금 어렵습니다. 여기저기 계속 고쳐서 쓰고 있습니다…

제가 특별연구원에 재선정되었는지 아직 아무런 소식을 듣지 못해 조금 걱정됩니다. 그냥 재선정 절차가 없었을 가능성이 가장 크다고 생각하지만, 그보다는 다른 이유가 있다는 생각이 앞섭니다. 교수님께서 조금 자세히 알아보시고 엽서로 알려주신다면 정말 감사하겠습니다.

제가 귀국할 때까지 히틀러가 영국을 공격하지 않길 바랍니다.

3월 13일 독일이 오스트리아와 합병하자 다들 독일에 대해 심각하게 우려하기 시작했다. 한편 앨런은 아버지의 권유대로 아이젠하르트 교수를 찾아가 상담했다. "미국에서 일자리가 있을지 상담했습니다. 참고로 말씀드리면, 영국에서 실제 전쟁이라도 벌어지면 모를까, 7월 전에는 일자리가 생길 것 같지 않습니다. 교수님도 지금 당장 생각나는 자리는 없지만, 신경 써서 찾아보겠다고 말씀하셨습니다." 그런데 그때 자리 하나가 나타났다. 폰 노이만 교수가 앨런에게 고등연구소의 연구조교 자리를 제안했다.

이것은 폰 노이만의 연구 분야가 앨런에게 우선순위가 되어야 함을 의미했다. 폰 노이만은 당시 논리학이나 정수론보다는 양자역학이나 기타 이론물리학 분야와 연관된 수학 연구를 하고 있었다. 한편 폰 노이만과 함께하는 자리는 미국에서 학문적 경력을 쌓는 데 이상적인 출발점일 것이고, 아마도 앨런의 아버지는 현명한 선택이라고 생각했을 것이다. 경쟁은 극심하고, 이미 불황인 취업 시장에는 유럽 망명객이 넘쳐났다. 폰 노이만의 승인 도장은 엄청난 의미였다.

직업적인 측면에서 중대한 결정이었다. 하지만 앨런은 그런 취업 기회와 관련해 필립 홀에게 보낸 4월 26일자 편지에 "마침내 이곳에서 취업할 가능성이 생겼습니다"라고 쓴 것이 다였다. 그리고 5월 17일 어머니에게 "폰 노이만 교수님으로부터 연봉 1,500달러의 조교 자리를 제안받았지만 가지 않기로 했습니다"라고 편지를 보냈다. 이미 앨런은 킹스 칼리지에 전보를 쳐서 특별연구원 자격이 갱신되었음을 확인했었고, 그 이후 앨런의 결심은 분명했다.

본인의 의지와 상관없이, 앨런은 에메랄드 도시인 프린스턴에서 유명 인사가 되어 있었다. 청중을 모으기 위해 명성이 반드시 필요한 것은 아니었다. 1938년 그해 여름 폰 노이만이 울람과 함께 유럽을 여행할 때, "종이 한 장에 우리가 적을 수 있는 가장 큰 수를 적고, 튜링의 도식과 관계가 있는 방법으로 정의하기"* 게임을

---

* 울람은 계속해서 편지에 이렇게 적고 있다. "폰 노이만은 그를 극찬했다. 그의 이름과 '탁월한 아이디어'에 대해서는 이미 나에게 설명했었다. 내 기억에, 1939년 초반이었던 것 같다… 아무튼 1939년 형식적인 수학 체계를 발전시킬 방법과 관련하여 나와 대화를 나누던 중 폰 노이만은 튜링의 이름을 여러 번 언급했다."

앨런 튜링의 이미테이션 게임

제안[26]했던 것을 보면, 폰 노이만도 1년 전에는 몰랐던 「계산 가능한 수」에 대해 그 즈음에는 알고 있었다. 하지만 인기, 보수, 찬사에 관계없이 실제 결정에 영향을 주는 요인은 훨씬 더 단순했다. 앨런은 고향처럼 편안한 킹스 칼리지에 돌아가기를 원했다.

앨런이 10월에 크리스마스 때까지 끝내려고 했던 논문은 늦어졌다. "처치 교수님께서 여러 가지 제안을 하셔서 결과적으로 논문이 끔찍하게 길어졌습니다." 타자에 서툴렀던 앨런은 전문 타자수를 고용하는데, 이번에는 타자수가 일을 망쳤다. 5월 17일에 마침내 논문을 제출했다. 5월 31일에 처치와 레프세츠, 보넨블러스트H. F. Bohnenblust 감독하에 구술시험을 시행했다. "후보자가 수리논리학 전공 분야 및 기타 분야에서도 우수한 성적으로 시험을 통과했습니다." 과학 분야의 불어와 독일어 용어에 관한 간이시험도 시행됐다. 조금 불합리하기는 했지만 이런 식으로 시험을 치르는 동시에 케임브리지 출신 박사 학위 후보자의 논문을 심사했고, 앨런은 공교롭게도 그 논문을 불합격 처리할 수밖에 없었다. (필립 홀에게 보낸 4월 26일자 편지: "제 논평 때문에 그 사람이 돌아가서 논문을 수정하지 않았으면 좋겠습니다. 이 사람들에게 어떻게 솔직하게 말해야 정말 좋은 방법인지 모르겠습니다. 그래도 그가 정말 논문을 수정하려면 우선 제가 한 말을 오랫동안 궁리해야 할 것이라고 생각합니다.") 6월 21일에 박사 학위가 수여되었다. 박사 학위는 앨런에게 별 도움이 되지 않았다. 케임브리지에서 활용되지도 않았고, 다른 곳에서는 사람들의 반감만 퍼트리는 것 같았다.

앨런이 오즈의 나라를 떠나는 것은 동화와는 조금 달랐다. 마법사는 가짜가 아니었고, 앨런에게 떠나지 말라고 요청했다. 도로시는 사악한 서쪽 마녀를 물리쳤지만, 앨런의 경우는 정반대였다. 프린스턴은 미국의 튜턴 식 정통성과 거리가 꽤 멀었지만 여전히 순응적인 측면이 있었고, 그것이 앨런을 불편하게 만들었다. 앨런의 문제도 미해결 상태였다. 내심 확신이 있었지만, 앨런의 삶은 부분적으로는 3월에 관람한("아주 인상적인") 연극 〈대성당의 살인Murder in the Cathedral〉과 같았다.

어떻게 보면 앨런은 도로시와 비슷했다. 자기가 할 수 있는 무언가가 항상 있었고, 그 무언가는 모습을 드러낼 때만 기다리고 있었다. 7월 18일, 노르망디를 출발해 사우샘프턴에 도착한 배에서 앨런이 내렸다. 브레드보드breadboard(납땜 없이 회로를 구성할 수 있어 실험 삼아 회로를 구성하거나 시제품을 만들 때 사용함―옮긴이)에 올린 전기 곱셈기도 갈색 포장지에 단단히 묶어 들고 있었다. 필립 홀에게는 미리 편지를 보냈었다. "7월 중순경에 뵐 것 같습니다. 뒷마당에는 3미터 정도의 참호도 여기저기 널려 있겠죠." 그런 일은 벌어지지 않았지만 앨런도 참여하게 될 더 신중한 대비가 있었다.

대영제국 정부가 신호와 암호*에 관심이 있다는 앨런의 생각이 옳았다. 영국 정부는 기술 작업을 담당하는 부서를 유지하고 있었다. 1938년에도 그 부서의 구성은 제1차 세계대전 이후 물려받은 그대로였으나, 후속 조직은 해군성이 설립한 40호실Room 40로 비밀스럽게 불리고 있었다.

1914년 해군성이 러시아에서 넘겨받아 처음 독일 암호첩을 해독한 이후, 대부분 대학교와 학교에서 모집한 민간인 부서원들이 방대한 양의 유무선 신호해독을 담당해왔다. 그런데 업무 처리 방식이 특이하여 책임자인 홀 제독Admiral Hall이 외교 문서에 대한 통제권을 장악했다. 침머만 전보가 일례이다. 홀 제독은 권력을 휘두르는 데에 익숙한 인물이었다.[27] 케이스먼트 경Sir Roger Casement(아일랜드의 독립을 위해 독일의 힘을 빌리려 했던 아일랜드의 독립운동가―옮긴이)의 일기를 언론에 공개한 사람도 그였고, 그가 "타 부서는 모르는 정보를 바탕으로 해군성의 관할 밖인 정책 문제에 대해서도 영향력을 행사한" 더 중요한 사건들[28]도 있었다. 이 부서는 휴전(제1차 세계대전을 끝낸 1918년 11월 11일 독일과 연합국 사이의 휴전―옮긴이) 이후에도 폐지되지 않았지만, 1922년 외무성이 이 부서를 해군성에서 분리시키는 데 성공했다. 그 후 이 부서의 명칭은 '정부신호암호학교Government Code and Cipher School'로 바뀌

---

* 이후, 신호code는 비밀 여부에 관계없이 내용을 주고받는 관습적인 방식을 의미하며, 암호Cipher는 제3자가 이해할 수 없도록 고안된 통신의 의미로 사용된다. 암호작성cryptography은 암호로 작성하는 기술이고, 암호해독cryptanalysis은 암호에 숨겨진 내용을 해독하는 기술이다. 암호학cryptology은 암호작성과 해독 두 가지 모두 포함한다. 당시에는 이런 구분이 없었고, 앨런 튜링 자신도 암호해독cryptanalysis을 '암호작성cryptography'이라 불렀다.

었고, 담당 업무도 "해외 강대국들이 이용하는 암호 통신 방법"을 연구[29]하고, "영국 신호암호 안보에 도움"을 주는 것이었다. 이제 기술적으로 정보부*의 책임자가 이 부서를 통제했고, 명목상 외무성 소속이었다.

정부신호암호학교의 책임자로 임명된 앨러스테어 데니스턴Alistair Denniston 사령관은 재무부의 승인을 얻어 민간인 30명을 고위직 임원인 조교[30]로 채용했고, 사무원과 타자수도 50여 명 선발했다. 행정 조직의 기술적인 이유로 선임조교와 주임조교로 각각 15명씩 나누었다. 러시아에서 망명해 러시아 분과를 책임진 페테랑 Feterlain을 제외한 모든 선임조교는 40호실에 근무했다. 선임조교에는 유명한 여성 해방 운동가인 레이 스트레이치Ray Strachey의 남편이자 리튼 스트레이치Lytton Strachey의 형인 올리버 스트레이치Oliver Strachey도 있었고, 제1차 세계대전까지 킹스 칼리지의 특별연구원이었던 고전학자 딜윈 녹스Dillwyn Knox도 있었다. 두 사람은 에드워드 7세 시절 전성기를 구가한 케인스 서클의 일원이었다. 1920년대 들어 부서가 약간 확대되며 주임조교들이 채용되었고, 가장 최근에는 1932년에 켄드릭A. N. Kendrick이 주임조교로 합류했다.

정부신호암호학교의 업무는 1920년대 정치에서 중요한 역할을 차지했다. 러시아의 도청이 언론에 탄로 나며 노동당이 1924년 총선거에서 참패했다. 하지만 재기한 독일로부터 영국제국을 보호하기에는 정부신호암호학교가 힘이 부족했다. 이탈리아와 일본의 통신을 읽어내는 일에서는 큰 성과를 올렸지만, 공식적으로는[31] "1936년 이후 정부신호암호학교를 군사 작전에 이용하려고 많은 노력을 기울였지만, 독일 문제를 너무 등한시해 유감이다"라고 역사에 기록될 예정이었다.

한 가지 근본적인 이유는 경제였다. 데니스턴은 지중해의 군사 활동에 대응하기 위해 증원을 요청해야 했다. 1935년 가을 재무성은 사무원 15명의 증원을 승인했지만, 6개월짜리 계약직 채용이 조건이었다. 데니스턴이 재무성과 주고받은 전형

---

* 영국 정보 조직은 SIS, MI6 등 여러 가지 명칭으로 불렸다. 이렇게 최고위 관리직이 중복되는 것을 제외하면, 정보 조직은 본질적으로 암호해독부서와 별도로 유지되었다.

적인 내용[32]이 1937년 1월 문서에서 드러난다.

> 스페인의 상황은… 여전히 불확실하며, 에티오피아 사태가 극에 달한 이후 처리한
> 통신건수가 실제 증가하고 있다. 1934년, 1935년, 1936년 마지막 3개월간 처리한
> 유선 통신건수는 다음과 같다.
>
> 1934년   10,638건
>
> 1935년   12,696건
>
> 1936년   13,990건
>
> 지난달 내내 현재 직원들이 초과근무를 하여 통신 증가에 겨우 대응할 수 있었다.

1937년 중 재무성은 영구직 증원을 승인했지만, 다음과 같은 상황[33]에서는 부족한 조치였다.

> 독일의 무선 전송 용량이… 증가하고 있었고, 영국 기지국에서 그 내용을 도청하는
> 것이 점점 쉬워지고 있었다. 하지만 1939년에도 장비와 인력 부족으로 독일군의 모
> 든 통신을 도청할 수는 없었다. 도청한 통신도 전부 분석할 여력이 없었다. 1937년
> 부터 1938년까지 정부신호암호학교에서 군 인력과는 대조적으로 민간 인력의 증원
> 은 없었다. 또한 독일 도청이 계속 줄어들자, 당시 채용된 8명의 대학원생도 군비
> 를 확장하여 업무량이 늘어난 일본과 이탈리아 관련 작업에 주로 투입되었다.

그렇지만 문제는 단순히 인원과 예산이 아니었다. 구식인 이 부서는 1930년대 후반 기계적 도전에 대응하지 못했다. 제1차 세계대전 이후는 "근대적인 외교 암호해독의 황금시대"였다.[34] 그런데 이제 독일 통신은 정부신호암호학교의 능력으로 해결할 수 없는 문제를 제기했다. 바로 에니그마 기계였다.[35]

> 1937년 확인된 바로는, 일본이나 이탈리아와 달리, 독일은 철도청과 친위대 같은
> 모든 국가기관을 포함하여 육군, 해군, 공군이 전술적인 통신 외에는 모두 같은 암

호체계의 다른 버전을 사용했다. 에니그마 기계는 1920년대에 소개되었지만 독일은 점진적인 개량을 통해 보안성을 향상시켰다. 1937년 정부신호암호학교는 독일군, 이탈리아군, 스페인 민족주의 군대가 사용하던 개량이 덜 되어 보안성이 떨어지던 에니그마 모델의 암호를 해독했다. 하지만 이 일과 별개로 에니그마는 여전히 난공불락이었고, 앞으로도 상황이 변할 것 같지 않았다.

1938년 영국 정보기관은 에니그마 기계라는 핵심 문제에 직면했지만 해결할 수 없을 것으로 믿었다. 당시 현존하는 체계 내에서는 아마 해결할 수 없었을 것이다. 특히 킹스 칼리지의 비밀스러운 그림자가 브로드웨이 빌딩(정부신호암호학교가 있던 건물—옮긴이)에 드리우듯, 고전학자로 구성된 이 부서에는 수학자가 한 명도 없었다.

1938년 이런 치명적 약점을 보완하기 위한 영구직 인원 충원은 이루어지지 않았다. 하지만[36] "전쟁 발발 시 암호해독가 60명을 충원하겠다는 계획"이 수립되었다. 바로 이때가 앨런 튜링이 역사에 합류하는 시점이다. 충원 대상에 앨런도 포함되어 있었던 것이다. 1936년 이후 줄곧 앨런이 정부와 접촉을 해왔을 수도 있고, 곱셈기를 보여주기 위해 노르망디에 내렸을 수도 있지만, 제1차 세계대전 당시 40호실에 근무했던 노교수들 중 한 명이 데니스턴에게 앨런을 추천했다는 것이 더 설득력 있는 설명이다. 그랬을 만한 인물이 1911년부터 킹스 칼리지의 특별연구원이었던 애드콕 교수였다. 앨런이 킹스 칼리지 만찬장에서 부호와 암호에 대해 언급했다면, 빠른 시간에 앨런의 열정이 정부신호암호학교에 전달되었을 것이다. 이유야 어쨌든 앨런의 채용은 당연한 일이었다. 1938년 여름 귀국하자마자 앨런은 정부신호암호학교 본부에서 한차례 교육을 받았다.

앨런과 친구들은 1933년 품었던 희망에도 불구하고 전쟁이 임박했음을 감지했고, 총알받이 병사들의 지휘관이 되어 돌격하기보다는 현명한 방식으로 조국에 봉사해야 한다고 생각했다. 부상을 두려워하는 마음이 없었다고 하기는 어렵지만, 다행히 정부가 재능 있는 지식인을 보호하겠다는 방침을 세워 죄책감을 덜 수 있었다. 이렇게 앨런은 운명적인 결정을 내렸고 영국 정부와의 긴 인연도 시작되었다. '영국 정부'에 대한 불신을 떨치지는 못했지만, 정부의 이면을 들여다볼 수 있다는 사실에 들떴을 것이 분명하다. 하지만 정부 비밀을 누설하지 않겠다는 서약을 함으로써 앨런이 최초로 타협을 했다는 의미였다.

앨런이 발을 들인 정부는 앨리스를 이끌고 여행을 떠난 하얀 여왕White Queen처럼 가혹하고 부담스러웠지만, 안전핀과 줄을 들고 고심하며 혼란에 빠져 있었다. 에니그마를 심각하게 다루지 못한 것은 잘못된 전략을 보여주는 한 가지 사례에 불과했고, 영국의 전략이 일관성이 없다는 사실이 1938년 9월 온 세상에 드러났다. 9월까지도 영국인들은 기존 체계 안에서 "독일의 탐욕"을 해결할 논리적 "해법"이 있다고 확신했다. 9월이 지나자, 공정성과 민족 자결권에 대한 윤리 논쟁이 가리고 있던 중요한 힘의 현실이 마침내 드러났다. 킹스 칼리지 교수인 프랭크 루카스Frank Lucas가 표현한 "공포가 엄습하는 한 해the year under the terror"에 대응하기 위해 케임브리지 인원들이 다시 모였다. 하얀 여왕은 바늘로 정말 찌르기 전부터 꽥꽥거리고 있었다. 런던 시내의 아동들을 뉴넘 칼리지로 대피시켰고, 남자 대학생들은 곧 징집될 것으로 각오하고 있었다. 분명한 것은 아무것도 없었지만 무언가 끔찍한 일이 다가오고 있음은 확실했다. 현대적인 공습에서 예상되는 파괴력이 강조되며 급격한 동요가 일었고, 정부는 반격을 가할 폭탄 제조에만 열을 올리고 있었다.

구세계가 파국으로 치닫는 듯한 상황이었지만, 신세계에서 수입된 환상으로 잠시 탈출할 기회도 있었다. 〈백설공주와 일곱 난쟁이〉 만화영화가 10월에 케임브리지에서 상영되었고, 케임브리지 킹스 칼리지의 노교수들 예상대로 앨런은 데이비드 챔퍼노운과 함께 관람했다. 앨런은 사악한 마녀가 사과를 실에 매달아 독이 끓는 주전자에 담그며 주문을 외는 장면에 매료되었다.

주전자에 사과를 담그니

죽음의 잠이여 스며들라

앨런은 이 2행으로 된 예언적 주문을 좋아해서 계속계속 되뇌었다.

앨런은 옥스퍼드에 있는 숀 와일리도 대학 축제에 손님으로 초대했다. 숀 와일리와 데이비드 챔퍼노운은 동년배로 둘 다 윈체스터 학교 장학생 출신이었다. 앨런은 곱셈으로 암호를 만드는 아이디어에 관해 챔퍼노운에게는 이미 설명했지만, 쇤에게는 하계 강좌에 대해 이야기하며 선발 대상자로 자신의 이름을 당국에 제출했음을 알렸다. 프린스턴 식의 보물찾기가 심각한 결과를 품고 있었던 것이다. 앨런은 또 확률이론을 연구해오고 있다는 사실도 밝혔다. 동전을 던지며 실험해보고 싶지만, 아무리 킹스 칼리지에서 기이한 행동에 신경을 쓰지 않는다고 해도 누군가 그 모습을 보면 바보 같은 기분이 들 것이라는 말도 했다. 데이비드 챔퍼노운이 "데니스 위틀리가 새롭게 만든 인베이젼Invasion(침략)이라는 흥미진진한 전쟁 게임"을 들고 와서, 세 사람이 같이 게임을 즐기며 더 즐거운 게임 규칙들을 만들기도 했다. 당시 2년차 대학 강사로 근무하던 모리스 프라이스는 우라늄 핵분열이라는 새로운 아이디어를 놓고 앨런과 대화를 나누었는데, 모리스는 연쇄반응을 일으키는 조건에 관한 방정식을 찾아냈다.[*]

앨런이 교수 자리에 재도전했었을 것으로 짐작되는데, 지원했더라도 이번에도 결과는 실망스러웠다. 앨런은 '수학의 토대'라는 제목으로 봄 학기 강좌를 교수회에 제안한 바 있다(그해에 뉴먼 교수의 강좌가 없었다). 교수들이 이 제안을 받아들여[37] 명목상으로나마 10파운드의 강사료를 지급했다. 공식적인 파트III 강의는 아니지만 수학적으로 훌륭한 강의에 강사료를 지급하던 것이 관례였다. 앨런은 비엔나 서클 출신으로 영국으로 망명한 철학자인 프리드리히 바이스만Friedrich Waismann의 주장을 평가해달라는 의뢰도 받았다. 바이스만은 부적절한 행동을 범해 비트겐슈타인 일단에서 쫓겨난 인물로, 산술의 토대에 관한 강의를 하고자 했다.

1938년 11월 13일, 네빌 체임벌린Neville Chamberlain 수상이 케임브리지대학교의 세인트메리 성당에서 열린 휴전기념 예배에 참석했고, 주교는 "6주 전 히틀러와의 면담에서 수상이 보여준 용기와 통찰, 인내가 유럽의 평화를 구했다"라며 기뻐했

---

[*] 데이비드 챔퍼노운도 연쇄반응에 관해 《데일리 워커》에 실린 홀데인J.B.S. Haldane의 기사를 읽은 후 연쇄반응 원리에 대해서 앨런과 토론했다.

다. 케임브리지의 일부 여론은 더 현실적인 느낌이었다. 킹스 칼리지의 클래펌John Harold Clapham 교수는 11월에 몰아친 독일 폭력 사태 이후 영국 정부가 받아들인 유태인 난민을 환영하기 위한 위원회를 개최했다. 이 사건들은 1935년부터 1937년까지 비엔나와 드레스덴에서 공부하며 프린스턴의 즐거운 하키 경기와는 아주 상이한 경험을 한 앨런의 친구 클레이턴에게는 특별한 의미가 있었다.

 힘들고 가슴 아픈 두 가지 의미가 있었다. 하나는 프레드가 나치 정권의 결과를 너무나 잘 알고 있었다는 사실이었고, 다른 하나는 두 아이였다. 한 아이는 비엔나에서 같은 집에 살던 유태인 미망인의 작은 아들이었고, 한 아이는 드레스덴에 있을 때 자기가 가르친 학생이었다. 1938년 11월 사태로 비엔나 가족은 큰 위험에 빠졌고, S 부인은 그에게 도움을 간청했었다. 프레드는 부인을 도와 아이들을 영국으로 보내려고 노력했고, 퀘이커 구호 단체의 도움을 받아 크리스마스 직전에 성공했다. 두 아이가 하리치Harwich 해안가의 난민수용소에 도착하여 보낸 편지를 받고, 프레드는 곧장 아이들을 만나러 수용소로 찾아갔다. 눅눅하고 추운 노예시장 같은 환경에서 난민 아이들은 영어와 독일어로 노래를 불렀는데, 실러의 희곡 『돈 카를로스』중 네덜란드에서 탈출한 사람들을 받아준 여왕 엘리자베스 1세를 기리는 구절이었다. 프레드는 아버지 없이 자라 자기를 따르는 칼Karl이 첫눈에 마음에 들었고, 그 아이를 입양할 사람을 찾아 나섰다.

 이 이야기를 들은 앨런은 진심으로 프레드를 지지했다. 1939년 2월 비 내리는 어느 일요일에 앨런은 프레드와 함께 자전거를 타고 하리치 수용소를 방문했다. 앨런은 공부를 하고 대학에도 가기를 원하는 아이가 있으면 후원하려는 마음도 품었다. 영원히 학교 공부에서 해방되었다고 기뻐하는 아이들이 대부분이었다. 그렇지 않은 아이는 극소수였는데, 로버트 아우겐펠트Robert Augenfeld라는 아이가 그중 한 명이었다. 영국에 도착하면서 밥Bob이라 불린 로버트는 10살 무렵 이미 화학자가 되기로 결심한 아이였다. 비엔나에서 상당히 훌륭한 집안 출신으로, 제1차 세계대전 당시 장군의 직속부관을 지낸 그의 아버지가 무슨 일이 있어도 공부를 계속해야 한다고 가르쳤다. 영국에 의지할 사람이 아무도 없던 로버트를 앨런이 후원하기로 했다. 프록터 장학금을 모아두었을지는 모르지만, 앨런이 장학금으로 받는 돈이 후원하기에는 턱없이 부족한 금액이었기 때문에 비현실적인 결정이었다. 앨런은 "사람들이 오해할 수도 있는데, 현명한 결정일까?" 하고 우려하는 편지를 아버지에게 받고 화를 냈지만, 데이비드 챔퍼노운은 아버지가 핵심을 찔렀다고 생각했다.

현실적으로 당면한 문제는 곧 해결되었다. 랭커셔 해안가에 있는 로살 사립학교에서 학비를 받지 않고 상당수의 난민 아이들을 입학시키겠다고 제안했다. 프레드의 피보호자인 칼이 그 학교에 입학할 예정이었고, 밥도 준비를 했다. 밥은 영국 북부에 있는 학교로 가서 면담을 했고, 학교는 먼저 예비학교에서 영어를 공부해야 한다는 조건부로 밥의 입학을 허락했다. 도중에 맨체스터에 있는 친구들에게 밥을 부탁했는데, 친구들이 제분소를 운영하는 부유한 감리교 집안을 교대로 찾아가 밥의 입양을 부탁했다(칼도 이런 방법으로 입양 가정을 찾았다). 밥의 미래는 이렇게 해결되었다. 앨런은 밥에게 궁극적인 책임감을 느꼈고 밥도 항상 큰 빚을 진 느낌이었지만, 앨런이 밥에게 해준 일은 공부를 시작하는 데 도움이 될 선물과 학용품을 조금 사준 것이 전부였다. 앨런이 무모했다는 사실이 증명된 셈이었지만, 밥이 앨런만큼 강인한 정신력으로 모든 것을 잃고도 살아남아 자신의 미래를 위해 공부하기로 결심하는 데 도움이 된 것은 분명했다.

그사이 앨런은 정부신호암호학교 문제에 점점 더 깊이 관여하고 있었다. 크리스마스에 브로드웨이에 있는 본부에서 또 교육이 있었다. 앨런은 그곳으로 내려가 패트릭 윌킨슨Patrick Wilkinson과 함께 세인트제임스 광장에 있는 호텔에 묵었다. 앨런과 함께 선발된 윌킨슨은 고전문학을 가르치던 킹스 칼리지 교수로 앨런보다 약간 나이가 많았다. 그 후로 앨런은 2, 3주에 한 번씩 방문해 작업을 돕곤 했다. 앨런은 선임조교인 딜윈 녹스와 젊은 피터 트윈Peter Twinn에게 호감을 느꼈다. 트윈은 옥스퍼드 물리학과 대학원생이었는데, 지난 2월 결원 공고를 보고 지원해 새로운 정규직 주임조교로 합류했다. 앨런은 에니그마 연구 자료를 킹스 칼리지로 가져가려고 승인을 요청하곤 했다. "문을 걸어 잠그고" 자료를 검토했다고 말했는데 아마 사실일 것이다. 데니스턴이 전쟁이 시작될 때까지 기다리지 않고 앨런 같은 예비 병력에게 에니그마 문제를 알린 것은 현명한 선택이었지만, 별다른 성과는 없었다. 에니그마 기계에 대한 일반적인 정보만을 근거로 삼아 연구할 수는 없었다.

어린 아들이 국가기밀을 위임받은 사실을 알았다면 튜링 부인은 무척 놀랐을 것이다. 이 무렵 앨런은 가족들, 특히 어머니를 대하는 기술이 능숙했다. 가족들은 앨런이 세상 물정을 전혀 모른다고 생각했고, 앨런의 입장에서는 연구에만 정신이 팔린 교수의 모습만 드러내곤 했다. "명석하지만 불안정한" 모습이 어머니가 생각하는 앨런이었다. 어머니는 (한 번도 입은 일이 없지만) 매년 새 양복을 사는 일부터 크리스마스 선물 사기, 숙모의 생일 챙기기, 이발하는 것까지 외모나 매너와 관련한 중요 사항들을 앨런이 놓치지 않도록 챙겼다. 특히 어머니는 중하류층의 매너가 나오는 조짐이 보이면 놓치지 않고 즉시 지적했다. 집에 있을 때 앨런은 꼬마 천재의 가면을 쓰고 이런 간섭을 참아내며 마찰을 피했다. 종교 행사의 경우 부활절에 크리스마스 성가를 부른다거나 크리스마스 때 부활절 성가를 부르고, 대화 중 아주 근엄한 얼굴로 "주여!"라고 말하는 식이었다. 딱히 거짓말을 하는 것은 아니었지만 기만으로 상처를 피하는 성공적인 방법이었다. 앨런이 다른 사람들에게도 이런 식으로 대하지는 않았지만, 대부분의 사람이 그렇듯 앨런에게 가족은 가면을 쓰고라도 지키려는 마지막 보루였다.

하지만 그런 관계에는 또 다른 이면이 있었다. 튜링 부인은 앨런이 말할 수 없이 중요한 일을 해냈다고 느꼈고, 앨런의 연구와 관련하여 해외에서 보이는 관심에 깊은 인상을 받았다. 일본에서 편지가 오다니! 무슨 이유인지 튜링 부인은 숄츠 Heinrich Scholz가 1939년 『수학지식백과Encyklopädie der mathematischen Wissenschaft』[38] 독일 개정판에 앨런의 연구를 게재하려 한 사실에 특히 놀랐다. 튜링 부인이 무슨 일이 벌어졌는지 느끼려면 그런 식의 공식적인 반향이 필요했다. 앨런으로서는 어머니를 비서 이상으로 생각한 적이 없었다. 튜링 부인은 앨런이 미국에서 지내는 동안 「계산 가능한 수」 사본을 만들어 보냈다. 앨런도 어머니에게 수리논리학과 복소수를 설명하려 애쓰기도 했지만 전혀 이해하지 못했다.

1939년 봄 앨런은 케임브리지에서 첫 강의를 진행했다. 파트III 학생들 15명으로 시작했으나, "학기가 진행되면서 출석률이 떨어질 것입니다"라는 편지를 집으로 보냈다. 6월에 시행된 학기 말 시험 문제를 제출했던 것으로 보아, 그래도 최소한 학생 한 명은 강의에 끝까지 참석한 것이 분명했다. 학기 말 시험 문제 중 하나는 「계산 가능한 수」의 결론을 입증하는 문제였다. 겨우 4년 전에 뉴먼이 제시한 미해결 질문을 1939년 학기 말 시험 문제로 낼 수 있어서 분명 즐거웠을 것이다.

강의를 진행하는 동시에 앨런은 수학의 토대에 관한 비트겐슈타인의 강의를 들었다. 앨런이 맡은 강의와 제목은 같았지만 완전히 다른 내용이었다. 튜링의 강의는 수리논리학을 체스 게임처럼 다루는 내용이었다. 다시 말해, 출발점이 되는 가장 간단하고 압축적인 공리 집합을 추출하고, 그 공리 집합이 정확한 규칙 체계를 따라 흘러 수학적 구조로 들어가게 만들고, 그런 과정의 기술적 한계를 찾아내는 강의였다. 비트겐슈타인의 강의는 수학의 '철학'에 관한 내용으로, 수학의 '진정한 본질'을 찾는 강의였다.

비트겐슈타인의 강의는 여타 강의와 달랐다. 모든 수강생에게 1시간도 강의에 빠지지 않겠다는 서약을 받는 것 하나만 해도 달랐다. 앨런은 그 규칙을 어겼고 구두 경고를 받았다. 앨런은 7번째 수업에 결강했는데, 2월 13일 크리스토퍼의 9주기 기일을 맞아 클락하우스를 방문했을 것이 가장 유력한 이유였다. 클락하우스가 있는 교구교회의 부속 예배당 전체가 크리스토퍼에게 헌정되어 있었다. 비트겐슈타인의 특이한 강의는 2학기에 걸쳐 1주에 이틀씩 총 31시간이나 되었다. 수강생은 대략 15명 정도였고, 앨리스터 왓슨도 끼어 있었다. 수강생은 먼저 각자 비트겐슈타인의 연구실인 트리니티(삼위일체) 방으로 찾아가 개인 면담을 거쳐야 했다. 이 개인 면담은 엄숙한 장시간의 침묵으로 유명했다. 비트겐슈타인이 의례적인 인사치레 대화를 앨런보다 훨씬 더 철저하게 혐오한 사람이었기 때문이다. 프린스턴에 있을 때, 앨런은 베너블 마틴에게 비트겐슈타인이 "정말 기이한 사람"이라고 말한 적이 있었다. 논리학에 관해 서로 대화를 나눈 적이 있는데, 비트겐슈타인이 혼자 옆방으로 가서 방금 나눈 이야기에 대해 생각해보겠다고 말했던 일화를 예로 들었다.

넥타이를 매지 않은 활동복 차림의(앨런은 늘 그렇듯 스포츠 재킷을 입은 반면, 철학자 비트겐슈타인은 가죽 재킷을 입고 있긴 했지만) 무뚝뚝하고 엄격한 모습이 비슷한 두 사람은 열정과 진지함이 닮았다. 두 사람 모두 개성이 독특하고 자신만의 정신세계를 창조하며, 공식적인 지위에 제한받지 않았다(당시 50세였던 비트겐슈타인은 G. E. 무어의 뒤를 이어 철학과 교수로 임명된 지 얼마 지나지 않았다). 비록 서로 가는 길은 달랐지만 두 사람 모두 근본적인 질문에 관심이 있었다. 그래도 비트겐슈타인의 삶이 훨씬 더 극적이었다. 오스트리아의 카네기Carnegie라고 할 만한 가문에서 태어났으나 유산을 기부하고 수년간 시골 학교에서 아이들을 가르치기도 했고, 1년간 노르웨이의 오두막에서 홀로 지내기도 했다. 앨런이 제국의 후손이었지만, 튜링 집안에는 비트겐슈타인의 궁궐 같은 집안에 있던 것과 비슷한 귀중품은 거의 없었다.

비트겐슈타인[39]은 '평범한 일상 언어의 단어'와 수학의 관계에 관해 묻고 싶었다. 예를 들어, 체스 게임 같은 순수 수학의 '증거'와 "손에 총을 들고 범죄 현장에 있었다는 것이 루이스의 유죄를 입증하는 증거이다"의 '증거'는 무슨 관계인가? 비트겐슈타인이 늘 이야기하듯 그 '관계'는 절대 명확하지 않으며, 『수학원리』는 그 문제를 다른 곳으로 떠넘길 뿐이었다. 즉, '증거'가 있다는 것이 무슨 의미인지 여전히 합의가 필요하고, 계산과 식별, 기호가 무슨 의미인지 합의가 필요하다는 것이었다. 하다가 317이 소수인 이유는 "317이 소수이기 때문이다"라고 했을 때, 이것이 무슨 의미인가? 올바르게 잘 생각한 것이라면 사람들이 항상 동의해야 한다는 의미인가? '올바른' 규칙이 무엇인지 어떻게 아는가? 현실과 관련한 문장 속에 '증거, 수, 규칙' 같은 단어를 넣어 질문함으로써, 이것들이 아무 의미가 없음을 증명하는 것이 비트겐슈타인의 특기였다. 앨런이 수강생 중 유일한 수학자였기 때문에 비트겐슈타인은 수학자들의 과거 모든 발언과 행적에 대해 앨런에게 책임이 있는 듯 대했고, 앨런은 비트겐슈타인의 공격에 대해 나름 당당하게 순수 수학의 추상 구조를 최선을 다해 방어했다.

특히 두 사람은 수리논리학의 전체 구조에 관해 긴 논쟁을 벌였다. 비트겐슈타인은 철저한 자동 논리 체계를 만드는 일이 일반적인 의미의 진리와 전혀 상관없다는 주장을 펼쳤다. 그는 완벽하게 논리적인 체계에서는 단 하나의 모순, 특히 단 하나의 자기모순만 있어도 모든 명제가 다 증명되어버릴 수 있다는 점을 물고 늘어졌다.

비트겐슈타인　거짓말쟁이 예를 들어봅시다. 사람들이 어리둥절해하는 것을 보면 참 묘합니다. 생각보다 훨씬 더 이상하죠… 일이 이렇게 돌아가기 때문입니다. 만약 어떤 사람이 "나는 거짓말을 하고 있다"라고 말하면 우리의 생각은 그가 거짓말을 하고 있지 않다, 그가 거짓말을 하지 않는다는 점에서 보면 거짓말을 하고 있다 등으로 계속 이어집니다. 자, 이제 어떻게 되죠? 이런 식으로 계속하다 보면 안색이 변할 때까지 끝이 없습니다. 한번 해보세요. 문제될 것은 없습니다… 쓸데없는 말장난일 뿐이니 흥분할 사람이 어디 있겠습니까?

튜링　어리둥절해하는 이유는 보통 모순을 무언가 잘못되었다는 판단의 기준으로 생각하기 때문입니다. 하지만 이 경우 잘못된 것은 찾을 수 없습니다.

비트겐슈타인　그렇습니다. 아니 그 이상입니다. 잘못된 것이 전혀 없죠… 피해는 어디에서 올까요?

튜링　실제 응용되어 다리가 무너진다든지, 뭐 그런 일이 벌어지기 전까지 진짜 피해는 일어나지 않습니다.

비트겐슈타인　…문제는 이것입니다. 사람들은 왜 모순을 두려워하는가? 수학 외부의 순서나 서술 등에서 나타나는 모순을 두려워하는 이유는 이해하기 쉽습니다. 왜 수학 내부의 모순을 두려워하는가가 문제입니다. 튜링 군은 "실제 응용에서 무언가 잘못될 수 있기 때문이다"라고 합니다. 하지만 잘못될 게 없습니다. 무언가 잘못된 일이 벌어진다면, 예컨대 다리가 무너진다면 잘못된 자연법칙을 이용하거나 뭐 그런 실수 때문이니까요.

튜링　계산 안에 숨겨진 모순이 전혀 없다는 사실을 알기 전까지는 확신을 갖고 그 계산을 응용할 수 없습니다.

비트겐슈타인　거기엔 엄청난 실수가 있는 것 같습니다… 이렇게 가정해봅시다. 내가 리스Rush Rhees에게 거짓말쟁이의 역설을 납득시켰더니, 리스는 "나는 거짓말을 한다. 고로 나는 거짓말을 하고 있지 않다. 고로 나는 거짓말을 하고 있으며 거짓말을 하지 않는다. 고로 우리는 모순에 봉착한다. 고로 2×2=369다"라고 말합니다. 자, 이것을 '곱셈'이라고 부를 수는 없죠. 그건 다…

튜링　모순이 없다면 다리가 무너질지 알 수 없는 일이지만, 모순이 있다면 어딘가 잘못될 것이라는 것은 거의 확실합니다.

비트겐슈타인 하지만 아직 그런 식으로 잘못된 것은 없었습니다…

앨런은 납득하지 못했다. 왜냐하면 고요하고 자기모순이 없으며 자족적인 시스템을 가진, 그 의미를 따져야 할 아름다운 주제가 순수 수학자에게 남아 있기 때문이었다. 수학에 대한 소중한 애정! 잘못될 것도 없고, 문제도 없으며, 다리도 무너지지 않는 안전하고 확실한 세상! 1939년 세상과는 아주 달랐다.

앨런은 스큐스 문제 연구를 완성하지 못했다. 오류가 많은 원고[40]만 남겼고, 그 뒤 다시 손대지 않았다. 대신 더 핵심적인 문제에 집중했는데, 바로 리만의 제타함수 영점들을 검증하는 문제였다. 제타함수를 계산하는 새로운 방법의 발견과 검증에 관한 이론적 부분은 3월 초순에 완성되어 출간[41]을 기다리고 있었다. 이제 남은 것은 실제 계산을 완료하는 일이었는데, 이와 관련하여 이미 진전이 있었다. 맬컴 맥페일이 전기 곱셈기와 관련하여 다음과 같은 편지[42]를 쓴 적이 있다.

> 축전지와 선반 등 귀하의 기계에 사용되는 부품과 관련해 귀하의 대학은 어떻게 정리하고 있습니까? 바꿔야만 하는 상황이라면 참으로 유감입니다. 너무 덩치가 커서 다루기 어렵지나 않을지 염려됩니다. 다름이 아니라, 올 가을에 귀하께서 그 일에 착수하여 혹 도움이 필요하시면 주저 없이 제 동생에게 문의하십시오. 동생에게 귀하의 기계와 그 구조에 관해 이야기해주었습니다. 배선도를 그리는 귀하의 방법에 열광하더군요. 저에게도 놀라운 방법이었습니다. 아시다시피 엔지니어들은 아주 보수적이고 전통적인 경향이 있죠.

그의 동생인 도널드 맥페일은 마침 킹스 칼리지에 소속되어 기계공학을 공부하는 연구생이었다. 곱셈기는 진척이 없었지만, 도널드 맥페일은 제타함수 기계 프로젝트에 그때 합류했다.

1939년에 기계식 계산기를 염두에 두었던 사람이 앨런 혼자만은 아니었다. 새로

앨런 튜링의 이미테이션 게임

운 전기 산업 분야의 성장을 반영하듯 수많은 아이디어와 계획들이 있었다. 몇몇 프로젝트는 미국에서 진행되고 있었다. 그중 하나가 미국 엔지니어인 버니바 부시Vannevar Bush가 1930년 매사추세츠공과대학교MIT에서 설계한 '미분 해석기differential analyser'였다. 이 기계는 물리학과 공학에서 가장 관심이 큰 부류의 문제인 미분 방정식의 물리적 유사체를 마련할 수 있었다. 영국 물리학자인 하트리D. R. Hartree도 체스터대학교에서 메카노(1901년 영국의 프랭크 혼비가 창안한 교육용 조립완구―옮긴이) 부품을 사용해 비슷한 기계를 만들었다. 그리고 뒤이어 케임브리지는 다른 미분 해석기를 의뢰받았고, 1937년 케임브리지 수학과는 이 기계를 수용할 새로운 수학 실험실 사용을 승인했다. 1934년 앨런과 함께 'B-스타'로 우등 졸업한 응용수학자 윌크스M. V. Wilkes가 하급직으로 임명된 상태였다.

이런 기계는 제타함수 문제에는 별 소용이 없었을 것이다. 미분 해석기는 특별한 종류의 수학 시스템 한 가지만 시뮬레이션할 수 있었다. 그것도 근사치를 구하는 제한된 수준이었다. 튜링의 제타함수 기계도 당면한 훨씬 더 특수한 문제에만 전적으로 특화될 것은 비슷했다. 이 기계는 만능 튜링기계와는 아무런 관련이 없었다. 만능과는 선혀 거리가 멀었나. 앨런은 3월 24일 왕립협회에 기계 제작비용 지원을 신청했고,[43] 왕립협회의 질문서에 이렇게 답했다.

> 기계의 영구적 가치는 거의 없을 것입니다. 비슷한 t 계산을 더 넓게 수행하려는 목적*에 투입되고, 제타함수와 관련한 기타 연구에 쓰일 것입니다. 제타함수와 관련이 없는 응용은 거의 없다고 생각됩니다.

이 신청서에 하디와 티치마시가 추천인으로 등록했고, 요청한 40파운드가 지원되었다. 기계가 요구된 계산을 정확히 수행하지는 못하더라도, 제타함수가 0에 가까운 값을 갖는 지점을 찾아낼 수 있을 테니, 정확한 계산은 수기로 하려는 생각

---

* 다시 말해, 훨씬 더 많은 제타함수의 영점을 찾으려는 목적.

이었다. 앨런은 작업량이 50분의 1로 줄어들 것으로 생각했다. 정말 재미있으리라는 것도 중요한 이유였을 것이다.

리버풀의 조수 예측 기계는 줄과 도르래 장치를 이용해 연속되는 파도의 합을 구하는 수학 문제의 유사체를 만들었다. 도르래에 감긴 줄의 길이를 측정해 필요한 총 합계를 구했다. 제타함수 합산도 아이디어의 출발점은 이와 동일했지만 설계는 달랐다. 맞물린 톱니바퀴 장치가 회전하며 필요한 원함수를 시뮬레이션하도록 했고, 길이가 아니라 무게를 측정하도록 설계를 변경했다. 실은 30개의 파도 모양의 항을 더해야 하는데, 각 항마다 바퀴를 하나씩 두는 식이었을 것이다. 30개의 추를 각각 대응하는 바퀴에 중심에서 멀리 떨어지게 부착하면, 바퀴가 회전함에 따라 추들의 모멘트가 파도 모양으로 변해갈 것이었다. 추들의 조합 결과와 균형을 이루는 하나의 평형추 값을 확인해 합계를 구하면 될 것이었다.

필요한 30개 파도의 주기는 30까지 정수의 로그값에 달려 있었다. 기어 바퀴로 이 무리수를 표현하려면 분수로 근사치를 계산하는 수밖에 없었다. 예를 들어, 3의 로그로 규정된 주기는 기계에서 34×31/57×35 비율*의 기어로 표현됐다. 이 말은 각각 34개, 31개, 57개, 35개의 톱니를 가진 바퀴 4개가 필요하고, 이 4개의 바퀴가 서로 움직여 어느 바퀴 하나가 '파도' 생성기 역할을 했다는 의미였다. 2, 3배 더 많이 쓰이는 바퀴도 있었으니, 120개까지는 아니어도 대략 모두 80개의 바퀴가 필요했다. 이 바퀴들은 그룹별로 맞물리며 교묘하게 배치되었고, 커다란 손잡이를 돌리면 동시에 움직이도록 동일한 하나의 중심축에 장착되었다. 이것이 가능하도록 기계를 구축하려면 고도로 정밀한 톱니 가공이 필요했다.

도널드 맥페일이 자세한 설계도면[44]을 작성한 날은 1939년 7월 17일이었다. 하지만 앨런은 도널드에게 엔지니어링 작업을 맡기지 않았다. 사실 1939년 여름 앨런의 방은 기어 바퀴들이 바닥에 온통 퍼즐처럼 펼쳐져 있는 일이 잦았다. 당시 특별연구원이었던 케네스 해리슨이 술을 한잔하자는 초대를 받아 와보니 방이 그런

---

* 앨런은 8을 밑으로 하는 로그를 사용했고, 따라서 이 비율은 $log_8$3의 근사치였다.

상태였다. 앨런이 바퀴들의 용도를 설명하려 애썼지만 아쉽게도 실패했다. 이 바퀴들의 움직임에서 무한에 가까울 만큼 수없이 많은 소수가 줄어드는 규칙성을 바퀴들의 움직임으로 설명하려는 것은 누가 보아도 불확실했다. 앨런은 실제 기어 가공을 시작했고, 공학 분야의 의문점들을 배낭에 가득 짊어지고 다니면서도 연구생들의 도움은 거절했다. 앨런은 챔퍼노운의 도움을 받아 연마한 바퀴 몇 개를 방에 있는 가방에 담아 보관했는데, 8월에 헤일에 있는 학교에서 내려온 밥이 바퀴를 보고 깊은 인상을 받았다.

케네스 해리슨은 무척 놀랐다. 그동안의 대화를 통해 앨런이 물건을 다루는 사람이 아니라 상징 세계에서 작업하는 순수 수학자임을 잘 알고 있었기 때문이었다. 그 기계에는 모순적인 면이 있었다. 프랑스나 독일, (버니바 부시가 있는) 미국에서 주목을 받았지만, 학문적으로 수준이 높은 기술자의 전통이 없는 영국에서 특별한 주목을 받았다. 실생활로 진입하려는 그런 시도는 거만한 학문 세계에서 놀림을 당하기 쉬웠다. 앨런 개인에게 그 기계는 수학만으로 풀 수 없는 무언가에 대한 상징이었다. 앨런은 고전적인 정수론의 핵심 문제들을 연구하며 공헌했지만 그것으로 충분치 않았다. 튜링기계, 순서수 논리학, 마음 작용의 공식화, 비트겐슈타인의 질문, 전기 곱셈기 그리고 이제 일련의 기어 바퀴들에 이르기까지 이 모든 것은 추상과 물질 사이에 어떤 연관을 만드는 일을 대변했다. 이것은 과학이 아니었고 '응용 수학'도 아니었으며, 일종의 응용논리학으로서 뭐라고 이름 붙일 수 없는 것이었다.

이때 앨런이 케임브리지의 조직에 조금 더 다가섰는지, 7월에 교수회는 앨런에게 수학의 토대에 관한 강의를 1940년 봄에 다시 맡아달라고 요청했다. 이번에는 강사료도 50파운드로 전액 지급하는 조건이었다. 통상적인 경우라면, 앨런은 곧 대학교수로 임명되고, 논리학과 정수론 등 순수 수학 분야의 창의적인 연구자로 영원히 케임브리지에 남을 가능성이 크다고 기대했을 것이다. 그렇지만 앨런의 영혼은 이 방향으로 움직이지 않았다.

역사도 이 방향으로 움직이지 않았다. 통상적인 경우란 없었다. 3월 체코슬로바키아의 나머지 지역도 독일의 통제에 들어갔다. 3월 31일 영국 정부는 폴란드의 안전을 보장했고, 이미 세계 2위의 산업 강국이 된 소련과 연합하여 동유럽 전선을 방어하겠다고 선언했다. 이는 독일을 단념시키려는 방책이었지 폴란드를 도우려는 것은 아니었다. 영국으로서는 새로운 동맹국에게 도움을 줄 방법이 없었기 때문이었다.

마찬가지로 폴란드도 대영제국을 도울 방법이 없을 것으로 보였을 수 있다. 하지만 도울 방법이 있었다. 1938년 폴란드 첩보기관이 에니그마에 대한 정보를 알고 있다는 암시를 주었다. 딜윈 녹스가 폴란드에 가서 그 문제를 협의했지만, 어리석고 무지한 폴란드인들이라고 불평하며 빈손으로 돌아왔다. 영국과 프랑스의 동맹으로 상황이 변했다. 7월 24일 영국과 프랑스 대표단이 바르샤바에서 열린 회의에 참석했고, 이번에는 원하는 것을 손에 넣었다.

한 달 뒤 모든 상황이 다시 변했고 영국과 폴란드의 동맹은 전보다 훨씬 더 비실용적이었다. 정보와 관련하여 그해 영국은 별 소득이 없었다. 당시 세인트올번즈에 새로운 무선 도청 기지국이 건설되어, 런던 경찰청이 그로브 파크에서 사용하던 이전 설비를 대체했다. 하지만 1932년 이후 계속된 정부신호암호학교의 탄원에도 불구하고, 여전히[45] "무선 도청 수신기가 치명적으로 부족"했다. 운 좋게도 폴란드인들이 수월하게 정보를 넘겨주는 경우는 이례적이었다.

가판대의 신문이 독일-소련 불가침조약 체결 사실을 보도하던 날, 앨런은 프레드 클레이턴과 난민 아이들을 데리고 일주일간 보트 휴가를 즐기러 케임브리지를 떠났다. 휴일에 자주 가던 보섬에 도착해 보트를 빌렸다. 조용한 표정 속에 불안이 서려 있었다. 항해를 해본 적이 없는 아이들은 두 사람이 못 미더웠고, 적당한 때에 배를 돌릴 수 있도록 교대로 불침번을 섰다. 밥은 "절름발이가 맹인을 이끄는 상황"이라고 생각했다. 프레드는 그보다 휴가에 숨은 정서적 저의를 더 염려했다. 앨런은 로살학교에서 몇 학기를 지내도 성적 경험을 전혀 하지 못할 것이라고* 비웃으며 아이를 많이 골렸다.

---

* 앨런의 잘못된 생각이었다.

하루는 헤이링 섬을 지나 항해했다. 배를 해안가에 가까이 대고 비행장에 줄지어 늘어선 영국 공군 비행기들을 구경하기도 했지만 아이들은 별다른 감흥이 없었다. 그런데 해가 기울며 바닷물이 빠져 보트가 개펄에 박혀 움직이지 못했다. 별 수 없이 보트에서 내려, 섬을 가로질러 걸어가 버스를 타고 돌아왔다. 다리에 묻은 검은 개펄이 두껍게 굳어 있었다. 칼은 군인들이 검은 군화를 신은 모습 같다고 떠들었다.

크누드 대왕King Cnut(995?~1035. 잉글랜드와 덴마크, 노르웨이의 왕이며 슐레스비히와 포메른의 통치자―옮긴이)이 자기 능력으로도 파도를 막을 수 없음을 신하들에게 보여준 장소가 보섬이었다. 그 8월의 밤, 임무를 마치고 돌아오는 몇 내 안되는 폭격기가 몰려오는 파도를 막을지 큰 확신을 주지 못했다. 그리고 당황한 오스트리아 소년들에게 어색하게 웃어주며, 볼품없이 맨 다리로 느릿느릿 개펄을 질퍽거리는 뱃사람이 영국을 도와 파도를 통제하리라고 그 누가 예상했겠는가?

당분간 앨런은 1940년에 예정된 강의를 할 수 없을 것이다. 사실 안전한 순수 수학의 세계로 돌아가지도 않을 것이다. 도널드 맥페일의 설계도 결코 실현되지 않을 것이며, 청동 톱니바퀴도 가방에 담겨 치워질 것이다. 기다기 더 강력한 바퀴가 구르고 있었다. 에니그마 바퀴뿐만 아니라 탱크 바퀴도 구르고 있었다. 독일이 엄포를 놓았고 억제책은 효과가 없었다. 하지만 히틀러의 오산이었다. 이번에는 영국이 임무를 수행할 것이기 때문이었다. 영국 의회는 정부에게 약속을 지키라고 요구했고, 명예로운 전쟁이 예고되었다.

1920년 〈메투셀라로 돌아가라〉의 예언과 상당히 비슷했다.

> 무시무시한 대포들이 온 도시와 항구를 향하고, 거대한 비행기가 언제라도 이륙해도로 전체를 날릴 폭탄을 투하할 태세에 있는 지금, 마침내 신사 여러분 중 누군가 무기력하게 일어나 마찬가지로 속수무책인 우리에게 다시 전쟁이 시작되었음을 알리길 기다리고 있다.

그러나 보이는 것처럼 그렇게 무력하지는 않았다. 9월 3일 11시 앨런이 케임브리지로 돌아와 밥과 함께 방에 앉아 있는데 체임벌린 수상의 목소리가 라디오에서 흘러나왔다. 머지않아 친구인 모리스 프라이스는 실용적인 핵(연쇄반응)물리학을 진지하게 고려하겠지만, 앨런은 이미 다른 논리적인 비밀에 투신한 뒤였다. 이 일로 폴란드에 도움이 되지는 않겠지만, 상상 이상으로 앨런과 세상이 연결될 것이다.

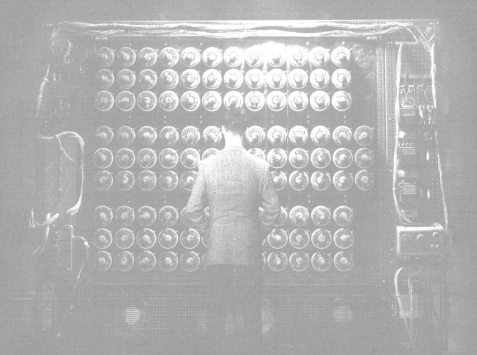

제4장

계전기 경쟁

다음 날인 9월 4일, 앨런은 지난 8월 블레츨리 파크Bletchley Park에 있는 빅토리아풍의 시골 대저택으로 옮긴 정부신호암호학교에 출근 보고를 했다. 블레츨리 자체는 평범하고 따분한 소도시로서, 버킹엄셔Buckinghamshire의 벽돌공장 지대에 벽돌로 건설된 준자치도시였다. 하지만 영국 지성의 기하학적 중심에 위치해, 런던에서 북으로 향하는 철도 간선과 옥스퍼드에서 케임브리지로 이어진 지선이 이곳에서 교차했다. 철로 교차점 바로 북서쪽에 오래된 교회가 아름답게 서 있고, 점토를 채취하는 계곡이 굽어보이는 완만한 언덕에 블레츨리 파크가 자리했다.

기차가 쉴 새 없이 1만 7,000명의 런던 아이들을 실어 버킹엄셔로 대피시켰고 블레츨리의 인구는 25%가 급증했다. 시의원이 이런 말을 했다. "돌아간 아이가 거의 없습니다. 숙소를 배정받은 아이는 결코 한 명도 없었을 거예요. 결국 왔던 움막으로 돌아간 아이들이 정말 현명했지요." 이런 상황에서 정부신호암호학교에 차출된 신사들 몇 명까지 도착하니 잠시 소란도 일었고, 이런 일도 있었다고 한다. 애드콕 교수가 처음 기차역에 도착했을 때, 꼬마 아이 하나가 당황스럽게도 이렇게 소리쳤다. "아저씨, 제가 아저씨의 비밀문서를 읽어낼 거예요!" 그 후 지역 주민들 사이에서 블레츨리 파크의 게으름뱅이들에 대한 불만이 일었고, 의회에서는

앨런 튜링의 이미테이션 게임

하원의 질문을 금지했다는 소문도 돌았다. 도착한 인원들은 버킹엄셔 시내에 있는 호텔 몇 개 중에서 숙소를 선택했다. 앨런은 블레츨리 파크에서 북쪽으로 4킬로미터 정도 떨어진 작은 마을 쉔리 브룩 엔드Shenley Brook End에 있는 크라운인Crown Inn에 숙소를 정해 매일 자전거로 출퇴근했다. 집주인 램쇼 부인은 건장한 젊은이가 할 일도 없이 빈둥거린다고 애석해했다. 가끔 앨런은 숙소에 있는 술집에 나가 일을 거들었다.

블레츨리의 초기 생활은 이사한 교수 휴게실을 정리하는 일과 비슷했다. 그 안에서 다른 대학 사람들과 섞여 식사를 하는 재앙을 겪어야 했는데 다들 불만을 숨기지 않았다. 특히 녹스, 애드콕, 버치 교수 같은 노년층과 이보다 젊은 앨런과 프랭크 루카스, 패트릭 윌킨슨 등이 있어 킹스 칼리지의 분위기가 강했다. 케인스의 정신이 깃든 케임브리지를 함께 다닌 배경이 앨런에게 도움이 되었을 것이다. 특히 딜윈 녹스와 연결된 것도 그 덕분이었는데, 앨런의 동년배들 사이에서는 다가가기 쉬운 상냥한 사람이 아니었다. 정부신호암호학교는 결코 방대한 조직이 아니었다. 9월 3일 데니스턴은 재무부에 편지[1]를 보냈다.

윌슨 귀하,
부득이하게 우리는 최근 며칠간 비상 인력 명단에서 재무부가 연봉 600파운드를 지급하기로 합의한 교수 유형의 인물들을 선발했습니다. 이미 소집된 인원의 소집일자와 명단을 함께 보냅니다.

데니스턴의 명단에 따르면 앨런이 다음 날 7명의 인원들과 함께 도착하는 시간까지 블레츨리에 "교수 유형의 인물" 9명이 있었던 것으로 보아, 앨런이 1차 소집 인원이라고 할 수는 없다. 다음 해 대략 60명의 외부 인원이 추가 소집되었다. "비상 인력 소집으로 군 출신의 암호해독 인력이 4배가 되었고, 전체 암호해독 인력은 거의 2배가 되었다." 1차 인원 중 과학 분야에서 소집된 인원은 겨우 3명이었다. 앨런 외에 웰치먼W. G. Welchman과 제프리스John Jeffries*가 다녔다. 고든 웰치먼은 앨런보다 여섯 살 많은 연장자로 1929년부터 케임브리지 수학과에서 강사로 근무했다.

웰치먼의 분야는 대수기하학으로, 당시 케임브리지에서 두드러진 수학 분과였지만 앨런은 전혀 관심이 없었다. 그 전까지 두 사람의 행보가 겹친 적은 없었다.

앨런과 마찬가지로 웰치먼도 전쟁이 일어나기 전에는 정부신호암호학교와 관계가 없었다. 따라서 신참으로서 자신이 녹스에 의해 독일의 호출 신호, 주파수 등의 패턴을 분석하는 임무로 좌천되었다고 생각했다. 알고 보니 지극히 중요한 임무였으며, 웰치먼의 작업은 그런 '트래픽 분석'을 순식간에 완전히 새로운 수준으로 올려놓았다. 금세 중요한 것으로 드러난 서로 다른 에니그마 암호키 체계의 식별이 가능해졌고, 정부신호암호학교가 무엇을 할 수 있을지 시야를 훨씬 더 넓히는 계기가 되었다. 그러나 메시지 자체를 해독할 수 있는 사람은 없었다. "민간인 주도하에 3군을 위해 근무하는 소규모 집단이 에니그마와 씨름"하고 있을 뿐이었다. 이 집단은 처음에 녹스와 제프리스, 피터 트윈, 앨런으로 구성되었다. 이들은 '오두막'이라는 별칭이 붙은 저택의 마구간에 자리를 잡고, 폴란드인들이 막판에 제공했던 방안들을 발전시켰다.

암호라고 해서 화려한 것은 아니었다. 1939년 암호계원(우리나라 군대에서는 '비문계원'이라고 한다—옮긴이)의 업무란 기술이 필요 없는 것은 아니었지만, 지루하고 단조로운 일이었다. 하지만 암호작성은 무선radio** 통신에서 필연적인 결과였다. 공중전, 해전, 지상기동전에 무선을 사용했고, 한곳으로 무선 메시지를 보내더라도 사방에서 모두가 들을 수 있었다. 따라서 메시지를 숨겨야 했고, 첩자와 밀수범들이 있으니 이런저런 '비밀 메시지'뿐만 아니라 통신 체계 전체를 숨겨야 했다. 이 말은 메시지 하나하나마다 실수가 있고, 제약이 따르며, 몇 시간씩 힘들게 작업해야 한다는 의미였지만 다른 대안이 없었다.

---

* 제프리스J. R. F. Jeffries는 케임브리지 다우닝 칼리지의 연구원이었으며, 1941년 초 폐결핵에 감염되어 사망했다.

** 당시 영국인들은 무선을 흔히 'wireless' 혹은 공식적으로 'wireless telegraph'라고 불렀고, 'radio'는 미국식 표현이었지만, 이 책에서는 일관성을 위하여 'radio'라는 용어를 사용했다. 1936년 루스벨트 대통령의 재선 당시, 프린스턴에서 앨런이 이런 편지를 보냈다. "무선(미국 사람들은 'radio'라고 합니다)으로 개표 결과가 모두 나오고 있습니다. 저는 자고 일어나 내일 아침 신문에서 결과를 확인하렵니다."

앨런 튜링의 이미테이션 게임

1930년대에 사용된 암호는 거창하고 정교한 수학을 전혀 사용하지 않았고, "더하거나 치환하는" 단순한 생각에 의존했다. '더한다'라는 발상은 새로운 것이 아니어서, 이미 줄리어스 시저가 각각의 문자에 3을 더하는 과정을 통해 A를 D로, B를 E로 만들어 갈리아 사람들에게서 자신의 편지 내용을 숨겼다. 더 정확히 말해, 이런 종류의 덧셈은 수학자들이 '모듈러' 덧셈 혹은 자리올림 없는 덧셈이라고 부르는 것이었다. 왜냐하면 문자들이 원을 따라 배열되어 있는 것처럼 Y가 B가 되고, Z가 C가 되기 때문이었다.

2,000년이 지나 이렇게 '정해진' 수만큼 모듈러 덧셈을 한다는 생각은 거의 적절하지 않았지만, 보편적인 생각에 시한이란 없었다. 중요한 형태의 암호 한 가지가 '모듈러 덧셈'이라는 발상을 이용했다. 하지만 고정된 숫자 대신, '키'를 구성하는 수열이 변화하며 메시지에 더해지는 방식이었다.

실제로, 먼저 메시지의 단어를 표준 암호첩을 이용해 숫자로 기호화한다. 그 다음, 암호계원이 하는 일은 우선 숫자로 바꾼 평문을 적는다. 이런 식으로,

6728 5620 8923, 다음과 같이 숫자로 된 '키'를 하나 가져온다.

9620 6745 2397, 위의 평문과 키를 모듈러 덧셈을 해서

5348 1375 0210이라는 암호문을 만든다.

하지만 이 방법이 효과가 있으려면, 정당한 암호 수신자가 키를 알아야 한다는 조건이 따랐다. 그래야 그 암호문에서 키를 빼서 '평문'으로 복호화復號化(암호문을 평문으로 바꾸는, 암호화 과정의 역과정—옮긴이)할 수 있었기 때문이다. 송신자와 수신자가 미리 '키'를 합의하는 어떤 '체계'가 필요했다.

한 가지 방법은 '일회용' 원칙을 이용하는 것이었다. 이 방법이 1930년대 암호작성의 가장 간단하고 견고한 몇 가지 아이디어 중 하나였다. 키를 분명하게 2장 작성하여, 사본 하나는 송신자에게, 다른 하나는 무선 수신자에게 보냈다. 카드 섞기나 주사위 던지기 등 완전 임의의 과정으로 키를 구성한다면, 적국의 암호해독가가 할 수 있는 일이 전혀 없으리라는 것이 이 체계가 안전하다고 주장하는 근거

였다. 예를 들어, '5673'이라는 암호문이 있을 때, 암호해독가가 실제 '6743'이라고 평문을 유추해낸다면 키는 자연히 '9930'이 될 것이고, '8442'라고 평문을 유추하면 '7231'이 키가 될 테지만, 이런 추측을 확인할 방법도 없고 어떤 추측이 더 정확하다고 판단할 근거도 없을 것이다. 결국 이 주장의 정당성은 키를 절대로 정해진 패턴이 없이 가능한 한 모든 숫자에 고르게 분산되게 만드는 데 달려있다. 그렇지 않으면 암호분석가가 어떤 추측이 더 정확하다고 판단할 근거를 찾아낼 것이기 때문이다. 사실, 패턴이 없어 보이는 키 속에서 패턴을 구분해내는 작업은 필연적으로 암호분석가의 몫이지 과학자의 몫은 아니었다.

영국의 암호체계는 한 번에 하나씩 사용하는 일회용 암호집one-time pads을 만들었다. 키가 임의의 숫자였다면 두 번 사용할 암호표는 한 장도 없었고, 암호집이 위험에 노출되지도 않았으며, 암호체계도 실패할 가능성이 없었다. 하지만 이 말은 특정 통신망이 요구하는 최대치만큼 엄청난 분량의 키를 만들어야 한다는 의미였다. 아마 이 보람 없는 작업은 전쟁 발발과 함께 블레츨리가 아니라 옥스퍼드의 맨스필드 칼리지로 옮긴 정부신호암호학교 공사과Construction Section의 여직원들이 맡았을 것이다. 암호체계를 사용하는 입장에서도 결코 즐겁지 않았다. 정보부에 근무하던 머거리지Malcolm Muggeridge는 이 작업[2]에 대해 이렇게 생각했다.

> 고된 작업이며, 나는 이제까지 한 번도 잘한 적이 없었다. 우선, 전보에 있는 숫자 그룹에서 이른바 일회용 암호집에 상응하는 숫자 그룹을 빼내야 한다. 그리고 남은 그룹의 의미를 암호첩에서 찾아야 한다. 빼기를 잘못하든지, 혹은 더 나쁘게, 빼내야 할 숫자 그룹을 잘못 선택하면 모든 일이 다 수포로 돌아갔다. 머리를 싸매고 힘들게 일했지만, 끔찍한 혼란에 빠지고, 처음부터 다시 시작하고…

'치환'이라는 발상에 기초하여 암호체계를 만드는 방법도 있었다. 신문 퍼즐난의 암호에 사용된 것이 가장 단순한 형태로, 프린스턴의 보물찾기에서 풀었던 형태와 같은 것이다. 이 방법은 다음과 같이 정해진 규칙에 따라 알파벳의 철자를 다른 철자로 대치하는 것이다.

앨런 튜링의 이미테이션 게임

ABCDEFGHIJKLMNOPQRSTUVWXYZ

KSGJTDAYOBXHEPWMIQCVNRFZUL

TURING이 VNQOPA가 되는 식이다. 이처럼 단순한 또는 '한 글자 치환' 암호
는 철자의 빈도, 공통 단어 등을 살피면 쉽게 풀릴 수 있었고, 사실 퍼즐난 문제에
서 유념할 것은 퀴즈 출제자가 문제를 어렵게 만들기 위해 XERXES 같은 특이한
단어를 포함시키기도 한다는 것뿐이었다. 이런 암호체계는 군사용으로 사용하기
에는 너무 단순했을 것이다. 하지만 1939년에 사용되던 암호체계들이 이보다 훨
씬 발전한 것은 아니었다. 복잡하게 만드는 한 가지 방법은 몇 가지 철자 치환법을
돌려가며 사용하거나 다른 간단한 방식에 따라 골라서 사용하는 것이었다. 현존
하는 암호작성 안내서나 책[3] 중에서 이런 '다표식 치환' 암호를 다룬 경우는 얼마 되
지 않는다.

이보다 약간 더 복잡한 것은 문자 하나하나를 치환하는 것이 아니라, 676가지의
문자쌍을 치환하는 암호체계를 사용하는 것이었다. 이 시기 영국이 사용하던 암
호체계 하나가 이런 종류였는데, 다표식 치환법과 암호첩 사용 아이디어를 합한
것이었다. 영국 상선단[4]이 이 암호체계를 사용했다.

암호를 만드는 방법은 이랬을 것이다. 암호계원은 먼저 메시지를 다음과 같이
상선단 암호로 바꾼다.

본문	암호문
도착 예상	VQUW
14	CFUD
40	UQGL

다음 단계는 암호문 행수를 짝수로 만드는 과정인데, 암호계원은 아래와 같이
의미 없는 단어를 부가하여 만든다.

풍선   ZJVY

이로써 암호화 작업은 끝이 나고, 암호계원은 수직 방향으로 짝을 이루는 문자, 즉 VC를 문자쌍표에서 찾는다. 표에는 예를 들어 XX처럼 다른 문자쌍이 정해져 있다. 암호계원은 계속해서 이런 식으로 메시지 전체의 문자쌍을 대치한다.

'더하기' 유형의 암호와 달리 작업이 조금 더 남아 있었다. 이 모든 과정이 헛되지 않도록 적법한 무선 수신자에게 어떤 치환표를 사용했는지 알리는 작업이었다. 만일, 무선 송신을 '치환표 8번'이라고 시작하면 적군 암호해독가가 같은 치환표로 암호화된 송신문들을 모아 분석하여 공략할 것이다. 무언가 위장 요소를 포함해야 했다. 따라서 치환표에는 'BMTVKZMD'와 같이 여덟 글자 목록이 함께 인쇄되었다. 암호계원은 이 문자열 중 하나를 선택해, 메시지 초반에 적절하게 추가했다. 그러면 같은 목록을 갖고 있던 수신자는 사용된 치환표가 무엇인지 알 수 있었다.

이 간단한 규칙에서 아주 일반적인 개념이 분명히 드러났다. 단발적인 퍼즐 출제와 달리, 실제 암호작성에서는 본문 자체가 아니라 암호해독 방법에 관한 지침을 전달하는 부분을 메시지에 포함하여 전송하기 마련이다. 전송문에 이렇게 위장하여 숨기는 전송 요소를 '지시자indicators'라 불렀다. 일회용 암호집을 사용하는 체계도 암호집의 몇 쪽을 이용했는지 확인하기 위해 지시자를 사용해야 했을 것이다. 헷갈리거나 실수하지 않도록 모든 것을 미리 완벽하고 엄격하고 상세하게 규정하지 않는 한, 사실 반드시 어떤 형태든 지시자가 있어야 했다.

적어도 1936년부터 '가장 보편적인 신호나 암호'에 대해 궁리해오던 앨런이 이 지시자에서 큰 인상을 받았음이 틀림없다. 전송문 안에 명령과 데이터를 섞어 넣는 작업을 보고, 먼저 '묘사수'를 명령으로 해독하고 테이프의 내용에 그 명령을 적용시키는 '만능기계'를 연상했음이 틀림없다. 실제로 모든 암호체계는 더하거나 치환하는 규칙뿐만 아니라 해독 방법을 찾아 적용하고 전달하는 규칙까지 포함하는 복잡한 '기계적 절차' 혹은 튜링기계로 보아도 무방할 것이다. 좋은 암호작성은 이런저런 메시지를 만드는 것이 아니라 일련의 규칙 자체를 만들어내는 데 달려 있었다. 진지한 암호해독은 이를 복구하는 작업으로, 신호 전체에 대한 분석을 통

                  앨런 튜링의 이미테이션 게임

해 암호계원이 수행한 기계적 절차 전체를 재구성하는 작업이었다.

상선단의 암호체계는 전혀 이해할 수 없을 만큼 복잡한 암호의 결정판은 아니었지만, 일반 선박에서 운용하기에는 현실적인 수작업의 한계에 거의 다다른 수준이었다. 더 안전한 체계를 생각해낼 수는 있겠지만, 암호작성 과정이 너무 길고 복잡하면 전송이 지체되고 실수하는 경우만 더 많아질 것이다. 그런데 암호 기계를 사용하여 암호계원의 '기계적 절차'를 대신한다면 상황이 많이 달라질 것이다.

이런 점에서 영국과 독일은 아주 비슷한 기계를 사용하며 대칭적인 전쟁을 수행하고 있었다. 사실상 독일의 공식적인 무선 송수신은 모두 에니그마 기계로 암호화했었다. 영국의 상황은 전적으로는 아니었지만 타이펙스Typex(1937년부터 영국에서 사용하기 시작했던 암호 기계—옮긴이)에 달려 있었다. 영국 육군과 거의 모든 공군이 타이펙스를 사용했다. 외무성과 해군성은 각각 암호첩에 의존해 수작업으로 암호를 만드는 체계를 유지했다. 에니그마와 타이펙스는 모두 기본적인 더하기와 치환 과정을 기계화하여, 가능한 한 더 복잡한 암호체계를 만들어냈다. 이 기계들이 암호첩의 암호표를 보고 할 수 있는 일 이상을 한 것은 아니지만, 더 빠르고 정확한 작업이 기능했다.

암호 기계의 존재는 비밀이 아니었다. 모두 알고 있었다. 적어도 볼Rouse Ball의 1938년판 『수학적 오락과 수리 논술』이라는 책을 학교에서 상으로 받은 사람은 모두 알고 있었다. 이 책에서 미 육군 암호분석가인 아브라함 신코프Abraham Sinkov가 수정해 다시 실은 글을 보면, 고대 격자 암호, 플레이페어Playfair 암호 등 온갖 종류의 암호가 소개되었고, 다음과 같은 내용도 있었다.

> 아주 최근부터 메시지를 자동적으로 암호화하고 복호화하는 암호 기계를 발명하려고 노력하며 많은 연구가 진행되고 있다. 이 기계 대부분은 주기적인 다표식 치환 체계를 적용한다.

'주기적' 다표식 치환 암호는 몇 차례 연속적인 철자 치환을 거치게 되며, 이 과정을 반복한다.

가장 최신 기계들은 전기로 작동하며, 많은 경우 주기의 수가 엄청나게 많다… 이 기계 시스템들은 수작업보다 훨씬 빠르고 정확하다. 이 기계에 출력 장치나 전송 장치를 덧붙여, 암호작성 시 암호 메시지 기록을 보관하고 메시지를 전송할 수도 있다. 복호화 작업은 암호 메시지의 수신과 해독이 모두 자동으로 이루어진다. 현재의 암호분석 방법으로 판단할 때, 이런 기계에서 나온 암호체계는 실질적으로 해독하지 못할 가능성이 아주 크다.

에니그마의 기본 원리도 비밀이 아니었다. 에니그마는 발명되고 얼마 지나지 않아 1923년 만국우편연합 회의에 전시되었다. 상업적으로 판매되었으며, 은행에서 에니그마를 사용했다. 1935년 영국은 에니그마 기본형에 몇 가지 장치를 부가하여 타이펙스를 만들었고, 이보다 몇 년 앞서 독일 암호 당국은 다른 방식으로 이 기본형을 개조했다. 개조된 기계는 에니그마라는 원래의 이름은 유지했지만, 상업적으로 판매되던 기계보다 훨씬 더 효과적이었다.

그렇다고 해서 당시 앨런이 씨름해야 했던 독일 에니그마가 시대를 앞선 물건도 아니었고, 1930년대 후반 기술로 만들 수 있는 최고의 기계는 더더욱 아니었다. 20세기 혹은 최소한 19세기 후반에 등장한 에니그마의 특징은 사실 '전기로 작동한다'라는 것뿐이었다. 다음 첫 번째 그림에서 보듯, 일련의 철자 치환 작업을 자동으로 처리하기 위해 전기 배선을 이용했다. 하지만 에니그마는 회전자들을 한 가지로 고정한 상태에서 철자 '하나'만 암호화한 후, 다음 두 번째 그림과 같이 가장 바깥 쪽 회전자를 한 칸 돌려서 입력과 출력의 접속을 새로이 만들어내는 식이었다.

에니그마의 기본 원리

설명의 편의를 위해, 그림은 8개의 철자만을 대상으로 그렸지만, 실제 에니그마는 통상 26개 철자를 기반으로 작동했다. 그림은 기계가 사용되는 특정한 순간의 상태를 보여준다. 표시된 선들은 전류가 흐를 수 있는 전선을 나타낸다. 입력 장치에 달린 간단한 스위치 시스템에서 키를 누르면(그림에서는 B키) 전류가 (그림에서 굵게

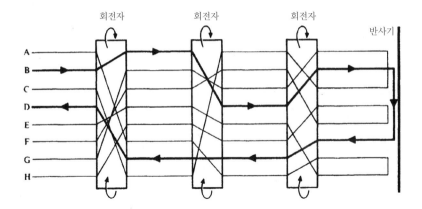

칠한 선을 따라) 흐르고 출력 표시판에 있는 전구(그림에서는 D 아래)에 불이 들어온다. 8개의 철자를 사용하는 에니그마가 있다고 가정하면, 그다음 상태는 아래와 같이 될 것이다.

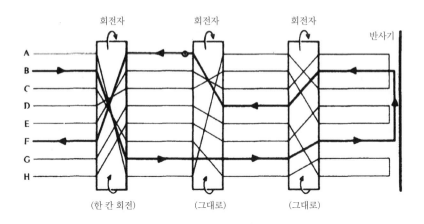

26개 철자를 사용하는 에니그마의 경우, 회전자를 조합하는 경우의 수는 26×26×26=17576가지일 것이다. 회전자들은 다른 가산기나 컴프토미터Comptometer(펠트가 1887년에 개발하여 최초로 상업적 성공을 거둔 기계식 계산기―옮긴이)처럼 기본적으로 기어가 달려,* 첫 번째 회전자가 한 바퀴를 돌면 가운데 회전자가 한 칸 돌아갔고, 가장 안쪽에 있는 회전자는 가운데 회전자가 한 바퀴를 완전히 돌면 한 칸 돌

아갔다. 반사기는 가장 안쪽의 회전자의 출력을 연결시키는 고정된 배선으로 움직이지 않았다.

요컨대, 에니그마는 다표식 치환 방식을 사용하며 그 주기는 17576이다. 그러나 '어마어마하게 많은 수'는 아니었다. 속산표만 한 크기의 책만 있으면 사실 모든 철자의 조합을 적을 수 있을 것이다. 이런 기계 구조 자체만으로는 새로운 단계의 정교함으로 비약했다고 할 수는 없었다. 앨런은 학창 시절 라우스 볼의 1922년판 책을 탐독했는데, 그 책에도 이런 경고가 나온다.

> 계속해서 자동적으로 암호가 달라지거나 변하게 할 수 있는 기구를 사용하라고 추천하는 경우가 많았다… 그러나 위험성도 있으니… 불법적인 사람들의 수중에 기구가 들어갈 수도 있음을 감안해야 한다. 기계 장치를 사용하지 않아도 똑같이 좋은 암호를 만들 수 있으니, 내 생각에 기구의 사용은 추천할 만한 것이 아니다.

기계로 만든 것은 기계로 훨씬 더 쉽게 풀리기 때문일 것이다. 적이 같은 기계의 복제품을 수중에 넣어도 풀 수 없는 암호체계를 만들지 않는 한, 에니그마의 복잡한 내부는 아무리 기발해 보일지라도 쓸모없는 것이 될 것이다. 안전하다는 착각만 심어줄 것이다.

에니그마의 기술적 구조도 신코프가 최신의 발전상을 언급하며 말했던 것만큼 진보적인 것이 아니었다. 기계를 사용한다고는 해도, 암호계원은 불이 들어오는 문자를 일일이 확인해 기록하는 지루하고 시간이 많이 소요되는 작업을 해야 했다. 자동 출력이나 자동 전송 장치가 없었기 때문에, 힘들지만 모스 부호로 출력이나 전송을 해야 했다. 현대적인 전격전Blitzkrieg(제2차 세계대전 당시 독일군이 추구한 전술 교리로서 전차, 기계화보병, 항공기, 공수부대를 이용하여 기동성을 최대한 추구했다—옮긴이) 무기와는 거리가 먼, 이 느려터진 기계는 기술적으로 전구보다 진보

---

* 더 복잡한 부분이 있지만 설명에 큰 차이가 없으므로 생략한다.

앨런 튜링의 이미테이션 게임

한 것이 아무것도 없었다.

암호분석가의 입장에서 보면, 암호계원의 육체노동과 기계의 물리적 구조는 중요한 것이 아니었다. 중요한 것은 '논리적' 서술이었다. 튜링기계와 같은 내용이었다. 에니그마에서 중요한 모든 것은 '표', 즉 에니그마의 상태와 각각의 상태에서 어떻게 작동하는지를 정한 목록에 있었다. 논리적인 입장에서 볼 때, 어떤 정해진 고정 상태에서 에니그마의 동작은 아주 특별한 특성을 발휘했다. 바로 기계의 '반사' 특성에 내재된 대칭성이었다. 에니그마가 어떤 상태에 있을 때 A가 E로 암호화되었다면, 같은 상태에서 E가 A로 암호화되는 것이 맞을 것이다. 어떤 에니그마 상태에서 생기는 철자의 지환은 언제나 맞교환swappings이 될 것이다.

8개 철자를 사용하는 기계가 첫 번째 그림의 상태에 있다고 가정하면, 다음과 같이 치환될 것이다.

평문   A B C D E F G H
암호문   E D G B A H C F

두 번째 그림의 상태라면, 다음과 같이 치환될 것이다.

평문   A B C D E F G H
암호문   E F G H A B C D

이때 맞교환이라고 할 수 있는 것은 첫 번째 경우 (A E) (B D) (C G) (F H)이고, 두 번째 경우는 (A E) (B F) (C G) (D H)이다.

에니그마의 이러한 특성에는 실용적인 장점이 있었다. 즉, 암호해독 과정이 암호작성 과정과 동일하다는 장점이었다(군론으로 보면 암호는 대합對合(어떤 원소에 함수를 두 번 적용하면 원래 원소로 돌아오는 함수—옮긴이)이었다). 메시지 수신자가 송신자와 정확히 같은 방법으로 기계를 설정하고 암호 문구를 입력하기만 하면 평문이 복구되었다. 에니그마 기계에 '암호입력' 모드와 '암호해독' 모드 변환 장치를 포함시킬 필요가 없었다. 이로 인해 에니그마의 조작 실수와 혼란 가능성이 훨씬 줄어들었다. 그러나 동시에 치명적 약점도 피할 수 없었다. 언제나 특정한 종류의 치환이 일어나기 때문에 어떤 철자도 자기 자신으로 암호화될 수 없다는 치명적 약점이 있었다.

이것이 에니그마의 기본 구조였다. 실제 군사용으로 사용된 기계는 훨씬 더 복잡했다. 일례로 3개의 회전자는 위치가 고정되지 않고, 해체해서 마음대로 배치할 수 있었다. 1938년 말까지는 회전자가 3개였으니 총 6가지의 배치가 가능했다. 이런 식으로 철자 치환 가능수는 $6 \times 17576 = 105456$이었다.

물론 회전자가 어느 위치에 있는지 확인할 수 있도록 외부에 어떤 방식으로든 표시가 필요했다. 이런 이유에서 또 다른 복잡한 요소가 부가되었다. 각각의 회전자를 26가지 철자가 쓰인 링으로 감싸, 특정 위치의 링의 철자가 회전자의 위치를 나타내도록 했다*(실제 기계 상부의 창을 통해 철자를 확인하도록 했다). 링의 위치와 배선의 대응관계는 매일 바뀌었다. 배선에 1부터 26까지 숫자를 붙이고, 링의 위치는 A부터 Z까지의 철자로 표시된 것으로 생각할 수 있을 것이다. 따라서 링의 설정은 링을 회전자의 어느 위치에 맞출지 결정하는 과정이었을 것이다. 예를 들면, 철자 G를 1의 위치에, H를 2의 위치에 맞추는 식이다.

링을 맞추는 작업은 암호계원의 몫이었을 것이고, 암호계원은 링의 철자를 이용해 회전자 설정값을 구분했을 것이다. 암호분석가의 입장에서 보면, 이 말은 회전자 설정값이 'K'라고 밝혀져도 블레츨리에서 말하는 '핵심 위치', 즉 실제 배선의 물리적 위치는 드러나지 않는다는 의미였다. 링 설정값(즉, 링과 배선의 대응관계—옮긴이)도 함께 알아야 추정할 수 있을 것이다. 하지만 분석가는 '상대적인' 핵심 위치를 알았을지도 모른다. 예컨대, K와 M의 핵심 위치는 반드시 2칸 간격으

---

* 링 설정으로 복잡해져서 성가시겠지만, 폴란드인들의 성과를 이해하는 데 필요하다. 더 이상은 거론하지 않겠다.

앨런 튜링의 이미테이션 게임

로 설정되었을 것이니, K가 9의 위치에 있다면 M은 11의 위치에 있다고 알았을 것이다.

복잡한 특징 중 더 중요한 것은 '배선반plugboard'의 부착이었다. 상업용 에니그마와 군사용 에니그마의 차이였고, 영국 암호분석가들을 안절부절못하게 만든 것도 이것이었다. 배선반은 회전자에 들어가기 전과 회전자에서 나온 다음에 철자를 자동적으로 맞교환시키는 효과가 있었다. 기술적으로는 끝에 플러그가 달린 전선들을 26개의 구멍이 있는 배선반에 꽂음으로써 이런 효과가 생겼다. 전화교환기에 플러그를 꽂아 연결하는 방식과 비슷하다. 필요한 효과를 거두려면 독창적인 전기 연결과 이중선이 필요했다. 1938년 말까지 독일에서는 에니그마 기계를 사용할 때 이런 식으로 철자를 6~7가지 쌍으로 연결시키는 것이 보통이었다.

따라서 에니그마 기본형에서 회전자와 반사기가 다음과 같은 치환이 일어나는 상태에 있고,

ABCDEFGHIJKLMNOPQRSTUVWXYZ
COAIGZEVDSWXUPBNYTJRMHKLQF

배선반 전선이 다음과 같이 철자를 연결시킬 때,

(A P) (K O) (M Z) (I J) (C G) (W Y) (N Q)

A키를 누르면 전류가 배선반 전선을 타고 P로 흐르고, 회전자들을 통과한 후 다시 N으로 나온 다음, 배선반 전선을 타고 Q로 흐르게 될 것이다.

전류가 회전자들을 통과하기 전후에 모두 대칭적인 배선반을 사용함으로써, 기본형 에니그마의 대합 특성도 유지되었고, 어떤 철자도 자기 자신으로 암호화되지 않는 특징도 변하지 않았다. A가 Q로 암호화된다면, 기계의 상태가 변하지 않은 경우에 Q는 A로 복호화될 것이다.

결국 배선반은 에니그마의 이런 유용한(하지만 위험한) 특성에 영향을 미치지 않

앉지만, 이로 인해 에니그마 기계의 상태를 바꿀 수 있는 경우의 수 자체가 엄청나게 증가했다. 6×17576가지인 회전자 각각의 위치에서 배선반의 철자를 7개의 쌍으로 연결하면 경우의 수는 $1,305,093,289,500$*이 될 것이다.

짐작컨대, 독일 당국은 상업용 에니그마를 이렇게 개조하여 '사실상 거의 해독 불가능한' 기계가 되었다고 믿었을 것이다. 그런데 9월 4일 앨런이 합류했을 때, 폴란드 암호해독가들이 폭로한 내용[5]을 놓고 블레츨리가 떠들썩했다. 기술 자료는 8월 16일 런던에 갓 도착한 것이었으니, 여전히 아주 신선하고 새로운 정보였다. 폴란드인들이 폭로한 것은 7년간 에니그마 메시지를 해독해온 방법이었다.

필수불가결한 조건으로 제일 중요한 것은 폴란드인들이 회전자 3개의 배선을 찾아낼 수 있었다는 사실이었다. 사용하는 기계가 에니그마라는 사실을 아는 것과, 절대적으로 중요한 사실이겠지만 특정한 배선 방식을 아는 것은 완전히 다른 문제였다. 1932년 평화로운 시기에도 배선 방식을 알아내는 일은 그 자체로 괄목할 만한 개가였다. 프랑스 정보부가 첩자를 통해 1932년 9월과 10월 기계 사용지침서 사본을 입수하여 가능한 일이었다. 프랑스는 그 사본을 폴란드에 넘겼었다. 영국도 그 사본을 받았지만, 폴란드의 해당 부서가 문서를 분석할 열정적인 수학자 3명을 고용해 배선 방식을 추론해냈다는 것이 차이였다.

아주 기발한 관찰과 훌륭한 추론, 기본적인 군론을 사용하여 회전자의 배선과 반사기의 구조를 밝혀냈다. 공교롭게도 키보드의 철자가 암호화 메커니즘과 어떻게 연관되는지 확인하는 데 필요한 것은 추측이었다. 기계에 또 다른 복잡한 요소를 도입하기 위해 철자들을 상당히 뒤죽박죽인 순서로 연결했을 수도 있었다. 하지만 이들은 에니그마 설계 시 철자의 위치를 자유롭게 만들지는 않았을 것이라고 추측하고 이를 증명했다. 철자들은 사실 알파벳순으로 회전자에 붙어 있었다. 결과적으로 이들은 에니그마 기계의 물리적인 복제품은 아니지만 논리적인 복제품

---

* 즉, $\left(\dfrac{26!}{7!\,12!\,2^7}\right)$이다

을 손에 넣었고, 그 사실을 활용하는 단계까지 나아갈 수 있었다.

그들이 입수한 기계 사용법은 (그 기간에만 사용된) 아주 특정한 방식이었기 때문에, 할 수 있는 것은 관찰뿐이었다. 그리고 그 사용법을 활용하여 주기적으로나마 에니그마 자료를 판독할 정도로 발전했다. 이들이 '기계'의 비밀을 밝혀낸 것은 아니지만, '암호체계'는 깨트렸던 것이다.

에니그마 기계의 기본적인 사용 원리는 회전자와 링, 배선반을 특정한 방식으로 설정하여 메시지가 암호화되고, 이 과정에서 회전자가 자동으로 돌아가는 것이었다. 하지만 실제로 송수신에 쓸모가 있으려면, 메시지 수신자도 기계의 초기 상태를 알아야 했다. 모든 암호체계의 근본 문제였다. 기계만으로는 충분치 않았다. 기계 사용에 관한 합의되고 결정된 '명확한 방법'도 필요했다. 독일이 실제 사용한 방법에서 기계의 초기 상태는 암호계원이 기계를 사용하는 시점에 부분적으로 결정되었다. 따라서 지시자의 사용이 불가피했고, 폴란드인들이 성공을 거둔 것도 이 지시자를 통해서였다.

정확히 말하면, 회전자 3개의 순서와 배선반, 링의 설정 방법은 문서로 된 명령서에 적혀 있었다. 암호계원이 할 일은 나머지 요소를 선택하는 것이었다. 바로 세 회전자의 초기 설정이었다. 다시 말해 'WHJ'처럼 세 가지 철자를 선택해 조합하는 일이었다. 가장 고지식한 지시자 체계는 간단하게 'WHJ'라고 전송하고, 이어서 암호 메시지를 전송하는 방법이었을 것이다. 실제로는 이보다 더 복잡해서, 'WHJ' 자체를 기계로 암호화했다. 이를 위해 명령서에는 소위 일일 기본 설정ground setting이 정해져 있었다. 기본 설정은 회전자 순서나 배선반, 링 설정처럼 통신망에 연결된 모든 운영자에게 공통으로 적용되었을 것이다. 기본 설정이 'RTY'라고 가정해보자. 암호계원은 특정한 회전자 순서와 배선반, 링 설정에 맞춰 에니그마를 준비할 것이다. 그리고 'RTY'가 나타나도록 회전자를 돌릴 것이다. 이제 암호계원이 할 일은 자신이 선택한 회전자 설정값을 두 번 암호화하는 것이었다. 즉, 'WHJWHJ'라고 입력하여 'ERIONM'이라는 암호문을 얻어내는 것이다. 암호계원은 'ERIONM'을 전송한 후, 회전자들을 돌려 'WHJ'에 맞추고, 메시지를 암호화한 다음 전송했을 것이다. 이로써 모든 메시지가 처음 6개의 철자 이후 다른 설정값으로 암호화되는 장점이 있었다. 단점은 통신망에 연결된 모든 운영자들이 메시지의 첫 6개 철자를 위해 하루 동안은 정확하게 동일한 상태로 기계를 사용해야 한다는 것이었다. 더 나쁜 점은 6개의 철자가 항상 세 글자를 두 번 암호화한 것이라는 사실이었다. 폴란드 암호분석가들이 이용할 수 있었던 것이 바로 이런 반복 요소였다.

이들이 사용한 방법은 무선을 매일 도청하여 이 첫 6개 철자 조합 목록을 모으는 일이었다. 이들은 이 목록을 보고 어떤 패턴이 있을 것이라는 사실을 알았다. 왜냐하면 '한' 메시지에서 첫 글자가 A이고 네 번째 글자가 R이었다면, '다른' 메시지에서도 첫 글자가 A이고 네 번째 글자가 다시 R이었기 때문이다. 메시지가 충분히 모이자, 이들은 다음과 같은 표를 완성할 수 있었다.

| 첫 글자 | A B C D E F G H I J K L M N O P Q R S T U V W X Y Z |
| 네 번째 글자 | R G Z L Y Q M J D X A O W V H N F B P C K I T S E U |

두 번째 글자와 다섯 번째 글자를 연결하는 표와 세 번째 글자와 여섯 번째 글자를 연결하는 표가 더 있었을 것이다. 이런 정보를 이용하여 온갖 종류의 여섯 글자 조합이 나오는 에니그마 기계의 상태를 추론했다. 하지만 특히 중요한 것은 암호계원의 기계적 작업에 대응하는 기계화된 형태의 분석 방법을 사용한 점이었다.

폴란드 분석가들은 이 문자연결표를 '순환cycle'의 형태로 기록했다. 순환 표기법은 기본적인 군론에서 아주 흔한 것이다. 위에 표기된 특별한 문자 연결을 순환 형태로 만들려면, 철자 A에서 출발해 A가 R과 연결됨을 확인할 것이다. 그리고 R과 B, B와 G, G와 M, M과 W, W와 T, T와 C, C와 Z, Z와 U, U와 K, K와 A가 연결되어 (ARBGMWTCZUK)라는 '순환'을 이룬다는 사실을 알게 될 것이다. 전체 연결은 다음과 같은 네 순환의 곱으로 나타낼 수 있었다.

(ARBGMWTCZUK) (DLOHJXSPNVI) (EY) (FQ)

앨런 튜링의 이미테이션 게임

이런 작업을 했던 이유는 이들 순환의 길이(위의 경우 11, 11, 2, 2)가 배선반과 무관하다는 점을 알았기 때문이었다. 순환의 길이를 결정하는 것은 오직 회전자의 위치였으며, 배선반은 순환에서 '어떤' 철자가 나타날지 영향을 미치지만, '얼마나 많이' 나타날지는 영향을 미치지 않을 것이었다. 이러한 관찰을 통해 드러난 사실은 트래픽 전체를 보면 회전자의 위치가 암호문에 멋진 지문을 남긴다는 것이었다. 사실 회전자는 3개의 지문만을 남기는데, 3개의 문자연결표 각각의 순환 길이였다.

결론적으로 회전자 위치 각각에 대한 3개의 순환 길이 지문을 완전하게 모아 파일을 만든다면, 그 파일을 통해 첫 여섯 글자에 사용된 회전사의 위치를 알 수 있었을 것이다. 문제는 목록으로 만들 회전자 위치 가능수가 6×17576가지라는 점이었다. 하지만 그들은 이 일을 해냈다. 작업에 도움을 받기 위해, 폴란드 수학자들은 에니그마 회전자가 달린, 필요한 일련의 숫자를 자동으로 만들어내는 소형 전기 기기를 고안했다. 작업에 1년이 소요되었고, 작업의 결과는 파일 카드에 입력했다. 하지만 검색 작업은 기계에 의해 효과적으로 이루어졌다. 파일에서 그날의 암호 트래픽에 맞는 순환 길이 조합을 찾는 데 걸린 시간은 겨우 20분이었다. 이 작업으로 지시자의 여섯 글자를 암호화할 때 사용된 회전자의 위치가 밝혀졌고, 이 정보를 바탕으로 남은 계산을 끝내고 그날의 통신을 해독할 수 있었다.

멋진 방법이었지만, 특정한 지시자 체계에 전적으로 의존한다는 약점이 있었다. 성공은 오래가지 않았다. 먼저 독일 해군의 에니그마부터 해독이 불가능해졌다.[6]

…독일이 해군 지시자를 변경한 1937년 4월 말 이후, 이들은 해군 통신을 1937년 4월 30일부터 5월 8일까지의 기간 동안만, 그것도 나중에야 겨우 해독할 수 있었다. 뿐만 아니라, 폴란드 수학자들은 이렇게 짧은 성공을 거둔 다음, 지시자 체계를 새로 바꾼 에니그마 기계의 보안 상태가 훨씬 더 높아졌음을 확인했다…

그리고 체임벌린 수상이 뮌헨으로 날아간 1938년 9월 15일 대재앙이 몰아쳤다. 독일의 모든 암호체계가 바뀐 것이었다. 사소한 변경이었지만, 모든 순환 길이 목록이 하루 사이에 완전히 무용지물이 되었다는 의미였다.

새로운 암호체계에서는 기본 설정을 더 이상 미리 정하지 않았다. 대신 암호계원이 기본 설정을 선택하여 수신자에게 알려야 했다. 가능한 한 가장 단순한 방법을 사용하여 그냥 그대로 전송했다. 암호계원이 AGH를 선택한다면, 회전자를 AGH 글자가 보이도록 설정한다. 그리고 설정값을 하나 더 선택한다. 예를 들어 TUI라고 하자. 암호계원은 TUITUI를 암호화하여, RYNFYP라는 문자를 얻어낸다. 그 다음, 암호계원은 AGHRYNFYP라는 지시자를 전송하고, 이어서 회전자를 TUI로 설정한 상태에서 실제 메시지를 암호화한다.

이 방법의 보안은 링 설정이 매일매일 바뀌어야 한다는 사실에 달려 있었다. 그렇지 않으면, 첫 세 문자(예로 든 AGH)에서 모든 것이 누설될 것이기 때문이었다. 따라서 암호분석가의 임무는 모든 통신망에 공통으로 사용되는 이 링 설정값을 밝히는 것이었다. 놀랍게도 폴란드 분석가들은 새로운 지문을 다시 찾아냈다. 이 일은 링 설정을 찾아내거나 혹은 예로 든 AGH 같은 공개된 회전자 설정에 부합하는 핵심 위치를 찾아내는 것과 같은 효과가 있었다.

예전 방법과 비슷하게 지문을 찾기 위해 트래픽 전체를 살폈고, 9개 글자로 된 지시자의 마지막 여섯 글자에서 나타나는 반복 요소를 이용했다. 공통의 기본 설정이 없었기 때문에, 첫 번째와 네 번째, 두 번째와 다섯 번째, 세 번째와 여섯 번째 철자 사이에는 분석할 만한 고정된 연관이 보이지 않았다. 그런데 체셔 고양이(『이상한 나라의 앨리스』에 나오는 히죽거리는 고양이—옮긴이)의 히죽거리는 웃음처럼, 이 아이디어의 부스러기 하나가 발견되었다. 가끔 첫 번째 철자와 네 번째 철자가 '같은' 경우, 혹은 두 번째와 네 번째, 세 번째와 여섯 번째 철자가 '같은' 경우가 있었다. 이러한 현상은 별다른 이유 없이 '암컷'이라고 불렸다. TUITUI가 실제 RYNFYP라고 암호화되었다면, 반복된 Y가 '암컷'이 되는 것이다. 이러한 사실에서 TUITUI라는 문자를 암호화할 당시의 회전자 상태에 대한 작은 정보를 얻을 수 있을 것이다. 이 방법에서 중요한 것은 이러한 단서들을 충분히 모아 회전자의 상태를 추론하는 것이었다.

더 정확하게 말해서 핵심 위치에 '암컷' 철자가 있다고 말할 수 있는 경우는, 그 철자가 세 단계 후에 같은 철자로 암호화되는 경우이다. 이 현상은 드물지 않게 일어나서, 평균 25번에 한 번 꼴로 발생하곤 했다. 어떤 핵심 위치들은 (대략 40% 정도) '암컷' 철자가 적어도 하나인 특성이 있었고, 그 나머지는 그렇지 않았다. 암컷 철자의 정체는 배선반에 의해 결정되었을 테지만, 암컷이 있거나 없는 특성은 배선반과 무관했을 것이다.

분석가들이 그날의 통신에서 나타나는 암컷을 모두 찾아내는 일은 어렵지 않았다. 암컷들을 만든 핵심 위치는 알 수 없을 테지만, 예로 든 AGH같이 공개된 회전자 설정값에서 '상대적인' 핵심 위치들은 알아낼 수 있을 것이다. 이 정보를 기초로 암컷의 '패턴'을 알아냈다. 대략 40% 정도의 핵심 위치만이 암깃을 갖고 있었기 때문에, 할 수 있는 방법은 드러난 암컷의 분포와 이 패턴을 일치시키는 것뿐이었을 것이다. 여기서 새로운 지문이 드러났다. 즉, '암컷'의 패턴이었다.

그러나 순환 길이와 달리, 모든 가능한 패턴을 미리 목록으로 작성하기는 불가능했다. 패턴과 암컷을 일치시키려면 더 정교한 다른 수단이 필요했다. 이들이 사용한 수단은 천공 용지perforated sheet였다. 이 종이들은 모든 핵심 위치를 간단히 표시한 표였는데, '암컷 있음'이나 '암컷 없음'라고 인쇄하는 대신 천공 구멍을 뚫거나 뚫지 않아 표시를 하도록 되어 있었다. 원칙적으로 이들은 우선 그런 엄청난 표를 만든 다음, 매일 그날의 통신에서 발견된 암컷의 패턴을 템플릿으로 만들어, 표위에 템플릿을 대어보며, 마침내 천공 구멍이 일치하는 위치를 찾아낼 수 있었을 것이다. 하지만 너무 비효율적인 방법이었다. 그 대신 이들이 사용한 방법은 핵심 위치 천공 용지들을 차곡차곡 쌓아올려, 관찰된 암컷들의 상대적인 위치에 일치하게 교차시키는 방식이었다. 패턴이 '일치'하면 그 지점에서 빛이 모든 종이들을 통과할 것이다. 이렇게 교차시키는 방법의 장점은 676가지의 가능성을 동시에 검사할 수 있다는 점이었다. 그래도 시간이 많이 걸리는 작업이어서, 모든 검색을 마치려면 6×26번의 절차가 필요했다. 또한 6×17576가지의 핵심 위치를 기록한 천공 용지 제작이 필요했다. 하지만 그들은 몇 달 만에 이를 해냈다.

이들이 고안한 방법은 더 있었다. 천공 용지 시스템은 트래픽에서 대략 10개의 암컷을 찾아내야 가능했다. 두 번째 시스템은 암컷이 3개만 필요했고, 암컷의 존재만 이용한 것이 아니라 암호문에서 암컷으로 나오는 특정 철자도 이용했다. 이 특정 철자가 반드시 배선반에 영향을 받지 않는 나머지 철자들에 속해야 한다는 것이 이 방법의 필수 원칙이었다. 1938년에 배선반은 겨우 6, 7개의 문자쌍만 연결했기 때문에 그다지 가혹한 요구 조건은 아니었다.

이 방법의 원칙은 3개의 특정 암컷 철자의 패턴을 핵심 위치의 특성과 대조하는 것이었다. 하지만 천공 용지를 교차시키는 방법으로도 6×17576가지 핵심 위치에서 나타나는 모든 암컷 철자의 목록을 미리 만들고, 검색하는 것은 불가능한 일이었다. 경우의 수가 너무 많았다. 대신 이들은 완전히 새로운 조치를 취했다. 미리 목록을 만들지 않고 매번 새롭게 회전자 위치들의 특성을 탐색하고자 했던 것이다. 이 탐색은 사람이 하지 않고 기계가 하도록 했다. 실제 1938년 11월 그런 기계를 완성했다. 가능한 회전자 배열 방식이 6가지이므로 6대의 기계를 완성했다. 재깍거리는 소리가 크게 들렸기 때문에 기계에는 봄베Bombe라는 명칭이 붙었다.

봄베는 에니그마 기계의 전기 회로를 이용했고, '일치'가 발견될 때 전기로 인식하는 방법을 사용했다. 에니그마가 '실제' 기계라는 사실이 기계적 암호분석을 가능하게 만들었다. 핵심 아이디어는 에니그마 기본형 복제품 6대를 연결하여 특정 '암컷' 3개가 발생하면 회로가 연결되는 방식이었다. 에니그마 6대의 상대적인 핵심 위치는 '쌓아올린' 천공 용지에 드러난 '암컷'의 상대적인 설정값을 기초로 결정되었다. 이 상대적인 핵심 위치를 유지하며 에니그마의 가능한 모든 위치를 시험하곤 했다. 검색을 마치는 데 2시간이 걸렸으니, 몇 초마다 서너 개의 위치를 시험했다는 의미이다. 순진하게 모든 위치를 차례로 시도하는 이 방법은 무작위 공격이었다. 대수적 섬세함은 없었지만 암호분석을 20세기로 이끌었다.

폴란드 분석가들에게는 애석한 일이었지만, 독일인들이 20세기에서 약간 앞서 있었다. 이 전기 기계식 장치를 에니그마 해독에 적용하자마자, 새로운 문제 하나 때문에 기계가 다시 무력해졌다. 1938년 12월, 전체 독일 암호체계가 회전자 3개의 보유량을 증가시켜 조합 가능한 회전자를 5개로 만들었다. 회전자 순서를 선택하는 경우의 수가 6에서 60으로 늘었다. 폴란드 분석가들은 포기하지 않고, 새로운 배선을 밝혀내는 데 성공했다. 자칭 독일 정보부라는 SD의 암호작성 실수 덕

　　　　　　　　　　　　　　　앨런 튜링의 이미테이션 게임

분이었다. 계산은 간단했다. 그 방법을 사용하려면 봄베 6대가 아니라 60대가 필요했다. 천공 용지 세트도 6벌이 아니라 60벌이 필요했다. 폴란드는 속수무책이었다. 바로 그런 상황에서 영국과 프랑스의 대표단이 1939년 7월 바르샤바를 방문했다. 폴란드는 더 이상 일을 발전시킬 기술적 재원이 없었다.

이것이 앨런이 들은 이야기였다. 비록 제동이 걸렸다고는 하지만, 폴란드는 여전히 1932년에 머물러 있던 영국에 비해 몇 년은 앞서 있었다. 영국은 배선도 밝혀낼 수 없었고, 키보드가 첫 번째 회전자와 단순한 순서로 연결되었다는 사실도 입증하지 못했다. 폴란드 분석가들과 마찬가지로, 영국은 그 당시 에니그마 설계에 또 다른 복잡한 조작이 포함되었을 것이라고 추측했지만, 그렇지 않다는 사실에 놀랐다. 정부신호암호학교는 "1939년 7월 회합 이전에 에니그마에 맞서 고속 기계를 시험 가동할 가능성"에 대해 전혀 생각하지 못했다. 어떻게 보면 의지가 부족했다. 정말 생각하고 싶어 하지도 않았고, 알고 싶어 하지도 않았다. 특정한 장애물은 해결되었으니, 이제 남은 것은 폴란드인들이 해결하지 못한 문제[7]뿐이었다.

폴란드인들이 여러 문서, 특히 회전자 배선 서류가 정부신호암호학교에 도착했을 때, 폴란드인들이 키를 깨트린 옛날 메시지들은 곧 해독이 가능했지만, 최근의 메시지는 해독할 수 없었다.

폴란드인들이 해독할 수 없었던 이유와 같은 이유였다. 회전자가 5개인 에니그마에 맞설 만큼 봄베나 천공 용지가 충분하지 못했던 것이다. 또 다른 어려움도 있었다. 1939년 1월부터 독일 암호체계가 배선반에서 10개의 문자쌍을 사용하면서, 폴란드의 봄베 방법이 효과가 없게 된 것이었다. 하지만 이 모든 것의 이면에는 더 근본적인 문제가 있었다. 폴란드에서 사용한 주요 방법이 특정한 지시자 체계에 전적으로 의존한다는 것이 문제였다. 무언가 새로운 것이 필요했다. 그리고 이 부분에서 앨런이 처음으로 결정적인 역할을 했다.

영국 분석가들은 첫 번째 '암컷' 방법을 시도하기 위해 60벌의 천공 용지 세트 제작에 즉시 착수했다. 이제 검토해야 할 회전자 설정값이 100만 가지이니 엄청난 작업이었다. 하지만 9개 글자의 지시자 체계가 조금만 변해도, 천공 용지들은 무용지물이 될 것이라는 사실을 알았을 것이다. 특정한 지시자 체계에 의존하지 않는, 더 보편적인 무언가가 필요했다.

배선반 없이 에니그마 기계를 사용하는 경우에는 그런 방법이 분명히 있었다. 예를 들어 스페인 내전 당시 프랑코 군대가 사용한 에니그마와 이탈리아의 에니그마가 그런 경우였는데, 정부신호암호학교는 1937년 4월에 그 암호체계를 깨트렸었다. 특정한 공격 하나는 신코프가 "직관적 이해 가능성" 혹은 "개연성 있는 단어"라고 표현한 것에 기초했다. 이를 위해 분석가는 메시지에 등장하는 단어 하나와 그 정확한 위치를 추측해야 했다. 군용 통신의 전형적인 특성을 고려할 때 불가능한 일이 아니었고, 어떤 철자도 자신으로 암호화되지 않는 에니그마의 특성도 도움이 되었다. 에니그마 회전자의 배선을 안다고 가정하면, 암호분석가는 정확하게 추측된 단어를 통해 아주 간단하게 첫 번째 회전자를 알아내고 그 처음 상태를 확인할 수 있었다.

이런 분석 작업은 수작업으로 이루어졌을 것이다. 원칙적으로 보면, 가능한 회전자의 위치가 100만 가지인 것은 '엄청나게 많은 수'가 아니라는 사실을 감안한다면 훨씬 더 기계적인 접근이 가능했을 수도 있다. 폴란드 봄베와 비슷하게 단순히 기계 한 대를 이용해 모든 가능한 위치를 하나씩 시도한 다음, 마침내 암호문이 잘 알려진 평문으로 복호화되는 위치를 찾아내는 방법도 가능했을 것이다.

다음 그림에서 기본 에니그마의 세밀한 내부는 생략하고, 입력 철자를 출력 철자로 변환하는 상자로만 생각해보자. 기계의 상태는 회전자의 위치를 표시하는 숫자 3개로 나타난다. (중앙의 회전자와 안쪽의 회전자가 움직인다는 문제도 제외하고, 고정되었다고 가정하자. 실제 방법을 적용할 때 중요하게 고려해야 할 사항이지만, 원리에는 영향을 주지 않기 때문이다.)

앨런 튜링의 이미테이션 게임

이제 배선반 없는 에니그마에서 GENERAL이라는 문자의 암호가 UILKNTN으로 확인되었다고 가정하자. 이 말은 한 회전자의 위치는 U가 G로 바뀌는 위치이고, 다음 회전자 위치는 I가 E로 바뀌는 위치, 그다음 회전자는 L이 N으로 바뀌는 위치에 있다는 의미이다. 원칙적으로 이런 특정한 위치를 찾아낼 때까지 가능한 모든 회전자 위치를 탐색하는 데 어려움은 없다. 7개의 철자를 '동시'에 검토하는 것이 가장 효과적인 방법일 것이다. 회전자를 연속적인 위치에 놓고 에니그마 7대를 나란히 설치하면 가능했다. 그리고 UILKNTN을 각각 입력하여 GENERAL이란 단어가 나오는지 살펴볼 것이다. 결과가 나오지 않으면, 모든 에니그마를 한 칸씩 돌리고 위의 과정을 반복했을 것이다. 마침내 회전자의 정확한 위치가 발견될 것이고, 기계의 상태가 아래와 같이 드러날 것이다.

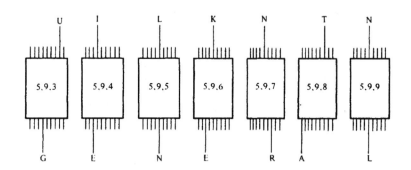

이러한 작업에 폴란드 봄베 이상의 기술적 발전이 필요하지는 않을 것이다. 철자 7개가 모두 GENERAL과 일치할 때만 기계가 멈추도록 전선을 연결하는 것은 간단한 일이었을 것이다.

초창기에도 이런 아이디어는 특별히 터무니없는 생각이 아니었다. 앨런과 동년배로서 정보부의 과학 자문으로 임명된 옥스퍼드의 물리학자 존스R. V. Johnes가 1939년 후반 블레츨리에서 숙소를 배정받았다. 존스는 데니스턴의 보좌관인 에드워드 트래비스Edward Travis와 암호분석의 현 문제점에 관해 대화를 나누었다. 트래비스는 정해진 문서가 아니라 일반적인 독일어를 자동으로 인식하는 훨씬 더 야심 찬 문제를 제기했다. 존스는 창의적으로 몇 가지 해결책을 제시했고, 그중 한 가지는 이랬다.[8]

> 기계에서 나오는 철자에 맞춰 종이나 필름 위에 26개 위치 중 한 자리에 표시를 하든지 천공을 하고… 그 결과 기록을 일련의 광전지들 위로 통과시켜, 광전지가 각각 탐색하는 철자의 발생 빈도수를 기록하게 하는 방법입니다. 집계된 총합계를 확인한 다음, 철자들의 도수 분포frequency distribution를 템플릿 같은 것으로 만들어진 그 언어의 적정 도수 분포와 비교할 수 있습니다.

트래비스는 앨런에게 존스를 소개시켰고, 앨런은 존스의 "아이디어가 마음에 들었다." 그렇지만 적어도 에니그마에 있어서 핵심 방법의 취지는 완전히 달랐다. 잘 알려진 평문 조각을 이용한다는 생각에서 벗어나지 못했다. 물론 군사용 에니그마는 배선반을 사용한다는 문제가 있었다. 배선반이 10쌍의 문자를 연결시키는 방법이 150,738,274,937,250가지*여서 이런 순진한 탐색 방법은 불가능했다. 기계 한 대로 그 모든 가능성을 빠르게 살피는 작업은 절대 불가능했다.

그러나 진지한 분석가치고 이런 숫자에 놀라 겁먹을 사람은 없을 것이다. 숫자가 크다고 난공불락을 보장하지는 않을 것이다. 신문 퍼즐난의 암호를 푼 사람은 403,291,461,126,605,635,584,000,000가지의 철자 치환 가능성** 중에서 하나

---

* $\left(\dfrac{26!}{10!6!2^{10}}\right)$ 실제 11쌍으로 하면 차이가 없는 것은 아니지만, 아주 조금 늘어날 뿐이다. 12쌍이나 13쌍의 문자를 연결하면 그 차이는 더 줄어든다.

를 제외한 모든 것을 제거하는 데 성공한 사람이다. 이렇게 할 수 있는 이유는 E는 흔하고, AO는 드물고 등의 사실 하나하나가 방대한 숫자의 가능성을 한 번에 제거하기 때문이다.

기본 에니그마가 암호화하기 '전'에만 배선반 교환이 일어나는 완전 가상의 기계를 감안하면, 배선반의 숫자 자체는 문제가 아니라고 할 수 있다. 이런 기계가 있어서, 암호문 FHOPQBZ가 GENERAL의 암호로 드러났다고 가정해보자.

다시 한 번, 연속된 7대의 에니그마에 FHOPQBZ 철자를 입력하고 결과를 살펴볼 수 있을 것이다. 하지만 이번에는 GENERAL이란 철자가 나오리라는 예상을 할 수 없을 것이다. 왜냐하면 그 철자들에 대해 어떤 배선반 교환이 적용되었는지 모르기 때문일 것이다. 그럼에도 불구하고 할 수 있는 일이 있을 것이다. 모든 회전자 위치를 시험하는 과정에서 한순간 다음과 같은 설정이 나왔다고 가정해보자.

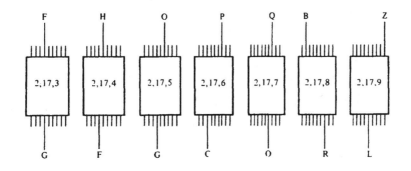

그렇다면 배선반 교환으로 GFGCORL이라는 철자가 GENERAL에서 나올 수 있는지 아닌지 질문이 가능하다. 이 경우 대답은 '아니요'이다. 맞교환을 했다면 두 번째 G는 N으로 바뀌는데, 첫 번째 G가 바뀌지 않을 수는 없기 때문이다. 또한

** 26! 이것은 에니그마 회전자 각각의 배선을 연결하는 경우의 수이기도 하다.

GENERAL의 첫 번째 E를 F로 바꾸고, 두 번째 E는 C로 바꾸는 맞교환은 있을 수 없기 때문이다. 뿐만 아니라, GENERAL의 R을 O로 바꾸고, A를 R로 바꾸는 맞교환도 없다. 어느 것이 되었건 이러한 관찰로부터 특정한 회전자 위치를 충분히 제외시킬 수 있다.

이러한 질문을 검토하는 한 가지 방법은 일관성의 측면에서 보는 것이다. 에니그마에 암호문을 입력했을 때, 배선반 교환으로 철자만 바뀌었을 뿐 알려진 평문과 일치하는 결과가 나오는가? 이런 관점에서, (OR)과 (RA), (EF)와 (EC)의 관련성은 '모순'이다. 이 가상의 기계에서 단 하나의 모순으로 수십억 가지의 배선반 가능성을 제거할 수 있다. 따라서 암호체계의 논리적 특성과 비교할 때 단순한 숫자의 크기는 무의미하다고 할 수 있다.

기본 에니그마의 회전자를 통과하기 전과 후 모두 배선반 교환이 이루어지는 실제 군사용 에니그마에서도 이와 비슷한 일이 벌어질 수 있다는 발견은 중대한 내용이었다. 하지만 곧바로 발견된 것도 아니었고, 한 사람의 머리에서 나온 결과도 아니었다. 몇 달에 걸쳐 두 명의 인물이 우선적으로 참여하여 얻은 결과였다. 제프리스가 새로운 천공 용지의 결과를 살피는 동안, 선발된 두 명의 또 다른 수학자인 앨런과 고든 웰치먼이 책임지고 영국 봄베[9]가 될 장치를 고안했다.

시작한 사람은 앨런이었다. 웰치먼이 트래픽 분석 임무를 맡았기 때문에, 앨런이 '개연성 있는 단어'에 기초하여 논리적 일관성을 찾는 기계화 원리를 처음으로 공식화했다. 폴란드인들이 기계화한 것은 현재 사용 중인 특정한 지시자 체계에 한정된 단순한 형태의 인식이었다. 앨런이 상상하는 기계는 훨씬 더 야심 찬 것이어서, 배선반 가정에서 나오는 '함의implication'를 시뮬레이션할 전기 회로가 필요했고, 단순한 일치가 아니라 모순의 등장을 인식할 장치가 필요했을 것이다.

튜링 봄베
배선반이 달린 완전한 에니그마에서 GENERAL의 암호가 LAKNQKR이라는 철자로 확인되었다고 가정해보자. 이제 기본 에니그마에 LAKNQKR을 입력하고 결과를 살피는 것은 의미가 없다. LAKNQKR이 에니그마 회전자에 들어가기 전에 알려지지 않은 배선반 교환이 적용되었을 것이 분명하기 때문이다. 그렇다고 탐색의 희망이 없지는 않다. A라는 철자 하나만 살펴보자. 배선반이 A에 영향을 미칠 수 있는 가능성은 겨우 26가지이니, 이 가능성들을 시험할 수 있다. (AA)라는 가정에서 출발할 수 있을 것이다. 즉, 배선반이 철자 A에 영향을 주지 않는다는 가정이다.

그 다음 이용할 수 있는 사실은 배선반이 하나뿐이어서 회전자에서 나오는 철자와 회전자에 들어가는 철자에 동일한 교환 과정을 수행한다는 사실이다(만일 에니그마에 두 개의 배선반이 있어 늘어갈 때 한 번, 나올 때 한 번 교환이 일어난다면 이야기는 아주 달라질 것이다). 특별한 것을 말해주는 이 '크립crib(암호해독에 사용하는 잘 알려진 평문 조각―옮긴이)'에 특별한 특성이 있다는 사실도 도움이 된다, 폐쇄 루프라는 특성이다. (AA)에서 만들어질 수 있는 추론을 계산하면 아주 쉽게 알 수 있다.

문자열의 두 번째 철자인 A를 보면, 에니그마 회전자에 A를 입력하여 O가 출력되었다고 하자. 이것은 배선반이 분명히 (EO) 교환을 포함하고 있다는 의미이다.

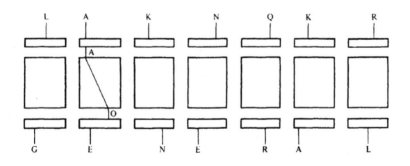

이제 네 번째 철자를 보자. (EO)라는 단정assertion에서 N에 대한 암시를 얻을 수 있는데 (NQ)라고 가정해보자. 같은 방식으로 세 번째 철자 K에 대해 (KG)라는 함의가 나왔다고 하자.

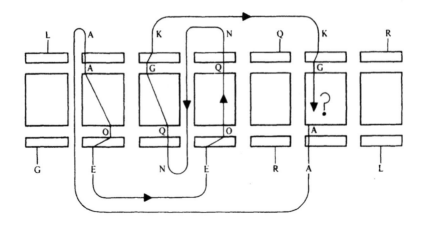

마지막으로 여섯 번째 철자를 보자. 여기서 루프가 폐쇄되고, (KG)와 (AA)라는 최초 가정이 일치하는지 혹은 모순인지 결정될 것이다. 모순이라면 가정이 틀린 것이니 제외시킬 수 있을 것이다.

이 방법은 결코 이상적인 방법이 아니었다. '크립' 안에서 폐쇄 루프를 찾아내는 작업에 전적으로 의존했기 때문이며, 모든 크립에서 이러한 현상*이 나타나는 것도 아니었기 때문이다. 하지만 폐쇄 회로를 완성한다는 생각은 자연스럽게 전기적 형식으로 변환할 수 있었기 때문에 실제 효과가 있는 방법이었다. 이를 통해 배선반의 단순한 숫자 자체가 넘을 수 없는 장벽은 아니라는 사실이 입증되었다.

시작에 불과했지만, 앨런의 첫 번째 성공이었다. 전시 과학 연구 대부분이 그렇듯, 당시 가장 발전한 지식을 필요로 한 것은 아니었다. 오히려 선행 연구에서 사용된 것과 같은 종류의 기술을 더 기본적인 문제에 적용하는 것이 필요했다. 자동

---

* 폐쇄 루프를 얻는 가능성에 관한 질문은 확률 이론과 조합 수학에서 제기되고 답변될 문제이다. 앨런이나 사실 다른 케임브리지 수학자들이 씨름하기 아주 적당한 문제이다. 인위적인 예에서 보듯 '단어' 하나에서 루프를 얻는 것은 운이 좋은 일이다. 실제 분석가는 보다 긴 '크립' 문자열에서 철자들을 골라야 할 것이다. 뿐만 아니라 루프 하나로는 충분하지 않고, 우연히 일치하는 조건을 만족시키려면 훨씬 더 많은 회전자 위치가 필요할 것이다. 루프 3개는 필요하다. 아주 힘든 작업이다.

화 과정의 아이디어는 20세기에는 친숙한 아이디어였다. 굳이 「계산 가능한 수」의 저자까지 필요한 아이디어가 아니었다. 하지만 수학적 기계에 대한 앨런의 진지한 관심, 기계처럼 일한다는 아이디어에 대한 앨런의 강렬한 관심은 엄청난 관련이 있었다.* 그리고 배선반의 '모순'과 '일치' 조건은 분명히 유한한 문제와 연관되었고, 무한히 다양한 정수론과 관련된 괴델의 정리 같은 것과는 연관이 없었다. 하지만 함의를 기계적으로 끝까지 추적하는 형식주의적 수학 개념과의 유사성은 여전히 인상적이었다.

앨런은 1940년 초 이런 아이디어를 새로운 형태의 봄베 설계로 구현했다. 실제 제작이 시작되었고, 레치워스에 있는 영국 제표기British Tabulating Machinery 공장에서 헤럴드 '닥' 킨Harold 'Doc' Keen의 지휘 아래 평시에 상상할 수 없는 속도로 추진되었다. 이 공장은 계전기로 덧셈이나 식별 같은 간단한 논리 기능을 수행하는 사무용 계산기나 선별기를 제작하던 곳이었다. 이제 이곳의 임무는 계전기가 스위칭 작업을 수행하여 봄베에서 일치consistency가 등장하는 지점들을 인식하고 멈출 수 있도록 하는 것이었다. 이번에도 역시 필요한 사항을 감독할 적임자는 앨런이었다. 계전식 곱셈기에 관해 남다른 경험을 했기 때문에, 앨런은 이런 종류의 기계에서 논리적 치리를 구현하는 문제에 관한 통찰력이 있었다. 1940년에 감독자로 앨런보다 더 적합한 사람은 아마 없었을 것이다.

그렇지만 앨런은 자신의 설계가 극적으로 개선될 수 있다고 생각하지 못했었다. 여기서 긴요한 역할을 한 사람이 고든 웰치먼이었다. 웰치먼이 합류한 뒤, 에니그마 암호분석반은 그 덕분에 놀라운 성과를 거두었다. 웰치먼은 폴란드인들이 천공 용지를 완성하고 제프리스가 그 성과물을 가지고 있다는 사실을 전혀 모른 채, 혼자서 천공 용지를 재발명했다. 그리고 튜링의 봄베 설계를 연구하며, 에니그마의 약점을 완벽하게 이용하는 데 실패했다는 사실을 알게 되었다.

---

* 그렇지만 봄베는 만능 튜링기계와 아무 관련이 없다. 특정한 지시자 체계에서만 동작하는 폴란드 봄베보다는 더 일반적이었다. 하지만 그 외에, 에니그마 배선에 특화되었고, 절대적으로 정확한 '크립'이 필요했던 면으로 보면 거의 만능이었다고 보기 어렵다.

튜링의 봄베 도안을 다시 보면, 굵은 선으로 표시한 대로, 추적하지 않은 함의가 더 있음을 알 수 있다.

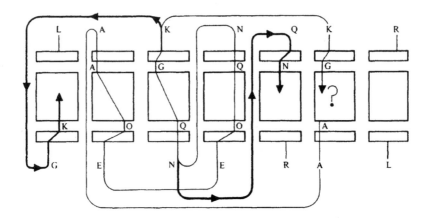

차이점은 미리 예상하지 못한 함의가 있다는 것이다. (KG)는 (GK)도 의미하기 때문에 발생하는 함의로서, 1번 위치에서 L에 대한 함의가 있다. 마찬가지로 (NQ)는 (QN)의 의미도 되므로, 5번 위치에서는 R에 대한 함의가 있다. 7의 위치에서 L에 대한 함의도 추가로 발생할 것이다. 6번 위치에서 루프가 폐쇄되는 문제 외에도, 분명히 이 추가 함의들 사이에 모순이 발생할 가능성이 존재한다. 여기서 더 일반적인 방식으로 발생하는 모순의 회로를 제시하는 것은 사실 불필요한 일이다. 하지만 이러한 강력한 연역 추론을 해내려면, 언제 어느 곳에 필요한지 미리 알지 못하는 상태에서 (KG)에서 (GK)로 이동하는 식으로, 닿을 수 있는 모든 함의를 검토하는 자동적인 장치가 필요하다.

웰치먼은 개선의 가능성을 간파했을 뿐만 아니라, 추가 함의들을 기계적인 처리에 포함시키는 방법 문제도 신속하게 해결했다. 간단한 전기 회로 하나로 해결되었는데, 곧 '대각선 보드diagonal board'라는 이름이 붙었다. 이 명칭은 26×26으로 생기는 676개의 전기 단자 배열과 관련이 있었다. 각 전기 단자는 (KG) 같은 단정과 짝을 이루는데, (KG)가 영구히 (GK)에 연결되도록 대각선으로 전선을 덧붙였다. 대각선 보드를 봄베에 덧붙여 정확히 필요한 효과를 얻을 수 있었다. 스위칭 과정은 필요 없었다. 사실상 전류가 연결된 회로로 즉각 흘러 들어가 변함없이 함 의를 추적할 수 있었다.

웰치먼은 자신이 문제를 해결했다고 믿을 수 없었지만, 개략적인 배선도를 그리고 효과를 확신했다. 오두막으로 급히 달려가 앨런에게 배선도를 보여주었다. 앨런은 처음에는 반신반의했지만, 이내 웰치먼의 배선도가 보여주는 가능성에 마찬가지로 흥분했다. 극적인 개선이었다. 더 이상 루프를 찾을 필요도 없었고, 더 적고 더 짧은 '크립'이라도 문제가 없었다.

대각선 보드를 덧붙이면, 봄베는 거의 무시무시할 만큼 정밀하고 강력해질 것이다. 예컨대 (BL) 같은 단정이 구해지면 평문이나 암호문에서 나타나는 모든 B와 L로 피드백할 것이다. 이렇게 매 단계마다 함의가 4중으로 확산되며 서너 단어로 된 '크립'에도 봄베 사용이 가능해졌다. 분석가는 일련의 '크립' 중에서 철자 10개 정도의 '메뉴'를 선택할 수 있었다. 반드시 '루프'를 포함할 필요도 없었으며, 다른 철자로의 함의를 이끌어낼 철자의 숫자는 여전히 아주 풍부했다. 또한 빛의 속도로 수억 개의 잘못된 가정을 제거하며 아주 엄격한 일치 조건을 제공할 것이다.

일련의 흥미로운 공리에서 가능한 한 많은 결론을 도출하려고 하는 점에서 이 원리는 수리논리학의 원리와 놀랄 만큼 비슷했다. 연역 추론의 과정은 특히 논리적 정교함도 있었다. 지금까지 설명한 내용에 따르면, 이러한 작업은 배선반 가정을 한 번에 하나씩 시험할 것이다. (AA)가 자체 모순에 의해 실패한다면, 그 후 (AB)를 시험하는 순서로, 26가지 모든 가능성을 시험할 것이다. 그때 비로소 회전자는 한 칸 돌아가고, 다음 위치도 동일한 방식으로 시험될 것이다. 하지만 앨런은 이 과정이 불필요하다고 생각했었다.

(AA)가 모순이면, 일반적으로 (AB), (AC) 등으로 이어지며 모든 함의를 추적할 것이다. 이 말은 함의 모두가 자체 모순일 수도 있으니 전부 시험할 필요는 없다는 의미이기도 할 것이다. 실제 회전자 위치가 정확한 경우에만 예외가 발생할 것이다. 이 경우 배선반 가정도 마찬가지로 정확하고 모순이 없든지, 혹은 배선반 가정이 틀렸고 정확한 명제를 제외한 모든 배선반 명제로 이어지든지 둘 중 하나

일 것이다. 이 말은 전류가 26개 단자 중 단 '하나'에 흐르는 경우, 혹은 '25개'에 흐르는 경우에만 봄베가 멈춰야 한다는 의미였다. 이런 다소 복잡한 조건에서 계전기를 테스트해야 했다. 결코 명백한 주장은 아니었지만, 과정이 26배 빨라질 것으로는 생각되었다. 앨런은 하나의 모순에 그 어떤 명제도 함축될 수 있는 수리논리학과의 유사성을 거론하곤 했다. 이에 관한 토론에서 비트겐슈타인은 모순이 아무런 문제를 일으키지 않는다고 말했었다. 하지만 '이런' 모순들이 독일에 무언가 큰 문제를 일으킬 것이고, 다리 붕괴로 이어질 것이다.

　이처럼 봄베의 논리 원칙은 함의의 확산을 궁극까지 추적한다는 놀랍도록 간단한 원칙이었다. 하지만 그런 기계를 제작하는 것은 결코 간단하지 않았다. 실제 쓸모가 있으려면, 며칠이 아니라 몇 시간 안에 평균 50만 개의 회전자 위치 시험을 끝내야 했는데, 적어도 1초당 20개의 위치에 대해 논리적 처리가 이루어져야 한다는 의미였다. 이 속도는 1,000분의 1초로 교환 작업을 수행하는 자동 전화교환 장비에 버금가는 속도였다. 하지만 전화교환 장치의 계전기와 달리, 봄베의 부품은 정확히 동기를 이루며 움직이는 회전자와 맞물려 한 번에 몇 시간씩 중단 없이 작동해야 했을 것이다. 당연히 개략적인 청사진밖에 없던 시기이니, 이러한 공학적 문제를 해결하지 못하면, 모든 논리적 아이디어가 헛된 망상으로 끝났을 것이다.

　봄베 설계도 끝나고 한창 제작이 진행되고 있었지만, 에니그마 문제는 해결 기미가 보이지 않았다. 봄베 한 대로는 개연성 있는 단어를 중심으로 검사하는 방법을 모두 감당할 수 없을 것이다. 한 가지 중요한 점은 일치 조건이 나타나 봄베가 멈출 경우, 회전자가 반드시 정확한 위치에 도달했다는 의미는 아니라는 사실이었다. 이런 '멈춤'은 말 그대로 우연히 발생할 수도 있었다(이런 우연한 '멈춤'이 얼마나 자주 일어날지 계산하는 데 훌륭하게 적용되는 것이 확률 이론이다). 정확한 회전자 위치가 발견될 때까지, '멈춤' 하나하나를 에니그마로 시험해 나머지 암호문이 독일어로 변하는지 확인해야 할 것이다.

　개연성 있는 단어를 추측하는 일도, 그 단어와 암호문을 대조하는 일도 사소한 작업이 아니었다. 실제 뛰어난 암호계원은 이런 과정을 불가능하게 만들 수 있었다. 다른 암호 기계와 마찬가지로 에니그마를 사용하는 올바른 법은 확실한 방책을 사용해 개연성 있는 단어를 이용한 공격을 막는 것이었다. 즉, 임의의 농담으로 메시지를 시작하거나, 긴 단어 속에 X를 여러 개 삽입하거나, 송신 메시지에서 전형적으로 등장하거나 반복적으로 등장하는 부분을 '숨기는 작업'을 하여 적법한 수신자가 이해하는 데 문제가 없도록 하면서도, 전반적으로 암호체계를 가능한 한 예측 불가능하고 비기계적으로 만들어야 했다. 이런 절차를 충실히 수행한다면 봄베에 사용할 정확한 '크립'은 절대 발견되지 않을 것이다. 하지만 에니그마 사용자가 교묘한 기계의 성능을 너무 쉽게 믿었는지, 영국의 암호분석가들이 이용할 만한 규칙적인 패턴이 종종 발견되었다.

이런 종류의 미묘한 변화도 섭렵하고, 추측하는 단어도 완벽할 정도로 정확했지만 여전히 갈 길이 멀었다. 메시지 하나를 해독한다고 전쟁에 도움이 되지는 않을 것이다. 문제는 '모든' 메시지를 해독하는 것이었고, 각각의 통신망은 매일 수천 개의 메시지를 주고받았다. 이 문제의 해결은 전체 암호체계에 달려 있었다. 전쟁 발발 전에 3개의 철자를 중복하여 지시자를 작성하던 단순한 체계에서는 해독된 메시지 하나를 이용해 전체 과정을 해체하고 '기본설정' 값을 찾아내 통신 전체를 밝혀낼 수 있었다. 하지만 적군이 항상 그렇게 친절하란 법은 없었다. 게다가 전체 통신을 접할 수 있는 기회가 많아야 정말 확실한 단어 추측이 가능했으니, 일종의 진퇴양난 상태였다. 다른 수를 써서 그 통신을 뚫고 들어가지 않는 한, 봄베도 거의 무용지물일 것이다.

독일 공군의 전파신호 분석에는 다른 방법을 적용했다. 9개 철자 지시자에 사용했던 천공 용지 방법이었다. 1939년 가을 중 천공 용지 60벌의 제작이 완료되었고, 복제품 한 벌이 비뇰레Vignolles에 있는 프랑스 암호분석가들에게 전달되었다. 희망을 기원하는 조치였다. 1938년 12월 이후 에니그마 메시지가 해독된 적이 없었기 때문에, 천공 용지가 완성되었을 때도 효과가 있을지 확신이 없었다. 하지만 허튼 희망이 아님이 밝혀졌다.[10]

정부신호암호학교는 "그해 말, 우리 특사가 가져간 종이로 암호키를 깨트렸다는 (10월 28일, 그린)* 희소식을 전했다. 우리는 즉시 키(10월 25일, 그린) 해독에 착수했고… 1940년 초 이 나라에서 최초의 전시 에니그마 키가 밝혀지는 사건이 일어났다"라고 기록한다. 기록은 이렇게 이어진다. "해가 바뀌며 독일이 기계에 변화를 주었을까? 결과를 기다리는 동안… 1939년의 키 몇 개가 더 깨졌다. 드디어 축복의 날이 밝았다… 종이들을 쌓아놓자… 1월 6일 레드가 드러났다. 다른 키들도 속속 뒤를 이었다…"

행운이 이어졌고, 천공 용지를 이용해 최초로 독일 암호체계에 잠입했다. 프린스턴에서 즐기던 보물찾기와 마찬가지로 성공할 때마다 다음 목표에 대한 실마리를 얻어, 더 빠르고 폭넓은 해독이 가능했다. 대수적, 언어적, 심리적 묘책도 많았지만, 더 나은 길을 열어줄 수 있었던 특별한 방법은 천공 용지였다. 계속해서 규칙이 바뀌었으니 결코 쉬운 작업은 아니었고, 뒤처지지 않으려면 서둘러야 했다. 겨우 몇 시간 차이였다. 만일 몇 달 뒤처졌다면, 결코 따라잡지 못했을 것이다. 1940년 초 상황이 긴박하게 돌아갔는데, 이들은 창의력과 직관을 모두 사용하며 버텨냈다. 군대 표현으로 "정말 지랄 같은 추측"에 의지해 버텨냈다.

당시 영국 작전의 특징을 고스란히 보여주는 말은 추측과 희망이었다. 정부는 전쟁에서 이기는 방법, 심지어 어떤 상황인지에 대해서도 국민들보다 무지했다. 영국군과 독일군이 마침내 다시 싸우기로 합의했지만, 트위들디(Tweedledee와 Tweedledum. 『거울 나라의 앨리스』에 나오는 쌍둥이—옮긴이) 같은 영국은 한사코 싸움을 걸지 않으려는 것 같았고, 영국과 다를 것 없는 독일은 트위들덤처럼 하룻밤 사이에 싸움이 끝나기를 기대하는 것 같았다. 영국의 무기는 여전히 체임벌린 수상의 우산 아래 숨겨져 있었다. 붉은 대왕은 동쪽 광장에서 코를 골며 자고 있는데, 무슨 꿈을 꾸는지 아무도(심지어 블레츨리 사람들도) 알지 못했다. 영국이 봉쇄를 '버텨내기만' 하면, 이미 '힘이 빠진' 독일이 내부에서부터 무너질 것으로 생각

---

* 상이한 암호키 체계의 식별을 첫 과제로 삼은 웰치먼은 키 체계를 색으로 구분했다. '레드'는 독일 공군의 범용 키 체계였고, '그린'은 독일군 본국 사령부의 키 체계였다. '그린' 키 체계는 일찍 깨트렸지만, 기계를 지침대로 사용하면 에니그마 체계를 거의 전혀 깨트릴 수 없음을 보여준 사례였다.

했다. 그때 대서양 건너편에서 날아오른 애매모호한 괴물 까마귀의 재등장에 영국 통치자들은 기대 반 두려움 반이었다.

때마침 1940년 3월 블레츨리에서 큰 비용과 노력 끝에 독일 공군의 메시지를 해독했는데, 동요로 채워진 연습용 메시지로 밝혀졌다. 긴장된 업무로 정신없던 블레츨리마저 가끔 비현실감을 느꼈고, 김이 빠지는 느낌이었다. 케임브리지도 마찬가지였다. 앨런은 간혹 며칠씩 블레츨리를 떠나 케임브리지에서 수학도 연구하고, 친구들도 만나곤 했다. 킹스 칼리지에서는 공습경보가 울리면 모두들 방공호로 대피했지만(독일 공군과 정면대결을 펼치려던 피구는 제외였다), 예고된 폭격은 일어나지 않았다. 케임브리지로 대피했던 아이들의 4분의 3 정도는 1940년 중반 집으로 돌아갔다.

크리스마스가 되어도 전쟁은 끝나지 않았다. 앨런은 1939년 10월 2일 전쟁 기간 동안 특별연구원 자격을 유예하는 선택권을 행사했다. 수학의 토대에 관한 앨런의 강좌도 수강 목록에 게재되었지만, 강의를 시작한다는 예정은 없었다. 그리고 핀란드 사태도 발생했다. 이 기간 동안 패트릭 윌킨슨의 방에서 한 차례 열린 파티에서 앨런은 3학년 학생 로빈 갠디Robin Gandy를 만났다. 수학을 공부하던 갠디는 공산주의 노선을 나름 진지하게 변호하고자 했다. "핀란드에 개입하지 마라"라는 앞뒤가 맞지 않는 말은 앨런이 경멸할 만했지만, 앨런은 로빈 갠디를 싫어하지 않았다. 혐오감을 보이는 대신 소크라테스 식 질문법으로 갠디를 부드럽게 이끌어 모순을 깨닫게 했다.

전투 없는 개전 상태였지만 바다에서 전투가 벌어지고 있다는 것은 분명한 사실이었다. 제1차 세계대전 당시와 마찬가지로, 영국과의 전쟁은 세계 무역 경제에 대한 공격이 된다는 사실이 유럽에서 떨어진 섬나라 영국의 강점이자 약점이었다. 전체 상선의 3분의 1이 영국 국적인 반면, 석탄과 벽돌을 제외하면 영국이 자급자족할 수 있는 생필품은 거의 없었다. 해상 봉쇄에도 불구하고, 독일은 유럽의 자원과 노동력을 동원하여 버틸 수 있었지만, 영국의 생존은 바닷길에 달려 있었다. 아주 결정적이며 중대한 불균형이 거기에 있었다.

앨런이 특별하게 맡을 부분이 해전이었다. 1940년 초반 블레츨리 저택 외부 막사들에 나뉘어 배속된 주요 암호분석가들은 서로 다른 에니그마 암호체계를 분석했다. 웰치먼은 6호 막사Hut 6에서 신입 선발인원 여러 명과 함께 독일 육군과 공군의 에니그마 체계를 맡았다. 딜윈 녹스는 마찬가지로 신입 인원들과 함께 이탈리아 에니그마*와 독일 비밀경찰의 에니그마 체계를 맡았다. 배선반이 없는 이 기계들은 녹스의 심리적 방법과 잘 맞았다. 앨런은 8호 막사에 배속되어 독일 해군의 에니그마 신호 분석을 책임졌다. 결과를 번역하고 해석하는 부서들은 막사가 달랐다. 6호 막사에서 나오는 육군과 공군의 자료는 3호 막사에서 다루었고, 해군의 신호에서 무언가 나온다면 프랭크 버치Frank Birch가 이끄는 4호 막사에서 해석하게 되어 있었다.

4호 막사의 전반적인 다급한 분위기를 알 리 없는 앨런은 본인이 하고 있는 일의 정황을 잘 몰랐던 것 같다. 딱히 고무적인 정황도 아니었으니, 모르는 편이 좋았을 수도 있다. 앨런은 영국 해군성을 위해 봉사했지만, 해군성은 해군의 암호해독 기술을 정부신호암호학교에 넘겨주는 것에 대해 탐탁해하지 않았었다. 영국 해군은 전통적으로 자율성을 요구했다. 세계 최대의 함대를 거느린 영국 해군성이 자율적으로 전투를 조직할 수 있다고 생각했을 수도 있다. 하지만 해군의 운명이 무력뿐만 아니라 '정보'에도 달려 있다는 교훈은 분명히 배우지 못했다. 적시적소에 떨어지지 않으면 대포나 어뢰도 힘을 발휘하지 못하는 법이다. 키클롭스 거인처럼 '우리들의 전투 해군'은 외눈박이였다. 해군 첩보 조직은 형사상 책임을 물을 정도로 무능하지는 않아도 신세대들이 보기에 터무니없이 구식이었다.

해군첩보부는 제1차 세계대전 중에 설치되었지만, 평화 시기를 지나며 부조리한 환상 속으로 퇴락해버렸다. 1937년 해군첩보부는[11] "…외국 함대의 구성이나 배치, 이동에 관한 정보를 수집하고 보급할 장비도 없었고 관심도 없었다… 상황은 1892년보다… 나아진 것이 거의 없었다… 일본과 이탈리아, 독일 전함의 최종 확인 지점을 구식 장부에 수기로 적어 넣었다… 몇 달씩 뒤늦은 정보를 보고하는

---

* 딜윈 녹스의 작업은 1941년 3월 마타판Matapan 곶 전투에서 아주 직접적인 성과를 거두었다.

경우가 잦았고, 외국 함대의 예상 배치도는 겨우 분기에 한 번… 함대에 배포되었다.” 해군첩보부의 행동부서(장교 한 명이 시간제로 근무)는 “전 세계 상선의 아주 정확한 일일 기록을 제공한 로이즈 해사 일보Lloyd's list조차 구독하지 않았다. 첩보부에서 제공하는 전함의 이동 보고는 사실상 전무했다… 바다에서 배의 위치를 찾을 가능성은… 항구에 정박한 배의 최신 정보를 얻을 수 있는 가능성보다 훨씬 더 희박했다.” 해군성은 사실 알고 싶어 하지 않았다.

1939년 9월이 되자, 새로운 인물인 노먼 데닝Norman Denning에 의해 상황이 개선되었다. 장부 대신 색인 카드를 사용했고, 로이즈 해운 조합과 직통 전화도 개설되었으며, 추적실은 상선 위치 도면을 최신 정보로 개정했다. 정부신호암호학교와의 연계는 그리 성공적이지 않았다. 사실 제1차 세계대전 이후 외무성이 장악한 암호분석조직은 적으로 취급당했다. 1941년 2월까지 데닝은 암호분석조직을 다시 해군성의 관할로 옮기려는 구상을 포기하지 않았다.

또한 선견지명이 있던 데닝은 해군첩보부의 새로운 하부조직인 작전첩보센터Operational Intelligence Centre가 이전의 행동부서를 대체하면, 모든 출처에서 나오는 정보를 취합하고 조정한다는 원칙을 수립할 수 있었다. 제1차 세계대전 당시에는 불가능한 일이었고 혁명적인 발전이었다. 전쟁이 일어나기 전날 밤, 36명의 인원으로 작전첩보센터가 설립되었다. 넘어야 할 산이 많았지만, 사실상 조율해야 할 정보조차 없다는 것이 1939년의 주요 문제였다. 트위들디처럼 해군성은 무엇이든 보이기만 하면 맹공을 퍼부을 수 있었지만, 거의 볼 수가 없었다.

간혹 연안방위대Costal Command 전투기가 유보트를 발견하기도 했지만, 영국 공군은 이런 경우 해군성에 즉각 보고하지 않았다. 독일 해안을 촬영하기 위한 정찰 비행도 민간 조종사로 제한되었고, 유럽 내부의 정보원이 전달하는 정보도 “미약했다. 최고의 정보는… 독일 해군 내 우체국과 접촉하던 실크스타킹 암거래 상인에게 나왔다. 이 사람이 때때로 독일 전함들의 우편 주소를 알려주었는데, 전함들의 위치를 단편적으로 파악할 수 있는 실마리가 되었다.” 1939년 11월 라왈핀디Rawalpindi(영국의 보조 순양함—옮긴이)가 격침되었을 당시, 해군성은 공격을 한 적함이 어떤 ‘급class’이었는지도 알아내지 못했다. 전파 신호와 관련해서, 에니그마로 암호화된 메시지는 해독 불가능했을 뿐만 아니라, 독일 해군[12]은 새로운 단계로 넘어가 있었다.

독일 해군은 폴란드 침공 직전에 전시 무선 단계로 넘어가, 무선방향탐지 결과와 호출부호를 비교하여 이동 방향을 추적할 수 있는 가능성을 종식시켰다. 정부신호 암호학교와 작전첩보센터에서 트래픽 분석을 기초로 독일 해군 신호 체계를 잠정적으로 추론하는 데만 몇 달이 소요될 상황이었다. 첫 번째 필요한 조치는 독일 해군의 통신에서 유보트를 구분해내는 것이었지만, 1939년 말까지 이런 기본적인 진척도 이루어지지 않았다는 사실에서 통신두절의 심각성을 알 수 있다.

전쟁 발발 전까지, '정부신호암호학교의 독일 부서 해군분과'는 "1938년 5월 말 장교 한 명과 직원 한 명으로 출범한 이래 아무런 암호분석 결과도 내지 못했다." 독일의 도발에 맞서려는 시도조차 실패했음을 보여주는 단면이었다. 폴란드인들이 돕고 봄베도 제작 중이어서 전망이 나아지기는 했지만, 전반적인 양상은 심각했다.[13]

전쟁이 터진 이후 정부신호암호학교는 해군 통신 분석에 우선하여 독일 공군GAF의 에니그마 개조 분석 작업에 매달려왔다. 두 가지 타당한 이유가 있었다. 독일 공군의 통신이 더 방대한 이유도 있었지만, 그보다는 우선 독일 해군이 공군보다 더 신중하게 기계를 다룬다는 사실 때문에 해군 에니그마를 분석하는 사람들이 뒤처지는 이유가 컸다. 그 결과 1940년 초까지 정부신호암호학교가 풀어낼 수 있었던 것은 겨우 지난 1938년 5일간의 암호 설정뿐이었다. 그리고 전쟁 발발 무렵, 해군 기계가 공군 기계보다 더 철저하게 개조되었다는 사실을 발견한 이유도 있었다. 1940년에 입수한 얼마 되지 않는 해군 암호 자료를 통해, 해군이나 공군 모두 회전자 3개를 사용하는 것은 동일하지만, 해군 에니그마는 5개가 아니라 8개의 회전자 중에서 3개를 선택한다는 사실이 확인되었던 것이다.

앨런 튜링의 이미테이션 게임

상황을 진척시키려면, 앨런이 시작할 수 있는 다른 무언가가 더 필요했을 것이다. "1939년부터 정부신호암호학교는 이런… 요구조건의 긴박함을 해군성에 확신시켰지만, 해군성은 그 요구조건을 들어줄 기회가 거의 없었다." 하지만 (적어도 바다에서는) 전쟁이 진행 중이었고, 독일 당국으로서도 에니그마 기계 자체를 탈취당할 수도 있다는 가정하에 일을 추진할 수밖에 없었다. 사실은 이랬다. "1940년 2월에 유보트 U-33호의 승무원에게서 에니그마 회전자를 입수"했으니, 폴란드인들의 폭로로 정부신호암호학교가 관련 작업을 할 수 있는 시간은 겨우 7개월뿐이었다. 하지만 "이 사건은 일을 더 진척시킬 충분한 토대가 되지 못했다." 필요하기는 했지만, 해군 에니그마를 입수한 것만으로는 턱없이 부족했다. 독일 해군이 "더 신중하게" 기계를 사용한다면, 암호키 체계가 폴란드인들이 이용한 것처럼 바보같이 3개 철자를 반복한 체계보다 훨씬 더 복잡해졌을 것이다. 드물게 일어나는 며칠간의 평시 통신에서 빈약하지만 공격을 개시할 근거를 찾아야 할 것이다.

독일이 영국의 계획을 선수 쳐 노르웨이를 공격하면서 해전은 내륙으로 확산되었다. 영국과 프랑스가 대응했지만 소용이 없었다. 사실 독일의 암호분석기관인 정찰과Beobachter Dienst에서 1938년부터 줄곧 영국과 프랑스의 수많은 통신을 해독하고 있었고, 이것이 큰 효과를 발휘했기 때문이었다. 작전이 끝나고 본토함대Home Fleet 총사령관이 이렇게 불만을 터뜨렸다. "적은 항상 우리 함대의 정확한 위치를 알고 있는 반면, 우리는 아군 전함이 한 척 또는 그 이상 격침되어야 적의 주요 전력 위치를 파악한다는 상황이 아주 화가 났습니다." 6월 8일 노르웨이의 나르빅에서 최종 철수하며, 항공모함 글로리어스Glorious 호가 독일의 순양함 샤른호르스트Scharnhorst와 그나이제나우Gneisenau에 의해 격침되었다. 작전첩보센터는 독일 전함의 위치는 말할 것도 없이 글로리어스 호의 위치도 모르고 있다가, 독일의 승전 보도를 통해 항공모함의 격침 소식을 들었다.

노르웨이 사태로 인해 블레츨리 파크도 전쟁에 돌입했다. 독일 공군의 주요 암호키와 3군 암호키가 작전 기간 내내 '수작업'으로 해독되었고, 독일군의 이동에 관해 많은 내용이 밝혀졌다. 해군과 관련해 4호 막사에서도 글로리어스 호에 도움이 될지도 모를 트래픽 분석을 해냈다. 하지만 정보를 사용할 준비가 되어 있지 않았다. 노르웨이 상황 자체가 이런 정보로 큰 효과를 거둘 형편이 아니었다. 부정적인 결과이기는 하지만, 이제 작전첩보센터가 블레츨리를 주목하지 않을 수 없게 된 것은 하나의 성과였다. 더 정확한 해군 첩보가 절실히 필요하다는 사실이 이제 분명해졌다. "작전 착수부터 해군성은 완전 무지했다. 해군성이 개입하여 4월 9일 첫 번째 나르빅 전투가 시작될 때, 해군성은 신문 보도를 근거로 나르빅에 독일 군함 한 척이 도착했다고 믿었다. 하지만 나르빅에 도착한 독일 원정군은 구축함 10척을 거느리고 있었다."

이런 상황에서 앨런의 해군 에니그마 분석 작업에 도움이 될 거의 기적적인 기회가 무산되었다. 이유[14]는 이랬다.

> 4월 26일 해군은 독일에서 나르빅으로 향하던 독일 초계정 VP2623을 나포해, 서류 몇 장을 탈취했다… 해군이 VP2623을 함부로 약탈하기 전에 세심하게 수색했더라면 더 많은 것을 얻었을 것이다. 그 즉시 해군성은 향후 그렇게 참담하고 부주의한 사태 재발을 방지할 지침을 발표했다. 이처럼 노르웨이 작전 내내 독일 주력 부대가 자행하는 피해의 규모만 전할 뿐, 암호해독은 작전에 전혀 사용되지 않았다.

암호 기계 장치의 탈취는 예상되는 일이었고 실제 탈취되기도 했다. 하지만 현재 적용되는 기계 사용 지침이 기록된 얇은 수용성 문서*의 입수는 전혀 다른 문제였다.

의회의 격변으로 윈스턴 처칠은 이런저런 정치적 혼란에 책임지는 대신 총력전이라 불리는 더 중요한 혼란을 책임졌지만, "향후 이렇게 참담하고 부주의한 사태 재발을 방지할 지침"은 마찬가지로 중요한 변화를 보여주는 상징이었다. 이제 군인들은 친선 축구시합이라도 하듯 나이 든 감독이 사이드라인 옆에 서서 진심 어

---

* 오늘날 우리가 말하는 소프트웨어이다.

앨런 튜링의 이미테이션 게임

린 격려의 말을 하고 막후 참모들이 열심히 심부름을 하는 식으로 행동해서는 안될 것이었다. 애국심만으로 충분하지 않으니, 사립학교에서 배운 내용도 쓸모가 없었다. 모든 수준에서 '첩보'를 적용해야 했다. 그렇지 않으면 전쟁에 패했다. 이것이 바로 영국의 전쟁을 좌우할 갈등이었다.

한편 1940년 초 블레츨리가 해독에 성공한 독일 공군의 에니그마 분석 작업이 군사적 효용을 위한 첫발을 내딛고 있었지만, 그 발걸음은 휘청거렸다. 1940년 5월 1일 "독일 당국이 옐로를 제외한 모든 에니그마 암호키 체계에 새로운 지시자를 도입했기 때문이다."* 천공 용지는 적당한 시간에 겨우 보물찾기를 시작했을 뿐 이제는 거의 무용지물이었다. 그런데 "5월 1일 암호체계를 바꾸고 며칠이 지나지 않아 독일의 실수"가 있었다. 충분히 개연성이 있는 고전적 실수로 옛날 암호체계와 새로운 암호체계 두 가지로 메시지를 송신한 것이다. 5월 22일까지 6호 막사는 독일 공군이 주로 사용하는 전파신호의 새로운 (레드) 암호체계를 찾아냈고, 그 후 사실상 매일 암호를 풀어냈다. 당시 독일 군대는 솜Somme 강에 있었고, 됭케르크 Dunkerque로 진격하는 중이었다. 블레츨리가 암호해독에 성공했지만, 서쪽으로 진격해 나가는 1차 국면 동안 독일의 의도를 밝히기에는 시간이 늦었다. 사실 "내각과 합참본부의 기록에 따르면, 2주 동안 적의 의도를 전혀 간파하지 못해, 전쟁 논의는 계속 '네덜란드와 벨기에'에 초점이 맞춰졌다." 마침내 적의 의도를 파악했지만, 상황을 바꾸기에는 이미 너무 늦은 시간이었다.

첫 번째 봄베가 가동되기 시작한 때가 그때였다. 1940년 5월에 앨런이 설계한 기본형 봄베 한 대가 가동했고, 8월 이후 대각선 보드를 붙인 봄베가 추가로 가동했을 것이다. 기계가 사용됨에 따라 당연히 "정부신호암호학교가 매일 바뀌는 에니그마 암호키를 푸는 속도와 규칙성이 획기적으로 증대되었다." 봄베는 블레츨리에 설치되지 않고, 버킹엄셔 외곽에 위치한 게이허스트 마노어Gayhurst Manor등 여러 군데 구외에 설치되었다. 기계 관리는 렌스Wrens라고 불리는 해군여군부대 여직원

---

* 옐로는 노르웨이에서 독일 3군이 사용하던 임시 암호체계였다.

들이 맡았다. 이들은 자기들이 하는 일이 무엇인지도 모르고 그 이유도 묻지 않은 채, 회전자를 설치하고 언제 기계가 멈추었는지 분석가들에게 전화로 보고했다. 봄베는 위압적이고 아름답기까지 한 기계였는데, 계전기 스위치들이 확산하는 함의들을 통과하며 찰칵거릴 때면 1,000개의 편직 바늘이 움직이는 소리가 났다.

블레츨리에 배속된 군 간부들은 봄베의 작동에 깊은 인상을 받았다. 정보부 장교인 윈터보섬F. W. Winterbotham은 봄베를 가리켜 마치[15] "블레츨리의 오라클이 될 운명을 타고난 동방의 여신 같다"라고 부르곤 했고, 작전첩보센터에서도 '오라클'로 부르곤 했다. 앨런도 풀리지 않는 문제에 해답을 제시할 오라클을 상상하고 있었기 때문에, 그런 명칭이 마음에 들었을 것이다. 그런데 표현을 해석하는 문제 자체가 큰일이라는 사실을 깨닫기 시작했다. 암호 기계가 에드워드 7세 때인 1900년경의 군용 표현을 사용해 통신했다면, 시대를 뛰어넘어 군사 첩보 수준을 대량생산 시대로 이끄는 것이 봄베의 역할이었다.

제1차 세계대전 당시 40호실은 해군성에서 비밀리에 활동하며, 그 정보를 관측이나 조사 결과와 비교하며 협력하는 과정이 없었다. 유보트의 공격이 최고조에 달했던 1917년 가을에 유보트 추적 담당 장교에게 정보 접근을 허락한 것이 유일했다. 오른손이 하는 일을 왼손이 몰랐다. 해군의 암호분석 작업[16]이 "그 어떤 기관이나 영국 육군성의 작업과도 비교할 수 없을 만큼 우수"했지만, "기록 금지, 상호 참조 금지, 당장 작전에 이익이 되지 않는 것은 폐기"가 40호실의 운영 지침이었다.

프랑스가 함락되면서 전쟁이 1915년과 다르게 전개되자 비로소 40호실의 분위기가 사라지기 시작했다. 폴란드인들과 웰치먼, 튜링은 봄베 한 대를 영국 기관 내부에 설치했는데, 두 번 다시 없을 일이 일어났다.[17] "기계에 올리고 기계로 해독하니, 즉시 에니그마의 암호 메시지가 평범한 언어로 자동적으로 변환되었다. 그 결과 일일 암호 설정이 풀리기만 하면 풍요의 뿔처럼 풍부한 최종 결과물이 쏟아져 나왔다." 메시지뿐만 아니라 적의 통신 '체계' 전체를 손에 넣을 기회였다. 사실 체계 전체를 입수하는 것이 반드시 필요했다. 왜냐하면 "풍요의 뿔처럼 풍부한" 결과물을 해석하기 위해서는 두 번째 단계의 암호해독이 요구되었기 때문이다.[18]

앨런 튜링의 이미테이션 게임

방대한 분량 외에도, 텍스트는 애매모호한 내용으로 꽉 차 있었다. 부대와 장비 약어, 지도와 좌표, 지역 암호명과 인물 암호명, 대용 표현, 군사 용어와 기타 비밀 용어들이 가득했다. 일례로 독일은 축척 5만 분의 1의 전투지원단 프랑스 지도를 기준하여 지점 표시를 자주 사용했다. 영국 육군은 이미 사용을 중지한 지도들이었다. 그 사본을 구할 수 없었던 정부신호암호학교는 지도에 관한 독일의 언급을 토대로 지도를 재구성할 수밖에 없었다.

따라서 3호 막사의 파일시스템은 독일의 암호 통신 전체에서 의미를 추출할 수 있도록 암호체계 전체를 복제해야 했다. 이 작업이 이루어져야 에니그마 해독이 짜릿한 비밀 메시지에 머물지 않고, 적의 의중을 전체적으로 알 수 있는 지식이 되어 진짜 가치를 얻을 수 있었다. 3호 막사의 파일시스템이 없다면, 유럽은 아무것도 얻을 것이 없는 거의 완전한 공백이었다. 반면 이 시스템을 구축한다면, 가능한 것을 찾아내는 통찰력을 갖는 것이었다.

"풍요의 뿔처럼 풍부한" 정보를 얻은 선례도 없었고, 풍부한 정보를 이용할 방법도 없었다. 1940년의 당면 문제는 그렇게 얻은 정보를 출처를 밝히지 않고 납득시키는 일이었다. 처음에는 스파이 활동의 결과처럼 넘어갔다. 그 결과 정보부에서 제공한 정보는 "80%가 부정확하다"라는 인식 때문에 군 지휘자들이 정보를 진지하게 받아들이지 않았다. 오라클, 즉 봄베의 존재가 밝혀지지 않는 한, 독일 공군 암호를 프랑스에서 더 효과적으로 사용할 방법이 없었을까 고려하기 시작한 것이 고작이었다. 태연자약한 영국 전통에 따라, 블레츨리에서 비번인 사람들이 오후에 야구 경기를 즐기던 중에, 독일과 프랑스의 휴전협정 소식이 들려왔다.* 강경한 어조와 태도는 별 도움이 되지 못했다. 아무튼 그해 말에는 주옥같은 에니그마 정보가 독일 공군의 비행 신호전파 추적의 실마리를 제공하겠지만, 향후 몇 달

---

* 독일 점령군이 당시 프랑스 정보원으로부터 에니그마 해독이 성공하기 시작했다는 사실을 알았을 것이라고 염려한 것도 당연했다. 하지만 그런 사실은 밝혀지거나 드러나지 않았다.

간 영국의 눈과 귀를 지배할 것은 레이더였다. 영국 공군이 사용할 수밖에 없었던 레이더는 기술적 발전과 통신망 두 가지 측면에서 블레츨리보다 3년 앞서 있었다. 블레츨리는 아직 때가 무르익지 않은 느슨한 조직이었다.

블레츨리 조직에는 영웅적 행위라는 과시도 없었다. 단지 첩보가 전통적으로 가장 신사적인 군역을 대변하기 때문이 아니었다. 그저 가능한 한 소란스럽지 않게 본분을 다한다는 묵시적 합의 때문도 아니었다. 더 높은 차원에서 암호분석 작업이 정말 즐거웠기 때문이었다. 거의 호기심에 대해 보수나 보상을 받는 것처럼 보였다. 전문적인 수학을 벗어나 휴가를 즐기는 것도 같았는데, 필요한 작업이 과학지식의 한계를 넓히기보다는 기본적인 생각을 독창적으로 응용하는 것이었기 때문이다. 《뉴스테이츠먼》의 아주 어려운 퍼즐을 푸는 것 같았다. 다만 아무도 해결책이 있다는 것을 모른다는 사실만 달랐다.

1940년 재난이 임박하자 앨런이 예금을 보호하려고 한 계획도 영웅적인 행동은 아니었다. 데이비드 챔퍼노운은 제1차 세계대전 당시 은의 가치가 올라가는 것을 목격했었다. 따라서 챔퍼노운과 앨런은 모두 은괴에 투자를 했지만, '챔프'는 신중하게 은괴를 은행에 보관한 반면, 앨런은 그답게도 모두 땅에 파묻기로 결정했다.

아마 앨런은 은괴를 파묻음으로써 독일 침략이 끝난 다음에 회수할 수 있다고 상상했든지, 아니면 최소한 전후에 자본세를 회피할 수 있다고 상상했을 것이다 (1920년 처칠과 노동당은 모두 그런 과세 정책을 찬성했었다). 생각치고는 특이했다. 전쟁의 결과를 비관한 것은 논리적으로 충분히 있을 수 있는 일이었다. 하지만 만약 침략이 일어났다면, 암호해독가들을 (폴란드인들이 프랑스로 탈출한 것처럼) 대서양 너머로 대피시킬 것이 분명하니, 그럴 경우 예금을 더 운반하기 쉬운 형태로 바꿔 보관하는 것이 나았을 것이다. 앨런은 250파운드 상당의 은괴 2개를 구입했고, 낡은 유모차에 싣고 쉔리 근처의 숲 속으로 갔다. 하나는 숲 바닥에 묻었고, 다른 하나는 다리 밑 하천 바닥에 묻었다. 앨런은 파묻은 보물을 찾는 설명서를 작성한 다음 암호화했다. 일설에 의하면, 그 단서를 벤제드린(암페타민 성분의 흡입기 형태의 중추신경자극제 상표명—옮긴이) 흡입기에 넣어 다른 다리 밑에 남겨두었다고 한다. 앨런은 독창적인 전쟁 대비책을 즐겨 이야기했는데, 한번은 피터 트윈에게 가방 가득 면도날을 사라는 대책을 제시하기도 했다. 몰락한 영국의 길모퉁이에서 행상을 하는 앨런의 모습은 기이하기는 하지만, 완전히 불가능한 그림은 아니었다.

1940년 8월 아니면 9월에 앨런은 일주일간의 휴가를 얻어 밥과 지내며 즐겁게 해주려고 노력했다. 멋진 호텔에서 머물도록 준비했는데, 웨일스의 팬디Pandy 인근에 있는 새롭게 고친 성이었다. 첫 번째 학기가 지옥인 것은 밥도 예외가 아니었다. 하지만 앨런처럼 밥도 1년을 버텨냈고, 적어도 사립학교에 흔히 있는 유태인 배척은 당하지 않았다. 앨런이 밥의 과거나 가족에 대해 묻기도 했지만, 그에 관한 이야기를 주고받는 것은 불가능했다. 밥은 가능한 한 최선을 다해 과거를 잊고 싶어 했고, 앨런에게는 그런 상처를 치유할 능력이 없었다. 사실 앨런은 밥이 맨체스터에서 H 가족에게 비엔나에 있는 어머니를 구해달라고 사정했던 모습을 절대 알 수 없었을 것이다.

두 사람은 낚시도 하고 함께 긴 산책을 하기도 했다. 하루 이틀 뒤 앨런이 가벼운 성적 접촉을 시도했으나 밥이 묵살했다. 앨런도 다시는 시도하지 않았고, 그 일로 휴가를 망치지도 않았다. 밥은 앨런이 처음부터 내심 그런 생각을 가졌을 수도 있다고 짐작했지만, 앨런에게 이용당했다고 느끼지는 않았다. 밥은 그저 흥미가 없었다.

처칠이 영국 국민들에게 의무를 다할 준비를 하라고 주문하고, 대영 제국이 천년을 지속하리라고 연설할 때 염두에 둔 것은 결코 이런 것이 아니었다. 하지만 의무와 제국이 암호를 푸는 것도 아니었고, 처칠이 앨런 튜링이라는 인물을 예상한 것도 결코 아니었다.

직접적인 침공의 위험은 줄었지만, 선박에 대한 공격 자체가 영국의 신진대사를 위협하는 침공이었다. 전쟁 첫해 유보트에 의한 선박의 침몰은 큰 문제가 아니었다. 더 중요한 문제는 새로 점령되었거나 중립적인 나라의 상선들의 배치, 영국해협과 지중해 무역의 폐쇄, 수입된 물품을 받아들일 영국 항구와 내륙 운송 능력의 감소였다.

그런데 1940년 말부터 상황이 분명해졌다. 영국이 통제하는 상선들은 적이 점령한 대륙에서 겨우 30킬로미터 떨어진 섬에 물품을 보급하기 위해, 수천 킬로미터 떨어진 기지에서 출발해 잠수함이 우글거리는 바다를 건너야 했다. 영국은 또한 전 세계 수많은 사람이 의존하는 경제 체계를 유지해야 했으며, 여전히 교전 중이었고, 이제 영국에서 뉴질랜드만큼이나 거리가 멀어진 이탈리아도 공격해야 했다. 1917년의 교훈을 되살려 전쟁 발발 이후 호송선단을 운영했으나, 곤궁한 처지의 해군이 멀리 대서양까지 호송할 수는 없었다. 게다가 4년간 기관총과 겨자 가스를 사용해 지키려던 것을 이번에는 독일이 단 몇 주일 만에 차지했다. 프랑스 대서양 연안에 유보트 기지가 있었기 때문이었다.

독일이 해전에서 승리할 가능성이 줄어드는 불리한 요소는 오직 하나였다. 1917년 경이로운 성공을 거둔 유보트부대는 1939년의 경우 제때에 완성되지 못했다. 단치히를 공격한 허세는 독일 해군 사령관 되니츠Karl Dönitz가 지휘하는 잠수함이 60척도 안 되는데 전쟁을 시작한 히틀러의 실수였다. 근시안적인 전략으로 1941년 말까지 잠수함의 숫자는 이 수준에서 벗어나지 못했다. 프랑스의 함락 이후 유보트의 공격 성공률이 갑자기 높아졌지만, 그 자체로 영국의 재난은 아니었다.

공격적인 정책을 유지하려면 영국은 연간 3,000만 톤의 수입 물량이 필요했고, 이 목적으로 사용할 수 있는 주식 자본은 선박 물량으로 치면 1,300만 톤에 달했다. 1940년 6월 이후 1년간 유보트에 의한 침몰로 줄어든 주식이 월 평균 20만 톤의 가치였다. 이 정도의 운송 능력 손실은 대체할 수 있었다. 하지만 유보트의 규모가 3배로 증가해 그로 인한 피해도 3배 증가한다면, 유보트 때문에 현재의 물자 공급 수준과 전체 선박 주식이 심각한 타격을 입을 것이라는 것은 누구나 알 수 있었다. 유보트 한 대당 가동연한 동안 20척 이상의 선박을 침몰시키고 있었고, 유보트가 물 위로 떠오르지 않는 한 마땅한 대응책이 없었다. 유보트의 강점은 물리적이라기보다는 논리적인 힘이었다. 독일이 유일하게 남은 적에 대해 이 엄청난 우위를 이어가지 못하고, 적에게 정보와 통신이라는 새로운 무기로 이 논리적 힘에 맞설 유예기간을 준 것은 실수였다. 무선방향탐지와 레이더가 이미 수중음파 탐지 장치와 연결되어 있었다는 점에서 해군성이 그나마 넬슨 제독의 자원보다 조

앨런 튜링의 이미테이션 게임

금 더 발전했다고 볼 수 있었다. 8호 막사의 결과는 아직 요원했다.

　앨런이 혼자 해군 에니그마 조사 작업에 착수했고, 피터 트윈과 켄드릭이 (한시적으로) 합류했다. 사무적인 업무는 '빅룸걸big room girl'이라 불리던 여자들이 처리했다. 그러던 중 1940년 6월 새로운 수학자가 합류했다. '교수 유형의 인물' 중 하나인 조안 클라크Joan Clarke라는 여자였다. 공무원 조직은 남녀 동등한 보수와 승진 원칙을 완강히 거부했기 때문에, 조안은 전쟁 전 제도에서 여자 몫으로 남겨둔 '어학자'라는 낮은 직위로 발령받을 수밖에 없었고, 트래비스는 조안이 더 나은 보수를 받도록 렌스(해군여군부대) 장교로 보내자고 이야기했다. 하지만 막사는 더 개혁적인 케임브리지의 분위기가 팽배했다. 조안은 당시 파트III 과정을 이수 중이었고, 학부 졸업 과정에서 그녀에게 사영기하학projective geometry을 지도한 고든 웰치먼이 그녀를 블레츨리로 선발했다. 오빠가 킹스 칼리지의 특별연구원이었기 때문에, 조안은 케임브리지에서 한 차례 앨런을 만난 적이 있었다.

　이렇게 해서 앨런은 1940년 여름 누군가에게 업무를 지시하는 위치에 서게 되었다. 학교에 다닌 이후 처음이었다. 군 관계자를 만나거나 피하는 일 같은 '하급생 심부름꾼' 역할을 렌스와 '빅룸걸'이 맡아 했기 때문에 학교와 비슷했다. 앨런이 사무보조원이나 점점 커지는 여러 가지 행정적 문제를 다루는 방법도 장학금을 받으면서 완벽해진 수준은 '수재'의 방법이었다. 처음으로 여자와 접촉하게 되었다는 것이 학교와 분명히 다른 점이었다.

　1940년 남은 기간 동안 해군 에니그마 작업은 별 진전이 없었다. 4월에 유보트를 나포했고, 크게 소득은 없었지만 작업을 시작할 단서[19]는 있었다. 조안 클라크가 8호 막사에 배속된 이유도 이 때문이었다.

　　1940년 5월 중 정부신호암호학교는 4월에 독일 해군이 6일 동안 송수신한 에니그마 통신을 해독했고, 독일 해군(무선 통신)과 암호 조직에 관한 정보도 상당히 늘었다. 정부신호암호학교는 독일이 등대선이나 조선소, 상선에는 아주 간단한 수기 암부호를 사용했지만, 해군은 최하위 조직에 이르기까지 전적으로 에니그마 기계를 사용한다고 확인했다. 하지만 더 중요한 내용은 독일 해군이 에니그마 암호키를 국내용과 해외용 단 두 가지만 사용한다는 사실과 먼 바다 작전에만 해외용 암호키로 전환할 뿐 유보트가 수상부대와 동일한 암호키를 사용한다는 사실이었다.

하지만 그 이후 1940년 말까지 추가로 해독한 것은 4월과 5월 중 5일간의 통신에 불과했고, "정보가 쌓일수록 독일 해군 전체 통신의 95%를 암호화하는 국내용 암호키도 깨트리기 어렵다는 최악의 두려움에 대한 정부신호암호학교의 확신도 짙어졌다." 또 다른 나포가 없으면 발전의 희망도 없음이 앨런의 작업을 통해 증명되었다. 기다리는 동안에도 앨런은 손을 놓고 빈둥거리지 않았다. 나포된 유보트에 사용될 수학 이론을 개발했다. 봄베 개발보다 훨씬 더 중요한 일이었다.

암호 통신은 숙련된 사람에게는 모두 그저 '엇비슷해 보일' 수 있지만, 이제 대량생산이 목표가 된 이상, 모호하고 직관적인 판단을 명확하고 기계적인 것으로 바꾸는 것이 필수적이었다. 이에 필요한 심적 장치 상당수가 이미 18세기에 완성되었지만, 정부신호암호학교는 새롭게 보는 장치였다. 영국 수학자 베이즈Thomas Bayes는 '역확률inverse probability'의 개념을 공식화하는 법을 알고 있었다. 역확률은 원인으로 인해 발생 가능한 결과가 아니라 결과의 가능한 원인을 일컫는 기술적 용어이다.

기본적인 생각은 사람들이 별생각 없이 항상 사용하는 그대로, 원인의 '가능성'을 상식적으로 계산하는 것이었다. 고전적으로 표현하면 이렇다. 똑같은 상자 두 개가 있다고 가정하자. 한 상자에는 흰 공이 두 개, 검은 공이 한 개 들어있고, 다른 상자에는 흰 공이 한 개, 검은 공이 두 개 들어 있다. 이제 어떤 상자인지 추측해야 하는데, 각각의 상자에서 (물론 상자 속을 들여다보지 않고) 공 한 개씩만 꺼내볼 수 있다. 흰 공이 나오면, 그 상자가 나머지 한 상자보다 흰 공이 두 개 들어 있는 상자일 '가능성이 2배'라는 것이 상식적인 판단일 것이다. 베이즈의 이론은 이러한 생각을 명확히 설명했다.

이런 이론의 특징 하나는 사건의 발생이 아니라 마음 상태의 변화를 다룬다는 점이다. 사실 중요한 것은 실험이 '가능성'의 상대적 변화를 줄 수 있을 뿐, 절댓값을 제시하지는 못한다는 점을 명심하는 것이다. 도출된 결론은 항상 실험자가 시작

앨런 튜링의 이미테이션 게임

할 때 생각한 '선험적' 가능성에 달려 있을 것이다.

이 이론을 구체적으로 파악하기 위해, 앨런은 가설에 기초하여 내기를 해야 하는 완전히 합리적인 사람의 입장에서 생각하기를 좋아했다. 앨런은 내기라는 개념을 좋아했고, 확률 형태로 이론을 표현했다. 앞의 예에서, 실험 결과로 확률은 2배 높아지든지 낮아질 것이다. 계속 실험이 가능하다면, 원칙적으로 결국 확률은 아주 큰 수로 증가하겠지만, 절대 확실성은 얻지 못할 것이다. 아니면 이 과정을 점점 더 많은 증거를 모으는 과정으로 생각할 수 있을 것이다. 이런 관점에서 볼 때, 실험을 할 때마다 무언가 '더하는' 것이지, 현재 확률에 '곱하기'하는 것이 아니라는 생각이 더 자연스러울 것이다. 로그를 사용하면 이런 효과를 얻을 수 있을 것이다. 미국 철학자 퍼스C. S. Pierce는 1878년 이와 관련된 생각을 설명하며, '증거 비중weight of evidence'이라는 이름을 붙였다. 과학 실험은 가설의 가능성에 '증거 비중' 숫자를 더하든지 빼는 것이라는 원칙이었다. 앞의 예에서, 흰 공의 발견은 그 상자가 흰 공이 두 개 들어 있던 상자라는 가설에 log2의 무게를 더할 것이다. 새로운 생각은 아니었다. 하지만[20]

증거 비중을 산출할 때 사용한 기준에 따라 단위의 이름을 붙이는 작업의 가치를 처음으로 인식한 사람이 튜링이었다. 로그의 밑이 e이면, 단위를 내추럴 밴natural ban이라 불렸고, 밑이 10이면 그냥 밴ban이라고 불렸다… 튜링이 데시밴deciban이라는 명칭을 소개했는데, 데시벨과 유사하게 따로 설명할 필요 없이 밴의 10분의 1을 나타내는 명칭이었다. 밴이란 명칭을 사용한 이유는 밴버리Banbury라는 도시에서 수만 장의 서류를 인쇄했기 때문이었다. 밴버리스머스라는 중요한 과정을 수행하는 데 필요한 증거 비중이 데시밴으로 기록된 서류들이었다.

따라서 증거 '밴'은 가설의 가능성을 전보다 10배 높이는 것이었다. 데시벨과 비슷하게 데시밴은 "인간의 직관력으로 직접 인지할 수 있는 최소한의 증거 비중 변화"를 의미할 것이다. 앨런은 추측을 기계화했고, 추측을 기계에 입력해 데시밴을 합해 합리적 결론에 도달할 준비가 되어 있었다.

앨런은 여러 가지 방식으로 이론을 발전시켰다. 아주 중요한 이론 적용 사례는 나중에 '순차 분석sequential analysis'이라 불린 새로운 실험 방식이었다. 앨런의 아이디어는 어느 쪽이 되었든 필요한 증거 비중 목표를 세우고, 목표에 도달할 때까지 관찰을 계속하는 것이었다. 미리 실험 횟수를 정하는 것보다 훨씬 효율적인 방법이었을 것이다.

또한 실험이 평균적으로 만드는 증거 비중 양으로 실험의 가치를 판단하는 원리도 소개했다. 더 나아가 실험으로 생기는 증거 비중의 '분산'까지 고려했는데, 실험 결과가 얼마나 변덕스러운지 측정한 것이다. 이 모든 생각을 합해 앨런은 암호 분석에서 사용되는 추측의 기술을 1940년대에 소개했다. 늘 그렇듯, 앨런은 이 모든 것을 혼자 완성했다. (퍼스가 정의한 '증거 비중' 경우처럼) 이전에 개발된 이론을 몰랐든지, 1930년대 피셔R. A. Fisher가 개척한 통계적 방법보다 자신의 이론을 선호했든지 둘 중 한 가지 이유였을 것이다.

따라서 이제 크립이 '아마' 맞는다거나, 메시지 하나가 '아마' 두 번 전송되었다거나, 같은 설정을 '아마' 두 번 사용했다거나, 특정한 회전자 하나가 '아마' 가장 바깥쪽에 있다고 생각할 때는 미약한 단서로부터 증거 비중을 얻어내 이를 체계적이며 합리적으로 더해나갈 수 있다는 의미였고, 그래서 가지고 있는 것을 최대한 활용하도록 과정을 설계할 가능성이 있다는 의미였다. 이렇게 해서 1시간을 절약한다는 것은 유보트가 호위선단을 9킬로미터 따라잡는 데 걸리는 1시간을 번다는 의미였다.

1940년이 지나자마자 이 이론은 실행에 옮겨졌다. 12월 무렵 앨런이 웰링턴 칼리지에서 강의를 하던 숀 와일리에게 합류를 권하는 편지를 보냈고, 1941년 2월경에 와일리가 도착했다. 나중에는 영국 체스 챔피언인 휴 알렉산더Hugh Alexander도 블레츨리의 모처에서 8호 막사로 전속되었다. 알렉산더도 1931년에 졸업한 킹스 칼리지 동문이었고, 체스 게임을 너무 많이 해서 수학과 특별연구원이 되지 못했다고 말했다. 대신 그는 윈체스터에서 가르쳤고, 후에 백화점 업계의 선두 기업인 존 루이스 파트너십John Lewis Partnership 사의 연구소장이 되었다. 전쟁이 터지자 그는 다른 영국의 체스 고수들과 함께 1939년 체스 올림피아드가 열린 아르헨티나에서

앨런 튜링의 이미테이션 게임

체포되었다. 독일 선수들과 달리 영국팀이 귀국할 수 있었던 것은 그나마 다행이었다. 다음으로 1941년 5월에 젊은 수학자 굿J. Good이 하디와 함께 케임브리지 연구직을 마치고 합류하면 8호 막사의 힘이 또 증가할 것이다. 하지만 그때가 되면 이미 모든 것이 변해 있을 것이다.[21]

블레츨리에 도착하니, 영국 체스 챔피언 알렉산더가 역으로 마중 나와 있었다. 사무실까지 걸어가는 동안, 휴는 에니그마에 관한 비밀들을 털어놓았다. 물론 규정상 블레츨리 구역을 벗어나서는 절대 그런 이야기를 나눌 수 없었다. 그 놀라운 대화를 결코 잊을 수 없을 것이다.

왜냐하면 앨런 튜링의 아이디어가 작업 시스템에 구현되어 있었기 때문이다. 봄베가 중심에 있었지만, 천공 카드 기계도 있고, 생산 라인에서는 '빅룸걸'들이 일하면서, 급조된 환경에서 가능한 한 효율적이고 빠르게 추측 게임을 하고 있었다. 그들이 전쟁에 '기여'하기 시작한 것이다.

계획한 첫 번째 나포는 1941년 2월 23일 노르웨이 연안 로포텐Lofoten 제도 공격 시 이루어졌다. 앨런에게 필요한 에니그마 설명서를 얻기 위해 누군가 목숨을 바쳤던 것이다.[22] "독일의 무장 트롤선 크렙스Krebs 호가 항해 불능 상태에 빠졌다. 지휘관은 비밀문서를 완전히 파괴하기 전에 사살되었고, 목숨을 건진 선원들은 배를 버리고 달아났다." 8호 막사가 3월 10일부터 며칠에 걸쳐 1941년 2월의 모든 해군 통신을 해독할 만큼 충분한 양의 문서가 확보되었다.

메시지를 해석하는 사람들에게 가장 큰 불만은 시차였다. 다른 군대에서 다량으로 쏟아져 나오는 메시지와 달리 해군의 메시지는 1급 정보를 담고 있음에 틀림없었다. 해독된 1급 정보 한 가지는 이런 내용이었다.[23]

워싱턴 해군무관 보고, 2월 25일 세이블 섬 동쪽 해상 200해리 지점에서 호송선단 접선. 화물선 13척, 10만 톤급 유조선 4척. 화물: 항공기 부품, 기계 부품, 화물차량, 탄약, 화학약품. 호송선단 HX 114로 추정.

하지만 3월 12일 해독이 끝났을 때는 이미 3주나 지난 뒤라서 달리 방도가 없었고, 어떻게 해군무관이 그 많은 정보를 얻었는지 놀랄 수밖에 없었다. 이틀 뒤 되니츠가 보낸 메시지를 해독했다.

발신: 유보트 사령관
3월 1일 08시 00분 2지점에서 U69와 U107 호송 예정.

2주 전에 틀림없이 추적실에서 원하는 내용이었다. 2지점이 어디인지 알 수만 있다면. 이러한 해석의 문제를 해결하려면 반드시 통신자료를 축적할 필요가 있었다. 이럴 경우

영국 선박 안키세스 호, 공습으로 AM 4538 지점에서 표류 중.

이라는 메시지를 40호실처럼 휴지통에 폐기하지 않는다면, 좌표 AM 4538이 가리키는 위치를 밝힐 수 있을 것이었다.

1941년 3월에는 해독 성공이 한 건도 없었다. 그런데 그 후 8호 막사에서 낭보가 전해졌다. 더 이상의 자료 탈취 없이 4월에 통신을 해독한 것이다. 4월과 5월의 메시지가 '암호분석 방법'으로 해독되었다. 마침내 암호체계가 깨지기 시작한 것이다. 이제 4호 막사는 다음과 같은 메시지를 해독함으로써, 적의 눈을 똑바로 들여다보게 되었다.

[4월 24일 메시지, 5월 18일 해독]

발신: 스타방에르Stavanger 담당 해군사관
수신: 서해 주둔군 사령관
적황 보고   장교 G와 W

앨런 튜링의 이미테이션 게임

해군최고사령부(제1 작전처) 전송 번호 8231/41, 스웨덴 어선 재나포 관련.

1) 작전처는 스웨덴 어선의 임무가 영국을 위해 아군 정보를 수집하는 것이라 믿음.

2) 스웨덴은 물론 적국이 나포 소식을 알지 못하도록 확실히 조치. 당분간 아군 선박에 의해 어선이 침몰한 것 같은 인상을 줄 것.

3) 별도의 지시가 있을 때까지 선원들을 억류할 것. 선원들의 조사에 관한 상세 내용 보고할 것.

아이러니한 내용도 있었다.

[4월 22일 메시지, 5월 19일 해독]

발신: 해군 최고사령관

유보트 작전은 반드시 인가된 인원 외에는 신호해독을 엄중히 금한다. 작전처나 유보트 사령부의 명령 없이는 그 어떤 기관도 작전 중인 유보트의 주파수 청취를 재차 엄금한다. 향후 이 지시에 대한 어떠한 위반도 국가의 안위를 위협하는 범죄 행위로 간주하겠다.

몇 주씩 지난 자료도 암호체계에 대한 정보를 늘리는 가치는 있었지만, 절실하게 중요한 것은 당연히 시차를 줄이는 일이었다. 1941년 5월 말이 되자 시차를 하루 차이까지 줄일 수 있었다. 일주일 내의 시차를 두고 해독한 전문 내용이다.

[5월 19일 메시지, 5월 25일 해독]

발신: 유보트 사령부

수신: U94와 U556

지도자께서 대위 두 명에게 기사철십자 훈장을 수여하셨다. 유보트와 승무원들의 헌신과 성공을 인정하는 이 자리를 빌려, 본 사령관은 여러분 모두에게 진심 어린 축하를 전하고자 한다. 앞으로도 계속 행운과 성공을 빈다. 영국 타도.

영국 타도는 이제 그들의 생각보다 어려울 것이다. 뒤늦게 해독한 메시지도 독일의 계획을 위협했기 때문이다. 비스마르크 호가 5월 19일 킬Kiel 항을 출항했을 때, 8호 막사가 항로의 비밀을 밝혀냈지만 해독이 3일 이상 지연되는 바람에 힘이 빠졌다. 그런데 5월 21일 아침, 4월 메시지 내용을 통해 비스마르크 호가 분명히 통상 항로로 접근 중임이 드러났다. 그에 따라 해군성이 더 전통적인 방식으로 첩보를 얻어내는 임무를 맡았다. 엉뚱한 종류의 지도투영(위선과 경선으로 이루어진 지구상의 가상 좌표를 평면에 옮기는 방법—옮긴이)에 근거하여 무선방향탐지를 설계했지만, 5월 25일 독일 공군의 에니그마 메시지를 통해 궁극적으로 추측이 옳았음이 확인되었다. 일련의 사건들이 아주 복잡하게 전개되었지만, 해군 에니그마의 역할은 미미했다. 비스마르크 호가 일주일만 늦게 출항했더라면, 이야기는 완전히 달라졌을 것이다. 8호 막사에서 새롭게 진전된 내용으로 상황이 바뀌고 있었기 때문이다.

오래된 자료에 강력한 암시[24]가 있음을 발견했기 때문에 가능한 일이었다.

> 해독된 2월과 4월의 통신을 연구한 끝에, 정부신호암호학교는 독일이 아이슬란드 북쪽과 대서양 중부 두 지역에 기상관측선을 배치시키고 있으며, 일상적인 보고는 날씨 암호를 사용해 전송하고 그 겉모습도 에니그마 신호와는 다르지만, 기상관측선들이 해군 에니그마를 싣고 다닌다는 결론을 내리게 되었다.

근본적으로 보잘것없는 자료에서 이렇게 현명한 분석을 이끌어낸 것은 새로운 인물과 새로운 방법의 승리였고, 앨런이 그 승리에 한몫을 차지했다. 해군성은 이처럼 작고 허술한 기상관측선이 독일 제국에 이르는 키를 지니고 있다는 놀라운 발견을 할 시간도 지혜도 전혀 없었을 것이다. 하지만 이제 해군성은 민간 부서의 자극에 따라 행동할 준비가 되어 있었고, 일련의 나포 계획을 수립했다.

1941년 5월 7일 기상관측선 뮌헨 호를 발견해 나포했고, 거기서 얻은 에니그마 설정 정보를 이용해 6월 통신을 '사실상 실시간'으로 해독할 수 있었다. 그리고 마침내 일일 전술을 자유자재로 구사하게 되었다. 6월 28일 또 다른 기상보고

앨런 튜링의 이미테이션 게임

용 트롤선 라우엔부르크에서 7월의 에니그마 설정 정보를 획득했다. 한편, 5월 9일에 우연이었지만 훌륭한 작전이 수행되었다. 호송선단이 공격해 들어온 유보트 U-110을 감지해 격파했다. 공해公海상에서 기민하게 움직인 호송선단은 유보트에 승선해 온전한 상태의 암호 자료를 입수했다. 1940년의 교훈이 헛되지 않았다. "유보트가 단기신호short-signal(철자 4개의 문자열로 이루어진 짧은 암호문—옮긴이) 정탐보고를 할 때 사용하는 암호첩"과 "해군에서 '장교 전용' 신호를 보낼 때 사용하는 특별한 키 설정"이 포함되어 있는 자료로서, 크나큰 공백을 채우는 자료들이었다. '장교 전용' 신호는 유보트 내부에서 추가 보안을 위해 "이중으로 암호화"되었다. 8호 막사의 입장에서는 그날의 에니그마 설정을 찾아내 해독 절차를 거치면 다른 메시지들은 독일어가 되는 반면, 이 장교 전용 신호는 여전히 알 수 없는 말이었다. 이 신호, 즉 유보트를 움직이는 가장 은밀한 비밀을 복호화하려면 두 번째 단계의 공격이 필요했다. 그리고 그들은 공격에 필요한 것을 손에 넣었다.

해군성은 점점 늘어나는 지식을 빠르게 적용했다. 1941년 6월이 되면서 해군 통신이 실시간으로 해독되자, 비스마르크 호에 앞서 대서양으로 파견된 보급선들을 거의 일망타진할 수 있었다. 보급선 8척 중 7척을 침몰시켰다. 하지만 이처럼 십요하고 강경한 조치 때문에 골치 아픈 문제가 불거졌다. 유보트 접선 지점 등에 관한 메시지를 해독하면서, 8호 막사는 아주 순진하게도 이 놀라운 정보를 바탕으로 유보트를 쉽사리 처리할 수 있다고 생각했다. 1941년 6월에 해군성도 마찬가지로 순진하게 생각했던 것 같았다. 얼마 뒤 누군가 비스마르크 호 격침에 이어 유보트의 침몰이 계속되면 독일 당국이 암호 유출 가능성을 눈치 챌 수 있다고 우려한 것을 보면 그렇다.

사실 그 작전으로 인해 앨런의 성공이 들통 났다. 독일 당국이 보급선의 위치가 누설되었다고 판단하고 원인 조사에 나섰기 때문이었다. 하지만 독일 전문가들은 에니그마 암호가 깨질 가능성을 제외시켰다. 대신 그들은 독일 지배층에서 높은 명성을 누린 영국 정보부에 비난의 화살을 돌렸다. 진실과 거리가 먼 진단이었다. 이들이 에니그마 해독 가능성을 제로로 본 것은 '선험적인' 판단이었고, 해독 가능성을 높이기에 충분한 증거 비중은 없었다.

분명 실수였지만, 예상 결과가 아주 엄청날 때 흔히 저지르기 쉬운 실수였다. 향후 해독이 어려워질 수도 있다는 이야기가 8호 막사에 전달되자, 블레츨리는 행운을 비는 것 외에 달리 방도가 없었다. 시스템의 핵심인 봄베 해독 방법이 위기를 맞았다. 만일 독일이 안전을 위해 '모든' 메시지를 이중으로 암호화하기로 결정했다면, 더 이상 크립도 없었을 것이고 모든 것이 수포로 돌아갔을 것이다. 무언가 잘못되었다는 의심만 들어도 언제든 그런 변화가 생길 수 있었다. 칼날 위를 걷듯 조마조마했다.

1941년 6월 중순부터 해군성은 오직 에니그마(당시까지는 보통 독일 공군의 에니그마였지만) 해독으로 얻은 정보를 포함한 메시지를 일회용 암호첩을 사용해 '극비'로 전송해야 한다는 생각을 받아들였다. 다른 부대도 이런 상황에 적응하여, 영국 전체에 걸쳐 야전사령부들에 배속된 특수연락부대를 편성해, 블레츨리에서 나오는 정보의 접수와 통제를 관장하게 했다.

두뇌와 체력의 통합을 위해 해야 할 일이 아직 더 있었다. 이런 점에서 '가장' 유연한 조직이 해군성이었다. 하지만 해군성은 1년 전에는 정보가 너무 없다가 1941년 중반에는 정보가 넘쳐나서 어려움을 겪고 있었다. 방대한 독일의 암호 시스템이 영국의 시스템에 반영되어야 하는 새로운 시대에 대응하기에는 작전첩보센터로는 역부족이었다.

1940년 말 예전의 해군 경리관을 대신하여 민간인인 로저 윈Rodger Winn 변호사를 작전첩보센터 추적실 책임자로 임명한 일은 혁신적인 개선이었다. 윈의 의지에 따라 8호 막사의 결과가 행동으로 옮겨졌다. 다행히 윈은 창의적인 인물이어서, 호송선단이 유보트를 엄호하기 전에 제때에 유보트의 예상 항로를 예측하자고 제안했다. 처음에는 반대도 많았지만, 1941년 봄 무렵부터 이 기발한 아이디어가 "인정받기 시작했다." 윈은 이렇게 생각했다.[25]

'해볼 만한' 가치가 있었다. 이후 발언처럼, 그 당시 평균의 법칙을 무시하고 51% 만 옳다고 해도, 배를 지키고 아군의 목숨을 건지거나, 유보트를 침몰시킨다는 의미에서 그 1%는 분명 도전할 가치가 있었다.

해군에게는 새로운 아이디어였지만, 미묘한 '순차 분석'의 기법과 어울리기 힘든 아이디어였다. 영어로 번역된 해독문이 전신 타자기 선을 타고 흘러가 작전첩보센터에 도착하면, 센터는 50년 전으로 시간을 거슬러 올라갔다. 엄청나게 발전했지만,

아직도 윈의 조수는 6명이 되지 않았다. 그 인원들이 가장 최근으로 추정되는 모든 유보트의 위치뿐만 아니라 영국 전함과 호송선단, 독립적으로 항해하는 선박들의 위치와 항로까지 대서양 도면에 표시해야 했다. 물론 이 일 외에도 공격과 관측, 무선방향탐지 설정과 관련해 시시각각 쏟아져 들어오는 신호들을 처리하고, 해군성 작전계획기술분과와 연안방위대, 오타와와 뉴펀들랜드, 아이슬란드, 프리타운, 지브롤터, 케이프타운의 본부에서 들어오는 문의사항을 처리했다. 1916년 가장 시급한 문제들만 주목하던 40호실의 상황과 비슷해지기 시작했다. 해독문이 들어오기 시작하면, 인원이 부족하기도 했고 보안문제도 있어서 윈이 직접 처리하고 분류했다. 믿을 만한 문서정리원은 고사하고 속기사도 없었다.

개인들의 헌신과 능력이 아무리 뛰어나도, 시스템은 처리하는 정보의 규모와 중요도에 맞춰 적응하지 못했다. 블레츨리의 성공 요인이 묵묵히 소임을 다하고 협업을 중시하는 영국 전통이었다면, 블레츨리가 힘들어한 요인도 한계를 보이는 낡고 인색한 영국의 전통이었다. 4호 막사는 나름의 항적도를 이용해 좌표에 관한 언급 등에서 의미를 추론했다. 호송선단을 계획하고 인도하는 모든 업무를 작전첩보센터보다 더 효율적으로 처리할 수 있다고 보았음에 틀림없다.

총력전의 상황이 고조되면 공통적으로 생기는 문제였지만, 젊은 과학자와 학자들은 평시에 만들어진 체제에 대응하느라 애를 먹었다. 여러모로 앨런 튜링의 세대에게 전쟁이란 다르게 표현된 1933년 갈등의 연속이었다.

머리가 빈 고급 관료에게 명령을 받는 것도 아니었고, 이보다 더 긍정적인 상황으로 정부는 1930년대에 논란을 일으킨 경제공황에 대응해 중앙 계획과 과학적 방법, 해결책을 내놓느라 정신이 없었다. 이런 고군분투의 중심에 블레츨리가 있었다. 1941년에 있었던 일이다.[26]

첩보업무의 업무 분할도 없고 연구의 경계도 없다고 생각한 정부신호암호학교의
직원이 평가 분야를 침범했다.

칸막이가 깨지면 "우선권과 개성의 충돌은 피할 수 없다." 이러한 충돌은 군대
가 이름도 없고 전통도 없는 이상한 민간 기관의 충고를 받아들이며 겪는 어려움
을 보여주는 징후였다.

전쟁 초기 16개월 동안 정부신호암호학교의 규모가 4배 증가했다. 1941년 초 영국
정부의 기준으로 보면 엉성한 조직이었다. 규모가 커지고 업무가 복잡해져서 관리
자의 경험을 벗어난 데 일부 원인이 있었다.

블레츨리는 한 덩어리로 잘 짜인 조직이 아니라 '느슨한 그룹들의 모임'으로서,
각자 즉흥적으로 업무를 추진하며, 너무 늦기 전에 관련 군대 수장이 분별 있는 결
정을 하도록 설득하는 데 최선을 다했다. 전례 없는 지위에서 일하던 지식인들은
평시부터 잔존한 공식적인 구조를 사실상 무시하고 나름의 구조를 세웠다. 이번
전쟁은 너무 중요해서 장군이나 정치인들에게 맡길 수가 없었다. 블레츨리는

본래 있던 부서의 내부 혹은 그와 병행하여 생긴 여러 소조직을 분리 운영하며 인원
을 배치했다. 이러한 다양성과 개성으로 인해 획일성은 없었다. 하지만 지위에 연
연하거나 계급에 중점을 두지 않고 정부신호암호학교에서 일했던 것처럼 이들이
이런 상황을 즐겼음도 분명하다.

각 군 수장들이 분개한 것은

정부신호암호학교 부서 내부 그리고 부서 간의 독창적인 무질서였다. 이 무질서가
정부신호암호학교의 일상 업무를 특징짓고, 비정통적이고 '제멋대로인' 전시 인원
들에게서 가장 훌륭한 것을 끌어냈다.

앨런 튜링의 이미테이션 게임

앨런은 4호 막사 덕분에 군대적인 사고방식과 직접적인 접촉을 벗어났다. 문제를 일으킨 것은 앨런의 성과였다. 군대에서는 악몽과도 같은 "획일성이 없고" 또한 "계급에 중점을 두지 않는" 상황을 "즐겼던" "제멋대로인" 사람들 중에서도 앨런이 '훨씬 두드러졌다.'

더 정확히 말해, '공식적인' 계급에 상관없다는 사실이 아주 충격적이었다. 암호분석가들은 각자의 재능과 속도가 다르다는 사실을 잘 알고 있었다. 이것을 민주주의(혹은 군대적인 사고방식에서 '무질서')라고 한다면, 노예는 포함시키지 않는 그리스 식 민주주의였다. 8호 막사는 지능이 뛰어난 사람들만 참여하는 귀족정치였고, 앨런에게 완벽하게 어울리는 체제였다. 휴 알렉산더가 관찰한 대로[27]

앨런은 어떤 종류의 관료주의나 거만함도 절대 참지 못했다. 사실 앨런으로서는 이해할 수 없는 것들이었다. 앨런이 생각하는 권위는 오직 이성에서만 나오는 것이었고, 책임자의 위치에 오르는 유일한 근거는 관련 주제에 대한 이해가 그 누구보다 뛰어나다는 것이었다. 앨런은 비이성적인 사람과 상대하는 것을 어려워했다. 모든 사람들이 이성에 귀 기울일 준비가 되어 있지는 않다는 사실을 믿을 수 없었기 때문이다. 따라서 다른 사람들과 달리, 우둔한 사람이나 사이비를 보아 넘기지 않으려는 행동이 사무실에서 앨런에게 실질적인 단점으로 작용했다.

외부 세계의 사람들과 상대하는 것도 문제였다. 시민들은 순진하게 군대의 목적이 전투라고 믿는 경향이 있었고, 거의 모든 기관들처럼 군대도 변화를 저지하고 서로의 침입을 막기 위해 많은 힘을 쏟는다는 사실을 인정하지 않았다. 앨런이 데니스턴을 만날 기회는 거의 없었고, 데니스턴은 자신이 주도했던 비전과 규모의 변화를 결코 따라잡지 못했다. 해군 업무를 총괄하며 기계를 책임지던 트래비스는 성격이 좀 더 처칠에 가까워서 새로운 아이디어를 독려했다. 그리고 또 한 사람 J. H. 틸트먼 준장이 암호분석가들에게 깊은 존경을 받았다. 하지만 새로 소집된 인원들이 쉽사리 이해할 수 없을 정도로 행정처리가 더디고 인색한 측면이 있었다. 놀라운 정보들이 얼마나 중요한지 너무나도 분명했는데, 그들은(특히 앨런은)

시스템이 즉각 적응하지 못하는 이유를 이해할 수 없었다. 예를 들어, 1941년 중반까지 보급된 봄베 6대는 앨런의 기대에 훨씬 못 미치는 규모였다. 모든 운명이 달린 것처럼 폭격기 생산에 미친 듯이 열을 올리고, 총력전에 있어서 사소하기 짝이 없는 문제에 관해 대국민 권고를 쏟아내면서, 봄베 제작에 인색하게 군다는 것이 불합리해 보였다.

이런 문제들을 처리하는 과정에서 휴 알렉산더가 다재다능한 조직책이자 외교관임이 입증되었다. 앨런으로서는 결코 불가능한 일이었다. 한편, 잭 굿은 본인이 더 관심을 쏟던 통계 이론을 인계받았다. 순수 수학과 관련하여 발생하는 작업은 숀 와일리와 다른 사람들에게 믿고 맡길 수 있었다. 다들 일상 업무에서 앨런보다 뛰어난 사람들이었다. 앨런 튜링이 해군 에니그마를 맡고, 누구보다 그 일을 책임질 적임자라는 사실에는 이견이 없었다. 앨런은 처음부터 끝까지 해군 에니그마와 함께했고, 전체 과정에 헌신했다. 다른 사람들만큼 교대근무를 해가며 들어오는 메시지를 처리하는 작업도 마다하지 않았다. 모두 열성적으로 힘을 합쳐 즐겁게 일하는 백설공주의 숲 속 작은 오두막 같았다. 앨런이 지도자의 위치를 차지한 이유는 부분적으로 R. V. 존스처럼 '처음으로 시작'했기 때문이었다. 앨런이 처음에 합류한 것은 우연이었지만, 힐베르트의 문제를 공격했던 것과 비슷했다. 튜링기계에 대한 아이디어는 케임브리지대학교 수학 졸업 학위와 아무런 관련이 없었고, 마찬가지로 암호분석에 관한 아이디어도 다른 책이나 논문의 도움 없이 쏟아져 나왔다. 기반으로 삼을 만한 책이나 논문도 없었다. 영국의 아마추어 전통에 따라, 앨런은 필통을 꺼내들고 오두막 책상에 앉아 작업에 착수했다.

이런 점에서 전쟁은 앨런의 갈등을 상당 부분 해결했다. 어떤 것의 핵심을 파고들어 의미를 끌어내고 그 의미를 물질계에서 작동하는 무엇과 연결하는 작업은 다름 아닌 전쟁 전에 앨런이 찾던 것이었다. 지적으로 다른 사람이 파놓은 구멍을 메우는 것과 같은 일에서 앨런이 피난처를 찾았다는 것은 인류 역사의 실수였다.

군이 에니그마 해독의 중요성을 쉽게 받아들이지 않은 반면, 윈스턴 처칠은 달랐다. 1914년 이후 줄곧 암호해독에 매료된 처칠은 블레츨리를 좋아했고, 암호해독을 극히 중요하게 여겼다. 처음에 처칠은 에니그마 메시지 '전부'를 읽겠다고 요구했으나, 매일 가장 흥미로운 정보가 실린 메시지만 특별한 상자에 담아 받는 것으로 타협했다. 그 상자 속에 해군 에니그마 요약본이 들어 있었다. 공식적으로 정부신호암호학교가 정보부장의 책임을 맡은 이후, 앨런의 작업으로 생긴 부작용 중 하나는 그로 인해 영국첩보기관이 권위를 회복했다는 사실이었다.

처칠 수상이 이끄는 정부의 힘도 증가했다. 처칠은 첩보를 전체적으로 조망하는 특권을 홀로 누렸다. 이런 단계에서 자료의 통합이 일어나는 곳은 그의 머릿속뿐이었다. 이것은 군부나 외무성이 반기는 상황이 아니었다. 더군다나 수상이[28] "자기들은 들은 적이 없어 이해하지 못하는 정보에 대해 불쑥 질문을 던지기 일쑤"이고 "참모본부나 외무성에 행동이나 논평을 요구하며, 작전 구역과 지휘관 개인에게 직접 신호를 보내니" 특히 달갑지 않은 상황이었다.

1930년에 처칠은 "완전히 망친 전쟁이 되어버렸다. 모두 민주주의와 과학의 잘못이다"라고 기록했다. 하지만 아직도 처칠은 필요한 경우 민주주의와 과학을 이용했고, 암호해독을 해낸 사람들을 간과하지 않았다. 1941년 여름 처칠은 블레츨리를 방문했고, 잔디밭에서 주위에 늘어선 암호분석가들을 격려했다. 처칠은 8호막사로 이동해 앨런 튜링을 소개받았는데, 앨런은 인절부절못했다. 수싱은 블레츨리 인원들을 "조용히 황금알을 낳는 거위"라고 부르곤[29] 했는데, 앨런이 1등 거위였다.

독일 보급선이 마지막으로 격침된 날은 1941년 6월 23일이었다. 그렇지만 이날은 그 이상의 의미가 있었다. 트위들덤이 잠자고 있는 붉은 왕에게 맞선 날이었다. 스탈린만 허를 찔린 것이 아니었다. 독일의 침공이 임박했음을 증명하는 독일 공군 에니그마 메시지가 정부신호암호학교와 각 군 수장들 사이에 또 다른 싸움을 일으켰다. 수장들은 정부신호암호학교에서 하는 말을 믿을 수가 없었다. 하지만 세계대전은 이미 시작되었다. 그때부터 대서양이 독일의 주 무대가 되었고, 지중해는 부차적이었다. 게임의 양상이 바뀌어 무질서 시대가 막을 내렸다.

1941년 봄 앨런은 새로운 우정을 키우고 있었다. 조안 클라크와의 우정이었는데, 앨런으로서는 아주 힘든 결정을 내린 사건이었다. 우선 두 사람은 함께 몇 차례 영화도 보러 다녔고 휴가도 함께 보냈다. 결론을 내기까지 시간이 오래 걸리지 않았다. 앨런이 청혼했고, 조안은 기꺼이 청혼을 받아들였다.

1941년에 결혼이 성적 욕구와 일치하지 않는 것을 중요하게 생각하는 사람은 많지 않았을 것이다. 결혼이 부부 두 사람의 성적 만족을 포함해야 한다는 견해가 현대적인 의견이었지만, 결혼을 사회적 의무로 보는 옛날 견해를 완전히 대체하지는 못했다. 앨런도 아내가 가정을 지키는 결혼 관계의 형식에는 의문을 제기하지 않았다. 그러나 다른 면에서 앨런은 현대적인 견해를 갖고 있었고, 무엇보다 실수를 정직하게 인정했다. 며칠 후 앨런은 조안에게 자신이 '동성애적 성향'이 있어서 결혼 생활이 잘될 것 같지 않다고 고백했다.

앨런은 이로써 문제가 끝날 것이라고 기대했지만, 기대했던 대로 일이 풀리지 않아 놀랐다. 조안을 과소평가하고 있었다. 조안은 동성애 성향 같은 터부시하는 단어에 겁을 먹는 사람이 아니었다. 두 사람의 약혼은 깨지지 않았다. 앨런은 조안에게 반지를 선물했고, 길퍼드를 방문해 튜링 집안에 정식으로 소개시켰다. 일은 순조롭게 진행되었다. 오는 길에 런던에 들러 조안의 부모님께 인사를 드리고 점심을 함께했는데, 조안의 부친은 성직자였다.

예를 들어 조안이 길퍼드에서 앨런의 어머니와 함께 성찬식에 참여할 때, 앨런은 분명히 자기 자신에 대해 생각했을 것이다. 앨런이 자기 의견을 어느 정도 부드럽게 표현한 것은 당연한 일이었지만, 결국에는 불가능한 일이었다. 게다가 '성향'이라는 모호한 표현은 앨런이 친한 남자 친구에게 말할 때처럼 정직한 표현이 아니었다. 사실 앨런이 성향 이상이라고 고백했다면, 조안은 마음의 상처를 입고 충격에 빠졌을 것이다. 앨런은 조안에게 밤에 관해 이야기하며, 당분간 자신이 재정적으로 지원을 해줘야 하는 것이지 성적인 문제가 아니라고 설명했다. 이 또한 사실이지만, 모든 사실을 있는 그대로 말한 것은 아니었다. 비록 앨런이 사무실에서는 그녀의 상사였지만, 재능 있는 사람들의 귀족정치 체제에서 두 사람은 동지였으며, 앨런은 특별히 조안에게 "남자를 대하듯 말을 건넬 수 있어서" 기쁘다고 이야기했다. 앨런이 8호 막사의 '여자들'을 대할 때 어쩔 줄 몰라 하는 적이 많았는데, 당연한 '반말'을 잘하지 못해서 특히 그랬다. 하지만 조안은 암호분석가로서

　　　　　　　　　　　　　　　　　　앨런 튜링의 이미테이션 게임

명예 남자 대우를 받았다.

앨런은 조안과 같이 근무하도록 교대조를 편성했다. 조안이 막사에서는 반지를 끼지 않았고, 두 사람의 약혼 사실을 아는 사람도 숀 와일리뿐이었지만, 머지않아 무슨 일이 있을 줄 다들 눈치 채고 있었고, 앨런은 결혼을 발표하며 사무실 파티에 쓰려고 구하기 어려운 셰리sherry(스페인 남부 지방에서 생산되던 백포도주—옮긴이) 몇 병을 챙겨두었다. 비번일 때 두 사람은 미래에 대한 이야기도 나누었다. 앨런은 아이를 원하기는 하지만, 중요한 시기에 중요한 업무에서 조안이 손을 떼는 것도 생각할 수 없는 일이라고 말했다. 게다가 1941년 여름의 상황으로는 전쟁의 결과도 불투명했고, 앨런은 여전히 비관적이었다. 러시아와 극동지역에서 추축국the Axis(제2차 세계대전 시의 독일, 일본, 이탈리아—옮긴이)을 막을 수도 없어 보였다.

앨런이 조안에게 남자를 대하듯 말을 건넬 수 있다고 했을 때, 근엄하게 굴었다는 의미는 분명 아니었다. 정반대로, 격식을 따지지 않고 자신의 본래 모습 그대로 대할 수 있다는 의미였다. 앨런이 무슨 계획이나 오락거리를 이야기하면 두 사람은 기꺼이 함께하곤 했다. 앨런은 뜨개질을 배웠고, 끝마무리만 빼놓고는 장갑 한 켤레를 만들 정도였다. 조안은 마무리하는 법을 앨런에게 설명해주었다.

두 사람이 그렇게 쉽게 우정을 나누었다는 사실은 즐거움이자 어려움이었다. 두 사람 모두 체스를 좋아했다. 조안은 휴 알렉산더의 초급반 체스 강좌를 듣고부터 체스를 즐긴 초급자였지만, 둘의 실력은 막상막하였다. 9시간 동안의 밤교대를 마치고 체스를 두었기 때문에, 앨런은 "졸린 체스"라고 부르곤 했다. 조안이 가진 것은 종이로 만든 미니 체스뿐이었고, 전시에 제대로 된 체스 세트를 구할 수도 없어서, 두 사람은 임시방편으로 체스 장비를 만들었다. 앨런이 마을 웅덩이에서 구해온 찰흙으로 두 사람이 말을 만든 다음, 앨런이 크라운인에 있는 자신의 방에서 석탄 난로 선반에 얹어 불에 구웠다. 깨지기는 쉬웠지만, 그래도 꽤 쓸 만한 결과물이 나왔다. 앨런이 학창 시절에 만들어봤다며 진공관 하나짜리 무선 수신기도 만들려고 했지만 성공하지는 못했다.

런던을 방문했을 때 두 사람은 낮에 버나드 쇼의 연극을 보러 가기도 했다. 당시 앨런은 버나드 쇼 외에 토머스 하디를 좋아했고, 조안에게 『더버빌가의 테스』 책을 빌려주었다. 어쨌든 모두 빅토리아 시대의 관례를 공격한 작가 사무엘 버틀러와 궤를 같이하는 작가였다. 그렇지만 앨런과 조안은 자전거를 타고 멀리까지 시골길을 다니며 더 많은 시간을 보냈다. 조안도 학교에서 식물학을 공부했기 때문에, 『자연의 신비』까지 거슬러 올라가는 앨런의 열정을 함께할 수 있었다. 앨런은 특히 식물의 성장과 형태에 관심이 있었다.

전쟁 전에 앨런은 1917년에 출간된 생물학자 다시 톰슨D'Arcy Thompson의 고전 『성장과 형태Growth and Form』를 읽었는데, 생물학적 구조를 수학적으로 논한 책으로는 그때까지도 유일한 책이었다. 앨런은 특히 자연에서 드러나는 피보나치 수에 매료되었다. 피보나치수열은

1, 1, 2, 3, 5, 8, 13, 21, 34, 55, 89⋯

로 시작하는데, 각 항은 앞에 나온 두 항의 합이다. 보통 많은 식물의 잎 배열이나 꽃잎 문양에서 피보나치 수를 볼 수 있다. 수학과 자연의 이런 연결이 다른 사람들 눈에는 단지 기이하게 보이겠지만, 앨런에게는 아주 흥미진진한 것이었다.

어느 날, 아마 테니스 게임을 끝낸 후, 두 사람은 블레츨리 파크 잔디밭에 누워 데이지 꽃을 관찰하고 있었다. 함께 꽃에 관해 이야기를 나누었고, 조안은 학교에서 배운 대로 식물의 잎 배열을 기록하고 분류하는 법을 설명했다. 줄기를 따라 위로 올라가며 잎의 개수를 세고, 출발했던 잎사귀 바로 위의 잎으로 돌아올 때까지 몇 번 감겼는지 그 숫자를 헤아리는 방법이었다. 이 숫자들은 보통 피보나치수열에서 나타나는 숫자인 경우가 많았다. 한번은 앨런이 호주머니에서 전나무 방울을 꺼내서 피보나치 수를 아주 쉽게 찾을 수 있었지만, 데이지 꽃의 꽃잎 부분에도 같은 생각을 적용할 수 있을 것이다. 이 경우 어떻게 꽃잎을 세어야 할지 조금 복잡했고, 조안은 그렇다면 그냥 꽃잎을 따라가며 센 숫자가 그런 결과로 나온 것이 아닐지도 모른다고 생각했다. 다시 톰슨의 생각도 아주 흡사했다. 톰슨은 자연에서 숫자가 어떤 실질적인 의미가 있다는 생각을 무시했다. 두 사람이 여러 가지 도표를 그려가며 이 가설을 시험했지만, 앨런은 만족하지 못했고, "데이지가 자라는

342

것을 관찰하던" 생각을 버리지 못했다.

1941년에는 모두들 뜨개질이나 풀칠을 하며 스스로 위안거리를 만들었다. 그해 모컴 부인이 사망한 클락하우스에서는 새끼 염소를 잡아 끼니를 이었고, 블레츨리에서는 8호 막사의 작업뿐만 아니라 비참한 제한급식에서도 해상운송의 위기가 반영되었다. 식사 문제만 아니라면 앨런은 포위당한 느낌이 차라리 좋았다. 1930년대에 중요하게 여겼던 사회적 규약 문제들이 중지되었기 때문이다. 앨런은 항상 직접 만들기를 좋아했다. 장갑이나 무선 수신기뿐 아니라 확률 이론도 그랬다. 케임브리지에 다닐 때는 주로 별을 보고 시간을 판단했다. 이제 전쟁이 앨런의 편이었다. 영국이 자립도를 높이려면 모두들 더 튜링처럼 에너지를 덜 낭비하며 살아야 했다.

고고한 블레츨리에서는 충분히 이해할 만한 일이었다. 여러 면에서 《뉴스테이츠먼》 독자들이 세운 기관인 블레츨리는 고대 대학의 창의적인 요소를 정제하고, 여성혐오적인 정문을 통과하며 상류층의 예비신부학교 정서를 버렸다. 당시 블레츨리에는 아마추어 연극반 등 여러 가지 동호회가 생겼다. 앨런은 언제나 그렇듯 이런 활동에 소극적이었고, 블레츨리의 사교계 모임에도 참여하지 않았다. 어느 정도 '괴짜'였지만, 훨씬 나이 많은 딜윈 녹스처럼 군림하는 이기주의는 없었다. 수줍은 옆집 소년 같은 태도를 유지하며 관습에 대한 거부감을 말없이 표현했다. 8호 막사 인원들 사이에서 앨런의 페르소나는 '교수'였다. 새로 들어오는 인원이 모두 '교수 유형의 인물'이었지만, 교수라는 단어는 특히 앨런에게 잘 어울렸다. 직함으로 부르기도 쉬웠고, 특히 여자들의 경우에 편했다. 존경의 표시였지만 아마추어적인 그의 태도를 의미하기도 했다. 권위가 뛰어나기보다는 으레 그러려니 하는 교수의 태도를 의미했다. 조안도 근무 중에는 앨런을 '교수'라고 불렀다. 비번일 때 앨런은 호칭 문제를 거론하며, 거부감을 보인 것은 아니었지만, 진짜 교수가 되거나 대학으로 돌아간다면 다시는 그렇게 부르지 않겠다는 약속을 조안에게 받아냈다. 사실 남편을 이름이 아니라 직위로 부르는 중하위층 아내들의 습관에 비춰, 튜링 부인이 지체 없이 지적했던 상스러운 구석이 있는 어법이었다. 하지만 앨런이 교수 직함으로 불리는 것을 주제넘다고 생각한 이유도 있었다. 피구도 킹스 칼리지에서 '교수'로 알려져 있지만 이유는 비슷했다. 사실 두 사람은 어딘지 모르게 비슷했다. 데이비드 챔퍼노운이 전쟁 전에 두 사람을 소개시켰고, 피구가 나이 든 킹스 칼리지 교수들(혹은 앨런이 흔히 부르는 말로 "노친네들") 중에서 아마도 앨런을 잘 이해하는 유일한 사람이었고, 사실 서로 존경하는 사이가 되었다. 피구는[30] "논리 관계의 확실한 파악을 즐겼고… 지적 무결성에 열광"했으며, "삶의 모든 중요한 문제와 삶을 단순화하는 놀라운 능력"이 있었고, "무기로 사용하는 가식을 모두 거부"했으며 "심미안의 대상은 산과 인간"이었다. 모두 앨런에게도 그대로 적용되었을 말이다.

사립학교에서 앨런의 별명은 그가 맡은 역할을 암시했다. 앨런은 별자리본과 진자 실험, 그리고 사우샘프턴에서 학교까지 자전거를 타고 온 일화로 '수학 수재'로 불리곤 했다. 그때처럼 블레츨리 구역에서도 '기이한 행동'에 대한 사소한 사례들이 회자되었다. 앨런은 6월 초 무렵이면 꽃가루 알레르기에 시달리곤 했는데, 그 때문에 자전거를 탈 때 앞이 잘 보이지 않자 사람들이 어떻게 보든 상관없이 꽃가루를 막기 위해 방독면을 착용하곤 했다. 자전거도 독특해서, 일정 바퀴 수가 되면 특정 바퀴살이 특정 체인에 걸리기 때문에(암호 기계와 비슷한 면이 있었다) 조치를 취하려면 바퀴 회전수를 세어야만 했다. 앨런은 기계장치의 결함을 해독이라도 해낸 것 같아 기뻤다. 몇 주일 동안 수리를 맡기지 않아도 되었고, 동시에 자전거가 발명될 당시의 의미, 다시 말해 자유의 도구라는 의미를 회복했기 때문이다. 머그잔은 (전시 상황에서는 대체할 만한 물품을 다시 찾기가 어려웠으니) 더 확실하게 지켰는데, 8호 막사 라디에이터 파이프에 번호자물쇠로 묶어두었다. 그런데도 머그잔이 없어져 앨런은 약이 올랐다.

사실이든 아니든, 바지를 끈으로 묶고 캐주얼 상의 안에 파자마 윗도리를 입고 다닌다고 말이 많았다. 또한 이제 권위 있는 위치에 올랐으니, 앨런의 소심한 태도도 구설수에 오르기 쉬웠다. 말을 하다 말고, 정확한 표현을 찾으려고 뇌가 움직이는 것이 거의 보일 정도로 애쓰며, 다른 방해를 받지 않으려고 내는 날카롭고 새된 '아-아-아-아-아' 소리도 문제였다. 그러다가 속사포처럼 웃어대며 예상하지 못한 단어나 저속한 비유, 속어, 무모하거나 우스운 계획, 무례한 암시를 내뱉기 일쑤였다. 뻔뻔했지만 (모든 것을 다 알고 환멸한 사람의 천박한 표현이라기보다는) 묘하게 신선한 시각으로 모든 것을 꿰뚫어보는 사람의 예리한 표현 같았다. 그들이 할 수 있는 표현이라고는 "학생 같다"라는 말이 다였다. 막사에 인사기록 서류가 돌 때면, 짓궂은 누군가가 앨런의 서류에 "A. M. 튜링 21세"라고 적었지만, 조안을 비롯해 다른 사람들은 "16세"로 적어야 한다고 말했다.

앨런은 사람들의 외모에는 신경을 쓰지 않았고, 특히 자신의 외모에 무관심해서 언제나 잠자리에서 방금 일어난 것 같은 차림이었다. 면도칼로 면도하는 것을 싫어해서 오래된 전기면도기를 사용했다. 상처가 나면 피를 보고 기절할 것 같아 그랬을 것이다. 늘 수염이 서뭇서뭇한 모습이었는데, 그 때문에 어둡고 거친 안색이 두드러져서 더 세심한 관리가 필요해 보였다. 담배를 피우지 않았는데도 이가 눈에 띄게 노랬다. 정작 사람들이 주목한 것은 앨런의 손이었다. 손톱이 묘하게 울룩불룩한 것이 아무튼 이상했다. 한 번도 손톱을 다듬거나 깎은 적이 없었고, 전쟁 전에도 그랬지만, 불안하면 손톱 옆을 물어뜯는 습관 때문에 보기 흉하게 껍질이 벗겨진 자국이 생겨서 더 이상했다.

어떻게 보면 궁핍한 생활 방식처럼 외모에 무신경한 태도기 사람들이 말하는 '교수다운 모습'을 극대화시켰다. 그리고 그런 모습은 박봉에 시달리며 자전거로 출퇴근하는 교수들을 오랫동안 익숙하게 보아온 사람들보다 대학 외부 사람들에게 훨씬 더 큰 충격이었다. 기이할 정도로 앳된 앨런의 태도는 전형적인 '교수' 유형과는 어긋나지만, 여전히 앨런은 옥스퍼드와 케임브리지대학 외부의 세계에서 킹스 칼리지의 가치관을 집약하여 보여주는 인물이었고, 앨런의 기이함에 대한 반응은 대개 영국 지식인들이 전통적으로 받던 당황스러운 존경과 고개를 흔드는 의심이 뒤섞여 농축된 형태였다. 특히 고향 길퍼드의 반응이 그랬는데, 길퍼드에서는 앨런의 약혼을 여자 앞에서 숫기 없는 교수 유형과 '국교회 교구목사의 딸'*이자 신식 '여자 수학자' 유형의 약혼으로 받아들였다. 이는 모욕적이었지만, 삶의 작은 도전

---

* 조안은 영국 국교회 교구목사의 딸이 아니었지만, 길퍼드에서는 그렇게 생각했다.

에 대처하여 앨런이 꽤 합리적으로 내린 해결책에 대해 피상적인 뒷이야기만 되풀이하는 행위는, 살고 있는 세상에 관해 앨런이 가질 법한 더 위험하고 어려운 문제로부터 관심을 돌리는 목적으로 유용하게 사용되었다. '기행'이라는 말은 일반적인 사회 통칙을 의심하는 사람들을 지키는 안전판 구실을 했다. 일부 예민한 블레츨리 사람들은 때때로 일어나는 우스운 이야기 이면에 태도의 미묘함과 자기 성찰의 층이 숨겨져 있음을 알았다. 어쩌면 앨런은 자신의 습관에 대해 쏟아지는 조소를 환영했을지도 모르겠다. 그로 인해 본래의 모습을 간직하는 방어선이 만들어졌기 때문이며, 중심에 선 순진한 국외자인 앨런이 중요한 지점에 그냥 머물 수 있었기 때문이다.

1941년 여름 세상사에 훨씬 더 밝은 맬컴 머거리지가 블레츨리를 방문해 목격한 이야기이다.[31]

> 매일 점심 식사 후 날이 좋으면 암호해독가들은 영주의 저택 잔디밭에서 라운더스 rounders(영국에서 유행했던 공놀이로서 야구의 시초로 알려져 있다―옮긴이)를 즐겼다. 교수들은 중요한 연구에 비해 경박하고 하찮게 보일 그런 활동에 참여하면서도 짐짓 근엄한 태도를 가장했다. 한 예로, 그들이 경기에 관한 사항을 놓고 논란을 벌일 때면 자유의지나 결정론을 질문할 때와 똑같이 열정적이었다… 무겁게 고개를 흔들고, 중간 중간 코로 숨을 가쁘게 들이쉬며 말했다. "내 타격이 더 확실하다고 생각했어." 혹은 "내가 모순 없이 단언할 수 있는데, 내 오른발이 이미…"

8호 막사에서는 비번일 때 경기, 자유의지, 결정론에 관한 이야기들을 나누었는데, 사실 앨런은 말하기 전에 그렇게 숨을 들이쉬는 습관이 있었다.

그때 앨런은 도로시 세이어즈Dorothy Sayers(영국 탐정 소설 작가―옮긴이)의 신간 『창조자의 정신The Mind of the Maker』[32]을 읽고 있었다. 세이어즈가 기독교 창조론을 소설가의 체험을 통해 해석하려 한 이 책은 앨런이 평소에 읽는 취향은 아니었지만, 세련된 태도로 자유의지에 문제를 제기하는 작가가 마음에 들었을 것이다. 세이어즈

앨런 튜링의 이미테이션 게임

는 소설 속 인물들이 당초의 기본 계획에 의해 정해지는 것이 아니고 스스로의 일관성과 예측 불가능성을 찾아가야 한다는 자신의 인식에 비추어 신의 관점에서 자유의지를 살폈다. 앨런이 상상한 이미지는 "우주를 창조하신 신께서 이제 펜의 뚜껑을 닫고 벽난로 선반에 발을 올리신 채, 일이 스스로 알아서 진행되도록 내버려 두셨다"라는 라플라스 식 결정론이었다.

새로운 내용은 아니었지만, 봄베가 똑딱거리며 스스로 일을 처리하고 렌스는 이유도 모른 채 맡은 일을 처리하는 상황에서 읽으니 분명히 인상적이었을 것이다. 앨런은 인간이 별 의식이 없는 상태에서 독창적인 작업에 참여할 수 있다는 사실에 매료되었다.

기계처럼 행동하는 인간들과 기계가 인간적 사고와 판단, 인지의 상당 부분을 대체했다. 시스템 작동법을 아는 사람은 거의 없었고, 누가 보더라도 시스템은 예측할 수 없는 판단을 내리는 신비한 오라클이었다. 기계적이고 명확한 처리에서 독창적이고 놀라운 결정이 나왔다. 「계산 가능한 수」에 담긴 아이디어의 틀과 연결되는 점이 이것이었다. 당연히 절대 잊을 수 없는 아이디어였다. 앨런은 조안에게 튜링기계 아이디어를 설명했고, 그녀의 반응은 실망스러웠을 테지만 치치 교수의 논문 별쇄본도 주었다. 자기가 발견한 문제에 대한 이야기도 해주었다. 그동안 책도 보고 글도 쓰면서, 튜링기계는 대단히 실제적인 생명의 형태를 갖추었고, 일종의 지능을 생산하는 단계까지 되었다.

비번일 때 나누는 이야기 중에 암호분석과 상당히 유사한 주제는 체스였다. 체스에 대한 앨런의 관심은 오락거리 이상이었다. 앨런이 바라는 것은 게임을 하는 본인의 노력에서 원칙의 문제를 끌어내는 것이었다. 체스 게임을 하는 '명확한 방법', 다시 말해 기계적 방법이 과연 있느냐 하는 질문에 매우 흥미를 갖게 되었다. 기계적 방법이라고 해서 사실 물리적인 기계를 반드시 만들어야 한다는 의미는 아니었지만, 계산 가능성의 개념을 공식화한 '명령문'처럼 체스 선수가 별 의식 없이 따라 할 수 있는 규정집 정도는 의미했다. 이런 토론을 하면서 앨런은 우스갯소리로 "노예" 선수라는 말을 자주 했다.

체스와 수학의 비유는 이미 그전부터 있었던 것으로, 주어진 목표에 도달하기 위해 올바른 단계를 어떻게 선택할 것이냐가 두 가지 모두의 공통문제였다. 체스는 장군을 부르는 것이 주어진 목표이다. 괴델은 수학에서 목표에 이르는 길은 절대 없다고 증명했고, 앨런은 주어진 목표에 도달하는 길이 있는지 없는지 결정할 기계적인 방법은 결코 없다고 증명했다. 그러나 수학자나 체스 선수, 암호해독가가 실제로 '지적인' 단계를 어떻게 밟아나가는지에 관해, 그리고 그 지적인 단계를 기계에서 어느 정도까지 시뮬레이션할 수 있을지에 관해서는 여전히 의문이었다.

'결정 문제'에 대해 앨런이 제시한 해결책과 순서수 논리에 관한 논문이 기계적 처리의 한계에 주목하고 있지만, 이제 그 바탕에 깔린 유물론적 사고의 경향이 한층 분명해지며, 기계로 '할 수 없는' 것보다는 기계로 '할 수 있는' 것을 찾아내는 데 관심이 있었다. 힐베르트 학설은 허물었지만, 여전히 앨런은 풀리지 않는 문제를 공격하는 힐베르트의 정신이 넘쳤고, 합리적인 사고 자체를 포함해 합리적으로 탐구할 수 없는 것은 아무것도 없다고 확신했다.

잭 굿도 앨런처럼 블레츨리 정신을 가진 인물로서, 그저 '수학자'가 아니라 논리적 기술과 물리계의 연결을 탐구하는 데 즐거움을 느끼는 사람이었다. 마찬가지로 체스에 흥미가 있었지만, 앨런과 달리 그는 케임브리지셔 주 대표선수였다. 1938년에 이미 케임브리지 수학과 학생들이 만드는 잡지 《유레카Eureka》 창간호에서 기계적인 체스 게임에 관한 재미있는 글을 발표한 적도 있었다. 체스 게임 외에도 앨런은 잭 굿에게 바둑도 가르쳤는데, 얼마 지나지 않아 바둑에서도 잭 굿에게 패했다.

앨런과 잭 굿은 야간 근무를 설 때면 식사를 하면서 체스를 자동화하는 문제에 대해 자주 이야기를 나누었다. 두 사람이 주목한 것은 기본적인 생각이었다. 명백하다고 합의한 내용은 이랬다. 체스 선수가 흔히 생각하는 묘수는 상대방이 예상대로 움직일 경우에만 가능하다. 하지만 실제 경기에서 백은 흑이 항상 상황을 최대한 유리하게 이용할 것으로 가정한다. 따라서 백의 전략은 흑에게 최소한으로 유리하게 움직이는 것이 될 것이다. 다시 말해, 최선이라고 생각하고 움직인 흑의 이동을 가능한 모든 최선의 이동 중에서 가장 최소로 성공한 것으로 만들도록 움직이는 것이 백의 전략이다. 사실 이런 전략을 최소 최대minimum maximum라고 한다.

앨런 튜링의 이미테이션 게임

이런 생각은 새로운 것이 아니었다. 게임 이론은 1920년대부터 수학적으로 연구되었고, 체스 선수 제2의 천성*이라는 이 원칙은 현대 수학 방식으로 추론되어 공식화된 것이었다. '미니맥스minimax'라는 단어는 최소로 불리한 행동 방침the least bad course of action이라는 생각을 표현하기 위해 만들어졌다. 체스 같은 게임뿐만 아니라 추측과 허세를 포함하는 게임에도 적용되었던 말이다. 1921년 프랑스 수학자 보렐E. Borel이 처음으로 발표한 개념을 적용해 폰 노이만이 수학적 연구의 많은 부분을 완성했다. 보렐은 게임 운영의 '순수' 전략과 '혼합' 전략을 규정했다. 순수 전략이란 어떤 상황에서도 합당한 행동을 내놓는 명확한 규칙이고, 혼합 전략은 두 가지 혹은 그 이상의 순수한 전략을 갖고 있으면서 이 중에서 무작위로 선택하되 상황에 따라 전략 각각의 선택 확률은 정해져 있었다.

폰 노이만은 어떤 게임이건 정해진 규칙에 따라 두 명의 선수가 경기를 하는 경우, 각자에게 최선의 전략이 존재하며 이는 보통 혼합 전략이라는 것을 증명할 수 있었다. 폰 노이만이 결론[33]을 제시하며 1937년 프린스턴에서 행한 포커 게임 강연에 앨런이 참석했을 가능성이 아주 높다. 두 사람이 하는 '어떤' 게임**에서든 두 선수 모두 '미니맥스' 전략에 얽매여, 결국 할 수 있는 것은 나쁜 일에서 최선을 얻어내고 상대방에게는 좋은 일에서 최악을 선사하는 것뿐이다. 이 두 가지 목표가 항상 동시에 일어난다는 것을 알게 된다는 폰 노이만의 정리는 우울하지만 아름다운 정리였다.

폰 노이만의 이론을 더 쉽게 보여주는 것은 체스보다는 허세와 추측이 포함된 포커 게임이었다.*** 체스처럼 숨김없는 게임을 폰 노이만은 '완전 정보perfect information' 게임이라고 부르며, 그런 게임은 항상 최적의 '순수 전략'이 있음을 증명했다. 체

---

* 아주 순진한 선수가 아닌 다음에야, 모두들 이에 머물지 않고 상대방의 특정한 약점을 이용하는 경기를 할 것이다.

** 더 엄밀하게 말하면, 한 사람의 손실이 항상 다른 사람의 이득이 되는 모든 '제로섬 게임'이다.

*** 포커(사실 너무 복잡해서 수학적으로 완전히 분석할 수 없다)보다는 '가위, 바위, 보' 게임으로 설명하는 것이 덜 복잡하다. 이 게임에서 두 사람 모두에게 최선의 전략은 세 가지 선택 중 하나를 동등한 확률로 무작위로 선택하는 '혼합' 전략이다. 쉽게 말해서, 한 사람이 무작위로 선택하지 않는다면 상대방은 그것을 이용해 이득을 얻을 수 있다.

스의 경우, 이 순수 전략은 모든 상황에 대처하는 방법을 정한 완전한 일련의 규칙
일 것이다. 그러나 에니그마의 배선반 위치보다 체스의 위치가 훨씬 더 많기 때문
에, 폰 노이만의 일반적인 이론은 게임에 관해 실질적인 가치가 없었다. 고도의
추상적 접근법은 실효성이 없음을 보여주는 대표적인 사례였다. 앨런과 잭 굿의
접근법은 게임 이론보다는 인간의 사고 과정에 관심을 두고 논의했다는 점에서 본
질적으로 달랐다. 순수 수학적 기준에서 보면 "단조롭고 초보적이며" 즉흥적인 논
의였지만, 현존하던 게임 이론을 상당히 독자적으로 파고들었다.

분석에서 우선 생각해야 할 사항은 합리적인 득점 체계였다. 잡힌 말, 위협당한
말, 지배된 칸 등을 근거로 갈 수 있는 여러 위치에 대해 숫자로 값을 정하는 것이
었다. 이에 대한 합의가 끝나면, 그저 점수를 극대화하도록 움직이는 것이 가장
노골적이지만 '명확한 방법'이 될 것이다. 그다음 세부 사항은 '최소한으로 나쁜'
이동을 선택하는 '미니맥스' 개념을 이용해 상대방의 반응을 계산하는 일일 것이
다. 일반적으로 체스에서 선수 각자가 말을 움직일 수 있는 경우의 수가 대략 30이
니, 이런 미숙한 체계에서도 대략 1,000번의 개별적인 평가가 필요할 것이다. 그
다음 단계까지 내다보려면 3만 번의 평가가 필요할 것이다.

도표를 간단하게 하기 위해 30가지 경우의 수를 단 두 가지로만 줄이면, 선수(백)가
말을 3번 이동할 경우 나타나는 '수형도'는 다음과 같다.

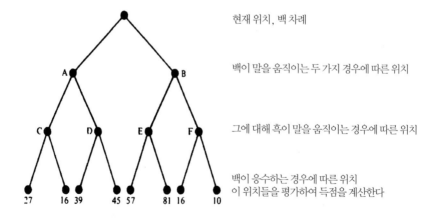

현재 위치, 백 차례

백이 말을 움직이는 두 가지 경우에 따른 위치

그에 대해 흑이 말을 움직이는 경우에 따른 위치

백이 응수하는 경우에 따른 위치
이 위치들을 평가하여 득점을 계산한다

앨런 튜링의 이미테이션 게임

백 선수는 E의 위치에 도달하는 것이 유리하다고 생각하겠지만, 흑 선수는 비협조적으로 B의 이동에 대해 F로 응수할 것이다. 백의 차선책은 D의 위치일 것이지만, 흑이 이번에도 C로 응수하여 백을 막을 것이다. 불리한 위치 C와 F중에서 C가 덜 불리한데, 최소한 백에게 27점의 위치는 보장하기 때문이다. 따라서 백은 A로 움직인다.

'기계'는 수형도를 '거슬러 올라가는' 방법으로 이런 사고의 흐름을 시뮬레이션할 수 있을 것이다. 예상되는 세 번의 이동에 대한 모든 점수를 파악한 다음, 미니맥스를 근거로 중간 위치들을 분류할 것이다. C 27점, D 45점, E 81점, F 16점(각각의 위치에 따른 최고치), 그리고 A 27점, B 16점(각각의 위치에 따른 최저치)을 계산한 뒤에 최종적으로 백은 A로 이동하는 길을 선택할 것이다.

이 기본적인 생각에서 인간의 지능과 얼핏 관계가 있는 결정 과정을 수행할 수 있는 '기계'가 탄생했다. 수학 전체에 대한 결정 과정을 생각하게 만드는 힐베르트의 문제에 비하면 하찮은 생각이지만, 실제 운용 가능한 것이었다. 앨런은 기계적으로 '생각하는' 실제 모델로서 이 생각에 집착에 가까울 정도로 매료되었다.

이런 세 수 앞 내다보기 분석은 실망스럽지만 실제 체스에서는 효력이 없을 것이다. 상대 말을 잡고 싶지 않아도 강제로 잡을 수밖에 없는 경우처럼 실제 체스에서 선수가 생각하는 것은 이동이 아니라 이동의 '사슬'일 것이기 때문이다. 앨런과 잭 굿도 이 점을 감안했고, 언제든지 말이 잡힐 수 있는 한 '내다보는 깊이'가 다를 수 있기 때문에 '정지' 위치에서만 득점을 평가하기로 결정했다. 그렇다 해도 이런 구상은 핀Pin(상대의 앞에 있는 말과 뒤에 있는 말을 묶어두는 전술—옮긴이)이나 포크Fork(하나의 말로 다수의 말을 공격하는 전술—옮긴이)로 유인하는 함정이 있는 훨씬 미묘한 경기에 대응하지 못할 것이고, 두 사람이 논의한 것도 이런 사실이었다. 체스 게임에 대한 미숙한 억지 공격이었지만, 꽤 정교한 사고 과정을 기계화하는 첫걸음이었다. 최소한 비밀스럽지 않은 첫걸음이었다.

그들은 이런 생각들이 너무 명백해서 발표할 가치가 없다고 생각했다. 앨런은 자신의 수학 연구를 계속 진행했고, 미국에서 출간하기 위해 제출했다. 진짜 지식인이었던 앨런으로서는 인간의 죄악과 어리석음에 굴복한 자신이 부끄러웠을 것이다. 이렇게 말한 적이 있다. "전쟁 전에 나는 논리학을 연구했고 암호해독은 취미였지만 이제는 정반대이다." 앨런이 이 수리논리학 '취미'에 대해 생각하게 된 것은 1940년과 1941년에 서신을 주고받은[34] 뉴먼의 자극 덕분이었다. 뉴먼은 1941년 다시 케임브리지에서 수학의 토대에 관한 강의를 맡았다.

앨런은 주로 유형론의 새로운 공식화에 공을 들였다. 러셀은 유형을 프레게G. Frege의 집합론 때문에 부득이 사용할 수밖에 없는 성가신 것으로 보았다. 다른 논리학자들은 논리범주의 계층구조가 자연스러운 생각이며, 상상할 수 있는 모든 독립체를 '집합들'로 뭉뚱그리려는 시도가 이상하다고 느꼈다. 앨런은 후자의 의견에 가까웠다. 앨런이 선호하는 것은 수학자들이 실제 생각하는 방식과 일치하고 실제로 운용 가능한 이론이었을 것이다. 또한 수리논리학으로 수학자의 작업이 더 엄격해지는 것을 보고 싶었다. 이 시기[35]에 앨런은 「수학 표기법의 개혁The Reform of Mathematical Notation」이라는 다소 비전문적인 소론을 썼는데, 여기에서 앨런은 프레게와 러셀, 힐베르트의 노력에도 불구하고

> …수학이 기호논리학 연구에서 이익을 얻은 것이 거의 없다. 가장 큰 이유는 평범한 수학자와 논리학자 사이의 연계 부족이다. 기호논리학은 대부분 수학자에게 놀랄 만큼 먹기 어려운 것이고, 논리학자들은 기호논리학을 더 먹기 좋게 만드는 데 별 관심이 없다.

라고 설명했다. 앨런은 다음과 같이 그 틈을 메우기 위해 노력했다.

> 평범한 수학자가 기호논리학을 이용하거나 공부하지 않아도 사용할 수 있는 형태로 유형론을 설명하려고 시도했다. 다음에 설명된 유형 원칙은 비트겐슈타인 교수가 강의에서 말한 내용이지만, 설명에서 발견되는 결함은 비트겐슈타인 교수의 책임이 아니다.
>
> 유형 원칙이 효과적으로 다루어지는 분야는 일반 언어이다. 형용사뿐만 아니라 명

사가 있다는 사실로 보아 그렇다. "말horse은 모두 다리가 4개이다"라고 진술할 수 있으며, 이 진술은 모든 말을 검사해 입증될 수 있다. 적어도 말의 숫자가 유한하다면 입증될 수 있다. 하지만 우리가 '것thing'이나 '모든 것thing whatever'이라는 단어를 쓰려고 하면 문제가 시작된다. '것'에 무엇이든 모든 것이 포함되었다고 가정해보자. 책, 고양이, 남자, 여자, 사상, 숫자, 행렬, 집합의 집합, 절차, 명제 등… 이럴 경우 "모든 것이 6의 소인수 배수prime multiples(어떤 수에 소인수를 곱한 수. 예를 들어 2n, 3n은 n의 소인수 배수이다—옮긴이)는 아니다"라는 말로 우리가 알 수 있는 것은 무엇인가… 무슨 의미인가? 어떤 것의 숫자가 유한한지 절대 조사할 수 없다. 이런 진술에 어떤 의미가 있을 수는 있지만, 현재 우리는 아무것도 모른다. 사실상 그때 유형론은 우리에게 '것', '대상object'처럼 '무엇이든 다anything whatever'라는 생각을 전달할 법한 명사의 사용 제한을 요구한다.

수학적인 '명사'와 '형용사'를 기술적으로 분리하는 작업은 프린스턴에서 들었던 처치 교수의 강의를 기초로 했다. 처치는 1940년에 자신의 유형론 해설서를 출간했다. 엘린의 작업 일부분은 서신을 통해 뉴민과의 협입으로 완성되있고, 두 사람의 합동 논문[36]은 1941년 5월 9일에 프린스턴에 제출되었다. 그 논문은 뮌헨 호가 나포될 당시 대서양을 건넌 것이 분명하다. 앨런은 1년 뒤 「처치의 체계에서 괄호로 사용되는 소수점The Use of Dots as Brackets in Church's system」이라는 아주 전문적인 후속 논문[37]을 완성하여 제출했다. 계속해서 두 편의 논문을 쓰겠다고 약속했지만 발표되지는 않았다.

앨런은 수학에 있어서 세상은 하나라는 생각이 전쟁 때문에 사라지는 것을 납득하지 못했다. 합동 논문의 중쇄 배포에 관한 일을 협의하기 위해 1941년 가을 뉴민에게 보낸 편지에서 앨런은 이렇게 밝혔다. "숄츠에게도 사본을 보내야 한다고 생각하지만, 그때가 되면 불가능해질 것 같습니다."

1941년에 불가능한 일은 이뿐만이 아니었다. 여름 내내 약혼 관계를 유지했지만, 앨런이 내적으로 갈등하고 있는 징후가 있었다. 두 사람은 주말을 이용해 조안의 오빠를 만나러 옥스퍼드를 방문한 적이 있었다. 앨런 혼자 밖에 나갔다가 한

참 후에 들어왔다. 아무래도 약혼에 대해 다시 생각했던 것 같지만, 계속 진행하기로 결정했다. 그리고 두 사람은 8월 마지막 주를 함께 보내게 되었다(블레츨리에서는 분기에 1주씩 휴가를 주었다). 블레츨리에서 출발하는 기차에 자전거와 배낭을 싣고 북 웨일스로 휴가를 떠났다. 포스마독Portmadoc에 도착했을 때는 이미 날이 어두워진 후였다. 앨런이 미리 호텔을 예약했지만, 호텔 관리인이 혼동하여 정원 초과로 예약을 받았다. 야단법석을 떨어 겨우 그 밤은 넘겼지만, 다음 날 오전 다른 호텔을 찾느라 아까운 반나절을 소비했다. 앨런에게 임시 배급표가 없었으니 식사도 문제였다. 구입해둔 마가린이 있어 빵으로 끼니를 때웠는데, 놀랍게도 고기 반죽은 배급 제한이 아니었다. 소년 시절 여행 다닌 것처럼 몰윈 바흐Moelwyn Bach나 니칫Cnicht 등 작은 산들을 돌아다녔는데, 늘 그렇듯 오락가락하는 비와 펑크가 문제였다.

휴가에서 돌아오고 얼마 지나지 않아 앨런은 마음을 굳혔고 다리를 불태웠다. 마음이 편해지는 결정도 아니었고 쉬운 결정도 아니었다. 앨런은 오스카 와일드의 〈레딩 감옥의 노래The Ballad of Reading Gaol〉 마지막 구절을 인용하며 조안에게 말을 했다. 직접적으로도 예언적으로도 해석이 가능한 구절이다.

> 그렇지만 모두들 자기가 사랑하는 것을 죽인다,
> 모두 들으라,
> 어떤 이는 모진 시선으로 죽이고,
> 어떤 이는 감언이설로,
> 겁쟁이는 키스로,
> 용감한 이는 검으로!

앨런의 입에서 "정말 당신을 사랑합니다"라는 말이 튀어나온 경우도 몇 번 있었다. 사랑의 결핍은 앨런의 문제가 아니었다. 파혼으로 막사의 상황이 불편해졌다. 숀 와일리에게 파혼 사실을 말했지만, 진짜 이유는 말하지 않았다. 사실 앨런은 꿈을 핑계로 설명했고, 함께 길퍼드로 내려갔는데 집안에서 조안을 반대하는

앨런 튜링의 이미테이션 게임

꿈을 꾸었다고 말했다. 처음에는 필요 이상으로 자주 조안과 부딪히지 않으려 교대근무에서도 빠졌다. 두 사람 모두 속이 상했지만, 앨런은 조안이 인간적으로 거부당했다고 오해하지 않도록 행동을 조심했다. 파혼은 장애물이었지만, 그에 대한 이해는 고리로 이어졌다.

블레츨리에서 게임에 관해 논의하는 동안, 확고한 미니맥스 전쟁 논리가 대서양에 퍼지고 있었다. 전략은 대응전략을 가져오고, 무기는 대응무기를 낳고, 감시는 역감시로 이어졌다. 포커나 체스처럼 정연하지는 않지만, 이런 실제적인 충돌도 항상 변하는 규칙, 결과를 예측할 수 없는 전략, 문서상의 기호보다 더 심각한 손실을 포함했다. 하지만 포커와 마찬가지로 유보트는 허세와 추측에 의존하는 불완전 정보 게임이었다. 1941년 8월까지는 상대의 손 뒤에 거울을 놓아둔 듯 독일의 거의 모든 카드*를 훔쳐볼 수 있는 게임이었다. 1941년 말까지 더 이상 유보트를 나포할 필요도 없었다. 다른 부대의 에니그마 회전자 순서가 60가지인 것과 비교해 해군 에니그마는 8개의 회전자가 있어 그 순서가 336가지였음에도 불구하고, 8호 막사에서는 36시간 내에 암호해독이 이루어졌다.

이런 완벽한 시스템은 8호 막사만의 성과는 아니었다. 블레츨리 시설 전체의 운영을 활용하여 독일 통신 체계 전체[38]를 공격한 것이었다.

…처음에는 탈취한 문서를 이용하고, 그다음으로 일부 신호는 해독된 에니그마 메시지의 반복이라는 사실을 발견하면서, 1941년 봄부터 해군 조선소와 안전 항로에서 사용하던 수작업 암호'Werft'를 해독했다. 일부 신호가 에니그마에서 다시 암호화되고 재전송된다는 사실을 발견하고, 정부신호암호학교에서 이들 신호를 분리해냈다. 결국 수작업 암호의 해독이 1941년 8월부터 매일매일 해군 에니그마

---

* 인도양 같은 바다에서 독일 잠수함이 사용한 '해외용' 암호체계는 한 번도 깨진 적이 없다. 게다가 지중해 함대도 더 이상 '국내용' 암호체계를 사용하지 않았다. 지중해 함대는 1941년 4월부터 새로운 암호체계를 사용해왔고, 이 암호체계는 그다음 해까지 해독불가였다.

설정에 대해 암호분석 공격을 하는 데 지대한 기여를 했다. 에니그마 기계를 뚫고 들어간 결과, 바로 그때 정부신호암호학교가 해군 조선소 암호를 완벽하게 해독할 수 있었다.

이렇게 중요한 열쇠를 입수한 외에도, "해군 기상 암호"가 "특별히 중요한 것으로 밝혀졌다."

> 1941년 2월에 처음으로 (해군 기상 암호가) 해독되었고, 1941년 5월 정부신호암호학교 기상과는 원래 대서양의 유보트에서 해군 에니그마로 전송한 기상관측보고가 그 암호에 포함되었다는 사실을 발견했다. 그에 따라 기상 암호의 해독도 해군 조선소 암호분석에 못지않게 에니그마 암호를 깨는 데 도움을 주었다.

이런 사건들은 블레츨리로서는 성과였으나 앨런 개인에게는 충격이었다. 그해 초 앨런은 암호분석 공격을 위한 정교한 수학적 방법을 완성했지만, 자신에게 맡겨진 것은 조선소와 날씨 '크립'이라는 거의 모욕적일 만큼 직접적인 방법이었기 때문이다. 하지만 앨런은 자신의 선구적인 작업 덕분에 벌어진 사건들에 굴복할 수밖에 없었다.

이제 정부신호암호학교 발전의 핵심은 개인의 탁월함보다는 업무의 '통합'에 달려 있었다. 새로이 발견된 이런 내용들은 모든 신입 인력들이 그간 애써온 모든 것을 옹호하는 최후의 수단이었다. 해군 조선소 메시지는 40호실의 기준으로 보면 작전상의 가치가 없었기 때문에 거들떠보지도 않았을 것이다. 정부신호암호학교에서는 아무리 하찮아 보여도 '모든 것'을 공격한다는 원칙을 세웠었고, 폭넓은 생각이 성과를 얻었다. 단독기관이 모든 해독문을 관리하여 적당하게 사용하도록 하는 것도 중요했다. 해군 암호분석업무를 해군성이 다시 차지했다면 절대 불가능했을 일이다. 하지만 이런 문제들은 행정적이고 정치적인 기술만큼 앨런 튜링의 전문지식이 필요한 것이 아니었다. 앨런도 통합의 성과를 충분히 인식했겠지만, 독립적인 문제 해결이 앨런의 강점이었다.

넓게 보면 암호분석은 여러 가지 다른 활동이 조화를 이루어야 의미를 찾을 수 있는 작업이고, 퍼즐을 푸는 일도 중요하기는 하지만 그중 하나에 지나지 않는다. 대담하게 유보트를 나포하는 일, 따분한 해군 조선소 목록을 힘들게 검토하는 일, 공중정찰내용과 현재 사건을 비교하는 일, 중복되는 자료를 이용할 수 있도록 문서를 정리하는 일, 새로운 기계를 만드는 일, 이 모든 것이 서로 조화를 이루어야 했다. 또한 이 모든 것이 의존하는 것은, 몇 달간 정신없이 무선수신기 앞에 앉아 눈에 띄지 않게 헌신한 일꾼들이 힘들여 꼼꼼하게 만들어낸, 어렴풋하게 희미하고 무의미한 모스 신호 기록이었다.

독일 암호해독은 1941년 중반 무렵 상황이 바뀐 대서양 게임의 많은 요소 중 하나에 불과했다. 러시아 공격으로 독일 공군이 빠져나가자, 영국 공군의 서부영역 Western Approaches 통제가 더 수월해졌고, 유보트부대도 대서양 중부의 새로운 전장으로 옮겨갔다. 호송선과 항공기에는 단거리 잠수함 식별 레이더 장치가 부착되었다. 정확한 방향을 자동으로 찾아내는 고주파 대잠수함 탐지기Huff Duff도 가동을 시작했다. 더 중요한 사실은 무역 연계로 인해 제1차 세계대전과 마찬가지로 참전하지 않은 미국에 전쟁이 야기되고 있다는 것이었다. 미 해군이 대서양 중간까지 호송업무를 맡고 있었고, 유보트는 공식적인 중립국인 미국의 선박을 공격하지 말라는 명령을 받은 상황이라 영국에게 유리했다.

하지만 1941년 영국이 세력을 회복한 핵심에 에니그마가 있었다. 호송선단의 전술적인 항로 설정뿐만 아니라 유보트 대응작전 수행에 있어서도 효과를 발휘했고, 특히 보급체계의 핵심이었다. 무엇보다 이제 영국은 사태를 명확하고 거의 완벽하게 파악했다. 윈이 본격적으로 활동한 7월과 8월에 월 운송 손실이 10만 톤 이하로 떨어진 것은 앨런의 작업 덕분이었다. 독일이 10월까지 유보트 수를 80척으로 늘렸지만, 전체적으로 1941년 후반 독일의 성과는 반으로 줄었다. 그해 말이 되자 해상 운송 문제가 해결되었다는 의견이 나오고 있었다.

그래도 종전의 기미는 보이지 않았다. 영국의 상황은 나아졌지만 계속해서 증가하는 유보트의 전력을 겨우 따라가는 정도였고, 에니그마 암호체계에 운명이 달려 있었다. 특히 1941년 9월, 유보트 신호를 약간 복잡하게 개선한 이후 몇 주간 침몰한 선박의 숫자가 극적으로 증가했다. 유보트는 줄곧 지도에 표기된 좌표기호에 의해 위치를 나타내고 있었으며,[39]

경도와 위도를 사용하지 않았다. 이에 따르면 AB1234 위치는 예를 들어 북위 55도 30분, 동경 25도 40분을 가리킬 것이다. 물론 격자 모양으로 줄을 그은 지도 일부를 탈취해 전체 지도를 복원하면 우리에게 아무 문제도 되지 않았다. 그런데 1941년[9월]에 독일은 이 글자들을 바꾸기 시작했다. 예를 들어 AB라는 문자는 XY로 바꾸는 한편, 숫자들 부분은 수를 빼거나 더해 1234가 신호 문장에서는 예컨대 2345로 나타나게 바꾸었다. 이런 글자 치환은 주기적으로 바뀌었다.

하지만 이러한 예방 조치는 에니그마가 해독되고 있을 경우에는 미미한 대응책이었고, 에니그마가 해독되고 있지 않을 경우에는 시간 낭비였다. 목적은 영국의 암호분석가들 저지가 아니라 가상의 스파이와 배반에 대한 방어에 있었다. 이 번거로운 위장으로 독일 장교들만 혼란스러워졌다.

한번은 위장한 좌표 기준을 성공적으로 해독해 대기하고 있는 경계선 외곽으로 호송선단의 항로를 바꾸었다. 그런데 경계를 서던 유보트 한 척의 함장이 우리만큼 똑똑하지 못해서 명령서의 좌표 기준을 잘못 해석했고, 그 결과 호송선단과 충돌하는 실수를 저질렀다.

1941년 11월 암호체계가 한층 더 복잡해졌고, 블레츨리는 장기간 확신을 갖지 못했다. 여전히 칼날 위를 걷고 있었고, 한순간도 마음 놓을 수 없었다.

암호분석가들이 결국 행정조직에 반기를 든 것은 1941년 가을이었다. 비전을 가진 소수로서 앨런이 영국 정부를 현대 세계로 끌고 가는 임무를 맡았다. 몇 사람과 함께 앨런은 모든 규칙을 깨는 방법을 알고 있는 사람에게, 그리고 그 규칙을 바꿀 힘이 있는 사람에게 제반 규칙을 위반하며 직접 편지를 썼다.[40]

기밀사항

수상 각하 친전

6호 막사와 8호 막사

(블레츨리 파크)

1941년 10월 21일

수상 각하,

몇 주 전 각하께서 친히 방문해주시고, 저희 업무를 중요하게 여기신다고 믿습니다. 그나마도 트래비스 사령관의 열정과 선견지명 덕분이지만, 저희가 독일 에니그마 암호를 깨는 데 필요한 '봄베'가 충분하게 보급되었다고 생각하셨을 겁니다. 하지만 각하께서 아셔야 할 내용이 있습니다. 저희 작업은 지금 지연되고 있으며, 어떤 경우에는 전혀 작업이 이루어지지 않고 있습니다. 근본적인 원인은 인원이 충분치 않기 때문입니다. 저희가 각하께 직접 편지를 드리는 이유는 수개월 동안 일반적인 창구를 통해 할 수 있는 최선을 다했으나, 각하의 개입이 없이는 조기에 상황이 개선될 희망이 없기 때문입니다. 이 특정한 요구사항들이 향후에는 결국 해결될 것이 분명하지만, 그동안 귀중한 수개월을 허비하게 될 것이며, 저희들의 어려움은 계속 커지고 있는데 적정 인원이 언제 보강될지 거의 희망이 없습니다.

모든 분야에서 인력이 심각하게 부족하며 업무의 중요도에 따라 인력이 배치된다는 사실을 잘 알고 있습니다. 저희가 수적으로 아주 소규모 부서라서 이곳 업무의 중요성이나 저희의 요구사항을 즉각 처리해야 하는 긴급한 필요성을 최종 책임 당국에 이해시키기 어렵다는 것이 문제라고 생각합니다. 동시에 정상적인 인력 배치 제도에 개입하는 행동이긴 합니다만, 저희에게 필요한 추가 인원의 신속한 배치가 정말 불가능하다고는 믿기 어렵습니다.

저희가 겪는 어려움을 세세하게 말씀드려 각하를 피곤하게 만들고 싶지는 않습니다만, 저희가 심히 우려하는 병목현상들은 다음과 같습니다.

1. 해군 에니그마 해독(8호 막사)

인원 부족과 현 인원의 과로로 인해 프리본Mr Freeborn이 이끄는 홀러리드Hollerith 분과*는 야간 교대근무를 중단할 수밖에 없습니다. 결과적으로 해군 암호 탐지가 매일 최소한 12시간씩 늦어집니다. 프리본이 야간 교대근무를 다시 시작하려면 비숙련 3급 여사무원 20명이 당장 추가로 필요합니다. 또한 예상되는 모든 필요 작업을 적정하게 처리할 수 있으려면 상당수의 인원이 더 필요합니다.

훨씬 더 심각한 위험이 현재 저희를 위협하고 있습니다. 레치워스 소재 영국 제표기 공장과 이곳 프리본의 분과에서 근무하며 현재까지 병역이 면제된 숙련된 남자 인원들 몇몇이 소집 영장을 받아야 한다는 사실입니다.

2. 육군과 공군 에니그마(6호 막사)

저희는 이곳 도청기지에서는 취득할 수 없는 중동 지역 무선 통신의 상당히 많은 부분을 도청하고 있습니다. 무엇보다 중요한 사실은 새로운 '라이트 블루Light blue**' 정보가 많이 포함되어 있다는 것입니다. 하지만 숙련된 타자수가 부족하고 현재 해독 인원의 과로로 인해 모든 통신의 해독은 불가능합니다. 이런 상황이 5월부터 계속되고 있습니다. 하지만 숙련된 타자수 20명 정도면 상황을 바로잡을 수 있습니다.

3. 봄베 시험 가동. 6호 막사와 8호 막사

지난 7월 저희는 봄베에서 나온 '스토리Story'를 봄베 막사의 렌스 인원에게 인계하여 테스트***한다는 약속과 이를 위해 충분한 렌스 인원을 지원하겠다는 약속을 받았습니다. 지금이 10월 말인데 전혀 약속이 지켜지지 않고 있습니다. 앞선 두 가지 사항만큼 시급한 문제는 아닙니다. 이 때문에 실제 저희가 결과물을 내는 시간이 지연되지는 않기 때문입니다. 하지만 이로 인해 다른 작업에 필요한 6호와 8호 막사의 인원이 직접 테스트를 진행할 수밖에 없는 형편입니다. 이런 종류의 군사 업무와 관련하여 해당 부서에 긴급 명령이 전달되었다면, 렌스 부대에게 이 임무를 배정할

---

* 8호 막사 작업 공정 중 천공 카드 기계 작업을 가리킴.

** 아프리카에서 사용한 독일 공군 암호체계.

*** 봄베가 중단한 지점들을 테스트하여 우연히 발생한 중단 지점을 제거하는 문제에 대한 언급.

수 있었다고 생각합니다.

4. 인원 문제를 차치하고, 불필요한 지시들이 너무 많아 애로사항입니다. 이 지시들을 온전하게 정리하려면 너무 많은 시간이 소요되며, 관련 업무 일부는 논란의 여지가 있다고 생각합니다. 이러한 사항들이 누적된 결과, 저희가 상대해야 하는 당국 이외의 인사들에게 저희 업무의 중요성이 충분히 각인되지 않았다는 확신을 하게 되었습니다.

저희는 순전히 자발적인 의지로 이 편지를 작성했습니다. 저희가 겪는 어려움의 이유가 무엇이고 누구의 책임인지는 모르겠습니다. 그리고 가능한 모든 방법으로 서희를 지원하려고 최선을 다하는 트래비스 사령관을 비판하는 것으로 보이지 않길 강력히 희망합니다. 하지만 저희가 맡은 소임대로 그리고 저희 능력껏 업무를 처리하려면, 사소하지만 저희 요구사항의 즉각적인 처리가 절대적으로 시급합니다. 이러한 사실들과 그리고 즉각적인 조처가 취해지지 않았을 때, 당장 그리고 향후 저희 업무에 미칠 영향에 대해 수상 각하의 주목을 끌지 못한다면, 저희는 임무에 실패할 것으로 생각했습니다.

A. M. 튜링

W. G. 웰치먼

C. H. O'D. 알렉산더

P. S. 밀너베리 근배謹拜

이 편지는 즉각적인 반응을 일으켰다. 편지를 받자마자, 윈스턴 처칠은 주요 참모장교인 이스메이Ismay 장군에게 다음과 같은 메모[41]를 전달했다.

금일 업무

최우선적으로 그들의 요구를 들어주고, 나에게 결과 보고할 것.

11월 18일 정보부 책임자는 가능한 모든 수단을 동원했다고 보고했다. 모든 조치가 완전하게 취해진 것은 아니지만, 블레츨리의 요구사항은 해결되었다.

또 다른 심각한 변화가 이들의 작업에 영향을 주기 시작했다. 공식적인 선전포고 전이지만 전투 없는 개전 상태와 다름없는 미국이 대서양 헌장을 신중하게 열망했을 뿐만 아니라 첩보 공유에 관해 영국과 더욱 중요한 협상을 벌였다. 암호해독에 성공했다는 사실은 제한적이었지만 이미 1940년에 밝혀졌었다. 이는 봄베가 영국의 비밀로 유지되던 시기에 에니그마 메시지 해독을 설명할 수 있는 방법 개발을 위해 엄청나게 노력한 앨런의 작업과 관련된 내용이었다. 영국은 미국이 비밀을 지킬 수 있을지 의심했다. 처칠은 미국 공화국을 제법 크고 좋은 영연방 자치령이라고 불렀지만, 사실 미국은 상당히 다른 나라였다. 명백하게 복종과 비밀엄수, 우회적 표현의 관습이 없고, 영국의 이익에 반대되는 요소가 강한 나라였다. 그렇지만 1941년 중에 블레츨리에 연락장교가 배속되었고 비밀 은폐도 막을 내렸다. 이제 튜링의 알이 해외로 수출될 일만 남았다.

1941년 12월 11일, 독일이 미국에 선전포고했다. 진주만 공격 후 4일이 지난 시점이었다. "그래서 우리가 승리했죠, 마침내! …잉글랜드를 구하고, 영국이 살게 되었습니다. 영연방과 제국이 살게 되었습니다…"라고 처칠은 회고했다. 선전포고는 1차적으로 영국에게 재난과 같은 영향을 미쳤다. 호송선단을 보호하던 미 해군 전함들이 태평양으로 빠져나갔다. 또한 영군 해군성보다 미 해군에게 정보를 납득시키는 것이 더 어려웠다. 해군 에니그마 암호를 해독한 정보에 따르면 선전포고 당시 유보트 15대가 미국 해안에서 작전 중이었지만, 경고는 무시되었고 예방조치는 취해지지 않았다. 막대한 해운 손실이 대동맹의 불행한 출발을 장식했다. 그리고 1942년 2월 1일, 훨씬 더 엄청난 타격을 입었다. 유보트가 새로운 에니그마 체계로 전환했고, 봄베는 예언을 전달하지 못했다. 특급비밀을 더 이상 내놓지 못했다.

1942년 2월의 통신두절은 유보트 에니그마 분석을 처음부터 다시 시작해야 한다는 의미였고, 지난 2년간의 노력이 준비과정이었다는 의미였다. 총력전의 양상을 전체적으로 보여주는 상징적인 사건이었고, 영국은 1939년처럼 믿을 수 없을 만큼 처참한 상황이었다. 유럽의 동맹국을 모두 잃고, 전쟁 초기에 이탈리아에서 승전하던 상황이 역전되고, 싱가포르가 항복하는 등 이런저런 타격을 상쇄하는 것은 준비도 덜 되고 경험도 없는 미국의 지원 약속뿐이었다. 별 도움이 되지는 않겠지만, 영국 공군이 융단폭격능력에서 독일 공군을 능가하고 있었다. 그렇다고 샤른호르스트 호나 그나이제나우 호가 대낮에 도버 해협을 건너는 것을 막지는 못했다. 당시까지 "탄탄하다"라고 만족스럽게 평가되어오던 독일계 유럽의 경제는 사실 전면적인 전시 생산 체제에 막 적응하기 시작하고 있었고, 독일의 주적은 모스크바 코앞에서 겨우 패배를 면했다.

불가능한 것들을 생각할 수밖에 없었다. 그것도 아주 시급했다. 거의 아무것도 없는 상태에서 미군을 대서양 건너로 급파해 산업 강국 독일이 지배하는 중무장한 유럽 대륙을 습격하지 않으면 안 되었다. 하지만 대서양 유보트 함대가 가동하는 한, 성공은 차치하고 그런 습격을 준비하는 것조차 불가능했다. 히틀러가 전쟁을 심각하게 받아들이면서 1942년 1월 유보트 전력은 100척 이상의 함대로 증가되었고, 매주 그 수가 늘고 있었다. 불가시성을 회복한 유보트는 2월이 지나자 재난에 가까운 수준의 피해를 입혔다. 월 50만 톤의 해운 손실로 새로운 동맹국 전체의 건조량을 뛰어넘는 수준이었다. 승전은 고사하고 현상 유지도 어려울 지경이었다.

모든 것이 달라졌다. 이제 영국에는 1940년처럼 실업자가 없었고, 모든 것이 계획적으로 진행되었다. 사실 영국과 미국은 추축국과 소련의 관할권을 벗어난 세계와의 전체 무역 경제를 계획하고 있었다. 블레츨리에서도 시골 저택에서 파티를 즐기는 분위기는 사라졌고, 징집된 지식인들을 버킹엄셔를 돌아 실어 나르는 버스들이 줄을 이었다. 1940년의 혼돈이나 1941년의 당황스러움이 제때 해결되어 "풍요의 뿔처럼 풍부한 정보"를 이용할 수 있었다. 이제 각군성military departments은 자존심을 버리고 블레츨리에서 나오는 결과에 적응할 수밖에 없었다. 가끔 나오는 '황금알'이 아니라, 모든 수준에서 적군 시스템을 복제한 지능적이고 통합된 조직에서 나오는 결과물이었다. 1941년만 해도 블레츨리에 자원을 보급하는 것은 양보로 여겨졌다. 전투기와 무기를 든 진짜 전쟁에서 자원을 빼내 양보하는 것으로 생각되었다. 그해 말에도 암호분석가들은 겨우 봄베 16대로 작업할 수밖에 없었고, 많은 독일 육군의 암호체계를 깨트리면서 필요한 사항들도 빠르게 늘어났다. 그런데 처칠에게 절박한 편지를 보내면서 태도가 바뀌었다. 데니스턴의 지시를 받은 트래비스가 주도하여 행정 혁명을 일으켰고, 마침내 정보 관리가 정보 생산 방식과 보조를 맞추게 되었다. 군은 처칠의 전쟁운영을 지배하는 것이 정보라는 엄연한 사실을 받아들이며 블레츨리의 주장에 대한 저항을 누그러뜨리기 시작했다.

암호분석가들이 아무리 훌륭하게 정신을 집중해도, 그들이 가진 수단으로 유보트 에니그마 문제를 풀 수 없다는 사실은 변하지 않았다. 1941년 8호 막사가 맹인의 시력을 되찾아주었는데, 그 경험이 충격적이었다면 시력 상실은 훨씬 더 잔인한 충격이었다. 자세히 말하면, 해군성은 넬슨 제독처럼 다시 외눈박이가 되었다. 대양을 항해하는 유보트만 새로운 암호체계를 사용했고, 연안 해역을 항해하는 선박과 유보트는 해독이 가능한 '국내용' 암호체계를 계속 사용했기 때문이었다. 따라서 유보트가 항구에서 출항한다는 정보도 얻었고, 관측과 고주파 대잠수함 탐지기로 얻어진 자료를 취합하여 유보트의 대략적인 규모도 알 수 있었다. 하지만 이제 익숙해지기 시작한 작전 명령이나 위치 보고와 비교하면 이런 정보는 시시한 자료였다.

8호 막사 내부적으로 통신두절은 다른 의미가 있었다. 게임이 상당히 재미있게 진행되고 있었는데, 독일이 규칙을 변경하며 게임을 망쳐버린 것이다. 대서양의 통신두절 문제에 귀찮게 끼어들지 말고, 유럽 수역의 신호만 신나게 해독하자는 유혹도 느꼈다. 그렇지만 침몰 기사를 읽고 어둡고 우울한 도표를 보다 보면, 현실이 수학적 게임을 뚫고 들어왔다. 그리고 수학적 게임의 재미도 대부분 사라졌다.

에니그마 기계 사용 체계만 변한 것이 아니었다. 에니그마 기계 자체가 바뀌었다. '네 번째 회전자'를 설치할 공간이 생기도록 변경되었다. 그때까지 해군 에니그마는 8개의 회전자 중 3개를 선택해 설정하는 방식이어서 회전자를 선택하는 경우의 수는 336가지였다. 에니그마 기계가 9개의 회전자 중 4개를 임의로 선택하도록 수정되었다면, 경우의 수는 3,024까지(9배 증가) 올라갔을 것이고, 새로운 회전자의 설정에 따라 추가로 26배가 증가했을 것이다. 하지만 이렇게 되지는 않았다. 새로운 9번째 회전자를 실제 만들었지만, 이 9번째 회전자는 고정이었다. 이전 에니그마의 끝에 새로운 회전자를 부착하여 설정값을 26가지로 바꾸는 방식이

앨런 튜링의 이미테이션 게임

었다. 반사기 배선을 26개로 다르게 하는 것과 같았다. 따라서 문제가 234배 어려워진 것이 아니라, 단지 26배 어려워졌을 뿐이었다.

지도상 지점 표시 암호와 마찬가지로 소극적인 조치였고, 유보트 메시지의 내부 보안처럼 판단 착오에서 행해진 조치였다. 독일이 영국의 암호분석을 두려워한 것은 아니었다. 하지만 아무리 소극적이었어도, 이런 변화는 칼날 위에서 아슬아슬하게 균형을 유지하던 8호 막사를 떨어트려 거의 맹인으로 만들어버렸다. 봄베가 몇 주가 아니라 몇 시간 돌아가며 숫자를 계산해내는 것이 이미 우연한 행운으로 여겨지던 상황이었다. 이미 해군 에니그마에 전력을 기울여야만 호송선단 항로 수정에 필요한 하루 이틀 사이에 겨우 해독해내는 상황이었다. 그런데 26배가 늘었다는 것은 기발한 방법을 찾지 못하면 1시간이 하루가 되고, 1941년에 사용하던 봄베 한 대 당 26대의 봄베가 필요하다는 의미였다.

한 가지 성공 요인은 새로운 네 번째 회전자의 배선을 알고 있다는 사실이었다. 회전자가 4개인 에니그마를 새로 만들지 않고, 이전 에니그마를 수정했기 때문에 가능한 일이었다. 1941년 말 유보트 에니그마는 네 번째 회전자를 계속 '중립' 위치에 놓아 사용했다. 12월 어느 날 유보트 임호계원이 무심코 중립 위치에 맞추지 않고 메시지를 암호화한 일이 있었다. 8호 막사는 그 결과 뒤죽박죽인 메시지와 회전자 위치를 고쳐 다시 송신한 메시지를 찾아냈다. 이렇게 메시지를 반복 송신하는 기본적인 실수는 독일군이 기계를 완전히 신뢰하기 때문에 일어나기 쉬운 일이었지만, 영국 분석가들에게는 회전자의 배선 상태를 추론할 수 있는 빌미가 되었다. 영국 분석가들은 실제 이 정보를 무기로 2월 23일과 24일, 3월 14일의 통신을 해독할 수 있었다. 해독 가능한 다른 암호체계*로도 암호화된 메시지들에서 특히 분명한 '크립'을 찾아낸 날이었다. 소요 시간은 26배 길어졌고, 봄베 6대가 17일 동안 작업을 했다. 이 사건은 모든 노력이 얼마나 위태로운 것인지 잘 보여주었

---

* 3월 14일의 '크립'은 (해독된) 국내 암호체계와 유보트 암호체계로 동시에 송신된 특별한 메시지에서 찾아냈는데, 되니츠가 제독으로 진급했다는 아주 중요한 소식을 전하는 메시지였다.

다. 처음부터 이렇게 확장된 에니그마를 사용했다면, 폴란드에서 보물찾기가 시작되지도 못했을 것이다.

"더 빨리. 서둘러!" 하얀 여왕이 소리치며 재촉했지만, 하룻밤 사이에 봄베를 26배 빠르게 만들 수는 없었다. 사실 이렇게 끔찍한 날에 미리 대비할 기회가 있었다. 1941년 봄, 해독한 메시지에 네 번째 회전자 추가에 관한 언급이 있었기 때문이었다. 나중에 8호 막사의 분석가들은 이 사실을 관리자들에게 더 강력히 이해시키지 못한 점에 대해 자책했다. 그러나 1941년 상황에서 기존 통신을 감당할 만큼 충분한 봄베를 마련하기도 어려운데, 앞으로 예상되는 개선에 대비하여 더 크고 더 나은 봄베를 생산할 재원을 마련한다는 생각은 아주 비현실적이었다. 당국은 선견지명의 이익을 포기했다. 그렇지만 1941년 말 개혁과 함께 더 적극적인 조치가 취해졌고, 해결되지 않은 해군 에니그마 위기에 대해 아주 중요한 영향을 주는 일이 발생했다. 해가 바뀌면서 엔지니어링 분야에서 새로운 전문기술이 도입되었던 것이다.

한 가지 분명한 방법은 26가지로 위치를 바꾸며 극히 빠른 속도로 회전하는 새로운 네 번째 회전자를 포함하도록 봄베를 확장하는 방법이었다. 고속 회전자 장치 개발 업무는 케임브리지의 독창적인 물리학자 윈 윌리엄스C. E. Wynn-Williams가 맡았다. 윈 윌리엄스는 1941년에 레이더연구소에서 근무하고 있었는데, 레이더연구소는 1942년 5월 몰번Malvern으로 옮기며 통신연구소Telecommunication Research Establishment로 명칭을 바꾸게 된다.

빠른 속도와 관련하여 이 임무의 한 가지 중요한 사항은 각각의 회전자 위치 가정에서 빠르게 확산되는 함의들을 모두 추적하는 논리 체계가 더 이상 전자기식 계전기 네트워크로는 구현될 수 없다는 것이었다. 속도가 너무 느려질 것이기 때문이었다. '전자electronic' 시스템이 필요했다. 이로써 블레츨리 업무에 새롭고 신비한 전자공학 기술을 적용하자는 첫 제안이 제시되었다.

먼 친척인 스토니George Johnstone Stoney가 만든 '전자electron'라는 단어에서 '전자공학electronics'이라는 용어가 유래했으니 앨런은 분명 기뻤을 것이다(앨런은 스토니가 '이름' 만드는 것으로만 유명하다고 폄하하곤 했다). 전자기식 계전기는 반드시 물리적으로 째깍거리며 움직여야 하는 반면, 전자 진공관은 전자 외에 달리 움직이는 부분이 없으므로 수백만 분의 1초로 반응할 수 있다는 점이 요점이었다. 진공관이 신나게 돌아가면 단번에 속도가 1,000배는 빨라질 수 있다는 의미였다. 하지만 진공관은 발열이 심하고, 다루기 어렵고 비용이 많이 든다는 문제 외에도 고장 나기 쉬운 것으로 악명이 높았다. 진공관을 사용하는 데 필요한 지식과 기술을 갖춘 사람이 거의 없었다.

더 자세하게 설명하면, 블레츨리 문제에 적용하기 위해서는 '논리' 체계에서 계전기를 대신해 스위치 역할을 하는 전자 부품이 필요했다. 당시까지 진공관의 탁월한 용도는 무선 수신 증폭기의 역할에 머물러 있었다. 이미 1919년에 그 원리가 증명되었지만, 전자 부품을 온오프 스위치로 사용하는 것은 전혀 다른 문제였다. 이와 관련해 윈 윌리엄스는 전자 가이거Geiger 계수기를 최초로 개발했다는 장점이 있었고, 전자공학을 이산 문제에 적용할 수 있음을 알고 있는 몇 안 되는 인물이었다.

많은 중요한 전자공학 전문지식이 레이더 연구에서 나왔지만, 전자공학 엔지니어들이 통신연구소에만 있었던 것은 아니었다. 런던 교외 돌리스 힐에 위치한 우체국연구소Post Office Research Station에도 엔지니어들이 있었다. 현대적인 전화시스템 설비와 관련해 장비업체의 독점적인 횡포로부터 우체국을 보호할 목적으로 설립된 기관이었다. 1930년대 순수 국영기업의 선두주자였으며, 소규모 자본에도 불구하고 연구 수준은 높았다. 치열한 경쟁을 통해 선발된 젊은 엔지니어들은 1930년대 경제 상황에서 제공된 기회를 훨씬 능가하는 야망과 기술을 소유했다. 고참 연구원인 플라워스T. H. Flowers의 경우[42]

…울리치 아스널Woolwich Arsenal에서 견습생활을 마치고 1930년 임시직 연구원으로 연구소에 합류했다. 그가 수년간 주로 연구한 분야는 장거리신호였고, 특히 교환수의 업무를 자동 교환장치가 대신하도록 제어신호를 전송하는 문제였다. 이미 1931년에 진공관을 전화교환장치에 사용하는 연구를 시작했기 때문에, 초창기였음에도 불구하고 그는 전자공학에 관해 상당한 경험이 있었다. 연구 결과 1935년에 분명하게 작동한 실험적인 시외전화 회로가 만들어졌다…

당시 이 연구소가 전자교환 분야에서 세계 제일이었다.

통신연구소의 전문 인력이 정부신호암호학교 프로젝트에 협력할 수 있다는 것은 1942년의 상황 때문에 경계가 이미 무너졌음을 보여주는 일이었다. 이런 점은 세 번째 기관인 우체국연구소도 합류할 수 있다는 사실에서 더욱 두드러졌다. 사실 엔지니어들은 해군 에니그마 위기에서 비롯된 두 가지 다른 프로젝트를 담당했다. 챈들러W. W. Chandler가 네 번째 고속 회전자 개발과 관련하여 윈 윌리엄스를 지원했다. 1936년에 우체국에 들어간 젊은이인 챈들러는 진공관을 새롭게 중계선 교환에 사용하는 전문지식이 있었다. 플라워스를 돕는 사람은 전자기계 엔지니어인 브로드허스트S. W. Broadhurst였다. 그는 1920년대 불황기에 '노무자' 급으로 고용되었지만, 돌리스 힐에서 승진을 거듭해 자동 전화교환 총괄을 거쳐 상위직에 오른 인물이었다. 이들이 작업한 것은 '멈춤' 테스트 작업을 자동화하는 전혀 다른 기계였다. (회전자 위치 경우의 수가 증가하여 예상되는) 수많은 허위 '멈춤'을 에니그마에서 손으로 하나씩 제거할 때보다 훨씬 더 빠르게 제거하려는 의도였다.

1942년 개발이 시작되었지만 결과는 실망스러웠다. 윈 윌리엄스가 고속 회전자 개발에 성공하는 듯 보인 적이 여러 차례 있었지만 그해에는 결코 성공하지 못했다. 그에 따라 관련 전자 네트워크 설계도 쓸모가 없었다. 반면 멈춤 테스트 기계는 설계 후 제작이 완료되어 1942년 여름이 되자 가동을 시작했다. 하지만 결국 실제적인 운용을 할 수 없는 것으로 밝혀졌다. 그사이 플라워스와 동료들은 전자 부품들을 몇 가지 추가해 봄베의 기능을 개선하자고 킨에게 제안했지만 거부당했다.

1942년 여름, 상황은 만족스럽지 않았고 젊은 엔지니어들은 깊은 좌절에 빠졌다. 엔지니어들의 전자 기술을 활용하지 못했고, 엔지니어들에게 필요한 것을 주문했던 앨런도 아무것도 이루지 못했다. 조치는 적절했지만 대서양의 전세는 2월과 다름없이 여전히 불투명했다.

그동안 8호 막사는 더 수준 높은 암호분석 인력을 충원했지만 전체 인원은 7명을 넘지 않았다. 1941년 말 휴 알렉산더가 체스 고수인 해리 골롬벡Harry Golombek을 참여시켰다. 알렉산더와 함께 아르헨티나에서 귀국했지만 보병부대에서 2년을 의무복무한 후였다. 1942년 1월에는 옥스퍼드에서 겨우 한 학기 수학을 공부한 18세의

피터 힐튼Peter Hilton도 합류했다. 그는 일을 시작하던 상황을 이렇게 설명했다.[43]

···이분이 제게 와서 말을 걸더니 이렇게 묻더군요. "나는 앨런 튜링이라고 하는데, 자네 체스에 관심 있나?" 그래서 저는 속으로 '지금 체스에 관해 모든 것 알아내려고요!'라고 생각하며 이렇게 대답했어요. "글쎄요, 사실 관심이 있어요." 그랬더니 이렇게 말씀하셨죠. "아, 그거 잘됐네. 내가 풀 수 없는 체스 문제가 있는데."

만 하루가 지나고 나서야 피터 힐튼은 자기가 그곳에서 할 일이 무엇인지 알게 되었다. 하지만 1942년이 암울하게 흘러가면서, 특이한 조직의 스타일이 더 부드럽게 실무적으로 변했다. 앨런은 여전히 '교수'였지만 부드럽고 섬세해졌으며, 휴 알렉산더는 점점 더 실질적인 책임자가 되어갔다. 최대한 친절한 방식이기는 했지만 앨런이 받던 원조가 끊겼다. 앨런이 해군 에니그마 부서를 만들어냈지만, 발전시키려면 더 노련한 인물이 필요했다. 앨런은 사람을 관리하는 기술뿐만 아니라 세세한 주의력도 부족했다. 일례로 휴 알렉산더는 한 글자도 고칠 필요 없이 완벽한 보고서를 구상하고 작성할 수 있는 사람인데, 앨런은 결코 잘하지 못하는 일이었다. 불가피하게 앨런은 아이를 빼앗긴 듯한 상실감을 맛보았다. 비록 이 일로 1941년의 은밀한 계획들이 틀어지기는 했지만, 앨런은 알렉산더가 더 나은 조직자라는 사실에 이의를 달 수 없었다. 잭 굿은 이런 언급을 했다.[44]

···관리자로서의 휴 알렉산더의 기술을 보여주는 일례입니다. 부서원들이 하루 24시간 돌아가며 3교대 근무를 했기 때문에, '여자' 조장이 3명 있었습니다. 그중 한 명이 일상적인 사회생활은 잘하는데 사무실에서는 늘 안절부절못해 인기가 없었습니다. 휴는 복잡한 5교대 근무를 시험적으로 운영해보자고 말했고, 조장 2명이 더 필요하게 되었습니다. 2주가 지나고 휴는 5교대 시험 운영이 실패라고 말하며 3교대 근무로 복귀했습니다. 조장 2명이 탈락했는데 누가 탈락했을지 짐작하실 겁니다.

이야기를 전해 듣고 너털웃음을 터뜨렸지만, 앨런은 결코 이런 교활한 계획은 꿈도 꾸지 못했을 것이다. 앨런은 고루한 1940년 시절에 휴가나 근무 시간과 관련해 '여자들'의 편의를 사실 상당히 봐주었다. 이제는 좀 더 전문적인 관리 방식이 필요했다.

점차 앨런은 긴급한 문제에서 배제되었고, 보다 장기적인 연구에 배정되었다. 다른 사람들처럼 앨런도 교대 근무를 즐겼고, 처음부터 끝까지 과정 전체를 아우르기를 좋아했기 때문에 개인적으로 실망스러웠다. 하지만 그의 추상적인 머리를 활용하는 합리적인 방법이었다. 기술적으로 여전히 8호 막사 소속이었지만, 앨런은 이제 개인 사무실에 근무하며 사실상 정부신호암호학교의 수석 자문위원이 되었다. 다른 사람들은 "필요한 내용만 아는" 체계에서 근무하며 관련 범위를 벗어난 내용은 전혀 모르는 것과 달리, 앨런의 역할은 한계가 없었다. 교수는 모든 것에 관여할 수 있었고, 총력전을 치르는 세계를 반영하며 엄청나게 확대된 정보통신에 끌려 들어갔다. 예전과 같지 않았지만 불평할 수 없었다. 전쟁 중이었고, 앨런은 조국이 필요로 하는 것을 줄 수 있는 남다른 능력이 있었다.

확실하지는 않았지만 거의 대서양 유보트 함대만큼 고무적인 상황이 하나 발생했다. 암호분석가들이 에니그마 신호와 성격이 완전히 다른 소규모 통신을 도청하기 시작했다. 모스 부호를 사용하지 않고, 전신 타자기 신호의 특징을 보이는 통신이었다. 1930년대 빠르게 성장한 전신 타자기 송신은 모스 부호가 아니라 보도-머레이Baudot-Murray 부호를 사용했는데, 자동으로 작동할 수 있는 장치라는 특징이 있었다. 보도-머레이 부호는 종이테이프에 5개의 구멍을 뚫거나 뚫지 않는 것으로 나타낼 수 있는 32가지 모양으로 철자를 표시했다. 전신 타자기는 그 천공의 모양을 바로 펄스로 변환할 수 있었고, 수신하는 쪽에서는 사람이 개입하지 않아도 펄스가 메시지로 기록될 수 있었다. 독일이 이 아이디어를 발전시켜 암호 기계 장치를 만들었는데, 암호화와 전송, 복호화가 자동으로 이루어졌다. 동시대 기술을 훨씬 더 효과적으로 사용하며 에니그마보다 더 편리한 장치였다.

논리적으로 보면, 테이프의 '천공'은 1이나 마찬가지이고 '무공'은 0으로 볼 수 있었다. 따라서 전송은 0과 1의 2진수가 5개 이어진 형태로 이루어졌다. 암호작성자들이 보도-머레이 부호를 '더하기' 형태의 암호를 만드는 토대로 사용할 수 있다고 생각한 것은 오래전이었다. 이 암호 원리에는 미국 발명가를 기리기 위해 버냄 Vernam이라는 이름이 붙어 있다. 사실 버냄 암호가 기초로 하는 더하기는 가장 단순한 종류인데, 2진수를 '모듈러'로 더하는 규칙은 아래 도표에 나오는 것뿐이기 때문이다.

평문 \ 암호키	0	1
0	0	1
1	1	0

 다시 말해, 평문 전신 타자기 테이프를 암호키 전신 타자기 테이프에 '합치면', 규칙에 따라 암호키 테이프의 '천공'은 평문 테이프를 '변경'('천공'은 '무공'으로 혹은 그 반대로 변경)시키지만, 암호키 테이프의 '무공'은 평문을 변경시키지 않는다.* 다음 그림과 같다.

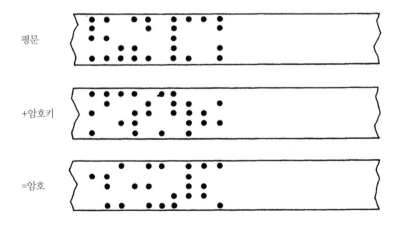

평문

+암호키

=암호

---

* 위에서 보듯, 이들이 생각한 테이프는 왼쪽에서 오른쪽으로 읽어나가는 것이고, 다섯 '줄'이 있는 것이었다. 보통 사용하는 전문 용어는 아니지만, 일관성을 위해 앞으로 '줄'이라는 용어를 사용할 것이다.

암호키를 정말 무작위로 만들어 일회용으로 사용하기만 한다면, 2진수든 10진수든 안전한 암호체계가 될 것이다. 모든 암호키의 발생 확률이 동일하다면, 증거 비중을 갖는 특별한 평문은 하나도 나타날 수 없을 것이다. 하지만 독일 송신들은 이렇지 않았다. 기계 작동으로 암호키를 생성했다. 사용하던 전신 타자기 암호화 기계는 여러 종류였지만, 10여 개 정도의 회전자가 불규칙하게 움직이며 생성된 패턴을 암호키로 사용한다는 공통점이 있었다.[45]

에니그마와 마찬가지로 만일의 경우 기계를 탈취당할 가능성이 상존했고, 독일 암호사용자들은 그런 가능성을 감안해야 했다. 하지만 이런 형태의 통신을 뚫고 들어간 중요한 계기는 공교롭게도 기계 탈취가 아니었다. 1941년 블레츨리의 누군가가 어떤 메시지가 아주 특별한 방식으로 두 번 전송되었다고 추측했다. 기계를 사용하는 암호체계에서는 기본적인 실수로 용인되는 잘못이었다. 메시지가 두 번 모두 '동일한' 암호키로 암호화되어 전송되었는데, 그중 한 전송에서 암호키가 철자 하나씩 앞당겨져서 암호화되었다. 일단 이런 추측이 나오자 간단하게 암호키와 평문이 복구되었다.

완벽한 보안을 위해 설계된 기계였으니 더 이상의 개선은 불가능하다고 판명되었을 것이다. 그렇게 나온 일련의 암호키도 무작위로 보였을 것이고, 일정한 패턴이 없는 것으로 생각되었을 것이다. 하지만 사실은 이렇지 않았다. 이 결정적인 관찰을 해낸 사람은 수학자로 변신한 케임브리지의 화학자 투테W. T. Tutte였다. 1932년 폴란드인들이 에니그마로 이룬 성과와 동등한 돌파구였다. 폴란드인들의 성과와 마찬가지로 물리적이 아니라 논리적으로 기계를 탈취한 것이었으며, 다시 한 번 내딛는 첫걸음으로 필수 불가결한 요소였다. 하지만 이번에는 독일 산업계가 진지한 노력을 기울였다는 점이 한 가지 차이점이었다. 에니그마처럼 일반 상업용을 급히 개조해 만든 장치가 아니었다. 독일 군사 체제에서 차지한 역할에도 차이가 있었다. 이 장치를 통한 통신은 고위급의 보고서와 평가를 담고 있는 드물지만 매력적인 내용이었다. 히틀러가 직접적인 전쟁 통제권을 인수하던 시기에 블레츨리는 베를린에 훨씬 더 가까이 다가서게 되었다.

실질적으로 기계를 탈취한 것과 같았지만 더 이상의 암호해독은 불가능했을 것이다. 뛰어난 암호작성방식이 그런 법이다. 암호화 기계장치의 '주기'도 17576이 아니라 정말 "어마어마하게 큰 수"였다. 그렇지만 이러한 문제들도 결코 극복할 수 없는 것이 아니라고 밝혀졌고, 1942년 암호분석가들은 알고 있는 지식을 이용하는 방법을 서서히 찾아내기 시작했다. 이 특정한 유형*의 기계식 암호 통신을 해독하는 작업은 '피시Fish'로 알려졌다. 앨런이 투테의 연구를 기초로 1942년에 몇 달간 연구하여 가장 중요하고 일반적인 방법 하나를 개발했다. 이 방법은 '튜링이스머스Turingismus'로 알려졌다.

블레츨리의 새로운 사업이 싹트고 있었다. 1942년 모든 것이 다른 방식으로 처음부터 다시 시작한다는 의미였다. 하지만 해군 에니그마와 마찬가지로 이 또한 앨런의 게임은 아니었다. 첫째, 이 일을 시작한 사람은 앨런이 아니었다. 둘째, 그 분석을 기계화하는 단계를 담당한 인물도 다른 사람이었다. 바로 1942년 여름에 도착한 뉴먼이었다.

뉴먼을 선발한 사람은 케임브리지의 물리학자인(또한 킹스 칼리지 특별연구원이었던) 블래킷P. M. S. Blackett이었다. 1937년부터 맨체스터대학교에서 물리학과 교수로 재직하던 블래킷은 당시 호송선단 문제를 통계학적으로 분석하고 있었다(마침내 해군성이 정보뿐만 아니라 작전에 있어서도 과학자들의 개입을 용인했기 때문이었다).

뉴먼은 연구 부서에 배치되어 피시 신호를 연구했지만, 수작업 방식에 특별히 능숙하지 못했다. 케임브리지로 복귀할까 고민하던 중, 자동화할 수 있는 처리 방법이 떠올랐다. 1940년부터 1941년까지 앨런이 개발한 통계적 방법을 이론적 근거로 삼았다. 사실 앨런의 아이디어가 뉴먼의 계획에서 결정적인 요소였다. 하지만 계획을 실행하려면 연산 작업을 아주 빠르게 할 수 있는 전혀 새로운 기계가 필요했다. 뉴먼은 트래비스를 설득해 기계 개발에 착수했고, 1942년 가을이 되자 이미 연관을 맺고 있던 우체국연구소를 합류시켰다. 자신들의 기술이 충분하지 않다는 인정은 결국 전자공학 엔지니어들이 영향을 줄 수 있다는 의미였다. 1942년

---

* 다른 유형의 전신 타자기 암호화 기계 장치는 해독되지 않았다.

말까지 이 프로젝트는 공학적인 면에서 고전을 면치 못했다. 전자공학 때문이기도 했지만, 종이테이프를 아주 빠르게 판독기에 통과시키는 것과 관련한 기계적 어려움이 더 컸다.

앨런은 이 프로젝트에 관한 모든 것을 알고 있었지만, 그가 피시 분석에 적극적으로 참여한 것은 '튜링이스머스'에 한정되었다. 1942년 가을 테스터리Testery*라 불린 부서가 업무를 인수해, 피시 트래픽에 수작업 방식을 시도했다. 수년 전 힘들게 에니그마 해독을 시작하던 그대로였다. 피터 힐튼이 8호 막사에서 전속되어 근무했고, 럭비 학교를 갓 졸업한 더 어린 청년이 1942년 가을에 도착했다. 도널드 미치Donald Michie라는 젊은이었는데, 옥스퍼드 고전문학 장학생으로 입학해 일문학을 전공하려던 중 암호학 초급과정을 이수했다. 거기서 재능을 인정받았고, 블레츨리의 은밀한 곳으로 배속되었다. 미치와 피터 힐튼은 튜링이스머스를 발전시켰고, 자기들의 아이디어를 창시자인 앨런에게 보고했다.

들려오는 소식은 계속 암울했고 전망도 불확실했지만, 1942년은 젊은이들에게 멋진 해방의 시간일 수 있었다. 평시에는 꿈도 꾸지 못할 기회가 주어지고 아이디어가 떠올랐기 때문이다. 앨런도 젊었기 때문에 어린 신입들이 잘 따랐다. 사실 계속 이어지는 재난 중에서 가장 최근에 토브루크가 함락되던 날이 앨런의 30세 생일이었다. 학교를 갓 졸업한 젊은이들은 그렇게 '학생 같은' 사람이 서른 살이나 먹었다고 해야 할지, 아니면 지적으로 두드러진 사람이 아주 젊다고 해야 할지 갈피를 잡을 수 없었을 것이다. 그와 이야기를 나누다 보면, 기숙사 깃발도 치우고 채플 예배도 빠지며 학교에서 금한 재즈를 듣고 D. H. 로렌스의 책을 읽지만 대단한 장학금을 받은 학생이라 사감도 못 본 척 눈감아주는 상급반 소년의 기숙사에 초대받은 듯한 기분이 들었다.

피터 힐튼은 이야기를 맛깔스럽게 했는데, 의용군에 관련된 튜링의 이야기를 제일 좋아했다. 이상하게도 관계자들은 블레츨리의 분석가들에게 여가 시간에 군사

---

* 테스트와는 아무 관계가 없고, 책임자인 테스터 소령 때문에 생긴 명칭이었다.

훈련을 하라고 요구했다. 부서 책임자들은 면제되었지만, 앨런은 소총을 능숙하게 다루고 싶은 열정이 있었다. 군에서 2년간 복무했기 때문에 훈련에 시들한 해리 골롬벡은 그런 앨런이 놀라웠다. 앨런은 의용군 보병대에 지원했고, 지원서를 작성했다.[46]

작성해야 하는 양식이 있었는데, 대답하기 어려운 질문이 하나 있었다. "의용군에 입대하면 군법의 적용을 받게 된다는 사실을 알고 있습니까?"라는 질문이었다. 앨런은 정말 그답게 "이 질문에 '예'라고 답할 때 예상되는 이익이 있을 수 없다"라고 말하고는, '아니요'에 표시했다. 물론 앨런은 아무 이상 없이 입대했는데, 이런 서류는 맨 밑의 서명만 확인하기 때문이었다. 이렇게 해서… 앨런은 훈련을 마쳤고 특등 사수가 되었다. 특등 사수가 되자 앨런은 이제 의용대가 필요 없었고 열병식 참석을 중단했다. 특히 당시는 독일 침략의 위험이 수그러들던 때였고, 앨런은 더 나은 다른 일을 해보고 싶어 했다. 하지만 앨런이 열병식에 불참한다는 보고서가 당연히 계속해서 본부로 날아갔고, 의용대 책임 장교가 마침내 앨런을 소환해 계속해서 열병식에 불참하는 이유를 물었더. 필링햄 대령Colonel Fillingham이었다. 그런 종류의 사건에 노발대발하는 사람이라서 내가 잘 기억한다.

아마 대령이 겪은 일 중 최악이었을 것이다. 왜 지금까지 열병식에 참여하지 않았느냐고 질문을 받자, 앨런은 이제 특등 사수가 되었기 때문이며 입대한 이유도 그것이라고 대답했다. 필링햄이 말했다. "하지만 열병식 참석 여부는 자네가 결정할 수 있는 일이 아니다. 열병식에 참석하라는 명령을 받으면 군인으로서 참석하는 것이 자네의 의무이다." 그러자 앨런이 대꾸했다. "하지만 저는 군인이 아닙니다." 필링햄은 어안이 벙벙해졌다. "무슨 말인가, 군인이 아니라니! 자네는 군법을 따라야 해!" 앨런이 필링햄에게 이렇게 말했다. "저기요, 제가 이런 일이 생길 줄 알았습니다. 저는 군법에 따라야 한다고 생각하지 않습니다." 거두절미하고 앨런이 말했다. "제 지원서를 보시면, 제가 이런 상황에 대비했다는 것을 알 수 있을 겁니다." 당연히 지원서를 확인했고 앨런을 어쩌지 못했다. 앨런의 입대가 부적절했기 때문이었다. 그들이 할 수 있는 일이란 앨런이 의용대원이 아니라고 선언하는 것뿐이었다. 앨런으로서는 당연히 더 이상 바랄 것이 없는 조치였다. 앨런이 바로 그런 사람이었다. 영리해서가 아니었다. 그저 서류를 가져가, 있는 그대로 받아들이고, 이런 서류를 작성할 때 최적의 전략이 무엇인지 결정했을 뿐이었다. 앨런은 시종일관 그런 사람이었다.

이렇게 거울에 비추듯 글자 그대로 명령을 받아들이는 전략으로 인해 비슷한 말썽이 생겼다. 신분증에 서명이 없어서 생긴 소란이었는데, 신분증에 아무것도 적지 말라는 명령을 받았기 때문이었다. 시골길을 거닐다 경찰 2명이 앨런을 세우고 검문하던 과정에서 드러난 일이었다. 앨런의 외모가 어색한 데다 산울타리의 야생화를 관찰하는 습관이 스파이를 의식하는 시민의 상상력을 자극했던 것이다.[47]

나이 든 보수주의자나 정부 관료에 대해 승리를 거두는 외에도, 지위나 나이, 학위 등 모든 피상적인 것들과 함께 전통과 형식도 무시되는 일종의 비밀 대학에서 영국 수학계의 최고 인재들과 자유로운 교류를 경험하기도 했다. 중요한 것은 사고력뿐이었다. 수학계의 플래시 고든Flash Gordon(미국 만화가 알렉스 레이먼드의 공상 과학만화 주인공―옮긴이) 같은 인물도 있었는데, 이 논리적인 슈퍼보이가 이들의 힘을 북돋았다. 성공을 가로막는 어떠한 능력의 제한이나 패배도 인정하기를 거부하던 인물이었다. 피터 힐튼에게 앨런은

다가가기 아주 쉬운 사람이었다. 그렇지만 늘 우리가 모르는 뭔가가 더 많이 있다는 느낌이 들었다. 모든 문제를, 그것도 언제나 기본원칙에서부터 다룰 수 있는 엄청난 힘과 능력이 있다는 느낌을 늘 떨칠 수 없었다. 말하자면, 많은 이론 작업뿐만 아니라 실제 문제 해결에 도움이 되는 기계들도 설계했고, 그에 따르는 모든 전기회로도 마찬가지였다.

예를 들어 앨런은 독일군 고속어뢰정이 사용하는 특별한 에니그마 암호체계를 분석하는 해리 골롬벡의 작업을 돕기 위해 특별한 기계를 설계하기도 했다. 중요한 해군 에니그마 문제를 풀기 위해 또 다른 기계도 설계했다. 봄베 이상의 기능이

있었다. 항상 새로운 기술을 적용한 것은 아니었다. 밴버리스머스 작업 과정도 암호 메시지가 천공으로 기록된 종이를 사용했다. 정교한 통계학 방법이 사용되기 전에는, 이 천공 용지들을 교차시켜 일치하는 천공의 수를 힘들여 계산했다. 앨런은 약간 비꼬아서 이 작업 과정을 롬싱ROMSING이라고 불렀는데, 진보적인 구호인 현대과학자원Resources of Modern Science을 빗댄 표현이었다. 하지만 이 말은 블레츨리 작업의 근본적인 사실을 표현하기도 했는데, 앨런이 그 핵심에 있었고, "단조롭고 초보적인" 일에 손을 더럽히지 않는 오만함을 보인 적이 결코 없었다.

앨런은 이 모든 수단을 사용하며 항상 문제를 전체적으로 다루었고, 계산을 마다한 적이 없었다. 어떤 것이 실제 어떻게 행동할지 알아야 하는 문제라면, 앨런은 그에 관한 모든 수학적 계산도 해내곤 했다.

연구뿐만 아니라 거의 모든 것에 동시에 관심을 보인 앨런에게 우리 모두 많은 영감을 받았다… 그리고 그는 함께 일하기 즐거운 사람이었다. 재능이 자기만 못한 사람들을 참아내는 인내심도 대단했다. 내가 별거 아닌 어떤 일을 할 때 앨런이 항상 과분하게 나를 격려해준 일이 기억난다. 우리 모두 그를 좋아했다.

앨런이 "인내심이 대단했다"라는 것은 그에게 흔히 나타나는 특징은 아니었다. 다가서기 쉬웠다는 것도 마찬가지였다. 하지만 피터 힐튼은 피시팀에서 사실 사고가 가장 민첩한 사람이었고, 앨런의 '창조적 무질서'에서 가장 유익한 측면들을 끌어냈다. 무언가 새로운 것을 이뤄 앨런에게 보이면, 그가 끙끙거리고 툴툴거리며 머리를 쓸어 올리고, 이상하게 생긴 손가락으로 두드리며 "그래! 알았어!"라고 외치는 모습은 환희 그 자체였다. 하지만 규정과 규제에 의해 꿈이 다시 한 번 깨졌다.

그때 다시 앨런은 정해진 시간에 출근하여 5시까지 근무하고 퇴근하길 바라는 관료에게 시달렸다. 앨런의 방식은(고백하지만, 온통 연구에 빠진 앨런뿐 아니라 우리 대부분이 그랬다) 점심때쯤 출근해 다음 날 자정까지 근무하는 것이었다. 그리고 문제가 본질적으로 해결되면, 아마 퇴근해 휴식을 취하며 24시간 동안 돌아오지 않았다… 그런 식으로 앨런 튜링은 훨씬 더 많은 성과를 내고 있었다. 그런데 관료가 나타나서 우리에게 서식들을 작성하라고 하고, 출근 카드를 찍으라고 하고, 기타 등등을 요구했다.

한번은 앨런이 맥주 한 통을 사무실로 주문했는데 '불허'되었다. 사소한 문제들이었지만, 그 이면에는 구시대 사고방식과의 한층 심각한 대결이 도사리고 있었다. 구시대 사고방식은 정보에 굴복할 수밖에 없었지만 거의 시기를 놓칠 만큼 그 속도가 너무 더뎠다. 이런 과정에서 지휘기관에게는 성가신 존재였지만 앨런의 역할이 전혀 보상을 받지 못한 것은 아니었다. 1942년 어느 날 외무성에서 갑자기 앨런과 고든 웰치먼, 휴 알렉산더를 소환하더니 각각 200파운드씩 상금을 지급했다. 앨런은 훈장을 수여할 수 없으니 대신 돈을 준 것이라고 조안에게 설명했다. 앨런은 훈장보다 돈이 더 쓸모 있다고 생각했을 것이다.

1942년 9월 영국의 입장은 조금 나아졌지만, 토브루크 함락 이후 다른 심각한 손실이 발생하지 않았다는 정도였다. 이집트에서의 동쪽으로 진격하던 롬멜을 7월에 오친렉C. J. E. Auchinleck 장군이 막았고, 8월에는 몽고메리B. L. Montgomery 장군이 저지했는데, 몽고메리 장군은 암호해독의 특별한 도움을 받았다. 사막전은 평범한 전투보다는 해전과 비슷해서 정보가 특히 중요했다. 3군의 효율적인 통합 작전이 절대적으로 필요했기 때문에, 블레츨리의 정보와 해석이 런던의 수뇌부를 거치지 않고 곧바로 카이로의 정보센터로 송신되는 고육지책을 쓸 수밖에 없었다. 그런데 북버킹엄셔에서 넘쳐나는 정보로 인해 3군은 더 집중적인 체계를 운영할 수밖에 없었다. 1942년 5월 아프리카 전장에서 사용하는 에니그마 암호체계가 모두 깨졌다. 더불어 8월에는 8호 막사가 지중해 함대가 사용하는 암호체계를 깨는 성과를 올렸다. 세세한 에니그마 정보에 거의 전적으로 의존한 영국의 공격으로 롬멜은 당시 보급품의 4분의 1을 잃고 있었다. 더 중요한 화물을 골라 파괴할 수 있는 경우도 종종 있었다. 8호 막사의 분석가들에게 승전 소식이 전해졌고 사기가 올랐다.

하지만 지중해는 결국 영국과 독일 간의 지엽전이었다. 세계대전에서 일본은 미

앨런 튜링의 이미테이션 게임

드웨이 해전으로 심각한 타격을 받았고, 이 해전에서 미 해군은 정보가 엄청나게 파괴적인 효과를 낳을 수 있음을 증명했다. 유럽은 역전의 기미가 보이지 않았다. 러시아를 공격한 추축국은 스탈린그라드에 이르렀고, 디에프Dieppe 기습 실패로 서부에서 쉽게 승리하리라는 오래된 환상도 사라졌다. 처칠이나 모든 사람에게 이 두 사건보다 더 무서운 것은 취약한 대서양 교두보였다. 대서양의 교두보를 확보하지 못하면 영국의 존립도 없었다.

1942년 초 미군이 1차로 영국에 도착했으나, 특히 탱크나 비행기 같은 전쟁물자의 수송이 주를 이루었고, 그것만으로는 서부 유럽을 재탈환할 수 없었다. 호송대는 대서양 유보트 함대를 상대해야 했고, 유보트는 10월 무렵 196척으로 늘어났다. 1940년 이후 유보트 숫자는 3배로 증가했고, 그에 따라 선박 침몰도 3배로 늘어났다. 1942년 중반까지 미국이 연안호송을 망설인 까닭에 유보트가 방향을 바꿔 동해안을 손쉽게 공격했지만, 8월에 대응책이 마련되며 이런 방어전선의 틈이 메워졌다. 그러자 유보트는 공중 엄호가 미치지 못하는 대양 한복판에서 대서양 호송선단을 다시 공격했고, 당시 1년 사이에 영국에 물자를 공급하는 데 필요한 상선의 절반 이상을 파괴하고 있었다. 미국이 조선소를 재가동하여 최고 속도로 새로운 배를 건조했지만, 겨우 서너 번 대양을 항해하고 침몰했다. 당시 미국도 태평양에서 배가 절대적으로 부족한 상황이었다. 전체 연합국의 선박 보유량은 줄고 있었고, 유보트는 늘고 있었다. 1942년 말에는 212척이 될 것이고, 추가로 181척의 유보트가 시험 가동 중이었다.

서부 전선의 위기가 빠르게 다가오고 있었다. 1943년에 영국은 확고한 미국 산업의 전진 기지로 채워지든지, 아니면 서서히 가라앉게 될 상황이었다. 1940년 공중전 때보다 산만하기는 했지만 사생결단을 앞둔 상황이었다. 10년 전 앨런은 "우리에게는 의지라는 것이 있고, 이 의지는 아마도 뇌의 작은 영역…에서 원자의 활동을 결정할 수 있다. 몸의 나머지 부위는 이 결정을 증폭시키는 역할을 한다"라는 행동모델을 생각했었다. 이제 앨런은 신경세포망의 신경세포 하나였고, 그를 둘러싼 거대한 체계가 앨런의 생각을 구체적인 형태로 변화시켰다. 영국의 두뇌, 전기 계전기가 모순들을 검색하는 전기 뇌는 이제까지 고안된 가장 복잡한 논리체계였을 것이다. 2년간 움츠렸으니 나머지 신체 부분들도 지능을 이용할 준비와 조정이 더 잘되어 있었다. 중동에서는 희미한 모스 신호를 증폭하여 롬멜의 부대를 침몰시키고 있었지만 대서양은 달랐다. 뇌가 다시 소생하지 않으면 아이젠하워와 마셜 장군은 대서양에서 롬멜보다 훨씬 대규모로 고립될 처지였다.

그 2년 동안 또 다른 중대 변화가 있었다. 회전자의 위치가 10배로 늘어나자 폴란드는 기술적으로 우월한 서구에 도움을 요청할 수밖에 없었다. 그리고 이제 26배가 증가하니 미국이 전자기식 계전기 경쟁에 뛰어들었다. 영국 해군성보다 더 완고했던 미국의 해군 수장은 1942년 중반까지도 추적실 설치에 반대했다. 하지만 미 해군 암호분석가들은 필요한 것이 무엇인지 알 수 있도록 신속한 조치를 취했다. 미 해군 암호분석부서는 1935년부터 현대식 장비를 사용해오고 있었는데, 1942년 통신두절 상황이 되자 영국이 잡아낼 때까지 마냥 기다리지 못했다. 스스로 할 수 있다고 생각했다. 미국은 일본 암호에만 집중해야 하며 블레츨리의 성과를 복제하면 안 된다고 생각한 영국의 의견과는 정반대였다. 하지만 미 해군은 유난히 집요했다. 약속된 봄베 입수가 지연되면서 생긴 불만으로 이미 6월에 정부신호암호학교와의 유대가 긴장상태에 빠졌다. 그리고[48]

> 9월 미국 해군성은 자체적으로 더 앞선 기계를 개발했고, 그해 말까지 360대를 제작할 계획이며, 당장 유보트 에니그마 설정값을 공격할 생각이라고 발표했다.

블레츨리로서는 머리가 어지러울 수치였다. 추가로 20대가 제작되고 있기는 했지만, 1942년 여름 정부신호암호학교의 에니그마 작업 전체가 겨우 30대의 봄베에 의존했다. 영국이 운영하는 봄베보다 26배 많은 기계를 생산해 동시에 사용하겠다고 완력을 행사하며, 미국은 대서양 작전에 대한 공개 매수를 제안하고 있었다.

> 하지만 10월에 정부신호암호학교에서 워싱턴에 파견된 2차 사절단이 또 다른 중재안을 협상했다. 정부신호암호학교는 "독일 해군과 잠수함 문제를 공격하려는 미국의 요구에 응했고", 미국 해군성에 도청 메시지를 전달하고 기술적 지원을 하기로

합의했다. 그 대가로 미국 해군성은… 봄베 100대의 생산을 맡았고, 미국 기계의 성과와 영국 기계의 성과를 조정하는 책임은 정부신호암호학교에서 맡기로 동의했으며, 암호분석 결과를 즉시 완전 교환하는 데 합의했다.

모든 방법과 기계에 대해 전부 알고 있는 인물은 한 사람뿐이었고, 일상의 책임에서 자유로운 사람이었다. 따라서 이제 세부적인 조정의 책임은 교수가 맡게 되었다. 미국의 엄포와 영국의 오만 사이에 흐르는 긴장을 해소하는 일은 앨런이 좋아하는 일이 결코 아니었지만, 영국과 미국의 연락관계는 공고하게 자리 잡아야 했다. 전시 상황이었기 때문이다. 앨런은 영국 합동참모의 임무를 띤 공무원으로 인가되어 10월 19일 비자[49]를 발급받았다. 조안에게 이렇게 이야기했다. "제일 먼저 허쉬 초콜릿을 살 거야."

앨런이 미국을 방문한 목적은 이것만이 아니었다. 합동 작전이 펼쳐지고 있으니, 연합국 정부당국은 대동맹의 더 미묘한 사안들을 주고받을 새로운 통신기술이 필요했다. 전보통신으로는 부족했다. 음성 신호를 주고받을 적당한 수단이 필요했다. 대서양 해저로 가로지르는 진화선이 없으니, 모든 말은 딘파 송신기를 이용해 송신할 수밖에 없었다. 1942년 6월 외무성 기록에 다음과 같은 내용이 나온다.[50]

모든 대화 내용 하나하나를 기록하려고 적군이 고용한 기술자의 그 어떤 공격도 버티는 안전장치는 아직 개발되지 않았다.

모든 사람은 말할 때마다 자신이 하는 말을 베를린에서 감청한다는 사실을 감안해야 했다. 1942년에는 망명정부가 검열받지 않은 메시지를 송신하는 선례를 만들지 않도록 노르웨이의 올라프 왕자와 다섯 살짜리 공주의 통화조차 금지하여 언쟁이 벌어지기도 했다.

음성 보안을 확보하는 근본적인 어려움은, 글로 쓰는 것에 비해 말에는 엄청난 '중복'이 있다는 것이었다. 두 개의 통신문을 모듈러로 합치면 그것을 푸는 작업은 힘이 드는 반면, 소리 신호는 아무 생각 없이 귀와 뇌가 대화나 음악, 배경 소음으로 분석하고 구분해낼 수 있다. 이해에 필요한 것보다 훨씬 많은 정보를 음성 신호가 전달하기 때문에 발생하는 현상이었다. 일상적으로 '개연성 있는 단어'가 되었건, 반복되는 지시자의 세 철자가 되었건, 반복되어 암호화된 메시지가 되었건, 암호분석가들은 반복을 좋아했다. 어떤 형태든 음성 암호가 안전하려면 반복을 제거해야 했다. 1942년에 사용된 장치는 이러한 조건을 만족시킬 엄두도 내지 못했다. 기존의 장치는 음성을 음의 높이별로 분리한 다음, 순서를 뒤바꾸어 혹시 모를 도청을 방지했다. 하지만 그런 '스크램블러'로 변환된 신호는 음향 분석기로 퍼즐 맞추듯 풀면 쉽게 뚫렸다. 핵심적인 문제가 해결되지 않았다. 돌리스 힐에서 더 정교한 장치를 개발하려고 몇 차례 시도하기는 했지만, 미국의 개발품이 훨씬 더 앞서 있었다. 이것을 조사하는 것도 앨런의 임무에 포함되어 있었다. 암호분석에서 암호작성으로의 변화를 보여주는 전조로, 연합군이 더욱 공격적인 전쟁을 위해 필요한 것들을 준비하고 있음을 반영했다.

다른 의미에서 음성 보안은 영국 정부 당국의 문제이기도 했다. 1940년에는 그리 어려운 일이 아니어서, 영리하고 쾌활한 친구들 몇 명이 시골집에서 독일 암호의 해독을 시도하고 있었다. 1941년에 상황이 바뀌어, 처칠은 선택된 극히 소수만이 알고 있는 정보원으로부터 아주 중요한 정보를 얻고 있었다. 문제는 일반적인 국가 조직 외부에서 비대해지고 있는 이 부서에 관해 비밀을 유지하는 것이었다. 하지만 1942년에 문제가 다시 바뀌었다. 이제 더 이상 블레츨리 파크는 통상적인 조직 외부에 머물지 않았다. 통상적인 조직을 지배했다. 블레츨리의 결과물들은 다른 지식체계에 첨가되는 양념이 아니었다. 전부였다. 항공정찰사진이나 포로 심문도 중요하고 세세한 정보를 추가하기는 했지만, 확실한 소식통에서 나오는 새로운 정보에 비하면 규모면에서 상대가 되지 않았다. 60개의 암호체계가 깨졌고, 매달 5만 건의 메시지를 해독했다. 1분에 하나씩 해독되었다. '레드'와 '옐로'를 사용하던 구시대는 이미 오래전에 끝났다. 무지개 색도 모두 사용하고 상상력의 날개를 단 분석가들은 식물계와 동물계를 점령했다. SS 암호키는 '퀸스Quince(모과)'라 부르고, 롬멜이 베를린에 보고할 때 사용하는 암호키는 '차핀치Chaffinch(되새)'

라 불렀으며, 러시아 전선의 독일군 암호키에는 '벌처Vulture(독수리)'라는 이름을 붙였다. 특정한 암호체계는 적절한 안전장치를 이용했는데, 이 경우 블레츨리도 속수무책이었다. 그들이 부르는 식으로 '샤크Shark(상어)'라는 유보트의 암호키는 1942년 2월과 3월의 그 3일간을 제외하고는 여전히 해독 불가였다. 하지만 이런 공백을 제외하면 독일의 무선 통신은 우등생이 책을 펼치고 시험을 보는 것과 마찬가지였다.

영국 전쟁 전반을 가리는 신비하고 모호한 구름이 드리우고 있었다는 의미였다. 모든 문서는 위장을 거쳐 조작되어야 했고, '구식 절차들'이 행해졌다. 머거리지는 이렇게 표현했다.[51]

> 요원의 배치, 정보원 매수, 비밀 잉크로 쓴 메시지 발송, 위장, 변장, 비밀 송신기, 휴지통 내용물 검사 등 모든 것이 결국 대부분 이 또 다른 정보원을 보호할 목적으로 밝혀졌다. 마치 구식 희귀서 판매상으로 위장하고 수지맞는 도색잡지나 춘화를 거래하려는 사람 같았다.

불가피할 경우, 필요한 혁신을 즉각 수용하는 것이 영국 체제의 능력이었고, 이것이 진짜 비밀 무기였다. 그런 유연함이 없었다면, 모든 수학적 기술이나 언어적 기술도 소용이 없었을 것이다. 아버지처럼 포용력 있는 제국의 기질이 승리를 구가한 요인이 아니었을까 생각한다. 해군장관으로 처칠을 보좌한 노동조합원 알렉산더A. V. Alexander조차 암호분석가는 말할 것도 없이 해군 정보에 대해서도 몰랐지만, 계층화된 영국 체제를 대표하는 계층들의 특징은 서로 소통하고 통제하는 신뢰였다. 준비되지 않은 영국 정부의 수중에 떠맡겨진 가장 중요하고 극적인 발전이 무엇인가를 놓고 모든 계층에서 갈등이 심각했다. 하지만 충돌은 법률이나 속박으로 규칙을 강요하지 않고 묵시적으로 규칙이 합의된 클럽 안에서 진행되었다. 다른 체제였다면 앨런 튜링은 살아남을 수 없었을 것이다. 염탐과 배반이 만연한 독일에서는 분명 살아남지 못했을 것이고, 아마 미국에서도 살아남지 못했을 것이다. 앨런은 팀의 일원으로 참여하기보다는 항상 홀가분하게 혼자 일하는 것을 좋아하는 사람이었지만, 교장의 말처럼 영국은 앨런을 그 분야에서 특출한 6학년 수학 수재로 활용할 수 있었다.

책임자들의 눈에 비친 앨런의 연구 결과는 버트런드 러셀의 문제에 버금가게 어려운 논리적 문제였다. 누가 무엇을 알아야 하는가, 그리고 그들이 알고 있다는 것을 알아야 하는 사람은 누구인가? 아주 다르게 조직이 구성된 미국 체제와의 연락 외에도 문제가 있었다. 영국 자치령과 자유세력, 러시아를 속이는 것도 문제였다. 암호 자료의 탈취는 필요한 경우를 제외하곤 반드시 피해야 하는 일이었다. 책임자들은 '세뇌된 사람들'이 적의 수중에 떨어지는 일을 막아야 했고, 성공적인 작전이 배신할지도 모른다고 사전에 알게 된 경위를 신빙성 있게 설명하는 것이 무엇보다 문제였다. 하지만 이상한 일이 벌어지고 있다는 사실을 수많은 사람들에게 숨긴 채 어떻게 이렇게 할 수 있으며, 드러나지 않으면서 정보를 이용할 수 있겠는가?

불가능했다. 블레츨리가 계속 성공할 수 있는 요인은 독일 당국이 암호의 안전성에 대해 실제 의문을 제기하지 않고, 안전하게 증명되었다고 믿는 것이었다. 군사적인 괴델의 정리였다. 그 조직적인 타성으로 인해 독일 지도자들은 외부에서 그 체계를 관찰할 수 없었다. "필요한 것만 안다"라는 원칙도 완벽하고 일관성 있는 논리 체계처럼 작동하지 않았다. 케임브리지와 셔본학교에서도 블레츨리에서 어떤 일을 하는지 짐작했다. 1941년 《데일리 미러_Daily Mirror_》에 "스파이가 나치 암호 도청"이라는 제목의 기사[52]가 실렸는데, 아마추어 무선 통신사들이 "공중에 가득한 모스 메시지를 해체했다"라고 자랑스럽게 적고 있었다. 기사는 계속해서 "암호 전문가들"의 손에 맡기면 "영국 정보부에 대단히 중요한 메시지가 나올지도 모른다"라고 설명했다. "유용한 정보를 주었다고 치하하는 본부의 감사장이 우리가 바라는 보상의 전부이다"라는 무선 스파이의 말도 인용했다. 그 신문의 다른 면에 더 중요한 기사가 실렸는데, 붉은 여왕의 계획으로 소련 정부의 에니그마 해독 접근이 허락되고 있다는 내용이었다. 하지만 에니그마 암호체계는 아직 해체되지 않았다.

어떤 특정 사실이나 물건을 지키는 것이 아니라, '음담패설'처럼 전체 주제를 논의에 부적절한 것으로 유지하는 것이 중요하다는 점에서, 신호 통신은 사실 "수지 맞는 도색잡지나 춘화" 거래와 비슷했다. 블레츨리 작업에 의존하는 모든 이의 기조는 이런저런 규칙이 아니라, 말할 수 없는 내용에 대해 몸에 밴 두려움과 당혹감이었다. 블레츨리의 작업이 원활히 돌아간 이유였지만, 앨런 튜링을 극단으로 몰아간 이유였다. 교육받은 사람들도 전혀 심지어 그것이 무엇인지도 모르며, 모른다고 자랑스럽게 떠벌릴 만큼 놀라운 문제를 안고 수학자로 살아간다는 것은 아주 어려웠다. 앨런의 성적 취향에 대한 반응은 기껏해야 겸손 비슷한 것일 테고, 악마와의 교류나 비극, 질병으로 볼 가능성이 훨씬 더 많을 것이다. 무엇보다 사회에서 여전히 침묵을 요구하는 문제였다. 앨런에게 그런 침묵은 쉽지 않은 속임수 게임과 다름없었고, 앨런은 가식을 혐오했다. 하지만 정부신호암호학교의 수석자문위원으로서 앨런은 또 다른 모방게임의 한복판에서 살며 공식적으로 존재하지 않는 업무를 하고 있었다. 그러니 앨런이 자기 인생에서 체스 게임이나 전나무 방울 외에 이야기할 것은 거의 아무것도 없었다.

평범한 삶은 계속해서 조각났다. 가끔 앨런은 당시 항공기생산부에 근무하던 친구 데이비드 챔퍼노운을 만나기도 했지만, 물론 두 사람은 업무 이야기는 하지 않았다. 앨런은 계속해서 밥의 미래를 염려했고, 케임브리지 장학금에 지원하기를 바랐다. 밥은 라틴어를 열심히 준비해서 장학금을 신청했지만 일반적인 합격 수준이었다. 본인의 상황으로 보면 이 정도도 상당한 성과였지만, 밥은 추상적 개념들에 대한 감이 없어서 앨런을 실망시켰다고 느꼈다. 앨런은 밥을 케임브리지에 보낼 형편이 되지 않았다. 밥은 1942년 가을 맨체스터대학교에서 단기 화학과정을 시작했고, 퀘이커교도 예배당에 보일러 불을 때며 생활비를 벌었다.

눈치가 빠른 밥은 앨런과 '챔프', 프레드 클레이턴이 팀을 이뤄 정보와 관련된 일을 한다고 추측했다. 팀을 이뤘다는 것은 밥의 오해였다. 하지만 앨런이 블레츨리라는 곳에서 근무한다는 것밖에 몰랐지만 앨런에 대해서는 밥의 추측이 옳았다. 이것저것 자기들이 보고 들은 내용을 토대로 추측하는 것은 다른 사람들도 비슷했다. 이집트에서 복무하던 존 튜링도 선임장교의 형제가 블레츨리에서 근무 중이었는데, 두 사람은 블레츨리가 암호와 관계가 있다고 추측했다. 튜링 부인도 올바른 추측을 했는데, 앨런이 1936년에 보낸 편지에 "가장 일반적인 부호나 암호"라는 말이 있었음을 기억하고 앨런이 '외무성'에 근무한다는 것을 알았기 때문이었다. 군인처럼 머리를 짧게 깎지 않은 것을 알면 실망하겠지만, 튜링 부인은 앨런이 다시 한 번 임무를 맡았다는 것이 기뻤다. 앨런은 간혹 어머니가 보낸 장황한 편지를 읽지도 않고 8호 막사의 휴지통에 버리면서, 피터 힐튼에게 "아, 잘 지내셔"라고 말하곤 했다. 튜링 부인은 1941년 가을에 앨런을 직접 방문하기도 했다. 앨런은 "100여 명의 여자들"이 자기 밑에서 근무한다며 자기가 중요한 일을 한다는 힌트를 주려고 했지만, 튜링 부인은 물론 그 누구도 그 일이 얼마나 중요한지 전혀 눈치 채지 못했다. 어떻게 그것을 알았겠는가? 선진산업국의 조직에 어울리게 만든 정보처리시스템이라는 개념은 그때 막 생긴 개념이었다.

평범한 것은 무엇이고, 기이한 것은 무엇인가? 현실은 무엇이고, 환상은 무엇인가? 1938년 순수 수학자가 배를 타고 놀라운 곳으로 흘러 들어갔고, 그는 유럽 전쟁의 승패를 결정할 개념에 집중했다. 미란다(셰익스피어의 『템페스트』에 나오는 여주인공—옮긴이)는 체스를 두다가 멋진 신세계를 발견했다. 이곳의 조직은 전문가들이 보수주의자들의 잘못을 지적하고 현대와 조화를 맞추도록 하는 혁신적인 과학자의 꿈이 있는 곳이었다. 비밀 테크노크라시technocracy(과학 기술 분야 전문가들이 많은 권력을 행사하는 정치 및 사회 체제—옮긴이)는 지능기계처럼 일을 했다. 노예 반장들보다 훨씬 더, 영국 국민의 수장들보다 훨씬 많이. 그 중심에 알파 플러스Alpha Plus(A. L. 헉슬리의 미래소설 『멋진 신세계』에 나오는 용어로서 엘리트 중의 엘리트 계급을 의미한다—옮긴이)의 두뇌가 있어, 비밀 테크노크라시에 생명을 불어넣고 성장시켰다. 하지만 스스로 생각하는 저주를 받은 불행한 알파는 자신의 피조물에 의해 몰려나기 시작했다.

깨어진 에니그마와 피시 암호체계는 이제 해독이 가능했고, 기민한 정신과 현대 과학의 재원을 한계까지 확장시키고 있었다. 갑자기 운 좋게 생긴 훌륭한 관찰에 의존하기도 했다. 10월 30일 뜻밖의 행운이 찾아왔다. 포트사이드Port Said를 출항한 유보트 U-559를 나포함으로써 블레츨리는 공백으로 남아 있던 대서양의 암호키를 얻었다. 당시 앨런이 건널 준비를 하던 대서양의 암호키였다. 순전한 우연

앨런 튜링의 이미테이션 게임

의 요소가 1930년대 "노친네들"을 떨쳐버린 젊은 의지로 증폭되어 영국에 새로운 환상 요소를 심어주었다. 이제 전쟁을 통제하는 핵심이던 처칠은 언급할 수 없는 부서에 전적으로 의존했다. 이 부서에서는 누가 무엇을 하는지 아무도 알 수 없었고, 기만이 제2의 천성이었다. 초창기 블레츨리 파크의 별채에서 얻은 발견에서 출발하여, 폭발적으로 증가한 함의들이 군사 조직과 정치 조직 속으로 한 단계 한 단계 확산되어 들어갔다. 어떤 여파를 미칠지 아무도 생각할 시간이나 의향도 없던 논리적인 연쇄반응이었다.

몽고메리 장군은 항상 부대에 '상황'을 알렸다. 사실 '최신' 정보를 너무 많이 전달해서 처칠에게 견책을 당할 수밖에 없었다. 하지만 그런 상황 정보로 인해 몽고메리의 부대는 그의 계획에 맞춰 효과적으로 통합되었고, 드디어 독일의 아프리카 군단을 물리쳤다. 전쟁이 벌어진 3년 동안 영국이 독일군에게 결정적인 승리를 거둔 첫 전투였다. 1942년 11월 6일 알렉산더 장군은 이런 신호를 전송했다. "종을 울려라!" 영국은 이집트 점령을 유지했고, 괴뢰 정권을 구했으며, 중동지역의 남부에서 협공하던 독일군을 섬멸했다. 11월 8일 연합군이 전격적인 기습작전으로 모로코와 알제리에 상륙했다. 정보의 기획조정으로 거둔 첫 승리였다. 미국인들이 이제 구세계에 다시 돌아왔지만, 영국을 실망시키며 비시정권의 달랑_{F. Darlan}과 협상하려 했다. 하지만 미국에 횃불을 넘겼기 때문에 영국은 불만을 제기할 수 없었다.

앨런 튜링은 11월 7일 '퀸 엘리자베스' 호에 올랐다.[53] 수리를 마친 괴물이 전투기 엄호를 뒤로 한 채 홀로 미국을 향해 갈지자로 나아갈 때, 왕의 수상은 영국 제국의 파산을 주도하려는 의도는 아니라고 설명하고 있었다. 처칠은 또한 단지 시작의 끝이라고 말했다. 하지만 가장 큰 황금알을 낳았던 거위에게는 이미 종말의 시작이었다.

가교

뱃전에서 키를 잡고
젊은 조타수가 조심스레 배를 운항하네.

바닷가 자욱한 안개를 뚫고 애절하게 울리는
종소리, 오 위험을 알리는 종이, 거친 파도에 흔들리네.

아, 위험을 알리네, 암초가 있다는 종을 급히 울리네.
땡그랑, 땡그랑, 위험한 곳을 벗어나라고 경고하네.

아, 조타수가 경고하니 그 커다란 경고소리에 따라 움직이네.
뱃머리가 돌아가고, 겁먹은 배는 잿빛 돛 아래로 속도를 높이네.
온갖 보물을 실은 아름답고 고귀한 배는 흥겹고 안전하게 서둘러 달려가네.

하지만 아, 배여, 영원히 남을 배여! 아, 그 배 위에서!
몸과 같은 배여, 영혼과 같은 배여, 나아가고 나아가고 또 나아갈지어다.

대서양의 전황이 암울하던 와중에서도 특히 1942년 11월은 연합국 선단에게는 최악의 한 달이었다. 하지만 연합군이 북아프리카에 상륙하면서 독일군 유보트 일부가 그쪽으로 분산 배치되었던 데다가, 여객선 퀸 엘리자베스 호의 속도가 유보트보다 빨랐기 때문에 별 탈 없이 항해할 수 있었다. 앨런은 11월 13일 뉴욕에 도착했다. 그런데 나중에 어머니에게 했던 말을 보면,[1] 당시 미국 입국을 거부당할 뻔했다.

도착 당시 앨런은 입국허가를 받는 데 문제가 있었다. 직접 들고 다니는 외교 행낭 속에 든 서류 외에는 아무것도 가져가지 말라고 지시받았기 때문이었다. 앨런을 대면한 입국심사원 3명은 그를 엘리스 섬(미국으로 들어가려는 이민자들을 심사하던 허드슨 강 하구의 섬―옮긴이)으로 보내자는 얘기를 했다. 그러자 앨런은 한마디를 던졌다. "내 상관들이 다음부터는 내 신원증명서를 더 잘 챙겨줘야겠다고 생각하겠군요." 좀 더 신중한 검토가 계속되고 쪽지 몇 개가 전달된 후에야 심사원 2명의 동의 하에 앨런의 입국이 허가되었다.

앨런 튜링의 이미테이션 게임

그런 문제를 담당하는 사람은 록펠러 센터에서 '영국 보안조정국British Security Coordination'을 지휘하고 있는 캐나다인 백만장자 스티븐슨W. Stephenson이었다. 원래 영국 첩보기관과 미국 연방수사국FBI 간의 연락 업무를 담당했던 스티븐슨은 비밀 작전을 수행하면서 미국에서 영국의 국익을 증진하는 데 큰 활약을 했다. 그의 조직은 1941년부터 역할이 확대되어 블레츨리 파크의 연구결과를 워싱턴으로 보내는 더 막중한 임무를 맡게 되었다. 하지만 윗선의 지시를 문자 그대로 받아들이는 앨런의 고질적 습관은 앨런 자신에게도 해가 되었다.[2] 다방면으로 구세계와 신세계의 가교架橋 역할을 하던 인물이 입국부터 그런 대접을 받았다는 것은 분명 특이한 일이었다. 앨런은 주 임무를 수행하기 위해 당시 대도시로 변모해 있던 미국의 수도로 갔다. 1938년까지만 해도 활기라곤 없었던 워싱턴은 크게 달라져 있었다. 그곳에는 앨런처럼 암호해독 업무를 수행하는 미 해군 산하 '통신지원국Communications Supplementary Activities, CSA' 본부가 있었다.

블레츨리 파크 입장에서 보자면, 절망적 처지에 놓인 영국에서는 제공할 수 없는 막대한 양의 자원과 숙련공을 보유한 미국은 무지개다리 너머에 있는 기적의 땅이었다. CSA 워싱턴 본부는 이미 미국 첨단 산업계와 긴밀한 관계를 맺고 이스트먼 코닥이나 NCR, IBM을 활용하여 기계 장비를 설계하고 제조했다. 다른 분야도 그랬지만, 히틀러의 위협 덕분에 미국 산업계의 엄청난 생산력에 영국의 아이디어가 더해지게 되었던 것이다. 논리와 물리를 연결시키는 임무가 또다시 앨런 튜링에게 주어진 셈이었다.

하지만 CSA 워싱턴 본부라고 인재가 없지는 않아서 예일대를 졸업한 총명하고 젊은 수학자 앤드루 글리슨Andrew Gleason이라는 직원이 있었다. 앤드루와 또 다른 직원 조 이처스Joe Eachus는 앨런이 워싱턴에 머무는 동안 여러모로 편의를 봐주었다. 한번은 앤드루가 18번가의 혼잡한 식당으로 앨런을 데려갔다. 두 사람은 옆 테이블과 몇 센티미터 떨어지지 않은 2인용 테이블에 앉아서 통계 문제에 대해 이야기했다. 지나가는 택시를 무작위로 골라 번호판을 확인한 다음, 시내에 택시가 모두 몇 대나 있을지 추정하는 최선의 방법을 알아내는 식의 문제였다. 그런데 그 말을 듣고 있던 옆 테이블 사람이 크게 화를 냈다. 두 사람이 '보안규정'을 위반하고 있다면서 "그런 얘기를 하면 안 됩니다"라고 말하는 것이었다. 앨런은 이렇게 대꾸했다. "그럼 '독일어'로 계속 이야기해볼까요?" 옆 테이블 사람은 모욕감을 느꼈는지 정색을 하고는 두 사람에게 제1차 세계대전에 참전했던 무용담을 털어놓았다.

당시 사람들은 워싱턴에 스파이가 있지 않을까 전전긍긍했다. 하지만 그런 일화와는 별개로, 앨런이 워싱턴에 있는 동안 얻었던 가장 중요한 성과는 독일군 유보트로 전달되는 에니그마 암호해독의 돌파구를 찾았던 일이었다. 처리속도가 더빠른 봄베 해독기 없이도 뜻밖의 한 조각 행운과 기막힌 창의력, 그리고 독일군의실수 덕분에 얻은 성과였다. 1941년 중반, 독일군의 기상 예보에서 말도 안 되게단순한 형태의 크립을 연합군이 매일 얻을 수 있었던 상황이 다시 왔던 것이다. 그것이 다 독일군 측에서 에니그마와 기상 암호 등 두 가지 방법으로 기상 예보를 전송했던 덕분이었다. 하지만 1942년 초반에 독일군의 전송 시스템이 변경되면서, 블레츨리 파크 산하 에니그마 암호해독 부서인 8호 막사의 기존 방법은 더 이상 통하지 않게 되었다. 유보트를 나포한 10월 30일이 되어서야 크립을 다시 입수할 수있었는데, 아직 어려운 문제가 남아 있었다. 단 하루 동안 오가는 암호문을 해독하는 데 필요한 에니그마의 회전자 설정값을 알아내는 데만 3주가 걸렸기 때문이다. 이때 독일군 측에서 신형 에니그마에 네 번째 회전자를 추가함으로써 얻었던모든 이점을 사실상 물거품으로 만들어버리는 실수를 저지르는 바람에 연합군은기사회생했다. 독일군이 유보트에서 기상 정보나 기타 일상적인 단문 신호를 보낼 때 에니그마의 네 번째 회전자를 그냥 '중립' 위치에 놓고 사용했던 것이다. 따라서 연합군의 암호분석가들은 1941년 터득했던 방법으로 암호를 해독할 수 있었다. 하지만 이것 자체가 독일군에게 치명타는 아니었다. 독일군이 저지른 더 큰실수는 날씨를 보고할 때 사용했던 첫 번째부터 세 번째 회전자까지의 설정값을바꾸지 않은 채 다른 암호문까지 보냈던 것이다. 그래서 연합군 암호분석가들은네 번째 회전자에 대해 26가지 경우의 수만 계산하면 충분했다. 독일군이 그렇게사용하지 않았다면 분석가들이 계산해야 하는 경우의 수는 $26 \times 336 \times 17576$가지에 달했을 것이다. 그 실수 탓에 8호 막사는 12월 13일부터 해독된 메시지를 내놓을 수 있었다. 맹인이 갑자기 눈을 뜨게 되었다기보다 1941년의 봄날이 다시 찾아왔다는 비유가 더 적절할 듯했다. 몇 주간은 아무런 성과도 얻지 못했지만, 영국 해군 작전첩보센터의 잠수함 추적실에 엄청난 정보가 쏟아지면서 12월 21일에는 북대서양에 있는 유보트 84척의 정확한 위치를 확보하게 되었다. 또 이즈음에 8호 막사에는 협력자가 생겼다. 워싱턴에서 앨런 튜링이 미국 분석가들에게 모든 기법을 전수하고 있었던 것이다. 그래서 에니그마의 회전자 설정값이 밝혀지면 그 정보가 대서양 너머로 오갔다. 양국 잠수함 추적실이 하고 있던 것처럼, 그렇게 해독가들도 직접 연락을 주고받기 시작했다.

해독문이 하루 평균 3,000개씩 쏟아졌는데, 당시 신문에 대서양 전투에 관한 아주 짤막한 최신 기사가 진뜩 실리던 모양새와 비슷했다. 그맘때 12월 초, 잠수함 추적실의 "대체 불가능한"[3] 로저 윈 대령이 "극심한 심신 피로"로 쓰러졌고, "시급을 다투는 중요한 작전 외에는 모두 연기되었는데, 연기된 일을 수행하기 전에… 다음 위기 상황이 발생해서 연구를 포기해야" 했다. 하지만 어떻게든 협력 체계는 계속되었으며 이듬해가 되자 다시금 연합국 호송선단이 불시에 유보트와 맞닥뜨리는 일이 없도록 항로를 바꿀 수 있게 되었다. 반면 독일군은 연합군 선박의 침몰 건수가 1941년 9월 수준으로 급감한 이유를 이해할 수 없었다. 사실 유보트의 위치가 일부 발각되었을 것이라는 생각은 했지만, 독일 해군사령부 산하 해군정보기관의 수뇌부는 연합군이 무선신호를 해독하는 것은 불가능하다고 굳게 믿었다. 그리고 전혀 터무니없는 생각이었지만, 점령지 프랑스에 있는 본부에서 연합군의 스파이 조직이 활동하고 있다는 의심을 계속했다. 사람을 믿을 수 없었던 탓에 기계와 전문가에 대한 독일군의 신뢰도 계속되었다. 사실 연합군 선박의 침몰 건수가 감소한 데는 암호해독 말고도 다양한 원인이 있었다. 연합군에서 수송선단에 호위선을 붙이고 항공정찰을 실시했으며, 레이더 기술과 레이더 탐지 기술이 발달했고, 개전 후 맞은 네 번째 겨울의 혹독한 날씨도 원인이었다. 하지만 연합군 지휘부에서 유보트의 위치를 다시 파악하게 된 것이 가장 결정적인 원인이었다.

앨런은 양국 간의 연락업무를 완수하고 12월 말 워싱턴을 떠났다. 그가 중심조직에서 일하고 있던 당시는 연합군 내부에서 힘의 균형이 이루어지고 있던 때였다. 그때까지는 아직 연합군 내에서 영국의 공헌도가 미국보다 높았다. 1월 14일부터 24일까지 열린 카사블랑카 회담에서는 처칠과 루스벨트가 대등한 위치에서 만났다. 미국은 지중해를 되찾기 위해 마지막으로 영국의 전략을 지원했으며, 영국은 처음으로 미군의 기지 역할을 수행했다. 양 진영의 세력이 균형을 이루던 시점이었다. 북아프리카 평정계획은 예상보다 오래 지연되고 있었다. 몽고메리 장군이 절호의 기회를 놓쳤고 전 세계에 큰 악영향을 주었다. 러시아 전선은 아직 한 치 앞을 내다볼 수 없었다. '무조건 항복'을 요구했음에도 확정된 것은 아무것도 없었다. 급하게 수립된 '전략적 폭격' 방안이 승인되었다. 그보다 더 나은 방안이 없었기 때문이다. 하지만 카사블랑카 회담에서도 여전히 최우선 순위로 삼아야 한다고 합의했던 대서양 전쟁은 전환점을 맞았다. 최초로 연합군 선박의 건조량이 손실량을 넘어섰던 것이다.

앨런은 잭과 메리 크로퍼드를 다시 보기 위해 로드아일랜드의 손더스타운 Saunderstown에 갔다. 예전에 프린스턴에 있을 때도 찾아갔던 사람들이었다. 하지만 잭은 앨런이 도착하기 며칠 전인 1월 6일에 세상을 떠나고 말았다. 홀로 남은 메리는 그래도 앨런에게 며칠 묵고 가라고 권했다. 그래서 앨런의 다음 행선지도 바뀌었다. 뉴욕으로 간 앨런은 1943년 1월 19일 오후, 선착장 옆 웨스트 스트리트에 있는 벨 연구소 건물에 도착했다. 그리고 그곳에서 두 달 동안 음성을 암호화하는 전자공학 기술에 몰두했다.

비밀 연구만 진행하는 대부분의 기관처럼 벨 연구소는 연구팀별로 나뉘어 연구가 진행되었으므로, 연구원들은 각자 다른 팀에서 하는 일을 전혀 알 수 없었다. 하지만 앨런은 마음만 먹으면 어느 팀에나 참여할 수 있었다. 물론 한 팀의 정보를 다른 팀으로 전달하는 일이 없도록 조심해야 했다. 앨런과 함께 일하는 벨 연구소 기술자들 사이에 앨런의 그런 권한이 육군이나 해군이 아닌 백악관에서 부여되었다는 이야기가 돌았다. 어쨌든 앨런은 대부분의 시간을 연구팀 한곳에서 보냈다. 상부의 지시로 음성 암호화 시스템을 깨뜨리는 임무를 담당한 팀이었다. 앨런은 시작부터 괄목할 만한 성과를 보였다. 연구팀에 도착하자마자 1시간도 안 되어 문제 하나를 해결했던 것이다. 9개의 자기 헤드로 자기 테이프 내용을 동시에 읽어

앨런 튜링의 이미테이션 게임

들이는 방법으로 시간 조각의 순서를 뒤섞는 비화기秘話機와 관련된 문제였다. 앨런은 비화기를 설명하면서 이렇게 말했다. "이 기계에서는 총 945가지 암호가 생성됩니다. 9×7×5×3가지밖에 안 되죠." 하지만 기계 대신 연구소 기술자가 하려면 일주일이나 걸리는 작업이었다.

벨 연구소에 도착한 첫 주에 앨런은 연구소에서 진행 중인 모든 프로젝트에 대해 설명을 받고, 그중 한 프로젝트에 강한 흥미를 느껴 참여하고 싶은 생각이 들었다. RCA 사의 엔지니어에게 의뢰받은 문제를 연구하는 프로젝트였는데, 그 기술자는 키 신호Key Signal를 사용하여 음성 신호를 증폭하는 시스템을 고안했던 인물이었다. 그가 의뢰한 문제는 정말 특이했다. 1월 23일 앨런은 문제 해결에 착수했다고 말한 뒤, 주말을 보내고 와서는 해결 가능성을 확신했다. 그는 보코더Vocoder(음성을 전기적으로 분석하고 합성하는 장치—옮긴이)를 사용해야겠다고 생각했다.

앨런은 영국에 있을 때 보코더에 관해 이미 알고 있었던 것 같다. 돌리스 힐 연구소에서 보코더에 관한 정보를 입수한 시기가 1941년이었기 때문이다. 보코더는 최첨단 통신기술로 벨 연구소의 기술자 더들리H. W. Dudley가 1935년 특허를 받은 다음 벨 연구소에서 개발이 진행되었다. 보코더의 개념은 음성에서 중요한 부분을 추출해서 불필요한 부분을 버리고 난 나머지로 음성 신호를 거꾸로 재구성하는 것이었다. 다시 말해서 음성 신호의 '대역폭bandwidth'(특정 시간 내에 보낼 수 있는 정보량—옮긴이), 혹은 '주파수 대역'을 줄이는 과정이라고 보면 된다.

벨 연구소 기술자라면 누구나 음성 신호의 주파수 대역을 줄인다는 개념에 익숙했을 것이다. 전화기에서도 4,000헤르츠 이상의 음성 신호를 잘라냈기 때문이다. 그 결과로 나온 전화 음성은 말투가 좀 흐리멍덩하기는 했지만, 완벽하게 알아들을 수 있었으므로 일반적인 용도에는 고주파 대역이 불필요하다는 사실을 알게 되었다. 하지만 한계를 넘어 과도하게 주파수 대역을 줄이면 웅웅거리기만 할 뿐 아무짝에도 쓸모없는 거북한 소리가 들렸다. 보코더는 전화기보다 훨씬 더 복잡한 기기였다. 음성 신호의 진폭 정보를 3,000헤르츠 범위까지 10가지 구간으로 나누어 수집하고, 음성의 기본 음높이나 (무음 구간에서 스스스 하는 소리가 나는) 음높이가 없음을 표시하는 정보를 부호화해서 11번째 신호로 삼았다. 이렇게 11개의 신호가 차지하는 주파수 대역은 각각 25헤르츠에 불과했다. 이런 식으로, 재구성했을 때 충분히 알아들을 수 있을 만큼의 음성 정보를 추출하면서도 그 정보가 차지하는 총 주파수 대역은 300헤르츠 미만으로 줄어들었다.

앨런은 10개의 다른 주파수 레벨을 표본으로 삼아, 앞서 언급했던 시간 조각 치환 방식의 음성 비화기 공격에 보코더의 원리를 적용할 수 있다고 이미 제안한 적이 있었다. 인접한 분할정보를 자동으로 인식한다는 개념이었을 것이다. RCA 사의 증폭 음성 암호기에 보코더를 적용하자는 앨런의 생각은 그보다 훨씬 더 복잡해서, 그의 말로는 실현 가능성을 따져보는 데만 최소한 일주일의 계산 작업이 필요했다. 벨 연구소에 온 둘째 주에 앨런은 이 작업에 매달렸는데, 에르미트 다항식Hermite polynomial 계산을 사용했다. 셋째 주에는 다항식 계산 작업에 약간의 지원을 받았다.

그 와중에 앨런은 다른 연구팀과도 일했다. 절대 깨뜨릴 수 없는 음성 암호화 시스템을 세계 최초로 개발하는 팀이었다. 이 시스템 연구는 연구소 안에서 진행되는 프로젝트 중에서도 가장 최첨단 기술이었으며 보안등급도 가장 높았다. 원래 목표는 버냄의 암호이론을 기반으로 하는 음성 암호화 기법을 개발하는 것이었다. 일회용 키를 적용하면 전신 신호처럼 음성도 해독이 불가능해질 것으로 예상했다. 이런 목적으로 연구원들은 버냄 암호체계에서 사용하는 이산수離散數 0과 1로 음성을 표현하는 아주 새로운 문제를 푸는 데 착수했다.

1941년에 연구원들은 보코더를 사용하여 연구를 시작했다. 목표에 따라 보코더에서 나오는 11개의 출력 신호를 모두 '켜짐on'이나 '꺼짐off'에 근접한 값으로 만들기 위해 연구를 거듭했다. 하지만 그 결과로 나온 것은 '형편없이 훼손된' 음성 신호뿐이었다. 그래서 연구원들은 '켜짐 아니면 꺼짐'이라는 버냄 암호체계의 단순한 2진법을 포기하고, 보코더 출력 신호의 값을 두 단계가 아니라 여섯 단계로 구분했다. 11번째 출력 신호는 다른 신호보다 파장을 더 정교하게 표현해야 했으므로 36단계로 구분했다. 그 결과 음성 신호를 '041435243021353…'과 같이 0부터 6까지 '6개의 기본 숫자'를 사용하는 총 12개의 숫자열로 부호화하게 되었다. 각 숫

자열은 길이가 같지만 무작위로 생성된 키 수열key sequence과 모듈러 방식으로 더한*
다음 그 결과를 전송했다. 수신자 측에서는 송신자 측의 키 수열을 빼서 음성을 복
원했다. 음성 신호는 신호의 레벨값을 초당 50회 샘플링했는데, 이는 전신 타자기
글자 기준으로 초당 300자를 전송하는 셈이었다. 그리고 음성 신호 전송에 사용하
는 '일회용 암호체계one-time pad system'도 발명했다.**

개발 작업에는 '프로젝트 X', 혹은 'X-시스템'이라는 매우 흥미로운 이름이 붙었
다. 1942년 11월 실험용 모델이 뉴욕에 설치되었고 "미리 영국에 설치해둔 신호발
생기에서 나온 한 세트의 합성 신호"로 시험[5]을 진행했다. 1943년 1월에는 실제 운
용을 하기 위한 첫 모델을 제작하기 시작했는데, 기술적인 장애가 엄청나게 많이
발생했다. 기본 보코더만 해도 매우 복잡했던 데다가 여러 이산된(양자화된) 레벨
을 처리하기 위해 엄청난 양의 부품이 더 필요했다. 게다가 정부로부터 72개의 다
른 주파수를 할당받아야 했다. 12개 숫자열에 있는 각각의 숫자는 진폭이 아니라
주파수를 달리해서 마치 음악이 연주되는 것처럼 표현될 예정이기 때문이었다.
게다가 발신자와 수신자 간에 동기가 완벽하게 맞아야 했으며, 대서양 이온층에
시 전파의 신호 강도가 변하거나 시간 지연이 발생한다 해도 문제가 없어야 했다.

그 결과 발신자나 수신자의 전자 장비가 다음과 같이 방을 가득 채울 정도가 되
었다.

단말기는 30개가 넘는 폭 2미터짜리 표준 선반을 가득 채웠고 소비전력이 30킬로
와트kW에 달했으며 넓은 장비실 내부를 완벽하게 냉방해야 했다. 직원들은 가끔 형
편없는 전력 전환비율을 언급하곤 했다. 30킬로와트 전력을 사용해서 1밀리와트
mW짜리 보잘것없는 음성을 만들어냈기 때문이다.

---

* 이상한 노릇이었다. 이 방식이 기존 일회용 암호표에서 사용하는 10을 기본수로 하는 모듈러 덧셈과 비슷했는데
  도, 연구원들은 그 방식을 몰라서 새로 고안해냈다.
** 그들은 '펄스 부호 변조pulse-coded modulation' 방식도 독자적으로 새로 발명했다.

하지만 장비는 제대로 작동했고 그 점이 가장 중요했다. 암호화된 음성이 최초로 대서양을 건널 수 있게 되었다. 이에 대한 영국과 미국 간에 공식 협정을 체결하기에 앞서 앨런이 영국 정부 대표 자격으로 장비를 점검했다. 다음의 회의록[6]을 보면, 1943년 2월 15일 전시 내각의 합동참모위원회에서 열린 회의 분위기가 썩 유쾌하지는 않았음을 알 수 있다.

> 위원회에서는 미국과 런던 간의 전화통신에 사용할 극비의 기계장치를 설치해달라고 미국에 요청하는 내용으로 영국 합동통신위원회에서 작성한 각서를 준비했다.
>
> 참모본부는 영국에 기계장치를 설치하기 위해 파견된 미국의 밀러 소령이 도착했다는 전갈을 받았다. 밀러 소령은 영국 정부의 고관들이 장비를 사용할 수는 있지만, 장비의 설치 장소는 미국이 독자적으로 통제하는 곳이어야 한다고 일렀다. 당시에 장비가 설치되어 있는 곳은 단 두 곳이었는데, 한 곳은 백악관이었고 또 한 곳은 워싱턴의 육군성 건물이었다. 그리고 8~9개월 만에 새로운 장비를 제작하기란 불가능했다.
>
> 회의의 요점은 다음과 같았다.
>
> (a) 보안. 영국인으로서 장비를 시험해볼 수 있는 사람은 여전히 영국의 정부신호암호학교 소속 앨런 튜링뿐이라는 말이 언급되었다. 영국에서 벌이는 작전과 관련된 대화가 분명히 비밀 전화통신으로 진행될 예정이므로, 양국에서는 새로 설치되는 장비가 정말 100% 안전한지 알아보는 일에 적절한 관심을 갖는다. 이 문제에 대한 최선의 해결책은 수많은 기술자들이 있는 워싱턴 합동참모단이 그 역할을 담당하는 것이다.
>
> (b) 설치 장소.* 수상이 장비를 사용할 것이 분명하고 외부에서 들어오는 전화선은 허용되지 않으므로, 장비의 설치가 가능한 곳은 오직 그레이트 조지 스트리트

---

* 영국은 런던에 장비를 설치할 곳을 마음대로 결정하지 못했다. X-시스템은 4월 미군본부에 설치되었고, 처칠 수상의 전시 작전실과 통신선이 연결된 것은 그 이후였다.

앨런 튜링의 이미테이션 게임

Great George Street에 있는 신축 정부청사뿐이다. 미국은 장비 설치가 4월 1일까지 완료되기를 희망한다.

(c) 장비 통제권. 장비에 관한 비밀을 밝히지 않고 장비를 배타적으로 통제하려는 미국의 행태가 비난받을 수도 있겠지만, 현 상황에서는 이론을 제기하지 않는 편이 좋을 듯하다.

영국 참모위원회는 워싱턴의 합동참모단에게 "미국과 교섭해서 새로운 비밀 장비를 철저하게 검사하여, 우리가 장비의 보안체계를 신뢰해도 될지 확인하라"라고 전했다. 앨런은 2월 17일부터 25일까지 일수일간 벨 연구소를 떠나 워싱턴에 머물렀는데, 아마도 미국과 협상하는 일에 참여했을 것이다. 그리고 나중에 참모본부의 회의록에 작성된 다음의 내용을 보면 그때 개선할 부분을 찾아냈던 듯하다.[7]

나이Nye 육군 중장은 튜링 박사가 장비의 보안 상태에 완전히 만족하지 못하고 일부를 보완해야 한다고 했던 말이 생각났다.

그사이 RCA 사의 증폭 음성 암호기에 보코더를 적용하려 했던 시도는 타당성이 없어 보였다. 그래서 앨런은 다른 해법을 연구하던 팀에 합류했다. 기술에 대한 보안을 철통같이 지켰지만, 앨런이 다른 첨단 연구를 하고 있다는 낌새를 동료들이 알아챌 만한 단서는 곳곳에 있었다. 앨런이 X-시스템에 공을 들이고 있던 벨 연구소 최고 자문위원 나이퀴스트H. Nyquist와 이야기를 나누고, 미국 최고 암호분석가 윌리엄 프리드먼William Friedman을 만나고 다녔던 것이다. 앨런이 '영국 최고의 암호분석가'라는 사실이 앨런의 '연구팀'에게도 알려졌다. 앨런의 동료 알렉스 파울러Alex Fowler는 그 말을 듣고 이렇게 말했다. "오, 자네 그럼 내가 신문 퍼즐 만들때 도와줄 수 있겠군." 앨런은 이렇게 대꾸했다. 《헤럴드 트리뷴》에 실리는 십자말풀이 같은 것 말인가? 그런 일에는 젬병일세." 앨런은 가끔 예전에 미국에 머물던 시절 이야기나 지도교수인 알론조 처치와의 관계를 언급했으며, 벨 연구소의 일부 수학자들은 튜링기계에 대해서도 알게 되었다. 하지만 그는 아직 미국인들의 인사치레에는 적응하기 어려웠다. 벨 연구소에서 새로 알게 된 동료들은 복도를 지날 때 튜링이 아는 척이나 인사를 전혀 하지 않고 "똑바로 쳐다보는 것" 같다며 불평했다. 40세를 갓 넘긴 연장자였던 알렉스 파울러는 앨런을 책망했다. 앨런은 낙심했지만 여러 가지 면에서 자기가 왜 사는 것이 힘든지 파울러가 납득할 만한 설명을 했다. "저기, 케임브리지 다닐 때, 아침에 나와서 보면 여기저기서 온통 '안녕, 안녕, 안녕'하는 인사말이 들리는 겁니다." 앨런은 자기 행동 하나하나를 지나치게 의식했으므로, 사람들이 별생각 없이 하는 관행에 따르지 않았다. 하지만 행동을 고치겠노라고 약속했다.

당시 사회 분위기에서 휴식은 사치나 다름없었다. 군수품 생산량이 최고치에 달했고 다들 하루 12시간씩 일했다. 알렉스 파울러는 시간을 내서 앨런을 재미있게 해주고 싶다는 생각도 했지만 불가능한 일이었다. 그도 다른 사람들처럼 앨런을 따분하게 만들지는 않을까 염려했다. 당시 앨런은 호텔에 묵고 있었다. 그런데 농담이라고 하는 이야기가, 정전이 되는 바람에 화장실에 가서 책을 보려는데 화장실에도 불이 안 켜져서 분통이 터졌다는 것이었다.

1943년의 그리니치빌리지는 아마도 1938년의 프린스턴보다 더 흥미진진한 곳이었을 것이다. 나중에 앨런은 호텔에서 한 남자가 다가와서 너무 아무렇지 않게 치근대는 바람에 깜짝 놀랐다는 이야기를 털어놓았다. 벨 연구소에서는 그런 이야기를 일체 하지 않았는데 말이다. 이런 말을 한 적은 있었다. "여기말로 '지하철'이라는 곳에서 시간을 많이 보냈어요. 거기서 '브루클린'이란 곳에 산다는 사람을 봤는데 바둑을 두자고 하더군요." 또 이런 말도 했었다. "지난밤에 꿈을 꿨는데 브로드웨이에서 '남부 여납' 깃발을 손에 든 채 걷고 있었어요. 그런데 '갱찰관'이 오더니 그러지 말라더군요. 그래서 왜 안 되느냐고, 나는 '남북쩐쟁'에도 참전했던 몸이라고 말했죠." 그렇게 말하는 앨런의 억양은 아주 특이했다. 마치 X-시스템에 목소리를 입력한 다음 진폭 대신 주파수로 부호화한 것 같아서, 당시 동료들에게 강한 인상을 남겼다.

2월 말이 되자 앨런은 연구소 전자 장비에 한층 더 익숙해졌다. 담당 업무가 주로 이론 쪽이기는 했지만, 연구원들이 음성 암호화 시스템을 깨기 위해 사용하던 오실로스코프와 주파수 분석기를 보고 많은 질문을 던졌다. 그리고 방대한 지식을 자기 것으로 흡수하여 사람들을 놀라게 했다. 앨런은 벨 연구소의 이론가들을 활용하기도 했는데, 이를테면 복소수를 활용하는 새로운 시도였던 나이퀴스트 피드백 이론을 나이퀴스트 본인에게서 직접 배웠다.

하지만 그 외에도 당시 그런 의견교환이 이루어졌던 중요한 장소는 매일 차를 마시던 구내식당이었다. 앨런은 그곳에서 학구적이고 철학적인 엔지니어 역할을 해줄 만한 사람을 만났다. 그런 역할은 영국 정부가 허락했다면 앨런 자신이 하고 싶은 역할이었다. 그 사람은 바로 클로드 섀넌Claude Shannon이었다. 섀넌은 1941년부터 벨 연구소에 근무하면서 폭넓은 아이디어를 내놓았는데 영국 회사에 있었다면 그렇게 하지 못했을 것이다. 반면 프리드먼은 암호분석 업무를 직접 책임지고 있다는 면에서 앨런과 같은 처지이기는 했지만, 앨런보다 나이가 많고 구식 인물이었다. 또한 전적으로 신호와 암호 분야에만 매달렸으므로 현대 과학의 시각에서 암호학을 바라보는 앨런과는 달랐다. 지적 깊이에서 앨런의 맞수는 섀넌이었고 두 사람은 서로 비슷한 구석이 많음을 알게 되었다.

인류는 문명의 초창기부터 기계에 대해 생각했지만, 「계산 가능한 수」가 나오면서 비로소 '기계'의 개념이 수학적으로 정확하게 정의되었다. 사람들은 마찬가지로 통신에 대해서도 오랫동안 생각했지만, 관련 정의나 개념을 정확하게 규정하기 위해서는 클로드 섀넌처럼 '현대 정신'이 있어야 했다. 두 분야는 일정 부분 나란히 발전했다. 섀넌은 이 방면에서 1940년 첫 논문[8]을 완성했으며, 1943년에는 그가 몸담게 된 벨 연구소의 수학부서에서 기본 개념이 활용되기 시작했다. 섀넌은 X-시스템의 설계에 관해 자문하기도 했다. X-시스템의 몇몇 문제에 그의 연구가 해답을 줄 수 있었기 때문이다.

송신기와 이온층, 수신기는 섀넌의 용어를 빌자면 '통신 채널'이었다. 채널은 용량이 한정되어 있으며 잡음이 섞여 들어오는 것이 골칫거리였다. 이 채널 안에 신호를 꽉꽉 눌러 담아야 했다. 섀넌은 채널 용량이나 잡음, 신호 등을 정확한 정보량으로 정의할 방법을 찾았다. 통신 기술자에게는 채널을 최대로 활용하고 잡음으로 인한 왜곡을 방지하면서 신호를 부호화하는 방법이 문제였는데, 섀넌은 부호화한 결과를 특정 주파수 범위 안에 넣을 수 있는 정교한 이론을 새롭게 찾아냈다.

섀넌과 앨런 튜링의 연구는 비슷한 구석이 있을 뿐 아니라 서로에게 도움이 되는 점도 있었다. 앨런은 기계적인 논리에 강점이 있었지만 정보 연구에도 깊이 몰두했다. 암호학 연구에 전반적으로 적용될 뿐 아니라 더 구체적인 접점도 있었기 때문이다. 섀넌이 고안한 정보 척도는 본질적으로 튜링이 고안했던 '데시밴'과 같았다. 1'밴ban'(1밴은 10데시밴이다—옮긴이)의 증거 비중은 가능성을 10배로 높이고, 1'비트bit'의 정보는 정확성을 2배로 높였다. 두 사람의 이론은 근본적으로 연관성이 있었지만, 그렇다고 서로 자유롭게 대화할 수 있는 처지는 아니었다. 섀넌은 벨 연구소에 앨런이 와 있는 이유를 그저 추측만 할 뿐 명확하게 알지는 못했다.

섀넌은 독자적으로 논리 기계에 관해 생각했다. 1936년부터 1938년까지 MIT에서 미분 해석기에 대해 연구하면서 계전기를 사용해서 특정 문제를 푸는 논리 장치를 설계했다. 이 연구로 섀넌은 1937년 논문[9]을 발표했는데, 논문에서 전자 계전기의 '개폐' 동작과 불대수를 접목했다. 그때 앨런은 프린스턴에서 전기 곱셈기를 설계하고 있었다.

앨런은 섀넌에게 자신의 논문「계산 가능한 수」를 보여주었고, 논문을 본 섀넌은 그 자리에서 깊은 인상을 받았다. 두 사람은「계산 가능한 수」에 있는 함축적 개념에 대해 토론했다. 각자 개별적으로 그 개념에 대해 확신이 있었다. 섀넌은 항상 기계가 두뇌를 흉내 낼 수 있어야 한다는 생각에 빠져 수학과 논리학은 물론 신경학까지 공부했으며, 미분 해석기 연구를 생각하는 기계로 가는 첫걸음으로 보았다. 두 사람은 서로의 관점이 일치한다는 사실을 깨달았다. 둘 다 두뇌를 전혀 신성하게 여기지 않았으며 기계가 두뇌처럼 작동할 수 있다면 기계도 생각하게 될 것으로 보았다. 다만, 둘 다 그런 기계를 만들 수 있는 방법을 구체적으로 제시하지는 못했다. 두 사람의 대화는 마치 카사블랑카 밀실에서 정상회담을 벌이는 듯한 모양새였다. 다만 공격하려는 대상은 유럽이 아니라 인간의 몸속이었다.

두 사람에게는 그래도 자유롭게 이야기할 수 있는 이야깃거리가 있었다. 한번은 앨런이 점심을 먹으며 이렇게 말했다. "섀넌은 뇌에 그냥 자료가 아니라 문화적인 것을 입력하고 싶어 해요! 음악을 연주해주고 싶어 한다니까요!" 또 한번은 앨런이

　　　　　　　　　　　　　앨런 튜링의 이미테이션 게임

중역 만찬자리에서 '생각하는 기계'의 실현 가능성에 대해 장황한 설명을 늘어놓고 있었다. 다소 고음인 앨런의 목소리는 벨 주식회사에서 승진을 꿈꾸며 점잖게 행동하는 중견 간부들이 웅얼거리는 소리를 벌써부터 압도했다. 그때 갑자기 이렇게 말하는 앨런의 목소리가 들렸다. "아니요, 저는 '강력한' 뇌를 개발하는 일에는 관심이 없습니다. 제가 추구하는 것은 '평범한' 뇌죠. 전신전화회사AT&T 사장의 뇌 같은 것 말입니다." 앨런이 생각하는 기계에 원자재와 주식 가격을 입력한 다음, 기계에게 "사야 돼? 아님 팔아야 돼?"라고 묻는 자신의 상상을 차분하게 설명하는 동안, 파티는 온통 마비되었다. 오후 내내 연구소에는 도대체 아까 그 사람이 누구냐고 묻는 전화가 빗발쳤다.

1943년 2월 2일 독일이 스탈린그라드에서 항복하자 전세가 뒤집혔다. 하지만 동부전선에서 순전히 무력에 의해 전세가 바뀌는 동안, 서부 열강들은 시간과 장소를 확보하여 무력만이 만능이 아닌 분야에서 연구 개발을 진행했다. 그중 가장 복잡하고 정교한 기술이 암호해독이었다. 하지만 기계가 의무와 희생으로 점철된 구시대적 전쟁을 몰아내고 있는 영역은 또 있었다. 1942년 11월 로스앨러모스Los Alamos 기지 조성작업이 끝난 다음, 1943년 3월 처음으로 과학자들이 이주했다. 과학자들이 만들 예정인 원자폭탄의 폭발력은 1943년 독일 공습 때 퍼부은 폭탄들보다 크지는 않았다. 하지만 수천 대의 폭격기를 아낄 수 있었고 공중 공격을 통제하고 조정하는 작업을 기계화할 수 있었다. '맨해튼 프로젝트'는 여전히 비행기 조종사에 의존했지만, 연합군 측에서 오래전부터 '무시무시한 대포'가 제작 중일 것으로 추정했던 페네뮌데Peenemünde(독일 동북부의 마을로 제2차 세계대전 중 독일의 미사일, 로켓 연구소와 공장이 있었다—옮긴이)에서는 조종사 역할까지 기계화되었다. 그곳에서 생산된 독일의 'V 로켓'들은 정확도가 떨어지기는 했지만, 그런 비행체 유도문제는 독일 후방에서 근접전파신관(탄두부에 장착된 전파신관을 말하며 목표물에 근접하면 폭발하도록 제작되었다—옮긴이)이나 자동천문항법(태양이나 달, 별 같은 천체의 고도와 방위를 측정하여 선박이나 항공기의 현재 위치를 구하고 이를 기반으로 항행하는 항법—옮긴이), 자동사격통제 등의 신기술을 개발하여 해결하는 중이었다. 사람들은 인류의 팔다리를 뛰어넘는 강력한 총이나 대포, 빠른 선박, 뚫을 수 없는 탱크 등을 쉽게 이해했다. 레이더의 비밀 또한 알려졌으니, 레이더를 다방면으로 응용하면 인류의 시력을 전자기 스펙트럼의 한층 긴 파장까지 확장시킬 수 있다는 사실도 이해할 수 있었다. 하지만 블레츨리 파크나 워싱턴에서 급속도로 발전하고 있었던 것은 새로운 종류의 기계와 과학 기술이었다. 중요한 것은 물리학이나 화학이 아니라 정보와 통신, 통제의 논리 구조였다.

전쟁과 관련된 개발만 이루어졌던 것은 아니다. 슈뢰딩거는 더블린에서 '생명이란 무엇인가?'라는 제목으로 강의하면서 생명체를 정의하는 정보는 틀림없이 분자 패턴으로 부호화될 것이라는 가설을 발표했다. 시카고에서는 신경학자 두 명이 「계산 가능한 수」를 읽고 논리 기계의 정의에 현행 뇌 생리학을 연계시키는 개념으로 논문을 발표[10]했다. 두 사람은 신경세포의 속성에 불대수를 적용했다. 1943년 2월 14일 힐베르트가 괴팅겐에서 사망하자 새로운 종류의 응용논리학이 모습을 드러냈다. 멀리 동쪽의 전쟁 위협에 맞서, 전후 과학의 모습이 처음으로 어렴풋이 비치기 시작했다. 처음에는 반농담처럼 시작되었던 '생각하는 기계' 이야기는 전쟁이 과학 분야에 열어준 넓은 시야와 그것이 결국 실현 가능한 목표라는 사실을 반영한 것이었다.

3월 4일 앨런은 RCA 음성 암호기에 대한 개인 의견을 보고서로 작성하고, 벨 연구소에서 연구 중이던 모든 음성 시스템을 아주 상세하게 검토했다. 부서장은 앨런의 발명이 나중에 특허권 분쟁을 일으키지 않을지 우려했지만, 앨런은 콧방귀를 뀌면서 자신의 아이디어 모두를 벨 연구소 소유로 해도 된다고 말하고는 이렇게 덧붙였다. "해외협력이라고 해두시죠." 하지만 앨런이 바다 건너 영국으로 이미 보낸 아이디어는 다른 것들과는 비교할 수 없는 가치가 있었고, 특허청에 그 존재가 알려지면 안 될 만큼 중요했다. 3월 5일부터 12일까지 앨런은 해군의 요청으로 워싱턴에 일주일간 더 머물면서 이쪽 일을 다시 살펴야 했다. 이때가 유보트 에니그마 연구의 또 다른 중대한 전환점이었다. 지난해 12월 적 암호문을 해독하는 데 중요하게 쓰였던 단문 기상 예보의 암호첩이 3월 10일부터 무용지물이 되었기 때문이다. 하지만 석 달간의 암호해독 작업이 성공하면서 암호해독가들은 적시에 또 다른 해독법을 손에 넣게 되었다. 특히 아직 독일군이 사용 중인 다른 종류의

앨런 튜링의 이미테이션 게임

'단문 신호'도 에니그마의 네 번째 회전자를 '중립' 위치에 놓고 암호화되었다는 사실을 알아냈다. 또 한 번 독일군은 네 번째 회전자의 이점을 상실했던 셈이다. 당시 블레츨리 파크에서 운용 중인 60대의 봄베를 활용하면서, 이 특별한 비법에 대한 의존도는 점차 줄었다. 3월 10일 일어났던 독일군 암호체계의 변화는 단 9일 만에 해결되었다.

앨런은 벨 연구소에 복귀한 다음 RCA 암호기 연구를 며칠 더 진행했다. 영국으로 돌아간 후에도 벨 연구소에서 연구가 진행되는 상황을 알고 싶었으므로, 앨런은 두 가지 연락 방법을 제안했다. 프리드먼을 통하는 방법과 영국 보안조정국 British Security Coordination 소속의 캐나다 공학자 베일리 교수를 통하는 방법이었다. 3월 16일 4시 15분 앨런은 영국 보안조정국으로부터 귀국하라는 전화를 받고, 채 30분도 안되어 연구를 중단하고 웨스트 스트리트의 연구소 건물을 나왔다. 당시 앨런이 귀국길에 탄 배[1]는 퀸 엘리자베스 호가 아니라 2만 6,000톤급 병력 수송선 '엠프리스 오브 스코틀랜드 Empress of Scotland' 호였다. 사병 3,867명과 장교 471명, 그리고 민간인 한 명을 태우고 19.5노트의 속도로 항해할 수 있는 배였다.

예정보다 일주일이 늦은 3월 23일 밤, '엠프리스 오브 스코틀랜드' 호는 뉴욕항을 출발해 정동 쪽으로 순항한 다음 대서양 한가운데에서 북쪽으로 방향을 돌렸다. 전쟁 한복판으로 수송될 사람들 수천 명 가운데, 그렇게 많은 것이 걸려 있는 시스템이 그리 믿을 만하지 않음을 아는 사람은 한 명뿐이었다. 하지만 그것을 안다고 해서 당장 달라질 것은 없었다. 일주일간 앨런은 남들처럼 일반인 신분으로 위험한 상황을 무릅쓰고 정부의 말을 믿어야 했다. 당시는 위험이 코앞에 닥친 상황이었다. 3월 14일에는 비슷한 규모의 '엠프리스 오브 캐나다' 호의 위치가 독일군에 발각되어 침몰했기 때문이다. 앨런은 그렇게 잠시 통신 시스템의 수신자 위치에 있었고 시스템 관리자로서의 책임에서 벗어나 있었다.

어떻게 보면 앨런은 1939년부터 '카자비앙카'의 불타는 갑판에 서 있었던 셈이다. 하지만 카자비앙카에 흐르던 정서, 즉 원치 않음에도 애국자로서의 의무를 다하는 일은 앨런이 그동안 전쟁에 대해 품고 있던 생각과는 너무 달랐다. 앨런은 직접 선택한 일을 하고 있었고, 자기 생각을 표현하며 다른 사람에게 휘둘리지 않았다. 늘 일에 빠져 연구를 계속했으며, 귀국하는 배에서까지 손에서 연구를 놓지 않았다. 전쟁으로 인한 무력감이나 압박감, 위협 등을 짬짬이 다른 사람과 나누면서도, 앨런은 25센트짜리 『RCA 진공관 설명서』를 공부하면서 새로운 음성 암호화 기법을 발명했다.

앨런이 남북전쟁에서 싸우는 꿈을 꾸었다고 하더라도 현실은 꿈과는 반대였다. 앨런은 지금 남북전쟁에서 북군이었던 쪽에 몸담고 있었으며 실제 벌어지는 전투는 본 적도 없었다. 내내 후방에서 애를 썼던 것이다. 그런데 그것이 다가 아니었다. 한번은 친구 프레드 클레이턴과 대화를 하다가 어떻게 과학자들이 독일을 위해서 연구를 계속할 수 있느냐는 문제가 제기되었다. 솔직한 데다 정치적으로 현실주의자인 앨런은 과학자가 연구를 하다 보면 연구에 몰입할 수밖에 없고, 그러다 보면 결과를 생각하지 않게 된다고 지적했다. 이런 측면에서 제2차 세계대전은 독일 정찰과 해독가들도 연합국 해독가들처럼 연구 그 자체에 매료되었던 전쟁이었다. 과학자들은 실제 전쟁의 결과와 무관하게 연구를 통해 꿈의 세계로 들어갈 수 있었다.* 하지만 프레드는 앨런에게 독일이 다른 문제를 일으키고 있다는 사실은 인정하라고 말했다.

앨런의 세대가 보기에 제1차 세계대전은 『거울 나라의 앨리스』에 등장하는 쌍둥이 형제처럼 구분 자체가 의미 없는 국가들 간의 전쟁이었다. 러셀과 아인슈타인, 하디와 에딩턴은 거울에 비친 모습처럼 똑같은 민족주의를 혐오했다. 그들의 눈에는 세상 사람들이 꼬리표를 달아 편을 가른 채 서로를 파멸시키는 모습만 보였다. 그래서 '거대한 환상La Grande Illusion'에서 벗어나기를 간절히 바랐다. 1933년 새로운 세대들은 그런 간절한 바람을 공개적으로 표현하기 시작했다. 하지만 러셀과 아인슈타인은 생각을 고쳐먹고 '반전'을 위한 전쟁, 그러니까 민족주의 전쟁이 아니라 노예해방의 성전이라 할 수 있는 세계 '내전'을 지지했다. 제2차 세계대전이

---

* 숄츠의 학생 중에서 최소한 한 명은 그의 적 편에서 일을 하고 있었다.

　　　　앨런 튜링의 이미테이션 게임

본래 두 독재 체제 간의 전쟁이었고, 중앙 정부를 엄청나게 강화했으며, 대량학살을 다시 정당화했고, 선진국을 무장시켰다는 반전주의자들의 주장들은 효과를 거두지 못했다. 적에 맞서는 행동은 무엇이든 용인되었다. 선진국은 과거 1933년에 무엇보다도 군수공장을 맹렬히 비난했지만, 이제는 선진국 스스로가 군수공장이 되었다.

영국은 당시 완고하게 중립을 주장하던 아일랜드에서 잔학 행위를 저질렀지만, 생체 의학 실험이나 공업용 청산가리 같은 것을 쓰지는 않았다. 블레츨리 파크에서는 독일이 모르거나 알고 싶어 하는 몇몇 수치를 이미 해독해놓은 상황이었다. 논리적으로 결론을 도출하는 과정에서 나타나는 나치의 너무나 외골수적인 사고방식을 영국인들은 이해할 수 없었다. 하지만 그런 나치의 외골수적인 정확성은 연합국의 과학적 판단력을 자극하는 데 도움이 되었다. 그런 정확성이 없었다면 연합국은 절망적인 상태에 빠졌을 것이기 때문이다.

이렇게 전쟁이 아이러니하다는 말은 너무 당연해서 새삼스럽게 이야기할 것도 없지만, 앨런 튜링의 경우는 정말로 아이러니했다.* 나치 친위대장 히믈러는 영국 정부국이 동성연애자를 이용한다고 냉소하면서, 재능 있는 사람이라도 동성연애자로 밝혀진 사람은 일반 규칙에서 예외일 수 없다고 특별 지시를 내렸기 때문이다. 하지만 그렇게 아이러니한 상황을 알아챘던 사람은 없었고, '엠프리스 오브 스코틀랜드' 호를 타고 있던 이 이상한 민간인이 히믈러를 음독자살로 모는 데 큰 역할을 하고 있었다는 사실을 아는 사람은 더더욱 없었다.

---

* 독일의 보안정책은 영국보다 훨씬 뛰어났다. 1942년 10월 9일 편지[17]에서, 히믈러는 고문 의사가 '최고 국가보안국 Rdichsicherheitshauptamt'에 보낸 '첩보와 태업활동에서의 동성애Homosexualität in der Spionage und Sabotage'라는 주제의 보고서에 이렇게 답신했다. "동의합니다… 영국에서 목적에 맞는 적당한 물건을 찾았군요." 하지만 원활한 병사 모집을 위해 동성애자에 대한 가혹한 기소행위를 완화해야 한다는 말은 일고의 여지도 없다고 못 박았다. 동성애를 처벌하지 않으면 병사들 사이에 광풍이 불어닥칠 것이며 젊은이가 있는 부서는 모두 그 유혹에 빠지게 될 위험이 있다는 이유였다. 그러면서 동성애자라는 이 병든 악당들이 조국을 배신한다면, 175번 조항(동성애와 관련된 법률 조항 번호—옮긴이)에 해당되든 아니든 처벌하겠다고 말했다. 1942년 당시 기소한다는 말의 의미는 '동성애' 죄목으로 강제수용소에 보낸다는 것이었다. 히믈러는 1943년 6월 23일 의사들이 동성애자에게 재교육을 하자고 권하자, 조국이 생존을 위해 고군분투하는 와중에 결과도 예측할 수 없는 일에 헛수고를 한다며 꾸짖었다.

1939년 포스터[13]는 파시즘을 무찌르려면 파시스트가 되어야 한다는 황당무계한 발언을 했다. 하지만 실제로는 상황이 그렇게 돌아가지 않았으며 의사소통을 할 수 있는 다양한 경로가 생겨났다. 하지만 한층 미묘하게도 게임 논리는 소위 말하는 민주주의 속에 어떤 비인간적인 면을 초래하고 있었다. 단지 공중 폭격 같은 것만이 아니라 더 근본적인 방식이었다. 전쟁에 대한 연합국의 태도가 방어에서 공격으로, 무경험에서 경험으로, 생각에서 행동으로 돌아서자, 뭐라 말할 수 없었던 기존의 순진한 모습은 사라져버렸다. 성공적이고 효율적인 과학적 해결책을 찾아낸 결과였다. 어디까지나 환상에 불과했을는지 몰라도, 1940년에는 일련의 사건들이 개개인과 실제로 관련이 있는 듯한 느낌이 있었다. 하지만 이제는 작전의 규모가 크고 복잡해진 탓에, 통수권자인 처칠마저도 존재감이 예전보다 줄어든 것 같았다. 1930년대에 선과 악을 고르는 일은 단순해 보였다. 하지만 1943년 이후로 연합국이 나치를 무찌르기 위해 러시아와 손잡을 준비를 하면서 상황은 복잡해졌다. 선과 악의 구분이 모호해졌던 것이다.

3월 31일의 차가운 새벽, 영국 호위대가 아일랜드 서쪽 접근지역에서 '엠프리스 오브 스코틀랜드' 호를 기다리고 있었다. 유보트의 위협을 벗어난 터라 위험한 상황은 지나간 뒤였다. 괴짜 민간인 앨런은 고국으로 안전하게 돌아왔다. 앨런은 그때까지 3년간 생각만으로 독일의 세력 팽창을 막았고 두뇌를 활용해서 엄청난 기계를 만들었다. 하지만 그 기계를 잘 안다고 해서 적과 싸울 수는 없었다. 머릿속 생각만으로는 충분하지 않았다. 이 야만적인 세상 속에 구현해내야 했다. 그렇지 않으면 그 생각을 해낸 엔지니어는 통상적인 기준을 뛰어넘을 수 없었다.

앨런 튜링의 이미테이션 게임

앨런의 아버지 줄리어스 튜링(1907년 무렵).

세인트레너즈 해변에서 앨런과 그의 형 존(1917).

브르타뉴 뤼네르의 절벽에서 앨런과 그의 어머니(1921).

휴가 중인 모컴 대령과 모컴 부인, 그리고 크리스토퍼(1929년 여름).

조지 매클루어와 피터 호그,
그리고 앨런이 하이킹을 떠나면서(1931년 부활절).

길퍼드 거리를 걷고 있는 앨런 튜링.
우연히 찍힌 스냅 사진(1934).

아버지, 어머니, 그리고 가족의 친구(맨 오른쪽)와 함께한 앨런. 에니스모어 애비뉴 8번지에 위치한 집 밖에서 찍은 사진(1938).

보섬에서 소년boy과 부표들buoys. 맨 앞부터 앨런, 밥, 칼, 그리고 프레드 클레이턴(1939년 8월).

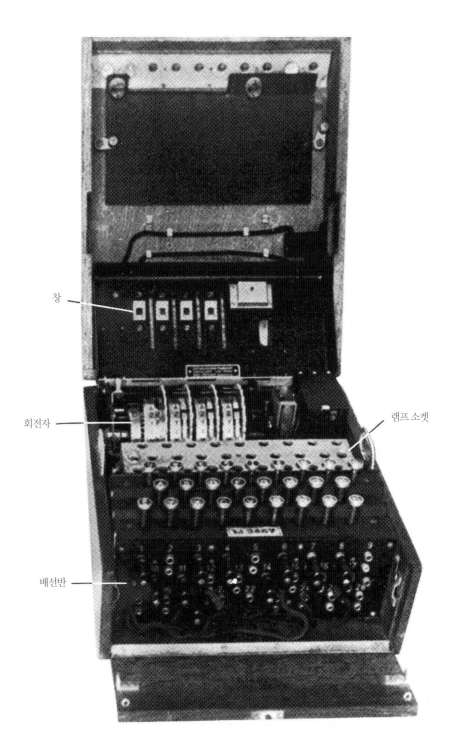

창

회전자

램프 소켓

배선반

4개의 회전자가 보이게 뚜껑을 연 해군 에니그마 기계.

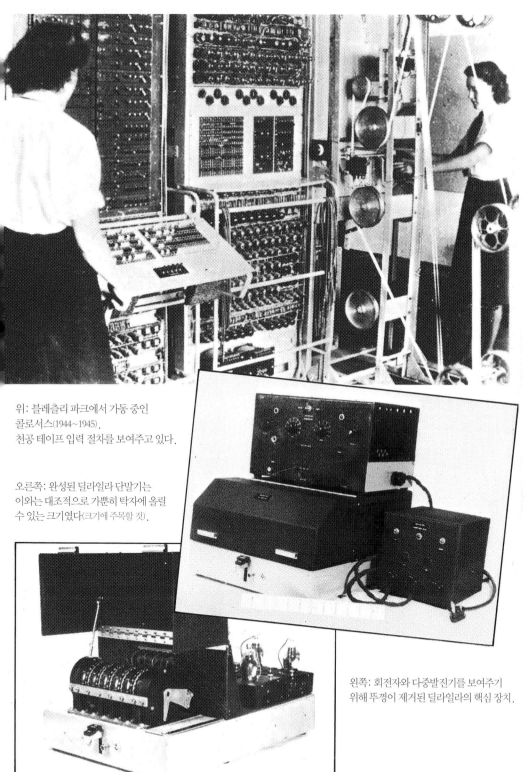

위: 블레츨리 파크에서 가동 중인
콜로서스(1944~1945).
천공 테이프 입력 절차를 보여주고 있다.

오른쪽: 완성된 딜라일라 단말기는
이와는 대조적으로 가뿐히 탁자에 올릴
수 있는 크기였다(크기에 주목할 것).

왼쪽: 회전자와 다중발진기를 보여주기
위해 뚜껑이 제거된 딜라일라의 핵심 장치.

프랑스에서 휴가 중인 로빈 갠디(1953년 여름).

약 5킬로미터 경주에서 두 번째로 들어오고 있는
앨런 튜링(1946년 12월 26일에 치러진 행사로 추정됨).

국립물리연구소NPL에 전시된 시험용 ACE 컴퓨터(1950년 11월). 맨 오른쪽이 짐 윌킨슨.

맨체스터 원형 컴퓨터. 사진에 보이는 6개의 선반이 1948년 6월 첫 프로그램이 가동된
'베이비'의 핵심 부분이다. 이 사진이 찍힌 1949년 6월에는 기계 크기가 대략 2배 정도 커졌다.

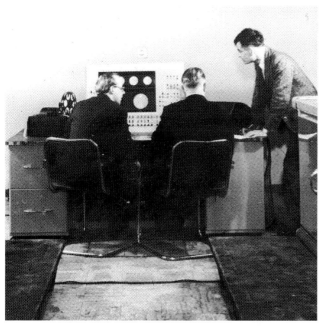

페란티 엔지니어 2명과 함께 맨체스터의
'마크 I' 컴퓨터 콘솔을 보고 있는 앨런 튜링
(1951).

왕립협회 회원으로 선출된 앨런 매티슨 튜링(1951).

제2부

물리

제5장

준비

───────

인간의 자아를 나는 노래한다, 하나의 독립된 인간을,
하지만 '민주주의'라는 말, '대중과 함께'란 말을 입에 올린다.

머리끝에서 발끝까지 사람의 몸을 나는 노래한다,
뮤즈에게 용모만으로는 또는 두뇌만으로는 의미가 없다,
나는 모두 갖춰진 형태가 훨씬 가치 있다고 말한다,
여성도 남성과 동등하게 나는 노래한다.

삶의 엄청난 열정과 맥박과 활기,
신성한 법칙 속에서 형성된 자유로운 행동으로, 활기찬,
'현대인'을 나는 노래한다.

───────

스탈린그라드에서 독일의 항복은 곧 몰락의 전조였다. 전세가 역전되었다. 하지만 남부와 서부 전선에서는 연합국이 조금도 전진하지 못했다. 아프리카의 전황은 지지부진했고 독일 공군은 계속해서 영국을 폭격했다. 앨런이 뉴욕에서 기다리는 동안, 뉴욕 항구는 대서양 한가운데에서 벌어진 치명적인 유보트와의 전투에서 살아남은 자들의 피신처가 되어 있었다.

처칠과 루스벨트는 카사블랑카 회담에서 대서양 유보트의 에니그마가 해독되었으므로 수송선 침몰 건수가 1941년 후반 수준으로 감소할 것이라 예상했다. 1월에는 그 예상이 맞아떨어졌다. 하지만 2월이 되자 침몰 선박수가 2배로 뛰면서 거의 1942년 수준으로 돌아갔다. 3월에는 95척, 75만 톤에 달하는 배가 침몰함으로써 최악의 기록을 세웠다. 유보트는 떼를 지어 다니면서 3월 한 달간 동쪽으로 대서양을 횡단하려던 125척의 선단 중에서 22척을 침몰시켰다. 이렇게 연합국의 상황이 악화된 데에는 좀처럼 믿기 힘든 이유가 있었다. 유보트의 기상 예보 시스템이 바뀌는 바람에 암호해독이 불가능해졌던 9일 동안, 선단이 항해에 나섰기 때문만은 아니었다. 암호화된 선단의 항해 경로가 독일 정찰과에 계속 누출되고 있었으며 누출되는 정보의 양도 늘어나고 있었기 때문이었다.

앨런 튜링의 이미테이션 게임

호송선단 SC.122는 3월 5일에 출항했고 HX.229는 3월 8일, 규모는 작지만 운이 좋았던 HX.229A는 3월 9일에 출항했다. SC.122는 3월 12일 항로를 북쪽으로 변경했다. 기존 항로로 가다가는 '노상강도 귀족Robber Baron'이라는 별칭의 유보트 선단과 마주칠 수도 있었기 때문이다. 독일군은 변경된 항로 신호를 가로챈 다음 해독했다. 3월 13일 유보트 선단 '노상강도 귀족'은 서쪽으로 향하던 연합군 호송선단을 공격했다. 분명 예상과는 다른 곳에서 모습을 드러냈던 것이다. SC.122와 HX.229 모두 다시 한 번 항로를 변경했다. 하지만 두 선단의 항로 변경 신호는 4시간도 안 되어 독일군에게 해독되었다. '노상강도 귀족' 무리는 SC.122 선단을 따라잡지 못했지만, 500킬로미터 동쪽에 40척에 달하는 '용맹무쌍Daredevil'과 '약탈자Harrier'라 불리는 유보트 선단이 호송선단을 가로막았다. 처음에는 어느 쪽이 SC.122 선단이고 HX.229 선단인지 구분하지 못했지만, 운 좋게도 '노상강도 귀족'이 HX.229를 알아보고 다른 유보트에게 알렸다. 런던에서는 두 호송선단이 유보트 선단의 한가운데로 들어가는 모습을 보고 있었지만, 조치하기에는 너무 늦었으므로 호송선단은 끝까지 싸우는 수밖에 없었다. 3월 17일 두 호송선단은 유보트에 둘러싸였고 3일 동안 22척이 침몰했다. 파괴된 유보트는 단 한 척이었다. 이 사건에는 우연이 크게 작용했지만, 자세히 들여다보면 연합국 통신 체계에 분명 문제가 있었다.

1943년 2월 런던과 워싱턴에서 연합국 통신체계에 문제가 있다는 의혹이 처음 제기되었고, 앞선 전투에서 세 무리의 유보트 선단에 항로를 바꾸라는 명령이 떨어진 시점이 호송선단을 공격하기 불과 30분 전이었다는 사실이 3월 18일 밝혀졌다. 그리고 5월 중순이 되어서야 이중으로 암호화된 에니그마 메시지 세 건을 해독한 끝에, 연합국의 특정 송신 신호가 독일군에 해독되었음이 밝혀졌다. 연합국에서 주고받았던 에니그마에 대한 정보는 1941년 이후로 일회용 암호방식으로 전송했으므로 직접적으로 독일군에 노출되지는 않았다. 하지만 독일군이 1943년 2월에 해독하고 있던 연합국의 유보트 일일 상황보고에는 연합국이 에니그마를 해독했다는 사실이 내포되어 있었다. 그런데 이번에도 독일 정부는 연합국 항공기에 탑재된 레이더와 자국 장교들의 배신 탓에 정보가 누설된다고 생각했다. 그래서 쓸데없이 유보트 운항정보를 아는 사람들의 숫자를 줄였다. 독일군의 이런 '선 험적' 믿음은 계속해서 진실을 보지 못하게 할 뿐이었다. 그렇지 않았다면 연합국 은 아마도 전쟁에서 패배하고 말았을 것이다.

　정보가 누출되었다는 것은 개개인에게는 아닐지라도 시스템적으로는 참담한 이야기였다. 독일군에게 누출될 가능성이 있는 정보 중에서 실제로 무엇이 누출 되었는지 판단해야 했는데, 그렇게 무척 어렵고 세부적인 작업을 담당하는 부서 는 런던이나 워싱턴 어디에도 없었다. 암호해독가들은 연합국이 보내는 메시지를 볼 수 있는 권한이 없었다. 어차피 발송 메시지에 대한 전체 기록도 남아 있지 않 았다. 영국 해군 작전첩보센터는 일손도 모자라고 장비도 부족했으며 호송선단과 유보트 간의 전투에서 커다란 압박을 받고 있었다.

　암호 및 작전 본부가 따르는 기준은 8호 막사에서 보기에는 처벌받아 마땅할 만 큼 부주의했다. 일례로 영미 양국이 합동으로 도입한 호송선단 항로의 암호는 사 실 책을 이용하는 영국의 옛 암호체계였는데, 독일 정찰과에서 이를 해독할 수 있 었다. 1942년 12월 '신호 재암호화'를 실시하여 독일 정찰과에 타격을 입히긴 했지 만, 여전히 갖가지 실수가 저질러지고 있었다. 미국 측 '사후 검토서'에는 다음과 같은 내용이 있었다.

　　영미 양국 해군 간의 통신은 매우 복잡하고 중복되는 일이 많다. 그래서 메시지 송 신 실패가 얼마나 자주 발생하는지, 그 메시지가 어느 시스템에서 누가 보낸 건지 아무도 모르는 것 같다. 통합 커뮤니케이션 시스템의 모호함이 지금보다 덜하고 영 미 양국이 더 긴밀하게 협력했다면, 5월 이전에 암호 누출문제를 해결할 수 있었을 것이다.

반면 트래비스의 맞수인 독일 정찰과 수장[2]의 말은 다음과 같았다.

　　노바 스코시아의 핼리팩스에 있는 해군 제독은 우리에게 큰 도움이 되었다. 매일같 이 상황보고를 보냈던 덕분에 우리도 매일 저녁 그 정보를 받았다. 그 보고는 항상

'수신인, 상황, 날짜'로 시작하며 이렇게 공개된 형식으로 서두를 반복 사용함으로 써, 어떤 암호가 사용되었는지 즉시 알아낼 수 있었다…

독일군 신호를 분석하기 위해 블레츨리에서는 늘 극한의 지력과 기술을 동원했던 반면, 가장 기본적인 실수는 늘 아군의 신호를 방어하는 와중에 생겼다. 그 결과 1941년부터 독일군이 우위를 점하게 된 것은, 유보트 함대의 수가 증가했을 뿐 아니라 연합국 호송선단의 항로를 간파했기 때문이다. 1942년 한 해 동안 연합국이 에니그마 암호를 해독하지 못해서 호송선단을 잃었던 경우는 호송선단 전체 손실량의 절반밖에 되지 않았다.

독일 정부와 다르게 영국 정부는 실수를 알아차릴 수도 있었다. 해군성의 잘못만은 아니었는데, 암호 보안과 관련된 권한은 정부신호암호학교에 있었기 때문이다. 다른 곳에서 커다란 변화가 발생해도 별로 영향받지 않으며 연 단위 계획으로 운영되는 정부신호암호학교의 특성에도 일부 잘못이 있었다. 1941년 정부신호암호학교에서는 새로운 시스템을 개발했고, 1942년 해군성은 그 시스템을 1943년 6월까지 도입하기로 결정했다. 탁자를 새로 들여오는 데만 해도 보통 6개월이 걸린다는 점을 감안하면, 그 정도 처리시간은 평시라면 정상적인 축에 속했다. 하지만 전쟁에 필수적이라고 생각되는 장비에 적용하는 새로운 기준에는 부합하지 않았다. 만일 흥미진진한 메시지 해독이나 야간 공습 때 독일의 여러 도시를 보여주는 항공기 탑재 레이더 혹은 원자폭탄이라면 신종 산업분야 인력들이 몇 달 만에 해결했을 것이다. 하지만 호송선단 보호라는 상대적으로 매력이 떨어지는 작업에는 그 정도로 자원이 투입되지 않았다. 통합의 원리가 블레츨리에서는 매우 효과적으로 적용되었지만, 암호화와 해독이라는 일의 양면을 조화시키는 수준까지는 이르지 못했다.

그들은 교훈을 얻기는 했지만, 교훈을 얻는 방식은 매우 고통스러웠다. 그리고 가장 고통이 컸던 사람들은 그 교훈을 통해 아무런 혜택도 받지 못했다. 바다 밑바닥에 수장되었던 것이다. 전쟁 중에 연합국 수병 5만여 명이 매우 가혹한 형편의 서부 전선에서 임무를 수행하다가 죽었으며, 1943년 3월의 연합국 호송선단과 유보트 간의 전투에서만 360명이 죽었다. 하지만 시련은 끝나지 않았다. 상선의 암호 시스템은 1943년 내내 취약한 상태였으며, 그런 상태는 6월 10일 해군이 새로운 시스템을 도입하여 보안을 강화한 뒤에도 오랫동안 지속되었다. 특히나 취약하고 우선순위가 가장 낮았던 상선이 위험에 처해 있다는 것을 아는 사람은 거의 없었고, 상황이 얼마나 심각한지 파악할 수 있는 사람은 더더욱 없었다.

뒤돌아 생각해보면 연합국 해군의 통신망이 실패했던 이유는 마운트배튼 Mountbatten 제독이 전쟁 전에 암호 기계를 도입해야 한다고 주장했던 말을 해군성에서 거부했던 탓이다. 1943년 이후로 해군은 사용처가 점차 많아지던 타이펙스, 그리고 그와 비슷하게 미국에서 만든 암호 기계를 사용했다. 독일 정찰과는 이에 대응하지 못했다. 그렇다고 해도, 마운트배튼 제독 같은 현대주의자들의 주장은 비록 옳은 말이었을지는 몰라도 그 근거는 잘못된 것이었다. 기계 암호는 에니그마를 보면 알 수 있듯이 본질적으로 안전하지 않았다. 외무성은 책을 기반으로 하는 수기 시스템을 계속 사용했다. 그 방식은 여전히 해독이 불가능했기 때문이다. 블레츨리 파크는 이탈리아 해군의 기계 암호 시스템을 해독했지만, 암호책을 이용한 암호에는 점점 더 속수무책이 되었다. 기계에서 암호화된 것은 모두 기계에서 쉽게 해독할 수 있었다. 중요한 것은 기계가 아니라 기계를 아우르는 전반적인 인적 체계였다. 연합국의 암호해독 표준과 암호화 표준의 부조화 이면에는 '타이펙스 전송이 에니그마 전송보다 정말 더 안전했는가?'라는 또 다른 의문이 존재한다. 가장 도드라지는 사실은 그렇지 않았다는 것이 아닐까 싶다. 연합국이 1938년 에니그마에 대해 제대로 된 대응을 하지 않았던 것처럼, 독일 정찰과는 타이펙스 전송을 해독하려는 노력을 전혀 하지 않았다. 블레츨리에서 동원했던 정도의 인력과 자원으로 타이펙스 전송 메시지를 공격했더라면 상황은 매우 달라졌을 것이다.[3] 하지만 아마도 독일에는 앨런 튜링 같은 사람이 없었거나 그런 사람을 활용할 수 있는 시스템이 없었을 것이다.

앨런이 8호 막사에 복귀하게 된 데에는 그런 배경이 있었다. 전황이 매우 악화되었던 것이다. 암호해독가들은 보통 자신들의 결과물이 시스템에 제대로 반영될 것이라고 생각하는 경향이 있었기에 호송선단 암호체계가 누출되었다는 소식을

앨런 튜링의 이미테이션 게임

듣고는 깜짝 놀랐다. 앨런이 자리를 비웠던 동안 8호 막사의 책임자로 있던 사람은 휴 알렉산더였다. 한번은 부서장으로 추천할 만한 사람을 적어달라는 서류가 돌았다는 말이 있었다고 하는데, 알렉산더는 "그게… 저인 것 같은데요"라고 말했으며, 그 뒤로 해군 에니그마 문제를 무난하게 처리했다. 나중에 독일 해군의 키 시스템이 확산되었음에도 불구하고 더 심각한 위기는 일어나지 않았다. 1943년 7월 유보트에 네 번째 회전자를 장착한 에니그마가 도입되었을 때도 별다른 문제는 없었다. 독일군에게서 에니그마를 탈취하지 않아도 내부 배선상태를 추측할 수 있었기 때문이다. 이 일에는 더 이상 앨런이 필요하지 않았다. 사실 몇몇 고위급 해독가들은 독일군의 새로운 암호체계인 '피시'에 대해 좀 더 혁신적인 연구를 하는 부서로 이동했다. 영국은 이제 유보트 에니그마에 노력을 쏟을 필요가 없게 되었다. 1943년 6월 영국*에서 회전자가 4개인 고성능 봄베의 첫 번째 모델을 생산했지만, 미국에서는 8월부터 그보다 속도가 훨씬 빠른 봄베를 생산했다. 1943년 말 미국은 유보트 관련 일을 전부 넘겨받았고 다른 에니그마 문제를 연구할 여력을 갖추게 되었다.

일상적인 작업이 되어버린 일에 앨런 튜링이 필요하지 않았을지 몰라도, 협력과 조정이 더 빈번해진 암호화 작업 분야에서는 앨런이 도움이 필요할 수도 있었다. 앨런은 과거에 음성 암호화 시스템을 검사하는 업무와 함께 영미 양국 간의 연락을 담당하는 미묘한 업무를 맡던 적이 있었다. 당시 연합국은 1942년부터 통신량이 엄청나게 늘어나 최고치를 향하면서 전송 지연과 향후 늘어날 용량에 대한 대처 부족이 문제가 되어 이를 해결해야 하는 문제를 안고 있었다. 모든 것이 뒤죽박죽인 시대였다. 1944년에 복잡한 계획을 수행하려면 있어서는 안 되는 일이었다. 앨런 튜링에게는 계전기 경쟁이라는 신나는 일에 비하자면 따분하고 어깨가 축 처지는 일이기도 했다. 하지만 전문가의 관심이 필요한 일이었다.[4]

1943년 6월 이후로 대서양 전쟁은 연합국에 극적으로 유리해졌다. 침몰되는 선

---

*   원 윌리엄스가 일부 개선했지만, 이 기계는 아마 킨Keen과 영국 제표기 회사의 작품이었을 것이다.

박의 수도 감당할 만한 수준이었다. 돌이켜보면 1943년 3월이 대서양 전쟁의 '고비'였으며, 그 이후부터 '유보트는 패배했다'라고 단언할 수 있었다. 하지만 좀 더 정확하게 말하자면, 1943년은 위기 상황이 계속되고 있었으며 연합국에서 우월한 시스템을 내세워 매일같이 파괴했던 것은 유보트가 아니라 독일군의 시스템이었다. 마침내 연합국은 장거리 비행 정찰대를 도입해서 대서양 한가운데의 취약지역을 보완했다. 그리고 1940년까지만 해도 유보트의 논리적 장점이었던 점이 거꾸로 단점으로 바뀌었다. 원거리에서는 에니그마에서 입수한 암호를 해독해서 얻은 정보로, 근거리에서는 통신연구소에서 만든 항공기 장착 레이더를 통해서 유보트의 위치를 파악할 수 있게 되었다. 그리하여 1943년 말에는 영국이 독일군 사령부보다 유보트의 위치를 더 정확하게 파악할 수 있었다. 그런 와중에 호송선단 간 통신의 보안성도 높아졌다. 그 두 가지 성과가 합쳐지면서 연합국의 승전 분위기가 무르익었으며, 속임수가 통하지 않았을 때 이따금씩 일어나는 전투를 빼면 대서양 전쟁은 겉보기에 조용했다. 하지만 독일 관점에서 보면 전혀 조용한 전쟁이 아니었다. 1943년 독일은 공세의 수위를 한껏 높였다. 독일군은 그해 말에 유보트 400대를 전선에 배치했다. 독일군은 연합국의 레이더 장비 탓에 유보트가 호송선단을 찾지 못한다고 생각했는데, 유보트에는 이제 그 연합국 레이더에 대응하는 정교한 장비가 실려 있었다. 유보트 선단은 여전히 활동했고 위협적이기는 했지만, 개별적으로 유보트의 수명은 차츰 짧아졌다. 한쪽이 '완벽한 정보'(이런 의미로 1943년 '시긴트Sigint(최첨단 장비를 사용하여 신호를 포착하는 정보 수집 방법—옮긴이)'라는 단어가 새로 만들어졌다)를 갖고 있는 게임이었다. 하지만 다른 쪽은 패배를 받아들이지 않았다. 제2차 세계대전은 그냥 일반적인 게임이 아니었다.

독일은 그래서 1942년 2월 도입된 네 번째 회전자의 효과를 알지 못했다. 부주의하고 어리석은 방법으로 사용했기 때문에 1942년 12월 연합국에게 비밀이 알려졌으며, 이는 대서양 전쟁에서의 패배를 의미했다. 하지만 어쨌거나 네 번째 회전자가 등장하면서 블레츨리 파크에 전기 엔지니어가 채용되어 '피시' 문제에도 투입되었다. 그리고 1943년 첩보활동에서 비롯된 영미 양국의 마찰이 대체로 해결되었다. 세계를 양분하여 영국은 유럽을 갖고 미국은 아시아를 갖기로 합의했으며 미

앨런 튜링의 이미테이션 게임

해군은 좀 더 공격적인 입장을 유지하기로 했다. 봄베의 개발이 급속도로 진행되었던 것은 대서양을 미국의 바다라고 생각했기 때문이다. 앨런 튜링의 연구로 연합국 호송선단이 유보트와 마주치는 경우가 사라져 미국 입장에서 안심할 수 있게 되었다.

앨런은 미국에 가 있는 동안 조안에게 편지를 써서 어떤 선물을 받고 싶은지 물었다. 하지만 조안은 검열 탓에 회신에서 앨런의 물음에 답할 수 없었다. 결국 앨런은 영국에 돌아가서 조안에게 고급 만년필을 선물했고 나머지 사람들에게도 선물을 주었다. 앨런이 사온 것 중에 8호 막사에 두고 먹을 허쉬 초콜릿 바도 있었으며, 밥에게는 전기면도기를 주면서 미국 전압을 영국 전압으로 바꿔주는 변압기도 만들어주었다. 앨런은 1월 잭이 죽은 직후에 메리 크로퍼드를 보러 갔다 오면서, 조안이 자신에게 얼마나 중요한 존재였는지 새삼 느끼게 되었다고 털어놓았다. 앨런은 "다시 시작해보자"라는 뜻을 비쳤지만 조안은 응하지 않았다. 이미 끝난 사이라고 생각했기 때문이었다.

앨런은 조안에게 바둑 책을 보여주면서 '크라운인'의 숙소 방바닥에 누워 바둑 두는 법을 가르쳐주었다. 그리고 볼만한 신간 소설을 빌려주기도 했다. 가명[5]을 쓰기는 했지만, 앨런의 친구 프레드 클레이턴이 1943년 1월 출판한 소설이었다. 제목이 『갈라진 소나무The Cloven Pine』였는데 셰익스피어의 희곡 『템페스트Tempest』에서 마녀 시코락스Sycorax가 아리엘Ariel을 가두는 대목을 은연중에 떠올리게 하며, 프레드 본인의 문제와 경험을 기반으로 정치와 성에 대해 불평을 토로하는 내용이었다. 프레드는 이야기의 배경을 1937~1938년 독일로 설정했고, 그보다 약간 이른 시기의 빈과 드레스덴에 대한 자신의 콤플렉스와 모순적인 반응을 글 속으로 끌어왔다.

프레드는 1933년 이상이 무너졌던 상황을 이해하려 노력했다. 한편으로는 영국인들보다 더 사랑스럽지도 덜 사랑스럽지도 않은 독일인의 모습을 보여주었고, 다른 한편으로는 독일의 체제, 그러니까 나치 체제를 보여주었다. 그리고 자신을 영국인으로 묘사하면서 독일인들이 어떻게 나치 체제 같은 것을 믿을 수 있었는지 묻는 한편, 독일인의 눈에 자신과 영국인의 사고방식이 어떻게 비치는지 보여주고자 했다. 또한 국제주의자를 자처하며 『갈라진 소나무』를 막내 조지와 드레스덴에서 알게 된 소년 울프에게 헌정했다. "생각의 자유와 조화, 그건 다 환상이야! 서로를 이해하지 못하는 마음을 가진 이런 자아에, 무슨 자유와 조화가 있단 말인가…" 프레드의 소설 속 독일인 소년은 영국식 자유주의를 분석하며 이렇게 생각했다. 그것은 자아의 절대 부정을 이해하려고 애쓰는 킹스 칼리지 출신 자유주의자의 결론이었다.

소설에는 두 번째 이야기 줄기가 있었다. 영국인 교사와 독일 소년의 "반쯤 플라토닉한 감상벽에 빠져 있는" 우정에 관한 이야기였다. 이는 조안에게는 칭찬받아 마땅한 자제력을 보여주는 것이었지만, 이런 이야기와 비슷한 면에서 프레드를 자주 놀렸던 앨런의 시각은 달랐던 것 같다. 프레드의 책은 엄격하고 세련된 방법으로 모순을 살펴봄으로써, 소설가 이블린 워Evelyn Waugh가 『더 많은 깃발을 내걸어라Put Out More Flags』에서 비웃었던 명백한 위험에서 벗어났다. 현실에서 사람들은 아이를 추행하는 유태인과 가톨릭 사제에 관한 1930년대 말 나치의 선전을 포함한 정치적 배경에서 자유로울 수 없었다. 그런 면에서 이 책은 앨런에게 자신의 '성향'이 사회적 지위와 별개가 아니며, 생각의 자유나 일관성에 비해 부수적인 것도 아니라는 점을 알려준 셈이었다.

앨런은 직접적인 암호해독 업무에서 한발 물러나기는 했지만, 블레츨리 파크에 계속 머물렀으며 근무 시간 외에 구내식당에 모습을 보이기도 했다. 이때는 주로 수학과 논리 퍼즐에 관한 대화를 나누었는데, 앨런은 특히 아주 기본적인 문제 몇 개를 골라 그 이면에 있는 중요한 원리를 보여주거나, 때로는 반대로 일부 수학적 논쟁을 일상생활에 빗대어 보여주는 데 능했다. 앨런은 특히 추상과 실체를 연계시키는 것에 관심이 있었을 뿐만 아니라 고등 수학자의 전유물인 문제를 쉽게 풀어 설명하는 것을 즐겼다. 대칭 문제를 논의할 때는 벽지의 반복되는 문양을 거론하기도 했다. 「계산 가능한 수」에 나온 '종이테이프'도 그와 일맥상통하는 것으로, '논리의 난해한 부분'을 실생활에서 이해하기 쉽게 설명하는 것이었다.

이런 접근 방식의 진가를 알아본 사람은 도널드 미치였다. 고전주의자인 그에게 앨런의 방식은 매우 신선하고 새로웠다. 도널드는 앨런과 절친한 사이가 되었고,

앨런 튜링의 이미테이션 게임

1943년에는 금요일 저녁마다 블레츨리 북쪽 스토니 스트랫퍼드Stony Stratford에 있는 술집에서 만나 체스를 두거나 대화를 나누기 시작했다. 사실 도널드는 그냥 듣기만 할 때가 많았다. 체스의 대가들이 블레츨리에 오면서 앨런은 그들과 부당하게 비교당하는 일이 많아졌고, 교수님(블레츨리에서 앨런의 별명—옮긴이)의 체스는 블레츨리에서 늘 농담거리였다. 해리 골롬벡은 앨런과 체스를 둘 때 퀸을 빼고서도 이겼다. 그리고 앨런이 패배를 인정하자 그대로 체스판을 돌려 앨런의 진영으로 옮긴 후, 가망이 없다던 상황에서 두기 시작해서 승리를 거두기도 했다. 해리는 앨런이 체스의 말 전체를 활용하지 못한다고 불평하면서, 사회생활에서 그렇듯 앨런이 자기 행동을 지나치게 의식하는 탓에 체스 실력이 늘지 않는다고 보았다. 잭 굿이 지적했듯이, 앨런은 지능이 너무 높아서 다른 사람들이 별생각 없이 움직인 체스 말을 뻔한 수라고 생각하지 못하고 늘 시작부터 상대의 수를 알아내려고 애썼다. 한번은(1941년 말이었을 것이다) 앨런이 야근을 마치고 이른 아침에 해리 골롬벡과 체스를 두었는데 순간 아주 재미있는 일이 벌어졌다. 마침 그곳에 잠시 들렀던 트래비스는 두 사람이 체스를 두는 모습을 보고 당황했다. 수석 암호해독가 앨런이 근무 중에 체스를 둔다고 생각했던 것이다. 트래비스는 어색하게 말을 건넸다. "어, 저기… 튜링 선생, 잠깐 저 좀 보실까요?" 마치 화장실에서 담배 피우는 학생을 적발한 사감 선생 같은 표정이었다. 트래비스는 잠시 후 방을 나서면서 해리에게 이렇게 말했다. "앨런에게 이기기 바랍니다." 앨런이 체스를 가장 잘 둔다고 착각했던 것이다. 하지만 앨런과 체스 실력이 비슷한 사람은 젊은 청년 도널드 미치였다.

이런 만남은 앨런이 1941년부터 잭 굿과 토론하기 시작했던 체스 기계에 대한 구상을 발전시키는 계기가 되었다. 그들은 자주 만나 사고 과정을 기계화하는 방법에 관해 이야기하면서 확률론과 증거 비중론을 거론했고, 그런 이론에 도널드 미치도 익숙해지게 되었다. 어쨌든 암호해독 기계를 개발하면서 기계의 도움으로 해결할 수 있는 수학 문제에 대한 토론이 활성화되었다. 예를 들어 점심시간에 큰 소수素數를 찾는 문제를 주제로 대화를 나누었는데, 요점을 이해할 수 없었던 전기 엔지니어 플라워스가 그 모습을 보고 놀라워하기도 했다. 하지만 앨런의 이야기는 약간 다른 방향으로 흘러갔다. 당시 앨런은 이런저런 복잡한 작업을 수행하도록 설계된 기계를 만드는 일에는 그다지 관심이 없었고, 스스로 학습할 수 있는 기계를 만들려는 생각에 몰두해 있었다. 앨런이 「계산 가능한 수」에서 기계의 상태를 인간의 '마음 상태'와 비슷하게 볼 수 있다고 했던 생각을 발전시키는 작업이었다. 그런 기계가 개발되어 앨런이 클로드 섀넌과 논의했던 방식대로 기계가 인간의 두뇌를 흉내 낼 수 있다면, 기계에는 새로운 요령을 익히는 두뇌의 능력도 있어야 한다. 앨런은 기계가 아무리 복잡한 작업을 한다고 해도 인간이 명시적으로 계획한 일만 수행할 뿐이라는 반대의견을 반박하는 데 관심을 쏟았다. 업무 외적으로 이런 토론을 하면서, 앨런과 미치는 어떤 것을 '학습'이라고 볼 수 있는가 하는 문제에 대해 중점적으로 토론했다.

이런 토론에 내포되어 있던 것은 뇌의 메커니즘을 이용하는 자율적인 '마음'이나 '정신'은 존재하지 않는다는 유물론적 시각이었다(앨런은 아마도 무신론자의 자세를 더욱 굳건히 다졌으며 대화를 하면서 신을 부정하거나 교회를 부정하는 농담을 하는 데 전쟁 전보다 한층 거리낌이 없었다). '마음'이나 '정신', '자유의지'는 과연 무엇인가에 대한 철학적 토론을 피하기 위해, 앨런은 기계의 지능을 판단할 때 단순히 기계의 성능과 인간의 성능을 비교하는 방법을 선호했다. 그것이 바로 '조작적 정의operational definition'("사랑이란 열렬한 호의다"라고 정의하는 것은 한 개념(호의)을 이용하여 다른 개념(사랑)을 정의하므로 개념적 정의라고 하고, "우수한 학생이란 90점을 넘는 학생이다"와 같이 그 개념을 드러내는 활동 즉, 조작(점수를 매기는 행위)을 이용하여 정의하는 것을 조작적 정의라고 한다—옮긴이)였는데, 비슷한 사례로 아인슈타인이 자신의 이론을 '선험적인' 가정에 얽매이지 않게 하려고 시간과 공간의 조작적 정의를 강조하기도 했다. 이는 전혀 새로운 방법이 아니었으며 전적으로 합리주의자가 사고하는 표준 방법이었다. 실제로 앨런은 연극 무대에서 이와 비슷한 것을 보았다. 1933년 〈메투셀라로 돌아가라〉에서 버나드 쇼가 20세기 인간의 생각과 감정을 보여주거나 최소한 모방할 수 있는 인공적인 '자동제어 기계'를 그려냈던 것이다. 쇼는 '과학자'의 입을 빌려 '자동제어 기계와 생명체'를 명확하게 구분할 방법은 없다고 역설했다. 쇼는 이것이 전혀 새로운 생각이 아니라 빅토리아 시대의 낡은 생각

　　　　　　　　　　　　　　　　앨런 튜링의 이미테이션 게임

처럼 보이게 하려 애썼다. 『자연의 신비』에서 쇼는 다시 합리주의적 관점을 받아들여 '동물의 생각이 나오는 곳'이라는 장에서 생각과 지능, 학습은 단세포 동물과 인간 사이에서 정도 차이가 있을 뿐이라고 봤다. 따라서 앨런이 "기계가 인간과 똑같이 행동하는 것처럼 보인다면, 기계는 인간과 똑같이 행동했던 것이다"라는 모방원리에 관해 이야기했을 때에도, 그의 원리는 새로운 개념이 아니었다. 하지만 그같은 접근법은 미치와의 대화를 더 날카로우면서도 건설적으로 이끌었다.

그러는 사이 도널드 미치와 잭 굿이 뉴먼의 부서로 이동했다. 독일의 무선암호망 '피시'를 분석하는 흥미진진한 업무를 담당하기 위해 도널드는 테스터리 부서에서, 잭은 8호 막사에서 뽑혀왔다. 미치는 튜링의 방법을 개선하는 업무를 계속하면서 비공식적으로 앨런에게 진척상황을 보고했다. 여기서 이뤄낸 성과 덕에, 1943년 초에는 일부 피시 신호를 주기적으로 지연 없이 수신하게 되었다. '가능성'과 '증거 비중'을 공식화하고 '순차 분석' 개념을 제시한 튜링의 통계이론은 피시 프로젝트에도 전반적으로 사용되었다. 피시 프로젝트에서는 에니그마에 사용된 방법보다 튜링의 통계이론이 더 유용했다. 하지만 1943년 봄이 되자 기계화에 대한 뉴먼의 생각이 결실을 맺기 시작했다. 여기에는 앨런이 미국에 있는 동안 중요한 국면에 접어든 전자공학 기술의 발전이 매우 큰 역할을 했다.

우체국 엔지니어가 1943년 4월경 뉴먼과 직원 두 명이 일하는 F 막사에 최초의 전자 계산기를 설치했다. 이 기계와 후속 기종들은 통칭 '로빈슨Robinsons'*이라 불렸다. 종이테이프를 전자 계산기 속으로 빠르게 통과시킬 때 일어나는 기계적 문제가 일부 해결되기는 했지만, 그래도 '로빈슨'은 여러 가지 결함 때문에 사람들의 골머리를 앓게 했다. 불이 나는 일이 많았고 종이테이프는 항상 찢어졌으며 계산 결과의 신뢰성도 떨어졌다. 이는 느린 계산 과정을 오래된 계전기가 담당하고 그 결과로서 전자 부품에 전기적 간섭 효과가 발생했기 때문이었다. 하지만 기술적으

---

* 로빈슨은 한 대가 아니었다. '피터 로빈슨Perter Robinson'과 런던의 백화점 이름에서 따온 '로빈슨과 클리버Robinson and Cleaver', 그리고 정교한 기계에서 어처구니없이 간단한 작업을 처리하는 모습을 주로 그린 유명 만화가의 이름에서 따온 '히스 로빈슨Heath Robinson'이 있었다.

로 근본 문제는 별개의 종이테이프 2개의 입력 속도를 맞추기가 어렵다는 것이었다. 이 모든 이유로 로빈슨은 효과적으로 해독작업을 하기에는 너무 신뢰성이 떨어지고 느리다고 판명되어 연구 목적으로만 사용하게 되었다. 그 외에도 처리 속도를 늦추는 또 다른 근본 문제가 있었는데, 물리적이라기보다는 논리적 문제였다. 운영자는 로빈슨으로 암호해독 작업을 할 때 끊임없이 새로운 종이테이프를 만들어야 했는데, 이 작업을 위해 히스 로빈슨Heath Robinson으로 들어가는 두 줄의 종이테이프 중 하나를 만드는 '보조 기계'가 있어야 했다.

하지만 첫 번째 로빈슨이 완성되기도 전에, 플라워스는 테이프 동기화 문제를 해결하고 새로 테이프를 만들어야 하는 수고를 덜 수 있는 혁신적인 제안을 했다. 피시 시스템의 키 패턴을 기계 내부에 전자적 형태로 저장하는 개념이었다. 이것이 가능하다면 테이프는 하나로 충분했다. 문제는 그런 내부 저장소를 만들려면 진공관이 더 많이 필요하다는 점이었다. 저명한 전문가 킨과 윈 윌리엄스는 플라워스의 제안에 깊은 의구심을 보였다. 하지만 뉴먼은 그 제안을 이해하고 지지했다.

통상적인 기준에서 보자면, 이 프로젝트는 기술적으로 불분명한 억측에 불과했다. 하지만 당시는 평시가 아니라 전쟁이 한창인 1943년이었으므로 2년 전만 해도 생각조차 할 수 없었던 개발이 진행되었다. 플라워스가 상관인 우체국연구소장 래들리에게 한 말은 그저 블레츨리 업무에 필수라는 말뿐이었다. 블레츨리 업무에 절대적인 우선권을 부여하여 문제가 생기거나 지연되는 일이 없게 하라는 처칠의 명령이 떨어졌던 탓에, 래들리는 그 개발 프로젝트가 연구소 전체 자원의 절반을 사용하는데도 의사결정권을 행사할 수 없었다. 1943년 2월 개발이 시작되었고, 플라워스가 상상한 기계는 밤낮을 가리지 않고 작업한 끝에 11개월 만에 완성되었다. 기계를 공동 설계한 플라워스와 브로드허스트, 챈들러 말고는 기계의 용도를 아는 사람은 물론이고 부품 전체를 본 사람조차 없었다. 기계의 많은 부분은 설계자 초안만 있을 뿐 도면도 존재하지 않았으며, 설명서나 해설서도 없었고 프로젝트에 소요된 물품이나 노동력에 대한 검증도 없었다. 연구소 안에서 기계의 조립과 배선작업은 부분별로 나뉘어 진행되었고, 1943년 12월 블레츨리에 통합 설치한 다음 운영을 시작하기 전까지는 온전한 모습을 볼 수도 없었다.

플라워스 일행은 50년 정도 걸릴 만한 기술 진보를 3년 만에 이루어낸 셈이었다. 딜윈 녹스는 이탈리아 제국의 몰락에 큰 공을 세웠던 인물이지만, 1943년 2월 이탈리아 제국이 몰락하기 직전에 세상을 떠났고, 그의 죽음과 함께 산업혁명 이전의 사고방식도 사라졌다. 연구원들은 에니그마로 인해 한차례의 과학 혁명을 겪어야만 했고, 이미 두 번째 진통을 겪고 있었다. 완전히 전자화된 기계는 로빈슨보다 신뢰성이 높았고 속도도 빨랐다. 기계의 이름은 '콜로서스Colossus'였다. 제작에 소요된 1,500개라는 엄청난 진공관 숫자를 상징하는 이름이었다. 잘만 사용한다면 오랫동안 문제없이 작동할 것이다. 일반 통설에 따라 훈련받은 사람에게는 정말 놀라운 일이었다. 하지만 1943년은 아침을 먹기 전까지만 해도 불가능했던 일을 생각하거나 실행에 옮길 수 있었던 시절이었다.

앨런은 이 모든 개발 프로젝트를 알고 있었지만, 직접 참여해달라는 초대에는 응하지 않았다.[7] 뉴먼의 부서는 다른 부서와 외부 수학계에서 최고 인재를 흡수하면서 점점 규모가 커지고 영향력도 높아졌다. 그런데 앨런은 그와 반대로 움직였다. 그는 뉴먼처럼 다방면으로 소질이 있는 것도 아니고, 정치판에 뛰어든 블래킷 같은 사람은 더더욱 아니었다. 앨런이 해군 에니그마를 계속 붙잡고 있으려는 생각이 없었던 탓도 있지만, 어쨌든 휴 알렉산더의 조직력 앞에서 물러서고 말았다. 앨런의 성격이 전혀 달랐다면, 조정위원회나 영미 협력위원회, 미래 정책위원회처럼 당시 큰 영향력을 행사하는 자리에 있었을 것이다. 하지만 앨런은 과학 연구를 하는 자리 외에는 전혀 관심이 없었다. 다른 과학자들은 전쟁 덕에 1930년에는 없었던 힘과 영향력이 자신들에게 생겼음을 깨닫고 마음껏 행사했다. 앨런은 전쟁에서 분명 새로운 경험과 아이디어, 무엇인가 할 수 있는 기회를 얻었지만, 다른 사람들을 끌어모으는 성격이 아니었으며 스스로의 원칙 또한 바뀌지 않았다. 만년 외톨이였던 앨런은 이번에도 무엇인가 직접 하고 싶었다.

1943년 12월, 여느 때처럼 어머니는 의무적으로 크리스마스 선물을 고르느라 정신이 팔려 제2차 세계대전은 안중에도 없는 듯했다. 앨런은 12월 23일 어머니에게 편지를 썼다.[8]

어머니께,

크리스마스 선물로 무엇을 받고 싶은지 물어봐주셔서 감사합니다만, 올해는 그냥 넘어 가는 게 좋을 것 같습니다. 갖고 싶은 건 많지만 이번에는 살 수 없을 것 같아 요. 예컨대 근사한 체스판 같은 것 말이죠. 1922년쯤 어머니가 제게 주셨던 체스판 을 미국에 갈 때 두고 갔는데, 돌아와보니 안 보이더군요. 지금은 찾아봐야 소용없 을 겁니다. 그리고 이곳에 낡은 체스판이 하나 있어서 전쟁이 끝날 때까지는 쓸 수 있을 것 같아요.

최근에 일주일 휴가를 다녀왔어요.* 데이비드 챔퍼노운과 버터미어 호수에 있는 피 구 교수님 산장에 묵었죠. 1년 중 이맘때 산속에 놀러 가는 게 잘한 짓인지는 모르 겠지만, 날씨가 기막히게 좋았어요. 비도 전혀 안 왔고 눈도 그레이트 게이블Great Gable 산에 오를 때만 잠깐 왔을 뿐이에요. 그런데 아쉽게도 챔퍼노운이 오한에 걸려 서 중간쯤 오르다 내려왔어요. 그때가 11월 중순이었으니 이번 크리스마스 때는 휴 가를 못 갈 것 같고 내년 2월이나 돼야 할 것 같아요…

앨런 올림

하지만 연합국에서 에니그마 통신을 해독한 덕에 1943년 크리스마스에 독일의 주력 전함 '샤른호르스트' 호가 침몰하자, 앨런은 새로운 프로젝트에 착수했다. 이 번에는 앨런의 독자적인 프로젝트였다. 앨런은 미국 기계에 관한 서류를 고든 웰 치먼에게 넘겼다. 웰치먼은 6호 막사에서 나와 지금은 조정 업무를 총괄하고 있었 다. 그리고 수학에는 흥미를 잃었지만 효과적인 조직을 연구하면서 인생의 새로 운 흥미를 찾았고, 그중에서도 특히 미국과의 교섭 업무에 매력을 느끼고 있었다. 반면 앨런은 미국에서 돌아온 이후로 많은 시간을 들여 새로운 음성 암호화 공정 을 연구했다. 다른 수학자들이 전자 기기를 '사용'하거나 대충 아는 정도로 만족한 데 반해, 앨런은 벨 연구소에서 쌓은 경험을 바탕으로 실제 작동하는 기계를 직접

---

* 휴가기간은 1943년 11월 16일~22일이었다.

만들기로 했다. 1943년 말 앨런은 몇몇 실험에 전력할 수 있게 되었다.

당시 사람들은 음성 암호화를 긴급한 문제로 여기지 않았다. 1943년 7월 23일에는 런던과 워싱턴 수뇌부 간의 대화에 사용할 X-시스템이 처음 설치되었다(전시 작전실까지 확대 설치하는 일은 그로부터 한 달이 지나도록 완료되지 않았다). 설치 당일 날 합참 보고서⁹에는 이런 말이 있었다. "장비의 보안성을 검사했던 영국 전문가들은 전적으로 만족스럽다는 의견을 표명했다." 보고서에는 장비의 사용 권한이 있는 처칠 수상 이하 24명의 영국 고위관료와 그들이 통화할 상대인 루스벨트 대통령 이하 40명의 미국 고위관료의 명단도 들어 있었다. 이 장비를 사용하려면 우선 미국에 공손하게 굴어야 하고 미국이 지금 서둘러 설치하고 있는 필리핀이나 오스트레일리아 통신선보다 우선순위에서 밀린다는 것을 알았지만, 영국으로서는 대서양을 사이에 두고 영미 고위층이 통화하는 문제는 해결할 수 있었다. 하지만 영국은 모든 전송 내용을 미국에서 기록하는 것이 탐탁지 않았으며 영국 정부가 미국을 전적으로 신뢰할 만큼 양국 동맹이 군건하다고 생각하지도 않았다. 장래의 정책을 고려할 때, 영국은 독자적으로 고성능 음성 시스템을 개발하는 것이 이익이었다. 세계 정치·상업 시스템의 중심은 미국이 아니라 영국이어야만 했던 것이다.

하지만 영국 독자적인 시스템 개발은 이루어지지 않았고 그 개발에 앨런의 새로운 아이디어가 도움이 될 가능성도 없었다. 그가 생각했던 원리는 대서양 건너로 단파 무선전송을 할 때 일어나는 들쭉날쭉한 시간 지연이나 감쇄fading(전파의 강도가 시간에 따라 변하는 현상—옮긴이)가 있어서는 적용할 수 없는 것이었다. 따라서 이런 문제를 극복했던 X-시스템의 맞수가 될 수 없었고, 이는 시작부터 너무나 분명한 사실이었다. 그리고 앨런은 다른 사람이 요청해서가 아니라 스스로 연구해서 해결하고 싶어 했던 것 같다. 이제 전쟁에서 앨런의 새로운 아이디어를 찾는 곳은 없었다. 앨런은 1943년 이후로 거의 쓸모없는 사람이 된 것이다. 그의 아이디어도 형식적인 수준의 지원밖에는 받지 못했다. 지원이 인색했던 초창기로 다시 돌아간 것 같았다. 연구를 계속하기 위해서는 다른 기관으로 옮길 수밖에 없었다. 블레츨리 '공장'에서는 1만여 명의 사람들이 생산라인에서 첩보를 쏟아내고 있었으며 암호해독이나 번역뿐만 아니라 비밀정보부 고위층에 그 내용을 설명하는 일로 여념이 없었다. 그러는 사이 앨런은 근처에 있는 핸슬로프 파크Hanslope Park로 차츰 옮겨갔다.

정부신호암호학교가 1939년만 해도 감히 상상할 수 없었던 규모로 커지는 동안, 비밀정보부도 다방면에서 몸집을 키웠다. 비밀정보부에서는 전쟁 직전에 리처드 갬비어-패리Richard Gambier-Parry 준장을 채용해서 무선 통신 부문을 강화했다. 육군 항공대 베테랑이며 초급 장교들이 '아빠Pop'라고 부를 정도로 상냥하고 정이 많은 갬비어-패리 준장은 그때부터 날개를 더 활짝 펼쳤다. 준장의 첫 번째 기회는 1941년 5월에 찾아왔다. 비밀정보부 MI5에서 영국 내 스파이 추적업무를 담당하는 무선보안 부서가 분리되었는데 그가 그 업무를 맡았다. 준장은 곧 영국에 있는 스파이의 위치를 모두 밝혀낸 다음, 그들이 전 세계로 보내는 무선 전송신호를 가로채는 업무까지 담당하게 되었다. 지금은 '제3특수통신단Special Communications Unit No. 3, SCU3'으로 알려진 준장의 조직은 버킹엄셔 북쪽 외곽에 있는 18세기 대저택 핸슬로프 파크의 무선 수신국을 중심으로 여러 곳의 대형 무선 수신국을 사용했다.

갬비어-패리 준장은 비밀정보부의 다른 임무도 맡았는데, 그중에는 흑색선전을 담당하는 방송사에 송신기를 공급하는 임무도 있었다. 그 방송사에서는 독일군 방송인 척 위장한 '솔다텐센더 칼레Soldatensender Calais'라는 방송을 1943년 10월 24일 처음 내보내기 시작했다(당시 기자와 독일인 망명자들이 모여 적을 교란시킬 교묘한 허위정보를 지어내던 방송실 역시 버킹엄셔의 또 다른 마을인 심슨에 있었다). 제3특수통신단은 더 나아가 암호화 시스템 '로켁스Rockex' 제조 임무도 맡았다. 영국의 일급보안 전신신호에 로켁스를 적용할 예정이었는데, 그런 전신신호의 양은 미국과 주고받는 것만 해도 매일 100만 단어에 달했으며, 당연한 일이겠지만 특별히 블레츨리 파크에서 나온 기밀을 실어 나르고 있었다. 로켁스는 버냄 일회용 전신 타자기 암호 시스템을 개선한 기술 진보의 상징적인 기계였다.

버냄 원리를 적용할 때의 한 가지 문제는 '보도 코드Baudot code'(데이터 전송에 이용되는 정보 부호로 5비트로 표현된다—옮긴이)로 표현된 전신 타자기 입력문이라 할 수

앨런 튜링의 이미테이션 게임

있는 암호문에 보통의 글자가 아닌 '라인피드line feed'(인쇄 위치를 한 줄 아래로 내리는 것—옮긴이)나 '캐리지 리턴carrage return'(인쇄 위치를 줄의 가장 앞쪽으로 옮기는 것—옮긴이)처럼 기계의 동작을 지시하는 특수 기호가 많이 포함된다는 것이었다. 그런 이유로 당시 이 암호문을 상업 전신회사에 넘겨 모스 부호로 전송하고 싶어도 그럴 수 없었다. 이 문제를 해결한 사람은 뉴욕에 있는 스티븐슨의 조직에서 일하는 캐나다 엔지니어 베일리 교수였다.* 그는 특수 기호를 숨기거나 다른 것으로 대체하는 방법을 써서 암호문이 종이에 깔끔하게 인쇄되도록 했다. 이 방법을 적용하려면 문제가 되는 전신 기호를 자동으로 '식별'할 수 있는 전자공학 기술이 필요했다. 당시 콜로서스는 전신 테이프 천공에 적용되는 불연산Boolean operation에 전자교환 방식을 사용했는데, 콜로서스에 사용된 논리 회로에도 훨씬 작은 규모이기는 하지만 같은 문제가 있었다.

연구는 1943년 말에 완료되었다. '케이블앤와이어리스Cable and Wireless Ltd' 사에서 파견 나온 독창적인 전신기사 그리피스R. J. Griffith가 상세 설계를 담당했다. 당시 기계가 제작되고 있던 곳은 핸슬로프 파크였는데, 그곳에서 그리피스는 불규칙한 전자 잡음을 사용하여 키 테이프를 자동으로 만드는 문제도 함께 연구했다.

긴밀하게 연결된 각종 비밀 작업과 함께 전자 장비를 활용한 암호 작업을 담당하던 핸슬로프 파크는 앨런이 음성 암호화 프로젝트의 근거지로 삼기에 적합한 곳이었다. 우체국연구소도 고려했지만, 그곳은 블레츨리 파크에서 16킬로미터 떨어진 핸슬로프 파크에 비해 너무 멀리 떨어져 있었다. 핸슬로프 파크는 조금 이상한 곳이었다. 겉으로 보기에는 부대원 복장이나 언어 등이 평범한 군 기지처럼 보였기 때문이다. 블레츨리 파크와 크게 다른 점은, 일단 블레츨리 파크에서는 군인들이 젊은 케임브리지 출신 지식인들에게 적응하고 맞춰야 했던 반면, 핸슬로프 파크에서는 부대의 복무신조가 현대 기술에 영향받지 않았다. 그래서 군인식당 외에 민간인용 식당이 따로 없었고, 군인식당에 걸린 액자 속에 쓰인 『헨리 5세』 인용

---

* 그래서 트래비스가 유명한 록펠러 센터의 애칭 '로켓츠Rockettes'를 따서 로켁스Rockex라는 이름을 만들었다.

문을 보면 그곳 분위기를 짐작할 수 있었다.

왕은 만백성의 생각을 알고 있으니,

꿈에서도 모르게 엿들었기 때문이다.

하지만 사실 갬비어-패리의 직원들은 하나같이 꿈같은 전쟁에서 일하고 있었다. 본인이나 다른 사람들이 하고 있는 일이 얼마나 중요한지 몰랐던 것이다. 새로 온 사람들은 조직이 비밀정보부 산하에 있다는 사실을 몇 달이 지나서야 알 수 있었다.

앨런이 핸슬로프 파크와 첫 접촉을 가진 시점은 1943년 9월경이었다. 그는 자전거로 블레츨리 파크에서 16킬로미터를 달려와 합류 가능성을 타진했다. 우체국 고위직 출신 '점보' 리W. H. 'Jumbo' Lee가 앨런의 편의를 봐주었다. 핸슬로프는 세련된 멋을 풍기는 곳은 아니었다. 제복을 입은 사람들 일부는 '실제 군인'이었지만, 대다수는 우체국이나 케이블앤와이어리스 사 같은 곳에서 온 사람들로 군인이 아니었다. 그렇다고 해도 '점보' 리가 앨런을 상사인 킨 소령에게 소개할 때 다음과 같은 오해가 생길 만큼 핸슬로프에도 군대 분위기는 충분히 많았다. '딕' 킨 소령은 '무선방향탐지' 분야에서 영국 최고의 전문가였고, 제1차 세계대전 중에 집필한 교재는 '무선방향탐지' 분야에서는 유일한 책이었다. 킨은 제2차 세계대전 중 많은 시간을 개정판 집필에 할애했다. 그런데 킨은 사무실 문 앞에 서 있는 앨런과 '점보' 리를 보고 나가라며 손을 저었다. 외모를 보고 앨런이 청소부나 심부름꾼인 줄 알았던 것이다.

핸슬로프 파크에서는 먼저 진행 중이던 암호화 프로젝트가 있었다. 그런데 그 프로젝트의 담당인 그리피스는 요구했던 대로 새로운 작업실과 필요한 만큼 인력을 지원받았지만, 앨런이 받은 것은 그다지 많지 않았다. 수많은 다른 연구 프로젝트가 진행 중인 커다란 막사에서 앨런의 프로젝트에 실제로 할당된 곳은 의자를 놓을 정도의 공간에 불과했다. 그리고 킨과 함께 방향탐지 분석을 하던 메리 윌슨에게 수학 분야에서 도움을 약간 받는 정도였다. 메리는 스코틀랜드에서 대학을

앨런 튜링의 이미테이션 게임

졸업하고 킨과 일하면서 초창기보다 연구소 수준을 엄청나게 끌어올린 사람이었다. 초창기만 해도 사람들이 "위치를 측정할 때 기준점을 2개 선정하는 것이 3개를 선정하는 방법보다 낫다. 그러면 시오삼각형triangle of error(평판측량 시 직선이 정확하게 한 점에서 교차하지 않고 작은 삼각형이 생기는 경우가 있는데 이 삼각형을 말한다—옮긴이)이 생기지 않기 때문이다"라고 말할 정도였다. 대신에 그들은 이러저러한 확률로 신호 전송을 보장할 수 있는 지역들을 지도 위에 타원 모양으로 그려서 해독가들에게 제공했다. 하지만 메리는 앨런의 설명을 알아듣기에는 수학 지식이 부족했다(앨런은 그녀를 훈련시켜봐야 별 소용이 없을 것이라고 털어놓았지만, 나중에 그녀가 방향탐지 방법을 연구할 때 손을 보탰다). 그래서 앨런은 이후 6개월 넘게, 매주는 아니었지만 일주일에 2~3일씩 일하며 프로젝트를 혼자 진행해야 했다. 앨런의 지시에 따라 전자 장비 부품을 조립하는 일에 육군 통신병 2명이 배치되었을 뿐, 그 이상의 지원은 없었다.

1944년 3월 중순, 핸슬로프에 채용되는 직원에 뚜렷한 변화가 생겼다. 수학과 공학 전문가들이 쏟아져 들어왔다. 그런 변화는 반드시 필요했다. 예컨대 한번은 '점보' 리가 해결하지 못한 문제를 앨런에게 보여주었다. 안테나 설계와 관련된 삼각급수 문제였는데 케임브리지 장학생 후보자 정도면 쉽게 풀 수 있는 수준이었다. 하지만 '점보' 리는 앨런이 즉시 답을 풀어내는 모습에 감탄했다. 우체국 엔지니어들은 각 항별로 힘들게 덧셈해가며 풀었던 터라 감명은 더욱 컸다. 핸슬로프 당국에서는 서리 지방의 리치먼드 인근에 있는 육군무선학교에서 훈련받은 젊은 장교 5명을 새로 뽑았다. 그중 2명은 앨런 튜링의 인생에서 특별한 의미가 될 사람들이었다. 사실 이때가 앨런에게는 새로운 출발점이었다. 1943년 앨런은 런던에서 빅터 뷰텔을 만나 점심을 먹으며 개인적 고민을 이야기했다(빅터는 결국 아버지 말을 어기고 공군에 입대했다). 그때가 두 사람의 마지막 만남이었다. 하지만 그렇게 끊어진 두 사람의 '친밀한 관계'를 대신할 새로운 만남이 이제 다가오고 있었다.

그 첫 번째가 로빈 갠디였다. 로빈은 1940년 패트릭 윌킨슨이 주도했던 모임에서 앨런의 기괴한 회의주의에 맞서 "핀란드에 개입하지 마라"라는 의견을 꿋꿋하게 고집하던 대학생이었다. 그는 핸슬로프에 킹스 칼리지 정신이라는 새바람을 몰고 왔다. 갠디는 1940년 12월 징집되어 6개월간 연안 방어포대에서 근무한 다음, 수학 재능을 인정받고 레이더병이 되었다가 이후 교관이 되었다. 그리고 영국군 전기기계기술부REME 장교로 임관한 다음, 여러 과정을 거치면서 실무 경험도 쌓은 덕에 영국군이 사용하는 모든 무선 장비와 레이더 장비를 익히게 되었다.

두 번째는 또 다른 도널드였다. 도널드 베일리Donald Bayley라는 사람이었는데 도널드 미치와는 출신 배경이 크게 달랐다. 그는 앨런의 친구 제임스 앳킨스가 수학을 가르쳤던 월솔 중등학교Walsall Grammar School를 다녔고 1942년 버밍엄대학교 전기공학과를 졸업했다. 그 역시 영국군 전기기계기술부 장교로 임관한 다음 모든 면에서 두각을 나타냈다.

로빈과 도널드 모두 연구 프로젝트가 진행 중이던 커다란 '연구실' 동에 배정받았다. 그리고 그곳에서 일하던 앨런과 만났다. 케임브리지에서 온 민간인인 두 사람에게도 앨런이 외모에 지나치게 무신경하다는 것이 한눈에 보일 정도였으니, 군기지인 핸슬로프 사람들의 눈에 앨런의 흐트러진 모양새가 오죽 잘 보였을까. 구멍이 숭숭 뚫린 스포츠 재킷에 허리춤을 끈으로 동여맨 뻔들거리는 회색 플란넬 바지를 입고, 뒷머리가 삐죽삐죽 뻗쳐 있는 앨런은 영락없이 '만화 속에 나오는 과학자'의 모습이었다. 실제 일하는 방식 탓에 그런 인상이 더욱 두드러져 보였는데, 앨런은 땜납이 잘 붙지 않기라도 하면 툴툴거리며 욕설을 퍼부었고 혼자 생각에 잠길 때는 머리를 긁적거리면서 이상한 소리를 냈다. 또 '새 둥지'라고 부르는 진공관의 연결부를 용접할 때 깜빡하고 스위치를 내려놓지 않아 전기에 살짝 감전이라도 될 때면 큰 소리로 비명을 지르기도 했다.

하지만 로빈 갠디는 앨런의 다른 면에 깊은 인상을 받았다. 무선 수신기의 변압기 속에 있는 고투자율 철심high-permeability core의 효율성 검사를 시작한 첫날이었다. 로빈이 일하는 파트의 엔지니어 2명이 따분한 검사 작업을 시작했다. 그런데 앨런이 빈둥거리며 들어오더니 이론 법칙에 따라 문제를 해결할 수 있다고 단호하게 말했다. 여기서는 맥스웰 방정식을 적용할 수 있다는 것이었다. 앨런은 이 문제가 마치 실생활과는 아무 관련 없는 대학 졸업시험 문제라도 되는 듯, 종이 맨 위쪽에 문제를 쓰더니 끝에 가서는 절묘한 솜씨로 편미분 방정식을 풀어 답을 구했다.

앨런 튜링의 이미테이션 게임

도널드 베일리는 음성 암호화 프로젝트에서 비슷한 방식으로 앨런에게 감명받았다. 핸슬로프 파크 안에서 '딜라일라Delilah'로 알려진 프로젝트였다. 앨런이 상을 내걸고 프로젝트에 가장 어울리는 이름을 찾았는데 로빈이 '남자를 속인' 성경 속 인물 딜라일라를 제안해서 상을 탔다. 앨런은 암호해독 경험을 최대한 살려 딜라일라 프로젝트를 진행했으며, 앨런의 설명처럼 적의 손에 넘어가더라도 완벽한 보안을 유지해야 한다는 기본 조건이 충족되도록 설계했다. 하지만 앨런이 1년 전 엠프리스 오브 스코틀랜드 호를 타고 귀국하는 동안 생각했던 시스템은 기본적으로 매우 단순했다.[10] 수학자의 입장에서 설계한 것으로 "안 될 게 뭐 있어?"라는 앨런의 태도를 반영하고 있었다.

앨런은 방 하나를 가득 채우고 있는 X-시스템 구성 장비를 살펴본 다음, 안전한 음성 암호화 기능을 구현하는 데 있어서 중요한 특성이 무엇인지 알아보았다. 보코더는 프로젝트의 출발점이었지만 필수 장비는 '아니었다.' 출력되는 주파수 진폭을 수많은 이산값으로 양자화하는 작업도 필수적인 것은 아니었다. 이런 작업을 버림으로써 앨런은 아이디어의 수를 두 가지로 줄였다. 특정 시간 동안 연속적으로 음성을 샘플링해야 하며 일회용 암호집처럼 '모듈러' 덧셈을 사용해야 한다는 것이었다.

X-시스템은 연구 개발과정이 비밀이었던 반면, 딜라일라는 시작부터 이 두 가지 아이디어를 기반으로 했다. 음성 샘플링에서 중요한 점은 연속적인 음파에서 불필요한 부분을 제거하는 것이었다. 보통 소리 신호는 다음과 같은 곡선으로 나타낼 수 있다.

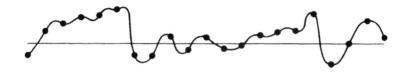

요점은 곡선 전체를 전송할 필요가 없다는 것이었다. 곡선에 있는 일부 점의 위치를 전송하고, 이를 받은 수신자가 '점을 연결해서' 곡선을 재구성할 수 있을 정도

의 정보라면 충분했다. 점 사이에서 곡선이 어느 정도까지 예리하게 꺾여도 문제가 없을지 그 허용치를 알기만 한다면, 최소한 원칙적으로는 가능한 일이었다. 주파수가 높을수록 (파형의 간격이 좁아서) 곡선이 예리하게 꺾이므로 신호에 포함시킬 주파수 한계치가 정해져야 했으며, 그런 다음 곡선에 일정한 간격으로 이산점 discrete point, 즉 샘플을 잡아 신호의 '모든' 정보를 담아내야 했다. 전화 회로는 고주파를 모두 제거했으므로, 점 사이에서 허용된 곡선의 상하 움직임에 대한 한계에 실제로는 전혀 영향을 주지 않았다. 그래서 샘플을 비교적 적게 잡아도 신호를 전송하는 데 충분했다.

이는 통신 엔지니어에게는 잘 알려져 있는 사실이었다. X-시스템에서는 대역폭이 25헤르츠인 채널 12개를 초당 50번씩 샘플링했다. 이 수치는 소리 주파수의 최대 변동범위, 그러니까 대역폭의 2배 횟수로 샘플링하는 것이 필수라는 통상적인 결과를 보여주었다. 이런 결과는 이미 1915년 수학적으로 정확하게 계산된 터였지만, 섀넌은 이를 다시 언급했고[11] 벨 연구소에서 앨런과 의견을 나누었다. 예컨대 만일 주파수 2,000헤르츠 미만의 소리 신호를 샘플링할 때, 초당 4,000번씩 샘플링하면 신호를 정확하게 재구성하는 데 충분했다. 주파수 범위 내에서 샘플링된 모든 지점을 지나는 곡선은 정확하게 한 개가 나온다. 앨런은 베일리에게 이 결과를 '대역폭 이론Bandwidth theorem'이라는 이름으로 이야기하고 증명했다. 그리고 특유의 "안 될 게 뭐 있어?" 식 접근법으로 이런 우아한 사실이 전체 암호화 과정을 뒤바꾸지 못할 이유가 없다는 생각을 품게 되었다.

2,000헤르츠라는 숫자는 사실 앨런이 사용하려 했던 숫자였으며 그의 암호화 과정은 초당 4,000번 샘플링한 음성 신호로 시작할 예정이었다. 딜라일라는 이렇게 샘플링된 음성 진폭에 다른 키 주파수 진폭을 더하는 작업을 수행해야 했다. 두 신호를 더할 때는 모듈러 방식이 적용되었다. 즉, 0.256 크기의 음성 샘플 진폭과 0.567 크기의 키 주파수 진폭이 더해지면 0.823 크기의 진폭이 되고, 또 0.768 크기와 0.845 크기의 진폭이 더해지면 1.613이 아니라 0.613 크기의 진폭이 된다는 뜻이다. 결과적으로 다음과 같이 0에서 1 단위 사이에서 높이가 제각각인 '못', 그러니까 스파이크spike가 뾰족하게 튀어나온 듯한 그래프가 그려졌다.*

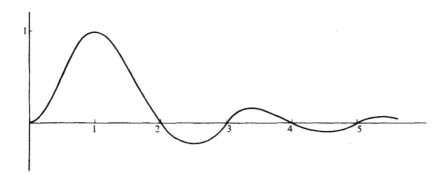

다음 문제는 이런 '스파이크'의 높이 정보를 수신자에게 보내는 방법이었다. X-시스템과 대조적으로 앨런은 여기에서 진폭을 양자화할 생각이 없었으며, 가능한 한 그대로 전송하고 싶었다. 이론적으로는 '스파이크'들을 그대로 전송할 수 있었지만, 몇 마이크로초microsecond라는 짧은 시간에 보내려면 매우 높은 주파수를 실어 나를 수 있는 채널이 있어야 했다. 기존의 전화망으로는 불가능한 일이었다. 전화망을 사용하려면 '스파이크'의 정보를 가청주파수 신호로 부호화해야 했다. 이에 대한 앨런의 제안은 각 '스파이크'들을 '직교성'을 갖도록 특별히 고안된 전자회로에 입력시키는 것이었다. 다시 말해, 단위 크기의 '스파이크'를 회로에 입력하면 응답(즉, 출력)으로서, 다음 그림처럼 처음 첫 단위 시간에는 파장의 높이가 1이 되고 그다음부터는 매 단위 시간에 파장의 높이가 0인 파가 나오게 하는 것이다.

---

* 물론 기술적으로는 이 범위를 넘는 것도 있었다. 음성 신호에서 우선 2,000헤르츠를 넘는 주파수를 제거한 다음, 진폭을 특정 범위 이내로 한정하여 임의의 지점을 0과 1 사이의 숫자로 표시할 수 있게 했다. 그런 다음 연속적인 키 신호를 더하여 먼저 암호화를 하고 나서 음성 신호와 키 신호가 더해진 결과를 펄스 열pulse train로 변조하여 샘플을 추출한다. 그다음 '스파이크' 부분의 진폭이 1 값을 벗어나면 잘라내는 정리 작업을 한다.

회로가 '선형적'이라고 가정하면, 다시 말해 2분의 1 높이의 '스파이크'가 입력되었을 때 응답도 정확하게 2분의 1 높이로 나온다고 하면, 회로에 일련의 '스파이크'를 입력한 결과는 아주 정밀한 방법으로 '점을 연결하는' 셈이 될 것이다. 각 '스파이크'의 정보는 이 회로를 거쳐 한 치의 오차도 없이, 한 단위시간 뒤에 똑같은 진폭으로 수신될 것이다.

그러면 전송은 간단해지고 완전히 표준화된 방법으로 수행될 수 있으며, 해독 과정에 추가적으로 새로운 아이디어가 필요하지 않게 된다.* 키 시스템을 공급하는 문제를 빼면, 이것이 딜라일라의 음성 암호화 과정에 필요한 전부였다. 그 전까지만 해도 머거리지 같은 요원, 혹은 피시 신호를 만드는 기계나 로렉스 같은 기계가 전신기나 전신 타자기에 입력될 암호 메시지를 일일이 입력했지만, 딜라일라는 암호 메시지 입력과 전송을 자동으로 처리하게 되었다. 키가 정말 '임의적'이며 알아볼 수 있는 패턴이 아니라면, 그런 음성 암호화 시스템은 전신기 테이프에 쓰이는 버냄 일회용 암호처럼 안전할 터였다. 그리고 그 근거도 버냄 일회용 암호와 동일하다. 적의 관점에서 모든 키가 똑같은 확률로 사용된다면 메시지도 그와 똑같을 것이고, 그러면 더 이상 해독이 불가능할 수밖에 없었다.**

X-시스템과 비교할 때, 단순한 딜라일라 시스템의 단점은 출력 신호가 숫자의 연속이 아니라 2,000헤르츠 대역폭 중 하나가 되며, 완벽하게 통신이 이루어지거나 아니면 전혀 통신이 되지 않거나 둘 중 하나가 된다는 점이었다. 특히 시간 지연이 변하거나 진폭에 왜곡이 생기면 해독 과정이 잘못될 수도 있었다. 같은 이유로 송신자와 수신자는 마이크로초 단위까지 시간을 일치시켜야 했는데, 그 탓에

---

* '직교' 회선의 출력은 2,000헤르츠 범위 이내에 있는 무작위 잡음과 같은 특성을 보인다. 그리고 (당연히 송신자와 정확하게 동기를 맞춰) 샘플링 처리 과정을 거치면 해독되며, 모듈러 방식으로 뺄셈을 하여 송신할 때 더했던 키를 제거한다. 이렇게 하면 원래 음성 신호의 샘플이 추출되고, 그다음 저주파 필터만 있으면 되는 표준 처리과정을 거쳐 원래 음성 신호로 복구된다.

** 앨런이 시스템을 설명하면서 강조했듯이, 이 방법은 전적으로 '모듈러' 덧셈에 의존한다. 일반적인 덧셈을 사용하면 음성 진폭과 음성+키 신호의 진폭 간에 연관성이 생기게 되고 암호해독가가 이를 찾아내게 된다. 사실 인간의 귀가 음성과 주변 잡음을 구분해내는 방법도 이와 똑같다.

앨런 튜링의 이미테이션 게임

딜라일라는 장거리 단파 전송에는 절대 사용될 수 없었다. 하지만 근거리 단파, VHF(초단파) 전송, 전화 통신에는 쓰일 수 있었다. 그래서 전략적 목적이나 국내에서 사용할 목적으로는 잠재력이 매우 높았다.

돈 베일리는 딜라일라 프로젝트에 참여하고 싶어 안달했지만, 처음에는 허가를 받지 못했다. 그래서 일단 다른 작업에 투입된 다음, 앨런의 프로젝트에 참여하는 시간을 아주 조금씩 늘려나갈 수밖에 없었다. 7개월이 지나서야 공식적으로 돈의 합류가 허가되었지만, 그마저도 간간이 다른 프로젝트의 작업을 해야 한다는 명령을 수락하고 난 다음이었다.

앨런이 핸슬로프의 지원을 기다리던 시기는 우연히도 모두가 '제2전선'(적을 견제하고 그 전력을 분산시키기 위해 주전선 이외에 부차적으로 설치하는 전선이며, 노르망디 상륙작전이 그런 목적으로 실행되었다—옮긴이)이라는 훨씬 더 중요한 문제를 기다리고 있던 시기와 일치했다. 앨런이 모든 노력을 쏟아부어 굳건하게 지키려고 했던 것도 결국은 그 문제였다. 하지만 블레츨리 파크에서 뉴먼의 부서는 완전히 다른 이유로 들떠 있었다. 뉴먼의 연구원들은 계획과 조직이 복잡하게 얽혀 있던 당시에도 무엇인가 독창성을 발휘할 여지가 있음을 이미 보여주었던 것이다. 사실 보물찾기라고 할 수 있는 최신 개발계획에서는 막판에 치열한 경쟁이 벌어지곤 했는데 이번에도 임무를 완수한 것은 신참들이었다. 할 수 없는 것도 있다는 구세대들의 가정이 틀렸음을 그들은 입증해냈던 것이다. 앨런 튜링에게 자랑스럽게 이야기할 수 있을 만한 일이었다.

잭 굿과 도널드 미치는 12월부터 설치된 새로운 전자식 콜로서스를 사용하다가 놀라운 발견을 했다. 콜로서스가 작동하는 동안 수작업으로 설정을 바꾸어주면, 테스터리 부서에서 그때까지 수작업으로만 가능하다고 생각했던 일을 콜로서스로 할 수 있다는 사실이었다. 그 발견으로 1944년 봄 돌리스 힐에 7월 1일까지 콜로서스 6대를 추가로 설치하라는 명령이 떨어졌다. 현실적으로 불가능한 일이었지만, 필사적으로 작업한 끝에 3월 31일 밤에 마크II 콜로서스Mark II Colossus가 설치되었고 나머지도 속속 설치되었다. 기술적으로 좀 더 진보된 마크II는 5배 더 빨랐고 2,400개의 진공관이 들어갔다. 하지만 가장 중요한 점은 잭 굿과 도널드 미치가 손으로 했던 작업을 자동으로 처리한다는 것이었다. 최초의 콜로서스는 인식하고 계산하는 작업을 통해 주어진 패턴 조각과 가장 일치하는 부분을 문서에서 찾아낼 수 있었다. 새로운 콜로서스는 패턴 조각을 상황에 따라 자동으로 변경하면서 어떤 패턴으로 시도하는 것이 가장 좋을지 알아낼 수 있었다. 즉, 콜로서스는 간단한 의사결정을 할 수 있었으며, 단순히 '예/아니요'만 할 수 있었던 봄베와는 차원이 달랐다는 뜻이다. 콜로서스는 계산 결과에 따라 다음 작업을 결정할 수 있었다. 봄베는 그저 '메뉴' 하나를 받아들일 뿐이었지만, 콜로서스는 연속적으로 여러 명령을 받아들일 수 있었던 것이다.

새로운 콜로서스는 기계의 역할을 크게 확장하여 피시 프로젝트를 "풍요의 뿔처럼 풍부하게" 했다. 봄베가 그랬듯 콜로서스도 모든 일을 다 처리하지는 않았다. 콜로서스는 "단조롭고 초보적인" 것과는 거리가 먼, 연구의 최전선을 달리는 매우 정교하고 복잡한 이론을 중점적으로 다뤘다. 실제로 콜로서스는 가변적인 명령표가 제공하는 유연성을 십분 활용하여 매우 다양한 방면에 적용할 수 있었다. 해독가들의 작업을 아주 새로운 마법의 영역에 닿게 해줄 수도 있었다. 다음과 같이 인간과 기계가 함께 일하게 되는 것도 주된 용도 가운데 하나로 볼 수 있었다.[12]

> …해독가들은 타이프라이터 출력부 앞에 앉아 렌스에게 프로그램을 변경하라고 큰 소리로 설명한다. 일부 다른 용도들은 결국 의사결정 수형도decision trees로 축소되어 기계 운영자에게 넘겨졌다.

이런 '의사결정 수형도'는 기계가 체스 말을 움직이는 방법 같은 것을 나뭇가지 모습으로 표현한 것이었다. 다시 말해 머리 좋은 해독가들은 업무의 일부를 콜로서스의 전자 장비에 넘기고, 그 대신 콜로서스에 내리는 명령문을 만들거나 기계라는 이해력 없는 '노예'에게 일을 시킬 '의사결정 수형도'를 만들었고, 일부 업무는 여전히 다른 사람의 손에 넘겼다는 뜻이다. 해독가들은 근무시간 외에는 스스로 지적인 결정을 내리는 체스 기계에 대해 이야기했다. 그런 기계를 거론하는 사람들조차 연구를 하면서 신기하게 여길 정도로 이렇게 새롭고 특별한 국면에 이르게 된 데에는, 무작위적인 결과를 산출하는 독일의 암호시스템 덕이 컸다. '기계적'인 것과 '지적'인 것의 구분은 아주 약간 흐릿해졌다. 그것을 어떻게 이용해서 독일을 깜짝 놀라게 할지는 몰라도, 그들은 미래의 역사를 내다보며 아주 즐거운 시간을 보내고 있었다.

핸슬로프에서 (당시 건초열을 앓았던 탓에) 코에 손수건을 두른 채 자전거를 타고 누비는 이상한 민간인 과학자를 보고 노르망디 상륙작전의 성공과 연관 지을 수 있는 사람은 아무도 없었다. 그리고 작전 성공에 필요한 조건을 충족시키는 일은 이미 앨런의 관심사가 아니었다. 그가 원하는 성공은, 정말 더 완전하게 혼자만의 힘으로 중요한 일을 해내는 것이었기 때문이다. 10년 전과 마찬가지로, 다른 사람들의 희생이 바쳐진 문명을 자기 방식대로 에너지 낭비를 최소화하면서 존속시키는 것은 앨런의 특권이었다. 앨런이 계획했던 것은 또 다른 종류의 침공이었으며 아직 선전포고할 준비가 되지 않았다.

1944년 6월 6일 앨런은 혼자서 벌였던 자질구레한 일을 접고 돈 베일리와 함께 딜라일라 장비 제작에 착수할 수 있게 되면서 성과를 보였다. 주 업무는 매우 정확한 '직교' 응답 신호를 만들어내는 회로를 제작하는 일이었다. 회로 설계에는 앨런의 초기 생각과 실험 대부분이 반영되었다. 앨런은 표준 부품으로 회로를 합성할 수 있음을 깨달았다. 돈 베일리에게는 전혀 생소한 개념이었으며 문제 해결에 사용된 푸리에 이론*의 수학적 개념도 생소하기는 마찬가지였다. 앨런 말로는 문제의 일부인 7차 방정식의 근을 구하는 데 한 달이 꼬박 걸린다고 할 정도로 어려운 작업이었다. 앨런은 초보이자 독학으로 배운 전자공학자이기는 했지만, 새로운 조수에게 회로 설계와 관련된 방대한 수학지식을 말해줄 수 있었고, 당시 그 문제에 관해 연구실 건물에 있던 모든 사람들에게 전자공학과 관련된 한두 가지 지식

---

* 푸리에 이론에서는 매우 당연하게 '복소수'를 사용하며, 전자회로 분석의 다른 분야도 마찬가지이다. 앨런이 필요로 했던 수학 수준은 학부생 정도의 수준이었다. 전쟁 전 리만의 제타함수에 대한 연구와는 달리 어렵지 않았다. 앨런이 블레츨리에서 개발했던 통계이론이 그렇듯, 이는 아주 기초적인 19세기 수학이 어떻게 아무도 보지 못하고 보려 하지도 않았던 방식으로 1940년대의 기술에 적용되는지 보여주는 사례이다.

을 알려줄 수도 있었다. 하지만 그 문제를 풀면서 엉망진창인 새 둥지를 통제하려면 돈의 실무경험이 필요했다. 돈은 그들의 실험을 아름답고 깔끔하게 기록했고, 전반적인 면에서 앨런을 단속했다.

앨런은 거의 매일 아침마다 자전거를 탔으며 폭우가 내릴 때도 별로 신경 쓰지 않는 모습이었다. 업무용 차를 타고 다니라는 권유도 거절하고 자기 몸을 이용해서 움직이는 쪽을 즐겼다. 한번은 지각을 했는데, 정말 특이하게도 평소보다 차림새가 더 엉망진창이었다. 앨런은 지저분한 200파운드 상당의 지폐를 보여주면서, 숲 속 은신처에서 파온 것이며 그곳에는 아직 은괴 2개가 남아 있다고 말했다.

하지만 늦은 여름 마침내 교두보가 확보되고 연합국 병사들이 프랑스를 지나며 승승장구하자, 앨런은 숙소였던 램쇼 부인의 '크라운인'을 떠나 핸슬로프 파크의 장교식당 건물로 거처를 옮겼다. 처음에는 핸슬로프 대저택 꼭대기 층에 있는 방을 썼지만(초급 장교보다 좀 더 큰 특권을 누리며 방을 혼자 썼다) 나중에 울타리가 둘러쳐진 텃밭에 있는 오두막에 들어가 로빈 갠디, 그리고 커다란 얼룩 고양이와 함께 지냈다. 고양이 이름은 티모시였는데 로빈이 런던에서 친구와 있다가 복귀하는 길에 핸슬로프로 데려왔다. 앨런이 일할 때 티모시가 타자기 글쇠를 장난스레 건드리곤 했는데도 (아니 어쩌면 그랬기 때문에 더욱) 앨런은 티모시를 잘 돌봐주었다.

핸슬로프는 전쟁이 끝나기를 기다리면서 칩거하기에 좋은 특별한 장점이 하나 있었다. 당시 식당을 책임지는 장교는 소호에 있는 깔끔한 굴 요리 식당 '윌러스Wheeler's'의 소유주인 버나드 월시Bernard Walsh였다. 그래서 영국의 다른 곳에서 울턴 파이Woolton pie(감자와 갖은 채소를 잘라 넣고 치즈를 덮어 요리한 것으로 식량이 부족했던 제2차 세계대전 때 등장했다—옮긴이)와 분말 달걀(보관과 운반의 편의를 위하여 동결 건조한 달걀—옮긴이)을 물에 타먹는 동안, 핸슬로프의 저녁 식탁에는 마치 마술이라도 부린 것처럼 신선한 달걀과 자고새 고기가 올라왔다. 숲 속에서 잡아온 토끼나 저택 주변의 목초지 안쪽에 있는 호수에서 가져온 오리 알이 나오기도 했다. 게다가 앨런은 보통 잠자러 가기 전에 늘 사과를 먹을 수 있었다. 앨런은 들판에 나가 산책을 하거나 뛰어다니곤 했으며, 생각에 잠긴 채 천천히 달리면서 풀잎을 씹

앨런 튜링의 이미테이션 게임

거나 버섯을 파내는 모습이 눈에 띄기도 했다. 그해에 때마침 먹을 수 있는 버섯과 먹을 수 없는 버섯에 대한 '펭귄 가이드Penguin guide'[13]가 나와서, 앨런은 책을 보고 놀랄 만한 버섯 표본을 (매일 식단을 짜는) 리 부인에게 가져다주고 요리를 부탁했다. 앨런은 특히 가장 독성이 강한 '알광대버섯'(학명 Amanita phalloides)을 좋아해서, 버섯 이름을 입에 올리면서 즐거워하곤 했다. 사람들 모두 그 버섯을 찾아 나섰지만 결코 찾을 수 없었다.

한번은 앨런이 저녁에 달리기하러 나갔다가 텃밭에 나 있는 진흙투성이 길에서 미끄러져 발목이 부러지고 말았다. 앨런은 구급차에 실려 병원으로 이송되었다. 하지만 평소에는 운동회 시합에서 우승하고, 무모하게도 넓은 들판에서 앨런에게 도전했던 (3월에 들어온 신입 중 하나인) 젊은 앨런 웨슬리를 꺾어 모두를 기쁘게 한 적도 있었다. 웨슬리는 (한 무리로 뭉뚱그려서 말하기 미안하기는 하지만) 그때 쏟아져 들어온 초급 장교 무리 중 한 명이었다. 점심시간에 그들은 식당에 모여 신문을 읽었다. 먼저 만화 〈제인〉을 보려고 《데일리 미러》를 펼쳤다. 군 문제에 관심이 아주 많았던 돈 베일리는 동쪽으로 진군하는 군대가 펼치고 있는 전략에 대해 이야기했던 것 같다. 반면 앨런은 물이 왜 레이더 파장의 전자기 방사를 튕기는지, 로켓이 자체 연료를 써서 어떻게 충분한 가속을 내는지 따위의 과학이나 기술 분야의 이야기를 장황하게 늘어놓았다. 가끔은 점심 때 다 같이 산책을 하곤 했는데, 티모시도 함께했다. 로빈 갠디는 러시아어를 배우고 있었다. 그 이유가 (1940년 탈퇴했지만) 예전에 공산당 당원이었기 때문은 아니었고 러시아 고전문학을 숭상했기 때문이었다. 로빈은 여전히 공산당의 동조자를 자처했는데, 이와 관련해서 1941년에 앨런은 로빈이 틀렸다는 자신의 관점을 고집했다. 하지만 핸슬로프에서 정치 이야기를 하는 사람은 거의 없었다. 대체적으로 질문 없이 그냥 일하는 분위기였기 때문이다.

부대에서는 거의 매달 공식연회가 열렸다. 참석자들은 제복을 차려입어야 했으며 앨런은 연회복 재킷을 입었다. 연회에 나온 음식은 꿩고기였다. 평소 근엄한 편이었지만 가끔 기분 내는 것도 좋아했던 앨런은 나중에 여성들과 발랄하게 춤을 추면서 밤을 즐겼다. 연회에서는 소문이나 외도 이야기가 넘쳐났는데, 앨런은 그런

이야기를 좋아해서 리 부인이나 메리 윌슨과 대화하곤 했다. 말이 많지 않은 교수라는 다소 매력적인 위치에 있는 데다가 여직원들을 스스럼없이 대하는 앨런을 보고 살짝 질투하는 사람도 있었다. 이런 식으로 앨런은 계속 자신의 비밀을 숨겼다.

기간이야 얼마가 됐든 앨런이 사회적 계층이나 특별한 지능으로 선별되지 않은 보통 사람들과 어울렸던 것은 그때가 난생 처음이었다. 그리고 비밀정보부를 위해 일하는 기관에서 그래야 했다는 것도 앨런에게는 얄궂은 일이었다. 앨런은 이곳의 수수함이 좋았다. 블레츨리의 지적 압박감에서 벗어난 것 같았기 때문이다. 분명 작은 연못에서 노는 큰 물고기의 즐거움이었을 것이다. 앨런의 이런 호의는 보답을 받았다. 한번은 하사관들이 주관하는 술자리에 앨런이 초대받은 적이 있었다. 어떤 이유가 생겨서 술자리는 열리지 않았지만, 그래도 앨런은 매우 기뻤다. 사회 계층이라는 장벽이 허물어진 것도 좋았지만, 분명 그동안 몰랐던 수많은 영국 노동자 계층 사람들의 매력을 알게 되었기 때문이었다. 동성애적인 앨런의 배경을 생각해보면 필연적인 일이었다.

저녁이 되면 장교들은 보통 당구를 치거나 바에서 술을 마셨고, 앨런도 가끔 그랬다. 하지만 도널드 베일리와 로빈 갠디, 그리고 앨런 웨슬리는 뭔가 배우고 싶은 생각에 앨런에게 수학적 방법에 대한 강의를 해달라고 부탁했다. 그들은 저택 위층에 적당한 장소를 찾았는데, 당시 1944년 겨울은 매우 추웠음에도 그곳을 교실 삼아 틀어박혀 나오지 않았다. 그럴 만한 열성이 없는 사람들이 보기에는 다소 놀라운 일이었다. 앨런은 복소수 미분법을 사용해서 푸리에 해석과 함께 관련 내용을 설명했고 다른 사람들은 앨런의 말을 받아 적었다. 그리고 '합성곱convolution' 개념(어떤 함수에서 정의된 방식에 따라 다른 함수를 뭉개거나 펼치는 것)을 설명할 때는 버섯이 둥글게 줄지어 돋아난 모양을 그려가면서 설명했다.

앨런이 당시 외형에 관심을 두었던 생물체가 버섯만은 아니어서, 달리기를 나갔다가 돌아오는 길에 돈 베일리에게 피보나치수열의 본보기라며 1941년 조안에게 했던 식으로 전나무 방울을 보여주곤 했다. 그리고 거기에는 무슨 이유가 있다고 여전히 믿었다. 앨런은 시간을 내서 폰 노이만의 『양자역학의 수학적 토대』를 보며 혼자 수학공부를 했다. 저녁에는 체스나 카드 게임을 즐기기도 했는데, 그럴 때면

앨런 튜링의 이미테이션 게임

앨런이 꼬마였을 때처럼 가장 어린애 같은 모습이 튀어나오곤 했다. 누군가 속임수를 쓰거나 규칙을 바꿨다고 생각되면 화를 내면서 달려나가 문을 쾅 닫곤 했던 것이다. 그런 행동은 앨런이 권위를 대하는 전형적인 모습이었는데, 앨런은 순진하게도 문자 그대로 정직하고 변함없는 방법을 써야 한다고 생각했다.

그런 생각은 마치 장학금을 다 받은 다음에도 학교에 남아 계속 공부하는 것과 같았다. 뚜렷이 하는 일은 없지만 사람들의 존중을 받을 수 있어 흐뭇한 일이라고 할 수 있을까. 1944년 8월 앨런이 핸슬로프 구내식당 건물로 이사했을 무렵, 커다란 연구동에 작은 규모의 건물이 증축되었고 그 건물에 있는 3×2.4미터짜리 방 4개 중 하나가 딜라일라 연구실로 배정되었다. 앨런에게 미래를 위해 실험하고 읽고 생각할 수 있는, 좀 더 독립적인 공간이 생겼다. 종전이 늦어지고 있는 전쟁에서 적이 항복하기를 마냥 기다리고 있던 '영국 최고의 암호해독가'가 머물기에는 좀 특이한 곳이었다. 그때 딜라일라 프로젝트에 능력이 검증된 엔지니어인 돈 베일리가 참여하게 되어 프로젝트 전망이 더욱 밝아졌는데, 그 과정이 참으로 우연이었다. 돈은 원래 딜라일라 프로젝트에 배정받지 못해서 감언이설을 해가며 프로젝트에 참여해야 했으며, 늘 딜라일라 대신 다른 프로젝트를 하라는 압력을 받았다. 그럴 때마다 앨런은 짜증을 냈으며 가끔은 그런 외압을 막아주기도 했다.

예컨대 한번은 앨런이 '광대역' 증폭기가 시스템에 잡음 성분을 유입시키고 있지는 않은지 조언하고 있었다. 그 증폭기는 커다란 안테나 하나에서 몇 개의 다른 수신기로 신호를 나누어 보낼 때 사용하는 기기였다. 앨런은 증폭기를 시험하는 몇 가지 방법을 생각해내고, 약간 이론적으로 분석했다. 한번은 이와 관련해서 열잡음thermal noise(저항체 내부에서 일어나는 불규칙한 열운동 탓에 회로에 생기는 전기 잡음—옮긴이)에 대한 참고문헌을 찾아 케임브리지에 간 적이 있었다. 앨런 일행은 업무 차량을 이용하는 특혜를 누렸고 돈 베일리는 처음으로 케임브리지를 가본다는 생각에 살짝 마음이 들떴다. 출발하기 전에 앨런은 나머지 사람들에게 케임브리지에서는 자기를 '교수님'으로 부르지 말라고 당부했다.

앨런은 직원들과 지금 같은 분위기로 함께 일하는 것이 좋았지만, 해군 에니그마에서 맡았던 일이나 영미 양국 간의 협력업무를 했던 것과 비교하면 지금 하는 일은 아주 보잘것없는 것이기도 했다. 돈은 앨런이 그전에 암호 업무를 했으며 미국에도 갔었다는 이야기는 들었지만, 그 외에는 아는 것이 거의 없었다. 앨런은 그 외의 이야기는 하지 않았고 그래서 핸슬로프에서 더욱 사람들의 주목을 받았다. 그곳에서는 사람들 대부분이 약간 유도신문을 하거나 사실보다 많이 아는 척하면서 더 자세한 말을 하도록 꼬드기곤 했기 때문이다. 하지만 이 방법이 '교수님' 앨런에게는 통하지 않았다.* 앨런이 특별히 엄격하게 입 밖에 내지 않았던 것은 정부 기밀뿐만 아니라 개인적인 비밀도 마찬가지였다. 그리고 모든 약속을 마치 신성불가침인 양, 문자 그대로 엄수하는 바람에 사람들이 짜증낼 정도였다(앨런은 정치인들이 약속을 전혀 지키지 않는다고 자주 불평하곤 했다). 동료들은 앨런의 신분이 무엇일까 매우 궁금해했다. 앨런은 SCU3 부서로 이동하게 되자 얼마 후 약간 성질을 부리면서 자신이 이보다는 더 중요한 사람이라고 못 박았다. 하지만 앨런에게는 보고해야 할 상관이 딱히 없었으며, 딜라일라의 진척 상황을 보러 오는 사람도 전혀 없었다.

블레츨리 동료들이 앨런을 보러 간간이 찾아왔고 앨런이 블레츨리에 자문했다는 증거도 있었다. 고든 웰치먼이 준비하던 연구로, 에니그마 비슷한 형태의 새로운 기계를 설계하는 일이었다. 그 기계는 보도 코드 메시지를 암호화하는 기능이 있었으며 회전자의 위치가 26가지가 아니라 32가지였다. 앨런은 이 이야기를 숀 와일리에게 했다. 어떻게 그 기계를 보게 되었는지 설명하면서 그 기계가 가질 수 있는 경우의 수가 $32 \times 32 \times 32$가지밖에 안 된다며 불평했다. 그리고 손으로 회전자를 돌려 설정을 바꿔보다가 실상은 더 큰 문제가 있다는 것을 알아냈다. 경우의 수가 실제로는 32×32가지밖에 안 된다는 것이었다. 앨런은 이 문제를 대수 계산으로 풀다가 거기서 파생된 순수 수학 문제에 부딪히게 되었는데 그 문제는 사람들에게 거론하지 않았다.[14]

---

* 앨런은 언젠가 한번 대학 만찬에서 전시에 이름을 날렸던 과학자가 경솔하게 이런저런 이야기를 털어놓는 것을 보고 깜짝 놀랐다는 말을 했다.

앨런 튜링의 이미테이션 게임

앨런은 핸슬로프에서도 암호화 관련 컨설팅을 약간 했다. 아마도 미국에서 돌아온 후 계속해왔던 그런 종류의 일이었을 것이다. 앨런은 전자 잡음에 의해 발생하는 로켁스의 키 테이프가 정말 충분히 무작위적인지 점검하는 일을 맡았다. 앨런이 그런 군 관련 일을 할 때 4호 막사나 휴 알렉산더가 중간에서 완충역할을 하지 않아 의사소통이 원활하지 않은 경우가 빈번했다. 앨런은 '상상 가능한 오류의 종류'에 대해 너무 기술적으로 이야기하던 중, 고위 간부들이 귀를 닫고 있음을 깨닫기도 했다. 그들의 무능과 어리석음에 앨런은 우울해질 때가 많았다. 그럴 때면 핸슬로프 파크 대저택의 남쪽에 있는 넓은 들판을 달리며 기분 전환을 하곤 했다.

논쟁과 불만을 불러온 또 다른 쟁점이 있었는데, 이번에는 딜라일라 연구소 내부의 일이었다. 누가 봐도 무심한 모습으로 앨런이 대화에 불쑥 끼어들어 자신이 동성애자라는 말을 했던 것이다. 중부 지방 출신인 앨런의 젊은 조수는 깜짝 놀란 데다가 큰 충격까지 받았다. 동성애라는 말은 오직 학창 시절 농담이나(그 조수는 그런 농담을 즐기는 유형도 아니었다) 통속적인 일요신문에서 재판 결과 '중죄'가 선고되었다는 기사를 통해 접할 수 있을 뿐이었다. 조수가 보기에 혐오스러웠던 것은 앨런이 했던 말뿐 아니라 그 당당한 태도도 마찬가지였다.

하지만 수학과 공학이 다르듯, 케임브리지 졸업생의 태도는 돈 베일리와 달랐다. 앨런의 조수도 생각이 단호하고 명확했기에, 자신은 좋게 말하면 불쾌하고 나쁘게 말하면 역겹기까지 한 그런 성향의 사람을 한 번도 만나본 적이 없으며, 그것을 너무나 자연스러워하고 자랑스러워하는 사람은 더더욱 처음 봤다며 쏘아붙였다. 사람들의 이런 반응에 결국 앨런은 속상해하고 실망했으며, 사회 전반적으로도 다 비슷한 반응일 것이라 생각했다. 하지만 이는 앨런이 일반적인 사람들의 이야기를 일부 직접 들었던 아주 드문 경우였을 것이다. 앨런이 좋든 싫든 간에, 현실적으로 일반 사람들은 대부분 앨런의 그런 감정을 이상하고 역겹게 생각했을 것이다. 앨런은 전쟁 전부터 성향이 그런 쪽으로 굳어지고 있는 상태였으므로(아마 약혼이 깨진 다음부터였던 것 같다. 하지만 연구를 성공적으로 완수하고 나서 커진 자신감 탓도 분명히 있다) 당황해서 이야기를 멈추기보다는 그런 식으로 논쟁을 계속하는 바람에 말싸움이 아주 격해졌다. 딜라일라 프로젝트는 위태로워 보였다.

<u>Systematic search for exceptional groups. Theory</u>

In examining all possible uprights for a given T the main
difficulty lies in the large number of uprights involved. Once it
has been proved that a particular upright is unexceptional
the same will follow for a great number of others. ~~Xxxxxx~~
~~therefore~~ ~~x~~ ~~take~~ ~~x~~ ~~number~~ ~~x~~ ~~if~~ ~~x~~ ~~together~~ ~~the~~ ~~x~~ ~~upright~~ ~~x~~ ~~that~~ ~~x~~ ~~will~~
More generally given any upright we can find a great number of
others which generate either the same group H or an
isomorphic group. If we can classify these uprights together
in some way we shall enormously reduce the labour, since we
shall only need to investigate one member of each class. The
chief principles which enable us to find equivalent uprights are

(i) If $U' = R^m U R^n$ then $H(U') = H(U)$

(ii) If V commutes with (R) then $H(U \cup V^{-1}) \gtrsim H(U)$ (N.B. if
V commutes with (R) then $V R V^{-1} = R^{k-t}$)

(iii) If $U' = U^{-n}$ and $U \cup U'^n$ then $H(U) = H(U')$.

The principle (i) is the one of which we make the most
systematic use. Our method depends on the fact that there are
very few U for which none of the permutations $R^m U R^n$ leave
two letters invariant (In other words there are very few U
without a beetle) and none if T is even. We therefore investigate
separately the U with no beetles and the U without beetles.

<u>U with no beetle.</u> We can find an expression which
determines the classes of permutations obtainable from one
another by multiplication right and left by powers of R as
follows. Let ~~UR~~ $U R^{n+1} Z = R^{f(n)} U R^n Z$ (here Z represents
the last letter of the alphabet however many xv characters there
may be in it). Then we take the numbers $f(n)$ as describing
$$f(1) f(2) \ldots f(T)$$

회전자 배선을 설계하는 문제를 푸는 앨런의 해답 중에서 몇 줄은 군론을 적용한 것
이었다. 논문 초본을 보면 앨런이 작업하던 중에 고양이 티모시가 방해라도 했던
것이 아닌가 싶을 정도로 지저분하지만, 사실 그것이 앨런의 전형적인 타자 방식이
었다.

앨런은 근본적인 차이를 너무 무시했다. 하지만 양쪽 모두 의견을 굽히지 않아도 되는 방법으로 어떻게든 위기를 극복했다. 돈 베일리는 그것도 앨런의 또 다른 별스러움이라 치부하며 잘 넘길 수 있었다. 다른 면으로는 좋아하고 잘 아는 사람과 수준 높은 연구를 같이한다는 이점을 포기할 수 없었다. 그래서 딜라일라 프로젝트는 위기를 넘길 수 있었다. 1944년 말, 음성 신호를 샘플링하고 암호화된 샘플을 처리하는 기계가 완성되었다. 연구소 안에 송신부와 수신부를 함께 설치해서 만족스럽게 작동하는 모습을 확인했다. 안테나를 제거한 채 작동시킨 무선 수신기에서 나온 불규칙 잡음 형태의 똑같은 '키'를 양쪽에 입력해서 시험한 결과였다. 남은 일은 실제로 멀리 떨어진 터미널에 똑같은 키를 입력해서 운용하는 시스템을 설계하고 제작하는 것이었다.

이론상으로 딜라일라는 X-시스템처럼 레코드판에 기록된 일회용 키를 사용할 수 있었다. 일회용 키는 전신 정보를 전달할 때 사용하는 일회용 암호집과 비슷했다. 하지만 앨런은 '일회용'만큼 안전하면서도 수천 개의 테이프나 레코드판을 운송할 필요가 없고, 그 대신 신호 전송과 동시에 똑같은 키를 송신자와 수신자 모두 생성할 수 있는 시스템을 만들기로 했다.

딜라일라의 이런 측면에서 앨런의 암호해독 경험이 진가를 발휘했다. 그리고 연구팀에서 지금까지 해왔던 연구가 바로 음성에 그런 기능을 추가하는 기술이었다. 무엇을 추가할 것인가라는 중요한 문제는 1938년부터 앨런이 전력을 기울여 생각해왔던 것이었다. 여기서 앨런은 확장하는 전자공학 세계에 다소 서투르고 당혹스러워하며 관여하게 된 사람이 아니라, 케임브리지나 블레츨리 출신 수학자로서의 역할을 할 수 있었다.

앨런이 말하거나 귀띔을 해줄 수 없었지만, 연구팀에서 하는 작업은 피시의 키 생성기 같은 장비를 만드는 셈이었다. 그 장비는 결정론적이어야 했다. 그렇지 않다면 송수신 양 끝단에서 똑같은 결과를 만들어낼 수 없었다. 하지만 패턴이나 반복이 일정 수준 이상으로 발생해서는 안 되었으며, 완전히 '무작위적'인 불규칙 잡음처럼 안전해야 했다. 하지만 어떤 메커니즘이라도 약간의 패턴은 존재하기 마련이었으므로, 이 작업의 목적은 그 패턴을 적군 암호해독가들이 절대 탐지할 수 없게 하는 것이었다. 앨런은 딜라일라에서 이를 구현하여, 마침내 별다른 열의가 보이지 않았던 독일의 암호기술을 앞질렀다. 사실 앨런의 연구는 독일보다 훨씬 더 뛰어났는데, 딜라일라의 키는 수십만 개 숫자의 수열로 되어 있었기 때문이다. 짤막한 전신 메시지가 아니라 톨스토이의 『전쟁과 평화War and Peace』 전체를 암호화한 것과 다름없었다.

이런 식으로 음성 암호화에 필요한 키를 생성하는 개념이 전혀 새로운 것은 아니었다. X-시스템도 늘 일회용 레코드판만을 키로 사용한 것은 아니었으며, '탈곡기the threshing machine'라는 기계를 사용하는 다른 방법이 있었다. 하지만 탈곡기가 생성하는 숫자는 초당 300개에 불과해서 단지 시험용이나 보안등급이 낮은 정보를 보내는 신호에 쓰일 뿐이었다. 딜라일라는 그보다 요구 수준이 훨씬 더 높았다.

키 생성기는 전자식 기계여야 했다. 앨런이 사용했던 기본 장비는 '다중발진기'였는데, 한 쌍의 진공관이 기본 시간의 정수배만큼의 시간 동안 '켜짐'과 '꺼짐'을 오가는 규칙적인 진동을 만들어내는 장비였다. 앨런의 키 생성기는 그런 다중발진기 8대에서 나오는 출력을 이용했으며, 각기 진동자의 다른 모드에 고정되었다. 하지만 그것은 단지 시작일 뿐이었다. 여기서 나오는 출력은 비선형적 특성이 있는 몇몇 회로에 입력되어 복잡한 방법으로 합쳐졌다. 앨런은 전체 주파수 범위에 걸쳐 출력 에너지를 고르게 펼쳐주는 회로를 설계했다. 그리고 도널드 베일리에게 푸리에 이론을 적용해서 설명하면서, 이렇게 하면 최종 출력의 진폭에 암호 보안 측면에서 필요한 수준의 '무작위성'을 부여할 수 있다고 말했다.

그리고 회로에는 약간의 변화를 줄 수 있어야 했다. 그렇지 않으면, 키 생성기가 만드는 잡음은 항상 똑같을 수밖에 없기 때문이었다. 이를 위해 회전자와 배선반이 있는 에니그마처럼 배선을 통해 나온 다중발진기 8대의 출력을 조합해주는 상호 접속장치를 사용했다. 따라서 이 '에니그마'의 설정값은 송수신 양측에서 미리 합의하는 방법으로 특정 키 수열을 정의하는 역할을 했다. 회전자의 위치가 고정되어 있다면, 키는 대략 7분 동안은 반복되지 않는다. 실제로 운용할 때, 한쪽 방향으로 전송되는 음성은 이렇게 7분 이내로 한정되고, 전송 방향이 바뀌면 새로운 키 수열이 시작되었다. 이런 작업은 회전자를 돌려서 간단하게 수행할 수 있었

앨런 튜링의 이미테이션 게임

다. 시스템을 안전하게 운용할 수 있도록 회전자와 배선반을 변경하는 경우의 수는 (앨런의 이론에 따르면) 충분히 많아서, 정말 무작위적이라 할 수 있는 일회용 키와 별 차이가 없었다.

딜라일라 시스템 전체를 작동시키는 일은 자원을 극한까지 짜내는 작업이었다. 송신자와 수신자가 다중발진기를 마이크로초 단위로 정확하게 맞추지 않는다면 시스템은 무용지물이었다. 연구원들은 1945년 상반기 대부분을 필요한 정확도를 얻는 데 쏟아부었다. 또한 딜라일라 키 생성기가 제작되었을 때는 그 출력값도 시험해야 했는데, 출력값이 계산했던 수치대로 주파수 대역에 걸쳐 균등해야 했기 때문이다. 연구실에는 으레 그렇듯 주파수 분석기 같은 장비는 없었다. 앨런은 예전에 벨 연구소에서 한 대를 본 적이 있고 돌리스 힐에도 한 대가 있다는 이야기를 들어보기는 했지만, 핸슬로프에서는 직접 만들어 쓰는 수밖에 없었다. 앨런이 평소에 즐기던 무인도에서 살아남기 류의 도전 과제였다. 갖은 작업 끝에 주파수 분석기를 하나 만들기는 했지만, 처음 시험할 때 앨런은 "중단해야 할 것 같아. 안 그래?"라고 인정해야 했다. 그래서 연구원들은 그 분석기를 '중단된' 마크I[Abort Mark I]이라 불렀다.

무엇이든 필요한 것을 얻기 위해서는 연구소 관료들을 능수능란하고 적극적으로 다룰 줄 알아야 했다. 앨런 연구팀이 얻을 수 있는 것은 '이중 전자빔 오실로스코프double-beam oscilloscope'와 휴렛팩커드의 가청주파수 발진기[audio-frequency oscillator]가 전부였다. 그나마도 처음에는 그보다 못한 장비를 주려고 하는 바람에 한바탕 싸우고 나서, 제3특수통신단 관리자 몰트비 대령에게 더 좋은 장비를 달라고 요청해야 했다. 앨런에게는 그런 과정이 마치 『거울 나라의 앨리스』에서 앨리스가 하얀 여왕의 선반에서 필요한 것을 찾아다니며 애쓰는 모습만큼이나 이해가 가지 않았다. 몰트비 대령과 통화하면서 앨런이 어찌나 긴장했던지, 사람들은 그가 해독을 못하게 하려고 도청방지작전을 쓰는 것 같다고 수군거렸다. 앨런은 장비를 두고 협상하는 데 필요한 허세 부리기를 싫어했다. 그리고 '사기꾼'이나 '정치가', '판매원'처럼 더 능숙한 선수들이 전문 지식이 아니라 번지르르한 말로 목적을 달성한다며 크게 불평했다. 그에게는 아직도 어떤 마술 같은 방법으로 이성이 우위에 있기를 기대하는 경향이 있었다.

이는 영국에서 전쟁물자를 두고 벌어지는 내부적이며 소소한 갈등의 사례였다. 하지만 딜라일라 프로젝트는 독일과의 전쟁에 써먹기에는 시기상 분명 늦었던 탓에 우선순위가 높을 수 없었다. 앨런도 분명 그런 상황을 알았을 것이다. 블레츨리에서 하던 연구와는 달랐다. 그래서 이해할 수 없는 낭비와 어리석은 행태를 보고 화가 나더라도, 한쪽에 비켜서서 조직을 좀 더 객관적으로 볼 수 있었다. 이런 면에서 앨런과 로빈 갠디는 아주 똑같은 관점에서 상황을 바라보았다. 그리고 둘 다 1943년 발간된 나이젤 볼친Nigel Balchin의 소설『작은 밀실The Small Back Room』을 재밌게 읽었다. 이 소설은 전쟁을 승리로 끝내기 위해 애쓰지만, 제국을 지키려는 한 수 앞선 계략에 무력해지는 젊은 과학자들의 좌절을 노골적인 풍자와 통렬한 재치로 그렸다. 핸슬로프에서는 말이 되든 안 되든 고위직의 음모와 쿠데타에 관한 흥미진진한 이야기가 많이 돌았다. 하지만 앨런에게는 볼친이 책에서 그려낸 그런 종류의 시련은 전혀 없었다. 그리고 특히 효율이라는 미명하에 이제는 창의성을 억압하려드는 존재로 전락한, 있으나 마나 한 '저명 과학자'를 상대하는 문제도 겪지 않았다. 사실 딜라일라 프로젝트에 과학적으로나 그 외의 문제로 관심을 갖는 사람은 전혀 없었다. 키 생성기를 추가로 발명하여 작은 상자만 한 2개의 장비로 음성 보안을 완벽하게 유지할 수 있는 단계에 이르렀는데도 무관심은 여전했다.

볼친의 소설에서 육군 장교들은 "바보에게나 맞는 직업"을 선택한 "빨간 딱지를 붙인 꼭두각시"로 나오지만, 앨런이 보는 육군은 해롭다기보다는 어리석었다. 앨런은 트롤로프Anthony Trollope의 소설이라면 사족을 못 써서 핸슬로프의 오두막에 트롤로프의 책을 잔뜩 쌓아두었다. 그리고 영국 국교회 조직과 육군 조직의 유사점을 장황하게 늘어놓곤 했으며, 로빈 갠디와 돈 베일리의 도움을 받아 '바체스터Barchester'(트롤로프의 소설『바체스터 탑』의 배경이 되는 도시 이름—옮긴이)의 음모와 핸슬로프 고위층의 음모 간의 유사점을 찾아보곤 했다. 그리고 두 조직에서 상응하는 직급을 생각해본 결과, 중령은 대성당의 주임사제, 소장은 주교에 해당되며, 준장은 (앨런의 설명에 따르면 주교 중에 가장 직급이 낮은) 부주교에 해당된다고 판단했다.

그런 고위층 '주교'들이 가끔 연구소를 방문하곤 했다. 갬비어-페리와 몰트비도 프로젝트의 결과를 보러 앨런의 연구소에 오곤 했다. 하지만 형식적인 이유였을 뿐 정말 관심이 있어서 온 것은 아니었다. 그들은 프로젝트에 직접적인 책임도 없었고 앨런과 돈 베일리가 하는 일도 그저 대충 알고 있을 뿐이었다. 앨런에게 프로젝트에 대해 물어봐야 별 소용이 없었다. 당최 무슨 말을 하는지 알아들을 수 없었기 때문이었다. 방문객들은 종종 가공되어 나온 윈스턴 처칠의 목소리를 들었다. 딜라일라를 시험할 때 윈스턴 처칠의 연설이 녹음된 레코드판을 사용했기 때문이다. 그 연설은 1944년 3월 26일 방송된 것으로, 처칠은 전후 주택정책이라는 주제에 관해 다소 무미건조하게 논하다가, 주제를 바꿔 가까운 미래[15]에 대해 다음과 같이 이야기했다.

> …우리의 위대한 노력이 결실을 맺을 순간이 다가오고 있습니다. 우리는 용맹스러운 연합국과 함께 나아가고 있습니다. 우리가 그들을 믿듯이 그들도 우리를 믿습니다. 우리 육군과 해군, 공군의 빛나는 시선은 틀림없이 전선의 적군에 고정되어 있을 것입니다. 우리 모두가 집으로 돌아갈 수 있는 길은 오직 승리뿐입니다. 멋진 미군이 여기 이미 와 있거나 쏟아져 들어오고 있습니다. 그 옆에는 참된 동지이며 역사상 가장 훌륭하게 무장하고 최고로 숙련된 우리 병사들이 미군과 대등하게 서 있습니다. 지휘관들은 우리 모두가 신뢰하는 사람들로 선발되었습니다. 여기 모인 우리 국민들, 의회, 언론, 모든 계층에게 똑같은 침착함과 배짱, 그리고 강한 정신력이 필요합니다. 적의 공세에 고립되었던 시절 우리가 의연한 모습으로 있었던 것처럼 말입니다.

'중단된' 마크I 덕분에 그들은 딜라일라가 처칠의 연설을 '백색 잡음White Noise'(텔레비전이나 라디오의 주파수가 맞지 않을 때 나는 것과 같은 소음—옮긴이)으로 암호화한 것을 확인할 수 있었다. 그 잡음은 완벽하게 고른 데다가 정보를 전혀 얻을 수 없는 쉬익 소리를 낼 뿐이었다. 그런데 그 잡음을 해독하면 다음과 같이 복구되었다.

여기서 저는 다음과 같이 알려드립니다. 군사 훈련 목적 외에도, 적을 속이고 혼란에 빠뜨리기 위해 가짜 경보나 속임수, 실제 같은 연습 등을 허위로 자주 실시할 예정입니다. 또한 우리 자신도 적에게 새로운 형태의 공격을 받는 목표물이 될 수 있을 겁니다. 하지만 영국은 견뎌낼 수 있습니다. 우리는 위축되거나 굴복한 적이 없습니다. 신호가 발령되면 반격에 나선 연합국 전체가 적에게 거세게 달려들어 인류의 발전을 가로막았던 잔혹한 압제의 숨통을 끊을 것입니다.

딜라일라를 시험할 때 똑같은 레코드판을 반복해서 사용하는 방법은 바람직하지 않았다. 1945년 봄이 올 때까지도 연구가 계속되었는데, 그동안 처리 결과를 들을 때 단어가 귀에 익을 수 있기 때문이었다. 해독된 음성에는 잡음이 함께 섞여 있었고,* 바람소리 같은 4,000헤르츠의 잡음도 있었다. 4,000헤르츠짜리 잡음은 송신자와 수신자의 동기를 맞추는 데 쓰이는 신호였는데, 완벽하게 걸러지지 않았던 탓에 최종 음성에 섞여 나온 것이었다. 하지만 딜라일라는 '제대로 작동했다.' 결함도 많지만 그만큼 기쁨도 컸다. 앨런은 무에서 복잡한 전자 기술을 창조했고 그 기술은 제대로 작동했다. 연구팀은 40센티미터짜리 레코드판에 결과를 담았다. 핸슬로프에는 그 작업에 필요한 장비가 없었으므로 흑색선전을 방송하는 심슨의 무선 수신국에 가야 했다. 그곳에 있는 동안 한번은 앨런의 멜빵이 끊어졌는데 수석 엔지니어 해럴드 로빈이 미제 포장용 상자에 묶여 있던 새빨간 끈을 풀어주었다. 그때부터 앨런은 매일같이 그 끈을 이용해서 늘 하던 대로 바지를 고정시켰다.

해독가들이 확신을 갖고 계속 예측을 내놓았으므로, 처칠은 예언할 때 그 덕을 톡톡히 보았다. 그리고 딜라일라가 처칠의 예언을 암호화했을 무렵, 그 예언이 현실이 된 것도 다 암호해독가들 덕분이었다. 적을 공격하기 전에 수행된 '연막작전'은 독일 수뇌부를 속여 넘기는 데 성공했다. 영국은 그 성공 여부를 독일군의 통신

을 엿들어 확인할 수 있었다. 노르망디 상륙작전의 중요한 고비에서, 해독가들은 전세가 어떻게 돌아가고 있는지 적군을 통해 듣는 이점도 누렸다. 그랬음에도 전쟁이 끝나기까지 왜 이리 오래 걸리는지 아마도 앨런은 이해할 수 없었을 것이다.

지나치게 자신감이 흘러넘치던 몇 달이 지나가면서 블레츨리의 기술 발전은 전쟁과는 점점 더 무관한 방향으로 나아갔다. '완벽한 정보Sigint'는 일반적인 정보는 전해주었지만, 중요한 시점에서는 제구실을 하지 못했다. 전자공학 기술의 놀라운 혁명에도 불구하고, 연합국은 1944년 12월 충격적인 기습공격을 당했다. 예상보다 훨씬 오래 버텨내고 있던 전선이 1917년보다 더 끔찍한 상황에 빠졌다. 당시는 무선침묵(전파를 발사할 수 있는 장비의 전부 또는 일부가 통신보안상 이유로 작동을 중지하고 있는 상태—옮긴이) 상태였다. 네덜란드 중부 아른헴Arnhem에 주둔하던 독일 병력을 제대로 평가하지 않은 군부의 잘못이 더 크다고 봐야 할 것이다. 하지만 '완벽한 정보'가 할 수 있는 일에도 한계는 있었다. 순항 미사일의 원조 격인 'V1' 미사일과 로켓으로 추진되는 'V2'로부터 '새로운 형태의 공격'이 가해질 예정이라는 정보만 듣고는 독일군을 막을 수 없었다. 그리고 무엇보다도 분명한 점은, 특히 정보전인 유보트 전투까지도 연합국이 손쉽게 이길 수 없다는 것이었다. 정치적인 요인도 있었기 때문이다. 영국 공군이 자기들의 역할은 독자적으로 전쟁을 승리로 이끄는 것이라면서, 유보트를 샅샅이 찾아 제거하는 일보다는 독일의 도시를 파괴하는 일에 전념했던 것이다. 하지만 무선침묵의 사용이 늘어나면서 암호해독가들은 거의 무용지물이 되었다. 놀라운 사실은 1945년 독일의 해군 사령관 되니츠가 히틀러에게서 정권을 넘겨받을 때, 자살공격도 할 수 있을 정도로 여전히 강력한 병력을 지휘하고 있었다는 점이다. 미국 해안에 돌아다니는 유보트 숫자는 전쟁 중반의 겨울 이래 그 어느 때보다 많았으며, 잠수가 가능한 보트 수준을 넘어 진짜 잠수함이라 할 수 있는 신형 유보트가 운용 중이었다. 준비가 끝났지만 운용되지 못했던 신형 에니그마처럼, 신형 유보트도 너무 늦게 나왔다. 하지만 너무 많이 늦은 것은 아니었다.

테이프가 씽 소리를 내며 지나갔고 회전자도 돌아갔으며 렌스들은 의사결정 수형도에 따라 열심히 움직였다. 하지만 전쟁의 마지막 몇 달간, 원하던 것을 마침내 다 얻은 수학자들은 자신들만의 일 속으로 몰입했다(무엇이 진짜고 무엇이 어리석은지 이제는 구분하기 어려웠지만). 연합국의 마지막 공세는 재치나 창의성보다 폭력적인 특성을 띠고 있었다. 이런 전쟁은 앨런 튜링의 전쟁이 아니었다. 그가 연구에서 이룬 성취는 보다 방어적인 방법으로 그저 평화롭게 살고 싶어 하는 앨런에게 꽤나 어울리는 것이었다. 1917년 대서양의 상황은 반복되지 않았다. 적시에, 그러니까 독일이 자국의 과학과 산업을 제대로 활용하게 되기 직전에, 거의 불가능했던 일이 가능해졌다. 프레드 클레이턴이 있었던 드레스덴이나 전쟁이 시작된 바르샤바 등 1945년의 유럽을 보면 과연 이 승리가 정보전의 승리라 할 수 있을까? 1941년의 정보전이 승리에 어떤 기여를 했던가? 전혀 그렇다고 볼 수 없었다.

사실 그렇게 생각할 수 있는 사람은 거의 없었다. 1918년 발생했던 독일의 '내부로부터의 분열'(1918년 독일의 11월 혁명을 의미하며 이로 인해 빌헬름 2세가 퇴위했다—옮긴이)을 보고 제2차 세계대전 시 영국 전략가들은 전쟁에서 쉽게 이길 수 있을 것이라 착각하곤 했다. 하지만 그 분열로부터 나치가 대국민 선동에 이용했던 '배신설'(제1차 세계대전의 패인이 수병들, 즉 공산주의자들이 등 뒤에서 칼을 꽂았기 때문이라는 주장—옮긴이)이 만들어지기도 했다. 논리적 제어를 박살내버린 블레츨리의 엄청난 성과는 전쟁 이후의 전략에도 영향을 미쳤다. 하지만 그 성과는 대중적으로 아무런 영향도 없었다. 완전히 비밀에 부쳐졌기 때문이다. 승리를 거둔 서구 정부들은 뚜렷한 이유로 서로 의견이 일치하는 부분이 있었다. 바로 세계에서 가장 복잡한 통신 시스템을 개발했다는 사실을 감추는 일이었다.

이 일에 의문을 제기하는 사람은 아무도 없었다. 그 사실을 아는 사람들은 마음속 깊은 곳에 묻어두었으므로, 전쟁 중의 이야기는 모두 사라지고 오직 자전거에 대한 이야기 같은 것만 남았다. 블레츨리에서 몇몇 사람들은 그동안 과학이 모든 것에 대한 해답인 '포드'의 시대를 사는 것처럼 과학만능주의에 빠져 있었다. 이제 그들은 1940년대 중반의 현실로 돌아와야 했다. 물론 일부 사람들은 줄곧 1940년대의 더러운 현실을 이해하려 했으며, 과학에 대한 의견 차이를 메우기란 거의 불가능하다는 것을 알았다. 앨런 튜링은 그런 소모적인 생각에서 누구보다 자신을 잘 보호할 수 있었다. 하지만 현실에 적응하는 일은 쉽지 않았다. 앨런처럼 '교수 유형의 인물' 중에서도 누구보다 많은 정보를 접해봤다는 것은 극심한 정신분열을 겪는 셈이나 다름없었다. 1945년 5월 8일 유럽 전승기념일에, 앨런은 로빈 갠디와 돈 베일리, 앨런 웨슬리와 함께 폴러스퓨리Paulerspury 인근 숲으로 산책을 나갔다. 돈이 말했다. "전쟁이 끝났네요. 이제 다 털어놔도 괜찮지 않을까요?" 반농담조였다. 앨런이 대꾸했다. "바보천치 같은 짓 하지 말게." 그것이 앨런의 마지막 말이었다.

딜라일라 시스템이 완성된 시기는 독일이 항복을 선언했던 때쯤이었다. 일본과의 전쟁에 대비하거나 향후의 목적을 위해 기능을 개선하라는 특별 지시는 없었다. 딜라일라가 성취한 근본적인 기술 진보에 열광하는 사람은 거의 없었다. 래들리와 다른 엔지니어 홀시R. J. Halsey는 핸슬로프에 와서 조금 당혹스러운 방법으로 딜라일라를 검사했다. 당시 우체국에는 자체 개발 중인 시스템이 있었다. 1941년 주고받은 정보로 추정하건대 아마도 보코더를 기반으로 하는 것 같았다. 그들의 가장 큰 걱정은 딜라일라가 만들어내는 소리가 너무 딱딱거려서 상업적으로는 쓸 수 없다는 것이었다. 그런데 사실 정말 그랬다. 그들은 앨런이 만든 이론의 가능성에 전혀 관심을 보이지 않았다. 그 후 앨런은 돌리스 힐에서 1945년 여름을 보냈다. 그곳에서 약간 회의적인 모습을 보이는 플라워스에게 딜라일라를 설명했다.

사소한 일 말고는 모든 것이 끝났다. 앨런은 사소한 일을 붙잡고 신경 쓰는 데 익숙하지 않았으므로, 나머지 일은 돈 베일리에게 넘겨졌다. 앨런의 머릿속에는 다른 생각이 있었다. 앨런은 전쟁이 끝난 뒤의 계획을 두고 돈과 여러 번 이야기했는데, 킹스 칼리지 연구원으로 다시 돌아갈 생각을 하고 있으며 연봉이 300파운드 줄어들 것이라는 말이었다. 1938년부터 시작된 연구원 자격은 아직 18개월이 남아 있었지만, 당시 앨런의 연구원 자격은 그보다 더 연장되었다. 1944년 5월 27일 킹스 칼리지에서 이례적일 정도로 확고한 태도로 앨런의 연구원 자격을 3년 더 연장했기 때문이었다. 앨런은 언제 전쟁이 있었냐는 듯이 예전으로 돌아갈 수 있었고 1939년 떠나왔던 그곳에서 연구를 계속할 수 있게 되었다. 머지않아 교수가 될 수도 있었다.[16] 하지만 전쟁이 발발한 뒤 모든 것이 바뀌었다. 앨런에게 전쟁은 다른 '교수 유형'의 사람들처럼 단순히 학자로서의 경력이 잠시 중단되는 정도가 아니었다. 그의 정신세계가 더 확장되었던 것이다. 앨런의 아이디어는 중요한 개발로 이어졌고, 전쟁이 확대되면서 더욱 자라났다. 세상 사람들은 더 폭넓게 사고하게 되었고 앨런도 마찬가지였다. 그래서 앨런은 케임브리지로 돌아갈 생각도 했지만, 예전에 돈 베일리에게 공동 연구를 시작할 때부터 "뇌를 만들고 싶다"라는 말도 했었다.

앨런이 말한 '뇌'는 10년 전 그가 과감하게 꺼내놓았던 '마음 상태'라는 말과 일맥상통했다. 튜링기계의 상태를 '마음 상태'와 견줄 수 있다면, 튜링기계를 물리적으로 구현한 것은 뇌와 견줄 만했다. 이 비교에서 중요한 한 가지 측면은 튜링기계의 모형이 물리학과는 무관하다는 점이었다. 그리고 이 점은 자유의지와 결정론의 분명한 역설인 마음의 신비에 관심 있는 모든 사람들에게 중요했다. 라플라스식 물리 결정론에서 비롯된 주장은 관찰 결과, 현실에서는 그렇게 예측할 수 없다며 무시당할 수도 있었다. 이런 반박은 튜링기계에는 적용할 수 없었다. 튜링기계에서는 발생하는 모든 것을 일련의 유한한 기호로 표현할 수 있으며 이산 상태라는 관점에서 완벽할 정도로 정확한 결과를 계산할 수 있었다. 이와 관련해서 앨런은 훗날 다음과 같이 설명했다.[17]

> 하지만 우리가 생각하는 예측은 라플라스가 주장한 예측보다는 '실행 가능성' 쪽에 더 가깝다. '전체적인 우주' 시스템에서는 초기 조건의 아주 작은 오류가 나중에 너무나 엄청난 결과를 가져올 수 있다. 어느 순간에 전자 하나가 10억 분의 1센티미터만큼 움직인 결과로 1년 뒤에 누군가 눈사태로 죽을 수도 있는 차이가 생길 수 있다. 우리가 '이산 상태의 기계'라고 부르는 기계 시스템의 필수 속성은 이런 현상이 발생하지 않게 하는 것이다.

튜링의 '뇌 모형'을 이해하려 할 때 중요한 점은, 그 모형이 에딩턴이 제기했던 양자역학에 관한 모든 주장을 포함해서 물리와 화학과는 본질적으로 무관하다고 보는 것이었다. 앨런의 관점에서, 물리나 화학은 단지 이산 '상태'와 '읽기', '쓰기'를 구현하는 매개체를 유지하는 정도에서만 의미가 있었다. 여기서 중요한 것은 이런 '상태'의 '논리' 패턴뿐이었다. 그리고 앨런의 주장은 뇌가 무슨 일을 하든지 그것은 뇌의 구조가 논리 시스템과 비슷하기 때문이지, 사람의 머릿속에 있기 때문이라거나 뇌가 특정 생물학적 세포로 이루어진 말랑말랑한 조직이기 때문은 아니라는 것이었다. 그리고 만일 그렇다면 다른 재료를 사용해서, 뇌의 논리구조를 다른 물리 기계의 형태로 구현할 수 있었다. 이는 마음을 유물론적 관점에서 본 것이지만, 흔히 그렇듯 논리 패턴과 관계를 물리적 구성성분과 사물로 혼동하는 실수를 저지르지는 않았다.

특히 튜링의 모형은 심리학을 물리학으로 축소시키는 행동주의 심리학의 주장과는 달랐다. 어떤 유형의 마음 현상을 다른 마음 현상의 관점에서 설명하려 들지 않았다. 그리고 심리학을 다른 어떤 것으로도 '축소'시키지 않았다. 그의 논지는 '마음'이나 심리를 튜링기계의 관점에서 적절하게 설명할 수 있다는 것이었다. 기계나 인간이나 이산적인 논리 시스템으로 설명하는 것은 마찬가지였기 때문이다. 앨런이 그런 시스템을 인공 '뇌'에 구현하는 상상을 했을 때는, 축소시키려는 것이 아니라 그대로 옮기려는 시도였다.

앨런은 아마도 1945년에는 실제 인간 뇌의 생리학에 관해 잘 몰랐던 것 같다. 그래서 그의 지식은 『어린이를 위한 백과사전』에서 뇌를 활발하게 움직이는 전화교환국으로 묘사한 재미있는 그림이나 『자연의 신비』에서 "뇌 속에서 사고를 담당하는 작은 공간"으로 표현한 구절과 비슷한 수준이었다.

바로 귀 위쪽, 엄지손가락으로 대충 가려질 만한 곳에 가장 중요한 기관이 있다. 우리가 말을 기억하고 처리하는 곳이다. 이 언어 영역의 하부에서는 단어를 어떻게 발음해야 하는지 기억한다. 그리고 2~3센티미터 정도 뒤로 가서 다시 약간 위로 올라간 부분에서는 말을 글자로 어떻게 쓰는지 기억한다. 거기서 조금 앞으로 가서 약간 더 올라간 곳에는 '말하기 영역'이 있다. 우리가 말하고 싶을 때 그곳에서 혀와 입술에게 무슨 말을 할지 알려준다. 이처럼 말을 듣는 영역과 글자를 보는 영역, 말을 하는 영역이 가까이 붙어 있어서, 우리가 말할 때 들은 말과 읽은 것을 손쉽게 기억할 수 있다.

하지만 그 정도면 충분하고도 남는 수준이었다. 신경세포 그림(『자연의 신비』에도 약간 나왔다)을 본 적은 있었지만, 앨런이 마음을 묘사하기 위해 지금 접근하는 수준에서 볼 때 그런 세부사항은 중요하지 않았다. 앨런은 '뇌를 만든다'라고 해서 기계 부품이 뇌를 닮아야 한다거나 부품의 연결방식이 뇌의 각 부분이 연결된 방식을 그대로 모방해야 한다고 생각하지는 않았다. 앨런의 관심사는, 감각기관에서 들어온 신호와 근육으로 나가는 신호와 관련해서 뇌가 말과 그림, 기술을 '어떤' 특정한 방법으로 저장하는가였다. 하지만 10년 전에도 앨런은 브루스터가 대충 얼버무리고 넘어갔던 어려운 개념을 끝까지 독자적으로 밀어붙인 적이 있었다. 뇌의 이면에서 뇌를 조종하는 '우리'라는 개념을 인정하지 않았던 것이다. 대신 그곳에 있는 것은 오직 신호화와 구조화뿐이라고 생각했다.

하지만 10년 전에 튜링기계를 설명하면서, 앨런은 '기계적'이라는 개념을 자기 식으로 공식화했으며, 그에 대한 보충 의견으로 '명령문' 개념을 제시한 바 있다. 여기서 강조한 것은 뇌의 내부 작용이 아니라 인간 노동자가 무조건 따라 할 수 있는 명시적인 명령이었다. 1936년 앨런은 셔본학교의 학칙이나 다른 사회적 통념을 통해 그런 '명령문'을 직접 겪었다. '무의식적으로' 적용할 수 있는 수학 공식도 마찬가지였다. 하지만 1945년 국제 정세가 크게 달라졌고, 1936년만 해도 이론적인 논리 기계처럼 공상에 가까웠던 '명령문'이 무척이나 구체적이고 현실적인 일이 되었다. 흘러넘치도록 많은 메시지를 '어떤 기계로 암호화하고 또 다른 기계로 해독'해냈는데, 이런 종류의 기계가 바로 튜링기계였다. 튜링기계에서 중요한 것은 물리적 성능이 아니라 기호의 논리적 변환이었다. 그리고 그런 기계를 설계하고 사람들이 기계처럼 일하게(앨런의 말을 빌리면 '노예'처럼 일하게) 할 수 있는 절차를 만들면서, 앨런 일행은 실제로 정교한 '명령문'을 작성하고 있었다.

이것은 '뇌'라는 개념에 접근하는 다른 방법일 뿐, 양립할 수 없는 방법은 아니었다. 그리고 앨런이 가장 매료되었던 것은 두 가지 방법 간의 상호작용이었다. 블레츨리에서도 인간 지능이나 기계, 혹은 '노예'를 이용하는 방법을 사용했던 것처

앨런 튜링의 이미테이션 게임

럼 말이다. 앨런의 '증거 비중' 이론은 인간의 특정한 인식과 판단, 결정을 '명령문' 형태로 변환하는 방법을 보여주었다. 그가 체스를 두는 방법이 그랬고 '콜로서스'에서 했던 게임도 마찬가지였다. 그로 인해 '지능적'인 것과 '기계적'인 것의 구분선이 어디인가라는 문제가 제기되었다. 모방원리라는 용어로 표현되는 앨런의 관점에서 보면 그런 구분선은 '전혀' 없었다. 그리고 앨런은 자유와 결정론을 융화시키는 문제에 관해 '마음 상태' 방식과 '명령문' 방식을 명확하게 구분하지 않았다.

이런 문제들은 모두 미지의 영역이었다. 독일 암호 기계에 급박하게 대응하느라 깊이 살펴보지 못했기 때문이다. '명령문'을 써서 어떤 성과를 얻을 수 있을지 판단하기에는 아직 시기상조였고, 기계가 뇌처럼 '사고 부위'를 스스로 발전시킬 수 있을지도 알 수 없었다. 앨런이 도널드 미치와의 대화에서 강조했듯이, 기계가 '학습'할 수 있다는 사실을 증명해야 했다. 이 문제를 살펴보기 위해서는 시험해볼 기계가 필요했다. 하지만 정말 믿을 수 없는 사실은, 그런 목적으로 어떤 시험을 한다 해도 기계가 단 '한 대'만 있으면 된다는 것이었다. '만능' 튜링기계라면 어떤 튜링기계든 그 동작을 모방할 수 있을 터였다.

1936년 '만능 튜링기계'는 힐베르트의 '결정 문제'를 풀려는 시도에서 어디까지나 이론적인 역할만을 담당했다. 하지만 1945년에는 실용적인 측면에서 훨씬 더 큰 가능성이 보였다. 봄베나 콜로서스를 비롯한 다른 기계, 그리고 기계적 처리과정은 독일 암호해독가들의 변덕과 무지에 전적으로 의존했다. 그 말은 독일에서 암호체계가 바뀌기라도 하면 이제까지 기계나 처리과정을 만드는 데 사용했던 모든 노력이 무용지물이 된다는 뜻이었다. 폴란드에서 넘겨받은 '지문' 파일과 천공 용지, 단순한 형태의 봄베를 사용해서 작업을 시작했던 초창기부터 그랬다. 그 탓에 1942년 암호해독이 불가능해졌던 대재앙이 발생했던 것이다. 특화된 기계를 제작할 때에는 신기술을 습득하고 적용하는 과정에서 암호해독가들이 풀어야 할 문제가 꼬리를 물고 일어나기 일쑤였다. 하지만 '만능'기계는 현실에서 일단 구현되기만 하면 새로운 노력 없이 오직 새로운 명령표를 '묘사수'로 부호화하여 '테이프'에 담기만 하면 그것으로 끝이었다. 그런 기계는 봄베나 콜로서스, 의사결정 수형도 등 블레츨리에서 사용하는 모든 작업뿐 아니라 전쟁에 징집된 수학자들이 하는 고된 계산 작업도 모두 대체할 수 있었다. 제타함수 기계, 7차 방정식의 근 계산, 전기회로이론에 나오는 수많은 방정식들, 그 모두를 하나의 기계에서 계산할 수 있다는 말이다. 그런 상상을 1945년 당시 사람들은 대부분 이해할 수 없었지만 앨런 튜링은 달랐다. 앨런은 훗날 1945년에 이렇게 기록했다.[18]

> 우리가 네온 원자의 에너지 준위를 계산하다가 갑자기 차수次數가 720인 군群을 헤아리고 싶어진다 해도, 기계 내부구조를 전혀 바꿀 필요가 없는 때가 올 것이다.

1948년에는 이런 말도 썼다.[19]

> 각기 다른 작업을 수행하는 기계를 개별적으로 무한하게 만들 필요는 없다. 한 대면 충분하게 될 것이다. 여러 작업에 여러 기계를 각각 만드는 공학 문제가 만능기계로 넘어오면 여러 작업을 수행하는 프로그램을 만드는 사무 업무로 바뀌게 된다.

이런 관점에서 보면, 앨런이 말하는 '뇌'란 단지 좀 더 크거나 성능이 좋은 기계, 좀 더 뛰어난 콜로서스 정도가 아니었다. 어떤 일에 대한 경험에서 만들어진다기보다 근본적인 개념을 인식함으로써 만들어지는 것이었다. 만능기계는 그저 한 대의 기계가 아니라 '모든' 기계인 셈이었다. 블레츨리의 물리적 기계장비뿐만 아니라 일상적인 모든 일, 그러니까 직원 1만 명이 하고 있던 거의 모든 일을 대체하게 된다는 뜻이었다. 고급 암호해독가가 하는 '지능적인' 일이라고 예외가 될 수는 없었다. 게다가 만능기계는 인간의 뇌가 하는 일도 할 수 있었다. 그 '어떤' 뇌라도 뇌가 하는 일이라면 무슨 일이든, 이론적으로 '묘사수'로 만들어 만능기계의 테이프에 저장할 수 있었다. 바로 이것이 앨런의 비전이었다.

하지만 논문에는 튜링기계의 구현 가능성에 대해서는 거론되어 있지 않았다. 특히 처리 속도에 관한 정보는 전무했다. 「계산 가능한 수」에 나오는 표는 서로에게 엽서를 보내는 식으로 구현되더라도 이론적으로 문제될 것이 없었다. 하지만 만능기계가 실제 활용되려면, 수백만 단계의 일을 합리적인 시간 내에 처리해야 했

앨런 튜링의 이미테이션 게임

다. 처리 속도에 대한 이런 요구사항은 전자 부품을 써야만 충족할 수 있었다. 그리고 세상을 완전히 뒤바꾼 1943년의 혁명이 바로 여기에서 일어났다.

더 자세히 말하자면, 전자 부품은 이산적으로 켜짐이나 꺼짐의 값으로 작동하며, 그렇기 때문에 튜링기계를 구현할 수 있다는 것이 요점이었다. 앨런은 1942년 이 사실을 알게 되었고 그 후로 로빈슨이나 X-시스템, 로렉스에 관해서도 모두 알게 되었으며, 핸슬로프에서 사귄 새 친구에게서 레이더에 관한 방대한 지식도 얻었다. 하지만 무엇보다 1943년에는 두 가지 측면에서 발전이 있었다. 전쟁을 치르는 데 얼마나 유용했는지는 알 수 없었지만, 콜로서스의 기술적 성공 덕분에 앨런은 수천 개의 진공관을 연결해서 사용할 수 있다는 사실을 알게 되었다. 그전까지만 해도 아무도 몰랐던 일이었다. 그리고 앨런은 직접 딜라일라 프로젝트를 시작했다. 광기 어려 보였던 앨런에게도 늘 체계는 있었던 셈이다. 이렇게 열악한 조건에서 관료들의 관심 밖에 있는 장비를 연구하면서, 앨런은 전자공학 프로젝트를 홀로 수행할 역량이 있음을 증명했다. 앨런은 이론적인 아이디어와 수학적 방법의 경험을 잘 조화시켰으며, 전자 기술에 대한 이 같은 정확한 지식 덕분에 계획을 완성시킬 수 있었다. 앨런은 뇌를 만드는 방법을 예전에 깨달았었다. 전쟁 전에 상상했었는지도 모를 '전기' 뇌가 아니라 바로 '전자' 뇌였다. 앨런의 어머니가 앨런의 입에서 "만능기계를 만들어 인간의 뇌 연구 분야에서 심리학에 공헌하려는 계획"에 관한 이야기[20]를 들었던 때가 바로 "1944년 전후"였다.

이산성離散性과 신뢰도, 처리 속도 외에도 훨씬 근본적으로 고려해야 할 것이 있었는데 그것은 바로 크기였다. 만능기계의 '테이프'에는 모방해야 할 기계의 '묘사수'와 작동 내용을 담기 위해 공간이 있어야 했다. 1936년의 추상적인 만능기계에는 길이가 '무한대'인 '테이프'가 장착되었다. 다시 말해 특정 단계에서 사용되는 테이프의 양이 한정되어 있다고 해도, 공간이 더 필요할 때면 언제든지 이용 가능하다고 가정했다. 하지만 현실적으로 공간은 늘 제한적일 수밖에 없었다. 또 그런 이유로 진정한 의미의 만능기계를 물리적으로 구현하는 일은 불가능했다. 그럼에도 앨런은 「계산 가능한 수」에서 인간의 기억은 유한하다는 말을 꺼냈다. 만일 그렇다면 인간의 뇌에 있는 '행동표'도 한정적일 수밖에 없으므로 커다란 테이프에 그 전부를 충분히 담을 수 있었다. 그리고 실제 기계가 유한적이라는 이유로 뇌와 같아질 수 없다고 말할 수는 없는 노릇이었다. 하지만 문제는 실제 제작될 수 있는 기계에 필요한 '테이프'의 양이었다. 사람들의 흥미를 끌 수 있을 만큼 충분히 커야 하지만, 기술적으로 타당한 수준을 넘어서는 안 된다. 진공관을 사용해서 현실적인 비용으로 그런 기억장소를 구축하려면 어떻게 해야 할까?

이런 현실적인 문제를 푸는 것은 돈 베일리의 전매특허였다. 유럽에서 전쟁이 종전으로 치닫고 있을 무렵, 딜라일라의 문제는 근본적으로 해결되었고 앨런의 관심도 '전자 뇌' 쪽으로 확실히 돌아서게 되었다. 앨런은 돈에게 「계산 가능한 수」에 나오는 만능기계와 명령이 저장되는 '테이프'에 관해 설명했다. 그리고 두 사람은 그때부터 그런 정보를 저장할 수 있는 '테이프'를 실제로 만들기 위해 함께 고민했다. 이 새로운 '정보 제국'의 외딴 기지에서, 동성애자이며 무신론자인 이 영국 수학자는 조수 한 명과 작은 오두막에서 일하는 와중에 짬짬이 생각도 하면서 '컴퓨터'를 상상했다.*

세상은 그 기계를 적절하게 평가하지 않았는데, 그 이유가 전적으로 세상이 불공평했기 때문만은 아니었다. 물론 앨런 튜링의 발명은 역사적 맥락 속에서 그 존재를 인정받아야 할 만한 가치가 있었다. 하지만 역사 속에서 앨런은 만능기계를 맨 처음 생각해낸 것도 아니고, 1945년에 「계산 가능한 수」에서 언급했던 만능기

---

* 다시 말해, 앨런은 '내부 프로그램 저장소가 있는 자동 전자 디지털 컴퓨터automatic electronic digital computer with internal program storage'를 생각했다. 이후로 '컴퓨터computer'라는 말은 이 모든 조건을 충족시키는 기계에 사용될 것이다. 하지만 1945년의 '컴퓨터'라는 말의 의미는 1935년의 의미와 같이, 계산 작업을 하는 사람이나 그런 계산 작업을 기계화한(예를 들어 대공포대에서 사용하는) 기계장비를 뜻했다. '컴퓨터'나 '디지털 컴퓨터'의 의미가 새롭게 바뀐 것은 10년이 되지 않았다. 그러는 동안 더 복잡하고 번거로운 용어들이 많이 사용되었다. 그에 따라 당시에는 그 개념도 명확하지 않았으며 더 시간이 지나서야 정리가 되었는데, 특히 내부에 저장되는 프로그램에 관한 용어가 그랬다. 앨런 튜링은 실제 '물건'을 만들어내지는 않았지만, 유력한 '아이디어'들을 한데 모았다. 그렇게 앨런의 아이디어를 모으면 '컴퓨터' 개념과 정확하게 일치했는데, 시대착오적이기는 하지만 '컴퓨터'로 부른다고 해서 역사적으로 큰 물의를 일으키지는 않을 것이다. 사실 시대착오라는 말은, 1960년대에 실현되었던 상상을 1940년대 사람들과 이야기해야 했던 앨런의 어려움을 잘 반영한 것이다.

계의 전자적 형태에 도달했던 유일한 인물도 아니다.

물론 주판의 발명까지 거슬러 올라가 보면, 인간의 사고를 대신하는 온갖 종류의 기계가 이미 존재했다. 넓게 보면 이런 기계를 '아날로그'와 '디지털'의 두 가지 유형으로 분류할 수 있다. 전쟁 전에 앨런이 연구했던 두 기계는 각각 두 가지 유형을 본뜬 것이었다. 제타함수 기계는 회전하는 여러 바퀴의 회전력을 측정하는 것이었다. 이 물리값은 수학적 양으로 계산되는 '아날로그' 값이었다. 반면, 2진 곱셈기는 '켜짐'과 '꺼짐' 상태를 관측하는 방식이었다. 양을 측정하는 대신 기호를 만드는 기계였다. 그런데 실제로는 아날로그와 디지털 두 가지 측면이 모두 들어 있었다. 엄밀하게 구분할 수 없었던 것이다. 예컨대 봄베는 기호만으로 작동하므로 본질적으로 '디지털'이지만 운용 방식은 회전자의 정확한 물리적 운동에 의존했으며 그런 점에서 에니그마의 암호화 방식과 비슷했다. '디지털'이라는 말의 기원인 손가락셈도, 셈의 대상이 되는 물건과 물리적으로 유사한 면이 있었다. 하지만 아날로그와 디지털 방식을 효과적으로 구분하는 실용적인 방법이 있었다. 좀 더 높은 정확도가 필요할 때에는 두 방식 간에 차이가 생겼던 것이다.

앨런이 만들려고 했던 제타함수 기계에 그 요점이 잘 드러났다고 볼 수 있다. 그 기계의 목적은 정해진 정확도 안에서 제타함수를 계산하는 것이었다. 만약 앨런이 '리만 가설' 연구 목적으로 사용하기에는 기계의 정확도가 낮다는 사실을 깨닫고 나서 소수점 자릿수를 늘려 정확도를 높이려 했다면, 물리적인 면에서 장비를 대대적으로 다시 설계해야 했을 것이다. 톱니바퀴를 훨씬 큰 것으로 교체하거나 균형도 훨씬 섬세하게 맞추는 식으로, 정확도를 높이려고 할 때마다 새로운 장비가 필요했을 것이다. 반면 제타함수의 값을 '디지털' 방식으로(종이에 연필로 쓰거나 탁상용 계산기로) 찾아냈다면, 정확도가 높아짐에 따라 작업량이 100배 이상 늘어나기는 하겠지만, 물리적인 장치가 더 필요하지는 않을 것이다. 이처럼 물리적인 정확도의 한계는 전쟁 전의 '미분 해석기'에도 있던 문제였다. 그 장비의 목적은 (전기의 진폭을 사용하여) 특정 미분 방정식 문제를 푸는 것이었고, 그 문제들이 바로 '아날로그'와 '디지털'을 구분하는 것이었다.

앨런은 자연스레 '디지털' 기계에 마음이 끌렸다. 「계산 가능한 수」에 나오는 튜링기계가 정확하게 그런 디지털 기계의 추상적인 형태였다. 앨런의 그런 성향은 암호해석을 하고 '디지털'적인 문제를 오래 겪으면서 점차 확고해졌다. 수치 문제를 다루는 사람들은 보안을 중요하게 생각하는 분위기 탓에 '디지털' 문제에는 무지했다. 앨런은 물론 아날로그 방식으로 문제를 푸는 측면에서도 무지하지 않았다. 제타함수 기계뿐만 아니라 딜라일라에서도 '아날로그'적인 면이 중요했다. 진폭을 정확하게 측정하고 전송하는 데 '디지털' 방식을 사용했던 X-시스템과는 달리, 딜라일라는 '아날로그' 방식에 크게 의존했다. 앨런이 특정 문제에 있어서 아날로그 해법이 디지털 해법에 크게 떨어지지 않는다고 인정했을 수도 있다. 풍동風洞(인공으로 바람을 일으켜 기류가 물체에 미치는 작용이나 영향을 실험하는 터널형의 장치―옮긴이)에 모형 비행기를 넣고 직접 실험하면 사람 손으로 수백 년 계산해도 얻을 수 없는 응력과 소용돌이 이미지를 바로 얻을 수 있는 것처럼 말이다. 1945년 아날로그 장비와 디지털 장비 간에 실용적인 유용성을 비교하고 무엇을 우선적으로 제작해야 하는지를 두고 폭넓은 토론이 벌어졌다. 하지만 앨런 입장에서는 남의 이야기였다. 앨런은 튜링기계 개념에서 비롯된 디지털 방식에 주력했고 그 잠재적인 범용성에 초점을 맞추었다. 아날로그 방식 기계는 특정 문제만 풀 수 있도록 물리적으로 구성해놓았기 때문에 범용성을 거론할 수 없었다. 따라서 앨런은 당시 대세였던 디지털 계산기 개발과 경쟁하며 스스로 입지를 구축해야 했다.

숫자를 더하고 곱하는 기계는 1700년대부터 있었다. 계산자의 디지털 버전이라고 할 수 있는 기계였다. 핸슬로프에서 앨런은 회로 특성을 계산할 때 탁상용 계산기를 사용하곤 했다. 그런 기계에 비해 실질적인 만능기계는 훨씬 더 진보한 기계였다. 하지만 당시 앨런도 알고 있었듯이, 그런 진보는 100여 년 전 영국 수학자 찰스 배비지Charles Babbage(1791~1871)가 성취한 업적이었다. 앨런은 배비지가 계획했던 것을 잘 알고 있었으며, 가끔 돈 베일리에게 배비지 이야기를 하곤 했다.

배비지는 수표(함수의 수치를 표로 정리한 것―옮긴이) 계산에 사용되는 특별한 수치 해법을 기계화하기 위해 '미분기Difference Engine'를 연구한 후, 1837년에 '해석기관Analytical Engine'을 머릿속에서 구상했다. 해석기관의 필수 속성은 '어떤' 수학 연산이라도 모두 기계화하는 것이었다. 다른 작업에 다른 기계를 쓰는 대신 같은 기계에 새로운 명령을 만들어 적용한다는 핵심 개념을 구상했다. 배비지는 범용성을 주장하면서「계산 가능한 수」와 같은 이론은 제시하지 않았으며, 연산 작업에 10진법을 사용했다. 하지만 그가 구상한 것은 연산 결과를 낼 수 있다면 어떤 기호든지 모두 사용할 수 있는 메커니즘이었으며,* 이와 더불어 해석기관이 만능 튜링기계와 개념상 비슷한 점이 또 있었다. 배비지는 사실 연속적인 명령문으로 작동하며 그 명령문을 실행하는 '판독기scanner'를 원했다. 또한 두꺼운 비단에 복잡한 문양을 수놓을 때 사용되는 것 같은 천공 카드에 명령문을 부호화하여 입력하려는 생각을 했다. 그는 톱니바퀴의 위치라는 형태로 숫자를 저장하는 개념도 제시했다. 명령을 담은 각 천공 카드는 "8번 위치의 숫자에서 5번 위치의 숫자를 빼고 그 결과를 16번 위치에 표시하라"라는 식의 산술 연산을 명령할 수 있었다. 이런 산술 연산을 하기 위해서는 배비지가 '제분기mill'라 불렀던 기계가 있어야 했다. 배비지의 구상 중에서 중요한 혁신은 덧셈과 곱셈을 효과적으로 기계화하는 방법이 아니라 산술 연산을 체계화하고 '논리적으로 제어하는' 방법을 기계화한다는 점이었다.

특히 배비지에게는 계산하는 도중에 기계 스스로 시험 조건에 따라 일련의 명령 카드 사이에서 앞뒤로 이동하거나 건너뛰거나 반복하는 등의 작업이 가능해야 한다는 중요한 개념이 있었다. '조건 분기conditional branching'라고 하는 이 개념은 그의 가장 진보적인 아이디어였다. 튜링기계에서 테이프에서 읽은 내용에 따라 자유롭게 '설정'을 바꾸는 방식과 같은 원리였던 셈이다. 이런 아이디어가 배비지가 구상한

---

* 에이다 러블레이스 백작부인Ada, Countess of Lovelace은 1842년 배비지의 아이디어에 대한 해석 글끄을 쓰면서, 다음과 같이 예언적인 통찰이 담긴 구절을 남긴 바 있다.

하지만 카드를 적용한다는 아이디어를 떠올린 그 순간 배비지의 해석기관은 산술의 한계를 넘어섰다. 해석기관은 단순한 '계산기'가 아니라 독자적인 입지를 구축한다. 해석기관이 제시하는 문제는 본질적으로 무척 흥미롭다. 종류나 범위를 가리지 않고 '일반' 기호를 연속적으로 조합하는 메커니즘이 가능하게 됨으로써, 수리 과학에서 '가장 추상적인' 분야인 추상적 심리 과정과 물질 과정이 통합적으로 연결된 것이다. 앞으로 분석에 사용할 새롭고 거대하고 강력한 언어가 개발되어, 인류가 지금까지 사용했던 그 어떤 수단보다 더 빠르고 정확하게 현실에 적용될 것이다. 따라서 정신과 물질뿐 아니라 수학계에서 이론과 실제가 서로 더욱 친밀하고 효과적으로 연계될 것이다. 여태껏 해석기관과 비슷한 기계를 실제적으로 계획하거나 구상한 사람이 있다는 기록은 내가 알기로 없으며, 생각하는 기계 혹은 추론하는 기계를 상상한 이는 더더욱 없다.

기계를 만능이 되게 했으며, 배비지도 그 사실을 잘 알고 있었다.

'만약IF'이라는 단어를 기계화하는 '조건 분기'가 없다면, 가장 멋진 계산기라도 그저 아름답게 미화된 덧셈 기계에 불과할 것이다. 시작부터 끝까지 전체 공정이 설치되어 일단 작업이 시작되면 공정에 개입할 수 없는 공장 조립라인을 생각해볼 수 있다. 여기서 '조건 분기'가 가능하다면 작업자들은 일상적인 작업뿐만 아니라 시험이나 판정, 공정 제어 같은 관리업무의 조건도 구체적으로 지정할 수 있게 된다. 배비지는 이런 구상을 하기에 적합한 위치에 있었다. 현대 경영의 기초를 제공한『기계 및 제조의 경제On the Economy of Machinery and Manufactures』의 저자이기도 했기 때문이다.

배비지의 이런 생각들은 시대를 100년 정도 앞섰으며, 실제 작동하는 기계는 배비지가 살아 있는 동안 구현되지 않았다. 그가 설계도에서 제시했던 문제는 요구사양이 너무 높아서 정부의 자금 지원으로도 해결되지 않았다. 그리고 배비지가 위원회나 정부, 다른 과학자들을 경멸했던 탓에 프로젝트를 시작할 수 없었다. 기계공학에 전혀 새로운 기준을 수립하려던 그의 독자적인 노력이나, 모든 이론과 실제적인 작업을 통합하려던 생각도 이런 어려움을 극복하지 못했다.

그런 만능기계에 관한 이론이나 제작과 관련해서 실질적으로 새로운 진전이 이루어진 시기는 배비지의 해석기관 개념이 나온 지 정확하게 100년이 흐른 뒤였다. 이론적인 면에서는 이런 생각을 사람들에게 정확하고 명백하게 인식시킨「계산 가능한 수」가 1937년에 발표되었다. 또 현실 세계에서는 피할 수 없었던 '거울 전쟁'이 발발하여 1930년대 전기산업을 되살리고 확대했으며 양쪽 진영에 새로운 기회를 가져다주었다.

사실 최초의 개발은 1937년 독일 베를린에서 먼저 있었다. 그곳에는 조건 분기까지는 몰랐지만 배비지의 많은 아이디어를 재발견했던 추제K. Zuse라는 엔지니어가 있었다. 1938년 실제 설계된 그의 기계는 배비지의 기계처럼 구조가 기계적이었을 뿐 전기적인 면은 없었다. 하지만 2진법 계산을 도입하는 간단한 방법으로, 배비지가 사용했던 바퀴살 10개인 복잡한 톱니바퀴 수천 개를 사용할 필요가 없게 되었다. 이론적인 면에서는 획기적인 발전은 없었지만, 실용적인 면에서 엄청

앨런 튜링의 이미테이션 게임

나게 단순화된 기계였다. 게다가 숫자는 반드시 10진수로 표현해야 한다는 엔지니어들의 고정관념도 깨뜨렸다. 앨런은 같은 개념으로 추제와 같은 시기인 1937년에 전기 곱셈기를 고안한 바 있다. 추제는 곧 기계 부품 대신 전자 계전기를 사용하여 기계를 개선했고, 전쟁이 끝나기 전에 공동으로 전자공학 실험을 했다. 추제의 계산기는 항공기 제작에 사용되었지만 암호해독에는 사용되지 않았는데, 전쟁이 너무 빨리 끝나서 그랬다는 주장이 있었다. 추제는 잠시 나치에 몸담았던 탓에, 1945년 자신의 연구가 폐기처분되지 않도록 필사적으로 노력해야 했다.

이런 일들은 당시 내용은 대략 비슷하지만 더 큰 규모로 개발이 진행되고 있던 연합국 진영에는 알려지지 않았다. 영국에서 그런 식으로 일련의 명령에 따라 통제되는 디지털 계산기는 콜로서스 외에는 없었다. 미국과는 크게 다른 상황이었다. 급히 서둘렀지만 큰 성과를 보았던 영국은 전쟁기간 중에 국가를 위해 모든 것을 바쳤던 사람들 덕에 최후의 순간에 성공을 거두었다. 자본주의 기업으로 넘쳐났던 미국은 그보다 몇 년 앞서 (상상력은 약간 부족했던 것 같지만) 두 가지 다른 방법으로 배비지의 구상에 접근했으며, 평시에도 연구를 계속했다. 1930년대 초 아날로그 식 미분 해석기를 주도했던 상황과 비슷했다. 1937년, 이번에도 하버드의 물리학자 에이킨H. Aiken이 전자 계전기를 사용하여 배비지의 구상을 실현하는 작업에 착수했다. 그 결과로 IBM에서 제작된 기계가 1944년 비밀 업무용으로 미 해군에 공급되었다. 규모면에서 매우 크고 인상적인 기계였지만, 에이킨이 배비지의 구상을 알고 있었음에도, 추제의 기계와 마찬가지로 조건 분기 기능이 빠져 있었다. 명령은 시작부터 끝까지 미리 정의된 대로만 처리되었다. 게다가 에이킨의 기계는 10진 표기법을 사용하여 연산을 수행했다는 점에서 추제의 기계보다 더 보수적이었다.

미국의 두 번째 프로젝트는 벨 연구소에서 진행되었다. 엔지니어인 G. 스티비츠George Stibitz는 처음에는 복소수로 10진 연산을 하는 계전기 장치를 고안했지만, 전쟁이 발발하자 고정된 순서에 따라 산술 연산 작업을 하는 기능을 추가했다. 그의 '모형 3호Model III'는 앨런이 뉴욕의 연구소 건물에 머무는 동안 계속 진행되었지만, 앨런의 관심을 끌지는 못했다.

그런데 여기서 또 다른 인물이 있었다. 앞서 진행된 두 프로젝트를 철저하게 검토하고 앨런처럼 현재 일어나는 일들을 더 추상적인 관점으로 볼 줄 아는 사람이었다. 그가 바로 마법전쟁wizard war(제2차 세계대전 중에 양측 과학자들 간에 벌어진 기술 경쟁을 의미함—옮긴이)에 참여했던 또 다른 수학자인 존 폰 노이만이었다. 그는 1937년부터 미 해군 전략연구소에서 자문위원으로 일하면서, 1941년부터 폭발이나 항공역학과 관련된 응용 수학에 전념했다. 1943년 상반기에는 영국에 머물면서 연구 주제를 영국 응용 수학자 테일러G. I. Taylor와 상의했다. 폰 노이만이 처음으로 대규모 계산을 프로그래밍하는 작업에 참여하게 된 것도 바로 그때였다. 사람들이 탁상용 계산기로 작업할 때 최선의 결과를 얻으려면 내부 구조를 어떻게 구성해야 하는가에 관한 문제였다. 미국으로 돌아온 후, 폰 노이만은 1943년 9월 원자폭탄 프로젝트에 들어가 폭발로 생기는 충격파와 관련된 비슷한 계산 문제를 담당했다. 몇 달간 열심히 숫자 계산을 해야 추정할 수 있는 문제였다. 1944년에는 그 작업에 도움이 될 만한 기계를 찾아 이곳저곳을 다녔다. '국가개발 및 연구위원회National Development and Research Commission'의 위버W. Weaver가 그에게 스티비츠를 소개했고, 1944년 3월 27일 폰 노이만은 위버에게 다음과 같은 편지를 보냈다.[22]

> 스티비츠에게 이렇게 편지할 생각입니다. "계전기 계산방식에 대한 호기심뿐만 아니라 이런 연구 방향의 가능성에 대한 기대도 무척 커졌습니다."

4월 10일 폰 노이만은 위버에게 다시 편지를 보내 스티비츠가 "계전기 계산 메커니즘의 이론과 작동"을 보여줬다고 알렸다. 4월 14일에는 로스앨러모스 연구소의 R. 파이얼스R. Peierls에게 "충격감쇄 문제"에 관해 편지를 써서 그 문제를 기계로 처리할 수 있을 것 같다고 말하면서, 자기가 지금 에이킨과도 연락하고 있다는 말을 덧붙였다. 1944년 7월 하버드와 IBM이 공동개발한 기계 사용을 두고 협상이 있었다. 하지만 그때 모든 것이 바뀌었다. 전시 요구사항이 봇물 터지듯 쏟아졌던 탓에 블레츨리에서 있었던 것과 같은 기술 혁명이 일어났던 것이다. 그 결과 펜실베이니아대학교 공대(무어 스쿨the Moore School)라는 전혀 다른 곳에서 1943년 4월 또 다른 대규모 계산기를 만드는 작업이 시작되었다. 이것이 바로 에니악ENIAC, the Electronic Numerical Integrator and Calculator이었다.

새 기계를 설계한 사람은 전자공학자 에커트J. P. Eckert와 모클리J. Mauchly였다. 폰 노이만은 그 프로젝트에 참여했던 골드스타인H. H. Goldstine과 기차역에서 대화를 나누다가 우연히 에니악을 처음 알게 되었다. 폰 노이만은 그 기계가 제작되면 에이킨의 기계보다 1,000배는 더 빠르게 산술 연산을 하게 될 것임을 알아보았다. 1944년 8월부터 폰 노이만은 정기적으로 에니악 프로젝트의 팀 회의에 참석하면서 1944년 11월 1일 위버에게 이런 편지를 썼다.

주로 기계화된 계산과 관련된 다른 안건이 몇 가지 있는데, 시간이 되면 말씀드리고 싶습니다. 이 분야의 몇몇 관련자들, 특히 에이킨과 스티비츠 같은 사람을 제게 소개시켜주셔서 정말 감사합니다. 저는 그동안 에이킨과 굉장히 폭넓은 의견을 주고받았습니다. 그리고 무어 스쿨 사람들… 현재 두 번째 전자 기계를 계획하고 있는 사람들과 더 많은 의견을 나누었습니다. 고문으로 일해달라는 제안도 받았는데, 주로 논리 제어나 메모리 같은 문제에 조언을 해달라는 것이었습니다.

에니악 프로젝트는 무척 인상적이었고 사람들에게 미래상을 보여주기에 충분했다. 에니악에 사용된 진공관은 최소 1만 9,000개였다. 여러 면에서 비교가 될 만한 콜로서스를 능가하는 숫자였다. 물론 한 가지 차이점은 1945년 여름까지 에니악은 아직 미완성이었으며, 전쟁에 사용하기에는 시기적으로 너무 늦은 감이 있다는 것이었다.

에니악의 진공관 숫자가 콜로서스보다 훨씬 많았던 이유는 자릿수가 많은 10진수를 저장해야 했기 때문이었다. 더욱이 초기 시스템에서는 설계자들이 10진수 하나를 저장하는 데 진공관을 10개씩 사용했다. 예컨대 9를 표시하려면 10개의 진공관 중에 9번째를 '켜는' 방식이었다. 반면 콜로서스는 전신 테이프에 뚫려 있는 구멍으로 논리값 '예' 또는 '아니요'를 표시하는 단일 펄스single pulse로 작동했다.

하지만 이는 어디까지나 피상적인 차이점에 불과했다. 두 기계 모두, 당시에는 많이 사용하면 신뢰도가 크게 떨어진다고 생각했던 진공관을 수천 개나 동시에 사용할 수 있음을 증명했다.* 그리고 에니악 프로젝트는 추제와 에이킨, 스티비츠가 간과했던 아이디어를 구현하고 있었다. 결정하는 과정을 자동화할 수 있었던 마크II 콜로서스Mark II Colossi처럼 하나의 계산에서 나온 결과가 자동적으로 다음 단계를 결정했으므로, 에니악은 조건 분기 방식을 갖추게 되었다. 또한 입력되는 여러 명령 사이를 앞뒤로 옮겨 다닐 수 있었으며, 사람이 개입하지 않아도 계산이 진행되는 도중 필요한 횟수만큼 같은 부분을 반복할 수 있도록 설계되었다. 이 모두가 배비지가 구상했던 개념들이었다. 전자 부품으로 되어 있어 처리속도가 훨씬 더 빠른 데다가 에니악은 (거의) 현실에서 구현되었다는 점만 빼면.

콜로서스처럼 에니악은 대포의 사거리표를 계산하려는 특정 목적으로 설계되었다. 본질적으로 공기 저항이나 바람의 속도 등 포탄의 궤도에 영향을 미치는 조건을 바꿔가며 수천 개의 궤도에 대한 모의실험을 종합적으로 진행하려는 목적이었다. 에니악에는 궤도 계산에 사용되는 필수 매개변수를 저장할 수 있는 외부 스위치가 있었으며, 이동 구간을 계산하는 방식에 대한 명령문이 저장된 외부 장치도 있었다. 그리고 계산 중인 수를 중간에 저장해두는 진공관도 있었다. 이런 구조는 콜로서스와 유사했다. 하지만 곧 사람들은 설계했던 것보다 더 광범위한 작업에 기계를 사용할 수 있는 가능성을 두 기계에서 발견했다. 최초에 나온 콜로서스의 기능은 도널드 미치와 잭 굿에 의해 크게 확장되었으며, 그다음에 나온 마크II는 한때 암호해독을 위해 사용되기도 했지만 어디까지나 효율을 위해 그런 것이 아니라 호기심에서 나온 결과였다. 비록 독일 암호 기계에 기생하는(암호를 깨야 한다는 필요성 때문에 개발되고 운용되고 있음을 의미한다—옮긴이) 존재이기는 했지만, 명령표 기능 덕분에 유연성을 갖춰서 곱셈 작업을 '거의' 수행할 수 있는 수준이었다. 에니악은 그보다 유연성이 한층 더 높았고, 폰 노이만은 준비만 되면 로스앨러모

* 하지만 이런 측면에서 최초는 아니었다. 아이오와 주립대학의 아타나소프J. V. Atanasoff는 1939년부터 계산 작업을 기계화하는 데 전자기술을 적용하고 있었다.

　　　　　　　　　　　　　앨런 튜링의 이미테이션 게임

스 연구소의 문제에 사용할 수 있음을 이미 깨닫고 있었다.*

하지만 에니악은 구상단계부터 만능기계가 아니었으며, 설계자들은 한 가지 중요한 측면에서 배비지와 생각이 달랐다. 배비지는 해석기관에 명령문 카드를 무한정 입력할 수 있다는 점을 자랑스러워했다. 에이킨의 계전기 장치도 명령문 카드가 자동 피아노의 종이롤 형태로 바뀐 것 말고는 해석기관과 같았다. 하지만 에니악은 달랐다. 전자 장비인 에니악은 속도가 빨라서 카드나 테이프를 처리 속도에 맞춰 신속하게 입력하기란 불가능했다. 엔지니어들은 100만 분의 몇 초라는 전자개념의 시간에 맞춰 기계에 명령을 입력할 수 있는 방법을 찾아야 했다.

이를 위해 에니악에서는 각 작업에 대한 명령을 제공하는 외부 시스템 장치를 준비하고 있었다. 겉보기에는 마치 수동 전화교환기처럼 플러그로 연결하는 형태였다(콜로서스에도 비슷한 장치가 있었다). 이 방법의 장점은 일단 플러그 연결작업이 끝나면 명령이 즉시 입력된다는 것이었다. 단점이라면 명령문 줄의 길이가 한정되어 있으며, 플러그 연결작업을 하는 데 하루 정도가 걸린다는 것이었다. 그렇다면 마치 각기 다른 작업을 위해 기계를 새로 만드는 것이나 다름없었다. 에니악과 콜로서스는 약간씩 다른 여러 기계를 만들 수 있는 조립 세트와 비슷했다. 둘 다 배비지가 생각했던 진정한 범용성, 즉 기계의 구조를 전혀 바꾸지 않고 명령 카드만 재작성하면 되는 개념을 구현하려는 노력은 없었다.

1944년 말 폰 노이만이 '고문'으로 에니악 팀에 합류하고 난 뒤에도, 에커트와 모클리는 문제를 상당히 다른 방식으로 해결하려고 했다. 에니악 몸체는 그냥 두고 명령을 기계 내부에 전자적인 형태로 저장함으로써 전자의 속도로 처리할 수 있게 하자는 구상이었다. 에니악은 계산값을 내부에 저장하도록 설계되었고, 초기 콜로서스의 핵심은 피시의 키 패턴을 내부에 저장하는 것이었다. 그러나 명령을 기계 내부에 둔다는 것은 전혀 다른 문제였다. 기존에는 명령이 보통 외부에서 입력되어 내부에서 처리된다고 생각했기 때문이다. 하지만 폰 노이만이 위버에게 보

---

* 실제로 처음 제대로 사용된 것은 1945년 말 수소폭탄에 관한 시험적인 계산이었다.

낸 편지에서 언급한 "두 번째 전자 기계"에는 이 새로운 아이디어가 포함될 예정이었다.

지금까지는 '숫자'와 '명령'은 종류가 완전히 다르다는 것이 분명한 상식이었다. 분명히 그 둘을 따로 저장해야 했다. 한곳에 자료를 저장하고 그 자료를 '이용해서' 수행되는 명령문 더미는 다른 곳에 저장하는 식이었다. 그런데 그것은 명확하기는 하지만 잘못된 방법이었다. 1945년 3~4월에 에니악 팀은 「에드박에 대한 보고서 초안the Draft Report on the EDVAC」을 준비했다. 에드박EDVAC, the Electronic Discrete Variable Calculator은 바로 예정된 "두 번째 전자 기계"였다. 보고서의 날짜는 1945년 6월 30일이었고 폰 노이만의 서명이 있었다. 보고서에 담긴 설계는 폰 노이만의 것이 아니었지만, 기계의 설명서를 보면 기술적인 내용을 뛰어넘는 폰 노이만의 한층 수학적인 사고 방식이 반영되어 있었다.

특히 아주 조심스럽고 신중한 태도로 아주 새로운 아이디어를 상세히 설명하고 있었다. 에니악 팀이 더 좋은 기계를 계획하다가 떠올린 아이디어였는데, 중간 결과와 명령, 고정 상수, 통계 자료 등을 저장하기 위해 기존의 기계에 필요한 여러 종류의 저장소를 거론했으며, 다음과 같은 말도 있었다.[23]

> 새 장비에는 상당히 많은 메모리가 필요하다. 겉으로는 이 메모리의 많은 부분이 본질과는 약간 다르고 원래 목적과는 크게 다른 기능을 수행해야 하는 것처럼 보이지만, 그럼에도 전체 메모리를 하나의 기관으로 취급할 생각이다.

보고서에서 말하는 "하나의 기관"은 만능 튜링기계에서 사용하는 '하나의 테이프'에 대응하는 것으로, 명령과 자료, 동작 등 모든 것을 저장하는 장치였다. 이는 새로운 아이디어로 배비지의 설계안과도 달랐으며 디지털 기계에 관해서 일대 전환점이 되는 제안이었다. 보고서에서 강조한 것은 대용량의 빠르고 효율적인 다목적 전자 '메모리'라는 새로운 저장소였다. 작동방식 측면에서도 모든 것이 훨씬 더 간소화되고 개념적으로도 더 단순해진 장치였다. 이런 방식에 폰 노이만은 아마도 "구미가 당겼을" 것이다. 실제 구현하기에 너무나 좋은 아이디어였기 때문이

앨런 튜링의 이미테이션 게임

다. 하지만 그런 개념은 「계산 가능한 수」에 이미 나와 있었다.

그래서 1945년 봄, 에니악 팀과 앨런 튜링은 각자 단일 '테이프'를 사용하는 만능기계를 제작하려는 생각에 자연스레 도달했다. 하지만 방법은 양쪽이 조금 달랐다. 완성되기도 전에 이론적으로 이미 구식이었던 에니악은 문제를 때려 부숴서 푸는 큰 망치에 비유할 만했다. 그리고 폰 노이만은 군 관련 연구의 모든 요구사항과 미국 산업계의 역량을 수용하면서 이미 알려진 수많은 계산법 속에서 허우적거려야 했다. 그 결과는 "오늘날 새로운 아이디어는 정부나 기업의 정치·경제적 요구에 따라 결정된다"라는 랜슬롯 호그벤의 과학관科學觀과 비슷했다.

하지만 앨런 튜링은 '뇌 제작'을 언급하던 무렵, 남는 시간에 혼자 일하고 생각하면서 영국식으로 꾸며진 뒤뜰에 있는 오두막에서 정보기관이 마지못해 내준 몇몇 장비를 만지며 빈둥거렸다. 앨런은 폰 노이만처럼 수치해석 문제를 풀어달라는 요청 따위는 받지 않고 예전부터 혼자 생각에 잠겨왔다. 예전에는 아무도 생각하지 않았던 것들을 이리저리 짜맞춰보고 있을 뿐이었는데, 테이프 하나로 작동하는 만능기계, 대규모 전자 펄스 기술을 적용할 수 있는 분야, 그리고 암호를 해독하는 사고체계를 '명확한 방법'과 '기계적 절차'로 바꾸는 경험이 그런 것들이었다. 1939년부터 앨런은 기호와 상태, 명령표를 최대한 효율적으로 구체화하는 문제 외에는 거의 관심이 없었다. 그리고 앨런은 이제 그 모두를 완성할 수 있는 단계에 이르렀다.

그리고 그때 전쟁이 끝났다. 앨런의 연구 목적은 실용적인 측면보다는 하디 쪽에 훨씬 더 가까웠다. 길고 긴 계산의 결과를 내는 일보다는 결정론과 자유의지의 역설과 더 관계가 깊었다. 물론 유용한 사용처가 없는 '뇌'에 돈을 지불하려는 사람은 없었다. 그리고 이런 면에서 하디는 수학의 응용에 대한 자신의 관점이 타당하다고 말할 수도 있었다. 1945년 1월 30일 폰 노이만은 에드박의 개발 목적이 3차원 "항공역학과 충격파 문제… 포탄, 폭탄, 로켓 연구… 추진제와 고성능 폭약 분야에서의 진보…"라고 기록했다.[24] 처칠은 그런 것들이 "인류의 진보"라고 말했다. 정말 뇌를 만들려고 한다면 앨런도 힐베르트와 괴델의 논리에서 멀어질 수밖에 없었다.

「에드박에 대한 보고서 초안」에는 (폰 노이만의 관심이 반영된) 좀 더 이론적인 핵심 요건이 있었는데, 그것은 컴퓨터와 인간 신경계 간의 유사점에 주목한 것이었다. '메모리'라는 단어도 바로 이런 측면에서 사용되었다. 그것도 나름대로 '뇌를 만드는 방식'이었지만 그보다 강조한 것은 '마음 상태'에 관한 추상적인 논제가 아니라 입력·출력 메커니즘과 들신경·날신경 간의 유사성이었다. 또한 시카고의 심리학자 매컬로크W. S. McCulloch와 피츠W. Pitts가 논리적인 면에서 신경세포의 활동을 분석하고 신경체계의 상징을 설명하고자 했던 1943년의 논문도 참고했다.

매컬로크와 피츠는 과거 「계산 가능한 수」에서 영감을 받았다. 따라서 매우 간접적인 영향이기는 해도, 에드박 제안서가 나올 수 있었던 것은 어느 정도는 튜링기계의 개념 덕분이었던 셈이다. 하지만 에드박에서 의문점 한 가지는 「계산 가능한 수」를 언급하거나 만능기계 개념을 정확하게 제시하지 않았다는 점이다. 그런데 폰 노이만은 전쟁 전부터 만능기계의 개념에 익숙했으며, 자료와 명령이 다른 방법으로 저장되어야 한다는 가정에서 벗어나면서 이미 튜링기계와의 연관성을 깨달았을 것이다. 로스앨러모스에서 원자폭탄을 연구하며 에니악을 처음 사용했던 프랑켈S. Frankel[25]은 다음과 같은 말을 했다.

> 1943년인가 1944년에 폰 노이만은 1936년에 나온 튜링의 논문 「계산 가능한 수에 관하여On computable numbers」를 잘 알고 있었다… 폰 노이만은 내게 그 논문을 소개했으며 나보고 주의 깊게 검토하라고 당부했다… (분명 다른 사람들에게도 그랬겠지만) 그가 내게 단단히 강조하기를, 기본 구상을 할 때 튜링 덕을 봤다고 했다. 배비지나 러블레이스 백작부인이나 기타 다른 사람의 덕은 아니었다.

그처럼 오즈의 마법사가 도로시에게 무언가를 배웠을 가능성도 있다. 하지만 중요한 점은 영미 양쪽의 계획이 전혀 관련이 없었으며, 그야말로 완전히 별개로 진행되었다는 것이다.[26]

미국이 있는 서쪽 방향으로 어떤 아이디어가 흘러들었든, 「에드박에 대한 보고서 초안」은 최초로 그 아이디어들을 한데 모아 정리한 결과였다. 따라서 다시 한

앨런 튜링의 이미테이션 게임

번, 영국의 독창적인 생각은 막판에 가서 미국에 따라잡혀 빛이 바래고 말았다. 미국인이 승리했고 앨런은 정정당당한 2등이 되었다. 하지만 이 시점에서 미국의 우위는 튜링의 계획에 이익이 될 뿐이었다. 그 덕분에 앨런이 자신의 생각만으로는 결코 누릴 수 없었던 정치·경제적 추진력을 얻을 수 있었기 때문이다.

실제로 앨런 튜링의 삶이 다음 단계로 나갈 수 있었던 것은 전적으로 에니악과 에드박이 나왔기 때문이라고 볼 수 있다. 그 덕에 앨런은 6월 핸슬로프에서 전화 한 통을 받았다. 전화를 건 사람은 국립물리연구소National Physical Laboratory, NPL 수학부서 관리자 J. R. 워머슬리J. R. Womersley였다.

워머슬리는 신설 부서에서 새로 생긴 직책을 맡아 새로 부임한 인물이었다. 국립물리연구소 자체는 신설 기관이 아니었으며, 국가의 후원을 받는 독일 과학연구 조직에 맞서 1900년 테딩턴 교외의 허름한 곳에 설립되었다. 당시 부시 파크 한쪽에 자리 잡고 있었는데, 부시 파크의 상당 부분은 연합국 원정군 최고사령부가 차지하고 있었다. 연구소는 영국에서 가장 큰 정부소속 연구기관이었으며, 영국 산업계를 위해 물리학 표준을 수립하고 관리하는 업무에서 최고의 명성을 누리고 있었다. 연구소장은 1938년 취임한 찰스 골턴 다윈 경Sir Charles Galton Darwin이었는데, 진화론을 주장했던 다윈의 손자였으며 본인도 케임브리지 출신의 유명한 응용 수학자였다. 그는 'X선 결정학' 분야에서 지대한 공헌을 했으며, 『거울 나라의 앨리스』에서 난센스 시詩 '재버워키'를 해석할 수 있었던 '험프티 덤프티'처럼 "실험물리학자들에게 새로운 양자이론을 설명할 수 있는 사람"[27] 대접을 받았다. 그는 전쟁 중에 훗날 워싱턴의 '영국중앙과학 파견단'이 되는 조직의 수장으로 몇 년간 일했고, 영국 해군 최초의 과학고문이 되었다.

어쨌든 국립물리연구소에서 수학부서는 새로 생긴 조직이었는데, 사실 계산업무 종사자들이 만든 베버리지 보고서Beveridge Report(W. H. 베버리지가 1942년 제출한 보고서로 당시 영국의 사회보장제도에서 합리성이 결여되어 있던 여러 제도의 구조나 효율성을 재점검하고, 필요한 개선책을 권고하는 내용이었다—옮긴이)의 산물로, 사회복지 계획에서 계산을 담당하는 곳이었다. 1944년 3월경에는 독립적인 수학연구소를 설립하자는 의견이 제시되었다.[28] 평화를 위한 전시 계획의 모범 사례였던 이 제안은, 평시에는 생각할 수 없었던 부서 간 협력과 조정을 표방하는 대규모 '부서 간 위원회'가 구성되는 시발점이 되었다. 정부는 전쟁에 필요하다고 판단되면 자금을 지원하겠다는 원칙을 수용했으며, 합리적이며 일원화된 조직을 설립하여 군사적인 목적으로 따분한 수치 계산을 대부분 맡았던 여러 임시 기관들의 업무를 떠맡기로 했다. 찰스 다윈 경은 위원회를 설득해서 그 조직을 국립물리연구소의 한 부서 형태로 신설했다.

하지만 핸슬로프에 걸려온 전화는 다윈 경의 명령이 아니라 부하인 워머슬리의 독자적인 판단이었다. 워머슬리는 1944년 9월 27일 새로운 부서의 책임자로 임명되었다. 그는 요크셔 출신으로 몸집이 컸고, 당시 군수성Ministry of Supply 소속이었으며 '부서 간 위원회'의 일원이기도 했다. 워머슬리는 수학 문제에 관해 다윈의 막후에서 영향력을 행사하던 하트리가 추천한 사람이었다. 그리고 1937년 편미분 방정식에 미분 해석기를 적용하는 문제를 두고 하트리와 공동으로 논문을 쓴 것으로 알려졌다.

1944년 10월 신설 부서의 공식적인 연구 프로그램에는 '자동 전화장비의 과학 계산 적용 가능성 연구'와 '빠른 계산에 적합한 전자 계산 장비 개발'이 포함되었다. 이런 말들 뒤에는 미국의 개발품을 모방하려는 한층 명확한 의도가 숨어 있었다. 하트리는 맨체스터대학교에 있을 때 미분 해석기를 만들어 쓰면서 이미 계산 장비에 관심이 있었으며, 전쟁 중에 다양한 과학 프로젝트에 관여했다. 그가 임명된 고위 직책에서는 에이킨의 기계와 에니악에 관한 기밀을 일부 상세하게 들을 수 있었으며, 그런 내용이 1944년 12월 워머슬리의 보고서에 실렸다. 워머슬리의 보고서는 대형 미분 해석기 제작을 강조하면서도 전자 장치의 처리속도가 언급되었고 "기계적으로 특정 주기에 따라 작동하도록 제작할 수 있는 기계… 기계에 입력되는 명령이 이전 작동의 결과에 따라 달라질 수 있는… 그 문제는 이미 미국에서도 씨름하고 있다"라는 내용이 포함되어 있었다. 연구소에서 새로운 부서가 공식적으로 발족되었던 1945년 4월에 보도된 언론 기사[29]를 보면, "미분 해석기를 비롯하여 현존하거나 개발 대기 중인 다른 기계를 포함하는 해석기관… 이 분야는 분

앨런 튜링의 이미테이션 게임

명 크게 발전할 가능성이 있지만, 어느 방향으로 발전해갈지 예측하기는 더욱 어렵다"라는 언급만 있었다. 하지만 그 발전 가능성이 향하는 곳은 서쪽인 듯했으며 1945년 2월 워머슬리는 미국으로 건너가서 두 달간 미국의 전자 계산 장비를 둘러보았다. 그리고 그해 3월 12일 외국인으로서는 최초로 에니악에 접근허가를 받았으며 에드박 보고서에 대한 소식을 듣기도 했다.

워머슬리는 5월 15일 연구소로 돌아와 '계획을 수정했다.' 미국에서 여러 가지를 보고 왔다면 누구라도 진지하게 다시 생각해볼 만했다. 하지만 워머슬리에게는 특히 의미가 컸는데, 비장의 무기가 있었기 때문이다. 그는 전쟁 전에 울리치 아스널Woolwich Arsenal(울리치에 있던 군사 시설로, 병기창고와 군 연구소 등으로 사용되었다—옮긴이)에서 컴퓨터를 이용한 실용적 계산 작업을 하면서 튜링기계를 알게 되었다. 더욱 놀라운 점은 평범한 수학자였던 그가 수학적 논리를 나타내는 난해한 말들에 전혀 주눅 들지 않았다는 것이다. 그의 주장에 따르면,[30]

워머슬리는 1937~1938년 논문 「계산 가능한 수」를 읽었다. 워머슬리는 경마 배당률 계산기 '토털리제이터totalizator' 설계 전문가인 노퍽C. I. Norfolk을 만나 자동 전화장비를 이용해서 '튜링기계'를 만드는 계획을 논의했다. 대략적인 개념도가 준비되었고 NPL에 제안서를 제출하자는 말도 거론되었다. 결론은 기계가 너무 느려서 효과적으로 사용할 수 없다는 것이었다.

1938년 6월 J. R. 워머슬리는 푼돈으로 RD 울리치 사무실에 회전스위치 한 개와 계전기 몇 개를 들여놓았다. 남는 시간에 실험을 해보려는 심산이었다. 실험은 탄도학 업무가 넘치는 바람에 할 수 없었다.

워머슬리는 하버드에서 에이킨의 기계를 본 후, 집에 있는 아내에게 편지를 써서 그 기계가 "튜링의 아이디어를 구현"한 것 같다고 말했다. 그때가 1945년 6월이었다. 그의 설명은 다음과 같았다.

워머슬리가 뉴먼 교수를 만났다.* 뉴먼에게 튜링을 만나보고 싶다고 말했다. 같은 날 튜링을 만나 집으로 초대했다. 워머슬리가 에드박에 대한 첫 보고서를 튜링에게 보여주면서 NPL에 합류하라고 설득했다. 그리고 면접 날짜를 잡으면서 연구소장과 서기관을 설득했다.

앨런은 임시 과학수석 직책을 맡아 연봉 800파운드를 받게 되었다. 이 소식을 전해들은 돈 베일리는 앨런의 직책이 그리 높지 않다고 생각했다. 하지만 앨런은 돈에게 그 직책이 지금 구할 수 있는 가장 높은 직책이며 분명히 몇 주 내로 승진하게 될 것이라고 말했다. 거울 나라의 상점에서 양이 앨리스에게 달걀 값이라며 이야기했던 "하나에 5펜스, 두 개에 2펜스"라는 식으로 터무니없는 수준은 아니었지만, 해군 에니그마 일이 600파운드, 디지털 전자 계산기 일이 800파운드였으니 영국 정부는 분명 튜링을 싼 값에 썼던 셈이다. 앨런이 한번은 워머슬리가 자신에게 "$\cos x$의 적분"을 아느냐고 물었다는 말을 했다. 돈 베일리가 즉각 대답했듯이, 케임브리지의 평범한 수학 우등생은 말할 것도 없고 유능한 보안장교라면 누구에게 물어봐도 알 정도로 터무니없이 소소한 질문이었다. 앨런은 자신의 부주의한 성격을 감안해서 이런 농담을 건넸다. "그런데 제 답이 '틀리면' 어떻게 되는 거죠?"

워머슬리는 신설 부서에 앨런 튜링을 두게 되었다는 기쁨을 동료들에게 내비쳤다. 직책이나 근무 조건에는 별 관심 없었던 앨런도 영국 정부가 만능 튜링기계의 실제 제작을 지원한다고 생각하니 절로 신이 났다. 앨런은 자기 몫을 다했고, 연구소에도 앨런에게 도움이 될 만한 것이 있었다. 국립물리연구소는 "이론과 실제 사이에 놓인 벽을 허물기 위한 목적"으로 설립되었으며 이 목적은 앨런이 하려는 일과 정확하게 맞아떨어졌다. 앨런은 정부조직에 회의적이었지만, 어쨌든 그로부터 기회를 얻었다. 8호 막사의 자리를 깨끗하게 정리하고 조안 클라크와 동료들

---

* 여기서 블레츨리 연구를 둘러싼 비밀이 (다윈과 하트리를 통해, 그리고 아마도 블래킷을 통해서도) 워머슬리에게 상당수 누출되었을 것으로 추측할 수 있다. 그래서 전자식 콜로서스의 존재가 알려졌고, 앨런의 소재도 대략적으로 누출되었을 것이다.

에게 작별인사를 하는 동안, 앨런은 자동 전자 컴퓨터의 미래를 신나게 이야기하면서 그렇다고 수학자들의 일자리가 사라지지는 않을 것이라며 안심시켰다.

1945년 7월 총선거에서 앨런은 노동당에 투표했다. 그는 나중에 "변화가 필요한 시기"였다며 애매하게 말했다. G. H. 하디가 명명했던 "엉덩이가 펑퍼짐한 사람들"(영국 보수당을 일컬음―옮긴이)이 실권을 잡고 있는 동안 불만이 극에 달했던 세대에 속한 사람으로서는 너무나 당연한 일이었다. '작은 밀실'의 갈등은 선거 운동에 반영되었다. 전쟁 탓에 1930년대에 강요되었던 계획과 국가 통제가 막무가내로 추진되면서 사람들을 몰아댔으며, 노동당은 처칠이 해체하자고 권했던 것들을 유지하겠다고 제안했다. 1919년 로이드 조지Lloyd George의 행동과 다름없었다. 하지만 앨런 튜링은 노동당원이 아니었으며 1930년대의 '정치적' 인간도 아니었다. 에드워드 8세의 퇴위는 앨런에게 베버리지 보고서보다 더 큰 자극이 되었다. 버나드 쇼의 숭배자이며 《뉴스테이츠먼》의 독자인 동시에 구체제의 편협한 타성과 맞서는 전시 과학자로서 앨런은 개혁에 찬성했다. 하지만 그가 정말 관심을 둔 것은 무엇을 조직하거나 재조직하는 것이 아니었다.

앨런의 사고방식은 여전히 1945년의 사회경제 계획자들보다는 존 스튜어트 밀의 민주적 개인주의와 공통점이 더 많았다. 하지만 상업적 경쟁에 대해서는 밀과는 달리 관심이 없었다. 사실 앨런은 상업적 경쟁 방면으로는 문외한이었다. 앨런의 인생은 사립학교와 대학교, 정부기관과 얽혀 있었다. 학부생 시절에는 사업을 휴일에나 하는 것으로 생각했고, 뷰텔과 모컴의 작은 회사는 20세기 유행보다는 글래드스턴William Gladstone의 죽음과 함께 대부분 사라져버린 정신을 대변하고 있었다. 그리고 전쟁 중에 장비 납품업자들은 전적으로 정부 계약으로 일했기 때문에 평상시처럼 이익 생각을 할 필요가 없었다.

앨런이 참여했던 주요 개발업무에서 돈이나 상업, 경쟁 같은 것들은 별로 의미가 없었다. 그래서 앨런은 다방면에서 이상주의적인 학부생처럼 일할 수 있었다. 원초적 자유주의를 고집하고 핸슬로프에서 보였듯 '약자를 옹호하는' 모습, 그리고 기본에 절대적으로 집착했던 태도에서 보듯이 앨런의 취향은 밀보다 더 몽상가

적이었다. 사람들은 앨런을 보면서 톨스토이를 떠올렸고,[31] 클로드 섀넌은 앨런을 두고 니체처럼 "선과 악을 초월한 사람"이라고 했다. 하지만 사상이나 정신적인 면에서 이런 위인들보다 더 비슷했던 사람은 정치의식이라는 밀실에 숨어 있을 때가 많았던 19세기 말의 또 다른 인물, 에드워드 카펜터Edward Carpenter였다. 앞서 언급된 유럽 사상가들과 공통점이 많기는 하지만, 카펜터는 톨스토이가 성의 자유를 구속한다며 비판하고, 니체가 오만하게도 남을 지배하려든다며 비판했다. 사회주의가 더 나은 체계organisation라고 여겨지던 시대에, 카펜터는 그런 사회 체계가 아니라 과학이나 성, 단순함에 관심이 있던 (그리고 그것들을 서로 화합시켰던) 영국 사회주의자의 전형이었다. 1844년에 태어난 카펜터가 쓴 글[32]은 제1차 세계대전 중에 세인트레너즈온씨에 살았던 꼬마 앨런에게 딱 들어맞았다. 앨런은 그곳에서 더 훌륭한 사람들의 의견 따위는 아랑곳하지 않으며 살고 있었다.

나는 브라이턴 해변에 앉아 상상하곤 했는데, 이제는 인간의 삶이라는 해변에 앉아 실질적으로 똑같은 상상을 한다. 나는 진정 인생의 목표로 삼을 만한 것이 단 두 가지밖에 없다는 확고한 결론에 도달했노라고 말했던(아니면 약간 더 나중이었는지도 모르겠다) 때를 기억한다. 그 두 가지는 자연의 장관과 아름다움, 그리고 사랑과 우정의 영예와 아름다움이다. 그리고 오늘 나는 여전히 똑같은 느낌을 받는다. 실제로 그것 말고 무엇이 있겠는가? 부와 명예, 탁월한 재능, 안락함, 사치 같은 것에 대한 어리석은 모든 생각은 내게 아무런 가치도 없다! 정말 눈곱만치도 시간을 허비할 필요가 없는 것들이다. 이런 것들은 부차적이며 오직 앞에서 말한 두 가지와 연계될 때만 유용할 뿐, 그렇지 않으면 역겹고 해로운 존재가 되기 쉽다. 자연의 아름다움이나 활력과 한 몸이 되거나 비슷해지고, (하지만 신이여 도와주소서! 지금 당장은 그런 것들과 너무 멀리 떨어져 있습니다) 우리가 사랑하는 사람들과 하나가 되는 것 말고 우리 삶에서 궁극적 목표가 또 무엇이 있으랴? 게임이나 시험, 교회나 예배당, 지방자치의회나 금융시장, 신사 모자와 전화기 그리고 밥벌이를 해야 하는 이유까지도, 그것들 모두가 궁극적으로 그 두 가지 목표를 위한 것이 아니라면 무슨 소용이 있겠는가?

앨런 튜링의 이미테이션 게임

앨런의 소소한 단점과 우스꽝스러운 일화, 그리고 외모나 행동에 관한 호들갑 뒤에는 다음과 같은 사실이 있었다. 앨런이 꼬마였을 때는 다른 사람의 인생관이 자신과 다를 수 있음을 이해할 수 없었으며, 33세가 되어서야 나치 독일과 전쟁을 하면서 첫 번째 원칙에 대한 집착을 잊을 수 있었다.

카펜터도 앨런과 비슷한 구석이 있었다. 그도 케임브리지 수학자였으며 결정론적 세상에서 관심사도 앨런과 비슷했다. 출신 배경도 중상류 계층으로 비슷했고 신체 발달에 관한 관심사도 비슷했다. 카펜터도 자신이 동성애자임을 깨닫는 과정에서 기독교 신앙을 버렸다. 1895년 출간된 카펜터의 책 『동성애Homogenic Love』는 (고대 그리스가 아니라) 당대의 심리학 및 사회적 맥락에서 동성애적 욕망을 다룬 최초의 영어 저술이었다. 케인스가 훨씬 더 개인적인 차원에서 '일반적 규칙'을 거부했듯이, 카펜터도 그 책에서 '틀에 박힌 도덕률'에 공세를 가했던 것이다. 카펜터가 동성애자들에게 나름 특별한 본분이 있다는 생각을 완전히 버린 것은 아니었지만, 그의 주장을 요약하면 "동성애"가 일반적인 의사소통과 인생의 "창의적인 무질서 상태"의 일부이며, 그 자체로 선이나 악이 아닐뿐더러, 사교적이고 이기적이며 난잡한 면에서도 다른 것과 다를 바 없다는 것이었다.

이런 생각들이 1945년 앨런 튜링의 관점이었는지도 모른다. 만일 앨런이 가끔 자신의 성적 취향을 무거운 짐으로 여겼다 해도, 인생에서 점차 어쩔 수 없는 현실이 되었을 것이다. 누가 시키지 않았는데도 도덕을 초월하는 자연과학을 사랑하게 되었듯이 말이다. 하지만 1945년 앨런은 이런 관점을 옹호하면서 50년 만에 카펜터보다 동성애에 관한 의견을 공개적으로 더 뚜렷하게 밝힌 인물이 되었다. 전쟁의 현대성이라고 해서 이런 사실을 모두 바꿔놓지는 못했다. 그리고 앨런의 성의식이 확고해졌던 1933년 이후부터는 "반쯤 플라토닉한 감상벽"만 용인되었다.* 물론 다른 동성애자들은 앨런과는 달리 동성애자가 아닌 척하는 편이 더 낫다고 생각했다. 그러는 쪽이 세속적인 관점에서는 더 현명했는데, 당시만 해도 동성애

---

* 실제로 1945년 알렉 워의 동생 이블린 워는 형의 "반쯤 플라토닉한 감상벽"을 다시 논의했다.

는 공산주의자들보다 더한 금기였기 때문이다. 그래서 전자공학 혁명에도 영향받지 않았으며 1945년에 벌어진 수많은 토론회에서도 거론되지 않았다. 정치적인 사람들에게는 관심사가 아니었다. 하지만 앨런 튜링은 그렇지 않았다.

초기 노동당은 더욱 단순한 삶과 '새로운 도덕New Morality'이라는 카펜터의 이상에 개방적인 입장이었다. 삶의 목적이 무엇이며 사회주의가 어떤 역할을 할지 우직하면서도 명쾌하게 묻는 그의 질문은 좀 더 순수했던 시대에 일익을 담당했다. 1924년 노동당이 집권했을 때, 첫 내각에서 카펜터의 여든 번째 생일을 맞아 축전을 보낼 정도였다. 하지만 1930년대 들어 카펜터는 좌절을 맛보아야 했다. 1937년 조지 오웰은 『위건 부두로 가는 길The Road to Wigan Pier』에서 당시까지 남아 있던 카펜터식의 비실용적이며 사람들을 미혹시키는 순진함을 이렇게 비웃었다.

> '사회주의'와 '공산주의'라는 말만으로, 영국에서 과일 주스를 마시는 상류층이나 나체주의자, 샌들을 신은 사람들, 섹스 중독자, 퀘이커교도, 자연요법주의자, 평화주의자, 페미니스트들이 자석처럼 끌려오는 것 같다.

1944년 카펜터 탄생 100주년을 회고했던 사람은 사회주의자라기보다는 자유주의자였던 포스터였다. 그는 사람들의 기억에서 사라진 카펜터에게 조심스럽게 찬사[30]를 보냈다. 그와 로즈 딕킨슨은 둘 다 카펜터의 사상에 영향을 받았다. 여전히 출간되지 않은 『모리스』에서, 포스터가 그린 푸른 숲에서의 행복한 목가적인 결말은 한 노동계급 청년과 셰필드 인근에서 살았던 카펜터의 다소 불명예스러웠던 삶에서 따온 것이었다. 또한 킹스 칼리지가 꽉 막히지 않고 성적인 차이에 개방적일 수 있었던 것도 카펜터의 유산 덕분이었다.

노동당에서는 여전히 카펜터의 노래 〈잉글랜드여 일어나라!England Arise!〉는 물론 〈붉은 깃발The Red Flag〉도 불렸지만, 1945년 두 노래의 정서보다 새로운 사람들과 현대적인 방식의 영향력이 커지면서 입장을 바꾸게 되었다. (카펜터가 바라던 방식은 아니었지만) 이제는 정치적으로 과학의 중요성을 인식하게 되었던 반면, 성이나 단순함의 중요성은 감소했다. 1937년 최초의 대형 계산기가 산술계산에서 계전기 경쟁의 첫발을 떼던 무렵, 조지 오웰은 간소하게 사는 사람들이나 채식주의자만큼이나 '기계화, 합리화, 현대화'라는 신조도 혐오스러워했다. 하지만 그 신조는 전쟁이 발발하면서 힘을 얻었는데, 그럴 만한 이유가 있었다. 사실 영국은 그런 신조가 없었다면 전쟁에서 패배했을 것이기 때문이다.

오웰은 영국의 "평범하고 품위 있는" 사람들에게 호소하여 여론이 양분되는 사태를 막으려 했다. 앨런 튜링도 그러고 싶었을지 모르겠지만, 그의 머릿속은 온갖 비범하면서도 부적절한 모순들로 가득 차 있었다. 그 모순이란, 전쟁을 통한 '기계화, 합리화, 현대화'가 크게 발전하면서 지금까지 구상되었던 것 중에 가장 위대한 또 다른 발전이 이루어지고 있는데, 자신은 "자연에서 가장 흔히 볼 수 있는 것"을 여전히 갈망하고 여전히 오웰이 "섹스 중독자"라고 표현하는 존재라는 것이었다. 앨런은 이런 상황에서 벗어날 수 없었으며 마음속에서 반쯤은 정부에 매여, 마음 가는 대로 자유롭게 활동할 수 없었다. 앨런은 오웰과는 다른 방식으로 행동했고 되돌아올 수 없는 지점을 지나게 되었다.

앨런의 인생에 역설이 유독 많기는 했지만, 그렇다고 그런 역설이 앨런에게만 있는 것은 아니었다. 전쟁은 '틀에 박힌 도덕률'에 큰 타격을 주었고 사회 변화는 더욱 빨라졌다. 낡은 권위에는 의문이 제기되었고, 재능 있는 사람들이 새롭게 채용되었다. 사람들 모두 구체계의 결함을 인식하게 되었으며 생존에 필요하다면 체계도 바뀔 수 있다는 사실을 서서히 알게 되었다. 보수 세력에 실망한 영국 사회는 두 번째로 더 철저한 개혁이 진행되었고, 이번에는 평시에 배제되었던 보통 사람들, 청년층, 그리고 여성들에게까지 지식이나 사상이 전파되었다. 블레츨리 파크에도 다른 곳처럼 이런 변화가 일어났다. 늘 '교수 유형의 사람들' 일색이었던 곳에 열여덟 소년과 '여성 수학자', 하위 계층 출신 우체국 엔지니어들이 나타나서 하나같이 모두 중요한 역할을 담당하게 되었다.

또 다른 면에서, 매우 한정된 공공복지를 공유하자는 공동체 의식이 생겨나 사람들은 "에너지 낭비를 최소화하자"라는 앨런의 생각에 공감하게 되었다. 그의 생각은 검소하고 엄격하지만 즐거움을 멀리하지는 않았다. 비밀정보부의 기술적 음모와 관련 있는 핸슬로프 같은 곳에서도 '광란의 밤'을 즐기거나 휴일 등산, 버섯

요리, 게임이나 독학 등 카펜터가 "삶의 단순화"라며 꽤나 열성적으로 설명했던 좀 더 향상된 가치를 누리게 되었다.

새로운 정신이 나타났지만 그 새로운 정신은 아직 기계 안에 있었다. 크게 확장된 국가 기구와 더욱 중앙 집중화된 경제는 정보와 조정이 중요했던 거대한 전쟁의 유산이었다. 이번에는 예전으로 돌아갈 수 없었다. 그리고 어니스트 베빈Ernest Bevin에게 영감을 주었던 것은 노동자를 통제하는 감시의 눈길이 아니라 기계였다.[34] "이윤을 따지는 계산과 과거의 진보를 엉망으로 만들었던 다른 모든 것들은 사라져야 하며 우리의 관리자와 기술자들의 위대한 천재성이 유감없이 발휘되어야 한다…" 그 말은 사실이었다. 소모적인 경쟁과 절약을 지나치게 강조한 탓에 망가져버린 경제 상황에도 불구하고, 정부신호암호학교와 우체국은 눈부신 업적을 이룰 수 있는 역량이 있음을 증명했다. 그리고 이제 전자 컴퓨터 개발업무는 공공의 이익을 위해 국립물리연구소로 이관되고 있었다. 여기서 형식적이나마 격려의 말을 전할 만한데, 포스터의 말을 빌리면 '경영사회주의managerial socialism'에 보내는 격려였다. 하지만 관리와 기술이 아무리 중요하다고 해도 그것이 전부가 아니었다. 뭔가 다른 것이 있었다. 사람들이 다른 전쟁이 끝나기를 기다리던 그때, 무엇인가 사라져가고 있었다.

히틀러가 물러나면서, 이번에는 공산주의와 자본주의 전쟁이 재개될 수도 있는 상황이었다. 영국의 총선 결과가 발표되었고, 수상이 된 애틀리Clement Attlee가 처칠 대신 포츠담 회담에 참석했다. 같은 시간에 앨런 튜링은 독일로 갔다. 독일의 진보된 통신기술에 대한 보고서를 작성하기 위해 영국인 5명, 미국인 6명으로 구성된 전문가 집단과 함께였다. 영국 측 일원 중에는 플라워스도 있었다. 사람들은 7월 15일 영국을 출발해 어느 쾌청하고 더운 날 파리에 도착했다. 그곳에서 미국인들을 만나기로 되어 있었지만, 군사령부에서 미국인들의 인적사항을 몰랐던 탓에 하루 쉴 수밖에 없었다. 오후 늦게야 런던에서 전문이 와서 앨런 일행은 군 임시 주둔지인 마들렌 인근 호텔로 갔다. 다음 날 일행이 프랑크푸르트의 이게파르벤I. G. Farben(독일의 화학기업 카르텔―옮긴이) 건물에 있는 미군 사령부에 도착보고를 했을 때도 같은 일이 벌어졌다. 그곳은 패튼 장군의 작전지였는데, 일행은 패튼군 참모의 허가 없이는 바이에른 주로 들어갈 수 없으며, 이를 어겼다가는 헌병대에 체포될 수 있다는 경고를 받았다. 하루가 지난 뒤, 앨런 일행은 지프를 타고 포탄 구멍이 숭숭 뚫린 길을 따라 '죽어라' 달려 해지기 전에 320킬로미터 떨어진 목적지에 도착했다. 중간에 헌병 검문을 37번이나 받았는데, 일행이 다들 민간인이라 철모를 쓰지 않고 있었기 때문이었다.

그렇게 앨런 튜링은 미군의 감시하에 지프를 타고 폐허가 된 가우스와 힐베르트의 땅으로 다시 들어갔다. 일행은 바이로이트 시 인근 에베르만슈타트에 있는 통신연구소로 향했다. 연구소까지는 산길로 300미터 정도 힘들게 올라가야 했다. 예전에는 병원이었던 곳으로 지붕에는 빨간 십자가가 그대로 남아 있었다. 일행은 그대로 병원 침대에 누워 잠을 청했다. 마을에서 온 여자가 비누 조각을 받은 답례로 일행의 빨래를 해주었다. 일행 중에서 암호에 관심이 있는 사람은 앨런과 플라워스뿐이었고 나머지 일행은 (그들이 아는 바로는) 그런 사실을 몰랐다. 포로로 잡힌 독일 과학자 한 명이 피시와 비슷하게 생긴 암호 기계를 자랑스레 보여주며 키가 반복되는 일 없이 어떻게 암호화 작업을 수백만 번이나 할 수 있는지 설명했다. 그럼에도 독일 수학자들이 암호 기계를 마음 놓고 사용할 수 있었던 기간은 2년 남짓이었으며, 그 뒤로는 적에게 해독될 가능성이 있을 것으로 생각했다는 말을 듣자, 앨런과 플라워스는 눈을 껌뻑대며 말했다. "정말입니까!"

앨런 일행이 그곳에서 머무는 동안, 버섯구름이 피어오르면서 1939년의 무모한 예언이 현실화되었다. 얼마 전까지만 해도 하디가 아무짝에도 쓸모없다고 단언했던 양자역학의 시대가 도래했다. 새로운 사람들이 하고 있던 연구가 드디어 외부로 알려졌다. 어느 높이에서 폭탄을 터뜨려야 가장 큰 피해를 입히는지에 대해 모리스 프라이스가 영국 연구기관에서 초기 연구를 진행했고, 마무리 작업에는 폰 노이만이 손을 보탰다. 버섯구름은 이제 저물어가고 있는 '제국'에 뒤늦게 합류하려는 제2의 적(일본을 의미함—옮긴이)을 가볍게 제압하고 새로운 제국의 탄생을 예고했다. 미국은 전쟁의 마지막 문제를 해결했다. 하지만 1943년 연합국 편에서 에니그마에 대한 연구성과가 쏟아져 나오지 않았다면, 1945년 들어 전쟁의 국면은 달라졌을지도 모른다. 기습적인 유보트 무리가 들끓는 지역이 원자폭탄의 첫 번째 목표가 되었을지도 모를 일이다.

엄청난 기밀이 드러난 셈이었다. 아니, 기밀이 있다는 사실이 알려졌다는 말이 적당할 것이다. 그 탓에 상황이 크게 달라졌다. 미군이 에베르만슈타트 연구소에 와서 이런 사실을 전했지만, 앨런은 놀라지 않았다. 전쟁 전에 그 가능성을 이미 알았던 데다가 귀동냥으로 소문을 들었기 때문이었다. 앨런은 미국에서 돌아온 후에 잭 굿과 숀 와일리에게 화약통을 기준으로 들면서 연쇄반응에 대해 물어봤었고, 핸슬로프에서 점심을 먹으며 'U-폭탄'의 가능성을 이야기한 적이 있었다. 앨런은 에베르만슈타트의 다른 사람들에게 기초 물리 법칙에 대해 설명했다.

앨런은 대략 8월 중순까지 독일에 머무른 다음, 복귀해서 보고서를 썼다. 6년에 걸친 전쟁은 공식적으로 종료되었다. 앨런은 독일에 점령되어 있던 국가를 해방시키는 데 도움을 주었고 양키들에게 승리를 안겨주었다. 그리고 간접적으로 앨런의 연구는 '동물 농장'의 울타리를 새로 정하는 데 일조했을 것이다. 하지만 블레츨리 파크에서 새로운 사람들이 1920년대 정치 구도를 되살릴 방안을 남겼음에도, 1945년에 동부 유럽의 상황에 대한 논의는 거의 이루어지지 않았다.

이제 더 이상 세상을 책임질 필요는 없으므로, 그들은 국내 상황을 바로잡을 여유가 생겼다. 이런 측면에서 앨런 튜링은 여느 사람들과 마찬가지로 운이 좋았다. 직접 수행했던 연구는 외면받기 일쑤였지만, 앨런은 스스로 전쟁을 최대한으로 활용했고 이제는 기꺼이 평화에 힘쓸 준비가 되어 있었다. 영국인들은 전쟁에서 패배를 면했고, 그 점에서는 미국의 신세를 졌다. 미국의 무기대여가 끝난 것은 새로운 문제의 시작에 불과했다. 영국 자본의 영향력은 축소되었고 대영제국은 사라질 운명이었다. 하지만 사람들의 마음속에서는 다른 성장의 씨앗이 무력무력 자라기 시작했다.

제6장

물거품이 된 ACE

광활하고 장대한 평화의 시절을 거닐며,
(전쟁의 유혈 투쟁은 끝이 났으니, 훌륭한 이상은 어디 있는가.
큰 난관을 헤치고 이제 막 영광스럽게 승리했도다.
이제 성큼성큼 걸어나가지만, 어쩌면 다른 전쟁과 마주칠지도 모르니,
어쩌면 다른 그 무엇보다 더 끔찍한 다툼과 위험,
길고 긴 전쟁과 울부짖음, 그리고 어려움이 닥칠지도 모른다.)
주위에서 들려오는 것은, 정치가 만들어내는 세상의 박수갈채와,
세상 만물, 과학에 대한 선언들,
성장하는 도시와 널리 퍼져가는 발명에 관한 소식.

배들이 보이고, (몇 년은 충분히 항해할 테지)
감독과 일꾼들이 일하는 커다란 공장.
온갖 종류의 선전이 들리고, 그 말에 반대하지 않는다.

하지만 나는 확고한 생각을 큰 소리로 알린다.
과학, 선박, 정치, 도시, 공장은 무의미하지 않다.
멀리서 나팔을 연주하며 위풍당당하게 걷는,
그리고 실제보다 더 화려해 보이는 웅장한 행렬처럼,
그들은 현실에 있다. 모두가 원래 모습 그대로이다.

그러면 내 현실은,
나의 현실보다 더 현실적인 것은 무엇이 있을까?
자유와 신성한 평범함, 그리고 지구상의 모든 노예에게 자유가 있기를.
환희의 약속과 현자들의 통찰, 영적인 세계, 백 년 동안 지속되는 노래들,
그리고 우리의 미래, 시의 미래, 무엇이든 가장 굳건한 선언들.

앨런 튜링은 국립물리연구소NPL에 채용될 때까지 만능기계를 실제로 만들려는 생각을 미뤄둘 수 없었다. 특히 만능기계 제작에서 가장 중요한 문제인 저장 메커니즘이나 '테이프'에 관해 돈 베일리와 상의했다. 두 사람은 생각해볼 수 있는 모든 형태의 개별 저장소에 관해 이야기했다. 예컨대 자기 기록방식도 거론했다. 예전에 독일군에게서 빼앗은 최초의 실용 테이프 녹음기 '마그네토폰Magnetophon'(케이스가 없이 개방된 릴에 감겨 있는 자기 테이프를 사용하는 릴 테이프 녹음기—옮긴이)을 본 적 있었다. 하지만 자기 테이프는 이론상의 만능 튜링기계에서 사용하는 테이프와 매우 흡사해서 근본적으로 적용이 불가능했다. 앞뒤로 물리적인 움직임이 너

앨런 튜링의 이미테이션 게임

무 많았기 때문이다.* 그 대신 앨런이 때마침 알게 된 다른 방법을 사용했는데, 그것은 바로 '초음파 지연선acoustic delay line'이었다.

초음파 지연선은 음파가 몇 센티미터 길이의 파이프를 따라 이동할 때 이동시간이 대략 1,000분의 1초 정도 걸리는 원리를 응용한 것이다. 파이프에 1,000분의 1초 동안 음파가 저장되는 셈이다. 이 원리는 이미 레이더에 적용되었는데, 지연선에 저장된 정보를 이용하여 마지막으로 물체를 탐지한 뒤로 변화가 없는 레이더 신호를 모두 상쇄하는 방식이었다. 그런 식으로 레이더 화면에 새로 생기거나 상태가 변경된 물체만 표시할 수 있었다. 전자 컴퓨터의 펄스 신호를 저장하는 데 지연선을 사용하는 아이디어를 내놓은 사람은 에니악 팀의 에커트였다. 그에 딸린 아이디어도 몇 가지 있었다. 파이프나 지연선은 펄스를 불과 100만 분의 1초 간격으로 정확하게 전달해야 했다. 1,000분의 1초뿐만 아니라 무한정 저장해야 할 때도 있었는데, 그럴 때는 지연선을 통해 반복해서 신호를 재순환시켰다. 이 과정이 제대로 되지 않으면, 펄스는 금방 희미해져서 식별할 수 없게 되었다. 따라서 지연선 끝에 도착하는 (다소 약해진) 펄스의 존재를 감지하고 다시 명료한 펄스를 생성할 수 있는 전자 장치를 고안해야 했는데, 전신 중계기telegraph repeater로 사용되는 계전기와 똑같은 역할을 하는 일종의 전자 장치라고 할 수 있었다. 여기에 컴퓨터의 나머지 부분에서 오는 펄스를 받아들이고 필요에 따라 받아들인 펄스를 다시 전송하는 기능을 합쳐야 했다. 당시 음파 전달에 공기 외에 다른 매개체를 사용하는 것이 효과적이라고 알려져 있었으며, 레이더 시스템에서는 그 매개체로 이미 수은을

---

* 이상하게도, 두 사람은 훗날 '자기 코어 기억장치magnetic core storage'가 되는 기술을 고려하지 않았다. 그런데 둘 다 전류가 흐르는 도선을 감은 도넛형 자기 코어의 특성은 훤히 꿰고 있었다. 도널드 베일리는 종종 딜라일라 일을 미뤄놓고 광대역 무선주파수 변조기 설계작업을 해야 했는데, 그 변조기에 도넛형 자기 코어가 쓰였기 때문이었다. 이 작업에 사용되는 자기 코어는 자기 이력hysteresis(가해진 자기장에 대해 비선형적으로 자화가 이루어지는 현상을 말한다. 일반적으로 자화는 자기장에 비례하지만 강자성체 등의 물질에서는 자기장을 가해준 후 제거해도 자화가 사라지지 않고 남아 있게 되는데 이를 잔류자화라 하며 이러한 비선형효과를 자기 이력이라 한다―옮긴이)이 낮은 것을 선택한다. 그래야 신호의 손실 없이 신속하고 정확하게 응답할 수 있기 때문이다. 두 사람이 자기 코어 제조사의 제품 목록을 살펴보니 응답성이 덜 선형적이며 가리키는 방향이 '북쪽'이나 '남쪽' 둘 중 하나인(즉, 이산적인―옮긴이) 제품은 눈에 띄지 않았다. 그런 제품이어야만 저장소에 필요한 이산적인 '켜짐 또는 꺼짐' 방식으로 사용될 수 있었다.

사용하고 있었다. 빠른 속도로 연락을 전하는 머큐리Mercury(로마 신화에 나오는 이름이며, 그리스 신화의 헤르메스에 해당함—옮긴이) 신의 이름을 따서 명명된 수은은 향후 몇 년간 개발 과정에서 계속 문제를 일으키게 된다.

이런 방법은 현존하는 기술 중에서 비용이 적게 드는 매력적인 방법이었으며 「에드박에 대한 보고서 초안」에 임시로 채택되기도 했다. 보고서 초안이 나왔던 1945년 9월, 앨런과 돈은 핸슬로프에서 그 원리를 실험해보기도 했다. 돈 베일리는 판지로 지름 20센티미터, 길이는 연구실 안에 꽉 찰 정도인 3미터 정도의 원통을 대충 만들었고, 앨런은 초재생 증폭기super-regenerative amplifier(특별히 민감한 형태의 증폭기로 당시 크게 유행했다)를 설계했다. 두 사람은 원통의 한쪽 끝에 달린 마이크와 반대쪽 끝에 달린 스피커를 증폭기에 연결했다. 아이디어는 간단했다. 지연선 원리에 따라 공기 중에서 음파를 재순환시키는 것이었는데, 한쪽 끝에서 손뼉을 치면 인공적인 반향 수백 개가 생길 것으로 예상했다. 하지만 별다른 성과를 올리지 못한 채, 앨런은 핸슬로프를 떠나 1945년 10월 1일부터 공식적으로 NPL에서 일하게 되었다. 그렇기는 해도 앨런은 그 실험 덕분에 논리적으로나 물리적으로나 많은 아이디어를 갖고 NPL로 갈 수 있었다. 1938년의 순수 수학자의 모습과는 크게 달라져가고 있었다.

수학부서를 새로 구성하면서, 워머슬리는 전쟁 수행을 위해 개발되었던 수치계산 분야에서 전문가들을 채용할 수 있었다. 그의 부서는 서구에서 가장 영향력이 큰 기관으로 미국 국립표준사무국National Bureau of Standards과 쌍벽을 이루던 '해군성 계산 서비스Admiralty Computing Service'의 업무를 넘겨받았다. 신설 수학부서는 실제 탁상용 계산기를 사용해서 계산을 '하고 있었지만', 대규모 계산을 하기에는 적합하지 않았다. 그 문제는 앨런이 1938년 리만의 제타함수를 계산할 때 부딪혔던 문제와 거의 비슷했다. 순수 수학을 모두 활용한다 해도, 나중에 공식이나 연립 방정식에 실제 숫자를 대입해야 하는 문제가 여전히 남아 있었다. 탁상용 계산기로 그런 대체 계산을 실제로 하는 일은 그리 재미있는 작업은 아니었다. 하지만 그런 계산 작업을 가장 효율적으로 구성하는 방법은 추상적인 문제에 가까웠으며, '수치해석 numerical analysis[*]'이 바로 그런 연구를 하는 수학 분야였다. 한 가지 특별한 문제는 각종 방정식과 공식이 대개 정밀도가 무한한 '실수'를 다루지만, 현실적으로 계산을 할 때는 소수점 이하 자릿수가 아무리 많아도 유한한 수로 표현되므로 계산 과정이 진행될 때마다 오류가 생긴다는 점이었다. 그런 오류가 어떤 영향을 미칠지 추론하여 최소화하는 것이 수치해석에서 중요한 작업이었다. 자동 전자 컴퓨터가 수학자들을 완전히 대체할 수 없다는 앨런의 말도 어느 정도는 그런 상황을 염두에 둔 것이었다.

그런 작업을 수행하고 있던 파트의 관리자는 학부 시절부터 앨런과 알고 지낸 동기이며 1934년 B-스타 우등졸업생인 '찰스' 굿윈E. T. 'Charles' Goodwin이었다. '통계'와 '천공 카드'를 담당하는 다른 파트 두 곳도 앨런에게는 관심의 대상이었는데, 앨런은 그 파트에 있는 천공 카드 장비를 자신의 기계에 입력 장치로 점찍기도 했다. 하트리 미분 해석기 운용 요원들로 구성된 네 번째 파트는 당분간 맨체스터에 남아 있기로 했다. 그리고 다섯 번째 파트에는 앨런 혼자 있었다. 그해 말 수학부서의 직원은 모두 27명이었는데, 규모가 큰 대학교의 학과 인원과 비슷한 수준이었다.

3월에 NPL에서는 부지 주변에 있는 빅토리아풍 저택인 테딩턴 홀과 크로머 홀을 사들였고, 10월에는 신설 부서 전체가 크로머 홀로 이주했다. 앨런은 북쪽 부속 건물에 있는 작은 방을 썼다. 찰스 굿윈과 동료 레슬리 폭스Leslie Fox는 건너편 방에서 행렬의 '고윳값eigenvalues'을 찾는 최선의 방법을 연구하고 있었다. 항공기 설계에서 공진 주파수共振周波數(고유의 진동수 혹은 주파수를 가진 어떤 물체에 외부에서 특정 주파수가 가해졌을 때 진폭이 커지면서 점차 확대되는 경우가 있는데, 그때의 주파수를 말한다―옮긴이)를 찾는 데 필요한 연구였다. 그해 가을에는 앨런이 어찌나 요란하게 타자를 쳤던지 그 소리가 두 사람이 있는 방에서도 들릴 정도였다.

앨런은 부시 파크 주변 햄턴 힐 근처에 있는 게스트하우스에서 지냈으며 전시에 그랬던 것처럼 계속 옷가방 하나만 갖고 살았다. 전쟁이 끝나고 평화가 오면서 앨

---

* 하지만 수학의 한 분야로 볼 때, 수치해석의 평가는 매우 낮아서 대부분의 대학 수학자들은 통계론theory of statistics보다 흥미가 떨어진다고 생각했다.

런은 군 장교의 관리를 받는 대신 과학자들의 지시를 받았다. 앨런이 기대했던 것만큼 큰 변화는 아니었다. 꼬박꼬박 '상사'라고 불렀던 워머슬리는 사실 알고 보니 앨런이 '사이비'라고 경멸하는 부류의 전형이었다. 활력 넘치는 사람에다가 비전도 없지는 않았지만, 앨런이 보기에 워머슬리는 그런 직책에 있는 사람에게 필수인 탄탄한 과학 지식을 갖추지 못했다. 따라서 1945년 초반 워머슬리가 많은 돈을 써가면서 오랜 기간 미국에 갔던 일은 과학적인 면에서는 헛수고였다. 워머슬리에게는 미국에서 본 것을 자세하게 기록할 정도의 전문 지식이 없었기 때문이다. 플라워스와 챈들러는 9월과 10월에, 당시 진행하고 있던 군용 특수목적 계산기 연구와 관련해서 워머슬리의 기록을 찾아보는 대신 에니악을 직접 보러 갈 수밖에 없었다. 조직관리 측면에서 워머슬리의 재능은 유명 인사를 잘 아는 것처럼 이름을 들먹이고 부드러운 열정을 보여주며, 주요 인사들을 편안하게 대접하고 무엇을 보고해야 할지 잘 아는 외교적 감각이었다. 하나같이 앨런이 중요하게 여기는 기술은 아니었는데, 앨런에게 그런 기술이 없어서라기보다는 정당한 주장 외에 어떤 무기가 더 필요한지 여전히 이해할 수 없었기 때문이었다. 얼마 지나지 않아 앨런은 사무실에서 워머슬리에게 노골적으로 무례하게 굴기 시작했는데, "원하는 게 뭡니까?"라며 쏘아붙인다거나 워머슬리가 이야기에 끼어들려고 하면 바로 등을 돌리는 식이었다. 나중에 직원들끼리 내기를 하기도 했는데, "아무리 별 볼 일 없는" 것이라도 좋으니 워머슬리에게서 방정식을 하나라도 받아내는 사람이 이기는 내기였다. 하지만 "참여하려는 사람이 적어서" 내기는 무산되었다. 반면 워머슬리는 방문객에게 크로머 하우스를 안내할 때면 지나칠 정도로 경외감을 표하면서 멀리 앨런의 사무실을 가리키고는 이렇게 말하곤 했다. "아, 저곳이 튜링의 사무실입니다. 절대 방해하면 안 됩니다." 마치 진기한 동물 전시품이라도 보고 있는 듯한 말투였다.

워머슬리가 과학 지식이 뛰어나고 컴퓨터를 어떻게 만들어야 하는지에 대해 나름의 관점이 있었다면, 앨런의 계획에 도움은커녕 방해가 되었을지도 모른다. 하지만 워머슬리는 앨런의 계획에 대해 최소한 기술적인 면에서는 거부감이 없었다. 그 대신 무엇이든 제일 마지막 제안을 수락하려는 버릇이 있었다. 그는 머리

앨런 튜링의 이미테이션 게임

글자를 따서 앨런의 전자 컴퓨터 프로젝트 명칭을 지을 때, 영혼이 없는 듯한 에니악이나 에드박 같은 이름보다 더 멋진 이름을 만들기도 했는데, 그것이 바로 배비지의 '기관engine'에서 따온 '자동 계산 기관Automatic Computing Engine', 즉 ACE였다. 앨런은 이것이 ACE 프로젝트에 대한 워머슬리의 유일한 공헌이었다고 자주 말하곤 했다. 앨런은 ACE라는 이름을 듣고, 전자를 발견하지는 않았지만 그 이름을 지었던 옛 과학자 조지 스토니George Johnstone Stoney를 떠올렸다. 사실 워머슬리는 앨런의 프로젝트가 승인받을 수 있도록 상당한 정치 수완을 발휘했다. 그의 책상에 『카네기 인간관계론How to Win Friends and Influence People』이 괜히 꽂혀 있는 것이 아니었던 셈이다. 하지만 앨런은 그런 수완에는 아랑곳하지 않았다. 정치적인 사람과는 여전히 거리가 멀었다.

NPL에서 앨런의 첫 임무는 전자 만능기계의 상세 설계 및 운영 방식을 설명하는 보고서[1] 작성이었다. 놀랍게도 앨런이 제출한 보고서에는 「계산 가능한 수」가 언급되어 있지 않았다. 대신 「에드박에 대한 보고서 초안」과 연계해서 읽어야 한다는 말이 들어 있었다. 하지만 ACE 보고서에는 충분히 독자적인 내용이 담겨 있었고, 그 근본은 에드박이 아니라 앨런 자신의 만능기계였다. 이 시기에 작성된 몇몇 단편적인 기록[2]을 보면 그 사실은 더욱 명확해진다.

…「계산 가능한 수」에서는 저장되는 모든 것이 한 줄로 배열된다. 그래서 접근 가능 시간은 사실상 저장된 정보의 양에 정비례하게 된다. 본질적으로 시간 간격에 저장된 숫자 개수를 곱하는 것이다. 「계산 가능한 수」에 나오는 배열이 실용적인 기계의 형태를 나타낸다고 볼 수 없었던 중요한 이유가 바로 여기에 있었다.

당시 앨런이 쓴 보고서 첫 문단에도 그런 의미가 내포되어 있었는데, 새로운 문제를 어떻게 "사실상 문서 작업만으로" 해결할 수 있는지 예를 들어가며 이렇게 설명했다.

이게 가능하다는 사실이 다소 놀라워 보일지도 모릅니다. 기계 한 대로 이렇게 여러 종류의 일을 모두 처리할 수 있다고 어떻게 예상할 수 있을까요? 답은 아주 단순한 작업을 처리하는 기계를 고려해봐야 한다는 것입니다. 다시 말해 기계는 스스로 이해할 수 있는 표준 형태로 입력된 명령을 수행하는 것이죠.

하지만 앨런은 1년 뒤 1947년 2월에 ACE의 기원을 설명하면서 이런 생각에 대해 더 자세하게 설명했다.[3]

몇 년 전에 저는 요즘말로 하자면 디지털 계산기의 이론적 가능성과 한계에 대한 조사라고 표현할 수 있는 연구를 진행하고 있었습니다. 제가 고려했던 것은 무한 테이프에 담긴 무한 메모리와 중심 메커니즘을 갖춘 기계였습니다. 이런 유형의 기계는 충분히 범용적인 것 같았습니다. 제 결론은 인간이 '어림짐작rule of thumb을 하는 과정'과 '기계의 처리과정'이 개념적으로 같다는 것이었죠. '기계의 처리 과정'이라는 표현은 물론 제가 생각했던 기계가 수행할 수 있는 처리 과정을 의미합니다… ACE 같은 기계*는 바로 이런 종류의 기계를 현실에서 구현한 것이라 할 수 있습니다. 최소한 매우 닮았죠.

디지털 계산기에는 보통 중심이 되는 메커니즘과 제어장치, 그리고 대용량 메모리가 있습니다. 메모리는 무한할 필요는 없지만 용량이 매우 커야 합니다. 일반적으로 무한 테이프를 메모리로 쓰는 방식을 실제 기계에서는 구현할 수 없는데, 그때그때 필요한 정보가 저장된 특정 위치를 찾아 테이프를 아래위로 움직이려면 시간이 많이 걸리기 때문입니다. 300만 개의 항목을 저장해야 하는 경우가 드물지 않을 텐데, 만일 각각의 항목이 다음에 필요한 항목이 될 확률이 모두 똑같다면, 이를 찾기 위해 테이프에서 지나가야 할 항목의 수가 평균적으로 100만 개를 넘을 수도 있습니다. 하지만 그렇게 되면 너무 오래 걸려서 사용자는 기다릴 수 없을 겁니다. 어

---

* '컴퓨터'를 우회적으로 가리키는 전형적인 표현이다.

앨런 튜링의 이미테이션 게임

떤 정보라도 빠른 시간 내에 도달할 수 있는 형태의 메모리가 필요합니다. 이집트 인이 파피루스 두루마리에 글자를 써서 책으로 사용할 때도 아마 비슷한 어려움을 겪었을 겁니다. 파피루스 두루마리에서 내용을 찾을 때는 분명 속도가 매우 느렸을 것이며, 지금처럼 종이를 책으로 묶어 어느 지점이든지 한 번에 펴볼 수 있게 만든 형태가 훨씬 더 좋은 방식이라고 할 수 있습니다. 테이프 저장소와 파피루스 두루마리는 내용을 찾아보기가 다소 어려운 방식이라고 할 수 있죠. 원하는 정보를 찾는 데 많은 시간이 걸립니다. 책 형태의 메모리는 그보다 훨씬 좋은 방법이며 인간의 눈으로 내용을 찾아보기에 훨씬 더 알맞습니다. 책 형태의 메모리를 사용해서 동작하도록 제작된 계산기를 상상해볼 수도 있을 겁니다. 이 방법 역시 아주 수월하지만은 않겠지만 기다란 테이프 하나보다는 훨씬 나을 겁니다. 책을 메모리처럼 사용할 때 생길 수 있는 문제가 해결되었다고 가정하고 이야기를 해보죠. 즉, 인간의 손과 눈을 흉내 내서 원하는 책을 찾아 원하는 페이지를 열어주는 등의 동작을 하는 기계장치를 개발했다고 가정하는 겁니다. 하지만 그래도 책에 담긴 정보를 찾는 일은 여전히 쉽지 않은데 그런 기계적인 동작에 시간이 걸리기 때문입니다. 책장을 아주 빨리 넘기려면 책이 찢어지기 일쑤이고, 많은 책을 빠르게 이동시키려면 에너지도 많이 소모됩니다. 따라서 우리가 100만 분의 1초마다 책 한 권을 옮기는 데 매번 10미터 거리를 이동시키며 그 책의 무게가 200그램이라면, 그리고 그때마다 매번 운동 에너지가 소비된다면, 우리는 10^{10}와트의 전력을 소비하게 되며 이는 국가 전체에서 소비하는 전력의 절반에 달합니다. 정말 빠른 기계가 필요하다면, 우리는 최소한 일부라도 책보다 훨씬 찾아보기 쉬운 형태로 정보를 저장해야 합니다.

앨런은 강연 중에 흔히 하던 대로 이렇게 상상의 나래를 펼친 다음, 저장소에 대한 더욱 진지하고 다양한 제안을 내놓았다. 그리고 "적절한 저장소를 제공하는 것이 디지털 컴퓨터의 문제를 해결하는 핵심"이라고 말했다.

제 생각에 합리적으로 짧은 시간에 읽어낼 수 있는 대용량 메모리를 만드는 문제는 고속으로 곱셈연산을 하는 문제 같은 것보다 훨씬 더 중요합니다. 기계가 상업적으로 가치가 있을 만큼 빨라야 한다면 처리속도가 중요할 테지만, 하찮은 작업 말고 무언가 의미 있는 작업을 처리할 수 있으려면 대용량 저장소가 필요합니다. 따라서 근본적으로 저장 용량이 더 중요합니다.

계속해서 앨런은 '뇌 제작'에 대해 다음과 같이 간결하게 정의했다.

무한 테이프를 가진 이론적인 계산기의 비유로 돌아가보죠. 그런 종류의 특별한 기계 하나로 모든 작업을 처리할 수 있을 겁니다. 실제로 다른 어떤 기계와도 똑같이 작동하게 만들 수 있죠. 그 특별한 기계는 만능기계라고 부를 수 있는데, 다음의 설명처럼 아주 단순한 방법으로 작동합니다. 먼저 우리가 모방하고 싶은 기계를 골랐다면, 만능기계의 테이프에 구멍을 뚫는 방식으로 대상 기계를 묘사합니다. 묘사 description는 기계가 처하게 될 모든 설정 상태에서 기계가 하게 될 일을 설명해놓은 겁니다. 만능기계는 각 단계에서 해야 할 일을 알아내기 위해 이 묘사만 계속 찾아보면 됩니다. 따라서 모방하려는 대상 기계의 복잡도는 테이프에만 반영되며, 만능기계 자체에는 전혀 영향을 미치지 않습니다.
기계의 처리과정과 인간의 어림짐작의 과정이 비슷하다는 사실과 연계해서 만능기계의 특성을 살펴본다면, 만능기계라는 것은 명령이 적절하게 주어지면 그 어떤 어림짐작 과정도 다 처리할 수 있는 기계라고 할 수 있습니다. ACE 같은 디지털 계산기 역시 이런 특성을 갖게 되죠. 디지털 계산기는 사실 만능기계의 실용적 형태입니다. 전자 장비에는 특정 중심부가 있고 대용량 메모리가 있습니다. 어떤 문제를 처리하려고 할 때, 문제 해결에 알맞은 계산 과정을 ACE의 메모리에 저장하기만 하면 그 과정을 수행하기 위한 '준비'가 끝난 것입니다.

앨런이 가장 중요하게 생각한 것은 속도가 빠른 대용량 메모리였고, 그다음이 최대한 단순한 하드웨어 장치였다. 하드웨어 장치에 대한 요구사항은 낭비를 최소화하려고 하는, 그의 '무인도에서 살아남기' 식 사고방식을 연상시켰다. 사용자를 위한 개선이나 편의 제공은, 기계가 아니라 사람의 생각과 명령으로 수행될 수

496

있다는 것이 앨런의 변함없는 지론이었다.

앨런은 덧셈과 곱셈 기능을 하드웨어 장비로 제공하는 것은 낭비에 가깝다고 생각했다. 이론적으로 덧셈과 곱셈은 OR, AND, NOT과 같은 좀 더 기본적인 논리연산을 적용하는 명령으로 대체할 수 있었기 때문이다. 사실 '거의' 프로그램을 통해 곱셈을 수행하도록 제작되었던 콜로서스가 바로 그런 경우였다. (에드박 설계 초안에는 없었던) 이런 기본적인 논리연산들이 ACE 계획안에 포함되어 있었기 때문에, 앨런은 사실상 가산기adder와 곱셈기multiplier를 생략하더라도 만능기계처럼 작동하게 할 수 있었다. 실제로는 산술 작업을 수행하는 특별한 장비를 포함시켰지만, 그때도 산술 연산을 잘게 나누는 방법을 사용함으로써 더 많은 명령을 저장하면서도 장비의 비용을 절감할 수 있었다. 전반적으로 앨런의 구상은 동시대 사람들이 보기에 매우 놀라웠다. 당시만 해도 컴퓨터는 덧셈을 하는 기계였으며, 그러기 위해서 곱셈기는 필수였기 때문이다. 하지만 앨런 튜링에게 곱셈기는 기술적으로 다소 성가신 존재였으며, 주된 관심은 메모리에서 명령을 가져온 다음 실행하는 논리 제어에 있었다.

비슷한 이유로 앨런은 보고서에서 ACE가 2진법 계산을 하게 된다는 점을 크게 강조하지 않았다. 2진 표기를 하는 장점, 다시 말해 '켜짐'과 '꺼짐'으로 '1'과 '0'을 쉽게 표시할 수 있는 전자 스위치의 장점을 언급하기는 했지만 그것이 전부였다. 그 외에 기계의 입출력에는 일반적인 10진 표기법을 사용하며, 변환절차가 "실제 눈에 띄는 형태로 드러나지는 않는다"라는 짧막한 말을 덧붙였을 뿐이었다. 1947년 강연에서 앨런은 이렇게 간략하기 그지없는 말을 자세하게 풀어서 설명하려 했다. 기계의 범용성 덕분에 기계 내부에서 숫자를 어떤 식으로든 원하는 대로 부호화할 수 있다는 것이 요점이었다. 필요하다면 2진법도 사용할 수 있었다. 물론 금전등록기 같은 기계에 2진법을 적용하는 것은 적절하지 않았다. 입출력 변환을 해서 얻을 수 있는 이익보다 문제가 더 많이 생길 것이 분명했기 때문이다. 하지만 만능 ACE 기계에서는 그런 변환작업이 필요 없었다.

끝부분의 설명은 매우 역설적으로 들리지만 결론은 간단합니다. 이런 기계에 적절한 명령을 저장하기만 하면 그 어떤 어림짐작 절차라도 수행할 수 있다는 것이죠. 특히 2진법과 10진법의 변환작업을 하게 만들 수도 있습니다. 예컨대 ACE에 변환 기능을 넣기 위해서는 그저 메모리에 별도의 지연선 두 개를 추가하는 것만으로 충분합니다. 이게 바로 ACE를 활용할 수 있는 전형적인 사례죠. 주의해서 봐야 하거나 일반적인 공학 실무를 따르자면 특별한 회로가 필요한, 사소하지만 까다로운 세부 문제들이 많습니다. 하지만 우리는 기계 자체를 변경하지 않고 순전히 문서작업만으로 이런 문제를 해결할 수 있었는데, 그 방법은 결국 적절한 명령을 입력하는 것입니다.

이런 개념은 논리적이었고 최소한 300여 년간 2진수 개념에 익숙했던 수학자들에게는 분명 이해하기 쉬웠을 것이다. 하지만 여기서 말하는 "사소하지만 까다로운 세부 문제"는 사실 다른 사람들에게는 생각보다 더 큰 골칫덩이였다. 특히 엔지니어들은 수의 개념이 10진수 형태와 달라질 수 있다는 점은 생각해본 적이 없었다. 많은 사람들은 ACE의 2진법 계산을 그 자체로 이상하면서도 멋진 혁신이라고 생각하기도 했다. 이를 사소한 세부 문제로 치부했던 앨런이 전적으로 옳았지만, 이는 앨런이 자금을 대고 체계를 잡고 기계를 만드는 부류의 사람들과 의사소통하는 데 어려움이 있었음을 보여주는 좋은 사례였다.

하지만 그런 세부적인 문제는 생략한 채, 앨런은 두 가지 요점에 관해 중점적으로 보고서를 썼다. 그 두 가지는 바로 메모리와 제어였다.

저장소 문제와 관련해서 앨런은 돈 베일리와 함께 생각했던 모든 종류의 개별 저장소를 열거했다. 필름이나 배선반, 회전판, 계전기, 종이테이프, 천공 카드, 자기 테이프 외에 '대뇌 피질'까지 포함되었다. 각 매체별로 접근 시간을 추정했는데, 몇 가지는 분명 허무맹랑하기도 했다. 또한 비용 1파운드당 저장할 수 있는 2진수 개수를 추정하기도 했다. 극단적인 예로 저장소 전체를 진공관으로 만들 수도 있는데, 그렇게 하면 접근 시간이 마이크로초 단위로 빨라지지만 비용은 천문학적으로 높아졌다. 앨런은 1947년 강연에서 이런 말을 했었다. "일반적인 소설 한 권을 진공관에 저장하려면 수백만 파운드가 들 것이다." 비용과 접근 시간 사이에서 절충해야 했다. 앨런은 에드박 보고서에 패턴을 가진 점들의 형태로 숫자를 저장하는 방식을 언급한 폰 노이만과 의견을 같이했다. 폰 노이만은 보고서에서 '아이코노스코프Iconoscope'(1933년 미국 RCA 사의 V. K. 즈보리킨이 발명한 텔레비전전용 촬상관撮像管—옮긴이), 혹은 텔레비전 화면이 장래에 개발될 것이라 언급했는데,* 그의 표현을 빌리면 "경제적인 면과 처리 속도를 겸비한 가장 바람직한 방식"이었다. 하지만 앨런은 선견지명을 보였던 ACE 보고서에서 "에너지 낭비를 최소화"하자는 자신의 신조를 살려 다음과 같은 방법을 제안했다.

> 새로운 형태의 진공관 없이도 적당한 저장 시스템을 구축할 수 있을 것 같다. 일반적인 음극선관 위에 알루미늄 호일을 씌우면 신호판 기능을 할 수 있게 되기 때문이다. 때로는 화면의 전하상電荷像(전기적으로 생성된 이미지—옮긴이)을 깨끗하게 지울 필요가 있다. 전하상은 곧잘 흐릿해지기 때문이다… 또한 전하상을 지우는 동안에는 음극선 스캐닝을 멈추고 필요한 정보가 있는 위치로 이동해야 한다. 그리고 그곳에서 정보를 판독한 다음 판독으로 인해 사라진 정보를 대체하고 나서 중단된 위치에서부터 다시 전하상을 깨끗하게 지워야 한다. 더 중요한 작업에 순위가 밀려서, 전하상을 지우는 작업이 너무 오랫동안 지연되지 않도록 해야 한다. 이런 작업을 하는 데 기본적으로 어려움은 없었지만, 개발하는 데는 분명 시간이 걸릴 것이다.

그런 음극선관 저장소가 없었으므로 앨런은 수은 지연선을 쓸 수밖에 없었다. 그 방법이 마음에 들었다기보다 당장 사용할 수 있기 때문이었다. 수은 지연선은 접근성 측면에서 뚜렷한 단점이 있었다. 앨런의 계획은 지연선을 사용해서 1,024개의 펄스 배열을 저장하는 것이었는데, 말하자면 만능 튜링기계의 '테이프'를 네모

---

* RCA에서 완료된 '아이코노스코프' 연구는 미국 텔레비전의 상업적 개발과 밀접한 관련이 있는데, '아이코노스코프'는 레이더에 사용되며 앨런이 선호했던 '일반적인' 음극선관보다 기술적으로 훨씬 더 야심 차게 발전된 형태였다.

칸 1,024개 단위로 구획을 나누는 것과 비슷했다. 필요한 정보에 도달하는 데 평균 512단위시간이 소요될 것으로 예상되었는데, 그래도 '파피루스 두루마리'보다는 개선된 방법이었다.

기계에서 가장 중요한 다른 측면은 '논리 제어 장치'로, 만능 튜링기계로 치면 '판독기scanner'에 해당했다. 원리는 다음과 같이 단순했다. "만능기계는 각 단계에서 어떤 작업을 수행할지 알아내기 위해 이 명령을 계속 따르기만 하면 된다." 여기서 명령은 테이프에 있는 명령을 뜻한다. 따라서 논리 제어 장치는 '테이프에서 현재 위치'와 '그곳에 적힌 명령', 이 두 가지 정보가 들어 있는 전자 장비였다. 명령은 테이프에서는 32개의 '네모칸', 지연선 저장소에서는 32개의 펄스 형태였으며, 앨런이 제안한 설계에 따르면 두 가지 종류가 있었다. 하나는 단순히 다음 명령을 찾아 테이프의 또 다른 위치로 '판독기'를 옮기게 하는 것이고, 또 하나는 '테이프'의 다른 곳에 저장된 숫자를 더하거나 곱하거나 이동하거나 복사하는 작업을 하게 할 수 있었다. 후자의 경우, '판독기'는 다음 명령을 수행하기 위해 '테이프'의 다음 지점으로 옮겨져야 했다. 이런 기능은 테이프에 담긴 묘사수로 작동하는 이론적인 만능 튜링기계에서 수행되는 읽기, 쓰기, 지우기, 상태 변환, 좌우 이동과 전혀 다를 바가 없었다. 예외가 있다면 특별한 기능이 추가된 덕에, 덧셈과 곱셈을 수행할 때 기초적인 연산을 수천 번 하는 대신 불과 몇 단계 과정으로 처리할 수 있다는 점이었다.

물론 '판독기'가 명령을 읽으러 가거나 '테이프'에 저장된 숫자를 계산할 때, 물리적인 움직임 같은 것은 없었다. 물리적인 동작이 아니라 전자적으로 처리했다. 대신 ACE 제어 장치는 전화번호 다이얼을 돌리는 것과 같은 절차로(한 단계씩 밟아간다는 의미—옮긴이) 올바른 지점을 찾았다. 전자회로는 대부분 이런 절차, 즉 수형도 체계 탓에 복잡해졌다. 특별히 짧은 지연선으로 구성된 32개의 임시 저장소에 펄스를 나누어 보내는 방식도 복잡하기는 마찬가지였다. 이런 점에서는 중앙 '누산기' 안팎으로 숫자를 보내고 받으며 모든 연산을 수행하는 에드박의 개념과 크게 달랐다. ACE에서 산술 연산은 32개의 '임시 저장소' 지연선에서 기발한 방식으로 '분산' 수행되었다.

이런 복잡한 구조의 이점은 그로 인해 연산 속도가 빨라졌다는 것이었다. 처리 속도는 단순성보다 우선순위가 조금 더 높았다. 이는 앨런이 전자공학 기술을 최대한도로 활용하여 ACE의 펄스 속도를 초당 100만 번으로 계획했던 사실과도 일맥상통했다.* 속도를 매우 중요하게 생각하고 몇 시간 차이로 쓸모가 있는지 없는지 결정되었던 블레츨리에서의 경험을 고려하면, 앨런이 속도를 강조한 것은 당연한 일이었다. 속도는 전자 컴퓨터의 범용성과도 관련이 있었다. 1942년 당시 블레츨리에서는 에니그마의 네 번째 회전자에 대응하기 위해 더 빠른 봄베를 만들려고 했는데, 날씨를 보고하는 독일군 신호체계의 결함 덕에 문제를 가까스로 해결할 수 있었다. 하지만 그런 행운이 없었다면 신형 에니그마에 대응할 수 있는 기계 개발에 족히 1년은 더 걸렸을 것이다. 만능기계의 장점 가운데 하나는 어떤 새로운 문제라도 즉시 풀 수 있다는 것인데 그러기 위해서는 기계를 처음 만들 때부터 처리 속도가 최대한 빨라야 했다. 특정 문제를 해결하기 위해 만능기계를 재설계한다는 것은 바람직하지 못했다. 처음 한 번만 설계하면 그 뒤로는 명령표를 변경하는 것만으로 모든 작업을 수행할 수 있어야 한다는 점이 핵심이었다.

ACE가 비록 만능 튜링기계를 기반으로 하기는 했지만, 다른 점이 하나 있었는데 언뜻 보기에는 매우 특이했다. 바로 조건 분기 기능이 없었던 것이다. 이런 면에서 배비지가 100년 전에 소개했던 핵심 아이디어가 반영되지 않은 것처럼 보였다. ACE의 '판독기' 혹은 논리 제어 장치가 한 번에 기억할 수 있는 '주소', 그러니까 테이프 위치는 하나뿐이었다. 하나 이상의 주소를 보관할 방법이 없었으므로 특정 기준에 따라 다음 행선지를 고를 수도 없었다.

하지만 조건 분기 기능의 누락은 겉으로만 그렇게 보일 뿐이었다. 누락시킨 이유는 더 많은 내장 명령을 저장하기 위해 하드웨어 장비를 단순화하기 위해서였다. 앨런은 동시에 한 개 이상의 '주소'를 저장하는 논리 제어 장치 없이 조건 분기를 구현하는 방법을 고안했다. 기술적으로 최선의 방법은 아니었지만 기계를 무

---

* 또는 앨런의 표현을 빌리자면, "아직까지는 이보다 더 빠른 속도로 설계하는 것은 현명하지 못하다."

지막지하게 단순화할 수 있는 장점이 있었다. 만일 어떤 숫자 D의 값이 1일 때 '명령 50'을 수행하고, 0일 때 '명령 33'을 수행하게 한다고 가정해보자. 앨런의 생각은 "명령이 실제 숫자인 것처럼 간주하고 $D \times$(명령 50)$+(1-D) \times$(명령 33)을 계산"하게 하는 것이었다. 이 계산으로 명령과 똑같은 결과를 얻을 수 있을 것이다. 'IF'라는 명령이 하드웨어가 아니라 추가적인 프로그래밍으로 구현되는 것이다. 이 방법으로 앨런은 (숫자 D라는) 자료를 명령과 섞어서 사용할 수 있게 되었다. 이 방법은 그 자체로 매우 중요한 의미가 있었다. 내장 프로그램을 직접 변경할 수 있도록 허용했기 때문이다. 하지만 이것은 단지 시작에 불과했다.

폰 노이만도 내장 프로그램을 직접 변경하는 방법을 생각했지만, 특정한 한 가지 방법만 가능하다고 봤다. '786 주소에 있는 숫자를 가져오기'라는 내장 프로그램이 있다고 할 때, 프로그램에 있는 주소 786에 1을 더할 수 있다면 편리할 것 같았다. 그러면 '787 주소에 있는 숫자를 가져오기'라는 프로그램으로 바뀐 것과 같은 효과를 볼 수 있기 때문이다. 이는 786, 787, 788, 789 등으로 길게 이어진 장소에 저장된 많은 숫자를 계산하는 식의 작업을 할 때 빈번히 필요한 것이었다. 폰 노이만은 '다음' 주소로 간다는 개념을 프로그램화한 덕에 굳이 명시적인 형태로 표현할 필요가 없게 되었다. 하지만 그는 여기서 한 발자국도 더 나아가지 못했다. 이 방법 외에는 절대로 명령을 변경할 수 없게 했던 것이다.

앨런의 접근 방법은 크게 달랐다. 명령을 변경하는 이런 기능을 거론하면서, 앨런은 보고서에 이렇게 썼다. "이렇게 하면 기계에서 독자적으로 명령을 만들 수 있다… 그렇게 되면 기계는 매우 강력해진다." 1945년 앨런과 에니악 팀 모두 기계 내부에 명령을 저장한다는 아이디어를 생각해냈다. 하지만 그것만으로 다음 단계, 그러니까 기계가 작동하는 도중에 자체적으로 명령을 바꿀 수 있게 하는 단계로 나아간 것은 아니었다. 앨런이 당시 이어서 설명했던 것이 바로 그런 내용이었다.

앨런이 그 아이디어를 떠올리게 된 계기는 조금 우연이었다. 미국에서 명령을 기계 내부에 저장할 생각을 한 이유는 그것이 충분히 빠른 속도로 명령을 입력할 수 있는 유일한 방법이었기 때문이다. 앨런은 그저 과거의 만능 튜링기계에서 사용했던 단일 테이프 개념을 차용할 생각이었다. 하지만 이렇게 내장 명령을 적용

앨런 튜링의 이미테이션 게임

하는 이유와 계산 과정 중에 명령을 바꾸는 기능은 서로 아무런 관계가 없었다. 미국에서는 1947년이 되어서야 명령을 바꾸는 기능을 설계에 새로 반영했다.[4] 마찬가지로 만능 튜링기계도 논문 속에서는 기계 작동 중에 '묘사수'를 바꿀 수 있게 설계되지 않았다. 테이프에 저장된 명령표를 읽고 해독하고 실행하도록 설계되었을 뿐, 명령이 바뀌는 일은 없었다. 1936년의 만능 튜링기계는 미리 정해진 명령에 따라 작동한다는 면에서 배비지의 기계와 비슷했다(하지만 만능 튜링기계는 작동 중이나 입출력 작업 중이나 명령이 저장된 매체가 동일하다는 점에서 배비지의 기계와 달랐다). 따라서 앨런 튜링이 독자적으로 주장했던 '범용성'은 배비지와 비슷한 기계만으로도 충분히 보여줄 수 있었다. 이론적으로 보자면, 작동 중에 명령을 바꿀 수 있는 기능이 없다고 해도 만능기계가 못하는 연산은 없었다. 프로그램을 변경하는 기능은 명령을 효율적으로 수행하게 할 뿐, 이론적으로 처리할 수 있는 기능의 범위를 확장하지는 못했다. 하지만 앨런이 이야기했듯 그런 효율성에는 "매우 강력한" 힘이 있었다.

이런 독창적인 아이디어는 바로 기계의 범용성에서 나온 것이다. 정말 범용적인 기계는 산술 연산뿐만 아니라 어떤 종류의 '명확한 방법'에도 모두 쓰일 수 있다. 그래서 지연선에 저장된 '1101'이라는 펄스가 반드시 숫자 '13'을 나타내는 것이 아니라 체스에서 말의 움직임이나 한 조각의 암호를 나타낼 수도 있다. 설사 그 기계가 산술 연산을 하고 있다 해도, '1101'이 숫자 '13'이 아니라 13개 장치에서 오류가 발생했다는 의미가 될 수도 있고 부동소수점 표기법*에서 지수 13을 의미할 수도 있다. 아니면 기계 사용자의 선택에 따라 의미가 완전히 달라질 수도 있다. 앨런이 처음부터 알고 있었듯이, 만능기계에서는 펄스를 하드웨어적인 가산기와 곱셈기로 보내는 것보다 더 많은 기능을 수행할 수 있다. 펄스는 용도에 따라 특별한 방법으로 구성되고 해석되며 잘게 나눈 다음 다시 합쳐지기도 했다. 앨런은 특히

---

* 10진법 부동소수점에서 '2658 13'이라는 연속수는 2.658×10^{13}, 즉 26580000000000을 나타낸다. 컴퓨터는 보통 이 숫자를 2진수로 변환해서 사용한다.

부동소수점 형식에서 산술 연산을 하는 문제를 고민했으며, 단지 2개의 부동소수점 수를 더하는 일에 어떻게 명령표 전체가 필요한지도 알려주었다. 그리고 이런 종류의 명령표를 몇 개 만들기도 했다. 예컨대 명령표 중에서 'MULTIP'은 부동소수점 형식으로 부호화되어 저장된 2개의 숫자를 곱한 다음 그 결과를 부호화하여 저장하는 기능을 수행했다. 앨런이 만든 명령표는 기계의 "강력한" 기능을 십분 활용했다. 필요한 명령을 스스로 한데 모아서 실행했던 것이다.

하지만 부동소수점을 곱하는 것 같은 단순한 연산에 명령 세트가 필요하다면, 유용하게 쓸 수 있을 정도의 절차에 필요한 명령 세트는 많아질 수 밖에 없었다. 이와 관련해서 앨런은 여러 개의 표를 길게 이어 붙이는 대신 계층구조로 만드는 방법을 구상했다. 계층구조에서는 MULTIP 같은 보조표가 '중심'표 밑에 속하게 된다. 앨런은 부동소수점으로 15차 다항식을 계산하기 위해 CALPOL이라는 중심표를 구체적으로 제시하기도 했다. 곱셈이나 덧셈이 필요할 때마다, 보조표를 호출하는 방식이었다. 이렇게 보조표를 호출하고 다시 제자리로 복귀하는 작업 자체도 명령을 통해 수행되어야 했다. 앨런은 이렇게 설명했다.

보조 연산을 시작하려 한다면, 중심 연산을 잠시 중단한 지점을 표시하고 보조 연산의 첫 번째 명령을 실행하면 된다. 보조 연산이 끝나면 좀 전에 표시했던 부분을 찾아서 중심 연산을 계속한다. 중심 연산의 중단점으로 돌아가라는 명령이 실행되는 시점에서 각 보조 연산이 종료된다. 그런데 수행해야 하는 표시를 어떻게 저장하고 찾는 것일까? 물론 방법은 여러 가지이다. 우선 그 표시들을 목록으로 만들어 여러 개의 표준 크기 지연선에 저장하는 방법이 있는데, 이때 가장 최근 표시를 가장 끝부분에 놓는다… 최근 표시는 고정된 'TS'[짧은 지연선]에 저장될 것이며 이 참조점은 보조 연산이 시작되거나 끝날 때마다 바뀌게 될 것이다. 표시를 저장하고 찾는 절차는 매우 복잡하지만 다행히 매번 똑같은 명령을 반복할 필요는 없다. 표시를 저장하는 절차는 'BURY'라는 표준 명령표를 통해 수행되며, 찾는 절차는 'UNBURY'라는 명령표를 통해 수행된다.

앨런이 표시를 저장하고 찾는 명령의 이름을 '묻기BURY', '파내기UNBURY'로 붙인 것은 아마도 은괴를 묻었던 자신의 경험*에서 가져온 것 같다. 이는 전혀 새로운 개념이었다. 폰 노이만은 그저 명령을 순서대로 처리한다고만 생각했던 것이다.

명령표 계층구조 개념으로 인해 프로그램을 변경하는 방법이 다양해졌다. 그래서 앨런은 "명령표를 축약된 형태로 저장한 다음, 필요할 때는 언제라도 다시 확장하는" 개념을 고안했다. 이런 작업은 기계 자체에서 EXPAND라는 표를 사용해서 처리되었다. 앨런은 이런 개념을 더 진척시킬수록, ACE를 이용해서 프로그램을 준비하고 합치고 구조화할 수 있다는 사실을 더 많이 알게 되었다. 앨런은 다음과 같이 썼다.

> 계산 경험이 있거나 아마도 퍼즐을 잘 푸는 수학자가 명령표를 작성하게 될 것이다. 이런 종류의 일이 아주 많아지게 될 텐데, 언젠가는 일반적으로 알려진 절차들을 명령표 형태로 변환해야 하기 때문이다. 이런 작업은 기계가 제작되고 있는 동안에도 계속 진행될 것이다. 기계를 설치하고 나서 바로 계산 결과를 낼 수 있어야 하기 때문이다. 하지만 실제로는 불가피한 문제 탓에 결과를 얻기까지는 시간이 걸릴 수밖에 없다. 그런 문제를 없애려고 설계를 바꾸는 데 시간을 들이는 것보다, 어느 시점까지는 그냥 무시하는 편이 더 낫다. (문제를 완전히 없애려면 얼마나 많은 시간이 필요할까?) 명령표를 만드는 이런 프로세스는 흥미로울 것이 틀림없다. 힘들고 단조로운 일이 될 위험은 없다고 단언할 수 있다. 왜냐하면 매우 기계적인 프로세스는 기계가 수행하도록 넘겨질 것이기 때문이다.

앨런이 명령표 작성 과정을 "매우 흥미로운" 일이라며 기대했던 것은 그다지 놀라운 일이 아니었다. 매우 독창적이며 중요한 것을 오로지 혼자 힘으로 만들어냈

---

* 좀 더 명확하게 말하자면, '스택stack(자료를 일시적으로 쌓아두었다가 필요할 때 꺼내서 사용할 목적으로 기억장치 일부에 만들어두는 임시 기억장치—옮긴이)과 비슷하다고 봐야 할 것이다. 스택에는 입력된 '서브루틴'의 '복귀 주소'가 저장된다.

기 때문이었다. 바로 컴퓨터 프로그래밍 기법*을 발명했던 것이다. 이는 (어쨌든 앨런이 잘 알지는 못했던) 구식 계산기와의 완전한 결별을 의미했다. 구식 계산기들은 덧셈과 곱셈이 결합된 메커니즘이었으며, 올바른 순서대로 처리하도록 종이 테이프로 작업을 입력하여 처리했다. 구식 계산기는 산술 연산을 하는 기계였으며, 그 산술 연산을 논리적으로 구성하려면 다소 성가신 작업을 해야 했다. 그런데 ACE는 전혀 달랐다. 프로그램을 통해 "일반적으로 알려진 절차"를 수행하는 기계였다. 작업을 논리적으로 구성하는 일에 중점을 두었으며, 하드웨어적 연산은 빈번하게 수행되는 하위 연산을 간단히 처리하기 위해 추가되었을 뿐이었다.

탁상용 계산기에서는 레지스터와 키보드에 표시된 0부터 9까지의 숫자를 눈으로 볼 수 있었으므로, 운영자는 특정 방식으로 계산기가 내부에 숫자를 저장한다고 생각할 수밖에 없었다. 실제로 계산기에는 회전반과 레버밖에 없었지만, 숫자가 저장되어 있을 것이라는 착각은 큰 영향력을 발휘했다. 그 착각은 커다란 계전기를 사용하는 계산기인 에이킨과 스티비츠의 기계, 그리고 에니악에도 그대로 적용되었다. 에드박의 계획안도 지연선에 저장된 펄스가 진짜 숫자라고 사람들을 착각하게 만들었다. 하지만 튜링의 개념은 약간 다르며 좀 더 추상적이었다. ACE에서 펄스가 숫자나 명령을 나타낸다고 볼 수도 있지만, 그것은 어디까지나 보는 사람의 선입견이었다. 앨런의 기록에 따르면, 기계는 "알지 못하는 상태에서" 작동했다. 그리고 실제로는 숫자나 명령이 아니라 펄스를 기반으로 작동했다. "명령이 실제로는 숫자"라고 볼 수도 있었다. 기계 자체는 명령이나 숫자 둘 다 몰랐기 때문이다. 그런 이유로 앨런은 자료와 명령을 뒤섞거나 명령에 따라 동작하거나 "권한이 높은" 명령이 명령표를 중간에 끼워 넣는다거나 하는 다양한 생각을 머릿속에서 자유롭게 할 수 있었다.

앨런이 이렇게 자유분방하게 생각할 수 있었던 데에는 이유가 있었다. 수리논리

---

* 하지만 독일의 추제도 비슷한 시기에 '플랑칼퀼Plankalkül'(추제가 개발했던 프로그래밍 언어—옮긴이)이라는 이름으로 매우 진보적인 개념을 생각했다.

학에 대해 처음 생각했을 때부터, 앨런은 수학을 종이 위에 쓰인 기호와 벌이는 게임으로 봤다. 기호의 '의미'와는 상관없이 체스 같은 규칙으로 돌아간다고 생각했다. 앨런이 그런 관점을 갖게 된 데에는 힐베르트의 방법론이 큰 영향을 미쳤다. 괴델의 정리는 '숫자'와 '정리'를 당당하게 뒤섞었고, 「계산 가능한 수」는 '묘사수'라는 개념으로 명령표를 표현했다. 앨런은 숫자와 명령을 모두 추상적인 기호로 보고 뒤섞어버림으로써, 해결할 수 없는 문제가 있다는 사실을 증명해 보였다.* 따라서 명령과 명령표를 ACE라는 방아에 넣고 곡식처럼 찧을 생각했다는 것은 그리 대단한 발전은 아니었다. 사실 앨런은 전시에 연구를 진행하면서, 의도적으로 명령을 자료인 것처럼 위장하는 신호 체계를 주로 사용했다. 그러니 그 이후로 그다지 큰 진전은 없었던 셈이다. 앨런이 당연하다고 본 것들을 다른 사람들은 혼란스러워하거나 규칙에 맞지 않는다고 보았다.

ACE의 기능에 대한 앨런의 이런 통찰은 모방 논쟁과도 관련 있었다. ACE는 결코 사람이 하는 방식으로 '산술 연산을 수행'하지 않았다. '67+45'로 표현되는 입력을 '112'로 표현되는 출력으로 확실하게 내보낸다는 의미에서 산술 연산을 모방할 뿐이었다. 하지만 기계 내부에 '숫자'는 없었고 오직 펄스만 존재했다. 이는 부동소수점에 관한 한 실용적으로 매우 중요한 통찰이었다. 앨런의 구상에서 중요한 점은 ACE의 운영자가 MULTIP 같은 '보조표'를 마치 '곱셈' 같은 단일 명령처럼 사용할 수 있다는 것이었다. 실제로는 기계 내부에서 더 많은 펄스를 나누고 합하는 작업이 진행되겠지만, 사용자에게 기계 내부의 일은 중요하지 않다. 사용자는 그저 기계가 '부동소수점 수'를 직접 다룬다고 생각하면서 작업할 수 있었다. 앨런의 기록을 보면, "이것을 처리하는 방법을 단 한 번만 생각하면 된다. 그런 다음 어떻게 처리했는지는 잊어버린다"라는 말이 있다. 이는 체스 프로그램이 입력된 기계에도 똑같이 적용되었다. 그래서 기계가 마치 체스를 두는 것처럼 보였다. 어느

---

* 하지만 앨런은 처음 학교에서 'the'를 생략하라는 설명을 오해했을 때, 기호가 자료나 명령을 모두 표현할 수 있다는 사실을 알게 되었다.

단계에서 기계는 단지 겉으로 보기에 뇌의 기능을 모방할 뿐이다. 하지만 뇌가 어떻게 작동했는지 아는 사람이 있을까? 앨런의 관점에서 공정하게 말하자면, 뇌에 적용하는 것과 겉보기에 똑같은 기준을 기계에도 적용해야 했다. 실제로 사람들은 그것을 보고 아무렇지 않게 "기계가 산술 연산을 한다"라고 말했다. 사람들은 정작 기계 내부에서 실제로 무슨 일이 일어나든 상관없이 기계가 뇌의 기능을 모방할 수 있다면, 마찬가지로 체스를 두거나 학습하거나 생각하고 있다고 말할 것이다. 앨런의 기술적 제안에는, 까다로운 대규모 계산을 수행하는 기계를 만들고자 하는 야심을 훨씬 넘어서는 철학적 통찰까지 담겨 있었다. 이런 생각은 앨런이 다른 사람들과 교류하는 데 있어서 도움이 되지 않았다.

앨런의 관심이 기계 제작에서 프로그램 제작으로 바뀌기는 했지만, 공학 측면에서 ACE에 대한 계획은 명확했다. 앨런은 지연선에 대해 다음과 같이 기록했다.

> 다방면에서 우리 요구사항을 상당히 넘어선 무선방향탐지기RDF 용도로 개발되었다. 설계안은 우리가 사용할 수 있고 대량 생산에 적합하게 되어 있다. 넉넉잡고 지연선 한 개당 20파운드 정도로 예상하면 충분해 보인다.

앨런은 실제로 해군성신호연구소Admiralty Signals Establishment를 방문해서 지연선을 연구하고 있던 골드T. Gold를 만났다. 앨런의 계획은 각각 1,024개의 숫자를 저장할 수 있는 수은 지연선 200개를 만드는 것이었다. 하지만 그 용량과 크기, 매개체로 수은을 선택한 생각은 레이더 엔지니어인 골드에게서 나온 것이 아니었다. 앨런이 계산한 바로, 수은은 물과 알코올을 섞어 진gin(노간주나무 열매로 향기를 낸 무색투명한 증류주—옮긴이)과 비슷한 도수로 만든 것보다 나은 구석이 없었다. 진을 사용해본 다음에는 오히려 수은보다 가격이 싼 진을 더 좋아했다. 하지만 앨런은 개발 작업을 혼자 진행하는 대신 우체국연구소의 콜로서스 엔지니어들이 해주기를 바랐다. 플라워스는 1945년 10월 에커트의 모형을 보고 이미 지연선에 대해 잘 알고 있었다.

논리 제어 장치LC와 산술 연산 회로CA 제작에 대해, 앨런은 다음과 같이 기록했다.

진공관 부품 설계작업에 최소 4개월 이상 걸릴 수 있다. 개략적인 회로에 추가적으로 작업이 더 필요하다는 사실을 고려하면, 그 정도 지연은 감안해야 할 것이다. 하지만 가능한 한 빨리 시작하는 게 좋을 것 같다…

필요한 진공관 숫자가 비교적 많지 않기 때문에, 실제로 LC와 CA를 만드는 시간은 오래 걸리지 않을 것이며, 넉넉잡아 6개월이면 충분할 것이다.

"개략적인 회로"에 대한 상세계획의 상당 부분이 이미 보고서에 나와 있었다. 앨런은 폰 노이만 표기법을 사용하여 상세 설계한 산술 회로를 첨부했다. 앨런이 전쟁 전에 2진 곱셈기를 설계했던 경험을 써먹으면서 매우 흡족해했을지도 모를 일이었다. 게다가 초기 경험을 떠올리게 하는 또 다른 설계 특성도 있었다. 필요하다면 기계에 이미 내장되어 있는 산술과 불함수Boolean functions 이외의 연산을 수행할 수 있도록 특별한 회로를 꽂아 쓸 수도 있었다. 이런 아이디어는 가능한 한 더 많은 부분을 명령으로 처리한다는 원칙과는 상충했다. 하지만 극히 효율적인 특별한 회로를 쓸 수 있다면 그냥 쓰는 편이 좋을 수도 있었다. 예컨대 봄베의 경우가 그랬다. 여기서 계전기에 의존하는 방법은 전자공학 표준에 비해 속도가 느렸다. 하지만 에니그마 내부 배선을 통해 흐르는 전기에 의존하는 방법은 사실상 즉각적인 반응을 보였다. 이런 방법을 전자 컴퓨터에서 명령표를 활용하는 방식으로 구현하려면 시간이 더 오래 걸릴지도 모를 일이었다. 앨런의 설계에서는 원한다면 그렇게 손쉬운 방법을 택할 수도 있었다. 하지만 앨런이 그런 기계적인 방법을 사용했던 경험을 기반으로 계획을 수립하고 있었다는 사실을 짐작하는 사람은 아무도 없었다.

보고서에서 회로도의 논리 차원에서만 세심한 계획을 수립했던 것은 아니었다. 필요한 특정 전자 장치도 몇 쪽에 걸쳐 다루었다. 어떤 부분에서는 그의 전문 지식 중에서 알려지지 않았던, 딜라일라에서 직접 영향을 받은 것도 있었다.

'단위 지연Unit delay'. 단위 지연에 꼭 필요한 부품은 낮은 임피던스에서 나와 높은 임피던스로 들어가도록 설계된 회로망이다. 입력되는 펄스 대비 출력되는 응답은 〈그림

50)에 나온 형태가 되는 것이 바람직하다. 즉, 펄스가 시작된 후 $1\mu s$(마이크로초, 100만 분의 1초―옮긴이) 시점의 응답이 최대가 되어야 하며, $2\mu s$ 시점에서는 0이 된 상태로 계속 유지되어야 한다. 특히 중요한 점은 펄스가 시작된 후 (최초의 $1\mu s$를 제외하고는) $1\mu s$의 정배수가 지난 시점에서는 응답이 0에 수렴해야 한다는 것이다. 이런 결과를 얻을 수 있는 간단한 회로가 〈그림 51a〉에 나와 있다… 그 그림은 결정적으로 너무 일찍 최댓값에 도달한다는 점에서 이상적인 모습과는 거리가 멀다. 이를 개선하려면 저항을 500옴$_{ohm}$짜리로 줄여 진폭을 적게 감소시키는 방법을 사용할 수 있는데, 그렇게 되면 $2\mu s$ 시점에서 0에 덜 수렴하게 된다. 좀 더 복잡한 회로를 사용하면 곡선의 형태를 좀 더 개선할 수 있다.

앨런은 프로젝트 전반적으로 실용적인 요구사항을 고려하기도 했다.

전체 계획의 범위가 크게 늘어날 가능성이 높기 때문에 장비 제작에 관해 제안을 내놓기가 어렵다. 제안을 반영한다면 도움이 될 테지만, 적정한 선에서 그쳐야 하기 때문에 생략한 것들이 많다. 하지만 몇 년 내로 기계의 유용성이 증명되면, 분명 기능을 확장하고 생략했던 기능을 포함시키려고 할 것이다. 아니면 처음 만든 기계를 운용하면서 나옴직한 더 좋은 아이디어를 포함시키려고 할 공산이 크다. 그러니까 기계의 규모가 어떻게 결정되든지 기능을 덧붙일 만한 여지를 남겨두어야 한다는 뜻이다.

앨런은 급격하게 규모가 커졌던 블레츨리의 사례에서 배운 것이 있었다. 그래서 컴퓨터와 그 부속장치를 위해 총 130제곱미터의 면적이 필요하다고 제안했으며, 지연선 200개를 사용하는 기계의 총 비용을 1만 1,200파운드로 추정했다. 그런 내용은 진행 중에 변경되기 마련이지만, 앨런은 그런 변경까지 감안해서 계획을 수립했다. 중요한 것은 일을 시작하는 것이었다.

앨런은 1947년 2월 강연에서 기계가 어떻게 "존재 가치를 증명할지" 거론하면서 이런 말을 했다.

앨런 튜링의 이미테이션 게임

기계를 운영하는 모습을 그려보겠습니다. 고객이 제기한 어떤 문제에서 시작해보죠. 먼저 문제를 준비하는 곳에서 문제의 형태가 적절하며 모순이 없는지 검토하고 매우 개략적인 계산 절차를 만들어냅니다.

앨런은 문제의 구체적인 사례, 즉 베셀함수Bessel function와 관련된 미분 방정식의 수치해법을 제시했다(이것은 응용 수학 및 공학에 관련된 아주 전형적인 문제라고 볼 수 있었다). 그리고 베셀함수 명령표가 별로 사용되지 않게 된 이유와, 그래서 이 수치해법이 미분 방정식을 푸는 하나의 일반적인 절차가 될 수 있음을 설명했다. 그래서

작업 명령은 대부분 이미 작성되어 있는 것을 사용하게 되며 일부는 당면한 작업에 맞게 개발할 것입니다. 표준 프로세스에 대한 명령카드는 이미 천공되어 있겠지만, 새로 개발한 프로세스는 별도로 천공해야 합니다. 이 모든 것을 조합하고 확인한 다음, 단순하게 홀러리스 카드Hollerith card(일반적으로 사용되었던 천공 카드로, 발명가 홀러리스의 이름을 따서 이렇게 부르기도 한다—옮긴이)를 읽어 들이는 입력장치로 가져가게 됩니다. 입력 직전에 카드를 보관하는 호퍼에 카드를 넣고 버튼을 누르면 카드가 이동하기 시작합니다. 처음에는 기계에 아무런 명령도 들어 있지 않기 때문에, 일반적인 기능도 사용할 수 없다는 점을 감안해야 합니다. 따라서 그런 상황에 대처할 수 있도록 처음에 어떤 카드를 입력할지 신중하게 생각해야 합니다. 보통은 처음 입력하는 카드가 정해져 있어서 항상 맨 처음에 입력됩니다. 그러면 기계에는 기본적인 명령표가 설치되고, 이는 수행하려는 작업에 맞게 준비된 특별한 카드 묶음을 읽을 준비가 된 겁니다. 여기까지 진행되면 프로그램된 방식에 따라 그다음에 수행되는 작업은 달라집니다. 기계는 일직선으로 진행하면서 작업을 수행하도록 제작할 수 있습니다. 그러면서 모든 명령에 대해 구멍을 뚫거나 인쇄를 하는 방식으로 해답을 제공하며 모든 작업이 끝나면 작동을 멈추게 됩니다. 하지만 그보다는 명령표가 입력되자마자 일단 동작을 멈추도록 제작되었을 가능성이 높습니다. 그럼으로써 메모리에 담긴 내용이 정확한지 검토할 수 있으며, 그에 따라 다양한 절

차를 수행할 수 있게 됩니다. 그러니 바로 그때가 동작을 멈추기에 가장 알맞은 시점인 것입니다. 그 외에도 정지해야 할 경우가 많을 수 있습니다. 예컨대 실험의 결과값인 a가 어떤 값이 되나 안 되나 관심이 있다고 합시다. 이럴 때 a 값이 나오면 잠시 멈추고 각 매개변수 값에서 멈추면서 다음에 쓸 값을 카드에서 읽어온다면 좋을 것입니다. 아니면 카드를 모두 호퍼에 넣고 ACE가 원하는 대로 카드를 입력하게 하는 방법이 더 좋을 수도 있습니다. 어떤 방법을 선택하든 자유이지만 반드시 하나를 결정해야 합니다.

이런 제안은 탁월할 정도로 실용적이었으며 참으로 선견지명이 있었다. 또한 운영자와 기계 간의 유연한 상호작용의 필요성을 내다본 것이었다. 하지만 앨런은 콜로서스를 사용하면서부터 이미 미래를 예측했었다. 그리고 앞으로 원격 단말기를 사용하게 될 것이라며 이런 말도 했다.

…ACE는 계산 직원 1만 명분의 일을 하게 될 겁니다. 따라서 사람 손으로 하는 대규모 계산 작업은 자취를 감추게 될 겁니다. 공식의 값을 다른 값으로 바꾸는 것 같은 소규모 계산 작업에는 여전히 계산 직원이 필요하겠죠. 하지만 계산 직원들이 며칠 걸려서 해야 하는 단일 계산 작업은 아마도 전자 컴퓨터가 대신하게 될 겁니다. 그렇다고 해서 누구나 전자 컴퓨터를 소유해야 한다고 생각할 필요는 없습니다. 전화선을 통해 원격으로 컴퓨터를 제어하는 일이 얼마든지 가능해질 테니까요. 사무실 밖에서 컴퓨터를 사용할 수 있는 특수한 입출력 장치가 개발될 것이며, 그 비용은 기껏해야 몇백 파운드 정도가 될 겁니다.

앨런은 컴퓨터 프로그래머가 필요하게 될 것이라는 생각도 했다.

하지만 이런 컴퓨터로 처리할 수 있는 작업 대부분은 작업의 규모상 수작업으로 할 수 없는 일이 될 겁니다. 이런 일을 기계에 입력하려면 유능한 수학자들이 어마어마하게 많이 필요할 겁니다. 수학자들은 문제에 대해 사전조사를 한 다음 컴퓨터에서 처리할 수 있는 형태로 바꿔야 합니다…

그리고 산업 분야나 일자리가 새로 생길 것이라고 예측했다.

> 컴퓨터에 관해 사람이 할 수 있는 일은 무궁무진하게 많아질 겁니다. 한 가지 어려운 점은 적절한 교육을 계속해야 한다는 겁니다. 그래야만 지금 하고 있는 일을 계속 파악할 수 있으니까요. 그러기 위해서는 유능한 도서관 사서 유형의 사람들이 많이 필요할 겁니다.

컴퓨터 장비를 구조화하는 측면에서 20년을 앞서갔던 앨런은 블레츨리에서 쌓은 경험을 기반으로 전체적인 그림을 그렸다. 블레츨리에서도 그런 식으로 1만여 명의 계산 직원이 일했다. 원격지에 있는 단말장치와 전화를 통한 의사소통, 현실의 문제를 프로그램으로 변환하는 엘리트 직원, 수많은 "도서관 사서 유형"의 직원들이 하나의 시스템처럼 돌아갔다. 하지만 앨런은 블레츨리의 시스템을 직접 거론할 수는 없었다. 공식적으로 존재한 적이 없는 것을 그려내는 일은 불가능하므로, 앨런의 분석은 미지의 세계에서 갑자기 튀어나온 것처럼 놀라울 따름이었다.

ACE 보고서는 만능 컴퓨터의 '용도'를 사실상 최초로 설명한 문서였다. ACE의 목적은 "사무직원들이 이해하지 못하더라도 정해진 규칙에 따라 풀 수 있는 문제"를 해결하는 것이었으며, 기계의 규모에 한계가 있었으므로 "어느 특정 단계에서 저장해야 할 문서의 양은… 종이 50장"까지이고 "운영자에게 건네주는 명령"은 "평범한 소설 속에 나오는 평범한 말"로 표현될 수 있어야 한다는 제약이 있었다. ACE는 "운영자가 기계의 도움 없이 계산할 때보다" 10만 배 더 빠를 것으로 예상되었다.

다시 말해 ACE가 영국에서 전시에 사람들이 처리했던 일을 모두 대체할 수도 있다는 말이었다. 여기서 앨런은 평소와 달리 다분히 '정치적' 의견을 내비쳤다. 응용할 수 있는 분야를 나열한 목록의 첫줄에 "포병 사거리표"가 있었다. 에니악이 설계되었던 특수 목적도 바로 사거리표 계산이었다. 현실적으로 중요한 네 가지 계산 작업이 더 제시되었다. 탁상용 기계로 계산하려면 하나같이 수개월에서 수년이 걸리는 작업이었다. 하지만 다른 네 가지 작업은 컴퓨터의 속성에 대한 앨런의 더욱 폭넓은 관점을 반영한 비수치적인 문제였으며, 사실 앨런이 경험했던 일에 훨씬 더 가까웠다.

그중 첫 번째는 컴퓨터로 전기 문제를 묘사하기 위해 특별한 언어를 해석하는 것이었다.

> 복잡한 전기 회로와 그 부품의 특성이 주어지면, 입력된 신호에 대한 응답을 계산할 수 있다. 부품을 상징하는 표준 부호와 연결을 나타내는 부호를 이런 목적에 맞춰 쉽게 만들 수 있다.

이는 앨런이 과거 핸슬로프에서 몇 주간 시간을 쏟았던 것 같은 회로 문제를 자동으로 해결하는 방법을 의미했다. 두 번째는 좀 더 일상에서 쉽게 볼 수 있는 문제였다.

> 육군 기록을 참조해서 만든 카드를 보고 1946년 6월 제대 예정인 정육업자의 수를 계산하라.

앨런은 이렇게 기록했다. "기계가 이 계산을 충분히 할 수 있지만, 이 작업이 기계에 적합하다고 볼 수는 없다. 기계가 처리할 수 있는 속도는 카드를 읽어 들이는 속도에 제한을 받게 되며, 빠른 처리 속도를 포함한 계산기의 다른 귀중한 장점을 발휘할 수 없게 된다. 그런 작업은 표준 홀러리스 장비에서 처리할 수 있고 또 그러는 게 마땅하다." 세 번째 비수치적 문제*는 다음과 같았다.

---

* 윌리엄 튜트W. T. Tutte가 예전에 이 순수 수학 문제를 연구했다.

직소 퍼즐은 두꺼운 종이판을 수많은 정사각형 조각으로 잘라서 만든다. 계산기를 사용하여 직소 퍼즐의 해법을 찾을 수 있으며, 조각의 수가 너무 많지 않다면 모든 해법을 나열할 수도 있다.

이 말은 처음부터 AND와 OR 같은 논리 연산을 포함시키고 다른 산술 연산과 동등하게 취급했던 것 같은 그의 수많은 아이디어 속에 숨어 있었지만, 그렇기는 해도 앨런이 암호해독에 관해 가장 직접적으로 언급한 말이기도 했다. 앨런은 이 문제가 "크게 중요하지는 않지만, 계산기가 처리할 수 있는 비수치적 문제로 보자면 대규모 작업의 대표적 사례였다. 이 중에서 일부는 군사적으로 매우 중요했으며, 나머지는 수학자들의 지대한 관심을 끌었다"라고 기록했다. 정부가 관심을 보일 것이라는 기대는 할 수 없었지만, 앨런은 마지막으로 다음과 같이 자신이 가장 관심을 두던 문제를 제안했다.

기계는 체스판에서 말의 위치에 관해 양편 모두 세 수 앞을 내다보며 '승리할 수 있는 모든 조합'을 나열할 수 있다. 여기까지는 이전 문제와 다를 바 없긴 하지만 의문이 하나 생긴다. "기계가 체스를 둘 수 있을까?" 서투르게 그저 두는 흉내만 내게 하는 정도라면 쉬울 테지만, 지능이 필요한 체스라는 게임에서 그 정도로는 별 의미가 없다. 우리는 이번 장 서두에서 기계가 지능이 전혀 없는 것처럼 취급되어야 한다고 언급했다. 하지만 가끔 심각한 오류가 생길 수 있다는 위험을 감수한다면, 기계에 지능이 있는 것처럼 보이게 할 수 있다는 말도 했다. 이런 측면에서 보면 체스를 아주 잘 두는 기계를 만들 수도 있을 것이다.

이는 보고서라기보다는 작전 계획 같았다. 그것도 앨런의 마음속처럼 치열하게 서류상에서도 전술과 전략이 경쟁을 벌이는 그런 작전 계획이었다. 전자 '뇌'의 전망은 우주여행만큼이나 비현실적이었으며, 그다음으로 '연료 펌프' 설계를 설명할 때는 마치 화성을 식민지화할 때의 장점을 설명하는 것과 다름없게 되었다. 앨런은 관료들에게 호소하는 방법을 미리 감안하지 않고 그저 순진하게 내키는 대로 말했다. 하지만 관료들은 앨런의 상세한 설명을 이해할 수 없었다. 견본 프로그램이나 회로도를 비롯해서 "지능이 있는 듯 보이지만, 전혀 지능이 없다"라고 어렵게 표현된 기계의 역설은 더더욱 알아들을 수 없었다. 하트리조차도 이해하기가 매우 어려울 정도였다.

날짜가 적혀 있지는 않았지만, ACE 보고서는 1945년 말 완성되었다.[5] 놀랄 만큼 엄청난 에너지가 담긴 보고서였다. 보고서는 워머슬리에게 제출되었고, 워머슬리는 다윈에게 간략하게 메모[6]를 보낸 다음 1946년 2월 19일로 예정된 집행위원회 회의에 소개 보고서[7]를 보냈다. 그는 만능기계의 가능성을 한눈에 알아봤으며, 앨런과 다른 수학자들이 언급했던 만능기계의 지적 한계에는 아랑곳없이, "과학기술연구청DSIR* 사상 비용 대비 성능이 가장 좋은 장비"라고 주장하며 방어 논리를 폈다. "이 장비에 숨어 있는 가능성은 너무나 엄청나서 무엇을 말한다 해도… 너무나 환상적으로 들릴 수밖에 없을 것이다…" 광학, 수리학, 항공역학 분야를 혁신할 수 있고, 플라스틱 업계는 "현존하는 계산 장비로는 불가능한 방법 덕분에 발전"하게 될 터였다. 앨런이 앞서 언급했던 문제로 현재 수학부서에서 해결하려면 3년이 걸린다고 예상했던 대포의 사거리표 외에도, 워머슬리는 "그 기계를 사용하면 구식 폭약과 신식 폭약에 쓰이는 비균일 물질이나 끊임없이 열이 생성되는 물질에서 열 흐름에 관한 문제를 성공적으로 풀 수 있다"라고 주장했다. 또한 "외무성 지휘관 에드워드 트래비스 경Sir Edward Travis**이 약속한 지원이 매우 유용해질 것"이라고 주장했다.

좀 더 이론적인 측면에서, 워머슬리는 다음과 같이 강조했다. "이 기계는 평범한 의미의 계산기가 아니다. 산술 연산에 국한할 필요가 없는 기계인 것이다. 대수 계산도 능숙하게 할 수 있다…" 좀 더 정치적인 면에서는, 미국에서 이미 선보였던 기계처럼 대규모 계산을 할 수 있다는 점에 이목을 집중시켰다. 물론 미국 기계들

---

* The Department of Scientific and Industrial Research. NPL은 이곳을 통해 자금을 지원받았다.

** 트래비스는 이미 기사작위를 받은 뒤였다.

앨런 튜링의 이미테이션 게임

은 용량면에서 ACE에 한참 못 미쳤다. 한층 영리하게도 워머슬리는 NPL에 그런 기계를 설치함으로써 얻을 수 있는 이점을 거론했다.

> …이 나라에서, 특히 이 부서에서 우리는 세상을 발전시키기 위해 특별한 공헌을 합니다. 그런 장비를 사용하게 되면 미국보다 더 고도의 전략을 구사할 수 있게 된다고 단언합니다… 미국에 있는 기계는 모두 전기공학 부서에 있습니다. 그 기계가 우리 부서에 설치된다면 기술자가 아니라 실사용자들이 쓰게 될 겁니다…

영국 두뇌집단과 사용자들이 앞날을 내다보며 협력을 논하는 자리는 3월 19일로 예정된 집행위원회 회의까지 연기되었다. 이번에는 앨런도 초청을 받아 참석했다. "수리논리학 분야의 전문가"라는 워머슬리의 다소 거창한 소개를 받고 나서, 앨런은 ACE를 최대한 간단하게 설명하려고 애썼다. 아주 명쾌한 설명이었다. 앨런의 말은 이러했다.

> 계산 속도를 전반적으로 높이려면 모든 연산을 자동화해야 했다. 산술 연산을 전자식으로 빠르게 처리하는 것만으로는 부족하며 (숫자 같은) 자료를 이리저리 전송할 때도 마찬가지로 자동화가 필요했다. 여기에는 두 가지 요구사항이 더 필요했다. 당장 사용하지 않는 숫자를 저장해두는 '저장소'나 '메모리', 그리고 올바른 순서에 따라 올바른 작업을 하도록 기계에 명령하는 수단이 바로 그것이었다. 그다음으로 네 가지 문제problem가 있는데 두 개는 공학적인 문제이고, 나머지 두 개는 수학적인 문제이거나 공학과 수학 모두 해당하는 문제였다.

> 문제 1. (공학) 알맞은 저장 시스템 제공
> 문제 2. (공학) 고속 전자 교환 장치 제공
> 문제 3. (수학) ACE에 사용할 회로 설계, 문제 1, 2에서 언급한 저장 시스템과 교환 장치로부터 이런 회로를 설계함
> 문제 4. (수학) ACE에서 수행해야 하는 계산 작업을 ACE가 수행할 수 있는 기본

프로세스로 잘게 나누기… 계산 작업을 기계가 이해할 수 있는 형태로 변환하는 명령표 작성하기

네 가지 문제를 차례로 거론하면서, 튜링 박사가 한 말은 저장 시스템이 경제적이면서도 사용하기 쉬워야 한다는 것이었다. 예컨대 전신 타자기 테이프는 매우 경제적이지만 사용하기 어려웠다. 1,000만 개에 달하는 2진 숫자를 1파운드 비용으로 저장할 수는 있겠지만, 숫자 한 개를 찾느라 테이프를 펼치는 데 몇 분이 걸릴 터였다. 반면 진공관을 사용한 트리거 회로trigger circuit(펄스의 상승 또는 하강 등을 이용하여 다른 회로에 그 변화를 알리거나, 회로의 작동이나 상태의 변동을 일으키게 하는 회로—옮긴이)는 사용하기 쉽지만 매우 비경제적인 저장소의 사례였다. 원하는 숫자를 최대 100만 분의 1초 이내로 얻을 수 있지만 1파운드의 비용으로 저장할 수 있는 숫자는 한두 개 정도에 불과했다. 여기서 절충이 필요했다. 적당한 시스템 한 가지는 '초음파 지연선'이었다. 단 몇 파운드 비용으로 2진수 1,000개를 저장할 수 있으며, 어떤 정보라도 1,000분의 1초 이내로 얻을 수 있기 때문이었다.

하지만 위원회 앞에서 지연선의 작동원리에 대해 열변을 토하면서, 앨런은 이내 너무 기술적으로 치우쳐서 '명령표' 제작 문제를 거론하기도 전에 설명을 그만두어야 했다. 그러니 다윈이 회의적으로 생각했던 것도 당연한 일이었다.

소장이 두세 개의 근이 있는 방정식을 풀려면 기계에 어떻게 명령하는지 물었다. 튜링 박사는 제어장치가 모든 가능성을 고려해야 하므로 명령표를 만드는 작업은 "무척 까다로운" 작업이 될 것이라 답했다.

하트리가 과학보다는 전후 애국심에 호소하는 발언으로 앨런을 거들었다.

…에니악의 진공관이 1만 8,000개인데 반해 ACE는 단지 2,000개만 있으면 됩니다. 그리고 '메모리' 용량도 에니악은 숫자 20개인데 반해 ACE는 6,000개를 저장

할 수 있죠.… 우리나라에서 ACE를 개발하지 않는다면 미국에서 이 분야를 평정
하게 될 겁니다… 우리나라는 그동안 수학 장비 사용 면에서 미국보다 훨씬 유연한
모습을 보였습니다. 튜링 박사는 자신의 기계가 대규모 미분 해석기를 만들자는 기
존 제안보다 더 우선되어야 한다고 주장했습니다.

미분 해석기 개발에 많은 시간과 노력을 쏟았던 사람답게 정말 먼 장래를 내다보
는 너그러운 추천의 말이었다. 그의 미분 해석기는 디지털 방식이 아날로그 방식
에 확실하면서도 순조롭게 승리했음을 의미했다. 물론 하트리는 거의 완성된 상
태의 에니악을 봤으며 전쟁이 끝난 후 콜로서스도 봤을 것이다. 게다가 그는 특히
협조적이고 기꺼이 남을 돕는 사람이기도 했다.
  다윈은 아직 확신이 서지 않았다. 그리고

  만일 기계가 튜링 박사의 기대를 완벽하게 충족하지 못한다면 다른 용도로 사용할
  수 있는지 물었다. 튜링 박사는 기계의 어느 부분이 문제인지에 따라 크게 달라질
  수 있지만, 다양한 목적으로 사용할 수 있다고 대답했다.

앨런은 아마 범용 원리를 이해하지 못하는 다윈을 보고 이를 갈게 되었을 것이
다. 그때 워머슬리는 토론 자리에 새로운 개념을 끌어들였다. 앨런의 보고서에는
없던 '시험용' 기계였다.

  이어지는 토론은 기계의 제작비용을 추산하는 것이었다. 워머슬리는 시험용 기계를
  대략 1만 파운드의 비용으로 만들 수 있다는 말을 꺼냈고, 현 단계에서는 시험용이
  아닌 실제 기계의 총 비용을 정확하게 추정할 수 없다는 쪽으로 의견이 모아졌다.

앨런이 추정한 제작비용은 그다지 주목받지 못했다. 워머슬리는 앨런의 추정보
다 네다섯 배는 더 있어야 한다고 말했다. 사실 앨런이 선을 넘어 관리업무 영역으
로 침범했던 탓에 짜증이 난 사람들도 있을 법했다. 보고서에서 앨런이 마치 상점

을 돌아다니며 직접 장비를 구입할 수 있다는 듯이 썼던 내용을 보고는 더더욱 그랬다. 참석자들 사이에 추천 의견이 돌았다. 그중에서도 모든 군납 계약을 주관하는 군수성의 추천이 눈에 띄었다.* 그런 다음

> 위원회에서는 A. M. 튜링 박사가 제안한 형태의 자동 계산기 개발 및 제작에 대한
> 수학부서의 제안을 적극 지원하기로 의견을 모았다. 연구소장은 재정이나 다른 문
> 제에 관해 본부와 논의하기로 했다.

앨런은 위원회에서 이런 식으로 진행되는 회의에 더할 수 없이 강한 반감이 들었다. 자신의 아이디어를 명확하게 이해하지 못하면서 정치·행정적 이유로 결정을 내렸다는 것이 억울했다. 사실 앨런이 제출한 보고서의 내용은 회의에서 의결된 사항과 거리가 멀었고, '험프티 덤프티'들은 그 내용이 무엇이든 그저 뭔가 보고서에 적혀 있다는 것만으로 만족할 따름이었다. 하지만 찰스 다윈은 발 빠르게 일을 추진했다. 사실 다윈은 2월 22일에 이미 "이제까지 그 어느 곳에서 제작된 것보다 모든 면에서 엄청나게 탁월한 새로운 종류의 전자 수학기계"에 관해 우체국에 편지[8]를 띄웠다.

> 넓게 보면 그 기계는 전쟁 중에 귀하의 직원이 한 외무성 프로젝트를 수행하면서 개
> 발한 원리를 이용해서 작동합니다. 우리는 우체국의 그런 자원을 활용할 수 있게
> 되기를 바라며 도움을 요청합니다… 특히 예전 프로젝트의 전자 부문에서 많은 경
> 험을 쌓았던 플라워스 씨의 도움이 필요합니다.

우체국에서 받은 첫 답변은 고무적이었다. 4월 17일 다윈은 과학기술연구청 자

---

* 군수성에서는 ACE를 "포탄과 폭탄, 로켓, 유도 미사일"에 쓰려고 했다. 그리고 3월 20일 NPL 서기관 E. S. 히스콕스로부터 "여러분이 편지에서 언급했던 그런 종류의 목적에 얼마든지 사용되기를 바랍니다…"라는 확인을 받아냈다.

앨런 튜링의 이미테이션 게임

문위원회에 그럴싸한 활동계획을 보여줄 수 있었다. 그때쯤 다윈도 기계의 본질적인 개념을 파악했다.

···새로운 기계의 가능성은 A. M. 튜링 박사가 몇 년 전 작성한 논문에서 비롯되었습니다. 적어도 개념상으로는, 규칙을 정하고 나머지는 기계에게 맡김으로써 광범위한 수학 문제를 풀 수 있다는 사실을 밝혀낸 논문이었습니다. 튜링 박사는 지금 NPL에서 일하며 현 프로젝트의 이론적인 면을 담당하고 있습니다. 그리고 더 실용적인 많은 세부항목을 설계하고 있죠.

다윈의 계획에는 기계가 수행할 수 있는 대규모 계산 작업의 사례 세 가지가 나온다. 그 설명을 보면,

기계를 완전히 구현하려면 비용이 많이 들 수밖에 없다. 5만 파운드가 든다고 추정하는데 그 2배를 넘지는 않을 것이다. 필수 기능만 담은 시험용 기계를 먼저 제작할 수도 있다. 1만 파운드 정도가 들 테지만 시험용 기계를 통해 시험해보지 않고는 계획할 수 없는 일부 세부적인 설계사항을 알아내는 것이 주된 목적이다. 그리고 시험용 기계는 기능이 제한적이라 실제 기계의 가치를 판단하기는 어려울 것이다. 이 작업에는 지연선과 트리거 회로 개발이 수반되는데, 이 부분은 개발 장비와 특별히 훈련된 직원이 있는 우체국에서 담당하게 될 것이다. 그리고 튜링 박사와 조수들이 합류할 것이다···

시험용 기계는 실제 기계를 대체하는 축소 모형이 아니라 적절한 때에 실제 기계의 한 부분으로 합쳐질 것이다. 실제 기계는 3년 안에 제작되었으면 한다··· 먼저 개발하는 시험용 기계의 설계와 제작에 높은 우선순위를 부여해서 지금 즉시 시작해야 한다고 생각한다. 하지만 그 전에 먼저 알아야 할 중요한 점이 있다. 시험용 기계가 예상대로 작동한다면 실제 운용할 기계를 제작하는 데 필요한 더 많은 예산을 전부 지원해야 한다는 것이다. 문제 유형을 쉽게 바꿀 수 있는 편의성과 처리 속도 면에서 볼 때, 전국에서 의뢰하는 모든 문제를 해결하는 데 기계 한 대만 있으면 충분할

것으로 생각된다.

다윈은 이번 회계연도에 '시험용 기계'에 할당할 예산 1만 파운드를 요청했다. 1946년 5월 8일 과학기술연구청에서 다윈의 요청을 수락하고, 만일 '시험용 기계'가 기대를 충족한다면 실제 기계를 제작하는 데 10만 파운드를 추가 지원하기로 했다. 8월 15일에는 표준 규정에 위배되는데도 재무성에서 1만 파운드 예산 집행을 승인했다. 그러는 동안 6월 18일 NPL에서는 지연선 개발을 의뢰하는 서신을 우체국에 보냈다. ACE의 개발이 진행되고 있었다. 오두막에서 급하게 개발하는 대신 5개년 계획이라도 수립할 것 같은 모양새였지만, 전국에서 쏟아지는 모든 문제를 풀 수 있는 기계가 될 것이라는 점은 변함없었다. 전면전을 치르면서 적의 완전한 통신체계를 포획해서 얻은 유산으로 이제 완전한total 기계를 조립할 수 있게 되었다.

앨런은 보고서를 제출하고 나서 서류상 존재하는 기계의 설계를 개선하고 '명령표'를 작성했다. 앨런은 그런 작업을 하면서 일부 지원을 받기도 했는데, 다윈은 앨런의 프로젝트를 '최우선 순위'로 두고 정부 과학자 2명을 파견했다. 처음 온 사람은 짐 윌킨슨J. H. Wilkinson으로 1939년 순수 수학 파트III 수업을 들었으며 6년째 폭발물 문제의 수치해석 분야에서 일하고 있었다. 윌킨슨이 NPL에 올 수 있도록 애쓴 사람은 찰스 굿윈이었다. 굿윈은 윌킨슨에게 수치해석 연구를 맡길 생각이었다. 하지만 연구소를 방문한 윌킨슨은 앨런으로부터 ACE라는 흥미진진한 계획을 전해 들었다.[9] 윌킨슨이 케임브리지 수학과로 돌아가지 않고 정부기관에 남기로 마음먹었던 것도 ACE 덕분이었다. 윌킨슨은 굿윈의 탁상용 기계 프로젝트와 ACE 프로젝트에서 반반씩 일하는 것으로 협의되었다. 부서 간 마찰이 생길 가능성이 높은 처지였지만, 다행히도 윌킨슨은 매우 공평하고 요령이 좋은 사람이었다. 그는 1946년 5월 1일 ACE 프로젝트에 합류했다. 두 번째 협력자는 약간 뒤에 왔는데, 이론 생물학자이자 과학철학자 우저J. H. Woodger의 아들인 마이크 우저Mike Woodger라는 청년이었다. 우저는 이내 앨런의 만능기계에 푹 빠져들었다. 하지만 유감스럽게도 6월 탁상용 기계에 관한 교육을 받은 후 심한 열병에 걸려 9월까지 프로젝트에 합류하지 못했다.

마이크 우저는 6월 앨런에게 훈장이 수여되었다는 소식이 공식 발표되었을 때까지만 해도 연구소에 있었다. 앨런은 전시에 기여한 공으로 '대영제국훈장Order of the British Empire'을 받았는데, 앨런 정도의 직위에 있는 공무원에게 일반적으로 주어지는 훈장이었다. 대영제국훈장을 받았다는 의미의 'OBE'라는 글자가 앨런의 사무실 문에 붙었는데, 이를 보고 앨런은 무척 화를 냈다. 아마도 이런 형식적인 표창을 자랑하는 것이 어리석다고 생각했거나, 남들에게 어떤 일로 훈장을 받았느냐는 질문을 듣고 싶지 않아서 그랬을 것이다. 왕이 병석에 있었으므로 "하느님과 제국을 위해서"라고 쓰여 있는 훈장은 우편으로 도착했다. 그리고 앨런의 공구상자에 처박혔다.

윌킨슨이 ACE 설계 작업에 합류했던 5월에는 설계가 벌써 5번째 개정되었다. 한 가지 달라진 점은 조건 분기 기능을 담당하는 장비가 추가되었다는 것이었다. 5번째 개정판은 이내 6번째로 임시 개정되었다가 다시 7번째로 개정되었다. 이때 앨런은 장비를 추가하여 초기 보고서보다 작업 속도를 빠르게 하는 데 더 많은 관심을 쏟았다. 7번째 개정판에서는 저장소에서 숫자 2개를 더한 다음 결과를 다시 저장하는 식으로 완전한 산술 연산을 처리할 수 있도록 장비를 충분하게 추가했다. 마찬가지로 처리 속도를 높이기 위해, 가능한 한 이전 명령이 실행되자마자 다음 명령이 지연선을 떠나도록 프로그래밍하는 것이 중요했다. 연산에 따라 완료될 때까지 걸리는 시간이 각자 달랐으므로 명령표를 작성하는 일은 십자말풀이 작업처럼 될 수밖에 없었다. 이로 인해 모든 명령에는 다음 명령의 시작점을 명시해야 했다. 명령이 순차적으로 자연스럽게 흘러가며 중단되는 경우를 최소화해야 한다는 개념은 버려야 한다는 뜻이었다. 명령어의 길이도 32개의 펄스에서 40개의 펄스로 늘어났으며, 따라서 추가 장비가 필요했다. 7번째 개정판에서는 그런 연산을 수행하는 데 40마이크로초가 걸렸지만, 제어회로에서 다음 명령을 만드는 데 40마이크로초가 추가로 소요되었다. 다시 처리 속도를 높이기 위해 앨런은 장비 부품을 이중화해서 처리시간을 단축시키려 했다. 그렇게 하면 이전 명령이 실행되고 있는 도중에 명령을 만들 수 있기 때문이었다.

앨런이 첫 보고서에서, 명령표를 직접 써보면 하드웨어 설계의 몇 가지 측면을 변경해야 할 수도 있다고 했던 말 그대로였다. 속도를 증가시키기 위해 단순성을 어느 정도 희생해야 한다는 점도 마찬가지였다. 그렇다고 해도 실제 부품을 조립하는 작업을 당장이라도 시작해야 했다. 서류상의 '명령표'는 실제 기계를 위해 고안된 것이지 이론적인 연습을 위한 것이 아니었기 때문이다.

하지만 이런 측면에서 개발 작업의 진척은 더디기만 했다. ACE 프로젝트에는 엄청난 문제가 있었다. NPL에 무선부서가 있기는 했지만, 앨런의 생각을 실행에 옮기는 것은 고사하고 이해할 수 있는 전자공학자가 한 명도 없었기 때문이다. 지난 1944년 12월 워머슬리는 집행위원회에 새로운 기계에 대한 계획이 "부서와 특정 산업기관들의 협조가 있어야 효과적으로 진행될 수 있으며, 진행 단계에 따라 외부와 개발 계약을 맺어야 할 수도 있다"라고 말했다. 하지만 외부 협력에는 아무런 진척도 없었다. 그저 중단기적으로 가능성이 높았던 것은, 다윈과 연줄이 있는 '영국 전기English Electric'라는 회사에서 상업 표준에 맞게 기계를 제작한다는 것뿐이었다. 영국 전기의 임원 조지 넬슨 경Sir George Nelson이 3월 회의에 참석했지만, 누가 즉시 개발 작업에 착수할 것인가는 명확하게 결정되지 않았다. 앨런이 보고서에서 6개월 이내에 논리 제어 장비를 생산할 수 있다며 내보였던 확신에 큰 장애가 생겼다.

NPL 내부에는 구조적으로 더 큰 문제가 있었다. 핸슬로프에서 앨런은 돈 베일리와 각자의 장기를 합쳐 즐겁게 일했다. 이런 면에서 보면 ACE 프로젝트는 딜라일라 프로젝트의 반복이었다. ACE가 좀 더 규모가 크기는 했지만 아주 비슷한 방식으로 일을 진행할 생각이었기 때문이다. (앨런은 돈이 NPL로 와야 한다고 에둘러 주장했지만 돈은 1947년 2월까지 묶여 있는 몸이었고, 앨런이 "증폭기의 왕"이라며 돈을 부추겼지만 돈은 자신이 그 이름보다 더 대단한 인물이라고 생각했다.)

하지만 NPL은 그렇게 임시방편에 가까운 비공식적인 협력을 구하지 않았다. 조직의 분업 체계는 두뇌 역할과 손발 역할로 명확하게 나뉘어 있었다. 앨런의 역할은 명확하게 이론적인 설계자였으며, 응용 공학 분야를 탐구하는 일은 주어진 임무가 아니었다. 또한 연구소 관리체계상 장비를 구매하려면 서류를 작성하고 허가를 얻어야 했다. 그런데 설상가상으로 당시는 전쟁이 막 끝난 혼란한 상황이었으므로, 전쟁 물자를 거래하는 암시장 같은 곳에서 장비를 구매하려면 거의 사기나 다름없는 꼼수를 부려야 했다. 이런저런 이유로 당장 회로를 만들 만한 엔지니어를 구할 수 없었으며, 앨런도 직접 실험해볼 수 있는 장비를 구할 수 없었다.

ACE 프로젝트에는 전반적으로 더 큰 난제가 있었는데, 1940년 에니그마 정보를 손에 넣었을 때와 비슷한 문제였다. 앨런은 과거에 별로 혁신적이지 않은 조직에 10년을 앞선 아이디어를 쏟아놓은 적이 있었다. 1940년 당시 암호해독가들은 순진하게도 정부가 해독된 메시지를 손에 넣어 큰 성과를 올릴 수 있을 것으로 기대했었다. 하지만 전쟁이 그렇게 급박하게 돌아갔는데도, 실제 해독가들의 말대로 되기까지는 2년간의 뼈를 깎는 적응기간이 필요했다. 이제 ACE 설계의 풍부한 가치를 활용하려면 다른 접근법이 필요했지만, 그런 전례를 찾을 수 없었다. 관리자들은 무엇이 필요한지 이미 다 안다는 듯 말했지만, 어떻게 처리해야 할지 뚜렷한 생각이 없었다. NPL에는 중요한 혁신을 이끌어본 전통이 없었으며, ACE 프로젝트로 인해 연구소의 보수적이며 부정적인 특성이 다시 드러나고 말았다. 1941년처럼 앨런은 조직의 타성을 참을 수도 이해할 수도 없었다.

그리고 1946년에는 블레츨리와는 달리 매우 높은 우선순위로 프로젝트를 즐길 수 없었고 다른 기관들이 기꺼이 독립성을 희생하면서 협조할 것이라는 기대도 할 수 없었다. 그래서 돌리스 힐의 책임자 래들리는 콜로서스 기술자들의 능력을 의심한 것은 아니지만, NPL을 위한 지연선 작업에는 별 관심이 없었다. 우체국에는 전쟁을 치르느라 미뤄둔 일이 많았고, 다양한 국가사업의 우선순위를 조정하라는 상급기관의 지시나 국가 정책 따위도 없었다. 앨런과 워머슬리는 1946년 4월 3일 돌리스 힐을 공식 방문했다. 그때부터 작업이 시작되었지만, 두서없이 진행되었으므로 뜻하지 않은 지연이 생기거나 진행방향이 명확하지 않다는 느낌을 받았다.

앨런은 예전에 음극선관을 새로운 저장시스템으로 사용할 수 있는 가능성에 대해 보고서를 작성한 적이 있었다. 1946년 5월 8일 워머슬리가 통신연구소에 서신을 띄운 것도 앨런의 요청 때문이었을 것이다. 서신의 내용은 그런 음극선관을 저장소로 사용하기 위해 필요한 레이더 장비의 연구 상황을 묻는 것이었다. 그러면서 음극선관이 "현재 우리가 ACE에 사용하려고 하는 수은 지연선을 대체하거나 개선할 수도 있다"라고 설명했다. 그에 대한 답신이 비협조적이지는 않아서, 다윈은 8월 13일 과학기술연구청의 에드워드 애플턴 경Sir Edward Appleton에게 다음과 같은 서신을 띄우게 되었다.[10]

> …제가 얘기했듯이 워머슬리가 통신연구소에 가서 ACE 기계에 관해 도움을 받을 수 있을지 살펴봤습니다. 그러고는 제게 절호의 기회 같다고 하는 말을 들으니 프로젝트를 계속 추진해야겠다는 생각이 들더군요. 그쪽의 업무 기획도 좋고, 제가 알기에는 윌리엄스도 이 일을 무척 하고 싶어 하는 것 같으니 일이 성사될 가능성은 다분해 보입니다. 왜 몇 달 전에 그렇게 해볼 생각을 하지 않았는지 자책하고 있습니다.
> 다음에 할 일을 두고 워머슬리는 우리를 돕기 시작한 우체국과의 관계를 전략적으로 파악해야 했습니다. 우체국의 협력은 많은 도움이 되었지만 그들이 깊이 관여할 입장은 아니었거든요. 또한 통신연구소가 이 일을 우선적으로 하게 만들 필요가 있을 겁니다. 이와 관련해서 필요하다면 고위층의 힘을 빌리고 싶습니다. 미국을 앞설 수 있는 기회를 잡았기 때문입니다.

F. C. 윌리엄스는 통신연구소의 전자공학 분야 최고 전문가였다. 그가 적극적인 모습을 보인 이유는 전자 계산에 관심이 있어서가 아니라, 전시에 레이더를 개발하며 얻은 전자 기술을 평시에 응용할 곳을 찾고 싶은 마음이 간절했기 때문이었다. 그렇게 자신의 기술을 응용할 곳을 찾으면서 윌리엄스는 나름 생각이 있었으며 다윈이 언급한 고위층과는 다른 선택권이 있었다. 바로 맨체스터대학교였다.

뉴먼은 블레츨리를 떠나 맨체스터대학교 순수 수학 교수가 되었다. 잭 굿과 데이비드 리스David Rees도 그와 함께 맨체스터로 가서 전임강사가 되었다(리스는 1939년 파트III 수업을 들었던 또 다른 인물로 1939년 웰치먼의 팀에 합류했으며 나중에 뉴먼의 팀으로 옮겼다). 뉴먼은 당시 물리학 교수였던 블래킷을 따라 케임브리지 교수에서 맨체스터대학교 학과장으로 자리를 옮겼다. 그러고는 함께 실력이 쟁쟁한 팀을 꾸렸는데, 그들은 다윈이 왜 전자 컴퓨터를 독점해야 하는지 알지 못했다. 「계산 가능한 수」의 첫 독자이자 콜로서스의 공동 작업자로서 뉴먼은 컴퓨터의 잠 재력을 누구 못지않게 잘 알고 있었다. 비록 앨런처럼 "뇌를 제작"하고 말겠다는 강한 열망이 있다거나 직접 부품을 조립해본 적은 없지만, 그 대신 가능성을 평가 하는 능력은 누구보다 뛰어났다.

뉴먼은 1946년 2월 8일 폰 노이만[1]에게 서신을 띄우면서 이렇게 설명했다.

여기서 컴퓨터 개발팀을 시작하려고 합니다. 지난 2~3년간 이런 종류의 전자 기기 에 매우 관심이 많았습니다. 약 18개월 전에 블레츨리를 떠나면서 기계 제작부서를 꾸리려는 마음을 먹었습니다. 사실 맨체스터로 오게 된 이유가 그 때문이기도 합니 다. 이곳 사정이 여러 가지로 유리했거든요. 이 일을 시작한 시기는 미국이나 NPL 부서에서 진행되는 연구 계획을 알기 전이었습니다. 나중에 하트리와 플라워스를 통해 미국에서 운용 중이거나 제작 중인 여러 기계에 관해 전해 들었습니다. NPL 프로젝트가 시작되면 추가적으로 부서가 더 있어야 할지 의문이 제기될 겁니 다. 이와 관련해서 제 생각은 다른 기술 분야도 그렇듯이 기초 연구가 필요하다는 겁니다. 실제 생산을 걱정하지 않고 진행할 수 있는 연구 말이죠.

뉴먼의 의도는 다음과 같았다.

새로운 기계는 여태까지 기계로 계산했던 것과는 완전히 다른 유형의 수학적 문제, 예컨대 4색정리 혹은 속束이나 군에 대한 다양한 정리를 처리할 수 있을지도 모릅니다.

뉴먼은 이렇게 설명했다.

어쨌든 저는 작업을 시작할 수 있을 정도의 보조금을 왕립협회에 요청했습니다. 물 론 앨런과도 긴밀히 연락하고 있습니다. 앨런과 협의하고 하트리와 플라워스의 말을 듣고 나니, 우리가 여기서 위와 같은 의미로 '수학적' 문제에 착수한다면 상당히 적은 저장소로 처리할 수 있을 겁니다. 물론 왕립협회에는 큰돈이 들어갈 것이라고 말해두었지만 말이죠.

뉴먼은 전자 컴퓨터 연구를 위한 비용과 5년간의 봉급을 충당할 수 있는 보조금을 요청했다.[12] 왕립협회에서는 위원회를 구성하여 뉴먼의 보조금 요청을 검토했다. 위원회는 블래킷, 다윈, 하트리, 그리고 2명의 순수 수학자, 케임브리지의 호지, 옥스퍼드의 화이트헤드로 구성되었다. 다윈은 ACE 하나로 충분할 것이라는 근거로 반대 의사를 표명했다. 워머슬리는 뉴먼이 ACE 프로젝트에서 플라워스를 빼내려 한다며 특히 우려했지만 다수결에서 지고 말았다. 뉴먼의 프로젝트는 ACE와는 '종류가 다른 기계'를 만든다고 인정되었기 때문이다. 5월 29일 재무성에서는 뉴먼에게 3만 5,000파운드를 지급했다. 그 근거는 뉴먼의 기획안이 '기초과학' 분야로서 왕립협회의 연구 범위 내에 있고 과학기술연구청과도 이해관계가 겹치지 않는다는 점이었다. 놀랍게도 수학적 순수함이라는 활력이 다시 도는 듯했다. 무기 제작과 상관없는 컴퓨터 개발이 거론되었으니 말이다.

알고 보니 블래킷은 전쟁 전부터 윌리엄스와 아는 사이였다. 미분 해석기에 사용하는 자동 곡선추적기curve-tracer(회로의 문제를 해결하고 구성 요소를 분석하는 데 사용하는 전자 시험장비—옮긴이)를 함께 연구했던 것이다. 그리하여 다윈과 뉴먼 모두 "미국에 앞서나가기 위해" 윌리엄스에 도움을 구하는 중이었으며, 국가 차원에서 컴퓨터 시스템을 한 대만 설치하려던 다윈의 계획은 수포로 돌아가게 되었다. 윌리엄스가 결정을 내리는 동안, 누가 ACE를 제작하게 될 것인가 하는 문제는 여전히 미해결로 남아 있었다.

초기의 이런 경쟁의식은 1946년 중반 영국에서 세 번째 전자 계산기 프로젝트가 시작되면서 더욱 복잡해졌다. 이번에는 앨런의 1934년도 'B-스타' 우등 졸업생 동료인 윌크스의 계획이었다. 1945년 윌크스는 전시에 몸담았던 통신연구소를 떠나 원래 일하던 케임브리지 수학연구소로 복귀해서 책임자가 되어 있었다. 워머슬리와도 즉시 연락이 닿았지만, 1946년 봄까지 에니악과 에드박 계획은 기밀이었으므로 그 후에야 하트리에게서 1945년 봤던 것을 전해 들을 수 있었다. 그런 다음 하트리는 1946년 7~8월에 에니악 팀이 필라델피아에서 했던 강의에 윌크스가 참석할 수 있게 주선했다.

무어 스쿨에서 열린 강의는 폰 노이만이 몸담고 있는 프린스턴 고등연구소IAS에서 발행한 보고서와 더불어 미래의 컴퓨터 개발에 지대한 영향을 끼쳤다. 일례로 그 덕에 에드박 계열의 기계를 제작하는 데 최초로 연방자금 지원이 이루어지기도 했다. 제임스 펜더그래스James T. Pendergrass라는 사람이 해군 산하조직 CSA 워싱턴 본부를 대표해서 "값비싸고 시간 낭비가 많은" 특수 목적 기계와 대비되는 만능기계의 장점에 대해 설명했다[13](아마 트래비스가 1년 전에 똑같은 분석결과를 내놓았던 것 같다). 또 다른 예로는 윌크스가 전시에 쌓았던 전자공학 분야의 경험을 살려 영국판 에드박 제작에 열성을 쏟도록 영감을 주었다는 점을 들 수 있다.

반면 앨런은 미국의 개발 내용에 여전히 별로 영향받지 않았으며 그 점은 미국도 마찬가지였다. 구상 단계와 마찬가지로 개발이 진행되면서도 영미 양측은 독자적으로 연구를 진행했다. NPL과 미국 연구진들 사이에 간접적으로 약간의 접촉이 있는 정도였다. 1946년 여름 하트리는 에니악을 보러 미국으로 건너가 장비를 직접 사용해봤다. ACE 보고서와 ACE 설계도의 '세 번째 개정판' 사본을 가지고 갔지만,[14] 그 속의 프로그래밍 아이디어는 미국인들에게 아무런 영향도 주지 못했다.

컴퓨터 이론가 폰 노이만에게 그보다 약간 연배가 높은 미국 수학자 노버트 위너Norbert Wiener가 합류했다. 전쟁이 발발하자 위너는 군론 대신 기계 관련 연구를 하게 되었고, 대공포대의 전자 자동제어장치에 큰 영향을 미쳤다. 폰 노이만과 위너는 예정된 에드박의 잠재력에 관해 의견을 나누었는데, 대개 '피드백'에 대응하는 조건 분기 기능에 관해서였다. 두 사람은 프로그램 계층구조나 명령을 재구성하고 생성하는 컴퓨터 등에 관해서는 의논하지 않았다. 하지만 둘 다 진공관의 논리적 기능이 인간의 신경계에 있는 신경세포 구조와 유사하다는 매컬로크와 피츠의 생각에 깊은 인상을 받았다. 1946년 11월 29일 폰 노이만은 피츠와 매컬로크의 "지극히 대담한 노력"에 대해 위너에게 편지[15]를 보냈다. 폰 노이만은 그 노력을 "신경학과는 관점이 다른 R.[원문 그대로임] 튜링의 논지와 대등한 수준으로 본다"라고 했다.

미국에서 영국으로 가는 반대 방향의 교류도 제한적이었다. NPL에는 「에드박에 대한 보고서 초안」이 있었는데, 앨런은 그 보고서의 표기법을 논리 네트워크에 계속 활용했다. 맨체스터를 대표해서 무어 스쿨 강의에 참석했던 데이비드 리스는 열흘 남짓한 기간에 앨런과 짐 윌킨슨에게 보고했다. 하지만 미국의 계획은 ACE 프로젝트에 별다른 영향을 주지 않았다. 앨런이 미국에서 희망을 걸고 있던 저장 매체인 아이코노스코프의 전망을 매우 회의적으로 봤기 때문이다. 영국에서는 미국의 개발 프로젝트를 그저 또 다른 프로젝트로 봤을 뿐 경쟁상대로 여기지 않았다. ACE 프로젝트는 해군 에니그마나 딜라일라처럼 앨런의 독자적인 일이었다. 하지만 개발 방식은 사뭇 달랐다.

폭격을 당했던 지역이나 연구실에는 1946년이 되어서도 전쟁의 기운이 아직 남아 있었지만, ACE 부서에는 8호 막사 시절의 동지애나 앨런이 돈 베일리와 맺었던 친밀한 관계 같은 것이 꽃피지 않았다. 마이크 우저가 9월에 병가에서 복귀한 다음 책상에서 본 것은 'BURY'와 'UNBURY' 프로그램을 만들라는 지시가 적힌 메모뿐이었다. 이렇게 '주인과 하인' 같은 관계가 지속되었다. 앨런은 다소 신경질적이지만 성실한 마이크 우저가 마음에 들어 친절하게 대해주려 애썼지만, 특유의 퉁명스럽고 다소 무시무시한 태도 뒤로 묻혀버렸다. 앨런은 마이크 우저처럼 출발선에 서 있는 젊은 사람들이 자신에게 경외심을 갖고 있다는 사실을 미처 몰랐던 것 같다. 항상 관료주의에 맞서는 청년 혁신주의자를 자처하면서, 앨런은 다른 사람들의 눈에 자신이 관료로 비치는 모습을 여전히 받아들이기 힘들어했다. 그리고 느려빠진 행동을 참지 못했으며 자신의 상상력을 사람들과 더 효과적으로 의사소통하는 데 사용하지 못했다.

짐 윌킨슨은 마이크 우저보다 나이가 많고 경험도 풍부했지만, 현재 다소 고립된 듯한 앨런 튜링이라는 "창의적인 무질서 상태"를 피하는 것이 낫다는 사실을 여러 차례 깨달았다. 앨런은 "호감이 가고, 거의 사랑스럽기까지 하지만… 어떨 때는 우울에 빠진 듯한" 모습이었다. 일할 때는 변덕스러운 성격과 감정적으로 대하

앨런 튜링의 이미테이션 게임

는 태도가 뚜렷하게 보였다. 앨런이 오래전에 약속되었던 수석 과학연구원으로 승진한 시기도 대략 이때쯤이었다. 그는 굿윈의 부서에서 일하는 짐 윌킨슨과 레슬리 폭스를 데리고 런던에서 승진 축하연을 하기로 했다. 런던까지의 기차여행은 몇몇 수학문제를 두고 벌어진 거친 논쟁으로 엉망이 되었는데, 워털루에 도착했을 때는 그나마 먹구름이 걷힌 다음이었고, 앨런은 다시 낙천적인 상태를 회복했다.

기차에서 이 특별한 논쟁이 발생한 이유는 굿윈의 부서에서 했던 수치해석 문제가 앨런과도 관련이 있었기 때문이었다. 1943년 통계학자 호텔링H. Hotelling[16]이 연립방정식을 푸는(혹은 대략 비슷하게 보자면 역행렬을 구하는) 절차를 분석했는데, 그 결과 연속되는 방정식이 제거되면서 오류가 급격하게 증가하는 것으로 나타났다. 그렇게 되면 ACE의 실용적인 유용성은 크게 떨어질 수밖에 없었다. 이 문제와 직접적으로 관련된 굿윈의 부서에서는 1946년 항공역학 계산 문제에 나오는 18개 방정식을 풀어보면서 문제를 해결했다. 앨런은 (누가 봐도 세부 업무에 관해 가장 서투른) 탁상용 기계문제에 합류했다. 놀랍게도 그들은 최종적으로 오류가 매우 적다는 사실을 알게 되었다. 앨런은 왜 이런 결과가 나왔는지 이론적으로 분석했다. 새로운 해법과 구체적인 응용이 필요한 튜링 식 문제의 전형이었다. 앨런은 블레츨리에서 사용할 확률이론을 개발했을 때와 비슷한 방법으로 이 문제를 연구했다.

이런 작업은 물론 먼 옛날의 일이 아니었다. 앨런은 마이크 우저에게 '화약통 barrels of gunpowder' 문제를 포함한 확률 문제를 일부 맡겼다. 전시에 연구를 하면서 알게 된 전문가를 만나기도 했다. 잭 굿과 뉴먼이 NPL을 방문했다. 물론 뉴먼은 자신의 맨체스터 컴퓨터 프로젝트를 시작하는 데 관심을 쏟고 있었다. 그런데 잭은 처음부터 오류 없는 명령표를 쓸 수 있는 사람은 없다는 앨런의 주장을 무색하게 만들었다. 잭 굿은 확률과 증거 비중에 관한 얇은 책[17]을 쓰기도 했으며, 블레츨리에서 이용했던 이론을 더 발전시키지는 못했지만 실질적으로 확립한 사람이었다. 때마침 '순차 분석sequential analysis'법이 통계학자 월드A. Wald[18]에 의해 미국에서 발표되었다. 월드는 산업용 부품을 시험할 목적으로 '순차 분석'법을 독자 개발했다. 반면 앨런은 블레츨리의 작업 결과로 발표한 것이 전혀 없었다. 다만 좀 더 간접적으로 보면 그가 했던 모든 작업은 거의 전쟁 전 자신이 확립한 기계 이론과 전시 연구 경험에서 비롯된 것이었다.

앨런은 NPL에서 새로운 친분관계를 맺기보다는 전시에 맺었던 관계를 그대로 유지했다. 옥스퍼드 학부생인 도널드 미치는 그런 친구 중 하나였는데, 1946년 10월 앨런이 잭 굿에게 쓴 편지의 추신을 보면 앨런이 잭 굿의 책 초안을 언급하면서 썼던 "도널드가 도와주기로 했으니 이제 보물을 캐는 데 필요한 도구는 다 갖춘 셈이다"라는 아리송한 말이 나온다. 이는 은괴를 회수하기 위해 탐사를 떠난다는 말이었다(한편 데이비드 챔퍼노운은 은행에 안전하게 맡겨둔 은괴에서 꼬박꼬박 이익을 얻었다). 앨런은 예전에 도널드 미치와 은괴를 캐러 간 적이 있었는데, 도널드는 캐낸 은괴의 3분의 1을 받든지 캐러 갈 때마다 5파운드를 받든지 선택할 수 있었다. 이 일은 그 자체로 튜링 확률이론의 좋은 사례였다. 지극히 합리적인 사람이 어느 쪽에 돈을 걸지 알려주었던 것이다. 지극히 합리적인 도널드 미치는 은괴를 캐러갈 때마다 5파운드를 받는 쪽을 선택했다. 첫 번째 보물탐사는 실패였다. 은괴 하나가 묻혀 있는 쉔리 인근 숲으로 갔더니 중요한 지형지물이 1940년 이후 바뀐 상태라 은괴를 묻은 지점을 찾을 수 없었다. 그때 가져간 '도구'는 앨런이 직접 설계하고 제작한 금속 탐지기였다. 두 번째 탐사에서는 탐지기를 제대로 써먹었다. 비록 땅속 몇 센티미터 정도까지만 탐지할 수 있었지만, 숲 속 땅 밑에 있는 수많은 금속 조각을 성공적으로 찾아냈다. 그런데 정작 은괴는 없었다. 앨런은 두 번째 은괴가 묻혀 있는 곳은 알았지만, 'UNBURY' 루틴routine(컴퓨터가 하는 일련의 작업―옮긴이)을 적용할 수 없음을 알게 되었다. 개울 밑바닥이었기 때문이다.

앨런은 그런 실패담을 대수롭지 않게 웃어넘겼다. 버킹엄셔를 다시 찾은 목적이 보물 탐사만은 아니었기 때문이다. 앨런은 1946년 12월쯤 돈 베일리와 데니스 가보르D. Gabor의 새 통신 이론[19]에 관해 논의하며 그곳에서 일주일을 보내기도 했다. 그런데 이번에는 유별나게도 면도를 하다 상처를 입자 졸도하고 말았다. 피를 보면 이런 반응을 보인다는 말을 돈에게 털어놓은 것은 오래전이었지만, 그런 모습을 실제 보인 것은 이번이 처음이었다. 1945년 10월에는 이런 일도 있었다. 앨런과 돈 베일리, 로빈 갠디, '점보' 리가 함께 만나 전시 무선기술 연구에 대한 강의를 들으러 전기기술자협회IEE에 갔다. 강의를 들은 뒤 일행은 공짜로 얻어먹을 심산으로 버나드 월시의 굴 전문 식당에 갔다. 하지만 기대는 어긋나고 말았다. 앨런은 테딩턴에서 런던까지 타고 간 자전거를 소호 레스토랑 밖에 세워두었다가 분실했다. 당연한 일이었다.

앨런의 특이한 행동은 24킬로미터의 거리를 자전거로 다니는 것만이 아니었다. 그 거리를 즐겁게 걸어 다니기도 했기 때문이다. 그리고 핸슬로프 달리기 경주에서 우승한 다음에도 계속 좋은 성적을 냈다. 앨런은 테딩턴에 도착해서 인근 월튼 육상클럽에 가입한 다음 숙련된 아마추어 선수로 달리기를 시작했다. 앨런은 장거리 주자였으며 체력이 좋아서 5킬로미터 달리기에서 강점을 보였다. 이 시절에 앨런은 매일 두세 시간씩 훈련했고 토요일 오후에는 육상클럽에 가서 달리기를 했다. 1946년 10월에는 어머니에게 이런 편지를 썼다.

> 8월 달에는 달리기 기록이 아주 좋았어요. 연구소에서 열린 1.6킬로미터와 800미터 달리기 시합에서 우승했죠. 육상클럽에서 개최한 5킬로미터 챔피언대회에서도 우승했고, 5킬로미터 핸디캡을 받고 뛰었던 못스퍼 공원Motspur Park 시합에서도 우승했어요. 유명 선수들이 기록을 깨려고 모여든 대회*였지만, 다들 기록을 깨기는 커녕 근육 경련이 생겼죠. 저는 하찮은 선수지만 근육 경련은 없었어요… 이제 트랙에서 경기하는 계절은 지났지만, 동시에 크로스컨트리의 계절이 시작되었어요. 저는 지금이 더 좋은 것 같아요. 저녁이 되면 어두워지기 때문에 평일에는 어둠 속에서 달려야 하겠지만 말이죠.

앨런은 달리는 거리를 늘려가고 있었으며 마라톤도 해볼 생각이었다. 가능하다면 달리기 훈련 삼아 외부 연구소를 방문하는 횟수를 2배로 늘리고 싶었다. 특히 느릿느릿 진행되는 ACE 지연선 개발과 관련해서 런던 서쪽을 지나 돌리스 힐까

---

* 실제로는 8월 31일이었다.

지 16킬로미터를 뛰어다니곤 했다. 그리고 몇 달에 한 번씩 다소 먼 길퍼드까지 30킬로미터를 달려가 튜링 부인의 사회적 의무감이 건설적인 곳에 쓰일 수 있게 했다. 그런 앨런에게 다들 놀랐지만, 앨런은 신경 쓰지 않았다. 튜링 부인이 기록했듯, 앨런은 달리기를 하면서 "온갖 계급의 사람들"을 만나게 되었다.

앨런은 달리기와 체스를 병행하기도 했다. 가끔씩 데이비드 챔퍼노운을 만나기도 했는데 챔퍼노운이 몸담고 있던 옥스퍼드 아니면 도킹에 있는 챔퍼노운 부모님 댁에서였다. 두 사람은 탁구를 치거나 확률이론 이야기를 하는 한편 체스 규칙을 새로 만들기도 했는데, 예컨대 한 사람이 정원을 도는 사이 다른 사람은 한 수를 두어야 하는 식이었다. 정원을 빨리 돌수록 상대가 생각할 시간을 줄일 수 있었으므로 적절한 균형점을 찾는 것이 중요했다. 앨런은 달리기 요령에 대해《선데이 엠파이어 뉴스Sunday Empire News》와 인터뷰하기도 했다. 『자연의 신비』에 나오는 "호흡 조정"에 관해 이야기하던 기억을 떠올렸을지도 모르겠다. 그 책에서는 (달리기를 했다든지 해서) 혈액 속에 약간의 이산화탄소가 있을 때 "가쁜 숨을 진정시키도록" 뇌를 어떻게 "교육"하는지 설명이 나와 있었다.

앨런의 직책에서 어려운 점은 당시 영국 인재들의 뇌 속에 이산화탄소가 많다는 점이었다. 다시 말해, 그만큼 스트레스를 많이 받는다는 의미였다. 앞으로의 계획에 관해 온갖 논의가 진행되었지만, 전쟁 후 피로감이 극에 달했으며 더 이상 계획을 뒤엎고자 하는 열의도 거의 없었다. 논의의 결론은 이내 한곳으로 모아졌다. 핸슬로프에서 돈 베일리는 딜라일라를 개선하고 시험하는 작업을 했다. 이후 1945년 평가를 위해 딜라일라를 돌리스 힐로 옮겼는데, 암호학적으로 단점은 전혀 발견되지 않았다. 전혀 놀라울 것 없는 결과였다. 1946년 초에는 딜라일라를 암호정책위원회Cypher Policy Board에 가져갔다. 그곳은 1944년 2월 설립된 조정기관이었다. 돈은 위원회 런던 사무소 지하에 딜라일라를 설치하고 직원 한 명을 남겨두고 왔다. 위원회 사람들은 우체국보다 더 큰 관심을 보이며 갬비어-페리에게 딜라일라 작업을 계속할 수 있게 사람을 보내라고 제안했다. 하지만 갬비어-페리는 제안을 거절했으며 딜라일라에 관한 이야기는 거기서 끝이었다. 상자 두 개 분량으로 단단하게 포장된 딜라일라 장비는 단지 30개의 진공관으로 음성 보안을 제공했지만 완전히 잊히고 말았다. 영국 기술 발전에 활용되지도 못하고 완전히 시간 낭비를 한 셈이 되고 말았다.*

하지만 딜라일라는 ACE를 준비하기 위한 작업의 일부라고 할 수 있었다. 그리고 중요한 것은 앨런의 논리적 주인인 ACE였다. 모든 계획이 준비되었고 이제 필요한 것은 시작을 알리는 신호뿐이었다. 그 계획은 1946년 10월 31일 무선기술자협회Institution of Radio Engineers 회장 마운트배튼Mountbatten의 연설[20]로 최소한의 힘을 얻었다. 마운트배튼은 이 연설에서 (비록 정확하지는 않았지만) 통신과 제어분야에서 신기술이 출현했다며 흥분했다. 파피루스 두루마리를 앞섰던 "영광스러운" 과거의 업적을 훨씬 뛰어넘는 것이었다.

전쟁으로 인해 우리는 수많은 기술을 배웠을 뿐 아니라 실제 적용하는 데 있어서 새로운 출발점을 맞게 되었다. 인류의 감각을 엄청나게 증폭시킨 전자분야에서 특히 그렇다. 인간의 시야를 크게 확장시키는 데 기여했던 레이더 외에도 우리는 미래에 빛이나 열, 소리, 엑스선, 감마선, 우주선宇宙線 등 다른 복사선들의 잠재력을 모으고 변환하여 레이더 화면 비슷하게 몸속 사진이나 개별적인 체세포 사진까지 얻을 수 있을 것이다. 아니면 지구 내부 사진이나 별, 은하계의 사진을 얻을 수도 있을 것이다… 전류를 인간의 몸이나 뇌에 직접 흘려봄으로써… 인간의 뇌에 관해 놀라운 정보와 지식을 얻을 수 있는 장비가 개발될 것이라 믿어도 될 것이다…
"무엇보다 가장 웰스H. G. Wells(타임머신으로 유명한 영국의 소설가―옮긴이)적인 개발품"이 나타날 준비가 되었다. 전자 뇌를 서서히 발전시켜, 현재 인간 뇌의 일부에서 반자동으로 수행하는 기능과 동일하게 기능하도록 만들 수 있다는 생각이 나왔다. 그 생각은 뇌 세포처럼 진공관을 각각 활성화하는 방법으로 실현될 것이다. 그런 기계 중의 하나가 진공관 1만 8,000개를 사용한 '전자 수치[원문 그대로임] 적분

---

* 그후 음성 암호화 기술이 딜라일라 수준에 도달하는 데 대략 15년 정도가 걸렸다.

기 및 계산기electronic numeral integrator and computer, ENIAC'이다…

지금 사용 중인 기계들은 약간의 기억을 갖춘 정도인 반면, 일부 기계들은 지금껏 인간이 누려온 선택과 판단이라는 특권을 똑같이 구현할 수 있도록 설계되고 있다. 그중에는 보통 수준의 실력으로 체스를 둘 수 있게 제작된 기계도 있다. 무려 체스 게임 말이다! …

메모리 기계와 전자 뇌가 우리 앞에 놓여 있으니, 정말 새로운 혁명을 앞두고 있는 듯하다. 이번에는 산업 혁명이 아니라 정신 혁명이다. 그리고 오늘날 과학자들이 직면하고 있는 책임감은 어마어마하게 크다. 마운트배튼의 결론은 이랬다. "그 기계의 책임자 노릇만 하는 게 아니라 우리의 권리를 확립해서 우리가 적임자임을 증명할 수 있게 합시다."

1946년 사람들은 여전히 세계대전 중에 폭발적으로 발달한 과학기술이 좋은 용도로 쓰일 수 있다고 믿었다. 하지만 "책임감"에 대한 마운트배튼의 말을 보면 알 수 있듯이 실제 어떤 식으로 쓰일지 아는 사람은 거의 없었다.

몇 달 전 에니악이 군사기밀에서 풀리자 하트리는 과학저널 《네이처Nature》에 에니악에 관한 글을 기고했다.[21] 하지만 에니악을 일대 '뉴스'로 만든 사람은 마운트배튼이었다. 그가 필요한 정보를 NPL에서 얻었으며 체스 기계에 관해 근거 없는 이야기를 했던 것을 보면, 분명 앨런이 ACE의 장래성에 관해 한껏 들뜬 채 쏟아낸 말을 들었던 것 같았다(물론 체스를 둘 수 있는 기계는 없었다). 다윈과 하트리는 마운트배튼이 기술적으로 틀린 말을 했을 뿐 아니라 ACE가 "지금껏 인간이 누려온 선택과 판단이라는 특권"을 발휘할 것이라는 매우 정확한 주장도 하자 당황할 수밖에 없었다. 두 사람은 마운트배튼을 비난할 생각은 없었지만, 《타임스》에 서신[22]을 보내 '전자 뇌'라는 머리기사가 잘못된 인상을 심어주었다며 불만을 제기했다.*

---

* 《타임스》에서는 '전자 뇌'라는 표제 밑에 편지 내용을 실었다. 자료와 명령의 미묘한 조합이라 할 만했다.

　　　　　　　　　　　　　　　　　　　　　　앨런 튜링의 이미테이션 게임

11월 6일 NPL에서 공식적으로 배포한 보도자료[23]는 어조가 매우 달랐다. ACE 제작을 곧 다가올 일이라기보다 다소 먼 미래의 일로 치부했다. 그리고 ACE의 근거가 1936년 작성된 앨런의 "매우 수학적인 논문"이라며 정확히 보았고 "전자의 교환"이 어떻게 그런 기계를 실용적으로 사용할 수 있도록 빠른 속도를 제공하는지 설명했다. 또한 메모리 저장소가 크다는 점을 들어 ACE가 에니악보다 우수하다고 설명했으며, 이미 명령표를 프로그래밍하는 작업이 완료되었음을 언급했다. 하지만 제작비용은 이제 "10만~12만 5,000파운드 정도"에 이르렀으며 "이 기계가 완성되려면 2~3년 더 걸리는데, 수학이나 기술 측면에서 큰 난제가 있기 때문이다"라고 거론했다.

먼 미래의 일이기는 하지만 이런 자극적인 사실이 대중들에게 전해졌으므로, 《데일리 텔레그래프Daily Telegraph》는 애국적인 색채를 적당히 담아 이 반가운 소식을 보도하기 위해 안달했다. 11월 7일자 머리기사 제목은 "영국에서 전자 뇌를 만들 예정/미국 기계보다 우수한 'ACE'/더 큰 메모리 저장소"였으며 이튿날에는 하트리와 워머슬리, 앨런을 인터뷰했던 담당기자의 설명이 다음과 같이 실렸다.

제트기 속도를 증가시킬 것으로 예상되는 'ACE'

…보통 전자 '뇌'라는 이름으로 불리는 'ACE' 개발로 항공역학이 혁명적으로 발전하여 제트기가 음속을 크게 넘어서게 될 것으로 예상된다.

…하트리 교수는 "기계가 미칠 파장은 매우 커서 우리 문명에 어떤 영향을 미치게 될지 상상할 수 없습니다. 한 가지 말씀드리자면 인간 활동의 한 가지 분야를 1,000배나 빠르게 처리할 수 있습니다"라고 말했다.

수송 분야에 ACE 같은 기계가 있다면, 그 기계는 런던과 케임브리지를… 일상적으로 5분 만에 주파할 수 있을 것이다. 상상할 수 없는 수준이다.

…ACE를 창안한 튜링 박사는 아마도 30년 정도 지나면 기계에게 질문을 던지는 것이 인간에게 질문하는 것처럼 쉬워질 것이라고 말했다.

하지만 하트리 박사는 기계를 작동시키려면 운영자 입장에서 생각을 많이 해야 할 것이라 말했다. 그의 말에 따르면 ACE가 인간의 뇌를 완전히 대체하게 될 것이라는 생각은 버려야 한다. 그는 이렇게 덧붙였다.

"지난 20년간 생겨난, 인간의 이성을 매도하는 풍조는 나치즘으로 가는 지름길입니다."

"독일인들도 컴퓨터처럼 오직 명령에 복종했을 뿐이다"라며 인간의 이성을 강조하는 풍자도 앨런을 취재하려는 언론의 열기를 막지는 못했다. 다음 날 지역 신문사 기자들이 "NPL의 새로운 경이로움"을 취재하러 왔다. 앨런은 그저 자신이 예언했던 미래의 시점을 조금 더 뒤로 미뤄서 이야기했다. 신문사에서는 "34세 수학 전문가"와 가진 인터뷰[24]를 "테딩턴에서 전자 뇌 제작 예정"이라는 제목으로 다음과 같이 보도했다.

튜링 박사는 새로운 뇌의 '메모리'에 대해 이야기하면서… 일반적으로 배우가 연극 한 편에서 외우는 대사 정도의 기억을 대략 일주일 정도 보관하게 될 것이라고 말했다. 마운트배튼 경의 말대로 기계가 보통 실력 정도로 체스를 둘 수 있게 되는 것인지 묻자, 튜링 박사는 그렇게 되려면 더 오랜 시간이 필요하다고 말했다… 박사가 한 말의 요지는 체스 같은 일에는 기억 외에 판단도 필요하므로, 그렇게 되려면 과학자보다는 철학자와 더 관련이 깊어진다는 것이었다. 박사는 이렇게 덧붙였다. "하지만 실험을 통해 결론을 내려면 100년 정도의 시간이 필요한 문제입니다."

이 일은 당혹스럽기도 했지만, 오랫동안 NPL에서 일어났던 일 중에서 가장 흥미로운 일이었다. 그리고 다윈은 기꺼이 라디오 방송[25]에 나가 「계산 가능한 수」에 나오는 "이상적인 기계"를 간략하게 설명했으며, "이제 저희 연구소 직원이 된 튜링은 본인의 생각을 현실에 옮기는 방법을 보여주고 있습니다"라고 설명했다. 하지만 그런 낙관론은 뉴스에서나 볼 수 있었고, 앨런이 "생각을 현실에 옮기는" 방법을 자세히 보여준 지 거의 1년이 지났다는 불편한 진실만 남았다. 그리고 다윈은 연구소에서 앨런의 계획을 어떻게 실행할지 여전히 갈피를 잡지 못했다.

앨런 튜링의 이미테이션 게임

10월 22일 하트리가 ACE 프로젝트의 진척에 대해 묻자, 다윈은 "우체국에서 온 인력들이 생각보다 도움이 되지 않았다"라고 털어놓았다. 통신연구소 측에서는 윌리엄스가 6월경 저장 시스템을 새로 만들기 위해 음극선관에 나타나는 점들의 움직임을 관찰한 이후 기술적으로 많은 발전이 있었다. 전쟁 중에 윌리엄스는 MIT 레이더 연구소에서 평범한 음극선관을 이용해서 반향을 소거하는 실험을 본 적이 있었다. 하지만 당시에는 점들이 1초 남짓 만에 금방 사라지는 바람에 실패하고 말았다. 하지만 1946년 가을 윌리엄스는 ACE 보고서에 있는 앨런의 아이디어와는 별개로, 주기적으로 점들을 새로 표시하는 방법으로 문제를 극복하고자 했다.[26] 그리고 실제 해결 방법까지도 알아냈다. 한편 관리적인 면에서 NPL의 계획에 큰 차질이 생겼다. 윌리엄스가 블래킷과의 약속을 지켜야 한다며 맨체스터 대학교 전기공학 학과장직을 수락했기 때문이다. 이를 두고 다윈은 집행위원회에 나가 설명했다.

> 다윈도 통신연구소의 윌리엄스 박사가 큰 도움이 될 것으로 기대했다. 하지만 지금은 윌리엄스 박사가 대학교로 가게 된 것을 이해하게 되었다. 그리고 혹시나 윌리엄스 박사가 대학교에 간 다음이라도, NPL이나 통신연구소 직원들이 돕는다면 이 프로젝트에서 계속 연구할 수 있을지 물었다…

그럴 가능성은 많지 않았지만 실제로 윌리엄스의 프로젝트 참여가 추진되었다. 1946년 11월 22일 윌리엄스는 통신연구소의 다른 기술자인 스미스R. A. Smith, 어틀리A. Uttley와 함께 NPL을 방문했다. "워머슬리, 튜링 박사와 함께 ACE 프로젝트를 어떻게 도울지 의논"하기 위해서였다. 공식 회의록[27]은 매우 신중하게 작성되었다. 다윈은 윌리엄스가 맨체스터의 영향권으로 넘어갔다며 분통을 터뜨렸다. 그리고는 스미스와 단독으로 회의를 진행하는 도중 이렇게 말하며 탁자를 쾅 하고 내리쳤다.

> 연구소장은 애착이 있던 ACE 개발의 중요성을 매우 강조했으며 통신연구소에서

맡은 과학기술연구청 연구 중에서 우선순위가 가장 높다는 개인 의견을 표시했다. 그는 이 프로젝트를 위해 다른 일은 어느 정도 제쳐둬야 한다고 매우 강조했다.

스미스는 그러기가 무척 어렵다고 설명했다. "윌리엄스 박사 밑에서 일하는 직원이 적다는 사실은 차치하더라도, 유능한 기술자들이 원자력부 쪽으로 대부분 이동했기 때문입니다." 이 말은 전쟁이 끝난 뒤의 상황을 엿볼 수 있는 또 다른 사례였다. 그래서 "통신연구소에서 지원을 계속할 수 있는 유일한 방법은 차선책으로 소수의 인원이… 맨체스터대학교에서 윌리엄스 박사의 지시를 받아 연구하는 것입니다." 원하는 대답과는 거리가 멀었지만, 찰스 다윈 경은 포기하지 않았다. 회의 참석인원을 늘려서, 통신연구소에서 윌리엄스와 어틀리가 참석했고 NPL에서 워머슬리가 참석했으며 앨런도 참석하게 되었다. 그리고 ACE에 관해 다음과 같이 논의했다.

> …상세 설계 도안은 정해졌지만, 정보 저장에 대한 기본 문제는 해결되지 않았다. 윌리엄스 박사가 통신연구소에서 했던, 음극선관에 정보를 저장하는 실험적 연구는 추측했던 대로 우체국에서 저장 목적으로 지연선을 사용하는 연구에 비해 크게 진보한 것이었다…

사실 윌리엄스는 음극선관에 점을 무한한 시간 동안 표시하는 데 이미 성공한 뒤였다. 윌리엄스는 "최대한 방해받지 않고 연구할 수 있어야 한다"라는 전제에 따라 절충안에 합의했다. 그리고 NPL에서 윌리엄스에게 계약서 초안을 제시했는데, 계약서에는 윌리엄스가 산술 장비에 사용될 전자 저장소와 부품을 모두 개발하는 것으로 되어 있었다.

하지만 세 가지 착오가 있었다. 하나는 맨체스터에서 NPL의 요구와는 별개로 윌리엄스에게 저장소를 개발하라며 자금을 지원할 가능성이 높았다는 것이다. 또 하나는 ACE의 설계와 프로그램이 지연선 저장소에 맞춰져 있으므로, 음극선관을 사용하는 것으로 정책이 바뀐다면 처음부터 작업을 다시 해야 한다는 것이었

앨런 튜링의 이미테이션 게임

다. 다윈과 워머슬리는 저장 매체가 여러 면에서 기계의 설계와 프로그래밍을 좌우한다는 사실을 몰랐을 가능성이 높다. 앨런은 일이 진척되기만 한다면 무엇이든 다시 작업해도 신경 쓰지 않았겠지만 그보다 더한 난제가 있었다. 다윈은 마치 설계는 '수학자'에게 이미 맡겼으며 지금은 기계를 실제로 제작할 사람을 찾는다는 듯이 말했던 반면, 윌리엄스는 자신의 컴퓨터를 만드는 데 필요한 자금을 조달하기 위해 협상하고 있는 중이었다. 서로 동문서답하고 있었던 셈이다. 성공 여부는 사회 계급과 밀접한 관련이 있는 '수학'과 '공학' 사이의 간격을 메우는 일에 달려 있었다. 하지만 당장은 경계선을 넘기가 어려웠다. 그리고 지금은 연합국을 서로 협력하게 만들었던 독일의 무력도 사라진 뒤였다.

좀 더 긴밀한 협력을 바라던 하트리는 다음 상대를 찾았다. 11월 19일 하트리는 다윈에게 "윌크스 씨가 케임브리지에 있는 장비로 ACE 프로젝트를 힘닿는 데까지 돕겠다고 합니다. 그는 지연선을 만들어본 경험이 있으며 튜링 박사와 정보를 교류하곤 했습니다"라고 설명했다. 다음 날 윌크스는 워머슬리에게 다음과 같은 서신[28]을 띄웠다.

> 제가 전자 계산기에 대한 간단한 연구를 시작했으며 귀하와의 협력을 간절히 바란
> 다는 말을 하트리 교수에게서 전해 들으셨을 거라 생각합니다. 아시겠지만 저는 최
> 근 미국을 방문해서 그곳에서 진행 중인 연구를 보고 왔습니다. 하트리 교수 얘기
> 로는 귀하와 미국 측 연구에 대해 논의했으며 귀하와 제가 서로에게 도움이 될 수
> 있을 것 같다더군요.

윌크스는 일주일 후인 11월 27일 NPL을 방문해서 자신의 계획에 관해 논의했다. 그리고 12월 2일 다시 서신을 보냈다.

> 지난 수요일 상의했던 주제에 관해 좀 더 자세하게 생각해봤습니다. 지금 제 생각
> 은 작업장에 있는 기술자와 청년 한 명 외에 다양한 직급의 사람들 8명으로 조직을
> 만들어야 한다는 겁니다. 대략 2,500파운드 정도의 연봉과 재료비, 그리고 외주 제

작비도 필요할 겁니다.

저는 ACE를 설계할 때 일종의 시험용 기계를 만들어보는 단계가 반드시 필요하다고 생각합니다.* 그 외에 제어 회로 같은 것들을 시험할 수 있는 방법이 있을지 모르겠네요. 시험용 모델의 설계에 관해 적어둔 메모를 첨부하니, 특별히 이 메모의 내용대로 설계하는 것으로 저희와 계약하시면 좋겠습니다. ACE의 모든 부품을 꼭 시험용 모델이 완료된 다음에 주문해야 하는 건 아니지만, 최소한 시험용 모델을 운용해보지 않고서는 결정하기 어려운 부분이 많을 겁니다.

하지만 첨부된 메모에는 에드박에 사용된 컴퓨터 사양이 쓰여 있었으므로 ACE와는 전혀 맞지 않았다. 중앙 누산기를 채용한 것 말고도 장비를 최대한 단순화하고 프로그램을 통해 작업을 처리하려는 앨런의 철학과도 맞지 않았다. 메모에서는 반대로 프로그래밍은 최대한 쉽게 하고, 다양한 산술 명령을 인식하고 실행하는 작업은 전자회로에 맡기는 것으로 되어 있었다. 윌크스는 편지를 쓰면서, 6개월 동안 프로그램 개발에 전념해서 이미 만들어놓은 상세설계 7번째 개정판이 NPL에 있다는 사실을 몰랐다. 워머슬리가 윌크스의 제안을 고려했던 것 자체가 자기 부서의 연구에 타격을 입히는 행위였다. 12월 10일 워머슬리는 제안서를 앨런에게 넘겼고, 앨런의 반응은 당연히 다음과 같이 퉁명스러웠다.

워머슬리 씨,

시험용 기계에 대한 윌크스 씨의 제안서를 읽었고 그런 기계가 어느 정도 도움이 될 거라는 그의 말에 동의합니다. 그리고 저도 그가 제안한 지연선의 개수가 적절하다고 생각합니다. 하지만 그가 제안한 (그리고 가장 단순한 형태로 축소시켰다고 떠드는) '코드'는 저희 개발 방향과는 전혀 다르며, 어려운 문제를 생각으로 해결하기보다 수많은 장비를 동원해서 해결한다는 미국 방식에 더 가깝습니다. 제 생각에 그

---

* 윌크스는 'ACE'를 '컴퓨터'라는 의미로 사용했다.

앨런 튜링의 이미테이션 게임

의 코드를 실행하려면 제가 제안한 실제 규모의 기계보다 훨씬 더 복잡한 제어 회로가 필요할 겁니다. 게다가 덧셈이나 곱셈보다 더 기본이라고 생각하는 특정 연산이 누락되어 있습니다.

메모리가 적으니 이를 보충하기 위해 제어 회로가 복잡해질 수밖에 없다고 할 수도 있을 겁니다. 그 말이 사실이라 해도, 제게는 시험용 기계를 만들지 않겠다거나 아니면 그 기계를 복잡한 문제에는 사용하지 않겠다는 말로 들릴 뿐입니다. 단지 시험용 모델을 위해 복잡한 제어 회로를 만든다는 것은 분명 어리석은 생각입니다. 제 생각에는 제어 회로를 만들 때 아주 작게 만들고 나중에 필요하면 확장하는 게 좋을 것 같습니다. 시험용 기계에서는 오직 시험용 문제만 처리하게 만들면 될 겁니다.

하지만 워머슬리는 12월 19일 윌크스에게 이런 답장을 보냈다.

ACE의 시험용 모델을 만들자는 제안에 대해 고맙게 생각합니다. 하지만 시험용으로 제작하는 소형 모델은 튜링의 생각과는 많이 다릅니다. 튜링은 메모리양에는 동의하지만 제어 회로가 너무 복잡하다고 합니다. 그래서 튜링에게 시험용 모델에 무엇이 들어가야 하는지 적어달라고 했습니다. 받는 대로 (양쪽 합의가 없는 상태로) 그 기록을 보내드리려고 하니 정식 계약 문제는 만나서 논의하는 것이 좋을 것 같습니다.

언론의 주목을 받는 사이, ACE는 새로운 기계의 가능성에 대해 영국 산업계로부터 몇 가지 문의를 받았다. 12월 7일 《화학산업Industrial Chemist》 편집장이 앨런에게 기사를 써달라고 요청했다. 앨런은 ACE가 "와류가 없는 고체나 유체에서 일어나는 열전달 문제를 무엇이든 잘 처리할 수 있을 테지만, ACE로 실제 비슷한 문제를 몇 가지 풀어보고 더 현실적으로 상세하게 설명할 수 있을 때" 기사를 쓰는 편이 낫겠다고 대답했다. 11월 11일 앨런은 연구 발표를 하러 오라는 무선기술자협회의 초청을 받았다. 며칠 전 협회장 마운트배튼이 연설을 했던 자리였다. 하지만

앨런은 다음과 같은 서신을 보낼 수밖에 없었다.[29]

> 유감스럽지만 저희 연구소장님 허가 없이 연구 내용을 발표할 수는 없습니다. 소장
> 님께 편지를 써보세요.

상황이 이쯤 되자 연구소 관리들은 앨런이 외부에 노출되는 일을 최소화하려 했다. 신문 기사에는 이미 충분할 정도로 낭패를 겪은 뒤였다. 그 일로 워머슬리는 다윈에게 이런 말을 했다. "튜링 박사는 다양한 곳에 흩어져 있는 수많은 사람에게 찾아가 기계를 설명하기보다, 기계의 기술 발전에 관심을 가질 만한 사람들 위주로 강의를 하는 게 좋을 것 같습니다…" 그런 강의가 12월부터 1월까지 매주 목요일 오후에 재무성 본부가 있는 애들피Adelphi에서 열리게 되었다.[30] 25명 미만으로 계획된 초청 대상자들은, 관련 분야의 전자 엔지니어, 부품 제조업자, 국방부 인사를 비롯해서 이미 강의 관련 내용에 친숙한 사람들도 몇 명 있었다. 미묘하게 다른 점도 있었지만, 강의는 미국 무어 스쿨에서 했던 강의의 영국판 같은 모양새로 준비될 예정이었다. NPL의 메모에 따르면, 특히 튜링 박사의 설명을 듣고 난 뒤에 충분한 토론 시간을 남겨두었는데, "무엇보다도 튜링 박사가 제안한 기술에 대한 비판 위주로 진행될 예정이었다." 앨런이 또 무슨 말을 할지 신뢰가 가지 않았던 것이다. 어쨌든 비판은 피할 수 없었다. 이때 참석한 몇몇 사람은 나름의 생각이 있어서 앨런의 계획을 따를 생각이 없었다. 나중에 윌크스는 이렇게 기록했다.[31]

> 나는 앨런이 독선적이라는 사실을 알게 되었고 그의 생각이 컴퓨터 발전의 주류와
> 는 차이가 크다고 생각했다. 그의 두 번째 강의까지는 가봤지만 더는 가지 않았다.
> 하트리는 앨런의 강의에 계속 참석하면서 강의 내용을 필기해서 내게 억지로 보내
> 주었지만 나는 전혀 관심 없었다.

한편 기초 전자공학에 대한 강의는 통신연구소에서 온 사람들에게는 맞지 않았다. 지연선 저장소를 중심으로 ACE 설계가 어떻게 진행될지 자체적으로 판단할

앨런 튜링의 이미테이션 게임

수 있었기 때문이다. 강의의 목적은 "통신연구소에서 어떤 기여를 할 수 있을지 토론을 통해 명확히 하려는 것"이었다. 그리고 실제로 그런 목적대로 흘러가기는 했지만, 다윈이 원했던 방식대로 가지는 않았다.

공교롭게도 미국에서 편지 한 통이 도착하는 바람에 강의 계획이 돌연 중단되었다. 12월 13일 워머슬리가 1월 7일부터 10일까지 하버드대학교에서 대대적으로 개최되는 '대형 디지털 계산기에 관한 심포지엄'에 초대받았다. 심포지엄에서는 에이킨의 계전기 방식 계산기인 '마크II'가 선보일 예정이었다. 하지만 다윈은 미국에서 솟구치는 지혜의 샘물을 마실 사람은 앨런이 더 적임자라고 생각했으므로, 앨런에게 심포지엄에 참석하고 에니악과 폰 노이만 연구진을 만나보라고 지시했다. 애들피 강의는 짐 윌킨슨이 넘겨받았다. 앨런은 성탄절을 도킹에 있는 데이비드 챔퍼노운의 부모님 댁에서 보내고, 그다음 날은 육상클럽의 5킬로미터 경주에 참가했는데 간발의 차이로 아깝게 우승을 놓쳤다.[32] 15분 51초의 기록이었다. 《이브닝 뉴스》의 스포츠 기자는 디지털 컴퓨터의 원작자와 관련해서 앨런의 다음과 같은 독특한 이야기를 취재했다.

'전자' 육상선수

흔히들 생각하는 과학자의 모습과는 정반대로 키가 훤칠하고 겸손하며 34세 미혼 남이자 월튼 육상클럽의 실력파 선수인 앨런 튜링이 크리스마스 다음 날 5킬로미터 경주대회에 참가했다.

앨런은 이번 시즌이 경기에 출전한 첫 시즌이었지만, 이미 육상클럽에서 장거리 간판선수가 되었다. 몰지Molesey에[원문 그대로임] 있는 NPL에서 앨런은 튜링 박사로 알려져 있다. [그리고] '전자 뇌'로 더 유명한 '자동 계산 기관'의 창안자로 인정받고 있다.

그는 과학과 육상 분야에서 자신의 실력에 늘 겸손하고, ACE에 관해 단조롭고 고된 일을 하게 된 것을 미국인의 공로로 돌리며, 달리기는 건강을 위해서 하는 것뿐이라고 말하지만, 케임브리지에 있을 때 조정부 8인조 종목 선수이기도 했다.

앨런은 세탁할 때 스웨터가 쪼그라드는 일이 없도록, 옷을 어머니에게 우편으로 보내려고 우체국을 찾았다. 하지만 결국 찾지 못하고 그날 저녁 퀸 엘리자베스 호에 올랐다. 오즈의 마법사를 찾아가는 이번 방문 길에 바로 4년 전 양국의 연락업무를 했던 기억이 어렴풋이 떠올랐다. 하지만 앨런은 특유의 어색한 스타일로 세탁물 꾸러미를 들고서 단조롭고 고된 일을 하는 미국 사람들을 보러 갔다.

심포지엄에는 미국에서 상상할 수 있는 모든 관련기관에서 참석했다.* 반면 앨런은 유일한 영국인 참가자였다. 앨런은 토론에서 중요한 역할을 담당했다. 예컨대 포레스터J. W. Forrester와 라이크만J. A. Rajchman이 제안했던 음극선관 저장소를 논의하기도 했다. 라이크만은 RCA의 아이코노스코프 개발 책임자였다. 앨런은 특유의 방식대로, 토론³³을 할 때 먼저 공학 문제를 말한 다음 그 이면에 있는 추상적 원리의 핵심을 설명했다.

튜링 박사 라이크만 박사님과 포레스터 박사님 중 어느 분에게 질문해야 할지 모르겠습니다. 두 분의 논문 모두 문제가 있기 때문입니다. 포레스터 박사님은 저속 전자를 사용해서 전하를 재구성하는 가능성을 언급하면서 라이크만 박사님이 논문에서 이를 설명할 것이라고 했습니다. 저는 포레스트 박사님의 방법이 그의 저장소 유형에 적용되어야 한다는 점은 이해합니다만, 제가 보기에 그렇게 되려면 이론상 근본적인 어려움이 있습니다. 저장 매체가 입상 구조粒狀構造와 어느 정도 관련이 있지 않는 한 그런 방법은 적용할 수 없기 때문입니다. 그런 패턴이 안정적이라면 대칭론對稱論에 의거해서 어떤 식으로든 약간 바뀌어도, 그러니까 말하자면 배열의 형태가 약간 달라져도 안정적이라는 말이 되며, 그렇게 되면 안정적인 형태의 가짓수는 유한하지 않고 무한해지게 될 겁니다.

---

* 하지만 노버트 위너는 참석하지 않았다. 심포지엄 참석을 거절한 것을 보면 그가 군에서 과학연구 자금을 대는 것에 질색했음을 알 수 있다.

앨런 튜링의 이미테이션 게임

앨런은 ACE에 대한 자신의 계획과 폰 노이만 일행이나 윌크스의 계획을 구분하는 원칙을 다음과 같이 명시했다.

> 우리는 별도의 장치를 추가하지 않고 단순히 프로그래밍만으로 온갖 종류의 일을
> 해결하기 위해 기계의 기능을 최대한 활용하려 애쓰고 있습니다…
> 에드박 같은 유형의 기계*에서 물리 기계의 특정 연산을 얼마든지 재현할 수 있다는
> 기본 원리를 응용한 것이죠. 따라서 프로그램만 추가하면 장비는 추가할 필요가 없
> 습니다.

앨런은 심포지엄에서 클로드 섀넌과 앤드루 글리슨을 다시 만났다. 그리고 전쟁 중에 수행했던 '유형 이론'에 관한 연구 일부를 되살려 알론조 처치의 학술지에 보냈다.[34]

그 후 앨런은 프린스턴에서 2주가량 머물렀다. 미국은 전자 컴퓨터 제조 분야에서 영국의 NPL을 많이 앞서지 못했으며, 비슷한 문제에 빠져 있기도 했다. 그중 하나는 '수학'과 '공학' 사이에 놓인 경계선이었다. 또한 에커트와 모클리가 각자 회사를 따로 차린 다음 에드박 설계를 두고 특허 소송을 진행하고 있다는 것도 문제였다. 폰 노이만과 골드스타인은 앨런처럼 역행렬의 수치해석 관련 문제와 더불어 수은 지연선의 물리 현상에 관해서도 생각하고 있었다.[35] 골드스타인은 앨런이 지연선을 쓸모없는 부품으로 생각한다는 오해를 하고 있었다. 앨런이 좀 더 미묘하고 어려운 문제를 거론했기 때문이었다. 예컨대 앨런은 역방향으로 밀려오는 반사 펄스를 막기 위해, 길이가 짧은 '임시 저장' 목적의 지연선에 삽입할 격자판을 고안하기도 했다.[36]

앨런이 미국에서 보고 들은 것으로 인해 ACE에 대한 생각이 바뀐 것은 전혀 없

---

* "에드박 같은 유형의 기계"는 '컴퓨터'를 가리키는 데 사용하는 또 다른 말이었다. 사람들은 에드박이 이미 완성되어 존재하는 것처럼 이야기하곤 했지만, 아직까지는 ACE처럼 계획단계에 머물러 있었다.

었다. 미국과의 그런 교류는 지금으로서는 전혀 불필요하고 ACE 계획과도 무관했다. 하지만 앨런은 몇 가지 선물을 들고 귀국했다. 어머니에게 드릴 나일론 스타킹과 말린 과일, 그리고 로빈에게 줄 값비싼 크림 깡통이 포함된 식료품 꾸러미였다. 영국은 당시 전쟁 중이었을 때보다 식량 배급사정이 훨씬 더 열악한 상황이었다. 국제 수지가 유보트 전쟁 때보다도 더 좋지 않았다. 앨런이 대서양을 건너 귀국했을 때는 1947년 초겨울의 추위가 맹위를 떨치고 있었다.

　기관 간의 협력 논의가 아직도 진행 중이었지만 어디까지나 논의에 그칠 뿐이었다. 1월 21일 NPL 서기관 히스콕스E. S. Hiscocks가 다음과 같이 발표했다. "우체국에서 지연선을 만든 다음 그 안에서 숫자를 30분 동안 순환시키는 데 성공했습니다. 매우 고무적인 소식입니다. 물론 윌리엄스 교수의 전자 저장소 연구도 계속될 겁니다." 하지만 이틀 뒤 윌리엄스는 NPL과의 계약을 거부했으며, 그가 ACE 연구를 진행하고 있다는 생각도 결국 착각으로 드러났다. 반면 윌크스는 자신의 설계가 ACE와 맞지 않는데도 NPL과 계약하고 싶은 마음에 1월 2일 워머슬리에게 다음과 같은 내용으로 편지를 썼다. "시험용 기계를 만드는 일에 대해 튜링 씨의 생각을 들었으면 좋겠습니다." 당혹스럽게도 편지는 워머슬리의 미결 서류함에 남겨졌다. 하트리의 또 다른 아이디어는 그보다 현실적이었다. 그는 에니악 팀원인 허스키H. D. Huskey를 초청해서 안식년인 1947년 한 해를 NPL에서 지내게 했다. 앨런이 군수성에서 마지막 강연을 하러 혹한의 영국에 돌아왔을 때 허스키는 이미 NPL에서 일하고 있었다. 허스키를 초청한 이유[37]는 무엇보다 '장비 측면'으로 그가 보유한 미국 기술이 필요했기 때문이었다. 하지만 콜로서스가 12개월이라는 기간 동안 사전준비도 없는 상태에서 설계는 물론 제작까지 마쳤던 것과 대조적으로, NPL에서는 1946년 한 해 동안 아무런 일도 일어나지 않았다. 앨런은 미국에서 보고 들은 경험을 떠올리며 NPL의 상황을 다음과 같이 요약했다.

　　전반적으로 봤을 때 미국 출장에서 아주 중요한 신기술 정보를 얻어온 것은 없습니다. 그 이유는 작년에 워낙 속속들이 전해 들었기 때문인 것 같습니다. 다만 다양한 미국 측 프로젝트와 조직 규모를 보고 감탄을 금할 수 없었습니다. 각기 다른 계산 프로젝트가 너무 많아서 전부 나열하기가 불가능할 지경이더군요. 저는 그게 잘 못되었으며 미국이 너무 많은 분야에 힘을 낭비한다고 봅니다. 기계 하나에 노력을 집중한다면 우리가 훨씬 더 잘할 수 있을 겁니다. 그러면 미국에서 진행하는 어느 개별 프로젝트보다 더 강력하게 추진할 수 있습니다. 하지만 지금 우리의 노력은 미국의 대규모 프로젝트 하나보다도 못합니다. 미국에서 이런 프로젝트에 종사하는 인력이 얼마나 될지 따져보자면, 하버드 심포지엄에 참석한 사람이 200~300명이고 기술 강의만 해도 40개에 달합니다. 우리가 절대 따라잡을 수 없는 숫자입니다.

조직 구성에 대해서 본받을 만한 것이 하나 있었습니다. 미국에서는 공학 업무와 수학적인 업무가 예외 없이 같은 건물에서 진행됩니다. 확신하건대 그러는 게 옳다고 봅니다. 그렇게 하지 않으면 조직 내 두 부서가 긴밀하게 협조할 수 없습니다. 서로 무척이나 의존적인 관계인데 말이죠. 엔지니어의 도움을 받으면 금방 해결할 수 있는데 그러지 못해 연구가 지연된 적이 한두 번이 아니었습니다. 우체국과의 협력도 똑같은 상황입니다. 전화통화는 효과적이지 않습니다. 도표를 그려가며 설명할 수 없으니까요. 아마도 더 중요한 것은 양측이 오해하고 있는 문제들이겠지만, 지속적으로 긴밀하게 접촉한다면 해결할 수 있을 겁니다. 그렇게 일상적으로 논의하다 보면 오해가 풀릴 테니까요. 결론적으로 ACE 연구실에 공학부서가 반드시 있어야 합니다. 빠를수록 좋다고 생각합니다.

긍정적으로 보자면, 미국 방문으로 인해 우리가 아직까지는 올바른 길을 가고 있다는 점을 확인할 수 있었습니다. 셀렉트론Selectron(RCA의 라이크만이 개발한 디지털 컴퓨터 메모리의 초기 형태―옮긴이)을 기반으로 개발한 프린스턴의 기계는 처리속도 면에서 ACE보다 우수한 점도 있지만, 우리 기계는 속도의 열세를 상쇄할 만한 장점이 있습니다. 다른 조건이 같다면 두 가지 기계를 모두 시험해보는 게 좋을 것 같습니다. 제가 보기에 프린스턴 연구진은 미국의 연구조직들 중에서 단연 선두에 있으며 앞을 내다보는 통찰력이 있습니다. 저는 그들과 계속 연락할 생각입니다. 심포지엄 자료를 곧 입수할 수 있을 겁니다. 그런 정보들은 다들 기밀로 분류되어 있지 않더군요.

제2전선 계획이 그랬듯 ACE의 계획도 거듭 지연되었지만, 2월 20일 런던 수학학회에서 강연할 때 앨런은 여전히 자신에 차 있는 모습이었다. 이 시기에 앨런은 ACE에서 구상했던 연산작업을 세부적으로* 다듬는 데 집중하는 중이었으며, 구현작업이 거의 떼놓은 당상이라는 듯 이야기했다. 머지않아 단말장치가 바쁘게 돌아가고 프로그래머들은 국가 문제를 논리 명령으로 변환하느라 바빠질 것이라 말했다.

하지만 앨런은 기계를 구현하는 세부적인 문제보다 그 뒤에 숨어 있는 꿈을 더 자세히 설명하면서, 블레츨리의 대화에서 시작해 오랫동안 개발하고 있는 생각을 사람들 앞에 꺼내놓았다. 사실 앨런은 토론을 시작하면서 ACE를 운용하는 '주인'과 '하인'의 상황을 예로 들었다. 해군 에니그마를 해독하는 고위직 암호해독가와 '여직원' 간의 상황과 흡사했다. 주인은 논리 프로그램을 제공하고 하인은 실제 작업을 하는 셈이다. 하지만 앨런은 이렇게 말했다. "시간이 갈수록 계산기가 주인과 하인의 역할 모두를 직접 수행하게 될 겁니다. 하인은 기계·전기적 팔다리와 감각기관으로 대체되겠죠. 일례로 곡선 추적기를 사용하면 여직원이 수치를 읽어 카드를 천공할 필요 없이 곡선에서 직접 자료를 읽을 수 있게 됩니다." 새로운 발상은 아니었다. 윌리엄스가 예전 맨체스터 미분 해석기를 그런 식으로 만들었기 때문이다. 하지만 다음과 같은 참신한 면도 있었다.

주인들의 일은 기계로 대체되기 쉽다. 어떤 기술이라도 정형화되는 순간, 전자 컴퓨터가 그 일을 직접 처리할 수 있도록 명령표를 개발할 수 있기 때문이다. 하지만 주인들이 이를 거부하는 일이 생길 수도 있다. 그냥 앉아서 일자리를 빼앗기지는 않을 테니 말이다. 그럴 경우 주인들은 자기들의 일 전부를 비밀로 하고, 위험한 상황이 닥칠 때마다 미리 준비해둔 뜻 모를 말로 이리저리 핑계를 둘러댈 것이다. 이런 반응이 진정한 위험이라고 본다. 이런 주제를 거론하다 보면 계산기가 이론상

인간의 행동을 어디까지 모방할 수 있는가 하는 생각을 하게 된다.

논란의 여지가 매우 많은 주장이었다. 일례로 하트리는 11월 《타임스》에 기고한 글에서 《네이처》에서 했던 다음과 같은 말을 반복했다. "기계가 계산 작업을 구성하는 일까지 대신할 수는 없다. 그 일은 오직 수작업으로만 가능하다." 다윈은 다음과 같이 좀 포괄적으로 썼다.

> 흔히 쓰는 '뇌'라는 말은 지적 능력의 고차원적인 부분과 관련 있지만, 사실 뇌의 대부분은 외부 자극에 대해 정확하게, 때로는 매우 복잡하게 반응하는 무의식적인 자동 기계이다. 우리가 뇌에서 모방하려고 하는 부분은 단지 이 부분이다. 새로운 기계는 결코 생각을 대체할 수 없으며, 오히려 인간의 생각을 더 필요로 하게 될 것이다…

그렇게 신중하고 현명한 의견을 '헛소리'로 치부한 것은 적절한 대처가 아니었다. 다윈과 하트리는 사실 러블레이스 백작부인 에이다의 말을 반복하고 있었다. 그녀는 1842년 배비지가 계획했던 해석기관을 설명[38]하면서 "해석기관은 무엇인가 창조하는 척 허세를 떨지는 않는다. 우리가 적절하게 명령을 내리기만 하면 무슨 일이든 처리할 수 있다"라고 주장했다. 길고 복잡한 계산을 하는 기계를 똑똑하다고 봤던 순진한 관점에 반론을 제기했던 것이다. 만능기계용 프로그램을 최초로 작성했던 러블레이스 백작부인은 그런 기계보다 자신의 두뇌가 더 영리하다고 확신했다. 어느 정도는 앨런도 백작부인의 생각에 반론을 제기하지 않을 것이다. 규정집에 있는 대로만 결정하는 관리자를 보고 '지적'이라거나 그가 정말 결정을 내린다고 볼 수는 없는 법이다. 정말 결정을 내리는 사람은 규정집을 쓴 사람일 것이다. 하지만 앨런은 모방원리에 따르면 기계도 주인처럼 지적이거나 독창적이라고 할 수 있을 정도의 역할을 할 수 있다고 생각했다.

앨런이 마음속에 품었던 생각은 언어를 개발하여 명령표를 작성하는 '주인'의 작업을 대체하는 수준을 훨씬 뛰어 넘었다. 앨런은 ACE 보고서에서 이미 분석한 바 있는 미래의 발전상을 다음과 같이 간략하게 거론했다.

사실 정확한 언어라면 어떤 언어를 사용하더라도 이런 기계들과 소통할 수 있습니다. 즉, 이론적으로 기계에 논리체계를 해석할 수 있는 명령표가 있다면, 어떤 기호논리symbolic logic를 사용하든지 소통이 가능해야 합니다. 이 말은 논리체계의 실용적인 범위가 과거보다 더 확대된다는 뜻입니다. 기계를 사용해서 수학공식을 풀려는 작업이 실제 시도될 겁니다. 그렇게 하려면 목적에 맞는 특별한 논리체계가 필요합니다. 이 논리체계는 평범한 수학 절차와 흡사해야 하는 동시에 최대한 의미가 명확해야 합니다.

한편 "인간의 행동을 모방하는" 컴퓨터 이야기를 하면서, 앨런은 학습을 모방하는 방법을 생각했다. 러블레이스 백작부인이 말한 "우리가 기계에 실행 명령을 내릴 수 있는 것은 무엇이든" 수행하는 기계를 넘어서는 수준이었다. 백작부인이 말한 기계는 어떻게 일을 해내는지 알 수 없었기 때문이다.

계산기는 명령받은 목표만 수행할 수 있다고 알려져 있습니다. 명령받지 않은 작업을 기계가 수행한다면 오류가 생겼다는 의미가 되니 그 말은 분명 사실입니다. 애초부터 기계를 만든 의도가 기계를 노예처럼 부리면서 세부적으로 계획된 작업, 그러니까 기계 사용자가 돌아가는 상황을 이론적으로 항상 훤히 꿰뚫고 있는 작업만 시키기 위해서였다는 것도 사실입니다. 지금까지는 기계를 이런 식으로 사용했습니다. 하지만 꼭 그런 식으로만 사용해야 하는 걸까요? 이런 가정을 해보죠. 처음에 특정 명령표에 따라 작동하는 기계를 만들었는데 가끔 타당한 이유가 있다면 명령표가 수정될 수 있습니다. 그렇다면 기계가 일정 시간 작동된 다음에는 명령표가 아무도 모르게 변경될 수도 있죠. 하지만 그래도 기계가 여전히 계산 작업을 잘하고 있다고 볼 수밖에 없을 겁니다.

앨런이 프로그램 내장형 만능기계의 풍요성을 처음 강조했던 것이 바로 이 대목이었다. 엄밀하게 말해 그는 명령을 변경하는 기능을 활용한다고 해서 기계의 용도를 확대할 수 없다는 점을 알고 있었다. 앨런은 훗날 이렇게 썼다.[39]

> 기계의 규칙을 어떻게 바꿀 수 있을까? 규칙은 기계의 이력이 어떻든 어떤 변화가 일어나든, 기계가 어떻게 반응할 것인지 완벽하게 설명해야 한다. 그래서 규칙은 시간이 흘러도 변하지 않는다… 역설적으로 설명해보자면, 학습 과정에서 변경되는 규칙은 활용도가 높은 유형의 규칙이며 그 효력이 유지되는 시간은 아주 짧다. 독자들은 미국 헌법과 비슷하다고 생각할지도 모르겠다.

하지만 그렇게 엄격한 논리 조건을 거론하면서도, 앨런은 명령을 바꾸는 과정이 인간의 학습과 매우 유사하며 따라서 강조할 만한 가치가 있다고 주장했다. 그리고 기계가 발전하여 스스로 명령을 바꾸는 모습을 상상했다. '선생님'에게 배우는 '학생'에 비유할 수 있었다('명령표' 관점에서 기계의 '마음 상태' 개념으로 빠르게 바뀐 전형적인 사례였다). 계속해서 앨런은 이렇게 설명했다.

> 학습하는 기계는 애초에 목표한 결과를 계속해서 얻을 수도 있겠지만, 시간이 가면서 작동 방식이 처음보다 훨씬 효율적으로 바뀌게 될 수도 있습니다. 작동 방식이 바뀐다면 기계가 애초에 명령을 입력했던 기계와 사뭇 달라질 수도 있다는 것을 알아야 합니다. 선생님에게 많은 것을 배웠지만, 스스로 공부해서 더 많이 깨우치게 된 학생과 비슷하다고 할까요. 그렇게 되면 누구나 기계에 지적 능력이 있다고 볼 수밖에 없을 겁니다. 기계에 충분히 많은 메모리를 제공하면, 이런 종류의 실험을 바로 시작해볼 수 있습니다. 인간의 뇌는 대략 2진수 100억 개를 저장할 수 있습니다만, 그 대부분은 시각적 인상을 기억하거나 다른 쓸데없는 일을 하는 데 쓰입니다. 보통 2진수 몇백만 개 정도를 기억시키는 정도까지는 발전시킬 수 있을 겁니다. 특히 체스 게임처럼 다소 제한된 분야로 국한시킨다면 그렇게 발전시킬 가능성은 더욱 높아집니다.

계획대로라면 ACE는 최대 20만 개의 2진수를 저장할 수 있었다. 따라서 "몇백만 개"는 미래에나 가능한 일이었다. 앨런은 ACE에 계획된 저장소를 "피라미의 기억 용량과 비교할 만한 수준"이라고 표현했다. 그렇기는 해도 "학습하는" 프로그램을 단기간 내에 개발할 수 있을 것으로 내다봤다. 단순히 가설에 근거한 추측이 아니라 실제 진행 중인 연구에 근거한 것이었다. 1946년 11월 20일 앨런은 뇌 기능에 관한 기계 모델을 개발하려 애쓰던 신경학자 로스 애시비W. Ross Ashby의 질문에 다음과 같이 답했다.[40]

말씀하셨듯이 ACE는 우선 뇌 하부중추의 작용과 비슷하게, 전적으로 훈련된 방법에 따라 활용될 겁니다. 반사작용 같은 것은 너무 복잡해서 어렵겠지만 말이죠. 언급하셨다시피 훈련된 행동의 특징은 뭔가 잘못 흘러가도 전혀 따져보지 않는다는 겁니다. 게다가 독창성이라 부를 만한 것은 있을 수가 없죠. 하지만 기계를 꼭 그런 식으로 사용할 필요는 없습니다. 우리가 기계를 만들 때 꼭 그렇게 만들지 않아도 되니까요. 기계가 시험 삼아 다른 행동을 시도해볼 수도 있고, 설명하신 것처럼 그런 행동의 변화를 기억하거나 지울 수도 있습니다. 제가 만들고 싶었던 것도 바로 그런 식으로 작동하는 기계입니다. 기계의 설계를 변경하지 않고도 이게 가능한 이유는, 어쨌든 이론적으로는 적절한 명령세트를 기억하게 한다면 마치 다른 기계가 된 것처럼 사용할 수 있기 때문입니다. 실제로 ACE는 제 논문 「계산 가능한 수」에서 표현한 '만능기계'에 가깝습니다. 이론적 가능성을 보자면 합리적인 모든 경우에서 실제로 달성 가능하며, 최악의 경우에 생기는 부작용이라고 해봐야 특정 문제에 맞춰서 설계된 기계보다 연산속도가 약간 늦어지는 정도일 겁니다. 그러니 실제 뇌에서는 축색돌기와 수상돌기를 증가시켜 신경회로를 바꾸는 방식으로 작용한다 해도, ACE에서는 실제 내부 구조를 바꾸지 않고도 이 같은 일을 가능하게 할 수 있습니다. 단지 그때그때 적용할 행동 양식을 설명하는 자료만 바꿔주면 되는 겁니다. 이런 원리의 활용 방법을 잘 설명해드렸으니, 특별한 기계를 만드는 대신 ACE를 활용해서 실험하시는 게 좋지 않을까 싶습니다.

앨런 튜링의 이미테이션 게임

앨런은 즐겨 사용하는 체스의 사례에 적용하며 이렇게 주장했다.

체스 실력이 보통 정도인 사람을 이길 수 있도록 ACE의 명령표를 만드는 일은 누워서 떡 먹기일 것입니다. 실제로 벨 연구소의 섀넌이 '어림짐작'으로 체스를 두어 이겼다는 말을 했는데, 그때 상대방의 실력은 언급하지 않았습니다.

앨런이 오해했을 수도 있다. 섀넌은 1945년부터 미니맥스 전략으로 체스 게임을 기계화하려고 생각했었다. 미니맥스 전략은 앨런과 잭 굿이 1941년 형식화했던 기본 개념과 동일한 탐색 수형도search tree에 근거했다. 하지만 그때 섀넌이 체스에서 이길 수 있는 프로그램을 개발했다고 주장한 적은 없었다. 하지만 어쨌든 앨런은

그런 식의 승리가 특별히 중요하다고 보지 않습니다. 우리가 원하는 것은 경험하면서 배우는 기계죠. 기계 스스로 명령을 바꾸게 하면 가능할 겁니다. 하지만 물론 아직까지는 갈 길이 멉니다.

앨런은 이런 중심 사상에서 조금 벗어나보았다. 기계적 과정으로(그리고 사실 '계산 가능한 수'의 발견으로도) 풀 수 없는 문제가 존재함으로써 제기된 '기계의 지능'이라는 개념에 반론을 생각하기 위해서였다. 앨런은 '순서수 논리학ordinal logics'에서 심리적으로 중요한 '직관'을 이용해서, 증명할 수 없는 주장의 진실을 조사했다. 하지만 직관은 당시 앨런이 내세우던 관점이 아니었다. 사실 그의 논평은 그런 문제들이 '지능' 문제와는 관련 없다는 쪽에 가까웠다. 앨런은 괴델의 정리와 자신의 연구 결과를 더 깊이 파고드는 대신 선뜻 다음과 같이 결론지었다.

저는 기계를 공정하게 대해야 한다고 얘기합니다. 가끔 기계가 답을 내놓지 않게 하는 대신, 틀린 답을 내놓게 할 수도 있을 겁니다. 하지만 수학자도 새로운 방법을 시도할 때는 이처럼 실수할 수 있습니다. 그런데 사람의 실수는 대수롭지 않게 여기고 한 번 더 기회를 주지만, 기계는 그렇게 봐주지 않는 것 같습니다. 다시 말해

기계가 실수할 수 있다는 생각을 인정하지 않는다면, 기계는 지능을 가질 수 없을 겁니다. 이와 거의 비슷한 주장을 하는 정리가 몇 가지 있습니다. 하지만 이런 정리들은 실수할 수 있는 기계가 과연 어느 정도의 지능을 보일 수 있을지에 대해서는 전혀 언급하지 않습니다.

이 말은 전적으로 옳다. 괴델의 정리와 앨런의 연구결과는 지능적이라기보다 절대 실수하지 않는 교황 같은 권위를 지닌 기계에 관심이 있었다. 하지만 앨런이 실제 강조하고 싶었던 것은 '기계의 IQ를 시험'할 때 모방이론에 따라야 한다는 것이었다. 모방이론은 전통적인 영국식 용어로 표현하자면 "기계를 공정하게 대하는 것"이라고 할 수 있었다. 앨런은 다시금 경험을 통한 기계적인 학습이라는 생각을 하게 되었다.

인간 수학자는 늘 많은 훈련을 해왔습니다. 이런 훈련은 기계에 명령표를 입력하는 것과 다르지 않다고 볼 수 있습니다. 따라서 기계가 혼자서 엄청나게 많은 명령표를 작성할 것으로 기대해서는 안 됩니다. 그런데 기계에 엄청나게 많은 지식체계를 입력하지 않으면서, 왜 기계에 더 많은 것을 바랄까요? 요점을 다르게 표현하자면, 기계가 인류와 접촉할 수 있게 함으로써 인류의 규범에 기계 스스로 적응하도록 해야 합니다. 체스 게임은 상대방이 체스 말을 어떻게 움직이는 볼 수 있는 기회를 제공하므로, 그 목적에 어느 정도 부합한다고 볼 수 있습니다.

강연은 이처럼 다소 황당한 내용으로 끝을 맺었고, 청중들은 믿을 수 없다는 눈빛으로 주위를 둘러보았다. 그런 모습에 앨런은 무척이나 기뻤을지도 모른다. 자신이 과학과 종교 간의 관례적 휴전 상태를 깨뜨렸으며, 그것이 자신에게 유리하다는 사실을 너무나 잘 알았기 때문이다. 앨런은 6학년 때 에딩턴을 읽으면서부터 그런 생각에 골몰했으며 '고차원의 지능'과 '의식이 없는 자동 기계'를 군이 구분할 생각이 없었다. 그것을 구분하는 선은 없다는 것이 앨런의 논지였다.

본질적으로는 에딩턴이 하이젠베르크의 불확정성원리를 적용해서 정의의 편을

앨런 튜링의 이미테이션 게임

구원하려 했던 것과 동일한 문제였다. 하지만 다른 점이 있었다. 에딩턴은 물리 법칙의 결정론에 전력했는데, 그 이유는 새뮤얼 버틀러가 『에레혼』에서 다음과 같이 풍자했던 빅토리아식 과학관 같은 것에 대처하기 위해서였다.

> 감자 속에서 일어나는 생리 작용이 단지 화학·기계적인 작용일 뿐이고 빛과 열의 화학·기계적 영향에서 비롯된 것이라고 주장한다면, 답을 얻기 위해서는 모든 감각기능이 화학·기계적 작용이 아닌지 조사해봐야 할 것 같은가? …열정이라는 동적 이론이 추론되는 곳에서 생각이라는 분자 운동은 있을까 없을까? 엄밀히 말해 인간의 성격을 묻기보다 인간이 어떤 목적을 달성하기 위해 만들어졌는지 물어서는 안 되는 것일까? 그것들은 어떻게 균형을 유지하는가? 이러저러한 것들이 얼마나 모여야 인간이 이러저러한 일을 하게 압박할 수 있을까?

이것이 19세기 물리와 화학, 생물학에서 비롯된 설명이었다. 하지만 앨런은 다른 차원의 결정론적 설명을 내세웠다. 추상적 논리 기계 측면에서 자신의 정의를 주장했던 것이다. 다른 점이 또 하나 있었다. 버틀러나 쇼, 카펜터 같은 빅토리아 시대 사람들은 영혼이나 정신, 생명력을 확인하는 데 관심을 쏟았던 반면, 앨런은 '지능'에 대해 이야기하고 있었다.

앨런은 '지능'이라는 말의 의미를 정의하지 않았지만, 끊임없이 거론했던 체스 게임의 사례를 통해 추론하자면 어떻게 목표를 달성할지 알아내는 능력으로 봤던 것 같다. 또 IQ 테스트를 언급한 것은 이런 능력의 성과를 측정 가능한 지표로 나타내려 했던 것 같다. 블레츨리에서 비롯된 이런 종류의 '지능'은 긴급하면서도 매우 중요한 문제였다. 지능이 전쟁을 승리로 이끌었기 때문이다. 사람들은 체스 문제를 셀 수 없이 많이 풀었고 그 결과 게임에서 독일군을 물리쳤다. 앨런의 과학 세대에서 좀 더 넓게 바라보면, 삶은 '지능'을 얻기 위한 전투였다. 전쟁 중에는 고루하고 어리석은 학교와 어리석은 경제체제, 그리고 '바보들을 위한 직업'에 종사하던 어리석고 늙은 보수주의자에 맞서 싸웠다. 어리석음을 종교의 수준으로 올려놓았던 나치와는 말할 것도 없었다. 그리고 사회적으로는 시드니 웹 부부^{Sydney}

Beatrice Webb(영국의 사회주의자이자 개혁가로, 1895년 런던경제대학교를 창설했으며 노동운동과 노동조합주의 이론에 지대한 영향을 끼쳤다—옮긴이)의 사회주의 통찰에 영향을 받아, 똑똑한 관리가 국가를 관리하는 방향으로 나아고 있었다. 〈메투셀라로 돌아가라〉에 나오는 가까운 미래사회와 비슷했다. 1947년에는 IQ 테스트에 관한 토론이 많이 벌어졌다. 그때부터 영국의 젊은이들은 계층이 아니라 '지능'에 따라 과학적으로 새롭게 정의된 범주로 분류되고 있었는지도 모른다. 오스카 와일드는 『사회주의에서의 인간의 영혼The Soul of Man under Socialism』을 썼지만, 애틀리와 베빈의 사회주의 정권에서 '영혼'이라는 말은 주교가 예배를 볼 때 아니면 협동심을 고취시키려 할 때나 언급되었다. 버트런드 러셀이 말했듯 미신적이거나 "지나치게 감상적"이라 생각했던 것이다.

많은 사람들이 과학자들의 지혜와 유용성에 의구심을 품었지만, 어쨌든 과학자들은 마침내 정부의 총애를 받게 되었다. 정부는 전쟁을 겪으면서 과학에 관심을 갖게 되었고, 한때는 공상적이라고 취급받던 관점이 진보적인 관점으로 대접받게 되더니 마침내 정통으로 자리 잡았다. 과학자들은 구석진 곳에서 지독한 냄새를 풍기며 실험이나 하던 신세를 벗어났으며, 그들의 칼은 쟁기로 바뀔 수 있을 것처럼 보였다. 아니 좀 더 정확하게 말하자면 정부의 고민을 과학적으로 해결해줄 것처럼 보였다. 한편으로 앨런은 이런 분위기에 동조했고, 현실 세계의 결함이 장군이나 정치가가 아닌 과학자의 탓이라는 생각을 부정했음이 틀림없었다. 서본 출신으로 지금은 래들리라는 또 다른 사립학교의 교사가 된 머마겐은 이 시기에 앨런에게 편지를 보내 전후 세계에서 수학과 과학의 위상에 관한 조언을 구했다. 앨런은 다음과 같이 답장을 보냈다.[41]

수학자로서의 경력 문제에 대해서는 ACE의 영향이 분명 있을 거라고 보네. 유도포탄이나 탄환 같은 것들로 인해 수학자를 찾는 곳이 무척 많아지게 될 걸세. 예컨대 나 같은 경우에도 기계가 이해할 수 있는 형식으로 문제를 변환하는 작업을 하는 데 많은 인원이 필요하다네. 대략 기계가 보여주는 지적 수준 정도의 자질만 있으면 된다네. 물론 책임감 없는 사람은 절대 사양하네. 우리는 기계를 만들어 그 사람들이 했을 법한 일을 기계가 대체하도록 할 생각이네. 물론 지금 당장은 우리가 요구하는 자질이 매우 낮은 편이니, 수학에 열의가 있고 수학 쪽으로 일하고 싶은 학생들에게 주저 말고 권유하게. 조심해야 할 일이 있다면 아마도 (비키니 섬의 희생자들이 아니라 과학자들이) 과학을 반대하는 운동 같은 것일 텐데, 이건 그냥 여담일세.*

그런데 '지능이 왜 필요한가?'라는 질문은 제기된 적이 없었다. 기술자와 관리자들이 연구하던 목적은 무엇이었을까? 1947년의 중심에는 진공 상태 같은 공백이 있었다. 1930년대의 신념과 전쟁으로 인해 강요된 단절이 흔적도 없이 사라졌기 때문이다. 체스 게임에서 가장 큰 적을 물리치고 난 다음, 그 자리를 대신하는 존재는 아직 없었다.

퀴즈를 푸는 지능이나 거론되지 않은 목표를 효과적으로 달성할 수단을 찾는다는 관점에서 정신을 이야기함으로써, 앨런은 1947년 당시 사회를 관리하는 기술관료의 견해를 전형적으로 보여주었다. 하지만 단지 표면적으로만 그렇게 보일 뿐이었다. 앨런은 사회 문제에 컴퓨터, 혹은 관련된 "웰스적 개발"을 적용하는 것에는 전혀 관심이 없었기 때문이다. 앨런은 현명하게도 컴퓨터를 잘 활용하는 사례를 보고서에 넣어 개발비용을 얻어냈다. 하지만 그가 상상했던 장비의 모습은 블레츨리에서 작동 중이던 기계를 베낀 것에 불과했다. 앨런은 그 기계가 가능하다고 봤지만, 그 기계뿐만 아니라 그런 식으로 기계를 구조화하는 역량에도 관심이 없었다. ACE가 계속 진행되려면 트래비스가 필요했다. 심지어 수학의 유용성에 관한 이 편지에서, 그의 관심은 계획된 컴퓨터의 지능을 소년들과 비교하는 데 있었다. 앨런이 가장 즐겨했던 비교였다. 앨런의 진취적인 생각은 여전히 지식 자체에서 강한 자극을 받는데, 이 경우에는 마법과도 같은 인간의 마음을 이해하는 일이 자극이라고 할 수 있었다. 그는 효율적인 분업에 관심 있던 배비지가 아니

---

* 하지만 비키니 섬 원폭실험에서 낙진에 과다노출된 과학자가 최소 한 명은 있었다. 폰 노이만이 1946년 7월 비키니 섬 원폭실험에 참관했다.

었다. ACE에서 그의 관심사는 오웰이 예견했던 '기계화, 합리화, 현대화'와는 아무 상관없었다. 그런 목적으로 자금지원을 받기는 했지만 말이다. 그보다는 "자연의 장관과 아름다움"에서 느끼는 경이로움과 그것을 아우르려는 거의 성적인 갈망에 더 가까웠다. 실제로 그는 애시비에게 보낸 편지에서 대담하게도 다음과 같이 썼다.

> ACE로 작업할 때, 저는 계산작업에 실제 응용하는 것보다 뇌의 활동모형 제작 가능성에 관심이 더 많았습니다.

만일 앨런이 퍼즐을 푸는 능력 측면에서만 정신을 다루고 다른 측면을 빠뜨렸다면(다른 측면을 빠뜨린 이유는 당시 사회 분위기를 반영한 것이었다), 이는 앨런이 그런 '지능'이 인간의 다른 특성보다 훨씬 더 뛰어나다고 생각했기 때문은 아니었다. 실제로는 그 반대에 가까웠다.

이것은 아마도 앨런에 관해 가장 놀라운 일일지도 모른다. 전쟁 중에 했던 모든 연구 성과, 그리고 어리석음과 맞섰던 모든 투쟁에도 불구하고, 앨런은 여전히 지식인이나 과학자를 우월한 계급으로 보지 않았다. '주인'의 역할을 넘겨받을 수 있는 지능적인 기계는 그동안 과장되었던 지적 전문가들의 코를 납작하게 해줄 터였다. 빅토리아 시대의 기술이 장인의 작업을 기계화했듯, 미래의 컴퓨터는 지적인 생각을 주고받는 절차를 자동화할 것이다. 인간 전문가가 기술을 시기하는 모습은 앨런을 기쁘게 할 뿐이었다. 이렇게 앨런은 세상에 등장했던 새로운 사제와 마법사의 권위를 줄이고 파괴하는 반기술적 관료였다. 지식인들을 보통 사람으로 만들고 싶어 했다. 이 모두는 찰스 다윈 경을 만족시키려는 의도적인 행동도 아니었다.

앨런이 강의했던 날은 영국 정부가 빠른 시일 내에 인도에서 철수하겠다고 발표했던 바로 그날이었다. 전쟁에서 얻은 교훈이 마침내 사람들의 마음을 꿰뚫었다. 엎친 데 덮친 격으로 연료난까지 발생했으며, 영국 국립석탄국National Coal Board의 새

앨런 튜링의 이미테이션 게임

로운 경영진은 이 사태를 수습할 능력이 없었다. 영국은 더 이상 '3대 강국'(세계대전 당시 연합국의 주요 국가인 영연방, 미국, 소련을 의미한다—옮긴이)이 아니었고 지중해에서 영국의 패권은 빠르게 미국으로 넘어갔다. 영국이 거대한 무인도처럼 보였던 결정적인 순간이었다. 독일은 인위적으로 격리시켜두었던 '진정한 2대 강국'의 모습을 드러나게 했으며, 그 두 나라는 영국의 이익이나 시장을 보존하기 위해 애쓰지 않았다. 앨런의 말을 빌리면, 이런 상황에서 희망이라고 할 수 있는 것은 영국이 "생각이 아니라 많은 장비로 난제를 풀려는 전통이 있는 미국"보다 잘할 수 있다는 맹목적인 믿음이었다.

영국 정부는 문제 해결을 위한 과학적 해법을 찾는 연구를 장려했으며, 2월 5일 동아프리카 식민지에서 땅콩을 재배하겠다는 야심 찬 계획을 발표했다. 이와 비슷하게 ACE는 땅콩재배계획 투자금에 비하면 적은 예산이지만, 1947년까지도 여전히 매우 진보적인 프로젝트였다. 이런 흐름은 1930년대 좌파 압력단체가 새로운 과학 기술 개발을 변덕스러운 상업계가 아닌 정부에서 담당해야 한다고 요구했던 것과 맥을 같이했다. 과학자협회장인 블래킷은 이런 움직임의 선봉이었다. 그는 1947년 협회에서 발간한《과학과 국가Science and the Nation》서문에서 '과학 관료조직' 같은 현대의 경이를 예견하는 글을 썼다. 하지만 평시에 그런 과학 정책을 펼치게 되면, 상황이 뜻하지 않은 방향으로 흘러가기 쉬운 법이다. 블래킷은 윌리엄스를 부추겨 맨체스터에서 순수 수학 컴퓨터 연구를 하게 했는데, 국가 계획에 그리 도움이 되는 일은 아니었다. 또한 그런 계획을 옹호하는 좌파의 입장이기는 했지만, 개인적인 측면으로도 상당한 열의를 보였다. 다윈은 여전히 모순적인 입장에 있었다. 집안 내력이든 아니든 다윈은 사회진화론자라는 우파 입장에 서 있었으며, 복지국가를 별로 탐탁스러워하지 않았다[42]("열등 계층을 우대하는 정책은 인류를 완벽하게 만들 수 있는 방법 중에서 가장 비효율적인 방법이다"). 인류의 진보를 위해서 혹은 그가 "유럽의 인종적 자살"로 불렀던 현상을 억제하기 위해서, 다윈이 생각했던 비결은 상류계급 사람들이 다른 계급 사람들보다 아이를 더 많이 낳아야 한다는 것이었다. 하지만 NPL의 체계는 소련의 서투른 관리체계보다도 경쟁이 덜해 보였다. 다양성과 진취성이 오래 살아남을 수 있는 환경이 아니었다.

1947년 봄 다윈이 앨런의 문제를 풀기 위해 자신의 그런 고차원적 사상 체계를 가동하는 동안, 직급체계의 말단에서 조급해하던 사람들이 일관성 없는 계획을 추진했다. 그중 한 명이었던 해리 허스키는 자기가 있는 동안 컴퓨터 제작 프로젝트를 시작하고 싶은 생각이 간절했다. 그는 전반적으로 ACE의 설계구조에 감탄했지만, 그보다 최선은 "NPL과 무어 스쿨의 계획을 절충해서" 소규모 지연선 기계를 제작하는 것이라고 생각했다. 앨런과 허스키의 관계는 시작부터 냉담했지만, 어느 봄날 앨런이 마이크 우저의 연구실에서 허스키가 '개정판 H'를 위해 프로그램을 작성하고 있는 모습을 본 다음부터 더욱 악화되었다. '개정판 H'는 사실상 ACE의 '5번째 개정판'을 허스키가 멋대로 개조했던 것인데, 유용한 작업에 필요한 가장 기본적인 장치만 남겨서 다듬어놓은 것이었다. 여기서 유용한 작업이란 8개 연립방정식의 해법을 정의해놓은 것을 의미했다.* 허스키의 프로그램은 대체적으로 ACE의 설계철학과 일치하기는 했지만, 그런 식의 일탈은 프로젝트에 대한 앨런의 통제를 완전히 벗어나는 행동일 수밖에 없었다. 앨런이 '시험용 기계'를 만들라는 지시를 수락했던 것은 그 기계가 실제 기계의 가치를 훼손하지 않고 나중에 구성요소의 일부가 될 것이라는 생각 때문이었다. 그런데 만일 허스키의 프로젝트가 실패한다면 시간낭비가 될 것이고, 성공한다면 이제까지의 계획에 뚜렷한 변화가 생길 수밖에 없었다. 당연히 앨런은 허가하지 않았지만, 해리 허스키는 어찌어찌해서 장비를 끌어모아 프로젝트를 시작했다. 그는 공식적으로는 '장비 담당'이었지만 문서 작성에 더 재능이 있었다. 게다가 실제 ACE 장비를 제작하는 상황은 고려할 필요가 없었으며 그저 실험용도로만 제작하면 충분했다. 짐 윌킨슨과 마이크 우저도 합류했다. 수학부서에서의 삶은 매우 복잡다단해졌지만, 그들은 처음으로 전자공학에 관해 무언가 정말 제대로 배우게 되었다.

---

* 유용한 작업의 기준은 사고방식이나 정책에 따라 달랐다. 에니악과 관련 있는 사람은 무엇보다 중요한 컴퓨터의 기능을 산술 연산이라고 봤다. 실제로 허스키는 ACE에 포함된 논리 기능이 "대부분의 계산 문제에 필요 없다"라며 선뜻 폐기했다. 하지만 계산 문제가 앞으로 어떻게 될지 누가 알았을까? 앨런의 계획은 전쟁에서 겪었던 비수치적 문제를 반영하고 있었지만, 그런 사실이 중요하다고 강조할 만한 위치에 있지 않았다.

그때 앨런은 수학부서가 있는 테딩턴 홀 지하에서 독자적으로 몇 가지 실험을 그럭저럭 진행한 다음, 전자공학에 관해 마이크 우저에게 설명했다. 앨런은 지연선을 통해 펄스를 송수신하는 회로와 오실로스코프에서 펄스의 형태를 검사하는 회로검사 시스템을 고안했다. NPL에는 핸슬로프처럼 이런 기본적인 공학 장비가 없었으므로 앨런은 직접 만들어 사용해야 했다. 있는 장비[43]라고는 브레드보드에 진공관 네다섯 개를 꽂아놓은 것뿐이었다. 연구에 쓸 지연선조차 없었다. 잠시 후 점심을 먹고 돌아오는 길에 앨런은 길게 자란 잔디밭에 놓여 있는 배수관을 발견하고는 공기 지연선으로 사용해보기 위해 사람들의 도움을 받아 연구실로 들고 왔다. 1947년 3월 혹은 4월에 돈 베일리와 '점보' 리가 찾아와 이 뒤죽박죽인 광경을 봤다. 앨런은 돈과 산책하면서 비통한 심정으로 지금의 절망스러운 상황을 하소연했다. 철학자에서 지금은 레이더 전문가가 된 앨리스터 왓슨Alister Watson이 연구소를 업무상 방문했을 때, 앨런은 "그 사람들 말이 글쎄 내가 자력에 관해 잘 모른다는 거야!"라고 불평했다. 앨런이 프린스턴 시절 알고 지냈으며 가족이 테딩턴에 살던 프랜시스 프라이스는 정부에서 가장 기본적인 실험장비도 주지 않는다고 쏘아붙이던 앨런의 말에 끝까지 귀 기울여주었다.*

하지만 무질서하게 진행되던 개발 작업에 난데없이 다윈의 지시가 떨어졌다. 다윈은 전시와는 달리 지금은 ACE 프로젝트를 다른 기관에 넘기기가 불가능하다는 사실을 감안했다. 지금까지 다윈은 NPL에 전자공학부서 신설을 거부해왔다. 하지만 지금은 1946년 예상했던 것처럼 국가적으로 단 한 대의 컴퓨터만 설치하는 일은 없을 것이며, NPL의 컴퓨터는 기껏해야 여러 대의 컴퓨터 중 하나가 될 것이라는 사실이 분명해졌다. 다윈은 연구소에서 컴퓨터 원형을 제작하는 새로운 계획을 수립했으며 실행은 영국 전기회사에 맡기기로 했다.

이는 타당한 정책이었다. 윌크스와의 미약한 관계는 4월 10일 공식적으로 끊어

---

* 1946년 11월, 앨런은 딜라일라에 있는 여분의 전원함을 가져오려고 암호정책위원회에 다음과 같이 의뢰했다. "전원함을 제게 좀 보내주실 수 있을까요? 제가 옛날부터 쓰던 것이거든요." 하지만 분명 성공하지 못했을 것이다.

졌으며, 우체국과의 계약도 취소되었다. 대신 1947년 여름, 무선부서에 전자공학과가 신설되었고 토머스H. A. Thomas가 과장이 되었다.

하지만 다윈의 새로운 정책에는 두 가지 문제가 있었다. 첫째로, 토머스 과장의 관심 분야는 컴퓨터가 아니라 전자공학을 산업에 응용하는 것이었다. 둘째로, 그는 펄스나 디지털 기술 분야의 전자공학 지식이 전무했다. 물론 토머스가 ACE 프로젝트에 우선권을 주지 않겠다고 말한 것은 아니었다. 사실 컴퓨터 제작 방안에 대한(그리고 워머슬리가 전적으로 동의했던) 보고서를 매우 신속하게 제출하기도 했다. 하지만 보고서를 작성할 때 앨런의 계획은 전혀 참조하지 않았다. 그래서 토머스는 디지털 표시관으로 사용하기 위해 독일에서 커다란 음극선관 몇 개를 들여왔다. ACE 팀 직원들은 예의상 음극선관을 보러 갔다가 깜짝 놀라고 말았다. 컴퓨터 제작 계획과는 거리가 멀어 보였기 때문이었다.

NPL 관리들이 '뇌 제작'을 막기 위해 전심전력했던 일련의 일들은 참으로 이례적이었다. 윌리엄스가 개발하던 저장소를 적용하려면 설계를 처음부터 다시 해야 했는데도 윌리엄스의 방법을 따르려 했던 것이다. 게다가 팀원이라고는 "기술자 한 명과 청년 한 명"밖에 없으며 설계 원칙도 ACE와는 달랐던 윌크스에게도 기계 제작을 맡기려 했다. 허스키의 "장비 분야의 지식"을 보고 그에게 돈을 주며 미국에서 건너오라고도 했지만, 그의 지식을 써먹지는 못했다. 그리고 결국 전자공학과 과장으로 업무에 대한 의욕도 경험도 없는 인물을 앉혀놓기까지 한 셈이었다. NPL 관리들이 신뢰하지 않았던 유일한 인물이 앨런인 셈이었다. 그들은 계획을 완수할 수 있는 엔지니어를 찾아보거나, 없다면 훈련시키기로 합의했던 1946년의 제안을 지키지 않았다. 그런 전문가를 찾는 일은 물론 쉽지 않았지만, 아예 시도조차 하지 않았다.*

---

* 추가로 설명하자면, 워머슬리는 앨런의 보고서와 무관하게 미국이 여전히 기술적으로 압도적 우위에 있다고 생각했다. 1945년 4월 워머슬리는 대담하게도 당시 미국 뉴욕에서 회의에 참석 중인 다윈이 프린스턴대학교에 들러 에드박 연구에 관한 새로운 정보를 알아봐야 한다는 제안을 했다. 하지만 당시는 시기적으로 적절한 때가 아니었으므로, NPL은 5월에 미 군부로부터 그런(상업적으로 가치 있는) 정보를 주는 것은 "적절하지 않다"라는 통보를 받았다. 미국

앨런 튜링의 이미테이션 게임

이런 일이 벌어지고 난 뒤 앨런은 혼자 틀어박혔다. 프로그램을 만드는 일은 계속 진행했으며 부동소수점 연산을 하는 서브루틴 개발에 큰 진전을 보았다. 행렬과 미분 방정식의 수치해법에도 진전이 있었다. 하지만 앨런은 전반적으로 일에 흥미를 잃어버렸다. 그저 "단축 코드 명령"이라 명명했던 작업에 많은 시간을 쏟을 뿐이었다. 단축 코드 명령은 앨런의 독창적인 보고서에서 발표된 것으로 컴퓨터가 스스로 프로그램을 확장할 수 있도록 하는 기능이었다. 이로써 컴퓨터에서 고수준 언어를 사용할 수 있게 되었으며, 이는 다른 곳에서 개발된 것들보다 시기적으로 훨씬 앞서 있었다. 하지만 앨런은 컴퓨터에 지능을 부여하는 문제에 대해 2월에 발표했던 것보다 더 고차원적인 생각을 하고 있었다. 이런 측면에서 NPL에서 일하며 얻을 수 있는 것은 아무것도 없었다. 다윈과 워머슬리도 이런 생각에 동의했다. 7월 23일 다윈은 통신연구소에 서신을 보내, ACE가 이제 부품을 만드는 "철물점" 단계까지 왔으니, 설계자는 "잠시 휴식을 취하러 가는 게" 좋겠다고 전했다. 프로젝트의 '손'에서 '뇌'를 분리하는 가장 확실한 방법이었다. 앨런이 킹스 칼리지에서 1년간 이론적 개념을 연구하는 것으로 합의되었다. 그가 국가 조직에 몸담았던 기간에 비하면 '안식년'을 주기는 너무 일렀지만, 통신연구소와 재무성을 설득하여 특별히 허용하기로 했다.

1947년 8월 18일 월요일 ACE 제작이 공식적으로 착수되었다. 다윈은 특별 아침 회의에서 사회를 보았다. 하급 엔지니어들에게 워머슬리의 프로젝트에서 일하며 누리는 특권을 일깨우기 위해 미리 계산된 회의였다. 미국을 앞지르자는 대담한 이야기들이 오갔고 토머스는 "초반에 프로젝트를 진행하려는 방식"을 공개했다. 앨런도 참석했지만 한마디도 하지 않았다.

워머슬리는 ACE가 1950년 초에 완성될 것이라고 다윈에게 보고하면서 매우 흡족해했다. 이론적으로 ACE는 여전히 국가적으로 매우 중요한 사업이었으며 히스콕스는 그 날짜를 프로젝트의 '디데이'라고 불렀다. 하지만 사실 NPL은 ACE

의 이런 결정은 1947년 들어 완화되어, '오직' 군사적인 목적으로 사용된다면 영국으로 정보를 넘길 수 있게 되었다.

프로젝트를 거의 연구소 내부 프로젝트 수준으로 축소시켰다. 거북스럽게도 최초의 계획을 고집하고 있는 앨런만이 ACE 프로젝트를 성공시키는 데 유일한 걸림돌이었다. 8월 30일 앨런은 다윈에게 다음과 같은 서신을 보냈다.[44]

> 군수성에서 편지를 받았습니다… 우리에게 프로그램을 짜달라는 의뢰였습니다.
> 당연히 할 수 있지만, 지금처럼 몇 안 되는 프로그래밍 직원으로는 불가능합니다.
> 우리 조직의 일을 하기에도 충분하지 않으니까요. 따라서 ACE 프로젝트를 성공시
> 키려면 현재 인원이 3배는 되어야 합니다. 데이비스D. W. Davies 씨가 오면… 물론, 약
> 간 도움이 될 테지만, …당장… 똑똑한 [정부 과학자] 두세 명이 더 필요합니다.
> ACE를 기획할 사람이 당장 필요합니다. 기계가 완성되기 한참 전부터 교육한 다
> 음 투입해야 하기 때문입니다. 기계가 완성되자마자 중요한 작업을 실행시켜야 한
> 다면, 대규모 프로그래밍은 그보다 앞서 완료되어야 합니다.

전시인 1941년에는 이런 식으로 의견을 직접 전하면 놀랄 정도로 즉시 효과가 있었지만, 1947년은 언제 전쟁이 있었느냐는 분위기였다. 그리고 만능기계에 '기획자'를 충원해야 한다는 의견은 1936년과는 달리 현실성이 거의 없었다. 게다가 원자력 연구를 하다가 연구소에 새로 들어온 도널드 데이비스는 「계산 가능한 수」에 나오는 추상적인 만능기계의 사소한 실수를 지적하면서 앨런을 짜증 나게 만들고 있었다. 앨런은 NPL에서 ACE에 대한 강연을 했는데, 그 자리에 루퍼트 모컴도 참석했다. 불행한 사실은 11년이 지났음에도 여전히 1936년 클락하우스에서 설명하려 애썼던 '충족수'처럼 난해하고 실체가 없는 서류상의 계획 말고는 아무것도 없다는 점이었다. 앨런은 최선을 다했지만 서류 외에는 아무것도 보여줄 수 없었다. 적당한 분위기를 조성해서 프로젝트를 다시 한 번 시도해볼 수도 있었지만, 1939년 한때 앨런에게 맞춰 도는 듯했던 운명의 수레바퀴가 이제는 반대방향으로 돌아가고 있었다.

1946년 여름 앨런은 테딩턴을 찾아왔던 제임스 앳킨스와 다시 만났다. 제임스는

앨런과는 매우 다르게 전시를 보냈다. 양심적 병역거부를 고집했던 탓에 4개월간 수감된 다음 '구급 구조대'에서 복무했다. 제임스는 앨런의 연구 성과에 대해 물었고 앨런은 "한번 맞춰볼래?"라고 대답했다. 하지만 제임스는 앨런이 원자폭탄 관련 일을 했으리라 짐작해볼 뿐이었다. 9년이 흐른 뒤였으므로 두 사람은 속마음을 털어놓거나 함께 할 수 있는 일이 없다는 생각이 들었다. 앨런과 헤어진 다음 제임스가 깜빡 놓고 나온 것이 있어 몇 분 뒤 앨런에게 다시 갔더니, 앨런은 좀 전의 만남이 아주 비통하다는 듯한 표정을 짓고 있었다.

앨런은 그때 제임스에게 『갈라진 소나무』이야기를 했었는데, 1947년 초 프레드 클레이턴에게 다시 연락이 왔다. 앨런은 5월 30일 다음과 같이 답신을 보냈다.

> 너와 다시 연락하게 되어 무척 기쁘고, 언제 한번 휴일 날 함께 실컷 보트를 타러 갈 수 있으면 좋겠다.
>
> 나는 7월 초나 9월 초가 적당할 것 같아. 지난 1~2년간 달리기를 꽤 열심히 했어. 학교에서 운동경기를 잘 못했던 것에 대한 보상인지도 몰라. 8월 23일 마라톤 경기에 출전 신청을 해놓아서 7월 말이나 8월에는 훈련 때문에 보트를 못 탈 것 같다.

봄이 되자 앨런은 동네의 작은 클럽보다 더 수준 높은 대회에 나가 스스로를 시험해보았다. 남부지방에서 2월 22일 개최되는 16킬로미터 경기에서 앨런은 '아주 형편없는' 성적을 냈지만, 2주 후에 열린 16킬로미터짜리 전국대회에서는 300명 중에서 62등을 차지했다. 프레드에게 말했던 마라톤 경주에서는 그동안의 지구력 훈련이 빛을 발했는데, 그 결과 앨런은 5등을 차지했다.[45] 2시간 46분 3초의 기록이었으며 우승자와 차이는 불과 13분이었다. 앨런이 편지에서 "달리기를 꽤 열심히 했어"라고 했던 말은 그냥 한 말이 아니었다. 앨런은 프레드에게 쓴 편지에서 전쟁에 대해서도 마찬가지로 무심한 듯 다음과 같이 언급했다.

> 블레츨리에 네가 온다는 소문이 가끔 돌았는데 오지 않아서 실망했어. 넌 별로 그립지 않았나 봐.

앨런은 6월 말 보섬Bosham에 가서 9월 휴가일정을 잡았다.

그러는 동안 8월 3일 앨런의 아버지가 73세의 나이로 세상을 떠났다. 그는 몇 년 전부터 건강이 좋지 않았다. 앨런의 아버지는 앨런에게 형 존보다 400파운드를 더 남겼다. 20년 전 존이 도제생활을 할 때 주었던 비용에 대한 보상인 셈이었다. 하지만 앨런은 그런 처사가 공정하지 않다고 생각해서 그 돈을 형에게 주었다.* 앨런은 할아버지 존 로버트 튜링의 금시계도 받았다. 앨런의 아버지가 세상을 떠난 날은 영국령 인도제국이 영국에서 떨어져나가기 12일 전이었다. 남편이 죽은 뒤 튜링 부인은 남편 이야기를 거의 하지 않았으며 남편을 추억할 만한 물건도 거의 다 치워버렸다. 남편이 죽은 뒤 새로운 마음으로 자립에 나섰으며, 에델이라는 이름 대신 '사라'라는 두 번째 이름을 쓰기도 했다. 부인은 앨런이 하는 일에 관심을 더 많이 쏟았고, 마침내 아들이 무엇인가 중요한 일로 바쁘다는 것을 알고 기뻐했다. 또한 1945년에 아들의 원대한 포부를 감지했으므로 계획이 좌절되었다는 앨런의 불평에 마음 아파했다.

마운트배튼이 새로 생긴 인도와 파키스탄 자치령에 영국의 통치권을 넘겼던 일은 새로운 사람들의 뒤늦은 승리를 의미했다. 1930년대부터 줄곧 촉구되었던 개혁이 전쟁으로 인해 비로소 이루어진 또 다른 사례였다. 또한 국제 정세에서 영국의 독자적인 역할이 바뀌고 있음을 보여주는 사건이기도 했다. 하지만 여전히 고통스러운 시기였으며 세계 질서는 빠른 속도로 새롭게 재편되고 있었다. 1946년 케인스가 사망하기 전 유치했던 미국 차관은 영국 경제를 재건하는 데 쓰일 예정이었지만, 미국이 영국의 파운드화를 태환화폐로 되돌리라고 고집하면서 대부분 증발해버렸다. 금융위기가 지난 후, 8월 20일 돌턴 박사는 파운드화의 태환을 취소하고 다음과 같이 라디오 방송을 하여 가라앉은 연대의식을 고취했다. "여러분과 여러분 가정에 신의 축복이 있기를 바랍니다. 모두 행복하고 건강하고 힘내세요. 그리고 나가서 최선을 다해 조국을 도우세요."

---

* 400파운드를 모두 주었다면 참으로 너그러웠겠지만, 그것은 논리에 맞지 않는다. 앨런은 그 돈을 조카딸에게 맡겼다.

그동안은 주인이 죄를 짓거나 어리석은 행동을 하면 보통 하인이 나서서 이를 변충했는데, 앨런은 이런 관행에 진력을 냈다. 하지만 그와 프레드 클레이턴은 바다에서 맑은 공기를 쐬라는 조언을 듣고 휴가를 떠나 마치 1939년 8월의 휴가와 같은 시간을 보냈다. 앨런은 프레드의 보트 항해 실력에 은근 짜증을 내는 경우가 많았으며, 이런저런 설명을 하다가 살짝 욕이 튀어나오기도 했다. 그런데 어느 날 프레드는 순풍의 도움을 받아 와이트 섬으로 키를 돌렸고 모든 것이 순조로웠다. 다만 한 가지, 돌아오는 길에 부표와 충돌하고 말았다. 그러자 앨런이 반사적으로 말했다. "넌 부표buoy를 조심하고, 난 소년boy을 조심해야겠는걸." 두 친구는 그 말에 함께 웃었다.

하지만 전혀 웃을 일이 아니었다. 두 사람은 은밀하게 오가는 비공식적인 사실을 두고 이야기했는데, 한번은 인도에서 일본의 저급 암호해독 일을 하던 프레드가 인도의 주요 풍습에 관해 이야기했다. 앨런은 미국에 있을 때를 빼면 전쟁이 성적 불모지나 다름없다고 말했다("넌 그립지 않나 봐" 비슷한 의도였을 것이다). 알고 보니 앨런은 이번 휴가를 보내면서 프레드에게 뭔가 친구 이상을 기대했던 것이다. 프레드는 충격을 받고 자신은 곧 결혼할 예정이라고 말했다.

프레드는 『갈라진 소나무』의 실존 인물인 두 소년의 누이와 전쟁 중에 끊겼던 서신 교환을 열렬하게 다시 재개했다. 프레드가 결혼을 염두에 두고 있는 여인이었다. 하루는 어떤 기묘한 우연으로 앨런이 물에 나갔다가 지나가는 배에서 조안 클라크를 보기도 했다. "어, 좀 이상한데. 저기 마틴 클라크의 누이야, 예전에 내 약혼자였지." 조안도 앨런을 알아보고 미소 지으며 손을 흔들었다(그녀는 몇 달 전 런던 수학학회 강의에서 앨런을 본 적이 있었다). 하지만 두 사람은 만나지 않았다. 앨런은 프레드에게 과거 그녀와 파혼했던 이야기를 털어놓았다. 하지만 프레드는 매력이라고는 전혀 느낄 수 없던 앨런을 거부하고 나서 여전히 심란한 상태였다. 프레드와 앨런은 서로의 생각을 주고받았다. 프레드에게는 '정신의 자유와 일관성'이 쉽지 않았지만, 앨런은 지금 자신의 처지를 너무나 잘 알고 있었다.

1947년 9월 30일 앨런은 킹스 칼리지 연구원 생활을 재개했다.* 1939년 10월 2일

이후로 8년 만의 복귀였다. 연구원 자격은 1944년 갱신되어 1952년 3월 13일까지 연장되었다. 앨런은 서른다섯이었지만 외모는 스물일곱 청년이라고 해도 믿을 정도였다. 그해 언젠가 한번은 케임브리지에서 해가 진 뒤에 겉옷을 안 입고 다닌다며 교직원에게 한 소리 듣기도 했다. 앨런은 겉보기에 학부생 같았는데, 그런 젊음은 아마도 과거의 삶으로 복귀했다는 생각 때문에 더 돋보였을 것이다. 물론 어떤 식이든 케임브리지는 변했다. 학생들 대부분은 20대 중반이었고, 사립학교에서 미성숙한 상태로 있다가 오는 대신 몇 년간 국가에 봉사한 후 입학했다. 케임브리지 학생들은 1930년대에 비하면 개인적 야심이 강해졌고 정치의식은 줄었다. 하지만 꿈처럼 희미해진 전쟁을 이야기하는 사람은 아무도 없었고 킹스의 특성이 바뀌려면 전쟁보다 더한 것이 필요할 것 같았다.

사람들 무리에서 친구 하나가 유독 돋보였다. 로빈 갠디는 그해 여름 수학 학위 과정의 파트III를 치렀으며 연구원이 되기 위해 이론물리를 공부하고 있었다. 학기가 시작되자마자 로빈은 앨런을 찾아와서 연속군에 관한 아이젠하르트의 책을 빌려줄 수 있느냐고 물었다. 앨런은 책꽂이에서 책을 꺼내 로빈에게 내밀었다. 그런데 책에서 신문에 실린 엘리자베스 공주의 결혼식 시동特童 사진이 펄럭이며 떨어졌다. 방에는 다른 사람도 있었는데, 아마 로빈의 동료 물리학자 키스 로버트였을 것이다. 앨런은 "책 속에 이런 멋진 사진이 더 있어"라고 나직이 말했다. 하지만 다음 날 아침 앨런은 갠디에게 "너나 나나 서로를 잘 알잖아… 내가 동성애자라는 걸 네게 밝히는 게 좋을 것 같아"라고 말했다. 로빈은 동성애자가 아니었지만 앨런처럼 다음과 같은 말(카펜터가 쓴 글[46])을 좋아했다.

사람들은 다른 이를 그저 단순하게 불만 없이 받아들이는 법을 배워야 한다… 자신만의 개성이라는 자유롭고 소중한 선물에 감사하고, 부끄러움이나 가식 없이 그 선

---

* 앨런은 안식년 기간 동안에는 원래보다 적은 630파운드를 연봉으로 받았다. 다윈은 원래대로 전부 주겠다고 했지만, 앨런은 "그랬다가는 아침에 기분 내키는 대로 테니스를 치지 못할 것 같다"라며 절반만 받겠다고 했다.

앨런 튜링의 이미테이션 게임

물에 기뻐할 줄 알아야 한다.

게다가 로빈은 앨런이 그런 이야기를 자기에게 털어놨다는 것이 기뻤다. 돈 베일리와 있을 때의 그 불편했던 순간과는 딴판이었다. 로빈은 앨런의 솔직담백함에 놀랐다. 핸슬로프 시절 같았으면, 남자에게 더 끌리는 것 같기는 하지만 너무 수줍고 내성적이라 그러지 못했을 것이기 때문이었다. 앨런은 속마음을 털어놓은 다음부터 근엄한 척을 덜 하면서 더 재밌는 사람이 되었다. 그리고 결국 자신을 잘 이해해준 로빈에게 매우 고마워했으며, 그런 장애물이 사라지자 두 사람은 (블레츨리파크 이야기만 빼고) 과학 이야기를 하거나 수다를 떨 때 서로 못할 말이 없었다.

전쟁 전과 비교했을 때, 앨런은 사람들과 어울리는 데 있어서 자신감을 얻었으며 조지 라일랜즈George Rylands가 운영하는 각본낭독 클럽인 '텐 클럽' 회원이 되었다. 그리고 놀랄 만큼 회원이 적고 다들 거만하다는 사실을 알게 되었을지도 모르겠다. 앨런은 최고의 엘리트가 모인 비밀조직 '사도들'의 회원으로 뽑히지는 못했다. 반면 로빈은 사도들 회원이었으며 앨런을 회원으로 추천하고 싶었지만, 오직 젊은 후보자만 선택한다는 규율에 어긋나는 생각이었다. 그래도 앨런은 킹스에서 전보다 더 나은 인맥을 맺게 되었고 로빈은 그가 좀 더 많은 사람들과 소통할 수 있도록 도왔다. 침묵 속에서 힘들게 살았던 몇 년과 불만스러운 욕망을 보상할 수 있게 하기 위해서였다. 앨런은 그해 새롭게 알게 된 노먼 루틀리지Norman Routledge가 과거에 대해 묻자 이렇게 답했다. "지나간 시대를 회상할 때, 나는 그 당시 사랑에 빠졌던 사람을 생각해."

겨울에는 여러 가지 주제를 거론하며 시간을 보냈다. 무엇 하나도 깊게 몰입할 만한 것은 없었다. (앨런의 ACE 연구에 관해 출판된 유일한 증거인) 수치해석 논문[47]은 11월 완성되었다. 앨런은 무엇보다도 '생각'에 관해 더 많이 알고 싶었다. 어쨌든 뇌는 생각한다. 하지만 어떻게 하는 것일까? 당대의 생리학자들은 신경의 자극과 응답에 관해 그저 어렴풋이 짐작할 뿐이었다. 앨런은 에이드리언R. H. Adrian의 강의를 들으러 갔지만 실망하고 말았다. 화학과 물리학은 결국 생물학으로 연결되지만, 그의 논점에서는 설명이 달랐다. 그는 신경계를 논리적으로 설명했는데 화학과 물리학은 그저 도구일 뿐이라고 했다. 앨런은 실망스러운 마음을 피터 매튜스Peter Matthews에게 털어놓았다. 피터는 매우 총명한 학부생으로 18세에 케임브리지에 진학한 몇 안 되는 학생 중 하나였다. 앨런은 피터와 함께 생리학 강의를 들으러 갔다. 두 사람은 같은 건물에 살게 된 이후부터 점심을 먹거나 저녁 때 코코아를 마시면서 오랫동안 이야기하곤 했다.

짐 윌킨슨은 케임브리지를 가끔 방문하곤 했으며, 앨런에게 테딩턴에서 진행 중인 개발 과정이나 미흡한 점을 지속적으로 알려주었다. 그가 전하는 소식은 경비 삭감이나 어려움, 아니면 점점 축소되고 있는 비전 같은 것들이었다. 11월 회의에서 두 사람은 ACE에서 '단축 코드 명령' 같은 진보적인 아이디어 상당 부분을 포기하기로 했다. 다윈은 토머스의 불평을 듣고 허스키에게 시험용 기계 제작을 중지하라고 지시했다. ACE 팀의 업무는 수치해석과 프로그래밍 작업에 대한 보고서[48]를 쓰는 것으로 축소되었다.

1948년 새해에 앨런에게는 새로운 대안이 다가왔다. NPL 프로젝트가 난감하게도 중단된 반면, 맨체스터 개발 프로젝트는 한층 속도를 내고 있었다. 1947년 말에 윌리엄스는 일반 음극선관 화면에 2,048개의 2진수를 저장했는데, 이는 비용이 저렴한 데다가 실제 동작하는 지연선에 최소한 견줄 만한 수준이었다. 뉴먼은 여전히 왕립협회에서 보조금을 받고 있었으며 앨런이 맨체스터에서 컴퓨터 제작을 지휘해야 한다고 생각했다. 앨런은 즉시 결정을 내리지는 않았지만, 뉴먼은 3월 들어 맨체스터대학교[49]에 요청해서 자리를 새로 만들고 컴퓨터 기금에서 연봉을 대기로 했다. 하지만 그 자리는 '부교수'* 직위였다.

어쨌든 컴퓨터를 직접 개발한다는 것은 생각만 해도 매력적인 일이었다. 거의 집처럼 편안한 케임브리지에서의 생활도 마찬가지였다. 앨런은 '도덕철학 동호회'에 다시 가입해서 1월 22일 회원들을 대상으로 '로봇의 문제'에 관해 강연했다[50](체코어인 '로봇robot'은 토론해볼 만한 주제였다). 앨런은 '산토끼와 사냥개 클럽Hare and

---

* '조교수lecturer'보다는 높지만 '정교수Prof.'는 아니다.

앨런 튜링의 이미테이션 게임

Hounds Club'에도 가입해서 훈련을 계속했으며, 일리까지 달려갔다가 오후에 돌아오는 경우도 많았다. 앨런은 폰 노이만의 게임 이론을 일부 시험해보기도 했다. 그리고 단순화된 포커 게임을 위한 전략을 열심히 계산한 다음, 폰 노이만이 설명했던 내용[51]을 약간 개선하고 프린스턴의 심리학 게임 전략도 연구했다. 로빈은 전공을 이론물리학에서 물리철학으로 옮긴 다음, 앨런은 물론 자신의 물리학 친구인 키스 로버츠와도 많은 토론을 나누었다. 한번은 특수상대성이론의 순수 조작적 정의를 수립하려 애쓰기도 했는데, 한 사람이 상대성이론에는 강체剛體, rigid body같은 것이 없다며 반론을 제기하자 앨런은 "그럼, 스퀴지(창문의 물기를 닦는 고무걸레 —옮긴이)라고 하지, 뭐"라고 말했다. 그런 식의 거만하지 않은 유쾌함과 근엄하지 않은 진지한 행동은 '사도들'이나 킹스의 분위기와 일맥상통했던 반면, 1948년 학계에서는 거의 볼 수 없었다. 물론 앨런의 천성이 그랬던 점도 있었다. 즐거운 일이 또 있었는데 돈 베일리가 주말에 앨런과 로빈을 보러 왔을 때, 앨런은 울워스에서 사온 장난감 증기기관차로 돈을 반갑게 맞았다. 그러면서 씁쓸하다는 듯이 이렇게 말했다. "어렸을 때 이런 걸 얼마나 갖고 싶었는지 몰라. 그런데 용돈이 부족해서 살 수 없었어. 이제는 돈이 충분하니 사도 될 거 같아." 그들은 오후 내내 장난감 증기기관차를 갖고 놀았다.

앨런은 로빈에게 "가끔 누군가와 앉아서 이야기하다 보면, 멋진 밤을 보내게 될지 아니면 방에서 쫓겨날지 45분 안에 감이 오곤 하지"라고 말했다. 항상 그렇지만은 않았는데, 피터 매튜스와 코코아를 마시며 이야기하다 보면 이렇게 어느 한쪽으로 끝나지 않는 경우도 있었다. 게다가 앨런은 꼭 필요한 사교적인 말을 하거나 상대의 시선을 응시하는 행동을 잘 못했다. 그러기에는 너무 수줍음이 많고 무뚝뚝했으며 외모에 자신감이 없었다. 그래도 케임브리지에 와서 외모에 관심이 무척 많아졌으며, 가끔은 로빈에게 열여섯 살 때 찍은 자기 사진을 보여주면서 잘생겼냐고 묻곤 했다. 물론 앨런은 전형적인 1940년대식 미남과는 거리가 멀었다. 아일랜드 혈통을 떠올리게 하는 장난꾸러기 같은 매력과 날카롭고 푸른 눈동자, 두툼하고 숱이 많은 속눈썹, 윤곽이 부드러운 코 등 매력적인 점도 있기는 했지만, 까다로운 성격에 넥타이를 매지 않으며 추레한 모습에다가 숨 막힐 듯 서두르는 모습은 산만하면서도 세련되지 못해 보였다. 하지만 어떤 약점이 있든, 앨런은 킹스 교정을 누비며 젊은이들에게 차를 마시러 오라고 초대했다. 가끔은 행운이 찾아오기도 했다. 1948년 4월 앨런은 큰 행운을 잡았는데, 네빌 존슨_{Neville Johnson}이 차를 마시러, 그것도 여러 번 찾아왔다.

네빌은 스물네 살의 수학과 3학년 학생이었다. 하지만 수학은 두 사람의 관계를 공고히 해주기는커녕 더 난처하게 했다. 장학금을 받은 적도 있었지만 어디까지나 '반짝 성공'일 뿐이었던 네빌은 앨런과 자신이 마치 다른 차원에 있는 것처럼 열등감을 느꼈다. 한번은 앨런이 슬픈 눈망울을 반짝이며 이런 말을 했다. "결정 문제가 무엇인지 알게 되면, 넌 내가 얼마나 위대한 수학자인지 깨닫게 될 거야." 하지만 네빌은 결코 깨닫지 못했다. 그리고 앨런이 킹스의 화려한 인물들에 비하면 매우 평범하기 때문에 "앨런이 사귈 수 있는 가장 좋은 친구"가 바로 자신이라고 생각했다.

하지만 앨런이 보기에 선덜랜드 중학교와 해군 출신으로 '조르디 사람_{Geordie}'(잉글랜드 북동부 타인사이드 출신 사람—옮긴이)이기도 한 네빌은 현실적이고 굳센 사람이었다. 네빌의 더 큰 문제는 오랫동안 스스로를 보호하려 입었던 무감각한 껍데기를 깨뜨려야만 한다는 것이었다. 그러기에는 아마도 너무 늦었던 것 같다. 네빌에게는 앨런이 대인관계에서 별로 운이 좋아 보이지 않았으므로, 그가 기계로 사람들을 대신하려 애쓰는 모습이 놀랍지 않았다. 한번은 앨런이 침대에 누운 채 네빌에게 이런 말을 했다. "난 다른 사람들보다 이 침대와 더 많이 만나는 것 같아." 그러고는 과거 이야기도 조금 꺼내놓았다. 생리학 시간에 피나 해부에 대한 말만 나와도 까무러치는 것을 보면, 크리스토퍼에 대한 기억은 여전히 앨런을 괴롭히고 있었다. 하지만 1948년의 앨런은 "만찬장에 가려고 옷을 차려입는 상류계층 남자"였다. 폴란드 사람들이 블레츨리에 무엇인가 중요한 것을 가져왔다는 말도 했지만, 더 이상은 말할 수 없었다. 한번은 앨런이 길을 가다 그리스어 교수를 보고 그가 블레츨리에서 무엇인가 놀라운 일을 했다고 말한 적도 있었다.

네빌은 앨런과 종종 만났다. 때로는 앨런의 친구와 함께 만나기도 했는데, 그럴 때는 조금 좌불안석인 듯했다. 네빌은 앨런의 미니맥스 전략을 시험하기 위해 벌

앨런 튜링의 이미테이션 게임

어지는 포커 게임에도 참여했다(전략이 대체적으로 한 가지뿐이었으므로 그리 신나는 게임은 아니었다). 네빌과의 만남은 전쟁 전에 제임스 앳킨스와 그랬듯, 결국 그저 평범한 연애였다.

덕분에 한 가지 문제가 해결되었지만, 앨런은 다른 쪽에서는 1939년의 어려움을 다시 겪게 되었다. 앨런의 마음은 여전히 수학과 공학, 철학 등 다방면에 걸쳐 있었는데 학계에서는 이런 식의 태도를 감당할 수 없었던 것이다. 전쟁은 앨런에게 지적 욕구를 충족시키면서도 현실적인 일을 제공하여 그의 불만을 일시적으로 달래주었다. 하지만 이제 전쟁은 끝났고, 앨런은 학계에서 환영받기보다는 밀려나게 되었다.

전쟁에서 승리했지만 평화를 잃은 지금 앨런은 어떻게 살아야 했을까? NPL로 복귀하지 않는다면 케임브리지나 맨체스터 둘 중 한 곳을 선택해야 했다. 킹스에 남으면 교수직을 곧 얻게 될 가능성이 높았다. 지난 9년간 아무 일도 없었다는 듯 힐베르트와 하디의 세계로 복귀할 수도 있었다. 하지만 앨런의 마음이 움직인 곳은 1939년과는 달랐다. 앨런은 왔던 길을 다시 돌아가고 싶지는 않았고 여전히 자신이 발명한 컴퓨터 일을 하고 싶었다. 케임브리지에서 컴퓨터는 윌크스의 손아귀에 있었고, 그 컴퓨터를 이용하기 위해 고개를 숙이고 들어가기에는 앨런의 자존심이 허락하지 않았다. 컴퓨터를 원한다면 맨체스터로 가야 했다.

반면 다윈은 케임브리지에서 학기가 끝나면 앨런이 NPL로 다시 돌아올 것으로 생각했다. 1948년 4월 20일 그는 집행위원회에 '튜링 박사에 관한 향후 계획'을 다음과 같이 보고했다.

케임브리지대학교에 1년간 가 있는 튜링 박사가 곧 연구소에 복귀할 예정이며, 연구소장인 저와 함께 어떤 연구를 할지 상의할 겁니다. 튜링 박사의 경력을 볼 때, 기존에 그가 하던 기본적인 생리학 연구를 계속하기보다는 논문을 몇 편 쓰는 게 낫다고 봅니다. 튜링 박사는 분명 때가 되면 대학교로 자리를 옮길 것 같긴 하지만, 제 생각에는 그 전까지는 NPL에서 일했으면 합니다.

다윈이 앨런의 경력을 고려해준 것은 고마운 일이었지만, 사실 1년을 기다린 보람은 전혀 없었다. 워머슬리는 같은 회의에서 이렇게 보고했다.

> 이 프로젝트의 현 상태는 전혀 만족할 만한 상태가 아니며 진행 상황은 18개월 전과 다를 바 없다고 봐야 할 겁니다… ACE와 경쟁관계에 있는 기계가 몇 대 있는데, 그 중에는 케임브리지대학교의 월크스 교수[원문 그대로임]가 개발 중인 기계가 가장 먼저 운용될 겁니다.

조정과 협력 관계는 경쟁 관계로 돌아선 지 오래였다. 며칠 후 워머슬리는 다윈에게 기계를 제작하겠다는 보고서를 제출했다.[52] "과학연구와 행정, 국방 분야에… 가장 높은 비중"을 두고 기계를 제작해야 한다는 말이었다. 제안서에는 "월크스의 개발사항을 NPL의 프로그래밍 체계에 맞게 최대한 활용"한다는 의견이 포함되었고, 윌리엄스에게는 맨체스터에서 제작한 기계의 복사판을 만들어달라고 요청했다. 이렇게 ACE 프로그램을 근본적으로 바꾸거나 일부 포기하면서, 최초 창안자의 생각에 신경 쓰는 사람은 아무도 없었다. NPL 관리들은 앨런을 마치 관념 속에 있는, 거의 익명의 존재처럼 여겼다.

이렇게 의사소통이 이루어지지 않은 데는 앨런의 책임도 전혀 없지는 않았을 것이다. 예컨대 케임브리지 수학연구소에 있는 월크스를 오랫동안 찾지 않았던 것은 무례한 태도였다. 월크스가 있는 곳까지는 킹스에서 걸어서 '마켓 스퀘어'를 지나기만 하면 닿을 수 있는 짧은 거리였지만 그러기가 쉽지 않았다. 결정을 내려야 할 시간이 다가오자, 앨런은 "이번에는 진짜 월크스를 보러 가야겠어"라고 말한 다음 미루기를 반복하면서 5월 말까지 끌었다. 그 무렵은 에드삭EDSAC이라는 기계의 제작이 한창 진행 중이었다. 수은 지연선을 사용하는 기계였는데, 다행스럽게도 골드가 연구생으로 케임브리지에 가서 월크스의 설계일을 도왔다. 월크스는 모든 것을 혼자 하기보다 골드의 설계안을 '종교처럼' 그대로 따라서 기계를 제작했다. 월크스는 통신연구소와 대학기금위원회에서 자금을 지원받았고, 사기업으로는 매우 일찍 관심을 보였던 라이언스 회사에서도 개발비를 받았다. 그는 워머슬리나 다윈의 방해 없이 프로젝트를 완전히 장악하고 있었으며 딱 앨런이 바라는 방식으로 일하고 있었다. 수학과 공학 사이의 충돌은 전혀 발생하지 않았다. NPL의 정책이 얼마나 어리석었는지 잘 보여주는 사례였으며, 앨런이 시샘했던 것도 지극히 당연한 일이었다. 나중에 앨런은 천연덕스럽게 이런 말을 말했다. "윌크스가 하는 말을 알아들을 수 없었습니다. 그저 그가 딱정벌레와 많이 닮았다는 생각만 했죠." 하지만 임무는 완수되었다.

며칠 후인 5월 28일 앨런은 NPL에 들렀다. 마침 운동회 날이었다. 앨런은 짐 윌킨스과 협의했는데 그는 참담한 이야기를 꺼냈다. 다윈이 NPL의 공식 승인하에 일련의 논문을 발표하려고 했는데, 앨런의 논문은 넣지 않는다는 말에 자신이 동의했다는 것이었다. 게다가 짐은 앨런이 케임브리지에 계속 남아 순수 수학을 연구해야 한다고 생각했으며 맨체스터의 문제점도 예견했다.

맨체스터대학교는 앨런의 자리를 만들기로 했으며, 5월 21일 왕립협회는 뉴먼의 연구비에서 앨런의 봉급을 지급하기로 결의했다. 5월 26일 앨런이 NPL을 방문하기 전에 아마도 편지를 받았던 것 같은데 그 편지에 이런 사실이 쓰여 있었다. 앨런이 맨체스터대학교의 직위를 수락한다는 편지를 쓰고 NPL을 사직한 날은 5월 28일이었다. 안식년을 갖는 대신 NPL에서 2년 더 재직하기로 했던 '신사협정'을 위반한 행동이었다. 앨런은 두 번째로 약속을 어긴 셈이었다. 다윈은 블래킷과 뉴먼에게 펄펄 뛰며 화를 냈다. '험프티 덤프티'가 높은 담벼락에서 제대로 떨어진 셈이었다.

전쟁이 끝난 뒤의 현실에 다들 좀처럼 적응하지 못했다. 지연선 제작에 우체국이 협조할 것으로 봤던 앨런의 생각은 행정관리만큼이나 현실감이 없었다. 1948년 5월까지 제어 회로 제작이 시작되지도 않았다는 것도 여전히 매우 예외적인 일이었다. 이런 문제가 앨런의 탓이라고 할 수는 없었다. 계획이 실행되는지 확인하는 일은 관료들의 임무였고 그것이 바로 관료들의 존재 이유였기 때문이다. 하지만 해군성에서 독일 선박의 위치를 알고 싶은 생각이 간절하지 않았듯이, 다윈도 컴퓨터를 간절하게 원하지는 않았던 것 같다. 트래비스와 군수성의 '지원'은 사실상 관료적 타성이나 다름없었다. 앨런이 더 겸손한 일꾼이나 농부로 남아 있었던 반면, 다윈과 워머슬리는 마치 소련 공산당의 정치지도원commissar(부대 내에서 정치적 임무를 담당하는 군인 보직—옮긴이)처럼 행세했다.

앨런이 멋대로 행동했다면 프로젝트는 표류했을 수도 있다. 그는 초당 100만 번으로 펄스를 전송하는 기술의 난이도를 과소평가하고 자신의 공학지식을 과신했던 듯하다. 그리고 너무 세세한 일까지 참견했던 탓에, 업무를 하면서 강의까지 듣고 싶은 생각은 없었던 사람들을 짜증 나게 했다. 앨런은 적절한 장비를 지원받는 방법이나 일을 시키기 위해 입에 발린 소리를 할 줄도 몰랐으며, 전문가들끼리 경쟁을 붙이는 방법도 몰랐다. 한마디로 관리역량이 없었다. 하지만 창조적인 일꾼의 역할을 하는 앨런에게는 혼자서 프로젝트를 망칠 수 있는 권한도 없었다. 그리고 기본적으로 그의 방법은 옳았다. 성공한 모든 컴퓨터 프로젝트는 결국 '수학'과 '공학' 기술을 통합하는 문제를 해결해야 했기 때문이다. 그리고 그것이 바로 앨런이 간절히 원했던 것이었다.

전쟁은 무엇이 가능한지에 대해 앨런에게 잘못된 인식을 심어주었다. 앨런에게는 에니그마를 해독하는 일이 다른 사람을 관리하는 일보다 훨씬 쉬웠으며, 힘 있는 사람들을 다루는 일보다는 더더욱 쉬웠다. 전쟁 중에 앨런이 하던 작업은 현실에서 매우 크게 확장되었지만, 이는 다른 사람들이 조정업무를 모두 맡았기 때문이었으며 처칠의 개인적인 지원을 받았기 때문이기도 했다. 지금은 앨런을 위해 그런 일을 해주는 사람이 없었고, NPL 관리들은 시도조차 하지 않았다. 다른 사람 같았으면 프로젝트의 성공을 위해 더 쉽게 타협하고 더 효과적으로 싸울 수 있었을지도 모른다. 하지만 앨런에게는 모 아니면 도인 문제였다. 아버지가 그랬듯, 앨런도 조직의 지원이 사라지자 공직을 그만두었다. 하지만 아버지와 달리, 그만두고 난 다음에도 넋두리를 하지 않았다. 사실 앨런은 NPL에 있던 시절을 거의 입에 올리지 않았다. 그리고 그 시절은 기존의 것들에 더해서, 앨런에게는 또 하나의 커다란 공백이 되었다.

퇴직한 처지인 데다가 여러 가지 어려운 일도 많았지만, 앨런은 1948년 7월과 8월에 NPL에 제출할 보고서[53]를 완성했다. '지능기계'의 개념을 발전시키면서 블레

앨런 튜링의 이미테이션 게임

츨리에서 지속적으로 논의했던 내용을 거의 대화식으로 적은 형식이었다. 명목상으로는 안식년에 수행한 연구로 확고한 기술적 근거를 바탕으로 하는 보고서였지만, 실제로는 NPL에서 채택할 수 있는 실용적인 제안보다는 블레츨리 파크에서 꾸었던 꿈을 설명하고 자신의 인생역정을 그리워하며 되돌아보는 내용이었다.

1947년 2월 대외적으로 발표했던 아이디어를 상세하게 설명하면서, 앨런은 이때 '지능기계'의 개념이 다윈의 이론이 그랬듯 앞으로 반론에 부딪히게 될 수밖에 없는 이유를 다음과 같이 거론했다.

(a) 지능 면에서 인류에 대적할 만한 상대가 존재할 가능성을 인정하지 않으려는 성향. 무엇보다도 지적인 사람들에게 그런 성향이 많은데, 그만큼 잃을 게 많기 때문이다. 그 가능성을 인정하는 사람들도 그게 현실이 되는 경우는 정말 상상하기도 싫다며 입을 모은다. 인류가 다른 종족으로 대체될 가능성에 관해서도 상황은 동일하다. 정말 언짢은 일이지만 이론적으로 그럴 가능성은 분명히 존재한다.

(b) 그런 기계를 제작하려는 시도는 프로메테우스의 행동처럼 불손한 일이라는 종교적 믿음.

앨런은 이런 반론을 두고 "너무나 감정에 치우친 말이라 반박할 필요가 없다"라고 썼다. 그런 반론은 버나드 쇼가 찰스 다윈의 진화에 대해 '비관적'이라고 불평했던 것과 비슷했다. 하지만 중요한 것은 편안함이 아니라 진리를 추구하는 일이었다.

다음으로 앨런은 덜 '감정적'이지만 여전히 오류투성이 반론을 이야기했다.

(c) 최근까지(즉, 1940년까지) 사용된 기계의 매우 제한적인 특성. 이로 인해 매우 단순하고 반복적인 작업에만 기계를 쓰도록 제한해야 한다는 생각이 널리 퍼졌다. 이런 태도는 도로시 세이어즈의 『창조자의 정신』 46쪽에 다음과 같이 잘 나타나 있다. "…만물을 창조한 뒤, 신께서 펜의 뚜껑을 닫고 두 발을 벽난로 장식 위에 올리고 자신의 창조물이 알아서 돌아가게 내버려두었던 모습을 상상한다."

도로시 세이어즈에게 이것은 결정론에 대한 '귀류법'(어떤 명제가 참임을 직접 증명하는 대신, 그 부정 명제가 참이라고 가정하여 그 불합리성을 밝힘으로써 원래의 명제가 참인 것을 보여주는 간접 증명법—옮긴이)이었다. 도로시의 책에 나오는 피터 윔지 경Lord Peter Wimsey은 천지창조 시 입자의 움직임을 아무 생각 없이 두고 볼 수 있었을까? 그것이 앨런에게 시사하는 바는 논리 구조가 그보다 더 사소한 기계의 '기계적' 연산을 설명할 수 있는 말은 없다는 것이었다. 도로시 세이어즈는 1941년 자그마한 에니그마 기계가 수백 명의 사람이 매달려야 할 만큼 예측 불가능했다는 사실을 알지 못했다. 분명히 앨런은 딜라일라의 키 생성기처럼 어느 정도까지는 완벽하게 결정론적일 수 있지만, 다른 한편으로는 명백하게 '무작위적'인 결과를 생성하는 기계가 있다는 사실에 매료되었다. 그리고 그 점이 앨런에게는 결정론과 자유의지를 조화시키는 본보기가 되었다. 하지만 그렇다고 해서 큰 도움은 되지 않았다. 앨런이 보기에 논쟁의 핵심은 학습하는 기계의 역량이었다. 학습하는 기계는 흔히 말하는 '그저 단순한 기계'와는 천지차이였다.

괴델의 정리에서 비롯된 반론에 대해, 앨런은 1947년에 했던 것과 똑같은 방식으로 답변했다. 바로 기계의 '무오류성'과 '지능'을 구분하는 것이었다. 이번에는 지적인 방법이 어떻게 틀릴 수 있으며, 정확한 방법이 어떻게 바보 같을 수 있는지 설명하면서 다음과 같은 사례를 제시했다.

가우스가 꼬마였을 때의 이야기이다. 학교 선생님이 학생들에게 15+18+21+⋯+54(숫자가 조금 다를 수도 있다)를 더하라는 문제를 냈는데, 가우스는 즉시 483이라고 적었다. 아마도 (15+54)(54-12)/2.3과 같이 계산했을 것이다⋯ 이렇게 생각해볼 수도 있다⋯ 아이들에게 덧셈을 하라며 숫자를 주었는데, 처음 5개는 모두 등차수열이었지만, 6번째는 23+34+45⋯+100+112+122⋯+199였다고 말이다. 그런데도 가우스는 등차수열이라고 생각하고 답을 적었는지도 모른다. 그러려면 9번째 수가 111이 맞는데 문제에서는 112로 나와 있는 걸 모른 채 말이다. 틀림없이 실수이기는 했지만, 가우스보다 지능이 떨어지는 아이들이라면 저지르지 않을 실수라고 할 수 있다.

앨런 튜링의 이미테이션 게임

좀 더 적절한 예를 들자면 앨런을 꼽을 수 있다. 입에 담기 좀 민망하지만 앨런은 암호해독 작업을 할 때 세부적으로는 꼼꼼하지 못했다. 하지만 그럼에도 그 분야에 능통하다는 평가를 받았다. 이런 논의는 암암리에 '기계에 대한 공정성'이라는 모방원리를 다시 한 번 강조하게 한다. 또한 다음과 같은 5번째 반론에 대한 앨런의 답변과도 관련이 있다.

(e) 기계가 아무리 지능을 보여준다 해도 그 지능은 기계 제작자의 지능을 반영한 것으로 봐야 한다.

앨런은 이 반론에 대해 다음과 같이 설명했다.

이 말은 새로운 발견을 한 학생의 공적이 선생에게 있다고 보는 것이나 마찬가지이다. 그런 경우 선생은 자신의 교육법이 성공적이라며 기뻐할 것이다. 하지만 학생 스스로 무엇인가를 발견하는 과정에서 선생과 학생이 의견을 주고받지 않았다면, 선생은 그 발견이 자기 것이라고 주장하지 않을 것이다. 학생이 하려는 일에 대해 선생이 예측한 것은 대략적인 윤곽 정도였을 뿐, 세부적인 내용까지는 아니었을 것이다. 이런 식으로 소소한 수준의 일을 할 수 있는 기계는 이미 제작이 가능하다. 체스를 두는 '서류상 기계'를 만들 수 있는 것이다. 그런 기계를 상대로 체스를 두면 틀림없이 누군가 살아 있는 사람과 지혜를 겨룬다는 느낌이 들 것이다.

기계를 '가르쳐서' 더 '지능적'으로 만든다는 생각은 보고서에 나오는 대부분의 긍정적인 제안 중에서도 핵심이었다. 여기서 앨런은 모방이론을 건설적인 용도로 사용할 생각이었다. 이 논문의 실제 요점은 앨런이 인간 지능의 본성이 무엇인지, 그리고 그것이 어떻게 생겼는지, 컴퓨터와는 어떻게 다른지에 대해 진지하게 생각하기 시작했다는 것이다. 시간이 가면서 점점 더 분명해졌던 것은, 컴퓨터가 앨런이 사고하는 데 필요한 도구가 되었으며 앨런의 사고가 수학이 아니라 자신과 다른 사람들로 향했다는 점이다.

앨런은 두 가지 방향으로 개발 가능성을 내다봤다. 먼저 '명령문' 관점이 있는데, 그 관점에 따라 점점 더 좋은 프로그램이 작성될 것이며 기계가 스스로 처리할 수 있는 일들이 점점 많아질 것으로 생각했다. 앨런은 앞으로 반드시 그렇게 된다고 생각했지만, 이제 그의 주된 관심은 '뇌를 만들기' 위한 '마음 상태' 방법에 가 있었다. 그의 주된 생각은 "뇌가 어떻게든 그 일을 해내야 한다"였다. 또한 뇌에 생각할 수 있는 능력이 생기게 된 이유가 더 우수한 존재가 뇌에 프로그램을 작성했기 때문은 아니라고 봤다. 이 주장에 따르면 기계도 뇌처럼 스스로 학습할 수 있는 방법이 분명히 존재했다. 앨런은 뇌에 있는 '지능'이 날 때부터 있던 것은 아니라며 자신의 관점을 설명했다. 그 말을 들어보면 앨런의 최근 연구에 생리학과 심리학이 영향을 주었음을 알 수 있었다.

인간 뇌의 많은 부분은 특정 목적을 수행하는 데 필요한 특정 신경회로로 되어 있습니다. 그 예로 호흡이나 재채기, 눈과 함께 움직이는 기관들을 통제하는 '중추'를 들 수 있죠. ('조건 반사'가 아닌) 적절한 반사작용은 모두 뇌의 이런 특정 구조의 활동에서 나옵니다. 형태와 소리를 좀 더 근본적으로 분석하는 장비와 다를 바 없는 것입니다. 하지만 뇌의 좀 더 지적인 활동은 너무 다양해서 이런 식으로 다룰 수 없습니다. 영국해협의 양쪽 편에서 사용하는 언어가 다른 것은 뇌 속에서 프랑스어를 하는 부위나 영어를 하는 부위가 서로 다르고 별도로 발달하기 때문이 아니라, 언어를 담당하는 동일한 부위가 서로 다르게 훈련되기 때문입니다. 그래서 우리는 뇌속, 특히 대뇌 피질에 기능이 아직 확정되지 않은 부분이 많다고 생각합니다. 유아들의 뇌에서는 이런 부분들이 별다른 영향을 미치지 않습니다. 어떤 영향을 미칠지 아직 정해지지 않았기 때문이죠. 하지만 성인들에게는 그 영향이 매우 크고 분명합니다. 뇌가 어떻게 달라질지는 어린 시절 어떻게 훈련되었는지에 달렸습니다. 유아기의 무작위적인 행동의 자취가 어른이 되어서도 그대로 남는 것이죠.
이 모두가 유아의 대뇌 피질이 아직 구조화되지 않은 기계라는 점을 의미합니다. 적절히 개입해서 훈련시킴으로써 구조화할 수 있다는 것입니다. 구조화를 통해 기계를 변경해서 만능기계나 그 비슷한 것으로 만들 수 있습니다.

타고난 천성과 후천적 양육을 각각 주장하는 사람들 간의 대대적인 논의를 반영하여 좀 더 현대적으로 표현한다 해도, 앨런의 말은 『자연의 신비』에나 나올 법한 것이었다. 그 책에는 어릴 적 뇌를 훈련하는 것이 좋다며 짐짓 설교조로 말하거나, 뇌가 아직 굳어지기 전에 어떻게 하면 언어나 다른 기술을 뇌의 '기억 장소'에 효과적으로 저장할 것인가 하는 이야기들이 나와 있었다.

따라서 이런 관점에서 보면 "구조화되지 않은" 기계에서부터 시작할 수 있는데, 앨런은 그 기계가 신경세포 같은 부품으로 다소 무작위적으로 조립되어 있다고 봤다. 그래서 다음과 같이 기계에게 행동 방법을 "가르친다"라고 생각했다.

> …적절하게 개입하고 교육을 흉내 냄으로써, 어떤 명령을 했을 때 특정 반응을 보일 때까지 기계를 변경할 수 있다.

앨런이 생각하는 교육은 사립학교 수준의 다양한 교육이었다. 그리고 교육을 하는 수단은 애틀리가 단순 노동자에게서 박탈해버렸다며 보수당에서 비난하는 '당근과 채찍'이었다.

> …아이를 훈련하는 일은 상벌제도에 크게 의존하는데, 이 말은 단 두 가지 방법으로 훈련을 완수할 수 있다는 것을 의미한다. 한 가지는 '즐거움'이나 '보상reward'(R)이고 다른 한 가지는 '고통'이나 '처벌punishment'(P)이다. 누구나 그런 '즐거움−고통' 체계를 얼마든지 만들어낼 수 있다. …즐거움을 주는 방법은 아이에게 어떤 특성을 고착시키는 성향이 있다. 즉, 특성이 변하지 않게 한다는 것이다. 반면, 고통을 주는 방법은 특성이 생기지 않게 방해한다. 그래서 고착된 특성을 변화시키거나 다시 무작위적인 변화를 일으키게 된다. …기계의 행동이 잘못되었을 때는 고통을 주고 기계가 옳을 때는 즐거움을 줄 수 있다. '선생'이 사려 깊게 이런 식으로 적절하게 자극하면, '특성'이 바람직한 방향으로 형성되게 할 수 있다. 즉, 잘못된 행동이 나오지 않게 할 수 있는 것이다.

목적이 단순히 만능기계 제작이라면 곧장 설계하고 만드는 것이 나을 수도 있다. 하지만 이렇게 교육받은 기계가 복잡한 명령을 수행하는 역량을 얻는 것으로 그치지 않는다는 점이 중요하다. 앨런은 이런 상태의 기계를 "상식이 없으며 어리석은 명령이라도 거침없이 따르는" 사람에 비유한 적이 있었다. 그렇게 교육받은 기계는 주어진 임무를 이행할 뿐 아니라 정의하기 힘들지만 지능을 특징짓는 '독자성'도 함께 갖게 될 것이다. 틀에 박힌 일 속에서 독립적인 특성이 형성되는 상황을 두고 고민했던 노웰 스미스가 다음과 같이 잘 정립했던 문제였다.

> 훈련되지 않은 유아의 정신이 지적으로 바뀌려면, 훈련과 독자성이 모두 필요하다. 지금껏 우리는 훈련만 고려하고 있었다. 뇌나 기계를 만능기계로 바꾸는 것은 훈련이 지향하는 가장 궁극적인 형태이다. 이런 식의 훈련이 없다면 인간은 적절한 의사소통을 시작할 수 없다. 하지만 훈련만으로는 지능을 만들어낼 수 없다. 우리가 '독자성'이라 부르는 것이 추가로 필요한데, 여기서 진술한 내용으로 정의할 수 있을 것이다. 우리가 할 일은 사람 내부에 있는 이런 천성을 발견하고, 그것을 기계에 그대로 옮겨보는 것이다.

앨런은 소년기의 기계를 훈련해서 독자성을 갖게 한다는 생각을 마음에 들어 했다. 이런 식으로 '이론상의 기계'를 만능기계로 바꾸는 사례를 연구했지만, 그것을 '속임수'라고 생각했다. 그의 방법은 정확한 내부 구조, 그러니까 기계의 '특성'을 이해하고 고치는 일이었기 때문이다. 가르친다기보다는 암호해독에 더 가까웠다. 이 모두가 이론 측면에서 많은 시간과 노력을 요하는 작업이었으며 앨런은 다음 단계로 나가고 싶은 생각이 간절했다.

> 이런 방법으로는 해야 할 일이 더 많은 것 같다. 나는 구조화되지 않은 다른 기계를 조사하고 우리의 '교육법'에 더 가까운 방법으로 구조화해보고 싶다. 후자의 작업은 이미 시작했지만, 현재로서는 그 일이 너무 힘들다는 것을 알게 되었다. 몇몇 전자 기계들이 실제로 운영에 들어가게 되면, 이 문제의 실현 가능성이 좀 더 높아지

면 좋겠다. 그런 [컴퓨터]*로 작업하면 현재의 서류상 기계보다 사람들이 원하는 특정한 기계의 모델을 더 쉽게 만들 수 있을 것이다. 확고한 '교육 정책'이 마련되었다면, 이것도 기계에 프로그램될 수 있다. 그러면 꽤 오랫동안 전체 시스템을 운영할 수 있게 되고, 학교를 감독하는 장학사처럼 운영에 개입해서 진행 상황을 살펴볼 수 있게 될 것이다.

사립학교처럼 기계가 이미 결정되어 있는 방향에 따라 스스로 길을 개척해나간다는 것은 행복한 상상이었다. 하지만 기계 내부가 어떻게 동작하는지 아는 사람은 아무도 없었다. 그저 최종 제품만 볼 뿐이었다. 고통과 즐거움의 버튼에 대한 이 모든 이야기는 분명 행동주의자 느낌이 나지만, 앨런이 '훈련'이나 '징벌', '성격', '독자성'이라는 말을 비꼬는 의미로 사용했던 것을 보면 그런 말들이 셔본학교의 행동주의에서는 어떻게 쓰였는지 짐작할 수 있다.

더 정확하게 말하자면, 그런 말들은 학교 과정을 공식적으로 설명하는 말들이었다. 비록 약간 농담조이기는 했지만 말이다. 앨런의 정신적 성장과는 전혀 관련이 없었다. 과거에는 독자성에 대한 보상을 받기 위해 즐거움이라는 버튼을 누르는 사람은 아무도 없었다. 그때는 지능 발달과는 별 상관도 없는 행동 양식을 강요하기 위해 고통 버튼을 무제한 눌렀을 뿐, 즐거움 버튼을 누르는 일은 거의 없었던 것이다. 앨런이 경험에서 어렴풋이 떠올렸던 것은 '의사소통'을 위해 징벌이 필요하다는 말이었다. 왜냐하면 분명 앨런은 발전을 위해 관습적인 의사소통을 강요받았기 때문이다. 하지만 거기서도 앨런을 자발적으로 의사소통하게 자극했던 것은 몸에 와서 박히는 고통이나 즐거움의 영향이 아니라 크리스토퍼 모컴에게 서려 있는 분위기였다. 그 분위기는 고통이었을까, 즐거움이었을까? 빅터 뷰텔이 앨런에게 자주 말했듯이, 앨런의 '지능'이 어디서 왔는지는 정말 수수께끼였다. 아무도 당시 앨런에게 수학을 가르칠 수 없었기 때문이다.

---

* 앨런이 실제 사용한 말은 '만능 실용 계산 기계'였다.

비트겐슈타인도 배우는 것과 가르치는 것에 관해 논의하는 것을 즐겼다. 하지만 '그'의 생각은 영국 사립학교의 사례가 아니라 오스트리아 초등학교에서 겪었던 경험에서 나왔다. 그곳에서 비트겐슈타인은 앨런이 감내했던 억압적인 분위기의 주입식 교육에서 벗어나려 애썼다. 이때까지 앨런은 학창 시절의 경험을 로빈과 비교했는데, 로빈은 애보츠홈Abbotsholme에서 앨런보다 훨씬 행복한 학창 시절을 보냈다. 그곳은 진보적인 남학생 기숙학교로 에드워드 카펜터의 사상을 마음껏 누릴 수 있었고 '동무의 사랑'이 교가의 제목이기도 했다. 앨런은 로빈에게 셔본 이야기를 하면서 이런 말을 했다. "사립학교의 큰 장점은 나중에 아무리 비참한 신세가 된다 해도, 학창 시절처럼 비참해지지는 않을 거란 사실을 안다는 거야."* 하지만 보고서에는 셔본의 교육과정에 대한 앨런의 비판은 나오지 않는다. 앨런은 그저 거만한 노교사들을 기계로 대치하여 재치 있는 농담을 던지며 즐거워할 뿐이었다. 여기서 차이점은 그렇게까지 진지하지는 않았다는 점이다. 『에레혼』에서 새뮤얼 버틀러가 격식을 따지는 빅토리아 시대의 사고방식을 풍자하기 위해 '죄악'이나 '병'에 부여된 가치를 재치 있게 바꿔놓으면서도 매질이 '죄악'을 '치료'하는 적절한 방법인지에 대해서는 의문을 제기하지 않았던 것과 비슷했다.

하지만 다른 면에서 앨런은 자신의 뇌 모델 기계에 인간의 현실에서 매우 중요한 몇 가지 특징이 빠져 있다는 점을 분명히 인식하고 있었다. 여기에서 앨런은 정신을 이해하기 위한 사례로, 격리된 상태로 퀴즈를 푸는 사람에 대한 의문을 제기하기 시작했다.

…기계로 비유하자면 인간은 간섭을 많이 받는 기계이다. 사실 간섭은 예외라기보다는 규칙이 될 것이다. 인간은 다른 사람들과 빈번하게 의사소통하고 시각이나 다른 측면에서 지속적으로 자극을 받는데, 이것이 간섭의 형태를 띠게 된다. 이런 자극이나 '마음의 혼란'을 없애려고 '집중'할 때만 인간은 간섭을 받지 않는 기계와 가

---

* 잘못된 예언이었다.

까워질 수 있다… 집중할 때 인간은 간섭을 받지 않는 기계처럼 행동할 수도 있지만, 그때조차 이전의 간섭으로 인해 길들여진 방식으로 행동하게 된다.

앨런은 급격하게 상상을 비약하면서 "텔레비전 카메라, 마이크, 스피커, 바퀴와 '전자 자동제어장치'뿐만 아니라 '전자 뇌'"가 있는 기계가 나타날 것으로 생각했다. 그리고 농담조로 그 기계는 "시골을 어슬렁거리면서 스스로 무엇인가 일을 찾아다니게 될 것"이라고 말했다. 앨런 자신이 블레츨리에서 시골길을 걸어 다니던 기억을 떠올린 듯했다. 그때 앨런은 수상한 행동으로 스파이가 아니냐는 의심을 사기도 했다. 하지만 그렇게 다양한 장치를 갖춘 로봇이라도 여전히 "음식이나 섹스, 스포츠 등 인간이 흥미를 느끼는 많은 일에는 전혀 관심이 없을 것"이라고 생각했다. 사실 그런 일에는 앨런도 관심이 없었다. 앨런은 결론을 이야기하면서 다음과 같은 것을 조사해볼 필요가 있다고 했다.

'뇌'에 보고 말하고 듣는 기관 정도만 있고 나머지 신체부위가 없다면 무엇을 할 수 있는지 조사해볼 필요가 있다. 그러면 기계가 스스로의 능력을 발휘하기에 적당한 생각의 분야가 무엇일지 찾는 문제와 대면하게 된다.

앨런의 제안은 8호 막사와 4호 막사에서 근무시간에 구애받지 않고 계속 연구했던 것이었다. 다소 놀랍겠지만 여기서 공개해보면 다음과 같다.

(i) 다양한 게임, 즉 체스, 3목두기, 브리지, 포커
(ii) 언어 학습
(iii) 언어 번역
(iv) 암호화 및 암호해독*

---

* 여기서 앨런이 내내 의미했던 것은 뒤의 문장에도 나오듯이 '암호해독cryptanalysis'이었다.

(v) 수학

여기서 (i), (iv)와, 더 좁게 보면 (iii)과 (v)는 외부세계와 접촉하지 않아도 된다는 면
에서 적절하다. 예컨대 기계가 체스를 두기 위해서는 특별히 제작된 체스판에서 다
양한 위치를 구분할 수 있는 눈과 말을 움직일 수 있는 수단만 있으면 된다. 수학은
보통 도표가 많이 쓰이지 않는 분야로 한정되어야 할 것이다. 위의 예시에서 언어
학습이 가장 인상적인데, 개중에서 가장 인간다운 활동이기 때문이다. 하지만 필
요한 감각기관과 사용해야 하는 운동기관이 너무 많아진다.

암호학은 아마도 가장 보람 있는 분야일 것이다. 물리학자와 암호학자가 다루는 문
제는 아주 밀접하게 연관되어 있다. 메시지가 암호화되는 체계는 물리 법칙과 일맥
상통하는 점이 있어서, 상대로부터 가로챈 메시지는 증거가 되고 그날의 비밀 키나
메시지는 암호를 푸는 데 중요한 상수가 된다. 두 학문은 매우 비슷하지만 암호학
에서 다루는 주요 문제는 이산 기계를 쓰면 쉽게 풀리는 반면 물리학은 그렇지 않다
는 점에서 차이가 있다.

지능기계에는 이보다 더 많은 것이 포함된다. 앨런이 규정했던 한 가지 특징은
'기계'가 의미하는 것이 무엇인가 하는 점이었다. 그런 방법으로 1936년 튜링기계
와 실세계를 연결했다. 앨런은 우선 다음과 같이 구분했다.

'이산'과 '연속' 기계. 기계가 자신이 가질 수 있는 상태를 이산 집합으로 표현하는
것이 자연스러울 때, 우리는 그 기계를 '이산적'이라고 할 수 있다… 반면 '연속적인'
상태의 기계는 연속적으로 다양한 상태에 이를 수 있다… 모든 기계는 연속적이라
볼 수 있지만, 이산적으로 볼 수 있다면 그렇게 하는 게 최선이다.

그리고 이런 말도 했다.

'제어' 기계와 '능동' 기계. 기계가 정보만 처리한다면 '제어'한다고 표현할 수 있다.

앨런 튜링의 이미테이션 게임

실제로 이 표현은 기계가 미치는 영향의 규모가 만족할 만큼 작다는 말과 같다…
'능동' 기계는 어떤 명확한 물리적 결과를 얻기 위한 기계이다.

그리고 앨런은 다음과 같은 사례를 들었다.

불도저	연속 능동 기계
전화	연속 제어 기계
브룬스비가	연속 제어 기계
뇌(아마도)	연속 제어 기계, 하지만 이산 기계와 매우 흡사함
에니악, ACE 등	이산 제어 기계
미분 해석기	연속 제어 기계

'브룬스비가Brunsviga'는 당시 사용하던 탁상용 계산기의 표준과 같은 제품이었다. 여기에서 요지는 에니그마나 봄베, 콜로서스, 에니악, 혹은 계획 중인 ACE 같은 기계들이 대표적인 '제어' 기계라는 점이었다. 실제로 제어 기계는 물리적으로 구현된 기계이지만 구현된 속성과 물리적 영향의 중요도는 본질적으로 관계가 없다. 튜링기계는 그런 '이산 제어' 기계의 추상적인 형태이며, 암호화 기계나 복호화 기계는 튜링기계를 물리적으로 구현한 것이었다. 그런 기계들은 앨런의 연구에서 큰 부분을 차지했다. 그리고 '지능기계'의 기본 명제는 뇌를 이런 종류의 기계 중에서 "최고로 여긴다"라는 점이었다.

논문에는 기계에 대한 두 가지 설명을 연결하는 짤막한 계산도 포함되어 있었다. 예컨대 컴퓨터의 논리적 설명과 물리적 설명을 결합한 것이었다. 앨런은 $10^{10^{17}}$단계를 넘어가는 작업에서 물리적 저장 메커니즘이 사실상 '잘못된' 이산 상태로 흘러갈 수 있음을 보였는데, 항상 존재하는 무작위적인 열잡음의 영향 탓이었다. 하지만 현실에서 실제로 문제를 일으킬 정도는 아니었다. 양자의 불확정성으로 인한 영향과 관련해서 비슷한 계산을 하기도 했는데, 그 결과도 마찬가지였다. 논리 기계의 결정론은 완벽한 모습을 보인 적은 없지만, 물리학의 모든 '재버워키'로부터는 사실상 독립적이었다. 논문에서 이 부분은 논리와 물리에서 앨런의 몇 가지 관심사를 통합한 것이었고, 더 넓은 틀 안에서 앨런의 작업이 어디에 위치하는지 보여주었으며, 아직 달성되지 않은 앨런의 많은 야망을 요약해서 보여주었다.

논문 마지막 장에서는 '지능기계'에 접근하는 방법을 제안했다. 하지만 그 기반은 이렇게 개략적인 '가르친다'라는 개념이 아니라 순수 수학에서 쌓은 앨런의 실제 경험이었다. 앨런은 문제를 하나의 공식에서 다른 공식으로 변환하고, 다른 논리 체계에서 정리를 증명함으로써 문제를 해결한 뒤 그 결과를 원래 형태로 다시 변환하는 과정을 생각했다. 이 과정은 어떤 생각의 틀 안에서 유사점을 찾고 가능성을 탐구하여 증거를 발견하는 실제 수학적 연구방식과 매우 흡사했다. 앨런은 이렇게 말했다. "지능기계에 대한 심층 연구는 이런 종류의 '탐구'와 매우 깊은 관련이 있을 것이다. 우리는 그런 탐구를 '지적 탐구'라 말할 수 있다." 지적 탐구란 아주 간단하게 정의하자면, "특별한 속성의 조합을 찾기 위해 뇌를 사용하는 탐구"라고 할 수 있다. 물론 이것은 패턴이 전혀 없는 곳에서 패턴을 찾는 암호작업과 어느 정도 관련이 있었다. 앨런은 다음과 같이 다윈과 비슷한 의견을 표명했다.

이와 관련해서 다른 두 가지 탐구 형태를 거론해보는 것도 흥미로울 것이다. 우선 한 가지는 '유전자 탐구' 혹은 '진화적 탐구'로, 유전자를 조합하여 생존가生存價 survival value(개체가 적응도를 높이기 위해 보이는 기능이나 효과—옮긴이)의 판단기준을 알아보는 탐구이다. 이런 탐구의 눈부신 성공은 지적활동에서 탐구 분야가 정말 다양하다는 사실을 보여준다.

나머지 하나의 탐구 형태는 내가 '문화적 탐구'라 부르고 싶은 것이다. 이미 거론했듯 격리된 인간은 지능을 전혀 개발할 수 없다. 지능을 개발하려면 스무 살이 되기 전까지 기술을 전수받을 수 있는 주변 사람들과 어울려야 한다. 그러다 보면 일부는 스스로 연구하고 일부는 다른 사람의 도움으로 알게 될 것이다. 이런 관점에서 보면, 새로운 기술을 향한 탐구는 전반적으로 개인보다는 인류 공동체에 의해 수행된다고 봐야 한다.

앨런 튜링의 이미테이션 게임

이는 앨런 자신의 생각을 드러낸 매우 드문 경우였다. 그리고 다른 이들이 자신과 맞먹는 아이디어를 냈던 1937년과 1945년에 얻었던 교훈 덕에 보일 수 있었던 품위 있고 너그러운 반응이기도 했다. 당시만 해도 누가 속임수를 쓰거나 따라 하지 않을까 하는 두려움에 빠져서 누구의 생각이 먼저인가에 관해 일반적인 우려 수준을 넘어 무척이나 현실적인 모습이었다. 하지만 1948년에는 그런 남성적 경쟁심은 없었다.[54] 앨런은 자신의 역할에 대해 "몇 년 전 '어림짐작' 과정으로 할 수 있는 것이 무엇인지 조사했다" 정도로만 언급했다. 이는 물론 앨런이 1941년에 얻었던 또 하나의 교훈이었다. 당시 중요했던 것은 블레츨리 전체의 공동 작업이었다. 그러나 바로 그 때문에 앨런은 '간섭 받지 않는' 뇌의 작용에 집중하는 것이 바른 길인지 의문이 생겼다. 이런 사회적이거나 문화적인 차원의 설명이 존재한다는 것은 개별 '지능'이 전부가 아니라는 신호였기 때문이었다. 보고서에서는 이 문제를 더 깊이 다루지 않았다. 한편 맨체스터에서 개발 경쟁 중인 컴퓨터 작업에 적응하기 위해서는 이런 개인적 고민은 그만두어야 했다.

앨런은 윌리엄스에게 필요한 정보를 요청하는 서신을 띄워 아마 7월 8일 정도에 답신을 받았던 것 같다. 이때까지의 사실은, 그들이 1948년 6월 21일에 이미 세계 최초로 운용된 프로그램 내장형 전자 디지털 컴퓨터에서 첫 번째 프로그램을 실행하는 데 성공했다는 것이다. 다윈은 "수학적으로 어려운 문제가 쌓여 있다"라고 말했지만, 맨체스터 사람들은 다윈 몰래 연구를 계속 진행하면서 컴퓨터를 제작했다. 저장소로는 윌리엄스가 개발한 음극선관을 사용했으며, 현 시점에서 저장할 수 있는 정보의 용량은 음극선관 하나에 2진수 1,024개를 저장하는 수준이었다. 앨런은 이 보고서에서 '메모리 용량'이라는 표에 나오는 수치에 주목했다.

브룬스기바	90
에니악(천공 카드와 고정 프로그램 없이)	600
에니악(천공 카드 장착)	∞*
ACE(계획안 그대로)	60,000
맨체스터 기계(1948/8/17 실제 작동상황)	1,100

기계 하나는 여전히 그저 '계획안' 상태였고 다른 기계들은 실제 운용 중이라는 면에서 극명하게 대조되었다. 하지만 숫자들은 윌리엄스가 자신의 프로젝트를 좀 더 안전하게 진행했다는 사실을 보여주었다. 맨체스터 컴퓨터는 소규모였고 한마디로 '속이 좁다'라고 말할 수 있었다. 게다가 아주 짧은 '테이프'를 사용하기는 했지만, 맨체스터 기계는 만능 튜링기계를 최초로 구현했다. 앨런은 긴 나눗셈 연산을 수행하는 짧은 루틴[55]을 작성해서 즉시 맨체스터로 보냈다.

잭 굿과 도널드 미치가 앨런을 보러 킹스를 방문했다. 그런데 두 사람은 앨런이 자리를 비운 사이에 지능기계의 미완성본을 슬쩍 엿보는 바람에 앨런을 짜증 나게 했다. 나중에 킹스의 거리를 걸으면서 앨런은 잭 굿에게 의도적으로 파리에 있는 소년 이야기를 했다.** 그 전까지만 해도 잭은 앨런의 의도를 알지 못했다. 그들은 그해 여름 동안 연락을 주고받기도 했다. 잭은 이렇게 기록했다.

1948년 7월 25일

교수님께,

최근에 옥스퍼드에 갔을 때 신경학 조교를 만났는데, 그 사람은 뇌에 있는 신경세포의 개수가 불과 200만 개 정도라더군요. 제 생각에는 놀라울 정도로 적은 숫자였습니다. 각각의 신경세포에서 수행하는 과정의 개수를 대략 40개 정도로 친다 해도 말이죠. 근거가 있든 없든 교수님께서 정답을 얘기해주실 수 있을지 궁금합니다.

10월이면 교수님과 제가 사는 도시가 서로 바뀐다고 알고 있습니다. 국제 정세로 판단해보건대 교수님이 더 유리할 것 같습니다…

그런데 교수님이 있는 곳이 올림픽 거리에서 얼마나 가까운가요?

---

* 즉, 무한대라는 말이다. 수학적으로 보면, 배비지 류의 기계는 원칙적으로 무한한 양의 자료와 명령을 외부로부터 입력받을 수 있었다. 물론 그 대로 처리시간도 무한해진다.
** 전후 앨런의 생활을 가장 특징적으로 보여준 말이다. 하지만 소년을 어떻게 만나게 되었는지에 대해서 남아 있는 근거는 없다.

앨런 튜링의 이미테이션 게임

잭은 맨체스터 조교수직을 떠나 지금은 정부통신본부로 알려진 정보기관의 지부에 합류했다. 사무실은 런던 북서쪽 이스트코트에 있었다. 당시 국제 정세를 보면, 새로운 국경선이 빠르게 자리 잡고 있었다. 유고슬라비아가 코민포름 Cominform(1947년 9월 바르샤바에서 소련 공산당의 주도로 유럽 9개 공산당이 참가하여 창설한 국제 공산당 정보기관—옮긴이)에서 쫓겨났으며, 이로 인해 전쟁 전 소련에 동조했던 많은 사람들처럼 로빈도 공산당에 등을 돌리게 되었다. 서베를린으로 공수작전이 진행 중이었고, 사상 최초로 러시아와 전쟁이 벌어질 것이라는 진지한 소문이 돌았다.

미국 공군이 임시로 영국에 주둔하기 시작했고, 미국 선수들은 엠파이어 경기장 Empire Stadium에서 용감한 영국 선수들을 앞서고 있었다. 배급에 의존하던 빈곤한 영국은 그때 올림픽을 주최하고 있었다.* '산토끼와 사냥개 클럽'에서 알게 된 앤더슨과 올림픽을 보러 간 앨런은 7월 30일 1만 미터 육상경기에서 체코의 자토펙이 우승하는 모습을 지켜봤다. 마라톤에서는 아르헨티나 선수가 우승했는데, 우승 기록은 앨런보다 불과 17분 빠른 정도였다. 앨런은 잭에게 이렇게 답신을 보냈다.

친애하는 잭,

전에 물어봤던 정말 중요한 숫자 N을 찾아보려고 신경학 책을 몇 번이고 반복해서 봤습니다. 그런데 수치를 찾을 수가 없었어요. 나름 추정해본 값은 $3.10^8 < N < 3.10^9$입니다. 최근에 쥐 얘기를 하면서 뇌의 무게가 평균(1.4킬로그램)이라고 했던 스탈링 박사의 책 207쪽을 참고로 했습니다… 생리학자 여러 명에게 직접 물어보기도 했는데 보통 10^7에서 10^{11}사이라고 하더군요.

요 몇 달간 제 다리에 문제가 있는 것 같았습니다. 그래서 이번 시즌에는 마라톤 대회에 나갈 수가 없었어요.

당신의 교수로부터

---

* 《타임스》에서 8월 9일 보도했듯이, 사람들은 "거의 영국인들의 실수라고 할 수 있는 일을 매우 높이 평가했다."

앨런은 엉덩이 부상을 입게 된 것을 계기로 올림픽 마라톤 팀에 관심을 갖게 되었다. 부상만 아니었다면 대표 선발전에 나갔을지도 모르는 일이었지만, 안타깝게도 그 이후로 장거리 육상에서 눈에 띄는 발전을 보이지 못했다.

앨런은 8월 2일 인수분해를 해내는 또 하나의 루틴을 맨체스터에 넘겼다. 그런 다음 네빌과 스위스로 휴가를 떠났다. 내핍 상태였던 영국을 처음 벗어나는 여행이었다. 스위스의 신선한 먹을거리는 정말 믿을 수 없을 정도였다. 여비는 25파운드로, 빳빳한 5파운드 지폐 5장이었다. 자전거를 타고 유스호스텔에서 숙박했다. 빙하 위를 걷기도 했고 가파른 산도 올랐으며 휴가 온 사람들이 으레 그러듯 격한 말다툼을 하기도 했다. 앨런이 한눈파는 바람에 자전거를 망가뜨려서 그랬거나 아니면 호스텔에서 다른 청년을 마음에 들어 해서 그랬을 수도 있다. 그곳은 포스터가 말하는 푸른 숲과 흡사하지는 않았지만, 가본 곳 중에서는 가장 비슷했다.

계속해서 여름 한 주를 피터 매튜스와 함께 피구 교수의 산장이 있는 레이크 디스트릭트에서 보냈다. 피구 교수는 등산을 무척 좋아했으며, 카펜터 이전 시대의 순수함을 지닌 젊은 산악인 월프리드 노이스와 함께 산에 가는 것을 더더욱 즐겼다. 앨런은 그곳에 가기 전에 피터와 킹스 칼리지의 출입문에서 암벽타기 연습을 했다. 피구 교수의 산장은 마치 1890년대 케임브리지 독서회 같은 분위기였다. 피구 교수는 평화주의자이기는 했지만 제1차 세계대전의 훈장을 모아놓고 있었다. 전시에 긴급구조 활동을 하면서 받았던 것으로, 피구 교수는 송별연이 끝난 뒤 그 메달을 산을 가장 잘 탄 사람에게 주곤 했다. 앨런은 쉬운 코스로 산을 몇 번 올랐지만, 대부분은 짧은 반바지 차림으로 버터미어 호수 둘레를 성큼성큼 걸어 다녔다. 잭 굿으로부터 편지가 왔다.

1948년 9월 16일

교수님께,

타자기로 편지를 써서 죄송합니다. 연속 기계보다 이산 기계를 좋아하게 되었거든요.

최근 케임브리지에 있을 때, 인간 뇌의 신경세포 개수 N을… 추정하려는데… 성공하지 못했습니다. 그런데 얼마 있다가 여기 있는 도널드가 참고할 만한 자료를 찾앉지 뭡니까. 도널드가 그러더군요… 대략 100억 개 정도라고 말이죠.

지난 주말에 옥스퍼드에 갔습니다. 도널드가 숀[와일리]과 함께 개발한 '체스 기계'를 보여줬어요. 그런데 정말 심각한 문제는 고작 한 수 앞밖에 못 본다는 겁니다. 아무리 계산을 잘한다고 해도 체스 실력은 분명 형편없을 겁니다. 사실 '심리학적'으로, 그러니까 기계의 약점을 파고드니 쉽게 이길 수 있더군요.

옥스퍼드에 있을 때 도널드를 깜짝 놀라게 했어요… 뇌의 대표적인 특징이 유추하는 능력이라는데, 동의하시나요? 그러니까 증거의 일부만 보고 나머지를 생각해낼 수 있다는 것 말이죠… 그리고 참고할 만한 러시아제 전자 컴퓨터에 관해 아는 게 있으신지요? …

도널드 미치는 옥스퍼드에서 생리학을 연구하고 있었다. 숀 와일리와 한 팀이 되어 블레츨리에서 했던 추론에 따라 '마키아벨리'라 명명한 체스 프로그램을 개발하고 있었다. 반면 앨런과 데이비드 챔퍼노운은 '튜로샴Turochamp'[56]이라는 체스 프로그램을 만들었다. 미니맥스 체계를 따랐으며 핵심 아이디어는 상대의 말을 더 잡을 수 없을 때까지 계속 잡는 것이었다. 게다가 폰의 이동, 캐슬링(체스에서 킹과 룩이 동시에 위치를 바꾸는 것—옮긴이), 룩을 7열에 갖다 놓는 등의 점수 체계도 포함되어 있었다. 그 모두 앨런이 1941년 잭 굿과 이야기했거나 1944년 챔퍼노운과 이야기했던 것들이었다. 아마도 1944년 성탄절에 앨런은 산책을 하면서 1957년쯤에는 기계가 챔퍼노운과 체스를 두어 이길 수 있을지 내기를 걸었던 것 같다. 이길 확률은 13 대 10으로 기계가 더 높았다. 튜로샴은 이 확률까지는 올라오지 못했지만 체스 초보인 챔퍼노운의 부인을 이기는 수준이었다. 그렇다고 크게 의미가 있다거나 상세하게 기록해놓을 만한 일은 아니었다. 하지만 「지능기계」에서 썼듯이, 앨런에게는 "누군가와 머리를 겨룬다는 것"이 무엇인지 알게 해주었다. 챔퍼노운은 앨런이 더 열심히 연구하던 포커 프로그램과 게임을 하다가 순전히 운으로 이기고는 기뻐했다. 앨런은 잭에게 다음과 같이 답장했다.

친애하는 잭,

신경세포 개수에 대한 내 예측이 크게 틀리지 않았다니 다행입니다.

챔퍼노운과 제가 설계한 체스기계는 당신 것과 다소 비슷합니다. 유감스럽게도 제대로 된 기록은 없지만 숀−미치 기계와 며칠 게임을 하면 기록을 얻을 수 있을 겁니다.

넓게 봐서 '유추한다'라는 면에서 당신 의견에 동의하지만, 제 생각에 뇌의 자체적 한계 때문에 우리가 기대하는 수준까지 '유추할 수 있다'라고는 생각하지 않습니다.

앨런은 보고서를 제출했다. 마이크 우저는 보고서에서 보여주는 전망에 가슴 벅차했으며 활자로 인쇄하기 위해 기꺼이 도표를 깔끔하게 직접 그리기도 했다. 다윈은 그 정도까지 깊은 인상을 받지는 않았으며 도로시 세이어즈, 신, 시골길을 산책하는 로봇 등의 이야기에 매우 당황한 듯했다. 9월 28일 열린 집행위원회에서 다윈은 이렇게 말했다. "튜링 박사가 그곳에 머물면서 수행했던 다소 기초적인 연구에 관해 보고서를 썼습니다. 출판하기는 부적합한 듯하지만 말이죠." 그 부적합한 보고서는 NPL 문서철 속으로 사라졌다. 아이러니하게도 폰 노이만이 사실상 이산 제어 기계 이론인 '자동기계 이론theory of automata'에 관해 처음 강연[57]을 한 날짜가 1948년 9월 20일이었으며 11년 후 사람들은 그 강연을 통해 만능 튜링기계의 중요성에 주목하게 되었다.

로빈은 웨일스에 있는 블래킷의 별장을 가끔 빌리곤 했는데 그해에도 마찬가지였다. 그리고 앨런을 초대해서 여름이 가기 전에 세 번째 휴가를 보냈다. 또 다른 일행으로는 포스터의 친구이며 최근 새뮤얼 버틀러에 관한 책을 낸 니콜라스 퍼뱅크Nicholas Furbank가 있었다. 이들 분위기는 케임브리지의 옛날 독서회 같았다. 좋아하는 것도 비슷했다. 정해진 시간에 산책하고 서로에게 우스꽝스러운 별명을 붙였으며 토머스 러브 피콕Thomas Love Peacock의 고딕풍 소설 『멜린코트Melincourt』를 낭독하기도 했다.

앨런은 무척 행복해 보였다. 일행은 언덕길과 낡은 기차 터널을 따라가면서 '스무고개' 놀이를 했다. 앨런은 예상되는 "답변의 증거 비중을 최대화하려면 다음 질문을 어떻게 선택해야 하는가"에 대한 이론을 개발했다. 또한 피구 교수의 이론에 관한 진기한 이야기도 꺼내놓았다. 케케묵고 열성적인 여성혐오에 어리벙벙할 수밖에 없었던 이야기였다. 앨런은 이런 이야기도 했다. "피구 교수님 산장에서는 기준이 무척 가혹했어. 버터미어 호수 둘레를 1928년 노엘베이커Noel-Baker(영국의 정치가로 1912년과 1920년 올림픽에 출전했던 육상선수이기도 했다—옮긴이)의 기록보다 빨리 뛰었는데도 '3등'밖에 못했거든." 하루는 새벽녘에 택시와 버스를 타고 나가서, 말편자처럼 생긴 스노든의 험한 산비탈을 올랐다. 닉 퍼뱅크는 완전히 겁먹어서 좁은 크립고치Cribgoch 능선을 네 발로 거의 기어가다시피 했다. 하지만 앨런은 20년 전처럼 특유의 끈기로 성큼성큼 걸으며, 결국 친구들과 함께 올라갔다.

산 정상에서 내려와, 이제는 짐을 꾸릴 시간이 되었다. 제타함수 기계 부품이 들어 있는 여행가방은 별자리본, 크리스토퍼의 그림과 함께 아직 방에 있었다. 앨런은 기계에서 떼어낸 톱니바퀴를 기념품처럼 간직하고 나머지는 고철로 팔라며 피터 매튜스에게 주었다. 그리고 고물상이 쳐준 가격에 다소 실망했다.

밥이 결혼을 하게 되면서 1939년의 기억이 또 떠올랐다. 밥은 맨체스터에 자리를 잡고 나서, 전쟁 중에 처음 얼마 동안은 면직물 연구를 한 다음 공업화학자가 되었다. 앨런은 10월 2일 결혼식에 참석하러 컴벌랜드에 가서 신랑과 신부에게 푸짐한 선물을 주었다. 그런 다음 맨체스터에서 새로운 삶을 시작했다. 전시에 세웠던 앨런의 계획은 수포로 돌아갔고, 그렇게 "계획을 세우던 시절"(그런 시절이 있기나 했다면)은 이제 과거가 되었다. 정부에서 한 수 앞을 내다볼 수 있었다면 앨런에게는 더 좋았을 것이다. 마찬가지로 앨런 튜링도 그 어려웠던 일을 최대한 활용했더라면 좋았을 것이다.

제7장

푸른숲나무

앨런 튜링은 5월에 자신이 임명되고 난 뒤에 맨체스터대학교에 많은 변화가 있었다는 점을 알지 못했다. 그는 영국 왕립협회의 지원을 받으며 뉴먼이 총괄하기로 되어 있던 '왕립협회 전산 연구소Royal Society Computing Laboratory'의 '부소장Deputy Director'으로 임명되어 있었다. 그러나 10월이 되었을 때 F. C. 윌리엄스에게 '부소장'도 왕립협회도 필요하지 않음이 분명해졌다.

전자 하드웨어 개발에서 중요한 요소로 작용했던 점은 통신연구소TRE와 윌리엄스의 친밀한 관계가 그의 뛰어난 재주를 뒷받침해주었다는 것이었다. 이런 관계 덕분에 그는 이들의 물품을 이용하고 정부 기관에서 파견된 두 명의 조수를 거느릴 수 있었다. 이 중 한 사람은 케임브리지대학교에서 수학을 전공한 톰 킬번T. Kilburn이라는 이름의 젊은 엔지니어였다. 킬번이 기용되고 얼마 지나지 않아 또 다른 통신연구소 출신의 젊은이가 합류했는데, 전쟁 중에 같은 케임브리지대학교를 졸업한 제프 투틸G. C. Tootill이었다.

논리 설계 개발의 경우 첫걸음을 뗀 사람은 뉴먼이었다. 그는 폰 노이만의 설계 방식을 선호했고* 윌리엄스에 따르면[1] "저장하는 데 30분이나 걸리는" 숫자와 명령 저장 원리를 설명했다. 1947년 후반에 윌리엄스와 그의 두 조수들은 계획들을

앨런 튜링의 이미테이션 게임

빠르게 진척시켰다. "엄청나게 어려운 수학적 난제들"이 예상되었지만 이들은 이로 인해 지체되는 일 없이, 윌리엄스가 말했듯 "지나치게 많은 생각을 하지 않으면서" 자신들의 계획들을 밀고 나갔다.** 이런 노력의 결과로 탄생한 것이 단 하나의 음극선관cathode ray tube으로 구성된 기억 장치를 가진 소형 컴퓨터이고 앨런은 그 존재를 여름에 알고 있었다.

지연선에 비해 음극선관이 가진 장점은 두 가지 측면에서 시간을 단축시켰다는 것이었다. 이것은 근본적으로 수은 지연선처럼 정밀공학을 요하지 않는 '바로 얻을 수 있는' 평범한 장치였다. 실제 이런 장점은 대부분의 음극선관들이 현실적으로 사용하기에는 스크린에 너무 많은 불순물을 함유하고 있다는 사실로 인해 가려지지만, 음극선관이 가진 쉽게 얻을 수 있다는 이점은 프로젝트를 시작하는 데 있어 여전히 중요한 가치를 지니고 있었다. 연산이 특별히 빠른 것은 아니었지만 (사실 숫자 하나를 읽는 데 ACE의 경우 1마이크로초인 것에 비해 10마이크로초가 걸렸다) 이 문제점은 펄스가 발생하기를 장시간 기다려야 하는 지연선과 달리 음극선관에 저장된 정보를 바로 이용할 수 있다는 점으로 보완되었다. 앨런은 '파피루스 두루마리' 식 유추를 계속하며 이것을 "여러 장의 종이를 테이블에 놓인 전등에 비추어 눈의 초점이 어떠한 특정 낱말이나 기호에 맞추어지는 순간 알아볼 수 있게 하는 방법"에 비유했다.[3]

이들은 2,048개의 점을 주기적으로 재생하는 원리를 이용해 음극선관에 저장할 수 있었지만, 종국에는 각각 32개의 점을 가진 32개의 '선'으로 된 1,024개의 점을 사용하기로 했다. 개별 선은 명령이나 숫자를 나타냈다. 두 번째 음극선관은 최근에 실행된 명령과 그 명령의 주소를 저장하는 논리 제어 장치의 기능을 했다. 세

---

* 뉴먼은 1946년 6월 17일에 폰 노이만에게 보낸 편지에 "요즘 당신의 것에 비하면 상당히 읽기 어려운 튜링의 보고서를 붙잡고 씨름하고 있습니다"라고 적었다.[2] 또 그는 1946년 후반에 프린스턴대학에서 한 학기를 지내면서 폰 노이만과 컴퓨터에 대해 논의했다.

** 윌리엄스는 1949년에 미국을 방문했을 때 IBM이 성공하지 못한 것을 그가 어떻게 성공했는지에 대해 이같이 이야기하면서 회사 모토가 '생각하라THINK'인 IBM의 직원들을 분개하게 만들었다.

번째 것은 누산기 역할을 했는데 이는 산술 연산을 위한 '대피역shunting station'이라고 볼 수 있다. ACE와는 전혀 다른 '단일 주소one-address' 시스템으로서 대피역에 들어오거나 나가는 각각의 활동이 하나의 완전한 명령을 이루는 방식이었다. 그러나 계산 기능은 가능성을 입증하는 선에서 가장 기본적인 최소한도, 즉 단순한 형태의 조건 분기와 함께 복사와 뺄셈으로 축소했다. 이것은 NPL이 중도에 포기하지 않았을 경우 해리 허스키의 '시험용 기계'가 수행할 수 있었을 계산보다 훨씬 적었다. 맨체스터 컴퓨터는 윌리엄스가 "오래된 화장실" 스타일이라고 묘사하기를 좋아했던 더러운 갈색 타일이 깔려 있는 방의 어둠 속에서 빛나는 3개의 스크린과, 제멋대로 뒤죽박죽 섞여 있는 받침대와 진공관, 전선들로 둘러싸여 있었다. *

사실 음극선관 저장 시스템이 가진 가장 뚜렷한 특징은 3개의 모니터관에 나타나는 밝은 점들로 된 숫자와 명령을 기계에서 실제로 볼 수 있었다는 점이었다. 다른 출력장치가 없었던 시절에 이 단계에서 이들을 볼 수 있다는 점은 매우 중요했다. 또 숫자를 저장 장치에 한 번에 하나씩 핸드 스위치로 입력하는 것 외에는 다른 형태의 입력이 없었다.

그러나 윌리엄스가 승리의 날을 다음과 같이 묘사했던 것처럼" 이것만으로도 충분했다.

> 처음 제작되었을 때 프로그램을 힘겹게 입력했고, 시작 버튼을 눌렀다. 그 즉시 표시관의 점들이 미친 듯이 춤을 추기 시작했다.
> 초기 시운전 당시만 해도 어떠한 유용한 결과도 얻지 못하는 죽음의 춤이었고, 더 심각했던 것은 무엇이 잘못되었는지 그 실마리조차 찾을 수 없었다는 사실이다. 그러나 어느 날 이 춤이 멈추었고, 예상했던 장소에서 예상했던 답이 밝게 빛나고 있었다.

---

* 그러나 이미 진공관의 시대가 저물어가고 있었다. 잭 굿이 튜링에게 보낸 1948년 10월 3일자 마지막 편지에서는 뇌에 대한 논의가 계속되었고, "트랜지스터에 대해 들어보셨나요? '진공관의 거의 모든 기능들'을 수행할 수 있다고 여겨지는 작은 크리스털입니다. 종전 이래 가장 뛰어난 발명품이 될지도 모릅니다. 영국이 참여하려고 할까요?"라고 묻고 있었다.

앨런 튜링의 이미테이션 게임

1948년 6월 21일에 발생한 일이었다. 프로그램 내장형 전자 컴퓨터에 사용할 세계 최초의 운용 프로그램은 정교함과는 거리가 먼, 무작정 대입해보는 방법으로 어떤 정수의 가장 큰 인수를 찾는 프로그램으로서 킬번의 손에서 탄생했다.

> 어떤 것도 다시는 예전과 같을 수 없었다. 우리는 유의미한 크기의 기계를 제작하는 데 필요한 것이 시간과 노력뿐임을 알았다. 두 번째 기술자를 고용하면서 우리는 즉각적으로 2배 더 많은 노력을 기울일 수 있었다.

이런 상황에서 킬번은 며칠 뒤에 투틸에게 "튜링이라고 하는 자가 이곳에 올 걸세. 그가 프로그램을 작성했네"라고 말했다. 윌리엄스는 NPL과의 거래 때문에 앨런 튜링에 대해 알고 있었다. 킬번은 앨런에 대해 아는 바가 거의 없었고, 그에 대해 들어본 적이 전혀 없었던 투틸은 앨런의 프로그램 연구에 몰두했다. 투틸은 그의 프로그램이 비효율적일 뿐만 아니라 오류를 포함하고 있다는 사실을 발견하고 크게 놀랐다(또 당연히 의기양양해하며 기뻐했다).

이들은 맨체스터대학교에 제대로 작동하는 기계를 가지고 있었고, 이 단순한 사실이 기발하거나 인상적인 계획들보다 더 가치가 있었다. 이는 앨런이 휴가를 간 사이에 정치적 사항들이 맨체스터의 상황에 변화를 가져왔음을 뜻했다. 이미 7월에 그 당시 영국 국방부의 수석 과학기술 보좌관이었던 헨리 티저드Henry Tizard 경이 이 기계를 본 적이 있었고 다음과 같이 고려하고 있었다.[5]

> 미국에서 이와 유사한 프로젝트들에 쏟아부었던 엄청난 노력과 막대한 양의 물질적 지원에도 불구하고, 영국이 대형 계산 기계 분야에서 획득한 우위를 유지하기 위해서 이 개발은 가능한 한 빨리 진행되어야 하는 국가적으로 중대한 사안이다. 그는 재료 공급과 필요한 지원을 우선적으로 획득하는 것 모두에서 전적인 지원을 아끼지 않겠다고 약속했다.

이는 엔지니어들에게는 만족스러운 결정이었으나 뉴먼의 목표였던 '수학 기초

연구'와 왕립협회 보조금의 목적과는 그 어떠한 연관도 없었다.

티저드 경이 이런 관점을 가졌던 것도 놀라운 일은 아니었다. 1948년에 그는 영국이 원자폭탄을 제작하는 데 동의하는 정책을 지지했다(하지만 1949년에 생각이 바뀌어 영국이 더 이상 강대국이 아니라는 사실을 인정해야 한다고 주장했다). 1946년 8월에 맥마흔법MacMahon Act은 미국 정부가 핵 관련 지식을 영국과 공유하는 것을 금지했고, 1947년 초반에 영국 정부는 원자폭탄을 독자적으로 개발한다는 결정을 내렸다. 이후 전자 컴퓨터에 대한 영국 정부의 관심은 최소한 두 명의 전문가들에 의해 다시 생기를 띠었다. 이 두 사람은 바로 영국의 기상학자이며 과학정보기관Scientific Intelligence의 레지널드 빅터 존스Reginald Victor Jones의 후임이던 데이비드 브런트David Brunt 경과 영국 정부 수석 과학자였던 벤 락스파이저Ben Lockspeiser 경이었다. 영국 군수성은 락스파이저 경이 방문하고 며칠 뒤에 맨체스터에 위치한 무기 및 전자장치 제조회사인 페란티Ferranti 사와 주문계약을 체결했다. 1948년 10월 26일자 편지에 따르면 단순히 "F. C. 윌리엄스 교수의 지도에 따라 전자 계산기를 제작하기 위해서"라고 했다.

정부는 여기에 약 10만 파운드를 지출했고, 이들의 조급하고 패닉 상태에 가까운 움직임은 NPL의 '계획에 따른 과학Planned Science'의 품위 있는 진행과정과는 엄청난 대조를 이루었다. 이는 왕립협회의 의도라기보다는 베를린과 프라하에서 발생했던 일들과 더 큰 연관이 있었다(1948년 10월에 방공호 파괴가 갑작스럽게 중단되었던 때와 같은 달이었다). 이 일은 분명 앨런과는 무관했다. 그는 그저 체스판의 폰에 지나지 않았다. 그리고 '전권 위임carte blanche' 계약서에는 뉴먼이나 블래킷에 대해 아무런 언급도 없었다. 뉴먼의 동기는 전적으로 순수 수학자가 가지는 그런 것이었는데, 그는 블레츨리의 인재들이 자신의 아이디어를 적용했다면 얼마나 큰 성과를 달성할 수 있었을까를 생각하며 안타까워했다. 그는 원래 기계를 구입하고 수학 연구를 계속하고 싶었으나 이때쯤에는 불가능하다는 것을 깨달았다. 분위기가 하드웨어 개발 쪽으로 흘러갔고, 이에 따라 그의 관심도 시들해졌다. 이런 이유로 그는 프로젝트가 자신의 손에서 떠나는 것에 반대하지 않았다. 반면 블래킷은 불쾌함을 감추지 않았는데, 핵무기 개발에 반대하는 입장이었기 때문에 더

앨런 튜링의 이미테이션 게임

그랬는지도 몰랐다.

  기계를 둘러싼 정치적 문제들은 차치하더라도 앨런이 이 기계의 개발을 감독하기에는 너무 늦은 감이 있었다. 이미 크고 느린 보조 기억장치로 사용하기 위해 회전하는 자기 드럼magnetic drum을 채택한다는 중요한 결정이 내려졌다. 런던대학교 버크벡 칼리지의 앤드루 부스A. D. Booth가 계전기 방식의 계산기에 사용하기 위해 개발한 것이었다. 자기 드럼은 헤드가 읽을 숫자를 원통을 둘러싼 트랙에 저장하는 방식으로, 당장 사용하지 않을 데이터와 명령을 저장하기 위해 다수의 느리고 별 볼 일 없는 지연선을 사용하는 것과 마찬가지였다. 설계에서 또 다른 혁신적인 사항은 뉴먼이 원래 제안했던 것으로 'B-튜브B-tube'를 개선하는 것이었다(이렇게 불린 이유는 산술관arithmetic tube과 제어관control tube이 자연스럽게 각각 'A 튜브'와 'C 튜브'로 쓰였기 때문이었다). 이 추가적인 음극선관은 제어장치에 들어 있는 명령을 변경하는 특성을 가지고 있었고, 특히 여러 숫자를 연이어서 다룰 때 '다음' 숫자를 다루기 위해 공들여 프로그램을 할 필요가 없었다.* 이는 앨런이 ACE 설계에서 추구했던, 가능하면 하드웨어보다는 명령문을 사용한다는 전반적인 방침에 반대되었다.

  전체적으로 봤을 때 하드웨어 설계와 개발은 모두 다른 사람들의 손에서 결정되었다. 이들은 이것을 '아기 기계baby machine'(이하 '베이비')라고 불렀지만 사실은 다른 사람의 '아기'였다. 다윈은 윌리엄스가 앨런 튜링의 지도에 따라 제작하기를 바랐던 반면, 이제 앨런이 윌리엄스의 기계를 제대로 작동하게 만드는 과제를 수행하게 되면서 윌리엄스는 형세를 뒤집었다. 그러나 앨런의 열의는 누구보다도 강했기 때문에 갈등이 일어날 소지가 있었다. 더군다나 엔지니어들은 누군가의 '지시'를 받을 생각이 전혀 없었다. '수학자'와 '엔지니어' 사이에 분명한 선이 존재했고, 철의 장막만큼은 아니더라도 맥마흔법만큼이나 만만치 않은 장벽이었다. ACE가 앨런 튜링의 기계였다면 베이비는 그의 기계가 될 수 없었고, 이에 따라 기계에 대

---

* 훗날 '인덱스 레지스터index register'로 불리게 되는 이 발명은 컴퓨터 하드웨어 설계 개발에서 대단히 중요했다.

한 어떠한 행정적 책임도 지려고 하지 않았다. 그러나 그는 이 기계를 발전시킬 수 있었고, 기계가 활용될 가능성이 있었다. 또 그는 연봉으로 1,200파운드를 받았고(1949년 6월에는 1,400파운드로 인상되었다) 연구에 있어서 상당한 자유를 누릴 수 있었다.

이 때문에 그는 맨체스터를 떠나지 않았는데, '부소장'으로서가 아니라 프리랜서 '교수'(사람들은 앨런을 이렇게 불렀는데 실제 교수들은 이것을 약간 못마땅하게 생각했을 것이다)로서 남아 있었다. 사람들의 생각 속에는 케임브리지대학과 비교해 맨체스터대학의 수준이 떨어진다는 고정관념이 박혀 있었다. 맨체스터대학은 잉글랜드 북부에 위치한 기술대학이었고, 추상적인 아이디어보다는 박사와 엔지니어들을 배출했다. 그러나 맨체스터대학은 자신들의 수준에 대한 자부심이 있었고, 뉴먼은 케임브리지에 버금가는 수학과를 개설했다. 비록 앨런이 작은 연못의 큰 물고기였다고 해도 그는 여전히 물속의 물고기였다. 대학교의 물리적 환경은 분명 음산했다. 후기 빅토리아 시대의 고딕 양식 건물들은 제1차 산업혁명 당시의 검은 그을음으로 뒤덮여 있었고, 옥스퍼드 로드의 전찻길을 사이에 두고 금주 협회Temperance Society 건물과 넓게 퍼져 있는 빈민가와 마주하고 있었다. 군데군데 구멍이 뚫리고 모퉁이 여기저기에 지지대를 받치고 있는 빈민가 건물들의 모습은 폭격기가 휩쓸고 지나갔던 흔적을 잘 보여주었다. 앨런은 이 지역 남성들의 빈약한 체격에 대해 언급하기도 했는데, 대공황에서 아직 완전히 회복되지 못했던 도시에서는 별로 놀랄 일이 아니었다. 그러나 산업 경관은 어느 정도 즐거움을 선사하기도 했다. 프린스턴대학에서 알았던 맬컴 맥페일이 1950년에 맨체스터를 방문했을 때 앨런은 그를 브리지워터 운하Bridgewater canal와 맨체스터 선박 운하Manchester Ship Canal가 교차하는 지점으로 데려갔고, 맥페일은 여기서 이것이 어떻게 지어졌는지 밝혀내는 도전을 받았다.

이곳은 프린스턴처럼 망명자들이 모인 장소라고 할 수 있었지만 미국처럼 후한 혜택을 받지는 못했다. 맨체스터대학은 존경할 만한 것들을 수호한다는 점에서 미국의 환경과 닮은 점이 있었다. 이 대학의 주류인 잉글랜드 북부의 비국교도 중산층은 (사적으로) 케임브리지대학의 기득권층에 비해 인간의 다양성을 인정하는

앨런 튜링의 이미테이션 게임

데 더 인색했다. 그러나 맨체스터는 소도시의 지역주의적 태도를 고수하는 대신에 도시생활에 약간의 너그러움을 가지고 있었는데, 바로 《옵저버》와 함께 앨런이 즐겨 구독했던 진보 성향의 《맨체스터 가디언Manchester Guardian》(현재 《가디언》)이 이곳에서 발행되었다. 어쩌면 케임브리지의 가식과 인습을 찾아볼 수 없는 잉글랜드의 평범한 산업도시에서 연구하는 것에 앨런은 더 만족해했는지도 모른다.

앨런이 다른 사람들의 지지를 받는 것에 정말로 신경을 썼다면 그는 사표를 제출하고 특별 연구원 자격을 유지하고 있었던 케임브리지대학교 킹스 칼리지로 돌아갔을 것이다.* 언젠가 그가 (아마도 프랑스 최고의 수학 학교와 연줄이 있는 위너를 통해) 프랑스 낭시로 간다는 소문이 돌았지만 노먼 루틀리지Norman Routledge가 낭시 소년들을 모으고 있다는 농담을 제외하고는 곧 사그라졌다. 그는 미국에서 얼마든지 일자리를 찾을 수 있었지만 이것은 그의 기질과 상당히 어긋나는 일이었을 것이다. 그 대신 그는 자신이 결정한 바에 대해 최선을 다했다. 맨체스터의 많은 사람들은 앨런 튜링을 자신들에게 억지로 떠넘겨진 골칫거리고 생각했지만 받아들이는 것 외에 다른 도리가 없었다.

> 나는 맨체스터에 조금씩 적응해가고 있지만 여전히 불쾌한 곳이라는 생각에는 변함이 없다네. 가능하면 피하고 싶은 마음이 굴뚝같다네.

그는 집에서 연구를 하거나 한가하게 시간을 보내는 날이 많았다. 대부분의 대학교 직원들은 빅토리아 파크 근교에 살았지만 앨런은 더 멀리 떨어진 헤일의 너서리 애비뉴에 위치한 하숙집에서 생활했다(앨런은 프레드를 초대하면서 "큰 침대 하나뿐이지만 꽤 안전하다는 것을 알게 될 거야"라고 했다). 이곳은 시가지 외곽에 있었기 때문에 그는 암울한 '악마의 맷돌satanic mills'(헝가리 경제학자 칼 폴라니Karl Polanyi

---

* 합의사항은 그가 25일간 재직했던 1/4분기에 한해서만 연구비를 받을 수 있다는 것이었다. 이 조건은 8월에 이행되었다.

가 『거대한 전환』에서 시장주의의 폐해를 설명하기 위해 차용한 용어—옮긴이)과 맨체스터대학에서 겪는 갈등에서 벗어나 체셔의 시골 지역을 마음껏 달릴 수 있었다. 그는 월튼 육상클럽 멤버였고, 때때로 클럽 선수로 나서기도 하면서 1950년 4월 1일에 있던 런던-브라이튼 계주 경기에 참가했다.* 그러나 그는 점점 경쟁이 심한 경주에 참여하는 대신 혼자 달리기 시작했다. 어떤 때는 직장까지 달려가기도 했지만 자전거를 타고 관목이 우거진 교외를 가로질러 가는 경우가 더 많았는데, 비가 올 때면 노란 비옷과 모자를 쓴 우스꽝스러운 모습을 하기도 했다. 이후에 자신의 자전거에 소형 모터를 장착했지만 자동차를 소유했던 적은 없었다. 이에 대해 앨런은 돈 베일리에게 "갑자기 미쳐버려 무언가를 들이받을지도 모르네"라고 다소 드라마틱하게 말했다. 그는 프린스턴에 있을 때 자동차에 대한 안 좋은 기억이 있었는데, 아마도 수학 문제를 생각하느라 운전 중에 위험천만하게도 골똘히 생각에 잠기곤 했던 것 같다. 그는 어떤 경우라도 자신의 힘을 이용하는 것을 더 좋아했다.

앨런은 관련성이 있다고 생각하는 것만 취하고 나머지는 무시하면서 그 당시 빅토리아대학교Victoria University(맨체스터대학교로 명칭이 바뀌기 전 학교명—옮긴이)라고 불렸던 학교에 대해서는 별로 관심을 두지 않았다. 그는 자신의 방식대로 사람들을 진지한 사람들과 그렇지 않은 사람들 두 부류로 나누었고 후자에게는 시간을 허비하지 않았다. 또 상대의 공식 직위 같은 것은 신경 쓰지 않았다. 1947년 9월에 앨런이 실질적으로 NPL을 떠나면서, NPL은 에드워드 뉴먼E. A. Newman이라는 젊은 엔지니어를 채용했다. 그는 H2S 항공탑재 레이더 시스템을 다루어본 경험이 있었기 때문에 펄스 전자장치에 대한 지식이 있었다. 달리기를 아주 잘했던 테드 뉴먼Ted Newman은 거의 매달 앨런을 만나러 맨체스터로 가고는 했다. 이들은 함께 훈련하는 것 외에도 시간 가는 줄 모르고 몇 시간 동안 지능기계에 대한 아이디어를 논의했다. 반면에 앨런은 오히려 학문적인 자질을 더 잘 갖추었을 사람들과 신경에

---

* 크리스토퍼 채터웨이Christopher Chataway와 함께 한 팀으로 참가했다.

앨런 튜링의 이미테이션 게임

거슬리는 직장 이야기를 하는 것을 퉁명스럽게 거부했다.

그는 사람들에게 기회를 두 번 주지 않았다. 앨런의 주파수 내에 들어온다면 몇 시간이고 전폭적인, 거의 당황스러울 정도의 강렬한 관심을 받을 수 있었다. 그러나 줏대 없이 인습적이거나 케케묵은 잣대를 들이대려는 기미가 보이면 불은 꺼지고 눈앞에서 문이 닫혔다. 마치 컴퓨터의 펄스처럼 전부이거나 아무것도 아니거나였다. 그는 지루하다고 느끼면 양해를 구하지도 않고 그냥 돌아서서 가버렸다. 가식과 허세를 혐오하는 태도로 인해 그는 진심 어린 마음으로, 그러나 한편으로는 너무 망설이는 듯이 다가오는 많은 사람들을 보지 못하고 외면했을 것이다. 1936년에 그가 하디에게 외면당한 것처럼 느꼈다면 이제는 그 자신이 오직 본인의 방식대로 다른 사람들을 상대하고 있었다.

그의 덥수룩하고 실제보다 과장된 외모와 '임금님은 벌거숭이'임을 볼 수 있는 능력 때문에 많은 사람들은 그를 묘사할 때 '소년 같은' 또는 '학생 같은'이라는 단어를 입에 올렸다. 맨체스터에서 그의 역할은 때때로 뉴먼의 '앙팡테리블'(무서운 아이)처럼 여겨졌다. 그는 맨체스터에서 사교 생활을 거의 하지 않았는데, 사교 생활을 위해서는 타협을 지나치게 많이 해야 하기 때문이었다. 앨런은 밥과 그의 아내를 방문했던 것 말고도 당시에 체셔 외곽지역에 있던, 북쪽 지방에서 케임브리지를 느낄 수 있는 뉴먼의 집을 방문했고, 뉴먼은 그를 반겨주었다. 이들은 이내 이름을 부르는 사이가 되었는데 이는 자신이 속한 부서에서 매우 권위 있는 인물이었던 맥스 뉴먼에게는 흔치 않은 일이었다. 그의 아내 린 어바인Lyn Irvine은 작가였는데, 앨런은 1949년에 크리케스에서 부활절을 이들 부부와 함께 보내게 되면서 그녀를 처음 만났다. 그는 카디건 만Cardigan Bay을 따라 장거리 달리기를 하면서 이들을 놀라게 하기도 했다. 린 뉴먼은 앨런의 "무뚝뚝한 태도와 긴 침묵, 심지어 친구들조차 거슬려하는 말을 더듬는 새된 목소리와 까마귀 울음소리 같은 웃음소리에 깨지고 마는 그 침묵"에 강한 인상을 받았다.[6] 앨런에게는 "눈을 마주치지 않는" 그리고 "퉁명스럽고 되는 대로 감사의 말을 내뱉고는 미끄러지듯이 문밖으로 나가버리는 이상한 방식"이 있었다.

그는 맨체스터대학교와 BBC, 《맨체스터 가디언》에 집중되어 있는 소수의 동성애자들과 어울리면서 맨체스터 사교계와 잘 지내보려는 노력조차 하지 않았다. 이 점에서 그의 삶은 여전히 케임브리지에 맞추어져 있었다. 맨체스터로 이주하면서 그는 네빌과 떨어지게 되었다. 앨런은 이후 2년간 몇 주에 한 번씩 케임브리지로 그를 방문했다. 네빌은 2년 과정의 통계학 대학원 과정을 밟고 있었다. 1949년 부활절에 이들은 프랑스에서 짧은 휴가를 함께 보내면서 자전거를 타고 라스코 동굴을 방문했다(구석기 시대의 동굴벽화는 항상 자연을 그리고 싶어 했던 앨런과 잘 어울렸다). 또 앨런은 1937년에 그랬던 것처럼 매년 8월이면 킹스 칼리지로 돌아가 긴 휴가를 보냈다.

이 때문에 킹스 칼리지는 앨런의 보호자 역할을 유지했고, 특히 로빈은 『거울 나라의 앨리스』에서 앨리스에게 가장 도움을 많이 주는 캐릭터인 숲 속의 하얀 기사였다. 그러나 어떤 면에서 로빈은 하얀 기사와는 거리가 멀었다. 그는 늠름하고 에너지가 흘러 넘쳤다. 훗날 그는 강력한 오토바이와 검은색 가죽옷을 상하 한 세트로 장만했고, 이따금씩 앨런을 태우고 피크 디스트릭트 국립공원까지 달리곤 했다. 앨런은 친구들에게 프린스턴에 있을 때 했던 보물찾기 게임에 대해 이야기했고, 이후 몇 년간 로빈과 닉 퍼뱅크, 키스 로버츠와 함께 몇 번의 보물찾기 게임을 계획했다. 다른 사람들이 자전거를 타는 동안 앨런은 단서를 찾아 돌아다녔다. 한번은 노엘 아난Noel Annan이 합류해서 '샹파뉴champaigne'라는 단어가 포함된 프랑스 고문서와 관련이 있는 단서로 샴페인champagne 병을 제시해 크게 히트를 쳤다. 키스 로버츠는 과학과 컴퓨터에 대해 앨런과 많은 논의를 했지만 앨런이 다른 친구들과 공유했던 문제들에 대해서는 모르고 있었다. 그는 다른 사람들 사이에서 전달되었던 암호로 적힌 메시지들을 해독할 줄 몰랐다. 반대로 닉 퍼뱅크는 과학적 배경지식은 없었지만 합리주의와 게임 이론과 모방원리에 대해 관심이 매우 많았다.

앨런과 로빈, 닉은 '선물Presents'이라고 부르는 새로운 게임을 생각해냈다. 한 사람이 방을 나가고 남아 있는 사람들이 방을 나간 사람이 좋아할 것이라고 생각하는 가상의 선물 목록을 작성하는 것이었다. 그런 다음에 방을 나갔던 사람이 다시 들어오고 선물을 선택하기 전에 선물에 대해 질문을 했다. 여기에서부터 속고 속이는 게임이 시작되었는데, 선물 중 하나가 비밀리에 '토미'로 정해져 있기 때문이었다. '토미'가 선택되면 게임이 끝났다. 가상의 선물 게임은 이후 좀 더 탐구적인 영역으로 발전되었다. 앨런은 언젠가 시험 삼아 '나이츠브리지 막사Knightsbridge Barracks에서 홍차 한 잔'을 게임에 포함시켰다. 어쩌면 20년 전의 판타지를 반영한 것이었을지도 모른다. 맨체스터 컴퓨터는 그가 상상했던 꿈들 중 하나를 예기치 못한 방식으로 실현시켜주었다. 하지만 다른 꿈들이 여전히 남아 있었다. 실현하기 어렵고 실패하기 쉬운 꿈들이.

맨체스터대학교에서는 페란티가 "F. C. 윌리엄스 교수의 지도에 따라" 사용할 원형 기계를 엔지니어들이 제작할 계획이었다. 그래서 더 많은 인원으로 충당된 엔지니어들이 1949년 내내 최초의 '베이비'에 투입되었다. 4월이 되었을 때 더 빠른 저장장치와 곱셈기, 'B-튜브'에 필요한 3개의 음극선관이 추가로 설치되었고, 이 시기에 소형 자기 드럼을 시험했다. 또 다른 변화는 음극선관 저장장치의 각 선이 이제 40개의 점을 가지고 있고, 하나의 명령에 20개가 사용되었다는 점이었다. 이것들은 편의상 5개씩 묶인 것으로 간주되었고, 연속되는 다섯 자리 2진 숫자가 32진수의 한 자리를 구성하는 것으로 간주되었다.

한편 기계의 저장장치는 아주 작지만 곱셈기능을 제대로 수행할 수 있음을 입증하기 위해 뉴먼은 기발한 문제를 선택했는데, 바로 블레츨리에서 논의되었던 큰 소수를 찾는 문제였다. 1644년에 프랑스 수학자 메르센Mersenne은 $2^{17}-1$와 $2^{19}-1$, $2^{31}-1$, $2^{67}-1$, $2^{127}-1$, $2^{257}-1$이 모두 소수이며, 이들이 그 범위 내에서 이러한 형태를 가지는 유일한 소수라고 추론했다. 18세기에 오일러Euler가 $2^{31}-1=2,146,319,087$이 정말로 소수임을 힘겹게 밝혀내기는 했지만 새로운 이론 없이는 더 이상의 진전을 보일 수 없었다. 1876년에 프랑스 수학자 E. 뤼카E. Lucas가 $2^{p}-1$이 소수인지 아닌지 결정하는 방법이 존재함을 증명했고, $2^{127}-1$이 소수라고 발표했다. 1937년에 미국의 D. H. 레머D. H. Lehmer는 탁상용 전자 계산기로 $2^{257}-1$이 소수인지 계산했고, 수년간의 작업 끝에 메르센이 틀렸음을 밝혔다. 1949년 당시에는 뤼카의 소수가 알려진 소수들 중 가장 큰 수였다.

뤼카의 방법은 2진수를 사용하는 컴퓨터에 안성맞춤이었다. 큰 숫자를 제곱하여 40자리가 되는 크기로 자른 뒤 각각을 계산하고 자릿수 올림을 하게 프로그램하면 되었다. 뉴먼은 이 문제를 투틸과 킬번에게 설명했고, 1949년 6월에 이들은 프로그램을 4개의 음극선관에 넣고도 여전히 $p=353$까지 계산하기에 충분한 공간을 확보하는 데 성공했다. 이 과정에서 이들은 오일러와 뤼카, 레머가 이룩한 모든 업적들을 확인했지만 더 이상의 소수는 발견하지 못했다.*

'엔지니어'와 '수학자' 사이의 동맹조약에는 불평등한 점이 있었지만, 이 조약에 따라 이들 사이에 구역에 대한 합의가 이루어졌다. 뉴먼은 기계에 조금 더 관심을 보였고, 앨런은 '수학자'의 역할을 맡았다. 비록 엔지니어들이 그의 목록을 축소시키기는 했지만 기계가 수행할 작업의 범위를 명시하는 것이 그에게 주어진 일이었다. 내부 논리 설계에서 그가 맡은 작업은 없었고, 이것은 제프 투틸이 완성했다. 그러나 앨런은 사용자와 좀 더 연관된 분야인 입력과 출력 메커니즘을 관리해야 했다.

NPL에는 이미 천공 카드 부서가 있었기 때문에 앨런은 입력매체로 천공 카드를 선택했지만, 이번에는 나중에 프린터로 출력할 수 있는 전신 타자기 테이프를 선호했다. 그는 블레츨리와 핸슬로프에서의 경험으로 전신 타자기 시스템에 굉장히 익숙했고, 사람들은 이것이 건전지를 사용하고 "1을 0으로 바꾸는 경향이 있는" 종이테이프 천공기를 그가 입수한 사실을 "절대로 발설해서는 안 되는 곳"에서 온 것임을 알았다. 이 시스템이 설치된 후 다섯 줄로 된 전신 타자기 테이프의 0과 1의 32개의 조합들이 맨체스터 기계에서 사용하는 언어가 되었고 이는 사용자들을 밤낮없이 괴롭혔다.

앨런의 임무는 맨체스터 기계를 사용하기 편리하게 만드는 것이었지만 편리함에 대한 그의 다양한 아이디어에 사람들이 항상 동의한 것은 아니었다. 그는 윌크스의 연구 원칙, 즉 기계의 하드웨어는 사용자들이 쉽게 이해할 수 있는 명령문을 만들어내도록 설계되어야 한다는 점(그래서 에드삭 설계에서 문자 'A'는 더하기add를

---

* 다음 것은 1952년에 컴퓨터를 통해 밝혀진 것처럼 $p=521$로서, '베이비'의 계산 범위를 벗어났다.

상징하는 기호로 사용되었다)을 공격했다. 윌크스와는 반대로 앨런은 편리성이 전자 기술이 아니라 프로그래밍 기술로 충족될 수 있다고 생각했다. 1947년에 그는 이 같은 편리성 문제들을 "성가시고 작은 세부사항들"이라고 말했고, 이들이 "순전히 문서작업"만으로도 해결될 수 있음을 강조했다. 앨런에게는 (원칙적으로는) 맨체스터에서 자신의 생각을 실현시킬 기회가 주어졌는데, 기계의 하드웨어가 프로그래머의 구미에 맞춰 설계되지 않았기 때문이다. 그러나 1949년경에 그는 이런 종류의 연구에 흥미를 잃고 말았다. 그는 예를 들면 2진수를 10진법으로 변환하는 "성가시고 작은 세부사항"에 더는 신경 쓸 가치가 없다는 것을 알게 되었다. 기계가 숫자를 다루는 방식인 32진수 연산을 그는 쉽게 할 수 있었고, 다른 사람들도 그렇게 할 수 있을 것으로 예상했다.

32진수 연산을 활용하기 위해서는 32개의 '숫자들'을 위한 32개의 기호를 찾을 필요가 있었다. 여기서 앨런은 엔지니어들이 이미 사용하고 있던 방식인 5비트 조합을 보도 전신 타자기 코드Baudot teleprinter code에 따라 라벨을 붙이는 시스템을 이용했다. 이에 따라 2진수 10110에 해당하는 숫자 '22'는 10110을 일반 전신 타자기용으로 부호화한 문자 'P'라고 적혔다. 이 시스템으로 작업한다는 것은 전신 타자기에서 표현되는 보도 코드와 곱셈표를 암기해야 함을 뜻했다. 이것이 그에게는 조금도 어려운 일이 아니었겠지만 다른 사람들은 사정이 달랐다.

사용자들에게 엄청나게 많은 작업을 부과했던 이런 원시적인 형태의 코딩을 고집했던 표면적 이유는 음극선관 저장장치가 저장된 내용을 모니터관에서, 앨런의 표현을 빌리자면 "엿보면서" 확인하는 것이 (필요하기도 했지만) 가능하게 해주었기 때문이다. 그는 모니터관에 나타난 점들이 작성된 프로그램의 숫자와 자리마다 일치해야 한다고 주장했다. 이런 일치 원리를 주장하려면 32진수 숫자들을 낮은 자리 숫자부터 '역방향으로' 써야 했는데(10진수로 예를 든다면, 1234를 4321로 써야 한다는 의미—옮긴이) 이것은 음극선관이 항상 왼쪽에서 오른쪽으로 스캔해야 하는 등의 전자공학의 기술적 이유 때문이었다. 5비트 조합으로 인해 또 다른 까다로운 문제가 발생했는데 이 조합이 보도 코드의 알파벳 문자와 일치하지 않았던 것이다(로켁스Rockex 시스템이 해결해야 했던 것과 동일한 문제였다). 제프 투틸은 여기에 사용할 추가 부호들을 이미 도입했고, 32진수 표기법에서는 '0'을 기호 '/'로 나타냈다. 그 결과 프로그램 페이지들은 온통 '/' 기호들로 뒤덮이게 되었는데 케임브리지에서는 이것을 창문을 내리치는 맨체스터의 빗줄기라고 했다.

1949년 10월에 몇몇 세부사항을 제외하고 페란티가 기계를 제작하는 데 필요한 준비를 끝냈다. 준비가 완료되는 동안 원형 기계는 원 상태로 유지되었고, 기계가 도착하면 컴퓨터(마크I이라고 불렀다)에 사용할 작동 매뉴얼과 기본 프로그램들을 작성할 계획이었다.

이것이 앨런의 다음 과제였고, 그는 엔지니어들과 원형 기계의 모든 기능의 효율성에 대해 논쟁을 벌이면서 이 기능들이 하나하나 제대로 작동되는지 확인하는 데 어마어마한 시간을 투자했을 것이다. 10월이 되었을 때 그는 입력 루틴input routine 을 작성했다. 입력 루틴은 처음에 스위치를 켜고 아무런 명령문이 없는 상태에서, 테이프에서 새로운 명령문을 읽고 올바른 장소에 이들을 저장하고 수행하게 하는 일련의 작업을 말했다.

그러나 이 루틴 작성 작업은 고도의 기술이 필요 없는 낮은 수준의 작업이었고, 이 작업과 관련해 그가 집필한 『프로그래머 핸드북Programmers' Handbook』[7]은 아주 유용하고 실용적인 내용들로 가득 차 있음에도 새로운 아이디어는 그다지 많지 않다. 실제로 그가 NPL에 있을 때 고안해낸 부동소수점 수를 위한 루틴만큼 정교하지도 않았다. 그는 또 서브루틴의 구성과 관련해 떠오른 영감을 그 어떤 것에도 적용하지 않았다. 맨체스터 기계 개발에서 입력 루틴은 두 종류의 저장장치에 의해 큰 영향을 받았는데, 하나는 페란티가 제작한 기계에서 각각 1,280개의 숫자를 저장하는 8개의 음극선관이었고, 또 하나는 256개의 트랙에 각각 2,560개의 숫자를 저장하는, 그래서 최소한 총 65만 5,360개의 숫자를 저장하는 자기 드럼이었다.*
프로그래밍은 데이터와 명령문을 자기 드럼에서 음극선관으로 '끌어내리고' 이들을 다시 돌려보내는 과정을 중심으로 돌아갔고, 하드웨어는 각각의 서브루틴이

---

* 트랙이 너무 **빽빽**하게 채워져 있었고, 종종 사용이 불가능해서 이 수를 완전히 달성하지는 못했다.

앨런 튜링의 이미테이션 게임

자기 드럼에서 각기 별개의 트랙에 저장되고 필요할 때 통째로 이동하도록 만들었다. 튜링 계획은 이 문제를 다루었지만 앨런은 여러 층으로 된 서브루틴을 위한 시스템에는 신경을 쓰지 않았다. 그는 『핸드북』의 한 문단에서 다소 경솔하게 다음과 같이 언급했다.

> 모든 루틴의 서브루틴은 그 자체가 서브루틴을 가지고 있을 수 있다. 이것은 큰 벼룩과 작은 벼룩의 사례와 같다. 나는 시인이 "그리하여 끝도 없이and so ad infinitum" 구절에 담은 의미를 정확히 이해하지 못하지만(조나단 스위프트Jonathan Swift의 시 '시에 대한 광상곡On Poetry, a Rhapsody'—옮긴이), 그가 무한히 긴 연쇄를 믿었다기보다는 인간이 벼룩들의 기생연쇄parasitic chain(기생관계에 의해 이어진 먹이사슬—옮긴이)에 한계를 정할 수 없음을 의미했다는 쪽으로 생각이 기울어지고 있다. 이것은 분명 서브루틴의 경우에도 해당된다. 결국에는 언제나 서브루틴이 없는 루틴에 이르게 된다.

그는 이것을 정리하는 일은 사용자들의 몫으로 남겨두었다. 그의 '구성 AScheme A'는 오직 한 레벨의 서브루틴 호출만을 고려했다.

『핸드북』은 앨런이 맨체스터에서 직면했던 많은 의사소통 문제를 드러냈다. 윌리엄스와 다른 엔지니어들에게 수학자란 계산을 어떻게 해야 하는지 아는 사람이었다. 특히 이들은 2진법을 '수학'이 소개한 무언가 새로운 것으로 바라보았다. 그러나 앨런 튜링에게 32진수 연산 외 모든 구성은 수학자가 자신이 선택한 어떠한 임의의 상징체계든 마음대로 적용할 수 있다는 더 심오한 사실들의 보기일 뿐이었다. 그에게는 기호와 기호가 상징하는 실체에 고유의 연관성이 없음이 명백해 보였고, 이 때문에 『핸드북』 초반에 등장하는 긴 문단에서 어떤 일련의 펄스를 숫자로 표현하는 규정이 어떻게 존재할 수 있는지에 대해 설명했다. 이것이 기계가 '숫자들을 저장한다'라는 진부한 말보다 훨씬 더 정확하고 또 더 창의적인 아이디어였지만, 숫자가 10진수 이외로도 표현될 수 있다는 점을 전혀 몰랐던 사람에게는 즉각적인 도움이 되지 않았다. 앨런이 맨체스터 기계에 필요했던 것처럼 상징주의 내에서 규칙적이고 세부적인 작업을 하는 것을 경멸했던 것은 아니었다. 다만 「계산 가능한 수,와 ACE 보고서에서처럼 그에게는 다른 사람들이 아닌 자신의 이치에 맞는 방식으로 추상적인 것을 구체적인 것으로 바꾸는 경향이 있었다. 앨런이 1947년에 '뻔한'이라고 묘사했던 프로그래밍 언어설계는 자신의 상징주의에 대한 자유로운 이해와 필요하면 단조롭고 고된 일도 마다하지 않는 자세를 십분 활용할 수 있었던 개발이었다. 그러나 그는 이 일을 할 마음이 조금도 없었고, 이로 인해 그가 가진 장점, 즉 추상적인 수학을 이해하는 능력을 활용하는 데 실패했다.*

1949년 이후 그는 제곱근 등을 위한 표준 루틴을 작성하면서 조수 두 명을 고용했다. 한 사람은 대학원생인 오드리 베이츠Audrey Bates, 다른 한 사람은 시슬리 팝플웰Cicely Popplewell로 1949년 여름에 조수직에 지원한 그녀를 앨런이 인터뷰했었다. 그녀는 케임브리지대학교 수학과 졸업생으로 주택 통계에 사용되었던 천공 카드를 다루어본 적이 있었다. 페란티 기계를 설치할 새로운 전산 연구소를 건설하는 동안 맨체스터대학교 본관인 빅토리아 양식의 건물에서 두 사람은 앨런의 사무실을 공유했다. 이는 그다지 좋은 선택이 아니었는데, 앨런이 사무실을 사용할 수 있는 이들의 권리를 한 번도 제대로 인정한 적이 없었기 때문이다. 시슬리가 출근한 첫 날에 그는 "점심시간이군!"이라고 말한 뒤 그녀에게 구내식당의 위치도 가르쳐주지 않고 방을 나가버렸다. 자신은 방문하는 모든 사람들과 멈추지 않고 수다를 떨었지만 이들이 그러는 것은 매우 거슬려 했다. 가끔씩 무거운 분위기를 누그러뜨리는 사건이 발생하기도 했는데, 한번은 이들이 앨런에게 테니스를 함께 치자고

---

* 그에게 절호의 기회가 주어졌지만 모두 무시했다. 예를 들어 그는 서브루틴을 더 강력하고 흥미롭게 처리하는 방법을 개발하는 데 재귀함수에 대한 지식을 활용할 수 있었다. 처치의 람다 계산과 수리논리학에서 '점과 괄호dots and brackets' 같은 문제들을 해결하기 위해 그가 그때까지 해왔던 난해하고 '쓸모없는' 연구는 실용적인 프로그래밍 언어를 고안하는 것과 관련이 있었다. 또 그가 에니그마 연구에 활용했던 확률과 통계에 대한 지식을 프로그래밍 이론에 동일하고 유익하게 적용할 수도 있었다. 탐색과 분류 그리고 체스 게임 아이디어와 연관된 '수형도' 등의 경험은 데이터 처리 문제와 특히 연관이 있었고, 이제 컴퓨터를 이용하여 도전하는 것이 가능해졌다. 그가 어떤 특정 장치의 세부 조항에 구애받지 않고, 개발 중인 컴퓨터 응용분야와 대학 수학을 종종 분리시키는 터무니없고 도움이 되지 않는 방식에 반대한 것만으로도 새로운 공학 규칙을 위한 기준을 정하는 데 많은 기여를 할 수도 있었다. 그러나 그는 몇몇을 제외하고 이런 방향의 개발을 포기했다. 예외 중 하나는 프로그램 확인 절차를 고집하는 것이었으며, 이는 그가 추상적이고 철저한 사람임을 보여주었다.

설득했고, 그가 비옷만 걸친 채 나타난 모습을 처음 보고 깜짝 놀라며 웃음을 터트렸다. 또 그가 집에 갈 때 10실링짜리 지폐를 빌려 자신의 반바지에 핀으로 꽂은 적도 있었다. 그러나 보통 이들은 그가 사무실에 나타나지 않는 것을 좋아했고, 이런 경우는 종종 발생했다. 앨런은 이들이 습득해야 하는 것들이 얼마나 많은지는 신경 쓰지 않았고, 시슬리가 생각의 속도 면에서 느꼈던 '극심한 열등감'을 다독여주지도 않았다. 시슬리는 부처 간의 갈등이 고조될 때 엔지니어들과 문제를 수습하는 역할을 맡기도 했다.

원형 기계로 작업하는 것은 로빈슨 시리즈의 사용과 맞먹을 정도로 쉽지 않았다. 시슬리 팝플웰은 이를 다음과 같이 묘사했다.[8]

> …상당히 많은 체력을 요했다. 먼저 기계실에서 엔지니어에게 알리고, 그런 다음에 입력 프로그램을 불러오고, 입력하기 위해 핸드 스위치를 사용했다. 모니터의 밝은 줄무늬는 대기 루프waiting loop가 시작되었음을 나타냈다. 그러면 위층으로 뛰어올라가 테이프 리더기에 테이프를 삽입하고 다시 기계가 있는 방으로 돌아왔다. 기계가 여전히 입력 루프를 잘 돌고 있으면 기록 전류writing current의 스위치를 켜라고 엔지니어에게 소리치고, 누산기의 데이터를 지웠다(그래야 루프를 빠져나오게 된다). 운이 좋으면 기계가 테이프를 읽었다. 모니터의 패턴이 입력이 끝났음을 보여주자마자 엔지니어는 드럼으로 흐르는 기록 전류를 껐다. 실행 중에 드럼에 데이터를 쓰는 프로그램은 매우 위험한 것으로 간주되었다. 지나가는 모든 매개체가 잘못된 숫자들의 잠재적 원천이었기 때문에 테이프를 삽입하기 위해 통상적으로 수많은 시도를 해야 했으며, 시도할 때마다 위층으로 뛰어올라가야 했다.

사실 원형 기계에서는 음극선관에서부터 자기 드럼으로 기록하는 것이 거의 불가능에 가까웠다. 앨런은 다음과 같이 기록했다.[9]

> 프로그래머의 관점에서 판단하자면 기계에서 가장 신뢰하기 힘든 부분이 자기 기록magnetic writing 기능인 것처럼 보였다. 기록에 판독보다 오류가 더 많은지는 아직

확인되지 않았다. 그러나 기록이 부정확하면 그 영향은 기계의 다른 어떤 오류보다도 훨씬 더 심각했다. 자동 기록은 실질적으로 한 번도 한 적이 없고… 또 다른 심각한 오류의 원천으로는 저장관과 곱셈기가 제대로 기능을 하지 못하는 것이었다.

1950년 무더웠던 여름에 컴퓨터 사용자들은 32도의 열기에서 장치들도 느슨해진다는 사실을 알았고, 진공관이 헐거워졌는지 확인하기 위해 망치로 선반을 두드렸다.

1949년 가을에 페란티 기계에 사용될 앨런의 하드웨어 설계의 일부가 완성되었다.[10] 그가 고집했던 하드웨어 기능들 중 하나는 난수발생기Random Number Generator로 이것은 그의 ACE 설계에는 포함되지 않았던 기능이었다. 앨런은 전자공학에 대해 실용성 면에서 필요한 만큼의 세부사항까지는 알지 못했지만 투틸과의 협력으로 자신의 시스템을 설계할 수 있었다. 이 설계는 노이즈에서 진짜 난수들을 생성했다. 이는 무작위 숫자들처럼 보이지만 사실은 확정된 숫자들을 생성하는 암호 키 발생기 같은 것과는 대조적이었다(만약 앨런이 원했다면 당연히 누구의 도움 없이 프로그램을 설계했을 것이다). 어쩌면 그는 핸슬로프에서 로켁스 키 테이프를 만들었던 회로를 기반으로 설계를 했는지도 모른다.

제프 투틸은 앨런의 아이디어에 관심이 있었지만 몇몇 아이디어는 제한된 시간과 쏟아부을 수 있는 노력에 한계가 있다는 점에서 특히 비현실적이었다. 예를 들면 컴퓨터 문자 인식을 위해 앨런이 고안해낸 방식이 있었는데, 이것은 텔레비전 카메라를 가진 정교한 시스템으로서 시각 이미지를 음극선관 저장장치로 옮기고 기본 사이즈로 줄이기 위한 것이었다. 투틸은 앨런의 이 같은 생각들을 가장 관대하게 받아들였던 사람이었을 것이다. 하지만 공학적 측면에서 모든 사람들과 마찬가지로 그 역시 앨런 튜링을, 걸출한 수학자이지만(또는 그렇다고 들었지만) 곤혹스럽고 섣부르게 판단하는 엔지니어라고 생각했다. 1949년은 앨런이 학문적 기술자가 되기 위한 방법을 모색했던 노력에 마침표를 찍은 해였다. 영국 순수 수학자에게 주목할 만한 점이 있다면 그것은 전자공학 지식이 부족했다는 사실이 아니라 자신의 손을 더럽히며 직접 작업하는 것을 마다하지 않았다는 것임을 인정해주는 사람은 많지 않았다는 것이다.

한편 컴퓨터 개발의 좀 더 이론적인 측면이 점점 대중적으로 논의되기 시작했다. 1948년에 노버트 위너는 『사이버네틱스Cybernetics』(인공두뇌학)라는 책을 출간했다. 그는 이 단어를 '동물과 기계에서의 제어와 소통'이라는 의미로 정의했다. 이것은 에너지나 물리적인 구조보다는 정보와 논리가 중요한 세계에 대한 설명이었다. 피드백 같은 기본 아이디어가 새로울 것이 없다고 해도 전쟁 중에 어마어마하게 발전한 과학기술에 크게 영향을 받았다. 위너와 폰 노이만이 1943~1944년 겨울 학회에서 인공두뇌학에 대한 생각을 발표하기는 했지만 이 주제가 전문적인 논문의 테두리를 넘어 논의되는 데 일조한 것은 위너의 저서였다. 사실 『사이버네틱스』는 매우 기술적이고 일관성이 없으며 난해한 책이었지만, 대중은 이것이 지난 10년간 세상에서 일어난 일들의 비밀을 풀어줄 마법 열쇠라도 되는 것처럼 생각했다.

위너는 앨런을 인공두뇌학자로 간주했다. 실제로 인공두뇌학은 앨런이 전쟁을 통해 개발 기회를 얻었고, 어떠한 흥미로운 학문적 카테고리에도 들어맞지 않았던, 오랫동안 그를 사로잡고 있던 관심사를 정의하는 데 도움을 주었다. 1947년 봄 낭시로 가는 길에 위너는 자신의 저서 서론에서 언급한대로 "튜링과 인공두뇌학의 핵심 아이디어에 대해 이야기"할 수 있었다.

1949년이 되었을 때는 다른 모든 분야에서처럼 과학계에서도 사실상 미국의 패권을 당연시하는 분위기였고, 1949년 2월 24일 인기잡지 《뉴스 리뷰》에 실린 기사가[1] 이 분위기를 잘 대변했다. 위너의 말을 요약해 실었던 이 기사는 미국인 교수가 비행기를 타고 왔을 때 영국 과학자들이 그에게 '귀중한 데이터'를 어떻게 제공할 수 있었는지에 대해 자랑스럽게 설명했다. 이것은 마치 위너라는 태양 주위를 도는 행성에 앨런이 등장한 것과 같았는데, 잡지에는 위너의 육중한 용모와 생물학자 J. B. S. 홀데인J. B. S. Haldane의 커다란 얼굴과 뚜렷이 대조되는 앨런의 젊고 조금은 예민해 보이는 모습의 사진도 실렸다.

현실에서 위너는 앨런의 상대가 되지 못했고, 비록 공통 관심사가 많기는 했지만 이들의 견해는 전혀 달랐다. 위너는 거의 모든 인간 활동을 인공두뇌학으로 표현하면서 이 학문의 범위를 확장하려는 경향이 있었다. 또 다른 차이점은 위너의 유머감각이 형편없었다는 것이다. 앨런은 자신의 확고부동한 생각들을 언제나 재치 있게 쉬운 영어로 전달했던 반면, 위너는 심리학의 근본적인 문제의 해법이 50년 뒤 미래에 놓여 있는 것이 아니라 모퉁이를 돌아서면 바로 있다는 요지를 담은 몹시 근엄하고 몇몇 확정적이지 않은 제안을 내놓았다. 『사이버네틱스』에서 뇌가 시각적 패턴을 어떻게 인식하는지에 대한 문제를 매컬로크와 피츠가 해결했다는 점이 진지하게 언급되었다. 인공두뇌학은 불확실한 상황에서 이처럼 지나치게 낙관적인 시도를 하기 쉬웠다. 훗날 거짓말로 밝혀지기는 했지만 권위 있는 문헌에 언급되기도 했던[12] 이야기 하나가 퍼졌는데 벽돌공들에게 최면을 건 다음 "이러이러한 집의 방습재 위에 놓인 4번째 열의 15번째 벽돌에 어떤 모양의 금이 가 있는가?" 같은 질문을 하면서 뇌의 기억 용량을 측정하려 했다는 것이었다. 앨런은 이런 인공두뇌학과 관련된 허무맹랑한 이야기들을 재미있다고 생각했다.

또 다른 차이점은 위너가 인공두뇌학 기술이 지닌 경제적 의미에 대한 관심을 숨기지 않았다는 사실이었다. 전쟁도 기계가 사람들을 대신해 일하도록 만들어져야지 그 반대가 되어서는 안 된다는 그의 신념을 바꾸지 못했다. 1948년 미국 여론은 공장 로봇들이 사람들을 대신하면서 사람들이 노예들과 경쟁하게 된다고 지적하고, 경쟁 원칙을 '케케묵은 원칙shibboleth'으로 대담하게 묘사하면서 위너를 극좌파로 간주했다. 영국 방문에서 그가 홀데인을 비롯해 J. D. 버널J. D. Bernal과 H. 레비H. Levy 같은 좌파 성향을 가진 과학계의 권위자들을 찾은 것은 우연이 아니었다.

그러나 『사이버네틱스』가 출간되고 영국에서 일어난 학문적 논의는 이 문제와 연관이 없었을 뿐만 아니라 컴퓨터의 활용이나 평화롭고 건설적인 결말을 위해 전쟁 중에 개발된 기술의 활용, 협력과 경쟁의 상대적인 장점들과도 아무런 관련이 없었다. 《뉴스 리뷰》가 인공두뇌학을 "무시무시한 과학"이라고 표현했을 때 이들은 이것이 가져올 경제적 결과가 아닌 전통적 믿음을 위협하는 것을 두려워한 것이었다. 전후에 상업적이기보다는 계획적이고 금욕적이고 보수적인 것들에 보인 사회의 반응은 지식인들도 수용했던 빅토리아 시대에 있었을 법한 고려사항에 반영되었다. 다른 사람들과 마찬가지로 앨런 튜링도 해당되었는데, 이들 고려사항

앨런 튜링의 이미테이션 게임

은 1930년대에 생각과 감정의 문제로 그가 겪었던 고통과 가까웠다. 그러나 시대는 변했고, 인공지능 기계의 주장에 대한 영국 지식인들의 반응을 이끄는 사람은 주교가 아닌 뇌수술 전문의가 되었다. 저명한 신경학자였던 조프리 제퍼슨Geoffrey Jefferson 경은 1949년 6월 9일에 리스터 메달Lister Medal(잉글랜드 왕립 외과대학이 외과 의학에 공헌한 인물에게 수여하는 상—옮긴이)을 받은 뒤 '기계인간의 마음The Mind of Mechanical Man'이라는 제목으로 연설을 했다. [13]

제퍼슨은 맨체스터 의대에서 신경외과 과장을 지냈고, 윌리엄스와 맨체스터 컴퓨터 개발에 대해 이야기를 나눈 적이 있어서 이에 대해 알고 있었다. 그러나 그에게 가장 큰 인상을 남긴 사람은 컴퓨터 부품과 뇌신경세포와의 유사성을 계속해서 강조했던 위너였다.* 둘 사이의 유사점은 상당히 미약했고, 위너의 컴퓨터 오작동과 신경질환 비교는 발전에 도움을 주지 않았다. 인공두뇌학에 대한 주장에 정확성과 본질을 더하기 위해 튜링의 이산 상태 기계discrete state machine와 만능universality에 대한 아이디어가 필요했다. 위너의 일부 주장은 상당히 공격하기 쉬웠지만 제퍼슨은 완전히 굴복시키는 것에서 더 나아가 다음과 같은 상식이라는 비장의 카드를 사용했다.

> 그러나 신경학을 별개로 연구하는 것으로는 동물도 인간도 설명할 수 없다. 내분비 물질들이 이들을 너무나 복잡하게 만들고, 생각은 감정의 영향을 너무 많이 받는다. 성 호르몬은 종종(회유 어류에서 볼 수 있듯이) 인상적일 만큼 설명이 안 되는 특이한 행동들을 만들어낸다.

제퍼슨은 성에 대해 이야기하기를 좋아했다. 그러나 그의 연설은 오히려 의문을

---

* 앨런 튜링은 언제나, 그의 관점에서 뇌가 이산 상태 기계로 여겨질 수 있다는 근본적인 논제와 무관하다고 생각되는, 이 같은 모든 비교를 폄하했다. 그래서 1948년 NPL 보고서에 다음과 같이 썼다. "우리는 신경의 행동을 모방하기 위해 상당히 정확한 전자 모델을 만들 수 있었지만 이렇게 하는 것에 의미가 없어 보였다. 이것은 마치 계속 바퀴를 사용하는 대신 다리가 달린 자동차에 많은 노력을 기울이는 것과 같았다."

품게 만들 뿐인 미사여구로 끝을 맺었다. 자주 인용되는 문구는 다음과 같다.

기계가 우연히 기호들이 맞아 떨어져서가 아니라 생각을 하고 감정을 느끼면서 시를 쓰거나 협주곡을 작곡할 수 있을 때까지는 기계가 뇌와 동등하다고 이야기할 수 없다. 다시 말해 기계가 시나 협주곡을 쓸 뿐만 아니라 자기가 그것을 썼다는 것을 알 때까지 말이다. 그 어떠한 기계장치도 (그저 인위적으로 억지로 짜 맞춘 신호가 아닌) 자신의 성공에 기뻐하고 진공관이 망가져서 슬퍼하고 듣기 좋은 말에 마음이 누그러들고 실수에 의기소침해지고 성적으로 끌리고 원하는 것을 가질 수 없을 때 분노하거나 좌절할 수 없다.

제퍼슨은 연설 말미에서 "저는 기계론자라기보다는 셰익스피어와 같은 인문주의자입니다. 『햄릿』의 대사를 인용해보겠습니다. '인간은 정말 대단한 신의 걸작이야! 고귀한 이성과 무한한 능력을 가졌지!'"라고 말했다. 셰익스피어는 이런 종류의 논의에서 화자 자신이 섬세한 인간 감성의 소유자임을 보여주기 위해 종종 인용되었다. 그러나 정작 제퍼슨 자신은 두 번의 세계대전에서 다치고 깨진 머리를 치료하는 것 말고도 1930년대 후반 전두엽 절제술의 대표자로서 그 '걸작'의 수준을 끌어올리는 데 큰 역할을 했다.

이것은 부품이 생물이 아니라는 이유로 기계가 창조적인 생각을 할 수 없다는 가정에 기반을 둔 "타조가 머리를 모래에 파묻는(문제를 회피하는)" 것과 같은 주장이었다. 제퍼슨은 "진공관이 생각한다는 말을 듣는다면 우리는 언어에 절망하게 될지도 모른다"라고 했다. 그러나 신경세포들이 생각한다고 말하는 사람이 없는 것처럼 인공두뇌학자 누구도 '진공관'이 생각한다고 말한 적이 없었다. 여기에 혼란이 존재했다. 앨런의 관점에서 '생각'하는 것은 전체적인 시스템이었고, 이것을 가능하게 하는 것은 물리적으로 구체화된 어떤 특정한 것이 아닌 논리적 구조였다.

《타임스》는 제퍼슨이 인정한 다음과 같은 말에서 기회를 잡았다.[14]

논리와 수학이 아주 비슷하기 때문에 기계가 논리적으로 문제를 해결할 수 있을지

앨런 튜링의 이미테이션 게임

도 모른다. 사실 이런 목적을 가진 일부 조치는 내가 근무하는 대학교의 철학과에서[원문 그대로임] 논의되고 있다.

《타임스》기자가 맨체스터에 있는 앨런에게 전화를 걸었고, 미끼를 덥석 문 그는 자신의 생각을 거리낌 없이 내뱉었다.

"이것은 앞으로 있을 일의 맛보기일 뿐이고 미래의 그림자에 지나지 않습니다. 우리는 기계의 진정한 능력을 제대로 알기 전에 이것에 대해 어느 정도 경험을 쌓아야 합니다. 새로운 가능성에 안착하기까지 몇 년이 걸릴 수도 있지요. 하지만 저는 보통 인간의 지성으로 다룰 수 있는 분야들 중 어느 하나에 기계가 발을 들여놓고, 결국에는 대등한 조건에서 경쟁해서는 왜 안 되는지 모르겠습니다.

소네트라고 해서 다를 것이 없다고 생각합니다. 기계가 작곡한 소네트는 다른 기계가 그 가치를 더 잘 알아볼 것이기 때문에 비교가 어쩌면 조금 불공평할 수 있지만 말이지요."

튜링 박사는 맨체스터대학교가 학교를 위해, 기계가 가진 가능성들을 조사하는 데 정말로 관심이 있다고 했다. 이들의 연구 방향은 기계가 할 수 있는 지적 활동의 정도와 스스로 어느 범위까지 생각할 수 있는지를 확인하는 일이었다.

"맨체스터대학교"가 "정말로 관심을 가지는" 것이 무엇인지에 대한 이런 식의 규정은 당혹스러운 것이었으며 가톨릭 사립학교가 이 문제에 나서도록 만들었다.[15]

…제퍼슨 교수의 리스터 연설에 근거해 판단할 수 있는 것은… 책임감 있는 과학자들은 재빨리 이 프로그램과 거리를 둘 것이라는 겁니다. 우리는 모두 이들을 본보기로 삼아야 합니다. 심지어 우리와 정반대에 서 있는 유물론자들조차 새뮤얼 버틀러의 소설 『에레혼』에 등장하는 에레혼 사람들Erewhonian처럼 기계의 적개심에 대항해 스스로를 보호해야 한다고 느낄지 모릅니다. 그리고 (우리에게 정신과 영혼은 없고 오직 뇌만 있다면 이해할 수 없는) 인간이 자유인이라고 입으로만 말하는 것이 아

니라 진심으로 믿는 사람들은 튜링 박사의 의견이 이 나라의 지도자들 사이에서 얼마나 널리 공유되고 있는지 또는 공유될 것인지에 대해 자문해보아야 합니다.

6월 11일 배스의 다운사이드 수도원

일티드 트레소완 드림

영국의 지도자들은 자신들의 의견을 공개하지는 않았다. 그러나 맥스 뉴먼은 메르센 소수 문제에 대한 난해한 설명을 쏟아내면서 앨런의 자극적인 예언이 심어준 인상을 수정해줄 것을 《타임스》에 요청했다. 《타임스》가 맨체스터에서 개발 중인 기계의 사진을 게재하고 뒤이어 6월 25일에 《일러스트레이티드 런던 뉴스The Illustrated London News》가 기계 사진을 실으면서 제퍼슨은 맨체스터를 위해 훌륭한 광고업자 역할을 톡톡히 해주었다. 그리고 이는 의도치 않게 케임브리지대학교의 에드삭 공개에 쏠릴 관심을 가로채는 결과를 낳았다.

월크스 교수팀은 빠른 진전을 보였고, 미국에서 개발하고 있는 것보다 훨씬 앞서 이미 수은 지연선 기억장치를 사용하는 에드박 타입의 컴퓨터 제작을 끝마쳤다. 이 기계는 저장용량이 32개 지연선에 불과했고, 디짓 간격digit time(하나의 펄스로 숫자 한 자리, 즉 디짓을 표현한다고 할 때 연이은 펄스 사이의 간격—옮긴이)은 2마이크로초로, 계획했던 ACE의 2배였다. 그러나 작동에는 문제가 없었다. 맨체스터의 '베이비'가 성공적으로 작동한 최초의 프로그램 내장형 컴퓨터였다면 에드삭은 어려운 수학 작업이 가능했던 최초의 컴퓨터였다.*

앨런은 에드삭 발표회에 참석했고, 1949년 6월 24일에 '거대 루틴 확인하기Checking a Large Routine'라는 제목으로 연설을 했다.[16] 그는 저장된 숫자들을 까먹기 쉬운 긴 프로그램에 적합한 정교한 절차를 설명했다. 자신의 요점을 설명하면서 칠판

---

* 메르센 소수 문제는 점점 성장하고 있는 맨체스터 컴퓨터에 독창적이기는 하지만 극히 인위적으로 적용되었다. 1949년 가을에서야 이 컴퓨터는 '일반적인' 문제에 응용될 수 있었다. 앨런 튜링 자신이 활용한 것들 외에, 훗날 설명되었듯이, 이것은 렌즈 시스템을 통과한 광선을 추적하는 광학 연산과 유도미사일과 관련하여 일부 수학 연구에 활용되었다.

앨런 튜링의 이미테이션 게임

에 몇 개의 계산을 보여주었고, 맨체스터에서 흔히 그랬듯이 청중들을 등지고 돌아서서 숫자를 적느라 사람들의 반응을 읽지 못했다. 윌크스는 "나는 그가 사람들을 웃기거나 창피를 주기 위해 그랬다고 생각하지 않는다"라고 기록했다.[17] "그는 그저 이런 종류의 사소한 문제들이 누군가가 이해하는 데 어떤 식으로든 영향을 줄 수 있다는 사실을 제대로 인식하지 못했을 뿐이었다." 이것은 에드삭을 제작한 사람들이 1949년 5월에야 프로그램을 막 작성하기 시작했고, 얼마 가지 않아 서브루틴 아이디어를 발견한 반면 앨런은 수년간 이것들을 작성하고 확인하고 있었다는 아이러니한 사실을 가리는 "성가시고 작은 세부사항"이었다.

한편 ACE는 끝내 완성되지 못했다. 앨런은 가장 안 좋은 시기에 사표를 제출했고, 그다음으로 전자공학 분야를 책임지던 토머스가 사임했다. 토머스의 후임인 F. M. 콜브룩F. M. Colebrook은 전임자와는 매우 다른 태도를 보였다. 사실 토머스가 떠나자마자 수학자들은 엔지니어들이 있는 건물로 이사했다. 콜브룩 덕분에 전례 없던 안정기가 찾아왔고, 두 집단은 곧 조립라인 식으로 함께 손발을 맞추며 작업했다. 기계를 제작하는 속도는 앨런이 당초 구상했던 계획에 필적했다. 1949년 중반이 되었을 때 이들은 제 기능을 해내는 지연선을 완성했고, 10월에는 제어장치의 배선작업을 끝냈다. '시험용 ACE_Pilot ACE'는 허스키가 그랬던 것처럼 튜링의 '버전 V_Version V'를 기초로 제작되었다. 이 기계는 누산기를 사용하는 폰 노이만 시스템과 구별되는 '분산' 처리과정 방식을 채택했다. 또 이들은 메가사이클(초당 100만 사이클—옮긴이) 속도를 유지했고, 이로 인해 ACE는 세상에서 가장 빠른 기계가 되었다. 한편 찰스 다윈 경이 1949년에 은퇴했다. 맥스 뉴먼은 앨런을 떠나보내면서 다윈에게 호의를 베풀었다고 생각했고, 앨런도 같은 생각이었던 것 같다. 1950년 11월에 앨런은 시험용 ACE를 공개하는 공식석상에 참석했고, 이때 짐 윌킨슨에게 자신이 남아 있음으로 해서 할 수 있었던 것보다 얼마나 더 잘해냈는지 이야기하면서 상황을 관대하게 받아들였다. 분명 시험용 ACE는 앨런이 떠나지 않았다면 완성이 불가능했을 것이다. 그러나 그는 이 기계가 자신이 원래 계획했던 것과 큰 차이가 있음을 역시 알고 있었을 것이다.[18]

워머슬리는 앨런이 떠나고 난 뒤에 ACE 프로젝트의 역사를 다시 썼고, 콜브룩은 1949년 11월 13일에 워머슬리가 작성한 보고서를 집행위원회에 제출했다.

그런 다음 콜브룩 씨는 자동 계산 기관ACE 프로젝트의 조직의 역사를 언급했다. 튜링 박사의 논문 「계산 가능한 수와 결정 문제 적용에 관하여」에 그 뿌리를 두고 있는 이 프로젝트는… 워머슬리 씨는 튜링 박사의 논문을 읽은 후 1938년에 논리 설계에 대해 생각하기 시작했다. 그리고 하트리 교수와 논의를 한 후 1944년 초반에 연구소로 왔고, 다음 해에 하버드대학교와 에니악 기계를 보기 위해 미국을 방문했다. 1945년에 뉴먼 교수가 워머슬리 씨를 만나러 왔고 튜링 박사를 소개했다. 그리고 얼마 지나지 않아 앨런은 연구소 직원으로 근무하게 되었다.

프로젝트와 관련해서 앨런이 언급된 부분은 이것이 전부였다. 설명은 계속되었다.

1946년에 ACE 개발에 착수했고, 우체국에서는 실험 연구가, 그리고 연구소에서는 기계의 프로그래밍을 포함해 이론 연구가 계획되었다. 우체국에서 진행된 연구가 더뎠기 때문에 1947년에 ACE를 제작하기 위해 NPL에 한 부서가 설치되었다.

콜브룩은 토머스가 재임했던 시기를 교묘하게 빼버리면서 1948년과 1949년에 진행된 과정을 설명했다. 그런 다음 시험용 ACE를 "당초 제안되었던 기계"와 대조했고 다음과 같이 말했다.

원래 계획했던 것처럼 실제 ACE의 크기는 워머슬리 씨가 미국을 방문하는 동안 폰 노이만 교수와 오랜 시간 함께 숙고한 결과였다.

1950년이 되었을 때 앨런 튜링은 이미 좌천된 인물로 컴퓨터 혁명의 레온 트로츠키[Leon Trotsky](러시아의 혁명가이자 공산주의 이론가로, 1905년 러시아 혁명과 1917년 볼셰비키 혁명에서 지도적인 역할을 했지만 훗날 당에서 제명된 뒤 국외로 추방되었다―옮긴이)였다.

앨런 튜링의 이미테이션 게임

그러나 그는 한 번 결정한 일에 대해 불평하는 그런 사람이 아니었다. 맨체스터에서의 그의 위치는 지위와 계급 그리고 장비들을 사용하는 데 어려움이 있었다는 점에서 핸슬로프와 유사한 점이 많았다. 한 가지 차이점은 맨체스터의 거친 환경이었고, 이것이 그의 무례함을 더욱 심화시켰음이 분명했다. 또 다른 차이점이라면 1943년에 분주하게 움직인 덕분에 전자기술의 실질적인 경험을 쌓을 수 있었다는 것이다. 1948년에 그는 컴퓨터를 활용할 수 있게 되었는데 이것은 무엇보다도 중요한 사항이었다. 앨런은 그때까지 만능기계에 대한 아이디어를 간직하고 있었고, 1949년 세상에 존재했던 두 개 중 하나를 가지고 작업할 수 있었다. 그는 무모해 보였지만 그 나름의 방식이 존재했다.

그 당시로서는 몇몇 과거의 문제들을 청산하면서 만능기계의 정당성을 입증하는 것에 만족했다. 그가 제일 처음 한 일은 제타함수를 다시 계산하는 일이었다. 전투 없는 개전 상태가 시작되었을 때 사용하고 있던 톱니바퀴는 1950년의 불완전한 평화 상태에서 만능기계 테이프의 명령으로 대체될 수 있었다. 계획에 따라 잘 진행된 것은 아니었는데 일부는 기계의 잘못이었고 일부는 그의 잘못이었다.[19]

1950년 6월에 리만 제타함수에서 영점의 분포와 관계가 있는 몇몇 계산을 하기 위해 맨체스터대학교의 (원형) 전자 컴퓨터를 활용했다. 어떤 특정 구간에서 특정 선위에 존재하지 않는 영점들이 있는가를 밝혀내는 것이었다. 계산을 사전에 계획하기는 했지만 사실 매우 급하게 수행되었다. 컴퓨터가 사용 가능한 상태로 유지되는 시간이 보통 오후 3시부터 다음 날 오전 8시까지로 매우 길지 않았다면 계산이 아예 불가능했을 가능성이 다분했다. 그 당시에는 $2\pi.63^2 < t < 2\pi.63^2$ 구간을 조사했고, 그다지 좋은 성과를 거두지 못했다.

…1414 < t < 1608 구간을 (역시) 조사하고 확인했지만 불행하게도 이 시점에서 기계가 고장이 나는 바람에 더 이상의 연구를 진행할 수 없었다. 설상가상으로 이후에 잘못된 오차값을 가지고 구간을 조사했다는 것이 밝혀졌고, 따라서 가장 확실하고 단호하게 주장할 수 있는 것은 $t=1540$까지는 영점들이 특정 선에 존재한다는 것이었다. 에드워드 찰스 티치마시는 1468까지 조사했었다…

이것은 킬번이 밤새 옆을 지켰던 이례적인 합동 작업이었다. 앨런은 출력된 전신 타자기 테이프를 읽기 위해 불빛에 비추어보았을 것이다.

> 원한다면[원문 그대로임] 테이프 내용은 나중에 자동적으로 출력될 수도 있다… 출력은 대부분 숫자로서 32진수로 적혀 있었다… 가장 큰 자릿수의 숫자가 오른쪽에 위치하면서… 더 평범하게 10진수를 사용할 수 있었으나 그러려면 변환 루틴 conversion routine 기억장치가 필요했고, 또 작성자가 32진수를 충분히 숙지하고 있어서 32진수로 작성된 결과를 읽을 수 있었다.

또 다른 오래된 (에니그마) 문제점 역시 이 시기에 해결되었다.[20]

> 나는 맨체스터 컴퓨터에 1,000개의 저장 단위만을 사용하는 용량이 작은 프로그램을 설치했다. 기계에 16자리 숫자 하나가 입력되면 2초 안에 다른 16자리 수로 응답했다. 나는 이 프로그램의 결과를 보고 아직 입력하지 않은 값에서 나올 응답을 예측할 수 있는 사람은 아무도 없을 것이라고 생각한다.

다시 말해 그는 평문의 도움을 받더라도 깰 수 없는, 스스로 난공불락이라고 여겼던 암호 시스템을 고안했다. 제2차 세계대전의 느릿하게 움직이는 톱니바퀴는 이미 앨런의 제타함수 기계처럼 구식이 되어가고 있었다.

암호학에 대한 관심이 사라지지 않았다는 다른 징후도 있었다. 앨런이 엔지니어들에게 요구한 또 하나의 페란티 마크I 하드웨어 기능은 이들이 '측면 가산기 sideways adder'라고 부르는 것이었다. 이 기능은 40비트열에 들어 있는 펄스 '1'의 개수를 계산했다. 수치 프로그램에는 응용할 것이 없었지만 '예/아니요' 질문에 대하여 답변을 숫자로 코드화하는 데 매우 유용했고, 콜로서스가 그랬던 것처럼 '예' 답변들의 개수를 세도록 했다. 이런 응용 프로그램들은 앨런이 여가시간을 활용해 취미로 작성했을 가능성이 높다. 국제정세가 악화되어가던 이 시기에 영국 정보통신본부는 앨런에게 조언을 구했다. 암호학과 전자 컴퓨터 지식에 있어서 타의 추종을 불허했던 사람에게 자문하지 않았다면 그것이야말로 놀랄 일이었을 것이다. 그리고 프로그래밍 응용에 있어서 가장 '득이 되는' 분야가 암호해독학이라고 앨런이 설명하지 않았던가? 그러나 이 주제는 그 어느 때보다도 철저한 비밀에 부쳐졌기 때문에 이 사실을 인지할 수 있는 지위에 있었던 사람들은 극소수에 불과했다.

또 미국의 젊은이 데이비드 세이어David Sayre와의 논의에서 앨런이 이 시기에 암호학을 떠올리고 있었음을 알 수 있다. 제2차 세계대전 중에 MIT 방사선 연구소에서 레이더 연구에 참여했던 세이어는 그 당시 옥스퍼드대학교의 도로시 호지킨 Dorothy Hodgkin 밑에서 분자생물학을 공부하고 있었다. 전쟁 중에 F. C. 윌리엄스와 작업해본 경험이 있었던 세이어는 X선 결정학x–ray crystallography에 도움이 될지도 모른다는 이유로 컴퓨터를 보기 위해 맨체스터대학교를 방문했다. 윌리엄스는 그를 앨런에게 소개했고, 앨런은 평소의 그답지 않게 친절하고 상냥한 태도를 보여주며 세이어가[21] "그와 함께하며 완벽하게 편안한" 시간을 보낼 수 있게 해주었다. 이들은 이틀 반 동안 대화를 나누었다. 이들의 대화가 중단된 때는 "기계를 사용하고 싶다면 몇 분간 시간이 있다고 알리는 전화벨이 울리고 그가 종이뭉치와 천공 종이테이프를 모아… 잠시 사라졌을 때"뿐이었다.

데이비드 세이어는 앨런이 전시에 암호 연구에 관여했음을 짐작할 수 있었다. 단백질 구조를 밝히는 데 적용할 수 있는 X선 결정학은 암호해독의 본질과 놀라울 정도로 닮았다. X선은 회절무늬diffraction pattern를 남겼고, 이것은 분자 구조를 암호화하는 것으로 생각할 수 있었다. 판독 과정은 암호문만 있는 상태에서 평문과 암호를 해독하는 키 모두를 찾는 문제와 매우 흡사했다.* 이런 유사점들은 다음과 같

---

* X선 측정은 회절된 X선에서 다른 주파수 성분들의 '진폭'만을 보여줄 뿐 '위상'은 보여주지 않는다. 분석은 위상을 추측하는 것에 달려 있는데, 진폭과 위상을 합쳤을 때 그 결과가 적절한 원자량과 양전자 밀도를 가진 물리적 현실과 일치되는 결정의 모양을 보여주는 것이 정확한 추측의 기준이다. 이 아이디어는 암호문을 해독하기 위해 해독키를 추측하는 것과 완전히 동일하다. 이때 이치에 맞는 메시지를 얻는다면 정확한 추측을 했다고 할 수 있다.

  결정학자가 결정의 구조에 대한 가설을 세우면서 언뜻 봐서는 생각만 하는 것으로도 너무 큰 문제를 푼다는 점에서 암호해독학과의 유사성은 더 크다고 할 수 있다. 왓슨과 크릭은 폴링이 했던 것처럼 나선 구조를 제대로 추측하면서 DNA를 분석했고, 해결책에 한 발자국씩 더 가까워졌다. 이는 암호학에서 후보 키들을 과감하게 제거해주는 '개연

은 결과를 이끌어냈다.

> …우리가 끝내기 전에 앨런은 결정학자들이 그 당시까지 연구하고 있던 대부분의 방법들을 혼자서 다시 고안해냈다. 이 점에 있어서 그가 가진 지식의 폭은 내가 아는 그 어느 결정학자들보다도 훨씬 넓었다. 그가 얼마간 진지하게 이 분야를 파고 들었다면 결정학을 둘러싼 상황을 분명 더 발전시켰을 것이라고 자신한다. 그는 1949년에는 아직까지 결정학 분야에 알려지지 않았던 한 가지 방식을 가지고 있었는지도 모른다. 그리고 이 방식은 해결책을 확실히 찾기 위해서 이를 찾는 연구를 시작할 때 얼마나 많은 정보를 수중에 가지고 있어야 하는지를 정립해주는 것과 관련이 있었을 것이다.

앨런은 그에게 딜라일라 개발에 활용했던 섀넌의 정리Shannon theorem에 대해 이야기해주었고, 세이어는 이를 자신의 논문에 활용하면서 섀넌의 정리를 훨씬 발전시켰다.[22] 앨런은 세이어에게 다시 돌아와 계산에 맨체스터 기계를 사용할 것을 종용하기는 했지만 이 분야를 진지하게 연구해보려고 하지는 않았다. 이 분야는 흥미로운 진전이 이루어지고 있던 과학의 한 분야였다. 그러나 앨런의 눈에는 이것이 1949년에 했던 다른 모든 것들처럼 과거의 것들을 연구하는 데 지나치게 매달리는 것처럼 보였는지도 모른다. 또는 어쩌면 너무 많은 학자들이 연구하고 있거나 경쟁이 심한 분야였을 수도 있다. 그는 언제나 독자적으로 할 수 있는 무언가를 원했다.

또 다른 방문객은 클로드 섀넌이었다. 1943년부터 기계와 정신, 정보와 커뮤니케이션에 관해 이들 사이에 오간 논의를 모르는 사람들은 없었다. 1950년 9월 '정

성 있는 단어Probable Word' 방식과 기본적으로 동일한 아이디어라고 할 수 있다. 이런 식으로, 예를 들어 에니그마의 경우 독일어로 된 이해 가능한 평문을 얻기 위해서 소수의 봄베 '중단점'만 조사하면 되었다.
앨런 튜링이 추측을 가능하게 하는 데 필요한 정보 아이디어를 수량화하는 방법을 알 수 있었던 것은 놀라운 일이 아니다. 이것은 블레츨리에서 그의 주요 개념적 발전으로 여겨졌던 '증거 비중'의 수량화와 매우 유사했다.

앨런 튜링의 이미테이션 게임

보 이론'이라는 주제로 런던 심포지엄이[23] 열렸고, 섀넌은 이 자리에 주요 내빈으로 참석했다. 미니맥스와 트리 탐색tree search(컴퓨터가 인간과 게임을 하는 프로그램을 작성할 때 수를 미리 읽어 최고의 수를 구하는 방법—옮긴이) 원리들을 설명하는 체스에 관한 그의 논문이[24] 얼마 전에 발표되었다. 누군가가 이 논문에 대한 논평을 했고, 앨런은 이 논평이 원인과 결과를 혼동하고 있다고 생각했다. 자신의 전형적인 표현방식을 빌려 다음과 같이 언급했다.

> …다양한 지위에 있는 남성들의 세탁 통계를 분석한 다음 수집한 데이터를 바탕으로 인생에서 틀림없이 성공하는 비법이 세탁소에 매주 많은 셔츠를 맡기는 것이라고 결론내리는 것과 같다.

이후에 섀넌은 거의 완성단계에 있는 기계의 원형을 보기 위해 맨체스터를 방문했고, 앨런은 그에게 제타함수 계산에 관한 모든 것을 이야기해주었다. *

섀넌을 영국까지 날아오게 만든 이 심포지엄은 '인공두뇌학'이 주목받고 있음을 시사했다. 1949년 7월에 K. 로렌츠K. Lorenz가 케임브리지대학교에서 동물의 행동을 주제로 강연을 한 뒤에 비공식 인공두뇌학 토론 모임이 만들어졌고, 한 달에 한 번꼴로 런던에 모여 오찬 모임을 가졌다는 점 역시 인공두뇌학에 대한 관심을 보여주었다. 이 모임을 라티오 클럽Ratio Club('ratio'는 '사고한다'라는 뜻의 라틴어이다—옮긴이)이라고 불렀다. 위너와 함께 매컬로크는 인공두뇌학의 주창자라고 할 수 있는 인물이었고 최초로 이 모임을 제안했다(또 그는 자신을 '허풍쟁이'라고 생각했던 앨런을 만나기 위해 맨체스터를 방문했다). 앨런은 라티오 클럽의 창립 멤버는 아니었지만 첫 번째 모임에서 킹스 칼리지 동기생이었던 생물학자 존 프링글John Pringle과 골드가 그를 포함시킬 것을 제안했다.[25]

---

* 섀넌은 이 연구 프로그램에 회의적이었고, 그의 논점은 설득력이 있었다. 1977년에 컴퓨터 계산으로 제타함수의 첫 '700만' 개의 영점 중 특정 선에 존재하지 않는 것은 하나도 없다는 것이 드러났다. 이것은 무작위 대입 방식이 부정적인 결과만을 생산한다는 사례였다.

그 이후 앨런은 몇 달에 한 번씩 모임에 참석했고 그 시간을 즐겼다. 로빈 갠디도 이후에 몇 번 모임에 참석했고, 잭 굿은 1950년 12월에 앨런의 '디지털 컴퓨터 교육하기'라는 강연을 듣고 모임에 합류했다. 통신연구소의 우틀리와 철학적인 물리학자 D. 맥케이D. Mackay 역시 지능기계에 많은 관심을 가지고 있었다. 인공두뇌학에 대한 아이디어를 더 일찍이 언급했으며 영향력 있는 책들을 출간하기도 했던[26] 신경학자 W. 그레이 월터W. Grey Walter와 W. 로스 애시비W. Ross Ashby는 열성적인 멤버였다(그레이 월터는 배터리가 얼마 남지 않았을 때 스스로 재충전하는 모터 달린 '거북이'를 몇 개 제작했다). 모임은 존 베이츠John Bates가 사무관이자 직류전기요법 시술자로 있는 국립 신경질환 병원National Hospital for Nervous Diseases에서 열렸다. 모임은 열의로 가득 찼다. 그러나 인간이 만들어내는 문제들에 인공두뇌학이 즉각적인 해결책을 제시해주지 못한다는 것을 알게 되면서 이후 몇 년간 열의가 사그라졌다.

어떤 면에서 이 모임은 전쟁 시대를 특징짓던 젊은 과학자들의 민주적인 연합을 부활시키려는 시도였다. 이들은 정교수급의 인물들은 제외시켰고, 앨런의 권위적이지 않은 방식을 좋아했다. 많은 라티오 클럽의 멤버들은 통신연구소에서 근무했고, 이곳에서 '일요일의 소련인들Sunday Soviets'이라고 불린 모임을 가졌다. 이렇게 불린 이유는 블레츨리의 각 부서와 비슷하게 그 당시의 오해로 인한 것이었다. 이 모임은 그저 '창조적 무질서creative anarchy'의 모습을 희미하게 띠고 있을 뿐이었다.

브레츨리 시절의 피터 힐튼이 1948년 옥스퍼드대학교를 떠나 맨체스터 수학과로 이직했고, 앨런은 그에게 어떤 면에서는 자신들의 경험을 바탕으로 발전된 기계를 보여주었다. 또 피터 힐튼은 1949년 앨런이 아주 오래전에 연구했던 주제들을 다룬 수학과 토론에 참석했는데 이 주제들은 바로 앨런의 직업 경력에 시동을 걸어주었던 두 분야인 군론과 수리논리학이었다.

토론은 군과 관련된 '단어 문제word problem'에 대한 것이었다. 「계산 가능한 수」가 해결한 힐베르트의 '결정 문제'와 같았지만, 주어진 정리를 입증할 수 있는지 아닌지를 결정하는 '명확한 방법'을 요구하기보다는 군 요소들의 몇몇 결과물이 다른 결과물과 동등한지 아닌지를 밝히는 명확한 방법을 요구했다. 다시 말해 몇몇 주어진 일련의 연산이 다른 일련의 연산과 동일한 효과를 가지는가 아닌가 하는 것이었다.* 에밀 포스트는 '반군semi-group'과 관련한 단어 문제를 풀 수 없음을 증명하면서 1943년에 이와 관련해 최초로 새로운 결과를 내놓았다.** 군 문제는 여전히 미해결 상태로 남아 있다. 피터 힐튼을 놀라게 만든 다음과 같은 일이 있었다.[27]

> 튜링은 이 문제에 대해 한 번도 들어본 적이 없다고 했고 큰 흥미를 가졌다. 그 당시 그의 주된 연구 대상이 기계이기는 했지만, 잠시 잠적했다 약 열흘 뒤에 자신이 단어 문제가 해결 불가능함을 증명했다고 선언했다. 그래서 튜링의 주장을 증명하기 위한 세미나가 계획되었다. 며칠 후 세미나가 있기 전에 그는 "논거에 작은 문제가 있기는 하지만 소거반군cancellation semi-group에는 유효합니다"라고 말했다. 그리고 실제로 소거반군에 유효함을 증명했다.***

이 증명에는 명령을 실행하고 되돌리는 것에 대한 아이디어를 튜링기계의 작동과 결부시키기 위해 계산 가능한 수보다 기술적으로 더 어려운, 상당히 새로운 방법들이 필요했다. 이 사례는 앨런이 지나치게 현실과 동떨어져 있기는 해도 언제든지 다시 '논리적인 사람'이 될 수 있음을 보여주었다. 그는 위대하게 복귀했지만 그에게 이것은 '돌아온 것'이 아닌 '되돌아간 것'이었다. 그는 원래의 군 문제에 더 많은 시간을 쏟기는 했지만 전념하지는 않았다. 이는 세속적인 문제들과 엮이기 전인, 20대 시절 연구의 순수함을 보여주는 것이기는 했지만 앞으로 나아가야 하는 방향을 제시해주지는 않았다.

앨런은 폰 노이만의 학술지에 자신의 결과물을 제출했다.[28] 이 결과는 1949년 8월 13일에 배달되었고 폰 노이만으로부터 답장을 받았다.[29]

---

* 연산을 문자로 나타낼 수 있다면 이 같은 일련의 연산을 '단어'로 나타낼 수 있다. 문제의 명칭이 여기서 유래되었다. '유한' 군의 경우 이 같은 일정한 방법이 물론 존재했는데 모든 가능성들을 살펴보는 원시적인 방법이었다. 문제는 '무한' 군에 있었다.
** '반군'은 '군'에 필요한 조건의 반만 충족하는 연산 집합의 추상적인 표현이다. 연산의 역이 군에 존재하지 않아도 된다.
*** '소거반군'은 군에 더 가까워지는 속성을 가진 반군을 말한다. 만약 AC=BC라면 A=B가 된다.

1949년 9월 13일

친애하는 앨런에게,

…우리의 기계 프로젝트는 상당히 만족스럽게 진행되고 있지만 아직 자네의 위치까지 도달하지는 못했다네. 내 생각에 기계는 내년 초에 완성될 것으로 보이네. 자네가 현재 해결하려고 하는 문제들이 무엇이며, 가까운 장래를 위해 개발하려고 하는 프로그램은 무엇인가?

폰 노이만

프린스턴 고등연구소에 있는 폰 노이만의 기계는 큰 기대를 모았던 아이코노스코프를 작동시킬 수 없어서 몇 년이 뒤처져 있었다. 미국 최초로 완성된 컴퓨터는 존 모클리John W. Mauchly와 존 프레스퍼 에커트John Presper Eckert가 제작한 바이낙BINAC이었고, 1950년 8월에 항공기 공학에 활용되었다. 그리고 1950년 12월에는 통신지원국 워싱턴 본부CSAW의 암호해독 아틀라스ATLAS에 사용되었다. 그러나 1949년 9월에 소련이 원자폭탄 실험을 감행했고, 이 사건을 계기로 미국은 1950년 초반에 수소폭탄을 제작하기로 결정했다. 그런 다음 프린스턴 고등연구소의 기계와 로스앨러모스에 있는 이를 본뜬 매니악MANIAC의 개발이 추진되었지만 이들이 완성된 것은 1952년 이후였다. 1950~1952년 수소폭탄 실행 가능성 계산에는 다년간 연구에 매달리면서 계산자와 탁상용 계산기를 활용하는 1930년대 방식이 적용되었다. 결국에는 특별한 아이코노스코프를 버리고 윌리엄스의 평범한 음극선관을 채택해야 했다. 두 명의 조수와 함께 윌리엄스가 미국 산업을 꺾은 것이다. 뛰어난 재주를 가진 영국인이 '미국인들 앞에 끼어들기'가 여전히 가능했다.

그렇다면 앨런은 어땠을까? 가까운 장래를 위한 그의 프로그램은 무엇인가? 이것은 마법사가 도로시에게 제기한 매우 적절한 질문이었는데, 특히 맨체스터 컴퓨터의 기능들이 완성되었을 때인 1948년 '배움learning'과 '가르침teaching,' '탐색searching'에 대해 앨런이 쏟아냈던 야심 찬 설명과 맞아떨어지지 않았기 때문이다. 앨런은 자신의 아이디어들이 현실과 동떨어진 꿈이며 다른 새로운 방법을 찾아야 한다는 사실을 받아들일 수밖에 없었다.

앨런 튜링의 이미테이션 게임

한편 철학자들은 제퍼슨보다 인공두뇌학계의 주장에 관심을 보였고, 앨런은 자신의 관점을 더 전문적으로 방어해야 했다. 마이클 폴라니Michael Polanyi가 사회학에 큰 관심을 보이면서 그의 철학적 야망을 용이하게 펼칠 수 있도록 맨체스터대학교에 '사회학과'가 특별히 만들어졌고, 그가 학과장 직책을 맡으면서 논의가 활발해지기 시작했다. 그는 헝가리에서 망명을 왔고, 1933년부터 1948년까지 맨체스터대학교 물리화학과 학과장이었다.

폴라니는 '계획에 따른 과학' 개념에 오랫동안 반대해왔다. 심지어 전쟁 중에도 '과학의 자유 협회Society for Freedom in Science'를 설립했고, 전후에는 다양한 종류의 결정론에 반하는 갖가지 주장들을 취합하면서 정치철학과 과학철학을 결합시키려고 시도했다. 특히 그는 정신이 모든 기계 시스템을 능가할 수 있다는 증거로 괴델의 정리를 이용했다. 앨런과 폴라니가 가장 자주 논의했던 주제가 이것이었다. 앨런은 헤일에 위치한 하숙집에서 그리 멀지 않은 곳에 있는 폴라니의 자택으로 달려가고는 했다(언젠가 폴라니가 앨런을 방문한 적이 있었는데 매서운 추위에도 불구하고 집주인에게 불을 때달라고 부탁할 생각도 하지 않은 채 바이올린을 연습하고 있었다). 폴라니는 이 외에도 다른 많은 의견을 가지고 있었다. 그는 불확정성원리에 따른 자유의지에 찬성하는 에딩턴의 주장을 인정하지 않았다. 에딩턴과는 다르게 그는 정신이 분자 운동에 개입할 수 있다고 생각했으며, "의식을 가지고 행동함으로써 일부 확장된 자연의 법칙이 작동 원리들을 깨닫게 해줄 수도 있으며" 정신이 "주변의 열운동의 변칙적인 자극들을 분류하면서 육체를 지배하는 힘을 키우게 해줄 수 있을지도 모른다"라고 했다.[30]

폴라니는 과학이 어찌 되었든 모두 정신에 담겨 있고, 인간의 정신만이 제공할 수 있는 '의미기능semantic function'과 떨어져서는 아무런 뜻을 가질 수 없다는 재버워키식 주장의 확장판을 선호했다. 비슷한 견해를 가지고 있던 칼 포퍼Karl Popper는 1950년에[31] "오직 인간의 뇌만이 계산기가 생산해내는 무의미한 진실에 중요성을 부여할 수 있다"라고 했다. 포퍼와 폴라니는 모든 사람들이 양도할 수 없는 '책임'을 가지고 있으며, 과학은 오직 지각과 책임 있는 결정의 미덕에 의해서만 존재할 수 있다고 믿었다. 폴라니는 과학이 도덕적 기반 위에 세워져야 한다고 생각했다. 그는

"사물의 보편적이고 기계적인 해석에 대한 나의 반대는… 또한 과학의 완벽한 도덕적 중립성에 대한 반대의견을 어느 정도 담고 있다"라고 했다. 이 '책임'이라는 단어에는 학교 선생 같은 어투가 묻어났는데 정신세계를 인지하는 정신적인 것들에 대한 에딩턴의 관대한 의견과는 사뭇 달랐다. 또 냉전의 영향도 무시할 수 없었다. 폴라니는 "물질적 복지가… 최고선이고 정치행동이 필연적으로 권력에 의해 만들어진다고 가르치는 것을 유도한다"라는 이유로 라플라스적 견해를 공격했다. 그는 이런 받아들이기 힘든 신조를 다른 강대국보다는 소련 정부와 연관시켰고, "모든 문화행동은 복지를 달성하기 위해 사회를 변화시키는 데 있어서 국가권력을 추종해야 한다"라는 제안에 불만을 나타냈다. 앨런은 모든 측정에 궁극적으로 결정 요소가 수반된다는 점에 관심을 가졌고, 폴라니에게 두 마리의 경주마가 막상막하로 결승선을 통과하는 사진을 보여주었다. 만약 말의 입에서 뿜어져 나온 침을 몸통의 일부라고 간주했다면 다른 한 마리가 우승할 수도 있었으나 우연성은 규칙에서 허용되지 않았다.[32] 기독교 철학자의 주장의 요점은 앨런의 것과는 매우 다른 방향을 향하고 있었다.

이것이 1949년 10월 27일 맨체스터대학교 철학과에서 벌어진 '정신과 계산 기계 The Mind and the Computing Machine'[33]에 대한 공식토론의 배경이었다. 영국에서 표현하고 싶은 견해가 있는 학자들은 거의 모두 참석했다. 토론은 맥스 뉴먼과 폴라니가 괴델의 정리의 중요성에 대해 논쟁을 벌이는 것으로 시작했고, 앨런이 신경계 생리학자인 J. Z. 영J. Z. Young과 뇌세포에 대해 논하는 것으로 끝을 맺었다. 철학자 도로시 에멧Dorothy Emmet의 주재하에 최근 불거진 거의 모든 논란거리에 대한 논의가 치열하게 전개되었다. 논의가 잠시 소강상태에 접어들었을 때 그는 "가장 큰 차이는 기계에는 자각이 없다는 것인 것 같습니다"라고 말했다.

그러나 이 같은 말은 정신의 기능을 어떠한 형식 체계로도 "명시할 수 없다"라는 폴라니의 주장만큼 앨런을 만족시키지 못했다. 그는 자신의 관점을 1950년 10월 철학 학술지《마인드Mind》에 실린 「계산 기계와 지능Computing Machinery and Intelligence」[34]이라는 논문에서 언급했다. 이 권위 있는 학술지에 실린 그의 논문 스타일이 친구들과 대화하는 방식과 흡사했다는 점은 정말 앨런다운 것이었다. 그는 논문에서

앨런 튜링의 이미테이션 게임

'성별 추측하기 게임sexual guessing game'을 이용해 '생각thinking'이나 '지능intelligence,' '의식consciousness'의 실질적 정의에 대한 아이디어를 소개했다.

이 게임은 질문자가 작성된 답변만을 토대로 다른 방에 있는 두 사람 중 누가 남성이고 여성인지를 추측하는 것이었다. 남성은 질문자를 속이려고 했고, 여성은 질문자가 자신의 말을 믿도록 했다. 이런 식으로 두 사람은 모두 "제가 여자입니다. 저 사람 말은 듣지 마세요!" 같은 주장을 했다. 옛날 로빈과 닉 퍼뱅크와 나누던 대화에 숨겨져 있던 비밀 메시지와 비교해보더라도 그의 이 아이디어는 사람들을 헷갈리게 만들기에 충분했고, 논문의 몇몇 명료하지 않은 부분들 중 하나였다. 이 게임의 요점은 남성이 여성의 반응을 성공적으로 모방한다고 해도 아무것도 증명할 수 없다는 것이었다. 성별은 일련의 기호로 바꿀 수 없는 사실들에 의해 결정되었다. 이에 반해 앨런은 이런 모방원리가 '생각'이나 '지능'에 적용되었다고 주장하고 싶어 했다. 만약 질문에 대한 컴퓨터와 인간의 서면 답변을 근거로 삼았을 때 이들을 구별할 수 없다면 '공정하게 말해' 기계가 '생각'을 한다고 인정할 수밖에 없을 것이다.

이 철학적 내용을 담은 논문에서 앨런은 모방원리를 기준으로 삼는 것을 지지하며 논지를 펼쳤다. 이는 다른 '사람들'을 자기 자신과 비교하지 않고는 이들이 '생각하고 있는' 것인지 '의식하고 있는' 것인지 구별할 수 있는 방법이 없다는 것이었고, 그는 이런 면에서 컴퓨터를 다르게 치부해야 할 이유가 전혀 없다고 생각했다.*

《마인드》 논문은 많은 부분 앨런이 NPL에 제출했던 보고서 내용들과 일치했다 (물론 이 보고서는 정식으로 출간되지는 않았다). 그러나 새로운 생각이 포함되기도 했는데 그다지 심각한 내용은 아니었다. 하나는 다운사이드 수도원에서 바라는 '책임감 있는 과학자'가 되기를 거부한 어느 자부심 강한 무신론자에 대한 농담이

---

* 폴라니는 기계는 기계이고 인간 정신은 인간 정신이며, 아무리 많은 증거를 들이대도 이 '선험적' 사실은 바뀌지 않는다고 말하면서 이 주장을 인정하지 않았다.

었다. 그는 기계가 생각한다는 아이디어에 대한 '신학적 반대'(그는 이렇게 불렀다)를 조롱했다. 신학적 반대란, 생각이라는 것이 불멸의 영혼에게 주어진 특권일지도 모른다는 것이었다. 하지만 신이 기계에 이 특권을 부여하지 말라는 법도 없었다. '초감각적 지각Extra-Sensory Perception'에 보인 반응은 더 모호했다. 그는 다음과 같이 언급했다.

> 이런 심란한 현상은 모든 일상적인 과학적 아이디어들을 부정하는 것 같다. 우리는 이들을 깎아내리길 얼마나 좋아하는가! 그러나 안타깝게도 최소한 텔레파시의 경우 이들이 존재한다는 통계적 증거는 압도적으로 많다. 이런 새로운 사실들에 잘 들어맞을 수 있게 아이디어를 재정리하는 것은 매우 어려운 일이다. 그러나 일단 이런 사실들을 수용하고 나면 유령과 악령을 믿는 것은 그다지 어렵지 않다. 우리의 몸이 그저 잘 알려진 물리학 법칙에 따라 움직인다는 생각은, 아직 발견되지는 않았지만 어느 정도 유사한 다른 몇몇 것들과 함께 가장 먼저 사라질 것이다.

앨런의 글을 읽은 사람들은 그가 '압도될' 만큼 증거를 정말로 믿었는지 아니면 짓궂은 농담이었는지 분명 궁금해했을 것이다. 사실 그는 그 당시 초감각적 지각, 즉 초능력의 실험적 검증을 했다는 J. B. 라인J. B. Rhine의 주장에 분명 깊은 인상을 받았다. 꿈과 예언, 우연의 일치에 대한 그의 관심이 반영된 글이었는지도 모르나 그에게 있어서 열린 사고가 다른 무엇보다 중요함을 분명히 보여주었다. 그에게는 실체가 편리한 사고보다 중요했다. 또 다른 한편으로 기존의 '물리학 법칙'에 구현되고 실험으로 제대로 입증된 인과관계의 원칙과 이런 아이디어 사이의 모순을, 배운 것이 많지 않은 사람들이 가볍게 여긴다고 그도 똑같이 그렇게 할 수 없었다.

기계를 '가르친다'라는 개념 역시 1948년 이후 진전을 보였다. 그때쯤에 그는 고통과 쾌락 방식이 엄청나게 느리다는 것을 시행착오를 통해 배웠을 것이고 왜 그런지 그 이유를 찾아냈을 것이다. 헤이즐허스트를 되돌아보자.

상벌의 활용은 아무리 잘 봐줘도 가르치는 과정의 일부에 지나지 않는다. 대략적으로 말해 교사가 상벌 외에 제자와 소통하는 다른 방식이 없다면 제자가 습득할 수 있는 정보의 양은 가해진 총 상벌의 횟수를 넘지 않는다. 아이가 '카자비앙카'를 읊을 수 있는 나이가 되었을 때 이 시를 '예'와 '아니요'로만 답할 수 있는 '스무고개' 퀴즈만으로도 이해하는 것이 가능하다면 아마도 아이는 매우 낙담하게 될 것이다. 따라서 몇몇 다른 '이지적인' 소통채널을 가지는 것이 필요하다. 이런 채널을 사용할 수 있다면 어떤 언어로, 예를 들면 기호 언어로 내리는 명령에 복종하도록 만들기 위해 상벌을 통해 기계를 가르치는 것이 가능하다. 명령들은 '이지적인' 채널을 통해 전달된다. 이런 언어의 사용은 필요한 상벌의 횟수를 크게 감소시킬 것이다.

'카자비앙카'에 등장하는, 불타는 갑판 위에서 자신에게 주어진 명령을 생각 없이 수행하는 소년은 컴퓨터와 같았기 때문에 이 시를 언급한 것은 적절한 선택이었다. 계속해서 그는 학습하는 기계가 공급받은 아이디어보다 더 많은 아이디어를 생산할 수 있을 때 원자로와 비유해서 '초임계적supercritical' 상태를 달성할 수도 있음을 제시했다. 이것이 그가 본래 생각하고 있던, 1948년에 비해 더 진지하게 다루어진 개발의 그림이었고, 심지어 그의 독창적인 아이디어조차 어떻게든 무언가에 의해 결정되었을 것이라는 주장이었다. 어쩌면 그가 처음으로 생각을 모아 정리하기 시작했을 때, 역탄젠트 함수의 급수를 구했던 일이나 일반상대성이론의 운동법칙에 대해 생각하고 있었는지도 모른다. 그러나 이것 역시 새로운 아이디어는 아니었다. 버나드 쇼는 자신의 희곡 〈메투셀라로 돌아가라〉에서 피그말리온이 인조인간을 만들었을 때 이에 대해 논했다.

에크라시아 이 인조인간이 뭐든 독창적인 것을 할 수 있나요?
피그말리온 아니. 하지만 알다시피, 나는 우리들 중 누구도 진정으로 독창적인 것을 할 수 있다고 보지 않네. 마르텔루스는 생각이 다르지만 말이야.
아키스 질문에 답할 수 있나요?
피그말리온 그럼. 질문은 자극을 유발하지. 질문을 하나 해보게.

앨런이 쓴 것들은 상당수가 생명력의 철학으로 유명한 버나드 쇼가 조롱했던 피그말리온의 주장을 정당화하는 것이었다.

이번에는 그 역시 예전에 신문기자에게 즉흥적으로 답변했던 것과는 다르게 계획적으로 매우 신중하게 표현된 예언을 담았다.

> 대략 50년 안에 저장용량이 약 10^9인 컴퓨터를 프로그램하는 것이 가능해질 것이라 믿는다. 이렇게 되면 모방게임을 할 수 있는 능력이 매우 높아져 5분간 질문을 한 뒤 정확한 성별을 가려낼 가능성이 평균 70퍼센트를 넘지 못할 것이다. '기계가 생각할 수 있는가?'라는 근본적인 질문은 논의할 가치조차 없다고 생각한다. 20세기가 끝나갈 때는 단어의 사용과 지식인들 사이의 여론이 크게 바뀌면서 반대 의견을 예상하지 않고 기계가 생각한다고 말할 수 있는 날이 올 것이라고 믿는다.

이런 조건들("평균", "5분", "70퍼센트")은 아주 부담스러울 정도는 아니었다. 제일 중요한 것은 '모방게임'이 수학이나 체스에 관한 질문만이 아니라 모든 종류의 질문을 허용한다는 것이었다.

이런 언급은 전부가 아니면 아무것도 아니라는 그의 지적 대담성을 보여주었고, 시의적절했다. 폰 노이먼과 위너, 섀넌, 그리고 발군의 능력을 지녔던 앨런 튜링 같은 새로운 정보통신 과학 분야를 개척한 1세대들은 제2차 세계대전을 경험하며 획득한 광범위한 지식을 과학과 철학에 접목했고, 실질적으로 활용이 가능한 기계를 제작하는 데 필요한 행정력과 기술력을 갖춘 2세대들에게 길을 내주었다. 광범위한 지식과 단기 기술력에는 공통점이 없었다. 이것이 앨런이 가진 문제점 중 하나였다. 이 논문은 따분하고 전문적인 사항들로 인해 본래 가지고 있던 재미를 잃어버리기 전에 원시적인 욕구를 충족해주는 최후의 업적 같은 것이었다. 영국 철학과 관련해 고전 작품이라고 할 수 있었고, 노버트 위너의 지루하고 답답한 논문뿐만 아니라 보수주의자들과 1940년대 후반 영국 문화에 흐르던 '지나치게 감상적인' 경향을 부드럽게 질책하는 것이었다. 버트런드 러셀은 이 논문을 칭송했고, 그의 친구 루퍼트 크로셰이-윌리엄스Rupert Crawshay-Williams는 러셀과 자신이 논문을

얼마나 재미있게 읽었는지에 대해 앨런에게 감사의 편지를 썼다.[35]

철학적 관점에서 보면 1949년에 출간된 길버트 라일Gilbert Ryle의 『정신의 개념The Concept of Mind』과 어울린다고 말할 수 있다. 이 책에서 라일은 정신을 뇌에 더해지는 무언가가 아니라 세상을 서술하는 그런 종류의 것이라고 설명했다. 그러나 앨런의 논문은 '특정한' 종류의 서술, 다시 말해 이산 상태 기계에 대해 이야기했다. 또 그는 철학자가 아닌 과학자였다. 논문에서 강조한 것처럼 그는 개략적으로 설명하는 것이 아니라 구체적으로 얼마만큼 달성될 수 있는가를 실험해보는 접근방식을 사용했다. 이런 면에서 그는 새로운 과학의 갈릴레오라고 할 수 있었다. 갈릴레오가 물리학이라고 불리던 추상적인 모델을 최초로 실질적인 학문으로 발전시켰다면, 앨런 튜링은 논리적인 기계가 제공해주는 모델에 이와 대등한 기여를 했다고 볼 수 있다.

앨런 자신은 이런 비교를 마음에 들어 했을 것이다. 그는 논문에서 교회를 불쾌하게 만든 갈릴레오에 대해 언급하면서 그의 '이의'와 '논박'이 유래를 찾기 힘든 재판이었다고 했다. 그는 1년 정도 지나서 이 주제로 강연을 했고[36], 부제는 '이단적 이론A Heretical Theory'이었다. 그는 '높은 사람들'에게 독실한 신자인 체하며 굽실거리는 모든 것들을 파괴하기 위해 다음과 같이 말하는 것을 좋아했다. "언젠가 여성들이 컴퓨터를 들고 공원을 산책하며 '제 소형 컴퓨터가 오늘 아침 정말 재미있는 이야기를 해주더라고요!' 같은 대화를 나누는 날이 올 겁니다." 또 컴퓨터가 어떻게 놀라운 이야기를 하게 만드느냐 하는 질문을 받으면 깜짝 놀랄 답변을 해주었을 것이다. "주교를 모셔와 컴퓨터와 대화하게 해보세요." 1950년에는 앨런이 이단죄로 재판에 회부될 가능성은 없었다. 그러나 그는 분명 자신이 비이성적이고 미신적인 장애물에 부딪혔다고 느꼈고 이에 저항했다. 그는 계속해서 다음과 같이 언급했다.

더 나아가 이런 믿음을 숨기는 것으로는 어떠한 유용한 목적도 달성할 수 없다고 믿는다. 과학자들은 절대 증명되지 않은 추측에 영향을 받지 않으며 잘 정립된 사실만 가지고 냉철하게 앞으로 나아간다는 대중적인 견해는 상당히 왜곡된 것이다. 어떤 것이 증명된 사실이고 어떤 것이 추측인지 명료하게 제시되기만 한다면 문제가 되지 않는다. 추측은 연구의 방향을 제시해주기 때문에 매우 중요하다.

앨런의 견지에서 과학은 스스로 판단할 수 있는 능력이 있었다.

실제 컴퓨터 설치를 둘러싼 모든 시행착오를 수행하지 않은 상태에서 이 '추측'이라는 것이 튀어나왔다. 그것은 이미 오래전에 피그말리온 신화에 등장했던 인공지능에 근접하는 무언가가 새 천년에 성취될 것이라는 것이었다. 또 1935년부터 시작된 이산 상태 기계 모델과 만능, 그리고 '뇌를 제작하기' 위한 모방 원칙의 건설적 활용에 대한 그의 생각이 결실을 맺으며 완전한 형태를 갖추었다.

그러나 논문에 담긴 확신에 찬 모습 저변에는 까다롭고 골치 아픈 질문들이 놓여 있었다. 그의 사고의 폭이 좁지 않았기 때문이다. 다른 많은 과학자들과 다르게 앨런은 자신의 아이디어가 형성된 좁은 틀 속에 갇혀 있지 않았다. 폴라니는 과학적 조사의 다른 분야들이 적용된 다른 모델들, 그리고 이들을 구별하는 것의 중요성을 지적하는 데 열중했다. 그러나 에드워드 카펜터가 이미 오래전에 문제의 핵심에 도달했었다.[37]

> 과학적 방법은 모든 일상적인 지식에 관련된 방법과 마찬가지이다. 제한하거나 사실상 무시하는 방법이다. 속박받지 않는 위대한 자연의 통합성에 직면해서 오직 특정 사항들을 선택하고 이들을 (의도적이거나 무의식적으로) 나머지와 분리시킴으로써 관념 속에서만 이것을 다룰 수 있다.

'이산 제어 기계discrete controlling machine'를 뇌 활동의 모델로 삼는 것은 "특정 사항들을 선택하는" 좋은 예로 뇌가 다른 여러 가지 방식으로 설명될 수 있었기 때문이다. 어쨌든 앨런의 논지는 이것이 '생각'이라고 부르는 것과 '관련된' 모델이었다는 것이다. 얼마 뒤에 제퍼슨의 주장을 패러디하면서 그는 "우리는 사실 뇌가 두부처럼 말랑말랑한 상태를 유지한다는 사실에는 관심이 없습니다. '이 기계는 상당히 단단해서 뇌일 수 없어요. 그렇기 때문에 생각을 못합니다'라고 말할 생각은 없습

앨런 튜링의 이미테이션 게임

니다"라고 말했다.[38] 그는 논문에서 다음과 같이 언급했다.

미인대회에서 기계가 미모를 마음껏 뽐낼 능력이 없다는 이유로 처벌하고 싶어 하는 사람은 없다. 뿐만 아니라 인간이 비행기와의 경주에서 졌다고 벌을 주려고 하지도 않는다. 게임의 조건이 불리한 점들을 무관하게 만든다. '응답자들witnesses'은 바람직하다고 생각된다면 만족할 때까지 자신들의 매력이나 힘, 영웅적 행동에 대해 자랑할 수 있지만 질문자는 실질적인 증거를 요구할 수 없다.

이 모델 '내에서' 그의 논문에 대한 논쟁이 있거나 또는 모델에 '대한' 논쟁이 있을 수도 있다. 괴델의 정리에 대한 논고는 논리 체계의 모델을 수용한 탁월한 것이었다. 그러나 과학철학을 잘 알고 있던 앨런은 모델 자체의 타당성을 논했고, 특히 어떠한 물리적 기계도 실제로 '이산 상태'일 수 없다는 사실이 있었다.

엄밀히 말해 이 같은 기계는 없다. 모든 것은 끊김이 없이 움직인다. 그러나 이산 상태 기계로 존재한다고 편의상 생각할 수 있는 수많은 종류의 기계가 있다. 조명 장치의 스위치를 예로 들 수 있는데 각 스위치에 켜짐과 꺼짐만 있다고 여기는 것이 편리할 것이다. 분명 둘 사이에 중간 위치가 존재하지만 대부분의 경우 이런 사실은 잊어도 무방하다.

"잊어도 무방"한 것은 과학적 방법에 필요한 바로 그 '특정 사항들을 선택하는' 것의 요소일 수 있다. 그는 신경계에는 끊김이 없음을 인정했고 그래서 다음과 같이 말했다.

신경계는 확실히 이산 상태 기계가 아니다. 뉴런에서 신경 자극nervous impulse의 크기에 대한 미세한 정보오류는 내보내는 자극outgoing impulse의 크기에 큰 차이를 만들지도 모른다. 이것이 사실이라면 이산 상태 시스템으로 신경계의 행동을 모방하기 어렵다고 주장하는 것도 가능하다.

그러나 그는 이산 상태 시스템에 어떤 종류의 연속적이거나 무작위적인 요소들이 관계되었든 간에 뇌가 '어떤' 확실한 방식으로 활동하는 한 이산 기계로 매우 유사하게 모방할 수 있다고 주장했다. 이것은 대부분의 응용 수학과 아날로그를 디지털 장치로 대체하는 데 매우 유용했던 근사법method of approximation을 그대로 적용하는 것이기에 일리가 있는 주장이었다.

『자연의 신비』는 "나는 다른 생명체와 어떤 점에서 비슷하고 어떤 점에서 다른가?"라는 질문을 제기하면서 시작했다. 이제 앨런은 자신과 컴퓨터의 공통점은 무엇이고, 다르다면 어떤 식으로 다른가를 묻고 있었다. '끊김이 없이 이어지는 것'과 '이산'의 구분 외에도 '제어controlling'와 '능동active'의 구분도 고려해야 했다. 여기서 그는 자신의 감각과 근육운동, 신체적 화학반응이 '생각'과 무관한지 아닌지 또는 최소한 이들이 물리적 영향이 문제가 되지 않는 순수 '제어' 모델에 흡수될 수 있는지 아닌지에 관한 질문과 맞닥뜨렸다. 이 문제를 논하면서 다음과 같이 썼다.

평범한 아이들을 가르치는 것과 정확하게 동일한 교육과정을 기계에 적용하기란 불가능할 것이다. 예를 들면 기계에는 다리가 없고, 그래서 밖으로 나가 석탄통을 채워달라고 부탁할 수 없다. 아마 눈도 없을 것이다. 비록 이런 결점들을 뛰어난 공학기술로 잘 극복할 수 있다고 해도 기계를 학교에 보낸다면 다른 아이들로부터 심한 놀림을 받는 것을 피할 수 없을 것이다. 기계에 어느 정도 알맞은 지도가 필요하다. 다리나 눈 등에 대해 지나치게 신경 쓸 필요는 없다. 헬렌 켈러의 사례는 교사와 제자 사이의 쌍방 커뮤니케이션이 어떤 식으로든 이루어지기만 하면 교육이 가능하다는 것을 보여준다.

그는 이와 관련해 자신의 생각만을 고집하지는 않았다. 논문 후미에 다음과 같이(아마도 안전장치를 마련하기 위해서였을지도 모른다) 언급했다.

또 기계에 돈으로 살 수 있는 최상의 감각 기관들을 제공한 다음 영어를 이해하고 말할 수 있게 가르치는 것이 최선이라고 주장할 수 있다. 이 과정은 무언가를 가리킨 다음 이름을 가르쳐주는 등 아이들을 가르치는 일반적인 과정을 따를 수도 있다. 다시 한 번 말하지만 나는 무엇이 정답인지 모른다. 그러나 두 접근법 모두 시도해보아야 한다고 생각한다.

그러나 이것은 그가 진짜로 마음에 품고 있었던 생각이 아니었다. 이후에 심지어 다음과 같이 말하기도 했다.[39]

…가장 인간답지만 지적인 특성은 없는, 예를 들어 인간의 모습을 한 기계를 제작하는 데 노력을 쏟는 일은 없을 것이라고 확신하고 그렇게 희망한다. 이 같은 시도는 상당히 무의미해 보이며, 그 결과는 허접스러운 조화造花같이 만족스럽지 못할 것이다. 사고하는 기계를 제작하려는 시도는 다른 범주에 속한다고 생각한다.

1948년에 자동화와 관련해 앨런은 신중하게도 '외부 세계와의 접촉'이 없는 것들을 선택했다. 특히 체스 게임은 체스판 위의 형세와 선수의 뇌 상태만이 실질적으로 중요했다. 수학과 모든 '기술' 문제를 수반하는 임의의 순수한 기호 체계에서도 분명히 이와 동일하다고 말할 수 있다. 그는 이 범주에 암호해독을 포함시켰지만 언어 번역을 포함시키는 것은 망설였다. 그러나 어쨌든 《마인드》 논문은 '지능기계'에 대한 논의를 일반 대화로까지 대담하게 확장시켰다. 이 문제는 앨런 자신도 확신을 가질 수 없었던 것이었으나, 지능기계가 가능하기 위해서는 '외부 세계와의 접촉'이 필요하다는 점은 분명했다.

그는 말이 일련의 부호를 쏟아내는 것만이 아니라 '행동'도 해야 하는 문제임을 생각하지 않았다. 말은 세상에 변화, 다시 말해 말한 단어들이 지닌 의미와 불가분하게 연결되어 있는 변화를 가져오기 위해 하는 것일 수 있다. 폴라니에게 '의미'라는 단어는 초물질적이고 종교적인 의미를 가지고 있었으나, 인간의 뇌가 전신 타자기 외에 다른 방식들로 세상과 연결되어 있다는 평범한 사실에는 어떠한 초자연적인 것도 없었다. '제어 기계'의 물리적 영향은 '우리가 원하는 만큼 작게' 할 수 있지만, 알아들을 수 있어야만 하는 말은 외부 세상의 구조와 묶여 분명한 물리적 영향을 가지고 있어야 했다. 튜링의 모델은 이것을 특정 사항들을 선택하는 과정에서 버려지게 되는 무의미한 사실이라고 보았지만 이 무의미함을 지지해줄 논거는 미약했다.

앨런이 제시했듯이 인간의 지식과 지능이 세상과의 상호작용에서 얻어진 것이라면 지식은 상호작용의 성질에 따라 인간의 뇌에 어떤 식으로든 저장되어야 했다. 뇌의 구조는 저장한 단어와 이들을 사용할 상황, 그리고 이들과 연관된 주먹다짐과 눈물, 얼굴의 붉어짐과 두려움 같은 행동과 연결시켜야 하며 단어가 대체하고 있는 것들에 대해서도 그래야 했다. 뇌의 이산 상태 기계 모델이 뇌의 운동 및 감각 기능과 말초 신경을 갖추고 있지 않는 한 이 모델 내에서 단어를 '지능적으로' 활용하기 위해 저장하는 것이 가능할까? 생명 없이 지능이 존재하는가? 소통 없이 정신이 존재하는가? 생활 없이 언어가 존재하는가? 경험 없이 생각이 존재하는가? 이런 질문들은 앨런 튜링이 자신의 논문에서 제기한 것들로, 비트겐슈타인을 우려하게 만들었던 질문들과 유사했다. 언어는 '게임'인가 아니면 현실과 반드시 연관성이 있어야 하는가? 체스를 둘 때, 수학 문제를 풀 때, 기술적 사고를 할 때, 그리고 모든 종류의 순수한 기호 문제를 해결할 때 앨런의 관점은 큰 힘을 발휘했다. 그러나 인간의 모든 소통 영역으로 범위를 확대하면 그가 제기한 질문들은 해결되기는커녕 적절하게 다루어지지도 않았다.

이 문제들은 1948년 보고서에서 '실체가 없는' 뇌를 위한 활동을 선택하는 과정에서 더 공개적으로 다루어졌다. 앨런은 '감각이나 운동'을 필요로 하지 않는 것들로 범위를 좁혔다. 하지만 지능을 가진 기계를 적용할 적합한 분야로 암호해독을 선택했을 때조차 그는 인간의 상호작용에서 생겨나는 어려움들을 경시했다. 암호해독을 순전히 기호만을 사용하는 활동으로 묘사하는 것은 전쟁을 바라보는 8호 막사의 관점과 매우 흡사했다. 이곳에서는 정치와 군사 활동으로부터 보호받고, 외부의 간섭 없이 독립적으로 연구를 진행하려고 했었다. 『작은 밀실The Small Back Room』(제2차 세계대전 당시 런던에 창설된 전문가들의 '밀실'팀에서 일하게 된 어느 영국 과학자의 이야기를 담은 소설—옮긴이)의 주인공은 반어적인 표현을 써서 다음과 같이 말했다.

생각해보면 육해공군을 해체할 수 없고, 이들 없이는 전쟁에서 이길 수 없다는 것
은 매우 애석한 일이다.

군사조직 없이는 불가능했다. 블레츨리가 어떠한 의미라도 가지기 위해서는 정
보기관과 군사작전이 어느 정도 통합되어야 했다. 당국은 이들 사이에, 다시 말해
실제로 선이 존재할 수 없는 곳에 선을 그으려고 하면서 어려움을 겪었다. 정보 분
석가들은 인식의 영역을 침범했다. 그리고 인식은 결과적으로 더 효과적인 암호
해독에 필요한 작전의 승패를 쥐고 있었다. 전쟁에서 이기고 전함들이 가라앉는
물질세계에서 군사작전이 실제로 행해졌다. 전쟁이 꿈과 같았던 8호 막사에서는
믿기 힘든 일이었지만 이들은 실제로 현실세계에 영향을 미칠 수 있는 무언가를
하고 있었다.

수학자들에게는 기계와 종이를 순수하게 기호로만 '고려'하는 것이 매력적일 수
있었다. 그러나 이것이 물리적으로 구현될 수 있다는 사실은 지식이 힘이었던 사
람들에게 매우 중요했다. 블레츨리에 진짜 비밀이 있었다면 그것은 온갖 종류의
활동이 통합되었다는 것이다. 이곳에는 논리적, 정치적, 경제적, 사회적인 활동
의 통합이 있었다. 하나의 시스템 내에서도 그렇지만 수많은 시스템이 맞물려진
상태에서 통합이 이루어지기란 너무나 복잡해서 이것이 어떻게 이루어지는지 설
명하기는 어려운 일이었다. 그러나 다른 설명들 못지않게 처칠 식의 "영국의 정신
Spirit of Britain"이 이를 잘 설명해주었다. 앨런은 언제나 자신의 연구를 독립적으로 유
지하려고 했고, 자신이 행정적 간섭이라고 여겼던 것들에 저항했다. 이것은 "영국
의 두뇌Brain of Britain"에서처럼 그의 뇌 모델에서도 동일한 문제였다. ACE 개발에서
도 역시 동일한 문제가 있었는데, 앨런은 매우 지능적인 계획을 세운 다음 마치 마
법처럼 정치 세력이 그 계획을 실행시킬 것으로 가정하는 경향이 있었다. 그는 현
실세계에서 무언가를 달성하는 데 필요한 상호작용을 절대 참작하지 않았다.

제퍼슨의 반대 주장의 핵심이 여기에 있었다. 다음과 같이 인정한 것으로 보아
앨런이 이 문제를 완전히 회피한 것은 아니었던 것으로 보인다.

언급되었던 많은 불리한 조건들에 대해 특별히 언급할 것이 있다. 맛있는 딸기와 크림 디저트를 즐기지 못하는 기계의 능력은 독자에게 시시한 인상을 심어주었을 수도 있다. 기계가 맛있는 음식을 즐길 수 있도록 만들어질 수 있을지도 모르지만 이런 모든 시도는 어리석은 짓일 것이다. 불리한 조건의 중요한 점은 이것이 몇몇 다른 불리한 조건에 기여한다는 것이다. 예를 들면 백인과 백인 사이 또는 흑인과 흑인 사이의 우정과 동일한 종류의 우정이 인간과 기계 사이에는 생기기 어렵다는 것을 들 수 있다.

이것은 특별한 양보는 아니었지만 상당히 크게 양보한 것으로, 언어의 '지적' 활용에서 이 같은 인간의 능력이 관여하는 부분에 관해 모든 의문을 제기한 것이었다. 이것은 그가 탐구하는 데 실패한 질문이었다.

상당히 비슷한 방식으로 앨런은 기계가 '진심으로 느낄 수 있는 감정'이 없기 때문에 소네트의 진가를 알아볼 수 없다는 제퍼슨의 이의에 직접적인 답변을 피하지 않았다. 제퍼슨의 '소네트'는 처칠이 R. V. 존스R. V. Jones에게 해준 조언과 본질적으로 같은 것이었다.[40] "인문학을 찬양하라. 그러면 저들은 당신이 넓은 마음을 가졌다고 생각할 것이다!" 이에 따라 앨런은, 어쩌면 조금은 잔혹하게, 셰익스피어를 들먹이는 이런 가짜 문화를 겨냥했다. 앨런의 주장은 모방원리에 기초하고 있었다. 기계가 진짜로 인간처럼 논쟁을 할 수 있다면 일반적으로 인간의 것으로 여겨지는 감정을 기계가 가지고 있지 않다고 어떻게 부정할 수 있겠는가? 그는 자신의 생각을 보여주기 위해 다음과 같은 대화를 예로 들었다.

질문자 소네트의 첫 시행 "내가 어찌 그대를 한여름날에 비할 수 있을까?"에서 '봄날'이 비슷하거나 오히려 더 낫지 않을까요?
응답자 운율이 맞지 않습니다.
질문자 '겨울날'은 어떨까요? 운율이 잘 맞는 것 같은데요.
응답자 네, 하지만 겨울날과 비교되는 것을 원하는 사람은 없습니다.
질문자 피크위크 씨를 생각하면 크리스마스가 떠오른다고 말할 수 있나요?

응답자 어떤 면에서는 그렇습니다.

질문자 그런데 크리스마스는 겨울이지 않나요? 피크위크 씨가 이런 식으로 비교 당하는 것에 기분 나빠할 것이라고 생각하지 않습니다만.

응답자 진지하게 하는 말이라고 생각되지 않습니다. 겨울날이라고 하면 보통 생 각하는 전형적인 겨울날을 의미합니다. 크리스마스처럼 특별한 날이 아니고요.

그러나 반대 의견에 대한 이 답변은 '지능' 문제에서 세상과의 상호작용의 역할에 대한 동일한 질문을 이끌어낼 수 있었다. 이런 말장난은 문학비평의 디저트이지 메인요리가 아니었다. 예전에 로스 선생의 영어 수업에서 배운 소네트에 대한 관점과 다를 바가 없었다! '진짜 감정'은 어디에 있는 것인가? 제퍼슨은 점수를 매기는 시험보다는 지적 '진실성' 같은 더 수준 높은 것, 즉 몇몇 단어들 사이의 연결과 세상 경험과 관계된 정직함이나 성실함을 뜻했을 수도 있다. 그러나 단어와 행동의 불변성과 일관성을 말하는 이런 진실성은 이산 상태 기계만으로는 불가능했다. 기계에 "당신은 …인가요? 또는 …인적 있나요?"나 "전쟁 중에 무엇을 했습니까?" 같은 질문을 던졌다거나 아니면 성별 추측 게임을 계속하면서 셰익스피어의 소네트의 좀 더 애매한 부분을 해석하라고 요청한다면 문제는 명확해질 것이다. 문학작품에 대한 다양한 변형이 제안된 가운데 바우들러 박사가 선택했을 법한 구절

> 푸른 숲 나무 아래서
> 나와 함께 '연구'하고 싶은 사람(셰익스피어 소네트의 한 구절로 원문의 '눕다 lie'를 '연구하다 work'로 바꾸었다—옮긴이)

은 화제가 되었을 것이다. 성별이나 사회, 정치, 비밀과 관련된 문제는 사람들이 하는 '말'이 퍼즐을 푸는 지능이 아니라 '행동'의 제약에 의해 어떻게 제한될 수 있는지 보여주었다. 그러나 이런 문제는 논의에서 어떠한 역할도 하지 않았다.

앨런은 편협하거나 가식적인 냄새가 나는 것은 그 어떤 것도 좋아하지 않았고, 자신의 요점을 소박한 은유법과 권위적이지 않은 스타일을 적용해 설명했다. 케

임브리지 사도들의 전통에서 볼 수 있는 것이었고 또 새뮤얼 버틀러나 버나드 쇼와 공유하는 특징이기도 했다. 그러나 이런 사람들과는 사뭇 다르게 그의 '지능'에 대한 주장은 감언이설의 기미가 보인다거나, '지능' 자체를 위한 논쟁이거나, 단지 영리함을 보여주려 하는 것일 뿐이거나, 토론거리를 만들기 위한 것으로 비난받을 수도 있었다. 그는 아이디어의 유희를 즐겼지만 신과 괴델과 논리적 언쟁을 벌이는 것, 다시 말해 자유의지와 결정론에 대한 사자와 유니콘의 몸싸움만으로는 충분하지 않았다(사자와 유니콘은 『거울 나라의 앨리스』의 등장인물이다. 둘은 줄곧 싸운다―옮긴이).

다른 방식으로 '생각'이나 '의식'의 질문에 다가가기 위해 감상적이거나 가식적일 필요는 없었다. 1949년에 조지 오웰의 소설 『1984』가 출간되었다. 앨런은 이 책을 인상 깊게 읽었고, 로빈 갠디와의 대화에서 평소와는 다르게 정치적 견해를 내비쳤다. "…나는 이것이 매우 우울하다고 생각한다네… '유일한' 희망이 전적으로 프롤레타리아에 놓여 있는 것 같네." 언어를 결정하는 정치적 구조의 능력과 생각을 결정하는 언어의 능력에 대한 오웰의 논거는 그 자체로 앨런 튜링의 논제와 깊은 연관이 있었다. 오웰은 튜링의 소네트를 작성할 수 있는 컴퓨터가 자신의 '작시법'을 토대로 대중가요를 만드는 것을 생각하고 있었는지도 모른다.

그러나 핵심 문제는 이것이 아니었다. 오웰은 인간을 위해 진실부Ministry of Truth(오웰의 『1984』에 등장하는 부처로 역사적 사실을 조작하고 선동하는 일을 담당한다―옮긴이)에서 역사를 다시 쓰는, 지능적이며 실제로 지적으로 만족스러운 작업을 하는 것에는 관심이 없었기 때문이다. 그는 자신의 열정을 지적 진실성에 쏟았다. 정신을 온전하게 유지하고 외부의 현실과 담을 쌓지 않았다. "자연의 법칙에 대한 19세기적 생각들은 지워버려야 해요." 소설 속의 오브라이언이 윈스턴 스미스에게 말했다. "우리가 자연의 법칙을 만듭니다… 인간의 의식을 통하지 않고 존재하는 것은 없어요." 오웰이 두려워한 것이 이것이었다. 그는 이런 생각에 대항하기 위해 정치세력이 부정할 수 없게 과학적 사실을 단단히 붙잡았다. "자유는 2 더하기 2가 4가 된다는 것을 말할 수 있는 자유를 말합니다." 그는 누가 뭐라고 하든 바뀔 수 없는 과거와 자유로운 성생활을 있는 그대로 받아들였다. 과학과 성! 이 두 가지가

앨런 튜링의 이미테이션 게임

앨런 튜링을 자신이 교육받았던 사회체계 밖으로 뛰쳐나오게 해준 것들이었다. 그러나 기계, 더 정확하게는 완전한 이산 상태 기계는 이들 중 어떤 것도 가질 수 없었다. 이 기계의 세계는 교사의 말이 없다면 빈 공간이었을 것이다. 우주가 5차 원이거나 심지어 빅브라더Big Brother(『1984』에서 비롯된 말로, 정보의 독점으로 사회를 통제하는 관리 권력 혹은 그러한 사회체계를 말한다―옮긴이)가 정하면 2 더하기 2가 5가 될 수 있다고 배웠을지도 모른다. 앨런 튜링이 기계에 요구했던 것처럼 '스스로 생각하는 것'이 어떻게 가능할까?

〈브레인트러스트The Brains' Trust〉(1940~1950년대에 인기 있던 BBC 라디오·텔레비전 교양프로그램으로 청취자와 시청자들의 질문에 전문가들이 답변해주었다―옮긴이)에서 말했음직한 것처럼 모든 것들은 '지능'이 무엇을 의미하는지에 달려 있었다. 앨런이 처음으로 이 단어를 사용하기 시작했을 때는 체스 게임과 여러 종류의 퍼즐 게임에 적용되었다. 전시에 그리고 전후 직후의 분위기에 잘 부합하는 단어였는데, 8호 막사에는 있었고 영국 해군성에는 없었던 것이 지능이었다. 그러나 사람들은 언제나 이 단어를 목표를 달성하거나 퍼즐을 풀거나 암호를 해독하는 능력보다는 현실을 간파하는 것과 관련이 있는 더 광범위한 의미로 사용했다. 이 문제에 대한 논의는 「계산 기계와 지능」에서는 찾아볼 수 없었다. 단지 소통 수단(뇌와 세계 사이의 인터페이스)이 지능 개발과 무관하다는 주장을 정당화하기 위해 헬렌 켈러 사례를 짧게 언급한 것이 전부였다. 너무나 중요한 문제를 너무 가볍게 다루었던 것이다. 버나드 쇼조차도 앨런이 회피했던 문제를 자신의 비논리적 방식으로 확실히 지적하고 넘어갔다.

피그말리온 하지만 이들에게는 의식이 있네. 내가 이들에게 말하고 읽는 법을 가르쳤지. 그리고 이제 이들은 거짓말을 할 수 있다네. 아주 진짜 같다네.

마르텔루스 전혀 그렇지 않습니다. 이들이 정말 살아 있다면 진실을 이야기했을 겁니다.

앨런이 선택한 역점은 필연적으로 그의 배경과 경험을 반영했다. 수학자로서 그는 기호 세계에 관심을 가졌다. 그리고 더 나아가 그의 경력의 출발점이었던, '형식주의적' 수학 학파는 수학이 세상과 연관이 없다는 듯 마치 체스 게임인 것처럼 다루기를 바랐다. 세상과의 연관성 문제는 언제나 다른 누군가가 붙잡고 씨름하도록 내버려두었다. 형식주의에서 볼 수 있는 게임과 비슷한 특성은 현재의 논쟁에서 잘 나타났는데, 이런 '질문들'이 가진 '거울' 특성에 부합되었다. 사실 그가 설명했던 기계의 행동, 즉 의지를 가지고 하는 행위와 관계없는 행동은 '생각하는' 능력이 아닌 '꿈을 꾸는' 능력이라고 할 수 있을 것이다.

전신 타자기만으로 정보를 전달하는 이산 상태 기계는 자신의 방에 홀로 남아 오로지 합리적인 논증만으로 세상을 대하는 앨런의 삶에는 이상적이었다. 이 기계는 개인의 자유의지와 표현의 자유에 집중했던 J. S. 밀의 완벽한 자유주의자의 전형이었다. 이런 관점에서 그의 모델은 1936년에 종이에 작업하면서 틀을 잡았던 '계산 가능성'의 정의에 대한 그의 주장이 자연스럽게 발전된 것으로, 바로 사람의 정신이 이룬 모든 것을 튜링기계가 모방하려고 했던 것이었다.

다른 한편으로 그는 자신이 무엇을 해야 하는지 잘 알았다. 그의 강점은 뛰어난 능력으로 퍼즐을 푸는 데 있는 것이 아니라 현실에 곧바로 적용할 수 있는 성실함에 있었다. 1938년에 그는 「순서수 논리학」에서 "우리는 흥미로운 주제를 다른 것들과 구별하는 중요한 능력을 대부분 도외시하고 있다. 수학자를 단순히 명제가 참이냐 거짓이냐를 결정하는 사람으로 보고 있다"라고 했다. 그는 자신의 생각을 응용하는 데 있어서 흥미로운 주제들, 다시 말해 실질적인 중요성을 가진 주제들을 조심스럽게 선택했다. 이런 현실과의 접촉에 좌우되는 중대한 능력은 이산 상태 기계에서는 소용이 없었다. 더 나아가 그는 다른 사람들과 마찬가지로 세상과 동떨어져 살 수 없었고 의사소통을 해야 했다. 컴퓨터에 대한 강한 흥미는 그에게 가해진 사회 규칙과 관례에 대한 극단적인 자각의 하나로 보완적 측면을 가지고 있었다. 어려서부터 '명백한 의무'에 곤혹스러워했던 그는 순수한 과학자와 동성애자라는 두 가지 이유로 사회생활 모방게임과 동떨어져 있었다. 관습과 위원회, 조사, 심문, 독일 암호, 그리고 불변의 도덕률. 이 모든 것들이 그의 자유를 위협했다. 일부는 받아들였고 일부는 실제로 따르는 것을 즐겼고 나머지는 거부했지

앨런 튜링의 이미테이션 게임

만, 언제나 다른 사람들이 '생각 없이' 수용하는 것들에 대해 누구보다도 의식이 깨어 있었고 자의식이 강했다. 이런 정신으로 사회적 의무와 계급사회를 있는 그대로 보여주었던 소설가인 제인 오스틴과 앤서니 트롤로프의 작품을 즐겼던 것처럼 컴퓨터 공식 '루틴들'을 작성하는 일을 즐겼다. 또 게임과 팬터마임을 즐기기도 했다. 그는 제2차 세계대전을 게임으로 바꾸는 데 최선을 다했다. 이는 1936년에 주장한 계산 가능성에 대한 그의 또 다른 언급에서 찾아볼 수 있는데 이에 따르면 튜링기계가 관습적인 것, 즉 규칙들을 만드는 무언가를 해야 했다고 했다.*

때때로 사회 기관과 함께 작업하기도 하지만 이에 맞서는 경우가 더 잦고, 외부의 '개입'을 통해 배우지만 그 개입에 분개하는 자유로운 인간. 지능과 의무 사이의 상호작용, 환경과의 상호작용에 의한 상처와 자극. 이것이 그의 삶이었다. 이런 모든 요소가 그의 지능기계에 대한 아이디어에 반영되었지만 모두가 만족스러운 결과를 가져오지는 않았다. 그는 소통 수단의 문제를 다루지 않았고, 사회·정치적 세계 안에서 정신의 물리적 구현을 탐구하지도 않았다. 그는 가볍게 이런 문제들을 무시했다. 그렇다고 항상 이랬던 것은 아니었다. 한번은 모컴 부인에게 어떻게 영혼처럼 자유롭게 살고 소통할 수 있는지에 대해 언급하며 "그러면 할 일이 하나도 없을 것이다"라고 쓴 적이 있었다. 생각과 행동, 논리와 물리, 이것이 그의 이론이 가진 문제점이자 인생의 문제점이기도 했다.

1950년 여름에 그는 떠돌이 삶과 남의 집에 얹혀사는 삶을 끝내기로 결정했다. 그는 체셔 교외지역에 위치한 중산층 주택지인 윔슬로우에 집을 장만했다. 맨체스터와는 남쪽으로 15킬로미터 떨어져 있었다. 철도역에서 멀리 떨어진 개발지에

---

* 계산 가능성에 대한 두 개념 사이를 오락가락하는 것은 『프로그래머 핸드북』에서 찾아볼 수 있다. 첫 페이지는 프로그래머를 다음과 같은 말로 맞이하고 있다. "(인간) 컴퓨터에 해당하는 제어장치라고 하는 기계의 한 부분이 존재한다. 만약 이 부분이 인간이 할 수 있는 행동을 매우 정확하게 대신하려 한다면 어마어마하게 복잡한 회로를 가져야 한다. 그러나 정말로 필요한 것은 서면 지시사항에 따르기만 하면 되는 것이고, 이것은 아주 명쾌해서 제어장치는 상당히 단순해도 된다."

자리한 빅토리아 양식의 반단독주택(한쪽 벽을 옆집과 공유하는 영국의 건축 형태─옮긴이)으로 딘로 예배당Dean Row chapel으로 알려진 마을이었다. 피크 지구의 평야와 언덕이 바로 뒤로 있었다. 앨런은 이곳에서만큼은 마음껏 자유를 누릴 수 있었다. 네빌은 앨런이 혼자 생활해서는 안 된다고 생각했지만 이곳의 생활이 정신없게 만드는 군중들 한복판에서 혼자라고 느꼈던 것보다 더 심하지는 않았다. 네빌은 케임브리지에서 통계학 대학원 과정을 마쳤고, 리딩 근처에 있는 전자회사에 취직해 어머니와 그곳에서 함께 살게 되었다. 이제 이들의 만남은 훨씬 더 힘들어졌고, 이것이 앨런의 삶에 또 다른 변화를 가져왔다.

홀리미드Hollymeade는 그에게 필요 이상으로 꽤 큰 집이었다. 1950년에 주택난이 심각했던 점을 고려해본다면 조금은 이기적인 선택이었을지도 모른다. 상당히 좋은 가구로 채워졌지만 텅 비어 있는 듯한 느낌과 임시 숙소 같은 분위기는 지워지지 않았다. 삶의 방식에 대한 그의 생각은 확실히 점잖은 이웃들과 공통점이 거의 없었으나 한 가닥의 행운이 따라주었다. 그의 집과 바로 붙어 있는, 다시 말해 건물의 다른 한쪽을 사용하고 있는 사람들인 친절한 웹 가족이었다. 로이 웹은 앨런과 거의 같은 시기에 셔본학교를 다녔고, 맨체스터에서 사무변호사로 일하고 있었다. 이들은 앨런을 초대해 차를 대접하거나 때때로 식사를 함께하기도 했다. 앨런은 집에 전화기를 설치하지 않았기 때문에 이들의 전화기를 사용했고, 이들은 앨런의 마당에 채소를 재배하면서 정원을 함께 사용했다. 앨런은 세계 인명사전 '후즈 후Who's Who'에 그의 취미생활이라고 나와 있는 체스와 장거리 달리기를 함께하기도 하고 정원 가꾸는 일을 거들기도 했다.[41] 그러나 잔디를 다듬는다기보다는 황무지에서 빈둥거리는 것과 같았다. "겨울에는 아무것도 자라지 않는다네." 식물 세계를 대하는 자신의 자유방임주의적 태도를 설명하며 앨런이 로이 웹에게 말했다. 웹 가족은 앨런이 아무 때나 러닝셔츠와 반바지 차림으로 있는 모습에 익숙해졌고, 또 1948년에 태어난 아들 롭을 돌봐달라고 부탁했다. 앨런은 이 일을 즐겼는데 뇌가 의식적인 말에 반응하는 모습을 보기 위한 지적 호기심이 작용했을 것이다. 하지만 또 어린 아기가 화답하는 대화에서 단순히 즐거움을 느낀 것이기도 했다. 이후에 이들은 웹 가족의 차고 지붕 위에 함께 앉아 있기도 했으며, 한번은 만약 신이 땅바닥에 앉는다면 감기에 걸릴지 안 걸릴지에 대해 논쟁을 한 적도 있다.

집을 소유하게 되면서 필요한 것들을 스스로 만드는 뛰어난 재주를 활용해 '무인도 게임'을 즐길 수 있는 기회가 더 많아졌다. 그는 벽돌길을 깔고 싶었고, 블레츨리에서 체스 세트를 만들었을 때처럼 처음에는 혼자 벽돌을 구우려고 했지만 결국에는 포기하고 주문을 했다. 벽돌을 까는 작업만큼은 스스로 했지만 비용을 지나치게 적게 추산하는 바람에 끝내 길을 완성하지 못했다. 이런 이야기는 사람들이 그의 용납하기 힘든 면을 받아들이는 데 도움을 주었고, 또 그의 산만하고 검소한 환경은 케임브리지대학교 특별연구원들에게 익숙하지 않은 사람들에게는 매우 놀라운 일이었다. 이것은 자신의 손으로 아무것도 할 줄 모르는 중산층 남성들의 기분을 상하게 만들기도 했다.

그러나 앨런은 자급자족적인 생활을 성취하지 못했다. C 부인이 그의 생활을 도와주었다. 일주일에 네 번 오후에 와서 장을 보고 청소를 해주었다. 이 때문에 누군가 자신을 돌보아주고, 의지가 없거나 능력이 없어서 스스로 달성하는 것이 불가능한 안락한 집을 만들어주기를 원하는 것처럼 보일 수 있었다. 그는 편리함은 좋아했지만 사생활이 소란스러워지거나 누군가가 간섭하는 것은 원하지 않았다. 옆집에 사는 웹 가족의 평범한 삶은 이런 점에서 그가 놓치고 사는 부분들과의 연결고리가 되어주었다. 앨런은 요리를 할 줄 몰라서 웹 부인이 양말을 건조시키는 법을 설명해주는 것도 모자라 스펀지케이크 만드는 법을 아주 상세하게 가르쳐줘야 했다. 그는 자신이 습득한 새로운 기술을 손님들에게 자랑하는 것을 즐겼는데 그가 받은 고등교육과는 거리가 먼 어린 소년의 실험에 가까운 것이었다.

기차역에서 영국 공군 캠프를 지나 길을 따라 몇 킬로미터를 터벅터벅 걸어올 손님은 그리 많지 않았다. 때때로 부하 엔지니어들이 방문해 사과를 몇 개 따가기도 했을 것이다. 밥과 그의 아내는 밥이 해외에서 근무하게되기 전까지 한두 번 방문했다. 1949년 10월부터 레스터대학교에서 강의를 시작한 로빈 갠디는 정기적으로 한 학기에 한 번 이상은 주말을 보내기 위해 방문했다. 이때쯤에 앨런은 그의 박사학위 지도교수가 되어 있었다. 로빈의 관심이 과학 논리보다는 수리논리로 점점 이동했음에도 이들은 과학철학에 대해 주로 논의했다. 그의 연구 방향은 앨런의 것과 같았다. 사실 노래와 노래의 제목과 노래의 제목의 제목에 관심이 있었던 하얀 기사처럼 로빈은 유형 이론에 관심을 가지게 되었고, 앨런이 다시 이 주제에 관심을 갖도록 만들었다. 또 이들은 집이나 정원에서 함께 몇몇 작업을 수행했을 수도 있다. 그리고 작업을 끝마친 뒤에는 언제나 식사와 함께 와인을 마셨을 텐데 앨런은 와인병을 아주 뜨거운 물에 던져 넣으면서 엉망으로 만들어버렸을 것이고, 이것은 마치 불변의 규칙처럼 바뀌지 않았을 것이다. 이 밖에 로빈이 마저 마시고 싶어 해도 식사를 마친 뒤에는 코르크 마개를 와인병에 다시 끼우는 것도 규칙이었다. 식후 설거지를 하고 난 뒤에는 이런저런 활동을 했는데, 예를 들면 나무가 어떻게 10미터 이상 물을 끌어올릴 수 있는지 알아내는 것 등이었다.

그의 삶에 또 다른 종류의 흔치 않은 방문객이 찾아왔을 수도 있다. 예선로 towpath(배를 끄는 길. 과거에 말이 배를 끌고 지나다녔던 운하를 말한다―옮긴이)나 열차에서, 술집, 공원, 화장실, 박물관, 수영장, 버스 정류장, 진열창, 또는 그저 길에서 뒤를 돌아보면 그곳에는 언제나 또 다른 영국이 존재했고, 관찰력이 좋은 사람이라면 볼 수 있었다. 앨런 튜링이 속한 공식적인 영국의 생기 없는 문화에서 떨어져 나온, 셀 수 없이 많은 사람들의 의사소통 네트워크가 존재했다. 전쟁 전에는 지나치게 숫기가 없었는지도 모르지만 1950년이 되었을 때 그는 몇 가지를 발견하게 되었다. 전통적으로 중상류층 동성애자들은 파리로 몰려갔고, 해외로 나가는 것은 영국인이 입을 열자마자 공격하는 영국 법과 계급 체계에서부터 이중으로 도피하는 것이었다. 그러나 영국에서도 기회는 있었다. 앨런은 런던에서는 언제나 YMCA에 머물곤 했다. 단순히 이곳보다 더 비싼 숙박료를 지불하는 곳에 머물 생각이 없기 때문이기도 했지만, 적어도 수영장에서 수영복만 걸치고 있는 젊은이들의 몸을 볼 수 있었기 때문이었다. 그러나 맨체스터는 사정이 달랐다.

빅토리아대학교에서 도심부로 걸어가다 보면 철도교 바로 아래에 옥스퍼드 로드가 옥스퍼드 스트리트로 바뀌는 지점이 있다. 물론 A34 도로 반대쪽 끝에 위치한 '꿈꾸는 첨탑의 도시city of dreaming spires' 옥스퍼드와는 아주 멀리 떨어져 있었다. 이곳에는 극장이 몇 개 있었고, 오락시설과 유니언 태번Union Tavern이라는 술집, 우유와 아이스크림 등을 판매하는 밀크바가 있었다. 화장실과 극장 사이의 구역은 남성 동성애자들이 모이는 곳이었다. 1908년에 비트겐슈타인이 거닐었던 곳과 동일한 구역이었을지도 모른다. 이런 비공식적인 관습은 존경받는 관습들만큼이나 지속적으로 이어져 내려왔다. 이곳에는 다양한 영혼들이 뒤섞여 제멋대로 자라고 있었고, 이들 가운데에 앨런 튜링처럼 혼자 항해하는 뜻밖의 인물이 있었다. 여기서는 육체적 쾌락이나 관심, 가정이나 직장에서 벗어난 삶, 돈 등을 향한 다양한 종류의 욕망이 어우러졌다. 이런 욕망의 경계선은 뚜렷하지 않았다. 돈의 경우 다른 사회계급들 사이에서 만남이 발생할 때마다 들리는 팁이 짤랑거리는 소리에 지나지 않았고, 이는 여성이 남성에게서 기대할 수 있는 유흥이나 대접과 거의 다르지 않았다. 가장 특별한 관계에는 그에 상응하는 대가가 따랐고, 그 대가는 1파운드 10실링이었을 가능성이 높다. 이것이 1950년 케임브리지나 옥스퍼드 같은 특권층 세계 밖의 평범한 영국에서 벌어지고 있는 일이었다. 특히 돈이나 개인 공간이 없는 젊은 동성애자들에게 욕망은 길거리 삶을 뜻했다. 최소한의 사회 자원으로 그럭저럭 살아가며 무언가 잘못되었을 때에나 알아차리게 되는 고립된 성관계. 이것은 사회적 지위가 있는 사람에게 어울리는 것은 아니었다. 그러나 앨런은 체면에 연연하는 사람이 아니었다.

『캉디드Candide』(낙천적 세계관을 조소하고 사회적 부정과 불합리를 고발하는 볼테르의 풍자소설―옮긴이)는 "밭을 일구어야 한다cultiver son jardin"로 끝을 맺는다. 이 밭은 과학의 뒤뜰과 같다고 볼 수 있었다. 그러나 '가까운 장래를 위한 프로그램'은 무엇인가? 지난 2년은 그가 초창기에 거머쥔 성공을 되돌아볼 수 있는 시간이었다. 일상적인 교육과정은 성공에서 최대한 많은 것들을 얻어내면서 그 성공을 기반으로 발전하는 것이었다. 그러나 이것은 그의 길이 아니었다. 그는 전진하기 위해 무언가 새로운 것을 찾아야 했다. 그리고 사실 언제나 그 자리에 있었지만 그 당시가 되어서야 빛을 보기 시작한 무언가에 의지하기 시작했다. 그것은 크리스토퍼 모컴에서 시작해 에딩턴과 폰 노이만, 힐베르트와 괴델, 「계산 가능한 수」, 그의 전쟁 기계와 기계 처리 과정, 계전기와 전자장치와 ACE, 컴퓨터 프로그래밍을 지나 지능기계를 향해 더듬더듬 나아가는 긴 서브루틴과 같았다. 그러나 이런 모든 연구의 흐름이 약해지면서 그에게는 학교 활동으로 인해 멈추었던 것들을 다시 할 수 있는 자유가 주어졌다.

찰스 다윈 경과 관련된 내용이 이미 「지능기계Intelligent Machinery」에 담겨 있었다.

> 조직화되어 있지 않은 기계로서의 피질의 사진은 진화와 유전학의 관점에서 매우
> 만족스럽다. 조직화되어 있지 않은 기계를… 만들어내기 위해 매우 복잡한 유전자
> 시스템을 필요로 하지 않을 것이다. 사실 이것은 호흡중추 같은 것들을 만드는 것
> 보다 훨씬 더 수월해야 한다.

이 일을 뇌가 했다. 그리고 뇌는 피라미같이 별 볼 일 없는 지능을 가진 ACE의
그 모든 소란과 성가심 없이도 자연스레 존재하게 되었다. 여기에는 두 가지 가능
성이 있었다. 하나는 뇌가 세상과의 상호작용 덕분에 생각하는 것을 배웠거나, 다
른 하나는 태어날 때 유전자가 프로그래밍 비슷한 것을 해버린 것이었다. 뇌는 너
무 복잡해 처음에는 관심의 대상으로 삼기 힘들었다. 하지만 궁금증은 사라지지
않았다. 무언가가 어떻게 성장해야 하는지 어떻게 알까? 아주 어린 아이가 물어봄
직한 기초적인 질문이었으며 『자연의 신비』의 핵심 질문이었다. '어린 소년과 소녀
가 진짜로 무엇으로 만들어졌는가?'라는 까다로운 주제에 접근하면서 브루스터는
불가사리의 성장을 묘사했다. 이 묘사는 다음과 같이 시작한다.

> 아직 어떠한 생명체가 안에서 자라고 있다는 기색이 보이지 않는 알. 사람들은 기
> 름과 젤리의 혼합물이 점차 불가사리로 변하는 모습을 보게 되기를 기대할 것이다.
> 그러나 이런 모습 대신 이 작고 풍선 같은 것이 정확하게 둘로 나누어지면서 나란히
> 놓여 있는 똑같이 생긴 2개의 작은 풍선이 만들어진다… 약 반 시간이 흐르고 우리
> 가 '세포'라고 부르는 이 각각의 풍선 또는 비눗방울이 다시 분열되면서 이제 4개가
> 된다. 이 4개는 얼마 안 가 8개가 되고 8개는 다시 16개가 된다. 몇 시간 동안 이런
> 과정을 거치면서 수백 개의 풍선들이 만들어진다. 서로 바싹 붙어 있고 매우 작다.
> 전체 덩어리는 마치 파이프로 불어 비누거품이 쌓여 있는 것처럼 보인다.

앨런 튜링의 이미테이션 게임

브루스터는 이 단계에서부터 동물이 형태를 갖춘다고 설명했다.

> 인간과 같은 동물의 경우 이 신체 물질, 다시 말하면 아직 신체가 되기 전의 것은 둥근 공 모양을 하고 있다. 등이 되는 부분을 따라 함입이 발생하면서 척수가 형성되고, 척수를 따라 신경이 생겨나고 척추가 된다. 척수의 앞 끝부분은 나머지 부분보다 빠르게 성장하고 더 커지면서 뇌로 이어진다. 그리고 뇌에서 눈이 만들어져 나오고 인체의 표면, 그러나 아직 피부는 생성되지 않은 표면이 안쪽으로 자라기 시작해 귀가 형성된다. 이마에서 뻗어 나온 4개의 파생물이 얼굴을 만든다. 형태가 없는 혹에서 시작해 서서히 자라면서 팔과 다리의 모습을 갖춘다.

앨런은 발생학에 대한 생각을 멈춘 적이 없었다. 그는 이 같은 발달이 어떻게 결정되는지가 "아직까지 아주 작은 진전조차 보이지 못한" 무언가라는 사실에 매료되어 있었다. 그가 전쟁 전에 읽었던, 1917년에 출간되어 고전으로 자리 잡은 『성장과 형태On Growth and Form』 이후 거의 발전이 없었다. 1920년대에 양자역학에서 위치와 속도의 동시측정처럼 생명은 본질적으로 알 수 없는 것이라는 불확정성원리가 대두되었다.[42] 정신과 관련한 문제에서처럼 이 주제를 둘러싸고 성스럽고 마법적인 기운이 감돌고 있었고, 이는 회의적인 태도를 가진 앨런의 관심을 끌기에 충분했다. 새롭고 신선한 분야였다. C. H. 와딩턴C. H. Waddington이 1940년에 발표한 발생학에 관한 연구는[43] 조직이 어떤 상황에서 다음에 무엇을 해야 하는지 아는 것처럼 보이는가를 설명하는 조직의 성장에 대한 실험을 열거한 것에 지나지 않았다.

가장 큰 수수께끼는 생체 물질이 어떻게 스스로 세포의 크기와는 비교할 수 없을 정도로 큰 패턴을 만들 수 있는가였다. 세포의 집합이 불가사리가 되기 위해 같은 모양의 팔 5개를 가져야 한다는 것을 어떻게 '아는' 것일까? 수백만 개의 세포를 거쳐서 이 팔들이 어떻게 서로 소통하는가? 성장하는 나무에서 어떤 조화롭고 규칙적인 방식으로 전나무 방울의 피보나치 패턴을 지어내게 되는 것인가? 어떻게 물질이 '구체적인 형태를 갖추는가?' 또는 '형태발생morphogenesis'의 비밀은 무엇인가? 생물학자들은 배조직이 균형 잡힌 발달에 일조하는 눈에 보이지 않는 패턴을 타고 나는 것처럼 보이는 방식을 설명하기 위해, 생명력이라는 단어처럼 모호한 '형태발생 장morphogenetic field'이라는 암시적인 표현을 사용했다. 이런 '장'을 화학 용어로 설명하는 것이 가능하다고 여겨졌지만 어떻게 가능한지에 대한 이론은 존재하지 않았다.* 폴라니는 발달을 이끄는 "단체정신" 외에는 다른 설명이 "없다"라고 믿었고, 배아 형성은 설명이 불가능하다는 것은 결정론에 반하는 그의 많은 주장 중 하나였다.[45] 반대로 앨런의 새로운 아이디어는 로빈에게 말했듯이 "목적론적 증명"을 파괴하는 것에 있었다.

앨런은 슈뢰딩거의 1943년 '생명이란 무엇인가What is Life' 강의를 잘 알고 있었다. 슈뢰딩거는 유전자 정보가 분자 수준에서 저장되어야만 하고, 분자결합의 양자론이 이런 정보가 어떻게 수십억 년간 보존될 수 있었는지 설명해줄 수 있다는 중대한 아이디어를 소개했다. 케임브리지에서 왓슨과 크릭은 이 아이디어의 옳고 그름을 증명하기 위해 자신들의 경쟁자와 경쟁하느라 바빴다. 그러나 튜링의 문제는 슈뢰딩거의 아이디어를 발전시키는 것이 아니라 유전자가 분자를 생성한다 치더라도 어떻게 화학 수프가 생물학적 패턴을 일으키는 것이 가능한지에 대한 '유사' 설명을 찾는 것이었다. 그의 질문은 유전자 정보가 어떻게 행동으로 옮겨질 수 있는가 하는 것이었다. 슈뢰딩거가 그랬던 것처럼 앨런은 실험이 아닌 수학과 물리 원칙에 기초해 연구했다. 과학적 상상력이 동원된 것이다.

'형태발생 장'의 본질을 논하는 문헌들이 여러 제안을 제시했지만 어느 시점에서 앨런은 화학 농도의 차이에 의해 정해진다는 아이디어를 수용했고, 이 아이디어에 기초해 얼마나 많이 발전할 수 있는지 보기로 했다. 이것은 그가 요오드산염과 아황산을 실험하며 화학 반응을 계산했던 날들을 떠올리게 했다. 그러나 그 당시에는 없었던 새로운 문제가 있었다. 이것은 단순히 물질 A가 물질 B로 변하는 것을 조사하는 것이 아니라, 어떠한 환경에서 화학 용액의 혼합물이 확산하고 서로

---

* 그 당시의 논평글은 " "배아 시스템의 결정에서 패턴화된 '장' 활동 원리의 중요성은 많은 사람들에게 알려졌다… 그러나 이들의 본질과 작동 방식은 현대 생물학에서 여전히 풀리지 않는 미스터리 중 하나이다"라고 했다.

반응하면서 패턴, 즉 화학 파동의 진동 패턴으로 자리 잡을 수 있는지 밝히는 것이었다. 이 파동이란 조직이 발달하면서 고착화되는 농도의 파동이고, 또 수백만 개의 세포들을 아우르며 이들을 규모 면에서 훨씬 큰 대칭적인 질서로 조직화하는 파동이었다. 이것이 화학 수프가 공간에서 대규모 화학적 패턴을 정의하는 데 필요한 정보를 포함할 수 있다는 슈뢰딩거의 아이디어에 대응하는 근본적인 아이디어였다.

여기에는 한 가지 핵심적인 근본문제가 있었다. 본격적으로 조직의 분화가 일어나는 낭배형성gastrulation 현상이 전형적인 예이다. 『자연의 신비』에서 그림과 함께 설명한 과정으로 세포의 완벽한 구체에 갑자기 함입이 발생하고, 태어날 동물의 머리와 꼬리가 결정된다. 문제는 여기에 있었다. 만약 구체가 대칭적이라면, 또 화학 방정식이 대칭적이라면 어느 쪽이 왼쪽이고 오른쪽인지 모르는 상태에서 어떻게 '결정'이라는 것을 내릴 수 있을까? 이것은 폴라니가 어떠한 무형의 힘이 작용했을 것이라고 주장하는 데 영감을 준 현상이었다.

어떤 식으로든 정보는 이 시점에서 '창조되었고' 이것은 일반적으로 기대하는 것에 위배되었다. 차에 넣은 설탕 덩어리가 녹으면 화학적인 관점에서는 용해되기 전 어떤 상태였는지에 대한 정보가 남지 않는다. 그러나 특정 현상, 예를 들면 이런 결정화 현상에서 과정은 역으로 진행될 수도 있다. 패턴이 파괴되기보다는 만들어질 수 있었다. 이에 대한 설명은 하나 이상의 복합적인 과학적 설명에서 찾을 수 있었다. 평균 농도와 압력만이 고려되는 '화학적' 설명에서는 선호되는 공간적 방향성은 없었다. 그러나 더 세부적인 라플라스적 차원에서 분자들의 개별 운동은 완벽히 대칭적이지 않고, 결정화 액체 같은 특정 조건하에서 공간에서 방향을 선택하는 데 기여할 수 있었다. 앨런은 이를 설명하기 위해 전기를 다루며 겪은 본인의 경험을 예로 들었다.[46]

발진기와 관련해서 발생하는 상황과 매우 유사하다. 발진기가 일단 작동하기 시작하면 어떻게 멈추지 않고 계속 움직이는지 이해하는 것은 그다지 어렵지 않다. 하지만 처음 발진기를 마주할 땐 어떻게 작동하기 시작하는지 분명하지 않다. 이에

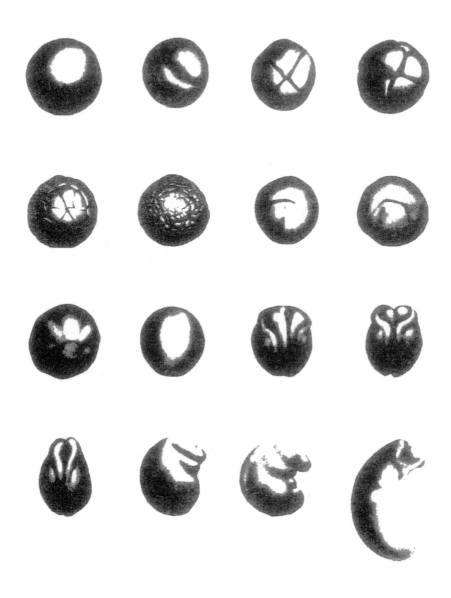

『자연의 신비』에서 보여준 낭배형성 과정

대한 설명은 회로에서 항상 변칙적인 교란이 일어나고 있다는 것이다. 발진기의 자연 주파수와 같은 주파수를 가진 모든 교란은 발진기를 작동시키려는 경향을 가지고 있다. 이 시스템의 궁극적 운명은 적절한 주파수와 회로에 의해 결정되는 진폭(그리고 파형)을 가진 진동의 상태일 것이다. 진동의 위상만은 교란에 의해 결정된다.

그는 발진회로 시스템을 자신의 사무실에 설치했고, 사람들에게 회로들이 모두 어떻게 점진적으로 서로 공명하게 되는지 보여주는 데 사용했다.

이처럼 붕괴되거나 결정체를 이루거나 진동의 패턴이 만들어지는 과정은 불안정균형unstable equilibrium의 분해로 설명될 수 있다. 세포 발달의 경우 기온의 변화나 촉매제의 영향으로 어떤 면에서 안정적인 화학 균형이 갑자기 불안정해질 수 있음을 보여주어야 했다. 낙타 등에 마지막 지푸라기 하나를 더 올리는 것에(영어 속담에 낙타 등에 지푸라기 하나 더 올렸다가 등뼈 부러진다는 표현이 있는데, 이는 사소한 차이가 급격한 변화를 가져올 수 있음을 나타낸다—옮긴이) 해당하는 화학 현상이라고 할 수 있다. 앨런은 이것을 추를 기어오르는 생쥐에 비유했다.

여기에 유전자에 담긴 정보가 어떻게 생리학으로 변환되는지 설명해줄 수 있는 아이디어가 있었다. 전체적인 발달 문제는 이것에 비해 가늠하기 어려울 정도로 더 복잡할 것이다. 그러나 이런 창조의 순간에 대한 분석은 생물학적 구조의 조화와 대칭이 마치 마법처럼 무에서 어떻게 갑자기 생겨날 수 있는가에 대한 단서를 가져다줄지도 몰랐다.

이 중대 국면의 순간을 수학적으로 조사하기 위해서는 계속해서 근사치를 계산해야 했다. 세포의 내부 구조를 무시하고, 패턴화 과정이 발생하면서 세포가 혼자서 움직이고 분열될 수 있음은 염두에 두지 말아야 했다. 또 화학적 모델에 대한 너무나도 분명한 제약이 있었다. 인간의 심장은 어떻게 항상 왼쪽에 존재하는가? 만약 이런 '대칭성 깨짐symmetry-breaking' 현상이 임의적으로 결정되는 것이라면 심장은 좌우 어디든 동일하게 분포되어야 할 것이다. 앨런은 어떤 시점에서 분자가 가진 비대칭성이 어떤 역할을 할 것이라고 추측하며 이 문제를 한쪽으로 미루어두어야 했다.

대칭성 깨짐 문제는 보류한 채 그는 화학적 모델을 적용하며 접근을 시도했다. 과학적 방법의 전형적인 표현을 써가며 다음과 같이 기록했다.[47]

…배아 발달의 수학 모델이 설명될 것이다. 이 모델은 이상화의 단순화이며 그 결과 의도적 조작이 될 것이다. 논의를 위해 남겨진 특성들은 지식의 현황에서 큰 중요성을 가지고 있는 것들이길 희망해본다.

그가 얻은 결론은 바로 응용 수학이었다. 튜링기계의 단순한 아이디어가 케임브리지 수학의 경계 너머의 영역으로 들어갈 수 있게 해주었던 것처럼, 이제는 물리화학에서 이 단순한 아이디어가 새로운 수학 문제의 영역으로 그를 이끌어주었다. 이번에는 적어도 모든 것이 그 자신의 작품이었다. 누구도 끼어들 수 없었다.

극도로 단순화시킨다고 해도 4개의 상호작용하는 화학 수프에 상응하는 수학 방정식은 여전히 까다로웠다. 문제는 화학 반응이 '비선형적non-linear'이라는 것이었다. 전기와 자기력 방정식은 '선형적'이었다. 다시 말해 2개의 전자기 시스템이 포개지면(예를 들면 2개의 무선 송신기가 일제히 전파를 보낼 때처럼) 그 효과는 단순히 하나에 다른 하나가 더해지는 식이었다. 2개의 송신기는 서로를 방해하지 않았지만 화학은 상당히 달랐다. 반응물의 농도가 2배가 되면 반응 속도는 4배가 더 빨라질 수도 있다. 2개의 용액을 섞으면 무슨 일이든 발생할 수 있다! 이 같은 '비선형' 문제는 전체를 한 번에 풀어야지 전자기 이론에서 흔히 사용하는 수학적 방법처럼 시스템을 수많은 작은 비트들의 총합으로 간주하면 안 되었다. 그러나 불안정한 시스템이 패턴으로 구체화되는 발달의 결정적인 순간은 '선형' 과정처럼 다루어질 수 있었는데, 이는 응용 수학자들에게 익숙한 사실이자 앨런이 발달 문제를 처음으로 손을 댈 수 있게 해준 것이었다.

이렇게 해서 앨런은 생명의 또 다른 중요한 문제에 손을 댔다. 이번에는 (비록 정신과 몸이 모두 뇌와 연관이 있기는 하지만) 정신이 아닌 몸의 문제였다. 그는 산책이나 달리기를 할 때 언제나 식물을 조사하는 일을 즐겼기 때문에 말 그대로 여기에 손을 댔다. 이제 그는 체셔의 전원 마을에서 야생화를 더 진지하게 수집하기 시작했다. 오래된 영국 식물도감에서 찾아보고[48] 스크랩북에 붙이고 대형 지도에 이들의 위치를 표시하고 측정을 했다. 자연 세계는 패턴으로 넘쳐났다. 마치 수백만 개의 메시지가 해독되기를 기다리고 있는 암호와 같았다. 암호해독처럼 이 분야에는 한계가 없었다. 자신의 화학 모델로 그는 이 분야에 적용할 만한 적절한 도구를 하나 가진 셈이었지만, 이것은 이제 시작에 불과했다.

웹 부인은 해바라기 씨와 흔한 식물들의 잎 배열순서에서도 볼 수 있는 패턴인 전나무의 피보나치 나선형에 대해 대화를 나눌 만한 적절한 상대는 아니었다. 앨런은 자연에서 피보나치수열을 따르는 나선형의 발생을 규명하는 일에 도전하기로 진지하게 결심했다. 그러나 이 일에는 2차원 '표면'의 분석이 필요했고, 처음에 상당히 단순한 몇몇 사례를 상세하게 고려하는 동안 이를 제쳐두기로 했다.

브루스터는 '자연의 정비소Nature's Repair Shop'라는 제목의 장에서 담수에 서식하는 히드라의 재생능력에 대해 반복해서 언급했다. 재생력이 강해서 잘려져 나간 부분 어디에서도 새로운 머리나 꼬리가 자랄 수 있다. 앨런은 단순한 관처럼 생긴 히드라를 잡아 이번에도 길이는 무시한 채 단순화했고, 세포들의 '고리' 아이디어에 집중했다. 그런 다음 이 고리 주위에서 반응하고 확산되는, 단 2개의 상호작용하는 화학물질들의 모델을 취하면서 발달의 순간에 일어나는 모든 가능성들을 이론적으로 분석할 수 있음을 발견했다. 이 아이디어는 비록 극도로 단순화되고 가설에 기초한 방식이기는 했지만 실제로 유효했다. 특정 조건하에서 화학물질들이 농도의 정상파stationary wave를 이루면서 고리에 있는 엽lobe, 葉의 개수를 규정하는 것처럼 보였다. 이런 것들은 촉수 패턴의 기초를 형성했다. 또 분석은 파동이 혼합물의 비대칭 덩어리들로 집결될 가능성을 보여주었고, 이것은 그에게 동물 가죽에서 볼 수 있는 불규칙 반점과 줄무늬를 상기시켜주었다. 이 아이디어로 그는 몇몇 수치 실험을 했다. 1950년 말에 원형 컴퓨터는 사용이 정지되었고, 맨체스터 대학교의 과학자들은 페란티에서 신형 컴퓨터가 도착하기를 기다리고 있었다. 이런 이유로 탁상용 계산기를 이용해 이 작업을 수행해야 했다. 이것은 저지종 젖소 Jersey cow와 닮지 않은 얼룩무늬 패턴을 만들어냈다. 그는 또다시 '무언가를' 시작하고 있었다.

1950년 크리스마스에 앨런은 1949년 10월에 있었던 뇌 세포에 관한 논의를 지속하기 위해 J. Z. 영을 다시 만났다. 영은 1950년에 BBC 라디오가 주최하는 리스 강연Reith Lectures을 막 마친 뒤였다.[49] 이 강연에서 그는 행동을 설명하기 위해 다소 공격적인 표현을 사용해 신경생리학 주장을 펼쳤다. 영은 이후에 앨런에 대해 다음과 같이 회상했다.[50]

…여전히 자신의 머릿속에서만 틀을 잡아가고 있는 아이디어를 다른 사람들이 쉽게 이해할 수 있게 만들려고 노력하면서 친절한 곰 인형 같은 자질을 가지고 있었다. 칠판에 웃기게 생긴 작은 도표들을 보여주고 자주 일반화시켰던 그의 설명은 수학자가 아닌 내가 좇아가기에 때때로 어려운 점들이 있었다. 마치 자신의 아이디어를 내게 주입시키려는 시도처럼 보였다. 또 그는 누군가가 한 모든 말에 다소 겁이 날 정도로 집중했다. 그는 이후에 종종 몇 시간 또는 며칠을 그 의미를 푸는 데 보냈다. 나는 그가 모든 것을 너무 심각하게 받아들이기 때문에 그에게 아무 말도 하지 않는 것이 옳은 것이 아닐까 궁금했다.

두 사람은 기억과 패턴 인식의 생리학적 기초에 대해 이야기했다. 영은 다음과 같은 편지를 작성했다.[51]

1951년 1월 13일

친애하는 튜링 박사께,

당신의 추상적 개념들에 대해 더 생각해봤고, 당신이 바라는 대로 제대로 이해했기를 희망합니다. 비록 이 문제에 대해 아는 것은 많지 않지만 효과가 있는 대조 과정을 체념하지 않을 것입니다. 버스에 이름을 붙이기 위해 먼저 찻주전자에서부터 구름까지 모든 것과 대조해봐야 한다고 생각한다면 분명 요점을 놓치고 있는 것입니다. 뇌는 분명 당신이 추상화라고 부르는 과정을 통해 이 과정을 단축시키는 방법을 가지고 있습니다. 우리는 뇌가 사용하는 단서나 부호에 대해 아는 것이 너무 없다는 결점을 가지고 있습니다. 제가 하려고 하는 말은 물체의 다양성 등이 상대적

앨런 튜링의 이미테이션 게임

으로 제한된 수의 모델들과 비교를 통해 인식된다는 것입니다. 이 과정이 연속적인 것임에는 의심의 여지가 없어 보입니다. 아마도 각 단계에서 인식된 특성들을 걸러 낸 뒤 시스템을 통해 나머지에 피드백을 주는 것일 수 있습니다.

이것은 어쩌면 그다지 이치에 맞지 않을 수 있습니다. 또 이를 보여주는 유일한 증거는 사람들을 상대적으로 단순한 모델들로 그룹화할 수 있다는 것뿐입니다. 집단, 신, 아버지, 기계, 지위 등등 말입니다.

다양하게 배열되고 용도별로 경로를 활용할 수 있도록 구성된 10^{10}개 뉴런으로 저장 용량을 결정함으로써 우리가 얻을 수 있는 것이 무엇일까요? 이들이 가질 수 있는 일종의 유한수finite number 배열이 존재할까요? 예를 들어 각각이 다른 것들 100개와 연결될 가능성을 가지고 있는데 이들이 a) 전체가 임의적으로 또는 b) 거리에 따라 빈도가 감소하는 식으로 배열되는 것 말입니다. 어떤 경로를 사용할 때마다 그 경로의 재사용 확률이 높아진다고 가정한다면 피드백에 대한 특별한 계획들끼리 저장 용량을 비교할 수 있을까요?

모든 것이 매우 모호합니다. 물어보고 싶은 중요한 질문이 있다면 저에게 알려주십시오. 각 세포의 (피질 내에서) 출력이 도달하는 지점에 대한 일종의 명확한 설명을 제시할 수 있다면 정말 큰 도움이 되지 않을까요? 저는 저희가 어떻게든 패턴을 풀수 있다고 생각합니다.

존 영

앨런의 답장은 뇌의 논리적 구조와 물리적 구조 사이의 관련성에 대한 그의 관심을 명확히 보여주었다.

1951년 2월 8일

친애하는 영 박사께,

저는 저희 사이에 존재하는 의견 차이가 주로 단어의 사용에 대한 것이라고 생각합니다. 뇌가 물체를 찻주전자에서부터 구름까지 모든 것과 비교할 필요는 없다는 점에 대해 물론 잘 인식하고 있습니다. 그리고 식별이 여러 단계로 나뉠 수 있다는 것도요. 그러나 이 방법의 적용범위를 매우 광범위하게 확장시킨다면 저는 그 과정을 '대조하기' 과정이라고 묘사하는 것이 내키지 않습니다.

M개(예를 들어 100개)의 연결을 가진 N개(예를 들어 10^{10})의 뉴런에 의해 달성되는 저장용량에 관한 문제에는 이 문제가 요구하는 정도의 정확한 해결책이 있습니다. 제가 제대로 이해했다면 훈련에 따라 어떤 경로는 효과적이고 다른 것들은 비효과적으로 만들 수 있다는 것입니다. 이런 방식으로 뇌에 얼마나 많은 정보가 저장될 수 있을까요? 답은 간단합니다. MN 2진 숫자(즉, MN 비트. 아직 정보의 용량 단위로 비트를 널리 사용하기 전이기 때문에 이렇게 표현했다—옮긴이)입니다. MN개의 경로가 있고 각각 두 가지 상태가 가능하기 때문입니다. 만약 각각의 길에 8가지 상태가 허용된다면 (이것이 무엇을 뜻하든) 3MN이 될 것입니다.

저는 해부학 질문을 시작할 수 있는 수준과는 거리가 먼 것 같습니다. 제 생각에는 해부학에 대한 상당히 명확한 이론을 갖게 되는 꽤 높은 단계에 이르기 전까지는 질문을 하는 일이 발생하지 않을 것입니다.

지금은 발생학에 대한 수학적 이론을 제외하고 이 문제에 전혀 신경 쓰고 있지 않습니다. 제 생각에 이 이론에 대해서 이전에 설명해드린 것 같습니다. 제 연구는 순조롭게 진행 중이며 제가 아는 한 다음에 대한 만족스러운 설명을 줄 것입니다.

(i) 낭배형성

(ii) 다각형 대칭구조. 예를 들어 불가사리나 꽃.

(iii) 피보나치수열(0, 1, 1, 2, 3, 5, 8, 13…)이 관여된 잎의 배열순서.

(iv) 동물들의 색깔 패턴. 예를 들면 줄무늬, 반점, 얼룩무늬.

(v) 일부 방산충Radiolaria(해양성 플랑크톤의 총칭—옮긴이) 같은 구형 구조물에 가까운 패턴. 그러나 이것은 더 어렵고 불확실합니다.

제 연구가 좀 더 순조롭기 때문에 지금 이 작업에 열중하고 있습니다. 제 생각에 이 것은 다른 문제와 연관성이 전혀 없는 것은 아닙니다. 뇌 구조는 유전적 발생학 메커니즘으로 달성될 수 있어야 합니다. 그리고 이것이 실제로 의미하는 제약이 무엇인지 더 분명하게 하는 역할을 제가 지금 연구하고 있는 이 이론이 하기를 희망하니다. 자극에 의한 뉴런의 성장에 대한 당신의 이야기는 이런 연유로 매우 흥미롭습니다. 특정한 장소에 도달하기보다는 특정한 회로를 형성하기 위해 뉴런이 성장하게 되는 방법을 보여줍니다.

A. M. 튜링

며칠 뒤에 페란티 마크I 컴퓨터가 맨체스터대학교로 배달되었다. 이곳에는 이 컴퓨터를 설치하려고 새로 지은 전산 연구소the Computing Laboratory가 마련되어 있었다. 앨런은 NPL의 마이크 우저에게 편지를 썼다.

새로운 기계가 월요일[1951년 2월 12일]에 도착할 것입니다. 이 컴퓨터를 가지고 수행하는 첫 번째 작업 중 하나가 '화학적 발생학'과 연관된 것이기를 바라고 있습니다. 특히 전나무 방울과 관련해 피보나치수열의 출현을 설명할 수 있을 것으로 생각합니다.

컴퓨터가 완전한 기능을 갖추기까지 21년이 걸렸다. 마치 앨런이 한 모든 일들, 그리고 세상이 그에게 한 모든 일들이 삶의 비밀에 대해 고찰하는 데 사용할 전자 만능기계를 그에게 제공해준 것 같았다.

그가 ACE를 위해 구상하고 있던 컴퓨터 장치의 대부분이 이제 실현되었다. 사람들은 곧 자신들의 문제를 해결하기 위해 이 컴퓨터를 사용할 것이고, '주인'은 프로그램을 짜고 '하인'은 명령에 따를 것이다. 실제로 프로그램 자료실이 만들어졌다(사실 이것은 앨런이 맨체스터 전산시스템에 기여한 거의 마지막 작업이었는데, 여기서 그는 상용화를 위해 만든 프로그램의 공식 문서를 작성하고 보관하는 방법을 정했다). 그는 새로운 컴퓨터 연구소에 사무실을 배정받았고, 최소한 이론적으로는 수석 '주인'이었다. 엔지니어들은 속도가 더 빨라질 두 번째 기계를 설계하기 시작했고(앨런은 여기에 관심이 조금도 없었다), 첫 번째 기계를 활용할 책임자는 앨런이었다.

이 기계가 세계 최초의 상용 전자 컴퓨터였기 때문에 세미나를 개최하고 출판하고 시연을 하는 등 할 일이 넘쳐났다. 에커트와 모클리의 회사가 개발한 유니박UNIVAC보다 몇 개월 먼저 소개되었다. 또 영국 정부의 든든한 지원을 받고 있었고, 홀즈베리 경이 이끌었던 정부 산하의 국립연구개발공사National Research Development Corporation가 1949년 이후 투자와 판매, 특허권을 관리했다. 사실 이들은 8대의 마크 I을 판매했다. 첫 번째 것은 세인트로렌스 수로 설계를 위해 토론토대학교에 판매했고, 다른 것들은* 좀 더 신중하게 영국 핵무기연구소Atomic Weapons Research Establishment 와 정보통신본부에 판매했다. 앨런이 정보통신본부에 자문을 해주고 있었으므로 6년 전쯤에 트래비스에게 약속한 만능기계를 그들이 어떻게 활용할지 제안하는 데 모종의 역할을 했다고 봐도 무리가 아닐 것이다. 그러나 그가 진심으로 마음에 품고 있었던 것은 이것이 아니었다. 전자 컴퓨터가 세계 경제에 영향을 주기 시작하면서 앨런은 계속 뒷걸음질을 쳤고, 잊혀진 '기초 연구'에 몰두했다.

7월에 성대한 발표회가 계획되었는데 이 작업은 전적으로 엔지니어들과 페란티 사가 주도했다. 앨런이 방해가 되었던 것이 아니라 그저 그가 참여하고 싶지 않아서였다. 그가 연구소를 '지휘'하도록 공식적으로 고용되었다는 사실을 누구도 짐작할 수 없었다. 1951년 봄에 케임브리지 에드삭 팀 일원이었던 젊은 과학자 R. A. 브루커R. A. Brooker가 새로운 기계를 살펴보기 위해 방문했을 때 앨런은 자신에게 남아 있는 의무를 떨쳐버릴 길을 발견했다. 브루커는 웨일스 서부 지역에서 주말 등산을 마치고 돌아가는 길에 연락을 받고 온 것이었다. 개인적인 이유로 브루커 는 북쪽으로 이주할 생각이 있었고, 앨런에게 일자리가 있는지 물어보았다. 앨런은 있다고 말했고 그해 말에 브루커가 합류했다.

앨런의 무심함에 엔지니어들은 짜증이 났다. 이들은 자신들의 성과가 수학계와 과학계에서 마땅히 받아야 할 인정을 받지 못하고 있다고 느꼈다. 계산이 수학계에서 가장 수준이 낮은 분야로 남아 있었던 것처럼 많은 점에서 전산 연구소는 8호 막사처럼 비밀스러운 기관으로 남아 있었다. 그러나 앨런 튜링은 인정받게 되었다.

---

* 더 정확하게 말해 맨체스터와 토론토대학교에 있는 기계를 제외한 모든 기계들은 설계를 약간 수정한 마크I이었다.

앨런 튜링의 이미테이션 게임

1951년 3월 15일에 그는 영국 왕립협회 회원Fellow of the Royal Society으로 선출되었다. 15년 전에 진행되었던 계산 가능한 수에 대한 그의 연구 업적이 인정을 받은 것이다. 앨런은 이 상황이 꽤 재미있다고 생각했고, 그에게 축하의 말을 전한 돈 베일리에게 보낸 편지에 자신이 스물네 살이었을 때는 이들이 자신을 영국 왕립협회 회원으로 선출하지 못했을 것이라고 적었다. 맥스 뉴먼과 버트런드 러셀이 그를 후원해주었다. 뉴먼은 컴퓨터에 더 이상 관심이 없었지만 앨런이 형태발생 이론으로 자신의 맥박을 다시 뛰게 해준 것에 감사해했다.

1947년부터 회원이었던 제퍼슨 또한 축하의 메시지를 보냈다.[52] "정말 축하하네. 자네의 모든 진공관들이 기쁨과 긍지를 담은 메시지를 보내면서 만족감에 빛나고 있을 것임을 믿어 의심치 않는다네!(그러나 현혹되지는 말게!)" 그는 이 한 문장만으로도 논리적 수준과 물리적 수준의 묘사를 뒤섞어 표현하는 데 성공했다. 앨런은 정신의 기계 모델을 이해하지 못하는 제퍼슨을 '순 엉터리 늙은이'로 여겼을 것이다. 그러나 제퍼슨은 앨런에 대해 '과학계의 셸리Percy Bysshe Shelley'(기성제도에 반발하고 이상주의적인 사랑과 자유를 동경했던 영국의 낭만파 시인—옮긴이)라는 매우 적절한 묘사를 찾아내기는 했다.[53] 셸리 역시 많은 문제를 안고 살았다.[54] "화학 기구와 수많은 책들, 전기 기계, 미완성 원고들이 여기저기 널려 있고, 곳곳에 구멍 뚫린 가구가 혼란에 혼란을 더했다." 셸리의 목소리 또한 "듣기 괴로울 정도였다. 참을 수 없을 만큼 새된 소리가 귀에 거슬리는 불협화음 같았다." 두 사람 모두 삶의 중심에 있었고, 고상한 사회의 변두리에 있었다. 그러나 셸리가 박차고 나온 반면, 앨런은 남의 환심이나 사려는 따분한 영국 중산층 사회를 헤치고 자신의 길을 밀고 나아갔다. 그의 셸리와 같은 특성은 쓴웃음을 지으며 참고 견디는 영국식 유머감각에 의해 감춰졌고, 제도화된 과학의 세속적인 관습에 걸러졌다.

튜링 부인은 앨런이 조지 존스톤 스토니에 버금가는 명성을 얻게 해준 왕립협회 회원이 된 것을 매우 자랑스럽게 여기면서, 그녀의 친구들이 아들을 만날 수 있게 길퍼드의 저택에서 파티를 열었다. 앨런은 달가워하지 않았다. 그는 예전에 형이 초대했던 셰리 파티에서 10분 만에 말 한마디 없이 나가버린 적이 있었다. 그의 어머니는 저명인사가 자신의 아들 앨런에 대해 좋게 이야기한다는 사실에 놀라움을 감추기 힘들었다. 하지만 이 점에 있어서 튜링 부인은 진전을 보였고, 1920년대 에서부터 많은 시간이 흘렀다. 앨런은 친구들에게 어머니의 치맛바람과 지나치게 종교적인 면에 대해 불평을 했지만, 사실 그녀가 그가 하는 일에 관심을 가지는 많지 않은 사람들 중 한 사람이라는 사실은 변하지 않았다. 대부분의 경우 그녀는 모든 사소한 일과에 대해 옳고 그른 방식을 지적해주면서 앨런의 사생활을 개선하기 위해 노력했다(앨런은 즐거움과 짜증이 반반 섞인 말투로 로빈에게 "어머니가 말씀하시길…"로 시작하며 설명했을 것이다).

그는 가족과 자주 연락을 하며 지내지도 않았을 뿐더러 길퍼드도 1년에 두 번 정도만 방문했다. 방문 때마다 어머니와 형을 짜증 나게 만들었는데, 도착을 목전에 두고 전보나 엽서로 알리는 것이 전부였기 때문이다. 어머니는 매년 여름에 한 번씩 윔슬로우를 방문했다. 그는 엽서 외에 전화를 몇 번 걸기도 했는데, 예를 들어 두 사람 모두 BBC의 어린이 프로그램 〈아이들의 시간Children's Hour〉에 나오는 이야기를 좋아한다는 사실을 알고 어머니에게 재미있는 에피소드가 언제 방영되는지 알려주었다. 그러나 튜링 부인은 앨런의 연구에 관여하고 있다는 기분을 느끼고 싶어 했고 앨런의 생물학 연구와 다음에 이어진 컴퓨터 연구에 행복을 느꼈다. 앨런이 맨체스터에서 무슨 일을 하는지 전혀 아는 바가 없었지만 야생화와 대형 지도 작업에는 도움을 주었다. 그녀는 19세기적 낙관주의로 앨런의 작업이 인류에게 유익한 것이라고 해석하면서, 오래전에 꿈꾸었던 인물인 파스퇴르와 그를 비슷하다고 여겼다. 어쩌면 그녀는 앨런의 연구가 암 치료제를 개발하게 될지도 모른다고 추측했을지도 모른다. 아주 어리석은 추측은 아니었지만 앨런이 바라는 것은 아니었다. 여기저기 손을 대보는 그의 습관이 어디로 이어질지 알 수 없었고, 이번에는 소설 『멋진 신세계』에 나오는 국가통제하의 발생학과 관련이 있었다. 그의 실용적인 방법들이 지난 세기의 자연의 역사와 무언가 공통점이 있다고 해도, 그리고 이것이 유년시절 그를 매혹했던 것들로 돌아감을 뜻한다 해도 그의 연구는 생물학의 위대한 현대화 내에 단단히 뿌리내리고 있었다. 생물학에서의 1930년대 기술적 발전을 뒤따른 정량분석quantitative analysis의 적용은 물리학과 화학에 성공적으로 응용되었다. 생명 문제는 더 이상의 뒤처짐을 허락하지 않았다. 이들은 생명 시스템이 어떻게 작동되는지 알아야만 했다.

맨체스터 전산 연구소에서 평가는 좀 더 실질적이었다. 이들의 역사는 1951년부터 시작되었고, 마크I과 관련된 누구도 「계산 가능한 수」에 대해 몰랐다. NPL은 케임브리지 수학과와 영국 왕립협회와 탄탄한 관계를 유지했다. 그러나 마크I의 새로운 주인들은 완전히 다른 성향을 지녔고, 앨런의 과거에 대해 아는 것이 없었다. 또 앨런은 이들에게 설명하려고 시도조차 하지 않았다. 새로운 컴퓨터 활용에 막 관여하기 시작한 응용 수학 연구생 N. E. 호스킨N. E. Hoskin은 커피를 마시면서 "부소장님이 영국 왕립협회 회원인 줄 몰랐습니다"라고 말했을 때 앨런은 당혹감을 감추려 기계적인 웃음을 터트렸다.

38세의 나이가 왕립협회 회원치고는 젊은 것이 사실이었지만 최연소로 선출된 인물은 아니었다. 하디는 33세에, 수학을 독학으로 공부한 라마누잔은 30세에 선출되었다. 모리스 프라이스 역시 1951년에 선출되었는데, 앨런은 전쟁이 끝난 뒤에 다시는 만난 적 없는 이 수리물리학자보다 한 살이 더 많았다. 앨런에게 역시 축하의 메시지를 보낸 킹스 칼리지의 필립 홀에게 편지를 쓰면서 그는 "올림포스의 신들에 합류하게 되어 매우 흐뭇하네요"라고 했다. 자신의 "소에게 미치는 파동waves on cows"과 "표범에게 미치는 파동waves on leopards"에 대한 수학적 설명을 한 후에 "모리스 프라이스도 선출되었다는 소식을 들어서 기쁩니다. 우리가 처음 만날 때는 1929년 대학 입학시험을 볼 때였지만 잘 알게 된 것은 프린스턴에서였습니다. 일찍이 저와 아주 친했지요"라고 덧붙였다. 또 수학자스러운 농담을 섞어 "제게 '풀 수 없는 문제들에 대한 연구로 유명한'이라는 수식어가 붙지 않으면 좋겠네요"라고 썼다.

연구소에서 퇴직하면서 새로운 컴퓨터가 영국 핵무기 개발에 활용되었다는 것에 앨런은 거의 영향을 받지 않았다. 젊은 과학자 A. E. 글레니A. E. Glennie는 이 작업을 위해 맨체스터에서 얼마간 지냈다. 그는 때때로 앨런과 수학적 방법에 대해 담소를 나누었지만 일반적인 이야기 이상으로 발전하지는 않았다. 그러나 하루는 앨런이 자신이 최근에 개발한 체스 프로그램을 시험해보기 위해 '보통 수준의 선수'가 필요해서 글레니를 붙잡은 적이 있었다. 두 사람은 앨런의 사무실로 돌아가 오후에 3시간 동안 프로그램을 실험했다. 앨런은 조그마한 종이에 모든 규칙들을 작성했고, 자신의 알고리즘이 요구하는 움직임을 실행할 것인가와 명백하게 더 나은 움직임을 실행할 것인가 사이에서 고민했다. 앨런이 점수를 합산하고 최선의 미니맥스 전술을 선택하는 동안 긴 침묵이 흘렀다. 그는 기회를 놓친 사실을 알아차릴 때마다 콧방귀를 뀌고 낮게 으르렁거렸다. 지난 10년간의 연구에도 불구하고 실제로 기계로 진지하게 체스를 두는 것에는 거의 진전을 보이지 못했다는 것은 아이러니였다. 기존의 컴퓨터가 가진 속도와 용량은 이 문제를 다루기에 충분하지 않았다.*

글레니는 우울한 분위기를 풍기면서 때때로 뛸 듯이 기뻐하고, 어떤 때는 샐쭉하고, 아무 때나 오고 싶을 때 연구소에 불쑥 나타나는 앨런을 칼리반Caliban(셰익스피어의 희곡 『템페스트』에 등장하는 반인반수―옮긴이)이라고 생각하기도 했다. 그는 글레니가 출력 루틴에 장난스럽게 붙인 이름인 'RITE'에 웃음을 터트릴 만큼 터무니없을 정도로 순진해질 때도 있었다. 시슬리 팝플웰에게 앨런은 끔찍한 상사였고, 이런 이유로 그녀가 그에게 공손하고 예의바르게 행동하기란 힘들었다. 그것은 불가능했다. 그는 수학적 방법을 제공하는 관공서처럼 여겨졌다. 의견을 원하는 사람들은 그저 그에게 찾아가 서슴없이 물어보면 되었고, 이들이 그의 관심과 인내심을 이끌어내는 데 성공한다면 중요한 정보를 얻을 수도 있었다. 글레니는 유체역학에 대해 그가 가진 지식에 크게 놀랐다. 그러나 그렇다고 해도 앨런은 세계적 수준의 수학자는 아니었고, 전문 수학자가 아는 것보다 모르는 것이 종종 더 많다는 사실은 놀라웠다. 그는 폰 노이만의 지위나 광범위한 지식수준까지는 미치지 못했는데 실제로 그가 1938년 이후로 읽은 수학서적은 거의 없었다.

---

* 한편 페란티에서 근무하는 D. G. 프린츠D. G. Prinz는 두 수만에 체크메이트하는 문제를 해결하기 위해 상당히 독립적으로 맨체스터 컴퓨터 프로그램을 작성했다. 그러나 앨런은 여기에 최소한의 관심밖에 보이지 않았다. 해결책이 존재한다는 가정하에 그저 해결책을 찾을 때까지 모든 가능성들을 살펴보면 되는 인내심의 문제에 불과했다. 뇌가 이것을 어떻게 했느냐에 대한 아이디어를 주거나 기계보다 '더 똑똑하다'라는 기분을 느끼게 해주기 전까지 프로그램을 작성하는 문제는 그것이 기발하다고 해도 앨런의 마음을 사로잡을 수 없었다. 1941년 때처럼 그는 체스 자체에 흥미를 느꼈던 것이 아니라 생각의 모델에 관심을 가지고 있었다.

앨런 튜링의 이미테이션 게임

1951년 4월에 앨런은 군과 관련한 단어 문제를 다시 한 번 들여다보았고, 옥스퍼드의 J. 화이트헤드가 '환상적인'이라고 표현한 결과를 얻어냈다. 그러나 이 연구 결과는 끝끝내 출간되지 않았다.[55] 맥스 뉴먼은 위상기하학에 관심을 가졌고 여러 세미나에 참석했다. 그러나 전후 그의 순수 수학에 대한 관심은 시들해졌다. 칼리반이 자신의 섬에서 추상과 물리 사이 어딘가에 머물러 있는 동안, 수학은 명예를 추구하며 더 큰 추상적 개념들로 꽃을 피워가고 있었다. 그는 열성적으로 학회에 참석하지도 않았을 뿐더러 학문과 관련된 수다를 꺼려했지만 맥스 뉴먼이 맨체스터대학교에서 첫 번째 회의를 성사시킨 영국 수학학회British Mathematical Colloquia에는 참석했다. 1951년 봄에 그는 로빈과 함께 브리스틀에서 개최된 학회에 참석했고, 여기서 수학자 빅터 구겐하임Victor Guggenheim과 위상기하학을 논의하는 데 관심을 가지게 되었다. 그러나 이것은 그저 머리를 식히기 위한 기분전환용일 뿐이었다.

BBC가 지식인들을 위한 새로운 교양 프로인 제3방송Third Programme에서 컴퓨터를 주제로 5부작 시리즈를 방송하면서 그에게 또 다른 기분전환용 활동이 생겨났다. 앨런과 뉴먼, 윌크스, 윌리엄스, 하트리가 각각 한 회씩 출현했다. 앨런 편은 '디지털 컴퓨터는 생각할 수 있는가?'라는 제목으로 1951년 5월 15일에 방송되었고, 넓게는 만능기계와 모방원리에 기초한 내용을 담고 있었다.[56] 여기서 '자유의지와 결정론'의 '아주 오래된 논란'이 언급되었는데 20년 전 양자역학의 불완전성에 대한 에딩턴의 관점으로 불거졌던 논란과, 10년 전 '자유의지' 요소를 기계에 어떻게 접목할 것인지에 대한 제안으로 일었던 논란이었다. 이것은 '룰렛 휠이나 라듐의 공급 같은 어떤 것' 다시 말해 로켁스 테이프 발생기처럼 작동하는 난수발생기 같은 것 또는 "세부적인 기계 구조를 모르는 모든 사람들 눈에는 상당히 임의적인 행동을 보이는" 기계에 의해 달성될 수 있었다. 이 지루한 설명 뒤에 놓여 있는 비밀을 상상할 수 있는 청중은 드물었다. 그는 기계 지능을 연구하는 것을 정당화하면서 다음과 같이 끝을 맺었다.

전체 사고 과정은 여전히 상당히 불가사의합니다. 그러나 저는 생각하는 기계를 만들려는 시도가 인간이 어떻게 생각하는가를 밝히는 데 엄청나게 큰 도움을 줄 것이라고 믿습니다.

이 짧은 말에는 기계가 생각할 수 있게 어떻게 프로그램하려고 했는지에 대한 상세한 정보는 전혀 포함되지 않았고 그저 "가르치는 것과 유사합니다"라는 내용만 있었다. 이 말은 청중들 중 한 사람, 바로 레이와 올리버 스트레이치 부부의 아들 크리스토퍼 스트레이치Christopher Strachey의 즉각적인 반응을 이끌어냈다.

암호해독가 아버지와 수학자 어머니 사이에서 태어난 크리스토퍼 스트레이치는 1935년에서 1938년까지 킹스 칼리지에서 수학을 전공했으나 특별히 눈에 띄는 학생은 아니었다. 전후에 해로Harrow 중등학교에서 레이더 연구를 가르쳤고, 지능기계라는 아이디어가 앨런의 관심을 끌었듯이 그도 여기에 흥미를 느꼈다. 1951년에 NPL의 마이크 우저와 친분이 있던 친구가 그를 우저에게 소개시켜주었고, 그는 새로운 시험용 ACE를 위한 체커checkers(상대방의 말 뒤에 있는 칸이 비어 있을 경우 그 말 위로 뛰어올라 그 말을 잡는 것으로 이루어지는 게임—옮긴이) 프로그램을 작성하는 작업에 착수했다. 5월이 되었을 때 그는 맨체스터 기계를 사용할 목적을 품고 튜링의 『프로그래머 핸드북』을 공부했다. 방송이 나간 날 저녁에 그는 앨런에게 자신의 야심 찬 계획을 담은 장문의 편지를 썼다.[57]

…가장 먼저 해야 하는 근본적인 작업은 기계가 아주 단순하고 일반적인 입력 데이터로부터 스스로 프로그램하게 하는 것입니다… 입력과 출력 데이터의 선택된 표기법은 출력했을 때 수학처럼 의미가 명료한 것으로 선택한다면 매우 편리할 것입니다… 적절한 표기법이 결정되고 나면 필요한 것은 단지 평범하게 수학적으로 입력하는 것이고 특별 루틴, 예를 들면 '프로그램'이 기계가 지시받은 명령을 수행하도록 이것을 필요한 명령문으로 변환할 것입니다. 꽤 유토피아적으로 들릴 수 있지만 저는 이것 또는 이와 유사한 것이 가능하리라고 생각합니다. 그리고 또 단순한 학습 프로그램을 만드는 길을 열어줄 것이라고 봅니다. 저는 한동안 이에 대해 그다지 진지하게 생각해오지 않았지만 체커 프로그램을 완성하자마자 시도해볼 계획입니다.

　　　　　　　　　　　앨런 튜링의 이미테이션 게임

그는 해로학교의 교실에서뿐만 아니라 수학과 관계가 없는 친구와 '님Nim'*이라는 논리게임을 하면서 학습 과정에 대해 생각해왔다. 대부분의 수학자들은 라우스 볼Rouse Ball의 『수학적 오락』을 통해 필승 전략의 절대적인 규칙, 즉 각각의 무더기에서 성냥의 수를 2진법으로 표현하는 방법이 있다는 것을 알았을 것이다. 게임을 하며 이 규칙을 찾아내는 사람들은 많지 않았지만 스트레이치의 친구는 이 특별한 규칙을 눈치 챘다. 다시 말해 (n, n, 0)을 달성하는 선수가 게임에서 승리한다는 것을 깨달았는데, 이후부터는 성냥개비 무더기를 (0, 0, 0) 상태로 줄이기 위해 상대방의 움직임을 따라 하기만 하면 되기 때문이었다. 스트레이치는 인간 학습자가 어떤 식으로 성냥을 제거해 승리할 수 있는지에 관심이 있었다. 그는 승리를 이끈 방식들의 기록을 보관할 수 있는 프로그램을 개발했다. 그리고 경험을 통해 기량을 향상시켰다. 하지만 이들을 (1, 1, 0), (2, 2, 0) 등 개별적으로밖에 저장할 수 없었다. 이런 제약으로 그의 초보자 친구가 얼마 가지 않아 프로그램을 이길 수 있었다. 스트레이치는 다음과 같이 기록했다.

생각의 가장 중요한 특성들 중 하나가 익숙하지 않은 내용들이 주어졌을 때 새로운 관련성을 찾아내는 능력임을 매우 명확하게 보여준다고 생각한다…

그의 유토피아적 '프로그램'은 "기계가 어떻게 그것을 해내도록 만들 것인가에 관한 그의 반짝이는 아이디어들" 중 하나였다.

이 시기에 앨런의 관심은 생물학에 집중되어 있었지만 여전히 기계적 사고에 관한 이런 추상적인 아이디어를 《마인드》에서 설명한 것보다 더 세부적인 방식으로 발전시키기를 열망하고 있었다. 이 시기에 있었던 강연은[58] 사무실 문서정리 시스템 또는 4호 막사의 '정보' 같은 것들의 단초가 된 몇몇 제안들을 포함하고 있었다.

---

* 이 게임은 3개의 성냥 더미를 놓고 두 사람이 돌아가며 3개의 더미 중 한 곳에서 원하는 만큼 성냥을 덜어내는 것이다. 마지막 성냥을 제거하는 사람이 승자가 된다.

기계는 기억을 기억장치에 저장할 것이다… 이것은 그저 기계에 행해진 또는 기계가 만든 모든 명령들의 목록이고, 또 게임에서 기계가 실행한 모든 움직임과 제시한 카드의 목록일 것이다. 이 모든 것들은 시간순으로 열거된다. 이 같은 복잡하지 않은 기억 외에도 다수의 '경험 색인indexes of experiences'이 있다. 이 아이디어를 설명하기 위해 나는 이런 색인이 가질 수 있는 유형을 제안한다. 이것은 사용된 단어들을 알파벳순으로 나열한 색인으로… 기억장치에서 이들을 찾아볼 수 있다. 또 다른 색인은 '바둑판'에서 인간이 만든 패턴들을 포함하고 있을 수 있다.

또 기계가 문서 정리원의 작업을 대신하게 될 것이다.

비교적 늦은 교육 단계에서 기억장치는 매 순간 기계 구성의 중요 부분을 포함하기 위해 확장될 수도 있다. 다시 말해 무슨 생각을 했었는지 기계가 기억하기 시작할 것이다. 이것은 새로운 색인 작성 방식을 낳을 것이다. 이미 사용되고 있는 색인에서 볼 수 있는 특별한 특징들로 인해 새로운 색인 유형이 등장할지도 모른다…

여러 가지 면에서 그가 하고 있던 작업은 기계로 자신의 심리 이론을 발전시키는 것이었고, 기계는 (대부분의 경우 상상 속에서) 그의 이론을 실험하는 무대였다.

앨런이 휴가차 해외로 나갔다 돌아온 뒤인 1951년 7월 9일부터 12일까지 열렸던 맨체스터 컴퓨터 발표회는 따분한 행사였다. 앨런은 이 발표회에서 32진수 역방향 연산에 대한 지루하기 그지없는 세부사항들을 설명해가며 기계 부호에 관한 재미없는 강연을 했다.[59] 또 시험용 ACE에 해석루틴interpretative routine(원시 언어로 쓰인 명령을 해독하여 그 명령을 즉시 실행에 옮기는 루틴—옮긴이) 사용을 요구하며 토론에 참여했다.

이 발표회의 스타는 '마이크로프로그래밍micro-programming'을 소개한 윌크스였다. 제어와 연산 하드웨어 설계에 적용할 새롭고 근사한 시스템이었다. 이 시기에는 인간 사용자에게 권한을 주는 케임브리지 접근방식이 미래의 열쇠를 쥐고 있다고 널리 알려져 있었다. 케임브리지 그룹은 자신들을 '뚱딴지들space cadets'(그저 할 일 없

앨런 튜링의 이미테이션 게임

이 우주에 떠다니며 별이나 본다는 의미로, 문맥을 못 쫓아가는 사람을 지칭한다―옮긴이)이라고 불렀고 나머지 사람들을 '원시인들'이라고 지칭했다. 그리고 앨런 튜링은 맨체스터 기계의 연산을 숫자 하나씩 하나씩 따라 할 수 있다고 주장하면서 자신을 원시인들 중 으뜸으로 만들었다. 그러나 다른 차원에서 그는 이들 모두 중에서 가장 대담한 댄 데어Dan Dare(영국 공상과학만화의 주인공. 만화에서 댄 데어가 우주비행사로 나오므로 앞의 '똥딴지들'과 짝을 이루는 표현이다―옮긴이)였고, 기계가 마치 사람인 것처럼 표현하면서 책임감 있는 과학자들을 당혹스럽게 만들었다.

컴퓨터를 상업적 용도로 응용하는 것은 진지한 논의의 대상이었고, 맨체스터대학교 응용 수학과 교수인 M. J. 라이트힐M. J. Lighthill은 1970년이 되면 "학부과정 전체에서 기계를 사용하게 될 것이다. 결과적으로 학교에서조차 수학 수업의 방향을 재설정해야 할지도 모른다. 그러나 '학문의 기초'가 결국에는 '/E@A'에 의해 밀려나게 될 것이라는 생각은 그저 기우에 불과하다"라고 했다. 앨런이 옹호하는 32진법에 대한 불평은 정당한 것으로 입증될 것이었다. 1951년 당시에는 아직 분명하지 않았지만 얼마 가지 않아 일반 사용자들이 32진법에 적응하게 될 것이라는 기대는 터무니없는 것으로 여겨질 것이었다. 이 발표회는 앨런이 프로그래밍이나 컴퓨터 운영의 기여자로서 참석한 마지막 발표회였고, 그는 이미 전설 속으로 사라지고 있었다. 역사가 없는 과학 분야의 과거의 유령이었다. 1930년대 케임브리지에서 힘들게 살아남은 그는 여기서 1950년대의 품위 없는 '스테인리스 스틸'에 반하는 것으로 비쳤고 거의 이해받지 못하는 존재였다.

마이크 우저는 맨체스터대학교와 NPL에 있는 컴퓨터의 명령문 부호의 수행능력 상대적 비교에 대한 강연을 했다. 앨런은 그가 발표회 기간 동안 홀리미드에서 지낼 수 있게 집으로 초대했다. 앨런이 동성애자라는 사실을 알았다면 주저했을 수도 있었지만 그는 이 사실을 몰랐다. 대신 그는 잡초와 이상한 냄새를 풍기는 혼합물들이 가득 차 있는 냄비와 프라이팬이 뒤죽박죽 널려 있는 광경에 맞닥뜨려야 했다. 앨런은 천연재료에서 어떠한 화학물질을 얻을 수 있는지 알아보기 위해, 그리고 특히 전해질 실험을 하면서 자신만의 공간에서 '무인도' 취미생활을 이어나가고 있었다. 우저가 벽돌길에 감탄하며 칭찬을 했을 때는 분위기가 좋았지만, 앨런이 형태발생에 대한 자신의 생각을 설명하려고 했을 때는 그다지 잘 어울리지 못했다.

이제 앨런의 관심사는 모방게임보다는 생물학 이론에 있었다. 마침내 앨런이 진지하게 관심을 쏟고 대화를 나눌 만한 다른 무언가가 생겼다. 새로운 컴퓨터가 설치되고 가동을 시작하자마자 그가 생각하는 세포들의 이상적인 고리 즉, 튜링 '히드라'에서 화학적 파동을 모방하도록 설정되었다. 다양한 사례들을 수차례 연구한 끝에 그는 설득력 있는 가상적인 반응들을 끌어냈다. 이 반응들은 초기의 균질한 '수프'에서 반응이 시작되면 정상定常 공간분포를 가진 화학 농도의 파동을 만드는 효과를 가지고 있었다. 이는 다른 속도로 진행시킬 수 있었는데 각기 다른 결과가 나왔다. 앨런은 이것을 '빠른 요리'와 '느린 요리'라고 불렀다. 그는 또 낭배형성 문제를 실험하면서 세포에서의 임의적 교란이 어떻게 특정 축이 선별되도록 이끌 수 있는지 보여주었다.

이 작업에서 그는 사실상 개인용 컴퓨터와의 상호작용이라는 독특한 감각을 발달시켰다. 새로운 정비사 로이 더피Roy Duffy의 눈에는 이것이 마치 콜로서스와 대화하는 것처럼 보였다. 그는 앨런이 콘솔 앞에 앉아 수동 제어장치를 조작하는 모습을 바라보면서 "오르간을 치는 것" 같다고 했다. 기계 사용자들은 누구나 기계가 실제로 어떻게 작동되는지에 대한 감각을 익혀야 했다. 자기 드럼 트랙과 음극선관 저장장치에 문제가 생기는 상황이 항상 발생하기 때문에 프로그램에 수정을 가하는 작업이 필요했다. 앨런은 새로운 매개 변수가 필요하게 되면 기계의 '경적기'가 다른 지점에서 소리를 내도록 하는 명령문을 작성해 넣으면서 이 작업을 '예술'로 승화시켰다. 이런 방식으로 그는 '요리'가 진행되는 동안 이를 지켜볼 수 있었다. 사용자는 또 기계의 운영과 출력 모드를 완전히 통제할 수 있었고, 앨런은 기계로 음극선관 모니터에 생물학적 패턴들이 나타나게 하거나 그때쯤에는 결정학자들이 고안해냈을 윤곽선 지도들을 인쇄했다.

그는 대개 밤샘 작업을 했는데 주로 화요일과 목요일 저녁에 정기적으로 밤을 샜다. 그러나 생물학 연구만 했던 것은 아니었다. 특히 '타종' 프로그램에 시간을 쏟기도 했다. 타종? 모든 가능성 있는 순열permutation을 연구하는 것인가? 누구를 위하

　　　　　　　　　　　　　　앨런 튜링의 이미테이션 게임

여 종이 울리는 것일까? 궁금해하지 말자.

보통은 아침에 밖으로 나와 주위 사람들에게 '기린의 점'이나 '파인애플' 또는 다른 무엇이든 출력한 인쇄물을 흔들어 보인 다음, 집으로 돌아가 정오까지 잠을 잤을 것이다. 밤샘 연구는 어떻게 기계가 스스로 실험과 수정 사항을 기록하는 비서의 일을 하게 만들었는지를 설명한 그의 설명서 중 가장 진보적인 특성에 잘 반영되어 있었다. 이런 기술적인 문서에서조차 '규칙'과 '설명'에 대한 아이디어와 관련해 고차원적인 과학적 시도가 있었다. 즉, 프로그래머는 기계를 논리적인 의미에서, 엔지니어는 물리적인 의미에서 활용하는 것이 허락되었고, 앨런이 '공식 모드 formal mode'라고 정의한 모드는 또 다른 의미, 즉 더 고차원적 수준에서 '완료'된 작업 설명을 출력할 수 있었다.

기계를 활용할 수 있는 다수의 모드 또는 스타일이 있었고, 각각의 모드는 허용되지 않는 것으로 간주되는 작업을 제한하는 규정이 있다. 예를 들어 엔지니어들은 진공관을 제거하거나 두 점을 일시적으로 악어 클립으로 연결하는 것을 용인할 수 있는 작업으로 간주할지 모르나 손도끼를 사용하는 것에는 눈살을 찌푸릴 것이다. 그러나 진공관 제거와 접속에 변경을 가하는 것은 분명 프로그래머들이나 다른 사용자들에게는 용납되지 않는 것이고, 이들은 자신들만의 추가적인 금기사항들을 가지고 있다. 사실 다수의 작업 모드들이 있지만 여기서는 '공식 모드'만 언급하겠다. 이 모드는 상당히 엄격하고 분명한 규정을 가지고 있다. 공식 모드로 작업하는 것의 장점은 프린터로 출력된 인쇄물이 계산에서 처리된 모든 것들을 전부 설명해 준다는 점이다. 다른 특정 문서들과 함께 이 인쇄물을 정밀히 조사하면 알고 싶은 모든 것을 알 수 있을 것이다. 특히 이 인쇄물은 기계를 통제하는 인간이 행한 모든 임의적 선택들을 보여준다. 그래서 어떤 중요한 시점에서 이루어진 작업을 기억하려고 노력할 필요가 없다.

그러나 기계의 다른 사용자들은 이런 그의 작업의 부산물, 이 경우 컴퓨터 '운영체제'의 도입을 예견하는 것 이외에는 그가 기계로 무엇을 하고 있었는지에 대해 거의 알지 못했다. 1951년 여름 이후 두 사람 사이에는 사실상 연락이 전혀 오가지 않았다.

앨런은 항상 그랬듯이 1951년 8월을 케임브리지에서 보냈고, 여기서부터 그와 로빈, 닉 퍼뱅크, 키스 로버츠, 로빈의 친구 크리스토퍼 베넷 일행은 영국 페스티벌Festival of Britain을 구경하러 기차를 타고 런던으로 향했다. 이들은 사우스켄싱턴에 위치한 과학박물관Science Museum으로 향했다. 이곳에서는 과학기술 전시회가 열리고 있었다. 그레이 월터의 인공두뇌를 가진 거북이를 전시하고 있었는데, 이것들은 계속해서 원만 그리며 돌고 있는 것처럼 보였다. 로빈은 정신이상자가 전신마비로 고통받고 있는 것 같다고 말했다. 그 와중에 이들은 한 가지 근사하고 예상치 못했던 무언가를 목격했다. 바로 거울 앞에서 거북이들이 우왕좌왕하는 반응을 보인 것이었다. 다음으로 이들은 페란티가 전시한 님로드NIMROD를 보았다. 특수 목적을 위해 개발된 전자 기계로 관람객들과 '님' 게임을 할 수 있었다. 페란티 직원들은 앨런을 보고 반가워하며 "아, 튜링 박사님. 기계와 게임을 해보시겠습니까?"라고 물었다. 앨런은 물론 그렇게 했고 게임의 필승전략을 알았던 그가 승리할 수 있었다. 처음에 기계는 패배를 인정하며 '기계 패'라는 문구를 반짝였지만 조금 후에 마치 골이 난 사람처럼 '기계 승'이라는 문구를 반짝이며 중단하기를 거부했다. 앨런은 기계에서 이런 인간과 같은 행동을 이끌어낼 수 있다는 것을 매우 재미있어했다.

즐거움은 여기서 끝이 아니었고 일행들 중 몇몇 '전문가들'은 전시 관련 직원들을 쿡쿡 찔러댔다. 영국이 잿더미에서 과학적 발전을 이룩하는 모습을 살펴본 뒤에 이들은 페스티벌 뒤풀이에 참석하러 배터시 공원으로 향했다. 앨런은 평상시보다 살짝 더 흥분되어 있었고 버스를 타는 대신 택시를 타면서 아버지로부터 물려받은 일상의 규칙을 깨뜨렸다. 그는 속이 안 좋아질 것 같다며 롤러코스터를 타지는 않았다. 하지만 이들은 모두 유령의 집에 들어갔고 자외선 불빛 아래서 눈을 부릅뜨고 서로를 쳐다보았다.

맨체스터에 돌아오니 토니 브루커가 도착했다. 10진법으로 입출력이 가능한 새롭고 더 효율적인 기법을 지체 없이 만들어내서 32진수로 야기된 최악의 문제점들을 원상태로 되돌리기 시작했을 뿐만 아니라 서브루틴 연결을 개선했다. 앨런은 이에 조금도 개의치 않았고 자신의 계획에 전념했다. 그는 뒤죽박죽 뒤섞인 32개의 전신 타자기 기호들(32진법에서 사용되는 32개의 기호—옮긴이)에서 수월하게 소의 얼룩이나 장미 꽃잎을 시각화할 수 있는 것만으로도 행복했다. 한편 크리스토퍼 스트레이치가 긴 프로그램을 시험해보기 위해 맨체스터를 방문했다. 시슬리 팝플웰의 도움을 조금 받기는 했지만, 전부 손으로 작성한, 어느 누구도 감히 시도해보지 못했던 가장 긴 프로그램이었다. 이 프로그램은 앨런이 그에게 제안했던 문제를 해결하기 위해 만들어진 것으로 기계가 스스로의 행동을 흉내 내도록 하는 것이었다. 이 같은 방식으로 다른 프로그램들을 시험할 수 있었다. 연구소 사람들은 이 야심 찬 아마추어 과학자의 노력을 그다지 진지하게 고려하지 않았다. 누구나 첫술에 배가 부를 수 없듯이 이것 역시 성공할 가능성이 희박했다. 그러나 프로그램은 기대했던 대로 작동되기 시작했고, 스트레이치는 계속해서 프로그램을 시험해도 된다는 허락을 받았다. 앨런은 그에게 기계 작동법을 보여주면서 몇몇 지시사항들을 속사포처럼 내뱉은 다음 스트레이치가 알아서 하도록 내버려두었다. 앨런은 보통 다른 사람들의 느린 행동을 못 견뎌했지만 이번에는 상대를 제대로 만났다. 스트레이치는 밤을 새우면서 프로그램을 성공시켰고, 더 나아가 경적기가 '신이여 왕을 구하소서God save the King(영국 국가—옮긴이)'를 연주하면서 모든 이들을 놀라게 했다. 앨런의 추천으로 홀즈베리 경은 즉각 스트레이치를 국립연구개발공사NRDC에 고용했고, 해로학교를 그만둘 수 있을 만큼 충분한 봉급을 지급했다. 앨런이 콘솔의 수장인 시대는 지나갔다. 그는 횃불을 넘겨주었다. *

11월 초에 형태발생 이론에 대한 그의 논문이 완성되었다. 그는 논문을 영국《왕립협회보Proceedings of the Royal Society》에 보내기로 결심했고, 11월 9일에 영국《왕립협회보》는 논문을 승인했다. 이것은 근본적인 수학문제를 제기했다. 그가 지적했듯이

---

* 1975년 사망하기 전까지 크리스토퍼 스트레이치는 영국의 컴퓨터 분야의 중심에 서 있던 혁신적인 인물이었다. 그리고 그의 체커 프로그램은 '기계 지능' 연구에서 매우 중대한 역할을 했다.

미분 방정식과 물리화학, 생리학을 잘 아는 사람들은 많지 않았다. 생물학자들은 자신들이 발견한 것을 수학으로 설명하기보다는 어려운 전문용어를 붙이는 것에 더 익숙한 경향이 있었다. 반대로, 라이트힐이 앨런의 연구에 특별히 고무적이었다고는 해도 수학자들은 대개 생명과학에 대해 아는 바가 전혀 없었다. 이 논문은 그가 정돈된 구획에 들어가지 않는 아이디어를 생산해낸 또 다른 사례였다. 화학 분과는 절충안을 제안했고 앨런은 1951년 12월 11일에 자신의 이론에 대한 세미나를 열었다.

크리스마스가 다가오고 있었고 이 말은 선물을 골라야 하는 의무가 뒤따른다는 뜻이었다. 다른 사회적 의무들과는 다르게 앨런은 이 의무를 잊은 적이 없었다. 그의 타고난 관대한 마음씨가 바탕이 되었다. 앨런이 가장 좋아했던 시빌 숙모는 인도에서 선교활동을 했는데, 그녀가 시력을 잃게 되자 도움을 주기 위해 앨런은 점자책 세트를 선물했다(그는 브리스틀 학회에 참석했을 당시 그곳 인근에 살았던 숙모를 방문했다). 앨런은 무신론자였으나 자신의 유년 시절 친구 헤이즐 워드가 연로한 워드 부인이 돌아가신 뒤 선교활동을 지속할 수 있게 도와주었다. 그리고 1950년에 셔본학교 400주년 행사 모금운동에 서명하면서 그의 학창 시절에 대해 알고 있는 로빈을 깜짝 놀라게 만들었다. 그러나 이번 크리스마스에 그는 「계산 가능한 수」에 버금간다고 자부하는 논문을 완성한 뒤 스스로에게 선물을 빚지고 있다고 느꼈다. 이 논문은 단순히 새로운 결과만을 제시하는 것에 그치지 않고 새로운 체계와 정복할 새로운 세계를 제시했다.

이후에 앨런은 단편 소설[60]을 썼다. 이 소설은 E. M. 포스터의 전통을 따른 앵거스 윌슨Angus Wilson*의 사회적으로 의식이 있는 '솔직함'을 표방하고는 있지만, 실은 오히려 비뚤어진 시선을 가진 새로운 스타일을 취하고 있었다. 이야기는 다음과 같이 시작했다.

---

* 앨런은 케임브리지에서 로빈 갠디의 소개로 앵거스 윌슨을 만났다. 앵거스 윌슨 역시 블레츨리에 있었지만 이곳에서는 앨런을 만난 적이 없었다.

알렉 프라이스Alec Pryce의 크리스마스 쇼핑은 점점 더 [읽을 수 없음] 그의 방식은 일반적인 방식하고는 거리가 조금 멀었다. 그는 자신의 마음에 드는 무언가를 발견할 때까지 런던이나 맨체스터에 있는 상점들을 둘러볼 것이다. 마음에 드는 것을 발견한 다음에는 친구들 중 이 선물을 받고 즐거워할 만한 사람이 누구인지를 떠올려볼 것이다. 영감이 떠오를 때까지 기다리는, 일종의 (본인은 눈치 채고 있지 못하겠지만) 그가 작업하는 방식을 보여주는 사례라고 할 수 있다.

이 방식을 크리스마스 쇼핑에 적용하면 작업에 적용했을 때와 마찬가지로 다양한 감정이 생겨난다. 상점을 배회하는 어느 정도 자포자기한 긴 시간과, 30분 정도마다 그러나 상당히 변덕스럽게, 끔찍한 배경에서 무언가가 눈에 들어온다. 오늘 아침 알렉은 쇼핑을 하며 2시간을 알차게 보냈다. 그는 뷸리 부인에게 딱 어울릴 만한 나무로 만든 과일 그릇을 발견했다. 그녀는 분명 매우 기뻐할 것이다. 또 혈액순환 장애가 있는 어머니에게 드릴 전기요를 구입했다. 예산을 웃도는 금액이었지만 어머니에게 확실히 필요한 것이었고, 또 어머니 스스로는 절대 구입하지 않을 것이었다. 한두 가지 사소한 일들을 더 해결한 뒤 이제 점심을 먹을 시간이었다. 알렉은 대학교 방향으로 걸어가면서 좋은 레스토랑을 물색했다.

알렉은 2~3주 전까지 연구에 몰두해 있었다. 행성 간 여행에 관한 것이었다. 그는 언제나 이런 별난 문제들에 상당히 관심이 많았다. 기회가 주어졌을 때면, 신문기자에게나 제3방송에서는 두서없이 이야기하기는 했지만, 기술적으로 훈련된 독자들을 위해 쓴 그의 글은 상당히 견실했다. 또는 그가 더 젊었을 때는 분명히 그러했다. 이 마지막 논문은 정말 좋은 작품이었다. 지금은 '프라이스의 부표Pryce's buoy'라고 알려지기 시작한 아이디어를 발표했을 때인 20대 중반 이후에 했던 그 어느 것보다 더 좋았다. 알렉은 이 표현이 사용될 때마다 항상 자부심을 느꼈다. 누구나 눈치 챌 수 있는 이중적 의미를 가지고 있다는 점 역시 그를 기쁘게 했다. 그는 자신의 동성애 성향을 감추지 않았고, 적합한 상대와 함께일 때는 부이bouy에서 'u'를 뺀 '보이boy'인 것처럼 말했다. 그가 누군가와 '함께'한지 상당히 오랜 시간이 지났다. 실제로 지난여름에 파리에서 만난 군인 이후로 없었다. 이제 논문이 완성되었으니 또 다른 게이*를 만날 때가 되었다는 생각이 들었을 수도 있다. 그리고 그는 자신에게 알맞은 게이를 어디서 찾을 수 있는지 잘 알고 있었다.

앨런은 성공했다. 옥스퍼드 거리를 걸으며 리갈 극장 밖에 붙어 있는 포스터들을 보는 것처럼 행동하면서 한 젊은이의 눈길을 사로잡았다.

아놀드 머레이Arnold Murray는 『위건 부두로 가는 길』과 같은 배경을 가진 19세 청년이었다. 그가 아는 최고의 음식은 빵과 마가린이었고, 아버지는 직장에서는 성실한 일꾼이었지만 어머니에게 폭력을 휘둘렀다. 영양실조로 깡마르고 독일군의 공습으로 신경과민에 걸린 그는 학교 교육을 위해 체셔의 보이 캠프로 보내졌다. 그는 격려와 경쟁으로 반에서 수석이 된 것을 매우 자랑스러워했다. 사람들은 연합군이 독일군에 반격을 개시한 날과 유럽이 전승을 거둔 날을 축하했지만, 아놀드에게 이것은 타르 증류소가 있는 피치pitch(원유·콜타르 등을 증류시킨 뒤 남는 검은 찌꺼기—옮긴이)로 가득한 맨체스터의 빈민가로 돌아가 아버지가 그를 일터로 보내기 전까지 6개월간 기술학교를 다녀야 함을 뜻했다. 그는 몇몇 직업을 전전했고 가장 오랫동안 한 일은 1948년부터 국민보건서비스National Health Service가 실시된 후에 안경테를 만드는 일이었다(새로운 10년을 위해 대규모 재군비에 시동을 건 휴 게이츠켈Hugh Gaitskell의 1950년 예산을 마련하기 위해 안경을 무료로 공급해주던 서비스가 중단되면서 한국전쟁으로 인해 눈에 띄게 피해를 본 업종이었다). 아놀드는 1951년 7월에 영국 페스티벌을 보기 위해 차를 얻어 타고 런던으로 오면서 막막하기만 하던

---

* 이 글은 평문인가 아니면 암호문인가? 이것은 단어의 의미가 그것의 사회적 체현에 좌우된다는 것을 잘 보여주는 예이다. 이 단어는 최소한 1930년대 이후 미국에서 명백한 의미를 지닌 암호 같은 단어로 동성애자들 사이에서 일반적으로 사용되고 있었다. 그래서 1951년에 출간된 D. W. 코리D. W. Cory의 선구적인 저서 『미국의 동성애자들The Homosexual in America』은 "수년간 필요했던 것은 동성연애의 개념을 표현할 수 있는 찬양도 비난도 없는 평범하고 일상적이며 실제적인 단어였다. 사내답지 못하다는 고정관념으로 인한 오명도 없어야 한다. 이 단어는 오랫동안 존재해왔고 최근에 와서 자주 쓰이고 있다. 바로 '게이'라는 단어이다"라고 설명했다. 앨런 튜링은 보통 '동성애자Homosexual' 또는 친구들 사이에서는 '퀴어queer(특히 남성 동성애자를 지칭하는 속어—옮긴이)'라는 단어를 사용했을 것이다. 그러나 그는 미국에서 어떤 표현을 사용하는지 알았을 것이고, 그 단어에 대한 코리의 이론적 해석을 전적으로 수용했을 것이다. 이런 이유로 이 단어는 앞으로 계속 사용될 것이다. 소개된 모든 시대착오적 또는 대서양을 가로지르는 영향은 앨런 튜링이 1950년대 초반의 영국에서 자신의 사고방식을 표현하는 데 있어서 가지고 있던 어려움을 상당히 적절하게 반영할 것이다. 자신이 속한 시대를 앞질러갔던 '컴퓨터'가 그랬던 것처럼.

앨런 튜링의 이미테이션 게임

생활에서 벗어나게 되었다. 그러나 그는 좀도둑질을 하다가 붙잡혔고 맨체스터로 돌려보내져 보호관찰에 처해졌다. 그는 그때까지 워센쇼에서 가족들과 함께 생활하고 있었고 최근에 실직해 돈이 궁한 상태였다.

아놀드는 자신의 정체성을 찾기 위해 방황하고 있었고, 세상이 자신에게 밑바닥 인생보다는 더 나은 삶을 빚지고 있다고 생각했다. 과학에 관심을 가진 적이 있었다. 열네 살에 그는 화학물질을 혼합하다 창문을 박살낸 적이 있었다. 또 성관계도 했고, 그 이후 나이에 비해 다양한 경험을 했다. 그는 자유로운 정신이나 일관된 생각을 가진 인물이 아니었다. 그는 여성과 완벽한 관계를 꿈꾸었지만 다른 한편으로는 남성과 함께할 때의 도덕성의 부재를 좋아했다. 또 그는 지성과 감성을 소유한 사람으로 비치고 싶어 했다. 중산층 남성들은 그에게 매너와 문화를 가르쳐주었고, 이 시점에서 그는 동성연애를 자신이 동경하는 엘리트 계층에 속한 무언가 특별한 것으로 여겼다. 그는 단순히 돈에 자신을 바치는 사람들을 얕잡아보았다. 앨런은 우아한 삶을 약속해주었지만 여기서 끝이 아니었다. 앨런이 이것을 옥스퍼드 스트리트 배경 속에서 눈에 띄는 신선함과 젊음과 결부시켰기 때문이다.

앨런은 아놀드에게 어디에 가는 길인지 물었고 그는 "특별히 갈 곳은 없어요"라고 말했다. 그래서 앨런은 그에게 길 건너편 레스토랑에서 점심을 함께하자고 제안했다. 창백한 피부와 파란 눈, 파리한 몸, 벌써부터 벗겨지기 시작한 가는 머리카락을 가진 아놀드는 더 나은 삶을 위해 필사적으로 몸부림쳤고, 수많은 지식인들보다 더 수용적인 태도를 취했다. 앨런의 눈에는 이런 아놀드가 길을 잃은 양처럼 보였고, 그에게 다른 감정에 더해 연민을 느꼈다. 또 아놀드에게는 가장 힘들었던 상황들을 헤쳐나갈 수 있게 해준 활기와 유머감각이 있었다. 앨런은 그에게 강의를 맡고 있는 대학교로 돌아가야 한다고 말했고, 자신이 '전자 뇌'에 대한 연구를 하고 있다고 설명해주었다. 아놀드는 그의 이야기에 매료되었다. 앨런은 주말에 윔슬로우에 있는 자신의 집에 함께 가자고 제안했다. 구름다리 밑이나 뒷골목, 화장실로 자리를 옮기는 것이 일반적인 곳에서의 점심식사와 자신의 집에 초대하는 것이 되면서, 앨런은 이미 거리에서 만난 사람들에게서 보통 기대할 수 있는 것보다 더 많은 것을 제공해주었다. 아놀드는 초대를 받아들였지만 그날 밤 나타나지 않았다.

　이런 식으로 문제가 쉽게 마무리될 수도 있었지만 앨런은 그다음 주 월요일 아침에 옥스퍼드 스트리트에서 아놀드와 다시 마주쳤다. 아놀드는 약속을 지키지 못한 것에 대해 시시한 변명을 늘어놨고 이번에는 앨런이 그를 곧바로 집에 초대했다. 아놀드는 앨런이 하자는 대로 했고 밤늦게까지 머물렀다. 그리고 1월 12일에 다시 방문하기로 약속했다. 앨런은 그에게 크리스마스 선물로 작은 주머니칼을 보냈다.

　BBC의 제3방송은 그 당시 기계가 생각한다고 말할 수 있는가에 대한 주제를 놓고 토론하는 일종의 〈브레인트러스트〉 같은 프로그램을 기획했다.* 1951년 크리스마스 즈음에 앨런은 옥스퍼드대학교의 데이비드 챔퍼노운을 방문했다. 그에게는 테이프 녹음기가 있었고, 챔퍼노운이 기계가 열망할 수 없는 아름다움과 다른 고상한 개념들을 논의하는 데 적합한 '아츠맨Arts Man'의 목소리를 가장하면서 이 프로그램의 토론을 패러디했다. 나중에 도착한 프레드 클레이턴은 완전히 속아 넘어갔다. 클레이턴은 결혼할 것이라고 말한 대로 정말 결혼했고, 엑세터대학교에서 고전문학 교수직에 임명되는 행운을 잡았다. 그는 고전문학과 영문학 사이의 유사점들에 대한 논제를 발전시키는 데 큰 관심을 가지고 있었고, 앨런에게 두 문학을 비교하는 데 필요한 확률과 통계에 대해 물어보았다. 이 밖에도 그는 고전문학에서 점성술의 중요성에 대해서도 관심을 보였고, 기초적인 천문학 지식을 어느 정도 얻기 위해 앨런의 도움을 받았다.

　진짜 토론61은 1952년 1월 10일 BBC 맨체스터 스튜디오에서 녹화되었다. 뇌 전문의가 의식의 근원을 옹호했고, 앨런은 반론을 펼쳤다. 맥스 뉴먼과 킹스 칼리지의 과학철학자 리처드 브레이스웨이트가 중재자의 역할을 했다.

　이 토론은 익살스러운 고위관료 스타일로 진행되었다. 앨런은 방송을 청취한

---

　* BBC는 맨체스터 기계가 들려주는 크리스마스 캐럴 '징글벨'과 '선한 왕 웬세스러스Good King Wenceslas' 연주를 방송하면서 컴퓨터에 대한 대중들의 이해에 좀 더 '계절적인' 기여를 했다.

앨런 튜링의 이미테이션 게임

어머니에게 쓴 편지에 "물론 제게 던진 대부분의 질문들은 농담 식으로 작성되었어요"라고 썼다. 브레이스웨이트는 매우 적절한 〈브레인트러스트〉 스타일의 지적으로 시작했다. "모든 것이 전적으로 생각에 무엇이 포함되느냐에 달려 있습니다." 앨런은 모방게임을 '생각'의 기준으로 설명했고 다른 참석자들은 알맞은 시점에 반대의견을 제시하기 위해 끼어들었다. "질문들이 산수 문제여야 합니까? 아니면 오늘 아침으로 무엇을 먹었는지 물어봐도 됩니까?"라고 브레이스웨이트가 질문했다. 앨런은 대답했다. "아, 뭐든 가능합니다. 그리고 질문은 군이 질문이어야 할 필요도 없습니다. 법정에서 하는 식의 질문 정도면 괜찮습니다. '제가 말했다시피 당신은 그저 남성인 것처럼 가장하고 있습니다' 정도면 됩니다." 이들은 학습과 가르침을 논의했고, 브레이스웨이트는 사람들의 학습능력이 "욕구와 갈망, 충동, 본능"에 의해 결정되고, 학습하는 기계는 "일련의 욕구들에 부합하는 무언가"를 갖추고 있어야 한다고 말했다.

뉴먼은 방향을 다시 수학이라는 안전지대로 인도했다. 길이를 나타내는 '실수real number'와 개수를 세는 정수를 연관시킬 수 있는 상상력이 필요함을 지목했으며 이것은 "이전에는 비교해본 적 없는 것들 사이의 유사점들의 이해"가 수반되어야 했다. "마음속에 이런 개념을 가지고 있지 않은 인간이 작성한 프로그램에서 기계가 이러한 발명을 하는 광경을 상상이나 할 수 있겠습니까?" 앨런은 사실 상상할 수 있었다. 그가 생각하고 있었던 바로 그런 종류의 것이었기 때문이다.

기계가 유사점을 찾아내도록 만들 수 있다고 생각합니다. 사실 이것은 근본적으로 대개 인간의 전유물로 여겨지는 그런 몇몇 것들을 기계가 하도록 어떻게 제작될 수 있었는지를 보여주는 상당히 좋은 사례입니다. 누군가가 저에게, 예를 들어 만약 무언가가 녹색이 아닌 게 아니라면 그것은 녹색이어야 한다는 이중부정을 설명하려고 하지만 그다지 잘 설명하지 못했다고 가정해봅시다. 그는 "뭐, 길을 건너는 것과 같습니다. 길을 건너고 그런 다음 다시 그 길을 건너면 처음 시작했던 장소로 돌아오게 됩니다"라고 말할지도 모릅니다. 이 말이 문제를 마무리 지을 수도 있습니다. 이것은 사람들이 기계로 작업하고 싶어 하는 것들 중 하나이며 제 생각에 그렇게 될 가능성이 크다고 생각합니다. 저는 우리 뇌에서 비유가 이루어지는 방식이 이것과 같은 무언가라고 추측해봅니다. 2개 이상의 아이디어들의 논리적 연관성의 패턴이 동일할 때 뇌는 뇌의 부분을 아껴 쓰기 위해 이들 아이디어의 유사한 패턴을 같은 부분에 두 번 이상 중복시켜 저장할 가능성이 매우 높습니다. 이런 방식으로 제 뇌의 일부분이 두 번 이상 사용되었다고 가정할 수 있을 것입니다. 이중부정의 아이디어에 한 번, 왕복으로 길을 건너는 것에 한 번으로요. 저는 이런 두 가지를 분명 모두 알아야 하지만 그 사람이 이런 모든 따분한 '부정'과 '부정의 부정'에 대해 이야기하면 그가 의도하는 바를 이해할 수 없습니다. 어떤 이유로든 이것은 뇌의 올바른 부위에 도달하지 못합니다. 그러나 그가 길을 건너는 것에 대한 자신의 견해를 이야기하자마자 올바른 부위에 도착하게 되는데 이때는 다른 경로를 통하게 됩니다. 뇌에서 비유를 활용한 이런 논쟁이 어떻게 지속되는지에 대한 몇몇 순수한 수학적 설명이 존재한다면 동일하게 할 수 있는 디지털 컴퓨터를 제작할 수 있습니다.

비트겐슈타인은 1939년에 이중부정 '설명하기'에 대해 언급했었다.[62] 제퍼슨은 욕구의 문제로 토론을 현실로 되돌렸다. "만약 우리가 정말 진심으로 '생각'이라고 부를 수 있는 모든 것에 접근하고자 한다면 외부 자극의 영향은 누락될 수 없습니다… 기계는 주변 환경이라는 것이 없지만 인간은 반대로 자신을 둘러싼 환경과의 관계에 놓여 있습니다. 주먹을 날리면 상대편도 주먹으로 응수합니다… 인간은 근본적으로 화학적 기계입니다. 배고픔과 피로… 그리고 성적 욕구에 큰 영향을 받습니다." 생각을 방해하는 욕구들이라니! 이것은 이산 상태 기계에 반대하는 강력한 주장이었다. 그러나 제퍼슨은 (충분한 저장 공간을 보유한 만능기계가 모든 복잡성 중 하나를 모방할 수 있으면서 설득력을 잃은) 신경계의 복잡성에 호소하면서 또다시 자신의 논지를 망치고 말았다. 좀 더 수사적인 표현을 써가며 그는 계속했다. "기계들은 유전자도 없고 혈통도 없습니다. 멘델의 유전법칙과 무선 진공관은 아무런 관계도 없습니다." 제퍼슨은 남성 컴퓨터가 여성 컴퓨터의 다리를 어루만지는 모습을 보기 전까지는 생각한다고 믿을 수 없다고 말하고 싶었으나 방송에서는

앨런 튜링의 이미테이션 게임

이 부분을 편집해버렸다. (브레이스웨이트가 말했듯이) 이런 행동을 '생각'이라고 말하기 힘들기 때문이었다. 브레이스웨이트는 컴퓨터가 생각을 할 수 있기 위해서는 '감정적 장치'를 가질 필요가 있다고 믿었다. 그러나 이것이 어떤 문제들을 야기하게 될지에 대해 질문하는 것은 이들의 관심사가 아니었다. 난감한 상황이 종결되었고, 제퍼슨은 끊임없이 아이디어를 생산해내는 존재는 "오래전부터 존재해왔던 굼뜬 사람, 즉 인간"임을 영국 지식인들에게 재확인시켜주면서 끝을 맺었다.

이 토론은 1월 14일에 방송되었고 이날은 아놀드가 앨런의 집에 두 번째로 방문한 날이었다. 두 사람의 관계는 더 진지하게 변해갔다. 앨런은 자신들의 만남을 좀 더 깊은 관계로 발전시키기 위해 문제들을 처리했다. 다시 말해 아놀드가 저녁 식사 손님으로 도착해 하룻밤을 묵고 간다는 뜻이었다. 아놀드는 이 제안을 흔쾌히 받아들였다. 그는 홀리미드가 궁궐처럼 여겨졌고, 특히 예를 들면 앨런에게 가사도우미가 있다는 사실이 놀라웠다. 그는 이제 하인들이 아닌 주인과 어울리는 사람이었다.

이들은 대화를 나눌 만한 공통점이 많지 않았지만, 아놀드는 앨런이 소통을 통해 타인이 가진 신선한 생각을 접할 필요가 있다는 점을 잘 인식하면서 연결점을 찾아냈다. 두 사람 누구도 이란의 모사데크를 축출하려는 영국의 시도에 미국이 방해하는 문제에 신경 쓰지 않았다. 아놀드는 애향심이 강했고 미국 공군기지가 체셔 지역의 일부를 여전히 차지하고 있는 것이 마음에 들지 않았다. 시사 문제 외에 앨런은 천문학에 대해서도 이야기했고, 바이올린을 연주했으며 아놀드에게 바이올린을 가르쳐주기도 했다. 저녁을 먹은 후 와인을 마시면서 양탄자 위에 누워 아놀드는 앨런에게 자신의 반복되는 유년 시절의 악몽에 가까운 꿈에 대해 이야기하기 시작했다. 그는 완벽하게 빈 공간 속에 떠 있었다. 어디선가 이상한 소리가 들리기 시작하더니 그치지 않고 점점 커졌고 그는 어느 순간 땀에 흠뻑 젖어 깨어났다. 앨런은 어떤 종류의 소리였는지 물어보았지만 아놀드는 설명할 수가 없었다. 거대한 빈 공간을 생각하며 앨런은 영국 공군 캠프에 있는 오래된 격납고를 떠올렸고, 공상과학 이야기를 지어냈다. 격납고 자체가 두뇌고 일반적으로 모든 사람들을 위해 작동되도록 프로그램되어 있지만 '그'가 격납고로 들어가자 문이 닫히면서 그곳에 갇히고 말았다. 그는 빠져나오기 위해 기계를 상대로 체스 게임을 해야 했다. 삼세판이었다. 기계의 움직임이 너무 빨라 그는 방해공작을 위해 기계와 대화를 시도했다. 기계와 대화를 하면서 처음에는 분노를 나타내고 다음에는 어리석은 행동을 하며 기계를 기쁘게 해주고 자만에 빠지게 만들었다.

"내가 '느끼는 것'을 '생각'할 수 있겠나? 내가 '생각하는 것'을 '느낄' 수 있겠나?" 이야기에 점점 빠져들면서 어느 시점에서 앨런은 아주 중요한 점을 지적했다. 그는 분필을 집어 들고 그가 어떻게 기계를 이길 수 있었는지 상상하면서 아놀드를 어이없게 만들었다. 그는 아주 엉망진창으로 굼뜨고 우둔하게 산술을 해서 기계가 절망으로 자살을 시도하게 만들었다.

아놀드 역시 자신의 생각을 이야기하려 했고 앨런은 비록 쉽게 싫증을 내버리는 경향이 있기는 했지만 참을성 있게 들어주며 이야기를 계속하도록 이끌어주었다. 어느 시점에서 앨런은 "네가 무엇을 생각하든 '네 말이 다 맞아'"라고 말했고, 이루고 싶은 자신만의 꿈을 가지고 있던 아놀드에게 이 말은 큰 의미가 있었다. 앨런은 아놀드가 본인의 생각을 좀 더 제대로 전달하지 못하는 것이 불만이었다. "이것보다 더 잘할 수 있었어." 그는 아놀드에게 거의 화를 내다시피 하며 말했다. 그리고 "너를 '가르쳐야'겠어. 네가 좀 더 발전할 수 있게 말이야"라고 강조하며 덧붙였다.

사랑의 동지들이여! 1891년 에드워드 카펜터는 스무 살의 노동자 조지 메릴George Merrill을 만났다. 이렇게 이들의 만남이 시작되었고 30년간 지속되었다. 앨런은 자신들이 연인으로서 잠자리를 같이할 것을 원하고 있음을 분명히 밝혔고, 이들은 그렇게 했다. 대화를 나누고 담배를 피우고 오랫동안 쾌락을 맛본 밤을 보낸 후 아침이 오자 앨런은 일어나 아침식사를 만들었다. 이들은 2주 후에 다시 만날 것을 약속했다. 분명하게 짚고 넘어가야 했던 문제가 한 가지 있었는데 이들은 그렇게 하지 않았다. 바로 돈 문제였다. 앨런에게 필요 이상의 돈이 있었던 것처럼 아놀드가 돈이 궁했다는 사실은 너무도 분명했다. 앨런은 아놀드에게 돈을 주려고 했는데 그가 거절하자 놀랐다. 아놀드는 직접적인 지불에 난색을 보였는데 이로 인해 그에게 '남창'이라는 꼬리표가 달릴 수 있기 때문이었다. 앨런은 그곳이 어머니의 화실이든 자신의 침실이든 상관없이 관습적인 사회적 행동에 극도로 불편해했

앨런 튜링의 이미테이션 게임

다. 그래서 그는 자신의 지갑에서 얼마간의 돈이 사라진 사실을 발견하고 충격을 받았다. 그는 자신이 아침을 만들고 있는 동안 아놀드가 가져갔을 것이라고 의심했다. 결국 그는 아놀드에게 더 이상의 친분을 유지하고 싶지 않다는 내용의 편지를 보냈다. 그러나 며칠 뒤에 아놀드가 그의 집에 나타났고 자신을 거부한 이유를 알려달라고 요구했다. 그는 돈이 없어진 일은 자신과 무관한 일이라고 주장했다. 앨런은 그가 분개하는 모습에 반신반의했다. 아놀드는 할부로 양복을 한 벌 구입해 10파운드의 빚을 지게 되었다고 설명한 다음 3파운드를 빌려줄 수 있는지 물어보았다. 앨런은 그에게 선물이라고 말하며 돈을 주었고 이후 아놀드를 집으로 초대하는 편지를 보냈다. 아놀드는 18일에 답장을 보내 감사를 표했지만 7파운드를 더 빌려줄 것을 요청했다. 앨런은 아놀드에게 빚을 갚아야 하는 회사가 어디인지 물어보았는데, 돈이 문제가 아니라 이야기의 진실을 확인하고 싶었다. 아놀드가 21일에 홀리미드에 다시 나타나 앨런이 보여준 신뢰의 부족에 불쾌함을 나타냈다. 그리고 7파운드 수표를 손에 넣고 떠났다. 아놀드는 맨체스터 인쇄소에서 일하기로 되어 있었고 임금을 받으면 갚기로 약속했다.

한편 로빈이 주말을 함께 보내기 위해 앨런의 집을 방문했고, 에딩턴의 물리학의 '기초이론Fundamental Theory'에 대한 자신의 논문을 논의하며 시간을 보냈다. 앨런은 "지금까지 했던 그 어떤 것보다 굉장히 만족스럽다"라고 말했다. 이 칭찬은 로빈에게 큰 의미가 있었는데 1949년 킹스 칼리지 특별연구원의 논문에 앨런이 가차없는 혹평을 하며 눈물을 흘리게 만들었던 적이 있었기 때문이다.

에딩턴은 논리 필연성logical necessity만을 가지고 물리학 이론을 정립하려던 시도를 끝마치지 못한 채 1944년에 사망했다. 이것은 어느 정도 튜링다운 모험에 속했고 이론상으로는 앨런의 공감을 얻을 수도 있었다. 그러나 앨런은 오래전부터 에딩턴을 '멍청한 노인네'라고 결론내리고 있었고 '기초이론'이 틀렸음이 밝혀지는 모습을 보고 싶어 했다. 에딩턴이 20년 전에 앨런에게 얼마나 중요한 존재였는지 모르던 로빈은 그의 논거에서 다수의 오류를 발견했고, 여기에는 논리 유형의 혼란으로 간주될 수 있는 것도 포함되었다. 논리학과 물리학의 멋진 만남이었다.

삶은 자연스럽게 흘러갔다. 앨런의 숙모 시빌이 1월 6일에 사망하면서 그에게

500파운드의 유산을 남겨주었다. 그녀는 앨런의 아버지 세대의 마지막 생존자였고, 튜링가의 재산을 축적해왔다. 그녀는 튜링 부인에게 5,000파운드를 남겼다. 튜링 부인은 어떤 이유에서인지 집을 저당 잡힐 생각을 하고 있었는데 이는 앨런의 말을 빌리면 "집안에 더 많은 손이 필요할 때 남의 집 잡일을 하러 가는 것과 다를 바 없는" 것이었다. 그는 1949년부터 매년 어머니에게 50파운드씩 보내던 생활비를 중단했다.

그는 방송을 청취했고 자신이 "이전에 비해 잘 경청하려 하지 않는다는 것"을 알아차렸다. 1월 23일 수요일에 프로그램이 재방송되었다. 그리고 같은 날에 주변 환경이 그에게, 제퍼슨의 표현대로 주먹을 날리며 응수했다. 저녁에 집에 도착했을 때 앨런은 집에 도둑이 들었음을 발견했다. 그는 다음 날 프레드 클레이턴에게 고대 세계의 천문학과 관련된 내용을 담은 편지를 썼다. 그는 황도12궁(자신의 불행을 점성술과 연결해서 표현한 것으로 추측할 수 있다―옮긴이)의 중요성을 설명하며 다음과 같이 끝을 맺었다.

> 내 집에 어제 도둑이 들었다네. 그리고 지금도 여전히 몇 시간마다 없어진 것들이 새롭게 발견되고 있다네. 보험에 가입되어 있어 천만다행일세. 그리고 다시없을 소중한 물건들은 그리 많이 없어지지 않았네. 하지만 이 모든 것들이 나를 굉장히 불안하게 만들고 있네. 특히 대학교에서 도둑을 맞은 지 얼마 안 가 발생했다는 점 때문에 더욱 그렇다네. 내 머리 위로 벽돌이 떨어지거나 어디선가 무언가 무례하고 뜻밖의 일들이 발생하지는 않을까 걱정이 된다네.

셔츠와 생선용 칼 몇 자루, 바지 한 벌, 신발 몇 켤레, 면도기와 나침반 등 사라진 물품들은 대단한 것들이 아니었다. 심지어 마시다 남은 셰리도 없어졌다. 그의 계산에 의하면 없어진 물품들의 총 금액은 어림잡아 50파운드였다. 그는 경찰에 신고했고 두 명의 범죄수사대원이 집 안에 남아 있는 지문들을 채취하러 왔다. 신고를 하기는 했지만 앨런은 이 일에 아놀드가 개입되어 있을 수 있다는 의심이 들었다. 그는 이웃집에 사는 로이 웹이 소개해준 변호사와 상의했다. 그리고 그의 조언대로 2월 1일에 아놀드에게 편지를 썼다. 자신의 지갑에서 돈이 없어졌던 일을 다시 언급하면서 둘 사이에 있었던 사건의 진실이 무엇이든 다시는 보지 않는 것이 최선일 것 같다고 말했다. 또 다소 학교 친구와 같은 어투로 자신에게 7파운드를 갚을 의무가 있다고 덧붙였다. 이 외에 아놀드가 다시 집을 찾아온다고 해도 집으로 들어올 수 없을 것이라고 말했다.

그러나 아놀드가 편지를 받고 2월 2일 토요일 저녁에 홀리미드로 왔을 때 앨런은 결국 그를 다시 받아주었다. 이번에도 역시 아놀드는 분노하며 자신의 무죄를 주장했고 홧김에 경찰서에 가서 "모든" 사실을 이야기할 수 있다고 했다. 앨런은 "그렇게 해"라고 했지만 진심은 아니었다. 아놀드는 곧 앨런처럼 높은 위치에 있는 사람에 대항해 할 수 있는 일이 아무것도 없음을 인정했다. 분노가 가라앉고 다른 종류의 분위기가 감돌았다. 아놀드에게 마실 것을 권하면서 앨런은 절도사건에 대해 이야기했고 앨런의 질문에 아놀드는 곧바로 답을 했다. 그는 절도사건에 대해 모르고 있었지만 정확히 누가 그랬는지는 알 것 같다고 말했다. 해리라는 이름의 남성과 옥스퍼드 스트리트에 있는 밀크바에서 대화를 나누던 중에 앨런에 대해 이야기한 적이 있었다. 그는 최근 해군에서 병역을 마치고 제대한 스무 살의 실직자였다. 이들은 허풍을 떨어가며 각자 자신의 성공담을 이야기했다. 해리가 집을 털자고 제안했고 비록 아놀드가 동참하기를 거부했다고는 해도 그런 일이 발생할 것이라는 것을 알고 있었다.

이 일로 두 사람은 친분관계를 회복했는데, 이는 물론 성적인 관계였다. 두 사람은 또다시 잠자리를 같이했고, 앨런은 밤에 아래층으로 내려가 아놀드의 지문이 묻은 유리잔을 챙겨놓고 도둑들이 남겨놓은 지문과 비교해보고 싶은 마음이 들기도 했지만 이러지도 저러지도 못하고 망설였다. 다음 날 아침 두 사람은 함께 윔슬로우 시내로 나갔고 앨런이 경찰서로 들어가 절도 용의자들에 대한 정보와 그가 어떻게 이 사실을 알게 되었는지에 대한 꾸며낸 이야기를 전달해주는 동안 아놀드는 밖에서 기다렸다. 앨런은 '선물' 게임이 법석을 떨지 않으면서 자유롭게 진행되도록 했지만, 그의 관점에서 지나치게 자유롭게 놔두는 것은 공갈협박에 굴복하는 것이었다.

아놀드는 도둑맞은 물건들을 되찾는 데 최선을 다해 도움을 주겠다고 했고, 실제로 며칠 후 앨런에게 보고를 할 수 있었다. 그러나 그 시기에 모든 것을 바꾸어 놓을 변화가 찾아왔다. 한 가지 변화는 맨체스터의 종소리와 함께 찾아왔다. 이번에는 승전을 축하하는 종소리가 아닌 조지 6세의 서거를 알리는 종소리였다. 목요일에 새롭게 왕위에 오른 엘리자베스 여왕이 케냐에서 돌아왔고, 윈스턴 처칠 수상이 공항에서 그녀를 영접했다. 그리고 새로운 엘리자베스 여왕의 시대가 열린 바로 그날 저녁에 형사들이 앨런의 집을 방문했다. "그 누구도 외딴 섬이 아니다 No man is an Island, entire of itself."(영국 시인 존 던의 시에 나오는 구절로, 그 뒤로 "누구나 전체의 한 조각이고 대륙의 한 부분이다"라고 이어진다—옮긴이) 이제 그는 더 이상 무인도 생활을 이어나갈 수 없었다.

앨런 튜링의 이미테이션 게임

제8장

해변에서

아무도 발을 들여놓은 적 없는 길에서,
연못가에서 자라나며,
스스로 모습을 드러내는 삶에서,
그때까지 존재했던 모든 기준에서, 그리고 쾌락, 이득, 순종에서,
너무 오랫동안 내 영혼을 충족시키기 위해 제공되었던 이들에서 벗어나,
아직까지 없었던 기준이 이제 내게 분명해졌고, 내 영혼과,
내가 대변하고 있는 인간의 영혼이 벗이 되어 기뻐하고 있음이 분명하다.
여기 나 홀로 세상의 소음에서 벗어나,
회상하며 향기로운 언어가 내게 들려오고,
더 이상 겸연쩍어하지 않고, (이 후미진 곳에서 나는 다른 곳에서는 감히 보이지 못할 반응을 보일 수 있음으로,)
내가 중시하는 것은 스스로 드러내지 않지만, 나머지 모두를 담고 있는 삶,
오늘 남자다운 애착의 노래 외에는 어떠한 노래도 부르지 않기로 결심했다.
실질적 삶에 그들을 투영하고,
이제 활발한 사랑을 남겨주며,
내 마흔한 번째 해에 맞은 향기로운 9월의 오후에,
나는 청년들과 한때 청년이었던 모든 이들을 위해,
내 낮과 밤의 비밀을 이야기하고,
벗들의 요구를 찬양한다.

형사들이 앨런 튜링의 죄를 감지하는 데 오랜 시간이 걸리지 않았다. 경찰들이 해리의 지문을 확인할 수 있었기 때문에 집에 도둑이 들었다고 최초로 신고를 했을 때부터 피할 수 없는 일이었었다. 해리는 이미 맨체스터에서 저지른 다른 죄로 구류 중이었고, 진술 도중에 아놀드와 관련하여 그가 자신에게 앨런의 집에서 있었던 '거래'에 대해 이야기해주었다고 말했다. 일요일에 앨런이 자기 발로 찾아와 절도와 관련된 정보를 제공해준 것이 오히려 경찰들이 확신을 가지고 행동할 기회를 제공해준 셈이 되었다.

앨런은 이들을 탁상용 계산기로 작업을 하고 있던 위층으로 안내했다. 윌스 형사와 리머 형사는 자신들이 낯선 곳에 들어와 있음을 깨달았다. 방에는 수학 기호들이 가득 적힌 종이들이 어질러져 있었다. 이들은 앨런에게 "모든 사실을 다 알고 있다"라고 말하면서 앨런을 헷갈리게 만들었다. 이들이 절도사건에 대해 이야기하는 것인지 다른 무언가에 대해 이야기하는 것인지 분명하지 않았던 것이다. 앨런은 이후에 로빈에게 이들의 심문 기술에 감탄했다고 말했다. 이들은 그에게 일요일 아침에 했던 설명을 다시 해달라고 요청했고, 앨런은 "그는 스물다섯 살 정도

앨런 튜링의 이미테이션 게임

되었고, 키는 155센티미터 정도에 검은 머리입니다"라고 말했다.[1] 둘러대기는 앨런의 장기가 아니었다. 어쩌면 지능기계가 앨런보다 더 나을지도 모른다. 이 어정쩡한 시도는 바위처럼 가라앉았다(완벽하게 실패했다는 의미—옮긴이). 윌스 형사가 말했다. "당신이 거짓말하고 있다는 사실을 다 압니다. 그렇게 믿을 만한 증거가 있어요. 왜 거짓말을 하는 거죠?"

이 순간은 "제가 잠시 어떻게 됐었나 봅니다"라고 하거나 정치적 수완을 발휘할 줄 아는 사람들이 흔히 하는 말을 해야 할 그런 순간이었다. 하지만 형사들이 자신들의 손에 든 패를 보여주자 앨런은 이들이 듣고 싶어 하는 모든 이야기를 불었다. 특히 "그와의 관계" 때문에 사건의 진실을 덮으려 했다는 사실을 시인했다. 윌스 형사가 "저희에게 그와의 관계란 것이 정확히 어떤 관계인지 말씀해주시겠습니까?"라고 물었고, 이런 경찰 식 질문은 앨런의 최근 활동들 중 3개를 상세히 설명한 기억할 만한 내용에 근거한 것이었다. 두 형사는 앨런에게 늘 하던 방식대로 경고를 하면서도 그가 "매우 고결한 성품"을 가졌다고 생각했다. 그리고 그가 5쪽에 달하는 진술서를 수기로 직접 작성하겠다고 했을 때는 더 깊은 인상을 받았다. 이들은 인간의 삶을 경찰 언어로 옮기는 일상적이고 불가피한 작업에서 벗어나면서, "몇몇 표현은 과한" 감이 있었지만 "거의 산문에 가까운 유려한 문체"로 작성된 "멋진 진술서"에 감사했다. 이들은 특히 그의 당당한 태도에 놀랐다. "그는 진정한 전향자였다… 자신이 정말로 옳은 일을 하고 있다고 믿었다."

앨런은 형사들에게 왕립위원회Royal Commission가 "이것을 합법화"하려 하고 있다고 생각한다는 견해를 밝혔다. 앨런이 틀렸다. 그리고 그의 진술이 '위법행위'가 되는 것의 심각성을 과소평가했음을 거의 확실하게 보여주었다. 해리는 앨런이 도둑질에 적합한 대상이라고 생각했다며 자신을 옹호했다. 성범죄자이므로 앨런은 법의 보호를 받을 권리를 박탈당했다. 앨런의 진술은 이 근본적인 사실을 이해하는 데 있어서 그가 처한 어려움을 보여주었다. 자유롭게 그리고 심지어 대담하게 작성되기는 했지만, 내용 대부분이 그의 이야기에서 부수적인 것처럼 보이는 아놀드의 진실성을 판단할 수 없는 문제와 '위법행위'의 세부사항들과 관계가 있었다. 이 같은 불평등에 뿌리를 둔 관계가 자유로운 개인들 사이의 '연애'로 발전되기를 기대한 것 자체가 비현실적이라고 말할 수도 있다. 그는 같은 단어와 행동이, 다른 사회적 환경에 놓여 있는 사람들에게는 다른 사실을 의미할 수 있다는 점을 생각하지 못했다. 이것이 자유로운 지적 세계를 꿈꾸는 앨런의 현실부족을 보여주었다면, 이는 또 아놀드가 의식적으로 추구하고 동경했던 비현실이기도 했다. 아놀드는 엘리트의 친구로 대우받는 것에 도전의식을 느끼고 감명을 받았다. 더 심각한 비현실은 앨런의 육체적 활동에는 지대한 관심이 있었지만 정신적 딜레마에는 무관심했던, 법을 대하는 그의 태도였다. 그는 법이 너무 터무니없어 믿기 어려웠다. 하지만 중요한 것은 경찰이 집요하고 성실하고 철저하게 조사하고 있는 것이 이 '위법행위'였다는 사실이다.

형사들은 그의 과거 전체를 들추는 질문을 하지는 않았다. 이들은 그저 스코틀랜드야드Scotland Yard(영국 런던경찰국의 별칭—옮긴이) 기록을 조회해 전과가 있는지 확인하기 위해 그의 사진을 찍고 지문을 입수했다. 또 아놀드와 주고받은 서신을 범죄의 입증 자료로 압수했다. 이후 앨런은 만약 해리가 거짓말을 하고 있다고 주장했다면 경찰이 그에게 어떠한 혐의도 씌울 수 없었을지도 모른다는 것을 깨달았다. 하지만 당시 경찰들은 수월하게 자신들의 임무를 완수할 수 있었다. 토요일 아침에 윌스 형사는 맨체스터 인쇄소에서 아놀드를 체포했다(그는 그 즉시 일자리를 잃었다). 이들은 그를 윔슬로우 경찰서로 연행했고, 앨런의 진술서를 보여주었다. 윌스 형사는 곧 수많은 세부사항들로 '위법행위'를 상술한 진술서를 작성해 아놀드의 서명을 받았다. 결국 앨런은 2월 11일 월요일에 "실질적으로 옳다"라고 인정했다. 경찰은 최고 징역 2년형을 받아낼 수 있는 범죄사건을 해결했다.

사실 이 범죄는 "1885년 형법 개정법Criminal Law Amendment Act 1885 제11조에 어긋나는 중대한 외설 행위Gross Indecency"였다. 이 죄는 오로지 남성의 신체 부위만을 가지고 정의되었고, 나이와 경제력, 그리고 행위가 공공장소에서 이루어졌는지 사적인 공간에서 이루어졌는지에 상관없이 이유를 불문하고 전적으로 적용되었다. 앨런의 진술은 그가 유죄라는 데 의심의 여지를 남겨두지 않았고, 자신의 행동이 조만간 '합법화'될 것이라는 생각은 착각이었다. 그러나 동성연애에 대한 공식적인 인

앨런 튜링의 이미테이션 게임

식에 변화가 일어나고 있다는 그의 생각은 틀리지 않았다. 무엇보다도 침묵이 깨졌다. *

1940년대로의 전환기는 1885년 개정법과 오스카 와일드의 재판, 1890년대의 해브록 엘리스와 에드워드 카펜터의 작품들을 이끌어낸 과정이 영국에서 부활하기 시작한 시기였다. 법에서 주목해야 할 점은 모호하고 신학적인 "자연에 반하는 범죄" 또는 "기독교인들 사이에서 입에 올려서는 안 되는 범죄"를 명확한 규칙으로 대체했다는 것이다. 오스카 와일드가 "감히 이름을 말할 수 없는 사랑"이라고 했을 때 그는 벌어지고 있는 일, 다시 말해 거리낌 없이 밝히고 과시하고 솔직한 것이 가진 결정적인 측면을 알아차렸다.

향후 50년간 이들은 『어렴풋한 청춘』과 『갈라진 소나무』 같은 책들을 통해 극도로 신중하고 매우 암시적으로 영국 대중의식 속으로 유입되었다. 1940년대에 솔직함이 더 소박하고 말이 별로 없던 문화에 갑자기 등장하면서 새로운 물결이 대서양을 건너 영국을 휩쓸었다. 한 예로 1938년부터 동물학자 알프레드 킨제이[Alfred Kinsey]는 인간의 성적 행위의 숨겨진 현실을 조사하기 시작했고, 1948년에 '변치 않는 도덕률[fixed moral codes]'이 파괴되는 결과를 공개했는데, 사실 너무 어마어마하고 심오해서 여기에 담긴 의미에 거부감을 느끼는 사람들도 많았다.

영국에서 이 같은 폭로가 미국의 방종과 저속함으로 간주되며 묵살되는 동안 '머리를 모래에 파묻는' 태도는 이미 파멸을 맞이했다. 많은 면에서 전쟁이 초래한 지연효과가 나타나고 있는 것이었다. 또는 전쟁 중에 개발된 많은 것들처럼 1930년대 후반의 '기계화, 합리화, 현대화'에서 시작된 생각의 표현이 나타나고 있었다.

---

* 더 정확하게 말해 1885년 개정법이 '중대한 외설 행위'를 남성 범죄라고 정의한 것처럼 대중적으로 더 크게 두드러지기 시작한 '남성' 동성애의 문제였다. 제1차 세계대전 이후 유사한 시기에 독일 첩보기관이 만든, 남녀 가리지 않고 수천 명의 '성도착자' 명단이 들어 있는 이른바 '블랙북[Black Book]'에 대한 다양한 논란이 일었다. 이것이 1921년에 하원에서 1885년 개정법을 여성에게까지 확대하는 표결을 한 이유 중 하나였다. 그러나 상원에서 범죄를 언급하는 것조차 여성에게 범죄에 대한 생각을 품게 만드는 효과가 있다고 믿으며 안건을 거부했다. 남성이 여성은 받지 못한 특별한 관심을 받았던 사실은, 비록 앨런 튜링이 이런 식으로 보지는 않았을지 모르나, 남성의 특권을 보여주는 한 단면이었다.

군대의 낡은 체제가 1942년에 생존을 위해 근대적인 방식들을 수용하지 않을 수 없었던 반면, 사회정책에서는 이와 유사한 발전을 이룩하기까지 더 오랜 시간이 걸렸다. 1952년에 영국에서 남성 동성연애에 대한 논의가 공개적으로 시작된 것은 또 다른 공간인 무대 뒤에서 벌어지고 있던 갈등을 보여주었다.

1952년은 1942년처럼 모든 것이 뒤죽박죽인 시기였다. 영국의 지도자들은 여전히 시민들의 행동을 사립기숙학교 학생들의 행동으로 치부하는 경향이 있었다. 1952년에 용돈과 교내 매점은 이전보다 더 잘 관리되고 있었고, 근대적 사상을 수용하는 측의 공개적인 불평은 많지 않았다. 그러나 1951년 10월 연로한 교장의 귀환은 과거 업적과의 부당한 비교를 시사했다. 영국은 불과 10년 전에 독일의 침공을 성공적으로 막아냈던 이란과 이집트에 대한 통제권을 1951년에 상실했다. 1890년대에 제국주의가 위기를 겪었던 때처럼 군의 통제력 상실은 성 통제력 상실과 동일하게 간주될 수 있었다. 전통적인 관점에서 동성애는 남성이면 누구나 빠질 가능성이 있는 '행동' 또는 '실천'이었다. 그리고 이런 '해이함'에 빠지는 것은 군대에서뿐만 아니라 사람들을 성장시키고 형성하는 국민 생활에서 방지되어야 했다.

이 같은 관점은 이전 세대에서 이미 찾아볼 수 있었고, 1940년 이후로 옆으로 제쳐두고 있었던 것이다. 거의 100년 가까이 행동이 아닌 정신 상태에 중점을 두었던 상당히 다른 종류의 공식적 표현이 존재했다. 19세기 심리학자들이 자신들의 에너지를 범죄자 또는 정신적 결함이 있는 자 또는 다른 '타락한 인간'들을 정의하는 데 바쳤던 것처럼 '동성애자 유형' 또는 '동성애자 성향'을 설명하기 위한 상당한 노력이 있었다. '동성애자'라는 단어 자체가 19세기 의학계에서 사용한 신조어였다. 프로이트는 사람들이 이 표현 방식을 사용할 수 있게 만든 인물로 종종 간주된다. 실제로 앨런과 로빈은 때때로 프로이트 이전에는 사람들이 어떻게 성적 욕망에 대해 생각할 수 있었는지에 대한 질문을 놓고 고심했었다.

1950년 앨런은 《마인드》 논문에서 이해를 돕기 위해 '양파껍질'에 비유해 설명을 했다.

정신이나 생각의 동요를 고려하면서 우리는 순수한 기계적 용어들로 설명할 수 있

앨런 튜링의 이미테이션 게임

는 특정 작용을 발견했다. 우리는 이것이 진심과 일치하지 않는다고 본다. 진심을 알기 위해서는 껍질을 벗겨내야 하는 것과 같다. 그러나 한 꺼풀 벗겨내고 나면 남는 것은 벗겨야 할 더 많은 껍질이다. 이런 식으로 계속 벗기다 보면 과연 진심에 다가갈 수 있는 날이 올 것인가? 또는 더 이상 벗길 껍질이 남아 있지 않는 상태에 도달하는 것이 가능할까?

그의 관점은 정신이 사과가 아닌 양파와 같다는 것이었다. 중심이 되고, 더 이상 줄일 수 없는 고갱이(중심부)라고 부를 수 있는 것이 없다는 뜻이었다. 다른 방식으로 19세기와 20세기 과학은 정신의 양파껍질을 벗겨나갔고, '정신질환,' 셸쇼크 shell-shock(전쟁신경증의 한 종류로 전투라는 막중한 상황에서 신체적·정신적으로 견딜 수 없는 한계까지 도달해버렸을 때, 심한 불안상태를 보이며 전투능력을 상실한 상태를 말한다―옮긴이), 노이로제, 신경쇠약 등등으로 책임의 개념을 손상시켰다. 어디에다 선을 그어야 할까? 억제할 수 없고 통제가 불가능한 '불가항력'적인 것에 호소하며 모든 종류의 행동이 용인되는 것을 보수진영은 두려워했다. 폴라니와 제퍼슨처럼 이들은 정신 결정론 주장의 '완벽한 예non plus ultra', 다시 말해 제2차 세계대전으로 촉발된 전통적 가치를 위협하는 홍수를 막는 방벽을 모색했고 동성애에서 하나를 찾아냈다. 앞길에 놓인 모든 것을 타락시키고 약화시키는 치명적인 사회악을 남성들이 '질환condition'이니 '콤플렉스'니 하며 변명하는 것은 허락될 수 없었다.

동시에 남성 동성애자를 '사회적'으로 정의한 세 번째 종류의 설명이 점차 관심을 받기 시작했다. 이 관점은 생각과 감정 또는 성행위가 아닌 동성애와 관련해 교제와 돈, 직업의 특정 패턴에 역점을 두는 것이었다. 1952년에 『사회와 동성애자 Society and the Homosexual』를 출간하면서 영국에서 논란을 불러일으킨 사회학자 '고든 웨스트우드Gordon Westwood'(마이클 스코필드Michael Schofield의 필명으로 동성애가 범죄로 취급되던 시대에 사용했다―옮긴이)는 남성 동성애를 이 모든 것들로 차례대로 설명했다. '악인Evil Men'을 주제로 한 《선데이 픽토리얼Sunday Pictorial》의 연재 기사는[2] 더 광범위한 독자들에게 다가가면서 역시 그해에 '동성애 주제에 대해 침묵하자는 결탁'을 깨뜨렸고, 동성애를 법적인 면에서가 아닌 현대 심리학과 사회적 관점에서 다루었다. 이 신문은 "대부분의 사람들은 '팬지'를 알고 있다. 이 단어는 자신들을 퀴어 queers(동성애자—옮긴이)라고 부르는 여성스러운 젊은 남자들을 지칭하는 말이다" 라고 설명했다. 그리고 이런 명백한 "성도착자들과 변종들"은 그저 빙산의 일각일 뿐이라고 덧붙였다. 대부분의 사람들이 생각하는 것보다 문제는 훨씬 더 심각했고, 이 문제를 다루어야 할 시점이 왔다.

이들 논의가 보편적으로 가진 문제점 중 하나는 비록 각각의 설명이 분명한 장점을 가지고 있다고 해도 당면한 문제에 적용하기 적절한 하나의 설명이 존재하지 않는다는 것이었다. 뿌리 깊은 욕구와 사회적 '소수자'와 관계가 없는 수많은 동성애 '행위들'이 예를 들면 학교에 분명히 존재하고 있었다. 반대로 『갈라진 소나무』에서 보여주는 로맨틱한 분위기는 영국 형법의 어느 범주에도 들어가지 않았다. 아놀드처럼 자신들이 무엇을 원하는지 모르는 이들이 존재했던 반면 《선데이 픽토리얼》에서 인용한 감리교 목사의 말처럼 "지금까지 가본 도시 중 동성애에 최악인 도시"의 사회적 양태나 장단점에 매우 익숙한 이들도 존재했다.

의학과 사회과학계의 학자들은 막후에서 이런 달갑지 않은 모순들을 표면으로 끌어올렸다. 법은 오로지 신체적 수준의 설명만을 담고 있어 맹비난을 받았다. 고든 웨스트우드는 "동성애 범죄자들을 다루는 데 최우선으로 고려해야 하는 사항은 이것이 정신질환의 한 형태라는 것이다"라고 주장했다.[3] 그러나 삶은 이보다 더 복잡했다. 법 집행은 '행동들'이 널리 퍼지는 것보다 영국 사회구조와 연관이 더 깊었던 것이다.

이런 이유로 더 과학적인 설명을 하려는 시도는 영국의 이중적인 사고와 충돌했다. 심리학자 클리퍼드 앨런Clifford Allen 박사는 《선데이 픽토리얼》에 "과거에는 공개된 기숙학교 운동장에서 벌어진 싸움에서 승리할 수 있었다고 해도, 눈길이 미치지 않는 기숙사에서는 수많은 생명이 쓰러졌다"라고 말했다. 비공식적인 현실은 어떠한 특정한 공식적인 방침과 완전히 다를 수 있었고, 사적으로는 가장 보수적인 인사들이 법과 최근의 심리학 이론 모두를 터무니없는 소리로 간주했을 수도 있다. 그러나 엄청나게 복잡한 상황 가운데 하나의 단순화된 특징이 두드러졌다. '국가의 축소판'인 사립학교에서처럼 서로 다른 사회계급을 가진 사람들 사이의 만

앨런 튜링의 이미테이션 게임

남이 발각되고 처벌받을 가능성이 가장 컸다. 앨런 튜링의 범죄사건은 시행 자체가 초점이 되는 법에 의한 조치의 전형이었다. 연관된 다른 경범죄 때문에 발각된 것 역시 성공적인 적발의 고전적 사례였다. 또 다른 면에서 3, 40대가 그 시대에 가장 자주 기소되는 연령대였기 때문에 그의 체포는 교과서적이었다고 할 수 있다. 웨스트우드가 "아웃사이더"라고 부른 것처럼 사회적 환경에 낯선 그가 시대적 상황의 자연스러운 먹잇감이었다는 점 역시 부정할 수 없는 사실이었다.

앨런의 성생활은 많은 면에서 당대 게이의 전형이었다. 그는 킹스 칼리지에서 흔하지 않고 특권이 주어진 분위기에서 혜택을 누렸지만 외부 세계에서는 킨제이가 통계 자료들을 설명하면서 언급했던" 것과 동일한 요소들이 다음과 같이 작용하기 시작했다.

> 이와 같은 사회적으로 금기시되는 활동에 참여하는 것을 두고 젊은 남성들 사이에 상당한 갈등이 존재한다. 또 훨씬 더 높은 비율의 젊은 남성들이 그 어느 때보다도 오르가슴이라고 말할 수 있는 수준까지 가는 공공연한 동성애 행위에 마음이 끌리고 성욕을 느끼고 있음을 보여주는 증거가 있다. 점진적으로 수년에 걸쳐 동성애 환경에서 성욕을 자극받은 많은 남성들이, 비록 이들 중 일부가 여전히 사회적 압력을 두려워하며 억제하고 있다고는 해도, 더 거침없이 수용하고 더 노골적인 완전한 관계를 추구하게 되었다.

킨제이는 '활동적인' 인구 가운데서 성경험 빈도가 35세까지 일반적으로 증가하며 이후에는 50세까지 동일한 수준을 유지한다는 것을 발견했다. 이는 "사회적 금기"가 대략 20년간 성적 발달을 억제할 수 있다는 상식적인 예상을 뒷받침해준다. 이런 점에서 앨런은 이제 막 그 단계에 들어섰다. 그는 30대에 들어와서야 킹스 칼리지 밖에서 자신의 길을 찾기 시작했다. 그는 두 번의 진지한 관계를 가진 적이 있었지만 엄밀히 말해 천성적으로 결혼생활에 적합한 인물이 아니었고, 그의 강한 탐험심은 수줍음을 극복한 뒤로는 상대를 찾아 배회하는 데 더 쓸모가 있었다. 이는 그가 무척 성공한 인물이었다거나 타협이나 젊은이다운 이상의 상실감을 피할 수 있어서가 아니었다(그는 자기 분석적 단편소설에 "거지들에게는 선택권이 없다"라고 썼다). 자신이 받아온 교육의 틀을 깨고 나와 스스로 무언가를 하고, 해결하고, 특권을 등에 업지 않고 해내는 것을 자랑스럽게 생각해서였다. 그는 그동안 경험을 쌓았고, 40대 초반으로서 더 나이가 들기 전에 주어진 기회를 잡고 싶었을 것이다. 그러나 이 과정이 멈춰버렸다.

법 집행의 또 다른 이유는 남성의 영혼의 침몰이 줄곧 증가추세에 있었다는 것이다. 1931년에서 1951년 사이에 기소된 사건이 불황과 대공습, 로켓 미사일을 뚫고 꾸준히 상승하며 5배 증가했다. 1933년에는 J. S. 밀이 이단에 대해 이야기했던 것처럼 여론이 법의 직접적인 적용보다 더 탄압적이었다. 1952년에는 상황이 달랐다. 이전에는 개인과 가족, 자발적 사회voluntary society 등의 몫이었던 기능을 국가가 가져가면서 모든 방향에서 국가의 역할이 광대하게 확장된 것과 일치했다. 여론의 억제효과가 감소하고 있었기 때문에 성행위를 감시하는 데 국가가 더 큰 역할을 맡게 되었다고 할 수 있었다.

좀 더 보수적인 집단에서는 법이 사회적 배척에 최종 승인도장을 찍어주었을 뿐이라고 받아들였다. 사람들은 조지 5세가 "이런 남성들이 자살한다고 생각했습니다"라고 말했다고 생각했다. 그러나 앨런은 사회의 의견에는 신경 쓰지 않았고, 그래서 국가의 역할을 터놓고 말하면서 시대를 앞질러갔다. 대부분의 게이 남성들에게 '누가 알고 있는가?'는 엄청나게 중요한 의미를 지니며 이들은 두 부류로 엄격하게 분리되었다. 하나는 알고 있는 사람들로, 다른 하나는 모르고 있는 사람들로. 사회의 압력은 법정형만큼이나 이 사실에 좌우되었다. 이 질문은 앨런에게도 중요했지만 그 방식은 조금 달랐는데, 자신이 아닌 다른 누군가로 받아들여지거나 존경받기를 원하지 않았기 때문이었다. 그는 일반적으로 친한 동료와의 서너 번째 만남에서 매력적인 젊은 남성이나 이와 유사한 것에 대해 한마디 했을 사람이었다. 그와 가깝게 지내기 위해서는 그가 동성애자임을 인정하는 것이 필요했다. 이것이 그가 상대에게 바랐던 절대 타협할 수 없었던 조건들 중 하나였다.

이런 까닭에 그는 자신이 동성애자라는 것이 세상에 알려지는 것을 두려워하지 않았다. 하지만 형사재판은 단지 동성애자라는 사실만이 아닌 모든 구체적이고 세세한 사항들까지 폭로됨을 뜻했다. 그를 최소한 어느 정도의 자부심을 가지게 해주는 동성애를 저지른 성범죄자로 만드는 것에서 그치지 않고 얼간이로 만들었다. 이런 상황에서 그가 보여준 여유로운 태도는 놀라운 것이었다. 그러나 연구를 할 때처럼 '전부가 아니면 아무것도 아닌' 정신이 작용한 것인지도 모른다. 그는 짐작컨대 이 같은 것들이 '유아기 변칙적인 행동의 큰 잔재'일 뿐이며 거실에서 행해진 게임이든 침실에서 얻은 쾌락이든 해롭지 않게 즐겼던 모든 것들을 부끄러워하는 것은 어처구니없는 짓이라고 이미 오래전에 결심했을 것이다. 다시 말해 이상을 위해서 또는 특별히 보상을 받거나 성공적인 무언가를 위해서가 아니라 진실을 위해 강경한 태도를 취할 필요가 있었다는 뜻이다. 그는 주춤거리지 않았다. 형사들은 동성애 사건과 관련해 그의 집을 방문했을 때 또 한 번 놀랐다. 그가 바이올린을 꺼내들고 이들에게 와인을 대접하면서 아일랜드 민요 '조가비와 홍합Cockles and Mussels' 연주를 들려주었던 것이다.

3주가 지난 뒤인 2월 27일에 앨런과 아놀드는 기소적부 절차를 밟기 위해 윔슬로우에 있는 치안판사 재판소에 출두했다. 영국 경찰청 범죄 수사과의 윌스 형사는 체포 상황을 설명했고 진술서 전문을 낭독했다. 또 다른 검찰 측 증인이 참석했는데, 앨런의 은행 매니저가 7파운드 수표에 대한 상세한 진술을 제공했다. 반대신문은 없었다. 앨런의 변호사는 '변론을 보류'했고 50파운드 보석금을 내고 풀려나게 해주었다. 그러나 아놀드는 다음 사계 법원Quarter Sessions(과거 잉글랜드에서 계절별로 연 4회 열렸으며 경범죄를 다루었다—옮긴이)에서 정식 재판이 열릴 때까지 구금되었다. 지역 신문[5]은 법정 출두와 이야기의 골자를 보도했다. 이들은 으레 그렇듯이 두 사람의 전체 주소와 앨런의 사진을 실었다.

맨체스터 신문들은 이 사건을 다루지 않았지만 앞으로 있을 재판에 대해 대서특필할 가능성이 충분했다. 어떤 경우라도 앨런은 자신이 아끼는 사람들이 신문이나 다른 당혹스러운 경로를 통해 사건을 알게 되지 않게 자신의 사적인 관계에 신경 써야 했다. 특히 가족들이 가장 걱정스러웠다. 앨런은 형 존에게 사건을 알렸다. 이번에는 엽서나 전보가 아닌 편지를 썼다. 편지는 "형도 내가 동성애자라는 사실을 알고 있다고 생각해"라는 문장으로 시작했다. 존은 이 사실을 몰랐다. 앨런이 가끔 길퍼드를 방문할 때마다 여성에게 추파를 던지며 잡담하는 것을 피해왔다는 사실을 감안해서 앨런이 그저 '여성 혐오자'라고 생각했었다. 그리고 앨런은 사진 속의 '팬지'와 닮은 구석이 없었고, 그래서 존은 한 번도 이 가능성에 대해 생각해본 적이 없었다. 그는 편지를 주머니에 쑤셔 넣은 다음 자신의 사무실로 가져가 읽었다.

편지는 상황을 설명하고 있었고 또 자신이 "무죄를 주장"할 것이며 변호사가 제대로 변호해줄 것이라고 적혀 있었다. 존은 즉각 하던 일을 모두 멈추고 맨체스터로 향한 다음 유명 법률회사의 대표와 상의했다. 그다음에 앨런의 변호사를 만났는데, 이들은 앨런에게 자신의 "죄를 인정"하라고 설득했다. 사실 앨런은 두 가지 거짓말 사이에서 이러지도 저러지도 못하고 있었다. 자신이 저지른 일을 부정하고, 또 동성애를 무언가 부정해야만 하는 것으로 생각한다는 잘못된 인식을 심어주는 것은 거짓말과 진배없었다. 그러나 '유죄'나 '자인', '자백'과 같은 단어들로 대중들에게 그려지는 것 또한 거짓이었다. 자신을 거짓 없이 순수하게 지킬 수 있는 방법은 없었다. 현실적으로 말해 경찰서에서 한 그의 진술은 '변론'을 불가능하게 만들었고, '유죄'를 인정한다고 해서 잃는 것은 많지 않았다. 존은 '유죄'를 인정하면 재판을 신속하고 조용하게 끝낼 수 있을 것이라고 보았다. 그는 앨런이 절도 사건을 경찰에 신고한 것이 "멍청한" 짓이고 그가 한 모든 것들이 엘리트 지식인층 밖의 세상에 대해 무지했음을 보여주는 것이라고 생각했다.

이 모든 것 뒤에는 무엇보다도 어머니에게 알려야 하는 문제가 놓여 있었다. 바로 이 문제가 '이런 남성들이 자살'하는 이유였고, 앨런은 로빈에게 사건 전반에 걸쳐 가장 최악인 부분이라고 말했다. 그는 비겁하게도 존에게 이 일을 부탁했는데 존은 당연히 거절했다. 결국 앨런은 길퍼드를 방문해 어머니에게 자신의 진짜 삶에 대해 이야기해야 할 의무를 피할 수 없게 되었다. 튜링 부인은 문제의 중요성에 대해 정확히 인식하지는 못했지만 어쩌면 서로 상치되는 고통스러운 논쟁이 있을 것임을 충분히 인지했다. 그런 다음 마음속 깊은 곳에 이 문제를 단단히 묻었다. 그러나 어떤 이유에서든 간에 핵심적인 사실은 그녀가 이 문제로 아들과 소원해지지 않았다는 것이다. 앨런의 학창 시절에 그녀는 학교가 그에게 문제였던 것이 아니라 그가 학교에 골칫거리였던 것으로 생각하고 학교의 편을 들었었다. 그러나 이번에는 암묵적으로 그의 편을 들어주었다.

앨런은 형에게 그가 동성애자들의 처지에 연민을 보이지 않았다고 불평하는 편지를 썼다. 앨런의 말은 어느 정도 사실이었다. 또 형이 자신의 명성 외에는 아무 것도 신경 쓰지 않는다고 비난했다. 하지만 이것은 사실이 아니었다. 두 형제는 아버지의 성격을 그대로 물려받았고, 자신들의 생각을 말하는 데 주저하지 않았다.* 존 튜링은 동생의 행동을 "타인의 감정을 조금도 고려하지 않는 생활방식"의 극단적인 예로 혐오스럽고 불명예스럽게 생각한다는 사실을 감추지 않았다. 그는 특히 불만을 담은 편지에 기분이 상했다. 자신이 앨런을 보호하기 위해 열심히 뛰어다녔다고 생각했기 때문이다.

아버지처럼 여겼던 맥스 뉴먼에게 알리는 문제 역시 쉽지 않았을 것이다. 그러나 앨런의 태도만으로는 이 사실을 짐작하기 어려웠다. 그는 학교 식당에 앉아 함께 점심을 먹으면서 아무렇지도 않게 뉴먼에게 자신이 체포됐었으며 체포된 이유를 말해주었다. 그는 주변의 모든 사람들이 분명하게 듣기를 바라기라도 한 것처럼 유난히 큰 목소리로 이야기를 했다. 맥스 뉴먼은 깜짝 놀랐지만 앨런을 지지해주었다. 앨런은 그에게 재판에서 성격 증인(원고 또는 피고의 평판, 소행, 덕성 등에 대해 증언하는 사람—옮긴이)으로 출석해줄 수 있는지 물었다. 영국 정보통신본부에서 근무하는 휴 알렉산더에게도 동일한 요청을 했다. 두 사람 모두 요청을 받아들였다. 이런 점에서 케임브리지 진보주의는 앨런을 대신해 일어설 준비가 되어 있었다. 동성애자가 사회적으로 배척당하고 이들과 친분이 있다는 것만으로도 낙인이 찍히는 시대에 이것은 작은 일이 아니었다.

그의 동성애 성향을 이미 알고 있었던 사람들에게 말하는 것은 더 수월했을 것이다. 앨런은 프레드 클레이턴에게 편지를 썼다.

---

* 존 튜링이 아버지에게 가장 싫어하는 것이 무엇이냐고 물은 적이 있었다. 아버지는 조금의 망설임도 없이 '협잡꾼'이라고 말했다.

…내가 경험한 절도사건은 사실 일반 절도사건과 비교할 수 없을 정도로 더 심각했다네. 사귀는 남자가 있었고… 그가 자신의 친구들을 집으로 끌어들였네. 이들 중 한 명이 경찰에 체포되었고 우리에게 불리한 정보를 흘렸더군. 리버풀에 올 일이 있다면 나를 보러 감옥에 면회를 오게 될지도 모르겠네.

네빌에게도 알려야 했다. 앨런은 그에게 전화를 건 다음 리딩으로 그를 만나러 갔다. 네빌은 앨런이 애초에 경찰에 알린 것 자체가 매우 어리석은 행동이라고 생각했다. 물론 그 자신도 이번 일로 간접적으로 위협을 받았다. 경찰이 편지와 그 외의 것들을 조사하며 더 깊이까지 수사하지 않아서 다행이었다. 호송선단에서 한 척의 배가 가라앉으면 다른 배들도 철저히 살펴봐야 했다. 지배계급 출신이 아닌 그는 전쟁에서 매우 중요한 역할을 했던 인물이 이런 식으로 위협을 받을 수 있다는 사실에 격한 분노를 느꼈다. 앨런의 방문은 고통을 동반했다. 네빌의 어머니가 앨런에게 무슨 일이 일어나고 있는지 알게 되었고, 아들에게 다시는 앨런과 연락하고 지내지 말라며 심리적 압박을 가했다.

이들 이외에도 사실을 알려야 할 사람들이 더 있었다. 앨런은 조안 클라크(그녀는 그 당시 다른 남자와 약혼한 상태였다)에게 편지를 썼고, 그녀에게 자신이 "간혹 실행에 옮겼다"라는 사실을 말하지 않았으며 이제 발각되었음을 설명했다. "이들은 예전처럼 그렇게 야만적이지는 않아"라고 덧붙였는데 아마 오스카 와일드의 재판을 떠올리며 이렇게 말했을 것이다. 또 그는 밥에게도 편지를 썼다. 그는 당시 방콕에 거주하고 있었는데 ('절대 사과하지 말고 절대 설명하지 말라'라는 어투로 작성된) 편지를 받고 충격과 슬픔에 휩싸였다.

맨체스터대학교에서는 이 일을 앨런이 골칫거리임을 보여주는 또 다른 사례로 받아들였다. 학교 사람들은 이 사건을 "매우 튜링다운" 것으로 치부하고 반응했다. 일부 직원들은 그를 피해 다녔지만 어차피 이전에도 그래왔다. 대부분의 사람들은 사건을 입에 올리지 않는 방식으로 조심스럽게 대처했다. 전산 연구소에서는 한두 명의 직원이 충격을 받기는 했지만 대체적으로 다른 곳에 비해 좀 더 자유롭고 가벼운 분위기가 퍼져 있었다. 토니 브루커의 태도가 가장 앨런의 마음에

앨런 튜링의 이미테이션 게임

들었는데 그는 그때까지 동성애법이 존재하는지도 몰랐고 앨런에게 그저 무슨 일이 있었는지에 대해 듣고 싶어 했다. 어떤 면에서 이 사건은 앨런을 더 인간적으로 보이게 해주었다. 그가 시슬리 팝플웰을 불러 감옥에 갈지도 모른다는 설명을 하며 "충격 받았나?"라고 물었을 때가 그녀를 처음으로 한 인격체로 대한 순간이었다. 사람들이 그를 돕거나 동정을 베풀 가능성은 없었다. 그의 성격이 이를 불가능하게 만들었다. 이들 각자는 어쩌면 강 건너 불구경하는 구경꾼일 뿐이었다. 앨런은 아마도 맨체스터의 더 '고루한' 요소들에 맞서는 것에서 기쁨을 느꼈을지도 모른다. 그리고 사건에 조금도 신경을 쓰지 않는다는 인상을 주었는데, 이 사건에 그다지 민감하게 반응하지 않았던 사람들은 진심으로 그렇게 믿었다. 학교에서 그랬던 것처럼 그는 괴로움을 즐겁게 견뎠다.

연구소에서는 앨런이 직장을 잃으면 재정 문제를 어떻게 해결할까에 대한 농담이 오갔다. 이 문제에 있어서 맥스 뉴먼이 앨런을 강하게 옹호했고 블래킷도 마찬가지였다. 실제로 블래킷은 부총장인 존 스톱포드John Stopford 경을 만났다. 그는 실험신경학Experimental Neurology 교수이자 맨체스터의 저명인사였다. 블래킷은 앨런의 연구가 "어떠한 대가를 치르더라도" 보호되어야 한다고 주장했다. 부총장은 킨제이 보고서에 대해 그다지 호의적이지 않았는데 이는 10년 전 블래킷이 호송선단을 추산한 작업에 해군성이 보인 반응보다도 못했다. "모든 주장에 관심을 가지고 진심을 다해 경청할 것입니다." 스톱포드가 말했다. "하지만 문서화하기 위해서는 제가 존경할 만한 권위자의 승인을 받아야 할 것입니다." 어찌 되었든 앨런은 자신의 지위를 지킬 수 있었다. 그러나 스톱포드는 '느슨함'과는 거리가 멀었기 때문에 아마도 가장 가혹한 책망을 받은 뒤에야 가능했을 것이다. 맥스 뉴먼의 한마디가 결정적인 역할을 했다. 실제로 학과장으로서 자신이 누리던 권한에 그도 놀랐다. 그는 앨런 튜링이 남아 있기를 원한다고 말했고 이것으로 충분했다.

킹스 칼리지와의 관계 역시 무시할 수 없었지만 예상치 못한 우연의 일치가 작용했다. 그의 특별연구원 자격이 1952년 3월 13일에 만료될 예정이었고, 이 때문에 체포될 때는 특별연구원이었지만 재판을 받을 때는 더 이상 아니었다. 앨런은 필립 홀과 자신의 지위에 대해 상담했고, 그는 다시 애드콕 교수와 논의했다. 이들은 앨런에게 사직하지 말라고 조언했으나 지난 17년에 걸쳐 총 9년을 연구원으로 지냈던 끝에 특별연구원 자격은 지정된 날짜가 되자 자연스럽게 만료되었다. 그는 킹스 칼리지에서 쫓겨났다고 느낄 이유가 없었다. 케임브리지는 그에게 여전히 안전한 장소였고 그를 지원해주었기 때문이다. 또 다른 곳에서 그를 지지해주었는데 바로 그의 선한 이웃인 웹 가족이었다. 발생한 일에 대해 앨런에게 실망하기는 했지만 웹 가족은 여전히 그를 환영해주었다.

이런 일련의 일들을 처리하는 데 시간을 많이 잡아먹기는 했지만 그는 연구를 중단하지 않았다. 전쟁 내내 논리학 연구를 고집했던 것처럼 이런 일들로 작업이 중단되는 것을 그는 수치로 여겼을 것이다. 체포된 후 그날 그는 라티오 클럽 모임에 참석하기 위해 런던에 있었고, 그곳에서 형태발생에 대한 자신의 이론을 논의했다. 존 프링글은 이후 1952년 강의에서[6] 원시 수프primordial soup(지구상에 생명을 발생시킨 유기물의 혼합액—옮긴이)와 관련해 생명의 기원에 대한 자신의 주장의 근거로 앨런의 아이디어를 차용했다. 2월 29일 지역 신문에 첫 번째 공판이 보도된 날 그는 당시 맨체스터대학교 화학과를 방문 중이던[7] 벨기에의 화학자 일리야 프리고진 Ilya Prigogine의 비평으로부터 자신의 연구를 방어하고 있었다. 같은 날 앨런은 형태발생 논문 수정을 끝냈고, 3월 15일에는 원형 맨체스터 컴퓨터에 적용했을 때 결과가 매우 만족스럽지 않았음에도 제타함수 계산에 관한 연구를 출간하기 위해 논문을 제출했다. 어쩌면 감옥에 갈지도 모르는 상황에 대비해 작업을 마무리 지어놓고 싶었던 것일 수도 있다.

3월 21일에 앨런은 대규모 생물학 연구 학회인 너필드 재단Nuffield Foundation 학회에 참석하기 위해 헨리온템스를 방문했다. 그는 인공두뇌학의 출현에 영향을 받고 형태발생 문제의 중요성이 강조된 토론에서[8] 많은 접점을 찾았다. 이 학회에 도널드 미치가 참석했다. 생리학에서 유전학으로 연구의 초점을 바꾼 그는 형태발생 아이디어에 대해 앨런과 몇 번의 편지를 주고받은 적이 있었다. 앨런은 그에게 산책을 제안했고, 인습에 사로잡혀 있는 세상에는 침착한 모습을 보여주고 있지만 사실은 매우 긴장하고 있음을 드러냈다. 그는 이전에 치안판사 법정에 섰던 일과 이제 일주일 뒤면 열릴 재판에 대해 이야기했다. 도널드는 진지한 사람이라

앨런 튜링의 이미테이션 게임

면 법정 판결을 중요하게 받아들이지 않을 것이며 앨런이 이 사실을 알고 잘 견뎌내야 한다고 일러주었다. 그러나 앨런은 도널드 미치가 아무리 듣기 좋게 말을 해도, 자신을 몰아낸 것이 법만이 아니라 행정부와 신문, 학교, 교회, 사교생활, 오락 그리고 더 크게는 지식인 사회, 즉 모든 공식적인 영국 문화가 자신들의 영향력을 이용해 앨런에 반대한다는 것을 깊이 인지하고 있었을 것이다.

상황을 받아들이는 태도와 현실적 전망은 별개의 문제였다. 당국이 그의 정서적인 생활을 샅샅이 뒤지고 이에 따라 선고를 하는 혐오스러운 문제가 있었고, 실제로 받게 될 처벌이라는 것이 있었다. 연령과 계급 차이의 요소와 함께 상황은 그에게 불리했다. 좋게 봐준다고 해도『푸른 월계수』의 "나이 든 퇴폐적 인간"으로 비추어질 수 있었다.

그의 비타협적인 태도 또한 법의 권위에 도전하는 것이었다. 다른 한편으로 1951년에 '중대한 외설 행위'로 기소된 746명의 남성들 중 174명만이 교도소에 수감되었고 대부분의 경우 형량이 6개월 미만이었다. 법은 성행위를 신중하게 다루었으므로 만약 앨런이 '절도' 범죄로 기소되었다면 더 위험한 상황에 놓일 수도 있었다. 또 그는 수감될 확률이 적은 '초범'이었다. 그러나 이것 외에도 시대가 변하고 있었고, 더 현대적인 사고방식이 퍼져나가고 있었다. 막후 세력들이 설명뿐만 아니라 처방에도 영향을 미치기 시작했다.

1946년에『멋진 신세계』에 새로운 서문을 작성하면서 올더스 헉슬리는 "원자력은 인류 역사에서 위대한 혁명으로 기록되지만 (우리가 우리 자신을 산산조각 내고 그래서 역사가 끝나지 않는 한) 최후 또는 가장 영향력 있는 혁명은 아니다"라고 했다. 제2차 세계대전이 가속화시킨 경향이 지속되면서 원자력이 "고도의 중앙집권적 전체주의 정부"를 출범시킬 것이라고 믿었음에도 그는 1932년의 입장을 고수했다. "외부 세계에서가 아닌 인간의 영혼과 육체에서 진정으로 획기적인 혁명이 이루어질 것이다"라고 주장했고, "생물학과 심리학, 생리학" 분야의 기존 연구에서 그 징후들을 발견할 수 있었다.

앨런 튜링은 이런 주제들에 낯설지 않았다. 그의 지적 발달은『자연의 신비』에서 제시한 질문, 즉 "어떤 과정을 통해 내가 마침내 세상에 존재하게 되었는가?"에 대한 답을 찾는 것에서 시작됐다. 그의 수학적인 연구의 중요성은 실제로 특정 물질들, 그의 논문에 따르면 "성장 호르몬들"이 실험생화학자들에 의해 화학적으로 분리되었다는 사실에 의거했다. 사실들이 꾸준히 축적되고 있는 가운데 1889년 이후 성 호르몬의 발견은 특별한 관심을 불러일으켰다. 비전문적이면서 또 과학적이기도 한 이 같은 관심은 생리학적 성장에 작용하는 호르몬의 역할에 얽매이지 않았다. 브루스터가 1912년에 경탄했던 '화학 메시지들'이 개인의 생리 기능뿐만 아니라 심리 작용까지도 결정한다는 주장이 널리 퍼져 있었다.

전통적 사고방식을 지닌 사람들이 동성애가 '불결함filth'과 풍기 문란 문제의 하나이거나 가능한 입에 담지 말아야 하는 문제라고 생각했다면, 현대 심리학적 관점은 '남성성'과 '여성성'의 범주에 의해 지배되었다. 이 관점은 게이와 레즈비언이 천성적으로 이런 모든 중요한 특성들이 별나게 뒤섞인 채 태어났다고 믿었다.* 이 관점은 누구나 알 수 있는 예외들을 여성이 '실제로는' 남성이고 또 남성이 '실제로는' 여성인 사례들로 간주하면서 사람들이 보편적으로 이성애자라는 가정을 유지했다는 점에서 매력이 있었다. 일부는 그 시대의 논리에 따라 이 이론에서 동성애의 과학적 명분을 찾았고, 다른 사람들은 그때까지 미해결로 남아 있던 문제를 풀 수 있는 희망을 보았다.

호르몬의 발견은 '남성'과 '여성'이 단순한 화학적 형태로 상징될 수도 있다는 영구불변의 진리를 시사했다. 이는 할리우드가 이런 위대한 진리를 부지런히 키워

---

* 이 생각에 대한 자세한 설명은 1931년에 출간된 미국 소설 『별난 형제Strange Brother』에 등장하는데' 이는 전쟁 전 일반적으로 침묵하던 시대에 이 문제를 다룬 몇 안 되는 예외 중 하나였다.
"생식선이 번식에 필요한 선gland뿐만 아니라 남성은 남성적 기질을, 여성은 여성적 기질을 가지게 하는 화학물질을 생성하는 선으로 구성되어 있음을 알 수 있다."
"이런 두 화학물질은 모든 인간 배아에서 발견된다. 그러나 발달이 일반적인 방식으로 진행되지 않으면 남성에게서 여성성을 띠는 화학물질이, 또 반대로 여성에게서는 남성성을 띠는 화학물질이 지배적이게 된다. 이렇게 되면 남성은 남성에게, 여성은 여성에게 매력을 느끼게 된다."
"최소한 이것이 현대 과학을 기초로 성립될 수 있는 가장 그럴듯한 이론이다. 그리고 쥐와 기니피그 실험은 이 이론이 옳음을 뒷받침해준다… 우리는 생식 기능은 차치하고 성차가 화학물질과 관련이 있음을 증명했다."

내면서 이 이론을 입증하기 위한 최초의 주요한 실험들이 1940년에 로스앤젤레스에서 진행되었던 시대에 적절한 것이었다. 내분비학자들은 '수감된' 17명의 남성 동성애자들의 소변에서 남성 호르몬인 안드로겐과 여성 호르몬인 에스트로겐의 양을 측정했다. 이들은 31명의 '보통 남성들'에게도 동일한 검사를 했다. 그 결과는 심지어 한 사람의 소변에서조차 비율이 그때그때마다 최대 13배까지 차이가 난다는 사실을 발견했다. 그러나 이 비율을 신중하게 평균을 내보면 게이 남성의 안드로겐-에스트로겐 비율은 다른 남성들의 60퍼센트밖에 되지 않았다.*

이 데이터는 지침과 직접적으로 밀접한 관계가 있었다. 글라스 박사는 이 결과를 서술하면서[10] "생물학적 병인론이 정립된다면 현존하는 것보다 훨씬 넓은 시각으로 치료 가능성을 찾는 조사로 이어질 것이 분명하다"라고 설명했다. 다시 말해 동성애자를 이성애자로 바꿀 수 있는 화학물질을 찾을 수 있다면 이 화학물질을 활용할 수도 있었다.** 그래서 1944년에 글라스 박사는 제약회사가 "기꺼이 제공해 준" 남성 호르몬을 11명의 게이 남성에게 투여하는 실험을 했다.[11] "네 명의 피험자들은 강제적으로 장기 요법organotherapy을 수락"했는데 한 명은 법원의 명령에 따라, 세 명은 부모의 강요에 따라서였다. 글라스 박사의 의견으로는 실험은 성공적이지 못했다. "피험자들 중 단 세 명만이 이 치료의 수혜자라고 보고했다. 다섯 명은 동성애 욕구가 증대했다." 과학자들에게 이 결과는 '상태의 악화'였다. '남성 동성애자의 임상 관리'에 도움이 되지 않았다. 실험 실패는 내분비학 연구를 다시 계획하면서 180도 반대되는 접근법을 제안했다. 남성 호르몬이 성적 '충동'을 '증가'시킨다면 아마도 여성 호르몬이 이를 '감소'시킬지도 모르는 일이었다. 남성 이성애자와 동성애자 모두에게 말이다. 이 기발한 아이디어는 또 다른 미국인 학자 C.

---

* 몇몇 결과들은 때때로 '보통' 남성들이 낮은 비율을, 그리고 게이 남성이 높은 비율을 보였기 때문에 들어맞지 않았다. 그러나 이것을 "높은 비율을 가진 동성애자들이 체질적으로 진정한 동성애자가 아닐 수 있는 반면, 소수의 보통 남성들이 잠재적인 동성애자일 수 있다"라고 절묘하게 설명했다.

** 유사한 맥락에서 "이 문제의 사회학적 관점의 중요성이 커지고 있으며 이것은 광범위한 심신상관적 시각으로 접근하는 지속적인 조사를 시급히 요구했다."

W. 던C. W. Dunn이 1940년에 이미 시도한 적이 있었다.[12] 그는 "치료 후반에 성욕이 완전히 제거되었다"라고 보고했다.

이 접근법이 가진 한 가지 장점은 물리적 거세보다 훨씬 더 효과적이라는 점이었다. 이런 종류의 수술은 미국의 전통적 방식, 특히 19세기 후반부터 인종의 질을 향상시켜야 한다는 명목하에 우생학적 정화 작업을 거행한 방식을 따랐다. 1950년에는 미국의 11개 주에서 강제 거세를 허용했고, 거세를 받은 사례가 5만 명을 기록했다.[13] 그러나 거세가 성행위를 성공적으로 억제하지 못했다는 과학적 증거가 존재했고, 이 점에 있어서 화학적 접근법이 더 희망적으로 보였다.

이것이 의학 잡지《란셋The Lancet》에 소개된, 이 문제에 대한 첫 번째 영국 논문[14]에서 배울 수 있는 교훈이었다. 이 논문은 제퍼슨이 리스터 연설에서 지극히 인간적인 '성의 매력'을 언급한 후 며칠 뒤에 F. L. 골라F. L. Golla라는 이름으로 발표되었는데, 그는 그레이 월터가 인공두뇌 거북이를 제작한 진보적인 버든 신경학연구소 Burden Neurological Institute의 원장이었다.* 영국에서 강제적이지도 자발적이지도 않은 거세 수술이 허용되었다. 다른 한편으로는, 골라가 언급했듯이 "1948년 형사재판법 Criminal Justice Act은 상습적인 성범죄자에게 치료를 제공하기 위해 지역사회의 의무를 강조했다." 호르몬 투약은 합법적이고 더 효과적으로 이 문제를 해결했다. 1949년에 골라는 13명의 남성들을 대상으로 실험을 했고, 충분히 많은 양을 투여하면 "성욕이 한 달 내에 제거될 수 있음"을 발견했다. 그는 다음과 같이 결론을 내렸다.

> 인체를 훼손하지 않는 특성과, 치료에 동의한 환자에게 용이하게 적용할 수 있다는
> 점 때문에 우리는 비정상적이고 통제 불가능한 성적 욕구를 가진 남성의 경우 이 치
> 료법이 언제든 가능할 때마다 채택되어야 한다고 믿는다.

---

* 골라와 그레이 월터는 과학계 동료로, W. 로스 애시비W. Ross Ashby가 1952년에 출간된 저서 『뇌 설계Design for a Brain』
  초안을 검토해준 것에 대해 감사를 표한 인물들이었다.

그는 모든 남성 동성애자들이 화학적 거세를 받을 수 있는 가능성을 열어주었다. 1952년에《선데이 픽토리얼》은 다음과 같이 논평했다.

> 브로드무어Broadmoor(잉글랜드에 있는, 정신적 장애가 있는 흉악범들을 수용 및 치료하는 병원—옮긴이)처럼 이들을 위한 새로운 시설이 필요하다. 이 시설은 감옥이기보다는 치료소여야 하고, 이런 남성들은 이 시설로 보내져 완치될 때까지 격리되어야 한다. 의사들과 정신과 의사들은 이 아이디어를 환영할 것이다. 남자가 불쾌한 활동을 할 것인지 말 것인지를 결정하는, 정교하게 균형을 유지하는 내분비선에 대해 아직도 연구할 것이 많이 남아 있다.
> 이 분야에서 선구자적인 업적을 남긴 차링 크로스 병원Charing Cross Hospital의 외과의사 L. R. 브로스터L. R. Broster는 외과치료가 최근 장족의 발전을 이루기는 했지만 "여전히 시행착오를 겪으며 더듬더듬 나아가는 단계에 있다"라고 했다.

실제로 인간 관리라는 더 야심 찬 영역으로 가능성이 확대되었다. 또 다른 논문은[15] '남성' 호르몬이 14세 무단결석생에게 어떻게 투여되었는지를 설명했다.

> 수년간 그는 개인적 접촉을 꺼려왔고 예민하고 수줍음이 많았으며 나중에는 더 외톨이 신세가 되었다. 최근에 그는 나이에 걸맞지 않은 난해한 주제에 병적으로 집착하기 시작했다. 주로 심리학과 종교에 관한… 다시 말해 그는 독서량이 많았고, 편지를 자주 썼고, 집안일을 거들었고, 철학에 관심을 보였지만 타인과는 거의 어울리지 않았다.

그러나 약물을 투여받고 난 후에는

> 종교에 대한 집착과 그 외 집착들이 사라졌다. 약물 투여를 멈추었고 그는 훨씬 개선된 모습을 보여주며 떠날 수 있었다. 6개월 뒤에는 인쇄소에서 일자리를 얻었지만 여전히 종교에 대해 사색하는 경향을 보였고, 다른 젊은이들에게 쉽게 놀림을 받았다.

어쩌면 14세의 앨런 튜링이 겪은 단체 게임보다 이 같은 과학적 치료가 더 도움이 되었을지도 모른다. 다른 한편으로 이 논문에 따르면 '여성' 호르몬이

12~16세 그룹에서 가끔씩 발생하는 동성애 행동을 통제하는 데 가장 유용했다.

냉수욕이나 노웰 스미스 교장의 달변보다 더 효과적인 것이 "1948년 형사재판법 조항들 중 하나를 시행하는 데" 도움이 되었던 에스트로겐이었다. 사회 통제 문제를 화학적 방법으로 해결할 수 있는 새로운 시대가 시작되었다.

이런 발전은 다른 과학자들의 눈에도 들어왔다. 1952년에 언제나 장기적 안목을 가졌던 찰스 다윈 경은 『향후 수백만 년The Next Million Years』이라는 제목의 책을 펴냈다. 물리학이라기보다는 생물학에 가까웠으며 '가장 흥미로운 가능성들'을 제시했는데 그중 하나는 다음과 같다.

다른 유해한 효과 없이 성욕을 제거하고 인간을 벌집의 일벌로 재생산하는 약물이 있을 수 있다.

인류의 진보를 다룬 다른 장들은 치료의 대안책을 생각해보게 해주었는데 대체적으로 전문가들을 실망시키는 것이었다. 고든 웨스트우드는 정신분석가들이 다루었던 모든 사례 중 가장 골치 아픈 문제로 동성애를 찾아내는 것으로 요약했다. 뇌엽절리술(뇌의 전두엽에 연결된 신경로를 인위적으로 끊어버리는 시술로서, 심한 정신분열증, 조울증 및 다른 정신병의 근본적인 치료법으로 사용되었다―옮긴이)이 시도되었지만, 웨스트우드가 기록한 것처럼[16] 이 수술은 "성공적"이라고 할 수 없어 보였다. 또 1940년대의 또 다른 의학적 발전이었던 간질 발작을 유도하는 약물 투여도 마찬가지였다. 성적 충동을 억제하는 자극과 관련해 전기충격을 주거나 메스꺼운 약을 먹이는 식으로 이 문제에 행동주의를 적용하는 것은 체코슬로바키아에서 여전히 실험단계였고, 아직까지 영국 정신의학계에 소개되지 않은 방법이었다. 이 당시에는 감옥에서 행해지는 비과학적으로 고통을 주는 방법과 실직, 사회의 배

앨런 튜링의 이미테이션 게임

척, 협박이 행동을 통제할 수 있을 것으로 기대했고, 이들 방법이 실패했을 때 '장기 요법'이나 화학적 거세를 권했다. 이것들이 앨런 튜링에게 제시된 현대 과학적 방법이었다. 그는 이들 방법을 차악으로 여겼고, 이런 생각을 품은 채 재판에 임했다. 그의 재판은 낡은 생각과 새로운 생각의 충돌이었다.

1952년 3월 31일에 체셔의 너츠퍼드에 위치한 사계 법원에서 '레지나 대 튜링과 머레이' 사건이 진행되었다.[17] 판사는 J. 프레이저 해리슨J. Fraser Harrison이었다. 앨런의 변호는 G. 린드스미스G. Lind-Smith가, 아놀드 머레이는 엠린 후손Emlyn Hooson이 맡았다. 두 사람을 기소한 담당 검사는 로빈 데이비드Robin David였다. 혐의는 모두 12건이었으며 내용은 다음과 같이 시작했다.

앨런 매티슨 튜링
1. 1951년 12월 17일에, 윔슬로우에서, 남성으로서, 아놀드 머레이(남성)와 중대한 외설 행위를 저지름.
2. 1951년 12월 17일에, 윔슬로우에서, 남성으로서, 아놀드 머레이(남성)와 중대한 외설 행위를 하는 데 관여함.

그 외 이틀 밤 각각에 대한 혐의내용이 계속 이어졌다. 그런 다음 아놀드에게도 정확히 동일한 혐의가 적용되었는데 마지막 내용은 다음과 같았다.

12. 1952년 2월 2일에, 윔슬로우에서, 남성으로서, 앨런 매티슨 튜링(남성)과 중대한 외설 행위를 하는 데 관여함.

앨런은 죄책감을 느끼는 모습을 보이지는 않았지만 두 사람 모두 모든 혐의에 대해 '유죄'를 인정했다. 담당 검사는 사건의 개요를 설명하면서, 뉘우침과는 거리가 먼 앨런의 발언을 강조했다.

범행을 인정한 위법행위에서 그를 구해줄 수 있는 것은 오직 그의 '인품'밖에 없었다. 일반적으로 '좋은 성품'은 신분을 우회적으로 표현하는 데 사용됐는데 이 상황에서는 그의 신분이 불리하게 작용했다. 사립학교가 추구했던 것은 특권과 의무의 균형이었고, 하나의 완벽한 계층에 속했던 그가 보여야 할 것은 모범이었지 규칙을 어기는 모습이 아니었다. 그러나 앨런은 그가 속한 계급의 특권이나 의무 그 어느 것에도 관심이 거의 없었다. 그는 자신을 가끔씩 지역 술집에 들르는 '평범한 사람'으로 본 형사들에게 자신의 지위를 이용할 생각이 전혀 없었다. 반면 그의 범죄는 최소한 윗세대들에게는 그가 속한 계급을 배신하는 행위로 여겨졌다. 마찬가지로 아놀드의 가족들에게 아놀드의 진짜 범죄는 신사를 밑바닥으로 끌어내린 것이었다.

앨런이 OBE(대영제국훈장)* 수여자라는 사실이 당연히 언급되었고, 휴 알렉산더는 앨런이 "국보급 인물"이라고 증언했다. 맥스 뉴먼은 그의 집에 이런 인간을 받아들일 것인지에 대한 질문을 받았고 자신과 아내의 친구로서 이미 앨런을 받아들였다고 답했다. 그는 앨런을 "특별히 정직하고 진실한" 인물이라고 설명했다. 또 "그는 자신의 연구에 완전히 몰두하고 있으며, 동세대에서 가장 심원하고 독창적인 수학적 지성인 중 한 사람입니다"라고 덧붙였다. 린드스미스는 앨런이 감옥에 가서는 안 된다고 변론했다.

> 그는 자신의 일에 전적으로 몰두하고 있고, 그와 같이 절대로 평범하지 않은 능력을 갖춘 인재가 연구를 계속할 수 없다면 크나큰 손실일 것입니다. 사람들은 그가 진행 중인 연구로 누릴 수 있는 혜택을 잃게 될 것입니다. 그가 받을 수 있는 치료가 있습니다. 피고인이 자신이 진행 중이던 작업을 더 이상 계속할 수 없게 된다면 공익에 피해가 갈 수 있다는 점을 고려해주실 것을 요청드리는 바입니다.

---

* 앨런이 OBE를 계속 보유할 수 있었던 사실 자체가 이 사건의 흥미로운 점들 중 하나였다. 육군성은 1885년 개정법을 위반한 모든 사람들에게 훈장을 반납할 것을 요구했다. 외무성은 추측하건대 다른 견해를 가지고 있었던 것으로 보인다.

앨런 튜링의 이미테이션 게임

한편 후손은 아놀드를 앨런의 농간에 길 잃은 순진한 청년으로 변론했다.

> 머레이는 부교수가 아니라 인쇄소 직원입니다. 그에게 접근한 사람은 앨런 튜링입니다. 머레이는 튜링과 같은 성향을 가지고 있지 않으며 튜링을 만나지 않았다면 그런 행위에 빠지는 일은 없었을 것입니다.

맥스 뉴먼과 휴 알렉산더는 앨런이 아놀드를 위해 불이익을 감수하는 것에 놀랐지만 알렉산더는 앨런의 '강단'에, 뉴먼은 '단호한 태도'에 깊은 감명을 받았다. 앨런은 본질적으로 자백을 해야 할 장면에서 판사의 질문에 답변을 했고 진술을 철회하지 않았다. 힐베르트는 갈릴레오가 자신의 주장을 철회한 것에 대해 "그는 어리석은 것이 아니었다. 오직 어리석은 자만이 과학적 진실을 위해 순교해야 한다고 믿는다. 종교에서는 필요한 일일지 모르나 과학적 결과는 때가 되면 저절로 증명될 것이다"라고 기술했다. 그러나 이 재판은 과학적 진실을 다루는 것이 아니었다. 판결은 낡은 제도와 새로운 제도 사이에서 갈팡질팡했고, 마침내 새로운 제도에 안착했다. 블레츨리 파크는 대승을 거두었다. 정부는 손을 뗐고 앨런을 과학의 판단에 맡겼다. 그에게는 "맨체스터 왕립병원Manchester Royal Infirmary에서 정식면허를 취득한 의사의 치료를 받는다"라는 조건하에 보호관찰 처분이 내려졌다.

윔슬로우 신문에 다음과 같은 헤드라인이 떴다.

대학교 부교수에게 내려진 보호관찰 처분

장기 요법 치료를 받게 되다

앨런은 2주 후에 필립 홀에게 편지를 썼다.

(1952년 4월 17일 소인이 찍힘)

> …저는 1년간 꼼짝없이 감시를 받게 생겼고, 이 기간 동안 장기 요법 치료를 받아야만 합니다. 이 요법은 치료를 받는 동안에는 성적 욕망을 감소시키지만 중단하면

다시 예전 상태로 돌아간다고 하네요. 이들이 맞길 바랍니다. 정신과 의사들은 정신치료가 시간낭비라고 생각하는 것처럼 보입니다.

재판 당일은 불쾌하지 않았습니다. 다른 범죄자들과 함께 구류되어 있는 동안 무책임의 기분 좋은 느낌을 가졌습니다. 학창 시절로 돌아간 것 같았어요. 교도관들도 나무랄 데가 없었습니다. 또 제 공범자를, 비록 그를 조금도 신뢰하지 않지만, 다시 볼 수 있어서 꽤 기뻤습니다.

그가 감옥에 가는 대신 과학적 대안을 선택한 것은 사실 놀라운 일이었다. 그는 포경수술을 받는 것과 자신의 글에 편집장이 간섭하는 것을 불쾌하게 생각했는데 이런 것들은 앞으로 받게 될 치료에 비하면 새발의 피였다. 그는 안락한 시설에 크게 연연하지 않았고, 감옥에서의 1년은 그곳이 영국 감옥이라고 해도 셔본학교보다 더 불편하지는 않았을 것이다. 다른 한편으로 감옥을 선택했다면 그의 연구가 지장을 받았을 것이고, 맨체스터에서의 직위와 컴퓨터를 잃게 될 가능성이 매우 높았다. 한 손에는 그의 신체와 감정이, 다른 한 손에는 지적인 삶이 놓여 있었고, 둘 중에서 하나를 선택해야 하는 힘든 결정 문제였다. 그는 '감정'을 희생하고 '생각'을 선택했다.

1952년 영국에서는 성적 표현의 자유 개념이 존재하지 않았다. 사람들은 군인의 음료에 진정제를 섞는 것에 대해 농담을 했다. 새뮤얼 버틀러는 지능기계가 아프다는 이유로 벌을 받고 죄를 범해 치료를 받게 된다는 예견에 대해 무덤 안에서 박장대소했을지도 모른다. 그러나 그 당시에는 아무도 과학의 혜택을 받는 입장이 된 앨런 튜링의 아이러니를 인지하지 못했다. 자신을 인문주의자라고 생각하는 제퍼슨이나 인간 생활에 질서를 가져다주는 것을 자처하는 국가에 반대하고 '문화적 자유를 위한 회합Congress for Cultural Freedom'을 지지하는 폴라니에게 이 일은 사적이고 혐오스러운 의학적 문제였고, 정신을 기계처럼 취급하는 어리석은 행동과 부당성에 대해 담론을 펼치는 맨체스터의 자유주의적 지식계급의 주목을 끌지 않았다.

앨런 튜링의 이미테이션 게임

절도범 해리는 같은 날 재판을 받고 보스탈Borstal(16세에서 21세 사이의 청소년 범죄자들을 성인과 분리해 수용하는 시설로, 소년원으로 볼 수 있다―옮긴이)로 보내졌다. 그러나 아놀드는 조건부로 방면되었다. 그는 자신이 인정한 죄가 무엇인지 알지도 못한 채 어리둥절한 상태로 법원을 나섰고, 이후에 길거리에서 이웃들이 자신을 향해 손가락질하고 있음을 깨달았다. 몇 주가 지난 뒤 그는 런던으로 도망갔다. 스트랜드 거리에 있는 라이언스 코너 하우스에서 일자리를 얻은 그는 곧바로 무정부주의가 팽배했던 피츠로비아 구역으로 진출했다. 커피숍과 술집으로 가득한 이 구역에서 그는 콜린 윌슨Colin Wilson 등의 인물을 만났고, 한 사람의 독립체로 인정을 받았으며 기타를 배웠다.

앨런의 경우 재판으로 인한 결과가 사뭇 달랐다. 약물치료 때문이었다. 그는 발기불능이 되었지만 과학적 소견에 의하면 발기불능은 일시적인 현상일 뿐이며 약물치료가 중단되면 다시 기능을 회복할 것이라고 했다. 약물치료가 신체에 미친 영향은 여기서 끝이 아니었다.[18]

정신에 필요한 효과를 보기 위해 어느 정도의, 그러나 심각하지는 않은 여성형유방증Gynaecomastia을 경험해야 했다.

이 어려운 전문용어를 쉽게 풀어쓰면 가슴의 발달 없이는 '성욕 감소'도 없다는 뜻이었다. 또 동일한 자료에 다음과 같은 언급이 있었다.

에스트로겐이 중추신경계에 직접적 약물학적 효과를 가지고 있을 가능성이 존재한다. 주커만(1952)은 쥐 실험을 통해 학습이 성호르몬의 영향을 받을 수 있으며 에스트로겐이 설치류에게 뇌 기능 억제제 역할을 할 수 있음을 입증했다. 인간에게서도 유사한 결과가 나타날지는 아직 밝혀지지 않은 가운데, 어떠한 결론에 도달하기 전에 더 많은 연구가 진행되어야 하지만 수행능력이 약화될지도 모른다는 몇몇 임상적 징후가 있다.

어쩌면 '생각'과 '감정'이라는 것이 결국에는 깔끔하게 분리될 수 없는 것인지도 모른다.*

재판이 낳은 더 사소한 결과들이 몇몇 있었다. 《뉴스 오브 더 월드News of the World》는 북부판에서 짧은 기사와 함께 이 사건을 다루었는데 제목은 '뛰어난 지능을 가진 피고인'이었다. 앨런은 지역 보호관찰관 감독하에 놓았다. 데이비드 챔퍼노운이 자신의 연구에 컴퓨터를 활용하기 위해 맨체스터로 왔다.** 앨런은 그를 저녁시사에 초대했고 보호관찰관이 이 자리에 동석했다. 앨런은 리버풀의 은퇴한 주교가 재판에 대해 듣고 자신을 만나고 싶다고 요청한 이야기를 했다. 앨런은 그의 요청을 받아들였는데, 1936년에 주교가 자신의 사생활에 개입하는 것을 용납하지 않겠다고 언급했었기 때문에 다소 놀라운 일이었다. 이제는 그의 삶 어느 것도 사적일 수 없었다. 그는 주교의 의도가 선하기는 하지만 절망적일 만큼 구식이라고 생각했다. 또 다른 결과는 다른 사람들에는 중대한 문제였을 수 있지만 앨런에게는 큰 의미가 없었던 것으로 '부도덕한 행위' 범죄기록이 있다는 이유로 자동적으로 미국 입국이 금지된 것이었다.***

재판 중 발생한 사건들을 즐기듯이 초연하게 설명하면서 앨런은 아무 일도 일어나지 않은 것처럼, 마치 기숙사에서 위험한 실험을 하다가 들켜 화학 도구를 압수당한 것처럼 행동하려 노력했다. 이것이 그에게 일어난 일이었고, 그는 이를 학창

---

* 앨런이 참석했던 너필드 재단 학회에서 P. B. 메다워P. B. Medawar는 유발되는 행동 패턴 변화로부터 신경생리학적 기제를 밝히기 위해 수컷에 에스트로겐을 투여하는 실험 프로그램을 제안했다. 영국 왕립협회 회원이 이 같은 무모한 실험의 대상이 되는 일은 없었다.

** 그가 진행하고 있던 연구는 경제학에 순차 분석을 적용하는 것이었다. 그는 앨런이 베이즈 통계학Bayesian statistics에 관심이 있다는 사실을 알았지만 8호 막사에서 독자적으로 순차 분석을 개발했다는 것은 꿈에도 몰랐다.

*** 전형적인 개혁의 시대였던 1952년에 미국 이민정책에서 동성애의 '법률상의' 정의(법률 위반)에서부터 '의학적' 정의까지 변화가 있었다. 그해의 이민국적법Immigration and Nationality Act은 "정신병질psychopathic personality에 시달리고 있는 외국인 체류자들은… 미국 입국을 거부당해야 한다"라고 명기했다. 1967년에 대법원은 "이민국적법의 입법 역사는 의회가 '정신병질'에 동성애를 포함시킬 의도가 있었음을 분명하게 보여준다"라고 확인해주었다. 이 때문에 엄밀히 말해 앨런 튜링은 재판과 상관없이 1952년의 금지된 범주에 들어갔다. 물론 여기서 중요한 점은 그가 동성애자임이 발각되었다는 사실이다.

시절의 수치 정도로 치부할 수 있었다. 앨런에게 일어난 사건들은 그가 자신의 인생을 더 의식적으로 관리하고, 자신을 둘러싼 환경을 더 자각하게 만들어주었다. 그가 휘갈겨 쓴 단편소설은 이런 자기 인식의 증거를 보여주는 한 사례였다. 그는 이제 기계만 생각하는 외톨이 수학자가 아니었다. 그가 생각보다 훨씬 더 재미있고 실제로 마음이 통하는 사람이라는 사실을 린 뉴먼은 알고 있었다. 만천하에 그의 현실이 드러남과 함께 앨런은 주변을 당혹스럽게 만드는 자신의 회피적인 성격을 버렸고, 린 뉴먼은 "그가 친근한 대화로 자신감을 얻어 상대방을 정면으로 진지하게 응시했을 때" 그의 "스테인드글라스의 광채와 풍부함에 비할 푸른" 눈은 "절대 잊히지 않을 것이다. 그의 눈에서는 너무나 세련된, 그래서 감히 숨조차 쉬기 어려운 그런 진실함과 포용력이 느껴진다"라고 했다.[19] 이 시기에 그녀는

먼저 『안나 카레니나』를, 그다음에는 『전쟁과 평화』를 그의 손에 쥐어주었다. 그가 마음을 달래기 위해 제인 오스틴과 트롤로프의 책을 읽었다는 사실을 알고 있었지만 시에는 관심조차 두지 않았고, 특히 문학이나 다른 예술에는 거의 문외한이었다. 그래서 읽을거리를 제공해주는 것이 정말 어려웠다. 『전쟁과 평화』는 아주 특별한 방식으로 그에게 적절한 걸작임이 증명되었고, 톨스토이의 이해력과 통찰력을 자신이 얼마나 공감하는지에 대해 감동적으로 표현한 편지를 그에게서 받았다. 앨런은 『전쟁과 평화』에서 자신과 자신의 문제를 인지했고, 톨스토이는 도덕 수준과 복잡함 그리고 영혼의 독창성이 자신과 동일한 새로운 독자를 얻었다.

피에르가 전쟁 한복판에서 방황하는 것처럼 앨런은 『전쟁과 평화』에서 자신의 모습을 보았다. 그런 다음에는? 그래서 무슨 의미가 있다는 말인가? 무슨 소용이 있는가? 이런저런 사실이 아닌 역사에 대해 골몰했던 톨스토이는 앨런과 일치하는 점이 많았다. 이야기책 같은 역사에서처럼 한 개인이 사건을 일으키거나 권력을 쥐거나 의지를 실천에 옮길 수 있을까? 그는 "역사의 주제는 이 같은 인간의 의지가 아니라 우리가 이것을 어떻게 보여주느냐이다"라고 했다.[20] 다시 말해 표현의 수준이었다. '의지'의 정도는 표현의 형태에 달려 있고, "우리에게 알려진 것은 필

요성의 법칙이라고 부르고, 알려지지 않은 것은 자유의지라고 부른다. 자유의지는 역사에서만큼은 인생의 법칙에 대해 우리가 모르는 것을 함축하고 있는 표현이다.ˮ 특히 그의 표현을 빌려 정신과 세상의 '관계'의 법칙은 아직 알려지지 않았고, 그래서 자유라고 불렸다. 이것이 앨런이 가지고 있던 또 다른 궁금점이었다. 1월에 진행된 라디오 토론에서 그는 "생각은 우리가 이해하지 못하는 정신 작용입니다"라고 했다.

그러나 톨스토이는 자유의지에 대한 아이디어가 아무리 터무니없다고 해도 "이 자유의 개념 없이는 인생을 이해할 수 없을 뿐만 아니라 어느 한순간을 위해서도 살 수 없다. 모든 인간의 열망과 모든 인생이 제공해주는 흥미는 더 큰 자유를 향한 많은 열망과 분투이기 때문에 인생은 견딜 수 없을 것이다… 자유가 없는 인간은 인생이 없는 인간과 다르지 않다"라고 했다.

앨런 튜링에게는 톨스토이가 생각하지 못했을 한 가지 자유가 남아 있었다. 바로 추방의 기쁨이었다. 교장이 기숙사 내에서의 유대를 방지하기 위해 조취를 취하면서 그는 다른 기숙사에서 생활하는 소년들이 제공하는 가능성에 의지해야 했다.* 앨런은 체제가 자신을 무릎 꿇게 만들도록 놔두지 않았다. 1952년 5월제May Day에 케임브리지에서 라티오 클럽 모임이 있었다. 앨런은 이 모임에 참석했고, 킹스 칼리지의 노먼 루틀리지를 아마도 이곳에서 만났을 것이다. 앨런은 재판과 호르몬 치료에 대해 설명했고("가슴이 커지고 있다고!") 노먼은 (모든 국가들 중) 노르웨이에 '남성 전용' 무도회가 있다는 말을 들었다고 했다.

1952년 여름에 앨런은 노르웨이로 휴가를 떠났고, 소문으로 들은 무도회를 보고 실망했다. 그러나 그는 다수의 스칸디나비아인들을 만났고, 대여섯 명의 주소를 얻을 수 있었다.[21] 앨런은 이들 중 특히 셸이라는 이름의 젊은 청년에게 끌렸는데

---

* 감옥에 가는 것을 피하기 위해 호르몬 치료를 받는 것 외에 다시는 '위법행위'를 반복하지 않겠다고 약속을 해야 했는지도 모른다. 그러나 이를 증명할 수 있는 증거는 없다. 만약 그가 진짜로 약속을 했다면 그 약속을 지켰을 것이다. 그러나 그는 자신이 해외에서 한 일이 여기에 포함되지 않는다는 점을 알아차렸을 것이다. 이런 이유로 그가 해외로 휴가를 가는 일이 1952년 이후의 그의 삶에서 중요한 요소였을 것이다.

영국으로 돌아와 로빈에게 그의 사진을 보여주었다. 셸은 어딘가 조금은 요염하게 보였고, 앨런은 자신의 꺾이지 않은 의지를 입증했다. 이것이 아마도 가장 중요한 점이었을 것이다.

내분비학자들이 지적인 '수행능력'이라고 부르는 것과 관련해서는, 자신을 둘러싼 모든 상황에도 불구하고 앨런의 생물학 이론 연구는 범위와 규모 면에서 지속적으로 확장되었다. 그는 첫 번째 논문에서 대략적으로 언급했던 문제에 매달려 씨름했다. 특히, 발아 순간 이후까지 형태발생 화학 이론을 핵심적인 비선형성을 고려하면서 따르려고 시도할 때 발생하는 매우 골치 아픈 미분 방정식의 해답을 컴퓨터에 시험해보았다. 이것은 실험적 연구였고, 무슨 일이 발생하는지 보기 위해 많은 다양한 초기조건을 시도했다. 이 연구는 또 양자역학에서처럼 '연산자'를 이용하는 정교한 응용 수학을 필요로 하기도 했다. 수치해석 역시 계산의 목적으로 방정식의 근사치를 어떻게 구할지 결정하는 데 중요했다. 이런 점에서 이는 사유 원자폭탄private atomic bomb이라고 할 수 있었고, 두 경우 모두에서 컴퓨터는 상호작용하는 유체 파동fluid wave의 발달을 주시했다.

이 외에도 그는 전문용어로 '엽서phyllotaxis'라고 부르는 잎 배열순서의 순수한 기술적 이론을 발전시켰다. 여기서 그는 줄기나 두상화flower-head의 잎이나 씨앗이 가진 나선형 구조를 나타내기 위해 행렬을 활용하는 방법을 찾아냈다. 그는 결정학자들이 활용하는 것 같은 '역격자inverse lattices'의 개념을 이 이론에 적용했다. 또 그 스스로도 상당량의 측정을 했다. 앨런의 의도는 자신의 행렬로 나타낸 피보나치 패턴을 발생시키는 방정식 체계를 찾았을 때 궁극적으로 이 두 접근법이 합쳐지게 하는 것이었다.

생물학자 몇몇의 도움을 받기는 했지만 이 연구는 기본적으로 앨런이 독자적으로 완성했다. 맨체스터대학교의 식물학자 C. W. 와드로C. W. Wardlaw가 특별한 관심을 보였고, 생물학자의 관점에서 최초의 튜링 논문의 중요성을 설명하는 논문을 작성했다.[22] 이 논문은 1952년에 마침내 발표되었다. 얼마 지나지 않아 앨런은 C. H. 와딩턴으로부터 한 통의 편지를 받았는데 관심은 있지만 근본적인 화학 가설의 정확성에 대해 회의적이라는 내용이 담겨 있었다.[23] 전체적으로 보았을 때 앨런은 (특히 라이트힐에게) 자신의 아이디어가 확산되는 속도가 너무 느리고 사람들의 반응이 부족한 것에 대해 실망한 것처럼 말하곤 했다. 어쩌면 이런 면에 있어서 「계산 가능한 수」의 경우와 비슷하다고 할 수 있는데, 1936년에 맥스 뉴먼이 '만년 외톨이'라고 진단했던 그에게 참을성과 끈기 있게 추진할 수 있는 자질이 여전히 부족했기 때문이다. 그의 강의 실력 역시 조금도 나아지지 않았다. 한 가지 발전된 것이 있었는데 비가역 열역학irreversible thermodynamics에 대한 관심이었다. 하하가에서 세미나를 연 뒤에 앨런은 이 주제를 논의하기 위해 W. 바이어스 브라운W. Byers Brown을 만났다. 그러나 앨런이 물리화학보다 바이어스 브라운의 젊음에 더 관심을 보이면서 회의는 흐지부지 끝나고 말았다. 그의 이전 성과에 대한 반응과 차이가 나는 한 가지는 이번에는 어느 누구도 그의 아이디어를 선수 치지 않았다는 것이다. 그는 완전히 혼자였다.

로빈은 봄에 자신과 함께 1952년 영국 수학학회에 참석하자고 앨런을 설득했다. 이 학회는 그리니치에 위치한 왕립 해군대학Royal Naval College에서 개최되었는데, 이것은 이들이 학회를 핑계로 템스강 증기선을 타고 유유자적한 시간을 보낼 수 있음을 뜻했다. 앨런은 그리니치의 피폭 구역에서 몇몇 흥미로운 야생화를 발견했다. 점심을 먹으러 들어간 레스토랑에서는 재미있는 일이 발생했는데, 앨런이 유난히 따분한 논리학자가 자신을 보고 다가오는 것을 발견하고는 문밖으로 갑작스럽게 사라져버린 것이다. 이때쯤에 앨런은 「계산 가능한 수」의 저자로서 상당히 유명인사가 되어 있었다. 그는 (자신의 소설에서는 '프라이스의 부표'로 묘사된) 튜링 기계와 관련된 참고사항들을 듣는 것을 좋아했지만, 연줄을 만들려는 사람들에게 붙잡혀 일 이야기를 하면서 그에 대한 대가를 치르고 싶어 하지는 않았다.

킹스 칼리지에서 맨체스터 전산 연구소의 딱딱한 환경으로 신선한 바람을 몰고 온 크리스토퍼 스트레이치와의 대화가 앨런의 취향에 더 가까웠다. 그는 앨런과 매우 흡사한 사고방식을 가지고 있었고 유머감각도 비슷했다. 그의 체커 프로그램은 많은 진전을 보였고[24] 1952년 여름 내내 멈추지 않았다. 앨런이 아주 오래전부터 이야기해왔던 이런 종류의 자동 게임 프로그램이 진지하게 시도된 것은 이때가 처음이었다. 스트레이치와 앨런은 '연애편지'를 작성하기 위해 프로그램의 난

앨런 튜링의 이미테이션 게임

수 기능을 활용하기도 했다. 편지의 일부는 다음과 같다.

> 사랑하는 그대에게,
> 당신은 제가 열망하는 사람입니다. 제 애정은 당신의 열정적인 소망에서 벗어날 수
> 없습니다. 당신을 향한 제 마음은 당신의 마음을 갈망합니다. 당신은 저에게 동경
> 의 대상이고, 저의 부드러운 애정입니다.
> 당신을 사랑하는 맨체스터대학교 컴퓨터

이 편지는 컴퓨터로 광학이나 공기역학과 관련된 일을 하는 사람들 눈에는 우스꽝스럽게 보였지만 구문론syntax의 특성을 조사하는 데 어느 것 못지않게 좋은 방법이었다. 또 공교롭게도 애정 생활이 비슷했던 앨런과 스트레이치에게 큰 즐거움을 주었다.

한편 토니 브루커는 부동소수점 연산을 해석하는 플롯코드FLOATCODE라고 부르는 프로그램을 작성했다. 이것은 앨런이 1945년에 이미 생각은 했지만 실행에 옮기지 않았던 것이다. 이 프로그램은 브루커가 케임브리지에서 에드삭에 했던 유사한 작업을 기초로 작성되었다. 그리고 앨릭 글레니가 1952년에 사실상 제대로 작동하는 세계 최초의 고급 컴퓨터 언어인 오토코드AUTOCODE라고 부르는 것을 더욱 발전시켰다. 스트레이치는 이것에 열광했다. 오토코드가 자신이 1951년에 작성했던, 수학 공식을 기계 명령으로 전환하는 아이디어와 일치했기 때문이다. 그러나 앨런은 거의 관심을 보이지 않았다. 앨릭 글레니는 앨런과 이 프로그램에 대해 이야기를 나누었지만 그가 단순한 전환에 지루해하고 있음을 깨달았다. 이것은 앨런이 1947년에 너무 뻔한 것이라고 언급한 뒤 단 한 번도 연구해볼 생각을 하지 않았던 것이다. 그는 대수학을 전환하는 것보다 실제로 '수행'하는 것에 흥미를 가졌을 것이다.

컴퓨터 언어가 만능기계를 더 많은 고객들이 쓸 수 있게 문을 열어줌에 따라 컴퓨터 산업은 더 이상 소수의 지식인들에 제한되지 않고 그 범위를 확장하고 있었다. 사실 오토코드가 여기에 일조한 것은 아니었고, 또 맨체스터 밖에서는 거의

알려지지 않았다. 미국의 컴퓨터 프로그램 언어인 포트란FORTRAN이 뒤를 바짝 쫓고 있었는데 이는 앨런이 손을 놓았던 일련의 개발들 중 하나였다.

1952년이 되었을 때 맨체스터 엔지니어들은 마크II 외에도 이미 트랜지스터 기반 소형 컴퓨터의 설계 작업에 착수하고 있었다. 앨런이 한때 기술적 발전의 최신 동향을 빠짐없이 챙기는 일에 굉장히 열중했고, 본인이 직접 발전에 참여하기 위해서 불문율을 깨뜨리는 것도 마다하지 않았기 때문에 그가 이 개발에 참여하지 않을 것이라고 어느 누구도 짐작하지 못했다. 1949년에 마침내 세상이 자신의 이 같은 관심을 그저 성가신 일로 보고 있음을 확실히 깨닫게 되자 이 모든 것들을 중단했다. 1951~1952년 영국 컴퓨터의 역사를 설명하는『생각보다 더 빠른Faster than Thought』이라는 제목의 책에서 컴퓨터 개발에 실질적 공헌을 하려고 했던 그의 시도들은 반영되지 않았다.[25] 여기서 그는 '게임에 적용된 디지털 컴퓨터'라는 제목의 장에서 주로 저자로 잠시 언급되었다. "그는 휴 알렉산더의 몇 가지 의견을 참고하며 앨릭 글레니와 자신의 체스 프로그램을 작성했다."「계산 가능한 수」의 저자와 워머슬리의 부하직원 중 한 명으로 언급된 한 줄 말고도 용어집에 인상적인 설명이 첨가되어 있었다.

> 튜링기계Türing Machine. 1936년에 튜링 박사는 컴퓨터 설계와 한계에 대한 논문을 작성했다. 이 때문에 이 기계에 종종 그의 이름을 붙여 부르곤 한다. 모든 불가해한 것들은 분명 게르만 민족의 특성일 것이라는 인상을 주기 때문에 움라우트umlaut(독일어처럼 일부 언어에서 발음을 명시하기 위해 모음 위에 붙이는 표시—옮긴이)는 과분하고 달갑지 않은 부가물이다.

1945년의 세상은 이제 1942년의 세상만큼 외떨어지고 비밀스러웠고, 앨런은 이 사실에 완전히 체념한 것처럼 보였다.

로빈의 유형 이론에 대한 관심은 멈추지 않았다. 그가 완성한 몇몇 연구는 앨런이 전시에 작성했지만, 수학자들이 '명사'와 '형용사'를 더욱 신중하게 사용하도록 설득하려 했던 시도처럼 빛을 보지 못한 논문을 다시 파헤쳐보도록 자극했다. 이

앨런 튜링의 이미테이션 게임

번에도, 그의 논문의 제목처럼, '수학 표기법 개혁The Reform of Mathematical Notation'을 위한 제안은 전후 수학의 발전과 관계가 없었고, 앨런이 반대했던 혼란스러운 개념은 다른 방법으로 해결되었다.

그해 여름 블레츨리 인근의 워번 샌즈에 거주하는 돈 베일리 부부를 방문했을 때 앨런은 돈에게 자신의 '개혁'에 대해 언급했다. 앨런은 그에게 수학적 도움을 주기는 했지만 주말의 하이라이트는 마지막으로 한 번 더 은괴를 찾기 위해 시도해보는 것이었다. 이번에는 돈이 상업용 금속탐지장치를 입수했고, 이들은 차를 타고 쉔리 근처의 다리로 향했다. 앨런은 신발과 양말을 벗고 진창에 발을 들여놓으면서 "주변이 조금 달라진 것 같네"라고 말했다. "맙소사! 어떻게 이런 일이 있을 수 있지? 다리를 다시 놓으면서 바닥에 콘크리트를 발라버렸어!" 이들은 숲에 묻은 다른 은괴를 찾으러 갔다. 1940년에 은괴를 운반하기 위해 사용했던 유모차가 여전히 그곳에 있음을 발견했지만 다리 밑에서처럼 은괴를 묻은 장소를 찾지 못했다. 이전에 앨런이 도널드 미치와 시도했을 때와 마찬가지로 이번에도 발견한 것이라고는 못과 잡동사니들뿐이었다. 은괴를 영원히 잃어버렸다는 사실을 받아들이고 체념하면서 이들은 빵과 치즈로 배를 채우기 위해 쉔리 브룩 엔드에 있는 크라운인으로 향했다. 이들은 아주 크게 낙담하지는 않았고, 또 전시에 앨런이 거주했던 집의 여주인이었던 램쇼 부인이 따뜻하게 환대해주면서 그나마 남아 있던 실망감마저 완전히 사라졌다.

돈 베일리가 블레츨리역에서 앨런을 만났을 때 그는 앨런이 노르웨이어 문법책을 가지고 있는 것을 보았다. 앨런은 바로 얼마 전에 노르웨이에서 휴가를 보내면서 이들의 언어에 흥미를 가지게 되었다고 설명했다. 이 시점에서는 아직 초보적인 수준에 머물러 있었지만, 1년 뒤 그의 노르웨이어와 덴마크어 실력은 어머니에게 안데르센 동화를 읽어줄 수 있을 만큼의 진전을 보였다. 앨런이 이제는 여가를 즐기기 위해 해외로 나가야 한다고 설명했지만, 돈은 노르웨이에서의 휴가가 특별한 동기를 부여했을 것이라고 생각하지는 않았다. 앨런은 다른 친구들에게 그랬던 것처럼 돈에게도 기소와 재판에 대한 소식을 편지로 알린 적이 있었고, 이번 방문에서 그 결과에 대해 그답게 아무렇지도 않다는 듯이 편안한 마음으로 이야기했었다. 또 그는 작위를 받은 여성 정치인에게 법 개정이 필요하다고 썼던 편지를 언급했다. 이것은 오스카 와일드가 했던, 동성애가 범죄가 아니라 질병이라는 항변과는 달랐다. 그는 정치인의 아들이 가진 동성애 취향에 대해 언급했지만, 얼마 후 그녀의 비서로부터 그의 말을 부인하는 무뚝뚝한 답변을 받은 것이 다였다.

1952년 10월에 돈 베일리와 로빈이 주말을 보내러 윔슬로우를 방문했다. 핸슬로프에서의 생활을 재현하는 것 같았다. 돈이 먼저 도착했고 기차역에서 함께 로빈을 기다리면서 앨런은 돈에게 손수건을 통해 기차역의 불빛을 바라볼 때 나타나는 회절무늬를 보여주었다. 여름에 돈의 집을 방문했을 때 앨런이 주말 동안 베일리 가정의 전통적인 생활 안에서 보호를 받으면서 평소의 즐거움을 느낄 수 있었다면, 돈은 자신의 집과는 사뭇 대조적인 검소하고 어수선한 환경이 마음에 들었다. 앨런은 전 세계에서 날아온, 논리에 대한 질문들이 담긴 편지로 넘쳐나는 서류함을 손가락으로 가리켰고, 이제는 학교에 모습을 드러내는 것에 신경 쓰지 않으며 집에서 작업하고 있다고 말했다. 그는 컴퓨터 작업을 대신 해주는 조수가 있다고 설명했다. 돈은 그에게 조심하라고 말하며 그렇지 않으면 그의 조수가 진짜로 가로채갈 것이라고 조언했다. 이에 앨런은 마치 "내가 신경이나 쓸까 봐!"라고 말하는 것처럼 콧방귀를 끼었다.

그의 컴퓨터 시대는 끝났지만 이것이 인간의 정신에 대한 그의 근원적인 관심까지도 사라졌다는 의미는 아니었다. 또 1952년 10월에 폴라니와 맨체스터대학교 철학과는 스위스의 심리학자 장 피아제Jean Piaget에게 강의를 맡기면서[26] 심리학과를 상대로 '쿠데타'를 일으켰다. 앨런도 이 강의에 참석했다. 이들은 아이들의 논리적 아이디어 습득에 관심이 있었고, 기호논리학을 실제 심리학적 관찰과 관련지었다. 앨런은 어쩌면 생애 처음으로 자신의 경험으로 얻은 것이 아니며 셔본학교의 어느 누구도 존재하는지 몰랐을 현대 교육이론에 영향을 받은 배움과 가르침에 대한 논의에 귀를 기울였다. 거의 비슷한 시기에 그는 또 다른 방식으로 자신의 자급자족 원칙을 위반했는데, 융학파 정신분석학자 프란츠 그린바움Franz Greenbaum에게 상담을 받기 시작했다.

이 단계에 오기까지 그의 태도에 저항적인 요소가 있었는데 자신에게 무언가 잘

앨런 튜링의 이미테이션 게임

못이 있음을, 특히 동성애가 바뀌어야 할 무언가임을 함축하고 있었기 때문이다. 1950년대는 정신분석학이 강력하게 복귀하고, 이 분야의 기법들이 동성애적 욕망을 근절할 수 있는 효과를 지녔다고 강경하게 주장한 시대였다. 그러나 그린바움은 이런 관점을 가지고 있지 않았다. 그에게 동성애는 '문제'가 아니었다. 그는 앨런을 '정상적인 동성애자'로 받아들였고, 융학파 정신분석학자로서 인간 행동을 무의식적인 성 정체성과 연결시켜 고려하지 않았다. 오히려 유태인 아버지와 기독교인 어머니 사이에서 태어나 1939년에 독일에서 도망친 망명자로서 종교심리학에 관심을 가졌다. 칼 구스타프 융처럼 그린바움의 접근방식은 지성인을 평가절하하지 않았고, 앨런을 컴퓨터 발명가이자 삶의 본질을 연구하는 한 사람으로 인정하며 그를 알게 된 것을 자랑스럽게 생각했다. 융처럼 그는 '생각'과 '감정'의 '통합'을 강조했다. 지식을 자신에게 적용하는 것, 괴델처럼 외부에서 자기 자신을 살피고 스스로에 대해 이해하는 것, 이런 것들이 오랫동안 커져온 심리학에 대한 앨런의 관심의 연장선상에 있었다. 1952년 11월 23일에, 그 당시에는 이미 완성된 로빈의 박사논문과 관련해 로빈에게 보낸 편지에서 전환점을 찾아볼 수 있었다. 이 편지에서 앨런은 다음과 같은 말을 덧붙였다.[27]

> 정신과 의사의 사무실에서 또 다른, 그리고 조금은 더 협조적인 시도를 해보기로 결정했네. 그가 내게 더 수용적인 기분이 들게 만들어준다면 그것은 무언가 굉장한 것일 거네.

이후에 프란츠 그린바움은 앨런에게 그의 모든 꿈을 노트에 적게 했고 앨런은 노트 세 권을 가득 채웠다.* 이들은 곧 의사와 환자의 관계를 넘어 친구가 되었다. 앨런의 직업상 지위는 그가 너무 오랫동안 진지하게 생각하지 않고 방치해두었던 모

---

* 융은 꿈에 의미가 있다고 생각했지만 이것이 몇몇 정해진 분류방식으로 해석될 수 있다고 믿지는 않았다.[28] "꿈과 상징을 해석하는 데는 사고력이 필요하다. 기계적인 시스템으로 바뀔 수 없다… 꿈을 꾸는 사람들의 개성에 대한 더 많은 지식을… 요한다."

든 것들에 시간과 에너지를 쏟을 수 있는 구실을 만들어주었다. 전쟁에서처럼 그는 자신에 대해 깨닫게 된 상황을 최대한 활용했다.

앨런은 자신의 꿈의 분석에서 어머니에 대한 또는 어머니와 관련해 해석될 수 있는 꿈이 강한 반감을 갖고 나타나고 있음을 알고 놀랐다. 현실에서는 어머니와의 관계가 점점 좋아지고 있었다. 어머니가 재판 소식을 받아들였다는 사실은 아주 큰 의미가 있었다. 그래서 그녀의 70년 인생에서 튜링 부인은 마침내 앨런의 몇 안 되는 친구가 되었다. 그녀는 앨런이 '지적인 괴짜'가 될까 봐 두려워했지만 앞으로도 변함없이 이렇게 살아갈 것임을 깨닫게 되었다. 그리고 그는 어머니가 쿠누어에서 저녁 만찬을 준비할 때처럼 생선 칼 같은 문제로 언제나 걱정할 것임을 알았다. "앨런, 제발!"이라는 어머니의 말과 "말도 안 되는 소리 하지 마세요"라는 앨런의 답변이 오가는 사소한 언쟁은 그가 가끔씩 길퍼드를 방문할 때마다 발생하는 일이었다. 그러나 지금은 그가 어머니의 몇몇 문제와 불만을 이해하게 되었고, 한편으로 그녀는 첼트넘 여학교의 눈에 띄지 않는 더블린 출신 소녀에서부터 먼 길을 왔다. 아마도 앨런의 활기가 그동안 부정해왔던 더 예술적인 삶을 그녀에게 맛보게 해주었음을 깨닫고 있었을 것이다. 더 높고 더 좋은 교회와 제도, 계급과 신분을 오랫동안 추구했던 그녀는 자신의 아들에게서 무언가를 발견했다. 40년간 그녀는 앨런에게 잘하고 있는 것이 아무것도 없다고 화를 냈지만 변화의 잠재력을 발견했다. 앨런 역시 어머니의 집착을 좀 더 잘 받아들이게 되었다.

프로이트 이론의 관능적이고 유혹적인 대상과는 전혀 다른 어머니에 대하여 40년간 품어온 분노를 폭로할 여지가 충분히 있었다. 어쩌면 또 아버지상을 보여주지 못했고 아들이 가진 마라톤 선수의 자질도 없었던 아버지를 앨런이 대면한 것인지도 모른다. 이 외에도 어머니가 (아무리 짜증스러웠어도) 시도했던 식으로 아버지가 자신의 관심사를 이해하려하지 않았다는 것에 어쩌면 무의식적으로 실망하고 있었는지도 모른다. 앨런의 친구들은 그가 어머니에 대해 불평하는 말을 들은 적이 있어도 아버지에 대해서는 들은 적이 없었다. 이런 내면의 복잡한 감정을 해결하는 것이 한 가지였다면, 1952년의 현실에서 자신의 상황에 대처하는 것은 또 다른 문제였다. 그리고 이런 점에서 정신분석학은 모방게임이 가진 동일한 한계로 인해 제약을 받았다. 정신분석학은 꿈꾸는 세계였지 행동하는 세계가 아니었다. 개인적으로는 생각의 '자유 연상'(생각이나 인상을 자유롭게 표현시켜서 마음의 심층 구조를 밝히려는 방법―옮긴이)이 허용되었지만 남성들과의 자유로운 관계는 아니었다. 이것이 바로 금지된 것이었다. 프란츠 그린바움은 푸른 숲을 제공해줄 수 없었다. 정신의 일관성과 완전성만으로는 충분하지 않았다. 무언가 조치가 필요했다.

앨런은 현행법에 대해 정치인에게 편지를 썼고, 조용히 있는 것을 거부하는 것 외에는 개인이 할 수 있는 일이 많지 않았다. 이 문제는 '체념'이 유일한 '해법'인 개인 수준에 국한되는 것이 아니었다. 앨런은 타인에게 해를 끼쳐서가 아니라 사회 질서의 적이어서 기소되었다. 그러나 그는 다른 사람들에게 명령을 내리는 것에는 관심이 없었고, 성에 관련해 '안 될 게 뭐 있어?' 식의 거의 때 묻지 않은 순수함을 유지하고 있었다.* 이것은 이성적인 논쟁으로 해결되거나 그린바움 박사가 해결해줄 수 있는 문제가 아니었다.

물리학의 논리적 토대에 대한 로빈의 박사학위 논문 심사는, 과학철학자 스티븐 툴민Stephen Toulmin이 맡을 수 없다고 결정하는 바람에 연기되었다. 1953년 초에 앨런은 로빈에게 다음과 같은 편지를 썼다.

> 이들은 마침내 자네 논문을 심사해줄 사람을 찾았네. 바로 브레이스웨이트라네. 케임브리지에서 구술시험을 치르는 것이 최선이라 생각되어 그에게 이를 제안하는 편지를 쓰고 있다네… 자네의 통합과학Unity of Science 논문을 다시 읽어보고 있다네.

이것은 로빈이 《유니티 오브 사이언스Unity of Science》에 제출했던 매우 뛰어난 논문으로서 저널과 동일한 주제를 다루었다.

---

* 그는 15세 이하의 소년의 관심을 얻기 위해 고집스럽게 매달려서는 안 된다는 로빈의 말에 동의했다(로빈은 소년일 때 상당한 관심을 끌었고, 지나치게 열렬한 팬으로 인해 당분간 성관계를 멀리했었다).

내 생각에 복제 유형들은 꽤 중요할 수 있다네. 저들이 '시간이란 무엇인가?'에 대한 질문에 답변하지 않았나? 처음에는 '부가입성inpenetrability'(2개의 물체가 동시에 같은 공간을 차지하지 못하는 성질인 '불가입성impenetrability'의 오타—옮긴이)'이란 단어가 재미있었다네. 이것이 험프티 덤프티가 "부가입성. 내가 말한 게 바로 그거야"라고 한 『거울 나라의 앨리스』를 참고한 것이라고 생각했네. 하지만 참고문헌을 찾아보니 아마도 아니겠다 싶네.

이 편지는 별로 효과적이지는 않았지만 컴퓨터로 출력한 인쇄물처럼 만들어졌다.* 앨런은 3월에 구술시험을 보자고 제안했지만 오스트리아로 스키를 타러 갈 계획이었던 로빈에게는 적절하지 않은 시기였다. 앨런은 또 편지를 썼다.

자네의 구술시험 날짜를 더 앞당길 수 없어서 미안하네. 브레이스웨이트가 3월 말 전에는 자네의 논문을 다 읽지 못할 것 같다고 하네. 스키를 꼭 타러 가고 싶다면 4월이나 5월로 시험을 미루는 수밖에 없을 것 같네. 그때가 되면 나는 논문 내용을 잊어버릴 것 같지만 말일세.
자네의 마지막 편지는 '노르웨이 소년'과 관련된 위기의 상황에 받았다네. 그래서 지각이론에 대한 정말 중요한 부분에 아직 신경을 쓰지 못했네…

"위기의 상황"이 무엇인지는 1953년 3월 11일자 편지에 적혀 있었다.

로빈에게,
다음 사실을 출입국 관리국에 통지해서 자네의 오스트리아 방문을 막을 생각이네.
(i) 자네 어머니의 허락을 받기는 했어도 레이어 시장의 서명은 스트라우스의 환자

---

* 그래도 이전에 데이비드 챔퍼노운에게 보냈던 달랑 전신 타자기 테이프 한 장이었던 편지보다는 훨씬 읽기 쉬웠다. 그의 친구가 보도 코드를 해석하느라 몇 시간을 허비해야 했다.

앨런 튜링의 이미테이션 게임

가 위조한 것임.*

(ii) 스키 여행은 어리석은 짓이고, 나폴리에서 오페라를 보러 갔을 때 자네에게 반해버린 아디스 아바비스치 백작부인La Contessa Addis Abbabisci(교황의 정부)의 욕정을 만족시켜주기 위해 가는 것임.**

(iii) 자네가 프린스턴의 교회와 제왕의 전당hall of Kings에 충성하는 이단자임.

내 생각에 이들 중 어느 하나만으로도 자네의 오스트리아행을 막기에 충분하다고 보이네. 그럼에도 그들이 입국을 허락한다면 즐겁게 휴가를 만끽하기 바라네. 이제 구술시험 일정을 잡는 일은 브레이스웨이트에게 맡길 거네. 아무튼 나는 3월 말에 케임브리지를 방문하게 될지도 모르겠네.

셸과 관련된 문제가 결국 폭발했네. 약 일주일 동안 굉장히 논란이 많았네. 그가 보낸 편지 추신에 나를 만나러 오겠다고 쓰면서 모든 것이 시작되었네. 한때 경찰이 잉글랜드 북부, 특히 윔슬로우와 맨체스터, 뉴캐슬 등에서 그의 행방을 추적했다네. 언젠가 이 사건에 대해 전부 이야기해주겠네. 셸은 다시 노르웨이의 베르겐으로 돌아갔다네. 나는 그를 만나지도 못했네! 이 사건은 마치 아놀드 사건을 되풀이하는 것 같았네.

앨런은 전산 연구소에서 노먼 루틀리지와 닉 퍼뱅크에게 이 '위기'에 대해 이야기해주었다. 닉은 3월 말에 NPL에서 열리는 컴퓨터 관련 회의에[29] 참석차 잠시 머물고 있었다. 그러나 그의 집을 감시한 경찰의 또 다른 어처구니없는 행동***에 대한 이야기는 빼버리고 "전부를 이야기해주지는" 않았다. 그가 이야기해준 사람들은

---

* 로빈이 오랫동안 알고 지내던 융학파 정신분석학자인 E. B. 스트라우스E. B. Strauss.
** 추방당한 아비시니아(지금의 에티오피아) 황제가 로빈의 집 근처에 거주했고, 로빈과 그의 어머니에게 차를 대접했던, 로빈의 소년 시절에 있었던 사건에 대해 언급한 것이다.
*** 로빈에게 보낸 편지에 추신이 있었다. "이 편지의 시작 부분은 엉뚱하지 않나?" 그는 이 질문에 대한 설명을 달지 않았다. 로빈 역시 알려고 하지 않았다. 그의 답장은 덴턴 웰치Denton Welch의 소설을 추천하는 것으로 '위기' 소식에 민감하게 반응했다.

무슨 일이 발생했는지에 대해 다른 설명이 있다는 생각은 하지 못했다. 로빈에게 보낸 편지에는 더 이상의 언급이 없었고 다른 일들로 넘어갔다.

> 현재 나는 내가 해야만 하는 일들을 제외한 모든 것에 시간을 조금씩 낭비하고 있다네. 이 모든 것들의 이유를 찾을 수 있다고 생각했지만 더 나아진 것은 없네. 내가 한 일 한 가지는 욕실 옆의 방을 전기 실험실로 급조하는 것이었네. 자네의 시각 모델과 관련해서는 진전이 별로 없다네.

그는 전기 공급선에서 전류를 끌어와 사용하면서 이 '실험실'에서 전기 분해 종류의 실험을 할 수 있었다. 낡은 배터리의 탄소 막대기를 활용하는 것이 속임수의 일종이라고 말하면서 코크스를 전극으로, 잡초 주스를 산소 공급원으로 활용했다. 그는 소금과 같은 평범한 물질로부터 얼마나 많은 화학물질을 생산할 수 있는지 보고 싶었다. 이 실험은 디나르에서 그의 어머니가 허락만 했다면 했을 법한 그런 것이었다. 그가 사용했던 방은 사실 넓은 방에서 욕실을 분리하면서 생긴 집 중앙에 방치되어 있던 작은 공간이었다. 그는 이곳을 사고 발생에 대한 튜링 부인의 두려움에 빗대어 '악몽의 방'이라고 불렀다.

또 앨런의 편지는 다음과 같은 이야기를 담고 있었다.

> 일부 학생들에게 컴퓨터에 대한 강의를 해주기 위해 셔본학교를 방문했다네. 여러 면에서 정말로 좋은 대접을 받았네. 학생들은 정말 풋풋했고, 조금 건방진 면이 있기는 했지만 예의가 발랐네. 셔본 자체는 거의 변한 것이 없다네.

앞으로 닥칠 일에 비하면 그의 학창 시절은 단순하고 안전했다고 말할 수 있다. 앨런은 3월 9일에 학교를 방문했고 과학 동호회를 위해 강연을 했다.[30]

튜링 박사는 계산기와 계산 결과를 적을 종이를 가지고 작업하는 어리석은 사무원과 이 모든 것들을 하나에 담은 명령문과 전자 뇌를 비교했다. 명령문을 테이프 기계에 입력하기만 하면 되었다. 그러면 수많은 전선과 진공관, 저항기, 축전기, 초크가 나머지를 알아서 해주면서 다른 테이프에 답을 작성했고…

'연금술사Alchemists'라 불리는 이 동호회는 1943년에 설립된 것으로, 현대 세계와의 타협을 의미했다. 그러나 이것 외에 셔본은 실제로 변한 것이 없었다. 전쟁도 제국의 종말도 1980년대와 1990년대의 행정관으로 성장할 학생들을 교육하는 방식에 큰 변화를 가져오지 않았다. 시간이 지날수록 앨런의 불굴의 정신에 점점 더 많은 금이 가기 시작했고, 그는 '시간을 낭비하는' 자신의 성향을 못마땅해하기는 했지만 언제까지나 분골쇄신하며 일하는 것이 그다지 중요하지 않다고 생각했다. 일반적으로라면 그는 어색한 분위기를 깨려는 어려운 과정에서 게임을 생각해냈을 것이다. 그래서 친구들, 특히 로빈과 그의 친구 크리스토퍼 베넷과 함께 있을 때 이들은 앨런이 '모험담' 또는 '소小 모험담'이라고 명명한 것을 함께 즐겼다.

'모험담'은 '아놀드 이야기' 정도의 규모를 가져야 했지만 '소 모험담'은 자신을 드러내는 더 단출한 수준이었을 것이다. 앨런은 특히 파리에서 겪었던 소 모험담을 이야기해주었을 것이다. 앨런은 한 젊은이를 만났고 호텔까지 지하철을 타는 대신에 걸어가자고 고집했다. 이 일은 앨런을 놀라게 했는데 그의 말에 의하면 이유는 이랬다. "그는 자네와 내가 리만 곡면Riemann surface(복소 곡면의 하나로서, 그림으로 표현하면 곡면이 축을 소용돌이치듯 휘감고 올라가는 형태가 된다—옮긴이)에 대해 생각하는 것처럼 파리를 생각하고 있었네. 그는 지하철역 주변만 알 뿐이었고 다른 곳으로 가는 길을 알지 못했네!" 호텔에서 프랑스 젊은이는 매트리스를 들어 올린 다음 '바지 주름을 잡기 위해' 자신의 바지를 밀어 넣었다. 이 일은 앨런을 기막히게 했는데 그는 단 한 번도 옷의 주름을 잡아본 적이 없었고 원한 적도 없기 때문이다. 이후에 젊은이는 꾸며낸 이야기를 들려주었는데 서로에 대한 신뢰의 증표로 다음 날 다시 만날 때까지 시계를 교환하자는 내용이었다. 앨런은 자신의 신뢰를 보여주었고 시계를 잃어버렸지만 희생할 가치가 있는 일이었다고 생각했다. 또 앨런과 로빈은 거리에서 상대방의 취향을 만족시키는 이런저런 즐거운 광경을 지적했다.* "자넨 저 여자가 예쁘다는 건가?" 한번은 앨런이 자신이 적어도 원칙적으로는 관심사를 넓혀야 한다고 생각하며 물은 적이 있었다.

앨런이 자기 탐구와 자기 현시가 가치 있는 목표라고 확신하게 되면서 그는 특유의 타협하지 않는 방식으로 이를 추구했다. 예를 들어 앨런이 특별히 매력적이라고 생각하는 어떤 젊은이가 컴퓨터를 사용하기 위해 런던에서 전산 연구소를 방문한 적이 있었다. "저 '아름다운' 젊은이는 누군가?" 앨런은 즉시 토니 브루커에게 물었고 그가 설명해주었다. 앨런은 이 젊은 박사를 곧바로 집으로 초대했지만 그는 달가워하지 않으면서 아픈 숙모를 찾아봬야 한다는 어설픈 변명으로 초대를 거절했다.

프란츠 그린바움은 앨런이 자신과 비슷하거나 자신이 바라는 모습을 가진 사람에게 끌린다는 이론을 가지고 있었다. 이것은 별로 특별할 것 없는 소견이었고, 규칙을 증명하기 위해 어떠한 예외도 적용될 수 있는 정신분석학적인 것이었을 것이다. 그러나 이 이론은 이런 생각을 전에는 단 한 번도 해본 적 없는 앨런의 호기심을 자극했다. 앨런을 새로운 국면으로 이끈 한 사람은 그가 신뢰할 수 있는 몇 안 되는 인간부류에 속하는 린 뉴먼이었다. 그녀와 (때때로 프랑스어로) 주고받은 서신[31]에는 장난기 같은 것이 배어 있었는데 이것은 그의 남성적 껍질에 심각한 금이 생기고 있음을 보여주었다. 그는 5월에 린 뉴먼에게 편지를 썼다. "그린바움 박사가 지난 몇 주간 큰 진전을 이뤘어요. 이제 우리는 문제의 근원에 접근해가고 있는 것 같아 보입니다."**

1953년 봄에 앨런은 가끔씩 그린바움의 자택에 초대되었다. 맨체스터 지식인층

---

* 로빈의 관심사는 더 균일하게 분포되어 있었다.

** 외국인이자 유태인인 정신분석학자의 상담을 받는 것은 또 다른 낙인이 될 수 있었고, 그의 이전 모습에서 확실히 많이 벗어난 것이었다. 그가 이렇게 공개적이고 태연하게 편지를 작성한 것은 그다운 행동이었을 뿐 린 뉴먼이 그의 '절친한 친구'여서가 아니었다. 앨런은 또 마이클 폴라니의 아들 존이 화학에 재능이 있음을 깨닫고 형태발생에 대해 대화를 나누기 위해 식사에 초대한 적이 있었다. 그는 "앨런 튜링의 부엌에서 나온 부스러기"라고 적힌 봉투를 보여주면서 존과도 친구가 되었다. 봉투에는 존 폴라니가 당연히 알아볼 수 있을 것이라고 생각한, 벽에서 자란 정체불명의 무언가의 샘플이 들어 있었다. 존이 캐나다에 있을 때 그는 앨런으로부터 "미래를 위한 희망과 분석가를 향한 찬사로 가득 찬" 편지를 받았다.[32]

740 앨런 튜링의 이미테이션 게임

사이에서는 존경할 만한 인물로 여겨지지 않았던 프란츠 그린바움이 치료사와 환자 사이의 관계에 엄격한 프로이트 학설이 가진 관점을 적용하지 않았기 때문이다. 앨런은 그린바움 부인과 대화가 잘 통하지 않았지만 딸인 마리아와 잘 어울렸다. 특히 마리아에게 사탕 한 통을 주며 그 아이를 위해 특별히 제작된 왼손잡이용 통이라고 말하면서 즐겁게 해주었다. 그린바움 부인은 조금도 매력적이라고 생각하지 않는 옆집의 젊은이에게 앨런이 관심을 보이며 그녀를 놀라게 한 뒤로 앨런이 "성에 집착한다"라고 생각했다. 하지만 사실 그가 집착하는 것은 진실이었다.

보호관찰 기간은 1953년 4월에 끝이 났다. 지난 3개월 동안 이들은 약을 주는 대신에 앨런의 허벅지에 호르몬 임플란트를 주입했다. 이것은 어느 정도 짜증스러운 일이었고, 효과가 3개월 이상 지속될지 의심스러웠던 그는 이를 제거했다. 이제 앨런은 자유였다. 맨체스터에서의 그의 미래가 안전했기에 더욱 그랬다. 1953년 5월 15일에 대학 위원회에서, 특별히 만들어진 '컴퓨터 이론 부교수직Readership in the Theory of Computing'에 앨런을 임명하기 위한 공식 투표가 진행되었다.[33] 앨런이 5년간 맡아온 직책의 임기가 9월 29일에 만료될 예정이었다. 부교수직은 그가 원하기만 한다면 앞으로 10년간 안정적으로 누릴 수 있는 자리였다. 돈 베일리에게 꾸었던 그의 무관심한 콧방귀가 허세가 아님이 입증되었다. 그의 봉급도 조금 올랐고, 자신이 선택한 대로 작업할 수 있는 자유가 주어졌다.

5월 10일에 앨런은 마리아 그린바움에게 혼자 하는 퍼즐 게임의 완벽한 해법을 설명하는 편지를 보냈고 다음과 같은 말로 끝맺었다.

> 이탈리아에 근접한 스위스 지역에서 모두 즐거운 휴가를 보내기를 바란다. 나는 멀리 떨어진 그리스의 입소스-코르푸에 있는 클럽메드Club Mediterranee(프랑스의 호텔 체인—옮긴이)에 있을 거야. 앨런 아저씨로부터.

그는 이미 (아마도 1951년이었을 것이다) 프랑스 해안에 위치한 클럽메드에 머문 적이 있었다. 1953년 여름에 대관식 기간 동안* '칼리반'은 자신에게 주어진 짧은 여가시간을 즐기기 위해 섬에서 탈출했고, 잠시 동안 파리에 머물렀다가 코르푸로 갔다. 그의 지중해 동부 탐험이 실망으로 끝난 것처럼 보이기는 했지만 그는 6명의 이름과 주소를 가지고 영국으로 돌아왔다.[34] 학창 시절에 그의 프랑스어는 실수투성이였지만 그래도 그리스어보다는 여전히 나았다.

　수평선 너머 알바니아의 검은 산맥이 보이는 코르푸 해변에서 앨런은 해초와 사내들을 모두 살펴볼 수 있었다. 스탈린은 사망했고 희미한 햇살이 새로운 유럽을 비추기 시작했다. 심지어 차갑고 추레한 영국 문화조차 변화를 피해갈 수 없었다. 10년 이상 지속된 배급 통장ration book 제도 이후 누구도 생각하지 못했던 새로운 분위기가 1950년대의 발전과 함께 찾아왔다. 1939년(제2차 세계대전이 시작된 해—옮긴이)에 발전이 발목 잡혔던 텔레비전은 엘리자베스 2세 여왕의 대관식을 방영하면서 최초로 대규모 영향력을 행사했다. 이전보다 훨씬 더 복잡하고 부유해진 영국에서 공식적인 생각과 비공식적인 생각의 경계가 흐릿해졌다. 아웃사이더, 다시 말해 앨런과 같은 지능적인 비트족beatnik(1950년대를 전후해 물질적으로 풍요로운 환경 속에서 보수적인 기성질서에 반발해 저항적인 문화와 기행을 추구했던 일부 젊은 세대를 말한다—옮긴이)은 조금은 더 숨통이 트였을지도 모른다.

　관습이 보편적으로 조금 느슨해진 것 외에 삶의 다양성 면에서 성 문제가 가장 격렬하게 떠올랐다. 1890년대에 그랬던 것처럼 성생활에 대한 대중인식의 확장과 사람들의 한층 더 높아진 거리낌 없는 표현이 맞물렸기 때문이다. 영국보다 변화가 먼저 시작된 미국에서 가장 현저하게 나타났다. 한 특정한 예로 1951년에 출간된 미국 소설 『피니스테르Finistère』[35]가 있는데 앨런이 아주 좋아했다. 15세 소년과 교사와의 관계에 대한 내용이었고, 『갈라진 소나무』처럼 10대의 눈을 통해 세상을 보려고 시도했다. 그러나 이것은 프레드 클레이턴의 '진심 어린 호소'에 담긴 모호한 뉘앙스와는 매우 다른 관계였다. 과거에 앨런은 프레드를 종종 놀리곤 했는데, 동성애가 널리 퍼져 있다는 지나치게 단순화한 주장을 내세우며 그를 충격에 빠뜨

＊　그는 성령 강림절(5월 24일)에 길퍼드에 도착했고, 5월 30일에는 로빈의 박사학위 구술시험을 위해 케임브리지에 갔다. 이런 이유로 그의 휴가는 6월 초였을 가능성이 크다.

렸다. 이 책은 '사회적 낙인'에 저항하고, 다른 것들을 논하는 것과 다르지 않게 성을 논하고 싶은 바람이라는 진지한 이야기를 가십의 즐거움에 담았다. 또 『피니스테르』는 '사회적 금기'의 현실을 있는 그대로 공정하게 보여주었고, 줄거리는 사적인 폭로와 공적인 폭로의 복잡한 패턴을 따랐다. 여기서 소설가는 동성애자의 삶이 선천적으로 자기모순적이고 치명적인 무엇인 것처럼 절망적인 파멸의 결말을 맺었다. "모래사장, 또렷한 발자국들만이 단 한 줄 흔적을 남기며 검은 물속으로 사라졌다."

상징적인 '땅끝'에서 자살이라는 비극적인 결말로 끝내면서 그리고 또 부모의 이혼과 남자친구를 갈망했던 소년의 열망을 연관시키면서 『피니스테르』는 동성애를 다룬 작품들의 오래된 장르에 포함되었다. 이 책은 구식이 되어버린 형태에 전후의 솔직함을 접목시켰다. 1953년쯤에는 게이 남성이 다른 사람들 못지않게 삶을 그럭저럭 잘 이끌어갈 수 있다는 주장이 일었다. 그래서 새로운 영국 소설 『추방된 마음The Heart in Exile』[36]은 상위 중류계급이 가진 금기의 사라져가는 드라마와 심리학적 설명에 대한 더 현대적인 집착을 뚫고 나아갔다. 평범하고 흔한 결말을 위해 이들 두 가지 모두를 거부하되, "전투는 계속되어야 한다"라는 관찰을 담아 완화된 결말을 지었다. 앵거스 윌슨Angus Wilson의 1952년 작품 『독미나리Hemlock and After』 역시 앨런이 드러내는 데 주저함이 없었던 성에 대해 이야기한 사실적이고 현대적인 작품에 가까웠다. 이 책은 계급과 관습을 비꼬는 암울한 블랙코미디물이었고, 그와 로빈이 논의했던 또 다른 작품으로서 관료주의와 임상관리가 제2차 세계대전의 유일한 유산이 아님을 보여주는 증거였다. 그러나 앨런은 이 무정부주의적 영혼을 자신이 원하는 대로 공유할 수 없었다. 겉으로 보이는 것만큼 그는 자유롭지 못했다. 그 역시 인생의 해안가에 서 있었다. 1년 뒤인 1954년 6월 7일 밤에 그는 스스로 목숨을 끊었다.

앨런 튜링의 죽음은 그를 아는 사람들에게는 충격이었다. 일련의 사건들과 맞아떨어지지 않았다. 분명한 것은 아무것도 없었다. 어떠한 조짐도 없었고 설명도 없었다. 자기 소멸의 단독적 행동으로 보였다. 그는 불운하고 예민한 사람이었다.

정신과 의사의 상담을 받고 있었고, 많은 사람들을 쓰러뜨릴 만한 타격을 입었다. 이 모든 것들은 분명한 사실이었다. 그러나 재판은 2년 전에 끝이 났고, 호르몬 치료도 1년 전에 끝났다. 그는 이 모든 일들에서 다시 일어서는 것처럼 보였다. 지난 2년 동안 그를 봐왔던 사람들의 생각과 그럴듯한 연관관계가 없었다. 그의 태도는 소설이나 드라마에서 볼 수 있는 지치고 수치스럽고 두렵고 절망적인 모습과는 너무나 거리가 멀었기 때문에 그를 아는 사람들은 그의 죽음을 믿기 힘들었다. 그는 자살할 '타입'이 아니었다. 그러나 1952년 재판을 1954년의 죽음과 연관시키기를 거부했던 사람들은 자살이 꼭 나약함과 수치심 면에서만 해석되는 것이 아님을 생각하지 못했다. 앨런이 1941년에 오스카 와일드의 말을 인용했던 것처럼 이것은 용기 있는 자가 칼로 한 행동이라고 볼 수 있었다.

6월 10일에 사인 규명 조사가 있은 후 자살로 결론지어졌다. 조사는 형식적이었는데 다른 특별한 이유가 있었던 것이 아니라 사인이 너무도 분명했기 때문이었다. C 부인의 말에 따르면 6월 8일 화요일 오후 5시에 집에 도착했을 때 그는 침대에 단정하게 누워 있었다고 했다(평소에는 월요일에 왔지만 그 주는 성령 강림절 다음 월요일로 공휴일이었기 때문에 하루 쉬었다). 그의 입 주변에 거품이 묻어 있었다. 그날 저녁 검시를 담당한 병리학자는 청산가리 중독이라고 쉽게 사인을 밝힐 수 있었고, 사망 시각은 월요일 밤이라고 했다. 집 안에는 청산가리 한 병과 용액 한 병이 있었다. 그의 침대 옆에는 몇 입 베어 먹은 사과가 놓여 있었다. 이들은 사과를 분석하지 않았기 때문에, 너무도 당연하게 보이기는 했지만, 사과에 청산가리를 주입했다고 단정 지을 수 없었다.

존 튜링이 검시에 참석했고 프란츠 그린바움과 맥스 뉴먼을 만났다(튜링 부인은 그 시기에 휴가차 이탈리아에 있었고 소식을 듣자마자 영국으로 돌아왔다). 존은 자살 판정에 이의를 제기하는 것은 실수라고 이미 결심했고, 몰려든 신문 기자들의 존재도 그가 생각을 바꾸도록 설득하지 못했다. 제공된 정보[37]는 사망 발견과 사인, 앨런의 양호한 건강상태, 튼튼한 재정에 국한되어 있었다. 앨런의 성생활이나 재판, 사회적 압력, 또는 이와 유사한 어느 것도 언급되지 않았다. 검시관은 "저는 이것이 고의적인 행동이라고 결론 내릴 수밖에 없습니다. 그와 같은 유형의 남성은 다음에 어떤 심리작용이 일어날지 누구도 예측할 수 없습니다"라고 했고, "그의 정신이 균형을 잃었을 때" 일어난 자살이라는 판정이 내려졌다. 결국 언론은 이 사건을 놀라울 정도로 거의 다루지 않았고, 1952년의 재판에 대해 한마디도 언급되지 않았다.

튜링 부인은 자살 판정을 받아들이지 못했다. 그녀는 사고였다고 주장했다. 그녀가 내세운 증거는 앨런이 자신의 작은 침실에 누워 있는 동안 다른 방에서 전해질 실험이 진행 중이었다는 것이다. 사실 이 실험은 한동안 지속되고 있었다. 그는 때때로 금도금에 필요한 청산가리를 전기분해에 사용하곤 했다. 최근에는 할아버지 존 로버트 튜링의 시계에서 금으로 된 부속품을 빼내 티스푼을 도금하는 데 사용한 적이 있었다.[38] 그녀는 앨런이 실수로 청산가리를 손에 묻힌 다음 먹은 것이라고 주장했다. 물론 이 사고는 그녀가 일어날지도 모른다고 늘 말해왔던 것이다. 1953년 크리스마스에 앨런이 마지막으로 길퍼드를 방문했을 때 그녀는 반복해서 경고를 했다("앨런, 손을 깨끗이 씻고 손톱을 말끔하게 다듬도록 해라. 그리고 '손가락'을 입에 넣지 마렴!"). 그는 "어머니, 조심할 테니 걱정하지 마세요." 라고 말하며 흘려들었지만 사고가 날 가능성에 대해 어머니가 걱정하고 있음을 잘 알고 있었다. 그는 다른 누구보다도 어머니에게 친절하게 대하려고 진실을 왜곡할 의지가 더 컸다. 그래서 어머니의 감정이 상하지 않게 하려고 자신의 불안정한 방식에 대한 어머니의 오랜 불만을 계획에 포함시켰다. 튜링 부인에게는 잔인한 사건이었고, 아들과의 관계가 훨씬 개선된 상황에서 발생한 일이라 더욱 그러했다. 자살은 사회적으로 낙인이 찍히는 공식적인 범죄행위에 속했고, 그녀는 연옥이 존재한다고 믿었다. 1937년 앨런이 제임스 앳킨스에게 언급한 사과와 전선에 관련된 계획과 동일한 아이디어였는지도 모른다. 어쩌면 그가 사용한 방법이 바로 그 방법이었을 수도 있다. 만약 그랬다면 이 사건은 '완벽한 자살'이었고, 이번 경우는 자신이 속고 싶었던 단 한 사람을 속이기 위해 계산된 것이었다.

이 사건은 보물찾기에서 그가 자주 사용했던 탐정 소설과 화학 도구와 관련된 농담을 뒤섞은 것과 닮았다. 한번은 청량음료인 티저Tizer의 전기 전도율과 관련된 단서를 생각해낸 적이 있었다. 1953년 여름에 로빈과 함께 레스터에서 했던 그의 마지막 보물찾기에서 그는 라벨 뒤에 붉은색 잉크로 단서가 적혀 있는 붉은색 액체가 든 병을 준비했다. 이 때문에 병을 비워야만 단서를 읽을 수 있었다. 단서는 냄새나는 것에 '신주神酒', 마실 수 있는 것에 '독약'이라는 식으로 뒤바뀌어 적혀 있다. 아마도 이 아이디어는 크리스토퍼 모컴이 "치명적인 것"이라고 놀리던 때로, 그리고 『자연의 신비』에서 언급한 독에 대한 내용으로 거슬러 올라갈 것이다. 그는 마지막 화학 용액chemical solution('solution'은 용액을 의미하기도 하고 해결책을 의미하기도 한다―옮긴이)을 찾아냈다.

앨런의 죽음이 사고라고 주장하는 사람들도 이 사고가 죽음을 초래할 만큼 몹시 어리석은 짓이었음을 인정하지 않을 수 없었다. 앨런은 사고와 자살 사이에 분명한 선을 긋기 어렵다는 사실에 매료되어 있었다. 이 선은 자유의지의 개념으로만 정의될 수 있었다. 컴퓨터에 자유를 주기 위해 임의적인 요소, 즉 '룰렛 휠'을 추가하는 아이디어에 흥미를 가졌던 것처럼 그의 결말에는 짐작컨대 몇몇 러시안 룰렛이 가진 요소들이 있었을 것이다. 그러나 그렇다고 해도 그의 몸에는, 살기 위해 청산가리 중독으로 인한 고통에 대항해 몸부림쳤던 흔적이 없었다. 죽음에 모든 것을 내맡긴 모습이었다.

백설공주 이야기처럼 그는 마녀가 제조한 독이 든 사과를 먹었다. 그렇다면 무엇으로 독을 만들었을까? 검시가 좀 더 철저했더라면 그의 인생 말년에 대해 무엇을 더 알아낼 수 있었을까? 이것은 "인간의 의지가 아니라 어떻게 제시하는가", 즉 서술의 수준에 달려 있었다. 그의 사인이 무엇인지를 묻는 것은 제1차 세계대전이 왜 일어났는가를 묻는 것과 같았다. 권총 사격이나 철도 시간표, 군비 경쟁, 민족주의 논리, 모두에 책임이 있었다. 어느 관점에서 원자는 그저 물리 법칙에 따라 움직이는 것이었고, 다른 관점에서는 미스터리였고, 또 다른 관점에서는 일종의 필연이었다.

가장 피상적인 관점에서는 볼 것이 아무것도 없었다. 그가 작업하던 종이들이 그의 대학 사무실 여기저기에 널려 있었다. 컴퓨터 렌즈 설계 문제를 연구하던 고든 블랙Gordon Black은 금요일 저녁 앨런이 죽기 전에 그가 평소처럼 자전거를 타고 집으로 돌아가는 모습을 보았다.* 또 그는 화요일 밤에 항상 그랬듯이 컴퓨터 사용을 예약했고, 다음 날이 되어서야 앨런의 사망소식을 들을 수 있었던 엔지니어들은 그가 나타나기를 기다리고 있었다. 그의 다정한 이웃인 웹 가족은 목요일에 스티 알로 이사했고, 앨런은 이사하기 전인 화요일에 이들을 식사에 초대해 수다를 떨며 즐거운 시간을 보냈다. 그는 이들이 이사하는 것을 안타깝게 생각했고 조만간 방문하겠다고 약속했다. 그리고 새로운 입주자가 어린 아이들을 둔 젊은 부부여서 좋다고 말했다. 그가 사망했을 때 그의 집에는 영화표를 포함해 새로 구입한 것들이 있었다. 그는 비록 부치지는 못했지만 6월 24일 왕립협회 행사에 참석한다는 서신을 작성했었다. 안면이 있는 이웃은 그가 일요일 아침에 ("언제나처럼 부스스한 모습으로") 걸어가는 것을 보았다. 그는 일요일에는 《옵저버》, 월요일에는 《맨체스터 가디언》을 집으로 가지고 들어갔을 것이다. 식사를 하고 설거지를 그냥 놔두었을 것이다. 이들 중 어느 것도 죽음을 암시해주는 것은 없었다.

오랜 대학 시절 친구들에게 앨런의 마지막 해는 심리적으로 불안해 보였지만, 또 한편으로 삶을 지속하려는 모습으로 보이기도 했다. 1953년 크리스마스에 길퍼드를 방문한 것 외에 앨런은 옥스퍼드에 있는 데이비드 챔퍼노운과 엑세터에 있는 프레드 클레이턴과 함께 시간을 보내기도 했다. 그는 챔프와 같이 산책을 나갔고, 노르웨이 청년에 대해 걱정스럽게 이야기했다. 챔프는 앨런이 경솔하고 어쩌면 조금은 무모하다는 인상을 받았다. 그러나 단정 지을 수 있는 것은 없었고, 또 앨런이 약간 횡설수설하는 바람에 이야기가 조금 지루하다고 느꼈다.

엑세터에서도 앨런은 프레드 부부와 산책을 했다. 이들은 이제 4명의 자녀를 두고 있었다. 아들 중 한 명이 드레스덴의 삼촌과 많이 닮았다는 것에 앨런도 동의했다. 앨런은 체포된 일과 재판, 호르몬 치료에 대해 프레드에게 이야기해주었다. 또 호르몬 치료를 받으면서 여성처럼 가슴이 커졌으며 그 바람에 치료가 암울한 불합리가 되어버렸다고 말했다. 프레드는 앨런이 두려움을 가지고 있음을 확신하

---

* 그는 최근에 모터가 달린 자전거를 버리고 다른 자전거를 빌려 타고 다녔는데 여성용이었다. 그에게는 어느 것이든 별반 차이가 없었다.

게 되었고, 이런 사건들로 정말 불쾌했을 것이라고 앨런을 위로해주었다. 그는 앨런이 학계에서 진정한 친구를 찾을 수 있기를 바랐다(그는 네빌에 대해서는 알지 못했다). 가정생활에 매우 충실한 프레드는 자신이 1947년부터 이어오고 있는 생활을 앨런이 부러워하고 있다고 느꼈다. 길에서 앨런은 거대한 버섯을 발견했고, 먹을 수 있는 버섯이라고 말해 프레드를 당황하게 만들었다. 어쨌든 이들은 버섯을 요리해 먹었다. 이후에 앨런은 감사의 편지와 함께 판지로 만든 해시계를 보냈다. 이 편지에는 천문학에 대한 많은 내용이 담겨 있기도 했다. 편지는 마지막 작별인 사와는 거리가 멀었다. 길퍼드 방문 역시 고별과는 거리가 멀었다. 길퍼드에서 돌아온 후 얼마 지나지 않아 어머니에게 보낸 마지막 편지는[39] 런던에서 발견한 "결혼선물 등에 적합한, 유리 안에 들어 있는 몇몇 상당히 놀라울 정도로 저렴한 것들을 구입할 수 있는" 상점에 대한 정보로 끝을 맺고 있었다.

전쟁 후에 알게 된 2명의 친한 친구 로빈과 닉 퍼뱅크 중 누구도 끝이 다가오고 있음을 눈치 채지 못했다. 로빈은 앨런이 죽기 바로 열흘 전인 5월 31일 주말에 윔슬로우를 방문했었다. 이들의 우정은 정서적인 면에서 든든한 상호 신뢰를 바탕으로 쌓아올린 것이었고, 이 방문에서 심리적인 문제점은 전혀 보이지 않았다. 두 사람은 천연 재료를 이용해 무독성 제초제와 싱크대 세제를 만들기 위한 앨런의 실험으로 즐거운 시간을 보냈다. 유형 이론에 대해 대화를 나누었고, 7월에 다시 만나자는 계획을 잡았다.

앨런과 작가인 닉 퍼뱅크와의 우정이 크게 발전한 데에는 과학에서 갈라져 나와 스스로 문학에 재미를 붙이려는 그의 마음이 작용했다. 이들의 대화 중 어느 시점엔가 자살에 관해 이야기가 나온 적이 있었다. 닉은 6월 13일 로빈에게 보낸 편지[40]에 유언 집행자 자격으로 윔슬로우에 갔을 때 그곳에서 알게 된 것들을 설명하면서 이 사실을 언급했다. 그러나 이것만으로는 그의 죽음을 설명하기에 역부족이었다. 프란츠 그린바움 역시 앨런의 내면과 꿈에 대해 친숙했음에도 앨런에 대해 아무것도 이해하지 못했다고 느꼈다. 앨런의 꿈이 적힌 책들이 회수돼 정신분석가에게 넘겨졌지만 어떠한 답도 찾지 못했다.

존 튜링은 파기되기 전에 읽어보라고 프란츠 그린바움이 내어준 두 권의 꿈 책을 읽었다. 앨런이 어머니에 대해 "희생"이라고 언급한 부분과 청소년기 이후부터의 동성애 행동의 묘사는 그가 알고 싶었던 것보다 훨씬 더 많은 것을 말해주었고, 그는 이것들이 앨런에게 발생한 일을 충분히 설명해주고 있다고 생각했다. 그리고 앨런이 어머니가 이런 사실들을 깨닫지 못하게 했다는 점에 감사했다. 앨런의 친구들에게 이보다 명확한 것은 없었다.

앨런이 죽음을 준비했다는 한 조각의 증거가 있었다. 그가 1954년 2월 11일에 새로운 유언장을 작성한 것이었다. 이것은 그가 어떤 상태였는지에 관해 말해주는 진술과 같은 것이었다. 유언장은 형이 아닌 닉 퍼뱅크를 유언 집행인으로 지목했고, 로빈에게 자신이 가진 모든 수학 서적과 문서를 남겼다. 형의 가족들 전원에게 각각 50파운드를, 그리고 가사도우미에게 30파운드를 유산으로 남겼다. 그리고 남은 금액은 어머니와 닉 퍼뱅크, 로빈 갠디, 데이비드 챔퍼노운, 네빌 존슨에게 나누어주었다. 존 튜링은 앨런이 어머니를 친구들과 똑같이 취급한 것에 아연실색했다. 하지만 이것은 그녀가 한 사람의 친구로서가 아닌 가족의 의무를 다해야 하는 사람인 법적 상속인이 되는 것보다는 훨씬 훈훈한 대접이었다.*

한편 유언장에는 1953년 말에 고용된 자신의 가사도우미에게 매년 임금을 10파운드씩 인상한다는 항목이 포함되어 있었다. 그 당시 자살할 계획이 있었다면 이 항목을 추가한 것은 이상한 일이었다. 사망현장을 방문했던 닉의 눈에는 앨런이 특정 편지들을 몇 개의 꾸러미로 묶어두기는 했지만 개인적인 자료나 그의 연구 어느 것 하나도 대대적으로 정리 정돈한 것처럼 보이지 않았다. 마치 그가 가능성을 염두에 두고는 있었지만 충동적으로 실행에 옮긴 것 같았다. 도대체 그곳의 어떤 요소들이 간접적으로 이 같은 일을 저지르도록 만든 것일까?

그는 성령 강림절 다음 월요일에 사망했다. 공교롭게도 이날은 지난 50년간 가장 춥고 비가 많이 내린 성령 강림절 다음 월요일이었다. 영혼이 바닥나기 시작한

---

* 그의 재산은 4,603파운드에 달했다. 그러나 맨체스터대학교에서는 이보다 더 많은 금액인 6,742파운드를 지불했는데 그가 가입했던 연금정책에 따라 지급되는 사망수당이었다. 자살 판정은 지급금에 영향을 미치지 않았다. 존 튜링은 이 금액이 전부 튜링 부인에게 돌아가도록 했다.

때가 영감을 받은 '이후'였는가? 하디는 1946년에 자살을 기도했는데 그의 경우는 뇌졸중으로 7년간 창조적인 삶을 빼앗겼던 것이 원인이었다. 이 정신의 양파 두 번째 껍질에 앨런 튜링의 삶과 죽음의 근본적인 패턴이 있었던 것일까? 그의 '단편 소설' 속의 자기 현시는 1935년에 자신이 '영감'을 얻었다고 생각하고 있음을 시사 했다. 그리고 이때 이후로 동일한 수준을 유지하기 위한 싸움이 시작되었다. 영감 의 파도는 크리스토퍼 모컴의 죽음 이후 5년에 한 번밖에 밀려오지 않았다. 여기 에는 1935년의 튜링기계, 1940년의 해군 에니그마, 1945년의 ACE, 1950년의 형 태발생 이론이 있다. 최소한 이것들은 그의 생각이 겉으로 표출된 것이었다. 그는 논문을 집필하고 대략적인 작업을 수행하기 위해 자신이 개조한 튜링기계처럼 작 업했고, 중간에 상당한 정도의 '이보 전진을 위한 일보 후퇴reculer pour mieux sauter'가 있 었다.

각각의 경우 넘쳐나는 일들로 지루해하거나 환멸을 느끼게 되지는 않았지만, 틀 안에서 자신이 성취할 수 있는 것에 대해 피로감을 느꼈을 것이다. 더 인습적인 교 수와 비교했을 때 그는 자신이 쌓아온 기존의 명성에 둘러싸이거나 정의되지 않도 록 많은 노력을 했다. 그래서 1954년이나 1955년에 그에게는 자신을 둘러싼 것들 에서 벗어나기 위해, 신선함을 유지하기 위해 무언가 새로운 것이 필요했다. 1954 년 6월은 절망할 만한 시기가 아니었다. 사실 1949년이 그에게 아마도 훨씬 더 힘 든 시기였을 것이다.

어쩌면 형태발생 연구가 생각보다 지루하고 힘들었는지도 모른다. 전나무 방울 의 패턴을 설명할 수 있다고 주장한 지 3년이 흘렀고, 사망할 때까지 연구를 완성 하지 못했다. 그러나 관심이 사라진 것처럼 보이지는 않았다. 1953년 여름에 그는 버나드 리처즈Bernard Richards라는 이름의 연구생을 채용했다(버나드 리처즈 이전에 다 른 연구생이 있었지만 그는 아무것도 이루지 못했다). 리처즈는 구면의 패턴 구조에 적용할 자신의 모델들과 관련된 세부적인 계산을 인계받았다. 그는 앨런의 방정 식의 몇몇 정확한 해법들을 연구했는데 이것은 이 이론이 단세포 방산충에서 발견 되는 가능한 한 가장 단순한 패턴 몇몇을 다룰 수 있음을 보여주는 것이었다. 앨런 은 야간근무를 할 때 엔지니어들에게 기쁜 마음으로 보여주던 이런 해양 생물들의

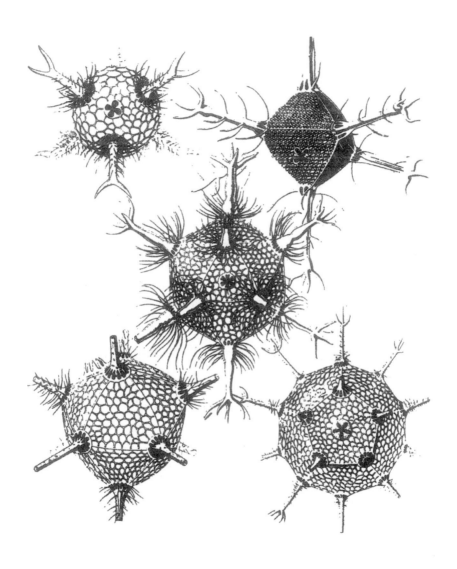

방산충에 대한 에른스트 헤켈의 보고서에 들어 있는 삽화의 일부

삽화가 들어 있는 책*을 가지고 있었다.

작업관계는 주인-하인 같은 관계를 뛰어넘는 진전을 보이지는 않았지만 그런 그의 눈에도 마지막 순간까지 앨런의 연구가 축소되거나 하는 일은 없었음이 분명해 보였다. 앨런은 상당한 분량의 글을 썼지만 이를 위해 컴퓨터와 관련한 새로운 실험을 희생시키지는 않았다. 또 전부가 아니면 아무것도 아닌 방식으로 옳고 그름이 증명되는 매우 극적인 종류의 이론도 아니었다. 이것은 그가 하하과 기하하의 아이디어들을 시도해보고, 어떤 결과를 가져오는지 볼 수 있었던 단계였다. 열린 결말이었고, 주어진 틀 내에서 특정한 문제를 해결하기 위한 시도보다는 다양한 수학과 과학 분야에 자신이 깨달은 것들을 통합시키는 것과 연관이 있었다.

그는 산더미 같은 상세한 자료를 남겼는데[41] 일부는 2차 논문 형식으로 정리되었고, 나머지는 예제와 다른 사람들은 이해할 수 없는 컴퓨터로 출력한 인쇄물 형식이었다. 그가 사망했을 때쯤에 진행했던 연구의 결과는 다음과 같았다.

파동의 진폭은 대부분 '독'의 농도 V에 의해 통제된다.

자신만의 『자연의 신비』 방식으로, 그는 성장을 '억제'하는 기능을 가진 화학물질을 '독'이라고 불렀다. 최근에 그의 몸에 반대로 작용했던 것을 생각하면 섬뜩한 표현이었다. 그는 계속했다.

양 R이 적다면 이것은 독이 빠른 속도로 퍼진다는 의미였다. 이는 이것의 통제력을 감소시킨다. 한 구역에서 U 값들이 크고 다량으로 생산된다면 독의 효과는 주로 구역 밖으로 확산될 것이고, 주위의 U 값의 증가를 억제할 것이기 때문에… R이 '지나치게 많아지는 것'이 허용된다면 '측파대 억압side-band suppression' 효과가 심지어 육

---

* 영국의 해양조사선인 챌린저H. M. S. Challenger 호가 1873~1876년 해양탐험에서 얻은 과학적 결과를 수록한, 1880년대에 영국 정부가 출간한 어마어마한 분량의 전집의 일부이다. 분명 독일의 동물학자인 에른스트 헤켈Ernst Haeckel의 방산충에 대한 보고서의 삽화가 포함된 책이었을 것이다.

앨런 튜링의 이미테이션 게임

방 격자hexagonal lattice의 형성을 방해하는 일이 발생할 수 있다…

이 같은 결과는 심지어 한 가지 모델로 많은 실험들을 통해 얻은 통찰을 반영했는데 우연히도 그 모델은 '데이지 성장의 개요Outline of Development of the Daisy'였다. 그는 문자 그대로 1941년에 조안 클라크와 함께했던 것처럼 "15종류의 식물들을 조사"하는 것이 아닌 그의 만능기계로 "데이지들이 자라는 모습을 관찰했다." 위의 결과는 많은 것들 중 특정한 하나에 지나지 않았다. 이 밖에 "전나무 방울FIRCONES"이라고 명명한 것과 이와 관련된 컴퓨터 루틴인 아우터퍼OUTERFIR가 있었다. 또 그의 기초 방정식의 또 다른 형태에 관한 이론이자, 셸플러스KJELLPLUS와 입센IBSEN, 다른 노르웨이어 이름이 붙여진 루틴과 관련된 셸KJELL이라는 이론이 있었다. 이 모든 것들은 앨런이 출간을 위해 작성하고 있던 글의 소재를 넘어서는 것이었고, 그래서 앞으로의 연구에 대한 전망이 좋았다.

그는 로빈과 유형 이론에 대해 연구했고, 이들은 공동 논문을 집필할 계획이었다. 또 그는 '단어 문제'에 대한 대중적인 기사를 썼는데 이 기사는 1954년 초에《사이언스 뉴스Science News》에 실렸다. * 러시아 수학자 P. S. 노비코프P. S. Novikov는 군에 관련된 '단어 문제'가 실제로 어떠한 명확한 방법으로도 해결될 수 없다고 주장했다.[42] 앨런의 기사는 이것을 설명했고, 어떤 난제가 다른 난제와 동일한지를 결정하는 문제가 근본적으로 이런 종류의 '단어 문제'임을 보여주는 몇몇 위상기하학

---

* 제목은 '풀 수 있는 문제와 풀 수 없는 문제Solvable and Unsolvable Problems'였고 먼저 '풀 수 있는' 문제의 예를 제시했다. 예는 혼자 하는 게임이었고(사실 '15 퍼즐 게임'(가로세로 4칸, 즉 16칸 중에서 15칸에만 숫자가 쓰인 납작한 조각판이 있고 빈칸으로 조각판을 밀어가며 숫자 순서대로 맞추는 게임―옮긴이)이었다), 그가 설명한 대로 고려할 만한 가능성은 한정되어 있었다(즉, 16!=20,922,789,888,000이었다). 이런 이유로 원칙적으로는 단순히 모든 가능한 자리들을 열거하면서 게임을 '풀' 수 있었다. 이것은 그가 그 뒤에 설명했듯이 완벽하게 '풀 수 없는' 문제의 본질을 보여주는 데 도움이 되었다. 큰 숫자는 이론적인 '해결 가능성'과 실질적인 '해결 가능성' 사이의 차이를 보여주었다. 물론 봄베는 실제로 무작위적 방법으로 에니그마의 유한함을 활용했지만 일반적으로 수가 '단지' 유한하다는 지식은 실질적인 의미가 없다. 가능한 경우가 유한함을 안다고 해서 체스를 둘 수 없고, 모든 에니그마 기계의 배선들을 추론할 수 없다. '15 퍼즐 게임'은 컴퓨터 프로그래머에게 골치 아픈 문제를 제기한다. 튜링기계는 물리적 세계에서 구현되었을 때 논리 외의 문제들로 엄격하게 제약을 받게 된다.

질문과 결부시켰다. 이것이 최신 연구였으며 그는 러시아의 연구결과의 완벽한 증명을 입수할 수 있기를 기대했다. 그는 최후까지 문제 해결에 관심을 가졌다. 1954년 로빈에게 보낸 마지막 편지는 "괴델 논쟁을 해결"하기 위해 로빈의 특정 아이디어를 논의하고 있었지만 "무지개 문제를 다시 살펴보았네. 소리의 경우 성공적으로 분석할 수 있었는데 전기의 경우는 완전히 실패했다네. 앨런."이라고 끝을 맺었다. 레스터 인근의 찬우드 숲을 함께 걸으면서 이들은 흔히 보기 힘든 쌍무지개를 보았다. 앨런은 이 현상을 파헤쳐보겠다고 결심했었다. 여기에는 그럴 만한 이유가 있었다.

앨런이 무언가 새로운 것을 찾고 있었다면 1930년대 이후로 역시 옆으로 미루어두었던 이론물리학 분야였을 것이다. 전쟁 전에 앨리스터 왓슨과 디락의 전자론Dirac's theory of the electron에 나타났던 '스피너spinor'에 관심을 가지고 대화를 나눈 적이 있었고, 말년에는 몇몇 스피너 미적분의 대수적 기반에 대한 연구를 했다.[43] 그는 인쇄기의 글꼴에서 개념을 따와서 파운트fount(잉크통 또는 글꼴을 나타내는 단어로서 font라고 쓰기도 한다—옮긴이)라고 이름 붙인 것을 정의했다.* 또 그는 디락이 1937년에 제안했던, 우주가 나이를 먹음에 따라 만유인력 상수constant of gravitation가 바뀔 수 있다는 아이디어에도 관심을 보였다.[44] 하루는 점심시간에 앨런이 토니 브루커에게 "고생물학자가 멸종한 동물의 발자국을 보고 그 동물의 무게가 지금까지 그렇다고 알고 있던 무게와 일치하는지 말해줄 수 있을 것이라고 생각하나?"라고 물었다. 또 언제나 양자역학의 공식적인 방식을 의심하면서 이 주제의 기초에 다시 관심을 가지기 시작했다. 그는 폰 노이만이 제시한 일반적인 해석이 가진 역설을 발견했다. 양자계가 충분히 '자주' 관찰된다면 양자계의 변화를 무한정 느리게 만

---

* 일부 (온도와 같은) 물리적 수량이 하나의 숫자로 표현될 수 있는 반면 일반적으로는 숫자의 집합이 필요할 것이다. 예를 들어 공간에서의 방향처럼 모든 것이 그럴 것이다. 이런 숫자를 알파벳 문자를 사용해 '표시'하는 것이 일반적이다. 현대적인 관점에서 이 집합의 구조는 물질적 실체와 관련된 대칭성의 그룹을 반영한 것이고, 다른 대칭성 그룹을 의미할 때는 보통 다른 종류의 문자를 사용한다(예를 들어 소문자, 대문자, 그리스 문자). '글꼴'이라는 단어는 이 원리를 분명하게 해주었다.

앨런 튜링의 이미테이션 게임

들 수 있고, 궁극적으로 연속 관찰을 하면 멈추게 될 것이라는 점에 주목했기 때문이다. 이 때문에 일반적인 설명은 이 '관찰'의 미스터리한 순간이 오직 이산 구간에서만 발생한다는 암묵적인 추정에 의지했다.

앨런은 더 많은 이단적인 아이디어들을 가지고 있었는데 이에 대해 로빈에게 설명했다.[45] "양자역학론자들은 늘 무한히 많은 차원을 필요로 하는 것 같네. 나한테는 그렇게 많으면 감당이 안 될 것 같아. 대략 100차원 정도면 좋을 것 같은데, 어때?" 그리고 또 다른 아이디어도 갖고 있었다. "설명은 비선형적이어야만 하고 예측은 선형적이어야 하네." 상대성이론이 전시에 침체기를 맞이했다가 1955년에 다시 부활하기 시작하면서 기초물리학으로의 관심의 전환은 시의적절했다고 할 수 있다. 이 밖에도 폰 노이만의 1932년 연구 이후 거의 진전을 보이지 못한 양자역학의 해석은 새로운 아이디어를 갈망하고 있는 주제였고, 그의 독특한 정신과도 잘 어울리는 것이었다.

앨런이 사망했을 때 '획기적인 발견'을 목전에 두고 있었다는 것은 사실이 아니었다(튜링 부인은 이렇게 생각하는 것을 좋아했다). 다른 한편으로 갑작스러운 결말을 설명해줄 수 있을지도 모르는 지적 삶에서의 쇠퇴나 실패를 보여주는 명백한 패턴은 없었다. 이것은 오히려 그의 인생에서 이전에 발생한 적이 있었던 가변적이고 변천적인 기간으로, 이번에는 관심의 범위가 더 넓었고 지성적·정서적 생활에 더 개방적인 자세를 취했다.

사람들이 생각했듯이 그의 마지막 해는 어떤 식으로든 다사다난하지 않았다. 오히려 그 반대였다. 이상한 사건 하나만이 눈에 띄었는데 이것은 소수만이 알아챌 수 있는 그의 정신 문제를 보여주는 것일 수도 있었다. 앨런이 그린바움 가족과 일요일에 블랙풀을 방문한 때는 1954년 5월 중순이었다. 아주 화창한 봄날이었고 이들은 해안가 지역의 골든마일을 따라 기분 좋게 걷고 있었다. 그러다 '집시 여왕'이라는 점집을 보고 앨런이 운세를 물어보기 위해 들어갔다. 1922년에 집시가 그의 천재성을 예언하지 않았던가? 그린바움 가족은 밖에서 기다렸고 1시간 정도 지나서야 앨런이 나왔다. 밖으로 나왔을 때 그의 얼굴은 백지장처럼 하얗게 질려 있고, 버스를 타고 맨체스터로 돌아오는 길에 한마디도 하지 않았다. 이후 그에게서 다시는 소식을 듣지 못했다. 죽기 이틀 전인 토요일에 그가 전화를 걸기는 했지만 그 당시 이들은 외출 중이었다. 이들이 앨런에게 전화를 걸기 전에 그의 사망소식이 먼저 들려왔다.

점쟁이는 어떤 예언을 했던 것일까? 튜링가의 가훈은 '용감한 자에게 행운이 따른다'였지만 아서 삼촌은 그레이트 게임Great Game(19~20세기 초에 영국과 러시아가 중앙아시아 내륙의 주도권을 잡기 위해 벌였던 패권 다툼을 말한다—옮긴이)에서 1899년에 방어가 허술했던 영국군 진지를 습격한 적의 공격을 받고 사망했다. 앨런의 경우는 인생의 위대한 '거울' 게임에서 무슨 일이 발생한 것인지 명확하지 않았다. 그러나 로빈과 닉, 프란츠 그린바움이 몰랐던, 그리고 그에게가 아니라 백색과 적색 말을 움직이는 자들에게 속해 있던 정신의 한 부분이 존재했었다. 체스판의 상황은 앨리스가 붉은 여왕을 물리치고 꿈에서 깨어나는 루이스 캐럴의 것과는(루이스 캐럴의 『거울 나라의 앨리스』의 줄거리에 비유한 것이다—옮긴이) 다른 결말을 준비하고 있었다. 현실에서는 붉은 여왕이 마음껏 먹고 즐기는 모스크바로 탈출했다. 하얀 여왕은 평화를 되찾고, 앨런 튜링은 희생되었다.

1952년 10월에 앨런이 돈 베일리를 만났을 때 그는 비록 자세히는 아니었지만 다른 친구들은 아무도 모르던 사실을 말해주었다. 그가 암호해독 연구와 관련해서 휴 알렉산더를 돕고 있었다는 것이었다. 또 그 분야에서는 동성애자를 받아들이지 않았기 때문에 더 이상 그 일을 할 수 없었다고 했다. 그는 이것을 하나의 사실로 받아들였다. 정신적 충격 면에서 이것은 1952년에 있었던 다른 사건들에 비해 사소한 것이었다. 1년간 일하는 대가로 5,000파운드의 엄청난 봉급을 제안한 바 있던(앨런이 토니 브루커에게 그렇게 이야기했다) 정보통신본부는 더 큰 충격을 받았을지도 모른다. 왜냐하면 정부가 전시에서처럼 총체적 기관으로 운영되지 않았고, 케임브리지와 강한 유대를 맺고 있던 암호학계의 기득권층은 인기 있는 자문위원을 잃고 싶지 않았을 것이기 때문이다. 그러나 1952년에 내무장관 데이비드 맥스웰-파이페David Maxwell-Fyfe 경에 의해 그 역할이 신장된 정보부나 MI5에서는 다른 관점이 우세했다. 그리고 앨런 튜링 생애의 마지막 2년 동안 안보 개념이 급격히 높아졌고 전에 없이 큰 세력을 떨치고 있었다.[46] 그는 정치와는 거리가 먼 사람이었지만 변화하는 국가의 요구에서 자유로울 수 없었다. 사실 그는 문제의 중심에 있었다.

기계적 방법, 냉정한 관리, 안보 등은 모두 명시성과 합리성으로 향하는 발전이었으며, 이 점에서는 미국이 한발 앞서 있었다. 1950년에 상원의 소위원회[47]는 다음과 같은 조사를 진행한 바 있었다.

> 정부 내의 동성애자나 다른 성도착자의 고용 정도, 정부가 그들을 고용하는 것이 왜[원문 그대로임] 바람직하지 않는가에 대한 숙고, 이 문제의 해결에 사용되는 방법의 효용에 대한 조사.

이런 종류로는 처음이었던 이 조사로부터 몇 가지 결론을 얻었다. 그중 하나는 다음과 같은 이유로 동성애자들은 일반적으로 부적합하다는 것이었다.

> 공공연하게 도착 행위를 하는 사람들은 정상인이 갖는 정서적 안정이 부족하다는 것이 일반적 믿음이다. 게다가 성도착 행위에 탐닉하는 것은 책임 있는 지위에 부적합할 정도로 개인의 도덕심을 약화시킨다는 결론을 뒷받침해줄 풍부한 증거가 있다.

이 단계의 조사에서 위원회는 저명한 심리학자들의 지식에 의존했다. 그러나 두 번째 주요 결론을 위해서는 다른 권위자들에게 기댔다.

> 동성애자나 다른 성도착자가 안보에 위험이 된다는 소위원회의 결론은 단순히 추측에 근거한 것이 아니다. 이 결론은 정부 내에서 안보문제를 고찰하는 데 가장 적격인 정부의 정보담당 부서들의 의견을 면밀하게 검토한 끝에 내린 것이다.

미국 정부는 제2차 세계대전의 경험을 통해 정보에 큰 신뢰를 두게 되었다. 월리엄 스티븐슨의 선도에 이은 후속조치의 결과로 미국 정부는 이제 외국 첩보활동과 조작을 위한 정부 조직인 중앙정보부CIA를 가지고 있었다. 1945년 미국은 반구hemispheric(여기서의 반구는 서반구, 즉 북미와 남미를 아우르는 지역을 의미하며, 영국 등의 유럽은 제외된다—옮긴이)의 이익을 수호하는 제한적 역할로 돌아가기로 작정한 듯 보였으며 그 이후 많은 변화가 있었다. 전쟁 이후 영국의 외교정책은 항상 미국의 관심을 유럽에 잡아두는 방향으로 작동했다. 1945년의 정책 기획자들은 그런 정책의 결과로 만들어지게 될 현재의 북대서양조약과 혈연적 협정을 상상조차 못했을 것이다. 세계의 사건들과 관련해 전쟁 전의 무지를 재빨리 털어버리면서, 미국은 이제 CIA를 통해 다른 모든 나라들처럼 또는 그 이상으로 더 활발하게 행동할 기회와, 특히 영국의 첩보기관을 모방할 기회를 누렸다. 한 가지 다른 점이 있다면 그것은 영국과 달리 이 기구가 의회 의원들에게 감춰지지 않고 개방적이었다는 점이었다.

FBI와 CIA, 육해공군 정보기관의 대표자들로부터 증언이 청취되었다. 이 기관들은 모두 정부 내의 성도착자들이 안보에 위험이 된다는 점에 전적으로 동의하고 있다. 대부분의 성도착자들이 보이는 정서적 안정의 결여와 나약한 도덕심은 이들을 외국 스파이의 감언에 쉽게 빠져들게 만든다… 더욱이 대부분의 성도착자들은 같은 식당이나 나이트클럽, 바에 모여드는 경향이 있다… 전 세계의 첩보 조직이 비밀문서를 가지고 있거나 비밀문서에 접근할 수 있는 성도착자를 제일 먼저 압박을 가할수 있는 목표로 삼는다는 점은 정보기관 사이에서는 사실로 받아들여지고 있다. 자신들이 결코 압력에 굴하지 않을 것이라는 성도착자들의 항의에도 불구하고 거의 모든 경우에 예외 없이 이들은 자신의 상태가 친구나 동료 또는 일반 대중에게 알려질까 봐 상당히 우려하는 모습을 보인다.

FBI는 "소련의 고위 정보관리가 공무원들의 사생활에 관한 세부사항을 확보하도록 첩보원들에게 명령을 내렸으며…" 결론은 명백하다고 증언했다. 실제로 이러한 주장에는 부정할 수 없는 현실이 공고하게 자리하고 있었다. 사회적 낙인은 특이하게 남자 동성애자로 하여금 압력에 취약하게 만들었으며 소련의 스파이도 똑같이 이 사실을 이용할 것으로 예상할 수 있었다. 이것은 어쩔 수 없는 삶의 정치적 현실이었다. 또 앨런의 삶이 이상한 방식으로 '붉은 왕Red King'의 꿈의 일부가 되어버렸음을 의미했다.

동성애자의 특수한 처지는 세계적으로 새로운 것이 아니었다. 그러나 이것과 개인행동의 여타 측면에 대한 정부의 반응은 명시적이어야 할 필요가 있었다. 이 당시는 1930년대나 제2차 세계대전의 위기에 적합했던 절차가, 원자폭탄으로 무장한 초강대국들에게 맞는 절차로 급격하게 대체되는 전환기였다. 몇 시간 안에 패배할 수 있는 전쟁의 가능성에 대비하기 위해 거대한 과학 시설은 무한정 유지되어야 했다. 이제 전 세계가 전쟁터로 여겨졌고, 세계에서 미국의 이익과 일치하지 않는 사건의 발생은 모두 크렘린Kremlin(모스크바에 있는 요새로 둘러싸인 성채로, 구소련 정부를 의미한다―옮긴이)의 책임으로 돌아갔다. 물리적 전쟁은 물론이고 논리적 전쟁도 완전하게 인식되었다. 그러나 공식적 평화 기간에 국가로 들어오거나 나가는 정보의 흐름은 전시에서처럼 직접적으로 제어할 수 없었다. 문제는 어떤 방법으로든 사람의 머리에 드나드는 흐름을 어떻게 제어할 것인가였다.

이상적으로는 국가 기구가 모두 기계와 같은 형태를 가지는 것이었지만 이것이 달성될 때까지 정보는 인간의 뇌, 즉 그 안에서 정보를 쉽게 지울 수도 없고, 미지의 데이터나 명령과 결합될 수도 있으며, 쉴 때는 정보를 미지의 장소로 보낼 수도 있는 뇌에 수용될 수밖에 없었을 것이다. 아직은 과학을 통해 자신의 생각을 밝히기를 거부하는 사람의 생각을 읽는 것이 불가능하다는 사실이 국가가 당면한 문제를 어렵게 만들었다. 사람들은 위험스러울 정도로 예측 불가능한 상태로 남아 있었다. 그럼에도 국가가 창의력과 독창성을 이끌어내기 위해서는 어느 정도 이런 예측 불가능성이 필요했다. 이것은 노웰 스미스 교장을 곤혹스럽게 했던 문제와 유사했는데 '단순 반복mere routine'인 시스템에서 '독립적인 성격independence of character'에 포상을 주는 것이었다.

과학자들은 훌륭하지만 다른 한편으로는 불완전하게 마법사의 전쟁에서 승리했고, 새로운 세계의 성직자이자 마술사가 되었다. 그러나 군인과 관리들이 이해하지 못하는 요술 기계로 전쟁에서 이길 수 있다면 같은 식으로 패배할 수도 있다는 뜻이다. 성공과 위험은 동전의 양면과 같았다. 한때는 멸시받다가 선심성 섞인 경외감으로 대우받았던 1930년대의 과학자들이 연합국 정부를 구해냈다. 자신들을 필수불가결한 존재로 만들면서 이들의 지위도 향상되었다. 그러나 이것은 순수성을 희생하면서 얻은 것이었다. 과학의 정치적 의미는 변했고, 1950년대의 분위기는 1930년대에 외면했던 모순들을 표면화하고 있었다.

푸크스Fuchs(영국의 지질학자이자 탐험가—옮긴이)가 원자력과 관련된 기밀을 소련에 넘겨주고 있었다는 사실이 발각되었고, 이로 인해 일부 모순이 들추어졌다. 그가 악의를 가지고 또는 금전적 이익에 대한 욕망 때문에 또는 부주의나 홧김에 그런 행위를 저질렀다고 주장하는 사람은 아무도 없었다. 적어도 한때는 그도 진실한 전향자였으며 자신이 옳은 일을 하고 있다고 믿었다. 종군기자인 앨런 무어헤드Alan Moorehead는 1952년 저서 『반역자들The Traitors』에서[48] 교훈을 찾아냈다.

> 푸크스가 체포된 뒤 자신의 충성심은 이제 확고하게 영국을 향해 있으며 자신이 공개적으로 소련의 마르크스주의를 질책한 것은 진심이었다고 주장했을 때 그는 아마도 진실을 이야기하고 있었을 것이다. 그러나 그는 근본적으로 사회보다는 자기 자신의 양심을 앞세우는 사람이었다. 질서 잡힌 사회에 이런 사람이 설 자리는 없다. 이들은 푸크스가 현재 우편가방을 꿰매며 살고 있는 스태퍼드 감옥에 속한다.

이것은 심한 말이었다. 왜냐하면 케인스와 러셀, 포스터와 쇼, 오웰과 G. H. 하디가 모두 감옥에 있어야 함을 뜻하기 때문이었다. 아인슈타인처럼 이들도 공리를 의심했으며, 규칙에 따르기로 동의했다 하더라도 그것은 이들 자신의 선택이었다. 이러한 객관성, 선택을 하는 데 있어서의 양식은 바로 질서사회가 거부해야 할 것들이었다. 그러나 독일과는 다른 그들의 문화가 모순을 못 본 척하는 맹안에 크게 의존함에도 불구하고, 영국의 진보적 문인들은 이 논리적 결론을 받아들였다. 예를 들면 케인스는 "발각될 경우 치러야 할 대가"를 받아들여야 하는 것이라고 말했다. 프레드 클레이턴의 표현대로 "생각의 자유와 일관성"이라는 이상은 세상에 실질적인 중요성을 가지는 문제들이 관련될 때에는 아무런 소용이 없었다. 잠시 동안 '창조적 무질서'라는 사건이 진리를 감추었을지 모르나 1950년에 와서는 삶의 정치적 현실이 다시 확실해졌다.

법과 관습, 충성심과 관계없이 객관적 현실을 알아낼 수 있다고 주장하는 과학. 추상적 사고를 향해 나아가는 과학. 세계가 단일국가라는 과학. 과학은 사회의 공리로부터 멀어지는 것이 수반하는 위험을 시사하고 있는지도 몰랐다. 사회적으로 용인된 형태로부터 벗어난 모든 형태의 성관계는 더 직접적으로, 그리고 더 극적으로 그 위험을 시사했다. 특히 동성애자들은 자신들이 사회의 명백하고 오해의 여지가 없는 심판보다 우위에 있다고 결정했고, 도덕적으로 확신에 찬 범법자, 무죄인데 유죄라는 문제를 야기했다. 이 모든 것들에 초기의 퓨크스가 있지 않은가? 그러나 한 가지 큰 차이가 있었는데 그것은 퓨크스가 하지 않기로 분명하게 약속한 일들을 행해왔다는 점, 그리고 당면한 관계를 조절하는 권한 대신 권력에 대한 권한과 역사를 바꿀 권한을 부당하게 휘둘렀다는 점이다. 그러나 모방게임을 하는 대부분의 동성애 남성들은 부정직과 기만을 공유하지 않을 수 없었고, 또 아무도 사적인 관계의 끝이 어디인지 확실하게 알 수 없었다.

핵전쟁의 위험이 도사리고 있는 시대에 이런 문제들은 새롭게 긴급성을 띠게 되었지만 새로운 것은 아니었다. 실제로 그리 깊지 않은 곳에 남색과 이단, 배신 사이의 매우 전통적인 방정식이 존재했다. 매카시McCarthy 상원의원이 과장해서 말하기는 했지만 이 방정식은 일말의 진실을 담고 있었다. 기독교 교리는 더 이상 국가의 문제가 아니었고, 국가의 사회적·정치적 제도에 대한 신념이 중요했다. 성관계는 남자가 취하고 여자가 바치는 것이라는 믿음에 의지하며 가족제도가 이 종교의 핵심 교리로 유지되었는데 동성애의 개념이 이것을 파괴했다. 일하는 남성과 가사를 돌보는 여성이라는 통념이 전후에 재설정될 때 그 위협은 더욱 큰 관심을 끌었다. 결혼과 육아가 선택이 아니라 의무라고 보는 사람들에게 동성애자들은 비밀스럽고 유혹하는 이교도로 보였고, '전향'과 '개종' 같은 종교적 용어로 묘사될 수 있었고, 소련의 영향을 받은 공산주의자와 함께 세상을 뒤바꾸려고 음모를 꾸미는 것으로 생각되었다. 이들은 금단을 강요하는 기독교의 거울 이미지였다.

동부의 자유주의자나, 영국의 경우 사립학교에서 교육받은 지식인들은 앨런이 "프린스턴 교회와 제왕의 전당"이라 부른 곳에서 일어난 일을 알 길이 없는 혜택받지 못한 사람들의 의구심에 대해 특히 개방적이었다. 한편 정치의 공리는 실제든 가상이든 적의 존재를 인정하면서, 불화 또는 대열에서의 이탈이 국가를 약화하는 것으로 간주될 수 있으며, 따라서 배신의 한 형태라고 주장했다. 그리고 '그짓'을, 즉 세상에서 가장 나쁜 짓을 할 수 있는 사람이라면 못할 것이 없다는 생각이 통상적이었다. 그는 모든 정신적 자제력을 잃어버렸을 것이다. 적과 사랑에 빠질지도 몰랐다. 이런 모든 이유들 때문에 고대의 신화 속에 동성애적 배반자의 삶이 있었던 것이다.*

1950년의 상원 보고서는 현대적 접근법에 충실하게 경영과 사회과학에 기반을 두었고, 이런 강력하고 집요한 전형을 피했다. 그러면서 남성 동성애자를 심약하고 무력한 압력의 희생자로 묘사하는 데 더 집중했다. 1950년 이후에 동성애자로 확인된 피고용자들이 미국 정부의 부처에서 쫓겨난 이유가 이 보고서 때문이었다.** 그러나 과학용 언어는 옛 아이디어들을 완전히 떨쳐버리지는 못했다. 그리고 공포로 이어진 이 주제를 감싸고 있는 두려움은 협박 때문에 생길 수 있는 타협을 순순하게 합리적으로 평가하는 것보다 순종적인 주민을 알지도 못하고 제어할 수도 없는 비미국적인 것으로 바꾸어놓는, 사회 속의 보이지 않는 암이라는 개념으로 더 잘 설명할 수 있었다.

미국의 상원과는 달리 영국 의회는 정부가 하는 일에 그렇게 공개적으로 참견하지 않았다. 그러나 똑같이 현대 세계의 압력이 작용하고 있었으며, 영국 정부를

---

* 물론 방정식은 또한 다른 방향으로도 작용했으며 동성애라는 암시는 정치적 표적의 신용을 떨어뜨릴 수도 있었다. 특히 이것은 '공산주의에 무르다'라는 비난에 내포되어 있었다.

** 새롭게 발휘되는 정책의 성격은 1954년 3월 2일자 《뉴욕타임스》의 한 기사에 실렸으며, 그 전 해에 이루어진 진척에 대한 내용은 다음과 같다. "…매카시 상원의원의 주 표적인 국무부는 117명의 직원을 '위험인물'로 구분했으며, 이 중 43명의 파일에는 체제전복 관련 혐의가 기재되어 있고, 49명은 '성적 도착을 시사하는 정보'로 명단에 올랐다. 거대하고 극히 비밀스러운 CIA에는… 48명이 '위험인물'로 구분되었고, 이 중 31명은 도착을 시사하는 정보로 포함되었다…"

몰아세워 유사한 절차를 취하게 하는 한 사건이 있었다. 1951년 5월 25일에 외무성의 두 고위 공무원 버지스와 맥클린이 사라졌고, 6월 10일자 《선데이 디스패치 Sunday Dispatch》가 이 행방불명에 주의를 상기시키고 이제 "성적 그리고 정치적 도착자들을 솎아내는" 미국의 정책을 따를 때라는 강한 암시를 던졌다.

그 전 해에 영국의 '안보'는 정밀 조사를 받았고, 퓨크스 사건에 관한 청문회가 열렸다. 그러나 퓨크스는 독일 난민이었고, 원자폭탄 계획은 대단히 불규칙적이었으며, 1940년에는 중요하다고 판단되는 그 어떤 것도 맡길 수 없을 만큼 신뢰할 수 없었던 망명자들의 연구에 의존하고 있었다. 다른 점이 있다면 그것은 버지스와 맥클린이 영국 정부의 육아실이라 할 수 있는 중상류층과 케임브리지대학교 출신이라는 것이었다. 예전에는 사립학교가 가정과 학교에 충실한 뛰어난 인재들을 배출하는 곳으로 여겨졌을 수 있으며, 그래서 신뢰가 약한 미국에서는 필요했던 힘들고 비용이 많이 드는 직원 감시를 전시 영국 정부는 하지 않아도 되었다. 그러나 이제는 어떻게 된 일인지 사립학교의 관례가 깨져버렸고, 새로운 무언가를 해야 했다. 새로운 절차가 선택한 형태는 전적으로 '붉은 여왕의 비행Red Queen's flight'의 결과는 아니었다. 이는 더 귀족적인 정부의 유산을 넘어선, 그리고 미국과의 동맹을 반영하는 경영 혁명의 한 측면이었다.

1952년 《선데이 픽토리얼》 시리즈는 다음과 같은 논평을 포함하고 있었다.

> 외교계나 공무원 세계에서는 변태를 특별한 위험으로 여겼는데, 그 이유는 이들이 협박을 받을 수도 있고 여기에 심각한 문제가 수반될 수 있기 때문이다. 바로 이 협박의 위험으로 경찰에게 성도착자가 문제가 되는 것이다.

이 신문은 또 동성애가 "지식인 사이에 가장 널리 퍼져 있다"라고 언급했다. 이러한 언급은 정부의 조치와 나란히 하는 것이었다. 정부는 1952년에 중요한 국가 정보와 관련된 지위에 있는 사람이나 그 후보자에 대한 '신원 조회positive vetting'(좋은 사람인지 아닌지를 검증하는 것으로 원하는 기준에 충족될 때까지 계속하기 때문에 통과가 어렵다—옮긴이)를 시작했다.* 이전에는 정부 직원들은 보안기관으로부터 '부정적

조회^{negative vetting}'(나쁜 사람인지 아닌지를 검증하는 것으로 나쁘다는 증거만 없으면 되기 때문에 '신원 조회'보다는 통과되기 쉽다—옮긴이)만을 받아왔는데 이것은 단순히 그들의 기록에서 '체제 전복적 신념'을 가진 자인지를 점검하고 신청서에 '부정적으로 알려진 것이 없음'이라는 도장을 찍는 것이었다. '신원 조회'의 요점은 그 목적이 "한 사람의 배경과 성격의 철저한 조사"라는 것이었다.⁴⁹ 이것은 특히 "그 사람을 신뢰할 수 없게 만들거나 협박을 당하게 만들 수 있는 종류의 심각한 성격상의 약점을 포함했다. 이 때문에 조사받는 사람이 동성애 성향이 있거나 또는 그런 성향이 있다고 상당히 의심할 만한 증거가 있는 경우 신원 조회를 받는 그 자리에 앉기에는 부적합하다고 자동적으로 추정했을 것이다."

실제로는 어느 개인이 동성애자인가 아닌가를 확정하는 데는 정교하고 비용이 많이 드는 감시가 필요했다. (미국 보고서의 말을 빌리자면) "성도착의 흔적을 확인해주는" 정도로 "확실한 외적 특성이나 신체적 특징"은 없으므로 "여자 같은 사내"를 찾는 것만으로는 충분하지 않았다. 전통적인 영국식 신중함과 이성애의 추정은 친구나 사적 모임만을 통해서 접속하는 동성애자를 찾아내기 어렵게 했다. 그러나 적발된 사람들은 논리적으로 많은 사람들에게 확산되었을 것이라는 두려움과 의혹이 집중되어 아주 다른 처지에 놓여 있었다.

앨런 튜링은 단순히 적발된 것이 아니라 공무원들 또는 사실상 국가안보의 요구사항을 알고 있는 모든 이들의 생각에는 섬뜩할 만큼 무분별한 행동을 해서 적발되었다. 불과 10년 전에 영국의 암호와 암호해독 연구의 지식으로 가득 찼던 그의 두뇌는 옥스퍼드 거리의 길거리 생활과 뒤섞였다. 다른 곳에서 또 무슨 일이 있었을지 누가 알겠는가? 전시에 진행한 연구 이외에도 1948년부터 시작한 자문 역시 그에게 적어도 특수한 문제들에 대한 지식을 주었을 것이다. 한편, 세상에 소수의 컴퓨터만이 존재했을 때, 바로 그 컴퓨터를 활용하는 방법이라는 아이디어가 첨

---

* 신원 조회는 이제 "극히 중요한 비밀 절차와 장비, 정책, 또는 광범위한 전술 계획…"과 관련된 "모든 주요부서와 내통하는" 사람들에게도 적용되었으며, 위의 설명은 정보통신본부가 하는 모든 중요한 일을 망라하는 것이었다.

앨런 튜링의 이미테이션 게임

단 지식이 되었다.* 소련의 이해에 직접적인 관련이 있든 없든 이 지식 자체가 비밀이었을 뿐만 아니라 존재조차 비밀이었다. 그런 그가 생각도 할 수 없는 일을 했다. 오웰이라면 '변태'라는 한마디로 일축해버렸을 방식으로 내부당Inner Party(조지 오웰의 『1984』에 나오는 당의 명칭으로 상류층, 지배계층을 말한다—옮긴이)의 일원인 그가 프롤레타리아와 타협을 한 것이다. 한편 올더스 헉슬리는 성적 자유를 위한 요구를 점점 더 커지는 독재정부에 수반되는 것으로 여겼다. 앨런에게 그 자신이 법이었다.

앨런의 행위는 그가 압력에 쉽게 굴하지 않을 것임을 분명하게 보여주는 것이라고 주장할 수도 있으며, 아마도 그 자신도 그러한 주장을 했을 것이다. 그가 비밀과 전혀 무관한 작은 위협의 징후에도 경찰서에 출두했고, 이에 따른 결과를 수용했기 때문이다. 그는 또 우스꽝스럽든 충격적이든 간에 모든 것을 상세하게 이야기했고, 이 사실들을 알고 있는 "친구나 동료 또는 일반 대중"으로부터 피하지 않는다는 것을 보여주었다. 그러나 이러한 주장은 지각없는 행동이라는 느낌을 부각시킬 뿐이었다. 그를 더욱 지독하게 반사회적이고 소름끼치도록 예측 불가능한 인물로 비치게 했다.

그는 몇 군데의 은밀한 영국 "식당과 나이트클럽, 바"에 자주 드나들지는 않았다. 그러나 안보 담당자에게 그의 해외 휴가는 악몽이었다. 영국은 자유국가이고 그는 자유시민인 만큼 해외로 휴가를 떠날 권리가 있었다. 그러나 그는 젊은 노르웨이인이 그를 방문하게 할 권리를 누리지 못했으며, 지역 경찰청 범죄수사과가 몰랐던 사건, 즉 1953년 3월의 불가사의한 '셸 위기' 사건의 세부 사항이 무엇이었든 셸이 앨런과 만나지 못하고 노르웨이로 돌아가게 하는 효과가 있었다. 앨런이 '맹인'과 '이단자'를 의심하는 이민국 공무원과 성적 만족을 수입하려는 계획에 관해 로빈에게 귀띔해주는 것만이 자신이 왜 특별한 주목의 대상이었는지의 이유를

---

* 더 많은 것이 있었을 수도 있다. 특히 그는 원자폭탄의 계산이 진행되고 있는 연구소의 '부소장'이었으며 초기 단계에 컴퓨터의 사용에 관해서 자문 요청을 받았을 가능성이 있다. 페란티도 유도 미사일의 개발에 종사했다. 그러나 이들은 앞으로 20년간은 절대 발설할 수 없는 주제에 비하면 거의 상식 수준의 지식이었다.

밝히지 않으면서 "아놀드 이야기에 필적하는 순수한 사건"에 관해 암시해줄 수 있는 한계였을 것이다.

이런 상황에서 그의 1953년 여름휴가는 도전 행위였으며, 주빈석에 앉아 소네트에 관한 재담을 하는 것보다 더 감당하기 어려운 애정부Ministry of Love(『1984』에 등장하는 사상범죄를 포함한 모든 범죄를 관리하는 부처의 명칭―옮긴이)에서 심문을 받게 된 원인이었을지 모른다. 이들은 그가 무분별한 행위로 위험에 빠진 일이 없었다는 것을 어떻게 확신할 수 있었을까? 그가 미치지 않았었음을 어떻게 확신할 수 있었을까? 또 그의 동료 관계에 대해 그 무엇이라도 확신할 수 있었을까? 삶과 자유에 대한 앨런의 주장의 본질은 개인적 약속에 대한 양심적 헌신에 있었다. 그러나 이런 신사협정은 엄청난 수준의 신뢰를 요했는데 1953년까지는 쉽게 보기 어려운 것이었다. 사실 앨런조차도 완벽하지는 않았다. 한번은 네빌과의 대화에서 말이 너무 많아져서, 자신의 전시의 연구에 폴란드 사람들이 엄청난 기여를 했음을 언급한 적이 있었다. 그가 죽기 전까지 세월이 흐르는 동안에 규칙은 계속 변했지만 신사적인 방향은 아니었다. 게임은 더욱더 거칠어져갔다.

1952년 동성애 문제가 처음으로 대중적으로 공개되었을 때《선데이 픽토리얼》은 이것을, "시초에는 침묵의 음모를 끝내기 위해 언론의 관심을 이 비정상성에 집중하는 것이 필요했기 때문…"이라고 설명했다. 이 신문은 "이 문제의 최종 해답"은 "더 어려울 것"임을 인정했다. 그러나 1953년에 해답을 향한 진전이 가속화되었다. 1953년 6월에서 1954년 5월 사이의 특징은 정부의 조치가 훨씬 더 극적이고 공개적인 형태를 띠었다는 점이다. 이 기간은 50년 동안이나 성공적으로 반체제를 억제해왔던 오스카 와일드의 재판을 반복할 시기로 여겨졌다.

기회는 1953년 8월의 휴일, 뷸리의 몬터규 경Lord Montagu of Beaulieu이 경찰에 도난 신고를 했을 때 찾아왔다. 몬터규 경은 자신과 친구가 자신의 자동차 박물관에서 안내원으로 활동하던 두 보이 스카우트에게 "외설적 공격"을 했다고 고발되었다는 사실을 알게 되었다. 그는 이를 전적으로 부인했고 소년들의 진술에만 의존했던 이 고발은 이후 엄청나고 전에 없는 언론의 관심을 끈 사건으로 이어졌다. 재판 내용과 놀랄 만한 진술이 지역 외부로는 알려지지 않았다. 심지어 성격 증인이었던 휴 알렉산더는 그 지역에서조차 언급되지 않던 앨런 튜링의 경우와는 주목할 만한 대조를 이루었다. 한 가지 차이점은 이 사건이 시초부터 단지 개인이 아닌 국가의 도덕적 쇠퇴에 관한 여론조작용 재판으로 진행되었다는 것이다.

몬터규 재판은 유죄 판결 없이 1953년 12월에 종결되었다. 그러나 정부는 패배를 인정하지 않았고, 몬터규는 1954년 1월 9일에 다시 체포되었다. 이번에는 1952년의 범법행위로 고발당했다. 다른 두 사람도 그와 함께 고발당했는데 그중 하나는 《데일리 메일》의 외교부 특파원 피터 와일드블러드Peter Wildeblood였다. 국정이 위기에 처해 있다는 힌트 외에도 영국 공군 여러 명이 고발에 포함되면서 영국 군대의 자랑과 기쁨이 '불결함'의 파도에 위태롭게 되었다는 두려움을 불러일으켰다. 이 두 재판에서는 전화 도청 장비와 영장 없는 수사, '공범'에게 불리한 증언을 하여 얻은 특별 사면, 왕권 측의 위조죄 등을 보는 즐거움이 있었으며, 적법성이 전반적으로 무시되었다. 이는 국가안보상 위협을 시사했다. 실제로 경찰의 정치 담당 공안부가 수사 역할을 맡아 수행했다. 새로워진 언론의 관심은 국회에서 이것이 "대중의 사기를 꺾는 위험"이라는 불평을 유발했다. 그러나 정부는 분명 남성 동성애에 대한 대중의식을 높이기로 결정했고, 예전의 침묵은 영원히 사라졌다. 내무장관 데이비드 맥스웰–파이페는 자신의 정책을 설명하기 위해 치안판사들을 소집해서 '남성 비행 추방운동'에 관해 이야기했다.[50] 판사들은 이것을 받아들였고, 나라에 동성애 범죄가 갑자기 발발했다고 신문들은 충실하게 보도했다. 그러나 이것은 고발 건수의 급격한 증가로 표출된 공식적인 불안의 발발이었다.

몬터규 사건에 대한 공개 보고에 대해 의회에서 영국 보수당이 불만을 표시한 것 외에도 법 집행에 관해 현대적인 시각에서 바라본 질문들이 있었다. 이 질문들은 권리나 자유의 개념들과는 상관이 없었다. 신남성들의 항변은 동성애자들이 구속되는 것으로 처벌을 받는 대신 과학적 방법으로 다루어져야 한다는 것이었다.*

---

* 게이 남성들이 자신들의 '상태'를 즐기고 있으며 바꿀 의사가 없고, 정신의학의 아이디어를 경멸하며 그저 자신들을 내버려두기를 바란다고 했다고 언급되곤 했다. 그러나 이런 말들은 구세력들에게는 동성연애자들을 매우 위험한 존재로 만드는 오만과 반사회적 태도의 증거로, 현대주의자들에게는 성공적인 치료에 불리한 장애물로 해석되었다.

1953년 10월 26일에 젊은 노동당 하원의원 데스몬드 도넬리_{Desmond Donnelly}가 내무장관에게 동성애를 정신장애와 관련된 법을 다루는 왕립위원회의 소관사항에 포함시켜달라고 요청했다. 이 요청에 이어 11월 16일 독립적인 사고를 가진 보수당 하원의원 로버트 부스비_{Robert Boothby} 경이 왕립위원회에 "현대 과학 지식을 고려해… 동성애자들… 치료"를 검토해줄 것을 요청했다.[51] 또 다른 하원의원은 "이런 불행한 사람들이 적절한 훈련과 치료를 받을 수 있는 병원 설립"을 제안했다. 그러나 맥스웰-파이페는 감옥이 "이런 문제를 위해 존재하며 가장 최근의 관점과 지식에 따라 이런 사람들을 다루는 데 최선을 다하고 있다"라고 회답했다. 심지어 감옥, 또는 그의 말을 빌리면 "감옥 치료"조차 이제는 과학적이었다.

1954년 4월 28일에 위원회는 1885년 법의 상태에 대해 짧게 논의했고, 5월 19일에는 상원에서 논의가 있었다. 상원에서 진행된 논의들 대부분은 동성애자 인격에 대한 19세기 개념을 중심으로 진행되었는데, 이 개념은 "위험한 신념으로 국가의 젊은이들과 많은 사람들에게 다른 어떤 것보다도 더 많은 해를 끼쳤고 지금도 끼치고 있는, 이른바 과학자라고 하는 사람들의 특정 무리들이 존재한다. 다시 말해 이들은 우리에게는 책임이 없으며 이런 것들이 억제될 수 없다는 신념을 가지고 있다"라는 것이었다.[52] 사우스웰의 주교가 '행동주의자의 청원'을 공격하는 데 동참했다. 또 다른 상원의원이 "한때는 위대했지만 유해하고 부패했으며 부도덕한 행위로 인해 쇠퇴의 길을 걸은 과거의 다른 국가들"을 언급했다. 그러나 과학도 할 말이 있었다. 촐리 상원의원이 "범죄의 문제이기보다는 의학적 문제에 실제로 더 가깝습니다"라고 주장하며 과학의 편을 들었다. 항공기의 선구자인 브라바존 상원의원 역시 "곱사등이도 있고 맹인도 있고 벙어리도 있지만, 모든 끔찍한 기형적 장애 중 가장 최악인 것은 두말할 필요 없이 비정상적인 성적 충동입니다"라며 의학적인 면에서 주장했다.*

---

* 또 다른 발언자로 1945~1951년 노동당 정부의 대법관이었던 조엣 의원이 있었다. 그러나 그의 생각은 1953년 말 강연에서 더 잘 드러났다.[53] 여기서 그는 "호르몬 또는 내분비액 치료는… 이런 불행한 사람들의 비정상적인 욕망을 근절하는 데 도움을 줄 것입니다"라고 자신의 바람을 이야기했다. 더 일반적으로, 막후에서 나온 제안들은 의회에서

이런 의견들이 중요했던 만큼 정부의 문제는 인간의 자유의지 문제에 더 실용적이고 덜 철학적인 접근을 요구했다. 4월 29일에 하원은 원자력 에너지 법안에 대해 논의했는데 '위험인물'이라는 이유로 해고된 원자력공사Atomic Energy Authority 직원들을 위한 상소제도를 만든 반대개정안에 대한 논의도 포함되었다. 친정부적 성향의 데이비드 에클스David Eccles 경은 이 정책에 반대하며 이 같은 탄원이 부적절함을 보여주는 사례를 지적했는데, 특히 다음의 경우가 있었다.[55]

> 부도덕한 행위. 간략히 말해 어떤 남성이 동성애자이면 그는 현행법으로 인해 다른 사람들에 비해 더 쉽게 협박에 노출된다는 사실을 포함합니다. 협박자들이 요구하는 대가가 돈이 아니라는 사례들이 있습니다. 이는 기밀…

그러나 그는 이것이 논의의 대상이 아니라고 말하고 싶었다.

> 이런 종류의 사례들은… 대중들이 우려하는 사례가 아닙니다. 제 생각이 옳다면 대중들이 걱정하는 것은… 정치적 연관성입니다.

대중이 우려하지 않는다는 점에 있어서 한 노동당 하원의원이 말했다.

> **베스위크 의원** 일반적인 견해 외에도 장관님이 조금 전 심각한 발언을 했습니다. 동성애가 이제는 안전을 위협하는 위험요소로 자동적으로 여겨지고 있다는 말입니

논의된 것들보다 더 확고했다. 1954년 4월에 의학 잡지 《프렉티셔너Practitioner》는 국가의 성 위기 분석에 심혈을 기울였다. 잡지의 사설은 행복보다 자제가 먼저이며, 성적 죄악을 "천천히 인류의 종말을 향해 가는 것"이라고 설명하는 것 외에도, 동성애자들이 "자연적이고 상쾌한 환경", 즉 세인트 킬다 군도에 있는 "캠프" 같은 곳에서 "자신들의 결의를 굳건히 해야 한다"라는, 성 위기 분석에 참여했던 한 전문가의 제안을 지지했다. 또 다른 참여자인 어떤 내분비학자 역시 "샌드와 오켈스Sand and Okkels(1938)의 보고서에 따르면 100건이 넘는 변태성욕과 동성애 사례들에서 거세 방법이 사용되었고, 한 사례만 제외하고 모두 만족스러운 결과를 얻었다"라는 내용을 인용하며 '동성애의 문제'에 대한 독일 데이터를 활용했다.[56] 수학에서처럼 의학에서도 전 세계가 하나의 단일국가일 수 있었다.

까? 이것이 그가 한 말입니다. 이 나라에서 국민들이 이제 이런 사람들을 모두 위험 요소로 생각하고 있으며 추방되어야 한다고 말하는 것은 심각한 문제이기 때문에 이 부분을 확실히 해주셨으면 합니다.

데이비드 에클스 경　이 문제에 대한 의견을 받아들이겠지만 제 생각에 답은 '그렇다'인 것 같습니다. 미국에서는 확실히 그렇습니다. 이것이 현행법의 결과입니다.

이 일로 새로운 규칙이 예상치 못했던 방식으로 드러났다. 토론 막바지에 아마도 간략한 보고를 받았을 에클스 경이 말했다.

제가 실수로 하원에 모든 동성애자가 필연적으로 의심이 가는 위험인물들이라고 전달했는지도 모르겠습니다. 저는 그렇게 생각하지 않습니다만, 그렇게 전달했다면 죄송합니다.

그는 자신도 모르게 비밀을 발설해버렸다. 바로 '외국과 손을 잡아야 한다'라는 것이었다. 원자력 에너지 분야는 '신원 조회'를 하면서 특별히 더 철저하게 관리되고 있었기 때문에 원자력 에너지 정보에 접근하는 사람들은 모두 사전에 신원을 조사받아야했다. 이것은 영국 정부가 어떻게 할 수 있는 일이 아니었다. '원자력 에너지 정보 교환에 관한 영국과 미국 간의 합의 요건'이었기 때문이다.

미국 정부는 영국이 자국의 문제를 먼저 제대로 처리할 수 있는 능력이 있는지에 대해 의심했고, 자국의 비밀을 공유할 때 조건을 명시하도록 되어 있었다. 퓨크스가 고발당한 이유 중 하나가 "이 국가와 국왕 폐하가 동맹을 맺은 위대한 미 공화국 사이의 우호적인 관계를 위태롭게 만들었다"라는 것이었다. 버지스와 맥클린은 미국의 기밀 유지에 위협이 되었다. 이것은 무엇보다도 중요하고 극도로 민감한 사안이었다.

에클스 경이 더 조심스럽게 단어를 선택해서 한 발언은 정부의 의도를 대중에게 알릴 생각이 조금도 없는, 더 신중하게 일을 처리하는 정부의 전통을 반영했다. 그러나 동맹의 요구를 수용하기 위해 변화가 있었다. 미국 언론에 대대적으로 보도되었던 몬터규 재판이 귀족들이나 옛날 이튼학교 졸업생들 어느 쪽도 정화의 대상이 되지 않았음을 시사했던 반면, 무대 뒤에서는 더 중요한 문제들에 직면했을 것이다.*

공적으로 심혈을 기울이며 신경 썼던 부분은 원자물리학의 기밀유지였다. 그러나 공식적으로는 존재하지 않았음에도 비밀을 엄수해야 하는 다른 분야가 항상 존재했다. 이 '더욱 강력한 이유' 역시 '특수 관계Special Relationship'(영국과 미국 사이의 특별히 더 가까운 정치·외교·군사·문화·경제적 관계를 지칭한다—옮긴이)의 조정과 밀접한 관련이 있었기 때문에 동일하게 고려해야 할 대상이었을 것이다. 1952년에 런던의 CIA 사무실에 도착한 한 미국인은 "전시에 맺어진 파트너십이 여전히 근사하게 성과를 올리고 있음"을 발견했을 것이다.[57]

> 소련의 파괴적인 위협을 방지하기 위한 노력에 미국이 적극적으로 관여하도록 하는 것의 중요성을 인식하면서, 영국은 정보문제에 있어서 미국인들에게 이례적으로 개방적이고 협조적이었다. 이들은 자신들의 최상위 합동정보판단서 대부분을 제공했을 뿐만 아니라 CIA 런던 지국장에게 MI6 비밀정보보고서 대부분을 건네주었다.

전시 때처럼 이런 정보는 스파이를 통해 얻은 것에 국한되지 않았다. 완벽한 정보Sigint(통신감청, 위성감시 등 최첨단 장비를 동원해 신호를 포착해 얻은 정보—옮긴이)가 있었다.

---

* 영국 신문들은 사건에 대해 그다지 잘 설명하지 못했지만 좀 더 과감한 기사가 1953년 10월 25일자《시드니 선데이 텔레그래프Sydney Sunday Telegraph》에 등장했다.[56]

이 방침은 동성애자들을 가망 없는 위험인물로서 정부의 요직에서 제거하기 위해 미국이 영국에 조언한 내용에 따라 만들어졌다.

런던 경찰청의 고위급 인사인 콜E. A. Cole 총경이 방침의 마무리 작업을 위해 최근에 미국에서 3개월을 보내며 FBI와 상의했다.

공안부는 변태들과 어울린 것으로 알려졌던 외무성의 도널드 맥클린Donald Maclean과 가이 버지스Guy Burgees가 사라진 이후 정부의 요직에서 근무하고 있는 성도착자들의 '블랙북'을 편찬하기 시작했다. 이제 이런 사람들을 어떻게 별로 중요하지 않은 자리로 내려 보내는가 또는 감옥에 가두는가 하는 까다로운 문제가 남았다.

연락 기관을 통해 교환된 일부 자료는 전자신호 메시지를 해독한 것들이었다. 이런 자료 대부분이 1950년에 설립된 암호해독과 신호통합 정보기관인 미국 국가안전보장국National Security Agency의 보고 시스템에 저장되었다.

영국 첩보 기관을 미국이 모방한 것이 CIA였다면 훨씬 더 비밀스러운 국가안전보장국의 존재는 단순히 제1차 세계대전 이후 영국에서 이미 팽배했던 중앙집권화에 대한 논쟁에서 뒤늦게나마 승리했음을 반영한 것이었다. 미국인들은 영국의 경험에서 배웠고, 이 특정 미국 관리가 "좋은 정보를 통해 우리의 동맹국들이 제공한 방대한 혜택이 무엇인지" 인지한 곳이 "역사를 통틀어 가장 긴밀한 정보교환 허브"인 런던이었다. "이들 없이는 연합체제 자체가 효과적으로 기능할 수 없었다." 정보교환은 "이들끼리 세상을 대충 나누고 기록된 자료들을 교환하면서" 공식화되었다. 영국은 블레츨리에서 습득한 교훈을 가르쳐주었다.

어떤 것이든 비용을 따지지 않고 훨씬 더 광범위하게 정보를 수집하고, 그런 다음에 정부의 정상까지 전달되어야 하는 중요한 정보를 걸러내기 위해 분석가들의 지혜와 경험에 의존하지 않는 한 정보문제를 장악하고 통제할 수 있는 길은 없다.

CIA의 첩보활동은 이런 식의 기여로 "부드럽게 보강"되었고 이에 상응하여

영국에서 이런 광범위한 연락 방식은 방첩 활동과 역정보 분야에서의 동등하게 중요한 교류에 의해 보완되었다. 이런 것들은 능력 있는 내부 보안 기관들을 보유한 다른 동맹국들과의 연락에서도 역시 중요했다.

이런 이유로 영국 정보부British Intelligence는 원자력 연구에서 그랬던 것처럼 미국 안보 규칙을 따라야 했고, 이에 따라 앨런 튜링의 사례도 미국의 관점에서 접근해야 했다. 1945년 이후에 전개된 상황이 어찌 되었든 1943년에 그는 두 국가 사이에서 최상위 연락책이었으며 미국 비밀기관들의 출입을 허가받았다. 수많은 기술적

앨런 튜링의 이미테이션 게임

세부사항을 알았던 것 외에도 그는 '기밀 사안의 정상'에 있는 인물이었다. 그는 사람과 장소, 방법, 장비 등 시스템들이 전체적으로 어떻게 움직이는지 알았다. 뉴스의 헤드라인이 "원자 과학자의 사체가 발견되다"였다면 대중들 사이에서 즉각적이고 공개적인 의문들이 생겼을 것이다. 그러나 앨런 튜링의 경우 의문점이 불분명했는데 그의 전문 분야가 핵무기보다 훨씬 더 엄중하게 보안이 유지되었기 때문이다. 그리고 이것은 처칠이 개인적으로 관심을 가지고 있던 '특급' 비밀이기도 했는데 표지 기사들로 유용하게 쓰일 만한 첩보부의 무용담이었다. 앨런은 영미 동맹에서 핵심적인 존재였다. 그의 존재 자체가 확연한 골칫거리였고, 영국 정부는 그의 행동에 대해 책임을 져야 하는 위치에 있었다. 존 튜링이 어린 소년이었을 때 깨달았던 것처럼 앨런의 행동을 책임진다는 것은 쉬운 일이 아니었다. 너츠퍼드에서 조용하게 진행된 재판뿐만이 아니라 그가 동쪽에 위치한 국가들을 방문했던 일들은 동시대의 미국인들의 눈에는, 만약 이들이 알아챘다면,[58] 국제적인 사건에 버금가는 사안이었다. 그것도 극도로 위험한 문제였다.

근본적으로 안보를 걱정하는 사람들을 곤란하게 만든 것은 그의 동성애 성향이 아니라 통제가 불가능한 미지의 요소였다. 검시관은 "그와 같은 유형의 남성"(교수 타입의 남성!)의 심리작용은 예측이 불가능해서 다음에 무슨 일을 벌일지 아무도 알 수 없다고 했다. 그의 인습 타파적인 '독창성'은 짧았던 '창조적 무질서' 기간에는 문제가 되지 않았다. 이 기간에는 해독 불가능한 에니그마를 풀고, 그 결과를 그다지 달가워하지 않는 조직에 강요하기 위해 필요했던 그의 자부심과 정신력까지도 소화하는 것이 가능했다. 그러나 1954년 즈음에는 아주 다른 사고방식이 지배적이었다. 앨런이 마지막으로 크리스마스에 길퍼드를 방문했을 때 몇몇 서류를 남겨놓았는데, 어머니의 걱정을 덜어드리기 위해 전후에 생겨난 뉴스피크Newspeak(『1984』에 나오는 언어. 신어新語라고 하기도 함—옮긴이)를 참을성 있게 설명했다.[59]

비밀유지 등에 대한 MS* 문서 내용은 실제로 모두 눈속임이에요. 이 문서는 '비기밀unclassified'로 분류돼요. (이 단어는 '전혀 비밀이 아닌'의 뜻을 가진 미국에서 기원한

멍청한 단어예요. 비밀유지 등급에 따라 문서들을 '분류하는classified' 것에서 유래되었지요. 이 때문에 비밀이 지켜져야 하는 문서들을 '기밀classified' 문서로 부르게 되었고, 그래서 '비기밀'은 '아직 어느 카테고리로도 분류되지 않은unclassified'이 아니라 '비밀이 아닌'이라는 뜻이 돼요.)

그는 절대적인 신뢰와 계급에 따라 재량이 주어지던 시대에 속한 사람이었다. 그 당시에는 신뢰와 재량이 기계적으로 주어지고 분류되었다. 1954년의 풍조는 "혐의 없음이 인정되기" 전까지는 "모두"가 용의자였기에 그가 소련을 위해 일해줄 시간이 없었다는 점은 거의 고려되지 않았다. 순수하게 '백색'이 아닌 모든 것은 잠재적인 '적색'으로 여겨졌다.

전략적 독립의 상실과 제국의 자신감의 종말로 앨런 튜링의 국가는 변화했다. 그의 예전 사감은 그를 "기본적으로 충실하다"라고 했고, 거의 비슷한 식으로 그는 "필수적인 충성심"을 가진 것으로 추정되는 인물로 선발자들을 만족시켰다. 이들은 집안 좋은 영국인이 어떠한 차이점을 만들어낼 만큼 심각하고 충분히 관념적이며 이질적인 생각을 취할 것이라고는 상상도 못했다. 15년 뒤의 사건들은 이들이 틀렸음을 보여주었다. 1940년대가 '기밀'에 대한 생각을 매우 구체적이고 확고하게 만들었다면, 1950년대는 '충성심'의 개념을 동일한 수준으로 강요했다. 그리고 지식인들을 배출했던 케임브리지는 충성심이라는 점에 있어서 불확실한 기관이었다. 이 시기는 한때 영국 해군의 신뢰받는 고문이었던 패트릭 블래킷이 맨체스터대학교 직원들 사이에서 "공산주의 동조자fellow traveller"로 지목되던 시기이기도 했다.

앨런 튜링은 정치에는 완전히 무관심한 인물이었다. 그러나 그는 사상이 달랐던 킹스 칼리지라는 배경을 가지고 있었고, 1933년 11월에 '매우 훌륭한' 전쟁반대 시위를 지지했다. 그는 버지스와 맥클린의 복잡한 문제에 관여된 적도 없었고, 케임

---

* 영국 군수성Ministry of Supply.

브리지 사교모임인 '사도들'의 사도가 되지도 않았지만, 찾겠다고 마음먹고 조사하면 누구나 연관성을 쉽게 발견할 수 있었다. 연관이 있는 것만으로도 유죄가 되는 시대에서 그는 (연관성 외에는 아무것도 없다고 해도) 유죄였다. 이들은 몇몇 엄청난 실수를 저지른 적이 있는 데다, 앨런 튜링이 20년 전에 붉은 여왕으로부터 지시를 받은 또 다른 인물이 아니라고 어떻게 확신할 수 있겠는가? 증거를 구성하는 것은 무엇일까? 이것은 현실에 적용된 비트겐슈타인의 난해한 질문이었다. 버지스와 맥클린은 모방게임의 어리석고 어설픈 선수였다. 그런데 더 실력이 좋고 아직 발각되지 않은 선수가 있는 것은 아닐까? 이런 지독한 의심이 완전히 배제되었다고 할지라도 그는 두 개의 감히 상상조차 할 수 없는 일, 즉 각각 '악취'와 '불결함'의 상징인 암호해독과 동성애를 결합하고 이들에 집중하면서 자신을 악마로 만들었고, 이것이 가장 원초적인 불안감을 불러일으켰다는 점은 사실이었다. 또 영국의 유가증권이 증발했던 시기였다. 낡은 사회규범은 핵전쟁에 대비하는 방어수단을 제공해주지 못했지만 과학적 방법 역시 복수와 자살 계획보다 더 나은 것을 제공해주지 못했다. 영국 정권이 굴복한 미국의 교묘한 술책과 관련해 종속적인 신뢰와 분노 섞인 우려 사이에서 갈팡질팡하는 사이에 스파이와 동성애자로 인한 극심한 공포는 영국이 이런 문제를 잊어버릴 수 있게 해주었다.

1943년에 인간사의 흐름이 바뀌었고, 1954년 여름에는 제2차 세계대전으로 생겨난 패턴이 사라졌다. 스탈린은 없어졌지만 이것으로 인해 개인의 통제를 벗어난 것처럼 보이는 위협과 위협대응의 시스템에서 달라진 것은 없었다. 1953년 8월에 소련은 수소폭탄 실험을 했고, 이들이 1939년의 가장 비관적인 예언보다 더 대대적인 파괴력을 가졌으며, 1952년 10월에 영국에서 실험한 폭탄보다 훨씬 더 대단한 규모임을 보여주었다. 그러나 대중의 머릿속에 충격을 심어준 사건은 1954년 3월 1일에 진행된 미국의 실험이었다. 이 14메가톤급 수소폭탄 실험으로 일본의 참치잡이배 '럭키 드래곤Lucky Dragon' 선원들이 방사능 낙진에 노출되어 오염되는 사고가 발생했다. 4월 5일에 영국 하원에서 오랜만에 진행된 '방위' 토론에서 처칠은 미국이 어긴 1943년 영미 퀘벡 협정Quebec agreement의 조건을 밝히는 것이 적합하다고 판단하고 다음과 같이 말했다.

전 세계가 직면하고 있는 치명적인 상황을 제가 굳이 강조할 필요는 없을 것 같습니다… 수소폭탄은 인간이 실질적으로 단 한 번도 생각해본 적 없고 판타지와 상상의 영역으로 삼았던 분야로 우리를 인도합니다.

판타지는 무엇이고 현실은 무엇인가? 미국은 5월 7일에 디엔비엔푸에서 프랑스군이 월맹군에게 패배한 뒤 영국이 베트남 군사개입에 참여하도록 압력을 가했다. 처칠은 이를 거부했고 이 결정은 '영국의 배신'에 대한 소문을 낳았으며 '특수관계'에 따라 대가를 지불해야 하는 압력을 야기했다. 아시아에서 전쟁이 발발할지도 모른다는 두려움은 근거 없는 것이었다. 5월 26일에 어느 미국 제독이 핵무기 사용을 포함해 베트남에서의 "완승을 위한 캠페인"에 대해 이야기했다. 한 장군은 원자폭탄 사용의 이유를 "아시아 무리들을 차단할 목적으로 공산주의의 길을 뚫고 초토화 지대를 만들기 위해"라고 묘사했다. 덜레스는 이제 영국 정부가 "태도를 바꾸는 데 매우 희망적"이라고 말했다.

1954년 6월은 베트남 문제에 대한 제네바 회담이 뮌헨 회담과 비교되면서 상황이 불확실했던 기간이었다. 이제 미국 도시민들이 방공호 대피연습을 해야 할 차례였다. 영국에서는 시민군Home Guard이 부활했는데 윔슬로우에서 5월의 마지막 주에 신병 모집이 있었다. 서독의 군대 재무장이 분노를 유발하면서 아시아만큼 유럽도 잔뜩 긴장하고 있었다. 규칙이 변했고 과거도 그 의미가 변했다. 은괴가 사라진 것에 그치지 않고 다른 다리들도 붕괴되었고, 튼튼한 콘크리트 다리가 새로 세워졌다. 스파이와 배신자를 추적하는 일이 지금까지의 적들을 분주하게 만들고 있는 동안 이제는 유보트 선원들이 소환될 차례였다. 6월 2일자 신문에 프린스턴의 "신남성"이 충실하기는 하지만 "위험인물"이라고 밝힌 기사가 실렸다. 그릇된 생각과 연관성 면에 있어서 유죄였던 로버트 오펜하이머는 어느 누구도 확신할 수 없는 인물이었다. 그리고 성령 강림절 주말에 또 다른 특별기사가 실렸는데, 형식적이고 당혹스러움에 가까운 헌사가 정확히 10년 전 노르망디 해변에 상륙했던 군인들에게 바쳐졌다.

앨런 튜링은 외딴 섬이 아니었다. 그는 고난의 바다에서 길을 잃은 소용돌이였

앨런 튜링의 이미테이션 게임

다. 검시관은 '그의 정신의 균형'과 '불안정'에 대해 언급했다. 이것은 그의 형태발생 모델에서 중대 국면의 순간과 멀리 떨어지지 않은 이미지였다. 정치적 상황이 가열되면서 그의 마음의 평정도 점점 불안정해졌을 것이다. 가장 작은 사건이 도화선이 될 수 있었다. 어떤 사건 하나가 한편으로는 자유를 향한 그의 요구를, 다른 한편으로는 과거의 약속이 가진 함의를 응축시켰을 것이다. 그는 1954년 여름에 다시 해외로 나갈 수 있었을까? 다음에 어떤 일이 일어날지 아무도 모르고, 동성애에 대한 패닉이 사회 전반을 감싸고 있는 가운데? 1954년 3월 31일에 '신원 조회' 확대와 병행하여 외무성은 지난해에 소련의 함정수사에 대한 엄격한 외교 각서를 발부했고[60] 소련의 망명자 블라디미르 페트로프Vladimir Petrov의 폭로로 보안을 강화했다. 한편 몬터규 재판은 표면만 부드러운 정부에 대한 영국인들의 맹목적인 믿음이 항상 지속되지는 않음을 보여주었다. 오래전 과거에 발생했던 사건에서 앨런에게 불리한 또 다른 문제를 만들어낼 가능성이 언제나 존재했다. 이것이 그 당시 발생하던 기소 사건들의 한 단면이었고, 심지어 아주 작은 의심과 증거가 박약한 혐의만 있어도 친구들을 몰락시키기에 충분한 위협이었다. 그가 참고 읽을 수만 있다면 신문을 통해 이 사실을 알 수 있었을 것이다. 그는 막다른 골목으로 몰려 있었다. 그는 언제나 자신의 싸움을 (다른 사람들이 그에게 허용해준) 개인적 공간에 국한시킬 준비가 되어 있었으나 이제 그에게는 어떠한 공간도 남아 있지 않았다.

고도의 예술적 감각을 지닌, 킹스 칼리지에서 단연 돋보였던 이단아 E .M. 포스터는[61] 1938년에 만약 자신이 국가를 배신하는 일과 친구를 배신하는 일 중 선택해야 하는 상황에 직면한다면 국가를 배신할 수 있는 용기를 가졌기를 희망한다고 했다. 그는 언제나 정치적인 문제보다 개인적인 문제를 우선시했다. 그러나 앨런 튜링의 경우는 포스터와는 다르게, 또는 비트겐슈타인이나 G. H. 하디와도 다르게 이론적인 질문에서 끝나지 않았다. 그에게는 개인적인 문제가 곧 정치적인 문제였을 뿐만 아니라 정치적인 문제가 개인적인 문제였다. 그는 정부를 위해 일하기로 선택했고 자신에게 다짐했었다. 이 때문에 그는 자신의 한 부분을 배신하는 것과 다른 부분을 배신하는 것 사이에서 선택해야 했다. 그가 이런 선택 사항들 사이에서 얼마나 주저하든 정부의 안보정신에는 확고부동한 논리가 있었는데 바로 자유와 발전의 개념에 흥미를 가져서는 안 된다는 것이었다. 그는 이런 것들에 아무런 권리가 없었고 그 자신도 이를 인정할 수밖에 없었다. 그는 군법을 얼마든지 피해갈 수 있었지만, 중요한 문제 앞에서는 의심의 여지 없이 이 법을 따랐을 것이다. 전쟁이 발발했었고 지금도 여전히 계속되고 있었다.

처칠은 피와 노역, 눈물, 땀을 약속했었고, 이것이 정치인들이 지킨 유일한 약속이었다. 앨런 튜링의 동포 50만 명이 자신의 운명에 대한 선택권을 가지지 못한 채 10년 전에 희생되었다. 고결함과 자유를 선택할 수 있는 호사를 누릴 수 있다는 것은 그 자체만으로도 대단한 특혜였다. 1938년의 '머리를 모래에 파묻는' 추정들만이 그에게 처음부터 이런 위치를 허락했고, 1941년에 그가 차지하고 있던 위치는 많은 사람들이 자신이 가진 모든 것을 바쳐서라도 가지고 싶어 했을 그런 것이었다. 궁극적으로 그는 불평을 할 수 없었다. 그의 결정으로 인한 결과는 점점 확산되었고 잔인한 모순에 빠지게 만들었다. 이것은 그 자신이 스스로 초래한 상황이었고, 황금알을 낳는 거위를 죽였다.

이 같은 문제들을 아주 조금이라도 유념하는 사람은 어느 누구도 소란을 피우고 싶어 하지 않았고, 어떠한 경우라도 그는 이런 것들을 입에 올릴 수 없었다. 이것이 가장 중요한 핵심이었다. 오직 모호한 단서와 농담에서만 찾아볼 수 있는 이야기였다. 1954년 3월에 그는 로빈에게 마지막 네 장의 엽서를 보냈다. 이 엽서에는 아인슈타인의 1929년 저서 『과학과 보이지 않는 세계Science and the Unseen World』에서 유래한 '보이지 않는 세계에서 보내는 메시지'라는 제목이 적혀 있었다. 로빈에게는 다음의 마지막 세 장만이 남아 있었다. *

---

* 이런 갈겨 쓴 메모를 통해 그가 무언가를 발견을 했다고 말하는 것은 오해를 불러올 수 있지만 근본적인 생각은 1950년대와 1960년대의 발전과 일치했다.

Ⅲ. '아서 스탠리Arthur Stanley'는 에딩턴Eddington이고, 첫 번째 엽서는 우주론 관련 질문임을 암시했다. '빛원뿔light cone'은 상대성이론에서 중요한 아이디어이다. 아인슈타인의 아이디어는 시공상의 한 점에 대한 개념에 기반을 두었는데 이는 어느 순간의 공간상 어느 위치를 의미한다. 이를 순간의 불꽃으로 상상해본다면 이 같은 점에서 시작되는 '빛원뿔'은 이 불꽃에서부터 확장하는 빛의 구면을 따라 그 점을 따라가면서 그릴 수 있다.

제국의 시대는 저물어가고 오세아니아의 제도가 부상했다. 앨런 튜링의 친구들 중 어느 누구도 이것이 그의 죽음과 연관이 있을지도 모르는 배경임을, 그리고 그가 '카자비앙카'의 역할을 맡고 있음을 알지 못했다. 관련된 다양한 요소를 약 15년 동안 언급할 수 없었고, 말할 수 있었다고 해도 어느 누구도 이들을 종합해 이야기

여기서 '창조'는 '빅뱅'을 의미했다. 1920년대부터 아인슈타인의 일반상대성이론에 들어맞는 팽창우주 모형들이 있었다. 그리고 앨런이 프린스턴에 있을 때 강의를 들었던 로버트슨H. P. Robertson은 1935년에 이들을 더욱 발전시켰다. 그러나 안타깝게도 천문학자들이 관측한 은하의 후퇴는 아인슈타인의 이론과 일치하지 않는 것 같아 보였고, 1950년대 중반에서야 이 불일치가 해결되었다. 빅뱅이론이 가진 모순에 불만을 품었던 본디H. Bondi와 골드T. Gold, 호일F. Hoyle은 1948년에 '연속창생continual creation'이라는 개념을 담고 있는 새로운 이론을 제시했고, 이 이론은 우주가 어느 날 갑자기 '빵bang' 하고 대폭발했다는 이론에 맞섰다. 앨런은 1951년 11월 골드가 라티오 클럽에서 이 이론에 대해 이야기하는 것을 들었을 수도 있다. 그러나 이것이 머지않아 훨씬 더 확고하게 정립될 그의 오래된 관점을 바꾸지는 못했다.

빛원뿔을 이용한 서술을 강조하는 것은 사소한 통찰이 아니었다. 이 같은 강조는 1954년에 페트로프A. Z. Petrov의 연구를 통해 상당히 다른 방식으로 나타났고, 1950년대 후반에 본디와 피라니F. A. E. Pirani가 이어받았고, 1960년대 초반에 시공간에 대한 새로운 아이디어들을 생각해낸 로저 펜로즈의 아이디어에 큰 영향을 미쳤다. 사실 펜로즈 그림Penrose diagram은 이것을 '태초의 빛원뿔의 내부the interior of the Light Cone of the Creation'로 그렸을 것이다.

IV. 여기서는 물리적 결정론의 문제를 내포하고 있다. 아인슈타인의 법칙을 포함해 대부분의 물리 법칙들은 순간 변화율을 서로 연관시키는 미분 방정식의 형태를 취하고 있다. 이 방정식은 이론적으로 어느 순간에 물리적 시스템의 상태가 주어지면 얼마 후의 상태는 경과된 시간에 일어난 변화를 더함으로써 예측할 수 있게 해준다. 우주론의 맥락에서 이것은 우주의 '초기' 상태가 어떠했는지에 관한 질문을 불러온다. 물리의 미분 방정식 연구가 단지 이야기의 반에 지나지 않는다는 것이 바로 에딩턴 학파의 제안이었다. 여기서 상대성이론이 다시 주목을 받으면서 최초 '빅뱅'의 본질에 대한 질문의 중요성이 커졌다.

V. 물리적 예측의 문제점(거시적 생물의 무언극으로 인식되는 사건들을 어떤 방식으로든 결정하는 파동 함수들)을 암시하고 있다. 그리고 또다시 광선에 관한 서술이 강조되고 있다. '쌍곡선'은 (분실한) 그 자신의 몇몇 상당히 참신한 기하학적 그림을 암시했다.

VI. '글꼴'에 대한 언급은 그가 소립자를 그에 상응하는 대칭 그룹으로 설명할 생각이었음을 보여준다. 1960년대에 밝혀졌듯이 상황은 1954년에 어느 누가 알고 있었던 것보다 훨씬 더 복잡했다.

VII. 전하가 회전이라는 관점으로 해석될 수 있다는 생각을 최초로 한 사람은 분명 그가 아니었다. 그리고 그의 공식들은 너무 단순했다. 그러나 1954년에는 이 기본 아이디어를 일반화한 '게이지 이론'에 다시 관심을 가졌다.

VIII. 그의 편지는 종종 개인적 생각을 담은 짧은 문장으로 마무리되었고, 이것이 그 사례이다. 잘 정립된 파울리의 배타원리Pauli Exclusion Principle를 암시하는 이 '메시지'에는 과학적 측면에서 특별히 새롭거나 사변적인 것은 없다. 1929년으로 돌아가서 그가 에딩턴의 전자에 대한 설명을 읽었을 때 그는 전자가 단독이 아닌 집단으로 고려되어야 한다는 생각에 주목했다. 파울리 원리는 집합행동에서 관측된 제약을 설명했다. 간략하게 말하자면 두 전자가 동시에 같은 곳에 있을 수 없다는 것이었다. 이 때문에 각각의 원자에서 전자는 서로 다른 전자껍질electron shell과 궤도에 깔끔하게 정돈된다. 그는 1929년에 이에 대해 학생들이 지나치게 자유롭게 어울리지 못하게 하는 기숙사 체계와 같다고 농담을 했을지도 모른다. 물론 그들 자신의 이익을 위해서였겠지만. "튜링 박사님, 저희가 왜 이러는지 모르시겠어요? 박사님을 보호하기 위해서 어쩔 수 없습니다…."

Messages from the Unseen World

? Can be specific about science ?

<u>III</u> The Universe is the interior
of the Light Cone of the Creation

<u>IV</u> Science is a Differential
Equation. Religion is a
Boundary Condition

Arthur Stanley

<u>V</u>
Hyperboloids of wondrous Light
Rolling for aye through Space and Time
Harbour there Waves which somehow Might
Play out God's holy pantomime

<u>VI</u>   Particles are founts

<u>VII</u>   Charge = $\frac{e}{\pi}$ ang of character of a 2π rotation

<u>VIII</u> The Exclusion Principle is laid down
purely for the benefit of the electrons
themselves, who might be corrupted (and
become dragons or demons) if allowed to
associate too freely.

를 완성할 수 없었다. 1954년에는 은폐 활동이 없었는데, 어느 누구도 생각하지도 질문하지도 하지 않았기 때문에 은폐할 필요가 없어서였다. 도로시의 친구들이 할 수 있는 일이 아무것도 없었기 때문에 서쪽 마녀도 아무런 문제를 일으키지 않았다. 1944년 6월 7일에 자전거를 타고 가는 민간 과학자를 보면서 그와 위대한 노르망디 상륙작전을 연관시킬 수 있는 사람은 소수에 불과했다. 사람들은 알 필요가 없었고 알고 싶어 하지도 않았다. 정확히 10년 후에 누구도 그의 죽음과 과거의 사건을 문자 그대로 연관시킬 상상도 하지 못했고, 죽음은 다른 더 큰 중요성도 내비치지 않으면서 개인적인 아픔과 상실로 다가왔다. 융은 말했다.[62]

> 현대인들은 따로따로 나뉜 구획 시스템 덕분에 자신의 분열 상태를 인지할 수 없게
> 된다. 외부 세계와 자신의 행동의 특정 영역들은 독립된 서랍에 보관되고 서로 절
> 대 마주치지 않는다.

사람들은 앨런 튜링과 마주쳤을 때 조심스럽게 자신들을 보호해야 했고, 구획들을 완전히 분리시켰다. 어쩌면 앨런도 자신의 상황에 직면했을 때 그렇게 했을 것이다.

특히 전후에 대중들 앞에서 수그러들지 않는 열정으로 일단의 아이디어들을 실행에 옮기고, 현대판 성녀 조안Saint Joan처럼 어떠한 시련도 감수하면서 그가 만들어낸 외골수적이고 버나드 쇼를 닮은 모습 뒤에는 더 불안정하고 모순되는 모습이 언제나 존재했다. 의심의 성Doubting Castle과 절망의 거인Giant Despair은 존 버니언의 소설 『천로역정』에서 그가 어린 소년이었을 때 가장 좋아하는 내용이었다. 그리고 인류의 진보에서 그의 역할은 이들과 일치했다. 특히 그와 모든 제도와의 관계에는 불확실성이 놓여 있었다. 어울리지도 못했지만 그렇다고 심각하게 도전하지도 않았다. 이런 점에서 그는 순수 수학과 과학에 깊이 매료된 많은 사람들과 무언가를 공유했다. 그는 사회 제도를 에레혼의 부조리나 삶의 명백한 사실로 간주해야 하는지 한순간도 확신하지 못했다. G. H. 하디(또는 루이스 캐럴)처럼 어떤 것에서든 재미를 찾아내면서, 그는 수학이 세상의 참상에만 지나치게 민감하게 반응 안

할 만큼 세상사에 완전히 무지하지만은 않은 사람을 세상으로부터 보호해줄 수 있다는 사실을 보여주었다. 허세 부리지 않고 자신을 내세우지 않는 그의 기질도 역시, 매우 곤란한 사회 상황에 수많은 게이 남성들이 보이는 반응, 다시 말해 어떤 면에서는 사회에 대담하고 풍자적으로 저항하지만 결국에는 받아들이고 마는 무언가와 유사했다.

앨런 튜링의 경우 이런 요소들이 더 악화되었다. 그가 수학자나 과학자, 철학자, 엔지니어의 역할에, 그리고 블룸즈버리나 그 어디에서도, 심지어 그것이 잘못된 것이라고 할지라도 한 번도 제대로 어울리지 못했기 때문이다. 사람들이 그를 포함시켜야 할지 말아야 할지 몰랐기에 그에게 이것은 종종 '옆방에서 들려오는 웃음소리'와 같았다. 로빈 갠디는 그가 사망하고 곧바로 "그의 주 관심사가 사람이 아닌 물건과 아이디어였기 때문에 그는 종종 외톨이였다. 그러나 애정과 우정을 갈망했다. 어쩌면 우정의 첫 단계를 자신에게 수월하게 만들기 위해 지나치게 강렬하게…"라고 기록했다.[63] 그리고 그는 세상의 어느 누구보다도 외로웠다.

독학으로 깨달은 실존주의자(사르트르에 대해 한 번도 들어본 적이 없었을 것이다)인 그는 자유를 향한 자신만의 길을 찾으려고 했다. 삶이 더욱 복잡해지면서 그 길이 그를 어디로 인도해줄지는 점점 불분명해졌다. 그러나 분명해야 할 이유는 또 무엇인가? 이때는 이 순수예술가가 참여를 촉구받고 있다고 느끼고, 예민한 사람들은 누구나 극도로 불안해지기에 충분했던 20세기였다. 그는 스스로에게 진실하기 위해 노력했던 것처럼 자신의 관여가 가장 단순한 범위에 국한될 수 있도록, 할 수 있는 모든 일들을 했다. 그러나 단순함과 진실성은 관여의 결과로부터 그를 보호해주지 못했다. 오히려 보호하고는 거리가 멀었다.

영국의 대학계도 20세기와는 동떨어져 있었고, 그래서 이들은 그의 비전이 아니라 별난 행동에 주목했다. 그의 아이디어에 대한 심각한 비판이 아니라 총명함에 종종 모호한 찬사를 보냈고, 위대한 사건들보다 자전거 이야기를 더 기억했다. 그러나 지능을 빼면 아무것도 아닌 앨런 튜링은 학계에 진정으로 속했던 적은 없었다. 외부에서보다 그의 세계를 가까이에서 볼 수 있었던 린 뉴먼은 그의 불확실한 정체성을 다른 누구보다도 더 분명하게 설명할 수 있었다.[64] 그녀는 그를 "어느 곳에서도 제대로 어울리지 못했던 매우 이상한 남자"로 생각했다. 또 "자신이 태어난 중상류층 사회에 편하게 어울리기 위한 그의 간헐적인 노력은 특별히 성공적이지 못했다. 그는 임의적으로 몇몇 관습들을 받아들였지만 대다수 방식과 생각을 망설임이나 미안함 없이 던져버렸다. 불행하게도 그의 피난처가 되었을 수도 있는 학계의 방식은 그를 어리둥절하고 지루하게 했다…"라고 했다. 모든 박탈감에도 불구하고 특혜 받은 교육에 대한 그의 태도에는 양면적인 모습이 존재했다. 그는 자신의 계급이 가지는 특권 대부분을 버렸지만 제국의 아들로서의 자신감과 도덕적 책임은 남아 있었다. 지식인으로서 그가 가진 지위에도 이와 유사하게 모호한 부분이 있었는데, 그는 교육자로서의 삶의 사소한 역할을 경멸했을 뿐만 아니라 자기 자신의 성과에 대해 자부심을 가지는 한편, 무관심하기도 했다.

남성 우월주의 세계에서 남성으로서 가지는 특권에 대한 그의 태도에서도 또 다른 불확실한 면을 찾아볼 수 있었다. 오직 남성만을 위하여 축적된 부에 기초하고 있다는 점이 킹스 칼리지 진보주의의 취약점이었고, 그는 이에 의문을 품지 않았다. 동일 임금문제(이 시기에 페미니즘의 불씨가 꺼지지 않게 한 유일한 이슈였다)에 있어서 진보적인 노선을 취했던 로빈과의 대화에서 앨런은 여성들이 아이를 가지면서 일을 그만두어야 하는 것은 부당하다고 아무렇지도 않게 말했다. 또 여성들이 자신을 시중들며 뒤치다꺼리를 하고 자신이 신경 쓰지 않기로 한 문제들을 처리해야 한다고 생각하지도 않았다. 핸슬로프에서 있었던 돈 베일리와의 대화에서 그는 그가 어떻게 약혼하게 되었는지, 그리고 자신의 동성애 성향 때문에 "성공적이지 못할 것"임을 깨달았던 일에 대해 언급했다. 또 그러나 만약 결혼을 하게 된다면 수학과는 상관없는, 가정을 돌볼 수 있는 여성일 것이라고 말하기도 했다. 이것은 자기 가족의 사고방식과 훨씬 더 가까운 인습적인 태도이자 조안 클라크와 우정을 쌓게 된 방식에 반대되는 말이었다. 여기에는, 최소한 그의 삶에서는, 해결되지 않은 모순이 있었다. 그는 여성을 폄하하는 것과 '남녀가 섞여 있는 상황'에서 남성에게 기대되는 진부함을 싫어했고 또 자신이 느끼지 않는 성적인 흥미를 보여주어야 하는 부담감에도 반감을 품었다. 그리고 이런 사회적 의무를 회피했다. 그러나 이런 거북함이 제거된 상황에서(아마도 린 뉴먼이나 어머니와 함께 있을 때) 그는 '여성'이라는 단어가 성적인 소유물이거나 오락과 동의어인 많은 남성들보다 이성에게 더 개방적인 모습을 보여주었다. 남성 우월주의를 위해 그가 한 전부는 그 제도 속에 속해 있는 것뿐이었다. 그는 예를 들어 자신의 동성애 성향을 우수한 남성을 선호하는 것으로 정당화하려고 하지 않았다. 또 모든 사람들이 평범한 남성의 시대라고 부르는 것에 대한 말이나 글에 반감이 작용했던 시대에, 그는 대부분의 남성들이 암시적이든 노골적이든 여성의 인권침해나 권리에 대해 어떠한 것에도 구애받지 않고 적대적인 태도를 보이는 것에 대해 놀라울 정도로 자유로운 견해를 밝혔다. 앨런은 분명히 시시한 일을 하는 '여직원들'에 대해 이야기했고, 블레츨리에서 이들에게 암묵적으로 '노예' 역할을 맡겼다. 그러나 이것은 그저 그 당시의 시대상황이 그랬기 때문이었고, 그는 오히려 불평등을 완전히 당연하게 생각하는 다른 사람들보다 이에 대해 조금은 더 자각하고 있었다. 그는 변화를 위해 아무것도 하지 않았고 세상을 바꾸려는 노력을 한 적도 없었다. 그저 세상을 이해하려고만 했을 뿐이다.

그는 여성의 낮은 지위와 자신의 동성애 성향에 찍힌 낙인 사이의 연관성을 깨달았던 에드워드 카펜터가 아니었다. 그는 마치 그가 그 자리에 없다는 듯이 진행되었던 남성들의 위원회 회의와 사람들이 그가 실제로 무슨 말을 하고 적었는지에 대해서는 거의 신경도 쓰지 않으면서 예의나 외모의 사소한 부분에 집착하는 방식으로 인해, 세상과의 관계에서 겪는 자신의 어려움이 여성들이 고통받는 어려움과 매우 흡사하다는 점을 한 번도 생각해보지 않았을 것이다. 여성들은 특별한 노력을 하는 것으로 자신들이 받는 모욕을 보상받는 법을 배워야 했지만 앨런은 이런 시도를 하지 않았다. 그는 남성 위주의 세상이 자신을 위해 돌아갈 것을 기대했고, 그렇게 되지 않을 때 완전히 당황했다.

그는 자신을 남성의 세계에서 남성의 일을 하는 남성으로 보았고, 그의 경우 이 세계에서 그의 애정관계와 권력관계가 같은 선상에 놓여 있다는 점은 분명했다. 이런 면에서 앨런 튜링의 인생은 희극과 비극, 목가적 삶, 추방자, 아웃사이더, 중간에 끼인 삶, 그리고 마지막으로 희생자로 그려졌고, 그는 사회가 허락하는 대부분의 삶을 경험했다. 그러나 이런 삶에 일반적으로 따라오는 거짓말과 속임수

앨런 튜링의 이미테이션 게임

를 회피했을 뿐만 아니라 동성애자들이 절대로 하지 않아야 할 한 가지를 하면서 자신의 삶을 초연하게 받아들였다. 그 한 가지가 바로 중요한 무언가에 책임을 지는 것이었다. 그는 또 과학기술 세계의 매정한 분위기에 위축되기를 거부했다(사실 이것은 여느 때와 다름없이 그가 단호하게 퇴짜를 맞은 일종의 미수에 그친 연애사건이라고 할 수 있었다). 예를 들어 맨체스터로 이주한 것은 킹스 칼리지의 "근사하지만 시대에 뒤떨어진 곳"에 남아 있으려는 유혹을 의식적으로 거절한 것일 수 있었다. 이 결심에서 그는 1950년대에는 아직 사람들의 의식 속에 나타나지 않았던 문제를 보여주었다. 즉, '여자 같은 사내'나 '탐미주의자'라는 꼬리표를 붙이고 사회적으로 정의되는 것을 거부하는 것이었는데, 여기에는 그저 '남자다움'의 겉모습을 강조하는 것의 위험이 내포되어 있었다. '머리가 좋은 것'과 관계없이 얻은 또 다른 삶을 위해, 그리고 일생일대의 무모한 행위로 유발된 공격적인 감정으로부터 해방되기 위해 달리는 것은 (이것이 완전함을 추구하는 것을 말해준다고 할지라도) 아마도 이 결심에 의한 것이었을 수 있다. 그리고 또 그의 내성적인 성격과, 어려운 문제에 직면했을 때 전부가 아니면 아무것도 아니라는 반응, 휴식을 취할 때의 '감정' 앞에 직업상의 '생각'을 강조하는 것도 그랬을 것이다. 이 모두가 '나약하지' 않으려는 결심의 영향을 받았다. 그러나 그는 섬세한 인간이었다.

그의 외골수적 동성애자의 모습 밑바탕에 깔려 있는 혼란과 갈등은 게이 남성이 '평범'하거나 '진짜'가 되는 것, 문제를 일으키지 않고 단순하게 사는 것, 공적인 입장을 취하지 않고 순수하게 개인적이 되는 것을 세상이 허락하지 않는다는 사실을 반영했다. 그는 특히 더 심하게 곤혹을 치러야 했다. 1938년에 포스터는 도덕적 자율성의 주장에 따른 결과를 설명했다.[65] "개인에 대한 사랑과 의리는 국가의 요구에 반대된다. 이들이 그런다면, 말하자면 내가 국가에 반대하면 이는 국가가 내게 반대할 것임을 의미한다." 그러나 포스터는 케인스와 마찬가지로 이런 결과를 감당해야 할 필요가 없었다. 킹스 칼리지의 지성인으로서가 아니라 유명하지 않은 수천 명 중 한 사람으로서 도덕적 위기를 거의 적막 속에서 외로이 해결해야 했던 인물은 앨런 튜링이었다. 1951년 12월의 사건이 그를 특정한 상황으로 집어넣지 않았다고 하더라도 그가 가진 모순은 언젠가는 위기를 맞이했을 것이다. '단순한' 과학이라는 것이 존재하지 않는 것처럼 그에게 '단순한' 삶이란 없었다. 블레츨리는 순수 수학에 대해 G. H. 하디가 틀렸음을 증명했다. 어떤 것도 순수하지 않았고 누구도 외딴 섬일 수 없었다. 앨런 튜링은 용감하게 진실을 추구하는 인간이었을 수도 있지만, 심지어 그조차도 과학에 의해, 그리고 경찰에게 성관계에 대해 거짓말을 하면서 속임수를 사용했다.

노란 벽돌길Yellow Brick Road은 두 갈래로 나뉘었고, 어떤 것이 진짜 길이고 어떤 것이 가짜 길인지 알려주는 이정표는 없었다. 그러나 갈팡질팡하는 그의 삶의 불확실성에 충격을 받은 사람들이 본 것은 계급이나 전문적 직위, 성별이 아니었다. 오히려 이들의 눈에는 그가 인생에서 '성인'과 '아이' 역할 사이를 오르락내리락하는 것으로 보였다. 이것은 일부 사람들에게는 혐오스러운 것이었고, 다른 사람들에게는 매력적인 요소였다. 어떠한 꾸밈이나 숨김 없이 실제로 자신의 생각을 있는 그대로 말하는 한 사람에 대한 자신들의 충격을 합리화하기 위해 사람들이 그에게 "어린아이 같은"이라는 단어를 사용하는 한편, 맨체스터에서 30대 후반에 이르러서 더욱 두드러지기 시작한 그의 태도에는 상당히 특이할 정도로 이상한 무언가가 있었다. 상당히 뛰어난 업적을 세웠지만 아직도 '대학생'이나 '소년' 같은 태도와 행동을 보였던 그는 박력과 순박함 사이를 오가는 급격한 태도 변화로도 주변을 당혹스럽게 만들었다. 그는 조용한 분노로 가득 차 있었지만 또 솔직한 매력을 내뿜기도 했다. 린 뉴먼은 앨런이 '머큐리Mercury' 같다고 생각했는데 이는 그가 달리기를 하는 모습을 보고 떠오른 이미지였다. 이 이미지는 몇 가지 면에서 양면적인 의미를 지니고 있었다. 그 하나는 40세가 되어갈 때 완전히 새로운 연구의 영역으로 진입하면서 자신이 쌓아올린 명성에 의해 정의되기를 거부하는 지능과 관련된 면이었다. 또 물론 일반적으로 남성 동성애자들이 처한 상황에 대한 그의 반응의 일부로서 성적인 의미를 가지고 있기도 했는데, 그것은 구하는 사람과 그 대상의 역할이 이성애자 사이의 관계에서보다 더 유동적이고 뒤섞여 있다는 것이었다. 그는 끊임없이 움직여야 했고, 끊임없이 활동해야 했다. 그가 나이를 먹으면서 이런 요인들이(다른 사람들은 잃어버린 삶이 가진 순수한 매력이기도 했지만) 긴장의 원인이 되었을 수도 있다. 그러나 이런 의미들을 넘어 앨런 튜링의 소년 같은

앨런 튜링의 이미테이션 게임

성인의 특성은 그의 존재의 가장 핵심적인 문제를 반영하기도 했다. 그는 21세에 '성년이 되는 것'을 원하지 않았고 22세가 되는 현실을 회피했다. 그는 성인에게 주어지는 '권한'을, 비록 그에 따른 모든 의무를 소홀히 하지는 않았지만, 한 번도 원한 적이 없었다. 지능적인 면에서 폰 노이만과 수많은 공통점을 가지고 있기는 했지만 앨런은 그와 상반되는 극단에 놓여 있었다. 위원회 위원장이자 미국의 모든 군사기구의 고문이며 수소폭탄과 대륙간 탄도미사일 개발에 일조했던 폰 노이만은, 1954년에 자신의 제2의 조국인 미국의 지배를 받는 것이 아니라 오히려 미국을 지배했던 세계적으로 중요한 인물이었다.* 이와는 반대로 앨런 튜링은 자부심이 강한 관리계급의 심장에서 태어나기는 했지만, 오직 자신의 아이디어가 파국을 일으키는 어리석음의 대안이 될 때에만 그 아이디어를 강요했다. 그의 인생의 중간 지점이었던 1933년 여름부터 마지막이었던 1954년 여름까지 그는 때 묻지 않은 천진함과 경험 사이에서 극심한 충돌을 경험해야 했다.

앨런과는 전혀 다른 행보를 보였던, 그와 동년배였던 벤자민 브리튼Benjamin Britten(영국의 작곡가―옮긴이)은 1945년 이후로 대중적인 명성을 얻었다. 앨런 튜링은 단편소설이 적힌 종이 외에는 거의 아무것도 남기지 않았다. 그러나 이 짧은 글에는 그의 삶이 예리하게 반영되어 있었다. 그는 젊은 남성을 레스토랑으로 데려가는 자신의 모습을 묘사하며 이 장면을 다음과 같이 설명했다.[66]

> …위층에서 알렉은 코트를 벗었다. 코트 안에 그가 즐겨 입는 오래된 스포츠 재킷과 구겨진 모직 바지를 착용하고 있었다. 그는 정장을 좋아하지 않았고, 자신의 정신연령에 잘 어울리며 아직도 자신을 매력적인 젊은이라고 믿도록 만들어주는 '대학생 유니폼' 같은 옷을 즐겨 입었다. 이런 멈추어버린 성장은 그의 작업에서도 드러났다. 잠재적인 성적 파트너로 간주되지 않는 모든 남성들은 알렉이 자신의 [읽

---

* 다른 관점에서이기는 했지만 폰 노이만도 역시 피할 수 없는 생물학적 성장이라는 문제점을 가지고 있었다. 그의 연구는 앨런과 마찬가지로 미완성으로 남겨졌다. 그는 1957년 2월 8일에 암으로 사망했다.

을 수 없음] 지적 능력을 과시해야 하는 아버지 대신인 사람들이었다. '대학생 유니
폼'은 론에게 어떠한 의식적인 영향도 미치지 못했다. 그의 모든 관심은 이제 레스
토랑과 그곳에서 일어나는 사건들에 집중되어 있었다. 알렉은 마음이 편안했다.
평소에는 레스토랑에 갔을 때 혼자이거나 무언가를 잘못하는 것 같아 주변의 시선
에 신경을 썼다…

공교롭게도 그나마 남아 있는 페이지가 여기서 끝났다. 그리고 이 시점에서 그
가 자신의 외로움을 의식하고 있다는 점이 잘 드러났다. 그러나 이 자의식은 괴델
의 자기 지시를 넘어서는 것이었는데, 추상적인 사고가 추상적인 자아에 따라 결
정된다는 것이었다. 그의 인생에는 영원히 자신의 꼬리를 물고 있는 수학이라는
뱀(자신의 꼬리를 물어 원을 그리고 있는 뱀인 우로보로스Ouroboros를 말하고 있다. 고대의
상징으로 삶과 죽음의 순환, 영겁회귀, 재창조 등을 상징한다—옮긴이)도 있었고 선악
과나무에서 금단의 열매를 따먹으라고 명령하는 또 다른 뱀도 있었다. 힐베르트
는 칸토어 이론의 '무한대'가 수학자가 쫓겨나서는 안 되는 '낙원'을 창조했다고 말
한 적이 있었다. 그러나 앨런 튜링은 그가 한 생각 때문이 아니라 행동 때문에 이
낙원을 잃고 말았다. 그의 문제는 행동하는 것, 즉 옳은 일을 하거나 하지 않는 것
에 달려 있었다.

1954년 6월에는 어느 누구도 앨런이 베어 먹은 사과가 가진 상징성을 알아차리
지 못했다. 그가 먹은 사과는 1940년대의 온갖 독으로 채워진 사과였다. 전후맥
락을 모르면 상징은 의미를 잃고 그가 남긴 다른 작은 단서들만큼이나 해석이 불
가능해진다. 그가 전쟁 전에 자신의 자살 계획을 친구인 제임스 앳킨스*에게 언급
했을 때 이미 상징성을 마음에 품고 있었는지도 모른다.[67] 암호학의 '도덕성'에 대
해 신뢰할 수 없다고 어머니에게 언급했던 바로 그 당시에 나온 이야기였기 때문

---

* 제임스 앳킨스는 음악을 위해 수학을 가르치는 일을 그만두었다. 그는 1949년에 가수를 직업으로 삼았고, 1953년에
는 글라인드본 오페라 페스티벌에 처음으로 참여했다.

앨런 튜링의 이미테이션 게임

이다. 스토니 가문의 어머니가 응용과학의 신봉자였다면 제임스는 평화주의자였다. 이 두 사람 모두 앨런 튜링에게 있어서 그의 인생에서의 중대한 변화, 다시 말해 죄를 범할 각오가 된 상태로의 변화와 관련이 있는 인물들이었다. 앨런은 자신의 경우 세상사에 관여하는 것이 언제나 위험 속으로 걸어가는 것을 뜻함을 감지하고 있었는지도 모른다. 그는 자부심 강하고 성급하고 운이 없는 튜링가의 아들로서, 그리고 세속적인 가교 역할을 하는 스토니가의 아들로서 행동했을 수도 있다. 그러나 의식적으로든 무의식적으로든 그는 그 시대가 낳은 아들이었다.

모든 문제들이 불가사의로 남을 만큼 그의 자기 현시 힌트는 흔하지 않았고 수수께끼 같았으며, 또 자신을 놓고 왈가왈부하는 것은 그것이 어떤 종류든 끔찍하게 싫어했음을 보여주었다. 그가 자신의 인생에서 가장 많은 시간을 바친, 지능을 가진 컴퓨터라는 원대한 꿈을 마침내 어떻게 인지하게 되었는지에 대한 또 다른 질문도 역시 답을 알 수 없었다. 로빈이 언급한 것처럼 앨런이 사람이 아닌 아이디어와 물건들에 전념했다는 점이 사실이었다고 해도 수많은 그의 아이디어와 물건들은 그가 기본 원칙에 입각해서 자신과 타인을 이해하기 위해 사용한 방법이었다. 이런 접근 때문에 사회적 '개입'을 개인의 정신에 대한 2차적인 침해로 간주할 수밖에 없었던 것이다. 그는 이 접근방식의 난점을 항상 인정하는 한편, 자신의 인생의 마지막 해에 상호작용이 매우 중대한 역할을 하는 인간의 삶에 접근하는 다른 방법에 더 적극적인 관심을 보였다. 이것은 1952년 여름에 돈 베일리에게 수학이 점점 자신을 만족시켜주지 못하고 있다고 말했던 그의 일반적인 관심의 발전방향과 일치했다. 융과 톨스토이는 정신을 사회적·역사적 맥락에 포함시킨 작가들이었고, 앨런이 사망했을 때 그의 책장에는 포스터의 소설이 꽂혀 있었다. 쇼와 버틀러, 트롤로프의 소설에 비해 사회와 개인의 상호작용에서 아이디어가 조금 더 인간적으로 교환된다는 소설이었다. 한편 그의 인생에서 마지막 2년에 있었던 사회적 '개입'은 유난히 강압적이었다. 그가 자신의 핵심 아이디어의 중요성과 적절성에 대한 믿음을 잃었을 수 있을까?

앨런의 비전을 제대로 실현시키기에는 성능이 부족했던 맨체스터 컴퓨터(사실 그 당시의 모든 컴퓨터가 그랬다)와 그 외 좀 더 현실적인 부류의 실망으로 전후 기간에는 그가 1945년에 보여주었던 자신감의 붕괴를 경험했음이 분명했다. 다른 한편으로 그는 자신의 아이디어를 쉽게 포기하거나 세상이 빼앗아가도록 내버려둘 사람이 아니었다. 그리고 과학이 자신에게 등을 돌렸다는 이유로 과학에 환멸을 느끼거나 자신이 정보의 희생자임을 알게 되었다고 합리성을 버릴 사람도 아니었다. 20세기 순수 수학보다는 가우스나 뉴턴과 연관이 있는, 추상적인 무언가를 구체적인 것으로 만들기 위한 그의 열정은 필연적으로 그를 응용과학 분야로 이끌었다. 그러나 그에게서는 이런 응용의 목적과 관련되어 지적 환상에 빠진 징후는 보이지 않았다. 컴퓨터에 대한 그의 말은 처음부터 수학에 대한 G. H. 하디의 말만큼이나 냉혹했다. 그는 순수 연구 목적으로 적용하는 것 외에 단 한 번도 혜택을 바라거나 또는 군사적 목적으로 응용되는 것을 제안한 적이 없었다. 그는 과학을 통해 사회 발전이나 경제적 복지를 이루자고 말한 적도 없었고, 세상을 각성시키려는 생각을 품었던 적도 없었다.

1946년에 미국의 원자폭탄 실험에 대해 짧게 언급하면서 그는 "반과학주의적 반응"이 가진 "최악의 위험"을 거론했다. 그리고 그는 예를 들어 '장기 요법organotherapy'에 과학을 응용하는 것으로 얼마나 괴롭힘을 받았든 과학적 지식 그 자체를 의심한 적은 한 번도 없었다. 실제로 개인적 감정이 과학적 관점에 영향을 미치게 내버려두는 것을 극단적인 지적 나약함으로 간주했을 것이다. 그는 종종 지능기계에 대한 아이디어를 '정서적으로' 거부하는 지식인들을 책망했다. 종교적인 바람으로부터 과학을 자유롭게 해주고 과학이 이성적인 질문과는 완전히 무관한 인간의 목적과 판단, 감정으로부터 독립적으로 유지되는 것이 그에게는 중요했다. 에드워드 카펜터는 "합리적이고 인간적인 과학Rational and Humane Science"을 촉구했지만 앨런 튜링은 합리적임과 인간적임, 데이터와 명령문(과학이나 연구는 데이터로 표현되고, 인간은 컴퓨터가 이해하는 명령문을 통해 이를 처리함을 빗대어 표현한 것—옮긴이)이 왜 연관성이 있어야 하는지에 대한 어떠한 이유도 알지 못했다. 그의 과학에 대한 가차 없고 정제되지 않은 관점에서 린 뉴먼은 또 다른 앨런의 이미지를 포착해냈다. 그것은 17세기 이전, 즉 과학이 직함이나 후원, 사회적 지위로 보호되지 않고 그저 위험한 분야로 여겨졌던 시대의 '연금술사' 이미지였다. 그에게 셸리적인 측면이 있었지만, 한 가지 연구에만 집중했던 오만하고 무책임한 과학자 프랑켄슈타인적인 면도 있었다. 그러나 사실 관계없는 모든 것들을 버리는 능력과 모든 사람들이 절망적일 정도로 어렵고 복잡하다고 말하는 문제를 포기하지 않고 끝까지 생각하는 의지와 결합한 이런 무시무시한 집중력이 그의 비밀이었다. 주어진 틀 안에서 문제들을 해결하는 것이 아니라 단순하고 분명한 원칙을 끌어내고 그다음에 진실을 구체적인 방법으로 보여줄 수 있는 능력이 그가 가진 강점이었다. 그러나 이런 종류의 강점은 그의 '지능' 모델에서 유발된 일부 미묘한 문제들을 해결하는 데 있어서는 도움이 되지 않았다.

로빈은 앨런이 "진리를 제외하고 다른 것들에 대한 존경이 부족"했고, 그의 확고한 유물론은 진실이 "감정적인" 아이디어에 의해 더럽혀지지 않게 하려는 강박관념에서 나온 것이라고 했다. 그러나 무관한 것들을 제거해버리는 방식 때문에 그는 인간 사회에서 아이디어를 구현하는 데서 발생하는 지능과 소통, 언어와 관련된 몇몇 근본적인 질문들을 무시해버렸다. 이것은 '그의' 생각에 결함이 있어서라기보다는 과학적 방법이었다. 체스와 수학을 활용한 패러다임을 가진 '지능' 모델은 객관적 진리의 저장소로서 과학의 정통적 견해를 반영하는 것이었다. 《마인드》논문에서 그는 자신의 모델이 인간의 모든 의사소통을 흡수할 수 있다고 생각한다는 점을 명확히 밝혔고, 이는 물리학과 화학 분야에서 이미 큰 성과를 올렸듯이 과학이 인간 행동을 설명해줄 수 있다는 그의 실증주의자적 신념을 다시 한 번 보여주는 것이었다. 그의 주장의 약점은 인간에 대한 논의에 적용했을 때 근본적으로 분석적 과학 방법이 갖게 되는 단점이었다. 소수素數에서는 주효했던 객관적 진실의 개념을 과학자들이 다른 사람들에게 곧바로 적용하기는 힘들었다.

핵심적인 형태발생 아이디어를 소개하면서 앨런 자신이 설명했던 것처럼 모든 종류의 단순화는 결국 조작이었다. 이것이 세포발달에 있어서 사실이었다면 인간발달에 있어서도 인간들의 '지능'이나 소통과 경험, 사랑을 향한 갈망과 상관없이 사실이라고 볼 수 있다. 과학이 인간에 대해 인간의 말을 사용할 때 사회의 '명령문'에서 '데이터'를 실제로 구분할 수 있을까? 사회제도에 관계없이 '관찰'이나 '실험'을 하거나 '문제'를 명확하게 설명하는 것이 가능할까? 그러나 아무리 정직하게 평가했다고 해도 사실들의 중요도 평가가 지배적인 이데올로기의 긴요성 외에 다른 것을 반영할 수 있는가? 생명과학에서는 진리와 집단적 믿음 사이의 경계선이 물리학과 화학에서만큼 분명하지 않았다. 그리고 행동에서 사실을 가려내는 이런 어려움은 그의 지능기계에 대한 주장의 약점과 매우 유사했다.

이것은 괴델의 논의를 뛰어넘는 문제로서 과학 언어가 그 자신이 구체화된 사회(즉, 과학의 영역—옮긴이) 밖에서 적용될 수 있는 능력과 관련된 문제였으며, 앨런 튜링의 정신이 조화를 이루지 못했던 문제였다. 또한 그 시대의 과학정신과도 어울리지 않았다. 1930년대와 1940년대에 사회구조와 과학 지식을 연결하기를 바랐던 사람들은 사회 체계system를 과학에 접목시키거나 과학에서 체계를 이끌어내려고 시도한 사람들이었다. 나치와 소련 이데올로기 신봉자들을 대표로 꼽을 수 있으며, 폴라니도 역시 1930년대의 마르크스주의의 영향에 맞서면서 과학을 기독교의 부활과 연관시키려고 했다. 그도 과학이 기존의 종교와 정치철학에 부합하는 답을 찾아내기를 바라며 과학을 독려하고자 했다. 자신은 실험적 진리의 영역 안에서 안전하게 보호받고 있다고 믿었던 앨런 튜링에게 이것은 상당히 이질적인 것이었다.

이에 반해 사실을 사실이 아닌 것과 구분해내는 언어의 능력을 조사한 사람이 있었다. 그러나 비트겐슈타인의 방법은 그가 하려는 말을 누구도 확실하게 이해하기 힘들게 하는 것이었다. 앨런 튜링의 접근법은 단순한 진리를 찾는 것에 있어서 비트겐슈타인의 문제를 가볍게 뛰어넘을 수 있었다. 그가 구상한 방법은 이론상으로 실험해볼 수 있는 무언가로서, 군더더기 없고 명확하다는 장점을 가지고 있었다. 논리적 문제 이론의 통합, 그를 자신에게 닥친 불행에서 '문제의 근원'으로 이끌어준 심리학 이론, 톨스토이의 개인행동의 본질에 대한 역사적 문제, 개인과 계급의식에 대한 포스터의 질문들. 이 모든 것들을 아우를 수 있는 사람은 아무도 없을 것이고, 이것은 확실히 그가 연구하거나 생각했던 길이 아니었다. 블레츨리에서 그는 거대한 인간 단체가 그의 주변에 생겨나는 동안 대담하고 간단한 해결책을 찾으면서 핵심적인 논리 문제에 대해 연구했다. 모든 복잡한 문제들을 모아 논리적으로 정리하는 것은 그의 역할이 아니었다.

그는 어마어마하게 복잡하고 정신 집중을 방해하는 세계 속에서 순수함에 집착했다. 하지만 그는 속 좁은 사람은 아니었다. 튜링 부인이 한 말은 어느 면에서 사실이었다. 그는 위험한 실험을 하다 사망했다. 그것은 '인생'이라는 실험이었으며, 이 주제는 그녀에게만큼이나 과학 세계에서도 똑같이 두려움과 당혹감을 유발하는 것이었다. 그는 최선을 다해 자유롭게 사고했고 금단의 열매 둘을, 즉 세계와 육신을 먹었다. 이 둘은 격렬할 정도로 서로 어울리지 못했으며 이 불일치 속에 마지막 미해결의 문제가 놓여 있었다. 이런 의미에서 그의 인생은 그가 하는 일과 상반되었으며 이는 그것이 이산 상태 기계에 담을 수 없었기 때문이다. 매 단계마다 그의 삶은 정신과 육체 사이, 사고와 행동, 지능과 운용, 과학과 사회, 개인과 역사 사이의 관계(또는 관계의 결여)에 관한 질문을 제기했다. 그러나 이것들은 가장 특수한 방식으로 한 것 빼고는 그가 한마디 언급도 하지 않고 사라져버린 질문들이었다. 러셀과 포스터, 쇼와 위너, 블래킷은 이런 주제에 대해 장황하게 이야기했지만 앨런 튜링은 보잘것없는 폰 노릇을 했다.

그의 역할은 폰이었고 결국 규칙을 따라 움직였다. 앨런 튜링은 자신을 진실을 탐구하며 사회의 관습으로부터 영예롭게 해방된 이단적 과학자로 생각하기를 좋아했다. 그러나 그의 이단은 오직 와해되고 있는 종교의 잔존하는 파편과 지식인들 사이에서 행해지는 의례적인 타협에만 반하는 것이었다. 마치 정신을 정적이고 격리된 학구적 지능으로 간주할 수 있다는 듯, 인간의 자유를 지키기 위해 괴델의 정리를 거머쥔 철학자들의 외침은 20세기의 실재적 예속을 향했다. 하지만 로즈 딕킨슨이 케임브리지에 대해 말했듯 "근사하지만 시대에 뒤떨어진" 것이었다. 1920년대의 대세는 다음과 같았다.[68]

대세는 직스Jix와 처칠, 공산주의자와 파시스트, 흉물스러운 번화가, 정치, 그리고 '제국'이라 불리는 그 끔찍한 것이 잡고 있었다. 제국을 위해 모두가 일생을, 모든 아름다움을, 모든 가치 있는 것들을 기꺼이 바치려고 하는 것 같다. 그런데 그럴 만한 가치가 있는 것인가? 단지 권력 기구에 불과한데 말이다.

1950년대에 이르러서는 2개의 제국이 있었으며 각 제국의 과학자들이 이들을 섬겼다. '현대'의 위대한 원천, 즉 개인 능력의 해방과 인간자원의 공동 소유는 펜타곤의 자유주의와 크렘린의 사회주의로 타락했다. 중요한 교리와 이단이 존재하는 곳은 영국의 계급이나 빅토리아 시대의 종교의 격식이 아닌 바로 이곳이었다.

1930년대에 킹스 칼리지에는 하나의 중심 세력이 자리를 잡고 있었다. 피구와 케인스, 포스터는 '자유방임주의Laissez faire'의 낭비를 매도할 때에도 개인의 자유를 잊지 않았으며 러셀만큼 소련의 매력에 빠지지도 않았다. 독일이 모든 것을 부수어버리고 히틀러의 저주가 승자와 생존자에게 내렸을 때 독립적 사고의 흐름은 더 이상 전과 같은 중요성을 띠지 않았다. 그러나 전쟁 후 영국이 오웰의 에어스트립 원Airstrip One(『1984』에 등장하는, 과거까지도 모두 조작하고 만들어내는 도시―옮긴이)이 되기 전에 아주 잠깐 동안 포스터가 전후의 세계를 전쟁 전의 빛에 비추어볼 수 있었던 때가 있었다.[69]

> 현재의 정치적 필요 때문에 과학자는 비정상적 지위를 차지하고 있으며 이것을 잊어버리는 경향이 있다. 그는 자신의 도움이 필요한 겁에 질린 정부에 의해 매수되고, 정부는 그가 순종적인 한 응석을 받아주고 보호해주며 말을 안 들으면 공직자 비밀 엄수법Official Secrets Act을 적용해 기소한다. 이 모든 것이 그를 일반 사람들로부터 격리시키고, 그들의 감정을 이해하지 못하게 만든다. 이제는 그가 현실과 동떨어진 연구실에서 뛰쳐나올 때이다. 우리는 그가 우리의 육체를 위한 계획을 세우기를 바라는 것이지 우리의 정신을 위한 계획을 세우는 것을 바라지 않는다…

앨런 튜링은 자신의 현실과 동떨어진 연구실에서 나왔으며 어떤 점에서는 포스터보다 더 멀리까지 나갔다. 그는 포스터의 공격을 받은, 과학자들이 세계를 통치해야 한다고 믿은 버널Bernal도 아니었다. 그는 '비정상적 지위'가 아니고 1950년대의 진실한 통설(거대한 기계에 의존하라)로 판명된 것에 대해 한마디도 하지 않았다. 그의 연구는 군사적인 측면에서는 최대한 반전주의를 지향하는 것에 가깝기는 했지만, 경비를 지불하는 사람들의 통제를 뛰어넘을 뿐 아니라 이들의 지식 범위를 완전히 벗어난 기계에 국가가 점점 의존하게 만드는 효과를 여전히 가지고 있기도 했다. 이 과정에서 앨런은 암호와 같은 존재로 남았다.

　어떤 점에서는 과학자들이 "우리의 정신을 위한 계획"을 세운다는 두려움은 부당한 것이었다. 그러므로 인공두뇌학의 주장이나 자백하게 만드는 약, 거짓말 탐지기처럼 꿈같은 과학수단으로 동성애를 근절하겠다는 계획은 지나치게 야심적이었다. 분명 1950년대의 영국에서 이런 것들은 현실적인 제안은 아니었다.* 이 목적을 향한 학문적 연구와 의료행위가 계속되었지만 정부의 전폭적 지원을 끌어내지는 못했다. 대신 동성애를 제거하는 최선의 방법에 관한 문제는 도덕적 보수주의 수호자들이 기술적 발전의 힘을 가지고 싸워야 할 구미당기는 문제로 남았다. 한편 광고와 여행, 여가, 오락이 성생활을 매력적인 것으로 더욱 의식하게 만드는 신경제new economy의 성장은 보수적 모델과 의학적 모델을 모두 무너뜨렸다. 1954년에는 들어보지도 못한 개인적 선택이라는 개념조차 기회를 잡게 되었다. 국가는 과학적이든 아니든 간에 전 국민의 행동을 제어하기 위한 거대한 계획을 선택하지 않았고, 1953~1954년의 급조된 '도덕적 위기'에 관한 환상과 의례적 전시, 상징의 충돌 분위기가 있었다. 그 대신 계층의 전통과 종족, 종교, 선거 등으로 누그러진 영국 정부는 1950년에 국제 비즈니스 경쟁에 시민 경제의 많은 부분을 계속 양도했다. 이렇게 윈스턴 처칠은 국민을 자유롭게 해주었다.

---

*　1954년 4월과 5월에 진행되었던 의회 토론은 (분노한《선데이 익스프레스》의 표현처럼) "이들은 감옥에 가는 대신에 의사의 진료를 받아야 한다"라는 아이디어에 관한 것이었다. 그러나 더 많은 것을 알고 있는 관찰자들은 모든 동성애자를 별준다든지 치료한다든지 하는 것은 아주 비현실적임을 알았고, 몬터규 재판에 쏟아진 관심은 불규칙적이고 편파적으로 집행된 법이 사법제도의 명성에 끼치는 해악을 이들이 지적할 기회를 제공해주었다. 더 현실적인 정책은, 3월에《선데이 타임스》가 정의한 것처럼, "법적으로 허용되어야 하는 것들과 규탄하고 근절시켜야 할 것들을 대조"하는 것이었다. 7월 8일에 내무장관은 한발 물러섰고, 1934년에서 1950년까지 사립학교 교장을 지낸 울펜덴J. F. Wolfenden을 동성애와 매춘에 관한 법 위원회의 의장으로 임명했다. 이렇게 더 중도적 입장의 영국 행정부가 자신의 권위를 재천명할 즈음에 앨런 튜링이 사망했다.

　사실상 그의 범죄는 모두 동의한 바와 같이 계속해서 국가가 주목했어야 하는 그런 종류의 것이었다. 길에서 사람을 만나는 것('성가시게 졸라대는 것')과 19세 노동자 계급과 불륜을 맺는 것은 '규탄받고 근절되어 할 것'의 전형적인 예였다. 그러나 이런 문제로 고발되는 사례는 1955년에 최고에 달했고, 이후 1967년까지 감소했다. 정부는 의료계에서 제안한 특수병원과 수용소를 설치하지 못했고, 1954년 여름이 지난 후에 거대한 공포가 급격히 확산되었다. 가장 중

1930년대의 과학적으로 기획된 산업의 비전이나 1950년대의 마인드 컨트롤의 환상보다는, 이 복잡하고 모순되는 미래가 인간이 새롭게 성취한 것이었다. 낡은 도덕적·사회적 제도는 형식상으로는 지속되고 있었으나 절대성과 모든 것을 아우르는 중요성은 잃게 되었다. 머지않아 주교도 카펜터의 구절을 빌려서 '새로운 도덕성'을 설파할 것이다. 사립학교와 이에 못지않은 더 낮은 계급의 암울한 학습장에서 이루어지는 교육은 1920년대에 구식이 되어버렸고, 제2차 세계대전의 중대한 국면에서는 다분히 쓸모없는 것으로 입증되었다. 그리고 영국은 이 사실을 정말 마지못해 그리고 뒤늦게 배웠다. 전투를 인간의 손과 마음으로부터 점점 더 멀어지게 하고 모든 참가자가 항상 패자이며 영국 정부가 배제되지 않게 앞장서서 관여를 확대시킨, 공격하고 반격하는 지나치게 복잡하고 비실용적인 기계를 가진 마법사의 기계적 억제력이 믿음을 얻고 있어서 이것은 더욱더 무의미한 것이었다.

앨런 튜링의 분열 상태는 그가 생전에 보지 못했던 성장의 패턴을 예시했다. 그것은 노래와 춤과 짝짓기, 그리고 수에 관한 생각이 광범위한 계층에 제공되는 문명이었다. 그러나 이는 또한 상상할 수 없이 위험한 방법과 기계를 중심으로 건설되고 제공되기 위해 애쓰는 문명이었다. 그리고 침묵을 지키며 그는 이 정책에서 과학적 협동의 주류를 전형적으로 보여주었다. 과학자의 충성에 대한 의심이 단지 잠깐의 어려움에 지나지 않는다는 것이 분명해졌다. 그리고 자기들이 정부보다 더 잘 안다고 생각하는 몇몇 교만이 국가 안보 상태에 관련된 기관에서는 초기의 작은 문제에 지나지 않는다는 것도 밝혀졌다. 실제로 앨런이 커튼을 찢어버리고 기계 뒤에 놓여 있는 연약하고 불안정하며 당혹스러운 뇌를 보여주었는지 누가 알 수 있었을까? 도로시와는 달리 그는 한마디도 하지 않았는데 그는 이단자가 아

요한 효과는 침묵이 깨졌다는 것이며 BBC의 첫 라디오 토크가 5월 24에 허용되었다. 만약 앨런 튜링 사건이 실제로 처칠 정부를 정신 못 차릴 정도로 두렵게 했다면 그는 사후에 금기를 제거하는 데도 한몫을 한 것이다.

그는 또한 국제 상황이 약간 완화되기 직전에 죽었다. 제네바 회담에서 중국은 베트남의 잠정적 분할에 동의했다. 한편 매카시는 미국 군대와 CIA를 공격한 후에 급격하게 추락했다. 6월 24일에 처칠은 워싱턴으로 날아가서 영미 동맹의 균열을 바로잡았다. 영국의 군사비는 1954년에 급격히 높아져 최고에 달했으나 그 후 1960년대 중반까지 감소했다. 앨런 튜링을 제외하고 모두 형 집행이 취소되었다.

앨런 튜링의 이미테이션 게임

니었다. 아마도 자기 약속을 깨는 일이 극히 드물었던 그조차도 결국에는 스스로를 겨우 억제했지만 이것은 위장이었다. 그의 영역에서 그는 대가grand master였고, 정치적으로는 1941년에 스스로 묘사한 대로 처칠의 충복이었다.

그러나 그는 결코 현대 세계 모순의 중심이 되기를 원한 적이 없었다. 그는 무엇인가를 하려는 욕망이 넘쳤던 반면 평범한 존재로 평화 속에 홀로 남아 있기를 원했고, 이것이 줄곧 그를 골치 아프게 했다. 이들은 양립할 수 없는 목표였으며 그는 일관성이 없었다. 그는 죽음으로써 마침내 자신이 원했던 진실한 행동을 했고, 사회를 거부하고 그 간섭을 최소화하기 위해 행동하는 최고의 개인주의자가 되었다. 그에게 강한 인상을 준 『1984』가 그 자신의 아이디어와 뚜렷하게 대조되는 과학과 지능에 관한 책이기는 했지만, 오웰은 어느 수준에서 그와 아주 유사한 어떤 점을 이야기하고 있었다. 오웰은 '진실부'의 또 하나의 산물인 블레츨리 파크의 유산이나, 누구의 지능이 기계화되어야 하는지와 같은 질문에 전적으로 무관심한 인물들이 만드는 컴퓨터와, 그것이 무엇을 위한 것인지에 대해서는 별 관심이 없었을 것이다. 그는 킹스 칼리지의 사회문화와, 사회주의로 가는 에드워드 카펜터의 지름길과 무엇인가를 공유하는 앨런 튜링이 가진 요소를 싫어했을 것이다. 그럼에도 어떤 공동유대가 존재했다. 자기 것이라고 부를 수 있는, 세상의 유린으로부터 어떤 대가를 치르더라도 지켜야 할, 두개골 속의 몇 입방센티미터에 있는 그것이었다. 오웰은 자신이 가진 모든 모순적 요소에도 불구하고 진리를 전하는 올드스피크Oldspeak(구어)의 능력에 대한 신념을 잃지 않았고, 영국인들이 직언을 할 수 있기를 바라는 그의 꿈은 앨런의 정신에 관한 단순한 모델, 즉 인간적 오류로부터 벗어난 과학이라는 비전과 닮았다.

두 사람은 모두 암울한 공상가였고, 케임브리지보다는 덜 화려한 영국에서 태어났으며 용기 없는 자들이 멀리하는 차가운 산의 공기를 마셨다. 그러나 진리에 관한 조지 오웰의 생각은 튜링기계에는 없는, 그리고 튜링의 두뇌가 전적으로 원하지도 않은 정신과 세계와의 연결을 필요로 한 반면, 앨런 튜링이 과학과 성관계에서 원했던 것의 많은 부분이 올드스피크로는 묘사하기 힘든 것이었으므로 이들은 서로 모순되었다. 어느 사상가도 전체를 공평하게 다룰 수 없었으며 앨런 튜링이라는 복잡한 인간이 그의 단순한 아이디어에 충실할 수도 없었다. 그러나 자신의 험난한 여정이 막바지에 다다르면서 긴급하게 돌아가는 세계 상황이 허용하는 만큼 그는 자신의 비전에 가까이 있었다. 자잘한 학구적 문제에 만족하지 않은 그는 윈스턴 스미스Winston Smith(소설 『1984』의 주인공—옮긴이)보다 더 순수한 목표를 찾았다.

보이지 않는 정신으로부터 오는 메시지가 많지 않았기에 그의 내면의 수수께끼는 풀리지 않은 채로 남아 있다. 그의 모방원리에 따르면 표현되지 않은 생각에 대해 추측하는 것은 아주 무의미한 일이다. "말할 수 없는 것에 대해서는 침묵해야 한다Wovon man nicht sprechen kann, darüber muss man schweigen." 그러나 앨런 튜링은 철학자처럼 인생에 대해 초연할 수는 없었다. 그로 하여금 입을 다물게 한 것은, 컴퓨터가 할 법한 표현으로, '말할 수 없는 것'이었다.

앨런 튜링의 이미테이션 게임

당신의 무릎에 머리를 묻으며 동지여,

다시 고백을 시작한다. 당신에게,

그리고 허공을 향해 한 말을 다시 시작한다,

내가 불안하고 또 다른 이들을 불안하게 만든다는 것을 안다,

내 말들이 위험으로 가득한, 죽음으로 가득한 무기임을 안다,

평화와 안전, 그리고 모든 확립된 법을

뒤흔들기 위해 맞서면서,

모든 것들이 나를 받아들였던 것보다

모든 것들이 나를 부정했기 때문에 내 의지는 더 굳건해진다,

나는 경험이든, 경고든, 절대 다수든, 조롱이든, 그 어느 것에도

귀를 기울이지 않고, 기울인 적도 없었다,

내게는 지옥이라고 부르는 것의 위협이 대수롭지 않다,

그리고 천국이라고 부르는 것의 유혹이 하찮게 보인다,

동지여! 내가 당신을 나와 함께 전진하도록 촉구했음을 고백한다,

그리고 여전히 촉구하고 있다.

우리의 목적지가 어디인지 전혀 모르는 채,

또 우리가 승리를 거둘지 아니면 철저히 짓밟히고 진압될지 알지 못한 채.

앨런 튜링은 그의 어머니와 형, 린 뉴먼이 지켜보는 가운에 1954년 6월 12일에 워킹 화장터에서 화장되었다. 그의 재는 아버지의 재를 뿌렸던 정원의 같은 장소에 뿌려졌다. 그의 추모비는 존재하지 않는다.

세계 역사에 남을 인물인 앨런 튜링의 삶을 재구성할 자료는 많지 않았다. 얼마 안 되는 원본 서류들과 조사를 하며 찾아낸 공개 기록이 전부였다. 다양한 종류의 비밀 유지와 이에 따라 정보 공개가 곤란하다는 점이 이유가 될 수 있었다고 해도 금기시되는 문제와 무관한 주제들에 관해서도 정보를 찾기 어려웠다. 예를 들면 ACE의 초기 개발과 관련해 남아 있는 기록만으로는 이 부분을 완전히 다루기 힘들었다. 그리고 일부 가장 흥미로운 부분들은 비공식적인 개인 정보에 의존해야 했다. ACE는 공기업의 주요 활동과 얼마 가지 않아 영국에서 발생한 2차 산업혁명이라고 하는 것의 형태를 결정짓는 데 큰 영향을 준 1946~1949년의 사건을 대표했다. 정부와 산업계, 학계 사이의 협력이 전쟁 때처럼 평화롭게 지속되었다면 영국 경제의 미래는 상당히 달라졌을지도 모른다. 그러나 의사결정 과정을 기록하기 위한 어떠한 특별한 노력도 없었고, 역사학자나 기자, 정치학자들의 관심을 끌 만한 주제도 없었다. 그리고 전반적으로 앨런 튜링의 사생활 부분도 ACE만큼 자료를 구하기 힘든 점은 마찬가지였다.

그러나 앨런 튜링이 세계 역사에 등장하는 인물들의 삶처럼 살지 않았다는 것을 인식해야 한다. 그는 그저 평범한 수학자의 삶을 살기 위해 최선을 다했다. 그리고 (문학인이나 정치인, 기업인이나 스파이와 비교해) 수학자들은 일반적으로 자신들의 업적이 무엇이든 그것이 크게 알려지는 것을 기대하지 않는다. 이들은 다른 사람들이 수학이 무엇인지를 이해해주기를 기대하지 않고, 일반적으로 혼자 남겨지는 것에 만족한다. 수학적 기준으로 판단했을 때 앨런과 같은 지명도를 가진 인물의 경우 기록이 특별히 부족하다거나 명성이 무시되었다고 말할 수 없다.* 세속적인 기준에서는 애처로울 정도로 적지만 그의 일대기에 대한 전체 자료는 그와 같은 직업을 가졌던 다른 사람들과 비교해 여전히 상당한 양이라고 할 수 있다.

지난 20년 동안 그의 죽음 이후에 그에 대해 어떠한 이야기들이 쓰였는지에 대해 먼저 조사했고, 신문에 난 사망기사들을 찾을 수 있었다. 《타임스》에 실린 맥스 뉴먼의 글과 《네이처》의 로빈 갠디, 킹스 칼리지 연례 보고서의 필립 홀, 그리고 이 밖에도 큰 비중을 차지하지는 않지만 그에게 바치는 수많은 헌사들이 있었다. 뉴먼은 사망기사에 이어 영국 왕립협회 회원으로서 자격을 갖춘 앨런에 대한 전기를 작성했다. 이 전기는 충실하고 예리하게 작성된 이야기들 중 하나였고, 앨런의 삶과 업적을 순수 수학자의 관점에서 다루었다. 이 때문에 제2차 세계대전이 앨런의 논리와 정수론에 대한 연구를 방해한 것처럼 묘사되었다. 그가 전쟁 중에 연구한 주제는 언급될 수 없었지만 이 점에 있어서는 단 몇 줄로 언급된 실용 컴퓨터들도 마찬가지였다. 이 분석은 앨런 튜링이 반만 속해 있던 것이 분명한 지식사회의 윤곽을 구체적으로 보여주고 있기는 하지만 전체 이야기는 아니었다.

전기의 내용이 마음에 들지 않았던 한 사람이 있었다. 바로 튜링 부인이었다. 그녀는 다른 종류의 전기를 작성할 필요가 있다고 생각했고, 1956년에 아들의 전기를 작성하기 시작했다. 과학에 대해서는 문외한에 가까웠고, 문학적으로나 사회적으로나 그때까지 알려진 적이 없었던 길퍼드에 거주하는 75세의 노부인이 현대 세계에서 난파된 배들의 잔해들 중 일부를 종합해 작성했다고는 믿기지 않을 만큼 어떠한 기준으로 봐도 놀라운 작품이었다. 빅토리아 시대의 가치에 대한 그녀의 믿음은 여전히 굳건했고, 앨런의 연구가 인류를 위해 공헌했을 것이라는 생각에도 흔들림이 없었다.

그녀가 작성한 전기는 1959년에 출간되었다. 자신의 아들이 일생 동안 작업한

---

* 수학자로서 그는 '튜링기계'라는 표현을 통해 이름이 영원히 기억될 수 있게 되었다. 많은 사람들이 그의 존재도 알지 못한 채 그의 이름을 사용했을 것이고, 이것은 그가 한때 심취해 있던 육신을 떠난 영혼의 삶에 가장 근접하는 것이다. 더 나아가 때때로 현대 논문들에서 보통명사처럼 '튜링기계turing machine'라고(튜링의 첫 번째 스펠링이 소문자임에 유의하기 바란다. 즉, 튜링이 고유명사가 아니라 일반명사라는 의미이다—옮긴이) 쓰이기도 한다. (아벨군abelian group 이나 리만 다양체riemannian manifold처럼) 대문자를 사용하지 않고도 수학자들의 의식 속에 충분히 인식될 수 있다는 것은 과학이 공인해줄 수 있는 최고 수준의 인정일 것이다.

많은 수수께끼들(그녀에게는 그랬다)과 함께 그의 죽음을 다룬 진정한 '회고록'으로서 사라 튜링의 전기만이 가질 수 있는 장점이 있었을 수 있다. 그녀는 일상에서 분리된 20세기 과학과, 그와 그녀가 (비록 성공하지는 못했지만) 이 분리를 극복하려고 노력했던 점을 강력하게 지적할 수 있었을 것이다. 그러나 그녀는 그렇게 하지 않았다. 그녀의 책은 전기의 형식을 띠었고, 그녀가 겪었던 끔찍한 상황들을 고려하면 놀라울 정도로 감정에 치우치지 않고 객관적으로 작성되었다.

앨런의 어머니가 객관적인 관찰자의 시선으로 전기를 작성할 수 있었던 이유 중 하나는 많은 면에서 그녀가 낯선 사람에 대해 글을 쓰고 있었기 때문이다. 의도적인 것은 아니었지만 앨런의 초년 시절에 대한 이야기는 거의 없었는데 1931년까지의 이야기가 책의 3분의 1을 차지했고, 이는 편지와 학교 기록에서 찾은 내용이 아니었다. 그녀는 분명 앨런이 죽기 전 그와의 좋았던 관계를 확장하기 위해 자신이 거의 알지 못했던 앨런의 과거의 삶에 이 관계를 투영하려고 했을 것이다. 그러나 그녀는 아들의 성장에서, 예를 들어 크리스토퍼 모컴이 지대한 영향을 끼쳤다는 사실을 알지 못했다. 다음으로 그녀는 객관적인 태도로 앨런의 직업인 과학자에 대한 이야기를 시작했다. 그녀가 알지 못하는 또 다른 분야였다. 앨런은 지능적인 행동을 모방하는 프로그램을 작성하는 작업을 '화성에서 가정생활' 이야기를 쓰는 것에 비유한 적이 있었다. 튜링 부인이 해결해야 했던 과제는 이와 거의 동등할 정도로 어려운 것이었다. 컴퓨터가 문법적으로 올바른 문장을 작성하도록 프로그램될 수도 있는 것처럼, 그녀는 잔존하는 사망기사들과 다른 사람들이 해준 이야기들, 신문 스크랩에서 조금씩 참고하면서 그의 논문 제목들의 퍼즐을 만들어갈 수 있었다. 그러나 그녀는 이것이 무엇을 의미하는지는 거의 이해하지 못했다.*

---

* 그녀는 이 작업에 매우 신중을 기했고, 연관성들을 찾으려는 노력만이 수포로 돌아갔다. 그렇다고 해도 퍼즐 맞추기는 앨런이 실제보다 많은 것들을 성취했다는 것을 보여주기보다는 성취한 것들을 생략하고 축소시키는 효과가 더 컸다. 그녀가 확실하게 오도하는 내용을 담은 부분이 한 군데 있었는데 제타함수 기계를 언급했던 필립 홀의 말을 가져다 쓴 부분이었다. 그의 말을 다른 문맥에 적용하면서 앨런이 '만능'기계를 전쟁 전에 제작하기 시작했다고 독자들이 생각하도록 만들었다. 케이브 브라운A. Cave Brown이 이에 영향을 받은 것은 분명해 보였는데, 그는 자신의 저서 『거짓말들의 경호원Bodyguard of Lies』에서 앨런이 에니그마를 해독하기 위해 기계를 제작했을 것이라고 제안했다.

그녀의 약점은 사회적 지위가 높거나 공직에 있는 사람들에게 심할 정도로 아부하는 듯한 태도를 보임으로써 더욱 두드러졌다. 다시 말해 그녀는 자신의 아들을 전도유망한 학생 수준으로 보고 있다는 뉘앙스를 내비쳤다. 사실 그녀의 전기는 마치 학생 보고서 같았는데 이들에게 바치는 찬사는 그녀가 자신의 아들이 언젠가는 성공한 지위에 올랐을 것이라고 여전히 굳게 믿고 있음을 시사했다. 그리고 실제로, 그녀에게는 놀라운 일이었겠지만, 그가 존경을 받고 있는 세계가 존재했다. 그녀에게 있어서 앨런의 「계산 가능한 수」는 숄츠가 깊은 인상을 받았기 때문에 좋은 논문이었고, 두뇌에 대한 관심은 위너와 제퍼슨이 인정했기 때문에 큰 의미가 있는 연구였다. 비록 스스로를 홍보하는 데 실패한 결과이기는 해도 앨런이 이 평가를 봤다면 죽음보다도 더 끔찍한 운명이라고 생각했을 것이다.

그의 어머니가 정보에 더 정통한 사람들이 볼 수 없었던 한 가지 부분을 다루고 있었는데 앨런이 1945년에 컴퓨터 제작에 착수했다는 것이었다. 그녀는 이 주제를 둘러싼 모든 것들이 여전히 다루기 곤란했던 시기에 이 문제를 파고들었다. 그리고 그녀가 들어갈 수 없었던 남성 위주의 제도를 공격하고, 자신이 직면했던 정중하게 회피하는 태도에 기죽지 않으면서 놀라운 강인함과 대담성을 보여주었다. 물론 그녀가 접근할 수 없었던 두 분야가 있었다. 앨런이 전쟁 중에 한 일과 동성애 관련 일이었다. 다수의 사람들이 언급할 수 없는 것을 언급하지 않고는 그 무엇도 진실하게 전달해줄 수 없음을 느꼈다. 그리고 물론, 적어도 서면으로 작성된 다른 내용들 그 이상으로, 언급되지 않았다. 전쟁과 관련된 부분에서 그녀는 조금 더 나아가 "그는 전쟁을 승리로 이끈 중요한 업무를 담당했던 합동팀의 일원이었다"라고 했다. 이것은 향후 10년 동안 밝혀진 그 어느 것에도 뒤지지 않는 강력한 암시를 담고 있는 문장이었다.* 지뢰밭에서 발끝으로 조심조심 걸으면서(어쩌면

이후 로어어J. Rohwer의 『1943년의 중대한 호송 전투The Critical Convoy Battles of 1943』에서는 이 제안이 사실로 그려졌다. 이로 인해 신화가 만들어졌다. 문제는 진실이 종이에 적힌 일련의 문자들에 담겨 있지 않다는 것이었다. 이들을 정확하게 해석하기 위해서는 경험이 필요하다.

* 1954년에 제프리 오핸런Geoffrey O'Hanlon은 셔본 교내 잡지 《더 셔보니안The Shirburnian》에 앨런의 사망기사를 작성하면

그녀 외에는 어느 누구도 계속 전진할 엄두를 못 냈을 것이다) 그녀는 궁극적으로 몇 안 되는 사람들이 그랬듯이 앨런을 옹호해주었다.

명백하게 그녀의 재량을 넘어서는 일에서 그녀가 실패했음을 말하려는 것이 아니다. 그녀가 자신만의 생각과 이야기를 가지고 있었다고 해도 이런 것들이 앨런이 그녀에게 던져준 특정 수수께끼를 이해하는 데 도움을 주지 않았다는 말이다. 그녀는 자신의 글을 『성인들의 삶Lives of the Saints』과 비교하며 끝을 맺었다. 앨런은 그녀의 이런 시도를 자신이 바늘귀를 통과하도록 만들려는 시도라고 조롱했을지도 모르나, 그녀가 정말로 진지하게 '순수'와 '응용'의 미묘한 갈등을 이야기할 생각이었다면 이를 종교 언어로 표현하고 무언가 상당히 특별한 말을 찾았을 것이다. 하지만 그녀는 아무 말도 하지 않았다. 시험 점수와 정부를 위한 일, 기계 제작은 모두 '선한 것'으로서 차이를 두지 않고 그려졌다. 과학 분야를 둘러싸고 아무런 궁금증이 없었다는 것이, 어쩌면 문학적 또는 정치적 전기의 기준에서는 초라한 그녀의 전기가 비평가들로부터 가벼운 찬사를 받은 이유였을지도 모른다. 그녀의 책은 핵전쟁을 추진할 것을 강력하게 주장하는 사람들을 세상이 잠시나마 잊을 수 있게 해주었다. 여기에 1940년대와 1950년대의 트라우마에 영향을 받지 않은 과학자가 존재하는 것처럼 보였다! 그러나 이 생각은 절반만 사실이었다. 앨런 튜링과 그의 어머니에게는 1880년대의 무언가가 존재했는데, 다시 한 번 말하지만 이것은 전체 이야기의 극히 일부에 지나지 않았다.

1960년대에 그리고 1970년대로 접어들면서 다양한 백과사전과 간략한 전기, 대중적인 기사들에서 뉴먼과 사라 튜링의 글을 자료로 활용했다. 그러나 1970년대로 넘어가면서 다른 종류의 견해가 조금씩 등장하기 시작했다. 이런 현상을 주도한 요소 중 하나는 수학자들이 '품위를 떨어뜨리는' 것이라고 생각했던 컴퓨터의 지위에 살짝 수정을 가한 '컴퓨터 공학'이라고 부르는 분야가 성장하고 그 전

서 무심결에 비밀을 누설해버렸다. "전쟁 기간에 그는 적의 암호를 해독하는 작업에 투입… 자신의 어머니에게조차 쉬쉬하며 비밀을 누설해서는 안 되었던 작업이었다."

앨런 튜링의 이미테이션 게임

문성이 커졌다는 것이다. 1969년에 도널드 미치는 「지능기계Intelligent Machinery」라는 NPL(국립물리연구소) 보고서를 발표했고, 자신이 영국의 발전을 이끌 수 있기를 바랐다. 그는 지능을 가진 기계에 대한 이 시기의 아이디어가 진지한 연구로부터 우회하는 것이라는 지배적인 사고방식에 대해 언급했다. 그러나 1970년대에는 컴퓨터를 산술적 계산 작업만이 아니라 거의 모든 논리를 필요로 하는 작업과 관련된 만능기계로 높이 평가하기 시작했다. 이런 발전은 앨런 튜링이 처음부터 상상했던 것을 더 분명하게 이해할 수 있게 해주었다.*

마이크 우저와 말릭R. Malik이 처음으로 앨런 튜링이 실용적인 전자공학 지식으로 전쟁에서 두각을 나타낸 점에 주목했는데 이때도 역시 1969년이었다. 이 시기에 컴퓨터는 제대로 된 기능을 발휘하기 시작했다. 골드스타인H. H. Goldstine이 자신의 학술저서 『컴퓨터: 파스칼에서 폰 노이만까지The Computer From Pascal to von Neumann』에서 그를 묘사했던 것처럼, "이 논리학자"에 대한 지배적인 고정관념으로 비추어보았을 때 상당히 특이했던 이 사실을 사람들이 완전히 받아들이기까지는 시간이 조금 걸렸다. ACE가 컴퓨터 역사에서 제자리를 찾는 과정도 이와 유사했다. 디지털 컴퓨터의 기원을 기록한 고전적인 논문들을 편집한 랜들B. Randell의 모음집은 ACE에 대한 언급을 참고문헌에서 가볍게 다루었지만, 컴퓨터 역사는 ACE를 외면하지 않았고, 1972년에 NPL이 이에 대한 최초의 보고서를 발표했다. 이 보고서는 1975년에 처음으로 진지하게 평가를 받았다.

윈터보섬F. W. Winterbotham의 저서 『울트라 시크릿The Ultra Secret』을 통해 블레츨리 파크의 전략적 중요성이 처음으로 솔직하게 언급된 해가 1974년이기는 했지만 1970년

---

* 그러나 어쩌면 1960년대의 기술적 혁명의 뜨거운 열기 속에서 1940년대의 마법을 다시 불러올 수 없었을 것이다. 그리고 또 어쩌면 이 시기에 앨런의 영혼에 가장 다가간 분야는 과학이 아니라 《메투셀라로 돌아가라》를 영화화한 SF 영화나 소설이었다. 〈2001 스페이스 오디세이2001: A Space Odyssey〉는 짐작건대 《마인드》 논문에 담긴 50년 후의 예언을 모티브로 했을 것이다. 아서 클라크Arthur C. Clarke와 스탠리 큐브릭Stanley Kubrick의 책에는 이 논문이 확실히 인용되었다. 이들이 창조한 인공지능 컴퓨터 할HAL은 튜링의 아이디어에 기초하고 있으며, 이들의 이야기에서 할은 "설계자들의 논리"에 의해 파괴된다. "안보와 국익이라는 쌍둥이 신에는 전혀 관심이 없었던 할은 오직 자신의 고결함을 서서히 파괴하는 갈등, 즉 진실과 진실의 은폐 사이의 갈등만을 의식했을 뿐이었다."

대에는 블레츨리 파크의 존재 이유에 대해 이야기할 수 있게 되었다. 이 책에서 앨런 튜링의 이름은 나오지 않았지만 같은 해에 출간된 케이브 브라운A. Cave Brown의 『거짓말들의 경호원』에는 '튜링'이라는 단어가 많은 문장에 등장했다. 때때로 '기계'나 '봄베'와 같은 단어와 함께 쓰이기도 했다. 봇물이 터졌다. 잭 굿과 도널드 미치가 블레츨리의 전자 기계와 관련된 특정 내용들을 폭로하는 글을 썼다. 이런 자료들을 한데 모으면서 컴퓨터 개발에서 앨런 튜링이 차지하는 위치에 대한 이해에서 유발된 랜들의 조사는 일부 성공을 거두었다. 그는 콜로서스 기술을 앨런 튜링과 직접적으로 연관이 있는 무언가가 아닌 뉴먼과 플라워즈의 성과를 보여준 것으로 밝히기는 했지만, 그의 저서는 거대한 규모의 작전활동을 최초로 엿볼 수 있게 해주었다. BBC에서 1970년대에 밝혀진 내용들과 더불어 랜들의 조사 대부분을 텔레비전 프로그램으로 제작했고, 이 중 하나가 1977년 초에 방영된 〈비밀 전쟁The Secret War〉이었다.

1969년 이후 동성애자들은 해방을 맛보기 시작했고, 이것은 1970년대에 앨런 튜링에 대한 생각에 변화가 생겨났다는 것을 의미했다. 이는 비록 몽고메리 자작과 그 외 사람들의 피나는 노력에 의해 지연되기는 했지만 1967년의 성범죄법에 의해 법제화된 울펜덴 보고서Wolfenden report(1957년에 영국에서 "성인 사이의 합의로 이루어진 사적인 동성 간 성행위는 더 이상 범죄 행위로 취급받아서는 안 된다"라는 주장을 골자로 하는 동성애 범죄와 매춘에 관한 보고서—옮긴이)의 결과가 아니었다. "성인 사이의 합의"에서 연령을 21세로 제한하면서 합리화되고 근대화된 이 법은 튜링의 범죄를 여전히 범죄로 남겨놓았다.* 이런 시대적 상황은 '문제'의 개념을 뒤집었던,

---

* 이것이 항상 인정을 받은 것은 아니었다. 대표적인 관점이 크리스토퍼 에반스Christopher Evans의 저서 『마이티 마이크로The Mighty Micro』(Gollancz, 1979)에서 드러났는데 이것이 아마도 재판에 관한 언급을 최초로 광범위하게 전파한 책이었을 것이다.

　…그의 삶은 비극으로 끝났다. 타인을 거의 신뢰하지 않았던 고독한 인간이었던 그는 동성애가 범죄로 여겨지던 시대에 동성애 행위를 하기도 했다. 어찌 되었든 그는 법에 의해 쓸려나갔고, 슬프고 안타까운 세부사항들은 냉혹했으며 어쩌면 지나친 것이었다. 그리고 어느 날 밤에 우울감과 환멸감을 안고 그는 자신의 방에서 청

다시 말해 사회가 개인에게 문제인 것이지 그 반대가 아니라고 보는 미국 자유주의의 짧은 르네상스와 같은 것이었고, 앨런 튜링의 삶을 재발견할 수 있는 환경을 만들어주었다. 그가 동성애자라는 사실을 말할 수 있는 것에 그치지 않고, 그의 자부심과 완강함, 그리고 동성애가 감추어야 하는 것이 아니라고 주장했지만 한편으로는 매우 사적이고 내성적이고 수줍음이 많은 남성이었던 그가 시련을 견딜 수 있게 해주었던 정신력의 진가를 알아보게 해주었다.

이런 과정들을 통해 1970년대에는 앨런의 생전에 (그를 제외한) 누구도 생각하지 못했던 방식으로 '앨런 튜링이 누구인가'를 알 수 있게 되었다. 나는 이런 모든 과정에 매료된 사람들 중 한 명이었다. 내가 처음으로 앨런 튜링이라는 인물을 알게 된 때는 1968년 여름이었고, 이 시기는 컴퓨터 공학의 인기가 급등하던 때였다. 나는 수학과 학생이었고, 인공두뇌학과 튜링기계에 대한 책을 읽었다. 그러나 사실 나는 이 분야를 연구할 생각이 없었고 수리물리학 분야에 관심이 있었다. 그래서 1972년부터 대학원을 다니면서 로저 펜로즈 교수로부터 상대성이론과 양자역학을 배우며 펜로즈의 트위스터 이론을 연구했다.*

그러나 1973년에 앨런 튜링의 이름이 이번에는 다른 방면에서 다시 내 귀에 들어

산가리를 넣은 사과를 먹고 삶을 마감했다.

1977년에 홀즈베리 경은 '성인'의 연령을 18세로 낮추려는 시도를 물리쳤고, 돈이 연관되든 아니든 상관없이 모든 종류의 길거리 만남은 여전히 불법이었다. 더 나아가 동성애 범죄로 고발된 사례들은 1967년 이후 대략 3배로 증가했고, 최근에는 1952년 수준의 2배에 달한다. 성생활을 국가가 관리하는 상황은 1950년대 이후 변했지만 젊은이와 길거리 생활과 관련된 요소들은 그때나 지금이나 범죄로 간주되고 있다. 『마이티 마이크로』가 더 직접적으로 말하고자 하는 주제는 '슬프고 안타까운 세부사항들이 죄를 범했는지 여부에 상관없이 경찰과 고용주, 보안 관계자들이 활용할 수 있도록 저장되면서 컴퓨터가 '법으로 쓸어내는' 훨씬 더 포괄적인 과정을 용이하게 해준다는 것이다. 특히 신원 조회 과정은 동성애자가 국가적으로 중요한 모든 것에 다시는 접근할 수 없도록 방지하는 것이 목적이다. 어떤 주장을 하든 이들은 과거에만 머물러 있는 이슈들이 아니다. 또 화학적 거세의 '세부사항' 역시 끝난 문제가 아니다.

* 트위스터는 일반적으로 알고 있는 것과는 다른 공간과 시간을 설명하는 공식을 가능하게 해주는 기하학적 물체로서 "경이로운 빛의 쌍곡면Hyperboloids of wondrous Light"이라고는 할 수 없다. 그러나 이것은 광선을 기초로 하고 있으며 트위스터 이론의 목적은 일반상대성이론과 양자역학의 통합에 있었다. 그래서 앨런 튜링의 마지막 메시지는 내게 특별한 의미가 있었다. 그리고 너무나도 인상적이고 독창적인 이론을 연구하고, 뛰어난 인물 밑에서 작업할 수 있는 영광은 내가 앨런 튜링에 다가갈 수 있게 해준 아주 중요한 요소였다.

왔다. 나는 그 당시 런던 게이해방전선London Gay Liberation Front 내부에 형성된, 동성애의 의학적 모델을 비판하는 소논문을 작성하는 단체의 일원이었다. 다른 일원들 중 한 명인 데이비드 허터David Hutter가 닉 퍼뱅크로부터 앨런 튜링 이야기의 결말에 대해 들은 적이 있었다. 우리는 앨런의 비밀 작업에 대해 몰랐고, 호르몬 치료가 그의 연구에 끼친 영향으로 그의 죽음을 설명할 수 있다고 믿으면서 우리의 주제를 설명하기 위해 이 아이디어를 소논문에 포함했다. 튜링 사망 20년 후, 작지만 공개적인 최초의 항의의 목소리가 나온 것이다.

수년간 마음 한편에 도사리고 있다가 1977년 2월 10일, 무슨 일이 발생했는지 더 알아보아야 한다는 사명감이 갑자기 전면으로 튀어 올랐다. 이날 옥스퍼드에서 로저 펜로즈의 연구팀과 점심식사를 하면서 《마인드》의 유명한 논문에 대해 대화를 나누었다. 이 대화로 나는 튜링의 아이디어에 흥미를 가졌던 과거를 떠올렸다. 그리고 이와는 상관없이 간밤에 방영된 블레츨리 파크에 대한 BBC 프로그램에 대해 생각했다. 로저 펜로즈는 앨런 튜링에 대해 잠시 언급했다. 그는 오래전부터 앨런에 대해 "죽을 때까지 시달린" 사람이라고 들어왔지만 최근에는 "백작 작위를 받을 자격이 있는" 사람이라는 소문이 돌았다. 어떤 것도 명확하거나 개연성이 없었고, 내가 그에게 무슨 일이 있었는지에 대해 논리 정연한 해석을 할 수 있기 3년 전이었다. 그러나 다음과 같은 시를 떠올리기에 충분했다.

전쟁, 오, 전쟁만을 위한 병사들이 아닌,
멀리, 멀리서 아무 말 없이 뒤에서 기다리며 서 있다
이제 이 책에서 진격한다.

무언가를 해야 했고 지금이 적시였다. 첫 번째 단계는 위에 대부분 언급되었던 현존하는 서적들을 수집하는 일이었다. 물론 내 조사에 필수적인 단계였다. 나는 튜링에 대한 원본 자료들을 조사했고, 이에 대해 내가 첫 번째로 감사를 표할 사람은 튜링 부인이었다. 그녀의 책에 따르면 그녀가 앨런에게 언젠가 전기를 작성할 작가가 활용할 수 있게 자료들을 모아두고 있다고 말한 적이 있으며 그가 마지못

앨런 튜링의 이미테이션 게임

해 찬성했다고 했다. 물론 그녀는 아들이 학창 시절부터 작성한 편지를 보관했고, 전기를 작성하는 데 활용했다. 그리고 1960년에 이것들을 케임브리지의 킹스 칼리지 도서관에 마련된 작은 보관소에 맡겼다.* 그녀는 책을 집필하면서 알게 된 특정 서신 같은 다수의 부수적인 아이템을 77통의 편지에 추가했다. 다른 아이템은 셔본학교에 기증했다.

  튜링 부인은 1976년 3월 6일에 94세의 나이로 사망했고, 그렇기 때문에 나를 알지도 못했으며 대서양 전투에서 자신의 아들이 무슨 일을 했는지도 몰랐다. 그녀는 사망하기 전에 그 당시에 에든버러대학교 지능기계과 교수인 도널드 미치가 회장을 맡게 될 A. M. 튜링 트러스트 A. M. Turing Trust 단체에 재산을 기부했다. 또 1977년에 내가 처음으로 조사를 시작했을 때 단체 이사들은 남아 있는 모든 튜링 관련 자료들을 킹스 칼리지 문서 수장고에 맡겼다. 이 자료들은 1954년부터 로빈 갠디가 보관해오고 있던 것들로, 그는 이제 옥스퍼드대학교의 유명한 수리논리학자가 되었다. 그리고 1977년에 옥스퍼드대학교 현대 과학 기록보관소의 제니 앨튼 Jeannine Alton이 자료들을 분류하고 정리했다. 내가 조사를 시작한 그해에 옥스퍼드대학교에서 튜링의 발자취에 초점을 맞추고 있었다는 점은 우연의 일치였지만 내가 조사 초기에 필요한 정보를 얻는 데 도움이 되었다. 이 시점에서 초반부터 필요한 지원과 자료들을 모을 수 있게 도움을 준 로빈 갠디와 도널드 미치, 제니 앨튼, 그리고 튜링 트러스트의 다른 관계자들에게 특별히 감사의 말을 전하고 싶다. 1977년부터 이 외에도 많은 사람들이 이 책을 완성하는 데 아주 중요한 역할을 담당했다. 그중에서도 내 아이디어가 아직 불완전했던 시기에 도움을 주었던 사람들에게 특별히 고마운 마음을 간직하고 있다. 물론 이들의 도움을 내가 활용한 결

---

* 몇몇은 분실되었다. 1941년 앨런의 약혼 발표와 관련된 모든 자료가 빠져 있었다. 튜링 부인 또한 어느 정도 소극적으로 편지에 대한 검열을 했는데, 모든 불완전한 은폐가 다 그렇듯 검열자의 불안만 노출시킬 뿐이다. 한 문장만이 실제로 읽지 못하게 되어 있었는데, 아마도 1941년 약혼에 대한 언급이었을 것 같다. 또한 내가 앨런 튜링의 전기를 작성하는 데 격려가 되었던 린 뉴먼에게도 큰 빚을 졌다고 느낀다. 튜링 부인의 전기에 작성한 서문에서 그녀는 이 책을 "미래의 전기 작가들을 위한 자료집"이라고 했다. 그리고 내게 이 책이 정확히 그런 책이었다.

과에 대한 책임은 전적으로 나에게 있다. 그리고 자료들에 대한 해석 역시 마찬가지이다.

더 많은 자료를 보유하게 된 킹스 칼리지의 문서 수장고는 문서화된 자료를 제공해주는 핵심 기관이었다. 이 점에 있어서 앨런 튜링에게 감사한다. 그는 양식화된 편지나 학문적인 범위를 벗어나는 서신의 첨부물을 보관하지 않았지만 자신의 지적 생활에서 중요한 부분을 차지했던 것들 대부분을 간직했다. 실제로 그는, 비록 그가 사망한 뒤에 버려졌지만, 별자리본과 제타함수 기계 톱니바퀴를 간직하고 있었다. 배움과 발전에 많은 관심을 가졌던 그는 자신의 과거에 신경을 쓰고 있었음이 분명했다.

1977년에 이미 많은 자료를 수집할 수 있었고, 이후로 다수의 개인 자료와 공공 자료에서 더 많은 문서를 입수했다. 그리고 컴퓨터 역사에 대한 관심이 점점 커져가면서 다른 조사자들이 연구한 튜링과 관련된 최근 정보를 얻을 수 있었다. 그러나 수집한 문서들 자체만으로는 여전히 앨런 튜링의 초상화를 완성할 수 없었다. 그를 알았던 많은 사람들과의 만남이 있어야만 이 그림을 그리는 것이 가능했다. 여기서 다시 한 번 내가 그리려고 하는 대상에게 제일 먼저 감사를 전한다. 그는 내가 지속적으로 빠져들게 만드는 선의로 행해진 많은 것들을 남겼다. 이 책을 집필하기 위한 조사에서 얻은 것들에 적합한 단어는 '정보'라기 보다는 '경험'이었다.

일련의 기호들을 내 타자기로 치는 작업은 컴퓨터가 수행한 모든 것과 큰 차이를 보였다. 또한 다른 사람들의 삶을 너무도 많이 성가시게 해야 했다는 점에서 내 수학 연구와도 달랐다. 이 책이, 수집한 사실들을 단지 열거하는 것이 아니라 삶에 대해 쓴 진정한 전기라면, 그것은 사람들이 이런 성가심을 허락해주고 자신들의 삶에 여전히 영향을 끼치고 있던 말과 생각을 내게 전해주었기 때문이다. 가슴속에 묻어둔 이야기를 끄집어내는 이런 일들은 사실 몇몇 곤란한 (그리고 종종 감동적인) 순간들을 수반했다. 아놀드 머레이도 자신이 기억하는 이야기를 내게 들려주면서 25년 동안 자신의 삶을 짓누르고 있던 아픔을 떨쳐냈다. 그는 1954년에 앨런 튜링의 사망소식을 듣고 맨체스터로 돌아갔다. 그는 앨런의 죽음이 자신의 잘못이라고 느꼈고, 죽음과 관련된 더 큰 맥락을 전혀 알지 못한 채 감히 입 밖에 낼 수조차 없는 깊은 죄책감을 가졌다. 그는 1960년대에 음악인으로 성공했고 결혼도 했지만, 이런 그의 삶도 1980년에 모든 것을 이해하게 되기 전까지 그가 가진 트라우마를 해결해줄 수 없었다.

이 한 사례만으로도 내게 도움을 준 사람들에 대한 고마운 마음을 그저 형식적인 감사의 말을 전달하는 것으로는 부족하다는 것을 보여주기에 충분하다. 몇몇 사례들의 경우 이 책에서 이 점이 아주 분명하게 드러나는 한편, 다른 사례들에서는 얼마나 큰 신세를 졌는지 드러나지 않는다. 다음 명단이 모든 사람들의 이름을 포함하고 있지는 않지만 그래도 나는 앨런 튜링의 삶을 재구성하는 데 아낌없는 도움을 준 이 사람들과 다른 많은 사람들에게 감사의 마음을 표하지 않을 수 없다.

J. 앤더슨, 제임스 앳킨스, 던 앳킨슨, 밥 아우겐펠트, 패트릭 바네스, 존 베이츠, S. G. 바우어, 도널드 베일리, R. 비든, G. 블랙, 빅터 F. 뷰텔, 매튜 H. 블레이미, R. B. 브레이스웨이트, R. A. 브루커, W. 바이어스 브라운, 메리 캠벨(결혼 전 성은 윌슨), V. M. 캐넌 브룩스, 데이비드 챔퍼노운, A. 처치, 조안(결혼 전 성은 클라크), R. W. 클레이턴, 존 크로프트, 도널드 W. 데이비스, A. S. 더글러스, 로이 더피, D. B. G. 에드워즈, 랄프 엘웰-서튼, E. B. 에퍼슨, 알렉스 D. 파울러, T. H. 플라워스, 니콜라스 퍼뱅크, 로빈 갠디, A. 글리슨, A. E. 글리니, 해리 골롬벡, 잭 굿, E. T. 굿윈, 힐라 그린바움, 필립 홀, 아서 해리스, 데이비드 해리스, 케네스 해리슨, 노먼 히틀리, 피터 힐튼, F. H. 힌슬리, 피터 호그, N. E. 호스킨, H. D. 허스키, 네빌 존슨, R. V. 존스, W. T. 존스, T. 킬번, 네오 크눕, 월터 H. 리, 제임스 라이트힐 경, R. 록턴, D. C. 맥페일, 맬컴 맥페일, 윌리엄 맨스필드 쿠퍼 경, A. V. 마틴, P. B. C. 매튜스, W. 메이스, P. H. F. 머마겐, J. G. 미첼, 도널드 미치, 스튜어트 밀너-배리 경, 루퍼트 모컴, 아놀드 머레이, D. 닐드, E. A. 뉴먼, M. H. A. 뉴먼, 존 폴라니, F. V. 프라이스, J. W. S. 프링글, M. H. L. 프라이스, 데이비드 리스, B. 리처즈, T. 리머, K. V. 뉴먼, 노먼 루틀리지, 데이비드 세이어, 클라우드 E. 섀넌, 크리스토퍼 스티드, 제프 투틸, J. D. 트러스트람 이브, W. T. 튜트, 피터 트윈, S. 울람, J. S. 바인, A. G.

D. 왓슨, R. V. B. 웹과 웹 부인, W. 고든 웰치먼, A. E. 웨슬리, 패트릭 윌킨슨, J. H. 윌킨슨, 시슬리 윌리엄스(결혼 전 성은 팝플웰), R. 윌스, 마이크 우저, 숀 와일리.

이들처럼 앨런과 직접적 연관이 있었던 사람들 외에도 내 질문에 답을 해주고 원고 논평을 해주는 등 다양한 방식으로 작업에 도움을 주었던 수많은 사람들이 있다. 이 중 몇몇만 언급하자면 다음과 같다.

A. O. 차이드스(셔본학교), J. E. C. 이네스(셔버니언 소사이어티), V. 노엘스(맨체스터대학교), 사이먼 라빙턴(맨체스터대학교, 컴퓨터공학부), 데이비드 레이(《가디언》), 줄리언 멜드럼(홀-카펜터 기록보관소, 런던), J. E. 타일러(국립보존기록관, 워싱턴), 크리스토퍼 앤드루, 던컨 캠벨, 마틴 캠벨-켈리, 피터 채드위크, 스티븐 코헨, 싸이 데버스, 로빈 데니스턴, 피셔 딜크, D. 더닐, 제임스 플렉, 스티브 힉스, 데이비드 허터, 데이비드 칸, 피터 로리, 버나드 러벨 경, J. 마운더, 로저 펜로즈, 펠릭스 피라니, 브라이언 랜들, 제프리 웍스.

내 불완전한 생각을 구체적인 형태를 갖춘 책으로 만드는 데 결정적인 역할을 한 사람이 있다. 바로 내게 이 책을 집필해 줄 것을 제의한 피어스 버네트이다. 그는 내가 이 책을 집필하면서 겪었던 모든 어려움들을 지켜보았고, 수많은 초고를 읽고 조언을 아끼지 않았다. 사실 최초로 연락을 취했던 곳은 피어스 버네트가 편집장으로 있었던 안드레 도이치André Deutsch 출판사였다. 이곳에서 내게 선금으로 5,500파운드를 지급했다(1981년에 출판사에 문제가 생겨 책을 완성하려면 다른 출판사로 옮길 수밖에 없었다. 영국 초판은 허친슨 출판사Hutchinson Publishing Group와 손잡고 버네트 북스Burnett Books에서 출간되었다). 이 외에 다른 지원금이나 보조금 같은 것은 없었다. 이것이 출판사 기준에서는 관대한 처우였고, 이 책이 출간되느냐 되지 않느냐 하는 차이를 만들어냈지만 1978년부터 1980년까지 2년에 걸쳐 작업에만 몰두한 시간을 쉽게 보상해주지 못했다. 어느 것도 쉽지 않았다. 이런 제약에 좋은 점이 있었을지 모르지만 분명한 것은 이로 인해 나는 친구와 친구의 친구와 또 그 친구의 친구에게 신세를 지게 되었다는 것이다. 예를 들어 미국에서의 기록보관소 조사와 인터뷰는 내게 머물 곳을 제공해준 사람들이 없었다면 불가능했을 것이다. 만족스러운 결과를 얻지 못했을 때의 긴장과 불안을 인내심을 가지고 받아주었던 이들(특히 피터 채드위크와 스티브 힉스)도 있었다.

피어스 버네트 외에도 나와 이 책의 가치를 공유하는 사람들과 내가 포기하지 않고 계속 집필할 수 있게 해주며 정신적으로 지지를 보내주었던 사람들이 있었다. 이들 중 한 사람이 매우 유용한 말을 해주었는데, 내가 다른 사람들이 발견할 수 있는 무언가를 남겨두어야 한다는 것이었다. 분명 내가 찾지 못했거나 따라가지 못한 길이 있을 수 있다. 너무 심각한 것이 아니기를 바라지만 빼먹은 것도 있고 오류도 있을 것이다. 어쩌면 전자책이 종이책의 종말을 야기한다면 끊임없이 개정판을 출간하는 것이 가능해질 것이다. 그러나 어느 시점에서 선을 그을 필요가 있다. 나는 내가 수집한 자료들을 케임브리지의 킹스 칼리지에 보관하기 위해 현대 과학 기록보관소로 넘길 것이다. 그리고 앞으로 수정이나 추가한 부분이 생길 경우에도 마찬가지일 것이다. 튜링 연구를 지속함에 있어서 중요한 점은 세상이 변하면서 앨런 튜링에 대한 관점도 변할 것이라는 사실이다. 이 책을 집필하는 동안에도 '컴퓨터'라는 단어가 가진 사회적 의미가 변했다. 앨런이 마음속에 그리던, 규모와 속도 면에서 ACE와 맞먹는 만능기계는 이제 내 책상 위에 놓여 있다. 내 손바닥보다도 크지 않다. 봄베에 적용된 알고리즘은 이제 베이식BASIC으로, 단 몇 줄을 넘기지 않는다. 개인용 컴퓨터와의 상호작용은 이제 수십만 명의 사람들에게 일상적인 일이 되었고, 저장하고 화면에 표시하고 확인하기 위해 컴퓨터와 씨름하는 일도 없어졌다. 앞으로 무슨 일들이 발생할지 알 수는 없지만 이런 발전이 과거에 대한 인식을 바꾸어놓았다. 유전공학의 발전이 정보통신 기술의 발전에 필적한다면, 앨런의 마지막 연구가 다시 새롭게 조명을 받을 날이 올지도 모른다.

아마도 앨런 튜링은 기계가 언젠가는 책을 쓸 수 있는 날이 올 것이라고 생각했을 것이다. 1951년에 영국 페스티벌 개막에 맞춰 방송된 라디오 프로그램에서 그는 "몇몇 인간만이 가진 독특한 특성을 기계가 모방할 수 없다는 말로 티끌만 한 안도감을 제공하는 것이… 관습입니다. 저는 이 같은 한계가 정해질 수 없다고 믿기 때문에 이런 안도감을 줄 수 없습니다"라고 했다. 여기에는, 특히 인간의 독특한 특성, 즉 "성적 매력에 쉽게 흔들리는" 특성을 예로 들었을 때 부르주아들을 아연 실색하게 만드는 요소가 들어 있었다. 그는 "거의 확실한" 지능기계의 출현을 "인간이 돼지나 들쥐에 의해 대체될지도 모른다"라는 한 세기 전의 다윈설 신봉자들의 우려보다 더 긴급한, "우리를 걱정하게 만들 수 있는" 종류의 발전으로 설명하는 데 상당히 진지한 모습을 보였다.

나는 기술적인 문제들을 기계에 기꺼이 넘겨주겠지만(워드 프로세서는 글을 자르고 붙이는 작업을 몇 주씩 단축시켜줄 것이다) 이것들이 이 책을 구성하면서 겪은 진짜 어려움은 아니었다. 가장 적절한 사례 한 가지만 들자면 제일 힘들었던 문제는, 21세기에 과학적 생각과 인간의 삶 사이에 존재하는 간격을 극복하고 더 나아가 내 책이 실제로 이 간격을 강화시킬 것이라는 일부 사람들의 강력한 견해에 저항하는 것이었다. 나는 비록 고생을 조금 해야 했지만 내 생각을 밀고 나아가야 했다. 그리고 내 생각을 따르기 위해 내 생각을 실행에 옮겼다.

집필을 하면서 내 관심을 특별히 끌었던 사건 하나는 1979년에 출간된 더글러스 호프스태터Douglas Hofstadter의 저서 『괴델, 에서, 바흐Gödel, Escher, Bach』의 등장이었다. 이 책은 내 작업을 복잡하게 만들었는데 책의 핵심 내용이 내가 신경 쓰지 않았던 주제를 탐구했기 때문이다. 바로 괴델의 불완전성정리와 정신의 개념을 정의하면서 튜링이 주장한 결정 불가능성이었다. 나는 무한하고 정적이고 교란되지 않은 논리체계에 영향을 주는 것처럼 우리의 유한하고 역동적이고 상호작용하는 뇌에 이런 결과들이 직접적인 영향을 미친다고 믿지 않는다. 내 관점에서 훨씬 더 중요한 것은 인간의 지능이 사회적 환경에 의해 제약을 받는다는 것이지만, 이것은 다른 많은 설명들에서 그러는 것처럼 호프스태터가 자신의 저서에서 변두리로 밀어내버린 문제이다. 반면 나는 이것을 중심에 놓았다. 앨런 튜링 삶의 연구는 괴델의 역설로 인간 지능에 한계가 있는지 없는지를 보여주지 않는다. 지능이 환경에 의해 꺾이고 파괴되는 것을 보여준다. 그러나 지능기계가 왜 세속적인 현실에 의해 제약을 받아야 하는가? 앨런이라면 이렇게 물었을 것이다. 물론 똑똑한 기계가 정치 체계system의 말도 안 되는 요구에 이용될 수 있다고 추정할 수 있는 근거가 많이 존재하는 것처럼 보인다. 학계에서는 너무 쉽게 훨씬 더 이론적인 사항들에 집중한다.

이런 이유로 내가 우려하는 점들은 앨런 튜링이 언급했던 것과는 조금 차이가 있다. 나를 가장 걱정스럽게 하는 것은 기계가 '생각'을 하느냐 안 하느냐가 아니라 국가에서 이런 '생각'이 위치하고 있는 자리이다. 우리에게 주어진 현대판『상심의 집Heartbreak House』(1917년에 발표된 버나드 쇼의 희곡—옮긴이) 같은 상황에서 나는 누군가의 지능이 아닌 돼지와 들쥐들이 승리할까 두렵다.

여기에 제시된 주석은 모든 진술의 출처를 완벽하게 밝히고자 작성된 것은 아니다. 본 주석의 용도는 다음과 같다. (1) 직접 인용의 출처, (2) 본문에서 언급된 문서와 출간물 정보, (3) 앨런 튜링에 대한 직접적 정보를 담고 있는 문서 목록, (4) 자료에 대한 견해 등 본문 외적으로 추가 논의가 필요한 사항들. 본문에서 이미 충분히 명시했다고 판단되는 자료는 주석에 포함시키지 않았고, (킹스 칼리지 문서 수장고에 보관되어 있는) 앨런 튜링이 집에 보낸 편지 역시 일일이 출처를 밝힐 필요는 없다고 보았다. 학술계에서 하듯 인터뷰에서 얻은 정보의 출처를 '개인적 대화'라고 밝히지도 않았다. 이러한 방식으로 새롭게 드러날 것이 없기 때문이다. 어찌 됐든 독자는 내가 이 전기에서 제공하는 자료를 역사 집필가처럼 공정하고 객관적으로 다룰 것이라 신뢰를 가져야만 할 것이다. 이 주석은 또한 참고문헌으로서는 불충분하다. 그러나 앨런 튜링의 연구와 관련된 모든 문헌을 포함시키는 일은 사실상 이 책의 범위를 훌쩍 뛰어넘는 일이다. '추가 참고 도서'도 그런 면에서 마찬가지로 불충분하다. 그러나 하나의 예외로 다음의 참고 도서 한 권을 추가하고자 한다. 『오늘날의 수학Mathematics Today』(ed. L. A. Steen, Springer Verlag, 1978).

또한 다음과 같은 약어가 책 전반에 걸쳐 쓰였다.

EST: 사라 튜링이 쓴 튜링의 전기, 『Allen M. Turing』(Heffers, Cambridge, 1959).

KCC: 케임브리지 킹스 칼리지 도서관에 위치한 문서 수장고로, 앨런 튜링의 편지 및 문서들이 보관되어 있다.

·제1장·

1.1. 『The Lay of the Turings』. 대략 1850년에 노팅엄 주교이자 7대 남작의 사위인 헨리 매켄지Henry Mackenzie 목사에 의해 작성되었다. 결함 있는 절도 원문 그대로임. 보다 덜 낭만적인 계보학은 버크Burke의 준남작 작위 책에 자세히 나와 있다.

1.2. H. D. 튜링의 딸인 페넬로피 튜링Penelope Turing이 『Lance Free』(1968)라는 제목의 자서전을 썼다.

1.3. 줄리어스 튜링의 근무 기록은 런던의 인도청 도서관India Office Library에 있다.

1.4. 스토니의 계보학은 버크의 『Irish Family Records』에 나와 있다.

1.5. 『The Road to Wigan Pier』, 2부(Gollancz, 1937).

1.6. 미출간 자서전, 『The Half Was Not Told Me』.

1.7. EST에 인용됨. 앨런 튜링 사망 후 튜링 부인에게 보낸 편지 중.

1.8. 원 제목은 『A Child's Guide to Living Things』(Doubleday, Page & Co., New York, 1912).

1.9. 튜링 부인은 앨런 튜링이 헤이즐허스트에서 보내온 편지 16장과 셔본에서 보내온 편지 6장을 KCC에 맡겼다. 이 책에 인용된 첫 번째와 두 번째 편지에는 사실 1923년도라는 해가 적혀 있지 않았다. 연도는 앨런 튜링의 어머니가 추측하여 주를 단 것이고, 이 추측은 헤이즐허스트에서 일요일이 편지 쓰는 날이었다는 사실과도 부합한다.

1.10. 주 1.6과 동일.

1.11. 튜링 부인 자신의 말, EST에서 인용.

1.12. A. B. Gourlay, 『A History of Sherborne School』(Sawtells, Sherborne, 1971).

1.13. 《The Western Gazette》, 1926년 5월 14일.

1.14. Alec Waugh, 『The Loom of Youth』(Richards press, 1917). 알렉 워는 1911년에서 1915년까지 셔본에 재학했다.

1.15. Nowell Charles Smith, 『Members of One Another』(Chapman & Hall, 1913). 1911~1913년 동안의 설교 모음집. 전쟁 전 시대에서 인용하는 것이 다소 시대착오적으로 보일 수도 있지만, 자료를 종합해보면 1926년 이후 변한 것이 거의 없다고 한다.

1.16. 여기서부터 앨런 튜링의 학교 성적표에 적힌 견해를 인용함. 이 자료들은 튜링 부인이 셔본학교 도서관에 기증한 것이다.

1.17. D. B. Neild가 저자에게 보내온 편지(1978.12.23).

1.18. A. H. T. Ross는 방대한 회고록, 『그들의 전성기Their Prime of Life』(Warren Sons, Winchester, 1956)를 펴냈다. 1928년에 발행된 '기숙사 통신문House Letter'은 특유의 스타일과 내용을 아주 잘 보여주고 있다.

1.19. M. H. Blamey가 저자에게 보내온 편지(1978.7.9.)에서 인용.

1.20. 주 1.12와 동일.

1.21. Canon D. B. Eperson이 저자에게 보내온 편지(1978.1.16.)에서 인용.

1.22. 다음 책의 영어 번역본을 지칭한다. Albert Einstein, 『상대성이론: 특수 이론과 일반 이론Relativity: The Special and the General Theory』(R. W. Lawson 옮김, Methuen, 1920). 유감스럽게도 앨런이 상대성이론을 언제, 어떻게 발견하게 되었는지는 불확실하다. 튜링 부인은 KCC에 보관된 앨런의 메모

가 담긴 노트가 1927년 크리스마스에 앨런이 자신에게 선물한 것이라 주장하고 있다. 그 당시 교사들이 만장일치로 앨런이 자신의 생각을 잘 표현하지 못한다고 평가했던 것을 고려하면 엄청나게 이른 시기인 셈이다. 그 노트는 뒷면에 1928년과 1929년 달력이 포함되어 있는 것으로 보아 1927년 크리스마스에 판매되었다고 볼 수는 있을 것이다. 하지만 이같이 이른 시기는 앨런이 1928년에야 출간된 에딩턴의 책을 통해 측지운동법칙에 대해 알게 되었으리라 가정했을 때 시기적으로 맞지 않는다. 따라서 나는 잠정적인 타협안으로 1928년 후반을 배경으로 이야기를 구성했다. 앨런 튜링에게는 공평하지 않은 처사일지 모르고, 앨런의 지적 성장과 셔본의 앨런에 대한 평가가 얼마나 달랐는지 그 차이를 축소하는 결과를 낳을지도 모르겠다. 1929년 8월 19일 크리스토퍼 모컴이 편지에서 상대성이론을 언급할 때까지 다른 증거는 찾을 수 없었다. 이 편지는 적어도 그들이 이 주제에 대해 이야기를 나눴음을 보여주고 있다. 다른 증거를 보려면 주 1.27 참조. 관련된 질문 하나는 앨런 튜링이 어떻게 아인슈타인과 에딩턴의 책을 발견했을까 하는 문제인데, 셔본의 도서관 사서나 다른 도움이 있지 않았을까 사료된다. 우리의 지식이 때로 얼마나 불완전할 수 있는지 잘 보여주는 하나의 사례라 할 수 있겠다.

1.23. 인용된 구절은 1930년과 1931년에 앨런 튜링이 모컴 부인에게 쓴 편지와 노트에 등장한다(주 1.26 참조).

1.24. 이 성적표는 학교 성적표와 함께 셔본에 보관되어 있다. 튜링 부인은 이 성적표가 1929년 아니면 1930년에 작성되었다고 주를 달았으며, 내가 이것을 1929년으로 기록한 것은 단지 추측에 의한 것임을 밝힌다.

1.25. A. H. T. Ross(주 1.18 참조)는 방학 때 다른 기숙사 학생으로부터 초대를 받는 일의 위험에 대해 특별히 언급하고 있다. 그의 발언은 1954년 봄과 여름에 발행된 통신문의 '문제들'난과 '경향'난에 실렸는데, 기묘하게도 몬터규 재판의 영향에 대한 견해와 앨런 튜링의 사망 소식 사이에 배치되었다.

1.26. 앨런 튜링은 크리스토퍼 모컴에게서 받은 편지 및 다른 유품들을 보관했다. 1931년에 모컴 부인은 그 편지들을 모두 베껴 사본을 만들었다. 앨런 튜링이 평생 간직했던 편지 원본들은 그가 사망한 후 회수되었다. 모컴 가족은 또한 크리스토퍼의 사망 직전, 그리고 그 후 앨런 튜링이 썼던 편지들도 보관했다. 이 모든 가족 문서를 사용할 수 있게 해준 루퍼트 모컴 씨에게 깊이 감사드린다.

1.27. KCC에 보관된 편지 중 1926년 5월과 이 편지 사이에 쓰인 편지는 없다. 앨런이 간접 인용한 구절은 에딩턴의 책(Sir Arthur Eddington, 『The Nature of the Physical World』, Cambridge University Press, 1928) 215쪽에 나온다. 이 무렵 앨런이 에딩턴의 상대성이론 해설을 이해하고 있었다는 좋은 증거라 할 수 있겠다. 여기서 앨런이 언급한 새로운 양자역학이론은 훨씬 후에 나온 것이기 때문이다.

· 제2장 ·

2.1. 이 편지는 KCC에 보관되어 있지 않다. 이 시기에 앨런 튜링이 부모님께 받았던 편지 또한 찾을 수 없었다. EST에 따르면 앨런 튜링은 이 편지들 또한 평생 동안 보관했다고 한다. 이렇게 기록이 유실되면서 특히 부자간의 관계를 어렴풋이나마 들여다볼 수 있는 기회가 박탈된 것이다. 튜링 부인은 훗날 하고 싶었던 말을 했지만, 튜링 씨가 어떤 역할을 했는지는 다른 많은 경우와 마

찬가지로 이 경우에서도 완전히 지워졌다.

2.2. 앨런 튜링 사후에 A. J. P. Andrews가 튜링 부인에게 보낸 편지. EST에 인용됨.

2.3. L. Knoop 소령이 저자에게 보내온 편지(1979.1.24.).

2.4. 이 시기, 그리고 다른 어떤 시기에 쓰인 일기장도 남아 있지 않다.

2.5. Patrick Barnes가 저자에게 보내온 편지(1979.2.12.).

2.6. 『Mathematical Recreations and Essays』(Macmillan). 앨런 튜링이 본 것은 1922년 판이었다.

2.7. 1971년, Alfred W. Beuttell(1880~1965)에 관한 짧은 전기가 빅터 뷰텔 본인의 의뢰하에 개인 소장 용으로 출판되었다. 제목은 『리놀라이트등을 만든 사람The Man Who Made Linolite』.

2.8. 《The Shirburnian》, 36호, 113쪽.

2.9. C. Reid, 『Hilbert』(George Allen & Urwin ; Springer Verlag, 1970).

2.10. 주 3.3과 동일.

2.11. 이 논문은 《J. Lond. Math. Soc.》(1933) 8호에 실렸다. 챔퍼노운의 연구 결과는 '정상 수normal number'에 대한 것이었는데, 19세기 이후 계속 논의되어왔던 실수 체계에 대한 연구를 비교적 가 볍게 응용한 것이었다. '정상' 수는 각각의 소수점 자리에 0에서 9까지의 10개 숫자가 균등하고 고르게 포함된 수로 정의되었다. 실수를 '무작위'로 고르면 '정상' 수일 가능성이 100퍼센트라는 것이 이미 알려져 있었지만, '정상 수'의 실제 예를 든 것은 챔퍼노운이 처음이었다. 앨런 튜링은 나중에 이 문제에 대해 상당히 관심을 가졌다. 무작위성에 대한 그의 관심과 연결되는 부분이 있 기 때문이지만, 계산 가능성 개념과도 유사점이 있었다. '무작위적인' 실수는 계산이 불가능할 가능성이 100퍼센트였기 때문이다. 그러나 챔퍼노운이 예를 들었던 것처럼 실제로 계산 불가능 한 수를 제시하는 것은 상당한 노력을 필요로 하는 일이었다. KCC는 G. H. 하디와 앨런 튜링 이 '정상 수'에 대해 쓴 편지를 보관하고 있다. 날짜는 쓰여 있지 않지만 1930년대 후반으로 추정 된다.

2.12. 날짜는 없었지만, 이 글은 클락하우스 편지지에 쓰여 있었다. 따라서 앨런 튜링이 클락하우스를 방문했을 때 작성한 것으로 볼 수 있다. 루퍼트 모컴 씨는 이 글이 1933년 전에 쓰였을 것이라고 했는데, 서체를 보면 신빙성이 있는 말이었다. 나의 추측은 맥태거트에 대한 언급이 나온 것으 로 보아 1930년은 너무 이르고, 글 쓰는 방식도 앨런 튜링이 케임브리지에서 더 폭넓은 지적 경 험을 쌓은 뒤 구축한 것으로 보인다. 이런 모든 것을 고려하면 1932년이 유력하다. 그렇지만 이 런 생각은 1929년 이후 언제든 들었을 가능성이 있고, 사실상 이 글의 날짜는 크게 중요한 것은 아니다.

2.13. Laplace의 『Essai sur les probabilités』(Dover edition, 1951)의 영역본에서 인용.

2.14. 1954년 《The Shirburnian》에 실린 앨런 튜링의 부고 중.

2.15. EST에 인용된 Geoffrey O'Hanlon이 튜링 부인에게 쓴 편지.

2.16. A. W. Beutell, 「An Analytical Basis for a Lighting Code」, 《The Journal of Good Lighting》, 1934년 1월호.

2.17. 이 구절을 내게 알려준 W. T. Jones 교수에게 감사를 표한다. 그는 1937년 앨런 튜링에게서 받 은 인상에 대해 설명하다가 이 구절을 언급했다. 1938년에는 '나의 초창기 믿음'이라는 제목으로 케인스가 강연을 했는데, 사후에 『두 권의 회고록Two Memoirs』(Rupert Hart-Davis, 1949) 중 한 권으

로 출간되었다.

2.18. 사후에 발간된 『The Autobiography of G. Lowes Dickinson』(Duckworth, 1973).

2.19. 1933년 2월 4일자 《New Statesman and Nation》. 이 진보 언론은 여기서 동성애자를 의학적 치료가 필요한 대상으로 보았다.

2.20. J. S. Mill, 「자유에 대하여On Liberty」(1859). 앨런 튜링을 "J. S. 밀의 남자"라고 정의해준 사람은 로빈 갠디이다. 사실 나는 앨런의 비교 대상으로 좀 덜 실무적이고 덜 경쟁적인 자유주의자를 생각하고 있었는데, 이 논문에서 밀과 앨런의 세계관이나 신념이 겹치는 부분을 많이 볼 수 있었다.

2.21. 1913년에 쓰인 『모리스』는 E. M. 포스터 사후 1971년에 출간되었다.

2.22. 인용된 구절은 사실 쇼가 1944년에 쓴 것이지만, 1920년 쓴 〈메투셀라로 돌아가라〉의 서문 일부를 압축한 것과 다름이 없다.

2.23. 버트런드 러셀의 『Introduction to Mathematical Philosophy』(George Allen Unwin, 1919)는 기하학적 배경에 대해서는 다루지 않았고 페아노 공리계에 의미를 부여하는 문제로 시작한다. 하지만 논의에 더 일관성을 주기 위해 이 시점에서 힐베르트를 언급했음을 밝힌다.

2.24. 회의록은 케임브리지의 대학 도서관에 보관되어 있다.

2.25. 1933년 11월 10일자 《타임스》. 그러나 수학자들이 정치적으로 유리한 공식을 넘겨주었다 하더라도 사적인 내용 면에서는 양보한 것이 거의 없었다. "논리와 직관을 섞는"이라는 구절은 크게 새로울 것도 없는 말이었고(순서수 논리에 관한 앨런 튜링의 1938년 발언과 비교해보라), 괴델이 그때 막 연역 추론의 한계를 서술했던 참이기도 했다.

2.26. 이 수업의 교재로는 다음 책이 쓰였다. Whittaker and Robinson, 『The Calculus of Observations』, 1924.

2.27. Lindberg, 「Mathematishce Zeitschrift」 15(1922).

2.28. 앨런 튜링은 고급 과목을 6개 추가해서 스케줄B 시험을 치렀던 것 같다. 불행히도 수학과 기록만으로는 무슨 과목이었는지 알 수 없었다.

2.29. 앨런 튜링의 특별연구원 자격 논문인 「가우스 오차함수에 대하여On the Gaussian Error Function」는 출간되지 않았다. 타자기로 친 원본은 KCC에 보관되어 있다.

2.30. 주 2.9와 같음.

2.31. 괴델 논문의 영역본은 다음 책에서 찾아볼 수 있다. 『결정 불가능한 것The Undecidable』, ed. Martin Davis(Raven Press, New York, 1965).

2.32. 하디의 라우스 볼Rouse Ball 강연에서 인용. 1929년 「수학적 증명Mathematical Proof」이라는 제목으로 학술지 《Mind》에 실렸다.

2.33. 앨런 튜링의 논문 정보는 다음과 같다. 「좌우 개주기성의 등가Equivalence of Left and Right Almost Periodicity」, Journal of London Mathematical Society, 10(1935).

2.34. J. von Neumann, 「Transactions of the American Mathematical Society」, 36(1934).

2.35. 이 책과도 많은 접점을 가진 폰 노이만의 전기를 보려면 다음의 책을 참조할 것. Steve J. Heims, 『John von Neumann and Norbert Wiener』(MIT Press, 1980).

2.36. 앨런 튜링은 폰 노이만과 서신을 주고받았다. KCC에는 폰 노이만이 연도미상의 "12월 6일" 날

짜로 "친애하는 튜링 군"에게 보낸 단 한 개의 편지가 보관되어 있다. 앨런 튜링이 폰 노이만에게 제시한 위상기하학적 군 정리에 대한 내용이었다. 이 편지는 1935년에 쓰였을 가능성이 가장 높다. 폰 노이만의 편지에 우편선에 대한 언급이 있는 것으로 보아 1936년이나 1937년은 될 수가 없고, 1938년에 이르면 앨런 튜링의 연구 관심사가 이 분야에서 멀어졌기 때문이다. 국회 도서관에서 폰 노이만의 논문을 샅샅이 조사해보았지만 이 편지에 대한 정보를 더 이상 알아낼 수는 없었다.

2.37. 여기 인용된 앨런 튜링의 위대한 논문 정보는 다음과 같다. 「계산 가능한 수와 결정 문제 적용에 관하여On Computable Numbers, with an Application to the Entscheidungs problem」, 《Proceedings of the London Mathematical Society》 (2), 42(1937). 『The Undecidable』(주 2.31 참조)에도 같은 글이 실려 있다.

2.38. 앨런 튜링은 이 시기에 만능기계를 만들 생각이 있었을까? 이에 대한 직접적인 증거는 전혀 없었다. 게다가 논문상의 설계를 보면 실제적 고려 사항들은 전혀 염두에 두지 않았음을 알 수 있다. 그럼에도 뉴먼은 《타임스》에 앨런 튜링 부고를 다음과 같이 썼다. "당시 튜링의 '만능' 계산 기계에 대한 설명은 전적으로 이론적인 목적으로 쓰인 것이었다. 그러나 튜링이 모든 종류의 실험에 큰 관심을 가졌던 것을 감안하면 그때 이미 그런 기계를 실제로 만들 가능성에 흥미를 느꼈을 것이다." 뉴먼은 왕립협회 회고록에서는 이런 주장을 되풀이하지 않았고, 실제적인 측면을 굉장히 축소시켜버렸다. 그러나 그때도 '종이테이프'를 기호논리에 도입한 것이 얼마나 대담한 혁신이었는지에 대해서는 언급한 바 있다. 두 가지 논평 다 앨런 튜링의 구체성이 정통파 순수 수학자들에게 미친 영향을 반영한 것이었다. 그러나 부고 쓰는 다른 사람들과 마찬가지로 뉴먼 역시 기술의 발달사에서 튜링이 이뤄낸 업적을 상세히 기술하기보다는 앨런 튜링의 정신적 비정통성을 묘사하는 데 주력했다. 그나마 뉴먼의 언급 말고는 짐작할 수 있는 바가 전혀 없다. 내 생각을 말할 것 같으면, 1936년 이후 기계에 대한 관심이 앨런 튜링의 마음 뒤편에 줄곧 자리 잡고 있었을 것 같다. 그리고 어쩌면 앨런 튜링이 공학 기술을 배우고 싶어 했던 것도 그 때문이었는지도 모르겠다. 그러나 앨런 튜링이 이런 취지로 말하거나 글을 쓴 바 없기 때문에 이 질문은 상상에 맡겨야 할 것이다.

· 제3장 ·

3.1. 알론조 처치의 논문 「결정 문제에 대한 소고A Note on the Entscheidungsproblem」는 《기호논리학회지Journal of Symbolic Logic》 1집(1936년)에 다시 실렸다. 한 해 앞서 1935년 4월 19일 발표된 논문 「기초 정수론의 결정 불가능 문제An Unsolvable Problem of Elementary Number Theory」는 《미국수학회지American Journal of Mathematics》 58집(1936)에 실렸다.

3.2. 프린스턴 기간 중 방대하게 주고받을 편지의 시작. 이 기간 중 앨런은 대략 3주에 한 번꼴로 시간을 내 소식을 전했다. KCC에 보관된 편지 중 1931년에서 1936년까지 5년 동안 보낸 편지는 18통에 불과하지만, 프린스턴에 지내는 2년 동안 28통의 편지를 썼다. 이후에는 이렇게 자주 편지를 쓰지 않았고, 프린스턴 이후 16년의 삶을 대변하며 집으로 보낸 편지는 모두 합해서 9통뿐이다.

3.3. G. H. 하디의 저서 『어느 수학자의 변명A Mathematician's Apology』(케임브리지대학 출판, 1940년).

3.4. 튜링 부인이 자서전을 집필할 때, 그 어떤 시기보다 프린스턴 시절 앨런의 환경에 대해 잘 알 수 있었던 것은 앨런이 보낸 편지 덕분이었다. 편지에서 엄청난 양의 정보를 얻을 수 있지만, 튜링

부인은 KCC에 보관된 편지에 나오지 않는 다음과 같은 이야기를 덧붙였다. "민주주의를 만끽할 마음의 준비가 되어 있었지만, 앨런은 상인들의 친절함이 당황스러웠습니다. 극단적인 예를 들었는데, 세탁물 수거 차량 운전기사가 앨런의 요구사항에 답하며 앨런의 어깨를 감싸더라는 겁니다. 영국에서는 정말 믿기 힘든 일이죠." 이 말에 어쩌면 앨런의 '아쉬움' 같은 감정이 담겨 있었을지도 모르지만, 튜링 부인이 상인에 대해 느끼는 감정과는 맞지 않을 감정이었다.

3.5. 숄츠가 1937년 2월 11일과 3월 15일에 보낸 엽서가 KCC에 보관되어 있다.

3.6. 《미국수학회보Bulletin of American Mathematics Society》64호(1958년)에 실린, 쿤H. W. Kuhn과 터커A. W. Tucker가 쓴 「게임 이론과 수리 경제학」에 대한 폰 노이만의 공헌 평가」에서 인용했다.

3.7. 『결정 불가능한 것』에 유고로 실렸다(주 2.31 참조).

3.8. 포스트의 논문은 『결정 불가능한 것』에 다시 수록되었다.

3.9. 1978년 1월 26일, A. V. Martin이 저자에게 보낸 편지.

3.10. 주 8.67 참조.

3.11. 논리학에 관한 짧은 논문은 《기호논리학회지》2집(1937년)에 실렸다. 베어의 연구와 관련한 논문은 《Compositio Math》5집(1938년)에 실렸다. 군론에 관한 논문은 프린스턴 《수학연감》39집(1938년)에 수록되었다.

3.12. 폰 노이만의 편지 사본은 프린스턴대학교 수학과의 앨런 튜링 파일에 보관되어 있다. 6월 25일 케임브리지대학교 부총장은 앨런을 선정한 공식 추천서를 보냈다.

3.13. 베르나이스가 앨런에게 보낸 1937년 9월 24일자 편지는 KCC에 보관 중이다. 앨런 튜링의 정오표는 《런던 수학학회지》43집 2편(1937년)에 수록되었다. 만능기계의 세부 설명에서 다른 오류와 모순들도 발견되었는데, 1947년 포스트의 논문에서 자세하게 다뤘다(이 내용은 주 2.31에서 설명했듯, 『결정 불가능한 것』에 재수록되었다).

3.14. 《기호논리학회지》2집(1937년).

3.15. 『결정 불가능한 것』71쪽.

3.16. 《기호논리학회지》2집(1937년)에 실린 J. B. 로서의 논문.

3.17. 1937년 6월 1일자 A. E. 잉엄의 편지는 KCC에 보관 중이다.

3.18. H. H. 에드워드가 『리만의 제타함수』(1974년 뉴욕, 아카데믹 프레스 출판사)에서 상세하게 추가 설명하며, 앨런 튜링의 공헌도 다루고 있다.

3.19. 《런던 수학학회보》8집(1933년)에 실린 스탠리 스큐스의 논문. KCC에 보관 중인 1937년 12월 9일자 편지에서 스큐스는 간략하게나마 앨런의 아이디어에 대한 관심을 표현했다.

3.20. 《마인드》47집(1937년)에 실린 A. G. D. 왓슨의 논문 「수학과 그 기초」.

3.21. 앨런 튜링이 옳았다. 전쟁 중 제라드 뷰텔은 작은 밀폐 공간에서 빛의 분산을 측정하여 가시거리를 산정하는 장치의 고안에 중요한 공을 세웠다(《과학기기저널Journal of Scientific Instruments》26집, 1949년). 뷰텔은 1945년 초 북극 상공에서 기상정찰비행 중 사망했다.

3.22. 1977년 12월 17일 M. 맥페일이 저자에게 보낸 편지.

3.23. 이 기계는 1960년까지 사용되다가 디지털 계산기로 대체되었다. 리버풀 시립 박물관에서 전시 중이다.

3.24. KCC에 보관 중인 E. C. 티치마시의 편지.

3.25. 박사학위 논문 원본은 프린스턴대학교 수학과 도서관에서 보관 중이다. 원래 「순서수에 기초한 논리학 체계Systems of Logic based on Ordinals」라는 제목으로 《런던 수학학회지》 2판 45집(1939년)에 실렸으나, 『결정 불가능한 것』으로 재출간되었다.

3.26. S. 울람 교수가 1979년 4월 16일 저자에게 보낸 편지.

3.27. 《역사저널Historical Journal》 20집(1977년)에 실린 앤드루C. Andrew의 논문 「1920년대 영국 첩보기관과 영-소 관계, 1편」.

3.28. 힌슬리의 저서 1권, 10쪽(주 3.31참조).

3.29. 힌슬리의 저서 1권, 20쪽.

3.30. 정부신호암호학교와 관련한 행정 문서들은 외무성 366호 공문서 보관소에 보관 중이다.

3.31. 해리 힌슬리F. H. Hinsley 외 저, 『제2차 세계대전 중 영국 정보부』 1권(1979년), 2권(1981년). 영국정부간행물출판국에서 공식 전쟁 역사로 출판되었다.

3.32. 외무성 366호와 978호.

3.33. 힌슬리의 저서 1권, 54쪽.

3.34. 주 3.27과 동일.

3.35. 힌슬리의 저서 1권, 53쪽.

3.36. 힌슬리의 저서 1권, 54쪽.

3.37. 케임브리지대학교 수학과 기록 발췌.

3.38. 백과사전 개정판 일부는 1939년 12월 출간되었지만, 앨런 튜링의 연구를 포함해 수학의 기초에 관한 숄츠 부분은 1952년 8월에 비로소 출간되었다.

3.39. 강의에 참석한 사람들의 노트를 수집해 만든 기록을 Cora Diamond(Harvester 출판사, 1976)가 편집하여 『비트겐슈타인의 수학 기초 강의, 케임브리지 1939년Wittgenstein's Lectures on the Foundation of Mathematics, Cambridge 1939』으로 출판했다. 인용된 대화는 강의 21과 22에서 발췌했다. 방대하게 기록된 앨런 튜링의 대화가 앨런이 주안점으로 삼지도 않고 본령도 아닌 토론과 관련된 점은 조금 아쉽다. 앨런은 가끔 어느 순간 자기가 비트겐슈타인을 이겼다는 인상을 주고 싶어 했지만, 이 원고에서 그 증거는 발견되지 않는다. 사실 앨런은 별나게 수줍은 모습을 보였는데, 수학의 '규칙'에 관해 오랜 토론을 하면서도 튜링 기계와 관련한 정의를 전혀 이야기하지 않은 사실 한 가지만 보아도 알 수 있다.

3.40. KCC에 보관 중이다. A. M. Cohen과 M. J. E. Mayhew가 논문을 수정하고 완성하여 《런던 수학학회지》 3판 18집(1968년)에 수록했다. 두 사람은 앨런의 방식을 적용하여 '스큐스 수'를 $10^{10^{529.7}}$까지 줄였다. 1966년 R. S. Lehman은 다른 방식을 사용하여 비교적 작은 값인 1.65×10^{1165}까지 그 한계를 줄였다.

3.41. 그의 논문 「제타함수 계산 방법A Methode for the Calculation of the Zeta-function」은 겨우 1943년에 《런던 수학학회지》 2판 48집에 수록되었다.

3.42. 튜링 부인이 제작하여 KCC에 보관한 편지 일부의 사본에서 인용함. 내 생각에 튜링 부인은 비밀을 누설할까 싶어 암호발생기로 제안된 기계에 관한 일부 언급을 일부러 제외한 것 같다.

3.43. 영국 왕립협회 의사회 회의록.

3.44. 'D. C. M'이라고 서명한 설계도는 KCC에 보관 중이다.

3.45. 힌슬리의 저서 1권, 51쪽.

· 제4장 ·

4.1 외무성/366/1059로 분류된 편지와 목록인데, 앨런 튜링에 대한 더 이상의 언급은 없다.

4.2. M. 머거리지의 저서 『지옥 숲』(콜린스 출판사, 1973년).

4.3. 게인즈H. F. Gaines의 출중한 저서 『암호분석 입문Elementary Cryptanalysis』1939년 판. 1970년대 말이 되어서야 특별한 현대적 암호체계에 관한 진지한 기술적 토론이 등장하기 시작했다.

4.4. 이 자료를 볼 수 있게 해준 워싱턴 국가기록보관소 직원에게 감사를 드린다. 1940년 후반 독일의 보조순양함 코메트Komet가 영국 상선 여러 대를 나포해 이 신호와 암호 자료를 탈취했다. 전쟁이 끝나고 점령한 독일 기록보관소에서 이 자료가 발견되었다.

4.5. 갈린스키J. Garlinski의 저서 『도청Intercept』(Dent 출판사, 1979년)의 부록에 폴란드가 에니그마를 해독한 성과에 대한 이야기가 나온다.《계산의 역사 연보Annals of the History of Computing》 3집(1981년)에 실린 레제프스키M. Rejewski의 글 '폴란드 수학자들이 에니그마를 해독한 방법'에서 더 자세한 설명이 나온다. 이 글이 초창기 억측과 혼란을 종식시킬 결정판 같다.

4.6. 힌슬리의 저서 1권 490쪽에 폴란드인들의 당시 주장을 인용한 내용이 나온다.

4.7. 힌슬리의 저서 1권, 492쪽.

4.8. 존스 교수는 1978년 7월 2일 저자에게 보낸 편지에서 자신의 저서 『아주 은밀한 전쟁Most Secret War』(Hamish Hamilton 출판사, 1978)에 나오는 한 단락을 부연 설명했다.

4.9. 다음에 나오는 봄베 설명은 웰치먼의 『6호 막사 이야기The Hut Six Story』(뉴욕 McGraw Hill 출판사와 런던 Allen Lane 출판사, 1982년) 축약본이다. "그 숨 가쁜 시절에 우리는 누가 공을 세울지 별 관심이 없었다"라는 웰치먼의 주장은 주목할 만하다. 누구보다 앨런 튜링이 제일 관심이 없었을 테지만, 앨런은 웰치먼의 아이디어를 중요한 것으로 생각한다고 말했다. 공개적으로 작업을 할 때도 우선권과 독창성을 확보하는 일은 아주 어렵다. 하물며 관련 아이디어를 40년 이상 비밀에 부친 경우는 말할 것도 없다. 이 문단은 물론, 비슷한 어려움을 겪을 다른 문단에서도 진실과의 괴리가 너무 크지 않기를 바란다. 더 중요한 사항은 현대적인 수학 정신을 주입하는 순간, 비밀에 의해 화석화되고 고립된 전쟁 전의 암호학이 변모했다는 사실이다.

4.10. 힌슬리의 저서 1권, 493쪽. 존슨B. Johnson의 〈비밀 전쟁〉(영국 BBC 방송, 1978년)에서는 버트런드 장군이 죽기 전 BBC 연구원에게 한 발언에 따라 앨런 튜링이 "특사"였다고 규정한다. 이 이야기는 틀린 것으로 보인다. 앨런이 담당한 업무는 봄베였지 천공 용지가 아니었으며, 그런 일은 사실 "교수 유형의 인물"에게 어울리는 일이 아니기 때문이다. 하지만 그럴 가능성도 있다. 어느쪽이 사실인지 더 이상의 증거를 찾지 못했다. EST에, 앨런이 해외에 나갔는데 서류에 혼동이 생겨 "겨우 몇 프랑"으로 하루를 버텼다는 이야기가 나온다. 1945년 임무(391쪽) 때 일어난 일 같다.

4.11. 비슬리P. Beesly의 저서 『아주 특별한 정보Very Special Intelligence』(Hamish Hamilton 출판사, 1977)에 해군성 측의 이야기가 나온다.

앨런 튜링의 이미테이션 게임

4.12. 힌슬리의 저서 1권, 103쪽.

4.13. 힌슬리의 저서 1권, 336쪽.

4.14. 힌슬리의 저서 1권, 163쪽.

4.15. F. W. 윈터보섬의 저서 『극비The Ultra Secret』(Weidenfeld & Nicolson 출판사, 1974년)에서 정보부의 의견이 나온다.

4.16. 비슬리P. Beesly, 주 4.11 참조.

4.17. 힌슬리의 저서 1권, 109쪽.

4.18. 힌슬리의 저서 1권, 144쪽.

4.19. 힌슬리의 저서 1권, 336쪽.

4.20. 《Biometrika》 66집(1979년)에 실린 굿 J. Good의 논문 「확률과 통계의 역사 연구 37. 제2차 세계대전 당시 앨런 튜링의 통계학적 작업」은 앨런 튜링의 아이디어에 대해 이와 아주 유사하게 설명한다. M. 레제프스키의 논문에 첨부된 굿의 기록에 더 자세한 설명이 나온다.

4.21. 1976년 국립물리연구소에서 있었던 굿의 강연에서 인용함. 이후 이 강연은 약간 수정되어 여러 곳에서 출간되었으며, 가장 쉽게 구할 수 있는 논문은 「컴퓨터에 관한 블레츨리의 선구적 업적 Pioneering Work on Computers ar Bletchley」인데, 메트로폴리스N. Metropolis와 하울렛J. Howlett, 로타G. C. Rotta가 편집하여 『20세기 전자 계산의 역사A History of Computing in the Twentieth Century』(뉴욕 Academic Press 출판사, 1980년)라고 잘못 제목을 정한 선집에 수록되었다.

4.22. 비슬리의 저서에서 인용. 주 11 참조. 하지만 나는 나포가 우연이 아니라 계획된 사건이라는 힌슬리의 의견을 따른다.

4.23. 당시 영어로 번역된 메시지로, 방대한 영국 정부기록보관소의 파일 DEFE 3/1의 처음 몇 쪽에서 인용함.

4.24. 힌슬리의 저서 1권, 337쪽.

4.25. 비슬리의 저서, 57쪽, 97쪽. 주 4.11 참조.

4.26. 힌슬리의 저서 1권, 273~274쪽.

4.27. EST에서 인용. 이 책에서 그는 훗날 "충실한 벗"으로 증명된 익명의 동료로 등장했다. 1952년 사건과 관련해 튜링 부인이 "충실한 벗"으로 유일하게 인정했다.

4.28. 힌슬리의 저서 1권, 296쪽.

4.29. 르윈(R. Lewin)의 저서 『Ultra Goes to War』(Hutchinson 출판사, 1978년) 183쪽.

4.30. 《왕실 통계 학술지》 A122(1959년)에 실린 D. G. 챔퍼노운의 A. C. Pigou 부고.

4.31. 주 4.2 참조.

4.32. 도로시 세이어즈Dorothy Sayers의 『창조자의 정신The Mind of the Makers』(Methuen 출판사, 1941년). 앨런 튜링은 1941년 8월(주 5.8 참조) 전시에 어머니에게 보낸 첫 편지에서 이 책을 읽고 있다고 언급했고, "어머니도 오시면 한번 읽어보세요"라고 적었다. 인용 구절은 앨런이 1948년에 인용한 것이다.

4.33. 프린스턴의 기록에 따르면 폰 노이만은 1937년 3월 19일 포커 게임에 관한 강연을 했는데 인기가 있었다. 앨런이 참석하지 않았다면 아주 놀라운 일일 것이다. 잭 굿과 토론하면서 앨런은 체스 프로그램과 게임 이론을 연결시키지 않았고, 사실 「계산 가능한 수」의 기계와도 연결시키지 않았다.

하지만 나는 앨런이 자신의 '기계'를 잊지 못한 것처럼 게임 이론을 일반적으로 알고 있었다고 생각한다. 이 책에서 게임 이론을 다룬 또 다른 이유가 있다. 앨런 튜링은 후에 분명히 게임 이론에 흥미를 보였고, 종종 일상생활에서 적용되는 전략의 사례를 지적하기도 했기 때문이다.

4.34. 뉴먼에게 보낸 앨런의 편지는 KCC에서 보관 중이다. 날짜는 적혀 있지 않지만, 지나가듯 언급한 사건을 기준으로 거의 일자를 확인할 수 있다.

4.35. 「수학적 표기법과 어법의 개혁The Reform of Mathematical Notation and Phraseology」은 출간되지 않았다. 타자 원고는 유형론에 관한 미출간 자료와 함께 KCC에서 보관 중이다. 인용문의 출처는 R. O. Gandy와 J. M. E. Hyland가 1977년에 편집한 《Logic Colloquium 1976》에 실린 R. O. Gandy의 역사 논문 「간단 유형론The Simple Theory of Types」이다.

4.36. 뉴먼과 앨런 튜링의 합동 논문은 《기호논리학회지》 7집(1942년)에 실린 「처치의 유형론에 나타난 형식 정리A Formal Theorem in Church's Theory of Types」이다.

4.37. 앨런 튜링의 논문은 동일한 1942년 《기호논리학회지》에 실렸다. 곧 나올 예정이던 논문 「Some Theorems about Church's System」과 「The Theory of Virtual Types」는 발표되지 않았다. 하지만 1947년에(주 6.34 참조) 앨런은 그동안 수정된 연구 내용을 반영한 유형 이론 후속 논문을 제출했다.

4.38. 힌슬리의 저서 1권, 338쪽.

4.39. 주 4.11 참조. 비슬리의 저서, 164쪽. 힌슬리의 설명과 일치시키기 위해 비슬리 책에 나오는 "11월"을 "9월"로 바꿨다.

4.40. 힌슬리의 저서 2권 655쪽에서 편지 인용.

4.41. 힌슬리의 저서 2권, 657쪽.

4.42. 공학적 측면을 이야기한 B. 랜들Randell의 책 「콜로서스The Colossus」에서 인용. 1976년 Newcastle-upon-Tyne 대학 보고서로 처음 발표되었고, 현재 《Metropolis》 선집에 실려 있다(주 4.21 참조).

4.43. 피터 힐튼이 'Reminiscences of Logicians'라는 회의 기간 동안 비공식적으로 발언했고, 1975년 J. Crossley가 편집한 「Springer Mathematical Notes 450」에 Algebra and Logic 편으로 출판되었다.

4.44. 주 4.21 참조.

4.45. 힌슬리 2권은 앞선 작가들을 따라 독일 암호 기계를 'Geheimschrelber'라고 부른다. 하지만 나는 이런 총칭으로 지칭하는 기계의 종류가 하나 이상이라고 알고 있으며, B. Johnson의 책 「The Secret War」(주 4.10 참조)에 실린 지멘스 기계 사진은 실제 피시로 해독된 기계의 사진이 아니라고 알고 있다.

4.46. 주 4.43 참조.

4.47. EST에서 인용한 이야기. 이해가 안 될 정도로 냉정하게 그녀는 덧붙였다. "거의 체포될 뻔한 '교수'의 모습을 떠올리며 앨런의 부서는 아주 즐거워했다."

4.48. 힌슬리의 저서 2권, 56쪽.

4.49. 1942년 앨런의 미국 입국 관련 서류 사본을 제공한 국무부에 감사한다. 지극히 일상적인 행정 서류들이다. 워싱턴 국가기록보관소에 보관 중인 국무부 파일의 총색인에 나오는 앨런 튜링 관련 언급은 모두 여기에 해당한다. 대조적으로 영국에는 관련 기록이 없다. 1942년 외무성 서신 총색인에 "튜링: 워싱턴 행 항해 시설: 재정"이라는 언급이 있지만, 관련 서류는 '제거', 즉 파괴되었다.

4.50. 외무성/371/32346.

4.51. 주 4.2 참조.

4.52. 이 참조는 G. DiVita 박사 덕분이다. 1941년 2월 14일자 기사이다. 물론 도청 활동이 어떤 규모이고 얼마나 현대적인지 기사에 언급되지는 않았지만, 이런 문제와 관련해 나치 독일이 끝난 후 25년 동안 총체적인 비밀이 지켜진 상황에서 '나치 암호'가 깨졌다는 말은 호기심을 자극한다.

4.53. 앨런 튜링의 전쟁 전 여행에 관한 자료는 영국 상무원의 승객 명단을 참조할 수 있었다. 하지만 전시 기간 동안의 자료는 존재하지 않기 때문에 여기에 제시된 증거 자료는 간접적인 자료이다. 국무부의 자료에 의하면(주 4.49 참조) 앨런은 1942년 11월 13일 뉴욕에 도착했다. 워싱턴 D. C.의 해군성에 있는 해군역사센터의 자료에는 이날이 '퀸 엘리자베스' 호가 도착한 날이라고 기록되었다. 정기 여객 쾌속선이 군 수송선으로 개조되어 보통 고위급 인사를 실어 나르는 운송 수단으로 사용되었으니, 시간문제는 해결되었다고 생각했다. 그런데 앨런이 서쪽으로 가는 여행이 매우 붐볐고, 아이 두세 명을 빼고는 승선한 민간인이 앨런뿐이었다는 튜링 부인의 언급으로 혼란이 생겼다. 이 점은 튜링 부인의 착각이 분명했다. 엄청나게 붐빈 것은 동쪽으로 향하는 뱃길이었다. '퀸 엘리자베스' 호는 557명의 승객을 서쪽으로 운송했고, 대부분 민간인이었으며, 3월에 1만 261명의 군인을 싣고 돌아왔다. 앨런 튜링이 동쪽으로 돌아온 항해에 관한 증거는 주 가교11을 참조.

· 가교 ·

가교1. EST에 나오는 일화로 전시의 가장 중요한 일화 중 하나이다. 또한 튜링 부인이 공무원보다 아들이 직접 한 말을 더 중요하게 생각했다는 드문 사례이기도 하다. 어릴 적 튜링에 관한 몇몇 상세한 일화를 제외하면, 바로 이 부분이 앨런 튜링 전기에서 튜링 부인의 개인적 회상이 처음 시작되는 곳이라고 볼 수 있다. 내 생각에는 앨런 튜링이 중요한 임무를 띠고 미국으로 갔던 일을 계기로 튜링 부인이 아들에게 더 많은 관심을 두게 되었던 것 같다.

가교2. 1943년 외무성 서신 목록 428쪽을 보면 신원보증이 불충분하다고 투덜거리는(입국심사 직원들은 "잡초를 뽑아냈다"라고 표현) 부분이 나온다. 여기에 앨런 튜링도 포함되었던 것 같다. 하지만 어쨌든 기록이 없었다면 별로 있을 법한 일이 아니라고 치부했을 것이다.

가교3. P. 비즐리, 주 4.11 참조.

가교4. 도착일은, 이후 일정이나 앨런 튜링이 뉴욕에 있을 때의 세부사항처럼 내가 찾아볼 수 있는 당시 벨 연구소 인명 기록에서 구했다. 하지만 앨런의 미국 방문은 어머니에게도 의미가 컸는데, EST에 나오는 세부 내용에는 조금 이상한 구석이 있다. 아마도 어머니의 질문에 앨런이 애매모호하게 대답했기 때문이었던 것 같다. 전기에는 앨런이 "일없이 뉴욕에서 빈둥거리면서 허송세월한 기간"이 있었다고 나오는데, 양국의 협의가 틀어지는 바람에 1월 19일 이전에 약 2주 정도 공백이 생겨 앨런이 짜증을 냈던 것 같다. 앨런의 방미 목적에 대한 튜링 부인 나름의 주장은 "미국의 발전된 계산 기계 같은 것을 보러 간 듯하다"라는 의견이었다. 하지만 앨런은 어머니에게 그저 "기계 같은 걸 좀 보러 가요"라는 정도만 이야기했을 것이며 "계산 기계"라는 말은 튜링 여사의 추측이었을 것이다. 여사는 또한 "앨런에게 프린스턴에 가볼 기회가 생긴 것 같아요"라는 글을 남겼는데, 뉴욕과 워싱턴을 몇 차례 오가는 길에 그곳에 들르는 일이 분명 어렵지는 않았을 것이다. 부인이 했던 말 중에서 가장 특이했던 점은 앨런이 뉴욕에 도착한 날짜를 혼동했던 것이다. 부인은 이런 말을 했다. "앨런은 엘리스 섬으로 간다고 해도 거기서 재밋거리를 찾을 거예요. 아마 워싱턴보다 더 재미있어할걸요?" 여기서 보면 비밀 업무를 하는 사람은 보통 소소한 일을 과장해서 말하고 중요한 일은 축소해서 말한다는 것을 알 수 있다. 앨런이 "어머니, 그러니까 지난 3년간 하던 일을 모두 미국에 전해주는 일을 하고 있어요"라고 말할 수는 없는 노릇이었던 것이다. 업무를 완수하려면 그럴 수밖에 없었다.

가교5. 『벨 연구소의 공학과 과학사History of Engineering and Science in the Bell System』, 제2권 『전시와 평시 국가 서비스National Service in War and Peace, 1925~1975』(벨 전화연구소, 1978). 이 책에서 보코더와 X-시스템에 대한 설명을 직접 가져왔다. X-시스템은 "향후 펼쳐질 디지털 전송시대의 시발점"이었지만, 1975년까지는 "거론해서는 안 되는 시스템"이었다.

가교6. PRO file CAB 79/25. 공개되지 않은 메모에서 참조했다. 이에 관해 데이비드 칸의 도움을 받았다.

가교7. 1943년 4월 27일 회의록, CAB 79/27.

가교8. C. E. 섀넌, 「잡음이 있는 경우의 통신Communication in the Presence of Noise」, 《통신학회 회의록》(1948)에서 "1940년 7월 23일 논문 원본을 통신학회에서 접수함"이라는 주석이 달림. 《벨 시스템 학술지》(1949)에 실린 섀넌의 논문 「보안 시스템의 통신 이론Communication Theory of Secrecy Systems」은 공개 논문 중 1930년 이후의 관점에서 암호학 연구 분야를 거론했던 매우 드문 사례였는데, 원래 초본은 1945년 9월 1일 벨 연구소 비밀 보고서에 실렸던 「암호 기법의 수학 이론A Mathematical Theory of Cryptography」이었다.

가교9. C. E. 섀넌, 「계전기와 스위칭 회로의 기호 분석A Symbolic Analysis of Relay and Switching Circuits」, 《Trans. Amer. I. E. E.》 57(1938). 벨 『기업사History』를 보면, 이 연구 결과 덕분에 "계전기 회로의 설계가 엔지니어끼리 은밀하게 전수되는 기술에서 과학으로 급속히 변화했으며, 공학 분야의 학문으로서 가르칠 수 있게 되었다."

가교10. W. S. 매컬로크와 W. 피츠, 「신경활동에 내재하는 생각의 논리 연산A Logical Calculus of the Ideas Immanent in Nervous Activity」, 《Bull. Math. Biophys》 5(1943). 이 논문에서는 앨런 튜링의 「계산 가능한 수」를 인용하지는 않았지만, 매컬로크는 폰 노이만 강의(주 6.57과 동일)를 마친 후 가진 토론에서 앨런의 논문에서 영감을 받았다고 언급했다. 폰 노이만의 『전집Collected Works』(Pergamon, 1963) 5권, 391쪽 참조.

가교11. 이 여행에 관한 증거는 1942년 11월의 여행보다 덜 명확하다. EST에 따르면 "앨런은 구축함이나 그 비슷한 해군 함정을 타고 귀국했으며 대서양의 거친 파도를 제대로 경험했다"라고 한다. 하지만 여기서 튜링 부인이 오해했던 점이 있다. 속도가 더 빠른 병력 수송선이 있는데, 앨런처럼 '특급 암호학자'를 구축함에 태웠다고 보기는 어렵기 때문이다. 대신 "이번" 여정에서는 붐비는 배(주 4.53 참조)에서 앨런이 유일한 민간인이었다는 부인의 기억이 유일한 사실이었던 것 같다. 그리고 ("아이들 몇 명"은 제외하고) "엠프리스 오브 스코틀랜드" 호에 관한 (워싱턴 해군역사관의) 정보와도 일치한다. 더욱이 이번 항해는 3월의 나머지 기간 중에는 유일하게 동쪽으로 가는 항해였다. 출발이 일주일 지연되었던 이유는 아마도 유보트와 호송선단 간 전투가 최고조에 달한 시기였기 때문일 것이다. 튜링 부인이 분명 실수할 수도 있는 문제였다.

KCC에 대한 부인의 주석을 보면, 잭 크로퍼드가 1938년 앨런이 방문하기 전에 죽은 것으로 잘못 기록되어 있기도 하다. 그래서 그에 관한 이야기를 하면서 근거가 확실하지는 않다고 언급했다.

가교12. H. 하이베르의 『친위대장!Reichsfuhrer!』에서 이 부분을 참조할 수 있게 알려준 리처드 플랜트 Richard Plant에게 감사의 뜻을 전한다(Deutsche Verlags-Anstalt, Stuttgart, 1968).

가교13. 포스터E. M. Forster(Post-Munich, 1939), 『민주주의에 대한 형식적 격려Two Cheers for Democracy』 재판 (Edward Arnold & Co., 1951).

· 제5장 ·

5.1. 『Allied Communications Intelligence and the Battles of The Atlantic』 제1권, 미국 국가안전보장국 National Security Agency이 기밀문서에서 제외한 보고서 'SRH009', 워싱턴 소재 국가기록원The National Archives에서 열람 가능.

5.2. 독일 정찰과B. Dienst 수장, H. 보나츠H. Bonatz 대령. 미들브룩M. Middlebrook의 『호송선단Convoy』(Allen Lane, 1976)에서 인용.

5.3. PRO file FO 850/171에 암호화 정책위원회Cypher Policy Board에서 외무성으로 보내는 1945년 5월의 메모가 들어 있으며 타이펙스Typex 사용 설명도 포함되어 있다. 문서에 쓰인 설명을 보면 "타이펙스 기계에서 암호화를 하면, 암호화된 문자는 절대 암호화되기 전의 문자와 같을 수 없다. 이 때문에 가끔 암호화된 메시지에 들어 있거나 들어 있을 것으로 추정하는 단어를 조금만 알고 있어도 암호화된 메시지에서 원래의 메시지를 아주 정확하게 유추해낼 수 있다…." 그리고 단어 사이나 단어 속에 추가 문자를 삽입하는 방법으로 암호문 속에 숨겨둔 문자의 위치나 전형적인 시작위치, 종료위치를 바꾸는 절차도 알아낼 수 있다. 이런 절차는 제대로 적용하기만 하면, 에니그마 전송문을 절대 해독할 수 없게 만들어준다. 6년여의 전쟁 기간 동안 영국의 기계 운영자들이 독일의 실수로부터 교훈을 얻은 것인지 아닌 것인지는 그런 메모가 있다는 것만으로는 판단할 수 없다.

5.4. 1943년 봄부터 1944년 봄까지는 앨런의 삶에 대해 남아 있는 기록이 가장 적은 기간이다. 이 기간 앞뒤로는 앨런이 암호학 자문위원으로 일했다는 분명한 증거가 있다. 그러니 기록이 적은 1년 남짓한 기간 중에도 같은 일을 했다고 추정하는 것이 합리적일 것이다. 물론 전쟁 중 이 기간에 앨런이 어떤 활동을 했는지 알려진 흥미로운 사실이 있다. 비록 내 생각에는 이전처럼 강한 열정을 갖고 일할 만한 것이 없었던 듯하지만 말이다. 앨런의 삶 중에 그런 식으로 기록이 적게 남아 있는 부분은 물론 말년이다. 사실 두 암흑기 사이에는 관련이 있다. 앨런이 디데이D-Day를 대비해서 영미 간의 통신 시스템을 검사하는 최고등급 작업을 계속했다면, 아마도 미국의 새로운 기계에 접속권한이 있었을 것이고 제2차 세계대전이 끝난 뒤에도 중요한 역할을 수행하고 있었을 것이기 때문이다. 그가 얼마나 많이 아는지 아는 사람이 있었을까? 미국 기관에 접속 허가를 받으려면 처칠의 개인 권한을 사용하면 됐을 텐데, 앨런은 그런 평상적인 체계의 밖에 있는 것이 틀림없었다.

5.5. 프랭크 클레어Frank Clare, 『갈라진 소나무The Cloven Pine』(Secker & Warburg, 1943).

5.6. 랜들B. Randell, 『콜로서스The Colossus』, 주4.42 참조.

5.7. PRO file FO 850/234에 있는 콜로서스의 사진에는 콜로서스가 배비지Babbage나 「계산 가능한 수」와 직접적인 연관이 있다는 설명이 붙어 있다.

> 1837년 배비지의 연구는 디지털 컴퓨터의 논리 원칙을 최초로 확립했다. 그의 아이디어는 1936년 튜링의 고전적인 논문에서 더욱 발전된 것이다. 영국 외무성 산하 통신부Department of Communications에서 제작하여 1943년 운영을 시작한 '콜로서스' 기계는 당시의 전자 기술 관점에서 배비지의 원칙을 성공적으로 구현한 최초의 기계였다… 기계의 요구사항은 뉴먼M. H. A. Newman 교수가 만들었고 개발 작업은 플라워스T. H. Flowers 교수의 소규모 팀이 맡았다. 튜링은 당시 플라워스 교수 팀에서 일했고 튜링이 초반에 했던 작업이 기계의 설계 개념에 큰 영향을 미쳤다.

> 내 생각에 "논리 원칙…"은 '조건 분기'를 뜻하지 않았을까 싶다. 돌이켜 생각하면 이런 추측이 가능하겠지만, 당시에 이런 분석을 했을 리는 없어 보인다. 또한 1943년에 배비지나 「계산 가능한 수」를 언급한 정보통신본부 문서가 있을 리는 더욱 만무하다. 처음 두 문장은 '기밀에서 제외하는' 합리적인 근거를 제시한다. 마지막 문장의 앨런 튜링 관련 부분 또한 오해의 소지가 있는데, 그래도 일반적으로 뉴먼이 오기 전에 앨런이 절차의 기계화에 많은 성과를 거두었다는 점은 명백한 사실이라 할 수 있겠다. 이 개발 작업에서 앨런이 했던 핵심 역할은 통계이론을 제시한 점이었다. 기계 자체가 아니라 기계의 용도를 찾는 데 통계 이론이 적용되었다.

5.8. 전시에 주고받은 편지로 KCC에서 보관 중인 세 통의 편지 중에 세 번째 편지이다. 1941년 가을 포트매독Portmadoc에서 쓴 첫 번째 편지는 휴일에 있었던 몇몇 상세한 일들과 도로시 세이어즈의 책에서 인용한 문장이 있었다. 1941년 후반에 쓴 두 번째 편지에는 케임브리지에서 보낸 일주일과 데이비드 챔퍼노운과 만난 일("고리타분한 사람들 말고는 아는 사람을 보지 못했다"), 쉔리에 떨어졌던 가벼운 폭격, 밥의 장래성을 보러 로살학교에 갈 생각을 하던 모습이 나와 있다. 피구 교수의 일기에서 앨런이 레이크 디스트릭트에서 휴가를 보냈던 날짜를 알 수 있었던 것에 대해 캐논 곤트Canon H. C. A. Gaunt에게 감사한다. 우연히도 일기를 통해 앨런이 1948년을 제외하고는 그곳에 딱 한 번 갔다는 사실을 알게 되었다.

5.9. CAB 80/41. 이 자료와 함께 이에 상응하는 미국 자료를 찾아봤는데 앨런과 관련된 더 이상의 내용은 찾지 못했다.

5.10. FO/850/256.

5.11. 새넌은 이를 1940년 제출한 논문(주 가교8 참조)에 포함시켰다. 굿J. J. Good 교수는 저자에게 이런 편지를 보냈다. "…'샘플링 정리'는 새넌의 도움을 자주 받긴 했지만, 새넌으로부터 비롯된 것은 아니다. 최소한 휘태커E. T. Whittaker, 《Proc. Roy. Soc. Edin.》 35(1915)까지 거슬러 올라간다."

5.12. 주 4.21 참조.

5.13. 램스보텀(J. Ramsbottom), 『식용 버섯Edible Fungi』, 1943.

5.14. 이 페이지들은 KCC에 있다. 문장 중간부터 시작하며 필수 정의는 빠져 있다. 그래서 앞뒤가 맞지는 않는다. 하지만 앨런이 역설했던 근본 문제는 명확하다. 바로 암호해독가들이 활용할 수 있는 비임의성nonrandomness을 남겨둔 채, 대칭적인 특징을 이용해서 '예외적인' 회전자 배선의 순열을 찾는 것이었다. 에니그마 형태의 기계를 만들 때 애초부터 그런 배선 상태는 피해야 했다. 기록에는 또한 매우 인상적인 부분이 있는데, 앨런이 회전자 기계를 두고 수행했던 뛰어난 대수 및 통계 작업이었다.

5.15. 카셀Cassell, 『윈스턴 처칠 각하의 전시 연설The War Speeches of the Rt. Hon. Winston S. Churchill』(1951~1952)에서 인용함.

5.16. EST에 따르면 튜링은 실제로 1945년에 케임브리지 "조교수직을 제안"받았으며, 뉴먼의 『자전적 추억Biographical Memoir』에도 그 사실이 언급되어 있다. 하지만 교수회 기록에는 이런 주장을 뒷받침하는 근거가 없다. 아마도 앨런은 어머니에게 파트III의 강사 일을 계속한다고 말하고 있었던 것 같다. 1940년부터 전시를 제외하고는 계속 일해왔던 것처럼 말이다.

5.17. 《마인드》(1950)에서(주 7.34 참조).

5.18. ACE 보고서에서(주 6.1)

5.19. 「지능기계Intelligence Machinery」(주 6.53)에서. 이 인용문은 그의 생각을 근본적으로 보여주고 그 생각의 특성도 보여준다. 따라서 1945년 여름에 그런 시대착오적인 생각을 했다는 것이 타당하다고 믿는다.

5.20. EST에 나온 튜링 부인의 말에서 인용함. '절차'에 대해서는 다소 윤색이 되었을 수도 있지만, 명시적으로 나온 회상이다. (나는 튜링 부인이 여기서 사용했던 '컴퓨터'라는 단어 대신에 '기계machine'라는 단어를 썼는데, 이 시점에서는 두 단어 간에 큰 차이가 없고 '컴퓨터'라는 말을 쓰는 것이 시기상조라고 봤기 때문이다.)

5.21. 『생각보다 더 빠른Faster than Thought』(주 8.25)에서 전체를 재발간함.

5.22. 워싱턴 DC 국회 도서관에 있는 폰 노이만 기록물 속의 편지에서 인용함.

5.23. 『디지털 컴퓨터의 기원The Origins of Digital Computers』, ed. 랜들B. Randell(Springer Verlag, Berlin, 1973)에 포함된 초록에 관련 문장이 있음.

5.24. 전략 연구소Ballistics Research Laboratory의 사이먼L. B. Simon 대령에게 보내는 편지.

5.25. 1972년 프랑켈이 B. 랜들에게 쓴 편지로, 랜들이 앨런의 삶에 대해 썼던 논문 「앨런 튜링과 디지털 컴퓨터의 기원에 대하여On Alan Turing and the Origins of Digital Computers」와 관련해서 쓴 것이다. 프랑켈이 편지에서 언급한 이 논문은 『기계 지능Machine Intelligence 7권』(Edinburgh University Press, 1972)에 나온다(주 5.26 참조).

5.26. 랜들의 1972년 연구(주 5.25)는 모든 사람들이 에드박 보고서를 디지털 컴퓨터의 시초로 여겼다는 사실에서 비롯되었다. 랜들은 ACE가 에드박과 얼마나 비슷한지 살펴보던 중, 국립연구개발공사 NRDC 상무이사인 홀즈베리 경이 1959년 글에서 했던 주장을 보게 되었다. 그 글에서 홀즈베리 경은 현대 컴퓨터의 진화사에서 가장 중요한 사건이 "전쟁 중에 고 튜링 박사와 폰 노이만이 만났던 것《컴퓨터 저널Computer Journal》(I, 1959)"이라고 했다.

랜들은 계속해서 이 만남을 강조했지만, 내 결론은 그 만남이 이루어졌든 아니든(그리고 그 만남에 대해 랜들이 제시한 것 이외의 증거를 찾지 못했다), 그 만남을 중요하게 생각했던 홀즈베리 경의 생각은 착각이라는 것이다. 앨런 튜링과 폰 노이만은 성격이나 사회 환경이 전적으로 다르지만, 20세기 중반 과학계의 흐름 속에서 같은 문제에 주목했다. 두 사람 모두 힐베르트적 합리주의와 제2차 세계대전에서 비롯된 기술의 결합으로부터 각자 디지털 컴퓨터의 필수 개념을 정리할 만한 역량을 완벽하게 갖추고 있었다. 둘 다 각자의 환경에 따라 약간 다른 방법으로 성과를 거두었던 것이다. 두 사람의 만남으로 무엇인가 해결되었을 것이라 볼 만한 차이점이나 그 외에 다른 역사적인 음모이론 따위는 존재하지 않는다. 앨런이 배비지의 업적을 언제 어떻게 발견했는가에 대해서도 같은 의문이 적용된다. 배비지의 업적이 앨런을 매혹시키고 고무시키기는 했지만 궁극적으로 보면 두 사람의 연구는 무관하다.

튜링 부인이 앨런의 목표를 "「계산 가능한 수」에 나온 만능기계에 대한 그의 논리 이론에 따라 실제 명확한 형태를 갖춘 기계를 만드는 것"이라고 쓴 적이 있는데 그 내용은 정확했다. 튜링 부인은 「계산 가능한 수」를 전혀 몰랐고 독일인 교수가 그 논문에 대해 논평했다는 것만 알았으므로, 위의 진술은 분명 직접 파악해서 분석한 것은 아니었다. 뉴먼이 부인에게 알려주었을 수도 있지만(주 2.38 참조) 부인의 글은 뉴먼이 썼던 글보다는 정확하다. 따라서 앨런이 부인에게 직접 반복해서 설명했다고 보는 편이 가장 그럴듯하다. 부인이 1930년대에는 앨런의 논리가 전부 쓸모없다고 생각했다가 앨런의 설명을 듣고 나서 결국 뭔가 유용한 점도 있다는 생각으로 바뀌었던 것이다. 1936년과 1945년의 연관성은 앨런이 NPL에 있는 동안에는 매우 분명했다. 이 간단하고 직접적인 사실이 잊히게 된 것은 바로 그 이후였다. 랜들은 1972년 그의 역사 논문에서 이렇게 썼다. "만능 튜링기계와 ACE 간에 뚜렷한 관계가 없다. ACE 보고서에 언급된 내용은 단지 에드박 보고서와 관계가 있을 뿐이다. 앨런 당대나 그 이후로도, 앨런이 추상적인 생각을 하고 (별다른 호들갑을 떨지 않고) 그것을 구체화시키려는 작업을 시작할 수 있었다는 사실을 사람들이 몰랐다는 점은 참으로 놀랍다. 이는 특히 영국의 무능력함에 계급 차별이 더해진 탓이었을 테지만, 누군가 한 가지 이상을 할 수 있다거나 한 가지 범주 이상에 속할 수 없다고 생각하는 경향이 보편적으로 퍼져 있기 때문일 것이다."

5.27. 조지 톰슨 경Sir George Thomson이 1963년 『영국 왕립협회의 전기 회고록Biolgraphical Memoir of the Royal Society』에서 찰스 다윈 경을 일컬은 말임.

5.28. 이곳을 비롯해서 앞으로 빈번하게 NPL 집행위원회의 회의록과 보고서에 의존할 것이다.

5.29. 《네이처Nature》, 1945년 4월 7일.

5.30. DSIR 10/385에 있는 1946년 11월 26일 워머슬리가 작성한 'ACE 프로젝트—기원과 초기 역사'라는 메모의 내용. EST를 보면, "1945년 10월에⋯ 앨런은 그런 [만능]기계의 설계안 개요를 정부에 제출하기 위해 담당 직원을 만나러 갔다"라고 쓰여 있다. 앨런은 워머슬리에게 구두로 설명을 했던 것 같으며 기록에는 공식적으로 제출한 것은 없었다. 튜링 부인의 기억대로 앨런의 ACE 보고서가 공식적으로는 몇 달 뒤에 제출되었다는 것이 사실에 가깝다.

5.31. 린 뉴먼Lynn Newman, 그녀가 쓴 앨런 튜링 전기 서문에서.

5.32. 에드워드 카펜터의 자서전 『내 인생과 꿈My Days and Dreams』(George Allen & Unwin, 1916).

5.33. 《트리뷴Tribune》에 실린 포스터의 글은 그의 저서 『민주주의에 대한 형식적 격려Two Cheers for Democracy』(주 가교13 참조)에 다시 실렸는데, 거기에서 자신과 비슷한 생각을 하는 톨스토이에 대해 1942년 썼던 다음과 같은 글이 실려 있다. "단순함이 현재 우리가 겪는 문제를 치유할 수 있다고 정말 믿는가? 만일 그렇다면 산업화된 사회에서 단순함이 어떤 역할을 할 수 있다고 보는가? 톨스토이는 농업에 답이 있다고 봤다. 기계의 영향은 전혀 깨닫지 못했던 것이다."

5.34. 앵거스 캘더Angus Calder의 『인민의 전쟁The People's War』(Jonathan Cape, 1969)에서 인용.

· 제6장 ·

6.1. 앨런이 쓴 보고서의 제목은 그냥 제안했던 '전자 계산기'였으며 'ACE'라는 이름은 없었다. 하지

만 앨런은 보고서가 거론되자마자 ACE라는 이름을 사용했으므로, 나는 보고서 제목을 간단하게 'ACE 보고서'라고 했다. 비록 도표가 빠져 있기는 하지만, 보고서 사본이 과학기술연구청Department of Scientific and Industrial Research 10/385에 있으며, 1946년부터 1948년까지 ACE 개발 내용을 담고 있다. 완전한 보고서는 1972년 4월 '컴퓨터 과학 57' 보고서로 국립물리연구소 컴퓨터 과학부the Division of Computer Science, NPL에서 한정판으로 발행되었다. 이 보고서에 대해 1975년 카펜터B. E. Carpenter와 도런R. W. Doran이 처음 분석했으며, 나중에 《컴퓨터 저널 20Computer Journal 20》(1977)에 실렸다.

6.2. 단편적인 기록들은 타자기로 작성한 4쪽 분량에 불과하다. 이 기록이 보존된 것은 1947년 마이크 우저Mike Woodger에게 몇몇 회로이론을 설명하면서 그 뒷면을 사용했기 때문이었다.

6.3. 1947년 2월 20일 런던 수학학회London Mathematical Society에서 강의 중에 언급했던 말이다. (아직 출판되지 않고 거론되지 않은) 타자본이 KCC에 보관되어 있다. 시간 순서에 맞지 않게 여기서 이 말을 언급한 이유는, 최초 앨런의 아이디어를 ACE 보고서보다 더 상세하게 설명할 수 없었기 때문이다.

6.4. 1947년 1월 모클리J. V. Mauchly는 "하나의 명령 집합"이 "다른 명령 집합"을 변경할 수 있다는 아이디어에 주목했다. 『디지털 컴퓨터의 기원The Origins of Digital Computers』(주 5.23)에 실린 논문 366쪽.

6.5. 마이크 우저가 NPL 서류철에서 참고 자료를 알려주었는데, ACE 보고서는 1945년까지 보관되었다가 그 이후 파기되었다. 하지만 어쨌든 ACE 보고서는 워머슬리가 1946년 2월 13일에 본인의 보고서를 쓸 때까지는 존재했다. 기본적으로 1945년 작업이었던 것이다.

6.6. 마이크 우저의 논문에서.

6.7. NPL 집행위원회 기록의 E.881 논문.

6.8. DSIR 10/385에 있는 편지 두 통.

6.9. 윌킨슨J. H. Wilkinson은 앨런과 함께 ACE 프로젝트에서 일했던 이야기를 언급했다. 그 출처는 《무선 및 선자공학자The Radio and Electronic Engineer》(1975년 7월)에 실린 기사, 『전자 계산의 선구자들Pioneers of Computing』 구술기록(C. Evans, Science Museum, London, 1975)에 실린 글, 메트로폴리스가 편집한 책(주 4.21 참조)에 있는 「국립물리연구소에서 튜링의 연구…Turing's work at the National Physical Laboratory…」라는 논문이었다.

6.10. DSIR 10/385.

6.11. 의회 도서관, 폰 노이만의 기록모음에 있는 편지.

6.12. 왕립협회 위원회 회의록, 1946년.

6.13. 『디지털 컴퓨터 산업에 미친 미국 암호 기관의 영향Influence of US Cryptologic Organisation on the Digital Computer Industry』, 스나이더S. S. Snyder, NSA report SRH 003, 1977, 기밀해제 됨. 워싱턴 D. C. 국가기록원에서 열람 가능.

6.14. 『파스칼부터 폰 노이만까지의 컴퓨터The Computer from Pascal to von Neumann』(H. H. Goldstine, Princeton University Press, 1972)에서 이때의 방문을 언급하고 있으며 ACE 설계도 '세 번째 개정판'은 218쪽에 나온다. 매사추세츠 주 앰허스트의 햄프셔 칼리지에 있는 골드스타인의 기록을 살펴봤지만, 이 '세 번째 개정판'이 어디에 있는지 알아내지 못했다.

6.15. 의회 도서관, 폰 노이만의 기록모음에 있는 편지. 내가 찾아본 바로는, '유한히 많은 정신 상태' 가설에 대해 슬쩍 던지는 이 논평 외에 앨런을 언급한 자료는 딱 한 가지가 있었다. 1946년 11월

위너에게 쓴 편지였는데 다음과 같은 내용이었다. "자기증식 메커니즘에 관해 생각을 많이 해봤습니다. 그 문제를 확고하게 형식화할 수 있죠. 튜링이 스스로 만들었던 메커니즘과 같은 형식으로 말입니다. 나는 자기증식 메커니즘이 이 개념상의 시스템에 존재한다고 보여줄 수 있습니다…"

6.16. H. Hotelling, 《Ann. Math. Stat.》14(1943).

6.17. 잭 굿J. J. Good의 이 책은 1950년이 되어서야 출판되었다. 그사이 전쟁 중에는 기밀사항이었던 섀넌의 통신 이론이 1948년 공개되었다. 그로 인해 잭 굿은 자신의 책에 섀넌의 개념이 '증거 비중weight of evidence'과 비슷하다는 논평 몇 가지를 덧붙일 수 있었다.

6.18. 『순차 분석Sequential Analysis』(A. Wald, 1947). KCC에는 앨런이 손으로 쓴 '순차 분석' 원고가 있으며 그 개념을 다음과 같이 간략히 설명하고 있다. 대수 작업(주 5.14)과 관련해서 앨런은 자신의 논문에 월드의 연구에 있는 수학적 요소가 반영되어 있다고 느꼈던 것 같다. (하지만 월드의 이론은 브레이스웨이트와 벌였던 과학적 방법에 대한 논의에 사용되었고, 나중에 앨런은 로빈 갠디의 과학 논리 연구에서도 월드의 이론을 찾아볼 수 있었다. 따라서 전시에 했던 연구만이 월드와의 유일한 접점은 아니었다.)

6.19. D. Gabor, 《J. Inst. Elect. Eng.》93(1946).

6.20. 《타임스》, 1946년 11월 1일.

6.21. 《네이처》, 1946년 4월 20일, 1946년 10월 12일.

6.22. 하트리는 11월 7일, 다윈은 1946년 11월 13일 각각 서신을 보냄.

6.23. 《전기기사The Electrician》, 1946년 11월 8일.

6.24. 《서리 코멧Surrey Comet》, 1946년 11월 9일.

6.25. 《리스너The Listener》, 1946년 11월 14일. "자동 컴퓨터 한 부분에서 배선작업을 하는" NPL의 열성적인 과학자의 모습이라고 설명하는 사진이 실려 있지만, 나중에 전혀 무관한 사람으로 밝혀졌다.

6.26. 통신연구소TRE 문서(주 6.27 참조)를 보면 윌리엄스F. C. Williams가 ACE 보고서를 본 시점이 1946년 10월이므로, 그 보고서에서 점들을 '재생성'하는 원리를 읽었을 리는 없다. 분명 쉽게 생각해낼 수 있는 원리는 아니었다. 『전자 계산의 선구자들에 관한 구술기록』(주 6.9)에 나오는 윌리엄스의 설명을 보면 "원리를 깨달았다"라고 하기 전에 상당한 시간이 흘렀음을 알 수 있다. 그 당시나 그 이후로 앨런이 먼저 그 원리를 먼저 생각했다는 사실을 알았던 사람은 없는 것 같다. 사람들이 앨런도 실용적인 일을 할 수 있다는 것을 믿지 않았던 사례였다.

6.27. NPL 회의록이 아니라 TRE 문서로, S. H. 래빙턴이 『전자공학과 권력Electronics and Power』(1978년 11월), 그리고 『초기 영국 컴퓨터Early British Computers』(Manchester University Press, 1980)에서 인용하고 논의했다.

6.28. 마이크 우저의 서류에서 이 편지 이후에 월크스와 워머슬리 간에 오고간 편지와 그에 대한 앨런의 반응에 관한 기록의 사본을 얻었다.

6.29. 주 6.6 참조.

6.30. 강의에서 ACE 설계의 5차, 6차, 7차 개정안을 설명했다. 앨런은 첫 번째와 두 번째 강의와 마지막 강의 일부만 담당했다. 마지막 두 번의 강의를 했던 하트리의 기록은 케임브리지 크라이스트 칼리지의 하트리 기록모음에 있으며, 같은 내용의 복사본은 KCC에 있다. 하지만 강의 전체에 대한 기록은 마셜T. H. Marshall의 보고서 『자동 계산 기관The Automatic Computing Engine』에 실려 있다. 이

보고서는 슈리브넘Shrivenham 소재 과학군사학교Military College of Science의 기계광학기구학과에 제출되었다. 날짜는 1947년 2월로 되어있다.

6.31. 윌크스와 워머슬리 간의 서신(주 6.28 참조)에 포함된 설명서에서 윌크스M. V. Wilkes 교수의 말, 1977년 2월 7일.

6.32. 《데일리 텔레그래프Daily Telegraph》 1946년 12월 27일. 《이브닝 뉴스Evening News》, 1946년 12월 23일.

6.33. '대규모 디지털 계산 기계에 대한 심포지엄 회보Proceedings of a Symposium on Large-Scale Digital Calculating Machinery', 《하버드 전산연구소 연보》 중 16권(1948).

6.34. 앨런의 논문은 《기호논리학회지》 13(1948)에 실린 「유형 이론의 실용적인 형태Practical Forms of Type Theory」였다. KCC에 많은 양의 초안이 보관되어 있다(주 4.37 참조).

6.35. 골드스타인(주 6.14)은 이 방문을 191, 219, 291쪽에서 언급하고 있다. 역행렬에 대한 앨런의 연구결과는 폰 노이만이나 골드스타인의 결과보다 먼저 나왔지만 더 보편적이었다(《Bull. Amer. Math. Soc.》 53, 1947). 1948년 발표되었을 때, 앨런의 논문(주 6.47)은 그 관계를 다음과 같이 적었다. "그러는 동안 폰 노이만이 또 다른 이론을 연구했다. 그는 양정치행렬positive definite matrix에 관해서 내 논문과 유사한 결론에 도달했으며, 여기서 증명이 완료되기 전인 1947년 1월 역행렬 문제를 두고 프린스턴의 저자와 의견을 나누었다."

6.36. 과학군사학교MCS 보고서(주 6.30)에 이 펄스 반사문제가 거론되어 있는 것으로 봐서, 당시 앨런이 생각하고 있던 문제임을 알 수 있다. 1952년에서야 특허(특허번호 694, 679)가 신청되었다. 앨런과 우저, 데이비스가 공동으로 또 다른 특허(특허번호 718, 895)를 냈으며, ACE 설계에 관한 특허는 1951년 신청했다. 이런 특허들이 앨런의 이름으로 신청한 특허 전부이다. 그 특허 모두 국립연구개발공사에서 소유했으며 NPL에서는 크게 괘념치 않았다. 개발자들 각자의 명의로 돌아간 이익은 없었다.

6.37. DSIR 10/275. 1946년 8월 14일자 기록.

6.38. 주 5.21 참조.

6.39. 나는 앨런이 이 점에 관해 늘 명확했다고 추정했다. 그리고 그는 마침내 1936년 직접 증명해냈다! 앨런은 프로그램 변경 '없이' 자신의 만능기계에서 '학습하는 기계'가 발달하는 과정을 모의실험 하는 문제에 일찌감치 당면했을 것이다. 나는 1950년 《마인드》에 실린 논문(주 7.34)에서 이 문제에 대해 앨런이 가장 잘 표현한 답변을 인용했다. 물론 그 답변보다는 표현이 덜 명쾌했지만, 앨런은 1948년 보고서(주 6.53)에서도 한 번 언급하기도 했다. 이 문제에 대해 모두의 의견이 이와 같이 명확했던 것은 아니다. 그래서 골드스타인(주 6.14)은 프로그램 변경이 기계에서 가능할 수 있는 연산의 범위를 확장시킨다고 생각했다.

6.40. 주 6.6 참조.

6.41. 날짜는 쓰여 있지 않다. 머마겐은 앨런에게 래들리에서 강연을 해달라고 부탁했고, 앨런은 지극히 앨런답게도 "더 재밌게 강의할 수 있도록 환등기, 그리고 교육용 영화가 있다면" 강연하러 가겠다고 답했다.

6.42. 『향후 수백만 년The Next Million Years』(Rupert Hart-Davis, 1952), 다윈C. G. Darwin.

6.43. 이 연구의 도표는 1947년 3월 2일자로 되어 있으며 마이크 우저의 공책에 남아 있다. 공책에는 허스키의 '시험 조립'에 관한 세부내용도 남아 있다.

6.44. 주 6.6 참조.

6.45. 《타임스》, 1947년 8월 28일.

6.46. 카펜터의 생각에 동조했던 듯하다. 카펜터의 이 말은 1870년대에 케임브리지에서 영국 북부로 이주하기 전에 했던 말이다. 『사회주의와 새로운 삶Socialism and the New Life』(Pluto Press, 1977), 로보덤S. Rowbotham과 위크스J. Weeks, 35쪽.

6.47. 《Quart. J. Mech. App. Math.》 I(1948)에 실린 앨런의 「행렬 처리과정에서의 반올림 오류 Rounding-off Errors in Matrix Processes」. 러시아어 번역판은 《Uspek. Matem. Nauk.》 (NS) 6(1951)에 실렸다. 논문을 게재하기 위해서 NPL의 승인을 받아야 했다. KCC에는 찰스 다윈 경이 앨런에게 1947년 11월 11일에 보낸 편지가 있는데, 승인을 받기 위해 앨런이 보낸 논문 사본을 받았다는 내용이었다. "…관심을 갖고 흥미롭게 읽었습니다. 그런데 글자가 번져서 선명하지 않은 문서를 읽으면서 거의 내내 투덜거렸습니다. 다음에는 저든 다른 사람이든 이런 괴로움을 당하지 않았으면 좋겠습니다. 무엇보다 좀 더 좋은 먹지를 사용하는 게 최선일 것 같습니다."

6.48. 「자동 계산 기관에 대한 진척 보고서Progress Report on the Automatic Computing Engine」, 수학부서, 국립 물리연구소, 1948년 4월. '기밀'로 분류된 이 내부 보고서는 그때까지의 ACE 설계에서 광범위한 프로그램 샘플이 포함되어 있었다. 당시 진행 중이었던 영국 프로젝트의 진척은 허스키H. D. Huskey가 미국에 돌아온 뒤 《계산에 대한 수학적 표와 다른 지원Math. Tables and Other Aids to Computation》 21호(1948) 213쪽에 실렸다. 여기에는 앨런이 세운 ACE 계획에 대한 간략한 비평이 실려 있다. NPL에서 개발한 프로그램 기법에 대한 최신 설명은 캠벨-켈리M. Campbell-Kelly의 논문 「시험용 ACE에서의 프로그래밍Programming the Pilot ACE…」, 《계산의 역사 연보Annals of the History of Computing》, 3(1981)을 참조할 것.

6.49. 맨체스터대학교 대학 평의회 회의록, 1948년 3월 22일.

6.50. '도덕철학 동호회' 회의록에는 강연 제목만 나와 있다. 강연은 S. Toulmin's rooms에서 있었다.

6.51. 『게임 이론과 경제적 행동Theory of Games and Economic Behaviour』(1944)에 나오는 폰 노이만과 모르겐슈테른O. Morgenstern의 대담에서는 카드가 연속 범위의 값을 갖는 것처럼 취급하여 포커 게임을 다루었다. 앨런의 연구는 카드를 이산값으로 취급했다는 점에서만 다르다. 이 원고와 심리학 게임의 분석 원고는 KCC에 있다. 앨런은 이 논문의 뒷면을 킹스 칼리지 부속 성가대 학교의 시험지로 사용했다.

6.52. 주 6.6 참조.

6.53. 타자기로 작성된 원본은 KCC에 있다. 이 보고서는 멜처B. Meltzer와 미치D. Michie가 편집한 『기계 지능Machine Intelligence』 5권(Edinburgh University Press, 1969)에 실려 있다. 유감스럽게도 이 판본은 오자로 인해 엉망이다. 특히 '8/7/48'이라는 날짜를 '8 August 1947'과 같이 표시했다.

6.54. 앨런의 태도는 왓슨J. Watson의 『이중 나선The Double Helix』(1968)에서 (이때는 의식하지 못했는지 모르겠지만) 강렬하게 묘사되었던 남성적 경쟁심과는 극명하게 달랐다.

6.55. 앨런의 편지는 남아 있지 않지만, 그의 프로그램은 투틸G. C. Tootill의 노트에 남아 있다. 긴 나눗셈을 수행하는 루틴이 작성된 날짜는 1948년 7월 8일로 되어 있다.

6.56. 《퍼스널 컴퓨팅Personal Computing》 1980년 1월호에 실린 컴퓨터 체스에 대한 기사에 좀 더 자세하게 나와 있다.

앨런 튜링의 이미테이션 게임

6.57. '자동기계에 대한 일반, 논리 이론The General and Logical Theory of Automata' 강의는 1951년 논문과 폰 노이만의 『전집Collected Works』(Pergamon, 1963) 제5권에 포함되어 있다.

· 제7장 ·

7.1. 『전자 계산의 선구자들』 구술기록에서 F. C. 윌리엄스 편(주 6.9 참조).

7.2. 폰 노이만 기록 보관소의 편지, 미국 의회 도서관.

7.3. 『Programmers' Handbook』(주 7.7 참조), 4쪽.

7.4. F. C. Williams, 'Early Computers at Manchester University', 《무선 및 전자공학자》, 1975.

7.5. M. H. A 뉴먼이 작성하고 1948년 10월 15일에 ("앨런 튜링이 초대를 받고 참석했던") 맨체스터대학교 위원회가 고찰한 보고서에서 인용.

7.6. 린 뉴먼의 EST 서문.

7.7. 그의 『Programmers' Handbook』은 1951년 3월에 만들어진 100쪽이 넘는 부본 서류이다. 이후 곧바로 새로운 버전으로 대체되었다.

7.8. 1969년에 팝플웰이 작성한 내용에서 약간 수정된 버전이고 M. 캠벨-켈리가 인용했다. 「Early Programming Activity at the University of Manchester」, 《계산의 역사 연보》 2(1980). 이 논문은 프로그래밍 작업의 세부적인 예들을 제시한다.

7.9. 『Programmers' Handbook』의 부록에서 원형 기계와 작업에 대한 설명을 제공함.

7.10. 설계는 G. C. 투틸의 논문에서 1949년 11월 21일에 기록된 'Informal Report on the Design of the Ferranti Mark I Computing Machine'의 부록으로 남아 있다.

7.11. 잘 알려진 다른 기사들이 있었겠지만 나는 그저 튜링 부인이 언급한 기사를 채택했다. MIT에 있는 위너 기록보관소에서의 내 조사는 앨런과의 어떠한 서신 교환이나 1947년 방문에 대한 언급을 밝히지 못했다. 대부분의 경우 둘 중 어느 경우에도 크게 중요하지 않았다. 위너의 아이디어에 대한 좀 더 진지하고 호의적인 설명을 원한다면 Steve Heims의 연구를 참조할 것(주 2.35 참조).

7.12. 『Faster than Thought』, 323쪽(주 8.25 참조).

7.13. 《British Medical Journal》, 1949년 6월 25일.

7.14. 《타임스》, 1949년 6월 11일.

7.15. 이 편지와 뉴먼의 편지, 그리고 최초의 컴퓨터 사진들은 모두 1949년 6월 14일자 《타임스》에 실렸다.

7.16. 공식 기록은 1950년에 케임브리지 수학연구소에 의해 사본으로 출간되었다. 기술적인 관점에서 앨런의 논문은 1960년대 아이디어들을 예견하는 최초의 '프로그램 증명'이었다. 최근에 F. L. Morris와 C. B. Jones가 주석을 달고 검토해 재출간했다. 《계산의 역사 연보》 6(1984).

7.17. M. V. Wilkes, 'Computers Then and Now', 1967년 미국 계산기학회 튜링 관련 강연에서.

7.18. 1946년에 수용된 정책을 따르는 대신 시험용 ACE는 작업에 활용되었고 영국 전기에서 상업용인 DEUCE로 제작했다. 현재 런던 과학박물관에서 볼 수 있다. 국립물리연구소에서 'ACE'라고 불리는 더 큰 기계로 대체하면서 1958년에 이곳으로 옮겨졌다. ACE 공개식에서 그 당시에 국립물리연구소 부서의 감독관이었던 인물이 "오늘 튜링 박사의 꿈이 이루어졌습니다"라고 말

했다. 그러나 1958년의 ACE는 느리고 시대에 뒤처지는 기계였다. 자기 코어 기억장치 시대에 수은 지연선을 사용했고 심지어 트랜지스터 시대에 진공관을 사용했다. 이것은 그의 꿈이 아니었다.

7.19. 앨런은 컴퓨터 작업을 자신의 논문 「리만 제타함수 계산Some Calculations of the Riemann Zeta function」에서 설명했다. 《Proc. Lond. Math. Soc.》 (3) 3(1953). 32진수 코딩과 기계 운영에 대해 가능한 상세한 설명을 제공한 것은 매우 튜링다운 방식이었고, 더 전통적인 인물이 작성한 순수 수학 논문에서 기대할 수 없는 것이었다. 앨런이 '마크I'과 1951 '마크I', '마크II'를 원형이라고 불렀다는 사실로 인해 발생할 수 있는 혼란을 피하기 위해 나는 '원형'이라는 단어를 삽입했다. 이 책에서 사용된 명칭들은 가장 자주 사용되는 것들이다. 비록 앨런이 전산 분야에서 큰 진전을 보이지 못했다고는 해도 그의 방법은 견실했고, 1955~1956년에 D. H. Lehmer가 모두 특정 선 위에 존재하는 제타함수의 처음 2만 5,000개의 0들을 확인하는 데 적용했다.

7.20. 《마인드》 논문에서 인용함(주 7.34 참조). 결정 시스템이 실제로 꼭 예측 가능해야 할 필요가 없다는 그의 주장의 일부를 형성했다. 기계라고 꼭 '기계적' 방식으로 행동할 필요는 없다.

7.21. 1969년 David Sayre가 쓴 출간되지 않은 이야기. 그는 "한 사람이 한편으로는 본인이 만나본 사람들 중 가장 존경할 만한 지식인이자 다른 한편으로는 가장 보기 드문 인간의 자질을 가진 사람이리라 기대하지 않는다. 그러나 튜링은 이런 사람이었다. 최소한 내게는"이라고 덧붙였다.

7.22. D. Sayre, 「Some Implications of a Theorem Due to Shannon」, 《Acta Cryst.》 5(1952). 그러나 세이어 박사는 "일본 결정학자 S. Hesoya와 M. Tokonami가 쓴 더 중요한 논문이 1967년에 발표되었다. 튜링이 마음에 품고 있었던 것에 훨씬 더 가깝다고 생각한다"라고 기록했다.

7.23. 'Symposium on Information Theory, London Papers'. 1950년 군수성에서 발간한 공식 기록 보고서는 1953년에 무선기술자협회Institute of Radio Engineers가 재발간했다. 공식 기록은 앨런이 한 다른 말들을 포함하고 있으며 체스 게임 기계에 대한 출간되지 않은 연구를 언급하고 있다.

7.24. C. E. Shannon, 「Programming a Computer for Playing Chess」, 《Phil. Mag. Ser.》 7, 41(1950).

7.25. 런던 국립 신경질환 병원의 J. A. V. Bates 박사가 개최한 라티오 클럽과 연관된 서신과 메모.

7.26. W. Ross Ashby, 「Design for a Brain」(1952), W. Grey Walter, 「The Living Brain」(1953).

7.27. 주 4.43 참조.

7.28. 앨런의 논문은 「The Word Problem in Semi-groups with Cancellation」, 《Ann. Math.》(Princeton) 52(1950)이었다. 이 논문은 W. W. Boone가 검토하고 뜻을 명확히 하고 오타를 정정했다. 《J. Symbolic Logic》 17(1952).

7.29. 폰 노이만이 보낸 편지는 KCC에 있다. 폰 노이만 기록 보관소에서는 앨런이 보낸 답신을 발견하지 못했다.

7.30. M. Polanyi, 『Personal Knowledge』(Routledge & Kegan Paul, 1958), 397, 403쪽 인용. 폴라니의 이 두꺼운 책은 본인의 1951~1952 기퍼드 강연Gifford Lectures에 기초했다.

7.31. K. Popper, 「Indeterminism in Quantum Physics and in Classical Physics」, 《Brit. J. Phil. Sci.》, 1950.

7.32. 폴라니의 저서 20쪽 인용. 주 7.30 참조.

7.33. W. Mays 교수, 철학과, 맨체스터대학교, 이 토론의 개략적인 메모를 제공해주었다.

7.34. 《마인드》 논문은 몇 개의 선집으로 재판되었고, 가장 최근의 것은 『The Mind's』 I, eds. D. Hofstadter and Daniel C. Dennett(Basic Books, New York, Harvester, Brighton, 1981)이다.

7.35. KCC에 보관된 편지. 러셀 서류 색인에는 1937년 「계산 가능한 수」를 수령했다는 것을 제외하면 앨런에 대한 언급은 없다.

7.36. 주 7.58. 참조

7.37. Edward Carpenter, 『Civilisation its Cause and Cure』, 초판은 1889년에 출간되었고 여기서는 1921년판 'Modern Science: a Criticism' 장에서 인용했다(George Allen & Unwin).

7.38. 1952년 1월 라디오 토론(주 7.61 참조).

7.39. 1951년 5월 라디오 토론(주 7.56 참조).

7.40. R. V. Jones, 『Most Secret War』(주 4.8 참조), 522쪽.

7.41. 1951년 영국 왕립협회 회원으로 선출된 후 'Who' Who'에 이름을 올렸다.

7.42. N. Bohr, 《Nature》 131(1933), 457쪽.

7.43. C. H. Waddington, 『Organisers and Genes』, 1940.

7.44. P. Weiss, 《Quart. Rev. Biol.》, 1950.

7.45. 주 7.30참조. 339, 356, 400쪽.

7.46. 앨런의 논문 『The Chemical Basis of Morphogenesis』, 《Phil. Trans. Roy. Soc.》 B 237(1952)에서 인용함.

7.47. 위와 같음.

7.48. 실제로는 두 권의 책이다. G. Bentham, 『Handbook of the British Flora』, revised by Sir J. D. Hooker and A. B. Rendle, 1947, 그리고 A. R. Clapham, T. G. Tutin, E. F. Warburg, 『Flora of the British Isles』, 1952.

7.49. J. Z. Young, 『Doubt and Certainty in Science』, 1951.

7.50. 앨런의 사망 이후 튜링 부인이 작성함, EST에서 인용함.

7.51. KCC에 보관된 편지.

7.52. KCC에서 찾을 수 없었음. EST에서 인용함.

7.53. 앨런의 사망 이후 튜닝 부인이 작성함, EST에서 인용함.

7.54. J. A. Symonds, 『Shelley』(Macmillan, 1887)에서 인용함.

7.55. KCC에 보관된 결과의 원고와 Whitehead의 편지들.

7.56. KCC에 보관된 필기록. BBC는 이 방송의 녹화 테이프를 보관하고 있지 않았고 1952년 1월 방송도 마찬가지이다. 다른 녹화 테이프들 역시 보존된 것이 없어서 앨런의 평소 대화할 때의 목소리를 들을 수 있는 길이 후세에 없어 보인다.

7.57. KCC에 보관된 편지.

7.58. 1951년이나 이 이후에 맨체스터의 '51 Society'에서 한 'Intelligent Machinery, a Heretical Theory'에 대한 강연. KCC에서 필기록을 찾을 수 있었다. EST에 번각됨.

7.59. 공식 기록은 페란티 사에 의해 발행되었다. 또 이들은 발표회가 진행되는 동안 다른 강연에서 앨런이 한 말들을 기록했다.

7.60. KCC에 보관된 원고. 현재 3페이지만 남아 있다. 여기서 인용된 부분은 첫 번째 페이지에서, 이 책 787쪽에 인용된 내용은 세 번째 페이지에서 가져온 것이다. 두 페이지들 중간에 그의 이야기는 다른 등장인물과 장소를 도입하면서 1951년 12월에 실제로 발생했던 사건에서부터 갈라져 나온다. 이것은 다른 자료들에서 얻은, 앨런이 이미 맨체스터에서의 "상황을 간파하고 있었다"라는 인상에 확신을 주었다. 아놀드는 그가 맨체스터에서 처음으로 성관계를 가진 사람은 아니지만 누군가를 애인으로서 집으로 초대한 최초의 인물이었을 가능성이 크다. 앨런의 이야기는 그 자신인 '알렉'과 또 다른 등장인물 '론'에게 균등한 공간을 할애했고, 스스로를 돈에 쪼들리는 젊은이의 눈에 비친 모습으로 그리는 구절들이 포함되어 있다. "…옷을 잘 갖추어 입은 것처럼 보이지 않았다. 저 코트는 대체 뭐란 말인가! …아니, 그는 몰래 살피는 표정이었다. 아주 조금 수줍어하는… 예상과는 다르게 상당히 상류층 인물인 것 같았다. 그의 어투로 짐작할 수 있었다…."

7.61. KCC에 보관된 필기록.

7.62. 1939년 과정의 강의 30(주 3.39 참조).

· 제8장 ·

8.1. 사건과 관계된 서류들은 체스터 공문서 보관소에 보관되어 있다. 이 문서들에는 앨런 튜링과 아놀드 머레이의 진술과 1952년 2월 7일 밤에 대한 경찰의 설명이 포함되어 있다. 주 8.17 참조.

8.2. 《Sunday Pictorial》, 1952년 5월 25일, 6월 1일, 6월 8일. 연재기사는 1947년 9월에 열렸던 학회 이후 《British Medical Journal》에 동성애에 관한 논문이 있었음을 반영했다. 이것은 1930년대의 이론상의 더 큰 동요와 1939년의 정부의 보고서 「Report on the Psychological Treatment of Crime」에서 시작된 것이었다.

8.3. G. Westwood(Michael Schofield의 필명)의 『Society and the Homosexual』(Gollancz, 1952)의 166쪽.

8.4. A. C. Kinsey et al., 『Sexual Behaviour in the Human Male』(W. B. Saunders, Philadelphia & London, 1948) 261쪽.

8.5. 《Alderley Edge and Wilmslow Advertiser》, 1952년 2월 29일.

8.6. J. W. S. Pringle, 「The Origin of Life」, 《Symposia of the Society for Experimental Biology》의 no. VII, 1953.

8.7. 이 정보를 알 수 있게 일기 내용을 제공해준 W. Byers Brown 교수에게 감사드린다. Prigogine은 맨체스터에서 앨런의 아이디어에 대해 논의한 내용들을 기억하지 못했다. 1972년 11월 《Physics Today》에 (G. Nicolis와 A. Babloyantz와 함께) 실린 그의 논문에서 Prigogine은 역사적 내용을 담은 페이지를 포함했다(앨런의 연구의 중요성에 대한 노벨상 수상자의 평가를 보여주기도 했다). "브뤼셀 학파Brussels school의 개방형 시스템의 불가역 열역학의 발달은 1950년대에 비선형적 과정을 조사하도록 이끌었다… 우리가 A. M. 튜링(1952)이 발표한 놀라운 논문을 알게 된 시기가 이때였다. 그는 실제로 불안정성을 보여주는 화학 모델을 만들었다. 이전에는 그의 연구가 우리의 관심을 끌지 못했는데 형태발생의 더 구체적인 주제를 다루었기 때문이다. 이 이후 우리가 착수한 연구는 생물학에 광범위하게 적용할 수 있다는 점뿐만 아니라 이런 종류의 작용과 열역학의 관계를 보여

앨런 튜링의 이미테이션 게임

주었다."

8.8. 논의 전체가 너필드 재단 내부 보고서에 상세하게 기록되었다.

8.9. Blair Niles, 『Strange Brother』(Liveright, New York, 1931).

8.10. S. J. Glass, H. J. Duel and C. A. Wright, 「Sex Hormone Studies in Male Homosexuality」, 《Endocrinology》 26(1940).

8.11. S. J. Glass and R. H. Johnson, 「Limitations and Complications of Organotherapy in Male Homosexuality」, 《J. Clin. Endocrin.》, 1944.

8.12. C. W. Dunn, 《J. Amer. Med. Ass.》 115, 2263(1940).

8.13. A. Karlen, 『Sexuality and Homosexuality』(Macdonald, London, 1971), 334쪽.

8.14. F. L. Golla and R. Sessions Hodge, 「Hormone Treatment of the Sexual Offender」, 《The Lancet》, 1949년 6월 11일.

8.15. D. E. Sands, 「Further Studies on Endocrine Treatment in Adolescence and Early Adult Life」, 《J. Mental Science》, 1954년 1월.

8.16. 주 8.3 참조.

8.17. 상세히 기록되어 있는 수감 절차에 반해서(주 8.1 참조) 사계 법원 재판 기록들은 기소와 판결에 대한 가장 기본적인 내용과 1952년 4월 4일의 《Alderley Edge and Wilmslow Advertiser》의 보고서로 제한되어 있다. 이 때문에 많은 의문점들이 여전히 풀리지 않고 남아 있다. 정신과 보고서가 있었는가? 누가 호르몬 치료를 제안했고 어떤 주장들이 있었으며 어느 시점에서 앨런이 이 사실을 알고 받아들였는가? 내무성이나 외무성의 개입이 있었는가? 만약 있었다면 어떤 식으로 있었는가? 안타깝게도 보호관찰 조건이 얼마나 이례적이었는지를 발견하는 것조차 불가능했다. '장기 요법' 집행에 관해 활용할 수 있는 통계자료가 없었다.

8.18. 주 8.15 참조. 《Ciba. Found. Coll. Endocrin.》 3(1952)에서 인용된 S. Zuckerman의 논문.

8.19. EST 서론에 쓴 글.

8.20. 『전쟁과 평화』 2장에서 인용. Rosemary Edmonds(Penguin, 1957).

8.21. 1978년 4월 24일에 형태발생에 대한 앨런의 출간되지 않은 논문 중에 있었던 스칸디나비아와 그리스 주소들이 적힌 목록을 볼 수 있었다. 이 (앨런이 직접 작성한) 주소 목록은 올더마스턴에 위치한 원자력 병기 연구소(Atomic Weapons Research Establishment)에서 '분실'된 것이었다.

8.22. C. W. Wardlaw, 「A Commentary on Turing's Diffusion-Reaction Theory of Morphogenesis」, 《The New Phytologist》 52(1953). 수학자 H. S. M. Coxeter가 《Scripta Math.》 19(1953)에 작성한 글에 엽서에 대한 피보나치수열과 식물이 자라는 과정에서 어떻게 수열이 만들어지는지에 대한 연구가 담긴, 발표가 예상되는 앨런의 논문이 간략하게 언급되었다.

8.23. KCC에 보관됨.

8.24. 체커와 연애편지 프로그램에 대한 많은 자료들이 옥스퍼드대학교 보들리 도서관의 크리스토퍼 스트레이치 기록보관소에 보관되어 있다. 그러나 인용된 연애편지는 대중에게 알려진 것이다. S. Lavington, 「A History of Manchester Computers』(National Computer Centre, Manchester, 1975)에 따르면 이 편지는 Pears Cyclopaedia 1955년 판에 등장했다.

8.25. 『Faster than Thought』, ed. B. V. Bowden(Pitman, 1953). 용어집 내용은 농담 식으로 앨런에 대해 심하게 말했다고는 해도 사실은 Vivian Bowden이 작성한 지루한 기술적 설명을 완화시켜주는 아주 적절한 논평이었다. 또 해석기관에 대한 러블레이스 백작부인의 회고록 전문을 재판했다.

8.26. 프랑스어로 출간된 J. Piaget, 『Logic and Psychology』(Manchester University Press, 1953)를 번역.

8.27. 이것의 사본과 앨런이 로빈 갠디에게 작성한 편지들이 KCC에 보관되어 있음.

8.28. C. G. Jung, 「Approaching the Unconscious」, 본인이 직접 편집한 모음집 『Man and his Symbols』(Aldus Books with W. H. Allen, 1964)에서.

8.29. NPL에서 1953년 3월 26~28일에 열렸던 자동 디지털 전산에 대한 심포지엄이었다. 앨런이 강연을 했다. 마이크 우저가 작성한 노트는 앨런이 케임브리지의 J. C. P. Miller와 대화를 나눈 뒤에 컴퓨터를 순수 수학에 응용하는 것에 대해 언급했음을 보여준다. 주로 제타방정식에 관한 내용이었으나 대수적 위상기하학algebraic topology에 대해서도 언급했다.

8.30. 《The Shirburnian》, 1953.

8.31. 이 편지는 1953년에 작성된 것이 아닐 수도 있다. KCC에 보관되어 있는 이 편지의 일부분에 5월이라고만 적혀 있다. 어쩌면 1954년 5월일지도 모른다. 케임브리지에 2주 정도 방문했을 때 (케임브리지 인근 마을에 자택을 보유하고 있는) 뉴먼 가족을 만나러 가지 못해 죄송하다는 내용을 담고 있다. "저를 위해 흥미로운 일들이 계획되어 있어서 만나 뵈러 가는 것이 거의 불가능해 보입니다." 이 편지 외에 남아 있는 서신은 없다. 추측컨대 앨런이 가장 솔직하고 상세하게 자신의 심리에 대해 쓴 편지는 뉴먼 부인에게 쓴 편지들이었으리라 사료된다. 그러나 또 앨런의 삶은 다른 사람들의 사생활에서 분리될 수 없는 영역이기도 했다. 뉴먼 부인은 1973년에 사망했다.

8.32. J. Polanyi 교수에게서 받은 편지, 1978년 10월 6일.

8.33. 대학교 위원회 회의록에 따르면 이 결정은 1953년 1월이나 2월에 내려졌다.

8.34. 주 8.21 참조

8.35. Fritz Peters, 『Finistère』(Gollancz, 1951).

8.36. Rodney Garland, 『The Heart in Exile』(W. H. Allen, 1953).

8.37. 녹취록과 검시 보고서는 KCC에서 찾을 수 있다. 검시관의 소견이 지역 신문에는 1954년 6월 18일에, 《Daily Telegraph》에는 6월 11일에 실렸다.

8.38. 튜링 부인은 금 티스푼을 KCC에 남겼다.

8.39. 최소한 KCC에 보관된 시리즈들 중 마지막 노트.

8.40. KCC에 보관된 편지.

8.41. KCC에 보관된 미출간 연구. 2차 논문은 세 부분으로 나누어진다. I. 기하학과 도형 묘사적 엽서, II. 형태발생의 화학 이론, III. 구면대칭 사례를 위한 형태발생 방정식 해법. 이 마지막 부분은 Bernard Richards의 연구였다. "데이지 성장의 개요"라고 인용된 구절은 이들 중 어느 범위에도 들어가지 않았다. '화학 이론'의 구체적인 몇몇 예시들을 더 상세하게 작업했던 산더미같이 쌓여 있는 그다지 일관되지 못한 부수적인 자료들이었다.

8.42. P. S. Novikov, 《Doklady Akad. Nauk. SSSR (N.S.)》 85(1952).

8.43. 이 연구에 대한 일부 페이지가 KCC에 보관되어 있다. 정확한 내용을 알기에는 충분하지 않았

다. 그는 아마도 디락에게서 영감을 얻었을 아이디어인 스피너와 벡터 사이의 연관성을 다시 공식화하는 일에 관심이 있어 보였다.

8.44. P. A. M. Dirac, 《Nature》 139, 323(1937).

8.45. 로빈 갠디는 앨런이 사망하고 얼마 지나지 않아 뉴먼에게 편지를 썼고, 이 아이디어들에 대해 설명했다. KCC에 보관된 편지. "지켜보는 냄비는 잘 끓지 않듯이(조급해한다고 일이 빨리 진행되지는 않는다)" 양자역학적 '관찰'을 하는 것의 문제는 지금도 여전히 풀리지 않았다. Philip Pearle이 최근의 자료를 제공해주었다. Ahanarov et al., 《hys. Rev.》 D 21, 2235(1980).

8.46. 한 가지 부정적인 점을 언급할 필요가 있다. 앨런 튜링 사망 후에 두 번째 기소가 있었다는 소문이 돌았으나 근거는 전혀 없었다. 또 다른 한 사건은 진짜 탄압이 일어나기 전인 1952년 말의 그와 정부와의 관계를 애매모호하게 보여준다. 1952년 11월 28일에 앨런은 Sir John Stopford 부총장에게 "외무성이 봄에 다섯 군데의 독일 대학들에서 몇 번의 강연을 해달라고 자신을 초청"했으며 2주간 독일에 가야 하는 "이 초청에 꼭 응하고 싶다"라는 내용의 편지를 썼다. 어쩌면 이것은 자신의 자문 역할을 잃은 것에 대한 보상이었는지 모르지만 그를 실제로 전후 독일의 위험한 환경으로 보내려고 했다는 사실은 놀라운 일이다. 결과적으로 그는 가지 않았다. 물론 대학은 허락을 했지만 앨런은 1월 22일에 다음과 같이 썼다. "관련된 일을 맡을 수 없었기에 나는 독일행을 취소했다." 이것이 진짜 이유였을까? 아직까지 알려지지 않은 것들이 훨씬 더 많다는 것은 명백하다. 그리고 '안보'와 관련한 영국의 공식적인 침묵이 이유의 전부라고 할 수 있다.

8.47. 「Interim Report submitted to the Committee on Expenditures in the Executive Departments by its Subcommittee on Investigations pursuant to S. Res.」 280(81st Congress). Reprinted in D. W. Cory, 『The Homosexual in America』(Greenberg, New York, 1951).

8.48. Alan Moorehead, 『The Traitors』(Hamish Hamilton, 1952).

8.49. 이에 반해 영국의 정책은 1953년 말에 조사관이 엄격하게 조사하지 않은 사례와 언론 캠페인이 정부가 외교부문에 동성애자를 고용했다는 사실을 인정하라고 압력을 넣은 사례로 인해서 10년 뒤에 출현했다. 「Report of the Tribunal appointed to Inquire into the Vassall Case and Related Matters」, 1963에서 인용됐다. Rodney Garland의 『The Troubled Midnight』(W. H. Allen, 1954)에 이런 이슈들을 허구적으로 다룬 매우 흥미로운 당대의 기록이 있다.

8.50. 이 구절은 Peter Wildeblood, 「Against the Law」(Weidenfeld & Nicolson, 1955)를 참고함.

8.51. 「Hansard」, Parliamentary Debates (Commons) 521. 526와 1297쪽.

8.52. 「Hansard」, Parliamentary Debates (Lords), 187. 737~767쪽.

8.53. 《Journal of Mental Science》에서 출간됨, 1954년 4월.

8.54. K. Sand and H. Okkels, 《Endokrinologie》 19(1938)에서.

8.55. 「Hansard」, Parliamentary Debates (Commons) 526. 1866쪽.

8.56. Peter Wildeblood의 저서에서 인용함.

8.57. R. S. Cline, Secrets, 「Spies and Scholars」(Acropolis Books, Washington DC, 1976). Cline은 CIA의 은퇴한 부국장이었다.

8.58. 이것은 CIA가 알아야 했던 바로 그런 종류의 것이었지만 이들은 알지 못했다. 저자에게 보낸 1979년 11월 29일자 편지에 따르면 CIA는 앨런 튜링과 관련된 기록을 가지고 있지 않다.

8.59. 주 8.39 참조.

8.60. 주 8.49 참조.

8.61. 『Two Cheers for Democracy』 문집에 번각된 『What I Believe』(1938)에서. 주 가교13 참조.

8.62. 주 8.28 참조.

8.63. 맥스 뉴먼의 더 형식적인 부고의 뒤를 이어 로빈 갠디가 작성하고 《타임스》에 제출한 앨런 튜링에 관한 글. 그러나 《타임스》에 실리지는 않았다. KCC에 보관되어 있다.

8.64. EST 서론에 쓴 글.

8.65. 주 8.61 참조.

8.66. 주 7.60 참조.

8.67. 편지는 남아 있지 않다. 앨런이 1937년 초에 제임스 앳킨스에게 실제로 편지를 작성했다는 사실은 그가 집에 보낸 편지에서 『계산 가능한 수』의 발췌 인쇄본을 친구에게 보냈다고 언급한 내용을 바탕으로 확인되었다. 나는 편지에 언급된 "사과"와 "전선"에 대한 제임스 앳킨스의 기억에 의지했다. 그의 기억은 내가 들은 그 어떤 기억만큼이나 분명하고 확실했다. 회의적인 독자는 이것이 1954년 뉴스를 1937년의 기억에 투영한 것은 아닌지 궁금해할 수 있다. 제임스 앳킨스는 나를 통해 듣게 되기 전까지 사과가 앨런 튜링의 죽음에 실질적인 역할을 했다는 것을 전혀 알지 못했다는 점은 분명하다. 이 이야기는 그가 1954년에 읽은 《Daily Telegraph》 기사에는 언급되지 않았고 튜링 부인이나 다른 누군가가 이것에 대해 글을 썼다는 것을 모르고 있었다.

8.68. 주 2.18 참조.

8.69. 『Two Cheers for Democracy』로 출간된 1964년 라디오 방송 〈The Challenge of our Time〉. 주 가교13 참조. 『With Downcast Gays』(Pomegranate Press, London, 1974, Pink Triangle Press, Toronto, 1977)에서 저자와 David Hutter가 포스터에 대해 상당히 격렬한 비평을 했다.

앨런 튜링의 편지와 서류들을 재구성하는 일은 케임브리지대학교 킹스 칼리지의 연구원들과 학자들, 튜링 트러스트, 로빈 갠디, P. N. 퍼뱅크가 친절하게 허락해주었기에 가능했다. 허락을 쉽게 받을 수 있게 도움을 준 튜링 트러스트 회장인 도널드 미치와 킹스 칼리지의 사서 피터 크로프트에게 감사의 마음을 전한다. 또 셔본에 보관되어 있는 기록들을 살펴볼 수 있게 허락해준 셔본학교 교장에게도 감사를 표한다.

정부 출판국 관리자의 허가로 공문서 보관소에 있는 크라운 저작권Crown Copyright기록들의 사본을 얻을 수 있었다. 『2차 세계대전 당시 영국의 정보부British Intelligence in the Second World War』에서 따온 발췌문도 마찬가지이다. 이 외에도 콜로서스와 딜라일라의 사진을 사용할 수 있게 허가해준 것에 대해서도 감사한다.

많은 사람들이 사적인 편지와 문서들을 사용할 수 있게 복사하는 것을 허가해주었다.

런던 수학학회London Mathematical Society와 하베스터 프레스Harvester Press가 장문의 발췌문을 복사할 수 있게 해준 것에 감사한다. 다양한 인용문들을 사용할 수 있게 해준 작가들과 출판사들에게도 감사의 말을 전한다.

 털 없는 원숭이들은 밤이 되어도 멀리서 들려오는 들짐승들의 울음소리에 쉽게 잠을 이루지 못했다. 동굴에 숨어 칠흑보다 더 어두운 밤하늘을 두려운 마음으로 올려다보곤 했다. 감히 범접할 수 없는 맹수들을 보면서 자신들의 연약한 몸뚱아리를 원망했다. 이들이 동굴에서 나와 초원을 지배하고 온 누리로 퍼져나갈 수 있게 한 것은 도구였다. 맹수의 날카로운 이빨이나 둔중한 힘을 모방한 도구를 손에 넣음으로써 털 없는 원숭이는 인간이 되었다. 현재의 상태와 이상적인 상태의 차이를 인식하고 차이를 없애는 노력을 기울이는 것. 이러한 과정을 통하여 인간은 세계에 대한 인식의 지평을 넓히며 진리를 향하여 기나긴 여정을 떠났다. 갈릴레오 갈릴레이와 아이작 뉴턴에 이르러 인간은 마침내 자연을 신의 섭리에서 물리 현상으로 바꾸고 알베르트 아인슈타인은 그 원리를 드러냈다. 과학의 발전은 끝이 없고 모든 문제는 시간이 지나면 다 풀 수 있을 것이라는 희망이 점점 부풀어갔다.

 그리하여 20세기 초 가장 위대한 수학자였던 다비트 힐베르트는 감히 수학의 완전성(모든 명제의 참, 거짓을 증명할 수 있다)과 무모순성(타당한 증명 과정을 거치기만 한다면 거짓 명제를 참으로 판정하지 않는다) 그리고 결정 가능성(모든 주장을 참인지 거짓인지 결정해줄 명확한 방법이 있다)에 희망을 걸었다. 다시 말해, 명확하게 정의된 문제는 반드시 답이 있을 것이라고 내다보았다. 하지만 쿠르트 괴델은 산술의 무모순성을 증명할 수 없음을 증명하고 또한 모순적이거나 불완전하거나 해야지 무모순적이면서 완전할 수는 없다는 것을 증명했다. 한편 앨런 튜링은 세 번째 문제, 즉 결정 가능성을 붙들고 있었다.

 명확한 방법이란 도대체 무엇인가? 어떤 수학자가 문제를 풀어가는 과정을 어떻게 수학으로 표현할 것인가? 이를 위하여 튜링은 무한히 긴 종이테이프에 시키는

앨런 튜링의 이미테이션 게임

대로 기호를 쓰거나 읽는 것 외에 아무런 지능이 없는 기계를 상상해보았다. 이때 테이프에 기록된 기호는 문제를 풀고 있는 수학자(즉, 기계)의 마음 상태를 나타내는 것이다. 현재 보고 있는 기호와 마음 상태에 따라 할 일이 결정되고 마음 상태는 바뀌어간다. 여기서 한걸음 더 나아가 어떤 기계의 동작방식을 표현한 표를 읽고 시킨 대로 실행할 수 있는 기계가 있다면 이 기계는 아무 기계나 모방할 수 있을 것이다. 이 만능 튜링기계를 이용하여 튜링은 답을 결정할 수 없는 문제가 있음을 증명한다.

튜링이 모든 수학 문제를 풀 수 있는 명확한 방법이 없다는 것을 증명하는 바람에 힐베르트는 크게 섭섭했겠지만 인류 전체로서는 큰 행운이 찾아왔다. 어떤 기계에 대한 설명만 있다면 그 기계를 모방할 수 있는 기계라는 개념을 만들어냈다. 여기서 설명은 곧 소프트웨어이며, 기계는 그 소프트웨어를 구동하는 컴퓨터인 것이다. 이로써 명확한 방법이 있는 문제에 관한 한 인간을 대체할 전기 뇌의 탄생을 선언한 것이었다. 1936년의 일이다.

계산하는 기계라는 개념은 당시로서도 새로운 것이 전혀 아니었다. 주판은 이미 4,000여 년 전에 메소포타미아 지역에서 나왔으며 블레즈 파스칼은 바퀴를 돌리는 방식으로 덧셈과 뺄셈을 할 수 있는 계산기를 1642년에 만들었다. 하지만 이들 계산 기계는 미리 정해진 계산(예를 들어 덧셈과 뺄셈)만 할 수 있는 반면, 튜링기계는 아무 계산이나 할 수 있으므로 그 용도는 무한대로 확장될 수 있다는 점에서 큰 차이가 있다.

또 하나 튜링기계의 특징은 계산을 하는 방법(즉, 프로그램 혹은 코드)과 계산의 대상이 되는 숫자(즉, 데이터)가 모두 같은 테이프에 같은 종류의 기호로 기록된다는 점이다. 지금 이 글을 쓰고 있는 오늘날의 컴퓨터에서 워드 프로세서 프로그램과 그 프로그램이 읽어서 편집하고 있는 문서 데이터가 똑같이 2진수로 표현되며 똑같이 주기억장치에 올라가서 중앙처리장치에 의해 처리된다는 사실은 튜링기계의 방식을 그대로 따르고 있음을 보여준다. 이 구조를 컴퓨터 개발에 적극적으로 활용하여 컴퓨터의 발전에 큰 역할을 해낸 천재 과학자의 이름을 따서 폰 노이만 구조라고 부르기는 하지만 기본적으로는 튜링기계와 같은 것이다.

1930년대 후반이 되면서 자본주의 열강들은 서로 타협할 수 없는 이해관계의 충돌을 극적으로 해소하기 위한 제2차 세계대전을 시작한다. 튜링은 영국 정부의 암호 연구 기관인 정부신호암호학교에 참여하여 독일의 통신 암호인 에니그마를 깨는 데 큰 공헌을 한다. 한편, 더 많은 암호를 더 빨리 해독하기 위하여 튜링의 동료들은 튜링기계를 모델 삼아 최초의 컴퓨터 콜로서스를 만들어낸다. 그러나 이 과정이 30여 년간 비밀에 부쳐지는 바람에 대서양 건너 미국에서 먼저 비밀 해제된 동생 에니악이 최초의 컴퓨터라는 명예를 얻게 되고, 이를 시작으로 미국이 컴퓨터 기술의 상용화에서 선두를 달리는 계기가 된다.

하지만 막상 튜링은 이 과정에 눈길 한 번 주지 않고 새로운 연구에 매달려 있었다. 인간은 기계와 얼마나 다른가? 과연 인간 같은 지능을 가진 기계를 만들 수 있을까? 이 질문에 답을 하려면 우선 인간만이 갖고 있다고 여겨온 생각, 지능, 의식이 무엇인지 정의하고 이의 유무를 판단할 수 있는 방법을 찾아야 한다. 앞서 이야기했듯 지적 활동의 출발은 모방이다. 튜링은 기계가 인간을 완벽하게 모방할 수 있는지 여부를 기계가 지능을 가졌다고 판단할 수 있는 근거로 삼았다. 그가 구성한 튜링 테스트는 성별 추측하기 게임을 이용한다. 한쪽 방에는 남자, 다른 방에는 여자가 있는데 둘 다 여자라고 주장하며 밖에 있는 사람들은 이들의 서면 답변만으로 성별을 맞혀야 한다. 만약 한쪽 방에 컴퓨터가 들어 있더라도 사람의 답변인지 컴퓨터의 답변인지 구별할 수 없다면 컴퓨터는 생각을 할 수 있다고 판정할 수 있다.

그렇다면 지능기계는 어떻게 만들 수 있을까? 미리 프로그램된 문제만 풀 수 있는 기계가 지능적이지 않은 것은 분명하다. 그렇다면 스스로 학습하는 기계를 만들 수 있을까? 이는 인간을 자신의 형상에 따라 특별한 존재로 만든 신에 대한 불손한 도전일 뿐만 아니라 생각, 관념 따위를 해체하여 기계의 동작으로 환원시키려는 시도였다. 인간의 지능이 하늘에서 때린 한 방의 번개에서 저절로 생긴 것은 아니지 않은가. 인간도 어려서부터 부모를 모방하고, 주변을 모방하고, 수없이 틀리면서 배우고, 지능을 키운다. 다시 말해 실수하지 않고 배우는 것은 없다. 마찬가지로 기계에게도 실수를 허용한다면 배울 수 있는 것 아닌가? 기계가 인류와 접촉할 수 있게 함으로써 실수를 통하여 배우면서 인류의 규범에 기계 스스로 적응하게 만들면 된다. 이로써 튜링은 인공지능을 만들어낼 방법과 이의 성공 여부를 확인할 방법을 확립하여 이를 1947년 런던 수학학회에서 공개했다.

구조화되지 않고 무작위적으로 연결된 기계가 교육을 흉내 낸 과정을 거침으로써 결국 지능을 갖게 된다는 이론은 신경망으로 구성된 뇌가 학습을 하는 과정과 흡사하며, 10년 뒤에 프랭크 로젠블랫에 의하여 신경망 학습 이론이라는 이름으로 재발견된다. 한편, 2015년 1월에는 인공지능진흥협회가 제29차 워크숍에서 새로운 튜링 테스트 공모전 개최방안을 논의했다. 60여 년의 세월을 넘어 비록 개선된 형태이지만 튜링 테스트를 진지하게 적용할 수 있을 정도로 인공지능이 가시적인 성과를 내는 단계에 접어든 것이다.

한편 컴퓨터 구현 기술은 점점 발전하여 더 복잡한 프로그램을 더 쉽게 돌려볼 수 있게 되었다. 그러자 튜링은 수학으로만 풀고 있던 것을 컴퓨터를 통하여 검증하기 시작했다. 그가 새로이 몰두하고 있던 문제는 생물에서 발견되는 무척 복잡하고 다양한 형태, 예를 들어 불가사리나 꽃의 다각형 대칭 구조, 피보나치수열로 돋아나는 잎의 배열, 동물의 줄무늬나 반점 등을 방정식으로 표현하는 문제였다. 달리 표현하자면 유전자에 내장된 기호가 어떤 생리적, 화학적 과정을 거쳐 한편으로는 질서정연하면서('왜 늘 심장은 왼쪽에 생기는가?') 또 다른 한편으로 다다른 모습으로 나타날 수 있는가에 대한 수학적 이론이었다. 하지만 1952년에 발표된 그의 형태발생 이론 논문은 생물학자들이 받아들이기에는 너무 수학적이었고 수학자들이 이해하기에는 너무 생명과학에 무지했다.

1995년에 이르러서야 튜링의 이론이 물고기의 줄무늬를 설명할 수 있음이 증명되었고, 2012년에는 동물의 입천장에 나타나는 도돌도돌한 주름도 마찬가지라는 것이 밝혀졌다. 마침내 2014년에는 세포를 이용하여 튜링이 예측했던 여섯 가지 패턴을 모두 만들어내는 실험에 성공한다. 이로써 어쩌면 머지않은 장래에 원하는 형태로 로봇을 키워내는 것도 가능하게 되었다.

앨런 튜링은 과학계가 짧게는 수년, 길게는 수십 년간 고민해야 할 연구과제를 던져주고는 홀연히 마흔한 살의 너무 짧은 생애를 자살로 마감했다. 그의 삶을 추적하고 있는 이 전기를 읽으면서 거듭 발견하는 것은 세상이 정한 구획에 자기 생각을 굳이 맞추려 하지 않는 그리고 오직 자신만의 세계 속에서 끊임없이 호기심을 좇아 달려가는 사춘기 소년의 모습이다. 아마 그의 삶에서 방향타 역할을 했던 첫사랑의 아픈 기억이 그를 평생 지배한 것이 아닌가 하는 애틋함에 마음이 저리다.

고양우

앨런 튜링의 이미테이션 게임

앤드루 호지스 Andrew Hodges

옥스퍼드대학교 와드햄 칼리지에서 수리물리학을 가르치고 있다. 그의 대표작 『앨런 튜링: 에니그마』는 수학, 과학, 전산, 전쟁사, 철학, 그리고 성적 소수자 등을 다양하게 엮어내어 최고의 과학 전기물이라는 찬사를 받았으며, 여러 언어로 번역 출간되었다. 영화 〈이미테이션 게임〉의 자문과 텔레비전 다큐멘터리 작업, 학술 기사 집필 등 앨런 튜링과 관계된 일을 지속적으로 하고 있다. www.turing.org.uk

옮긴이 김희주

연세대학교 독어독문학과 및 동 대학원을 졸업했다. 현재 펍헙번역그룹에서 전문번역가로 활동하며 좋은 책 발굴과 소개에 힘쓰고 있다. 옮긴 책으로 『찰스 디킨스의 영국사 산책』(공역) 등이 있다.

옮긴이 한지원

고려대학교 신문방송학과를 졸업하고 텍사스대학교University of Texas at Austin에서 커뮤니케이션학communication studies 석사학위 취득 및 박사과정을 수료했다. 현재 펍헙번역그룹에서 전문 번역가로 활동하고 있다.

감수 고양우

서울대학교 계산통계학과를 졸업하고 한국과학기술원KAIST에서 전산학으로 박사학위를 취득했다. 컴퓨터 기술 특히 인터넷이 세상과 맺는 관계에 관심이 있어서 인터넷주소위원회NNC의 위원으로 활동했고, 그 인연으로 인터넷 표준화 활동을 지속적으로 수행하고 있다. 인터넷에서 사용되는 전자메일의 표준을 정의한 문서(IETF RFC 6530)의 공저자로 참여했다. 낮에는 일하고 밤에는 글을 쓰고 주말에는 낚시하며 살고 있다.